양자심리학

심리학과 물리학의 경계

Arnold Mindell 저
양명숙 · 이규환 공역

학지사

Quantum Mind
by Arnold Mindell

역자 서문

민델(Mindell) 박사 부부와의 인연은 연구년(2005~2006) 중에 미국 포틀랜드(Portland) 프로세스 워크 센터(Process Work Center)에서 수련을 하면서 맺게 되었다. 독일에서 유학한 나는 언어 장벽에 시달리기도 하였으나, 들리는 것만 듣고, 아는 것만 알아들을 수밖에 없는 한계를 있는 그대로 인정하면서, 세계 각국에서 모인 친구들과 어울려 공부를 하게 되었다. 오다 가다 만나는 교수들은 이 프로세스 워크 센터를 한국에도 열라고 권유하기도 하였다. 그 당시 나의 생각은 '날마다 배우고 익히니 이 어찌 즐겁지 아니하리오(學而時習之 不亦說乎)'였다. "난 한국과 미국을 오가면서 즐길 만큼만 공부하고 싶지, 사업에는 관심이 없어요. 그저 즐기고 싶어요."라고 민델 박사와의 세션에서도 부르짖었다. 이렇게 민델 박사 부부와의 인연은 이어졌다. 한번은 오리건 해변(Oregon Coast) 야하츠(Yachts)에서 열린 세미나에서 에이미(Amy)가 "숙, 어젯밤 꿈에 너를 만났어." "그래! 나도 어젯밤 꿈에 에이미 너를 만났는데?" 이렇게 우리는 꿈을 통하여 만나기도 하였다. 민델 박사가 꿈속에 융을 만나, 결국은 이 책을 집필하게 되었듯이, 이러한 꿈속에서의 만남 또한 결코 우연이 아니었던 것 같다. 프로세스 워크 센터에서 민델 박사 부부는 아니(Arny)와 그리고 에이미(Amy)로 우리들에게 친숙하게 불리고 있다.

다시 한국으로 돌아온 이후, 일상적인 일로 바빠지면서, 민델 박사의 저서를 비롯하여 프로세스 워크와 관련된 책들은 책장에 쌓여 있기만 하였다. 그러다 2008년부터 한남대학교 상담학과 박사과정 학생들과 민델 박사의 저서들을 읽어 볼 수 있게 되었다. 처음에는 무슨 뜻인지도 서로 모르면서 열심히 읽어 보았다. 그러나 읽어 볼수록 『양자심리학: 심리학과 물리학의 경계』의 매력에 빠지게 되었다. 이에 이 책을 한국의 학도들에게도 소개해야겠다는 일념으로 민델 박사에게 번역을 하겠노라고 메일을 보냈다. 그것은 아주 간단하였다.

'아니, 우리는 당신과 당신 책들과 사랑에 빠지고 말았어요!'
(Arny, We are falling in love with you and your books!)

그러자 민델 박사는 바로 흔쾌히 번역을 허락해 주었다. 지금 돌이켜 생각해 보면, 민델 박사는 도대체 나의 영어 실력을 어떻게 믿고 허락을 했는지 알 수가 없다. 아니면 이미 나의 능력의 한계를 깨닫고, 공동 번역자를 찾아낼 것을 알고 있었는지도 모르겠다. 민델 박사는 분명 보통 분이 아니시니까!

그렇다. 이렇게 번역권을 얻어 정식으로 번역에 착수하면서 능력의 한계에 부딪히고 말았다. 이 책은 일반적인 심리학 책도 아닐뿐더러, 더구나 물리학, 수학, 화학, 즉 자연과학 교과서에서나 볼 수 있는 어려운 수식들과 설명으로 가득 차 있기에, 자연과학 전공 교수님들의 도움을 구할 수밖에 없는 처지가 되었다. 하지만 가까운 교수님들 중에 부탁을 드려 보아도, 책에는 관심이 많지만, 번역에 도움을 주실 분은 없었다. 이런 와중에 한남대학교에 같이 재직 중이신 화학 전공의 이규환 교수님께 용어 자문을 부탁드렸다. 평소에 친절하시고 자상하시다는 소문을 학생들을 통하여 들었기에, 거절은 절대 못하실 것 같았기 때문이다. 더구나 미국에서 학위를 하신 분이시니, 금상첨화의 구원투수였다. 그래서 어렵게 도움을 요청하면서 책을 보내 드렸더니, 이 교수님은 열어 보시지도 않고 그저 하시는 말씀

"양 교수님, 이 책은 딱 베고 자기에 좋은 두께입니다!"

이렇게 이 교수님과의 작업은 용어 자문으로 시작하였으나, 마침 학지사에서도 책 내용을 검토하더니 차라리 이과 전공의 교수님과 공동번역을 권유하였다. 이왕에 피해 갈 도리가 없다면 즐기라고 했듯이, 이 교수님도 책 내용에 깊은 흥미를 가지시

면서 공동번역에 동의해 주심으로 인하여, 오늘날 이 책이 한글로 번역이 되어 세상에 나오게 된 것이다. 아마도 이규환 교수님의 공동 번역이 없었더라면, 이 책의 번역은 중간에 좌절되었을 것이다. 그러나 『양자심리학: 심리학과 물리학의 경계』를 위하여 이미 양자역학을 비롯한 자연과학에 대한 지식과 더불어 많은 독서 그리고 영어 독해 능력까지 완비한 구원자는 바로 같은 대학에서 거의 20년을 함께 일해 온 동료 교수였다. 아마도 민델 박사가 이렇게 될 줄 알고 허락을 해 준 것 같다는 생각은 결코 착각이 아닌 바로 비일상적 실재인 NCR에서의 교류인 것 같았다.

민델 박사는 우리 누구나 일상적 실재(Consensus Reality)와 비일상적 실재(Non-Consensus Reality)를 통합할 수 있는 능력이 있다고 하였다. 그러나 우리는 과학이라는 이름 아래 인간들의 현실인 CR에서 검증될 수 있는 객관적인 사실에만 초점을 맞춤으로써 점점 원초적으로 타고난 감각을 잃어버리면서, 많은 사람들이 정신적으로나 육체적으로 고통받고 있다는 것을 민델 박사는 이 책에서 말하고 있다. 그러나 우리가 원래 타고난 자연적인 본성으로 돌아가 일상적인 실재인 CR과 비일상적인 실재인 NCR을 잘 통합할 수 있는 감각을 찾는다면, 현재보다 훨씬 더 균형 있고 조화로운 삶을 살아갈 수 있다는 것을 펼쳐 보여 주고 있다. 우리는 양자 마음을 통하여 심리학과 물리학에 대한 새로운 지평을 만날 수 있다. 고정된 우리의 편견을 열고, 일상적 실재인 CR과 비일상적 실재인 NCR이 바로 통합될 수 있는 양자 마음으로 세상을 바라본다면, 이 지구는 살아 있는 인격체인 우리 자신이며, 우리 자신들이 또한 이 지구라는 관점에서 세상은 하나로 연결된 유기체로 만날 수 있다는 것이다.

그러나 우리들의 옛 선현들도 이미 민델 박사의 사상을 이야기하지 않았는가! 바로 우리 인간이 소우주이고 삼라만상은 모두 하나로 연결되어 있다고. 우리 동양의 선인들이 했던 이야기를 다시 서양의 물리학자이자 융 심리학의 대가이면서 과정지향 심리학의 창시자인 민델 박사를 통하여 재확인하고 있다. 그래서 역자들은 이 『양자심리학: 심리학과 물리학의 경계』를 통하여 동서양의 사상이 만나서 통합에 이르는 통합심리학 차원에서 이 책의 번역에 동참하였다.

그리고 무엇보다도 이 책을 위하여 초기 번역에 참여해 준 한남대학교 상담학과 박사과정 학생들에게 감사드린다. 이들이 없었더라면 이 번역은 꿈도 꾸지 못했을 것이다. 그리고 번역을 위하여 사전 작업을 해 준 김윤희 선생님과 초기 번역을 꼼꼼히 점검해 주신 박혜숙 선생님, 문종길, 전지경 선생님을 비롯하여 그림과 원고 교정에 정성을 쏟아 준 조은주 선생님께 감사드린다. 또한 학지사 김진환 사장님과 관련자 분들께 감사드린다. 어렵고 두꺼운 책임에도 불구하고, 출판을 허락해 주신 안목에 존경과 감사를 표한다. 또한 이 책의 작업을 위하여 물심양면으로 옆에서 도와준 한남대학교 학생상담센터 선생님들과 아동복지학과 대학원생들에게도 감사를 전한다. 그리고 날마다 노트북 컴퓨터와 더불어 밤늦게까지 작업하는 엄마를 지켜봐 준 아들 인덕과 가족들에게도 사랑을 전한다.

마지막으로 번역된 책을 볼 때마다, 미흡함이 보이는 것은 어쩔 수 없는 한계인 것 같다. 포틀랜드의 프로세스 워크 센터에서 같이 공부하던 미국 친구들도 민델 박사의 책은 자신들도 어렵다고 한 말이 위안이 되기는 하지만, 그럼에도 불구하고 번역체의 한계가 여전히 남아 있기에 독자들에게는 미안함을 금할 수 없다. 번역체가 이해하기 어려울 때는 차라리 원서도 한 번 읽어 보기를 권하고 싶다. 많은 경우에 일반적인 의식 상태를 넘어 트랜스 상태이거나 미묘한 의식의 과정들을 서술하였기에, 일상적인 언어로 번역하는 데 어려움이 많았다는 것이 번역자들의 솔직한 변명이다. 그럼에도 언제라도 오역이나 오자 등을 찾아내어 알려 준다면 감사할 따름이다. 하지만 처음부터 끝까지 한 문장이라도 오역을 줄이기 위하여 마지막 교정까지도 모든 내용을 재검토하면서 정성을 기울여 주신 이규환 교수님께 누구보다 감사를 드린다. 그리고 'Quantum Mind' 를 독자들을 고려하여 책명으로는 '양자심리학' 으로 번역을 하였지만, 내용상으로는 '양자 마음' 으로 번역하였음을 밝혀 둔다. 끝으로 이 책을 통하여 우리들의 의식이 새로운 차원으로 확장되어 좀 더 행복한 세상이 되기를 바란다.

한남대학교 오정골에서

역자 대표 양명숙

저자 서문

어느 날 아침 놀라서 잠에서 깨어난 나는 왜 내가 『양자심리학: 심리학과 물리학의 경계(*Quantum Mind: The Edge Between Physics and Psychology*)』를 저술해야만 하는지 깨달았다. 죽음이 두려웠기 때문이다. 즉, 나의 물리적인 형태인 육체가 사라진다면 나에게 어떤 일이 일어날지 알지 못하기 때문이었다.

수년 동안 나는 우리들의 육체 이면에 놓인 거대한 신비에 대하여 항상 궁금증을 가지고 깊이 생각했다. 나는 누구이며, 우리는 어디로부터 왔을까? 왜 우리는 여기에 있을까? 사후에는 어떤 일들이 일어날까? 물리학의 바탕은 무엇이며, 그것이 꿈의 심리학과 영성적인 전통들과 서로 어떤 관련이 있을까? 나 자신의 운명은 태양계인 우리 지구의 운명과 어떻게 연결되어 있을까?

나는 이러한 궁금증에 대해 신중하게 알아보기 위하여, 이론물리학을 반영하여, 나의 꿈들을 살펴보았다. 또한 심리상담 치료사로서 30년 동안 세계 여러 나라를 다니면서 개인이나 대집단 작업을 통하여 정상적이거나 변형된 의식의 상태에 대한 수천 가지의 경험에 대해서도 연구하였다.

나는 필생의 궁금증에 대한 해답을 찾기 위하여, 기존에 알고 있던 심리학과 초자연치료, 그리고 물리학에 대해서 다시 검토하였다. 그때 나는 깨달았다. 즉, 내 의문에 대한 해답을 찾기 위해서 심리학, 초자연치료, 물리학은 새로운 차원의 현장 이론으로 서로 통합되어야 한다는 것이다. 이 얼마나 어려운 일인가! 하물며 내가 어떻게 그것을 할 수 있을까?

본문에서, 나는 의식의 꿈과 같은 상태가 어떻게 우주의 기본적인 물질일 수 있는가에 대하여 다룰 것이다. 실존하는 물체(Matter)는 꿈과 같은 의식 상태에서 생성된다. 이러한 상태는 육체적인 형태에 드나드는 움직임의 기본이기도 하지만, 초자연치료, 심리학의 기본이기도 하고, 수학, 물리학을 설명하기도 한다.

이 책 내용에 대한 연구가 5년 정도 이루어진 시점에서, 실존하는 물체의 과학인 물리학은 내게 '벌거벗은 임금님', 즉 여전히 지도력을 충분히 발휘하지 못하는 지도자로 여겨진다. 화학, 생물학, 의학, 심리학 그리고 다른 과학들은 가장 중요하고 영향력 있는 과학인 물리학을 중심으로 연계 체계를 형성한다. 그러나 물리학 법칙에 대한 기본과 이해는 아직 완벽하게 알려져 있지 않다.

물리학은 기초공사 없이 땅에 짓고 있는 건물처럼 보인다. 이것이 물리학자들이 미처 관찰하지 못한 새로운 현상에 대하여 설명하는 수학의 능력과 의의에 놀라는 이유이기도 하다. 나는 비록 물리학이 컴퓨터와 우주선을 만드는 방법을 가르쳐 준다는 의미에서 제 역할을 하기는 하지만, 수학과 물리학을 제대로 설명하려면 심리학과 초자연치료가 필요하다는 것을 보여 주고자 한다.

물리학과 수학은 이미 심리학과 초자연치료에서 인정하고 있는, 즉 미묘하고 꿈과 같은 사건들을 알아챌 수 있는 사람들의 지각 능력을 기반으로 하고 있는 것으로 밝혀졌다. 이 『양자심리학』은 알아차림의 과정과 실재를 창조하는 데 참여하는 신비한 능력에 대한 것이다. 따라서 이 책에서는 관찰할 수 있는 세계를 창조하는 우리의 지각에 대한 배경으로 자연이 자신과 상호작용하는 미묘한 방식에 관하여 다룰 것이다.

나는 심리학과 초자연치료 그리고 물리학의 영역(가시화되기 이전에 존재하는 상태)을 자의식의 영역(sentient realm)이라고 부른다. 심리학자 융은 이것을 '집단 무의식' 이라고 하였다. 노벨상을 받은 물리학자 데이비드 봄(David Bohm)은 이것을 손상되지 않은 전체성의 영역이라고 말했다. 다른 노벨 물리학 수상자인 베르너 하이젠베르크(Werner Heisenberg)는 이것을 양자파동함수의 경향성들의 세계라고 말했다. 토속인들도 같은 세계(가시화되기 이전에 존재하는 곳)를 꿈과 같은 의식의 세계라고 부른다. 불교에서의 깨달음은 이 영역을 알아차리는 것과 연결되어 있다. 나는 이 영역이 바로 물리학과 신화를 하나로 통합하는 바탕이라고 주장한다.

아! 그러나 내가 물리적 우주 이면의 꿈꾸는 시간의 영역에 도달하는 방법이나 물리학과 초자연치료의 도움으로 현재 시공간의 한계에서 벗어나는 방법들을 알아냈다면, 이 새로운 개념을 어떻게 일반 독자들과 전문 과학자들이 이해할 수 있는 방법으로 공식화할 수 있을까? 이것이 바로 내가 직면한 도전이자 나 자신과의 약속이다.

나는 오리건 주의 포틀랜드, 런던, 취리히의 프로세스 워크 센터에서 학생들에게 물리학을 가르치면서, 이에 대한 이해를 증진시켜야 되겠다고 느꼈다. 나는 수학의 바탕에 대하여 연구하면서, 수학이 심리상태의 확장뿐만 아니라 암호에 관한 지식의 보고라는 것을 발견하게 되었다. 이 양자물리학의 수학은 직관으로 알고 있었던 의식에 대하여 더 자세하게 알게 해 준다. 공식화되어 있는 것은 아직 본 적이 없으나, 수학과 물리학은 의식의 숨겨진 암호를 포함하고 있다.

수학과 물리학을 잘 모르는 나의 아내이자 동료인 에이미는 일반 독자들이 과학적인 개념을 이해할 수 있도록 도와주었다. 그리고 우리는 매 단원, 새로운 개념에 대해 토론을 했다. 그러나 이 책에서 꼭 필요하지 않은 수학 개념은 각주나 부록을 통하여 과학적 지식이 있는 독자라면 확인할 수 있도록 하였다.

에이미는 내가 물리학을 설명할 때 나의 문제점이 에이미의 과학 지식이나 나의 가르치는 능력의 부족이 아니라, 16세기부터 정신(spirit)과 마음(mind) 그리고 물질(matter)을 분리하면서 야기된 문제라는 것을 알게 해 주었다.

에이미는 이 책이 카를로스 카스타네다(Carlos Castaneda)의 초자연치료사인, 돈 후안(don Juan Matus)의 세계를 조사한 나의 저서 『초자연치료사의 육체(*The Shaman's Body*)』와 어떻게 연관되었는지 궁금해했는데, 나는 의식의 변형을 통해 움직이는 방법에 대한 돈 후안의 가르침이 심리학의 기초에 얼마나 중요한지 보여주었다. 이 책을 집필하면서, 초자연치료적인 가르침에 대해서 다시 생각해 보게 되었고, 그들이 바로 양자론과 상대성 이론으로 연결되어 있다는 것을 알게 되었다.

나는 동시성에 관한 작업에 대하여 알려 준 마리 루이스 폰 프란츠(Marie Louise Von Franz)에게 감사함을 전한다. 동시에 융과 볼프강 파울리(Wolfgang Pauli)에게도 감사함을 전한다. 스위스 취리히의 융 연구소 선생님들께 감사를 드리며 그리고 오하이오 주 신시내티의 유니언(Union) 연구소 선생님들께도 감사를 드린다. 또한 케임브리지의 MIT에 있는 교수님께도 감사를 드린다. 또한 통찰력 높은 절정경험들을 준 케냐, 캐나다, 오스트레일리아, 브라질 그리고 미국의 초자연치료사들에게도 감사를 드린다. 전 세계의 프로세스 워크 센터의 동료들은 사회적 문제들에 접근할 수 있는 특별한 방법을 일깨워 주었는데, 이 방법을 나는 물리학의 균형론을 이해하는 데 사용하였다.

나는 이 책을 다른 관점에서 볼 수 있게 도와준 물리학자 프레드 알란 울프(Fred Alan Wolf)와 아미트 고스와미(Amit Goswami)에게 감사함을 전한다. 또한 물리학의 많은 부분을 봐준 샤론 세션스(Sharon Sessions)에게 감사를 전한다. 원고의 초고를 읽고 감수를 해 준 오리건 주 포틀랜드의 돈 멘켄(Dawn Menken), 잰 드워킨(Jan Dworkin), 케이트 호비(Kate Jobe), 니콜라스 아이언모거(Nicholas Ironmoger), 맥스 슈바흐(Max Schubach) 그리고 스티브 펜위크(Steve Fenwick)에게 매우 깊은 감사를 전한다. 데이비드 존스(David Jones)는 나에게 적절한 때에 양자물리학에 관한 쿠싱(Cushing)의 글에 관심을 갖도록 해 주었다. 조 굿브레드(Joe Goodbread)와의 깊은 대화는 상대성 이론에 대해 더욱 잘 깨우치도록 도와주었을 뿐만 아니라, 나의 마지막 원고도 도와주었기에 감사를 전한다.

칼 민델(Carl Mindell)의 조언은 독자들이 책의 내용을 읽기 쉽도록 하는 데 도움을 주었다. 뉴 디멘전 라디오 방송국의 마이클과 저스틴 톰스(Michael & Justine Toms) 부부는 전폭적인 지지와 더불어 피터 베런(Peter Beren)을 연결해 주었다. 그는 편집과 함께 나의 작업에 대하여 평가를 해 주었는데, 그의 편집 논평에도 감사를 드린다.

릴리 바실루(Lily Vassiliou)는 꿈, 양자물리학, 상대성 이론에 대한 나의 강의 테이프를 교재로 정리하는 데 커다란 도움을 주었다. 레슬리 하이저(Leslie Heizer)는 책의 구성에 대한 좋은 제안을 해 주었고 이 책의 최종 판형을 만드는 데도 도움을 주었다. 마거릿 라이언(Margaret Ryan)은 이 작업의 구성과 논리에 많은 도움을 주었다. 매리 맥컬리(Mary McAuley)는 편집에 많은 도움을 주었다. 오리건 주 포틀랜드에 있는 라오 체(Lao Tse) 출판사의 케이트 호비는 매 과정마다 많은 통찰력과 조언으로 도와주었다.

에이미 민델은 심리학과 물리학에 대한 나의 강의를 책으로 발간할 것을 제안하였다. 그녀는 이 책의 연습 문제 초안을 수정해 주었으며 유럽과 미국 등지에서 나와 함께 물리학과 심리학도 가르쳤다.

나는 특별히 아마존의 주술가들과 의식에서 노래하고 춤추는 사람들, 그리고 그들의 종교 의식인 산토 데임(Santo Daime) 제례 의식의 도움을 많이 받았다. 그들은 미국 인디언들과 아프리카인, 그리고 기독교인의 전통을 연결하기 위하여 신성한 약초인 아야후아스카(Ayahuasca: 변형된 의식 상태에 이르게 하는 약초)를 사용하면서 산토 데임 제례 의식 중의 하나인 정글 의식에서 대칭적 우주에 대한 충격적인 비전을 보여 주었다. 그들은 나에게 위대한 영혼에 의하여 보여진 물리학과 심리학에 대한 통찰에 대하여 기록할 수 있도록 허락해 주었다.

나는 아마존에서 변형된 의식 상태에 있었다. 이때 나는 물리학자와 심리학자로서의 내면과 초자연치료사 사이에서의 갈등이 이 책을 집필하는 과정에서 이들이 서로 협력할 때 해결될 수 있다는 것을 알게 되었다.

오리건 주 야하츠 1999년

이 책이 출판된 후, 우리는 '양자 마음(*Quantum-Mind*)' 이라는 이름으로 애리조나 대학교에서 주관한 인터넷 토론을 확인하였다. 그러나 이 책의 내용은 그 인터넷 토론 그룹의 내용에 대하여 동의하거나 혹은 동의하지 않는다는 것을 의미하지 않는다. 단지 우리는 인터넷 토론 그룹의 존재와 유용성을 확인할 뿐이다.

1999년 11월

차례

제2부 자의식적 양자역학

제3부 상대성에서의 도(道)

제 1 부

수학에서의 의식

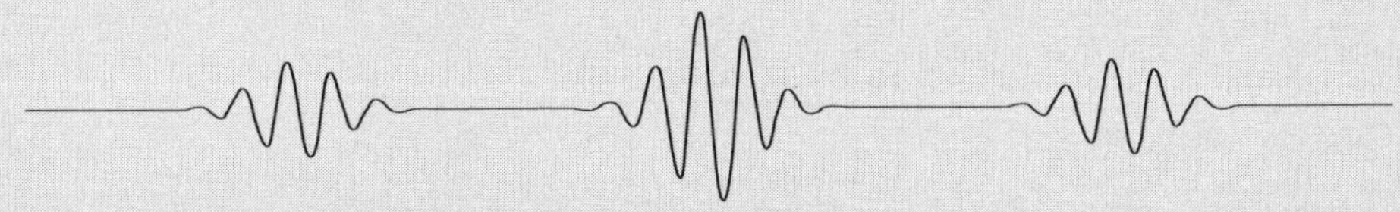

제1장
미지세계에서의 물리학

우리가…… 받아들일 수 있는 유일한 관점은 실재의 두 가지 측면이다. 즉, 양적인 것과 질적인 것, 물리적인 것과 정신적인 것이 서로 융화할 수 있고, 동시에 포용할 수 있다는 것을 인식하는 것이다. 물리적인 것과 정신적인 것(예를 들면, 물질과 마음)이 실재 그 자체에서 상보적일 수 있다면 가장 이상적일 것이다.

– 노벨상을 수상한 물리학자 볼프강 파울리(Wolfgang Pauli)가
친구인 심리학자 융(Jung)과 나눈 대화 중에서–

"범세계적으로 생각하고, 지역적으로 행동하라." "세계는 지구촌이다." "우리는 세계 경제체제로 진입하고 있다." —이러한 평범한 말들은 존재에 대한 본질적인 진리를 암시한다. 비록 우리가 아마도 우리를 둘러싼 지구의 아주 작은 부분과 익숙할 지라도, 진정한 우리들의 집은 바로 그 작은 세계가 아니라 우주 전체다. 과학자이자 심리상담 치료사인 나는 이성과 마술, 수학과 신화의 경로를 통해서 여러분을 우주여행으로 안내하고자 한다. 우리는 명상을 통해 수학을, 초자연치료를 통해 양자역학을, 그리고 인간관계에 대한 깊은 연관성을 이해함으로써 상대성을 탐색할 것이다. 이 여행이 끝나면, 당신은 물질세계에서 가장 기본적인 물질은 꿈과 같은 의식 상태라는 것을 알게 될 것이다. 무엇보다도 가장 바람직한 것은 당신 자신이 꿈과 신체작업, 그리고 관계와 집단 작업의 경험을 통하여, 살아서 박동하고 있는 우주의 심장과 마음이 어떻게 작동하는지, 또한 당신이 어떻게 그것의 일부분인지를

직접 느껴 보는 것이다.

동화 『이상한 나라의 앨리스(*Alice in the Wonderland*)』처럼, 우리는 다양한 세계를 여행하게 될 것이다. 이 동화에서 앨리스는 지하에 있는 꿈의 세계를 발견했는데, 그곳에서는 물체들도 말을 하고 있었다. 지상 세계는 단지 일상의 현실일 뿐이었다. 이러한 일상의 심리학과 물리학이 자신들의 중심인 지상 세계에만 초점을 맞추고 있는 동안에, 앨리스와 초자연치료사들은 매 순간이 이성과 마술의 조합임을 알고 두 세계를 왕래하였다.

동화 속에서, 앨리스는 지상으로부터 지하의 새로운 세계를 여행하게 된다. 그곳에서 앨리스는 상상의 세계를 발견하는데, 그곳에는 물체들이 살아 있고 동물과 식물도 말을 한다. 물질적인 현실 이면에 있는 지하의 이상한 나라에서는 집, 심지어 문고리도 말을 한다. 그러나 지상의 현실에서만 살고 있는 일상적인 사람인 앨리스의 엄마는 딸이 매우 이상하다고 생각한다.

어느 날, 앨리스와 친구는 시간이 빨리 지나간다고 끊임없이 불평하는 토끼를 보았고, 이 말하는 토끼에 끌려 커다란 나무의 뿌리에 있는 구멍에 도착하였다. 두 소녀는 구멍 가까이에 갔으나, 앨리스의 친구는 구멍 속의 세계는 모르는 세계이기에 탐험하기에 너무나 위험하다고 앨리스를 말렸다. 그러나 앨리스는 용기 있게 토끼를 따라 구멍으로 뛰어 들어갔다. 그녀가 알 수 없는 어둠의 세계로 계속해서 밑으로 내려가자 공간이 접히고 시간이 팽창했다. 그녀는 두려운 여행을 시작하였고, 나무 뿌리 밑에 깊숙이 있는 세계가 자의식이 있는 것들로 가득 채워져 있다는 사실을 알았다. 즉, 지상 세계에 살고 있는 사람들이 일반적으로 인식하지 못하는 것들이 이곳에서는 서로 지각하고 의사소통할 수 있었다.

앨리스의 토끼는 나에게 물리학자들이 연구하는, 아주 작아 거의 보이지 않는 소립자를 상기시킨다. 나무 안에 있는 구멍은 마치 입자들이 사라져서 더 이상 보이지 않는 장소와 같다. 대부분의 물리학자들뿐만 아니라 우리들도 앨리스의 친구와 같다. 대부분 구멍을 찾아가고 토끼를 보지만 실제로 뛰어들어 따라가지는 않는다.

미지의 세계로 뛰어들지 않는 것은, 물질의 근원에 대하여 과학이 아직도 명쾌하게 밝히지 못하기 때문이다. 대부분의 과학자들은 시계와 잣대를 통해 보통 현실 속에 머물기 때문에, 입자들과 모든 물질이 발생하는 꿈의 원천인 나무의 뿌리를 직접 '경험' 하는 것 대신에 단지 '생각' 하는 것에 있기로 결정한다. 반면에 앨리스는 용기 있는 초자연치료사처럼 구멍으로 뛰어 들어갔다. 그녀 또한 경계를 보고 망설였지만, 현실의 공간과 시간을 버리고 미지의 세계(우리가 자의식이 있는 물리학이라고 부르는 꿈의 세계)로 들어갔다.

구멍 위의 지상 세계에 안전하게 있는 외부 관찰자들은 매우 궁금해한다. "도대체 무엇이 앨리스를 미지의 세계로 이끌었을까? 무엇이 그녀에게 그런 용기를 주었을까? 그녀는 뭘 찾았을까?" 이 책은 바로 앨리스가 뛰어든 세계, 즉 우리들의 본연인 우주로 안내하는 책이다. 불교의 명상가들을 비롯하여 토착인들 그리고 초자연치료사들은 이미 다 그곳에 가 본 경험이 있다. 우리도 이제 함께 이 우주여행을 경험해 보자.

❖ 물리학의 경계에서

심리상담 치료사의 관점으로 볼 때, 물리학은 1920년대에 양자역학의 발견 이래 앨리스 구멍의 경계에 있다. 물리학의 비전은 지상 세계뿐만 아니라, 토끼의 지하 세계, 실험적 관찰이 발생하는 뿌리에 대해서도 조사하는 것이다. 즉, 지하 세계의 집을 연구하는 것과 양자역학과 상대성 이론에서 설명하는 물질의 움직임을 연구하는 것은, 일상적인 지구인의 현실과 꿈꾸는 세계라는 두 가지 관점을 포함하여 연구하는 것이다.

토끼를 따라가는 것은 관점의 변화, 관찰자에서 참여자로의 변화를 포함한다. 당신이 기존의 물리학자라면, 토끼나 입자가 어떻게 지상으로 나타나는지 사진을 찍거나 지켜보면서, 일상적인 의식 상태로 있을 것이다. 하지만 어떤 새로운 일을 이해하고 경험하기 위해서는, 일상적인 현실보다 시간과 공간에서 비교적 자유로운 꿈과 같은 경험이나 변형된 의식으로 들어가야만 한다. 당신은 지각의 뿌리를 탐험해야 하고, 선명한 꿈꾸기에 대하여 배워야 한다. 이런 경우 당신은 미래의 물리학자처럼 지상 세계에 머물면서도 인식의 근원과 물리학의 근원, 그리고 우주의 기본적인 성질을 이해할 수 있게 되는 실험을 경험하게 될 것이다. 이렇게 된다면 당신은 서로 전혀 별개의 것으로 생각한 초자연치료와 심리학 그리고 물리학을 통합할 수 있는 지식을 얻게 될 것이다.

오늘날의 물리학자들은 미지세계의 입구에 서 있을 뿐이다. 그들은 공간, 시간, 원자, 입자와 같은 일상적인 실재의 개념을 사용하면서, 비록 양자 세계에서는 공간, 시간, 물체들이 모두 얽혀 있다는 것을 알면서도, 실재의 표면에만 머물러 있기를 고집한다. 그러나 일상적인 현실에서 사용하는 용어들은 꿈의 세계를 표현할 때 잘 들어맞지 않는다. 이상한 나라와 같은 양자 세계에서는 주체와 객체, 위치와 거리, 미래와 현재 같은 개념에 대한 명확한 의미가 더 이상 존재하지 않는다. 대신에, 양자 세계에서 발생하는 사건의 방식과 법칙은 현재 물리학에서 물질의 가장 기본적인 설명이 되는 수학 공식으로 기술된다. 양자 세계에서 가장 중요한 수학 공식은 '양자 파동방정식'이다. 이 공식은 기본 입자들 간에 발생하는 현상을 묘사하고 있고, 일상의 현실에서는 직접 보거나 잴 수 없는 허수들로 가득 차 있다. 그러나 당신 또한 직접적으로 파동방정식의 패턴을 보거나 측정할 수는 없다.

양자 파동방정식이라고 부르는 물리학에서의 물질의 근원은 앨리스 나무의 뿌리와 같다. 지상 세계에서는 뿌리가 만드는 나무를 관찰할 수 있지만, 뿌리 그 자체를 볼 수는 없다. 대부분의 사람들은 앨리스의 친구와 같아서 양자 상태의 미지세계(실재의 '지하 세계의 뿌리')를 경험하는 것을 주저한다. 미지세계는 우리가 매일 접하는 일상의 현실보다 익숙하지는 않다. 따라서 물리학자들은 이 거대한 뿌리들에 대하여 정확하게 정의하는 대신에, 볼 수 있고 검증이 가능한 일반적인 현실세계의 측정에 더 집중하게 된다. [그림 1-1]은 동화에서 표현된 두 개의 실재를 함축해 표현한 것이다.

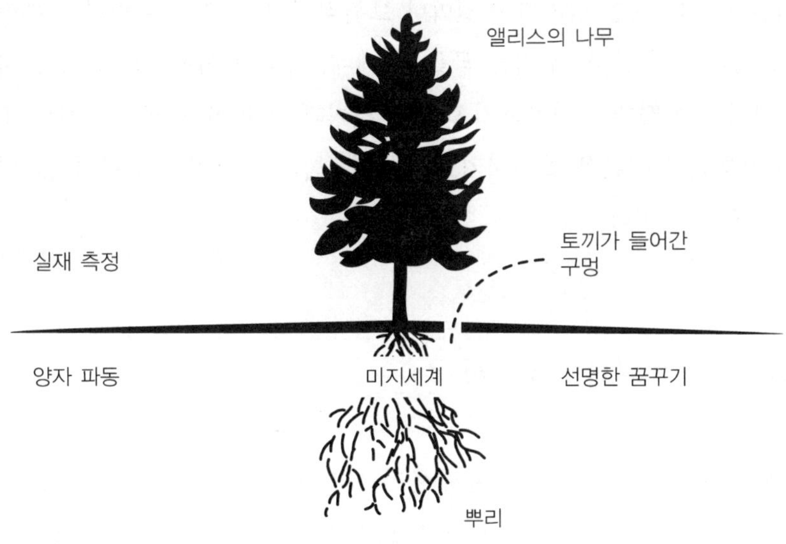

[그림 1-1] 앨리스의 나무

❖ 새로운 이정표: '비밀' 코드

최근에 새로운 시각을 지닌 물리학자들은 상대성과 양자역학의 이론과 의미를 이해하는 데 앨리스의 미지세계와 같은 경험이 필요하다는 것을 인식하기 시작하였다. 이 새로운 학파는 '의식'에 관한 연구를 하였다. 1920년대 초부터, 물리학자들은 의식이 물리학에서 핵심적인 역할을 수행한다는 것을 알고는 있었지만, 의식의 역할이 무엇인지 또는 의식이 어떻게 물질의 방정식에 들어가는지 정확하게 아는 사람은 없었다.

꿈과 같은 물리학의 근원을 연구하면서, 우리는 지각의 기초들을 탐색할 것이고, 어떻게 의식이 물리학과 관련이 있는지를 알아낼 것이다. 심리학과 더불어, 물리학과 관련된 수학은(즉, 양자 물체를 설명하는 파동함수와 같은) 의식이 물질과 '실제 세계'를 어떻게 생성하는지에 대하여 탐험할 때, 꿈의 지하 세계 미로를 통하여 안내해 주는 비밀 코드를 가지고 있다.

이 비밀 코드는 개인 심리학이 얼마나 보편적인지, 그리고 얼마나 근본적으로 물리학적인지를 알려 준다. 우리는 꿈을 꿀 때에, 의식이 어떤 역할을 하는지 그리고 집중과 관찰을 어떻게 조직하는지 탐색할 것이다. 이러한 탐색을 통하여 우리는 우주의 기원에 관한 이론을 발전시키고 물리학, 심리학 그리고 초자연치료의 미래를 예측할 수 있을 것이다.

❖ 미지의 세계에서의 물리학

이상한 나라에 있는 앨리스는 현재 물리학의 위치를 알려 주는 비유다. 어떤 물리학자들은 지상에 머물러 있기를 원하고, 또 다른 물리학자들은 땅 밑에 있는 미지세계에서 의식의 기원을 탐구하고 싶어 한다. 이 동화는 앨리스(땅 밑에 있는 미지세계에서 의식의 기원을 탐구하고 싶어 하는 물리학자)와 앨리스의 친구(지상에 머물러 있기를 원하는 물리학자)와의 갈등을 어떻게 해결해야 하는지를 알려 주지는 못한다. 하지만 다음의 선(禪) 일화에서는 어떻게 두 물리학의 학파들이 통합해 나가야 하는지를 제시한다.[1)]

> 옛날에 종파가 다른 두 명의 선사가 강물이 흐르는 다리 위에서 만났다. 한 선사가 다른 선사에게 강물의 깊이에 대하여 물어보자, 선사는 대답 대신에 그를 물속으로 던져 버렸다. 그때서야 비로소 깊이를 물어보았던 다른 선사는 깨달음을 얻게 되었다.

다시 말하자면, 강이 얼마나 깊은지를 알려면, 당신은 그 깊이를 직접 체험해 보아야 한다. 이 선사의 깨달음은 실제 경험하지 않고 일상적인 현실로만 깊이가 5m라고 말하는 것으로부터 자유를 얻은 것이었다. 이렇게 물속에 직접 들어가 실제 깊이를 경험한 사람과 단지 숫자로 그 깊이를 말하는 것은 너무나 다른 것이다.

일상에 있어, 실험적 측정을 고집하는 사람과 실험 대신 경험을 중요시하는 사람 간의 갈등은 실제 측정을 원하는 사람을 물속에 던지는 것으로 해결되는 것이 아니다. 여기에서 선 일화는 그것보다 훨씬 더 깊은 뜻을 내포하고 있다. 즉, 깨달음의 이해는 측정자를 사용하거나 개인이 직접 경험해서 강의 깊이를 동시에 알아내는 것을 의미한다. 강의 깊이는 측량을 해야 하는 양적인 측면과 더불어 경험적인 질적 측면도 있다. 다시 말하자면, 우리는 언제나 하나 이상의 세상 속에 살고 있다는 것을 깨달아야 한다는 것이다.

❖ 물리학에서의 의식

강에 대한 양적인 관점과 경험적인 관점은 하나의 본질에 관한 두 가지 기술방법이다. 이 두 가지 관점은 모든 과학과 예술 분야에서 어느 정도 사용되고 있지만, 물리학에서는 확연하게 분리되어 있다. 양자 이론이 시작된 1920년대부터, 유명한 물리학자들은 이 두 가지 관점을 하나로 통합해야 할 필요성을 느꼈다. 노벨 물리학상 수상자 베르너 하이젠베르크(Werner Heisenberg)는 측정과 경험이 서로 영향을 미친다는 것을 알았고, 대칭론과 자연의 법칙 뒤에 있는 의식에 대해서도 언급하였다.[2)]파동방정식의 아버지라고 불리는 그의 동료 에어빈 슈뢰딩거(Erwin Schroedinger)는, 너무나 가깝고 친숙한 것들에 대해 별 관심을 갖지 않는 물리학의 '끔찍한 침묵' 에 대해서 한탄했다. 그는 인도 철학에서 말하는 우주에 있는 전지전능한 신이나 영혼에 대하여 관심을 가지는 것이 중요하다고 강조하였다.[3)] 또한 이 시대 최고의 수리 물리학자인 존 폰 노이만(John von Neuman)은 1930년대 초에, 인간의 의식이 이미 물리학의 법칙에 어떤 방법으로든지 적용되었고, 이는 또한 실험 결과를 결정했다고 주장하였다. 그러나 어떻게 의식이 물질 물리학에서 작용하는지는 그도 정확하게 알지는 못하였다.

1950년대에 심리학자 융과 공동으로 일하면서, 볼프강 파울리(Wolfgang Pauli)는 이런 말을 했다.[4)]

> 우리가…… 받아들일 수 있는 유일한 관점은 실재의 두 가지 측면이다. 즉, 양적인 것과 질적인 것, 물리적인 것과 정신적인 것이 서로 융화할 수 있고, 동시에 포용할 수 있다는 것을 인식하는 것이다. 물리적인 것과 정신적인 것(예를 들면, 물질과 마음)이 실재 그 자체에서 상보적일 수 있다면 가장 이상적일 것이다.

물리학과 심리학, 그리고 초자연치료로 알려진 집합적 전통 지혜 모두는 이 책의 도전이자 약속이다. 데카르트(Descartes) 때부터 물리학에서 양적이며 '객관적인' 사고는 표준으로 받아들여졌다. 그러나 물리학이 그 자체로 기초이면서 과학 분야에서 선구적 위치에 있을지라도, 이러한 사고는 개인적인 견해로서 더 이상 수용되기는 힘들 것 같다. 비록 물리학의 패러다임과 개념이 강력할지라도 이는 충분히 근본적이지 못하다. 물리학의 기본은 관찰자의 본성과 선명한 꿈의 과정, 혹은 자의식이 있는 알아차림에 있다. 따라서 이러한 과정을 더 잘 알기 위하여 물리학은 심리학 그리고 초자연치료와 통합해야 할 것이다.

❖ 두 개의 세상, 하나의 다리

수천 년 동안, 초자연치료사들은 현실세계와 꿈의 세계를 동시에 넘나들며 물리학과 심리학을 하나로 통합하였다. 그러나 오늘날의 과학적 사고는 이 두 개를 분리시켰다. 물리학자들은 매일, 즉 일상의 현실을 '고전적인(classical)' 현실이라고 불렀고, 거의 모든 사람들이 동의한 공간, 시간, 물질 그리고 관찰자라는 용어를 사용하였다. 그러나 심리학에서는 2차적 세계(the second world)를 직접적이고 개인적인 경험, 꿈꾸기, 심오한 느낌, 영혼 그리고 개인적인 성장의 영역이라고 부른다. 이 세계는 감정, 텔레파시 등과 같은 주관적인 경험들로 이루어져 있다.

아인슈타인은 비록 깊은 성찰은 없었지만, 『상대성의 의미(*The Meaning of Relativity*)』라는 책 첫 페이지에서, 과학의 틀을 바꾸고, 기초적인 입자들과 우주공간을 탐색하도록 준비시켰던 두 세계를 다음과 같이 구분하였다(고딕체는 저자의 생

각이다).[5)]

> 언어의 도움으로 각 개인들은 어느 정도 그들의 경험을 비교할 수 있다. 따라서 서로 다른 개인의 어떠한 감각인지(認知)는 서로 교감이 되지만, 반면에 다른 감각인지는 그러한 교감이 이루어질 수 없다는 것이 판명되었다.

이 책에서 아인슈타인은 지각과 경험에 대하여 논의를 시작했다. 그는 어떤 지각들은 다른 지각들과 교감을 하지만, 어떤 지각들은 하지 않는다고 하였다. 우리는 다른 지각과 서로 교류하는 지각을 '일상적 실재(consensus reality)', 즉 CR이라고 하고, 총체적으로 교감하지 않는 지각은 '비일상적 실재(non-consensus reality)', 즉 NCR이라고 하자. 예를 들어, 대부분의 사람들은 강의 깊이가 5피트라는 것에는 일상적으로 동의를 하지만, 그 속에 괴물이나 인어가 산다는 말은 일상적으로 동의하기 어려울 것이다. 따라서 괴물과 인어의 존재는 비일상적 실재인 NCR에 속한다.

아인슈타인은 계속해서 언급하였다.

> 우리는 서로 다른 개인들에게서 공통적인 감각인지를 실제라고 여기는 것에 익숙해 있으며, 따라서 이런 것은 다소 비인격적이다. 자연과학, 그중에서도 특히 가장 기본이 되는 물리학은 이러한 감각인지를 다루고 있다.

아인슈타인은 물리학이 가장 기본적인 과학이라고 믿었다. 그는 또한 그가 '실제(real)'라고 의미하는 것을 더욱 명백하게 정의하였다. 아인슈타인뿐만 아니라 대부분의 물리학자들에게 '실제'라는 것은 사람들이 일반적으로 동의하는 개념을 의미한다. 그에게 '실제'라는 것은 비인격적이며 일상적인 실재만이 유일한 실제다. 이러한 비인격적 감각인지에 관한 연구는 과학에 의해 인정되고 있다. 따라서 나의 용어, '일상적 실재인 CR'은 현대 국제사회에서의 일반적이고 집단적인 동의뿐만 아니라 과학적인 권위도 함께 의미하고 있다.

사람이나 집단이 '실제'라는 용어를 정의하는 것은 객관적인 사실이 아니라 견해의 문제다. 오류는 우리가 '실제' 라는 용어를 절대적인 진리인 것처럼 사용할 때 발생한다. 즉, 다른 사람과 교류할 수 있는 경험은 '실제' 라고 하고 교류할 수 없는 경험은 '비실제' 라고 하는 것은 정확한 의미가 아니다. 이는 어떤 감각들을 중요한 것으로 지각하는 반면에, 다른 어떤 감각들을 무시하거나 덜 중요한 감각으로 지각하기 때문이다.

아인슈타인이 위에서 말했던 것처럼 이러한 함축적인 가치판단의 결과, 비일상적 실재인 NCR 개념을 다루는 사회심리학과 심리학은 종종 물리학보다 덜 기본적인 학문으로 간주된다. 그 결과 물리학은 자연의 한 부분이나 인간의식의 부분에서 스스로를 분리시켰다. 아인슈타인은 시간이나 공간은 실제적이지만 사랑이나 꿈, 고통과 같은 감각은 덜 기본적 적어도 덜 실제적이라고 하였다. 그는 "과학은 오직 실제 경험만을 다룬다." 라고 말하였다.

나는 아인슈타인이 아직 살아 있다면, 물리학을 좀 더 상대적으로 만들어 달라고 요구하고 싶다. 나는 2개의 새로운 분야를 물리학에 포함할 것을 제안할 것이다. 즉, 일상적 실재인 CR이라는 합의된 실제에 대한 분야와, 현재의 과학적인 세계관에 의하여 무시되고 있는 비일상적 실재인 NCR이라는 분야다.

나는 '현실세계' 라고 부르는 대신 '일상적 실재' 라고 하는 것이 보편적인 인간경험의 핵심에 대해 더 상대적이고, 따라서 필수적으로 진실이라고 제안한다. 일상적 실재인 CR은 비인격적이다. 그것은 권위가 있고 주어진 시간과 문화 속에서 기본적인 것으로 여겨진다. 그러나 비일상적 실재인 NCR은 또 다른 현실이다. 물론 일상적 실재인 CR의 관점에서 보면, 훨씬 더 '인격적이고' 주관적이며 덜 기본적인 것으로 보인다. 따라서 이것에 동의하는 사람도 적고 문화적 차원에서도 주류가 되지는 못한다.

양자 마음에서 볼 때, 일상적 실재인 CR이란 물리학에서의 실재, 즉 공간, 시간, 크기, 나이, 입자 그리고 사람까지도 잘 정의되고 집단적으로 동의한 의미까지도 포함하는 고전적이며 일상적인 생활에서의 광범위한 실재를 의미한다.

우리는 교류하는 인식이나 교류하지 않는 인식이나 어느 것도 온전한 실재가 아니라는 것을 상기해야 한다. 5피트로 측정된 강의 깊이와 괴물이 살고 있는 강에서의 경험은 둘 다 실재다. 그러나 일상적 실재인 CR과 비일상적 실재인 NCR 어느 것도 그 실재는 절대적이지 않다. 다시 말하면, 앨리스의 친구와 아인슈타인의 물리학은 비일상적 실재인 NCR과는 거리가 있지만, 미지세계의 본질을 무시하는 것 또한 정당화되지 못한다.

아인슈타인은 『상대성의 의미』에서 "우리의 개념과 개념체계의 정당화는 경험의 복잡성을 나타내도록 하는 것이며, 그렇지 않다면 타당성이 없다."라고 하였다. 그러나 오늘날 물리학에 의하여 연구된 일상적 실재인 CR은 '경험의 복잡성을 반영하지 않는다'는 것이 분명하며, 따라서 일상적 실재인 CR은 아인슈타인이 사용한 용어로 볼 때, 많은 사람들이 생각하는 것처럼 그렇게 '합리적인' 것만은 아니다.

물리학이 고통, 사랑, 꿈과 같은 개인적인 비일상적 실재인 NCR의 경험을 포함하지 않는다면, 가장 기본적인 학문으로 완성되기 어려울 것이다. 그러나 양자 마음에서는 아직 물리학에서 풀지 못하고 있는 문제들을 보편적인 인간의 비일상적 사건들에 대한 연구를 통하여 해답을 보여 줄 수 있다.

어떻게 우주가 시작되었을까? 물질 이전에는 무엇이 있었을까? 이런 근본적인 질문에 대답하려면, 우리는 패러다임의 변화를 수행할 필요가 있으며 물리학을 기반으로 하는 미지세계로 들어가야 한다. 이 새로운 패러다임에서는 예를 들어 돌 하나도 그냥 돌에 대한 일반적인 개념으로 설명하지 않는다. 새로운 패러다임에서 그 돌에는 여전히 CR, 즉 일상적 실재의 물리적 특성(단단함, 거침, 무거움 등)을 가지고 있지만, 또한 아름다움과 같은 비일상적 실재인 NCR적 감정도 가지고 있는 것으로 본다.

예를 들어, 인디언 보석 세공인들은 돌을 보면, 그 돌이 어떻게 조각되고 싶은지, 어떻게 형상화되고 싶은지 알 수 있다고 한다. 새로운 패러다임에서 본다면, 돌은 여전히 돌이지만 실험과 경험이 합쳐져서 새로운 차원을 가질 수 있게 된다. 따라서 우리는 돌 그 자체가 어떻게 자의식이 있는지, 그리고 어떻게 자각의 특별한 형태로 미묘한 의사소통을 할 수 있는지 연구할 것이다.

우리 모두는 일상적 실재인 CR과 비일상적 실재인 NCR을 매일 연결한다. 불교의 선각자에 의하면, 사람을 보면 그 사람의 어린 시절, 10대 그리고 노년기까지의 일생을 동시에 볼 수 있다고 한다. 이처럼 우리는 누구를 볼 때마다 일상적 실재인 CR의 인지뿐만 아니라 전혀 언급하지 않은 일종의 직관적인 비일상적 실재인 NCR의 감각도 갖는다.

❖ 비일상적 실재인 NCR에 대한 짧은 역사

우주의 질적인 측면을 무시하는 오늘날의 경향은 오랜 역사를 가지고 있다. 16세기 이전에 물리학과 심리학은 같은 과학-연금술이었다. 예를 들면, 금속은 단지 쇳덩어리에 불과한 것이 아니었다. 이 금속은 오늘날 우리가 알고 있듯이 물질의 한 종류이지만 거기에는 또한 '금속적 정신' 이나 영혼도 가지고 있었다.[6)]

토속인들은 심리학, 물리학, 집단 작업 그리고 초자연치료의 신체활동이나 우리가 원시과학이라고 하는 것들의 분야를 항상 통합하였다. 초자연치료는 과거부터 지금까지 개인이나 부부들을 치료하였고, 어떤 문화권에서는 기우제나 주문을 통해 날씨를 바꾸기도 하였다. 토속인들은 일상적 실재인 CR과 비일상적 실재인 NCR을 통해 항상 물질과 상호작용을 해 왔다. 지구는 물리적인 세계들로 이루어져 있지만 또한 토속인들이 '어머니 지구' 라고 부르는 비일상적 실재인 NCR 경험도 포함되어 있다. 보편적인 인간 경험의 중심부에서, 우리는 독립적인 관찰자일 뿐만 아니라, 자의식이 있는 것들로 가득한 지구의 일부분이기도 하다. 바다와 하늘을 '할머니' '할아버지' 로 부르기도 하였다. 심리학과 물리학은 초자연치료나 고대의 지혜를 통한 하나의 원시 과학이었다.

그러나 본질적인 실재로서 일상적 실재인 CR을 선호하는 것은, 우주를 전체로 연결시켜 주는 것과 같은 느낌의 비일상적 실재인 NCR 감각을 파괴하였다. 1500년경 유럽인들이 물질을 말할 때 그 영혼을 언급하지 않기 시작하면서 일상적 실재인 CR은 비일상적 실재인 NCR보다 높게 평가되었다. 물리학과 정신은 분리되면서 종교가 영혼을 돌보게 되었다. 이와 더불어 우리는 직접적인 자연의 참여자가 아닌 '객관적인 관찰자' 로서의 위치에 머물게 되었다.

물체로부터 마음의 분리는 명백하였다. 따라서 우리는 자연과 교감하던 본질적인 감각을 대부분 잃어버렸다. 대신 사건을 위에서 볼 수 있는 '관찰자' 가 나타났다. 오늘날에도 현대물리학에서의 관찰자는 감정을 가진 인간이라기보다는 기계적인 도구에 가까운 비인간적인 존재다. 관찰자의 능력을 가진 과학자는 물리적 도구에 의해 측정될 수 있는, 그리고 대부분의 인간들에게 동의되는 문화와 시간 및 공간에서의 일상적 실재인 CR, 즉 '실재' 에만 집중한다. 그러나 이러한 관찰자는 혈관을 통해 흐르는 뜨거운 피와 박동하는 심장이 없는, 전자계수기와 같은 일종의 물리적인 로봇에 불과하다. 이러한 관찰자는 가능한 모든 것을 동원하여 객관성을 유지하거나, 대상에서 감정을 배제한다. 따라서 이와는 다른 세계에 관여하는 것은 '비과학적' 이라고 간주한다.

그러나 시대는 변하고 의식과 문화는 계속해서 진화한다. 현대 물리학에서는 이 관찰자 또한 관찰대상에 참여하고 있다는 것을 보여 주고 있다. 앞에서 언급했던 것처럼, 오늘날 아직 해결되지 않는 핵심 문제는 이러한 개입이 어떻게 일어나는가에 관한 것이다.

내가 1960년대에 물리학을 공부할 시절에는 감히 꿈과 물질과의 연관성, 그리고 동시성과 이와 유사한 것들에 대한 흥미를 말할 수 없었다. 그러나 오늘날 이러한 연구는 심리학과 물리학의 경계를 넘어서고 있다. 또한 역사는 일상적 실재인 CR이 절대적인 것이 아니라는 것을 가르치고 있다. 이것은 계속해서 진화되고 있고, 이러한 진화 과정에서 우리의 물리학과 심리학에 대한 이해 또한 변화할 것이다.

❖ 나의 배경

나의 의식연구는 미국에서 취리히로 간 1961년 6월 13일 시작되었다. 마침 이날은 융이 이 세상을 떠난 지 일주일이 되는 날이기도 했다. 노벨 물리학상 수상자로서 심리학과 물리학의 연관성을 연구한 볼프강 파울리는 융보다 몇 년 먼저 세상을 떠났다. 나는 취리히에 교환학생으로 간 21살의 미국인으로, 정신과 의사 융에 대해서는 들어 본 적이 없었다. 그 당시 나는 취리히에서 살았고, 스위스의 MIT라고 불리는 유명한 과학대학인 ETH(Eidgenosische Technische Hochschule)에서 연구했던 아인슈타인의 길을 따라 갔을 뿐이었다.

나는 취리히에서 많은 심리학과 물리학 그리고 공대 학생들을 만났다. 또한 밤에 악몽을 꾸는 나의 새로운 면을 발견하게 되었는데, 이에 대하여 이미 융 학파로 꿈의 분석을 연구하고 있던 한 친구가, 나 자신에 대한 분석을 권유하였다. 그때까지만 해도 나는 융의 연구가 물리학을 이해하는 데 얼마나 도움이 될지 전혀 알아차리지 못하고 있었다.

분석을 받은 첫 번째 꿈은 융과 물리학에 관한 것이었다. 이 꿈에서 융은 나에게 "여보게, 아니(Arny; 저자 Arnold Mindell의 애칭), 자네는 자네 인생의 과업이 무엇인지 아는가?"라고 물었고, 나는 "아니요, 잘 모릅니다……."라고 답했다. 그러자 융은 나에게 "자네 인생에 있어서 과업은 심리학과 물리학의 관계를 찾는 것이야."라고 하였다.

그때까지 나는 심리학에 대해 잘 알지 못했고, 단지 물리학과 물리학의 응용에 대하여 공부하는 학생에 불과했다. 나는 꿈이라는 것들이 전혀 중요하지 않다고 생각했기에, 나의 분석가에게 "융에 대한 꿈은 한낮 꿈에 불과해요, 현실 속에 해결해야 하는 문제도 많은데 왜 꿈에 대해 이야기를 해야 하나요?" 라고 말했다.

그러자 분석가는 "꿈은 중요해, 그 꿈은 너에게 주는 암시일 수도 있어."라고 말했다. 나는 처음부터 강하게 반발하였다. 나는 그녀에게 "그 꿈이 나에게 주는 암시라고요? 그럼 한번 증명해 봐요! 왜 내가 나에 대해 알기 위해 현실에 있는 실제 나의 삶, 물리적 실재보다 꿈에 대하여 연구해야 하나요?"

나는 일상적인 실재인 CR 세계만을 확고하게 믿는 사람이었다. 그러나 융 학파의 꿈 분석가인 그녀는 내 꿈의 실재를 볼 수는 없지만, 내 꿈이 주는 메시지는 내가 '심리학과 물리학을 연결해야 한다는 것' 이라고 했다. "그렇게 하는 것이 바로 너의 사명이야."라고 분석하였다.

그 당시 나는 너무나 완고해서 그 해석에 동의할 수 없었지만, 돌이켜 보면 맞는 말이었다. 나는 공부와 더불어 분석도 계속적으로 받았다. MIT와 취리히에 있는

ETH에서 물리학 공부도 마쳤고, 취리히에 있는 융 연구소의 학위과정도 이수하였으며, 오하이오 대학교에서 심리학으로 박사학위도 받았다. 융 연구소에서 분석전문가가 된 후, 나는 과정지향 심리학(process-oriented psychology)을 창설하였고, 세계 여러 곳에 과정지향 심리학 연구소(centers for process-oriented psychology)를 공동으로 창설하기도 하였다.

이 프로세스 워크(Process Work) 심리학은 몸의 증상, 정신학, 코마상태, 관계, 대집단 그리고 사회적 이슈들을 포함해 광범위한 것들을 다룬다.[7] 나는 지난 37년 동안 심리학과 물리학의 통합을 위하여 연구하여 왔다. 이러한 통합에 대한 노력은 인류의 전통적인 지혜인 초자연치료에 관심을 가지게 하였다. 나는 물리학을 좋아하기도 하지만 한편, 싫어하기도 했기에 심리학과 양자역학 및 상대성 간의 관계를 연구하는 것에 저항하기도 하였다. 즉, 아득히 먼 수학적 공간과 우주의 구조에 대해 연구하는 것은 좋았지만, 너무나 추상적이고 감정이 들어 있지 않은 물리학을 싫어하기도 하였다.

그러나 심리학을 공부하면서 또 실망하게 되었다. 정신을 연구하는 심리학은 실제적인 물질인 인간의 몸에 바탕을 두지 않았기 때문이었다. 나는 나의 꿈과 신체적인 경험이 어떻게 연결되어 있는지 관심을 가졌다. 내가 볼 때 드림워크(Dream work)에는 새로운 시도가 필요했다. 왜냐하면 프로이트의 무의식, 융의 집단무의식, 모레노의 사이코드라마, 그리고 펄스의 게슈탈트심리학에 관한 연구는 이미 그 절정에 이른 것 같았기 때문이었다.

나는 통제할 수 없는 신체 감각과 미묘한 의사소통의 신호가 어떻게 꿈으로 신체에 나타나는지도 연구하였고, 이들 관계와 정신병적 상태에 대해서도 연구하였다. 그리고 대집단에서의 갈등에 대한 작업도 시작하였다.[8]

나는 오늘날에서야, 비로소 개인적인 자각과 개체화가 공동체 자각과 사회적 문제의 해결책으로부터 분리될 수 없다는 것을 알았다. 즉, 의식이란 개인 자신에 대한 알아차림뿐만 아니라 커다란 공동체에서 상호작용하는 부분으로서 자신을 알아차리는 것도 포함한다는 것을 의미한다. 어쨌든 나는 신체를 심리학과 연관하여 작업을 하는 동안, 물리학에 대한 나의 편협한 관점을 내려놓았다.

그동안 물리학은 발전하였다. 1960년대 이후로, 물리학은 심리학과 영성 간의 관계에 대한 연구를 포함한 우주에 대한 새로운 이론들을 모험적인 새로운 영역으로 확장하였다. 최근 물리학 분야에서 쏟아지는 인기 있는 책들만 본다면, 심리학과 물리학 분야는 그 어느 때보다 빠른 속도로 가까워지고 있는 것처럼 보인다.[9)]

몇몇 물리학자들은 양자 물체에도 의식이 있는지를 알아보기 위하여 물속으로 뛰어들려고 하지만, 심리학자들은 정신신체의 증상에 대해 깊이 생각하고, 융처럼 꿈이 동시성이라고 하는 바깥의 사건을 반영하는 방법에 대해서도 연구한다. 뇌와 마음에 관한 연구와 정신면역학은 기분의 변화를 이해하는 데 크게 기여하고 있는 반면에, 컴퓨터 과학은 수학적인 모델을 통해 의식의 본질에 대해 연구하고 있다.

물리학은 이론가들이 더 추상적이고, 일상적 실재인 CR에서 거리가 먼 개념, 즉 더 이상 실험적으로 시험할 수 없는 개념을 만들어 낼수록 앨리스의 이상한 나라와 비슷해진다. 물리학 이론에 대한 타당성의 새로운 기준은 그 이론들이 얼마나 서로 맞아떨어지는가, 즉 서로 잘 공존하는가에 있다. 물리학의 이론은 또한 그들의 유용성뿐만이 아니라 '단순' '아름다움' 그리고 '균형적'에 의해 판단되기도 한다. 그러나 단순함, 아름다움 그리고 균형성은 심리학적인 가치이고 느낌의 가치이기에, 이는 심리학과 의식이 물리학에서 중요한 역할을 한다는 것을 보여 주는 것이다.

물리학에서 의식에 관한 최근 보고서에 의하면, 미래에는 심리학과 물리학, 의학과 철학이 통합될 것이라고 예견하고 있다. 그러나 나의 이런 견해에 대해 물리학자와 심리학자들 사이에서 의견조사를 하지는 말기 바란다. 어떤 학자들은 인간의 마음이 아직 양자상태 사건에 대해 이해할 만큼 충분히 발전되지 않았다고 생각한다.[10)] 그럼에도 새로운 과학은 우리 조상들의 토속적 지혜로 돌아가 깊은 경험을 평가함으로써 우주를 탐구한다. 우리는 또한 소우주이기 때문에 우주의 전체를 알 수 있을 것이다.

❖ 이 책의 구성

토속적인 지혜에 대한 진가를 바탕으로 『양자심리학』은 4부로 구성되어 있으며, 각각 수학, 양자물리학, 상대성 그리고 심리학을 탐구한다.

1부는 수학이 어떻게 명상, 즉 인간의 지각과정을 반영하는지를 탐색한다. 수학적인 지식은 없어도 무방하다. 실용적이고 실험적인 접근을 통해 기초적인 수학과 물리학의 연관성에 대해 알아본다.

2부는 양자물리학에 대해 검토하고 변형 의식 상태의 심리학과의 관계에 대해 알아볼 것이다. 독자들은 소립자와, 그것의 지각, 꿈 그리고 신화의 관계에 대한 논의를 볼 수 있다. 특히 의식의 코드가 물리학의 수학에 어떻게 나타나는지 알아본다.

3부는 우주의 기원과 구조에 대한 아인슈타인의 상대성 이론과 호킹(Steven Hawking)의 개념에 배경이 되는 심리학적 패턴에 대해 알아본다. 나는 물리학자가 굴곡과 중력이라고 부르는 것들을 심리상담 치료사가 전이 상태와 콤플렉스라고 하는 것들과 연결한다.

4부는 앞의 3부에서 수학과 물리학의 의식에 대해 알아낸 것을 통합하기 위해 심리학에 대해 다시 생각해 본다. 4부는 개인적, 그리고 집단 과정 심리학에의 새로운 정신물리학적 접근의 시작 단계다. 이 부분은 우주에 대한 초자연치료사의 안내를 소개한다. 여기서 물리학은 정신신체적 치료와 그 관계에 관한 작업에 새로운 패턴을 만들어 낸다. 물리학은 심리학의 도움과 더불어 지구의 종말과 생태학적 운명에 관한 새로운 통찰력을 줄 것이다. 또한 인간 공동체와 생태계에 대칭 원리를 적용하는 것에 특별한 관심을 두었다.

독자들이 이 책에 가능한 한 능동적으로 참가하게 만들기 위해, 실습, 질문, 주석을 포함하였다. 나는 전문가뿐만 아니라 모든 사람이 '최첨단 이론' 에 참여하고 탐색하고 발전시킬 수 있으며 또한 초자연치료, 심리학 그리고 물리학을 통합하는 경험을 할 능력이 있다고 믿는다.

우리 개개인은 '현대적인 초자연치료사' 가 될 잠재력이 있다고 믿는다. 이 말은 이러한 과학의 이론과 개념을 개인적으로 경험할 수 있어야만 한다는 것을 의미한다. 그렇게 될 때, 우리는 미래의 물리학과 심리학에 직접 참여할 수 있을 것이다. 이것들은 초자연치료적인 인식의 미스터리와 여러 세계를 넘나들 수 있는 능력에 대한 우리의 탐색에 의존한다. 이러한 탐색이 완성되면, 우리는 개인생활과 공동체 생활의 변화뿐만 아니라 물리적인 우주를 함께 만드는 것에도 초자연치료사의 직관력을 사용할 수 있을 것이다. 이것은, 우주의 본질 및 우주 안에서 우리의 적절한 위치에 대한 진정한 이해를 위한 현대 초자연치료의 본질이며 집으로 가는 여행이다. 즉, 현대 초자연치료는 우리의 본연의 권리다.

1) 불교에 관한 이야기를 서양의 언어로 번역하는 데 전문가인 다이세츠 스즈키(Daisetz Suzuki)는 『선과 일본 문화(*Zen and Japanese Culture*)』라는 책(7쪽)에서 두 명의 선사가 다리에서 만나는 이야기를 하였다.
2) 초개인 심리학의 대가인 켄 윌버(Ken Wilber)는 물리학자 베르너 하이젠베르크가 볼프강 파울리와 닐스 보어(Niels Bohr)와 함께 한 이야기를 기록한 것을, 『양자 질문(*Quantum Questions*)』에 인용하였다. 하이젠베르크가 묻기를 "의식, 즉 이 세계의 구조 순서 뒤에 있는 '의도' 들의 구조인 '의식' 에 관한 것들을 찾는 것은 단적으로 어리석은 일입니까?" 라고 물었다(35쪽). 닐스 보어는 프리드리히 폰 쉴러(Fredrich von Schiller)의 『논어(*The Sentences of Confucius*)』를 인용하여 "진실은 그 깊이에 머무는 것이다." 라고 하였다.
3) 파동 역학의 아버지로 불리는 에어빈 슈뢰딩거는 『삶이란 무엇인가(*What is Life*)』라는 책에서 "당신이 살고 있는 삶은 전체의 한 조각이 아니고, '전체' 그 자체다. 단지 전체가 완전히 구성되지 않아, 한눈에 바라볼 수 없을 뿐이다. 이것은 브라만(Brahmins)에서 경이로움으로 표현한, 신비한 공식인 'Tat tvam asi' (이는 바로 당신이다)라는 뜻이다. 다시 말해 '나는 동쪽에도 있고 서쪽에도 있으며, 동시에 위에도 있으며 아래에도 있다. 따라서 나는 전체 그 자체다' 라는 말이다."
4) 파울리의 인용문은 1955년에 발간된 『자연과 정신의 해석(*The Interpretation of Nature and the Psyche*)』이라는 책에 있다.
5) 수학과 관련된 가상의 경험들에 관한 구체적인 내용은 3장부터 7장에서 다룬다.
6) 우리는 이 문제를 명쾌하게 밝혀낸 심리학자 융에 감사를 표한다. 그의 연구를 모아 놓은 『심리학과 연금술(*Psychology and Alchemy*)』이라는 책을 참조하라.

7) 프로세스 워크에 대한 개관은 에이미와 아니 민델(*Amy and Arny Mindell*)이 지은 『말 거꾸로 타기(*Riding Horse Backwards*)』라는 책에서 볼 수 있다. 이 책은 캘리포니아 빅 서(Big Sur)에 있는 에살렌(Esalen) 연구소에서 세미나를 할 때 발표한 것이다.

8) 집단 작업은 4부에서 다룬다.

9) 나는 프리토프 카프라(Frithjof Capra)가 쓴 『물리학의 도(道)(*Tao of Physics*)』와 개리 주카브(Gary Zukav)가 쓴 『춤추는 물리(*The Dancing Wu Li Masters*)』와, 프레드 앨런 울프(Fred Alan Wolf)가 쓴 『꿈꾸는 우주(*Dreaming Universe*)』 그리고 아미트 고스와미(Amit Goswami)가 쓴 『자각하는 우주(*The Self-Aware Universe*)』와 같은 물리학에 관한 새로 나온 유명한 책들을 염두에 두고 있다. 이 책들은 오랫동안 부정되어 왔던 신비스러운 영혼들이 물리학으로 복귀하려고 시도하는 것들을 암시하고 있다.

10) 모든 사람들이 과학의 미래에 대하여 낙관적인 것은 아니다. 예를 들어, 『우주 암호에서(*In The Cosmic Code*)』라는 책을 쓴 물리학자 헤인즈 파겔(Heins Pagel)은 인간의 뇌가 양자 현실을 이해할 정도로 발전하지 않았다고 말했다. 실험적인 물리학자 레온 레더맨(Leon Lederman)은 "인간의 뇌가 양자물리학의 신비를 풀 만큼 준비되어 있을지 의심스럽다."라고 하였다. 레더맨의 『신(神)의 입자(*God Particle*)』 157쪽을 참조하라.

제2장
헤아리는 것과 헤아리지 않는 것

우리의 과학 교육은 한때 우리가 지녔던 자연에서의 비일상적인 것을 포함한 감정의 질적인 측면을 없애 버렸다. 이것은 다시 바뀌어야만 한다.

–저명한 생물학자인 루퍼트 쉘드레이크(Rupert Sheldrake)가 정신적인 지도자인 매튜 폭스(Matthew Fox)와 캐나다의 우키아(Ukiah)에 있는 뉴 디멘전 라디오 방송국 진행자 마이클 톰스(Michael Toms)와 가진 대화에서–[1)]

물리학은 강의 속력이나 물살의 세기, 그리고 깊이에 대해서는 말할 수 있지만, 강의 영혼에 대해서 말할 수는 없다. 물리학은 숫자와 헤아리기를 통한 일상생활의 측정에 기초하고 있다. 우리는 헤아리기를 통하여, 얼마나 많은 별이 보이는지, 또는 책상에 연필이 몇 자루나 있는지 알 수 있다.

물리학은 헤아리는 것에 기초하고 있고, 이 헤아리는 것은 우리가 할 수 있는 것 중에 가장 단순한 것이지만, 암호화된 비밀을 가지고 있다. 심리학과 더불어 헤아리기에 대한 경험을 연구하다 보면, 현실의 얽혀 있는 신비를 풀기 시작할 것이다. 이 장에서는 헤아리기 위해 마음을 사용할 때, 무슨 일이 일어나는지를 탐색할 것이다.

❖ 당신이 헤아리고 있을 때 어떤 일이 일어나는가

헤아린다는 것은 계산하기(reckoning), 다시 세기(recounting), 회계하기(accounting) 그리고 낱낱이 세기(enumerating)와 같은 용어의 의미에서 볼 수 있듯이, 수학적이며 심리학적이다. 예를 들어, '헤아리기(counting)'는 '다시 세기(recounting)'와 연결되어 있다. 숫자를 나타내는 다른 용어 또한 그들이 나타내는 정신적인 과정과 관계가 있다. '암호'와 '암호해독'이라는 단어에서는 무엇인가를 이해하는 것에 관련된 알아차림의 과정과 연결되어 있다.

당신이 헤아리고 있을 때, 어떤 일이 일어나는지를 보려면, 가족의 수를 세거나 양치기가 되어 양을 센다고 가정해 보자. 대부분의 어린아이들과 몇몇 성인들은 손가락을 이용한다. 손가락을 이용하여 헤아리는 과정에서 당신은 무엇을 하고 있는가? 즉, 당신은 가족 개개인이나 목장에 있는 양을 손가락과 짝지으면서 알아차리는 과정을 하고 있다. 이렇게 짝을 짓는 과정에서 각각의 손가락은 개개인의 사람이나 양을 의미한다. 따라서 새로운 사람이나 양이 태어나면 손가락을 하나 더하고, 만일 죽게 되면 손가락을 하나 빼게 된다. 이것은 아주 단순하게 보이지만, 사실이 또한 그러하다. 그러나 우리는 무언가, 즉 짝을 지으면서도 그 과정에 대해서는 대수롭지 않게 지나치기도 한다.

헤아리기에 대한 알아차림은 가족이나 양의 수를 손가락이나 조약돌과 같은 물체의 기준 집단과 짝짓는 과정이다. 이렇게 수학은 세는 것과 같은 과정을 연구하는 것뿐만 아니라, 헤아림 과정의 일반적인 본질을 묘사하는 데 사용될 수 있는 짝짓기, 번호 매기기, 더하기, 빼기와 같은 일반적인 개념도 포함된다.

'짝짓기' '더하기' '빼기'와 같은 추상적인 개념은 어떠한 물체나 물건에도 사용할 수 있기 때문에 중요하다. 산술과 기하학 그리고 미적분학과 같은 수학의 방법과 개념들은 우리가 볼 수 있는 가족의 수뿐만 아니라, 우리가 볼 수 없는, 즉 저 멀리 있는 별에서 일어나는 일이나 가장 작은 원자에서 일어나는 일들까지도 헤아릴 수 있게 해 준다. 이러한 추상적 개념은 셈을 할 수 있는 컴퓨터와 같은 기계를 발명하는 데도 도움을 주었다.

그럼에도 불구하고, 짝짓기와 같은 수학의 필수요소는 일반적인 알아차림의 과정에 속한다. 이를테면, 심리학의 영역에도 해당한다. 심리학의 도움으로 이런 추상적 수학과정에 대해 연구하고, 헤아리기와 같은 것에 대한 경험을 연구함으로써, 우리는 우리가 하는 몇몇 계산이 본질적으로 불완전한 이유에 대해서도 이해할 수 있을 것이다.

❖ 추상적인 개념과 관련된 나의 골칫덩어리-수학

나는 10대 시절 수학 선생님이 너무 추상적인 측면에만 초점을 맞추었기 때문에 수학을 매우 좋아하면서도 싫어하게 되었다. 그래서 수학에 대한 나의 첫 반응은 반항아가 되는 것이었다. 7학년 때 대수학의 글래드스톤(Gladstone) 선생님은 훌륭한 교사였지만 너무 많은 추상적인 과제를 내주셨다. 이에 친구와 나는 저항하기로 결심했다. 우리의 저항은 당시에는 최신 유행으로서, '이유 없는 반항' 이라는 우리 시대의 정신과도 일치하였다. 마침 선생님의 집이 근처였기 때문에, 집에 냄새 나는 폭탄을 던져 우리의 관점을 이해시키려고 했다.

어느 날 수업이 끝난 뒤, 실험실에서 냄새 나는 유황폭탄을 만들었는데 이것은 어느 누구도 해치지 않고 지독한 냄새만을 내는 폭탄이었다. 우리는 선생님 집 밑에 냄새 폭탄을 설치하였다. 나는 결코 나쁜 아이가 아니었고 다른 어떤 사람도 다치는 것 또한 원하지 않았으며, 단지 냄새 나는 것을 목적으로 하였다. 어쨌든, 우리는 길가 모퉁이에 숨어서 집 밑에 있는 폭탄에 연결된 긴 도화선 줄에 불을 붙였다.

마침내 도화선의 불이 폭탄에 붙어 쉬잇 하는 소리가 났지만 터지지는 않았다. 폭탄은 불발탄이었던 것이다. 우리는 미숙한 화학자들에 불과하였지만 폭탄에서 고약한 냄새는 났다. 아무도 다친 사람은 없었지만, 선생님 집의 하얀 벽에는 얼룩이 지고 말았다. 초보 화학자에게는 영광스러운 순간이었으며 두 어린 저항자들은 불발탄이었지만 내심 흥분하였다.

선생님은 화가 나서 창문을 열고 소리를 지르며 경찰을 불렀다. 마침내 경찰이 도착하여 우리를 준엄하게 훈계를 하고는 집으로 돌려보냈다. 어떠한 처벌도 받지는 않았지만, 어머니께는 사실대로 이야기해야만 했다. 나의 이야기를 들으신 어머니는 냄새 폭탄으로 문제를 해결하려 하지 말고, 선생님과 직접 대화해야 한다고 일러주셨다.

다음날, 우리는 선생님께 찾아가 과제에 대한 불만을 이야기하였고, 이와 더불어 선생님과의 관계는 더 좋아지고 과제는 줄어들었다. 내가 변해서 그렇게 느꼈는지는 모르겠지만, 아무튼 이후 선생님은 변하였고, 수학을 좀 더 흥미롭게 가르쳤다.

❖ 수학은 재미있어야 한다

돌이켜 보면, 수학 선생님과 나 사이의 근원적인 문제는 수학이 본질적으로 재미있는 경험이 아니었다는 것이다. 나에게 수학은 너무 추상적이어서 이해하기가 어려웠다. 수학 선생님도 수학은 양적이고 추상적인 것이라고 배웠기에, 오래전부터 해 왔던 방식대로 가르쳤던 것이다. 선생님도 재미있게 가르치려고 노력은 했지만, 나는 수학이란 수표책이나 정리하고, 물리학을 공부할 때 사용하는 단순한 도구라는 일반적인 태도에서 벗어나지 않았다. 그러나 수학은 도구 이상, 즉 높은 차원의 개인적인 경험에 기초하고 있다.

수학의 기초 개념들은 재미있다. 수학을 구성하는 기본 개념들을 이해하는 것은 명상을 이해하는 것보다 쉽다. 하지만 우리는 명상의 과정을 통하여 수학을 재발견하게 될 것이다.

사람들이 수학을 꺼리는 또 다른 이유는 삼각함수법, 미적분학, 행렬 그리고 비유클리드 기하학 같은 용어가 생소하고 너무나 어렵기 때문이다. 심지어 어떤 수학자들은 이를 조장하기도 한다. 그들은 수학이 순수하고 추상적이기를 원하기 때문에, 인간의 감정에 의해 결점이 존재하기를 원하지 않는다. 어쨌든, 이러한 수학의 추상성은 비과학자들(또한 많은 과학자들)에게 지적 열등감을 유발시키기도 한다.

많은 비전공자들이 수학과 과학에 어려움을 느끼는 또 다른 이유가 있다. 수학과 물리학에서 사용되는 용어는 일상적인 생활에서 통용되는 것과는 다른 의미를 가지고 있기 때문이다. 예를 들어, 수학에서의 '닫힘(closure)'과 '장(field)' 같은 개념이나 물리학에서 '인력(attraction)' '전하(charge)' '에너지(energy)'와 같은 용어는 일상적인 생활에서 사용과 아주 다른 전문적인 과학적 의미를 갖고 있다.

궁극적으로 수학은 우리가 어떻게 인식하는지와 관련되어 있다. 우리의 자각과 인식의 방법은 수학에서 부호화되어 있다. 다시 말하면 심리학과 물리학과 수학은 본질적으로 연결되어 있다.[2)]

❖ 문화에 따라 다른 헤아리기

헤아리기의 경험에 대해 다시 생각해 보자. 예를 들어, 바닥에 5개의 돌이 있다고 하자. 2개는 빨간색이고 3개는 파란색이다. 땅에 있는 돌은 색깔만 다르고 모양은 비슷하다. 만약 어른에게 "몇 개의 돌이 바닥에 있나요?"라고 물으면, 대부분의 사람들은 하나씩 세어서 모두 "다섯 개"라고 말할 것이다.

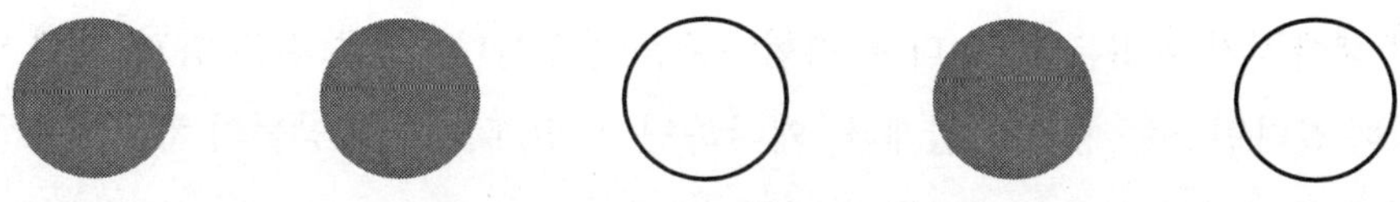

[그림 2-1] 바닥에 있는 돌들

그러나 어린아이들은 그렇지 않다. 어린아이는 전체의 돌을 세지 않고 먼저 어두운 색의 돌을 세고, 그다음 밝은 색 돌의 수를 센 후에 대답을 할 것이다. 보통 8세 정도의 아이들은 어두운 돌 3개와 밝은 돌 2개가 있다고 말한다.[3)]

헤아림에 있어 어른의 방식과 아이의 방식에는 이렇게 차이가 있다. 5개의 돌이라고 대답한 어른 그리고 3개의 어두운 돌과 2개의 밝은 돌이라고 말한 아이의 계산 방법 중 어떤 것이 과연 옳은 것일까? 아니면 단지 분류법의 차이인가?

그렇지 않다. 헤아린다는 것은 선택인데, 이는 관찰자의 심리를 포함한다. 우리는 우리의 주의를 끄는 것만을 헤아린다. 예를 들어, 어린아이들은 돌의 전체적인 합보다는 돌의 색에 더 관심이 있다. 이렇게 어린아이들의 인식과정은 다르게 작동한다. 어린아이들은 어른보다는 문화변용(文化變容)에 덜 영향을 받기 때문이다. 문화변용 과정에서 돌의 합계는 어두운 돌 3개와 밝은 돌 2개가 아닌 단지 5개라는 것을 요구한다. 결론적으로 무엇을 헤아린다는 것은 누가 헤아리는가에 달려 있다.

❖ 인식과 무시

당신이 양(羊)치는 농장 주인이라고 가정해 보자. 아침에 양이 울타리 밖으로 나가고 있을 때, 몇 마리가 나가는지 세어 보려고 한다. 얼마나 많은 양이 나갔는지 당신은 어떻게 알 수 있을까? 아마도 당신은 문 앞에서 양들이 지나갈 때마다 그 수를 셀 것이다. 당신이 5마리의 양을 세었다고 하자.

앞에서 언급한 돌의 예에서처럼, 아이들은 다르게 셀 것이다. 즉, 갈색 양 2마리와 검은 양 3마리가 있다고 할 것이다. 이는 '5마리의 양'과는 다르다. 이러한 두 가지의 헤아리기 방법은 서로 다른 경험기준을 반영한다. 만약 검은 양과 갈색 양의 가격이 같다면, 5는 중요한 합계다. 왜냐하면 이 합계는 개개 양들의 차이점을 무시하고 오직 양의 총수만을 나타내기 때문이다.

이렇게 5는 양들 간의 차이를 무시한 수다. 5라고 헤아리는 것은 양의 총 수가 양들 간의 차이보다 매우 중요하다는 것을 의미한다.

반면에, 아이들은 검은 양에 대해 특별한 감정을 가지고 있을 수도 있고, 시장가치에 대해서는 관심이 없을 수도 있다. 아이는 양(羊)도 자의식을 지닌 존재로서, 헤아려지기를 희망하는 생명체임을 경험했을 수도 있다. 이러한 이유로, 아이는 3마리가 검은 양이고 2마리는 검은 양이 아니라 갈색이라는 것을 알아차리게 된다. 아이의 헤아리기 방법은 총 수에 있는 어른들의 관심을 무시하고, 어른들의 인식은 아이가 특정한 양에 대해 가질 수 있는 주관적인 감정을 무시한다.

헤아리기 방법은 각각의 기본 가정에 의하면 맞기는 하지만, 이러한 가정은 우리가 최종적인 합계를 말할 때에는 무시되는 경향이 있다. 이것은 내가 인도를 여행할 때 어떤 엄마에게 "자녀가 몇 명이냐?" 고 물었더니, 딸 3명이 더 있어 모두 5명인데도 '아들 둘' 이라고 대답했던 경험을 상기시켜 준다.

다시 말해, 헤아리기에서의 대상과 방법은 우리가 어떻게 생각하고 인식하는지를 반영한다. 그것은, 즉 우리가 보고 있는 것과의 관계를 반영하는 것이다. 그래서 헤아리기의 단순한 경험은 추측할 수 있는 많은 객관적인 요인에 달려 있다. 우리의 알아차림은 어떤 것을 헤아리고 무시하는지, 즉 우리가 무엇을 2차적 의미로 여기는지를 결정하게 된다.

❖ 집합과 짝짓기

양(羊)의 이야기로 돌아가 보자. 그 이야기 속의 어른이나 아이처럼 우리는 어떻게 몇 마리의 양이 울타리 밖으로 나갔는지에 대한 계산을 기억하고 이를 다른 사람에게 말할 수 있을까? 우리는 표현하고 싶은 숫자를 나타내기 위해, 주변에서 돌을 찾을지도 모른다. 양이 나가면, 기억하기 쉽게 돌을 다른 쪽으로 옮긴다. 또 다른 양이 나가면, 두 번째 돌을 들어 마찬가지로 옮긴다. 결국 우리는 5개의 돌로 한 더미를 만들게 된다. 아이도 마찬가지로 돌을 이용하여 두 개의 더미, 즉 검은 양을 위한 3개의 돌로 된 더미와 갈색 양을 위한 2개의 돌로 된 더미를 만들 가능성이 더 크다.

돌더미는 어느 정도 단순해 보이지만, 실제로도 단순하다. 하지만 우리가 밖으로 나간 양을 나타내기 위해 돌더미를 쌓으면서 실제로 무엇을 한 것인가? 실제로 양이 지나가는 것만을 세기 위해 돌을 옮긴 것일까?

분리가능성. 먼저 우리는 양들이 셀 수 있는 단체, 집합체라고 가정했다. '집합체

(aggregate)' 라는 단어는 그리스어의 '함께 모으다' 라는 말에서 유래했다. 집합은 헤아리기가 가능한 서로 떨어져 있는 비슷한 물체의 모음이다. 돌더미는 전형적인 집합이다. 각각은 떨어져 있기에 개별적인 정체성을 갖는다.

심리학. 두 번째, 우리는 우리가 인식하는 양의 집합체가 헤아릴 필요가 있는 집합체라고 가정했다. 우리는 나이, 문화, 그리고 개인 심리상태가 우리의 지각적 선택에 영향을 준다는 것을 알고 있다. 따라서 헤아리기 과정에서 우리는 헤아리는 물체는 분리될 수 있다고 가정할 뿐만 아니라, 관심을 가지는 집단을 선택하기도 한다. 대부분의 경우, 우리의 알아차림이 없이도, 헤아리기는 본질적으로 가정하고 선택한다. 이 문화와 심리학은 우리가 무엇을 헤아리는가를 결정하는 데 중요한 역할을 한다.

표준화. 양을 헤아릴 때, 우리는 세 번째 가정도 했다. 우리는 다른 집합체인 양떼를 측정하기 위해 표준 집합체, 즉 돌더미를 사용할 수 있다고 가정한 것이다. 우리가 사용하는 표준 집합체는 우리가 얼마나 많은 양을 가지고 있는가를 알려 주기 원하는 사람들이 누구인지에 달려 있다. 우리는 나무막대, 돌더미, 손가락 또는 다른 물체들을 사용할 수 있다. 표준 집합체 또는 기호(記號)들에 대한 우리의 최후 선택은 우리 사회의 총체적인 본질에 관한 무엇인가를 보여 줄 것이다.

짝짓기. 어떠한 표준 집합체를 사용함으로써, 우리는 다른 집합체를 나타내는 기호로서 표준 집합체를 사용할 수 있다고 가정했다. 이것은 양의 집합체를 나타내기 위해 손가락을 사용할 수도 있다는 것을 의미한다. 우리는 울타리 밖으로 나가는 양떼의 한 무리를 손가락이거나 돌더미로 짝짓기한다. 하지만 우리는 돌더미가 양떼를 나타내지만 양들과는 아주 다르다는 것을 기억해야만 한다.

따라서 양떼를 헤아림으로써, 양이 개별적 부분으로 나누어질 수 있다고 가정하였다. 그리고 우리가 선택한 부분도 매우 중요하다는 것과, 그 부분들이 모여서 전체 집합을 형성한다는 것도 가정하였다. 그리고 우리는 양떼를 나타내기 위해 돌들과 같은 표준 집합체를 사용할 수 있다고 가정하였고, 결국은 울타리를 나가는 각각의 양을 하나의 돌과 짝짓기할 수 있었다.

우리는 양을 세거나, 원자를 세거나, 별을 세는 등, 어떠한 것을 헤아릴 때마다 헤아려지는 것은 분리될 수 있고, 우리의 심리와는 독립적이며, 또 다른 어떤 것으로 표준화되고 나타낼 수 있다는 것을 가정한다. 이런 가정들에 대해 생각해 보면, 그것들이 언제나 옳은 것만은 아니며, 우리의 가정은 단지 근사(近似)에 불과하다는 것을 알 수 있다. 그것은 단지 부분적으로만 사실이다.

결론은 우리가 헤아리는 것이 항상 우리가 헤아리고 있는 것의 근사치에 불과하다는 것이다.

❖ 숫자 체계의 발전

표준화에 관해 생각해 보자. 어떠한 표준이 우리가 사용하기에 적합할까? 또한 어떤 사람이 가장 적합한 것을 선택할까? 초기 인류 역사에서 사냥꾼이나 채집가였던 우리의 선조들은 아마도 처음에는 우리의 양치기처럼 헤아렸을 것이다. 그들은 양의 수를 기억하고, 그 수를 이웃과 공유할 수 있는 방법이 필요했기에, 표준화 과정을 발전시켰다. 그러나 많은 돌더미를 나르는 것이 불편하였기에 시간이 지나면서 나무에 금을 긋거나 손가락을 사용하거나, 주판과 같은 작은 기구의 창조를 통해 기억 과정의 덜 번거로운 방법을 개발하기 시작했다.

당신이 돌더미를 이용하는 것에 싫증을 느끼고 다른 사람과 자신의 정보를 나누고 싶다면 당신은 어떠한 헤아리기 방법과 기억 방법을 사용할 것인가? 손가락을 사용할 것인가? 나무막대에 금을 긋는 것도 좋은 방법이기는 하지만, 사실 자신의 팔과 다리, 손가락을 사용하는 것은 돌이나 나무막대를 사용하는 것보다 더 편리하다. 더구나 손가락과 팔다리의 마디마디도 표준 집합체로 사용할 수 있다.

그러면 어느 손가락이나 팔다리, 혹은 그 관절을 사용할 것인가? 머리와 두 팔로 3까지 셀 수 있으며, 손가락으로는 1부터 10까지, 손가락과 발가락을 사용하면 20까지, 그리고 손가락과 발가락 관절을 사용하면 더 많은 숫자를 셀 수 있다. 이것이 바로 우리 조상들이 사용했던 방법이고, 그래서 우리는 라틴어의 손가락이라는 단어에서 유래한 '개별 정수(定數)' 라는 뜻을 가진 'digit' 와 같은 단어를 이 시대에 흔히 볼 수 있다. 오늘날 'digit'는 숫자를 의미하지만, 손가락과 발가락을 의미하기도 한다. 요약하면, 일반적이고 기준이 되는 집합체나 숫자체계는 바로 인간의 몸을 근본으로 한 것이다.

❖ 헤아릴 때, 헤아리지 못하는 것도 있다

헤아리기를 통해서 우리가 헤아리지 못하거나 놓치게 되는 요소에 대해 논의해 보자.

집단의 다양성. 양떼를 구성하는 특정한 집합체를 선택함으로써, 우리는 선택된 집합체 내에서 갈색 양이나 검은 양과 같은 가능한 다른 집합의 중요성을 과소평가한다.

개별의 다양성. 주어진 집합에서 각각의 양을 헤아리기로 선택함으로써, 우리는 집합 내에서 개별적인 양들의 차이를 무시한다. 즉, 개별적인 차이점은 뒤로 밀리거나 아예 무시된다. 예를 들어, 미국에 있는 모든 국민을 '아메리칸'이라고 말하는 것은 사실이지만, '아메리칸'이라는 집합은 멕시코, 브라질, 칠레, 캐나다 등과 같은 미주(美洲) 국가(American nations)라는 다양성을 무시한다는 것을 기억해야 한다. 또한 무시되고 있는 것은 미국에 거주하고 있는 각 개인의 하위문화(下位文化)다. 그리고 비록 미주의 모든 국가의 서로 다른 하위문화의 모든 사람들을 헤아리기로 동의한다 해도, 아직도 우리는 그들이 모두 비슷할 거라는 가정 때문에 어느 주어진 하위문화 내의 개인을 무시한다.

과정 경험. 돌더미와 손가락 같은 표준을 사용하면서 우리는 양을 다루고 있다는 것을 잊기도 한다. 우리는 "다섯 마리가 나갔다."라고 말하지만 각각의 양이 움직여 나가는 과정, 움직이는 속도, 또는 개별적인 자의식적 존재로서 양들에게 느끼는 우리의 감정이 포함된 과정에 대해 무시하게 된다. 5라는 숫자에는 이러한 경험적 차원 어느 것도 포함되지 않는다.

비인간적인 정체성. 유인원(Anthropoid)이라는 단어는 '인간 비슷한' 것을 의미한다. 우리의 몸을 표준으로 이용하면 다섯 손가락의 기호로 양 다섯 마리를 나타낼 수 있다. 이때 양 다섯 마리는 인간의 몸의 부분과 짝을 지을 수 있다. 즉, 손가락 다섯 개의 기호는 인간의 신체 또는 형태로서 양들을 나타낸다.

10진법은 우리가 사용하는 가장 보편적인 숫자 체계다. 그럼에도 불구하고, 우리는 10진법과 더불어 인간의 몸과 관련된 다른 체계(3진법이나 20진법)를 사용함으로써 은연중에 인간의 육체가 현실세계의 표준 측정법이라고 가정한다. 우리는 우리 자신을 사용하여 세상을 측정한다는 것을 잊을 수도 있지만, 그럼에도 불구하고 우리는 무의식적으로 의인화(擬人化) 가정을 하고 있다. 다시 말해, 우리는 자신의 형태, 인간의 형태로 세계를 나타낼 수 있다고 가정한다.

이 논쟁의 핵심은 우리가 헤아릴 때마다 숫자를 사용하고, '양을 헤아리는 과정'의 다양한 양상을 놓치거나 평가절하한다는 것이다. 우리는 헤아릴 때, 우리가 하는 일이 객관적이라고 생각하지만, 실제로는 자신의 심리상태를 포함한 본성의 많은 부분을 헤아리지 않고 있다는 것이다.

이러한 주장의 요점은 숫자를 사용할 때, 우리는 사건에 대한 감정, 경험, 그리고 사건에 대한 인간 정체성을 간과하는 과정에 개입된다는 것이다. 하지만 수학은 우리가 잊고 있는 많은 알아차림의 미묘한 순간을 포함하고 있다.

우리가 헤아리는 모든 것은 심리상태를 포함한다. 그러나 정치인이나 광고주를 비롯하여 대부분의 사람들은 특정한 정보를 부각시키고 다른 정보들은 완전히 무시하도록 숫자를 사용한다. 이렇게 숫자는 단순히 양적(量的)인 것이 아니고, 헤아리고 있는 사람이나 그룹의 심리상태를 반영하는 것이다.

내 수학 수업을 듣던 한 학생이 이 이야기를 듣고 매우 혼란해하였다. 그녀는 헤아리기에 의해 잃은 것은 명백한데, 그러면 '얻는 것' 은 무엇이냐고 불쑥 물었다.

그 학생이 만족할 수 있었던 유일한 대답은, 우리는 숫자를 통하여 다른 사람과 공유할 수 있는 상징 기호 개념을 사용할 수 있는 능력을 얻었다는 것이다. 얼마나 많은 양이 문을 통과했는지, 또는 우리의 문화가 중요하다고 여기는 것이 양의 집합에서 총 수라는 것을 설명하기 원할 때, 단지 다섯 손가락을 들기만 하면 된다는 것이다. 우리는 이렇게 의사소통의 단축 기호법을 얻은 것이다.

첫 번째 학생이 겨우 만족하자, 두 번째 학생이 일어나 자신이 양치기로 일했던 경험을 말하였다. "저는 목장에서 일했어요. 처음 일을 할 때, 모든 양이 숫자가 적힌 색이 있는 인식표를 귀에 붙이고 있다는 사실에 매우 혼란스러웠어요. 저는 교수님의 생각에 전적으로 동의해요. 우리가 헤아리고 있을 때, 진작 양에 대해서는 잊는 것 같아요. 양의 귀에 인식표를 달 때마다, 저는 양과의 교감을 잃어버리는 것 같아 울고 말았어요."

내가 무슨 말을 할 수 있었을까? 내가 그 학생이 전에 양치기였다는 것을 알았다면, 차라리 이 수학 수업을 그 학생에게 부탁했을 것이다. 그 학생은 나보다 내가 말하는 핵심에 대해 더 잘 알고 있었다. 즉, 과정을 설명하기 위하여, 그 본질에 대하여 무엇인가를 말하는 것은 도리어 그것의 본질에서 느낄 수 있는 교감을 어느 정도 잃어버린다는 것이다.

수학으로부터 얻은 이러한 통찰은, 또한 자연의 섭리는 우리가 반드시 따라야 한다는 고대 중국의 정신적 신앙인 도(道)의 근본이기도 하다. 도덕경(道德經)의 첫 구절에서는 "도라고 말한 순간 이미 도가 아니다."라고 말하였다.

'도'를 '과정(process)'이라는 단어로 바꾼다면 "표현될 수 있는 과정은 이미 과정 그 자체가 아니다."라는 말이다. 다시 말하면, 사건에 대하여 헤아리고 묘사하고 이야기하는 순간, 직접적인 경험과의 교감은 잃어버린다는 것이다. 하지만 과정에 대해 달리 이야기할 수 있는 방법이 없다. 그러나 우리가 무엇을 다른 용어로 설명하려고 할 때 첫 본질을 잃는다는 것을 기억하는 것이 중요하다.

당신이 무엇을 보고 느낀 것에 대한 설명은 그것을 보고 느낀 그 자체와는 다르다. 지도(地圖)는 길이 아니다. 우리가 경험의 이해를 다른 사람과 공유하려고 할 때, 우리는 직접 경험한 교감을 도리어 잃을 수 있는 위험에 빠진다.

이것이 어떤 선사가 다른 선사에게 강의 깊이에 대해 물었을 때, 그를 강에 던져 버린 이유다.

❖ 도(道)에서 일상적인 실재인 CR까지

우리는 다른 사람과 경험을 공유하는 것을 매우 중요하게 여기기 때문에, 종종 개인적인 경험을 포기하기도 한다. 이웃에게 "팔 수 있는 양이 5마리 있어요."라고 말하는 것이 각 양에 대하여 말하는 것보다 훨씬 쉽게 장사를 할 수 있게 해 준다.

우리는 어떻게 양을 팔 수 있을까? 이때 우리가 해야 하는 것은 다섯 손가락을 드는 것이다. 우리는 손가락들을 이용한 숫자 체계의 계산법을 발전시켰다. 다섯을 세기 위해 다섯 개의 손가락을 사용하는 것이나, 5라는 수학적인 부호를 사용하는 것은 문화적인 동의에 의해서 결정된다. 우리는 어떤 일을 묘사하는 방법에 의식적 혹은 무의식적으로 동의하고 있다. 손가락과 같은 표준 집합체를 사용함으로써, 우리는 일상적인 실재(CR)를 만들었다. 이에 대하여 대부분의 사람은 잊고 있었기 때문에, 직접 물어본 사람도 없고, 간접적으로 물어보는 사람은 더욱 없었다. 하지만 우리는 동의하도록 교육받았기 때문에 무의식적으로 동의한다. 우리는 '실재' 에서 양 다섯 마리를 가지고 있다고 말한다. 하지만 실재의 측면을 언급하기 위해 숫자를 사용했더라도 자연의 본질과 일치한다고 할 수는 없다.

일상적인 실재인 CR은 본성의 많은 측면을 무시한다. 예를 들어, 일상적 실재인 CR은 우리가 헤아릴 때 빠뜨린 것을 헤아리지 않는다. 명백히, 우리가 실재라고 말하는 과정들은 완전한 과정들이 아니다. 우리가 꿈속에서 사람을 셀 때나 양자역학이나 상대성 이론을 계산할 때 사용하는 숫자는 결코 완벽한 설명이 될 수 없다. 그 숫자들은, 주어진 일상적 실재인 CR과 상호작용하는 헤아리는 사람의 심리상태를 반영하는 것이다. 불확정성은 일상적인 실재인 CR 속에 만들어지는데 '지도는 길에서의 경험' 이 아니기 때문이다.

공통적인 실재를 창조함으로써 우리는 가족, 친구, 그룹, 하위문화, 문화, 국가, 세계와 더불어 어떠한 세계관을 공유한다. 우리 국가는 세계 경제의 한 부분이기 때문이다. 숫자와 단어는 세계 어디에서나 일상적인 실재인 CR의 기본적인 측면을 형성하며, 우리가 말로는 표현하기 어려운 '도' 와의 교감을 잃어버리게 만들기도 한다.

일상에서의 실재인 CR에서의 근본적인 한계는 우리가 일상에서 경험하는 것을 다 말할 수 없고, 다 인정되지도 않는다는 것이다. 또한, 우리의 마음은 일상적인 실재인 CR이 절대적인 실재라고 믿도록 조절된다는 것이다. '실재' 의 완전한 관점은 '동의한 것' 과 '동의하지 않았지만 경험한 것' 을 포함한다. 즉, 요약하면 실재는 우리가 헤아리는 것과 헤아리지 않는 것도 포함한다.

❖ 증상들

헤아리는 것과 헤아리지 않는 것에 관한 다른 예를 살펴보자. 당신이 의사에게 복통과 같은 증상에 대해 말할 때, 의사가 알아들을 수 있도록 위, 장 그리고 위산(胃酸)과 같은 용어를 사용하여 말한다. 섭씨 39.5도의 열이 있다고 하면서 체온계상으로 아픈 것 같다고 말하지만, 열과 복통의 경험에 대해서는 말하지 않을 것이다. 더구나 누군가와 갈등이 있을 때에만 배가 아픈 사실이나 증상의 격렬성에 대해서는 의사에게 이야기하지 않는다.

당신과 의사는 당신의 의학적 실재가 일상적인 실재인 CR이라고 암묵적으로 동의한다. 그 실재는 온도계에 나타난 숫자로 표시되며, 실재는 당신 위(胃)에 위산이 많이 있다고 알려 준다. 하지만 이 모든 것은 단지 일상적인 실재인 CR일 뿐이며, 당신은 비일상적 실재인 NCR의 한 부분인 증상의 격렬성과 같은 당신의 개인적 경험을 배제하거나 헤아리지 않기로 의사와 암묵적으로 동의한다.

비일상적 실재인 NCR 경험을 평가절하함으로써 많은 증상이 치료되지 못하고 있다. 의사와 환자는 전체적인 과정에 대해서는 말하지 않고, 단지 일상적인 실재인 CR 측면만을 고려한다. 물리학에서처럼 의학은 일상적 실재인 CR의 서술자에 의해 정의된다. 우리의 문화에서 심리학은 개별적인 비일상적 실재인 NCR 경험을 충분히 헤아리지 못하고 있다.

의사의 세계관에 의하면, 당신의 상태는 상당히 틀에 박힌 평범한 것이다. 만일 당신에게 섭씨 39.5도의 열이 있다면, 당신은 아픈 것이다. 그것이 의사가 알 필요가 있는 전부다. 하지만 당신은 잘못 찾은 의사와 상의하고 있을 수 있다. 당신은 당신의 체온을 낮출 수 있는 무엇인가를 줄 수 있을 뿐만 아니라 당신의 분노에 대하여 들어 줄 수 있는 의사가 필요하다. 당신은 그 분노에 대해 도움이 필요하다. 당신이 조용하고 차분한 사람이라면, 제산제나 찬 우유로 분노를 식히는 것을 원하지 않을 것이다. 도리어 더 격분할 필요가 있을지도 모른다. 어설프게 분노를 식히려는 것을 멈출 필요가 있다. 당신은 비일상적 실재인 NCR 경험의 주관적 측면에 관심을 기울여 줄 누군가를 필요로 할지도 모른다.

많은 만성적인 증상은 과정의 일상적 실재인 CR 부분에만 초점이 맞추어져 있기 때문에 완쾌되지 않을 수 있다. 다시 말해, 헤아리는 것과 헤아리지 않는 것은 사는 것과 죽는 것의 문제일 수도 있다. 표현될 수 있는 도는 이미 도가 아닌 것처럼, 우리가 매일 초점을 맞추는 과정은 가장 근본적인 것이 아닐 수도 있다. 중요한 측면은 강의 깊이와 넓이를 나타내는 숫자가 아니라 실제 경험의 강일 것이다.

그러므로 2장의 핵심은 매순간 헤아리기나 헤아리지 않기의 일상적인 과정에 대해 깨어 있게 되는 것이다. 이러한 알아차림은 바로 삶과 죽음의 문제일 수 있다.

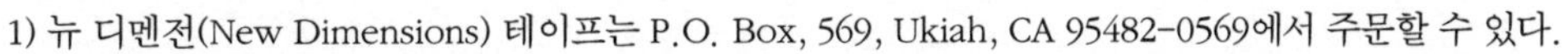

1) 뉴 디멘전(New Dimensions) 테이프는 P.O. Box, 569, Ukiah, CA 95482-0569에서 주문할 수 있다.
2) 이것의 예외는 에드 클로즈(Ed Close)의 연구로서, 관념적인 계산 과정에 대한 스펜서 브라운(G. Spencer Brown)의 미적분학 연구에 기초하였다.
3) 인식의 이러한 차이는 아동심리학자 피아제(Piaget)에 의해 지적되었는데, 그는 일대일 대응의 인식이 약 4세 정도에서 발생하며, 헤아리기와 계산은 바로 그 이후에 발생한다고 하였다.

제3장
수학에서의 도(道)

외향적 감각에서, 정신은 내면 중심에서 물리적 세계로 뻗어 가는 것처럼 보인다.

–물리학자 볼프강 파울리(Wolfgang Pauli)–

우리가 앞에서 알아본 것과 같이, 수학은 깨어 있는 알아차림 과정으로 볼 수 있다. 이것은 수학이 부분적으로 주관적인 심리 과정이 되는 것을 의미한다. 3장 및 이후에서는 숫자 내부와 숫자 이면에 숨겨진 많은 가능한 의미를 다룰 것이다.

❖ 기초수

수학에서 더 큰 숫자를 세기 위하여 반복해서 사용하는 기본적인 숫자를 '기초수(基礎數, number base)' 라고 한다. 1에서 10까지의 수는 오늘날 사용되는 가장 대표적인 기초수다. 10부터는 더 큰 수(11, 12 등)를 얻기 위해서 1과 2를 다시 사용해야만 한다.

전체 역사를 통하여, 문화가 서로 다른 종류의 일상적 실재인 CR을 발전시키는 것처럼, 사람들은 또한 서로 다른 계산 체계와 기초수를 발전시켰다. 그러나 오늘날 국제 표준 체계는 숫자 10을 기초수로 한다.

몇몇 다른 문화권에서는 2 또는 3을 기본으로 한 숫자 체계를 사용했다. 많은 미주(美洲) 원주민들도 10의 기초수 체계를 사용하였는데, 아마도 이것은 사람 손가락 총 개수와 관련이 있는 것 같다. 미국 동부의 어떤 원주민들은 20을 기초수로 사용하고 있었는데, 이는 손가락과 발가락의 총 개수를 의미한다고 볼 수 있다.

기초수에 대한 나의 수업을 들었던 한 호주 원주민은 자신의 부족들이 무엇인가를 셀 때, "하나, 둘, 셋, 넷, 나머지 모두"라고 한다고 했다. 또 다른 사람은 퀸즐랜드에 살고 있는 원주민들이 "하나, 둘, 둘과 하나, 둘과 둘, 그리고 많이"라고 한다고 했다. 중앙아프리카와 티에라 델 퓨에고(Tierra del Fuego)의 원주민의 경우는 기초수 3을,[1] 그리고 몇몇 남미 부족은 기초수 4를 사용하였다.

기초수 3, 즉 1, 2 그리고 3은, 머리는 1, 두 팔은 2, 머리와 두 팔은 3을 나타내는 경험과 연결될 것이다. 기초수 4는 두 팔과 두 다리를 사용하는 경험을 나타내고, 5는 네 개의 손가락과 엄지다. 기초수 5는 '다섯' 이라는 의미의 단어에 '손(Hand)' 을 사용하는 언어에서 아직도 볼 수 있다.[2]

기초수는 인간 심리의 기본 모습, 즉 주어진 그룹의 일상적 실재인 CR을 반영한다. 어떤 부족들은 머리와 두 팔로 자신을 구분하고, 다른 부족들은 사지(四肢)로 구분하며, 또 다른 경우는 손, 손가락 그리고 발가락 등으로 구분한다. 나는 어떻게 우리가 자신을 구분하는가 하는 것의 심리학적 의미보다는, 우리의 심리학, 문화, 일상적 실재인 CR이 이러한 선택의 형태에 연관되어 있다는, 좀 더 일반적인 사실에 더 관심이 있다. 어떤 이들은 머리와 팔의 기본적 특성을 강조하고, 다른 이들은 사지(四肢)의 중요한 특성을 강조하며, 또 다른 사람들은 손가락과 관절을 중요시하지만, 모든 사람들은 공통의 표준적인 집합체로서 몸을 사용한다는 것이다.

헤아리기는 무의식적으로 외부의 사건을 우리 몸과 짝짓는다. 헤아리기는 언제나 신체적 경험이었다. 즉, 우리가 보는 것과 측정하고 설명하는 방법들은 무의식적으로 우리 신체와 관련된 경험이었다.

❖ 숫자 1은 상호작용하는 알아차림의 과정을 의미한다

몇 년 전 여행하면서 중앙아프리카 원주민들의 사고방식에 흥미를 가지게 되었다. 중앙아프리카의 포레스트 피플(Forest People) 원주민들의 체계를 살펴보면, 이 체계는 남미의 티에라 델 퓨에고의 원주민과 퀸즐랜드의 원주민들의 방식과 유사하다. 이 세 부족 모두는 숫자 3을 기초수로 사용한다.

예를 들어, 중앙아프리카 원주민 포레스트 피플들은 숫자 1을 '아(ahh)' 라고 읽는다(우리는 'a' 라고 쓰자). 숫자 2는 '오아(oa)' 로, 3을 '우아(ua)' 라고 쓴다.[3)] 나머지 숫자들은 이 세 가지의 조합이다. 예를 들어, 4는 '오아-오아' (2+2), 5는 '오아-오아-아' (2+2+1), 그리고 6을 '오아-오아-오아' 로 한다.

숫자 1, 즉 '아(a)' 는 다른 두 개의 기초수 '오아(oa)' '우아(ua)' 에서도 나타남을 주목하라. 이 세 숫자 모두는 이러한 '공통성' 을 가지고 있다. 여기서 '공통성' 이란 무엇인가? 즉, 기초수에 있는 모든 숫자는 무엇을 공유하고 있는가?라고 질문을 할 수 있다.

앞에서 언급한 것처럼, 헤아리기는 초점을 맞출 집단의 선택, 그 집단을 다른 집단과의 짝지음, 표준 집단의 선택, 그리고 전체 집단으로부터 어느 특정 집단 하나를 분리하는 과정을 포함한다.

그러므로 첫 번째 숫자 1과 다른 모든 숫자('오아' 와 '우아')에서 나타나는 '아' 는 분화되지 않은 집단으로부터 어느 특정 집단의 분리에 대한 잠재의식적인 깨달음을 나타낸다. '아' 는 단지 '아' (또는 숫자 1)의 수량을 나타내는 상징만이 아니고, 헤아리기 위해 무엇인가를 선택하고 나머지를 과소평가하는 심리 과정에 대한 일상적 실재인 CR 개념이다.

숫자 체계와 우리의 헤아리는 과정은 실재를 어떻게 인식하는지에 대한 부호다. DNA가 어떻게 우리의 신체가 하나의 세계로 성장하고, 펼쳐지고 작동하는지를 결정하는 부호인 것처럼 수학은 우리 마음에 대한 부호다.

관찰자와 관찰대상 사이의 심리적 상호작용에 포함된 알아차림은 모든 숫자 안에 포함되어 있거나 또는 속에 숨겨진 공통 요인이다. 2장에서 다룬 양(羊)과 돌더미에서처럼, 우리가 세는 것은 무엇을 세고 있는가에 부분적으로 달려 있다. 관찰자로서 우리는 관찰대상의 본질과 우리의 심리에 근거하여 선택한다. 우리가 사물을 관찰할 때의 느낌 그리고 헤아림 이면의 상호작용 과정은, 실재 세계에서 관찰하거나 헤아리기 이면의 요소 중 하나라고 생각될 수 있다. 무의식 형태와 마찬가지로 의식은 계산에 포함되어 있다.

우리는 헤아리기를 우리의 문화, 일상적 실재인 CR, 그리고 우주관을 반영하는 경험이 무의식 중에 일어나는 무엇이 아니고, 우리가 의식적으로 하는 그 무엇이라고 보통 생각한다. 그럼에도 불구하고 내적 심리학 관점에서 볼 때, 관찰적인 알아차림의 과정은 실재에 접근한다.

숫자 1에 관한 고대 중국의 개념은 첫 숫자가 양(量)과 상호작용인 과정뿐만 아니라 생성적 힘(generative power)을 상징한다는 것을 보여 준다. 3천 년 전에 작성된 『역경(易經)』의 첫 번째 육효(六爻: 중국 점괘)는 '조물주'('머리' 의미의 어근(語根)으로부터)다.[4)]

만물이 시작되고, 하늘을 가득 메우는 조물주의 절정은 참으로 위대하다…….
구름은 흘러가고 비는 만물을 적시며, 각각의 모든 사물은 자신의 형태로 흐른다.

여기서 첫 육효인 숫자 1은 양(量)뿐만 아니라 개별적 존재와 숫자가 분리된 형태로 펼쳐지게 하는 창조적인 '흐름'인 생성 과정과 연관되어 있다. 숫자 1 속에는 구름과 같은 상태로 시작되고 무수하게 분리된 형태로 펴지는 자연 변화의 개념, 즉 인생 과정이 있다.[5)]

숫자 1에 대한 개념에는 3가지의 개념이 포함되어 있다. 다른 모든 숫자들을 드러나게 하는 창조적 도(道), 관찰자와 관찰대상 사이의 상호작용 과정, 그리고 추상적 양(量) 1에 대하여 합의된 개념이다.

'아' 또는 '1'은 모든 숫자(포레스트 피플의 숫자 체계에서는 아, 오아, 우아)에서 발견되기 때문에, 우리는 각각의 개별 숫자가 '아' 또는 '1'을 포함하고 있다고 말할 수 있다. 즉, 각각의 숫자는 양적인 그리고 상호작용의 성분뿐만 아니라 창조적인 생성의 본성을 가지고 있다.

이런 측면에서 볼 때, 비록 우리는 숫자의 함축된 의미와 상호작용의 본성을 잊어버리는 경향이 있다 하더라도, 숫자는 현실적이며 동시에 가상적이다. 더구나 우리는 개개의 숫자들이 단지 전체가 아닌 전체 과정의 측면을 상징한다는 것을 잊어버리기도 한다. 기본적인 관점은 일상 사건의 여러 부분이 그들을 표현하는 추상성의 사용으로 무시되고 있다는 것이다.

어쨌든, 포레스트 피플의 숫자 체계 속의 '아'는 특정 숫자들을 나타내는 알아차림 과정의 상징이며, 다른 숫자에서 다시 나타나게 되는 경험이다(아＝1, 오아＝2, 우아＝3임을 기억하라).

❖ 헤아리기와 꿈꾸기

어느 날 밤 당신은 잠에서 깨어나 꿈을 기억할 수도 있다. 꿈의 경험을 살펴보면, 당신은 어떤 꿈을 꾸었는지를 회상하면서 자동적으로 다시 헤아리는 과정으로 들어간다.

이것이 그 방법이다. 그날 밤 무엇인가가 당신의 관심을 끌었고, 그것은 어떠한 방법으로 당신과 상호작용했으며, 당신은 이 무엇인가를 당신이 꾼 꿈의 첫 번째 조각이라고 부르기로 결정한다. 당신이 '톰(Tom)'이라고 믿는 어떤 사람에 대해 꿈을 꾸었다고 하자. 당신은 그 사람이 '톰'인지 확실하지 않으나, 당신 꿈의 일부 측면을 무시하고 다른 부분을 선택하는 잠재적 알아차림의 과정을 통해 당신의 꿈이 바로 톰과 관련된 꿈이라고 추정한다.

헤아리기와 다시 헤아리기는 그것이 단지 '톰 같다'는 주관적 경험을 설명하기 위해 당신의 개인적 경험, 사람 이름, 그리고 '톰'으로부터 동의된 집합체를 사용해서 꿈의 과정에서 나타나는 것의 일상적 실재인 CR 해석을 준다.

우리들 대부분에게, 진행 중이었던 꿈꾸기 과정에 대한 감각은 꿈을 다시 헤아리는 과정에서 잊혀진다. 우리는 꿈을 꾸는 경험과, 톰과 같은 인물을 만들어 내는 경험을 잊어버리게 된다. 대신 우리는 a, oa 또는 ua에 대해 이야기한다. 그러나 이러한 숫자들 중 오직 'a' 만이 배경이 된 상호작용적인 알아차림 과정을 상기시킨다.

❖ 개인적 사례

숫자 이론에 대한 어느 수업 중에, 나는 내면의 명상에 대하여 다시 풀어 보았다.

> 여기 서 있는 동안, 나는 완전히 깨어 있으면서 명상하려고 노력할 것이다. 나는 감정을 인식한다……. 나는 인식한다……. 나는 수학에 대해 흥분하고 몰두해 있다. 내가 지금 무엇을 느끼고 있는지를, 당신들에게 다시 보고하고 있는 나를 자각할 때, 나는 또한 내 경험 전부를 전달할 수 있는 일상적 실재인 CR로 표현하고 있음을 알아차린다. 그리고 나는 이것을 '흥분' 이라고 부른다.

만약 내 감정경험을 상세히 되돌아본다면, 먼저 나의 심장박동이 빨라짐을 알 수 있다. 그리고 내 두 팔에 에너지가 넘쳐 움직이기를 원한다는 것을 알 수 있다. 지금 팔은 마치 스스로 올라가고 있는 것처럼 움직이고 있음을 알게 된다. 나는 그대로 둘 것이다. 팔은 허공을 날아다니길 원한다. 내가 팔을 올리는 것을 알고, 마치 날개를 퍼덕이는 것처럼 움직이는 것을 알아차린다. 나 자신을 어린이의 형상으로 인식하고, 새로운 생각과 더불어 흥분되었다.

하지만 나는 흥분해서 하늘을 날고 있는 어린이가 아니라 교수였다. 학생들과 나는 내가 '세상을 멈추고, 비일상적 실재인 NCR로 들어가서 내가 '흥분' 이라고 한 경험을 다시 헤아리도록 하였다.

숫자 1(나의 경우는 심장박동)은 있는 그 자체를 드러내려고 하였던 내 마음과 내 몸 사이의 상호작용적 깨달음 과정이었다. 숫자 1의 이면에는, '심장박동' 이라는 내 심장의 움직임을 알아차리고 그리고 내 뛰는 심장을 일상적 실재인 CR의 총체적 개념 '심장박동' 등과 짝지으면서, 내 흥분의 상세함을 느끼기 위한 선택의 알아차림이 있었다.

그리고 나는 그 과정 자체의 내부 경험에 내 주의를 집중하였으며, 헤아리기 과정이 자가발생한다는 것을 알게 되었다. 나는 단지 그것을 알아차리기만 하면 됐다. 그 과정은 심장박동으로부터 내 손의 움직임이라고 부르는 것으로 이동하였다. 그 움직임을 '숫자 2'라고 하자. 그 과정은 스스로를 한층 더 전개시켰다. 나는 나의 손이 날갯짓하는 것을 알게 되고, 이러한 과정은 흥분된 어린이를 상기시켰다. 이 어린이는 그 과정에서 '숫자 3'이라고 불릴 것이다.

이런 용어(심장박동, 손 그리고 어린이) 각각은 과정에 있어서 첫 번째, 두 번째 그리고 세 번째 요소를 나타내는 '숫자'로 볼 수 있을 것이다. 각각의 숫자는 양(量)이고, 진실하고 내적인 경험에 대한 일상적 실재인 CR 설명의 측면을 표시하며, 관찰자와 관찰대상 사이의 상호작용을 통해 일어나고, 자가발생적 요소를 포함한다. 말하자면, 각 숫자는 그 안에 1 또는 '아'를 가지고 있다.

우리는 학교에서 수학을 배우는 방법에 대해서 말하는 것이 아니다. 우리는 어느 과정의 설명으로서 숫자의 경험에 대해 말하는 것이다. 그리고 이 과정은 알아차림의 과정 그 자체다.

다음 표에서 과정적 사고 및 현대 수학의 부호와 함께 포레스트 피플의 수학을 함께 정리하였다.

표 3-1 과정적 사고 및 현대 수학의 부호와 포레스트 피플의 수학

원주민 수학	과정적 사고	현대 수학
숫자	개별적 요소	숫자
아(a)	첫 번째의 개별적 요소에 CR 용어를 주면서 인식하는 과정	1
오아(oa)	두 번째의 개별적 요소에 CR 용어를 주면서 인식하는 과정	2
우아(ua)	세 번째의 개별적 요소에 CR 용어를 주면서 인식하는 과정	3

내가 경험한 것을 다시 헤아리면서, 내 경험을 설명하기 위해 '심장박동' '손의

움직임' 그리고 '어린이' 라는 단어를 사용한다. 하지만 이런 단어들은 내가 말로 표현하기 어려운 매우 주관적이고 개인적인 비일상적 실재인 NCR 과정과 경험이라는 것을 당신 스스로의 경험으로부터 나도 알고 여러분도 안다.

일반적으로 꿈이나 물체에 대해 말할 때, 각 숫자는 양(量)을 나타내기 위해, 그리고 또한 개별적으로 펼쳐지는 사건 중에서 특정 사건으로 인지하는 상호작용적 알아차림 과정을 나타내기 위해, 일상적 실재인 CR 개념(심장이나 손과 같은)을 사용하여 '다시 헤아리는 것' 이다.

그러므로 모든 숫자에 함축적으로 들어 있는 '아' 는, 내가 상호작용하고 일상적 실재인 CR 개념으로 설명하여 당신에게 내가 경험하는 것의 느낌을 줄 수 있는, 자가발생과정에 대한 내 경험이다. 요약하면, 바로 내가 흥분한 어린아이와 같다는 것이다.

다시 한 번 강조한다면, 우리는 셀 수 있는 숫자 또는 말할 수 있는 단어가 실제 일어나는 실재 과정이 아니라는 것을 알았다. 이에 대하여 아인슈타인도 다음과 같이 말하였다.

> 헤아리는 모든 것이 다 헤아려질 수 없고, 헤아려질 수 있는 모든 것이 다 헤아려지는 것도 아니다.

❖ 과학의 미래

숫자 이면의 과정에 대한 이러한 기초적 생각은 수학과 물리학에 일반적인 관점을 제시한다. 당신이 숫자가 발견되거나 고안되던 시대에 살고 있다고 가정해 보자. 당신이 수천 년 전에 살았다고 상상해 보자. 만일 당신이 관찰 이면의 기본적 알아차림 과정과 연결된다면, 당신은 인류의 미래에 대하여 다음과 같이 예측했을지도 모른다.

헤아리기 체계가 전체 과정에 대한 헤아리기가 아님을 알았기 때문에, 미래의 수학은 현재 숫자 체계에 의해 무시된 많은 비일상적 실재인 NCR의 알아차림 경험도 포함할 수 있도록 더 많이 발전해야 할 것이라고 추측하고 수정했을 것이다.

그와 같은 비일상적 실재인 NCR 경험이 어떻게 다시 나타날까? 당신이 사용하는 '실제' 수는 허상 및 다른 비일상적 경험을 포함하기 위해 더 복잡하게 만들어져야 한다고 추측할 수 있다. 아마 3과 같은 각각의 수는 '3*i*'와 같은 허수(虛數)와 함께 어떻게든 짝지어져야만 한다고 추정할 수도 있다. 되돌아보면, 17세기에 '복소수(複素數)와 허수' 라는 새로운 수들이 실제로 나타났기 때문에 그 말이 옳을 수도 있다.

수학의 발달사를 예견해 보면, 당신은 먼저 사람들이 '실재(일상적 실재인 CR)' 의 사물을 창조하는 데 적용하기 위한 숫자에 매료되었다는 것을 이해할 수 있을 것이다. 당신은 나중에 헤아려지지 않은 경험이 소위 실제 측정에서 불확정성으로, 즉 어떤 사건이 전체 입자 또는 전체 우주와 어떻게 연관되었는지 헤아리기의 방식에서의 부정확성으로 나타날 것이라고 추측할 수 있다. 당신은 20세기에 발견된 하이젠베르크의 '불확정성의 원리' 까지도 예상할 수 있었을 것이다.

당신이 3천 년대의 미래로 간다면, 과학이 우리가 이미 알고 있던 것, 즉 개인 심리학과 문화가 수학과 물리학에서 중요한 역할을 한다는 것을 확인하거나 재발견할 것이라는 것을 알 수 있을 것이다. 따라서 물리학과 심리학 그리고 철학이 함께 통합되어야 한다는 것을 알게 될 것이다.

숫자의 일상적 실재인 CR 측면에서만의 사고는 우리가 관찰하는 것과의 관계를 단절시킨다. 그것은 헤아리기에 관련된 모든 개인 경험, 심리적 가정을 무시한다. 따라서 일상적 실재인 CR 측정과 헤아리기에 기초를 둔 오늘날의 물리학은 자연의 일부만을 나타낸다. 이러한 일상적 실재인 CR 설명은 자연에 관한 불확정성의 많은 것이 우리가 무시한 감각적 경험으로부터 온다는 것을 간과하게 만든다.

결국 우리는 헤아릴 수 있는 것에만 관심을 가지고, 헤아릴 수 없는 부분에는 관심을 가지지 않는다고 개별적인 개체가 그것을 만들어 내는 과정 또는 관찰자와 독립적으로 존재한다고 할 수 없다. 우리가 헤아리는 것은 단지 발생하고 있는 것의 상징에 불과하다. 따라서 헤아리기는 헤아려지는 것의 전체 실재를 나타내지는 않는다.

고대 중국 서적 『도덕경』에서는 우리들의 경험을 통해 전해지는 모든 사건에 대한 '도'가 소위 사건의 명확한 일상적 실재인 CR 설명과는 다르다고 하였다. 즉, "말할 수 있는 도는 이미 도가 아니다."라고 하였다.

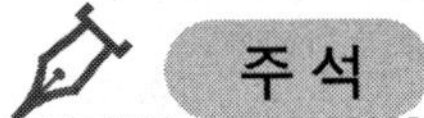

1) 하워드 이브스(Howard Eves)의 『수학 역사의 서론(*An Introduction to the History of Mathematics*)』 8쪽을 참조하라.
2) 프랭크 스웨츠(Frank Swetz)의 수학의 역사 개론인 『다섯 손가락에서부터 무한대까지(*From Five Fingers to Infinity*)』를 참조하라.
3) 나는 아프리카 사람들의 헤아리기가 그들의 삶의 환경에서 유래되었음을 기억하기에 내가 그것을 완전하게 이해할 수는 없을 것이다. 그러나 그들의 체계가 세계의 여러 곳에서의 체계와 비슷하기 때문에, 나 또한 그들의 심리와 이러한 체계 이면의 감정에 관해 무엇인가를 느낄 수 있을 것으로 본다.
4) 리하르트 빌헬름(Richard Wilhelm)의 『역경』의 번역 370쪽을 참조하라.
5) 나의 융 심리학의 스승이며 융의 동료인, 마리 루이스 폰 프란츠(Marie Louise von Franz)는 『수와 시간(*Number and Time*)』이라는 책에서 하나의 연속체(one continuum)의 상징으로서의 숫자 1에 대해 언급하였다. 여기서 하나의 연속체인 숫자 1은 다른 모든 숫자를 통한다. 그녀의 책에서 숫자 1은 하나의 세계, 또는 모든 이중성을 넘어서는 세계인 연금술의 '하나의 세계(*Unus Mundus*)' (영어로는 One world)를 상징한다. 하나의 연속체라는 것은 헤아리는 것으로 정의하는 상호작용적 알아차림 과정에서 발생하는 도를 의미한다.

제4장
꿈꾸기의 수학

앞으로 가는 것을 헤아리는 것은, 뒤로 가는 것이다.

–『역경』 변화의 서(書)에서–

우리가 탐구를 시작할 때 알아본 것과 같이, 주위의 세계와 우리의 내면을 관찰할 때 사용하는 수학적 패턴은 객관적이지 않다. 그러한 경우는 우리가 주위의 물체를 관찰할 때 일어난다. 즉, 우리가 소위 도(道)와 상호작용할 때 수학이 나타난다. 수학은 부호(code)다. 창조의 부호라고 할 수 있다. 수학적 설명은 상징적이며, 우리가 경험하고 관찰하는 세계를 더 잘 설명한다. 이 부호 안에는 개인의 심리, 문화 그리고 우리가 살고 있는 역사적 시대에 대한 영향력이 숨어 있다.

헤아리기는 관찰대상과 관찰자 사이의 상호작용 과정이다. 이 상호작용은 빠르고 자동적인 알아차림이며 역동적인 과정이다. 그 결과, 숫자는 사건의 일상적 실재인 CR의 특성을 나타낼 뿐만 아니라 관찰 과정 이면에 있는 알아차림을 상징화한다. 이 장에서는 수학이 우리에게 '실재'의 사건(울타리를 나가는 양떼와 같은)에 대하여 어떻게 설명하는지뿐만 아니라, 또한 우리의 '인지' 구조, 즉 관찰의 매 순간 뒤에

그림자처럼 존재하는, 알아차림 과정에 대해서도 어떻게 설명하는지를 보여 줄 것이다.[1)]

❖ 숫자와의 내면 작업

숫자의 의미와 알아차림 과정에서 숫자가 어떻게 생기는지 경험하기 위하여, 다음의 간단한 실습을 해 보기 바란다.

이 실습은 약 2분 정도 걸린다. 몸과 마음을 편안히 하고, 숨을 들이 마시고 길게 내쉬기 바란다. 그리고 준비가 되면 자신에게 '지금 나는 무엇을 하고 있는 것인가?' 물어보라. 그리고 그 질문에 답하기 위해 떠오르는 개념들을 적어 보라. 아마도 당신은 '읽는다' 또는 '앉아 있다' 또는 '곰곰이 생각하다' 등으로 적을 것이다.

다음에는 두 번째 질문을 하라. 자신이 적은 단어로 묘사되지 않은 다른 어떤 일이 당신에게 일어나고 있는가? 여유를 가지고 이 질문에 대한 자신의 반응을 느껴라.

당신은 묘사되지 않은 무엇을 느끼는가? 당신은 어떤 미세한 움직임을 발생시키는가? 당신은 머릿속에서 또는 바깥 주위로부터 무엇인가를 듣는가? 당신은 무엇인가를 시각화하는가?

더 나아가서, 이러한 새로운 경험이 발전하는 것을 허용하도록 스스로에게 청하고 그것이 펼쳐지도록 요청하라. 그것이 '스스로를 발생시키도록' 하라. 실험하라. 그냥 시도해 보라. 만일 당신이 자신의 내면 과정을 따르는 것에 익숙하지 않다면 이러한 단계가 새로울 것이다. 그것을 실험해 보고, 당신의 과정이 스스로 펼쳐질 수 있도록 당신 자신에게 인내하라.

당신은 당신이 보통 알아차리지 못하는 경험에 주의를 기울일 필요가 있을 것이다. 당신의 느낌, 시각화, 미세한 움직임 또는 내면의 소리가 그대로 발전하도록 하라. 그냥 느끼고, 보고, 듣고, 움직여라. 여유를 가져라. 사물들이 원하는 어떠한 방법으로든 펼쳐지도록 하라. 그리고 그 결과를 기억하고 기록하라.

이것이 실습의 끝이다.

경험에 집중하면서 그리고 경험의 새로운 요소를 알아차리는 것이 내면의 수학 경험이며, 더해 나가는 수학의 과정이다. 헤아리기와 펼치기는 심리적이면서도 물리적인 과정이다.

첫 번째 과정은 앉아 있거나 명상하거나 또는 누워 있거나 당신이 무엇을 하는지 알아차리는 것이다. 이것은 '집합체', 즉 당신이 헤아리려고 했던 비유적인 '돌더미' 다. 따라서 첫 번째 경험을 알아차리는 것은 포레스트 피플의 체계인 숫자 1 또는 '아' 와 같고, 그다음 따라오는 사건은 2 또는 '오아' 와 같다. 즉, 숫자는 원래 집합체의 부분을 헤아리거나 구분한다.

이 실습은 숫자 1과 2가 어떻게 구별되어 나타나는지 경험하는 것이다. 즉, 내면의 자각과 경험의 다른 부분 사이의 상호작용 결과가 어떻게 숫자로 나타나는지 경험하게 된다. 당신은 어떻게 숫자 자체가 자가발생하는지를 알아차릴 수 있을 것이다. 왜냐하면 당신은 이미 숫자적인 경험을 통해 자신에게 일어나는 것을 인지할 수 있기 때문에, 우리는 수학을 추상적 과학이라고도 하지만 신체적 경험이라고도 말할 수 있다.

❖ 다른 사례

두 번째 예를 생각해 보자. 지금 나는 무엇을 하고 있는가?

무슨 일이 일어났는지 알기 위해 잠깐 멈추었을 때, 내가 앉아 있다는 것을 알게 되었다. 지금, '앉아 있는 것이 어떻게 펼쳐지는가?' 라고 스스로에게 물었을 때, 나는 시각적 경험 또는 이미지가 형성되는 것을 알아차린다. 내 마음의 눈에, 그것은 호수 같은 것으로 보인다.

> 나는 다시 질문을 함으로써 이 시각적 경험이 펼쳐지길 원한다. "무슨 일이 일어나고 있으며 호수의 시각적 경험에 포함되지 않은 것은 무엇일까?"
>
> 나는 호수에서 '불안'과 같은 것을 느끼고 갑자기 물 아래에서 올라오는 둥근 원을 본다. 그 원에는 무엇인가가 일어나고 있는 것 같은데 내게는 아직 확실하지 않다……. 그것이 나를 주저하게 만든다. 그다음에 무엇을 보게 될까?
>
> 내가 알아차림에 계속 집중하자, 그 둥근 원이 공중으로 떠오르는 것을 알았고, 나는 더 이상 간단히 설명할 수 없지만, 스스로 더 펼쳐지는 과정 한가운데 있다. 둥근 얼굴 하나가 이제는 하늘에 떠 있는 원에 나타났고, 그 얼굴은 나를 보고 웃으면서 용기를 주는 듯하다.

이제 나는 지금 더 이상 그 실험 중에 있지 않지만, 그것에 관해 생각하고 있는 나 자신을 발견한다. 나는 왜 그 얼굴이 그렇게 용기를 주는지 놀라웠다. 내가 여유를 갖고 심사숙고해 보니, 나는 내가 대중 앞에서 이 작업을 하는 것이 수줍어, 이 실험을 하는 데 격려가 필요했음을 알게 되었다.

'앉기' 실험을 수행하고, 시각적 이미지를 경험한 것은 내가 나의 내면 작업이라고 부르는 집합체의 일상적 실재인 CR 설명이다. 이러한 앉기 경험을 내가 펼치는 '돌더미'라고 부르자. 이 실험의 설명은 아직 다음 숫자(숫자 1)인 호수 이미지의 경험을 포함하고 있지 않다. 호수의 경험인 숫자 1은 앉기 집합체에서 펼쳐졌다. 숫자 1은 호수 이미지에서 불안의 감정을 포용할 수 없으며 그것은 순전히 비일상적 실재인 NCR 경험이었다.

원(圓)은 호수와 구별되는 두 번째 요소였다. 얼굴은 세 번째 요소다. 그래서 다른 개념(시각, 호수, 원, 하늘, 얼굴, 웃음 등)으로만 표현된 격려의 과정 중에 있음을 나는 알게 되었다.

'아, 오아, 우아, 오아-오아' (또는 현대 수학 용어 1, 2, 3, 4) 등은 생성되고 있는 일상적 실재인 CR 측면의 과정만을 묘사한다. 단어와 숫자는 주관적인 비일상적 실재인 NCR 측면이 더 이상 명백하게 존재하지 않는 순간적인 일상적 실재인 CR 설명일 뿐임을 기억하라.

마찬가지로, 내부 또는 외부 세상을 묘사하는 모든 서술적인 용어들(부피, 속도, 그 자체, 다른 것, 내부, 외부, 과정, 입자, 원형([原型] 등)은 기껏해야 비일상적 실재인 NCR 배경에 있는 역동과 지각력을 상징하는 단지 일상적 실재인 CR 표현이다.

이 실험의 흥미로운 관점은 꿈꾸는 과정이 나 자신 내면의 의미를 생성한다는 것이다. 이 실험은 나에게 용기가 필요함을 지적한다. 어떻게 이런 의미가 만들어지는가? 어느 정도는 앉기 경험을 통해 펼쳐진 것이다. 그 의미는 스스로를 펼치고, 분명하게 설명되기를 기다려야 하는 함축적인 것이다. 그 과정은 그 자체의 설명을 제공하였다.

과정은 항상 그 자체의 설명인가? 삶은 그 자체의 해결인가? 그렇다. 과정이 펼쳐지도록 허용이 될 때는 그러하다. 심리학에서 우리가 느낄 수는 있지만, 객관적 용어로 표현할 수 없었던 절호의 기회, 꿈꾸기 또는 꿈같은 경험 그리고 무의식적인 경험이 주어진다는 것은, 항상 우리 안에서 계속해서 펼쳐지기를 기다리는 창의적 과정의 한 부분이다. 그들이 과정 그 자체에서 펼쳐질 때, 비로소 스스로를 드러낸다.[2)]

❖ 에이미의 아기

꿈꾸기의 수학에 대한 두 번째 보기를 살펴보면서, 어떻게 사건이 스스로를 펼치는지 더 자세히 보자. 펼치는 과정에 대한 다른 보기를 주고 싶은데, 나의 파트너이자 아내인 에이미와 함께 이런 개념을 보여 준 수업에 대해 설명하겠다. 이 수업 중에 에이미는 펼치는 과정을 함축적인 숫자로 나타나게 하겠다고 말했다.

아니(Arny): 에이미, 지금 무엇을 경험하고 있습니까?

에이미: 여기 교실 앞에 앉아 있어서 나는 흥분되었다는 것을 알고, 많은 사람들을 보고 있습니다. 여기 있는 것이 좋고…… 아니, 나는 당신이 가졌던 것 같은

시각 표상은 없지만, 대신 일종의 신체 감각, 일종의 흔들림, 앞뒤로의 약간의 흔들림……이 느껴지고 있습니다.

[이 내용을 정리하는 동안, 나는 에이미가 자주 '일종의' 라는 용어를 쓰고 있음을 발견했다. 이것은 에이미에게 흔들림이란 용어가 전체 과정을 설명한 것이 아니며, 펼쳐짐이 그녀의 이해를 기다리고 있는 비일상적 실재 NCR 경험이 실려 있다는 사실을 의미하는 것이다]

아니: 좋아요. 시각화를 다루는 것은 과정 중의 하나이며, 신체 움직임은 또 다른 종류의 꿈의 과정입니다. 더 나아가 봅시다. 당신은 앞과 뒤로 움직이는 것 같은 무엇인가를 느꼈다고 말했습니다. 나는 주로 호수와 원의 시각화 작업을 통하여 느끼는 반면, 당신은 '움직임' 이라고 불리는 신체 경험을 느끼는 것 같습니다. 좋아요. 이제, 당신이 펼치기 위해 앞뒤로 흔들릴 공간을 주는 동안 다음에는 무슨 일이 일어나고 있나요?

에이미: [흔들림에 집중하고, 앉아 있는 동안 천천히 앞뒤로 움직이기 시작하는 것처럼 보이며] 나는 느껴집니다. 일종의 가벼운 흔들림. 그리고는 [그녀는 웃는다] 나는 아기 같은 느낌이 들기 시작합니다. 나는 '오치(Ooch), 우취(Woochy)' 라고 부르는 어린아이의 목소리가 들립니다. [에이미의 목소리는 어린애처럼 들린다] 어린 아기처럼…… 일종의 어린아이, 유아 같은 느낌이 들고, 공과 함께 주변을 뛰어다니며 놀고 싶어요. 정말로 쾌활하게…… 그리고 아무런 걱정 없이…… 정말, 이건 놀랍네요!

[학급 전체에게 아니가 설명을 해 준다] 에이미의 '아' 는 흔들림입니다. 두 번째 경험인 '오아' 는 아기가 된 느낌이며, '우아' 는 아이로부터의 소리와 놀이 '오치, 우취' 입니다.

아니: 에이미, 좀 더 진행해 주겠어요?

에이미: [웃으며] 멈춘 것 같아요.

아니: 좋아요, 감사합니다. [아니는 학생들에게 설명한다] 에이미는 더 많은 헤아리기와 펼치기에 대한 장벽인 경계에 도달했습니다. 그래서 우리 모두도 여기서 멈추어야 합니다. 우리는 나중에 에이미의 경험으로 되돌아갈 수 있습니다.

에이미: 여기서 멈추는 것이 나를 위해 좋을 같아요. 내 안에서 어린이를 발견한 것이 너무나 놀라워요.

❖ 과정에 대한 경계

나는 내면 과정의 영구적이며 연속적인 흐름에 존재하는 가장자리 또는 장벽을 기술하기 위해 '경계' 라는 용어를 쓴다. 말하자면, 우리가 더 이상 어떤 말을 할 수 없을 때, 우리는 의사소통의 '경계' 에 도달한 것이다. '경계' 는 일종의 문턱(threshold)이다. 예를 들어, 내가 호수 경험의 과정을 펼쳤을 때, 먼저 그 과정으로 들어가는 것 자체가 바로 '경계' 였다. 나는 약간 주저하는 기분이 들었고, 나의 내면 과정을 펼치는 것에 다가가려면 이러한 기분을 극복해야만 했다. 이렇게 과정에서 일어나고 있는 경험으로 들어가려고 할 때마다, 당신은 자신의 '경계' 를 만나지만 이를 건너야만 한다.

초자연치료사 돈 후안(don Juan)은 경계를 넘어 직접 경험으로 가는 것을 '세계를 멈추기' 라고 부른다. 당신의 문화뿐만이 아니라 개인 심리에 의해 만들어진 경계도 넘어서야, 과정 그 자체가 펼쳐지기 시작하고, 세계를 뛰어넘는다. 이를 통하여 돈 후안이 '나구왈(nagual)' 이라고 부르는 무의식의 세계로 당신도 들어갈 수 있다.

강에게 형태를 주는 통나무나 바위처럼, 경계는 당신 내면 과정의 형태를 만들어 준다. 경계는 좋은 것도 나쁜 것도 아니다. 경계는 우리를 단순히 서로 다른 세계로 분리한다. 어떠한 사실을 경험, 통찰, 사고 또는 감정 속으로 더 깊이 들어갈 수 없을 때 우리는 경계에 도달해 있다.

경계는 우리의 지각(知覺) 경험의 가장 기본적인 부분이라서, 경계도 또한 수학을 구조화한다고 가정할 수 있다.

❖ 경계와 기초수

3장에서, 나는 세계에서 사용되고 있는 주요 기초수가 2, 3, 5, 10 그리고 20임을 언급하였다. 서양에서는 지배적인 기초수가 10이다. 숫자 10에 도달한 후, 10 더하기 1처럼 다시 되풀이해서 시작해야만 한다. 이것이 초기 영어에서 '11(eleven)' 이라는 단어가 '하나 더(one over)' 로 (1+10)을 의미했던 이유다. 포레스트 피플 체계에서 기초수는 3이다. 그래서 3에 도달하면, 다시 되풀이해서 시작해야만 한다('아, 오아, 우아' 그리고 그다음에는 '오아-오아-아, 오아-오아-오아' 등이 나타난다).

부분적으로, 이런 기초수는 분명히 신체 구조와 관련이 있다. 기초수는 일종의 신체 언어다. 예를 들어, 내가 소유하고 있는 양의 무리는 헤아릴 때, 한 손에 있는 손가락 개수의 2배라는 것을 기억하게 한다.

한편으로, 기초수는 신체가 헤아려지고 있는 집단, 개체나 물체에 대해 짝지어지는 표준 집단이 된다는 것에서, 기본적인 인간 경험을 나타낸다. 수학을 보편적 인간 경험으로 사용함으로써, 인간 신체를 사용하여 세상을 기술하려는 광범위하고 함축적인 합의가 있다고 말할 수 있다. 나도 여러분과 마찬가지로, 내 친구들과 나 자신의 관점으로 세상을 이해한다. 우리는 자신의 몸 관점으로 세상을 알아 가게 된다.

3장에서는 숫자 자체가 심리적 선택과 정보의 여과를 포함하기 때문에 어떻게 기초수가 우리의 지각 체계와 연결되는지에 대해 논의했다. 기초수의 특정한 크기는 문화적으로 결정되기 때문에 기초수는 우리 몸과 문화에 연결되어 있다. 우리의 몸, 팔, 다리, 머리, 관절의 수는 제한되어 있기 때문에, 기초수도 마찬가지로 제한된다.

기초수의 작은 크기는 우리가 쉽게 헤아리는 것, 우리가 지각하고 기억하는 것의 한계와 관련이 있다. 우리는 기초수를 '신체 기초(body base)' 라고 생각할 수 있다.

경계라는 개념에서 한계를 생각해 보자. 신체 기초 외부의 어느 것은 '나' 의 경계 외부다. 같은 개념으로 10보다 큰 어느 것은 '나 이상' 이고, 내 신체보다 더 큰, 말하자면 기본 인간인 나보다 큰 개념으로 평가된다. 우리가 세상에 대해 헤아리거나 다시 헤아리고 또 말하는 방식은 '나'의 많은 추가다.

양(量)으로 말하자면, 11마리 양은 내 손가락 전부라는 한 묶음에 손가락 하나를 더해야 한다. 30마리 양은 내 손가락 세 묶음이다.

기초수는 인류적인 원리의 한 예로서, 그것은 우주를 인간의 용어로 이해하게 해 주는 원리다. 인간으로서 우리는 우리 자신의 개념으로 우주를 이해한다. 어떻게 보면, 우리는 헤아릴 때, '나, 나, 나, 그리고 또 더 많은 나!' 라고 말하는 것과 같다.

나와 나의 크기와 형태 이면에 있는 것은 나의 기본적 관념으로 평가된다. 경계는 나의 한계다. 우리가 경계에 도달했을 때, 우리는 스스로에게 되돌아가서 모든 것이 나 이상이라고 말한다.

에이미의 경험에 대해 더 나아가기 전에, 기초수에 대한 개념과, 기초수와 경계 개념과의 관계, 기초수와 포레스트 피플과 현대 수학의 체계와의 관계에 대해 정리해 보자. 자세한 내용은 〈표 4-1〉에서 검토해 보자.

〈표 4-1〉 왼쪽에서, 꿈꾸기와 헤아리기와 같은 명상 과정을 볼 수 있다. '과정 이론(process theory)' 이라는 칸에서, 명상과 헤아리기의 다양한 개별 요소를 볼 수 있다. '포레스트 피플 수학' 칸에서는 포레스트 피플의 계산 체계를 볼 수 있다. 이것은 내가 설명해 온 것과 같이 내면 경험의 펼침뿐만 아니라 헤아림 과정에도 해당한다. 나는 다시 헤아리기, 즉 내면 경험을 말하는 것이, 수학의 한 형태와 꿈꾸기(다른 사람에게 내면과 외부 경험을 펼치기도 하고 연관시키는)의 한 형태라고 생각한다.

가장 오른쪽 칸에서는 일상적 실재인 CR의 현대적 측정이 가능한 양(量)의 개념을 볼 수 있다. 현대 수적(數的) 사고는 주로 숫자의 일상적 실재인 CR 부분, 즉 어떠한 경험적 특성에서 분리된 고정된 양(量)에 초점을 둔다. 그것은 과정지향적인 것과는 반대로 고정되거나 '상태지향적인' 세계관을 반영한다.

도표의 왼쪽 위에서부터 아래로 이동해 보면, 첫 번째 지각을 알아차리는 것, 명상이라고 불리는 것으로 시작한다. 그러고 나서 그들을 하나씩 열거하고, 세 번째 요소에 다다랐을 때 개인 세계의 경계에 도착하게 된다. 그리고 경계 너머에 '나를 넘어선' 세계가 있다.

표 4-1 기초수와 경계

명상	과정 이론	포레스트 피플 수학	현대 수학
꿈꾸기 헤아리기	과정의 첫 번째 요소	아(a)	1
	과정의 두 번째 요소	오아(oa)	2
	과정의 세 번째 요소	우아(ua)	3
경계와 기초수			
	많은, 나를 넘어선	오아-오아(oa-oa)	4

기초수가 3인 문화는 1, 2 그리고 3 다음에는 '많이(the many)' 가 온다고 한다. 중국인들은 '나를 넘어선' 이 세계를 만물(10,000 things)의 세계라고 부른다.

'많이' 로서 우리가 경험한 것은 '내가 아닌' 외부 세계다. 이것은 국소적인 것과 비국소적인 것 사이의 구분이며, 우리의 반응은 친숙한 것으로 돌아가고 또 그 과정을 다시 반복하는 것이다.

심리학에서 이런 반복은 때때로 '보속증(perseveration)' 이라고 부른다. 본질적으로, 고집은 과정의 경계에 도달할 때에 나타나는 우리의 반응이다. 과정은 자기 증폭적이며, 그 과정이 경계를 만나면, 우리 마음의 문을 만나는 것이다. 문에 도달하면, "문을 열고 들어갈 수 있게 해 줘." 라고 말하면서 계속 두드리게 된다. 그래서 결국은 과정에 들어갈 때까지 이를 계속해서 반복한다. 그 과정은 먼저 꿈꾸기에서 시각적으로 나타난다. 그리고 과정은 신체 경험이나 질병의 증상으로 나타날 수도 있다. 또한 과정은 당신이 움직이는 방향에서 나타날 수도 있으며, 마침내 당신이 아직은 받아들이지 않지만 마치 당신과 아주 가까운 사람인 것처럼, 경계가 나타난다.

'고집하는' 과정을 살펴보자. 당신은 친구가 같은 이야기를 반복하는 것을 얼마나 많이 들었는가? 당신은 또한 당신의 어린 시절의 똑같은 이야기를 얼마나 많이 들어 보았나? 그 이야기는 부분적으로 당신이 극복할 수 없는 경계에 도달했기 때문에 다시 헤아려진다는 것이다. 나는 어린 시절에 한 싸움을 다시 헤아리기도 했다. 왜냐하면 나 자신의 정당성과 부끄러움 사이의 경계에 있었기 때문이었다. 이에 대한 나의 자아 인식은 '자기 지지' 를 포함하고 있지 않았다. 오늘날, 나는 나의 경계를 극복한 것과 나의 정체성이 약간 변화한 것에 고마움을 느낀다.

여러분이 주의 깊게 자신의 친구를 관찰하거나 비디오를 통해 스스로를 관찰해 보면, 당신들은 같은 말을 많이 되풀이하고 있음을 알게 될 것이다. 예를 들어, 내담자가 첫 상담시간에 오면, 나는 그녀의 몇 마디 말과, 자세 그리고 목소리 톤으로 다음에 무슨 일이 일어날지 예측할 수 있다. 내담자는 스스로 인식하거나 인식하지 못한 다양한 방법으로 스스로를 반복한다.

그녀는 "나는 예의바른 사람이다." 그리고 "나를 제외하고 다른 사람들은 너무나 무례하다."라고 말할 수도 있다. 이 두 가지 요소('나'는 예의 바른 사람, '내가 아닌 사람'은 무례하다)는 대화의 내용과 신체 신호에서 계속해서 반복된다. 예를 들어, 나의 새 내담자는 미소 같은 예의바른 몸짓과, 그녀가 미처 인식하지 못한 목소리를 높이는 것과 같은 무례한 몸짓을 만들 수도 있다. 그녀에게 자신의 목소리에 대하여 어떻게 느끼는지 설명하라고 요청하면, 그녀는 자신의 목소리가 매우 "무례하다."고 말할 것이다.

이러한 무례함은 그녀의 경계 너머에 있다. 비록 그녀의 목소리가 무례하게 들릴지라도, 그녀는 그 과정을 알아차리지 못하고 있다. 이것이 바로 그녀가 무례한 사람들에 대해 불평을 많이 하는 이유이며, 경계에서의 반복이다.

❖ 결론: 수학은 심리학과 물리학을 기술한다

각 개인의 과정에 있는 여러 요소를 알면, 당신은 그들의 기초수를 알 수 있다. 다시 말해, 당신은 그 사람에 대해 많은 것을 기술하거나 예견할 수 있다. 어떤 사람이 스스로를 어떻게 인식하는지를 당신이 안다면, 그 사람이 언제 스스로를 되풀이하고 무엇을 되풀이하는지 예견할 수 있을 것이다. 사실, 우리 꿈의 대부분은 또한 '나의 이면에서'[3] 일어나는 사건에 대한 것이다. 기초수는 참으로 경이로운 것이다.

심리적 개념에서, 기초수는 우리 개인의 정체성을 반영한다. 어떤 과정이 우리가 아는 것과 너무 멀리 떨어져 있고, 너무 친숙하지 않으며, 우리의 정체성과도 너무

거리가 멀다고 느낄 때, 경계는 우리의 꿈꾸기와 생각에서 만들어진다. 경계는 우리가 모르는 것과 친밀하지 않은 것으로부터 우리를 보호하기도 한다.

에이미의 경우, '아' 는 움직이는 동작이다. '오아' 는 그녀의 과정에 대한 두 번째 요소이며, 아기의 느낌이다. 그리고 '우아' 는 아기의 음성을 인식한 것이다. 에이미가 '우아' (또는 3)에 도달했을 때, 그녀의 과정(아기 목소리)은 잠시 멈춘다. 그녀의 과정이 장벽인 경계에 도달한 것처럼 보인다. 그것은 마치 그녀가 헤아리기, 다시 헤아리기, 꿈꾸기 또는 멈춤을 펼치는 것과 같다. 그녀가 자신을 인식하는 경계인[4] 어린이 상태에 도달했다. 이 지점에서 멈추고, 다시 돌아가 보자.

❖ 세상에 대한 경계 극복하기

에이미와 시작했던 그 과정으로 다시 돌아가 보자.

교실의 분위기는 에이미의 '어린이' 와 함께한 경험에 대하여 모두가 이야기를 나누며 화기애애했다. 나는 이 떠들썩한 분위기에서 좀 더 목소리에 힘을 주고 말하였다.

아니: 에이미, 당신의 과정을 다시 시작합시다. 아직 거기 있나요? [에이미 또한 그녀의 과정에 대한 경험을 더 진행하기 원한다고 말한다] 우리는 당신이 아이와 같이 흔들고 이야기하는 것을 표출하게 하였습니다. 이제 나는 당신에게 흔드는 움직임으로부터 쾌활함을 이 세상으로 가지고 나올 수 있는지 당신에게 묻고 싶습니다. 당신은 항상 스스로를 쾌활한 여성이거나 어린이라고 상상할 수 있습니까?

에이미: [머리를 뒤로 빗는다] 내가 좀 더 자유롭다면, 나는 좀 더…… 내가 좀 더 사람들을 안아 주고 놀아 줄 수 있을 것이라고 생각합니다…… 하지만 어떻게 사람들과 함께…… 어떻게 더 많은 관계를 만들어야 할지 모르겠습니다…….

학생 한 명이 갑자기 큰 소리로 에이미에게 완전하지 않은 그녀의 문장이 과정에 있는 경계의 존재를 암시하는 것인지를 물었다.

> 에이미: 경계? [에이미가 갑자기 웃음을 터뜨렸고, 집단들도 같이 웃음을 터뜨렸다] 와우, 나는 세상에서 아주 쾌활한 존재가 되는 것이 바로 나의 경계라고 말하고 싶네요. 나는 할 수 있다고 생각하는데…… 그래! 이것이 경계네요…… 음, 나는 지금 내가 예민해지고…… 몸이 떨리기 시작하고, 다시 흔들리기 시작함을 알 수 있습니다.

에이미가 자신의 움직임 과정에 다시 초점을 두기 시작하자 모든 사람들이 침묵한다. 에이미는 시작할 때 교실 앞에 서 있었으나, 지금은 천천히 사람들 쪽으로 움직여서 몇 사람을 놀라게 하고, 교실의 사람들과 부딪친다. 에이미는 큰 소리로 웃고, 그녀가 자신의 경계를 극복하고 그녀 주변의 사람들을 안아 줄 때 사람들은 박수를 쳐준다. 이렇게 재미있는 시간이 지나고, 그녀는 다시 말한다.

> 에이미: 평소와 다른 수학시간이었어요. 뒤돌아보면, 시작할 때 나는 흔들리는 움직임이 생성하려고 하는 것이 무엇인지 몰랐었습니다. 하지만 내가 펼침으로써 그것이 명확해졌습니다. 이런 어린이 같은 자발성과 애정은 너무나 중요하네요. 모두 감사드립니다.

에이미는 자신의 과정이 처음에 흔들리는 움직임을 통해 나타났다고 말했다. 그 흔들리는 움직임은 그다음에 아이 형상과 아기의 소리를 통해 좀 더 명확해지거나 헤아려졌다. 그녀의 정체성에 대한 자신의 경계에 도달하였고, 그때 쾌활함의 과정을 세상에 나오게 하면서 공개적으로 관심을 받았다. 이번 장에서 우리의 토의에 의해서 에이미가 자신의 기초수 안에 머물렀던 동안, 그녀는 그런 아이를 꿈꾸고, 그 과정을 발견하고, 그것을 헤아리거나 혹은 다시 헤아릴 수 있었다.

우리는 많은 종류의 경계를 가지고 있다. 가장 큰 경계는 보통 당신의 내면 과정을 세상 밖으로 노출시키거나, 또는 에이미의 경우처럼 다른 사람들과 있는 공공의 장소에서 아이가 되는 것이다. 큰 경계는 당신의 기초수에서의 경계, 스스로 알아차리는 경계, 또한 '나' 의 경계에서 발생한다. 이 경계에서 당신은 '막히는' 경향이 있으며, 이것이 대부분의 사람들이 자신의 삶에서 '막혔다' 라고 말하는 것이다.

사물에 대해 스스로 꿈꾸기, 생각하기, 그리고 깊은 경험을 갖기는 중요하다. 하지만 보통 이 세상에서 우리가 그들을 인정하는 데에는 오랜 시간이 걸린다. 그것은 내면 경험을 우리 외부의 실재와 통합하기 위한 것이며, 일상의 삶에서 스스로를 나타내는 것처럼 우리의 전체적 정체성을 본질적으로 변화시키기 위한 것이다.

❖ 되돌아오는 숫자

우리 모두 잠재 능력이 있는 현대 초자연치료사로, 과학과 전통적 지혜의 계승자로서 당신의 과정을 펼치고, 일상의 삶에서 벗어나 자유롭게 사는 것이 중요하다. 하지만 그렇게 하는 것 또한 우리가 어디서 왔는지를 잊어버리게 만든다. 우리는 우리 삶을 펼쳤던 꿈꾸는 과정을 잊는다. 이것이 고대 중국인들이 "앞으로 가는 것을 헤아리는 것은 뒤로 가는 것이다."[5]라고 말한 이유가 될 것이다.

이것은 매우 모호한 말이고, 어느 정도는 그렇다. 어떤 점에서 고대 도가 사상가들은 항상 의식의 변형된 상태에 있었다. 그들이 무엇에 대해 말하고 있었는지 스스로는 알았지만, 다른 사람들은 종종 그들을 이해하는 데 어려움이 있었다.

도가 사상가에 의해 제기된 의문에 대해 물어보자. 앞으로 가는 것을 헤아리는 것이 어떻게 뒤로 가는 것인가? 이상하게도, 이와 똑같은 개념이 이집트 상형문자와 많은 토착민의 숫자 체계에서도 많이 발견된다.

우리는 거의 3천 년 전으로 거슬러 올라가는 문장의 의미를 결코 정확하게 알 수 없을 것이지만, 추측해 보는 것은 재미있다. 예를 들면, 에이미의 경험에서, 우리는 그녀가 쾌활함을 펼쳐 내었다고 말할 수 있다. 이에는 그녀의 구별되지 않은 전체성(全體性, wholeness) 상태, 흔들기, 1, 2, 3 등과 같은 용어로의 펼침 또는 상세한 설명 등이 있다. 그녀는 이러한 과정을 통하여 자신의 정체성을 변화시켰고 앞으로 나아갔다.

하지만 고대 중국인에 따르면, 그녀가 앞으로 갔음에도 뒤로 가게 된 것이다. 어떻게? 말로 표현되지 않은 본연의 도가의 관점과 꿈꾸는 관점에서 보면, 앞으로 가는 것은 뒤로 가는 것을 의미하고, 그것은 그녀의 꿈꾸기 세계를 떠난다는 것을 의미하기도 한다. 해석하자면, 사물의 펼침인 상세한 설명은 한 가지 관점(명확하고 측정 가능한 용어로 사물을 설명하기를 원하는 현대의 심리상담 치료사 혹은 물리학자의 관점)으로부터의 진전일 뿐이다.

말로 표현될 수 없는 고대 도 사상의 견해로는, 에이미와 나머지 우리 모두는 일체성(一體性, oneness)의 상태에서 벗어나, 시간상 앞으로 가면서 삶의 신비의 무엇인가를 잃어버린다. 이 상실은 펼쳐진 무의식 경험의 관점에서는 긍정적이지만, 도(道)의 관점에서는 역시 뒤로 가는 것이다. 의식적으로 어떤 것을 안다는 것은 발전인 동시에 퇴보다.

그러므로 완전한 과정은 정말로 우리에게 앞으로 가도록 요구하며, 명백하게 어떤 것을 펼치게 하고, 모든 것들의 중요한 근원으로 되돌아가는, 즉 꿈꾸는 것으로 되돌아가는 것이다.

헤아리기에서 앞으로 가는 것과, 동시에 표현될 수 없는 도 및 우리가 보통 꿈꾸기로 알게 되는 지각의 경험에서 뒤로 가는 것 사이의 차이점은 도교의 이해뿐만 아니라 현대 물리학의 기본적 관점이다. 일상의 삶의 용어로 기술할 수 있는 실재는 상상할 수 있는, 그리고 비국소적이고 영원한 실재를 무시한다. 일상적 실재인 CR은 감각 경험의 비일상적 실재인 NCR 경험이 아니다.

그래서 당신과 나 그리고 에이미가 앞으로 갈 때조차, 우리는 모든 존재의 중요한 바탕에서 뒤로 물러나고 있다는 것을 깨달아야만 한다. 표현될 수 없는 도는 우리의 가장 깊은 감각 경험인 것을 기억하라. 그리고 모든 것이 나오는 원형(原型, original unity)으로 우리가 계속해서 뒤로 간다는 사실을 기억하기 바란다.

이 원형은 항상 많은 이름을 가지고 있었다. 대지의 어머니(mother earth), 야훼(Yah-weh), 신(God), 영성(Great Spirit), 물질(matter), 우주(the universe), 만물의 근

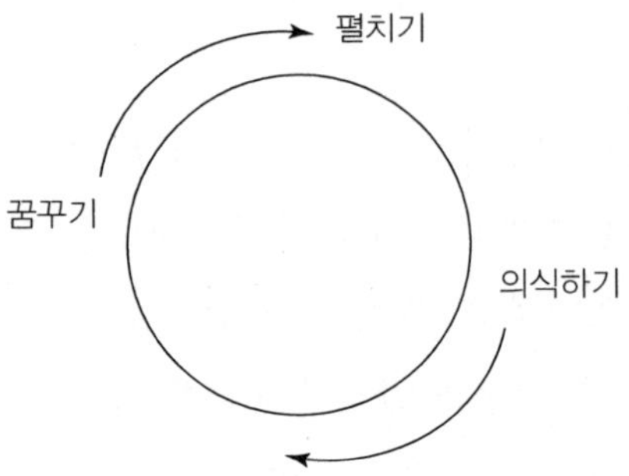

[그림 4-1] 말할 수 있는 도(道)와 말할 수 없는 도 사이의 알아차림 과정의 순환

원(the ground of all being), 공(空, the void), 밝은 빛(the clear white light), 근원(the source). 우리의 내부와 외부 과정의 원천인 도는 항상 신성하고 모든 사물의 조물주인 것으로 생각되어 왔다.

도는 단지 사용하기 위한 무엇이 아니라 창조적인 무엇—사람에 따라서는 숭배하기 위한 것이라고 말할 수 있는 것이다. 이것은 모든 비일상적 실재인 NCR 경험의 본질이며 우리가 아는 펼쳐진 모든 것의 원래 상태의 정수로서, 우리와는 다른 형태로 존재하게 된다. 한편으로, 이 본질은 가장 강력하고, 우리가 아는 보편적인 우주의 힘이다. 즉, 이것은 다른 모든 심리적, 정신적 그리고 물리적 힘을 포함하고 있다. 시인(詩人)은 우리의 생사를 가름할 수 있는 조물주로 이 도를 묘사하고 있다.

그러므로 '앞으로 가는 것을 헤아리는 것은, 뒤로 가는 것이다.' 나는 모든 명상과 내면 작업 후에, 이를 회상하면서 신비한 그 무엇에 대해 감사해 하고, 도와 꿈꾸기의 수학을 창조한 보편적 우주의 힘에게 감사하다고 말한다.

주석

1) 나는 과정지향 심리학에서, 관찰할 수 있는 알아차림 과정을 '꿈꾸기'라고 부른다. '꿈꾸기'는 대부분의 사람들이 무시하는 명상, 묵상, 상상의 경험들의 결합체다. 나는 '꿈꾸기'라는 용어를 의식에 선행(先行)하는 알아차림의 기본적이고 일상적인 무의식 형태로 사용한다.
2) 꿈이 자기 스스로의 해석이라는 융의 이론은 과정지향적인 관점이다. 과정(꿈꾸기)은 자기 스스로의 해결책이다. 데이비드 핑켈슈타인(David Finkelstein)의 과정의 개념과 데이비드 봄(David Bohm)의 펼쳐지는 우주에 대한 생각은 과정 개념에 기반을 둔 물리학을 형성하려는 의도다. 나의 저서 『강의 길(*River's Way*)』에서는 심리학과 물리학에서의 과정 개념에 대해 더 심도 있게 다루고 있다.
3) 나의 저서 『꿈꾸는 신체와의 작업(*Working With the Dreaming Body*)』에서 지적한 것과 같이 꿈은 '경계'를 넘어서 일어난다.
4) 어린이로 돌아가는 것은 대부분 어른들의 '경계'다.
5) 리하르트 빌헬름(Richard Wilhelm) 번역본 『역경』 2장 2절을 참조하라.

제5장
함께 만들어 가는 우리의 우주

일상의 상황에서, 우주 세계는 우리와 무관하게 존재한다고 말하기도 하지만, 그러한 견해는 더 이상 지지를 받을 수 없다. 이러한 세계는 우리가 '주체적으로 참여하는' 우주라는 특별한 느낌이 있기 때문이다.

-존 휠러(John Wheeler), 노벨상을 수상한 이론 물리학자-

우리는 '객관적인' (일상적 실재인 CR) 우주를 함께 만든다는 의미에서 어떻게 수학이 우리의 알아차림과 우리 자신의 신체를 부호화하는지, 그리고 매번 어떻게 헤아리고 있는지에 대해 연구해 오고 있다. 수학은 도(道)와, 그리고 실재를 펼치는 우리 주위의 비일상적 실재인 NCR 에너지가 상호작용할 때 일어나는 것을 기술한다. 수학은 단지 우리의 마음이 어떻게 작동하는지에 대한 부호만이 아니다. 다음 장에서 수학은 물질세계 이면의 도형(圖形)으로도 나타날 것이다.

수학은 양(羊)의 움직임과 같은 외부 사건과, 우리의 상상 과정의 흐름과 같은 내부 사건을 기술하기 위해 의식적 또는 무의식적으로 사용될 수 있다. 숫자는 구별되지 않은 집단, 즉 '외부' 또는 '내부' 상황으로부터 사건의 펼쳐짐에 대한 표현이다. 그러므로 심리학에 적용되는 수학 법칙들은 마찬가지로 물질의 실재에 대해서도 적용된다.

우리 지각력의 흐름은 개인 정체성의 한계를 상징하는 기초수(基礎數)라고 불리는 숫자 형태로 나타나는 경계에 의해 구별된다. 강물이 넘어진 나무, 가지 또는 돌과 같은 장애물을 만나기 전까지 함께 흐르는 것처럼, 우리의 지각의 흐름도 잘 흘러가다가 결국은 경계에서 막히게 된다. 4장에서 우리는 경계가 지각의 장벽을 만드는 것을 보았다. 우리의 정체성을 가능한 한 많이 포용할수록, 경험의 강에 대한 장애는 더 적어진다.

또한 4장에서 우리는 양치기 농부와 양의 경우와 같이, 관찰자와 관찰대상 사이의 상호작용의 결과로서 사건과 숫자가 어떻게 변화하는지 알아보았다. 이 장에서는 이러한 상호작용의 세부사항을 생각해 보고, 우리의 개인적 심리가 어떻게 외부의 물질적 사건에 영향을 주는지에 대해 깊이 생각해 볼 것이다.

예를 들면, 모래시계의 작은 통로로 떨어지는 모래 알갱이에 대한 우리의 감정이 모래가 떨어지는 속도에 영향을 주는가? 우리 중 일부는 우리 자신과 모래 입자 사이에는 아무런 상호작용이 없다고 믿을 것이다. 하지만 떨어지는 속도를 더욱더 정밀하게 측정하기 시작한다면, 모래와 시간의 미세한 조각들까지도 측정할 수 있다면, 우리의 감정이 떨어지고 있는 개개의 모래 입자와 상호작용하고 있는지를 명확하게 결정하는 것은 어렵더라도 측정은 가능할 수 있을 것이다.

우리는 주관적인 감정의 영향을 피하기 위해, 객관적인 사진을 찍는 카메라를 사용할 수 있다. 하지만 그렇게 하려면, 어떤 종류의 카메라와 측정 속도를 선택해야 하는가? 그리고 결과물인 사진 속에 있는 작은 얼룩을 어떻게 해석해야 하는가? 한 사람은 그 얼룩이 모래 입자를 나타낸다고 하고, 다른 사람은 먼지 알갱이로부터 온 얼룩이라고 할 수도 있다. 따라서 우리는 우리의 감정이 여러 방법으로 헤아리기 과정에 영향을 준다는 것을 깨달아야만 한다.

우리가 헤아려지는 것과 기초수의 본성에 포함된 알아차림 과정을 기억한다면, 우리의 감정이 우리가 보는 것과 우리가 누구인가 사이의 상호작용에 항상 포함되었다는 것을 인정해야만 한다. 지각에 장애가 되는 우리의 경계가 사건 과정 자체에도 영향을 주는가? 큰 대상물의 거시(巨視) 수준(macro level)에서 관찰자로부터 사건을 분리할 수 있는가? 이 질문들에 답하기 위해, 내면 작업으로 돌아가 보자.

❖ 과정으로 들어가기 위한 경계

어떤 사건이 일어나면 절대 안 된다거나, 또는 너무 생소하다고 느껴진다면, 이는 그것에 대한 장벽이 발생해서 '내가 아닌' 또는 '다른' 것으로 우리에게 다가온 것이다. 이것이 경계가 발생하는 부분이다. 이러한 경계에 도달하면, '내부' 과정이 막히게 되고, 스스로 맴돌며 되풀이한다는 것을 내면 작업으로부터 알게 된다. 그 경계에서 우리는 심히 불편해지고, 사건은 평소와는 다르게 우리를 거스르고, 때로는 깜짝 놀라게 하거나 심지어 충격을 줄 수도 있다.

지각에는 여러 개의 경계나 장벽이 있다. 내면 작업에서 우리가 만나게 되는 첫 번째 경계 중 하나는 무슨 일이 일어나는지 알기 위한 결정을 할 때 포함된다. 나는 이 첫 경계를 '과정으로 들어가기 위한 경계' 라고 부른다. 이 첫 번째 경계는 집단(외부 사건이나 내부 경험)을 인식하거나 관찰하는 것이다. 심리학에서, 이것은 자기 성찰, 즉 경험에 집중하기 위해 주의를 사용하는 것에 대한 경계다.

전체적으로, 우리는 매일의 일상적 실재인 CR에 매달린다. 그래서 새로운 사상, 공상, 느낌 또는 신체 느낌을 알아차리는 것은 우리가 내부 삶에 관심이 없는 시기에 우리 모두의 경계가 된다. 이 경계를 넘어가지 않고 남아 있는 한, 비일상적 실재인 NCR에서 발생한 대부분이 알려지지 않은 채로 남는다.

이 첫 번째 경계는 투사(透寫)를 만든다. 왜냐하면 우리가 자신 안에서 일어나는 사건을 알아차리지 못하면, 우리는 외부로 '투사하고' , 알려지지 않은 채 남아 있는 것은 중요하지 않거나 '내가 아닌' 것으로 여기기 때문이다. 예를 들면, 에이미가 흔들의자의 움직임에서 자신 안에 있는 '아이' 를 인식하지 않았다면, 다른 사람에게서 아이와 같은 천진함이 나타나면, 이에 자신도 모르게 매료되었을 것이다.

'과정으로 들어가기 위한 경계' 는 신체 경험도 무시하게 된다. 이 경계는 정신신체 증상 경험과 연관이 있다. 신체 신호에 민감하지 못하면, 이 신호가 더욱 강해지거나 아프게 되는데, 이는 초기에 신체 경험을 무시한 경계 때문이다.[1)]

물리학에서 이 경계는 무엇을 관찰할 것인지 결정할 필요가 있을 때 나타난다. 예를 들면, 우리는 전자(electron)를 관찰하는 것을 선택할 수도 있다. 입자가 벽에 있는 구멍을 통해 지나간다는 생각은 입자가 구멍이 없는 벽을 지나가는 것보다 우리에게 더 친숙해 보이기 때문에 우리는 두 번째 경우(구멍이 없는 벽)가 아니라 첫 번째 경우(구멍이 있는 벽)를 실험해 보려고 할 것이다.

결과적으로, 우리는 실제로 전자가 겉보기에 뚫을 수 없는 장벽을 통과해 움직인다는 소위 터널 효과를 발견한 연구 결과에 대해 매우 놀랄 것이다. 우리를 놀라게 하는 사건들은 관련된 과정에 우리가 이전에 미처 알지 못했던 경계를 가지고 있음을 보여 준다. 우리는 이런 신호에 관심을 두지 않았으나, 객관적 실재에 이 신호들이 정말로 나타나게 되면 놀라게 된다.

❖ 중요성에 대한 경계

내가 '과정의 중요성에 대한 경계' 라고 부르는, 과정의 두 번째 경계가 있다. 예를 들면, 에이미의 과정에 관한 경험에서, 그녀는 '아기' 라는 단어를 말하기 전에 몇 번을 키득거리며 웃었다. 우리는 어느 과정의 내용이나 부호가 우리 스스로를 보는 방법과 매우 다르다면, 그 중요성을 무시하는 경향성이 있다. 경계는 우리들 집 주변에 있는 울타리와 같다. 그것은 모르는 것을 막으려는 의도로 만들어진다. 예를 들면, 대부분의 어른들은 아이들이 나타나는 꿈을 무시하는 경향이 있다. 따라서 과정으로 들어가기 위한 경계뿐만 아니라 관찰되고 꿈꿔지는 것의 중요성을 인식하는 것에 대한 경계도 있다.

물리학에서 이 두 번째 경계는 개별적인 일회성(一回性) 관찰에서 볼 수 있는 중요성을 무시하고, 대신 통계적 결과나 관찰의 평균에 관심을 보이는 관찰자의 경향성에서 나타난다. 과학자들은 자발적이고 재현성이 없는 관찰은 중요한 의미가 없다고 믿는 경향이 있다. 재현성이 있는 관찰은 합의적 타당성을 가지고 있다. 일회성 사건은 비일상적 실재인 NCR 현상의 표현일 수도 있다.

예를 들면, 물리학자들은 통로를 통해 움직이는 전자의 개별적 결과의 의미를 측정하려고 하지 않고, 다만 여러 번 되풀이되는 그런 사건의 결과에 대한 통계적 평균만을 측정하려고 한다. 객관적이고 과학적인 것을 지향하는 문화에 살고 있는 거의 모든 사람과 같이, 물리학자들은 사건의 재현성이 있는 통계적 결과에만 의미를 둔다는 것을 우리는 기억해야만 한다. 그 외의 모든 것은 의미가 없고, 순전히 우연에 의한 것으로 여겨진다.

어떤 경우라도 과학은 사건의 의미보다는 용도에 더 강조를 둔다. 예를 들어, 제2차 세계 대전 동안 이 두 번째 경계는, 원자폭탄을 만들기 위한 경쟁에만 집중하는 속에서 원자 에너지의 위험에 대한 무시(無視)가 근본이었을 수도 있다. 각각의 지각, 발견, 새로운 사건은 의미를 가지고 있다. 이 의미를 무시하는 것은 우리의 발견에 대한 도덕적 책임을 포기하는 것과 같다.

우리는 물리학자들이 그들과 다른 인간 관심사를 무시하고, 배타적일 정도로 이성적이며 비도덕적이라고 생각하면서, 그들을 비판하기가 쉽다. 그러나 우리는 주류(主流) 물리학이 단지 현대 주류 문화의 강력한 영향의 흐름인 현재 믿음 체계를 반영함을 기억해야 한다. 우리가 첫 번째 경계를 넘고 그것들을 경험한다고 할지라도, 당신과 나는 우리의 일상의 관심과는 다르게 보이는 지각을 무시할 뿐만 아니라 이런 지각의 중요성 또한 무시한다.

❖ 살아 있는 과정에 대한 경계

'우리의 개인적 삶에서, 살아 있는 과정에 대한 경계' 라고 부를 수 있는 경계의 형태가 있다. 이 경계는 우리 자신의 내부나 외부에 존재하는 것을 인지하지 않거나, 그 의미를 심각하게 받아들이지 않는 것이다. 예를 들어, 당신이 좀 더 자발적이 될 필요가 있음을 믿는다면 자신에 대한 새로운 것을 느끼고 발견할 수 있다. 그러면 경계는 그 과정이 (인간관계에서) 당신의 행동과 몸에서 스스로를 나타내도록 한다. 당신은 지각을 알아차리는 경계를 회복했을 수도 있거나, 또는 중요하지 않은 자신의 감각을 회피했을 수도 있다. 그러나 또한 당신에게 가장 가까이 있는 것과 함께 살아 있는 경계에 갇혀 있을 수도 있다.

예를 들면, 내게는 앞에서 언급한 과정으로 들어가는 것에 경계가 있었다. 그 경계에서 나는 나의 내면 실재에 있는 호수 이미지를 인식하였다. 그리고 일단 호수를 보고 그 과정이 중요하다는 것을 생각했을 때 나에게는 생성되어 살아 있는 과정에의 경계와, 호수의 원(圓)에서 나오는 생생하게 웃는 얼굴에 대한 경계가 있었다. 나는 그 과정에서 나오는 격려의 이미지에 대해 수줍어했다. 그러나 나는 과정의 의미를 이해하고 그것이 중요하다고 생각하지만, 나의 외부 실재(CR)에서 그것을 개인적으로 느끼고 표현하는 것에 대해서는 역시나 수줍어했다.

우리의 당면한 삶에서 이 '살아 있는 과정에 대한 경계' 는 우리가 발견하거나 관찰하는 것이 우리의 개인적 성장과 무관하다고 믿는 물리학에서 그 표현을 볼 수 있다. 물리학에서의 발견은 물질의 '객관적' 세계로 제한된다고 생각했다. 예를 들면, 과학자들은 물질의 법칙이 집에서의 자신들의 개인적 행동과 무관하다고 생각한다. 그들은 정신이 물질과 별개라고 생각하며, 물리학은 흥미롭지만, 그것은 '내가 아닌' 것이라고 생각한다.

물리학자들은 전자와 광자와 같은, 물질의 작은 조각인 '양자 물체' 가 '서로 얽혀 있음' 을 발견했다. 당신은 결코 이 중 하나를 다른 것으로부터 분리할 수 없다. 이 얽힘을 진지하게 받아들이고, 이 얽힘의 철학적 결과가 과학자들에 의해 잘 응용되고, 그들의 연구에 사용된다면, 그리고 '나 또한 물질이다' 라고 생각한다면, 물리학자들은 좀 더 낭만적이 되고, 다른 사람들과 그리고 자연의 모든 것들과 좀 더 얽혀 있다는 것을 느끼게 될 것이다. 물리학자들은 자신들의 직관력을 진지하게 사용하게 되고 멀리서 일어나는 것에 대한 '비국소적인' 감각을 발전시키게 된다. 그들은 좀 더 텔레파시적이 될 것이다.

물론 어떤 과학자들은 자신들이 발견한 것을 매우 개인적인 것으로 여긴다. 물리학에서의 불확정성의 원리, 파동 방정식과 상보성 원리의 발견에 도움을 주었던 현대 물리학자인 하이젠베르크와 파울리, 보어 그리고 슈뢰딩거는 모두 우주 전체와 불확정성에 관해 『우파니샤드(*Upanishad*)』에 표현된 고대 인도의 철학과 연관된 개인적 신념 체계를 발전시켰다.[2)]

❖ 우주에 대한 경계

또한 '우주에 대한 경계' 가 있다. 이 네 번째 경계는 우리의 가족이나 집단 너머에 있는 세계로부터 우리의 정체성을 분리하려는 경계다. 우리는 세계나 우주가 생소하고, 잘 알지 못하고 '내가 아니다' 라고 생각한다. 우리가 느끼는 저 집단, 저 나라, 지구의 저편, 달, 목성, 태양, 우주, 이런 것은 '내가 아니다.'

심리학과 물리학에서 이 경계는 소위 관찰자의 위치와 관련이 있다. 우리는 보통 관찰자가 본질적으로 우리 몸 안에 위치하고 있는 것처럼 생각한다. 만일 우주에 대한 경계가 존재하지 않는다면, 우리는 우주가 스스로를 관찰하는 것처럼 우리 안의 관찰자를 경험할지도 모른다. 꿈에서 우리는 일종의 '산꼭대기' 관점(mountaintop view), 지구의 바깥에서 세계를 보는 것 같은 관점을 종종 경험한다. 말하자면, 꿈에서의 눈은 무엇이 일어나고 있는지를 보는 일종의 우주적 관점이다.

대부분의 종교에서 이 경계는 신과 여신이 '내가 아니다' 라고 하는 믿음에서 나타난다. 서양인의 대부분은 고대 신화와 전통적 지혜에서 신과 여신이 그들 자신의 초자연적 경험이나 존재의 상태를 상징하는 가능성을 생각하기 어려워한다.

심리학에서 개인의 한계를 초월한 경험보다 개인적인 사건에 더 관심을 두는 것 또한 이 경계와 관련이 있다. 물리학에서 중요한 관찰자가 기계나 사람처럼 특정한 시간에 특정한 장소에 위치해야 한다는 믿음은 이 경계의 또 다른 형태다. 만일 이 경계가 존재하지 않는다면, '관찰자' 가 실제로 우리 신체 외부에 위치할 수 있다는 생각에 대해 우리는 좀 더 개방적이 될 수 있다.

관찰자의 기능이 우리를 통해, 그리고 자의식이 있는 존재를 통해 스스로를 관찰하는, 우주의 마음 같은 무엇인가에 속해 있다고 가정한다면, 물리학은 실제로 달라질 것이다. 다음 장에서 보게 되겠지만, 관찰자 기능의 자의식적인 비일상적 실재인 NCR 능력이 전 우주 공간에 존재하는 것으로 볼 수 있다는 가정은 현대 물리학의 외관상 복잡한 측면을 이해하게 해 준다.

오늘날 물질이 나타내는 것처럼, 별개라고 가정했던 사물과 사건의 비국소성 및 상호 관련성과 접하게 되면 물리학은 놀란다.[3] 하지만 초자연치료적, 전통적, 토속적 지혜에 의하면, 과거에는 모든 것이 상호 관련이 있고 같은 가족의 일부였다. 하늘은 '할아버지', 바다는 '할머니', 지구는 '어머니'였다. 원주민의 전통에서 모든 것은 '나'였고, 적어도 나의 가족의 일부였다.

요약하면, 지각의 경계는 과정이 너무 낯설다고 느낄 때 나타난다. 당신이 일단 첫 번째 경계를 지나 과정으로 들어가기를 결정하면, 당신은 두 번째 경계와 만나게 되지만, 발생되고 있는 내용이 너무나 당신에게 낯설기 때문에 다시 멈추게 된다. 그러나 당신이 그 내용에 대한 경계를 일단 극복하면, 당신은 다시 당신의 신체에서 그 장벽을 느끼고, 인간관계에서 그 장벽을 사용하고, 일상의 '객관적인' 실재에서 새로운 지각을 나타내는 데 또 다른 장벽을 만나게 된다.

네 번째 문턱(경계)은 당신의 지각 과정이 당신을 인접한 공동체 외부의 생생한 과정인 우주와 연결되도록 할 때 도달하게 된다. 이런 심리학적 문턱(죽음에 대한 두려움, 정신 이상(異狀)에서 우리 자신의 해체, 그리고 운명에 대한 낯선 공포 등과의 연결)에는 더 많은 것이 있다. 하지만 잠시 동안, 나는 이 보편적 경계의 심리학적 의미보다는 물리학에 초점을 두고 싶다.

전자나 광자와 같은 양자 물체에 관한 실험의 단순한 선택이 그 실험의 결과를, 부분적으로나마 결정한다는 실험적 증거가 있다.[4] 이는 어떤 의미에서 우리가 우주를 같이 만든다는 의미다. 우리가 누구인가 하는 것이 우리의 지각력, 우리의 심리학과 물질세계에 나타나는 것을 결정한다.

이 모든 것은 초자연치료사와 지각의 스승에 의해 수 세기 동안 알려져 왔다. 올도스 헉슬리(Aldous Huxley)의 책 『인식의 문(*The Door of Perception*)』 중 환각제(mescaline)에 대한 연구 내용에서 우리의 개성과 알아차림은 사실상 우리의 지각력을 제한하고 궁극적으로 결정한다는 개념을 기억하기 바란다.[5]

〈표 5-1〉은 기초수와 경계의 관계를 정리한 것이다.

표 5-1 기초수, 과정 그리고 지각에 대한 경계

	과정 이론	포레스트 피플 수학	현대 수학
꿈꾸기	**과정에 대한 경계**		
	지각의 첫 번째 요소에서 과정이 나타난다.	아(a)	1
	내용에 대한 경계		
	과정의 두 번째 요소에서 내용이 나타난다.	오아(oa)	2
	과정의 세 번째 요소에서 내용이 나타난다.	우아(ua)	3
	개인적 세계에 대한 경계		
	신체 행동과 개인적 관계에서 내용을 나타낸다.	'많이(many)'	높은 숫자
	우주에 대한 경계		
	자신의 이면 세계와 자신이 속해 있는 가족과의 관련성		높은 숫자

❖ 우주와의 연관

나의 물리학과 심리학 강의에서는 이 부분에서 학생들이 많은 질문을 한다. '우주에 대한 경계' 에 관해 물었을 때, 에이미는 네 번째 경계가 친숙해진 우주에 관한 것이며, 그녀 내부 과정이 살고 있는 장소라고 말했다. 에이미에게 그것은 매우 중요한 경계였다. 그녀는 어떻게 우주가 일상생활에서 그녀의 집이 될 수 있는지, 그리고 언제 어디서든 어떻게 자발적인 자신과 살 수 있었는지에 대하여 물었다. 지금까지 에이미는 대중 앞에서 수줍어했다고 말했다. 그녀는 친구들에게도 자발적으로 되기가 수줍었다고 말했다. 이것은 개인 세계에 대한 경계였다. 그녀는 언제, 어디서나 대중 앞에서 자유롭고 경계가 없게 되기를 바라지만, 그러나 "그것은 내가 아니다." 라고 웃으면서 여전히 장벽 뒤에 남으려는 자신의 확신과 소망을 말했다.

나는 그녀가 의미하는 것이 무엇인지 안다고 말했다. 예를 들어, 나는 물리학을 공부했음에도 불구하고, 내가 과학자임을 인정하지 않았기 때문에, 물리학을 거부하는 경계를 극복하는 데 34년이 걸렸다. 나는 심리상담 치료사였기에 물리학을 다루는 모든 지각력을 '몰아내려고' 했다. 네 번째 경계는 그녀에게는 큰 것이었고, 거의 대부분의 사람들에게도 큰 것이다.

또한 '우주에 대한 경계'는, 우리가 우리에게만 속하거나 우리의 인접한 주변에만 있다고 가정하는, 우리의 지각력이 외부의 인접한 사건뿐만 아니라 가끔은 멀리 있는 사건과 연결된 것처럼 보이는 것에 대한 놀라움의 감정에서도 나타난다. 융은 이런 사건들의 연결을 '동시성(synchronicity)'이라고 불렀다. 우리는 동시성이 발생할 때 종종 놀란다. 왜냐하면 우리는 동시에 어디에서나 존재하며 '시간의 강'의 모든 차원에 나타나는 것 대신에, 주어진 공간의 국소성에 존재하는 물질이라는 관점에서의 사고(思考)에 익숙하기 때문이다.

시간이 시작된 이후로, 전통적이고 초자연치료적인 지혜는 신의 세계와의 대화를 통하여 우주와 개인적인 기본 관계를 표현하고 있다. 르네상스 이후, 물리학자들은 더 이상 신성의 관점이 아닌, 에너지와 시공간의 연속체(continuum)라는 관점에서 우주를 개념화하였다. 심리학자들은 '정신(psyche)'이라는 관점에서 각 개인의 내적 경험과 외부 관찰에 대해 언급하였다. 르네상스 이전, 세계의 토착민들은 본질적으로 신성한 존재가 모든 사건의 뒤에 있는 힘이라고 믿었다. 토착민들은 자신들의 여신과 신을 운명의 창조자로 인정하였다.

서아프리카의 요루바(Yoruba)의 기도는 헤아리기와 운명이 어떻게 연결되어 있는지를 보여 준다.

> 계속해서 헤아리고, 계속해서 헤아리는 죽음은 나를 헤아리지 않는다.
> 계속해서 헤아리고, 계속해서 헤아리는 불은 나를 헤아리지 않는다.[6)]

이 기도문은, 죽음과 불의 정령뿐만 아니라, 공허, 부(富), 낮의 정령들(spirits)이 같은 방식으로 헤아리는 것을 계속해서 연관시킨다. 융 학파의 심리학자인 마리 루이스 폰 프란츠(Marie Louise von Franz)는 이런 신성(神性)이 의식의 원천으로서 심리적 에너지를 상징한다고 말한다. 예를 들어, 죽음의 정령은 마치 노화(老化)나 시간이 개인적인 과정을 펼치는 것과 같이, 운명을 헤아리거나 나타나게 하는 에너지다.

요루바 기도문에서, 우주는 낮, 죽음, 불과 같은, 지적이고 어디에나 있는 에너지이거나 신성으로 표현된다. 그들은 헤아리는 정령들이다. 그들은 계산하는 우주이고, 발생한 것을 측정하는 우주다. 그들은 한 번에 한 단계씩, 한 번에 하나의 숫자로, 우리의 개인적 과정과 존재하는 모든 것을 펼친다.

고대 인도의 신화는 우주가 존재하는 꿈을 통하여 우주를 창조한 신, 브라마(Brahma)에 대해 비슷하게 말한다. 또한 오스트레일리아의 토착민들도 다양한 신이—이 경우에는 동물 영역에서—꿈꾸며 세계를 만들어 낸다고 말한다.

세계의 토착민들의 문화로부터 나온 전통적 이야기들은 신이 스스로를 알기 위해, 그리고 자신과 같은 거울 상(像)을 만들기 위해, 세계를 창조하고 펼치는 신성에 관해 이야기한다.[7] 이런 이야기에서 인간은 스스로를 알려고 노력하는 우주의 지성을 나타낸다. 우주는 외부 세계나 '객관적' 실재라고 알고 있는 것에서 사건의 펼침을 통한 지각(知覺)을 얻으려고 하는 지성으로 보인다. 융은 그의 글 '직업에 대한 응답(Answer To Job)' (그의 저서 『모음집(*Collected Works*)』에서 발견된)에서 신은 본질적으로 자각하기 위해 인간성과 인간 삶의 펼침을 필요로 한다고 우리에게 말한다.

이것이 존 휠러(John Wheeler)와 같은 물리학자들이 발견한 것이다. 오늘날의 관찰자는 우주의 태초와 같은 실재를 생성하는 것에 대해 부분적으로 책임이 있다. 자신을 보고 있는 우주의 상징적 그림은 [그림 5-1]과 같다. 이것은 휠러의 아인슈타인에 관한 1979년 강의에서의 스케치인데, 이 그림에서 휠러는 우주를 일종의 꼬리와

[그림 5-1] 스스로를 보는 우주

눈이 있는 존재로 보여 주었다. 꼬리는, 그 스스로가 펼치는 실재에 의존하는 자신의 자의식에 의해 나중에 실재를 구체화시키도록 조장하는, 우주의 초기 단계를 나타낸다.[8)]

우리는 사건의 진행에 영향을 줄 뿐만 아니라 그 사건의 핵심이기도 하다. 아득한 옛날부터, 사람들은 운명의 뒤에서 신비롭게 작용하는, 스스로를 펼치는 지적이고 신성한 에너지를 느껴 왔다. 1400년경 서유럽에서, 기독교인들은 신을 신성한 나침반을 사용하여 우주를 '설계하는' 수학자로 보았다.[9)]

신화는 우리가 사물을 헤아리는 관찰자일 뿐만 아니라, 운명이나 좀 더 우주적인 헤아림 과정에 의해 다소 무력하게 쓸려 가는 우주적 과정의 생성물이라는 것을 일깨워 준다. '우리가 아닌' 우주 속에 사는 것에 따르는 무기력한 감정에 저항하기 위해, 우리는 전체를 파악하는 개관(overview)의 부족함을 보충하기 위해서 '예시자(豫視者)' 를 필요로 한다. 우리 편으로 관여할 협력자, 마법사, 여사제 그리고 초자연치료사가 필요한 것이다. 우리가 어떤 것은 헤아리고 다른 것은 헤아리지 않는 것처럼, 전통적인 지혜는 또한 우리가 자연에 의해 헤아려질 수 있거나 헤아려질 수 없거나, 혹은 인식될 수 있다고 생각한다. 우리 자신의 마음에서, 우주에 관한 한 우리는 하나의 숫자다. 이것이 아마도 죽음에 관한 속어로 '너의 숫자가 끝났다(your number is up)' 와 같은 표현이 발생한 이유일 것이다.

사람들은 자신들이 개입하는 정령의 형태로 우주에 영향을 줄 수 있다고 항상 믿어 왔다. 이 가정은 더 높은 존재에게 도움을 구하려고 기원을 하는 보편적인 정신적 경향성 뒤에 있다. 우리는 항상 명상, 기도, 초자연치료적 개입 그리고 시간의 흐름에 영향을 줄 수 있었던 신과의 직접적 접촉을 희망해 왔다.

신은 우주를 인간과 무관하게 혼자서 만들지 않는다. 비록 제한된 공동 창조의 능력을 가진 작은 감각일지라도, 우리 또한 신과 같은 에너지에 접근할 수 있다. 사람들은 항상 기도나 꿈을 통해, 즉 의식의 특이함이나 변형된 상태를 통해 우주의 관심을 모을 수 있을 것이라고 믿게 하는 비일상적인 경험을 가지고 있었다.

명백히 개인적인 비일상적 실재인 NCR 경험인, 우리의 독특한 지각력은 우주와 소통한다. 다음은 공동 창조 원리를 보여 주는 실습이다.

❖ 비일상적 실재인 NCR 헤아리기와 경계의 실습

당신 스스로 자신의 내부 과정과 작업하는 것이 새롭거나 생소하다면, 이 실습을 친구와 함께 시도해 보아라. 그렇지 않으면, 방해받지 않을 수 있는 조용한 장소를 찾아라. 편안한 자세로, 눈을 감고, 당신의 내부 세계에 집중하도록 준비해라.

1. 당신 스스로에게 물어라: 무엇이 일어나고 있는가? 무엇을 인지하는가? 떠오르는 것을 적어라.

2. 생각, 감정, 신체 느낌, 움직임, 소리 같이 이제까지 인지하지 못하였던 새로운 것을 인지하는가?

3. 스스로 인지하도록 하고 당신의 경험을 따르라. 당신이 인지하고 있는 과정이, 단지 관찰하고 느낌으로써, 어떻게 펼쳐지는지 인지하라.

4. 당신의 다음 과제는 당신의 과정이 어디에서 주저하거나 멈추는지를 아는 것이다. 다시 말하면, 당신의 경계를 인지하라. 경계를 인지하는 것이 중요하다.

당신은 어떤 경계에 있는가? 당신은 '과정으로 들어가서, 당신의 경험의 흐름을 인지하고 따라가는' 경계에 있는가? 그러면 당신은 첫 번째 경계에 도달한 것이다.

아니면, 두 번째 경계인 '내용을 헤아리지 않기' 경계에 있는가? 당신은 잠재적 의미가 당신에게 중요하지 않고, 너무도 공상적이고, 너무 이상하고, 모르거나 적절하지 않다고 느끼는가? 그렇다면 당신은 두 번째 경계에 있다. 이 경계를 극복하려면 당신이 경험하고 있는 것이 중요하고 당신의 과정에 좀 더 시간을 허락할 가능성을 고려해 보라.

만일 당신의 과정이 좀 더 펼쳐지면, '이 경험을 당신의 신체적 알아차림으로 가져오는 경계' (당신의 관계, 가족 그리고 집단)에 도달했는지 알아보고 확인하기 바란다.

이 실습의 목적은 당신의 과정을 펼치기 위해 당신을 압박하는 것이 아니라 경계를 인지하는 것이다.

이 실습에서 당신의 경계를 인지하는 것을 경계 위로 스스로를 올려놓는 것과 혼동해서는 안 된다. 당신이 경계에 도착하면, 당신 스스로에게 "아, 나는 멈추었다. 더 나아가길 원하는가, 그렇지 않은가? 그 과정이 계속되길 원하는가, 그렇지 않은가? 내가 나의 관계나 세계에서 이 과정과 함께 있음을 상상할 수 있는가?" 라고 물어보아라.

경험을 향한 당신의 태도가 어떻게 내면 과정이 펼쳐지기를 방해하거나 허용하는지를 단순하게 인지하라.

이것이 알아차림 실습이다. 당신이 언제 어디서 경계에 대응하여 와 있는지 인지하라. 그리고 당신의 경계가 무엇이고, 이 경계가 관찰자로서 당신 자신과 관찰하고 있는 과정 사이의 관계에 어떻게 영향을 주는지 생각해 봐라. 당신은 이 관계를 어떻게 설명할 것인가? 어떻게 당신은 이 내부 실재를 공동 창조하고 정의할 수 있는지 인지하라.

❖ 세계의 경계

당신이 어떤 주어진 순간에 외부 세계에서 살 수 있고 자신의 내부 과정을 표현할 수 있는지는 당신의 개인적이고 전문적인 정체성, 당신이 살고 있는 문화, 시대 그리고 세계 장면과 같은 외부 요소에 달려 있다. 말하자면, 세계는 경계를 건너는 당신을 돕거나 방해하는 데 참여한다.

예를 들면, 당신에게 사회 활동가로서 연설하는 내부 과정이 있다고 하자. 어떤 나라에서는 사회 활동을 하다가 목숨을 잃을 수도 있다. 감옥에 가거나 처형당할 수도 있기 때문에 말할 수 없는 것도, 그리고 무엇인가 할 수 없는 것도 많이 있다.

경계를 극복하거나 못하는 것은, 궁극적으로 당신 혼자에게 달려 있는 것은 아니다. 우리는 변화되고, 우리의 근본과 경험은 관찰과 헤아리는 것에 영향을 받는다. 말하자면, 우리 자신이 내면 세계를 보고 있을 때, 스스로를 관찰하고, 헤아리고, 과정에 영향을 주는 만큼 변화하고 영향을 받는다. 경계를 극복하는 것과 우주의 부분으로서의 우리의 과정을 식별하는 것이 단지 우리에게만 달려 있는 것이 아니다. 우주는 우리의 경계가 무엇인지를 아는 역할을 한다.

다시 말하면, 경계와 개인의 발전은 상호작용 과정이다. 그들은 관찰자와 관찰대상의 관계에서 발생한다.

알아차림과 개인의 노력으로, 우리는 마음을 열고, 우리의 정체성을 확장시킬 수 있다. 우리는 일상적 실재(CR)를 선호하는 완고한 경향을 극복할 수 있고, 우리의 과정 경험의 흐름으로 들어갈 수 있다. 한번 그 과정에 들어가면, 우리는 모르는 것에 대한 수줍음과 두려움을 극복할 수 있다. 하지만 우리 중 일부가 절대로 극복할 수 없는 경계도 있다. 몇몇 사람들은 대중 앞에서 연설을 하거나, 사회 활동가가 되는 것, 그들 스스로를 사랑하는 것, 지도자가 되는 것, 내향적 수도승이 되는 것과 같은, 어떠한 일을 할 수 있다는 느낌을 전혀 느끼지 못하고 특정한 경계에 오랫동안 막혀 있다. 그들은 자신들의 과정이 스스로의 것이고 우주에 속하지 않는다고 생각하면서 항상 장벽이나 경계에 막혀 있는 것처럼 보인다.

❖ 심리학에서의 비국소성

이러한 막힘의 이유 중 하나는 개인의 변화가 개인적인 것이 아니라 세계적인 변환과 연관되어 있다는 것이다. 당신의 정체성이 변한다면, 당신 주변의 세계도 마찬가지로 변한다. 세 번째와 네 번째 경계는 개인적이고 내부적인 것으로 보이는 것과, 우주 혹은 외부의 실재로 보이는 것 사이의 상호작용인 체계 변화를 포함한다.

이것이 비국소성의 개념과 심리학이 만나는 부분이다. 기초수의 한계인 세상의 경계를 만나면, 우리는 개인적이거나 집단적인 심리학이 더 이상 구별될 수 없는 영역으로 들어간다. 그 세상에서의 우리의 정체성과 역할은 부분적으로 우리가 어떤 경계를 건널 수 있고, 어떤 경계를 건널 수 없는지를 결정한다. 이곳이 개인적 성장과 문화적 과정이 서로 얽히는 지점이다. 자유 감각인 우리의 경계는 우리를 둘러싸고 있는 외부 세계와 밀접하게 연결된다. 그것은 우리에게 영향을 주고, 우리는 그것에 영향을 준다.

이것은 강제적 힘의 사용이 네 번째 경계에 별로 도움이 되지 못하는 이유다. 우리 스스로를 변화에 밀어 넣는 것은 유용하지 않다. 왜냐하면 그것은 관찰자인 우리와 바로 가까이에 있는 과정 사이의 관계를 무시하기 때문이다. 우리 스스로를 변화시키기 위해서는 외부 세계에서도 같이 변화가 일어나야만 한다.

역사를 통해, 사람들은 '우주에 대한 경계' 를 극복하고 외부 세계에서 내면의 변화를 보기 위해 마술사, 초자연치료사, 점성술사 그리고 꿈 분석가를 항상 이용하였다. 중재자들은 미지세계가 좀 더 친숙해지도록 돕는다. 물리학자들이 우주가 너무나 낯설고 무지(無知)하다고 느꼈을 때, 그들은 가능한 한 자세하게 알기 위하여 자르고, 가속시키고, 무게를 달고 측정하는 실험에 매달렸다. 실험은 우주를 더 친숙하게 만들어 주는 과정을 촉진한다. 물리학자들은 경험적이고, 실험에 근거를 두고, 또한 심리상담 치료사처럼 감각기관에 근본을 두고자 노력한다.

인간으로서의 개인의 운명 일부는 우리 개인에 관해서뿐만 아니라, 우리에게 좀 더 친숙해질 때까지 '우주에 대한 경계' 너머로 움직이는 것이다. 나는 내가 알고 있는 전 세계의 수많은 사람들에게서 이러한 발전을 보았다. 이들과 나의 개인적인 관계는 지구와 우주에 대한 우리의 견해가 현재의 가이아 학설이 제시하는 것보다 더 인간답고, 의식 있고, 생생한 것이 될 것이라고 예견하게 한다. 우리는 외국인과 외계인, 인간 같은 존재를 상상하고 실험하는 것뿐만 아니라, 우주 만물이 넓은 의미에서 우리 가족의 일부라고 느끼게 될 것이다.

우리 모두는 토착적 지혜, 심리학 그리고 현대 과학을 포함하는 새로운 전망, 새로운 과학의 발전에 참여하고 있다. 이 새로운 전망은 심리학과 물리학을 통합하며, 지금까지 '물리학' 이라고 불렀던 것이 확률적이고 통계적 평균뿐 아니라, 비일상적 실재인 NCR 과정을 포함하는 개개의 일회성 사건들에 대한 의미에 초점을 두도록 할 것이다. 이것은 우리가 과학의 객관적이고 측정 가능한 진실뿐 아니라, 전통적 지혜와 내면 세계에 다 관문이 열려 있는, 새롭고 과학적 초자연치료 시대에 살고 있음을 의미한다.

지금까지의 우리 탐구 여행 결론은 다음과 같이 정리될 수 있다. 우리의 알아차림 과정은 다음과 같은 헤아리기, 관찰하기, 인지하기 같은 방법으로 수학과 과학에 포함된다.

- 설명하기 위한 집합체 선택하기(예: 양[羊])
- 전체 중 어떤 하위 집합체에 초점을 둘지 결정하기(예: 모든 양)
- 어떤 집합체나 하위 집합체를 배제하기(예: 갈색 양)
- 인간의 삶이나 인간의 신체 관점으로 이러한 집합체들을 짝짓기 또는 비교하기, 그리고 그 집합체를 상징하기 위해 머리는 1, 두 팔은 2, 머리와 팔은 3 등과 같은 기호로써 숫자 사용하기
- 경계, 즉 우리 개인적 경계와 우리 문화의 경계에 따라 집합체 과정을 구조화하기. 이런 경계는 기초수에서 나타나며, 그리고 이 경계는 어떻게 우리가 우리 스스로를 인식하고, 우리가 무엇을 의식적으로 지각하는지를 제한한다.

헤아리기와 다시 헤아리기 과정은 우주를 계속해서 공동 창조하는 밀접하고, 반(半)의식적인 관계 과정의 표시다. 지구라고 불리는 하나의 객관적 세계에 40억 이상의 내면 세계가 존재한다. 이러한 상호작용하는 수십 억의 내면과 외부 세계, 헤아리기와 다시 헤아리기가 우주를 공동 창조한다.

주석

1) 증상과 경계 간의 연결은 증상에 관해 연구한 나의 저서 『꿈꾸는 신체와의 작업(*Working With the Dreaming Body*)』에 자세히 설명되어 있다.
2) 이런 선구적인 물리학자 간의 토론은 하이젠베르크의 책 『물리학과 철학(*Philosophy and Physics*)』에서 찾아볼 수 있다.
3) 이 책의 19장에서 비국소성을 벨(Bell)의 이론으로 설명한다.
4) 입자 물리학자인 미스트라(B. Mistra)와 조지 수다샨(George Sudarsban)의 연구에 따르면, 방사성 핵과 같은 불안정한 입자의 붕괴는 관찰 행위에 의해 억제될 수 있다고 한다. 그러한 '양자 지우개' 실험은 입자들이 이후의 다른 시간에 관찰될 가능성에 반응한다고 제안한다. 데이비드 달링(David Darling)의 『선 물리학(*Zen Physics*)』 35쪽에는 이 분야에 대한 레이먼드 치아오(Raymond Chiao)의 이런 실험과 최근의 연구에 대해 언급하고 있다.
5) 올도스 헉슬리는 저서 『인식의 문』에서 그가 흥분제를 사용한 자신의 인지적 경험을 기술한다.
6) 폰 프란츠는 저서 『수와 시간(*Number and Time*)』 217쪽에서 요루바에 대해 논의한다.
7) 로버트 롤러(Robert Lawlor)의 저서 『첫날의 목소리: 내면의 전통(*Voices of the First Day: Inner Traditions*)』을 참조하라.
8) 아인슈타인을 기리기 위해 쓴 존 휠러의 대표적 글인 '블랙홀을 넘어서(*Beyond the Black Hole*)'에 나오는 그림.
9) 기하학에 대한 훌륭한 참고문헌으로 로버트 롤러의 『성스러운 기하학(*Sacred Geometry*)』을 들 수 있다.

제6장
수의 장과 신성한 게임들

신은 수학자다. 그리고 우주는 거대한 기계라기보다 위대한 사상처럼 보이기 시작한다.

-20세기 초 유명한 물리학자, 제임스 진스 경(Sir James Jeans)의 저서 『신비로운 우주(*Mysterious Universe*)』 중에서-

지금까지 우리의 탐구 여행은 어떻게 숫자들이 사건의 일상적 실재인 CR 표현이 되면서 관찰자와 관찰대상 사이의 상호작용 인식 과정으로부터 발생하는지 보여 주었다. 숫자들은 우리의 인식 과정에 의해 구성된다. 숫자는 1에서 10까지와 같이, 헤아리기가 계속됨에 따라 반복되는 주기를 만드는 본성을 갖는다. 한편으로, 주기적인 순환적 반복은 우리의 인식 체계에 들어와서 경계와 연결된다.

이번 장에서 우리는 어떻게 1, 2, 3 그리고 4……와 같은 일련의 숫자가 지도(地圖)나, 수학자들이 말하는 '장(場)'을 형성하는지 알아볼 것이다. 나는 이 장(場)에서 우리의 무의식적 마음이 어떻게 작동하는지를 자세하게 설명할 것이다. 산수(算數)는 이 장(場)의 게임규칙이 될 것이다. 나는 더하기, 빼기, 제곱과 같은 산수가 어떻게 심리적인 과정에 대응하는지 보여 주고자 한다.

❖ 장(場)으로서의 숫자

수학, 물리학 그리고 심리학의 '장(場)'에 대해 생각하기 전에, 장이라는 용어의 일상적인 의미를 알아보자. 우리들 대부분은 장에 대해서 가축을 기르는 목장, 농작물을 기르거나 석탄이나 다이아몬드의 광산 지역처럼 특별한 목적을 위해 따로 준비한 땅의 일부분으로 생각한다.

장에 대한 생각은 또한 스포츠에도 사용된다. 우리는 운동 경기가 벌어지는 공간으로 정의하는 축구장 또는 야구장과 같은 경기장을 말하기도 한다. '장'이라는 단어는 또한 지적 활동이나 분야에도 적용될 수 있다. 예를 들어, 누군가는 "나는 심리학 분야에 종사하고 있다."라고 말할 수 있다.

이러한 서로 다른 사용 모두에는 공통점이 있다. 즉, 장은 주어진 영역을 포함하고 행동양식을 정한다. 예를 들어, 축구장에서 축구 경기를 할 때, 선수들이 어떤 것을 하는 것은 허용되지만 다른 것은 허용되지 않는다.

경기장에는 규칙이 있다. 선수들은 경기장 안에서만 경기를 해야 한다. 즉, 만일 그들이 경계선 밖으로 나간다면, 그 경기 내용은 무효가 된다. 그 장의 경계선과 구조는, 공이 득점과 관련해서 어디에 있어야만 하는지 모든 사람들에게 정확하게 알려 준다.

장은 주어진 영역을 조직하고 구축한다. 장은 축구장이나 밀밭처럼 물리적일 수도 있고 '연구 분야'처럼 가상적일 수도 있다. 밀밭에서 당신은 밀을 재배할 수 있지만, 축구는 할 수 없다. 주어진 연구 분야에서 당신은 어떠한 주제에 관해 연구할 수 있고, 그 분야의 최고가 될 수 있다.

자기장(磁氣場)은 전형적인 물리적 장이다. 자기장은 어떻게 자기력이 자석 주위의 공간에 퍼지는지 묘사한다. 자기장은 자석 가까운 곳에서 가장 강력한데, 그곳에 많은 자력선(磁力線)을 가지고 있다. 반대로 자기장은 공간적으로 가장 먼 곳에서 가장 약하며 자력선을 적게 가지고 있다. [그림 6-1]을 보라.

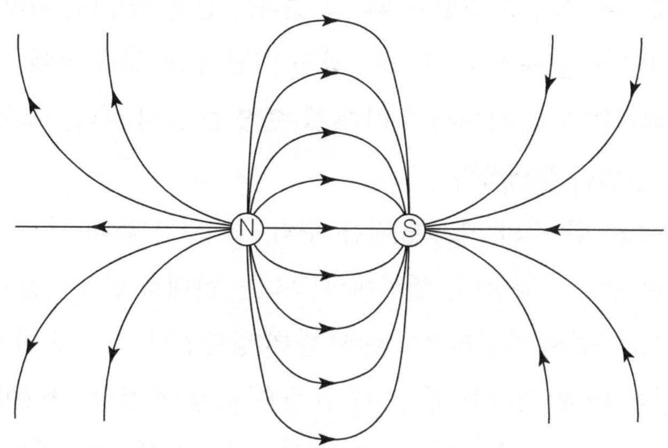

[그림 6-1] 자석 주위의 전자기장

자성(磁性)은 눈에 보이지 않는 힘으로서, 작은 철 조각에 영향을 주어 자석 주변에서 밀고 당긴다. 자기장과 비슷하게 지구의 중력장(重力場)도 보이지는 않지만, 우리가 공중 점프를 하고자 할 때 그것이 우리를 아래로 당기고 있다고 느낀다. 철가루 선(線)이 자석과 연관되어 있는 것처럼, 중력은 사람을 지구와 연결시킨다.

장의 개념은 새로운 것이 아니다. 고대 이래로 도(道)는 일상적 삶의 방식으로 이해되었다. 고대 중국인들은 도를 '용선(龍線)' 이라고 부르는, 보이지 않는 역선(力線)의 장으로 생각했다. 이러한 정신적이고 심리적인 장은 사람의 건강과 마음 상태뿐 아니라, 지구의 지질이나 지리에도 힘이 작용한다고 상상했다. 이들 용선들은 앞에서의 자기장과 매우 유사하다.

❖ 수학에서의 장

수학자들 또한 장(場)의 개념을 사용한다.[1] 수의 장 역시 일종의 경기장이다. 특수한 규칙이 여기에 적용되는데, 가장 단순한 규칙은 더하기와 빼기다.

예를 들어, 1, 2, 3, 4, 5, 6, 7, 8 등과 같은 양(陽)의 실수 장을 생각해 보자. 우리가 어떤 실수에 다른 실수를 더했을 때, 그 결과도 같은 실수다. 따라서 우리는 양의 실수로 덧셈 게임을 할 수 있는데, 왜냐하면 여전히 그 실수 장에 머무르기 때문이다. 더하기와 빼기는 수의 장에서 우리가 할 수 있는 것의 예다. 이 규칙들은 숫자가 서로 연관되는 방법을 설명한다.

덧셈에서 우리는 한 수의 크기를 다른 수의 크기만큼 확대한다. 즉, 일련의 양수를 따라 더욱 큰 수로 이동한다. 뺄셈에서 우리는 반대로 할 수 있다. 즉, 다른 수에 의해 크기가 감소하면서 일련의 양수에서 반대 방향인 작은 수로 가게 된다.

당신은 곱셈에 대해 생각해 봤는가? 곱셈은 덧셈 과정의 연장이다. 예를 들어, 5+5+5+5=20와 같이 숫자 5를 4번 더하는 것 대신에, 곱하기는 5×4=20과 같이 5를 4번 더하는 것의 빠른 계산 방법이다. 곱하기는 같은 숫자를 여러 번 더하는 더 빠른 방법이다.

나누기는 곱하기의 반대다. 나누기는 파이를 여러 조각으로 자르는 것과 같다. 나누기는 한 숫자를 취해서 그것을 여러 부분으로 쪼갠다. 예를 들어, 20÷5=4는 20을 5개의 부분으로 나눈 것이다. 각각의 부분은 4의 값을 갖는다. 나누기는 무엇인가를 분배하며, 하나의 수 안에서 여러 동등한 부분에 대해 말한다.

❖ 수장(數場)의 규칙

오직 규칙에 맞는 게임이나 과정만이 주어진 장에서 일어날 수 있음을 기억하라. 수의 장에서의 규칙이란 무엇인가? 그 규칙이 여기에 있다.

1. **닫힘**(Closure): 수장의 첫 번째 규칙은 모든 장의 규칙이다. 장에서 일어난 어떤 일도 장 안에 있어야만 유효하다. 장 외부에서 발생한 모든 것은 경계 밖에 있다. 그것은 경기에서 유효하지 않다. ‘닫힘’ 규칙 없이, 장의 개념은 별로 의미가 없다. 이것은 장의 경계 또는 수학자들이 말하는 것처럼 닫힘을 준다.

2. **덧셈과 뺄셈**: 수장에서만의 두 번째 규칙은 우리가 더하기와 빼기를 밤이나 낮이나 언제든지 할 수 있어야만 한다. 그리고 물론 그 장의 경계 내에 여전히 있어야 한다.

이제 이 규칙을 조사해 보자. 1, 2, 3, 4 등과 같은 양의 실수의 무한연속은 수장에서의 두 번째 규칙을 만족시킬까?

아니다! 왜 아닌가? 왜냐하면 우리가 어떤 두 수를 더하면, 그 합이 언제나 이 장의 다른 한 수가 될 것이지만, 어떤 두 수를 사용해서 빼면, 그 차이는 여전히 그 장에 있는 다른 어느 수를 얻을 수 없을 수도 있다. 예를 들어, 우리가 3에서 4를 뺀다면, 음수인 -1을 얻게 되는데 그것은 양수가 아니다.

그래서 우리가 더하기와 빼기를 할 수 있고 여전히 그 장에 남아 있다는 규칙을 따르는 수를 얻기 위해서는, 우리는 음수가 그 장에 포함되도록 허용해야만 한다. 그래서 우리는 우리의 숫자체계를 양수에서 더하기와 빼기가 가능한 수가 되도록 음수를 포함하는 것으로 확장해야 한다. 하나의 장인 새로운 숫자 집합은 다음과 같다.

$$-4, -3, -2, -1, 0, +1, +2, +3, +4$$

[그림 6-2] 실수 장은 양수와 음수를 포함한다

실수 장은 우리가 더하고 뺄 때 닫힘을 가진다.[2)] 하지만 그 장은 우리가 곱하거나 나눌 때에도 역시 닫힘을 가질까? 그렇게 하기 위해서 우리는 분수라는 개념을 포함시켜야 한다. 만일 우리가 수장을 확장해서 실수뿐만 아니라 분수도 포함시킨다면, 우리는 덧셈, 뺄셈뿐만이 아니라 심지어 곱하기, 나누기를 하면서도 그 장에 남을 수 있다.

요약하면, 양쪽으로 무한한 양의 정수와 음의 정수의 집합은(그리고 사이에 있는 모든 분수) 하나의 수장이라고 할 수 있는데, 그것은 숫자 경기의 기본 규칙을 만족하기 때문이다. 즉, 그 장은 닫힘을 가지며 우리는 덧셈, 뺄셈, 곱셈, 나눗셈으로 그 경기장에서 움직일 수 있으며, 여전히 그 장에 머물 수 있다. 이 산술 연산의 어느 것도 어떠한 두 수를 사용해서 그 장 내에서 실행될 수 있으며, 우리는 그 장에서 경기를 할 수 있을 것이다.

❖ 닫힘과 세계

수학에서 장은 닫힘을 가진다. 우리는 덧셈, 뺄셈 등의 규칙을 가지고 원하는 어느 방향으로나 움직일 수 있고 여전히 그 장에 머무를 수 있다. 닫힘은 장이 그 자체에 이르는 세계의 하나라는 것을 의미한다. 모든 장은 독특하다. 우리는 덧셈, 뺄셈, 곱셈, 나눗셈에 의해 실수 장 위에서 경기를 할 수 있다. 우리는 눈밭에서 스키를 탈 수 있고, 수영장에서 수영을 할 수 있다. 밭에서는 식물을 재배할 수 있지만, 눈밭에서는 수영을 할 수 없을 것이다.

장은 과정이 발전하고, 우리가 어떤 규칙을 따라 여행할 수 있는 세계다. 스키를 위한 규칙은 우리에게 스키와 눈이 필요하다는 것이다. 그래서 우리는 크로스컨트리 스키를 할 수 있고, 눈을 치우고, 스노보드를 이용할 수 있고, 평행스키 등도 할 수 있다. 그러나 그곳에서 수영을 할 수는 없다.

❖ 덧셈과 확장

수장은 숫자 그 자체들처럼 일상적 경험을 묘사하지만, 또한 비일상적 경험도 나타낸다. 수장은 '과정 장' 이라고도 불리는데, 우리가 앞 장들에서 보아 왔던 것처럼, 동일한 수학적 연산(演算)이 일상적 실재인 CR 사건과 심리적인 경험을 둘 다 결정하기 때문이다. 우리는 알아차림에서의 움직임이 덧셈, 뺄셈, 곱셈, 나눗셈과 유사하기 때문에 수장이 알아차림의 장이라고도 말할 수 있다.

덧셈의 수학적 연산은 심리적 확대 과정이나 경험을 더 강하고 강렬하게 만드는 것과 유사하다. 알아차림의 영역에는 이 덧셈 과정에 대해 많은 다른 단어들이 있다. 우리는 경험을 더하고, 강화하고, 확장하고, 증강하거나, 넓힐 수 있다.

모든 사람은 덧셈에 대한 내면의 심리적 방식을 가지고 있는데, 본능적으로 경험을 증강하거나 확대하는 법을 알고 있기 때문이다. 나의 의견으로는 우리 모두는 타고난 수학자다. 당신이 '더하기'를 하기 위해 해야 하는 모든 것은 지금 당장 당신에게 무엇이 발생하고 있는지 물어보는 것이다. 그리고 발생하는 것에 '더하기'를 하고, 그것을 증대시키고, 그리고 모든 사람이 이해하는 것처럼 보이는 것에 대해 자신에게도 요구해라.

❖ 빨셈, 빚, 뒷담화 그리고 투사(透寫)

빨셈의 수학적 연산은 사물을 보다 적게 만드는, 즉 경험의 '가치'나 강렬함을 감소시키는 심리적 과정과 유사하다. 예를 들어, 우리는 어떤 것을 단지 가치 없다고 간주함으로써 경험과 떼어 놓을 수 있다. 당신이 지금 갖고 있는 경험의 가치를 감소시키려고 시도해 보아라.

음(陰)은 강력하고 미묘한 개념이다. 음수의 개념은 기원전 1400년과 1600년 사이에 존재하게 되었다.[2)] 누가 처음으로 이 숫자들을 고안해 냈는지 아무도 확실히 모른다. 그러나 5에서 7을 빼면 무엇이 발생하는지 묻고 답하는 일이 인류의 시초부터 적어도 기원전 1400년대까지의 시간이 걸렸다. 왜 그렇게 오래 걸렸는가?

내 수업의 학생들 중 한 명은 옛날 사람들은 아무도 잔고를 유지해야 하는 은행계좌를 가지고 있지 않았으므로 음의 개념이 발전하기 위해 시간이 아주 오래 걸렸다고 말했다. 그녀 덕분에 모두 웃고 말았지만, 그녀는 또한 나름 직관력을 가지고 있었다. 왜냐하면 돈의 문제나 돈의 부족이 확실히 음의 개념을 이끌었기 때문이다. 플로렌스와 베니스의 은행가들은 "당신들은 당신들이 가진 것보다 더 많은 돈을 빌릴 수 있습니다. 우리는 그 빚에 대해 청구할 수 있어서 기쁠 따름입니다."라고 말했던 것으로 보인다.

빚을 심리적 견지에서 생각해 보라. 심리적 빚이란 무엇인가? 그것을 생각해 보라. 어떻게 보면, 만일 당신이 누군가에 대해 이야기한다면 당신은 그들에게서 빌리고 있는 것이다. 만일 당신이 누군가에 대한 뒷담화(gossip)를 한다면, 당신은 그 사람에게 빚을 진 것이다. 당신은 그들에게서 무엇을 빌렸는가?

만일 당신이 누군가에 대한 뒷담화를 하면서, 그들을 칭찬하거나 비평한다면, 당신의 의식 수준에서 당신이 소유하지 않은 그들 특성의 일부를 빌리는 것이다. 심리학자들은 이를 '투사(透寫)' 라고 한다.

당신은 자신과 관련된 것 같은 칭찬이나 비평의 내용을 알아차리는 데 저항하는 경계를 갖는다. 그것은 마치 당신이 그것들처럼 아주 선하거나 나쁘게 될 수 없는 것과 같다. 따라서 뒷담화를 통하여, 그들로부터 선하거나 나쁜 특성들을 빌린다.

수학에서 음수는 심리의 투사, 즉 정신적인 빚과 같다. 뒷담화와 투사에 의해서, 우리는 다른 누군가의 에너지에 의존해서 살고 있는 것이다. 우리는 개성의 크기를 증가시키지만 값을 지불하지는 않았다. 그러나 여기서 지불한다는 것은 당신이 뒷담화를 했던 사람을 통하여 자신의 일부분을 더 알아 가는 의미로 자신의 개체성을 확장시킬 수 있다는 것을 의미한다.

뒷담화는 우리가 투사를 알아챌 수 있는 유일한 장소다. 우리가 꿈꾸는 것 역시 투사다. 그것이 바로 우리가 꿈꾼 사람들과 물건에 대한 뒷담화가 꿈 작업(dreamwork)의 가장 오래되고 기초적인 방법인 이유다. 각각의 꿈은 뒷담화와 같은 방법으로 빌려 온다.

말레이 반도의 부족인 세노이 부족 같은 몇몇 토착민 집단은 이 빚에 대해 알고 있다. 그들은 꿈에 누군가 나타나면 그 꿈을 꾼 사람이 그 사람에게 선물을 주어야 한다는 의식을 발달시켰다. 세노이족은 투사를 위해 지불하는 것을 이해했다. 만일 우리가 더 영리하다면, 무언가에 대해 꿈꾸고, 뒷담화를 하는 모든 사람에게 빚을 지고 있다는 것을 깨닫게 될 것이다. 우리 자신의 삶의 존재로서 언젠가는 '소유' 해야만 하는 한 조각을 빌린 것이다.

당신이 달라이 라마에 대해 꿈꾸고 뒷담화를 했다고 해 보자. 당신은 아마도 "그는 위대한 사람이다."라고 말할 수 있다. 당신은 "어느 정도, 나 역시 달라이 라마다."라는 것을 알아차린 당신과 달라이 라마에게 빚을 지고 있는 것이다. 만일 당신이 자신의 투사를 철회한다면, '빚을 갚는' 것이다. 그것이 바로 몇몇 심리학자들이 당신의 개체성을 증가시킴으로써 자신을 확장하게 된다는 것을 말하는 이유다.

❖ 제곱과 자기 확대

제곱이라 불리는 특히 흥미로운 곱셈 형태가 있는데, 그 제곱은 우리의 마음과 어떻게 작동하는지 조언해 준다. 제곱은 나중에 우리가 허수(虛數, imaginary number)와 양자물리학을 연구할 때 매우 중요할 것이다. 따라서 가능하다면, 지금 알아보자.

무엇인가를 제곱하기 위해 당신은 그 숫자 자체를 곱하거나 그 숫자만큼의 횟수로 그 수를 더해야 한다. 4의 제곱은 4×4=16(또는 4+4+4+4)을 의미한다. 3의 제곱은 3×3이며 3+3+3=9를 의미한다.

제곱은 자체의 특성에 따라 한 숫자를 그 수 자체에 더하는 특별한 종류의 덧셈 또는 확대다. 예를 들어, 숫자 3을 제곱하기 위해서는 수 자체를 3번 더한다. 이런 방법으로 3은 씨앗, 정확히 말하면 9의 근(根, root)이 된다. 수학자들은 3을 9의 제곱근이라고 말한다. 말하자면, 3은 9에 관한 한 일종의 숨어 있는 존재다.

제곱은 '정사각형' 이라는 단어가 나타내는 것처럼, 기하학적 의미를 지니고 있다. 예로, 4피트의 제곱은 16평방피트의 의미뿐 아니라, 한 방향으로 4피트 이동 후,

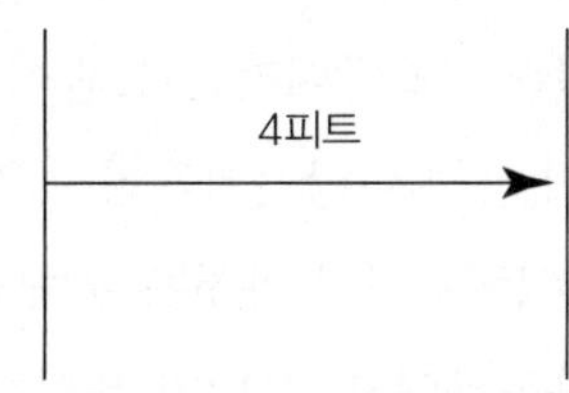

[그림 6-3] 4피트는 1차원적 선으로 펼쳐진다

다시 수직한 방향으로 4피트 이동함으로써 나타나는 면적을 의미하기도 한다. 4피트 그 자체는 1차원, 한 방향으로 4피트 이동한 단지 하나의 선이다.

4피트는 한 방향의 선이고 1차원적이다. 하지만 4피트의 제곱은 2차원적이며 면적을 표시한다. 4의 제곱은 16평방피트라는 면적의 경계를 결정한다.

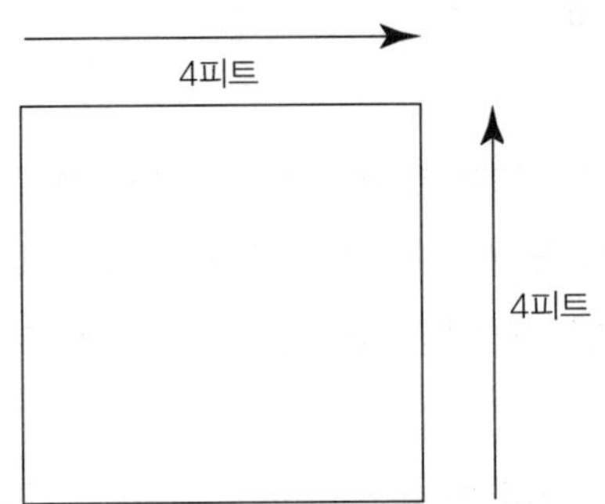

[그림 6-4] 4제곱은 2차원적이다

수학과 심리학의 유사점은 우리로 하여금 모든 수학적 연산의 심리학적 측면을 보도록 부추긴다. 결국 숫자가 알아차림의 장이라면, 그 장에서 이루어진 모든 것은 어느 정도 우리의 알아차림과 연관되어야만 한다.

제곱은 한 숫자에 그 숫자 자체를 곱하는 특별한 수학적 연산이기 때문에, 제곱은 자신의 패턴에 따라 자신을 더하거나 증강한다. 말하자면, 자신에 의해 자신을 생성한다.

심리학에서 제곱과 유사한 것은 경험의 자가발생적 특성이다. 그것들은 자신의 패턴에 따라 경험을 확대한다. 예를 들어, 에이미의 내면 아이는 자신의 패턴을 따라 확대되고 증폭되었다. 당신은 '그 아이라는 모습이 어떻게 스스로 확대할 수 있는가? 에이미가 그렇게 한 것이 아니지 않는가?' 라고 질문할지 모른다. 답은 에이미가 '그렇게 한' 것이다. 에이미는 자신의 과정을 통제하고 스스로 확대되도록 허용했다. 하지만 그녀의 과정은 자동차였고, 그녀가 유일한 운전자였다.

정신적 과정은 호흡과 같다. 우리는 그것들을 통제할 수 있지만, 우리가 통제하지 않을 때, 즉 우리가 잠자고 있을 때에도 여전히 작동한다. 그것은 비록 우리도 헤아릴 수 있지만, 마치 신(神)들이 헤아리고 있는 것과 같다. 우리가 과정의 작용에 참여할 수 있다 해도, 과정은 자가발생적이다. 스스로 펼쳐진 경험은 의식에 도달하려는 경향을 가지며, 또한 땅 위의 나무로 뻗으려는 땅속의 숨어 있는 뿌리와도 같다.

그래서 아이는 자신의 '영역' 을 창조하려고 한다. 이것이 에이미가 자신의 '아이 같은 특성' 이라고 부르는 것이다. 다시 말해, 그 아이는 그녀의 삶 속에 스스로 하나의 영역을 만든다.

제곱(예: 4×4)은 어떤 오래된 곱셈(4×3 같은)과는 다르다. 마치 자기 확대의 과정은 자신에게 뭔가 다른 것을 확대하는 것과는 다르다. 예를 들어, 에이미는 한 아이가 되어 그 아이로 하여금 자기 확대를 하도록 허용할 수 있고, 또는 "나는 내 인생에서 저 아이의 의미를 확대해야 한다." 라고 혼잣말을 할 수도 있다. 후자의 과정은 자기 확대와는 다르다. 만일 그녀가 단순히 그 아이를 확대했다면 그녀는 아이처럼 행동할지 모른다. 즉, 그녀는 어린이 놀이를 하는 어른처럼 행동하게 된다.

하지만 에이미가 자신의 그 아이에게 '자기 확대' 를 허용한다면(즉, 스스로를 제곱한다면), 그녀의 아이 과정은 자신만의 방법으로 펼쳐진다. '아이' 라는 단어가 자기 확대를 하는 과정의 에너지에 대한 일상적 실재인 CR 용어라는 것을 기억하라. 과정은 스스로 발전한다. 과정은 자신의 영역을 창조한다. 이것이 왜 사람들이 항상 꿈이 어떻게든 실현될 거라고 믿어 온 이유다. 꿈은 기억하는 대로 정확하게 실현되지는 않지만, 매일의 삶 속에 있는 알아차림에서 스스로를 깨닫기 위해 노력한다. 그것이 바로 자가발생 과정의 일부분이다.

장에 관한 수업을 하는 이 시점에서, 학생들은 제곱의 경험이 실습에서 어떻게 작용하는지 알고 싶어 했기에, 에이미는 자신의 경험을 이야기하기로 했다. 그녀는 만일 아이의 초기 과정에 대하여 알았다면, 일상생활에서 초기 과정이 만드는 어린이 세계에 대해 자문했을 것이라고 설명했다. 그것에 대해 생각을 하는 것만으로도 에이미는 소리를 내며 웃게 되었다. 그녀는 말했다. "만일 그 아이가 스스로 어린이 세계를 만들어야 했다면, 지금의 내가 하는 것과는 다르게 했을 것입니다. 아이는 아이다운 방식으로 작업을 합니다. 내가 아이처럼 하려고 할 때, 나는 아이처럼 생각해야만 할 것입니다. 나는 트림을 하는 것, 우는 것, 다른 사람들을 놀리는 것 같이 유치한 방식으로 사람들을 대하는 아이의 매우 분별없고 어린아이 같은 모습을 봅니다. 그것은 너무 재미있었기에, 망설임 없이 바로 시도해 보았습니다. 이를 직접 경험해 보는 것은 그 아이가 내 인생에서 무엇을 의미하는가 하고 내 스스로에게 묻는 것과는 매우 다릅니다."

나는 또 다른 예를 주었다. 나는 만일 여러분들이 개, 사람, 집 또는 어느 집단에 대해 환상을 가지고 있다면, 여러분은 그것들의 환상에 더하기를 함으로써, 즉 평범한 확대 과정에 의해, 스스로 환상을 펼칠 수 있다고 학생들에게 말했다. 당신은 환상에 대한 새로운 아이디어를 가져오거나, 환상을 다른 경험과 연결시키는 것 등등을 할 수 있다.

하지만 제곱은 다르다. 당신이 가수(歌手)에 대한 꿈을 꾸었다고 해 보자. 만일 당신이 이 꿈을 스스로 제곱하게 한다면, 당신은 편견을 버리고 꿈이 자신의 영역을 만들게 한다. 그러면 노래는 스스로 시간과 공간을 만든다. 만일 당신이 나무를 꿈꾸었다면, 해야 할 일은 나무가 자신을 펼치는 방법을 조사하는 것이다. 어떻게 나무는 나무가 되는 경험을 확장할까? 나무는 서서 가지(나의 손)를 내밀며 바람에 흔들릴지 모른다. 그 생각은 나무 자체가 자기 확대를 한다는 느낌을 가지며, 환상 작업을 하는 것은 내가 아니라는 것이다. 이것은 샤머니즘과 같다. 당신은 긴장을 풀고, 당신 자신이 나무를 경험하고 있다고 진실되게 느낄 때까지 변신을 해 보라. 그러면 당신은 그 모습으로 스스로 펼쳐지게 할 수 있다.

우리 연구 여행의 이 시점에서, 나는 당신의 내부 경험, 감정, 매우 생소하고 예측할 수 없는 움직임, 혹은 꿈속의 이미지와 모습이 스스로 제곱하게 하면서 당신 스스로를 실험해 보라고 권하고 싶다. 서두르지 말고 천천히 시도해 보라.

❖ 형태 변형과 제곱 실험

가장 최근의 꿈을 회상하면서 시작하라. 이제 그 꿈에서 하나의 모습을 골라라.

사람, 나무 또는 무엇이든지.

이제, 이 모습이 과정의 뿌리라고 생각해라. 그것은 자신의 고유한 영역의 시작이다. 변신(變身, shape-shift)하라. 그 모습이 되었다고 상상하고 그것이 스스로 제곱하도록 하라. 당신 자신에게 이 꿈의 모습이 스스로 펼쳐지라고 주문하라. 이제 자신에게 얼마의 시간을 주고 그 꿈의 모습이 스스로 제곱하게 하라. 그것은 자기 확대의 수학적 꿈 작업 경험이다. 그것이 초자연치료적 변신의 한 형태다.

❖ 제곱근 찾기

이제 반대 방향으로 가서 숫자의 제곱근을 탐험하자. 만일 4의 제곱이 16이라면 (4×4=16이므로) 16의 제곱근은 무엇인가? 다시 말해, 어느 숫자가 스스로 곱해졌을 때 16이 되는가? 답은 물론 4다. 4는 16의 제곱근이다. 숫자의 제곱근은 그 숫자의 씨앗, 즉 본질과 같은데, 그 본질이 그 숫자를 창조한다. 16의 본질은 4, 9의 본질은 3 등이다.

심리적으로 말해서, 당신이 아주 자발적이고, 천진난만하며, 에너지로 충만하고, 어린이로 상징될 수 있는 곳인, 당신의 일상생활 영역의 제곱근은 아이에 의해 상징화될 수 있었다. 다시 말하면, 아이에 의해 상징화된 꿈 같은 경험은 매우 자발적인 인생 영역의 뿌리다. 우리는 우리의 꿈, 공상, 신체 경험의 요소들이 우리가 대체로 무시하거나 혹은 이제 발전시키려고 하는 우리들 인생 전체 영역의 제곱근이라고 말할 수 있다.

만일 제곱이 의식적으로 조절될 수 있는 심리적 작용이거나 일상생활에서 우리에게 보이지 않는 자동적 과정이라면, 무언가의 제곱근을 얻는 것은 그것의 원천을 찾는 것이다. 제곱근을 찾을 때, 우리는 단지 잠에 빠져들면서 일상생활 경험의 원천으로 의도적으로 돌아가거나 혹은 자동적으로 발생하도록 내버려둔다.

사물의 제곱근을 구하는 것은 유용한 심리 연습이다. 시도해 보라. 제곱에 관한 이전의 연습에서, 꿈으로부터 단지 펼쳐진 영역에 대해 생각하면서 이제 거슬러 올라가보자. 어떻게 꿈이 그 영역의 뿌리인지 알아차려라.

또는 더 많이 알기를 원하는 당신 삶의 다른 영역에 대해 생각해 보라. 잠깐 시간을 내서 당신 삶의 이 영역에 대해 진정으로 느끼거나, 생각하고 묘사해라. 이제 이 영역에 대해 꿈꾸는 것을 기다리는 대신, 본질인 제곱근을 추정하라. 꿈꾸려고 잠들기만을 기다리지 말고, 지금 이 영역의 제곱근을 찾아라. 제곱이 되었을 때, 그 영역에 발생할 수 있는 상징을 찾아라. 그것의 열쇠인 뿌리를 찾아라.

❖ 의도적인 그리고 비의도적인 확대

우리는 우리가 원할 때 연산을 할 수 있는 것처럼, 제곱근 찾기, 제곱, 그리고 확대나 더하기 같은 수학에서의 연산에 대해 종종 이야기한다. 분명히 당신은 원하는 어느 때든지 더하고 빼고, 제곱을 하고, 제곱근을 구할 수 있다.

그러나 이 장에서는, 수학이 우리가 원할 때 언제든지 할 수 있는 연산들이 아니라는 것을 보여 주었다. 또한 수학은 무의식적으로 또는 우연히 발생한다. 그것은 확대와 감소, 투사, 제곱 또는 변신의 기본 형태다.

예를 들어, 제곱 연산은 의식적으로 수행될 수 있거나, 또는 꿈의 모습이 스스로 작용할 수도 있다. 제곱 연산과 꿈의 모습은 우리의 의식적인 조절 없이도 우리 삶에서 스스로 영역을 만든다. 우리의 내부 세계는 스스로 전개되면서 펼쳐진다.

어떻게 오래전에 뿌리로 태동된 것들이 현실로 되는지 알아보면서 당신의 인생을 뒤돌아보라. 당신이 오래전에 가지고 있었던 꿈을 보아라(만일 꿈을 기억한다면). 그리고 당신이 살아가고 있는 지금, 그 꿈들이 어떻게 스스로 펼쳐지는지 보아라.

당신은 펼침의 이러한 과정을 도울 수 있다. 당신은 이 과정들이 스스로 제곱이 되도록 허용하거나, 단지 내버려둠으로써 자신의 우주를 공동 창조할 수 있다. 인생 또한 스스로를 펼친다. 어떻게 해서든 근본 핵심은 당신을 당신이 누구인지의 존재로, 당신이 하고 있는 행동으로 펼치는 것이다. 자신을 아는 것은 이 뿌리를 아는 것을 의미한다. 그래서 신체적 또는 심리적 과정은 펼침이라는 수학적 형태를 따른다.

수학은 당신이 현실을 공동 창조하기 위해 의도적으로 사용할 수 있는 패턴을 묘사하며, 또한 수학은 삶과 죽음처럼 당신이 경험하는 비의도적인 펼침을 묘사한다.

되돌아보면, 삶은 더하기, 제곱과 같은 펼침을 위한 몇 가지의 기본적 경기 규칙을 가진 장(場)인 것 같다. 일상생활의 한가운데에서, 당신은 수학적 형태의 몇몇 양식이 인생 전체의 뒤에 있다는 것을 거의 깨닫지 못한다. 때때로 당신은 신성한 숫자 게임을 주도하기도 하고, 때때로 이 게임이 당신을 끌고 가기도 한다.

주 석

1) 재그지트 싱(Jagjit Singh)은 그의 저서 『현대 수학의 위대한 개념: 본질과 활용(*Great Ideas of Modern Mathematics: Their Nature and Use*)』에서 이해하기 쉬운 방법으로 장(場)의 역사를 논의했다. 장은 대개 덧셈과 곱셈으로 생각되는, 수학에서 이차연산(binary operation)을 따르는 개체 집단으로서 정의된다. 이 개체 집단이 더해지거나 빼어질 때 이 집단은 '교환법칙이 성립된다.' 즉, $a+b=b+a$가 된다. 덧셈은 양의 실수에서 교환적이지만, 뺄셈은 아니다. 왜냐하면 $a-b$는 항상 $b-a$와 같지 않기 때문이다. 예를 들어, 10−1=9이지만 1−10=−9이다.

2) 영(零, 0)은 덧셈에서 '단위원소' 다. 왜냐하면 당신이 어느 수에 0을 더해도 그 수는 변하지 않기 때문이다. 또한 우리가 숫자들을 곱하거나 나눌 때, 1도 '단위원소' 가 된다.

제7장
허수의 알아차림

인간 지성을 깨울 미래의 새로운 시기에서는 수학 방정식의 비일상적인 질적 내용을 이해하는 방법을 잘 만들어 낼 수도 있겠지만, 오늘날의 우리는 아직 할 수 없다.

– 리처드 파인만(Richard Feynman), 노벨상 수상 물리학자–

수(數)의 장(場)에 관한 연구 여행이 계속됨에 따라, 관찰대상이 관찰자의 외부 세계에 있든, 내면 세계에 있든, 우리는 숫자들이 관찰자와 관찰대상 사이에 일어나는 알아차림의 상호작용을 표현할 수 있다는 것을 알았다. 우리는 6장에서 장을 연구하면서, 모든 양수와 음수는 둘 다 닫힘(closure)을 가지고 있기 때문에 함께 장을 창조하는 것을 보았다. 다시 말해, 당신은 더하고, 빼고, 곱하고, 나누면서도, 여전히 같은 장에 머무를 수 있다. 우리는 수학이 외부 사건을 헤아리는 방법뿐만 아니라, 우리의 마음이 사건을 증강하고 확대하고 공간을 창조하며, 경험을 펼치는 것을 표현한다는 것도 발견했다.

이번 장에서는 실수의 장에 또 다른 허수의 차원을 첨가하려고 한다. 일부 독자에게는 이전에 결코 들어 본 적이 없는 숫자의 한 종류인, 실수와 허수의 조합인 복소수(複素數, complex numbers)와 처음으로 만나는 것을 의미하기도 한다.

❖ 허수(虛數)

우리가 수천 년 전에 살았다면, 틀림없이 허수의 발견을 예견했을 것이다. 왜냐하면 실수는 우리가 관찰하고 헤아릴 때 경험하는 것에 대해 유일하게 일상적으로 합의된 실재(CR)의 해석이기 때문이다. 만일 우리가 오래전에 숫자가 명백한 과정이면서도 직접 확인할 수 없는 미묘한 과정을 상징한다는 것을 깨달았다면, 우리는 아마도 실수와, 또한 사건의 합의적 실재, 즉 일상적 실재인 CR과 비합의적 실재, 즉 비일상적 실재인 NCR 모두를 묘사하는 '허수' 같은 어떤 것을 포함하는 사건에 대한 새로운 기술이 필요하다고 생각했을 것이다.

16, 17세기 '허수'의 발달 이후, 이 허수들은 수학자의 원래 생각만큼 가상적이지 않으며, 이 숫자들은 우리 자신의 본성은 물론이고 본성의 비일상적 실재인 NCR 측면에 대한 통찰력을 준다. 또한 허수는 양자물리학과 상대성 이론의 근본적 표시방법을 구성하기 때문에 이 허수를 탐구하는 것은 매우 중요하다. 즉, 현대 물리학은 허수 없이 존재할 수 없다.

수와 수의 체계는 수천 년에 걸쳐 점차적으로 발달했다. 처음에는 헤아리기와 수에 대한 관념이 생겼고, 그다음에 '실수의 양수와 음수', 영(零) 그리고 분수 같은 현대적 개념이 생겼다. 그리고 '유리수'와 '무리수'가 그 뒤를 이었다.[1)]

우리는 유리수(rational)와 무리수(irrational), 즉 이성적과 비이성적이라는 의미도 있는 용어에서, 이 놀라운 기호들이 어디에서 유래했으며, 본질이 무엇인가라는 의문 때문에 그 수의 발견이 처음부터 혼동되었다는 것을 볼 수 있다. 유럽의 르네상스 시대 동안, 수학 문제를 해결하기 위해, 라이프니츠(Gottfried Leibniz)와 다른 사람들에 의해 허수가 발달했을 때, 허수의 개념은 또한 영묘한 것으로 간주되었다. 즉, 허수는 존재하지만, 볼 수는 없었던 유령에 비유되었다.

허수를 소개해 보겠다. 5−7(=−2)과 같은 수가 양수 장에서 발견되지 않으므로 1, 2, 3, 4 같은 양의 실수 계열이 뺄셈을 포함할 만큼 큰 수의 장이 아니라는 것을 기억하라. 만일 우리가 음수를 첨가한다면, 더욱 완벽한 숫자 장을 가지게 되는데 그것들은 −4, −3, −2, −1, 0, +1, +2, +3, +4 등이다. 이러한 더 큰 장에서 우리는 이제 덧셈, 곱셈, 나눗셈뿐만 아니라, 뺄셈 놀이도 할 수 있다. 음수는 양수에 새로운 차원을 더했다.

그러나 실수와 음수 외에도 새로운 차원이 필요하다는 것을 곧 깨닫게 되었다. 왜 그런가? 이제 실수와 음수의 숫자 장에서 더하고, 빼고, 나누어도 여전히 그 숫자 장에 있지만, 음수의 제곱근은 구할 수도 없고, 숫자 장에도 있을 수 없기 때문이다. 아무도 −4의 제곱근이 무엇인지 몰랐다. 수학자들은 4의 제곱근이 2라는 것을 알았지만(즉, $\sqrt{4}=2$), −4의 제곱근은 무엇인가? 어떤 수를 두 번 곱하면 −4가 되는가? 이 문제를 해결하기 위해, 수학자들은 실수에 허수를 첨가하는 것을 생각하였다.

허수를 표기하는 공식적인 방법은 문자 'i'를 실수 옆에 표기하는 것이다. 예를 들어, 4가 실수라면, $4i$로 표기한 것은 허수다.

문자 'i'는 다음과 같은 의미를 갖는다. 즉, 그것은 −1의 제곱근을 나타낸다(즉, $\sqrt{-1}$). 또는 −1의 제곱근을 약자로 문자 'i'로 표기하는 것인데, 그렇게 해서 $\sqrt{-1}=i$가 된다.

예를 들어, b가 실수라면 그에 상응하는 허수는 ib로 쓸 수 있는데, 이것은 $(\sqrt{-1})b$를 축약해서 표기한 것이다.

17세기에 허수를 발전시키고 사용했던 최초의 수학자들은 허수가 실재하지 않으며 불가능한 것이라고 믿었다. 어떻게 음수가 제곱근을 가질 수 있는가? 그 불가해한 허수를 포함하는 공식을 처음으로 발표한 용감한 사람은 16세기 이탈리아 수학자 제롬 카르당(Jerome Cardan)이었다. 그러나 그의 연구는 크게 의심받았고, 허수는 무의미하고, 허구이며, 상상적이라는 비평을 들었다.[2)]

실제로 허수란 무엇인가? 실수는 비일상적 실재인 NCR 경험을 부호화하지만, 또한 이것을 무시한다는 것을 기억하라. 우리가 헤아리는 대상의 특별하고 주목할 만한 많은 성질은 단순한 헤아리기 방법에 의해서는 고려되지 않는다. 무시 과정 때문에, 실수로는 사건을 완전하게 묘사하기에 절대 충분하지 않을 것이다. 따라서 우리는 수학에서 1, 2, 3 같은 실재 양(量)뿐만 아니라, 허수 또는 비일상적 실재 양과 같은 것을 나타낼 필요가 있다. 허수는 유용하면서, 사람들이 종종 수와 관련을 맺는 마법적 특성 또한 나타낸다.

❖ 수의 마법

오늘날, 비록 대부분의 사람들이 수의 비일상적 실재인 NCR 특성에 대해 아는 것이 거의 없지만, 많은 사람들은 과거 여러 세기에 그랬던 것처럼, 여전히 숫자가 마법적 특성을 가지고 있다고 믿는다. 종교 이념을 나타내기 위해 높고 뾰족한 지붕, 십자가, 별, 원 등으로 구성된 건물을 짓는 데 특별한 기하학을 사용하는 것처럼, 고대인과 몇몇 현대인들은 각 숫자의 마법적 힘을 믿었다. 예를 들어, 숫자 1은 일체를 나타낸다고 믿었고, 많은 사람들이 숫자 2를 악마 등으로, 3은 운명(기독교에서는 삼위일체), 4는 전체성(全體性) 등으로 여겼다.[3)]

이러한 믿음은 수의 양(量)적인 특성과 부분적으로 관계가 있다. 예를 들어, 숫자 1은 자기 자신과 곱했을 때 더 이상 커지지도 않고, 자신으로 나누었을 때 감소하지도 않는다. 결론은, 숫자 1은 신(神)적인 특성을 지니고 있다는 것이다. 그것은 영구적이고 변하지 않는다. 그것은 "유일하다." 나는 숫자 1을 과정 자체를 나타내고, 언제나 존재하는 어떤 것, 변화의 불가피성 같은 상수(常數)로 얘기해 왔다. 1은 첫 번째 '소수(素數: 1과 자신 이외의 수로는 나누어지지 않는 수)'다.

소수는 자기 자신과 1 외에는 어떤 약수(約數)도 갖지 않는다. 예를 들어, 6은 소수가 아닌데, 그것은 2×3으로 인수분해되기 때문이다(또는 2×3의 곱셈에 의해 만들어진다). 즉, 숫자 6은 자기 자신 외에 2와 3이라는 다른 약수를 가진다.

1을 제외한 다른 소수는 2, 3, 5, 7, 11 등이고 −2, −3, −5 등이다. 숫자 2에 대해 생각해 보자. 숫자 2는 오직 2×1로만 인수분해되므로 소수다. 숫자 2는 스스로 더해지거나 제곱했을 때 같은 수를 산출하기 때문에 흥미롭다. 즉, 2+2=2×2=4인 것이다. 당신은 우리가 어떻게 모든 종류의 마법적이거나 아니면 놀라운 성질을 2와 같은 숫자에 투영시키는지 볼 수 있다. 다른 숫자들은 자신에게 더해졌을 때와 스스로 제곱이 되었을 때 서로 다른 결과를 나타내지만 2는 그렇지 않다.

$$2+2=2\times2$$

3은 앞에 위치한 두 숫자의 합(3=1+2)인 소수다. 4는 최초의 비소수(非素數)이며 최초의 제곱수다.

많은 민족과 문화에서 생일의 날짜나 이름의 문자에 있는 숫자상 특성이 단순한 우연이 아니라 마법적 의미가 스며든 의미 있는 사건이라고 믿었다. 만일 당신이 1월 2일에 태어났다면, 당신 삶의 의미는 숫자 1과 2가 연관되어 있을 것이다. 만일 당신 이름이 에이미(Amy)라면, 당신의 인생은 A, M, Y 문자에 대해 상응하는 숫자 1, 8, 25와 그 수들의 특성에 연관되어 있을 것이다.

수에 대한 이러한 상상적인 특성은 많은 사람들에게 의미가 있지만, 우리의 문화에서는 수의 상징적 의미에 대해 합의된 것은 없다. 어떤 사람들은 수가 특별한 의미를 전혀 지니지 않은 것으로 생각한다. 그러므로 수는 실재 또는 실재하지 않은 측면, 둘 다를 갖는다. 과학자들은 양적인 것, 즉 수의 일상적 실재인 CR 지향적인 것에만 초점을 맞추며, 비일상적 실재인 NCR 특성은 실재를 이해하는 데 연관이 없다고 믿는다. 사실, 과학자들은 숫자들이 전체로서, 어떻게 불리든 관계없이, 불합리한 불일치를 배제하면서 논리적이고 완벽한 체계를 형성하기를 희망해 왔다.

1931년에 논리학자 쿠르트 괴델(Kurt Goedel)은 수와 공식의 일상적 실재인 CR 정의가 완벽하지 않으며, 연역적 추리를 통해 자신의 유효성을 증명하는 데 사용될 수 없다는 것을 증명하였다(또는 잊었던 사람들을 깨우쳐 주었다). 괴델은 수학에 피할 수 없는 모순, 즉 어떠한 명제는 증명될 수도, 반증될 수도 없다는 모순이 있음을 보여 주었다.[4] 따라서 우리는 수리과학이 모순으로 이어지지 않는다거나, 숫자들이 마술로부터 자유롭다고 확신할 수 없게 된다.

그 자체로 산술은 항상 모순에 빠질 수 있다. 우리는 괴델의 이론이 모든 현상이 추론될 수 있는 공리(公理)들이 만들어지기를 희망하는 과학자들을 실망시킬 것이라고 추측할 수도 있다.[5] 그러나 내게는 그 반대가 지금의 상황인 것처럼 보인다. 오늘날 대다수의 과학자들은 마치 모든 물리적 사건들을 수학적 견지에서 합리적으로 추론할 수 있는 최후의 이론이 발견된 것처럼 행동한다.

내가 심리학에서 알고 있는 괴델 이론에 대한 유일한 추론은 몇몇 심리상담 치료사들의 마음(내 자신의 마음 같은) 속에 있는 불문율인데, 그것은 인류가 일관적이지 못하다는 것이다. 사실, 산술 연산은 꿈과 의식의 변형된 상태의 짧은 관찰에서 나타나는 것보다 더 많은 일관성을 제공하긴 하지만, 이 일관성은 불변의 법칙이라기보다 오히려 지침이다.

❖ 물질의 1차, 2차 특성

허수가 발견되었던 비슷한 시기인 1623년 갈릴레오(Gallileo)는 물질의 '1차(primary)' 특성과 '2차(secondary)' 특성을 구별하였다.[6] 그는 실수에 의해 측정 및 묘사될 수 있는 것(예: 4온스, 10마일, 60초)은 물질의 1차 특성이라고 불렀다. 갈릴레오에 따르면, 2차 특성(예: 사랑, 색)은 실험적 측정을 위해 변형시킬 수 없고, 과학의 영역 밖이라고 말했다.

우리의 현재 토론의 관점에 의하면, 갈릴레오의 1차, 2차 특성은 내가 사용하는 일상적 또는 비일상적 실재와, 그리고 상대성 이론에 대한 저서 1장에서 인용한 아인슈타인의 다음과 같은 개념과 비슷하다.

> ……서로 다른 개인의 어떠한 감각인지는 서로 교감이 되지만, 반면에 다른 감각인지는 그러한 교감이 이루어질 수 없다.[7]

갈릴레오는 물질에 대한 양적인 특성이 감정과 막 분리되던 서구 문명의 전환기에 살았었다. 서구 문명의 역사는, 과학이 갈릴레오가 예언한 방향으로 진행되었고 비일상적 실재인 NCR 경험의 특성을 거부했다는 것을 보여 준다. 그 당시에 과학자들은 허수가 갈릴레오의 2차 특성과 같은 어떤 것이며, 물리적 의미를 지니지 않으며, 과학의 영역 안에 있지 않다고 결정하였고, 오늘날에도 여전히 그렇게 믿고 있다.

이러한 저항은 유럽의 르네상스 시대 동안 물질과 영혼, 물리적과 비물리적 영역 사이의 분열의 성장에 부분적으로 기인한다. 허수는 물리학과 수학이, 화학과 명상의 조합, 심리학과 물리학의 조합인 종교와 연금술의 신비로부터 스스로를 분리하려고 필사적으로 시도하던 바로 그 시기에 나타났다. 그 분리는 가치 있는 것이었지만 지금은 재결합의 시기다. 허수의 역사는 재결합이 어떻게 발생할 것인지 암시를 해 준다.

❖ 허수의 수학

허수의 발달 역사는 꽤 흥미로운데, 그것은 허수가 자연의 '2차 특성' 을 제거하려는 계속된, 그러나 성공하지 못한 시도의 길을 따랐기 때문이다. 17세기에 특히 수학자 존 월리스(John Wallis, 1616~1703)와 라이프니츠(Gottfried Leibniz, 1646~1716) 등은 음수의 제곱근에 대해 깊이 숙고하고 있었다. 그들은 만일 면적이 1인 정사각형이 있다면, 그것의 제곱근 역시 1이라는 것을 알았다.

허수에 대해 다시 생각해 보자. 이 수학자들은 만일 당신이 4의 제곱근을 찾기 원한다면 제곱근은 2라는 것을 알았다. 왜 그런가? 내가 이전에 말한 것처럼, 2를 제곱하면 2×2=4와 같이 4를 얻기 때문이다.

어떤 수 자체를 몇 번 곱하면 음수가 얻어질까? 아무도 답을 알지 못했다. 그래서 수학자들은 그들의 실수 장에는 무엇인가가 빠진 것이 틀림없다고 결론 내렸다. 왜냐하면 그 실수 장에는 음수의 제곱근을 줄 수 있는 것이 아무것도 없었기 때문이다. 실수 장의 어느 것도 -1의 제곱근을 주지 않기 때문에, 실수 장의 확대판인 새로운 형태의 숫자 장이 필요하다는 것을 알게 된 것이다. 그것을 스스로 증명해 보자.

+9의 제곱근은 3

+3의 제곱근은 1.732……

+2의 제곱근은 1.414……

+1의 제곱근은 1.000……

+0.5의 제곱근은 0.707……

+0.2의 제곱근은 0.447……

+0.01의 제곱근은 0.100……

-1.0의 제곱근은 ???

-1의 제곱근은 무엇인가???? 실수 장에는 없다.

…… -5,-4,-3,-2,-1, 0, +1,+2, +3, +4, +5 ……

허수의 가능한 신비한 본성에 대한 숙고 후에, 수학자들은 마침내 i와 연관된 신비주의를 억누르는 데 동의했고, 순수한 기술적 견지에서 i를 -1의 제곱근으로 규정한다. 다시 말해서, 그들은 '실재' 숫자 장을 떠나서, 대신에 실용적인 정의를 만듦으로써 '허수' 라고 불리는 새로운 영역으로 들어가는 것에 대해 자신들의 감정을 분리시켰다. 수학자들은 순수한 논리적 또는 수학적 견해로는 음수의 제곱근을 찾을 수 없었다. 그래서 그들은 알파벳 문자 하나에 수학적 성질 $\sqrt{-1}$을 부여함으로써 음수의 제곱근을 만들었다. 그 결과가 글자 i로 표시되는 -1의 제곱근이다. 즉,

$$\sqrt{-1}=i$$

이 표시는 흥미롭지만, 그것의 진실한 가치는 당신이 다음과 같은 정의를 만들 때 나타난다. 만일 허수에 그 자체를 곱하면, 실수를 얻게 된다. 즉,

$$i \times i = -1$$

그래서

$$\sqrt{-1}=i$$

이 정의는 실수와 허수 사이에 연결이 있음을 의미한다. 이 정의는 논리적이고 자가설명적임을 의미한다. 그리고 이 정의는 정말 놀랍다. 그것은 과학에 새로운 차원

을 주었다.

실수는 직접 헤아릴 수 있고, 허수는 그럴 수 없다. 당신은 5와 관련된 것을 알 것이다. 5는 6보다는 작고 4보다는 크다. 하지만 $5i$와 5는 무슨 관련이 있는가? $5i$는 5보다 크지도 작지도 않으며 5와 같지도 않다. 당신은 5마리의 양(羊)을 헤아리고 그것을 5라고 부를 수 있다. 그러나 $5i$는 직접적으로 측정할 수 있는 의미가 없다.

허수를 처음으로 발명한 사람들은 허수가 신비하다고 생각했는데, 실재에서 허수가 보여지지 않기 때문이다. 그 발명자들은 허수가 무엇을 의미하든, 단순히 논리적이거나 정신적인 구조이기를 바랐다. 그러나 라이프니츠는 다르게 생각하고 있었다. 그는 허수를 $i \times i = -1$로 정의했을 뿐만 아니라, 수학의 '성령(聖靈)' 이라고 묘사했다. 아마도 성령의 물질적인 의미가 파악되지 않기 때문일 것이다. 그에게 허수는 물질의 실재 뒤에 있는 정신인 성령이었다. 라이프니츠에게 허수는 '존재와 비존재 사이의 이중적인 것과 거의 같은 신성한 정신의 훌륭하고 멋진 피난처' 였다.

1575년 이탈리아 수학자 라파엘 봄벨리(Rafael Bombelli)에게 허수는 '무모한 사상' 이었다. 레오나드 욜러(Leonhard Euler, 1701~1783)는 "그런 숫자는 본성에 의하면 불가능하며, 일반적으로 허구적 또는 공상적 숫자로 불리는데, 오직 상상 속에서만 존재하기 때문이다."[5)]라고 말했다.

그것은 마치 보이지 않는 공간이 과학에 다시 들어가서, 결코 다시 철회되지 않을 것 같았다. 허수는 일상적 실재인 CR에서 직접 측정될 수 없기 때문에 유령과 같다. i의 제곱($i \times i$)은 -1이고, -1은 실수이지만, 반면에 i는 실수가 아니기 때문에 단지 제곱의 특성만이 측정 가능하다. 그래서 400년이 지난 지금까지 아무도 허수가 무엇을 언급하는지 정확하게 알지 못한다.

❖ 허수 i의 심리학적 과정에서

앞 장에서 우리는 부채(負債)와 같이, 누군가에서 빚지고 있는 무엇과 같은 음수의 심리적 의미를 통해 탐구하였다. 플로렌스 및 베니스 은행의 부채 개념과, 투사가 어떻게 부채와 같은지 기억하라. 왜냐하면 당신이 투사를 해서 무언가를 빌리게 되면, 당신이 소유하게 됨으로써 결국 갚아야 하기 때문이다.

음수와 투사의 이러한 유사성을 계속 이용하면서, 우리는 음수의 제곱근이 투사의 제곱근이라고 말할 수 있다. 그러나 도대체 투사의 뿌리는 무엇인가? 투사의 뿌리는 꿈같은 경험이다. 만일 내가 화가 나서 항상 어떤 사람이 '나쁘다' 라고 말한다면, 나는 내 자신의 일부를 투사하는 것일 수도 있다. 내 투사의 뿌리는 '나쁜 모습' 이 나타나는 내 꿈 안에서 찾을 수 있다. 이 나쁜 사람은, 물론 나다.

마찬가지로 i는 음수의 제곱근이거나 꿈과 같은 뿌리다. 이런 점에서 i는 라이프니츠가 말한 대로 유령 같은 것이다. 그것은 꿈의 상징과 같이 눈에 보이지 않는 것으로서, 제곱되었을 때 인생의 영역 안으로 스스로 펼쳐 나간다. 다시 말해서, i는 어느 정도 성령과 같다. 그것은 어떤 면에서 성스러운데, 즉 일상생활의 영역 안으로 스스로를 펼치거나 제곱하는 꿈의 자율적 힘을 갖고 있다. 허수 i의 심리적 유사점은 당신이 깨어나면서 실재라고 생각할 때까지 스스로를 확장하는 꿈의 이미지라는 것이다.

예를 들어, 나는 자신의 배우자가 다른 사람과 바람을 피우는 꿈을 꾸었던 한 친구를 기억한다. 잠에서 깨었을 때, 그는 자신의 배우자에게 사실인지를 물었고, 심지어 그녀가 아니라고 말했는데도 그는 그 꿈을 계속 믿었다. 꿈의 과정은 실재에서 일종의 부채인 투사로서 더욱 펼쳐지는데, 지금은 꿈을 나타내는 방법인 허수 i가 공식 $i \times i = -1$에서 스스로를 제곱하는 방법과 유사하다.

내 친구는 배우자를 오해했다. 즉, 그는 그녀에게 무엇인가를 빚졌다. 하지만 꿈에서, 즉 비일상적 실재에서 그는 오해하지 않았다. 내 친구의 꿈에서 그녀는 다른 사람, 즉 자신보다 그녀에게 더 감정적이며 민감한 사람인 다른 남자와 관계를 가졌다. 내 친구는 일상생활에서 자신이 가지지 못한 모든 감정을 가지고 있는 가상의 인물인, '다른 남자' 를 질투했다.

다시 말하면, 우리는 허수를 비일상적 실재인 NCR에서의 모습과 유사한 것으로 생각할 수 있다. 즉, 허수는 오직 비일상적 방법으로만 실재한다. 허수는 물체를 측정하고, 사진 찍고, 무게를 재는 일상적 실재인 CR 기준에서는 사실이 아니다. 허수는 꿈과 같다. 꿈꾸는 과정은(사실은 허구적인) 스스로를 제곱하여 일상생활에서 투사를 만든다. 꿈은 일상적 실재인 CR 조건에서 실재가 될 수도 있고 아닐 수도 있지만, 비일상적 실재인 NCR 조건에서는 확실히 100% 실재한다.

우리는 꿈이 오직 밤에만 발생하는 것이 아니라는 것을 안다. 꿈은 미묘한 비일상적 실재인 NCR의 지각작용 형태로서 낮에도 발생한다. 예를 들어, 우리가 투사라고 부르는 것은 '투사'를 하는 사물이나 사람에 대해 힐끗 보기, 빠른 생각, 미묘한 감정을 항상 전제로 한다. 이런 미묘한 감정과 생각, 힐끗 보기와 빠른 움직임은 투사의 제곱근 경험이다. 그것들은 너무 빠르게 나타나서 꿈의 영역, 미묘하고 일반적으로 인지되지 않은 방법으로 사물을 인지하는 우리의 지각능력의 영역에 속해 있다.

❖ 복소수

허수는 실수 장에 더해졌을 때, 자신의 표현 능력을 증가시킨다. 허수와 실수를 혼합한 결과는 복소수(複素數)라고 한다. 복소수는 실수와 허수의 조합이다. 예를 들어, $3+4i$는 복소수다.

복소수는 일반적으로 $a+ib$라고 쓰이는데, 여기에서 a와 b는 실수다. 다시 말하면, a와 ib는 각각 복소수의 실수와 허수 부분인 것이다. 모든 실수가 함께 실수 장을 만드는 것처럼, 복소수도 이 실수 장에 새로운 허수의 차원을 더한다. 우리는 지도나 그래프의 형태로 이 복소수 장을 묘사할 수 있다. 일반적인 지도가 두 개의 방향 또는 축, 즉 동서와 남북 방향의 축을 갖는 것처럼, 복소수도 실수 축과 허수 축을 갖는다. [그림 7-1]을 보아라.

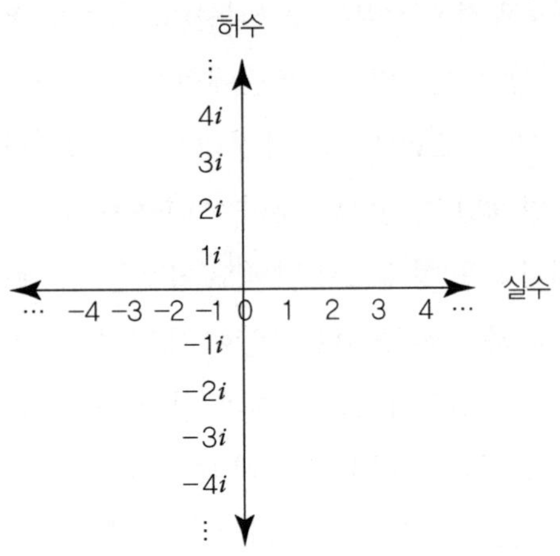

[그림 7-1] 복소수 장 또는 지도

이제 이 장이 일부 독자에게는 생소할지라도, 우리는 여전히 게임을 계속할 수 있다. 장(場)을 그저 지도라고 생각하라. 예를 들어, $3+2i$가 어디에 위치해 있는지 찾아보자. 이 수를 찾기 위해서, 실수 축에서 오른쪽으로 3칸, 그런 다음 허수 축에서 위로 2칸 올라가면, 그곳이 $3+2i$가 된다. [그림 7-2]에서와 같이 점으로 표시할 수 있다.

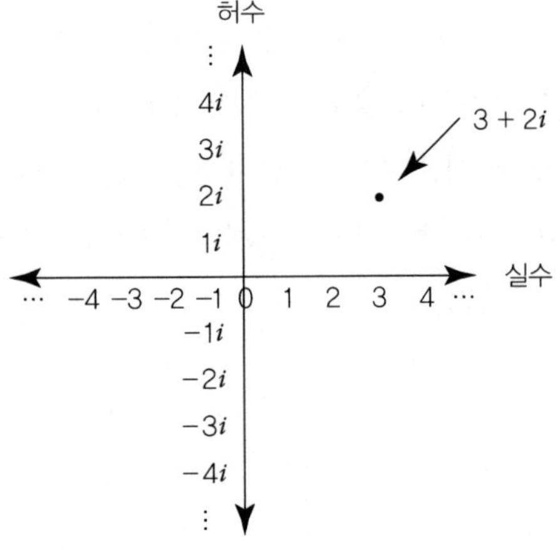

[그림 7-2] 복소수 $3+2i$의 위치

복소수 장은 사실 수학적 장인데, 왜냐하면 닫힘을 갖기 때문이다. 원한다면 당신이 생각할 수 있는 어떠한 복소수를 더하거나 뺌으로써 시험해 볼 수 있다. 결과는 당신이 항상 복소수 장에 있을 것이다. 그것은 닫힘이다. 당신은 실수 장에서 허수가 없기 때문에 음수의 제곱근을 구할 수 없었다. 이제 우리는 조금 더 완전한 장을 가지게 되었는데, 그것은 수학에서 가장 완전한 분야 중 하나다. 사실, 복소수는 모든 실수와 허수를 포함한다.

❖ 알아차림의 장

어떤 사람들은 그래프나, 평면 또는 앞에서 언급한 장과 같은 것을 좋아하지 않는다. 그들에게 그래프는 재미가 없다. 하지만 나는 이 그래프를 좋아하는데 그 이유는 실수와 허수의 양(量)과 질(質)을 헤아릴 수 있는 우리의 능력의 정량적 묘사뿐만 아니라, 우리에게 우리 자신에 대해 무엇인가를 말해 주는 장으로 생각하기 때문이다. 숫자는 우리의 관찰 행위의 여러 측면에 대한 묘사이기 때문에, 우리는 수학에서 복소수의 장을 '관찰' 또는 '알아차림' 의 장이라고 부를 수 있다.

복소수 장은 우리가 무엇을 보든지 실수와 허수(또는 비일상적) 특성 모두의 개념을 나타낸다. 게다가 실수와 허수를 포함하는 복소수 장의 이러한 특성 모두는 더하기, 빼기, 곱하기, 나누기, 즉 다양한 형태의 증폭과 아주 똑같은 규칙을 따른다.

예를 들어, 어느 한 나무를 생각해 보자. 그 나무는 굉장히 멋진 자작나무이고 매우 어머니다운 모습을 가지고 있다. 세상의 모든 사람들은 녹색의 커다란 나무에 대해 어머니다움을 느낀다. 당신은 그런 나무를 상상할 수 있는가? 어쨌든 '나무' 라는 그 단어는 일상적 특성과 비일상적 특성 모두를 지니고 있다. 왜냐하면 녹색의 커다란 나무가 어머니답지 않다고 생각하는 사람들도 있을 수 있기 때문이다. 좋다. 어머니답다는 것은 비일상적인 것이다.

그 나무에 대한 나의 인식은 어머니다운 자작나무라는 것이다. 이 인식은 $a+ib$에 대해 심리적으로 유사하다. 실수 'a' 는 나무에 대한 일상적 실재인 CR 측면(자작나무의 종류), 크기(8피트 높이), 나이(10살 등)를 나타낸다. 허수 'ib'는 감각적 인식, 그 나무에 대해 우리가 느끼는 감정, 그 나무가 어머니답다고 느끼는 사실 등을 나타낸다.

복소수 '$a+ib$'에서 a와 b는 실수이며 ib는 복소수의 허수 요소라는 것을 기억하라. 비유해서 말하자면, $a+ib$에서 실수 b는 어머니 같다는 개념이며, 그 자작나무에 대한 비일상적 실재인 NCR 반응을 묘사하는 일상적 실재인 CR 용어다.

우리는 복소수에 대한 이러한 정보를 그림형태로 나타낼 수 있다. 다음 [그림 7-3]을 보라.

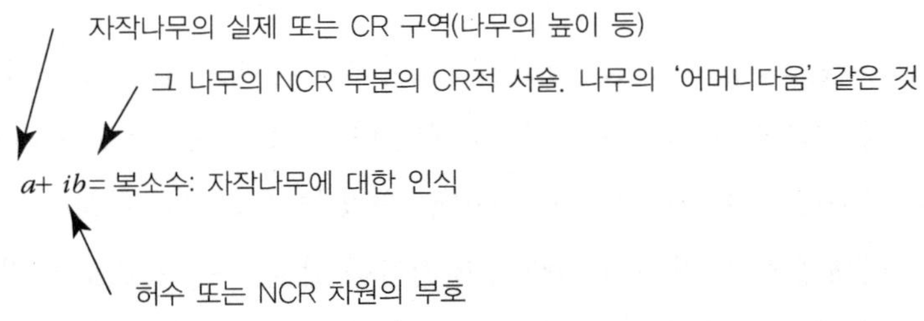

[그림 7-3] 실수와 허수, 또는 인식의 CR과 NCR 측면

보통 우리는 지각의 다양한 부분을 알아채지 못한다. 우리는 단지 나무를 보고 좋아한다. 그러나 복소수는 지각에 대한 우리의 놀라운 특성을 이해하고 식별하도록 도와준다. 실재 현실인 알아차림의 한 부분을 우리는 관찰이라고 부른다. 나는 실재하지 않은 현실 부분을 의식하는 알아차림이라고 부른다.

수학에서 공식 $a+ib$를 적용하는 것은 어느 특별한 복소수를 표현하는 방법인 것처럼, 그 나무가 자작나무이고 어머니답다고 말하는 것은 자작나무에 대한 특별한 알아차림을 나타내는 한 가지 방법이다. 그래서 유추해서 자작나무이고 어머니답다는 나무에 대한 알아차림은 포괄적인 비일상적 실재인 NCR 공간에서 특별한 복소수(실수와 허수에 의해 구성되는)에 의해 표현될 수 있는 것과 유사하다.

수학자들은 아직 이런 방식으로 생각하지 않는다는 것을 기억해야 한다. 그들은 허수에 어떤 의미도 포함되지 않는다고 생각한다. 실제로 갈릴레오는 어머니다움, 사랑, 아름다움 같은 물질의 '2차' 특성을 측정(일상적 실재인 CR로)할 수 없다는 이유로 배제시킬 수 있는지 의문을 제시했다.

오늘날, 수학자들은 허수가 순수한 사상이며 어떤 것도 특별히 나타내지 않는다고 말한다. 그러나 우리는 어떻게 실수가 사건의 일상적 실재인 CR 측면을 묘사하는 알아차림의 장을 형성하는지, 그리고 어떻게 실수와 허수를 더한 복소수의 장이 일상적 실재인 CR과 비일상적 실재인 NCR 사건을 묘사하는 알아차림의 장을 상징하는지 알 수 있다.

복소수 평면 위의 각각의 특별한 점은 이렇게 실재와 가상의 특징(아주 크고 동시에 당신에게 어머니다운 실재의 자작나무처럼)을 둘 다 지닌 알아차림의 상징이다. 우리가 인지하는 사건과 상호작용하는 각각의 사람, 사물 또는 현상은 실재이며, 현실이고 상상이며, 비일상적 실재인 NCR의 측면을 모두 갖고 있다. 수학에서의 유사점은 복소수가 실수와 허수를 포함한다는 것이다.

깨어 있든 자고 있든, 우리가 인식하는 사물은 일상적 실재인 CR과 비일상적 실재인 NCR 특징을 모두 다 가지고 있다. 우리의 새롭고 구별된 알아차림의 장은 여전히 닫힘을 갖고 있다. 왜냐하면 우리는 꿈꾸고, 깨어 있으며, 더하고, 확대하고, 곱하고, 제곱을 할 수 있으며 또한 우리가 하고 싶은 알아차림으로 어떤 일이든 할 수 있기 때문이다. 또한 실재이면서 가상의 경험을 묘사하기 위해 일상적 실재인 CR 용어를 사용하는 한 여전히 인식의 분야에 머무를 수 있기 때문이다. 우리는 알아차림의 장이 우주에 대한 일상적 실재인 CR 묘사라기보다는 오히려 우주와 우리의 관계에 대한 설명이라고 말할 수 있다.

❖ 수의 계급

복소수를 좀 더 세부적으로 살펴보자. 복소수와 실수 간에는 유사점도 있지만 차이점도 있다는 것을 유의하라. 당신은 5가 3보다 크다고 말할 수 있지만, $5+5i$ 같은 복소수가 $3+3i$ 같은 다른 복소수에 비해 더 작거나 크다고 말할 수 없다. 크기의 개념은 일상적 실재인 CR의 개념이다. 우리는 $5i$ 또는 $3i$를 측정할 수 없다.

실수의 장에서 당신은 크기와 양을 비교할 수 있다. 허수를 포함하는 복소수의 장은 측정할 수 없는 주관적인 양이 표시되는 상상의 세계다. 마찬가지로 당신에게 모성을 떠오르게 하는 나무에 대한 감정과 단지 이 나무를 보고 아름답다고 표현하는 다른 사람의 감정에서, 어느 것이 더 강한 것이라고 비교할 수는 없다. 이러한 개념에서는 '주관적인 양인 크기'에 대해 합의된 것이 없다.

그러나 꿈속에서 우리는 중요성의 가치와 감각이 증가 혹은 감소하는지를 명확히 인지한다. 꿈에서의 나무는 놀랍고, 파멸적이고, 굉장하며, 흥분되고, 끔찍하고 거대하거나 하찮은 것이 될 수 있다. 어떻게 실재에서는 평범하고, 어쩌면 하찮은 나무가 꿈의 과정에서 거대하게 될 수 있는가? 그것은 균형이 맞지 않아 깨질 수 있다. 어떻든, 이제 우리는 수의 계급을 갖는다.[8] $a+ib$ 같은 복소수는 실수(a)와 허수(ib) 모두를 포함한다. 실수는 허수 구성요소인 b가 없는 복소수로 간주될 수 있다. 그리고 허수는 실수 구성요소인 a가 없는 복소수다.

복소수는 실재와 가상의 특성 둘 다의 조합인, 우리 대부분의 일반적 형태의 모든 경험과 유사하다. 지금부터 나는 복합 경험을 단순히 '경험'이라고 부르며, 그것은 실수와 허수의 양과 질에 대한 알아차림을 의미하며, 일상의 실재와 환상 또는 꿈의 혼합, 또한 일상적 실재인 CR과 비일상적 실재인 NCR 특성의 혼합을 의미한다.

다시 말해, 우리가 실제(real)이라고 부르는 것은 상상이 관찰자에 의해 놓쳤거나 무시되는 더 복잡한 실재(reality)의 특별한 경우다. 일반적으로 누군가가 꿈이나 환상을 말할 때마다, 우리는 오늘날의 주류인 과학적 사고에 의해, 꿈의 상태가 스스로를 제곱하거나 펼쳐서 실재인 것을 보여 줄 때까지, 관찰이 중요하다고 인정되지 않는 의식의 특별한 상태를 생각해야만 한다. 복소수는 우리의 명상적 알아차림 과정을 펼치는 방법뿐만 아니라, 모든 것을 관찰하는 우리의 방법을 포함하는 패러다임을 나타낸다.

주 석

1) '유리수'(유리수란 1이나 2 같은 어느 두 정수의 비로 표시할 수 있는 어떠한 수)가 나온 직후에 '무리수'(무리수란 2의 제곱근이나 숫자 파이(π) 같은 어느 두 정수의 비로 표시할 수 없는 어떠한 수)가 그 뒤를 이었다. 유리수와 무리수는 함께 실수라 불린다.
2) 20세기 천문학자 조지 가모(George Gamow)는 그의 저서 『일, 이, 삼, 그리고 무한대(*One Two Three… Infinity*)』 42쪽에서 제롬 카르당에 의한 이러한 문구를 인용했다.
3) 수의 상징에 대한 더 많은 정보를 원한다면 마리 루이스 폰 프란츠(Marie Louise von Franz)의 『수와 시간(*Number and Time*)』 4~7장을 참조하라.
4) 어떤 자명한 수학 체계도 그것의 일치성을 증명할 충분한 힘을 지니지 못한다. 그런 증명은 체계 외부의 추가적인 공리가 필요하다. 『1879-1931 프레게부터 괴델까지, 수학적 논리의 원전(*Frege to Goedel, a Source Book in Mathematical Logic 1879-1931*)』 젠 반 하이젠오트(Jean van Heijenoort) 편집, 711-715쪽에 있는 괴델의 논문 「공식적으로 결정할 수 없는 명제(On Formally Undecidable Propositions)」를 참조하라. 또한 괴델의 연구에 관한 간단한 토론을 위해 프랭크 스베츠(Frank, J. Swetz)의 저서 『다섯 손가락부터 무한대까지: 수학의 역사를 통한 여행(*From Five Fingers to Infinity: A Journey through the History of Mathematics*)』을 참조하라.
5) 심층적인 토론을 위해 칼 보이어(Carl B. Boyer)의 『수학의 역사(*A History of Mathematics*)』 611쪽을 참조하라.
6) 물리학자 데이비드 달링(David Darling)은 갈릴레오에 관한 이 놀라운 내용을 『선 물리학(*Zen Physics*)』 123쪽에서 밝혔다. 수년간 발전시키기 위해 노력한 과정지향 심리학이 1차, 2차 과정, 즉 인정하거나 인정하지 않는 과정에 기반을 두고 있다는 것 때문에 놀랐다. 사람들을 이해하는 것에는 둘 다 필요하다.
7) 아인슈타인의 『상대성의 의미(*The Meaning of Relativity*)』 1쪽을 참조하라.
8) 모든 수는 복소수다. 그래서 복소수는 수 계급의 정상에 있다. 복소수는 실수와 허수의 합이다. 허수는 실수에 $\sqrt{-1}$을 곱한 것이다. 그리고 실수는 유리수이거나 무리수다.

제8장
결레화(化)는 선명한 꿈꾸기를 의미한다

만일 당신이 REM 수면으로 들어가려는 직전에, 마음을 충분히 활동적으로 유지한다면, 몸이 잠드는 것을 느낄 수 있다. 그럴 때 당신의 의식은 깨어 있지만, 당신은 아주 선명한 꿈의 세계에 있는 자신을 발견할 것이다.

–꿈 분석가, 스테판 라버지(Stephen LaBerge)의
『선명한 꿈꾸기(*Lucid dreaming*)』에서–

우리는 연구 여행에서, 어떻게 의식이 관찰 과정으로 들어가는지 알아차리는 데 복소수의 수학이 도움을 준다는 것을 알았다. 또한 수학은 어떻게 우리의 알아차림이 우리 주변의 소립자 세계와 만물에 영향을 주는지 관찰하는 것을 도와줄 수 있다. 수학은 관찰자와 관찰대상 사이의 상호작용에 대한 암호이고, 그것의 비밀을 해독하는 것을 배우는 것은 흥미로운 모험이다. 우리는 수학 안에서 일상 현실뿐만 아니라 선명한 꿈꾸기, 즉 꿈속에서 깨어 있는 패턴도 찾을 수 있을 것이다.

복소수 장의 개념을 기억하는가? 그것은 일종의 지도다. 만일 당신 집의 위치가 도시나 마을의 중심에서 동서남북 중 어느 방향인지 안다면 지도에서 당신 집을 찾을 수 있는 것처럼, 한 축이 실수이고 다른 축이 허수인 복소수 장에서 어느 한 복소수를 찾을 수 있다. 예를 들어, 7장 [그림 7-2]에서 복소수 $2+3i$는 실수 축 오른쪽으로 2단위와 허수 축 위로 3단위인 지점에 위치한다.

❖ 켤레와 거울상(像)

일반적으로, 어떠한 복소수 $a+ib$도 복소수 장에서 나타낼 수 있다.

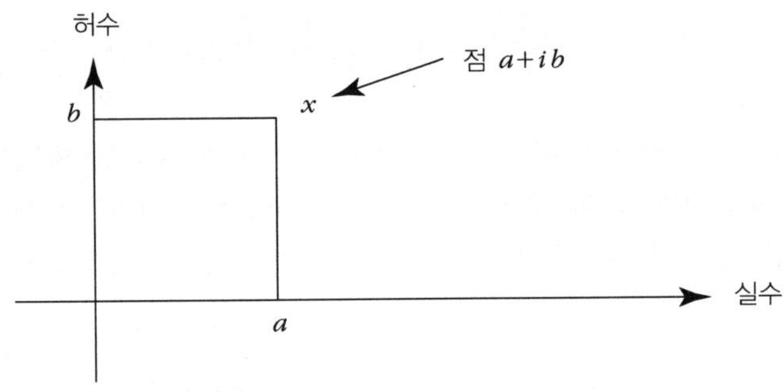

[그림 8-1] 복소수 평면에서 수 $a+ib$의 위치

자, 좀 더 자세히 알아보자. 나는 점 $a+ib$가 이 지도, 즉 복소수 평면에서 어떻게 나타나는지 보여 주려고 한다. 복소수 평면이 위에서 우리가 들여다볼 수 있는 방이라고 상상해 보라. 위에서의 실수축은 거울로 만들어진 벽을 상징하는 선이다.

만일 당신이 한 지점 $a+ib$에서 벽의 거울을 보고 서 있다면, 당신은 거울에 있는 모습, 거울상으로 자신을 볼 것이다. 당신의 모습은 마치 벽 뒤의 반대쪽 지점 $a-ib$에 서 있는 것처럼 보일 것이다. 당신이 거울로부터 3m 앞에 서 있다면 b는 3m이고, 거울상이 있는 $-b$는 −3m, 즉 거울 뒤 3m에 있다. 당신의 거울상은 $+ib$ 대신 $-b$에 있는 것을 제외하고는 당신 자신과 같다.[1)]

이제 복소수 평면으로 돌아가자. 거울에서와 같은 방법으로, 당신이 $a+ib$ 지점에 서 있을 때 $a-ib$에서 자신의 모습을 볼 수 있다. 다시 말해, $a-ib$ 지점은 $a+ib$의 반영(反影)이다.

수학자는 복소수의 거울상을 '켤레(conjugate)' 라고 한다. 다시 말해, 만일 우리가 복소수 $a+ib$에서 'i' 앞에 기호를 반대로 하면, 우리는 그것의 켤레인 $a-ib$를

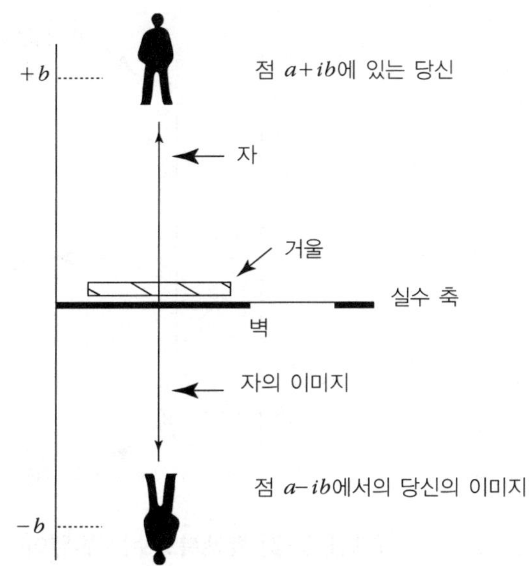

위에서 자신을 볼 때, 당신의 반영된 모습은 아래, 즉 거울의 반대면에서 당신을 보는 것처럼 보인다.

[그림 8-2] 당신의 반영

갖게 된다. 만일 두 복소수가 허수의 부분에서 기호만 다르다면, 두 복소수는 켤레다. 예를 들면, $4+3i$와 $4-3i$는 켤레다.

어떻게 보면, 이것은 단순한 것 같고 또 실제도 그렇다. 그러나 이것은 아주 중요하다. 왜냐하면 수학자들은 이 간단한 켤레를 가지고 많은 일을 하고, 물리학자들은 실재를 이해하기 위해서 켤레를 사용한다. 우리들이 세계에 대한 그들의 관점으로 들어가기 전에, 먼저 복소수들의 세부사항들을 알아보자.

하나의 복소수는 다른 복소수를 반영한다. [그림 8-3]은 $a+ib$ 지점이 그것의 켤레인 $a-ib$ 지점을 반영한다는 것을 보여 준다.

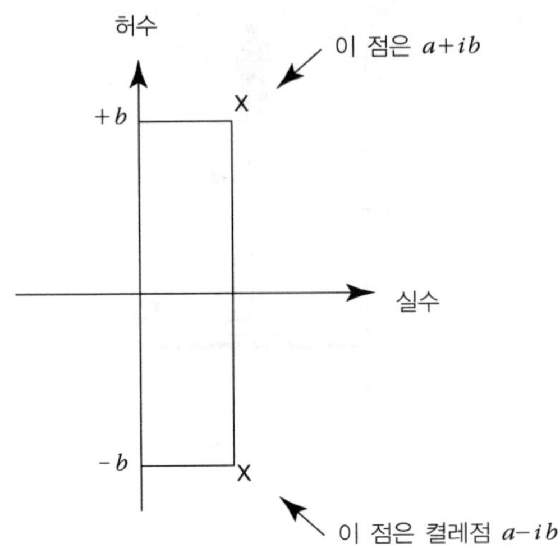

[그림 8-3] 켤레복소수는 반영이다

복소수의 반영은 복소수의 켤레다. 그들은 허수 구성요소인 ib에서 기호의 변화를 제외하고 똑같다.

❖ 반영과 켤레화(化)의 심리학

이제 복소수와 켤레에 대한 심리적 유사성에 대해 생각해 보자. 7장에서 우리는 우리 지각이 복소수와 같이 일상적 실재인 CR 특성과 비일상적 실재인 NCR 특성으로 구성된다는 것을 알았다. 나무와 같이, 우리가 인지하는 모든 것을 포함하는 알아차림의 장은 실재와 가상의 특성을 모두 가진다. 예를 들면, 우리는 어떤 나무를 자작나무(일상적 실재인 CR 특성)와 어머니다운 나무(비일상적 실재인 NCR 특성) 둘 다로 볼 수도 있다.

비일상적 실재인 NCR 경험의 켤레나 반영이 무엇인지 생각해 보자. 우리는 반영에 대한 많은 방법을 가지고 있다. 예를 들면, 우리는 다른 사람의 말을 따라할 수 있다. 또한 우리는 그 동작을 반복함으로써 다른 사람의 행동을 반영할 수 있다. 우리가 반영할 때, 세 번째 다른 사람은 우리를 통해 그 다른 사람의 행동을 듣거나 볼 수 있다. 만약 누군가의 말이나 행동이 무의식적으로 일어난다면, 이들 신호의 반영은 다른 사람에게 무슨 일이 일어났는지 깨닫게 해 준다.

반복과 반영은 그 다른 사람이 의식적이 될 수 있도록 돕는다. 반영은 의식을 창조하는 기본 요소다. 그리고 이 경우에 의식은 우리에게서 나타나는 모든 무의식적 제스처, 감정과 생각이 다른 사람이나 자신에 의해 반영된 것이라고 이해하는 것을 의미한다. 이들 제스처와 감정은 의식되기 전에 무엇이었을까? 그것들은 바로 그런 것들을 가졌던 사람들의 반(半)의식, 상상 그리고 꿈같은 경험이다.

어쩌면 당신이 하는 모든 일은 당신 주변에 있는 사물에 의해 반영된다. 그것은 산에서 자신의 이름을 외치는 것과 같다. 즉, 당신에게 되돌아오는, 청각의 반영인 메아리를 들을 수 있다. 그것은 마치 산이 당신의 이름을 외치는 것과 같다. 반영은 우리가 여기 있다는 것을 알도록 돕는다.

조금 덜 알려진 반영은 우리가 아침에 깨었을 때 자연스럽게 발생한다. 만약 우리가 집중하여 우리의 알아차림을 잠이 깨는 과정 중에 사용할 수 있다면, 우리는 꿈을 기억할 뿐만 아니라, 꿈의 반영도 알아차릴 것이다. 이렇게 꿈은 심지어 우리가 깬 후에도 계속된다. 아침 식사 후, 우리는 대체로 자신이 꾼 꿈을 잊어버리게 된다. 그러나 실수로 나온 말, 우발적인 제스처, 그리고 갑작스런 공상 등을 통하여 다시 알 수 있는 것처럼, 낮 시간에도 꿈은 계속된다.

예를 들면, 누군가가 당신을 비난하는 꿈을 꾸었다고 가정하자. 깨었을 때 주의를 집중해 보면, 당신은 스스로를 비난하는 것을 알아차리거나 들을 수 있을 것이다. 그러나 이것이 자신을 기분 나쁘게 하거나 우울하게 할 수도 있다. 아무도 비난을 좋아하지 않지만, 갑자기 당신은 꿈을 이해한다. 꿈속에서 비난하는 사람은 당신이 알아차리지 못한 자신의 비평적인 부분이다.

그것은 마치 비난하는 사람의 꿈속 모습은 반의식 상태에서 바로 자신을 스스로 비난하는 형태를 반영하는 것과 같다. 심리에 대한 은유로서 수학을 사용하면, 켤레 복소수는 꿈의 두 가지 형태를 나타낸다고 말할 수 있다. 즉, 하나는 알아차림 없이 꿈을 꾸는 것이고, 다른 하나는 알아차리고 꿈을 꾸는 것이다. 켤레 중 하나는 꿈에서 우리에게 일어나는 자의식의 경험을 그대로 나타내는 반면, 다른 하나는 좀 더 선명한 자신들에 의해 반영된 똑같은 자의식의 경험을 나타낸다는 것이다.

요약하면, 꿈에는 두 개의 꿈꾸기 또는 두 개의 자의식 상태가 있다. 첫 번째 상태를 꿈꾸기 그리고 다른 상태를 선명한 꿈꾸기라고 부르자. 우리의 연구 여행을 통하여, 복소수의 심리적 과정에 대한 이해를 깊게 하기 위해 켤레가 다시 거론될 것이다.

❖ 켤레화는 실수를 만든다

이제, 우리는 복소수의 또 다른 놀라운 특성에 주의하자. 복소수에 켤레복소수를 곱하면 얻어지는 결과는 단지 실수 'R' 뿐이다.[2,3,4] $a+ib$에 $a-ib$를 곱하면 결과는 a^2+b^2이다. a^2과 b^2은 그들 앞에 허수의 부호인, 'i' 가 없는 실수다. 예를 들면, $(3+4i)\times(3-4i)=3^2+4^2=25$다. 결과인 실수 25는 허수의 특성이 전혀 없다.

물리학과 심리학에서 놀랍고 중요한 요지는 복소수에 켤레복소수를 곱하면 허수의 특성이 없는 실수가 얻어진다는 것이다.[5] 이것을 켤레화(conjugation)라고 한다. 처음에는, 이 문장이 추상적으로 들릴 수 있지만, 여기에는 물리학이나 심리학에서 필수적인 개념을 포함하고 있다. 복소수에 켤레복소수를 곱하는 것은 마치 꿈에 대한 선명한 반영이 의식을 증진시키는 것처럼 실수를 생성한다.

앞에서의 연구 여행에서, 우리는 숫자의 제곱이 자신을 위해서 어떤 영역을 만드는 것을 알았다. 숫자 3은 9의 제곱 '근' 이다. 즉, 9는 3에 의해 표현된 영역이다. 복소수에 켤레복소수를 곱하는 것은 여러모로 제곱을 하는 것과 같다.[6] 우리는 어느 한 숫자의 켤레의 곱은 그 숫자에 대해 일상생활에서 영역을 만드는 것이라고 말할 수 있다.

복소수가 꿈과 같은 경험을 나타내기 때문에, 복소수에 켤레복소수를 곱하는 것은 일상생활에서 활동적이고 선명한 꿈꾸기 경험을 나타낸다. 선명한 꿈꾸기는 일상적 실재인 CR을 생성한다.

실수와는 다르게 복소수는 그들 안에 허수를 가지고 있기 때문에 직접적으로 측정할 수 없다. 이것과 비슷하게, 비록 우리가 꿈같은 자의식의 경험을 직접 측정할 수 없고 꿈꾸는 사람이 무엇을 느끼는지 정확하게 알 수 없다고 하더라도, 우리는 사람들이 만드는 무의식적인 제스처와 신호에서 꿈에 대한 전반적인 효과를 알 수 있다. 비록 우리가 무슨 꿈을 꾸었는지 다른 사람에게 증명할 수는 없지만, 춤을 추거나 아이디어를 나누면서 어느 한순간 꿈의 효과를 그들에게 보여 줄 수는 있다. 만일 자신의 무의식적인 움직임 몇 가지를 반영하면, 당신은 놀라운 춤을 창조할 수도 있다. 만일 어떤 리듬에 손가락을 무의식적으로 움직이는 자신을 발견하거나, 당신이 이 리듬을 반영한다면, 당신은 훌륭한 노래를 부르게 될 수도 있다.

마찬가지로, 비록 물리학자들이 $a+ib$ 같은 복소수를 직접 측정할 수 없다 하더라도, 켤레화의 결과는 측정할 수 있다. 왜냐하면 켤레화는 실수를 생성하기 때문이다. 켤레화할 때 허수의 구성요소들은 떨어져 나간다. 만약 내가 꿈을 이해하기를 원한다면(그것을 $a+ib$라고 하자), 나는 깨어나면서 밤의 꿈꾸기가 어떻게 반영되는지 알아차리며 천천히 조심해서 깨어날 수 있다. 꿈의 경험이 '자가 증폭' 을 하는지 따라가면서, 또한 경험이 어떻게 일상생활에서 영역을 창조하면서 '스스로 제곱' 하는가를 지켜봄으로써, 나는 꿈으로만 보이던 것의 '실재' 의미를 발견할 수 있다.

선명한 꿈꾸기는 평범한 꿈을 증폭한다. 꿈꾸는 사람이 선명하게 되는 것을 알아차리는 꿈과, 평범한 꿈같은 상태에서 꿈꾸는 사람이 선명하게 되고 꿈을 펼칠 수 있다는 것을 알아차리지 못하는 보통 꿈은 다르다.

따라서 반영에 의해 복소수를 곱해서 실수를 얻는 것은 심리적인 유사성을 갖는다. 즉, 일상의 실재에서 의미를 발견하기 위해 선명한 꿈꾸기를 함으로써 꿈같은 경험이 실재를 만들도록 두어라. 선명하고 깨어 있는 꿈꾸기는 꿈을 증폭하고 무의식적인 행동을 의식적인 것으로 바꾸어 준다. 선명한 꿈꾸기는 꿈을 실재로 펼친다. 이것이 비일상적 실재인 NCR 과정을 펼치기 위한 중요한 심리적 도구인 켤레화의 형태다. 선명한 꿈꾸기는 또한 정신신체적 경험에 적용할 수 있는 초자연치료적인 방법이다.

원한다면, 당신은 지금 선명한 꿈꾸기 실험을 시도해 볼 수 있다. 당신이 바로 지금 자신의 신체가 경험하거나 경험하려고 하는 움직임을 찾아라. 그것을 가능한 한 거의 비슷하게 반영하고, 되풀이하면서 반영해라. 잠시 휴식 시간을 가져라. 당신에게 필요한 유일한 조언은 동작이 스스로 분명해지거나 알아차릴 때까지, 움직임의 꿈같은 특성에 주의 집중하라는 것이다.

❖ 물리학에서의 복소수

초자연치료, 심리학, 물리학의 세상 속으로 우리의 연구 여행을 계속함으로써, 우리는 다시 복소수를 탐구할 것이다. 지금 잠시 쉬면서, 15세기 복소수의 발견에서부터 20세기 양자물리학까지의 수백 년의 시간을 건너뛰어, 미래시대에 대해 공상해 보자.

켤레화는 의식의 심리학뿐만 아니라 관찰의 물리학에서도 중요한 요소다. 물리학에서, 전자와 같은 물체는 단순한 복소수인 '파동함수' 라는 것에 의해 설명된다. 파동함수는 전자가 어떻게 행동하는지 전자의 행동 패턴을 기술한다.

우리는 자작나무 같은 물체가 실재와 상상의 측면 모두를 가지며, 즉 자작나무이면서 또한 '어머니답다' 라는 것을 보아 왔다. 그래서 우리는 모든 관찰이 부분적으로는 실재이고, 부분적으로는 꿈이라는 것을 발견했다. 마찬가지로, 복소수에 의해 기술될 수 있는 전자(電子) 또한 부분적으로 실재이기도 하고 상상이기도 하다. 우리는 전자에 대한 모든 것을 볼 수 없다. 전자 특성 중 몇몇은 불확실하다. 물리학자들은 복소수를 측정할 수 없기 때문에 전자의 전체 거동(擧動)을 측정하지 못한다.

물리학자들은 물체를 기술하는 기본 공식, 파동함수, 복소수를 가지고 있다. 물리학자들은 물체를 기술하기 위해 부분적으로 허수인 복소수가 필요하다. 그러나 문제는 여기서 나타난다. 물체의 측정 가능한 실재는 허수로 기술될 수 없다—실재를 기술하는 숫자는 실수이어야 하고, 허수는 일상생활에서 실재를 갖고 있지 않다. 그래서 물리학자들은 켤레화하면 실수가 되는 복소수의 특별한 속성을 이용하기로 결정했다. 복소수를 켤레화하면 측정할 수 없는 가상의 측면을 제거한다.

만일 $3-4i$라는 파동함수의 한 복소수를 켤레화하면, 결과에서 허수는 사라져서 25가 된다. 이 실수는 가상을 '숨긴다'. 25의 뿌리가 더 이상 보이지 않는다. 그것은 25가 $(3+4i)\times(3-4i)$를 곱한 결과라는 사실을 숨긴다. 이렇게 우리는 실수가 복소수의 배경과 반영 과정을 숨긴다고 말할 수 있다. 마찬가지로, 우리는 또한 실재가 숨겨진 꿈꾸기 배경을 갖고 있다고 말할 수 있다.

물리학자는 켤레화의 곱 생성물, 25와 같은 실수를 시험하고 측정할 수 있다. 어떤 시점에서 물리학자들은 실수를 생성하는, 즉 $(3+4i)\times(3-4i)$와 같은 반영 과정의 의미에 대해 걱정하지 않기로 결정했다. 어쨌든 그들은 $3+4i$ 같은 복소수가 매일의 일상적 실재인 CR에서 무엇을 나타내는지 몰랐다. 실재 결과를 주는 복소수와 켤레화의 과정은 결코 이해되지 못해 왔다. 이제 우리는 그 의미를 이해하기 위한 은유를 가지고 있다.

복소수는 자의식의 비일상적 실재인 NCR 인식 영역에서 유사성을 갖는다. 더구나 복소수의 켤레화는 명료함과 반영의 과정을 통해 실수를 창조한다. 이러한 내용을 안다는 것은 양자물리학에서 발생하는 현상의 중요성에 대한 힌트를 우리에게 준다.

우리는 전자와 전자의 파동함수가 반영되고 증폭될 때, 즉 켤레화할 때의 느낌에서 꿈과 같으며, 그것들은 소립자의 측정이라는 실재로 펼쳐진다. 이러한 증폭은 켤레화가 어떻게 꿈을 일상생활로 펼치는가 하는 것과 비슷하다.

다시 말해서, 자의식 경험은 심리학과 물리학 모두에서 실재를 이해하는 데 기본이 된다. 또한 자의식 경험은 관찰 과정에 대한 기본이다. 이것은 우리 모두 매일 숨쉬고 살아가는 우주와, 물질에 대한 본질과 주요 요인에 대해 우리에게 힌트를 준다.

지금까지 물리학은 수학을 도구로 사용해 왔고 수학의 의미에는 초점을 두지 않았다. 그래서 물리학은 자의식 경험을 부주의하게 무시했다. 우리들 대부분도 물리학자와 같다. 당신과 나는 복소수, 꿈같은 환상, 감정 경험 그리고 반영 과정을 계속해서 억눌렀다. 우리는 그것에 대해 논의할 상대가 없거나, 그것이 상식적이지 않으면 잊어버렸다. 우리는 대부분 가상 영역을 회피하려고 하고, 모든 우리의 경험을 일상적 실재인 CR에 맞추려고 한다.

우리는 무언가에 대한 가장 가능한 의미, 즉 그것의 실재 가치만을 찾는다. 은유적으로 말해서, 경험의 실재 가치만을 찾는 것은 우리에게 실재에 대한 해답을 주지만, 실재 뒤에 있는 자의식의 꿈같은 경험과 반영 과정은 무시한다. 우리 연구 여행의 시작 부분에서 본 것과 같이, 일상적 실재인 CR은 비일상적이거나 자의식의 영역에 뿌리를 둔 나무와 같다.

예를 들면, 당신이 나에게 나무에 대한 꿈을 꾸었다고 말한다고 하자. 내가 당신에게 '일상적 실재인 CR에서 그것은 무엇을 의미하는가?' 라고 묻는다면, 당신은 가장 가능성 있는 '실재' 의미로 나에게 답해야 한다고 생각할 것이다. 이 경우에 나무에 대한 나의 질문은 반영과 켤레화의 경험을 무시한다. 그러나 나는 당신에게 꿈의 나무를 재형상화하고 이미지와 다른 경험의 견지에서 펼침을 따르면서 선명하게 펼치라고 요구할 수도 있다.

펼치기는 질문이나 해석과는 다르다. 꿈꾸기에 의한 선명한 펼치기는 의식을 만드는 경험이자 비이성적인 것을 중요시한다. 펼치기나 켤레화의 경험은 우리에게 어떻게 꿈꾸기가 실재의 모든 것보다 우선하는지에 대한 감각을 열어 준다. 꿈이 무엇을 '의미' 하는지만을 묻는 것은 일상적 실재인 CR 특성에만 접근하고, 놀라운 근원인 뿌리는 무시하는 것이다. 반대로, 켤레화 혹은 선명한 꿈꾸기는 나무가 되는 것에 대한 비일상적 실재인 NCR 경험에 초점을 둔다. 그런 경험은 우리가 실재의 뿌리인 근원에 접근하는 만큼 가까워진다.

이해가 되기는 하지만, 물리학은 주로 일상적 실재인 CR과 실수에 초점을 둔다. 무엇보다도, 물리학은 일상적 지각을 연구하는 것으로 스스로를 정의한다. 그러나 과학은 그 정의가 자기 제한적이고 부주의하게도 심리적 경험을 배제한다는 것을 잊고 있다. 물리학은 관찰자의 개성이나 관찰대상이 일으키는 감정과 같은 관찰의 비일상적 측면을 연구하는 것을 피하고 있다. 물리학은 관련된 수학적 궤도, 복소수, 파동함수, 그리고 일상적 실재인 CR 배경의 꿈같은 실재를 잃어버렸다. 그러나 꿈같은 영역의 연구는 아직 사라지지 않았다. 즉, 전통의 초자연치료와 심리학은 오늘날의 물리학이 끝나는 부분에서 다시 시작하고 있기 때문이다.

우리는 지각의 심리학과 초자연치료적인 경험에서 발견된 패턴이 수학과 물리학에서의 패턴과 일치한다는 것을 알았다. 이런 일치는 경험의 꿈같은 본질이며 통합된 장(場)을 가리킨다. 그리고 그것은 삶, 심리학, 물리학, 전자와 전자의 관찰자, 우리가 살고 성장하는 우리 모두에게 기본이 된다. 이 장은 펼쳐지는 1, 2, 3과 무한대의 기초다.

우리가 앞으로 더 나가면, 우리는 선명한 꿈이 어떻게 그 안에서 부호화하는지 더 상세하게 알게 될 것이다. 심리학에서 의식과 실재를 잉태하는 선명한 꿈꾸기는 양자 물체상의 보이지 않는 영역과 우리가 살고 있는 세상(우주의 기본 요소)을 이해하는 기본을 우리에게 준다.

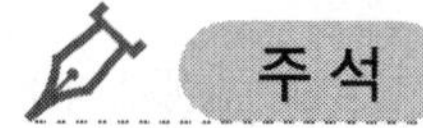

주석

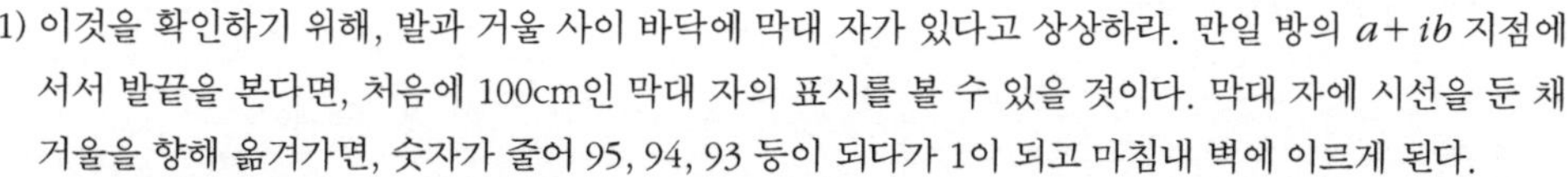

1) 이것을 확인하기 위해, 발과 거울 사이 바닥에 막대 자가 있다고 상상하라. 만일 방의 $a+ib$ 지점에서서 발끝을 본다면, 처음에 100cm인 막대 자의 표시를 볼 수 있을 것이다. 막대 자에 시선을 둔 채 거울을 향해 옮겨가면, 숫자가 줄어 95, 94, 93 등이 되다가 1이 되고 마침내 벽에 이르게 된다.
   그때 거울이 너무 깨끗해서 그곳에 있는지 모를 정도이면 거울 안에서 또 다른 막대 자가 나타날 것이다. 이것이 발 옆에 있는 막대 자의 반영이고 반대 방향으로 있어 거꾸로 읽을 수 있다. 막대 자를 따라 시선을 옮겨가면, 1cm부터 시작해서 2, 3, 4 등을 지나, 마침내 100cm까지 셀 수 있다. 그리고 올려다보면, 거울에서 당신의 눈을 보고 있는 자신을 볼 수 있을 것이다. 자신에 대한 거울상(像)은 당신이 +100cm 위치에 있을 때 당신의 거울상은 -100cm 지점에 있는 것을 제외하고 당신과 정확하게 똑같다.
   당신과 당신의 거울상 사이에는 또 다른 차이가 있다. 그러나 잠시 당신은 +100에 있고 거울상은 -100에 있다는 사실만 생각하자.
2) 각주 2, 3, 4는 복소수의 또 다른 놀라운 특성에 대해 논의한다. 당신은 복소수의 기하학을 삼각함수 방법, 즉 각도(角度)의 항으로 표현할 수 있다. [그림 8-4]에서처럼 θ를 R과 x 사이의 각도라고 하자(tan은 tangent를, cos는 cosine을 의미하며, tan(θ)는 θ의 tangent 값을 의미한다).

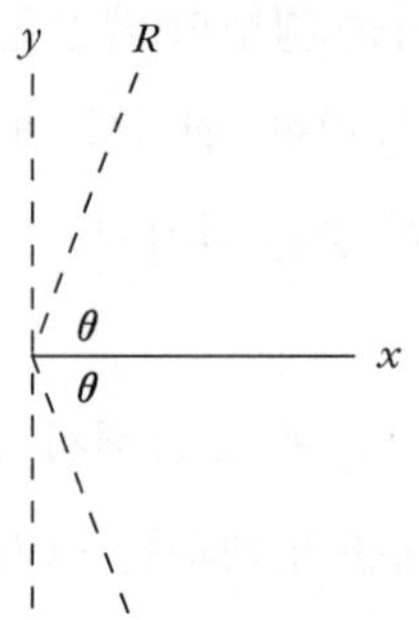

[그림 8-4] 각도의 함수로 표시된 복소수

복소수에 대해 더 알기 원한다면, 루엘 처칠(Ruel V. Chuchill)의 『복소수 변수와 응용(*Complex Variables and Applications*)』과 한스 슈베르트페거(Hans Schwerdt-feger)의 『복소수 기하학(*Geometry of Complex Numbers*)』을 참조하라.

수학자들은 $[\cos(\theta) + i\sin(\theta)]$를 복소수의 '각 성분' 이라고 부르고 대수학과 삼각함수법칙에 의해 $e^{i\theta}$로 정의한다. e는 복잡한 삼각함수 표현의 축약이며, 계산을 단순하게 하기 위한 숫자다. 이것은 지수의 특성이 다음과 같은

$$e^{i\theta_1} e^{i\theta_2} = e^{i(\theta_1 + \theta_2)}$$

두 각도(角度)(한 각은 θ_1, 또 한 각은 θ_2)에 대한 것이기 때문에 발생한다. 따라서 복소수 식 $z = R[\cos(\theta) + i\sin(\theta)] = Re^{i\theta}$이 된다.

3) 위의 식 $z = \mathrm{R}[\cos(\theta) + i\sin(\theta)] = Re^{i\theta}$는 바로 z가 주기적인 행동을 한다는 것을 의미한다. θ가 증가함에 따라 $\cos(\theta)$와 $i\sin(\theta)$는 주기적인 파동처럼 변화하기 때문이다. 다시 말하면, 두 개의 파동이 있다. 즉, 하나는 실재이고 또 다른 하나는 '가상' 이거나, 실재와 90도 회전에 의한 국면에서 나온 것이다. 다음 [그림 8-5]를 보라.

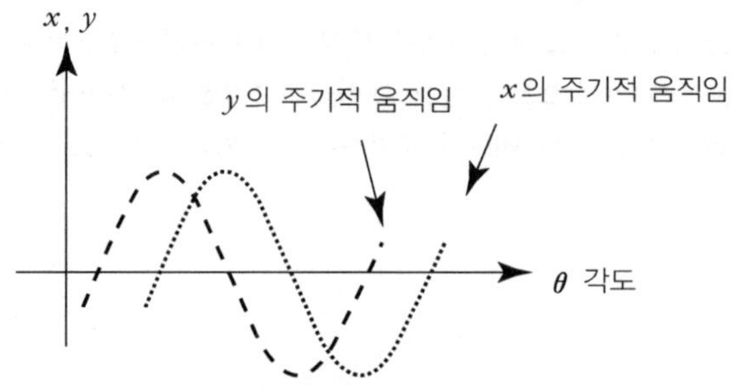

[그림 8-5] x와 y의 주기적인 움직임

지수는 사인과 코사인보다 다루기 쉽다. 그래서 $e^{(i\theta_1+\theta_2)}$ 형태의 복소수는 물리학에서 진동을 나타내기 위해 항상 사용된다. z의 실수 부분만이 진자운동과 같이, 측정 가능한 진동을 나타내는 데 사용된다. 허수 부분은 무시된다.

과학자를 위한 수학과 파동에 대한 훌륭한 기본적인 논의를 보려면, 파인만(Feynman)의 『물리학 강론(*Lecture on Physics*)』 1권 23장 23쪽을 보라.

실수와 허수에 대한 흥미로운 또 다른 측면은 복소수 z의 실수와 허수의 측면이, 함께 여행을 하지만 완전히 함께가 아닌, 실재의 두 가지 서로 다른 차원과 비슷하다. 일반적으로, 만일 실수 축과 허수 축이 함께 회전한다면, [그림 8-6]에서와 같이 가상 축 y는 실수축 x에 대해 항상 90도 각도로 벌어져 있다는 것을 알 수 있다.

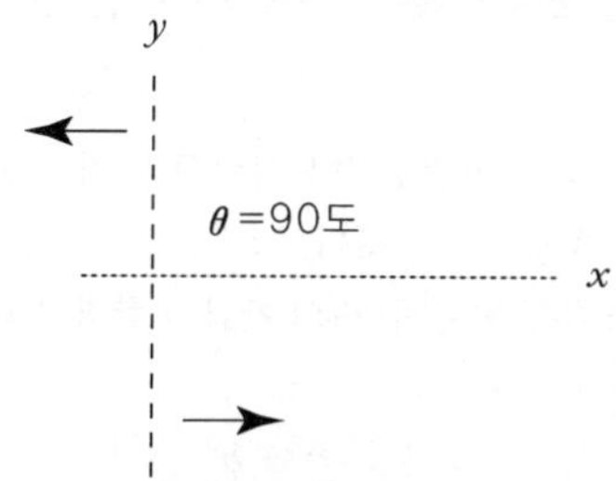

[그림 8-6] 복소수 평면을 90도 회전시키기

비슷하게, 우리는 가상 세계가 실재 세계와 항상 다른 차원에 있다고 말할 수 있으며 그 반대도 가능하다. 또한 θ가 커짐에 따라, x와 y축은 두 개의 파동(하나는 앞에 있고, 또 다른 하나는 뒤에 있어, 마치 '둥 둥' 하고 북을 치면 잠시 후 '둥 둥' 하고 메아리가 이어지는 것과 같이)처럼 보인다. 서로 엇갈린 상(phase)의 두 개의 파동이 [그림 8-5]의 파동 그림에서 회화적으로 보였다. 이것은 우리의 경험 배경의 리듬이나 음악과 유사하다.

나는 뒤의 장에서 양자물리학이 물질 체계의 보이지 않는 상태를 기술하기 위해 복소수의 주기적 행동(파동 방정식)을 사용하는 것을 보여 줄 것이다. 작은 공이나 기본 입자, 또는 사람과 같은 물리적 체계의 상태는 시공간의 모든 지점에서 복소수에 의해 표현할 수 있다.

4) 만일 원점에서 한 지점 $a+ib$까지 선 R을 그린다면, 그 선은 이 복소수와 복소수 평면의 원점 사이의 접근 경로처럼 보인다. [그림 8-7]를 보라.

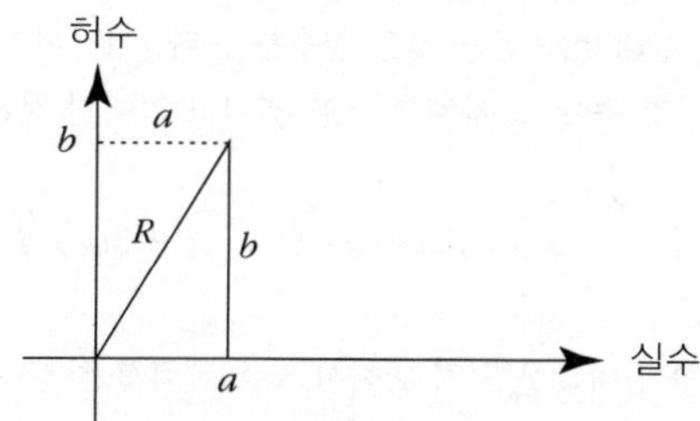

[그림 8-7] 복소수 평면 위의 선 R

R의 길이는 얼마인가? R은 삼각형의 가장 긴 변이며 a와 b는 그 삼각형의 다른 두 변이다(직각삼각형에서). R은 긴 변이고, b는 수직선이고, a는 수평선이다.

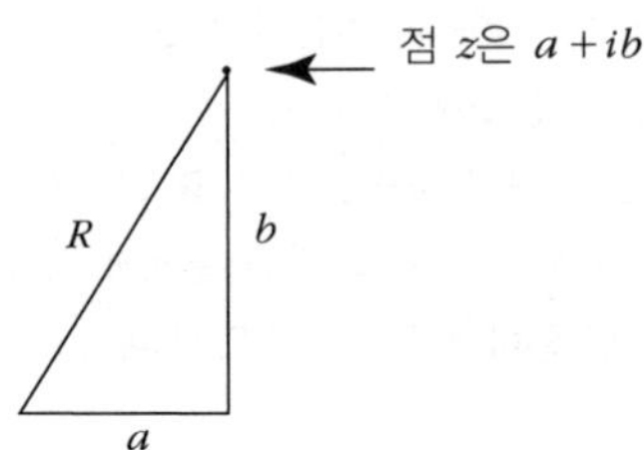

[그림 8-8] R은 직각삼각형의 한 변이다

그리스의 과학자 유클리드(Euclid)는 바빌로니아 사람들의 지식을 이용해서 a와 b의 길이를 아는 상태에서 R의 길이를 결정하는 방법을 발견했다. 그것은, 만일 삼각형의 두 변이 서로 수직하다면, 유클리드의 공식이 긴 변 R의 제곱은 작은 두 변의 제곱의 합과 같다는 것을 알려 준다. 즉,

$$R^2 = a^2 + b^2$$

이것이 직각삼각형에 대한 유클리드의 공식이다.

따라서 복소수에 켤레복소수를 곱하는 것은 중심에서부터 어느 한 점까지의 거리 R을 알려 준다.

5) $a+ib$와 $a-ib$를 곱하면 다음을 얻게 된다.

$$a^2 - iab + iab - i^2b^2$$

$i^2 = -1$을 넣고, $+iab$와 $-iab$가 서로 상쇄되면, 다음과 같이 남는다.

$$(a+ib) \times (a-ib) = a^2 + b^2$$

$(a+ib)(a-ib)$는 수학자들이 $(a+ib)$의 절대 제곱이라고 부르는 것이다. 예를 들어, a를 3, b를 4라고 하면, 복소수 $3+4i$의 절대 제곱은 $(3+4i) \times (3-4i) = 3^2 + 4^2$ 또는 $9+16$ 또는 25가 된다. 이것은 어떠한 허수도 포함되지 않은 실수다.

6) 수학적으로, 켤레화의 과정은 제곱과 비슷하지만 약간 다르다. 복소수의 제곱은 또 다른 복소수를 만들지만, 켤레화해서 절대값을 얻는 것은 실수를 준다. 이것이 그 방법이다. 만일 우리가 $a+ib$와 같은 허수를 제곱하면, 그 수에 그 자체를 곱한 것이고 얻어진 것은 또다시 허수와 실수로 구성된 복소수이다. 왜냐하면

$$(a+ib) \times (a+ib) = a^2 + 2iab - b^2$$

하지만 복소수 $a+ib$의 절대값을 얻기 위해서는, 켤레화를 하거나 켤레복소수를 곱해야 한다.

$$(a+ib)\times(a-ib)=a^2-iab+iab-i^2b^2$$

그러나 $i^2=-1$이기 때문에 다음과 같이 얻어진다.

$$(a+ib)\times(a-ib)=a^2+b^2$$

따라서 어느 수의 절대값을 얻는 것은, 절대값에는 허수가 없다는 것을 제외하고 그 수의 제곱을 얻는 것과 비슷하다. 켤레화와는 달리, 복소수 $(a+ib)$의 제곱은 다음과 같은 결과를 준다.

$$a^2+2iab-b^2$$

반면에, 켤레화에서 온 절대값은 a^2+b^2으로, 그 안에 i가 없는 실수다.

제9장
파울리 꿈과 하나의 세계

허수는, 본능적이거나 충동적인 것, 지적이거나 이성적인 것, 영적이거나 초자연적인 것 등 우리가 말할 수 있는 어떤 것이든, i가 없는 실수만으로는 나타낼 수 없는 것들을 통합하거나 전체로 만든다.

– 볼프강 파울리(Wolfgang Pauli)의 시각화에 의한
음악 스승의 내면 모습–

잠시 쉬면서 지금까지 우리가 연구했던 것들을 되돌아보자. 배운 범위를 복습한 후, 노벨상 수상 물리학자 파울리의 꿈-환상의 도움을 받아 복소수를 더 연구해 보자.

❖ 복습

수학은 추상적인 도구일 뿐만 아니라 개인적인 경험이다. 당신의 목장에서 양이 몇 마리인지 헤아리는 것처럼, 당신이 환상을 꿈꾸거나 작업할 때마다, 당신은 수학을 하고 있는 것이다.

헤아리기는 알아차리기, 무시하기, 표시하기, 펼치기를 포함하는 상호 알아차림

과정의 추상적 개념이다. 헤아리기는 손가락들과 같은 주어진 표준 집합체의 사건들과 대응한다.

일상적 실재인 CR은 숫자와 제스처를 포함하여 동의된 언어적, 비언어적인 말로 표현되는 주어진 공동체의 '실재'를 언급한다.

기초수는 더 높은 숫자를 만드는 데 필요한 기본 숫자다. 숫자체계는 우리의 알아차림과 우리 문화의 구조에 의존한다.

우리의 연구 초기에, 우리는 전 세계적으로 초기 인간 수학의 체계가 2, 3, 4의 기초수를 가졌다는 것을 알았다. 이러한 1차 실재는 우리가 2, 3과 4 개체 사이의 차이를 알아차리고 구별할 수 있는 사실과 연관이 있을 것이다. 우리는 오직 집단 또는 무리만을 보면서 '양적으로' 또는 '수(數)적으로' 5 부근에서 구체적인 양(量)을 지각하는 능력을 잃는다. 당신은 아래의 a, x, u, p, 0와 ∧다발을 보면서 이것을 스스로 실험할 수 있을 것이다. 각 다발에서 각각의 형태를 얼마나 많이 볼 수 있는가?

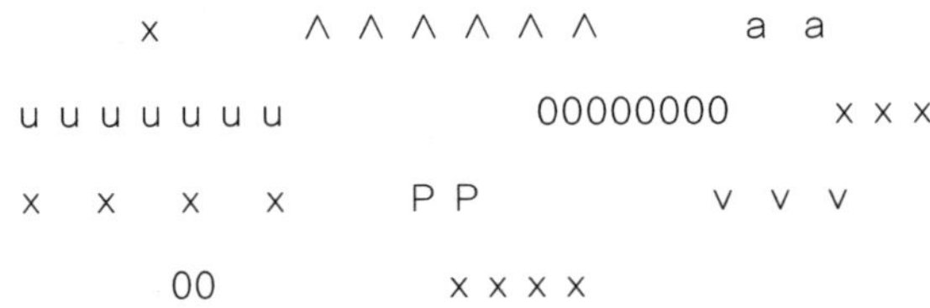

[그림 9-1] 각각의 다발에서 개별적인 부분이 얼마나 많이 보이는가?

우리 대부분은 하나, 둘, 셋, 그리고 네 개의 요소를 인지할 수 있다. 그러나 우리가 네 개 이상에 도달했을 때, 우리는 알아차림의 막힘에 도달하고 요소를 헤아려야만 한다. 우리의 수 개념은 우리의 알아차림 과정에 부분적으로 기초를 두고 있다.

덧셈은 한 성분과 함께 다른 성분을 펼치거나 증폭시키는 과정이다.

빼기는 부채(負債)의 비밀을 풀기 위해 창조되었고, 투사(透寫)와 같은 '빼앗긴' 경험의 심리와 연관시킬 수 있다.

곱셈은 어떤 수를 주어진 횟수만큼 더하는 것의 단축 형태다.

제곱은 어떤 수를 그 수의 횟수만큼 더한다.

제곱(어느 한 수를 스스로 곱하는 것)의 심리적인 과정은, 스스로에 의해 더 좋게 또는 더 나쁘게 되는 분위기와 같은 성장, 생식, 자가 번식의 경험을 가진 자가 창조 과정을 포함하고 있다. 우리 인간 경험의 대부분은 우리의 의식통제 밖에서 생성된다. 즉, 스스로 곱하거나 제곱한다.

허수(i)는 수학적으로 −1의 제곱근(즉, $\sqrt{-1}$)으로 정의된다. 허수는 비이성적이며, 비일상적 경험을 나타낸다. 허수는 실수 앞에 음의 부호를 가진 수의 제곱근을 실수에서 찾을 수 없기 때문에 창조되었거나 발견되었다.

'실수' 는 실재에서 측정될 수 있는 반면, 허수는 측정될 수 없다. 라이프니츠는 허수를 존재와 비존재 사이의 이중성을 가진 '성령의 훌륭하고 놀랄 만한 피난처' 라고 불렀다.

허수에 대한 심리적인 유사성 중에는 우리가 꿈에서 볼 수 있는 수와 상징이 있다. 허수는 현실적인 동시에 비현실적이다. 영적인 언어에서, 허수는 성령의 집이다. 꿈의 상징은 일상생활에서 무의식적인 영역의 뿌리라는 점에서 허수와 유사하다. 예를 들어, 분노의 공격에 대한 뿌리는 꿈에서 곰으로 보일 수 있다.

복소수는 실수와 허수를 모두 포함하는 가장 완전한 수이며, 다른 모든 수를 포함한다. 일상적 실재인 CR과 비일상적 실재인 NCR의 경험을 포함하는 관찰은 복소수의 심리학적 유사성이다.

모든 관찰은 실재(객관적인, 일상적인)와 가상(주관적인, 비일상적인)의 지각 모두를 포함한다는 점에서 복소수와 유사하다.

복소수 장(場)은 모든 실수와 허수를 포함하는 숫자의 지도이며, 그 안에서 모든 수학 연산이 일어날 수 있는 영역이다. 복소수 장은 일상적 실재인 CR과 비일상적 실재인 NCR 경험을 포함한 알아차림 영역의 수학적인 닮은 꼴이며 그 알아차림의 장에서 더하고, 빼고, 생성하고, 자기 확대 등을 할 수 있는 것과 같은 과정이 펼쳐질 수도 있다.

켤레화(化)는 반영에 의해 복소수를 곱하는 수학 연산이다. 켤레화의 결과는 항상 실수다. 켤레화의 심리적 유사성은 꿈이 실재가 되도록 선명한 꿈꾸기를 하는 것이다. 이 과정에서 꿈과 같은 무의식적 과정은 선명한 꿈꾸기를 하는 사람에 의해 반영되는 것을 통해 통찰되거나 해석된다.

결레화와 선명한 꿈꾸기의 심리적인 과정은 2개의 분리할 수 있는 부분을 포함한다. 하나는 경험을 펼치는 비일상적 실재인 NCR 부분이고(반영에 의하여 곱해지는 복소수와 유사), 또 하나는 다른 것(실수와 유사한 통찰력이나 해석)과 공유될 수 있는 과정(또는 연산)의 최종 결과다. 이것은 통찰력 또는 해석인, 실재 결과에만 초점을 맞춤으로써 결레의 과정을 잊거나 과소평가할 가능성이 있다.

❖ 수학과 심리학 사이의 대응

만일 우리가 지금까지 발견한 것을 일반화하면, 우리는 모든 수학적 개념이 얼마나 추상적인지 상관없이, 심리적 경험 또는 원리와 일치한다고 의심하기 시작할 것이다. 우리는 이미 몇 가지 그런 일치를 보았다(아래 요약 참조).

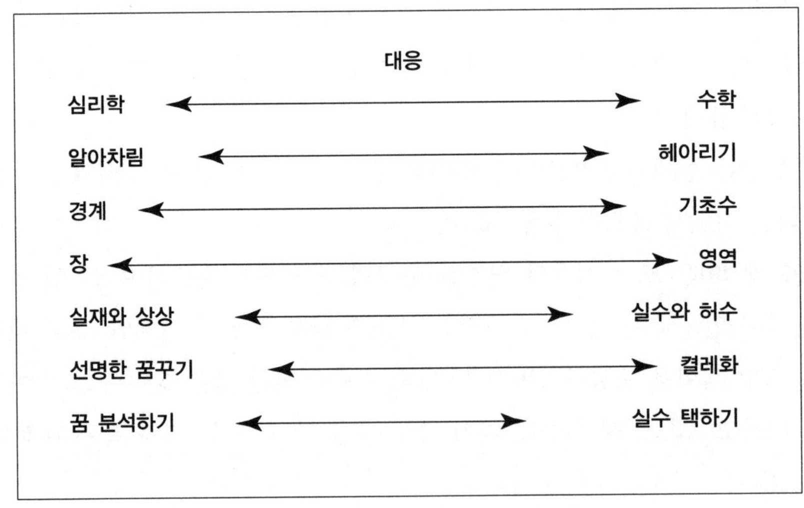

[그림 9-2] 심리학과 수학의 대응 관계

❖ 파울리의 꿈속에서의 음악 스승

이 모든 대응은 과학자들이 자신의 개인적인 문제에 대한 관계뿐만 아니라 자연적 패턴의 표현으로, 수학에 관해 꿈꾸어야 한다고 생각하게 한다. 나는 스스로 이것이 사실임을 알고 있으며, 또한 꿈에서 자신들의 연구에 대한 통찰을 얻기 위해 침대 근처에 종이와 연필을 둔다는 과학자들도 만났다. 물리학자 리처드 파인만(Richard Feynman)은 이 방법으로 자신의 꿈에 대해 연구했다.

MIT에서 내 지도교수 중 한 분인, 인공두뇌학의 선구자인 노버트 위너(Norbert Wiener)는 꿈과 연결하기 위하여, 다른 사람과 이야기할 때조차도 거의 잠드는 기술을 발전시켰다고 말했다. 나는 가끔 그가 복도에서 혼자 중얼거리거나, 다른 사람에게 자신이 있는 도시가 정확히 어디냐고 질문하는 것을 보았다. 나는 그가 매사추세츠의 캠브리지를 잊기 원하는 것이라고 생각했으나 그것은 사실이 아니었다. 한번은 스위스 취리히에서 그를 만났는데, 그는 여전히 똑같은 질문을 했다. 그는 꿈꾸기에 있었고, 내가 생각했던 것보다 꿈꾸기는 훨씬 더 가까이에 있었다.

비록 많은 과학자들이 자신의 내면의 삶이나, 물리학이나 수학의 심리적 본성에 대하여 별로 언급하지 않았더라도, 과학자들은 그런 일에 대해 꿈을 꾼다. 프레드 앨런 울프(Fred Alan Wolf)는 『꿈꾸는 우주(*The Dreaming Universe*)』에서 파울리의 내면 세계를 이야기한다. 나는 또한 허수를 포함하는 파울리의 중요한 꿈같은 경험에 관한 정보를 제공한 것에 대해서 파울리와 밀접하게 연구했던 융(Carl G. Jung)과 마리 루이스 폰 프란츠(Marie Louise von Franz)에게 감사를 드린다.

파울리는 동시성과 초(超)심리학 분야에서 융과 밀접하게 연구했다. 1958년 후두암에 의해 갑작스럽게 사망하기 전까지 파울리는 심리학과 물리학을 일치시키는 방법에 대해 열정적인 관심을 가졌다.

파울리는 물리학이 심리학 없이는 완전할 수 없으며, 물리학이 없는 심리학은 물질세계에서 튼튼한 기반이 결여된 것이라는 것을 알고 있었다. 파울리는 융에게 편지 쓰기를 "물리학이 완전하려고 노력하기에, 당신의 분석 심리학도 필요할 것입니다." 오늘날 우리는 심리학이 일상적 실재인 CR과 비일상적 실재인 NCR의 경험을 연결할 수 있도록 물리학을 수용할 필요가 있다는 것을 알 수 있다.

파울리는 물리학이 완벽함을 위해 얼마나 노력하고 있는지에 대해 꿈같은 환상을 가졌다. 그의 환상에서, 내면의 피아노 스승은 그에게 수학적 기본뿐만 아니라 허수와 물리학의 영적인 기본도 가르쳐 주었다.

파울리의 꿈에서, 내면의 음악 스승은 '*i*'의 상징을 지닌, 말할 수 있는 마법의 반지가 있었다. 그들의 대화에서 내면의 음악 스승인 그녀는 그에게 다음과 같은 수업을 하였다.[1](나는 파울리가 언급한 것을 설명하기 위해 다음 문장에 주석들을 삽입하였다)

파울리: 그 순간에 그녀는 자신의 손가락에서 내가 아직 본 적이 없었던 반지를 뺐다. 그녀는 반지가 공중에 떠다니도록 해두고는 수업을 시작하였다.

그녀: 나는 당신이 수학시간에 이 반지에 대해 배웠다고 생각하는데, 이것은 반지 *i*다.

파울리: (나는 동의하며 말했다) *i*는 공간(void)과 단위(unit)를 쌍으로 결합시킵니다. 동시에 *i*는 반지를 4분의 1바퀴(90°) 회전시키는 작동입니다.[2]

그녀: 이것 *i*는 본능이나 충동, 지성이나 이성, 영성이나 초자연을 그리고 *i*가 없이는 나타낼 수 없는 숫자들을 통합되거나 단일한 전체로 만든다.

파울리: *i*를 지닌 반지는 입자와 파동의 경계를 넘어 하나가 되고 동시에 이 둘 중 하나를 생성하는 작용입니다.[3]

그녀: 그것은 라틴어에서 더 이상 나눌 수 없는 입자의 의미인 원자다.

파울리: (이런 말을 하면서 그녀는 나를 의미 있게 보았다. 그러나 나에게 키케

로가 말한 원자에 대한 의미는 설명하지 않아도 알 수 있었다) 그것은 시간이 정지된 이미지로 바뀝니다.[4)]

그녀: 이것이 결합이며 동시에 혼자서는 결코 도달할 수 없고 오직 짝으로 도달할 수 있는 중심 영역이다.

파울리: (잠시 멈추고, 우리는 무언가를 기다렸다. 그때 반지 안에서 변형된 스승의 목소리가 들려왔다)

스승: 자비로워라.

파울리: (이제 나는 그 방에서 나와 정상적인 시간과 정상적인 일상 공간으로 갈 수 있다는 것을 알았다. 밖으로 나왔을 때, 나는 코트와 모자를 쓰고 있음을 알아차렸다. 멀리서 나는 4가지 톤(CEGC)의 C장조 화음을 들었다. 그 소리는 분명히 그녀가 다시 홀로 되었을 때 연주한 것이다)

❖ 파울리 꿈에서의 결합

파울리가 자신의 환상을 떠나, 실제 세계로 들어갈 때, 파울리의 스승은 '내면에' 머무른다. 스승은 파울리가 화음 CEGC를 구별할 수 있도록 하는 음절을 연주하는 음악가다. 그것은 물리학자들이 풀어야만 하는 방법으로 물질이 스스로를 나타내는 것과 같다. 그녀는 아마도 파울리가 필요로 하는 감정인 화음을 창조했다.

그 스승은 내면에서 오기 때문에, 그녀는 음악이며 스승이며, 더불어 살아가는 감정과 방법이다. 유사하게, 만일 우리가 우리 내면에 놓여 있는 어떤 종류의 분위기를 느끼게 되면, 우리는 스스로를 표현하는 방법을 알려 주는 속도 조절과 내면의 안내를 감지할 수 있다.

파울리의 스승은 우리가 느끼지만 보통은 대화하거나 표현할 수 없는 우리 자신의 내면 상태다. 그녀는 우리가 반드시 알아야 하는 '내면' 인, 꿈꾸기의 자의식 영역이다. 이 자의식 영역은 감정의 스승이다.

파울리의 스승은 반지를 지니고 있다. 반지는 종종 어떤 대상이나 어떤 사람과의 약속을 나타낸다. 스승의 반지에는 부호 i가 있다. 환상의 끝에서 그 반지는 스승의 목소리로서 파울리에게 '자비로워라' 라고 말한다.

스승은 파울리에게 i가 물질과 초자연 사이의 연결을 나타낸다고 말한다. 파울리는 i가 실재를 생성하지만, 그러나 여전히 i가 생성하는 입자와 파동 너머에 있다는 것을 깨닫는다. 파울리와 스승 모두 i가 실재의 기본인 '원자' 라는 것을 느낀다. 원자는 우리의 이성적인 마음에 의해 물질과 정신과 같은 개념으로 나누어졌지만, 결코 나누어질 수 없는 하나의 경험 세계를 나타낸다. i는 실재에 대해 이원적이지 않은, 유일한, 자의식이 있는, 즉 꿈같은 근원을 나타낸다.

역사를 통해 볼 때, 사람들은 꿈꾸는 신에 대해 이야기해 왔다. 라이프니츠는 부호 i에는 '피난처' 를 갖고 있는 성령이 있다고 말했다. 이 꿈같은 세계는 이중성이 일어나는 근원이다. 즉, 그 꿈같은 세계는 우리의 본능적이고 충동적인 활동이 일어나는 세계이며, 또한 지적이고 이성적인 생각이 떠오르는 세계다. 말로 표현하기 어려운 내면의 상태이자 우리의 자의식적인 경험은 '영적이거나 초자연적인 것' 을 일상의 실재에 연결하는 i의 영역이다.

파울리의 내면 스승은 그에게 말한다. "이것은 결합이며 동시에 중심 영역이다. 너는 결코 혼자 도달할 수는 없으며, 오직 짝으로만 도달할 수 있다." 그의 가상 세계에서 파울리는 일상의 실재와 시공간의 세계를 생성하는 정신 물리적이거나 자의식적인 배경을 설명하기 위해 복소수의 수학을 사용한다. 그의 스승은 그에게 만일 우리가 '진실이나 진실이 아니다' 또는 '의미 있지만 의미 없는' 것과 같은 역설적인 생각을 하지 않으면, 순수한 지적인 관점에서는 이 영역을 이해하기 불가능하다고 말했다. 물리학자들은 어떤 하나의 일상적 실재인 CR 묘사로는 부족하기 때문에 이중성(파동과 입자, 에너지와 시간)의 용어로 양자세계를 설명한다. 아직은 어떤 용어도 자의식적인 NCR 영역을 충분히 묘사하기 위해 사용할 수 없다.

스승, 즉 마음은 '자비로워라' 라는 마지막 가르침을 주었다. 이것은 파울리를 구원한 것처럼 보이고 그를 현실로 돌려보냈다. '자비로워라' 는 i가 표시된 반지로부터 나오는 가르침이다. 이 가르침은 이성적이며 물리적인 실재와 비이성적이며 비일상적인 사건 모두에 대해 우리가 자비로운, 즉 열린 마음을 지녀야 한다는 가르침이다.

파울리의 스승은 명백한 물리적인 세계와 그 세계 속의 사건, 또는 꿈꾸는 우주, 그 우주의 가상적이며 충분히 형성되지 않은 비일상적 실재인 NCR 경험을 사랑하고 무시하지 않도록 우리 모두를 일깨우고 있다. 두 개의, 즉 양쪽의 실재는 다 중요하다. 스승은 우리에게 둘 다에게 자비를 베풀라고 요구한다.

❖ 복소수와 함께하는 꿈작업 실습

우리는 우리 자신의 경험, 우리의 내면 세계, 내면 스승에게 자비의 개념을 실습할 수 있다. 다음 실습은 우리 자신의 용어로 내면 세계를 탐험할 방법을 제공한다.

1. **꿈 선택하기**: 명상할 꿈 또는 환상을 선택하라. 당신은 최근이든 또는 오래되었든 자신이 관심을 가졌던 어떠한 꿈이나 환상을 선택해도 좋다.

2. **꿈의 일부 선택하기**: 다음 단계는 그 꿈의 가장 흥미로웠던 부분을 생각하는 것이다. 이것은 야생 동물처럼 무시무시하거나 무서운 부분이거나, 또는 사랑의 장면이나 마술적인 요소와 같은 정열적인 부분일 수도 있다. 그것이 당신을 매료시키고 탐구하기를 원하는 부분임에 틀림없다.

3. **해석해 보기**: 다음으로, 꿈에서의 이 부분이나 모습에 대해 해석해 보라. 그 꿈의 의미를 추정함으로써 꿈이 '실재' 가 되도록 시도해 보라. 이 해석을 마음속에 기억하거나 적어 두어라.

4. **형태 변형**: 이제 형태 변형을 경험해라. 당신이 일상적 실재인 CR에 있는 것같이 당신 스스로가 되는 대신에, 당신이 관심을 갖는 꿈의 부분으로 가는 자신의 길을 느끼도록 시도해라. 하나 또는 여러 개 이미지의 경험이며, 경험이 나온 이미지 배경의 경험인 꿈의 본질로 들어가라. 여기서 당신은 꿈에서 당신을 매료시켰던 시공간인 가상의 영역으로 들어가는 경험을 할 것이다.

5. **추적**: 자신의 내부 경험에 대해 자비롭고 열린 마음으로 친절하게 실습하라. 그것들(당신의 내부 경험)을 당신의 일상생활에서 하는 것처럼 진지하게 받아들이도록 시도해라. 경험에 대해 마음을 열어라. 경험을 드러나게 하라. 즉, 그것들이 원하는 방법으로 경험을 표현해라. 지금 당신은 꿈에서 경험의 복잡한 복소수 영역에 있다. 그 복잡한 복소수 영역에 머물러 무슨 일이 발생하고 있는지 추적하고 선명하게 따르기 위해 당신의 주의(注意)와 당신의 알아차림을 이용하라. 경험이 스스로 펼쳐지도록 하라. 아마도 당신은 평소에는 하지 않던 행동을 하면서, 일상의 현실에서 당신이 하는 것보다 이 꿈에서 자신이 다르게 느끼거나 행동하는 자신을 발견할 것이다. 계속해라. 당신의 꿈같은 경험의 다양한 부분을 알고 상호작용하도록 시도해라.

6. **다시 돌아오기**: 이 경험에 머무르면서 당신이 일상생활과 정상적인 의식 상태로 돌아올 때까지, 그 경험을 펼치고, 자가 생성하고, 그 경험을 따르도록 허용해라. 파울리처럼 당신이 '내면에서' 일어난 것을 기억하거나 여전히 들으면서, '외부' 로 빠져나올 수 있는 준비가 될 때까지 계속 해라.

자신의 경험을 기억해라. '단일한' (monadic, 파울리의 용어를 이용하면), 즉, 단순하고, 분리될 수 없는, 두 개가 아닌 복소수의 세계를 직접적으로 경험한다는 것이 어떤 것인지 기억해라. 이것이 당신이 속해 있지만 무시했던 세상인가? 그 세상에 자비를 가져라.

당신의 일상생활의 어떠한 변화가 현실에서 나타나려고 하는 꿈같은 경험인가?

따라서 당신은 자비롭게 되기를 원하고 그렇게 되기를 바랄 수도 있다.

당신의 꿈 해석과, 경험이 스스로 펼쳐지도록 허용하는 그 세계의 존재로서 지금의 당신이 가지고 있는 경험 사이의 차이는 무엇이었는가? 당신의 꿈 해석이 선명한 꿈꾸기 경험과 얼마나 가까워졌는가?

이제 당신은 복소수의 단일 영역을 경험했고, 복소수는 일상적 실재인 CR을 생성하려는 방법을 지녔다. 당신은 표현의 스승이며 표현 그 자체인 내면 과정을 경험했다.

이것은 파울리의 내면 스승이 그에게(그리고 우리에게) 알아차림의 비이성적 영역인 복소수 평면에 대해 마음을 열어 두라고 말하는 영역이다. 반지의 지도자는 선명한 방법으로 꿈꾸기를 따르는, 자신의 꿈꾸기의 파트너가 되는 것에 '자비로워라'고 말한다. 내면 경험에 우리가 자비로울 때, 우리는 어떻게 내면이 실재를 생성하려고 하는지 알게 된다. 우리는 삶과 죽음, 실재와 가상, 물리학과 초자연 뒤의 우주적이면서 보편적 정신인, 비일상적 실재 NCR 경험인 하나의 세계로 들어간다. 만일 당신이 비이성적인 경험에 자비롭고 인정(人情)을 갖는다면, 당신은 그 짝을 둘로 분리하지 않을 것이며, 꿈꾸기에서 현실을 분리하지 않을 것이다. 만일 우리가 우리 내면 경험을 가까이 따른다면, 우리는 현실이 어떻게 꿈꾸기에서 생성되는지 스스로 경험할 수 있다.

만일 당신이 어떻게 꿈꾸기가 실재를 생성하는지, 어떻게 상상이 새로운 행위, 느낌, 그리고 지적인 통찰을 탄생시키는지 경험한다면, 당신은 자신만의 음악 스승을 찾아 그녀로부터 배울 것이며, 또한 일상적 실재인 CR 세계로도 돌아갈 수 있다.

주 석

1) 이 논문은 프레드 앨런 울프의 『꿈꾸는 우주』 294쪽에 있다.
2) 아마도 파울리는 '공간(空簡)' 은 허수(즉, i)이며, $i=1i$이기 때문에 허수 i는 단일(unity, 수 1)과 짝지어져 있다는 것을 의미했을 것이다. 당신이 복소수 평면의 모든 수를 허수 i로 곱하면, 평면은 반시계 방향으로 4분의 1 바퀴(90°) 회전한다.
3) 내가 다음 장에서 논의할 것인데, 파울리는 양자역학의 수학이 허수 i를 필요로 한다는 것을 의미한다. 허수 i는 켤레화 과정$(+i)\times(-i)=1$을 통해 입자와 파동을 '생성' 한다.
4) 우리는 파울리의 본의를 이해하지 못할 것이지만, 그는 양자 물체가 관찰될 때 실재의 고정된 측정이 된다는 의미에서 허수가 '시간을 정지된 이미지' 로 바꾼다는 것을 뜻한다는 것으로 보인다.

제10장
자연의 죽음의 역사

나는 나의 정신(essence)이 여기에 홀로 존재하며, 나는 생각하는 존재라고 바르게 결론 내린다. 그리고 비록 …… 내가 육체를 가지고 있다고 해도 나는 나의 육체와 분명히 구별되며 육체 없이도 존재할 수 있다.

–데카르트(Descartes)의 『명상(*Meditations*)』에서–

우리는 다음과 같은 질문에 대해 결코 명확한 답을 얻지 못할 것이다. '파울리의 꿈은 어디에서 왔는가?' '왜 그는 자신의 '스승' 으로부터 '자비로움' 에 대하여 들을 필요가 있었을까?' '왜 그의 꿈꾸기 세계에서 음악 스승이 나타났는가?'

파울리의 꿈을 살펴볼 때 본 것처럼, 누구나 내면의 음악 스승이 있다. 왜냐하면 우리의 내면 삶은 스스로 그것을 표현하는 방법을 알려 주려고 하기 때문이다. 우리는 명상을 통해 꿈이 스스로를 깨닫는 방법을 경험할 수 있다. 그것은 마치 관찰을 통해 물리학의 양자세계가 일상적 실재인 CR로 들어오고, 측정될 수 있는 것과 같다. 사실, 파울리의 꿈이 나타내는 것처럼 심리적이고 물질적인 실재 뒤의 패턴은 다 똑같다.

꿈과 물질적 에너지가 스스로를 표현하는 이면에 같은 패턴이 있다는 생각은 현대 물리학에서는 새로운 것이다. 이러한 설명은 의심 속에서 논쟁을 하고, 실험을 한 후에 비로소 받아들여질 것이다. 그러나 꿈과 실재 사이의 연결에 대한 이러한 의심이 언제나 그랬던 것은 아니었다. 유럽의 르네상스 전에는 영성과 과학이 연금술에서 밀접하게 연결되어 있었다. 그럼에도 불구하고 인간의 역사는, 인생의 양적이고 일상적 실재인 CR 특성이 비일상적 실재인 NCR의 특성보다 우선한다고 여겨, 물질에서 정신을 분리시켰다.

가장 대표적인 양자물리학자 중 한 명인 파울리는 모든 '엄격한' 과학에서 발생하는 정신과 물질 사이의 갈등을 표현한다. 정신과 물질 사이의 갈등은 일상적 실재인 CR 측정이 중요한 '실재' 라는 가정에서 나온다. 만일 전 세계의 철학사상을 살펴보면, 이런 실재는 다양한 가능성의 일상적 실재인 CR 중에 단지 하나의 해석이라는 것을 알 수 있다. 예를 들어, 힌두 철학은 일상생활의 '실재' 를 '환상(Maya)' 이라고 본다. 마찬가지로, 카스타네다의 스승인 돈 후안(don Juan Matus)과 같은 초자연치료사들은 실재 사람을 '환영(幻影, phantoms)' 으로 본다. 왜냐하면 꿈의 세계에서 그들은 현실 세계와는 반대이기 때문이다. 서양의 실재가 '꿈꾸는 사람' 이라고 부르는 것을, 돈 후안은 '실재 사람' 이라고 부른다. 다시 말해, 일상적 실재인 CR을 구성하는 것에 대한 서양의 생각이 다른 지역과 다른 시대에서는 다르게 인식되어 왔다.

역사는 실재에 대한 오늘날 서양의 관점이 기껏해야 16세기 정도까지 거슬러 올라가는, 상대적으로 최근에 형성된 것이라는 것을 나타낸다. 역사 속에서 마법, 정령, 마녀에 대한 경험 같은 것을 무시하는 합의가 점차적으로 나타난 것이 바로 그때였다. 역사는 우리에게 '암흑시대' 로부터의 르네상스 또는 '재탄생' , 뉴턴식의 물리학과 같은 위대한 기술과 생각의 발현에 대해서 이야기할 뿐만 아니라, 고통스러운 정신의 배제에 대해서도 이야기한다. 모든 이야기와 다시 헤아리기에서처럼, 역사에는 객관적인 관점이 없다. 내가 제시한 역사 해석은 나의 경험과 독서뿐만 아니라, 나의 교육과 내가 살고 있는 시대에서 온 것이다.

역사 해석에는 무엇이 실재인가에 대한 좁은 해석뿐만 아니라, 현대 물리학의 발견과 통찰에서 실험으로 증명될 수 없는 지각이 무시될 수 있다는 전제를 뿌리에 두고 있다. 결과적으로, 1500년대 이전의 서양 의식의 필수적인 부분이었던 동물, 식물, 영혼으로부터의 메시지를 듣는 것과 같은 경험은 점차 무시되었다.

16세기까지 유럽에서는 사람들이 지구를 양육하는 어머니로서 믿었고, 식물의 성장과 신성한 신비의 결과로 우리가 오늘날 초심리현상이라고 부르는 것에 대해 설명하였다.[1)] 어머니인 자연은 부드러운 것처럼 보이기도 하지만, 또한 역병과 폭풍우를 만드는 능력과 거칠고, 예측할 수 없고, 위험할 수 있는 능력으로 인해 존경을 받기도 하였다.

마녀는 보통 사람들과 자연 사이의 중재를 위해 필요하기는 하지만, 마녀는 또한 악마나 마귀와 관련이 있다고 믿어졌다. 마녀는 마법을 이단으로 보는 종교 지도자들에게는 당혹스러운 존재이기도 하였다. 점차적으로, 과학적 관점의 성장은 마법적 실제에 미치는 교회의 힘은 감소시켰으나 과학의 폭넓은 수용은 또한 자연과 같이 제어할 수 없는 것처럼 보였던 개인의 마법적인 본성을 억압하는 데 협력했다.

❖ 과학 혁명

'과학 혁명의 시대' 는 지구의 보이지 않는 힘으로부터 초점을 이동시켰고, 자연의 '난폭함' 으로부터 안전을 약속했다. 그러나 과학은 또한 지구로부터 우리를 분리시켰다.

캐롤린 머천트(Carolyn Merchant)에 의하면,

> …… 살아 있는 유기체보다 기계로서 재개념화된 실재에 의한 새로운 세계관이 자연과 여성의 지배에는 부정적인 영향을 미쳤다. 프랜시스 베이컨(Francis Bacon), 윌리엄 하비(William Harvey), 르네 데카르트(Rene Descartes), 토머스 홉스(Thomas Hobbes)와 아이작 뉴턴(Isaac Newton) 같은 현대 과학의 '선구자들'의 업적은 반드시 재평가되어야만 한다.[2)]

머천트는 과학의 상승, 여성과 자연의 평가절하, 그리고 부권 사회의 상승이 모두

같은 경향성이라는 것을 보여 주었다.

마법과 종교로부터 분리하려는 과학자의 새로운 부류로서, 프랜시스 베이컨은 타당하고 유일한 지식이 분석적 추론에 근거를 둔다고 제안했다. 과학 혁명의 또 다른 선구자인 코페르니쿠스(Copernicus)는 지구가 우주의 중심은 아니며, 인간이 더 이상 신의 창조물의 중심 요소가 아니라는 주장으로 동시대 사람들에게 충격을 주었다. 그는 이렇게 유럽에서 천 년 이상 받아들여졌던 교리에 도전했다. 그 당시를 지배한 종교적 패러다임은 마법에서 인정되어 온 물활론의 힘보다는 신이 우주를 구축했다고 말했다. 신은 의심받거나, 하물며 시험할 수 없는 물질의 정신이고, 그리고 우주는 완전하며 불변이었다. 코페르니쿠스는 자신의 이론을 가설로서 제기했지만, 교회로부터의 반응을 두려워했기에 자신이 죽을 때까지(1534년) 발표하지 않았다.

오늘날, 측정될 수 없는 것은 탐험하지 않겠다고 맹세했음에도 불구하고, 물리학 분야에서 논리적이고, 일상에 근거하고, 기계적인 관찰자는 지구 어머니의 야생성에 대한 불예측성, 그리고 의심을 금지하는 종교 교리에 대한 억압에 반대하는 400여 년 된 반응을 그래도 계속해서 반영하고 있다.

그러나 우리가 또 하나 알아야 하는 것은, 오늘날의 이성적이며 시험이 가능한 일상적 실재인 CR이 1500년대의 유럽에서는 무시되었음을 기억해야만 한다. 그 당시에 과학자들은 지배적인 종교의 힘을 두려워하기도 하고, 또한 자연의 논리와 원리를 의심하고, 토론하고, 시험하는 자유를 위해 싸웠다. 과학자들은 사람들이 오로지 믿음으로 그냥 어떤 것들은 진실이라고 믿기 때문에, 이러한 믿음이 그것을 '진실하게' 만들지는 않는다고 주장했다.

튀코 브라헤(Tycho Brahe)의 1572년 신성(新星)과 1577년의 거대한 혜성 관찰은 인류에게 하늘(the heavens)이 실제로 변화할 수 있다는 것을 보여 준다. 많은 과학자들은 요하네스 케플러(Johannes Kepler, 1571~1630)가 1605년에 친구에게 쓴 편지에서 표현된 견해에 동의했다.

나의 목표는 천제의 기구(celestial machine)가 신성한 유기체, 즉 생명체가 아

니라, 시계 장치와 연관된 것임을 보여 주는 것이다.[3)]

❖ 물리학의 정의: 실험할 수 없는 것에 대해서는 말하지 않기

과학자들은 5백 년 동안 의심과 실험의 자유로서 자신들의 영역을 정의했다. 그것이 오늘날 대부분의 양자물리학자들이 하이젠베르크(Heisenberg)의 철학을 따르는 이유다. 즉, "만일 당신이 그것을 실험할 수 없으면, 그것에 대해서 말하지 마시오." 비록 하이젠베르크가 양자 수준의 사건을 측정하는 어려움에 대해 언급했을지라도, 이 철학은 모든 과학의 기초다. 만일 우리가 이 기초 철학을 복소수에 적용해 본다면, 허수는 측정할 수 없기 때문에 우리가 이 허수의 의미에 대해서 이야기하면 안 된다는 것을 의미한다. 만일 어떤 것을 검증할 수 없다면, 그것은 '진실' 이 아니므로 중요하지 않다.

물리학에서 실재에 대한 정의는 실험할 수 있는 실재가 절대적인 실재를 구성한다는 것을 의미한다. 이 정의는 물리학에서 큰 강점과 큰 약점으로 증명되었다. 이 관점에서 강점은 우주의 본질에 대한 종교적인 견해 중 많은 경우가 상대화된다. 어떤 한 사람, 집단 또는 하위집단이 믿는 것이 최종 해답이라기보다는, 믿음으로 보인다. 하늘에 존재하는 것에 대한 결정적 개념은 없고, 대신에 실험되고, 검토되고, 발견되는 많은 견해들이 있다. 자연에 대한 새로운 양상은 실험을 통해 밝혀질 수 있다.

과학적인 견해의 약점으로는 일상적 실재인 CR에서 직접적으로 측정할 수 없는 허수와 같은 실재 부분에 대한 조사를 방해한다는 것이다.

물리학에 의하여 조사된 실재는 관찰이 실수(實數)의 관점에서 측정되고, 사진 찍히고, 기록되거나, 존재하는 다수에 의해 동의되어야만 논의되는 일상적 실재인 CR이다. 이러한 CR을 향한 편견은 또한 다른 과학에 영향을 미친다. 예를 들어, 초심리학은 유령이 사진으로 찍힐 수 있기 때문에 실재한다고 주장한다. 그래서 초심리학은 주류 과학적 측정 패러다임, 즉 만약 어떤 것이 사진으로 찍힐 수 있으면, 그것은 실재이며, 그렇지 않으면 실재가 아니라는 견해를 지지한다.

이 관점에서 내가 보았던 유일한 유령은 결코 누구에게도 보여질 수 없었다. 나는 너무 두려워서 사진을 찍으려고 카메라를 잡을 수가 없었기 때문이다. "만일 측정할 수 없다면, 그것에 대하여 말하지 마라."는 격언은 유령이 존재하지 않았다는 것을 암시한다. 전통적인 어떤 물리학자는 내 경험이 실험될 수 없다면 유령에 관해 이야기하지 말 것을 제안할 것이다. 정직한 어떤 물리학자는 유령이 존재하지 않는다고 단언하지는 않겠지만, 그러나 그는 그것이 과학의 영역이 아니라고 주장함으로써 경험의 중요성을 무시할 것이다. 그래서 비일상적 실재인 NCR 경험은 물리학에서 추방되었다.

오늘날의 물리학을 특성 지운 실재에 대한 일방적인 견해는 정신병 진단에도 영향을 주었다. "나는 어떤 영혼을 한번 보았고 이것은 진실이든 아니든 나의 일상생활에 의미가 있다."고 말한 한 내담자는 "영혼이 항상 주변에 있고 오랫동안 나를 괴롭힌다."라고 말하는 내담자보다 자신에게 따라 다니는 꼬리표 때문에 덜 심각한 평가를 받을 것이다. 만일 어떤 사람이 나무에서 들려오는 목소리를 듣고 은유적으로 그 경험을 해석하지 않는다면(예를 들면, '그 나무는 나 자신의 내면의 어머니가 틀림없다'), 이 사람은 아마도 의학적으로 병의 증상이 있다고 생각될 것이다.

실재의 개념들은 정치적이다. 모든 집단 또는 어떠한 집단도 어떤 것이 실재라면 그 외 다른 것은 실재가 아니라고 주장한다. 예를 들어, 프랑스 아비뇽의 교회 협의회는 기원 후 323년에 물속의 정령을 금지한 법을 통과시켰다. 그때까지 당신은 강이나 호수 근처에 위치한 물속의 정령의 흙으로 빚은 이미지를 숭배할 수 있었다. 그날 이후, 물속의 정령은 더 이상 공식적으로 존재할 수 없었다.

종교와 물리학 사이의 갈등은 낙하물의 속력과 달의 외관을 시험하기를 원했던 갈릴레오의 이야기에서 찾을 수 있다. 그는 큰 렌즈를 지닌 망원경을 만들었고, 그 망원경을 통해 달을 봤을 때, 분화구가 있는 것을 보았다. 갈릴레오는 메디치 가문(이탈리아의 지도층 가문)을 초대하여 망원경을 시험해 보라고 하였다. "내게 와서 내 망원경을 시험해 보면, 당신은 그것을 즐기게 될 것입니다."

하지만 그들은 "아니요. 당신은 신을 볼 수 없습니다. 당신은 신을 봐서는 안 됩니다."라고 말했다. 갈릴레오는 대답하기를 "좋습니다. 그러나 한 번 여기에 와서 한 쪽 끝에 공이 있는 내 미끄럼틀 장치를 보시오. 나는 그 공이 미끄럼틀 장치를 굴러 내려가는 데 얼마나 걸리는지 실험하고 싶습니다."

그러나 메디치 가문은 다시 말했다. "아니요. 당신은 그것도 할 수 없으며, 당신은 신을 시험할 수 없고, 우리는 동의할 수 없습니다." 메디치 가문의 반응은 그 당시의 많은 믿음을 담고 있었다. 그들은 신에 관해서는 종교지도자에 의해 승인된 단 하나의 경험만이 있다고 믿었다. 그들은, 물질의 실재가 완벽하고 그래서 시험되거나 측정되거나 심지어 보아서도 안 되는 신의 작품이라고 생각했다. 그 당시의 공식적인 견해는, 만일 당신이 신에 대해 종교지도자가 동의하지 않는 무엇인가를 느꼈다면, 신에 대한 당신의 개인적인 생각과 경험은 받아들여지지 않는다는 것이다. 그것은 간단하게 당신의 감정이 틀렸다는 것이다. 물론 이 신념의 뒤에는 시험을 넘어선 비일상적 실재인 NCR 신성(神性)으로서 신(神)의 개념을 보호하기 위한 더 깊은 욕망과 열정이 있었다.

그러나 새롭게 떠오르는 패러다임은 모든 것을 의심하고 시험하기를 원했다. 갈릴레오는 가능하다면, 물질로부터 신을 분리하기 원했다. 1623년에 자연을 탐구하는 자유를 지키기 위해, 갈릴레오는 물질의 '1차 특성' 과 '2차 특성' 이라고 불렀던, 물리학과 영성의 차이를 정확하게 정의하였다. 그는 1차 특성을 4온스와 10마일 같은, 실수의 용어로 측정할 수 있는 것으로 정의하였고, 실험적인 측정으로 정의할 수 없는 사랑과 색깔 같은 2차 특성은 과학의 영역 밖에 있다고 말했다.

따라서 시간이 지나자, 실재의 신성한 본성에 대한 지배적인 사회적, 문화적 합의는 우주가 기본적인 부품이나 톱니바퀴로 구성된 기계라는 르네상스의 관점에게 서서히 양보하였다. 르네상스는 시험하고 생각하는 자유를 획득했지만, 또한 비실재로서 상상 경험을 무시했다. 새로운 과학은 우주를 시험하고 종교로부터 우주의 연구를 분리시켰다.

그러나 또 다른 관점에서 새로운 과학은 다르지 않았다. 주류의 종교와 마찬가지로, 새로운 과학은 개인의 자의식적 경험과 표현을 무시했고, 자연과 신성에 대한 집단적인 견해를 선호했다. 어떻게 보면, 새로운 과학은 살아 있고, 자의식이 있는 지구의 지배에 대한 견해에서 기계적이고 시험 가능한 세계의 지배에 대한 견해로 단순하게 바꿨다. 따라서 종교적 견해와 과학적인 견해 모두는 각각 자신의 이유를 들어 직접적인 개인의 경험을 억압했다.

16세기와 17세기 사이에, 과학자들은 두 가지 관점으로 나누어졌다. 그들은 물리학을 연구하였지만, 종교적인 은유를 사용했다. 예를 들어, 아이작 뉴턴은 훌륭한 물리학자일 뿐만 아니라 마지막 훌륭한 마법사였다. 그는 미적분학과 운동 법칙과 같은 수학과 물리학에서 위대한 발견을 하였을 뿐만 아니라, 마법과 연금술도 연구하였다.

오늘날의 과학자들은 여전히 동등하게 나누어져 있다. 예를 들어, 아인슈타인은 "신은 주사위를 가지고 놀지 않는다."며 양자물리학의 확률적 해석을 의심했다. 그는 르네상스 이전의 종교지도자들과 다르지 않게 물질을 신의 입장에서 구별했다. 다시 말해, 물리학자들은 신의 존재가 증명될 수 없다고 말하면서, 여전히 자연의 세계를 신의 경험에 연결시킨다.

비록 오늘날 이러한 분리가 여전히 과학의 기초가 될지라도, 우리가 카프라(Capra)의 『물리학의 도(*The Tao of Physics*)』, 울프(Wolf)의 『정신적 우주(*The Spiritual Universe*)』, 그리고 레온 레더맨(Leon Lederman)의 『신의 입자(*The God particle*)』와 같은 거의 종교와 유사한 개념틀과 용어로 현대 물리학을 통합하는 유명한 책들을 보면, 우리는 분위기의 변화를 감지할 수 있다. 르네상스 이후 500년 동안, 우리는 초자연치료적인 견해와 객관적인 측정의 결합인 과학과 종교 사이의 화해를 위하여 서로 신호교환을 하고 있다.[4)]

❖ 노예상태의 물리학

자비를 권했던 파울리의 내면의 삶은, 비이성적인 사건에 대해 관대하지 않았던 프랜시스 베이컨의 내면의 삶과는 달랐다. 베이컨이 다음과 같이 말할 때는 자비롭지 않았다.

> 자연은 자신의 방랑에 쫓겨야만 했다. 자연은 봉사해야만 한다. 자연은 노예로 만들어져야만 한다. 자연은 속박 속에 있어야만 하며, 과학의 목적은 자연으로부터 자연의 비밀을 고문해서 얻어야 하는 것이었다.[5)]

베이컨의 성차별, 인종차별, 지구에 대한 혐오는 성차별과 노예제도가 기본적 관례였던 시대의 산물이었다. 그러나 심지어 오늘날에도, 소외된 집단은 미개하고, 원시적이고, 동물적이고, 불결하다고 생각하며 그리고 자유 민주주의도 경제적인 편견을 가지고 비주류 집단을 '원조해야 하는' 경제적인 '노예'로 만든다. 성차별과 인종차별은 생태 파괴 또는 이론 물리학으로부터 분리될 수 없는데, 둘 다 같은 소외의 영역 아래에서 작동하기 때문이다.

자연에 대한 노예화 개념은 오늘날 물리학에 의해 사용되는 용어와 정의의 배경이 된다. 예를 들면, 일(work)은 에너지의 한 형태다.[6)] $E=W$와 같이 표시된 물리학의 식에서, 일은 일정한 거리에 작용된 힘, 즉 $W=F\times D$로 정의된다. 비록 인간의 노예제도가 최후에는 공식적으로 폐지되었지만, 에너지를 사용하고 일을 하는 기계들은 물체를 밀고 당기며 이동하면서, 새로운 노예가 되었다. 오늘날, 대부분의 주류 사람들은 더 이상 노예제도에 대해 생각하지 않지만, 그러나 자연은 중노동을 하는 기계인 노예로 취급된다.

모든 형태의 노예제도의 본질은 그 노예가 내가 아닌 '다른 사람'이라는 믿음이다. 노예는 감정을 가지고 있지 않다고 여기므로, 영적인 존재로 연관시키지 않고 사용할 수 있다. 만약 우리가 노예를 자의식 능력이 없는 누군가로 생각한다면, 우리는 에너지원(源)이 인간의 필요를 위해 개발되고 사용되는 것을 정당하다고 느낀다. 물, 석탄, 석유, 광물 그리고 다른 천연자원들은 더 이상 숭배되는 신비로운 것이 아니라 인간에 의해 착취되는 노예다. 대부분의 사람들은 '우리가 지구를 더 파헤친다면 지구는 고통받을 것이다'라는 생각이 증명되지 않고, 우스꽝스럽거나 또는 시대에 뒤처진 것이라고 여긴다.

심지어 오늘날에도, 옛 소비에트 연방의 니콜라이 카르다셰프(Nicolai Kardashev)와 같은 천문학자들은 얼마나 많은 에너지를 사용하였는지에 따라 문명을 분류한다. 카르다세프의 생각은, 정부와 함께, 지구의 미래를 위한 계획을 세우는 현대 물리학자들에 의해 자주 사용된다. 카르다세프는 '문명 형태 I'을 지구 전체를 위한 에너지원을 통제하는 문명으로 정의했다. 이 관점에 따르면, 우리의 현재 문명은 형태 I이다. 좀 더 발전된 형태 II는 태양의 힘을, 형태 III은 전체 우주를 통제할 뿐만 아니라 시공간도 조종할 것이다.

이 전망에 대하여 거부하는 것은 자격에 대한 가정(假定)과 소유권 획득에 대한 철학의 차원에서다. 이 전망은 인류가 우주에 대해 무엇이든지 할 수 있다고 가정하며, 자연에 대해 얼마나 많이 통제를 하는가에 의하여 문명을 측정한다.

르네상스 시대 동안 정신적으로 자연과의 '관계성' 경험은 그 '자연'을 사용하는 개념으로 바뀌었다. 자연이 특별한 힘을 갖고 있는 것으로 여겨졌기 때문에, 비슷하게 특별한 힘, 즉 마법으로 여겨지는 것을 가진 여성들은 연구될 수 있었으나, 또한 비난받아야만 했다. 베이컨이 말하기를,

> …… 그러한 마법의 사용과 실행은 비난받을 것이다. 그러나 마법에 대한 탐구와 연구를 통하여…… 그런 마법을 실행한 사람들의 위법 행위에 대한 진실된 판단뿐만 아니라 자연의 비밀을 더욱 밝힘으로써…… 유용한 지식을 얻게 될 수도 있다.[7)]

그 당시에 수천 명의 여성들은 마녀로 고발되어 화형 당하였다. 유색인종뿐만 아니라 자연과 여성을 괴롭히는 것이 용납되었다. 베이컨은 과학자였을 뿐만 아니라 영국의 검찰총장이었다. 과학과 정치는 하나였다.

내가 물리학을 연구하였을 때, 아무도 이런 역사적 사실에 대해 언급하지 않았다. 나는 나의 스승들이 그것을 알고 있었는지 의심했다. 만약 내가 물리학과 물리학의 응용을 공부할 때 이런 것을 알았더라면, 나는 다른 전공을 선택했을 것이다. 아마도 나는 엄격한 과학에서 무언가를 놓쳤다는 느낌을 회복하기 위해 심리학으로 갔을 것이다. 오늘날 우리는 물리학, 심리학, 초자연치료 모두를 새롭고 포괄적인 세계관으로 통합하려는 경계에 있다.

역사는 과거의 묘사뿐만 아니라 현재의 무의식적 부분이기도 하다. 역사는 모든 사람에게 영향을 준다. 우리는 오늘날조차 물리학의 새로운 발견이 항상 어머니 지구에 대한 우리의 관계를 증진시키는 데 도움을 주기 위한 목적이 아니라는 것을 기억할 필요가 있다. 예를 들어, 우리는 다른 행성에 사람을 보내려고 시도하기도 하지만, 극히 개인적인 관계 문제와 집단의 문제로 인하여 더 난관에 부딪히기도 한다. 이러한 이유에서 우리는 삶의 부분에서 무시되었지만 더 많은 이해가 필요한 정신과 감정을 다룬다. 따라서 아인슈타인이 말했던 것처럼, 많은 과학자들은 사람을 다루는 것보다 방정식을 푸는 것이 더 쉽다는 것을 인정한다.

그러나 개인 문제에 대한 무시를 지지하는 과학은 윤리에 무의식적인 정치를 만들어 내는데, 그러한 정치는 자연 또는 다른 인간에 대해 아무것도 모르는 사람들에게 가장 강력한 무기를 준다. 만약 우리가 이런 무시에 반대할 때, 물리학자들이 단지 "다음에 발견할 입자는 무엇인가?" 라고 물을 것이 아니라 "자연과 관련하여 다음 단계는 무엇인가?" 라고도 물어야만 한다. 마찬가지로, 심리상담 치료사들은 "이러한 내면 경험이 지금 내게 어떠한 의미인가?" 라고 물을 것이 아니라 "그것이 어떻게 나의 몸과 내 주위의 환경들에 연결되었는가?" 라고도 물어야만 한다.

❖ 물리학 뒤의 동기

과학 발달의 기초를 이루는 모든 동기가 감정이 없는 것은 아니다. 많은 과학이 감정적인 근거에 의해 발달되었다. 예를 들어, 뉴턴의 생각은 유럽의 두 번째 흑사병과 불가피하게 연결되었다. 그는 막대한 피해를 남겼던 두 번째 흑사병이 유럽에 창궐하던 1665년에 옥스퍼드에서 살던 21세 청년이었다.

이것을 상상해 보아라. 1665년에 뉴턴은 대학생이었다. 뉴턴이 1학년 때, 옥스퍼드 대학교는 1350년에 흑사병으로 학생 3분의 2를 잃은 역사적 사실을 기억하고, 학생들을 구하기 위해 휴교하였다. 뉴턴은 이런 사건들로 고통을 받았다. 그의 차후의 발견들은 이런 끔직한 경험과 연관이 있다. 그는 모든 인류를 위해 자연을 통제하에 두기 위해 자연의 일부를 연구했다.

우리가 자연에 대한 과학의 불신을 상기할 때, 우리는 르네상스 시대의 모든 사건을 기억해야 한다. 사람들은 젊음에도 죽었기에 자연을 파괴적인 문제로 보았다. 이런 일상적 접근은 전염병과 같은 사건을 통제하려고 노력한 것이다. 오늘날도 대부분의 사람들은 똑같이 행동한다. 만약 당신에게 종양이 생기면, 당신의 몸 안에서 작동하는 자연의 힘을 통제하기 위한 방사선 치료나 화학요법에 대하여 당신은 감사해할지도 모른다.

우리가 자연을 통제할 수 있는가? 긍정과 부정 둘 다이다. 우리는 유행성 감기와 흑사병은 통제할 수 있지만, 후천성면역력결핍증후군(AIDS) 같은 새로운 질병이 또 나타난다. 오늘날 서양에서 인간의 평균 수명은 약 74세다. 뉴턴 시대에는 약 38세였다. 그러나 수명이 더 길다고 해서 반드시 모두가 고통을 적게 겪는다는 것을 의미하지는 않는다.

❖ 시계로서의 신체

데카르트는 키메라, 정령, 괴물에 대한 경험이 개인적인 상상의 허구라고 믿었다. 자신과 다른 사람에게 우주와 신체는 기계였다. 비기계적인 개인의 경험은 병에서 중요하지 않았다. 그는 "내 생각에, 병자는 고장 난 시계와 같고, 반면에 건강한 사람은 잘 만들어진 시계와 같다." 고 말했다.[8)]

그가 완전히 틀린 것은 아니었다. 먹기와 운동하기 같은 신체에 대한 많은 것이 기계적이고 시계같이 정확하다. 만약 당신이 적절하고 규칙적으로 먹지 않으면, 당신의 신체 기계는 고통을 겪는다. 시계처럼 신체가 임의롭게 작동한다는 믿음은 오늘날에도 인기 있는 개념으로 남아 있다. 우리는 노동으로부터 우리를 자유롭게 해준 기계를 가지고 있지만, 반면에 에너지를 소비하는 노동의 결여는 우리에게 체중 증가를 초래한다. 따라서 역설적으로 많은 사람들은 언론에 의해 알려진 대로 뉴턴의 법칙에 따라 작동하는 기계를 다시 사용해서 몸무게를 줄이려고 노력한다. "운동하라, 에너지를 사용하라, 그러면 당신의 지방을 태우고 살이 빠질 것이다." 뉴턴은 기뻐할 것이다. 만약 당신이 운동 기구를 사용하면, 당신은 건강해질 것이다. 또 다른 뉴턴의 메시지는 "만약 당신이 너무 많은 콜레스테롤을 먹는다면, 혈관이 막힐 것이다."이다. 이 관점에 따르면, 건강에서는 마음이 중요한 것이 아니고 바로 신체가 중요하다는 것이다.

데카르트는 똑같은 개념을 다음과 같이 표현했다. "당신이 마음속으로 무엇을 생각하든 당신의 신체에 영향을 주지 않는다. 당신의 신체에 무슨 일이 일어나든 당신의 마음과는 아무 관련이 없다."[9)]

오늘날의 일상적인 합의는, 만일 신체가 안정된 체온, 규칙적인 월경 등 규칙적으로 움직이지 않는다면, 신체는 아프다는 것이다. 그것은 의미 있는 무엇을 꿈꾸는 것처럼 보이는 것이 아니라 병리적으로 보인다. 우리가 '아프다' 라고 말할 때마다, 우리 신체의 지혜를 내려놓고 자신을 고장 난 시계처럼 다루는 베이컨이나 데카르트와 같다. 그러나 우리의 신체는 그저 기계가 아니다. 신체는 감정이 있고 비합리적인 존재이며 인간인, 바로 당신이다.

오늘날 새로운 학파의 심리상담 치료사들과 의사들은 마음이 신체에 영향을 준다고 믿는다. 우리의 연구에서 함께 더 발전하면, 나는 신체에 대한 새로운 접근법을 이야기할 것이다. 이것은 좋지도 않고 나쁘지도 않은 과정으로서 증상과 작용을 하지만, 단지 진실하고 의미심장한 것이다.

❖ 라이프니츠의 '살아 있는 힘'

아이작 뉴턴은 만약 당신이 물체를 공중에 던진다면, 당신은 그것이 땅으로 떨어지는 동안의 경로를 볼 수 있다는 것을 보여 주었다. 뉴턴은 그 물체가 떨어지는 이유가 '중력' 의 힘이라고 말했다. 비록 그가 중력이 무엇인지를 알지는 못했지만, 그는 지구로 공을 당기고 그리고 측정할 수 있는 힘이라고 말하였다.

라이프니츠는 동의하지 않았고 물체를 아래로 당기는 힘은 단지 물체 밖의 힘이 아니라고 말했다. 토착민들이 라이프니츠 이전에 말했듯이, 라이프니츠는 모든 물체에 그 물체들이 하는 대로 움직이게 하는 '살아 있는 힘(vis viva)' 이 있다고 주장하였다.[10] 라이프니츠는 이 살아 있는 힘을 mv^2(m은 물체의 질량이고, v는 속도)라고 정의했다.[11] 그에게 이 살아 있는 힘은 운동에너지에 정비례하였다.

뉴턴이 물체 외부에 있는 힘이 무생물의 운명을 조정했다고 한 반면, 라이프니츠는 모든 물질의 내면에 살아 있는 에너지가 있다고 주장했다. 그는 내면의 힘인 '살아 있는 힘' 이 물질을 움직이게 한다고 말했다. 그에게 물질과 정신은 분리될 수 없는 것이었다. 즉, 물체는 자의식이 있으며, 물질은 스스로 움직일 수 있다고 보기에, 그에게 있어 세상은 살아 있는 것이었다. 또한 라이프니츠는 허수가 성령들의 피난처라고 말하기도 하였다.

뉴턴과 라이프니츠 사이의 논쟁에서, 역사는 뉴턴을 선호하는 방향으로 결정되었다. 그러나 300년 이상이 지난 오늘날, 아인슈타인의 상대성 이론은 모든 물체가 $E=mc^2$이라는 에너지(m은 물체의 질량이고, c는 광속)를 가진다고 말한다. 에너지는 물질 안에 갇혀 있다. 다시 말해, 물질 속에 살아 있는 라이프니츠의 힘은 물질의 에너지에 대한 아인슈타인의 이해에 직관을 주었다.

무생물에 대한 뉴턴의 생각은 아직도 에너지가 기계적이라는 것으로 정의되기 때문에 여전히 과학계에서 받아들여지고 있다. 그러나 라이프니츠의 '살아 있는 힘' 은 의식이 물질로 들어가는 곳을 탐구하는 물리학의 최첨단에 있는 과학자들의 새로운 경향성 배경에 존재한다. 우리가 앞에서 본 것처럼, 파울리는 심리학이 양자물리학에서 관찰의 문제를 이해하는 데 중요한 역할을 할 것이라고 생각했다. 그는 '실재' 를 재(再)정의하는 것이 관찰자와 관찰대상 사이의 상호작용을 이해하는 데 매우 중요하다고 말했다.

❖ 역사에서 현재의 위치

이 책의 주요 주제 중의 하나는 물질에는 자의식이 있고, 이 미묘하고 일반적으로 인식되지 않은 의식이 물리학이 사용하는 수학 속에 암호화되어 있다는 것이다. 물질은 살아 있는 것도 아니고 죽은 것도 아니다. 즉, 우리의 비일상적 실재인 NCR 경험이 관계되는 한 모든 것은 살아 있다. 역사라는 시각 속에서 보인 이런 관점은 물리학과 심리학을 초자연치료, 연금술, 영원불변의 철학으로 연결하는 철학 사슬의 일부다.

물리학은 모든 사람의 심리적인 측면이다. 모든 인간은 물리학자다. 우리들 각각은 물질이다. 즉, 그러므로 우리 자신에 관해 갖는 모든 경험은 물리학의 일부다. 더구나 우리가 접촉하는 모든 것은 비일상적 실재인 NCR과 일상적 실재인 CR 특성 둘 다를 갖는다. 경험에 대한 알아차림은 물질뿐만 아니라 심리학과 물리학을 발생시킨 경험적인 실재에 우리를 연결한다. 이 알아차림은 우리를 경험의 모든 양상 뒤의 통합된 전체에 대해 경계하고 있는, 현대 초자연치료사로 만든다.

현대 초자연치료사의 사고방식에서, 물질이 아니라 자의식적 알아차림이, 우주의 기본 본질인 과학의 중심적인 특징이다. 이 새로운 패러다임에서, 비일상적 경험은 기본적인 '물질' 이나 실재이며, 일상적 실재와 측정 가능성은 거기에서 나온 결과다. 만약 우리가 과학에 비일상적 실재인 NCR 경험을 보강하는 현대 초자연치료사가 되면, 르네상스 당시에 과학적인 패러다임에서 무자비하게 벗어났던 경험의 많은 부분이 모든 사람의 알아차림에서 다시 나타날 것이다. 이런 방식으로, 자연이 아무 감정이 없는 것처럼 자연을 사용하는 방식은 자연이 또 다른 인격체인 것처럼 자연을 인식할 수 있도록 변화시킨다.

주 석

1) 캐롤린 머천트의 우수한 역사서인 『자연의 죽음(*The Death of Nature*)』을 보라. 나는 프리토프 카프라의 『물리학의 도(*Tao of Physics*)』가 머천트의 저서에 주목할 수 있게 해 준 것에 대하여 감사드린다.
2) 위와 같은 책, xvii쪽.
3) 위와 같은 책, 128~129쪽.
4) 신학의 견해로 이러한 화해에 대한 재미있는 책은 브라이언 하인즈(Brian Hines)의 『신의 속삭임, 창조의 천둥(*God's Whisper, Creation's Thunder*)』이다.
5) 앞에 인용한 머천드의 책, 169쪽.
6) 예를 들면, 미치오 카쿠(Michio Kaku)의 매혹적인 미래 예언인 그의 작품 『초공간(*Hyperspace*)』을 참조하라.
7) 앞에 인용한 머천드의 책, 168쪽.
8) 소머스(Sommers), 1978.
9) 위와 같은 책.
10) 앞에 인용한 머천드의 책, 279쪽.
11) 라이프니츠가 물질의 정령이라고 부른 것이 물리학에서는 $(mv^2/2)$, 즉 운동에너지인 것은 매우 흥미롭다.

제11장
미적분학과 깨달음

수학은 적어도 2500년 동안 인간의 지적(知的) 훈련과 유산(遺産)의 정수였다. 그러나 이 오랜 기간 동안 수학의 본질에 대한 어떠한 일반적인 합의도 도달하지 못했으며, 어떤 보편적으로 수용가능한 정의도 주어지지 못했다.

– 칼 보이어(Carl Boyer)의
『미적분학의 역사(*The History of the Calculus*)』에서–

나는 춤추기를 사랑한다. 나는 새로운 춤을 위해, 한 방향으로 하나 또는 두 개의 스텝을, 그러고 나서 다른 방향으로 또 다른 스텝을 취해야 하는 것과 같은 스텝들을 배워야만 한다. 헤아리기는 도움이 된다. 헤아리기는 내가 얼마나 많은 스텝을 했는지 알려 준다. 그러나 스텝이 춤은 아니다. 나는 어느 순간에 스텝과는 무관하게, 내 몸이 춤추는 것을 발견한다.

산술, 숫자, 헤아리기는 춤추는 방법을 배우고 다른 사람들에게 이것을 가르치는 데 중요하다. 그러나 숫자가 춤은 아니다. 마찬가지로, 자연에서 소용돌이를 묘사하기 위해서는, 단순한 헤아리기를 넘어서 운동과 흐름을 묘사하는 새로운 미적분학이 우리에게 필요하다. 우리들 중 몇몇은 미적분학이 복잡하고 심각하고 어렵다고 배웠을 것이다. 그러나 나는 당신에게 미적분학이 아주 재미있을 뿐만 아니라 깨달음으로 이끌 수 있음을 보여 주겠다.

❖ 속도와 변화

미적분학은 헤아리기라는 뜻의 라틴어이고 돌더미에 관한 단어와 연관이 있다. 아마도 우리 모두 작은 돌들을 여러 개의 무더기로 구별함으로써 헤아리기를 배웠을 것이기 때문이다. 미적분학은 그 당시 일반적인 수학이 할 수 있었던 것보다 물체의 변화를 더 잘 설명하기 위해서, 1600년대에 라이프니츠, 뉴턴 등에 의해 처음으로 발전된 수학의 한 분야다. 보통의 평범한 헤아리기 과정은 속도와 가속도를 다루지 않는다. 산술은 우리가 한 위치에서 다른 위치로 가는 데 필요한 스텝을 다룰 수 있지만, 그들 사이에서 발생하는 유체운동을 다룰 수는 없다.

수학자들은 미적분학의 기본 개념을 이해하고 발전시키기 위해 약 1660년에서 1830년까지의 시간이 걸렸다.[1] 우리가 함께하는 연구 여행에서는, 미적분학의 본질을 이해하기 위하여 그 역사적 발전 과정을 공부하기보다는 오히려 우리는 출발점으로부터 미적분학을 함께 전개할 것이다.

잠시 동안 실험적이 되어서, 운동과 속력에 대해 생각해 보라. 속력과 속도는 당신이 일정한 거리를 얼마나 빨리 움직일 수 있는지에 대한 일상적 실재인 CR 측정이다. 만일 내가 시속 3마일의 속력으로 걷는다면, 나는 1시간에 3마일을 걸을 수 있을 것이다.

하나의 관점으로 이것은 단순하다. 그러나 이것은 단순하지만은 않다. 왜냐하면 시속 3마일이라는 속력은 단지 내가 1시간에 3마일을 갈 수 있다는 것만을 의미한다. 속력은 3마일에 걸친 작은 여행의 시작과 끝만을 묘사한다. 시속 3마일, 또는 줄여서 3mph는 3마일의 거리 안에서 내가 무엇을 했는지는 말하지 않는다. 나는 시속 3마일보다 더 빠르거나 혹은 더 느리게 움직였을 수도 있다. 속력은 내가 3mph의 속도로 일정하게 간다면, 3마일을 가는 데 1시간이 걸린다는 것을 말해 줄 뿐이다. 그 중간에 많은 일이 일어날 수도 있다. 나는 길을 가다가 휴식을 위해 멈출 수도 있고, 휴식 후에 서두른다면 3mph의 평균 속력을 여전히 유지할 수 있다.

나의 학생들에게 두 지점 간의 평균속력과 주어진 지점에서의 순간 속도와의 차이를 설명하기 위하여, 보통 나는 교실에서 조금 걸으며 다음과 같이 학생들에게 말한다.

"이 교실에서 내가 걷는 것을 잘 보기 바랍니다. 여기는 조금 좁지만, 나는 지금 서 있는 칠판 근처의 벽에서 출발해서 교실의 중앙으로 걷고 있습니다. 나의 걸음을 세어 보세요. 여러분들은 내가 몇 걸음을 걸었다고 말할 수 있습니까?"

한 학생이 "중앙까지 12걸음을 걸었습니다."라고 말할 것이다. 그러면 나는 "얼마나 빨리 가고 있었습니까?"라고 묻는다. 학생들은 "그렇게 빠르지는 않았어요……. 시속 약 3마일 정도"라고 말한다. 대체로 이 모든 것이 심리학과 물리학 또는 초자연치료와 어떤 관련이 있는지를 사람들이 물어보면, 나는 지금은 우리가 잠시 일상적 실재인 CR에 머물고 있기에 이 순간에 집중하자고 이야기한다.

나는 학생들에게 내가 약 시속 3마일로 간 것을 어떻게 아는지 묻는다. "나는 오직 몇 피트를 걸었을 뿐인데 어떻게 여러분들은 내가 시속 3마일로 갔다고 이야기할 수 있습니까? 나는 3마일을 걷지도 않았고, 또한 1시간 동안 걷지도 않았습니다. 내가 몇 초 동안 몇 피트를 걷는 것만을 보고, 어떻게 여러분들은 3마일 가는 데 1시간이 걸린다고 말할 수 있습니까?" 학생들은 평균화 및 추측을 통해, 나의 현재의 행동으로부터 '추정하는 것'(extrapolating)이라고 정확하게 대답한다.

'평균'이라는 단어는 그 몇 피트 동안 내가 시속 3마일의 평균속도로 가고 있었다는 것을 의미한다. 그러면 나는 다시 학생들에게 내가 교실의 중앙으로 걷는 것을 지켜보라고 요청하는데, 이번에는 일정한 걸음 속도가 아니다. 대신에, 중간에 멈춰서 코를 긁고 나서, 교실 중앙으로 속도를 높여 걷는다.

그때 나는 학생들에게 평균적으로 내가 여전히 평균 시속 3마일로 가고 있었다고 말할 수 있다고 이야기한다. 그러나 '시속 3마일'은 실제로 일어난 일에 대해서는 명확하지 않은, 즉 부족한 설명이다. 이것은 내 속도에 대한 정확한 설명이 아니다. 무엇보다도, 나는 중간에 멈추어서 코를 긁었다. 이렇게 평균은 여행의 모든 흥미로운 세부내용을 배제한다.

❖ 극한(極限)에서

평균 속도는 걷는 동안의 내 속력에 대한 명확하지 않은 설명이다. '시속 3마일'은 걷고 있는 동안 내 걸음의 모든 지점에서의 속력을 말하는 것이 아니고, 단지 내 걸음의 시작부터 끝까지의 평균속도일 뿐이다. 만약 내가 더 나은 설명을 원한다면, 나는 모든 지점에서 내 속도를 측정하는 방법을 찾아야 할 필요가 있다. 우리들 대부분은 여행의 경험보다는 속도에 별로 관심을 갖지 않는다. 그러나 물리학자와 경찰은 모두 속도 측정에 관심이 많다.

서양의 과학자들은 1650년이 되어서야 시공간에서 모든 지점의 속도를 측정하는 방법을 발견할 수 있었다. 뉴턴과 라이프니츠는 운동에서 변화의 이동 영역을 측정하기를 원했고, 그들이 극한(limit)이라고 불렀던 놀라운 급진적인 생각을 떠올렸다. 극한에 관한 개념은 미적분학의 중심이며, 물리학의 모든 것이 미적분학에 기초를 두고 있기 때문에, 극한에 관한 개념은 물리학의 중심이다.

나는 학생들에게 극한의 개념을 이해하기 위하여, 걷기의 세부내용으로 돌아가야 한다고 말했다. 벽과 교실 중앙 사이의 거리가 약 30피트라고 하자. 만약 우리가 교실 벽의 시계와 같은 시간의 일상적 측정법을 사용한다면, 우리는 걷기의 시간을 잴 수 있다고 제안했다. 그런 다음 나는 다시 30피트를 걸었고, 교실에 있는 모두와 함께 그것이 5초가 걸린다는 것을 알았다.

시간에 대한 이 새로운 정보와 함께, 우리는 나의 속도를 계산할 수 있다. 만약 우리가 5초의 시간으로 30피트의 거리를 나눌 수 있다면, 초속 6피트의 속도를 얻는다. 우리는 지금 두 지점 사이의 평균속도를 얻었지만, 우리는 여전히 더 많은 것을 알아야 할 필요가 있다. 만약 우리가 구체적일 수 있다면, 우리는 어떤 한 지점에서의 속도를 측정하는 방법을 알아야 할 필요가 있다. 이것이 뉴턴이 풀어야만 했던 바로 그 질문이다.

나는 뉴턴이 다음의 실험과 같은 것을 창조했다고 상상한다. 그는 아마도, "어떤 사람을 걷게 하고, 우리는 좋은 시계를 갖고 2초 동안 움직여서 얼마만큼의 거리를 갈 수 있는지를 측정함으로써 주어진 지점에서 그의 속도를 측정할 것이다. 그다음 시간을 줄여라. 0.5초와 같은 매우 짧은 시간 동안 그가 움직이도록 하자. 그다음 우리는 더 짧은 시간과 더 짧은 거리에서 그의 속도를 다시 계산할 수 있다. 우리가 할 일이라고는 그가 이 '0.5초' 로 얼마나 멀리 갔는지를 나누고, 그의 평균속력을 계산하는 것이다."

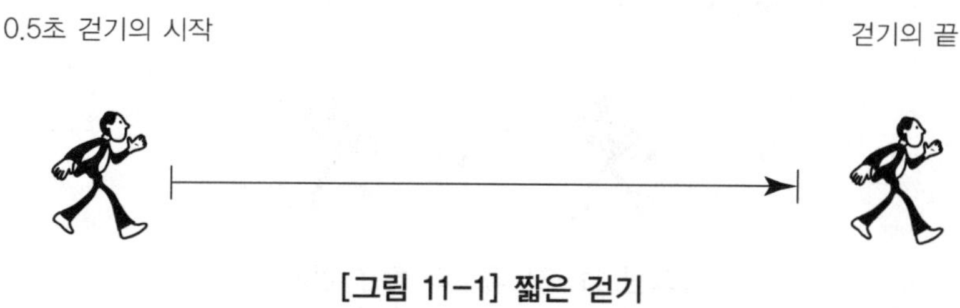

[그림 11-1] 짧은 걷기

그렇게 해서 뉴턴은 어떠한 돌파구를 찾았다. 그는 왜 우리 자신을 지금 우리가 측정할 수 있는 것에 국한시키는지, 왜 그리 정확하지도 않은 우리의 시계와 측정 자만 생각해야 하는지를 고려했어야만 했었다. 우리의 측정기구가 아주 훌륭해서 1인치의 백만 분의 1이나 1초의 일조(一兆) 분의 1 같은 아주 작은 거리와 시간을 측정할 수 있다고 가정해 보자. 눈 깜짝할 사이(split-second)의 걷기를 상상해 보자.

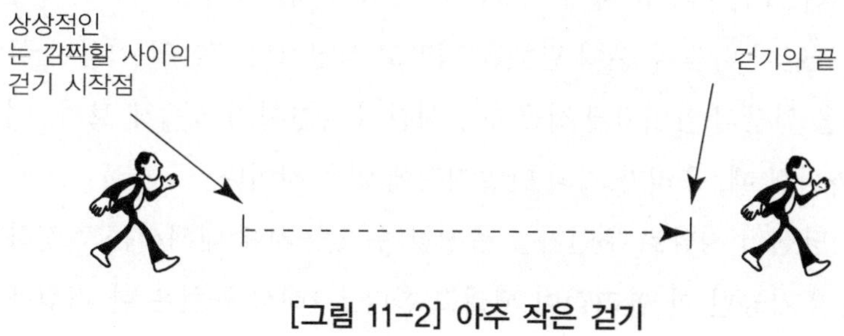

[그림 11-2] 아주 작은 걷기

왜 우리 자신을 '눈 깜짝할 사이' 로 제한하는가? 왜 사고(思考) 실험을 계속해서,

그것의 극한까지 계속하지 않는가? 어떤 사람이 0에 접근하는 극소(極小)로 적은 양의 시간에 움직이는 거리를 측정한다고 상상해 보자. 아주 적은 양의 시간 때문에, 우리는 우리의 목표인, 시공간의 어떤 주어진 지점에서의 그의 속력에 아주 근접해 갈 수 있다.

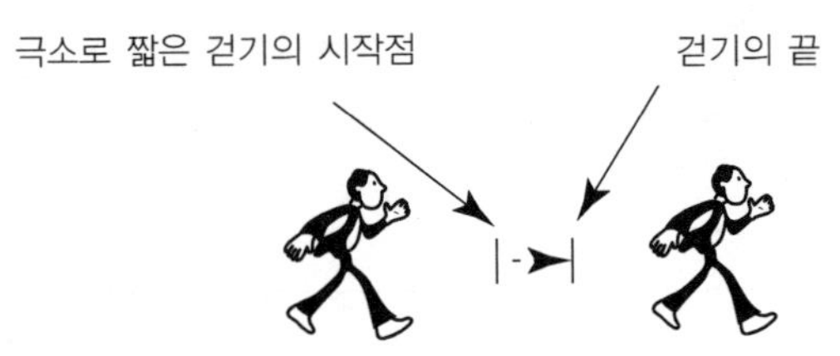

[그림 11-3] 극소의 짧은 걷기

그 극소량의 시간 동안, 그 사람은 멀리 움직이지 않을 것이다. 비록 그 순간이 짧지만, 우리는 여전히 그가 얼마의 거리를 이동하였다고 말할 수 있다. 그리고 아무도 실제로 정확한 거리를 측정하려고 하지 않는 한, 우리는 단일지점에서 움직인 거리와 걸린 시간을 측정한다고 말할 수 있다. 속도는 시간으로 거리를 나눈 것이므로, 우리는 주어진 어느 한 점 근처에서의 속도를 얻을 수 있다.

이제, 당신이 매우 정확한 독자이거나 물리학자라서, 당신은 그렇게 할 수 없다고 말할지도 모른다. 1인치의 10억 분의 1은 여전히 두 점 사이의 거리이며 단일점이 아니다. 나는 뉴턴이 다음과 같이 말했을 거라고 상상한다. "아직 실험이 끝나지 않았다. 그 실험을 시간의 양이 0에 접근하는 시간의 극한까지 계속해 보자. 여행 시간이 0에 더 가까워질 때, 우리가 거의 단일지점에 있을 것이다."

수학자들은 당신이 정말로 무언가를 측정할 수 있는지에 대해서는 걱정하지 않는다. 그들은 단지 가능한 한 합리적이 되려고 한다. 그래서 뉴턴은 한 지점에서의 속도에 대한 개념을 발전시켰다. 속도는, 그 짧은 거리의 여행에 대해 필요한 시간의 양이 0에 접근할 때, 그 여행 거리를 시간으로 나눈 것이다. 다시 말해 보자.

> 극한에서, 두 지점 사이의 거리와 시간이 매우 작아져서 0에 가까워짐에 따라, 거리를 시간으로 나눈 것이 어떤 주어진 단일지점에서의 속도가 된다.

이 극한의 개념은, 주어진 한 점에서의 속도가 극한에서 관련된 시간이 0에 접근할 때 거리를 시간으로 나눔으로써 얻어질 수 있다고 말할 수 있게 했다(뉴턴의 정확한 표현을 위해 주석 2를 보라).[2)]

당신은 이러한 세부내용에 대해 이야기하는 데 내가 왜 많은 시간을 보내는지 궁금할 것이다. 대부분의 물리학자와 수학자들은 그것에 대해 만족해한다. 우리는 한 지점에서의 속도를 정의했다. 즉, 그것은 연관된 시간의 양이 0에 근접할 때, 시간에 대한 거리의 비율이다. 우리는 속도를 대략 측정하는 방법에 대한 몇 가지 힌트를 주었다. 좋은 측정 자와 시계를 이용하고, 최선을 다해라. 당신은 무엇을 더 원할 수 있는가?

그러나 여전히 우리가 궁금해할 수 있는 것이 있다. 우리가 두 점 사이를 움직이는 것으로부터 주어진 한 점에서 유동적으로 움직이는 것으로 전환할 때, 나는 정확히 무슨 일이 일어나는지 더 알고 싶다. 우리는 오늘날 아주 짧은 거리를 측정하는 것이 문제라는 것을 알고 있다. 우리가 순간적이고 정확한 위치에 도착함에 따라, 우리는 아무도 볼 수조차 없는 원자 크기의 물체를 측정해야만 한다. 우리는 물체가 매우 작을 때는 잘 측정할 수 없다. 물리적인 실재는 우리를 방해한다.

다시 말해, 한 점(點)이라는 것은 없다. 그 점은 일상적 실재인 CR 개념이다. 점은 물리적인 실재에서는 존재하지 않는다. 우리가 이전에 하나의 점이라고 생각한 것은 실제로 수백만 개의 원자를 포함한다.

그럼에도 불구하고, 순수한 수학적인 사고는 물리학처럼 측정에 제한되어 있지 않다. 수학은 사고의 영역에서 자유롭게 움직일 수 있다. 그리고 비록 우리가 그것이 일상적 실재인 CR에 있다는 것을 알고 있을지라도, 수학은 주어진 한 '점' 에서 속도와 같은 무엇이 있으며, 우리가 할 수 있는 최선은 연관된 시간이 극도로 적을 때 두 지점 사이의 평균속도를 얻는 것이라고 제안한다. 한 점에서의 속도의 개념은 실재가 아니라 꿈이다.

라이프니츠와 뉴턴은 다음과 같이 말해 이 곤경에서 간신히 벗어난다. 시간의 양이 점점 더 적어져 0에 접근하는 극한에서, 측정하기 위해 우리가 사용하는 시간이 점점 더 적어지면, 아주 새로운 세계가 나타난다. 어떤 종류의 세계인가? 더 이상 두 점 사이에 측정할 어느 것도 없는 세상이지만, 그 점 자체에서의 유동적인 움직임에만 관련된 세상이다. 뉴턴은 주어진 점에서의 유동적인 움직임이나 속도를 '유율(流率, fluxion)' 이라고 불렀다. 그것은 '흐르고 있는(flowing)' 또는 '흐르는(flow)' 것을 의미한다.[3] 뉴턴은 큰 걸음의 세계에서 작은 걸음, 그리고 아주 작은 걸음, 그리고 마침내 유동적 움직임-유율의 세상까지의 전이를 만들었다.

후에 수학자들은 뉴턴의 용어 '유율' 을 '미분계수' 로 바꾸었다. 이름에서의 이러한 변화는 미적분학 학생들이 더 이상 '유율' 이라는 용어를 듣고, 흐름의 세계에 적용하는 미분계수를 잊어버리는 위험이 없게 하려는 것을 의미한다.

미분계수는 모든 과학, 특히 물리학에서 아주 중요한 운동에 대한 수학적인 묘사인 미적분학의 본질이다. 이 관점에서 당신은 이미 미적분학의 본질을 배웠다. 우리들은 단지 나중에 미분계수라고 불린 유율이 다른 어떠한(예를 들면, 시간) 관점에서, 주어진 지점에서 어떤 것(예를 들면, 거리)의 변화율이라는 것을 기억할 필요가 있다.

❖ 상태와 과정 세계관

요약하면, 어느 한 점에서의 속도인 미분계수 또는 유율을 생성함으로써, 우리는 세계관을 변화시켰다. 우리가 더 짧은 거리와 시간을 측정하면서, 갑자기 전 세계는 변화한다. 즉, 우리는 물질 측정 가능성과 일상적인 실재의 영역으로부터 순수한 사고와 유동의 영역으로 이동한다.

속도는 거리의 순간적인 변화율을 나타내는 수학적인 개념이다. 그러나 이 개념은 일상적 실재인 CR에서는 주어진 한 지점에서 결코 완전히 정확하게 측정되지 않는다.

우리는 거리와 시간에 의하여 정확하게 측정된 구체적 단계에 대한 평가의 고정 또는 상태 지향으로부터 측정불가능한 과정 지향의 세계로 이동해 왔다.

상태와 과정은 두 개의 매우 다른 지향과 알아차림의 형태를 나타낸다. 상태 지향은 흐름에서 벗어나서 바로 당신이 있는 지점에 대해 판단이나 측정을 하기를 요구한다. 상태 지향은 우리가 "지금, 나는 여기 있다. 지금 나는 여기 있다. 지금 나는 여기 있다."라고 알아차리도록 요구한다.

춤에 대해 다시 생각해 보자. 춤을 배우기 위해, 당신은 한 번에 하나씩 특정 스텝을 배운다. 이것이 고정된 상태 지향의 세계다. 그러나 일단 당신이 그런 스텝을 안다면, 당신은 정말로 춤출 수 있고, 춤은 적절한 스텝을 반복하는 것과는 다르다. 춤추면서 당신은 스텝을 잊고 그저 흐른다. 즉, 스텝은 당신이 또 다른 지향으로 들어갈 때 어느 정도 사라진다. 당신의 알아차림은 더 이상 스텝에 있지 않다. 이제 당신은 춤추는 사람의 알아차림인, 또 다른 알아차림을 가진다.

상태 지향과 과정 경험은 두 개의 다른 세상이다. 하나는 소위, 외부로부터 멈춤과 판단을 요구하며, 다른 하나는 그 흐름에 잠긴다. 이 두 세상은 측정할 수 있는 대상과 측정할 수 없는 대상 사이의 신비한 공간인 극한에서 서로 접근한다. 이것은 아마도 뉴턴이 미분과 미분계수를 고유한 유동성 때문에 유율이라고 부른 이유일 것이다.[4)]

우리가 지금까지 우리의 연구 여행에서 봐온 것과 같이, 수학의 개념은 심리적인 개념과 여러모로 대응한다. 따라서 유율과 같은 수학적 개념에 심리적인 유사점이 있다는 것은 놀라운 일이 아니다.

❖ 흔적의 경로

나는 정밀하고 단계적인 관찰에 의존하는 심리학에서의 상태 지향을, '흔적의 경로' 라고 부른다. 심리상담 치료사가 이 지향을 이용할 때, 심리상담 치료사는 한 번에 하나의 작은 흔적씩 흔적의 경로를 따라가면서, 순서를 따라 내담자의 과정을 쫓아간다.[5)] 이러한 견해는 꿈, 분위기, 느낌이 매 순간마다 어떻게 나타나는지를 알아차리게 되는 데 매우 큰 도움을 준다.

한 번에 1인치씩 어떤 것을 좇아가면서, 흔적의 경로를 따라가는 것은 어떤 사람이 자신의 과정인 춤을 통해 움직이는 것 같이 흐름과 함께하는 율동과는 같지 않다. 흔적의 경로를 이용해서 외부로부터 누군가를 따르는 것은 흐름에서 그들과 함께하는 것과는 극적으로 다르다.

과정 지향(뉴턴의 유율처럼)은 일상적 실재인 CR—상태 지향의 관점—에서 흔적의 경로를 시작함으로써 접근할 수 있다. 그러고 나서 가능한 한 미세하게 각 스텝을 추적하는 것 같이 상태 지향을 극한까지 취함으로써, 우리는 갑자기 세계의 경계(border)를 넘어 유율의 영역, 어떠한 상태도 포함되지 않은 순수한 변화의 영역으로 들어간다.

미적분학은 우리가 흐름으로 들어감으로써 일상적 실재인 CR 밖으로 나가는 것을 허락한다. 그것은 당신이 '지금 이것, 지금 저것' 이라고 말하면서 모든 것을 측정하고 추적할 수 있는 일상적 실재인 CR 세계에서 벗어나서, 유동, 움직임만을 알아채는 순수한 과정으로 움직이는 것과 같다.

❖ 시간 안으로 들어가기와 벗어나기

수업 중 이쯤에서, 학생들은 보통 상태와 과정의 차이점에 대한 예를 묻는다. 나는 그런 설명의 예 하나를 보여 준다.

나는 지난 몇 주 동안 꿈을 꾼 사람이 있는지 물으며 시작했다. 내가 잰(Jan)이라고 부르는 여성은 '빠르게 달리는 버스를 타고 있는' 꿈을 꾸었다고 말했다. "우리는 바람이 거센 산악도로로 멕시코에 가고 있었어요. 멕시코는 놀라운 것을 가르친 카스타네다(Castaneda)의 스승인, 초자연치료사 돈 후안(don Juan)을 생각나게 하네요. 아마도 나는 초자연치료의 땅에 있는 버스에 타고 있는지도 모르겠네요?"

우리는 그녀가 했던 전체 여행의 '평균속도' 묘사로, '초자연치료의 땅에 있는 버스에 타고 있는' 잰의 해석을 볼 수 있으나, 그러나 이 설명은 상세한 묘사가 부족하다. 이 지점에서 나는 우리가 단지 잠시 동안 그녀의 과정을 따를 것을 제안하고, 그리고 그녀가 그 순간에 어디에 있는지 그녀와 함께 명상한다. 나는 그녀의 순간적인 경험에 그녀와 함께 초점을 맞춤으로써 시작한다. 즉, 나는 경로의 흔적을 따르며, 그리고 순서대로 내가 본 것을 그녀에게 반복함으로써 그녀의 알아차림을 도와준다.

"나는 지금 당신이 일어나는 것을 알아차립니다. 자, 이제는 당신이 해야 하는 것은 같습니다. 스스로, 아마도 자신의 몸으로 관찰하고, 확인하시기 바랍니다. 그리고 당신이 바로 지금 신체적으로 경험하는 것을 나에게 말해 주세요."

잰은 말했다. "나는 내 심장이 빠르게 뛰고 내 몸이 뜨거워지는 것을 알겠습니다. 음, 사실은, 떨림…… 전율이 있습니다."

나는 말한다. "전율. 나는 당신의 팔이 약간 떨리고 있는 것을 알아차립니다. 팔들이 떨리는가요? 나는 당신의 팔이 옆으로, 지금은 아래위로 움직이기 시작한 것을 알아차립니다." 나는 한 점에서 다른 점으로, 상태에서 상태로 움직이는 작은 단계들을 사용해서 그녀를 따라가려고 노력했다. 나는 그녀의 어깨가 아래위로 움직이는 것을 알아차렸다.

잰은 분명히 약간 신경질적으로 중얼거렸다. "예, 그것은 전율이었습니다. 내 안의 모든 것들이 움직이기를 원합니다. 좋아요. 나는 움직임이 일어나도록 할 것입니다. 나는 눈을 감아야만 합니다. 지금 나는 그것이 내 어깨에 있고, 내 어깨에서 작은 도약이 있음을 알아차립니다."

나는 그녀가 이 순간에 그런 개별적인 단계나 상태를 따라가고 있는 것을 알아차리고 "내가 당신이 미소 짓는 것을 알고 있나요?"라고 말했다.

즉각 그녀는 다음과 같이 응답한다. "나는 경계(edge)인 막다른 골목에 있습니다. 나는 당황스럽습니다…….” 나는 이해했다고 말했다. 결국 아무도 특히 다른 사람들 앞에서, 어디로 가고 있는지 모르는 미지의 과정에 들어가기를 원하지 않기 때문이다. 잰은 나의 설명에 응답하지 않았지만 계속하였다. “그러나 그 전율, 어깨…… 그것은 상당히 강합니다…… 만약 내가 그것을 시작한다면……음…….”

여기에서 그녀는 그녀의 몸동작을 따르고, 그리고 동작이 펼쳐지도록 결심한 것처럼 보였다. “어깨의 전율…… 그러나…… 정말 흥미로운 것은 그 움직임이 스스로 움직일 때입니다.”

잰은 여기에서 말하기를 멈추고, 눈을 감고, 아래위로 깡충깡충 뛰기 시작했다. 그녀는 마치 그녀를 공중으로 튀어 오르게 하는 용수철에서 점프하는 것처럼 보였다. 갑자기 그녀가 공중으로 높이 뛰어올라 거의 교실의 지붕에 닿았다. 그녀는 거친 숨을 내쉬고 바닥에 발로 착지했다. 그녀는 웃었고 또한 약간의 충격을 받은 것 같았다.

“세상에, 이럴 수가…… 당황스럽네요…… 이것은 마치, 보자…… 나는 조금 변형되었던 것 같습니다!” 그리고는 크게 웃으면서 소리쳤다. “오, 세상에!” 그리고 다시 뛰기 시작했다. 조용했던 학생들은 이제 그녀가 뛰는 것에 놀라서, 기분 좋은 웃음을 터뜨렸다. 잰은 아래위로 뛰다가 잠시 후에 멈추고 숨을 골랐다. 숨을 돌린 후에, 그녀는 무언가를 깨달았다고 말했다. “나는 내 안의 즐거움을 경험하는 대신에 내 머리, 즉 이성으로 자신을 통제하는군요.”

그러다 그녀는 곧 자신의 움직임으로 돌아가 아주 높이 뛰었고, 그녀는 바로 옆에 앉아 있는 파트너의 무릎으로 떨어졌다. 그녀는 흥분상태에서 벗어난 후에 떨면서 말하였다. “만약 내가 나의 과정을 믿는다면, 그 결과는 행복합니다.”

교실이 조용해졌을 때, 나는 잰에게 어떻게 그녀가 초자연치료의 땅에서 빠르게 달리는 버스 꿈과 그녀의 현재 경험과의 차이를 형성하였는지 물었다. 그녀는 "차이는 삶 그 자체입니다. 그래! 바로 그것입니다. 이 전이는 야생상태로 갔다가 되돌아가는 전이입니다. 단계에서 단계로 움직이는 것은 과정을 알아차리도록 도왔습니다. 그리고 갑자기 단계들이 과정에 합쳐질 때 신비한 순간이 일어났는데, 그것이 상태와 과정 사이의 차이이며, 그것이 삶의 경험이었습니다. 돈 후안…… 음…… 그래, 초자연치료. 그것은 정말 깊은 어떤 것, 흐름을 느끼는 것과 같고, 그래서 외부에서 그것에 대해 생각하는 대신 그것에 의해 움직여지는 것 같습니다."라고 말했다.

다시 말해, 번갈아 일어나는 사건을 알아차리면서, 당신은 흔적의 경로를 따르는 것에 의해 비일상적 실재인 NCR에서 당신의 계속되는 꿈꾸기 과정과 연결할 수 있으나, 그러나 이것은 여전히 측정 가능한 실재의 세계인 물리학의 세계다. 좋다. 그러나 그것은 미분인, 뉴턴의 유율과는 매우 다르다. 물리학은 사건을 측정하고 추적함으로써 돕는다. 그것은 외부로부터 알아차리고 관찰한다.

미적분학의 유율에 의해 상징화된, 흐름의 알아차림은 매우 다르다. 그것은 움직임—예로, 춤—을 의미하고, 흐름의 알아차림과 대응한다. 용어는 이 알아차림에 접근만 할 수 있다. 그들의 정확성, 상태 지향적인 본성은 당신에게 많은 것을 말하지만, 용어는 당신의 과정 흐름에서 존재가 합쳐지는 경험을 설명하지 못한다.

흐름 설명은 산술보다 더 많은 것을 요구한다. 당신은 미적분학이 필요하다. 당신은 순서대로 지점에서 지점으로 움직이는 물체들을 알아차리면서, 물체에 대해 이야기하는 것보다 더 많은 것이 필요하다. 즉, 당신은 과정 지향의, 운동 지향적인 심리학이 필요하다.

우리는 잰이 어디에 있었고 무엇을 경험했는지 말할 수 있다. 우리는 그녀가 어깨를 위로 움직이고, 어깨를 아래로 움직이고, 떨다가 공중으로 튀어 올랐다고 말할 수 있다. 이것은 언어적이고 측정될 수 있는 일상적 실재인 CR 용어다. 그러나 그녀가 흐름으로 들어갈 때, 그녀는 갑자기 다른 세상에 있게 된다. 그녀의 내면 경험의 관점으로부터, 그녀는 더 이상 일상적인 세상의 단계에 있지 않다. 그녀는 춤추거나 춤추어지고 있다. 그녀의 알아차림은 그녀의 일상적 마음에 의해 일반적으로 인정되지 않는 동작과 감정에 자의식적이고 예민하다.

여기에서 잰은 말했다. "내 꿈에서—나는 당신에게 모든 것을 말하지 않았습니다.—그 버스는 멕시코로 빠르게 달리고 있었고, 구부러진 길에 있었습니다. 나는 전에 말하지 않았지만, 버스 안에서 누군가가 시계를 보면서 '시간이 몇 시인가?' 하고 물었을 때 버스는 막 절벽으로 떨어지려고 하였고, 그리고 그 순간 나는 꿈에서 나왔습니다."

알려지지 않은 일은 정말로 두렵다. 좋든 싫든 간에, 나는 일상적 실재인 CR의 관심인 시간이 잰을 절벽에서 멀리 있게 했다고 말했다. "당신은 경계(edge)에 있었다. 즉, 당신의 꿈에서 당신은 멈췄다. 당신은 짧은 시간과 공간에 대한 상태 지향적인 생각과 측정으로 돌아갔다. 그것이 당신을 꿈 밖으로 나오게 한다. 그것이 알아차림과 흐르는 것, 측정과 유율 사이의 차이다." 잰은 동의하며 말했다. "맞다. 오늘 나는 절벽을 넘었다가 돌아왔다. 나의 몸은 일상의 삶에서 미적분의 의미에 대한 나 자신의 질문에 대답했다."

수학과 삶에서 이러한 흐름의 알아차림은, 춤추어지는 것의 자의식 경험에 대한 개념이 있는 도에 의해 가장 잘 설명될 것이다. 이 춤에 대한 가장 좋은 개념은 말로 표현할 수 없는 도일 것이다. 또한 도는 춤의 스텝을 구별하거나 말할 수 있는 도(예를 들어, 기록할 수 있는 숫자)로서 측정 가능하고 정밀한 구분으로 구별한다.

우리는 헤아릴 때, 어느 특별한 과정에 대해 보고하고 흔적으로 나눔으로써, 그 과정을 분해한다. 우리가 얻는 것은 우리 모두 공유할 수 있는 일상적 실재인 CR이다. 즉, 우리가 어떤 특정 지점에 있는가에 대한 알아차림을 얻는다. 그러나 우리가 일상적 실재인 CR에서 사물을 헤아리고, 측정하고, 묘사함으로써 잃는 것은 유율, 흐름, 과정에 대한 독특한 느낌, 그리고 꿈에 대한 비일상적 실재인 NCR 감각이다.

우리 모두는 다른 시기에서 흐름의 이러한 상태에 접근한다. 나는 종종 흐름의 경험을 갖고 있기 때문에, 심리상담 치료사로 일하는 것을 좋아한다. 또한 내가 싸우고 있을 때, 아이와 같은 유사한 상태로 되는 것을 기억한다. 나는 상대방과 내 자신을 비교하고 가름해 보았다. 그러나 한창 싸움이 진행 중일 때, 도리어 나는 자신을 잃었고, 일어난 일이 무서웠는데, 깨어 보니 꿈이었다. 그 이후 나는 스키를 타면서 이와 같은 느낌을 다시 경험할 수 있었는데, 이는 스키 타는 방법을 배우기 시작하면서 알게 된 산의 흐름에 대한 경험이었다.

당신이 춤추고 있고, 싸우고, 사랑하고, 먹고, 배우고, 쓰거나 요리할 때, 즉 당신이 삶에 완전히 빠져 있을 때마다 이러한 흐름에 빠져들게 된다. 이 경험은 적절히 설명될 수 없다. 즉, 그들은 대단하다. 그들은 당신을 기분 좋게 하며, 마치 당신이 자신보다 더 위대한 무엇인가에 동조된 것처럼 느끼게 한다. 어쩌면 그래서 당신은 일상의 시간에서 빠져나온다.

여기서 당신은 단계에서 흐름으로, 상태 지향에서 과정 지향의 생각으로 변화를 드러내는 다음의 실습을 시도하기를 원할 것이다.

❖ 흐름으로 들어가는 실습

편안한 위치를 찾아라. 그리고 자신에게 다음의 질문을 물어보는 것으로 실습해라.

1. **꿈**: 당신이 중요하게 느낀 꿈에 초점을 맞추어라. 자신에게 물어라. "이 꿈이 나를 어디로 데려간다고 생각하는가? 일상생활에서 꿈이 나를 데려가길 바라는 방향은 어디인가?" 만약 당신이 이것을 추측할 수 없다면, 걱정하지 마라. 만약 당신이 추측할 수 있다면, 그것을 적어라. 예를 들어, 잰은 초자연치료로 가고 있다. 당신은 좀 더 자신감을 가지고, 더 많은 느낌, 더 많은 생각을 향해, 또는 특정한 계획을 향해 나아가고 있을지도 모른다. 어떤 꿈을 선택해라, 심지어 20년 전의 꿈도 괜찮다.

2. **흔적의 경로**: 이제 자신에게 물어라. "나의 몸에서 나는 무엇을 알아차리는가?" 당신의 알아차림을 나타내는 어떤 느낌이나 감각도 기록하고, 차례대로 그들을 따라가라. 간결하고 정확하게 해라. 이 흔적의 경로를 사용해라. 스스로를 관찰해라. 즉, "나는 이것과 저것을 알아차린다." 등으로 표현해라. 당신

이 말하는 것에 대해 너무 편견을 갖지 않도록 해라. 단지 당신이 알아차린 것을 말해라. 당신이 알아차린 작은 변화도 기록해라.

3. **과정**: 이제 이러한 과정의 아주 작은 흔적을 보고하는 것이 어떻게 점차 과정을 직접 경험하는 것에 합쳐지는지 알아차려라. 그것을 따라가라. 확대하라. 펼치도록 허용해라. 만약 당신이 막히면, 경계를 지켜보고, 마지막 단계로 되돌아가서 자신이 계속하도록 격려해라. 만약 당신이 그 중에 멈추어 과정에 대해서 생각한다면, 그것도 괜찮다. 그것에 대해 생각하라. 그러나 그때 그것을 경험하는 것으로 되돌아가라고 자신에게 요구해라.

4. **차이를 알아차려라**: 과정이 스스로를 완성하고 당신이 일상의 실재에 돌아온 것을 느낀 후에, 자신에게 물어라. "흐름 과정의 경험과 그것에 대한 보고(報告) 또는 사고(思考) 사이의 차이는 무엇인가?" 신체의 차이는 무엇이고, 신체적으로 자신에게 무슨 일이 일어났는가? 상태 지향에서 과정 지향으로 변화하던 순간은 무엇이었나?

정확한 관찰과 함께 시공간으로 시작하는 것은 당신에게 평가하는 것과, 그리고 잠시 시공간을 떠나는 것을 허용한다. 새로운 세계에서 시공간은 섞이고 합쳐진다. 이것이 전통적인 초자연치료의 세계다. 우리가 흐름의 이 세계로 들어가려고 할 때, 우리는 실재를 벗어나는 방법을 안다. 어떤 사람은 이런 상태를 '삶에서 죽은 존재'라고 부른다. 이 상태는 티베트 사람과 선불교도에 대한 많은 이야기의 배경이다. 정신적인 목표는 시간에서 벗어나고, 흐름으로 들어가서 그것의 존재를 알아차리는 것이다. 선불교는 이것을 '흐름으로 들어가기' 라고 부른다. 과정 지향 심리학을 포함하여, 많은 심리학자들은 또한 이 경험을 가치 있게 여기고 연구한다. 초(超)개인 심리학과 형태심리학 그리고 융의 적극적인 상상은 결국 흐름에 관한 것이다.

함께 탐구함에 따라, 우리는 흐름에 들어가기가 영원한 목표라고 본다. 이번에 당신은 미적분학을 연구하는 것으로 거기에 갔다. 미적분학은 우리의 측정과 관찰을 극한까지 가져가는 방법을 보여 줌으로써 흐름의 경험으로 우리를 데려간다. 이곳에서 우리는 물리학이 수학을 만나고, 심리학이 초자연치료를 만나고, 일상적 실재인 CR의 단계와 상태가 삶의 흐름에 녹아 들어가는 곳을 발견한다. 전통적인 알아차림의 실행은 그 흐름으로 들어가는 한 방법이고, 미적분법은 또 다른 방법이다. 미적분은 초자연치료와 같다. 그것은 우리를 전통적이면서 현대적인 초자연치료사의 세계로 이끌며, 우리에게 이 신세계에 들어가는 정확한 방법을 알려 준다. 즉, 만일 우리가 '극한'에 가게 된다면, 우리는 흐름의 세계로 들어가는 변환의 지점에 도달하게 된다.

1) 미적분법의 상세한 발전에 대해 관심이 있는 사람은 칼 보이어의 『미적분학의 역사』를 보라.

2) 거리를 문자 's'라고 부르자. 직선에 있는 두 점 X와 x를 생각해 보자. 이 두 점 사이의 거리를 $s=X-x$ 또는 그림 형태로 $X \leftarrow s \rightarrow x$라고 하자.
그 거리 s를 '$X-x$'라는 명칭으로 부르거나 수학자들이 사용하는 그리스어(語) 부호인 '델타 s'라고 부르자(△ 또는 델타는 어떤 것의 작은 변화를 의미한다).

[그림 11-4] 직선에서 두 점 사이의 짧은 거리

당신이 X에서 산책을 시작할 때, 시계가 오후 5시 2분이고, 그리고 당신이 x에 도착했을 때 5시 3분이라고 하자. 일반적으로, 한 측정과 다른 측정 사이의 시간차를 Δt라고 부른다. △는 '작은 변화'에 대한 줄임말임을 기억하라. 따라서 일반적으로, 우리가 Δs의 거리를 움직일 때 시간 Δt가 필요하다. 또는 그림 형태에서는 $X \leftarrow \Delta s \rightarrow x$다. 이렇게 X에서 x까지의 Δs를 가는 데 Δt가 걸린다.
이제 속력과 속도에 대하여 생각해 보자. 만약 속도가 당신이 길을 따라 각각의 점에서 얼마나 빨리 가는가에 관한 것이라면 당신의 속도는 일정 시간(델타 t 같은) 동안 당신이 갈 수 있는 거리의 양(델타 s 같은)이라고 말함으로써, 우리는 이제 속도를 측정할 수 있다.
이제 우리는 속도가 두 점 사이를 의미한다는 것을 안다. 즉, 당신이 한 지점에서 다른 지점으로 가는 데 필요한 시간이다. 만약 그 점이 충분히 떨어져 있다면, 우리는 평균을 얻을 수 있다. a와 c 사이의 어떤 점 P에서, 2초 동안에 당신이 2+4 혹은 6피트 간 것을 평균하면(아래를 보라), 초당 평균 3피트인 것을 의미한다. 그러나 우리가 만약 더 정확하게 측정한다면, 초당 3피트는 평균이고, P점에서의 당신의 속도에 대한 사실은 아니라는 것을 안다.

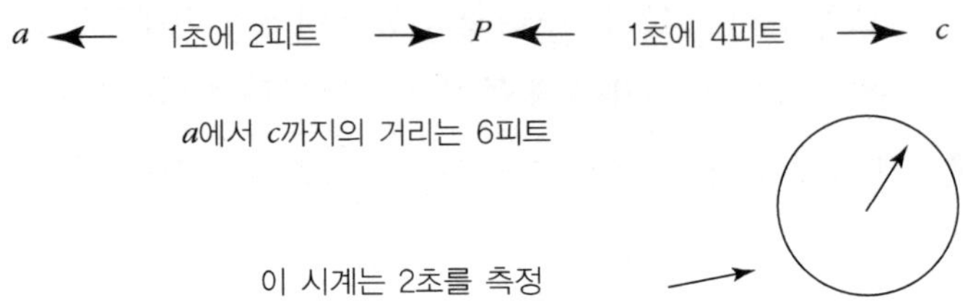

[그림 11-5] 짧은 걷기에서 시간과 거리

그러나 우리는 평균에 대해 더 많은 것을 알 필요가 있다. 우리는 정말로 세부적이 되어 주어진 단일 지점에서 속도가 무엇을 의미하는지 알기를 원한다. 당신이 단일지점에서 1초에 3피트를 가는 것이나 혹은 1시간에 3마일 가는 것을 우리는 어떻게 말할 수 있을까? 이것이 뉴턴이 풀어야 했던 문제다. 그는 x와 X 사이의 주어진 점 P에서의 당신의 속도를 P 근처의 두 점 사이의 속도로 출발함으로써 추정할 수 있다고 알아냈다. 작은 거리—예로, P점 주위의 2인치—는 다음과 같이 보일 것이다.

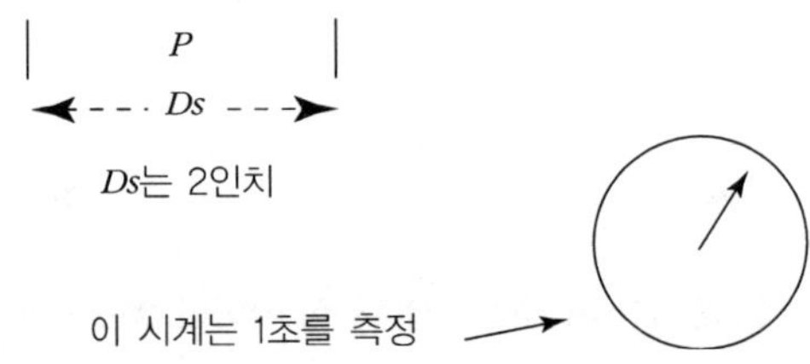

[그림 11-6] 더 짧은 걷기에서 시간과 거리

우리가 $\triangle s$라고 부르는 (거리) 2인치를 통하여 움직일 때, 작은 시간을 측정할 수 있는 초시계로, 10분의 1초와 같은 $\triangle t$ 시간이 걸렸다고 하자. 그러면 P에서 속도는 $\triangle s$를 $\triangle t$로 나눈 것이 되며, 2인치를 1/10초로 나눈 것이 된다. 다시 말해,

속도 = $\triangle s$를 $\triangle t$로 나누고
모든 0.1초 동안 2인치가 되며, 또는 줄여서
$v = \triangle s / \triangle t$ = 초당 20인치

만약 당신이 이것을 계산하면, 1/10초 동안의 2인치는 시간당 1.136마일에 해당되며, 그것은 사람에게는 꽤 느린 것이다. 한 시간당 1.136마일은, 만약 내가 2인치 동안 가고 있는 것을 1.136마일에 대해 똑같이 정확한 비율로 계속 갈 때, 나는 1시간에 1.136마일을 갈 것이라는 것을 의미한다(여기 산출하는 방법이 있다. 즉, 만약 우리가 10으로 위아래를 곱하면, 우리는 초당 20인치로 가고 있는 것을 알 수 있다. 만약 우리가 60을 곱하면, 우리는 1분에 1200인치, 시간당 72,000인치, 즉 시간당 6,000피트 또는 시간당 1.136 미국 마일을 가고 있는 것을 알 수 있다. 미국 마일은 5280피트).

3) 다시 말해, v는 다음과 같이 정의되는 유율이다.

$$\lim_{\triangle t \to 0} \triangle s = ds/dt = v$$

('lim' 이라는 용어는 $\triangle t$가 0으로 접근할 때 $\triangle s$의 극한을 의미한다)

이것에 대한 뉴턴의 용어는 '유율' 이었으나, 나중에 유율은 그것을 '미분계수' (우리의 예에서 t에 관하여 s의 미분계수)라고 불렀던 수학자들에 의해 변화되었다. 가끔 ds/dt는 단순히 그 위에 점을 가진 s로 표현되었다. 용어의 이러한 변화는 미적분학을 공부하는 학생들이 '유율' 이라는 용어를 더 이상 듣지 못하고 ds/dt가 정말로 유율(델타가 매우 작게 될 때 극한에서 이것을 만나는 또 다른 세상)인 것을 잊게 하기 때문에 창피한 일이다.

ds/dt는 미분학과 적분학의 핵심이고, 이것은 움직이는 모든 것의 물리학에서 아주 중요하다.

4) 주석 3에서 설명된 것처럼, 유율은 마치 시간과 공간 같은, 하나가 다른 하나를 나누는 두 개의 미분, 즉 ds/dt다.

5) 그림형제가 모은 오래된 동화 '헨젤과 그레텔' 을 기억하는가? 소년인 헨젤과 소녀인 그레텔은 자신의 집에서 마녀가 살았던 숲까지 갔을 때 빵 흔적의 경로를 남겨 둠으로써, 밤에 끔찍한 마녀의 사탕 집에서 자신들의 집으로 가는 길을 찾을 수 있었다. 그들이 밤에 마녀로부터 도망쳤을 때, 그들은 흔적의 경로를 따랐다.

제 2 부

자의식적 양자역학

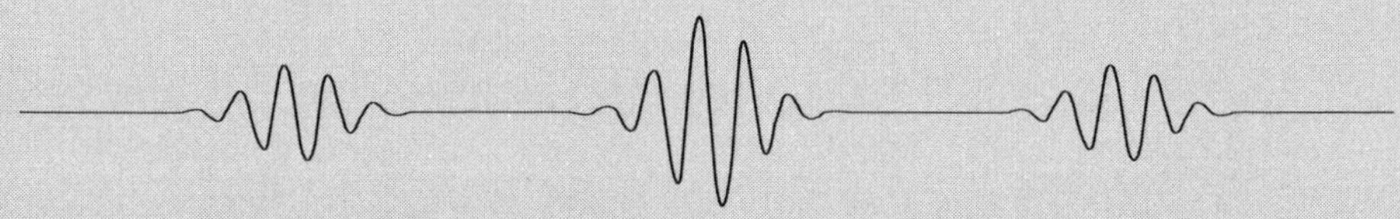

제12장
뉴턴의 법칙과 초자연치료

이 세계에서 볼 수 있는 모든 질서와 아름다움은 어디로부터 오는가?

–아이작 뉴턴(Isaac Newton)–

연구 여행의 이 시점에서, 우리는 물리학 연구를 시작하기 위해서 수학의 정신적 영역에서 잠시 벗어날 것이다. 일단 미적분학이 발명되자, 물리학자들은 유율에 대한 뉴턴의 개념을 사용할 수 있었고, 처음으로 속도, 가속도, 그리고 하나의 양(量)에 대한 다른 양(量)의 변화율을 물리학으로 서술할 수 있게 되었다. 즉, 현대 기술과 과학의 세계가 탄생되었다.

뉴턴은 어떻게 물체가 움직이는지 실험하였고, 1600년대 이래 우리의 일상적 실재인 CR 세계관의 대부분에 기초가 되었던 운동 법칙을 형성하기 위해 미적분에서의 발견을 사용하였다. 이 장에서 우리는 뉴턴의 법칙과 초자연치료와의 연관성에 대해 탐구할 것이다. 그리고 다음 장에서는 어떻게 양자역학이 뉴턴의 법칙으로부터 발전되어 왔는지를 탐색할 것이다.

❖ 가속도

일정한 거리를 가기 위해 걸리는 시간을 측정하는 것은, 우리가 주어진 어느 한 점에서 거리와 시간을 측정하려고 할 때까지는 간단하다. 우리는 주어진 어느 한 점에서의 속도(즉, 주어진 어느 한 점에서 진행된 거리를 걸린 시간으로 나누는 것)가 유율이라는 것을 알았다.[1] 일반적으로 이러한 유율 또는 미분계수는 다음과 같이 쓸 수 있을 것이다(변화는 증가 또는 감소를 의미한다).

거리의 변화/시간의 변화＝속도

예를 들면, 우리는 주어진 어느 한 점에서 시속 3마일로 움직일 수 있다. 그러나 우리는 속도를 바꿀 수 있다는 것을 안다. 때로는 천천히, 때로는 빨리 간다. 이러한 속력이나 속도의 증가율을 가속도라고 한다.

가속도는 속도의 변화를 기술한다. 가속도는 다음과 같이 정의될 수 있다.

속도의 변화/시간의 변화＝가속도

우리는 가속도가 항상 힘을 포함하고 있음을 신체 감각을 통해 알고 있다. 급하게 멈추거나 혹은 속력을 높일 때 힘을 사용한다. 자동차에서, 가속은 우리를 좌석에 꽉 달라붙게 하고, 감속은 우리를 앞으로 쏠리게 한다. 이것이 우리에게 안전벨트가 필요한 이유다. 반면에, 가속도가 없으면, 즉 속도가 일정하면, 우리에게 영향을 미치는 힘이 없어진다. 만일 차가 움직이지 않거나(속도가 0일 때) 일정한 속도로 가면, 좌석 뒤로 달라붙거나 앞으로 넘어지는 느낌은 없다. 요약하면, 가속도나 속도의 변화에는 힘이 필요하다는 것이다.[2]

❖ 뉴턴의 운동 제1법칙

이제 우리들은 운동의 법칙을 공부할 준비가 되었다. 뉴턴은 자신이 미적분학을 발견한 후, 그것을 움직이는 모든 사물을 지배한다고 믿는 운동의 법칙을 설명하는 데에 활용하였다. 뉴턴의 세 가지 법칙은 오늘날 여전히 차를 모는 데 필요한 연료의 양에서부터 행성의 궤도를 예측하는 데까지 모든 결정에 사용되고 있다. 심지어 운동 기구조차 뉴턴의 물리학에 근거하고 있다. 뉴턴은 자신의 운동 제1법칙을 다음과 같이 기록했다.

제1법칙: 외부의 힘이 작용하지 않으면, 물체는 정지해 있거나 직선상으로 일정한 운동 상태에 있다.

공 같은 물체를 생각해 보자. 운동 제1법칙은 공을 밀지 않으면, 공은 수평면이나 평평한 바닥에서 구르지 않을 것이다. 또한 제1법칙은 만일 공이 스스로 바닥에서 구르고 있다면, 그리고 어떠한 이유로 바닥으로부터 마찰이 없다면, 외부의 어떤 힘이 공을 멈출 때까지 공은 같은 속도와 방향으로 영원히 구를 것이라고 설명한다.

이러한 제1법칙은 물체가 스스로는 어떤 마음이나 의향도 지니고 있지 않음을 의미한다. 뉴턴과 그의 운동 법칙에 관한 한, 행성(혹은 공)은 내면의 생명도 없고, 따라서 그들의 운명을 조종하려는 어떠한 시도도 없다. 만약 외부로부터의 아무런 간섭이 없다면, 현재 상태를 정확하게 계속 유지하고 있을 것이다. 양자물리학은 이러한 신념에 약간의 변화를 주었으나, 그러나 우리는 이 내용에 대해서는 나중에 다시 탐색할 것이다.

❖ 뉴턴의 운동 제2법칙

운동 제2법칙은 만일 정지해 있는 물체를 밀면, 그것은 움직일(제1법칙에서 예견한 대로) 뿐만 아니라, 미는 힘의 크기에 따라 가속된다. 더 정확하게 표시하면, 운동 제2법칙은 물체에 가해진 힘에 의해 생성된 가속도는 그 힘의 크기에 비례한다고 할 수 있다. 다시 말해, 같은 질량에 대해 힘이 더 크면 가속도도 더 커진다. 또한, 우리는 주어진 힘에 대해 가속이 물체의 질량에 의존한다고 말할 수 있다. 큰 질량을 가진 물체에 가해진 힘은 동일한 힘이 적은 질량의 물체에 가해졌을 때보다 더 작은 가속도를 만들게 된다. 운동 제2법칙은 다음처럼 정의할 수 있다.

제2법칙: 힘 = 질량 × 가속도

$f = m \times a$ (f = 힘, m = 질량, a = 가속도)

운동 제2법칙은 힘 f로 민다는 것은 공을 a의 비율로 가속할 것이라고 정의한다. 일반적으로, 이 법칙은 만약 당신이 어떤 질량의 물체(그것이 사람, 컵, 바위, 공 등의 어떠한 형태라도)에 힘을 가한다면, 당신은 가속도를 만들어 낼 수 있다는 것을 의미한다. 물체가 생물이건 무생물이건, 그것은 운동 제2법칙인 $f = m \times a$의 법칙을 따른다. 또 그것이 어떤 것이든 변화에 저항하는데 그것이 곧 관성(inertia)이다. 이 법칙에 의하면 "모든 물질은 힘을 가하지 않으면 속도를 바꾸지 않으려는 습성이 있다."

❖ 뉴턴의 운동 제3법칙

이제, 모든 운동에는 작용과 반작용이 있다는 뉴턴의 운동 제3법칙에 대해서 알아보자.

제3법칙: 모든 작용에 대해 반작용이 있다.

제3법칙은 자동차 충돌 법칙과 같다고 생각할 수 있다. 운동의 제1법칙은 힘을 가하지 않으면 가속도는 없다고 한다. 제2법칙은 어떻게 가속되는지 설명하고, 제3법칙은 만일 당신 차와 내 차가 충돌하면 두 차 모두에 흠집이 생기는 것을 말한다. 즉, 두 물체가 충돌하면, 크기는 같지만 방향이 반대인 작용이 존재한다는 것을 의미한다.

❖ 뉴턴의 심리학

이 법칙들은 항상 사실인가? 자동차 사고를 연구해 보면 우리는 '그렇다' 고 말할 수 있고, 이 법칙이 사실이라는 것을 안다. 그러나 이 법칙이 심리학적으로도 옳은가? 많은 사람들은 '옳다' 고 말한다. 예를 들어, 제3법칙은 가해와 보복의 법칙이라 부를 수 있다. 즉, 만일 당신이 나를 다치게 한다면, 나는 다칠 것이며, 그 반대로 나도 당신을 다치게 할 것이다.

그러나 이 법칙이 모두에게 항상 옳은 것은 아니다. 당신이 나를 한 대 쳤다고 해서 항상 내가 다치는 것은 아니다. 어떤 상황 아래에서 내가 다치지 않을 수 있을까?

수업 중에 이 질문을 했을 때, 종종 많은 의견이 나왔다. 사람들은 보통 말하기를 "만약 당신이 합기도 유단자라면, 상대방의 일격에 다치지 않을 것이다."라고 이야기한다.

이 말은 사실이다. 만일 내가 당신의 움직임에 따라 유연하게 움직이고 대응한다면, 당신이 공격하는 것을 보고 나의 내면에서 중심을 잡는다면, 만일 내 안에 당신이 있다는 것을 알고, 부분적으로 당신에게 동의까지 구한다면, 그러면 당신은 행동을 멈추고, 나는 다치지 않게 될 것이다. 혹은 내가 충분히 비켜 서면 당신이 나를 주먹으로 쳤을 때 나에게 어떤 고통도 줄 수 없을 것이다. 내가 뒤로 빠진다면, 도리어 당신이 넘어질 것이다.

이제 당신은 다음처럼 말할 수 있다. "자, 그럼 좋아요. 제3법칙이 사람들에게 항상 옳지는 않다는 것을 알았습니다. 그러나 물질은 그 자체에 생명이 없어요." 그러면 나는 "예, 그럼 정확하게, 당신의 설명을 제3법칙의 일부로서 첨가하기로 하지요."라고 말할 것이다.

다시 말해, 자동차 충돌의 법칙은 의식을 가진 물체에게는 옳은 것이 아니다. 뉴턴 물리학의 법칙은 입자(particles)는 정신(spirit)을 갖고 있지 않다고 가정한다.

예를 들면, 뉴턴의 제3법칙은 아주 예민한 사람들에게는 적용되지 않는다. 나는 아무것도 그들을 직접 건드리지 않았음에도 상처를 받는 사람들을 보아 왔다. 어떤 사람들은 자신들을 미워하는 사람들에 대해 이야기하는 것만으로도 상처를 받는다. 나는 내담자였던 한 젊은 여성이, 자신이 예수라고 생각하자 손에서 피가 나기 시작했던 아주 극적인 예를 기억한다. 나는 그녀의 피부를 찌르는 어떤 것도 볼 수 없었다. 그 여성은 상처나 아주 작은 흠을 만들지 않고도 사람의 신체에서 무언가를 일으키는 초자연치료사와 같았다.

제3법칙(그리고 그 문제에 대해서는 물리학의 모든 법칙)은 영혼이 없는 사물에 가장 잘 적용될 수 있다.

라이프니츠와 뉴턴의 토론을 기억하는가? 라이프니츠는 사물에는 영혼이 있다고 생각했다. 사물에는 '살아 있는 힘(vis viva)' 이라 부르는 내면의 힘이 있다. 그러나 뉴턴은 동의하지 않았고, 지금까지 역사는 뉴턴을 지지해 왔다.

그래서 오늘날 일상적 실재인 CR은 뉴턴적이다. 권력을 가진 정치적 지성은 사람, 사물, 힘을 내면의 삶이 없는 것처럼 정의한다. 뉴턴의 물리학은 "만일 당신이 사람들에게 좋은 자극을 준다면, 그들은 변화할 것이다."라고 말하는 정치적 기반이 되었다. 그러나 여러분들 중에는 이러한 자극이 항상 변화를 끌어내지는 않는다는 것을 본인들의 경험을 통하여 아는 사람들도 있을 것이다. 변화는 내면에서 발생하기도 한다.

우리는 내면의 삶이 없을 때에는 자신보다 더 강력한 힘에 좌우된다. 과거는 현재를 전적으로 좌우하지는 않는다. 업(Karma)이 전적으로 옳은 것은 아니다. 과거의 흠집과 실패가 현재의 삶을 전적으로 결정하지는 않는다.

당신은 변화를 일으키도록 다른 사람에게 강요할 수 없다. 당신이 원한다고 해서 모든 사람에게 흠집을 만들 수는 없다. 당신은 뉴턴의 법칙이 뜻하는 대로 당신의 견해를 누군가에게 이해시키거나 동의하게 할 수는 없다. 마찬가지 생각으로, 당신이 단지 누군가를 노예로 만듦으로써 완전히 예속시킬 수 없다는 것이다. 벽만으로 누군가를 격리할 수 없고, 총알을 머리에 관통시키거나 전기의자에 사람을 앉게 해서 누군가를 완전히 죽일 수는 없다. 사람의 정신은 각자 내면에서 지속되기 때문이다.

더구나 인간은 생명이 없는 사물이 아니다. 우리가 사람을 영혼을 갖지 않은 것처럼 다루는 것은, '압박받는' 사람들을 다치게 하는 만큼 '압제자', 즉 압박을 가하는 사람도 다치게 한다. 차량 충돌 사고에서 보면 양쪽의 자동차 둘 다 흠집이 난다. 그러나 뉴턴의 세계에서 압제자는 영혼이 없고 공허하고 죽은 사물인, 기계가 된다.[3)]

❖ 내면 작업

우리는 함께 활동하면서, 물리학과 심리학을 동시에 공부하고 있다. 우리는 세상이 하나로 연결된 방법과, 어떻게 우리의 알아차림이 실재를 창조하는지를 보아 왔다. 따라서 물질을 이해하기 위해 우리는 자신을 알 필요가 있다. 다음의 질문은 어떻게 우리가 뉴턴의 운동 법칙들에 따라서 작동하는지 또는 어떻게 우리가 때때로 비뉴턴적 방식으로 대응하기로 선택하는지 탐색하는 데 도움을 준다.

실습 내용

- 어떠한 외부의 힘, 운명, 사람, 자연, 시간 자체가 당신을 억압하고 있다고 언제 마지막으로 느꼈는가? 당신은 어떤 집단, 사회적 압력에 의해 억압되었는가? 혹은 지금 억압이 일어나고 있는가?
- 어떻게 반응했는가 또는 반응하는가? 억압을 밀쳐 내려고 하고, 흠집을 만들고, 다른 사람을 변화시키고자 하는가, 혹은 그것에 굴복하고 자신이 상처를 받았는가?

- 억압을 더 강하게 밀쳐 내고 자신을 방어했는가? 다시 말해, 좀 더 뉴턴적일 필요가 있는가?
- 더 밀쳐 내거나 굴복하는 데 대한 대안이 있었는가, 혹은 지금 있는가?
- 당신이 압제자와 피압제자 둘 다가 될 수 있는 상황에서, 자신이 주인공이 되는 것을 상상해 보아라. (만일 압제자로서 자신을 가정하는 데 어려움이 있다면, 최근 또는 과거에 당신의 삶에서 어떤 것에 진일보하려고 했으나, 저항에 직면했었을 때를 기억해 보라. 당신이 밀고 나가려고 한 것이 저항을 받을 때 어떻게 압력을 가하려고 했는가?)
- 당신이 압제자와 피압제자 둘 다라고 다시 상상해 보고, 희생자나 가해자가 되는 대신에 상호관계를 촉진하는 상상을 실습해 보라.
- 어떠한 해결책에 스스로 도달하지 못하면, 위대한 정신(Great Spirit)에게 곤경을 통과하는 방법을 물어보아라.

이것이 당신을 밀고 당기는 뉴턴의 힘에서 자유롭게 되는 하나의 방법이다.

❖ 물리학의 신비

우리들 중에는 밀쳐 냄 이외에 무엇을 하는 것을 배우는 것이 어려운 사람들도 있다. 이와 마찬가지로 물리학자가 뉴턴의 물리학에서 양자물리학이나 상대성 이론으로 전환하는 것은 어렵거나 여전히 힘든 일이다.

예를 들어, 뉴턴의 물리학은 물체와 힘과 같은, 표준, 일상적인 개념, 일상적 실재인 CR 용어에 기초한다. 그러나 새로운 물리학은 물체와 힘의 법칙이 뉴턴의 시대에서처럼 더 이상 명확하지 않기 때문에 새로운 용어가 필요하다. 즉, 우리는 작용과 반작용을 넘어선 세계를 반영하는 새로운 용어가 필요하다. 비록 우리가 더 진보된 물리학을 발전시키고 있지만, 더 새로운 개념은 여전히 뉴턴의 용어와 오래된 세계관에 기초하고 있다.

우리는 미적분이 공간에서 신체가 움직이는 법칙을 서술하는 것을 발견했다. 미적분은 이 지점에서 저 지점으로, 스텝에서 춤으로 움직이는 방법의 비밀을 알려 준다. 미적분은 거리와 시간의 변화라는 관점에서 정확하게 측정될 수 없는 춤의 움직임 과정을 나타낸다. 어떤 주어진 지점에서의 변화는 과정의 개념이다. 그것은 정확하게 측정될 수 없다. 그것은 단지 경험될 뿐이다. 물리적 현상을 설명하고자 하는 수학적 패턴에는 불확정성의 원리가 있다. 왜냐하면 유율에서 사물에 대한 물리적인 측정치는 결코 아주 정확할 수 없기 때문이다.

이러한 불확정성에 덧붙여서 모든 헤아리기, 즉 모든 계산에는 근원적인 한계가 있다. 즉, 어떤 사건에 대한 설명이 사건 그 자체는 아닌 것이다. 헤아리기는 대응하는 사건의 심리적인 과정을 무시하고 있다.

우리는 비록 우리의 설명 체계와 용어가 관찰자와 관찰대상 간의 상호작용을 의미하고, 또 미적분이 나누어진 상태의 세계 대신에 흐름의 세계에 대해 말해 준다고 알고 있더라도, 마치 사건이 인간의 관여나 인간의 의식 없이 발생하는 것처럼 사건에 대해 생각한다.

$f = m \times a$라는 공식에 대해 더 생각해 보자. 엄밀하게 '힘' 이나, 힘이 가속하는 '물체' 는 무엇을 의미하는가? 질량을 지닌 물체란 무엇인가? 뉴턴은 질량이란 관성의 측정이라고 가정했다. 커다란 질량을 지닌 물체는 작은 질량을 지닌 물체보다 가속도에 대해서 더 완강히 저항한다는 것이다.

그러나 질량을 지니고 있는 물체에 대한 개념은 그렇게 단순하지 않다. 어떤 고무공을 생각해 보자. 그 공을 정의해 보자. 그 공의 질량은 항상 들어오고 나가는 원자를 포함하고 있는 것일까? 공의 질량은 흙가루나 먼지를 포함하는가? 공은 끊임없이 변화하고 있다. 시간이 지나면, 고무가 낡아지기 때문에, 그 색깔도 변할 것이다. 무엇이 공인가에 대해 불확실하고, 그것의 질량 역시 다소 모호하다.

비록 우리가 공 안의 먼지와 색의 변화를 멈추게 할지라도, 우리는 여전히 질량이 변화하는 것을 멈추게 할 수는 없을 것이다. 20세기 초에, 아인슈타인은 공의 질량이 변한다는 것을 예견했다. 그가 발견한 질량은 관찰자와 상대적인 공의 속도에 의존한다. 아인슈타인에 의하면, 단순히 공중으로 공을 던지는 것은 공이 이동하는 속도에 따라 그 질량을 변화시킨다.[4)]

에너지는 물체를 미는 능력이므로, 공이 공중으로 던져졌다는 단순한 이유만으로 공은 에너지를 얻는다. 아인슈타인은 만일 공의 에너지가 변하면, 공의 질량도 변한다고 말했다. 그리 크지는 않지만, 질량은 변화한다. 공이 가열되면, 공은 에너지를 얻고, 질량은 더 무거워진다. 에너지와 질량은 서로 얽혀 있다. 상대성 이론에 따르면, 질량과 에너지 사이에 본질적인 구별은 없다. 에너지에는 질량이 있고, 질량은 에너지를 나타낸다.

여기에서의 요점은 오늘날의 물리학자들은 실제로 공이 무엇인가에 대해서조차 거의 확신하지 못하고 있다는 것이다. 물체의 질량, 무게, 크기의 본질에 대한 우리의 오래된 일상적 실재인 CR 관점(뉴턴의 관점)은 변화했다. 이제 더 이상 완전하게 확실한 것은 없다.

❖ 힘

이 시점에서 힘에 대해 다시 생각해 보자. 뉴턴은 내 발이 공을 찰 때와 같이, 힘은 한 '물체'가 다른 물체를 직접적으로 밀 때 전달된다고 믿었다. 뉴턴은 또한 달의 중력이 지구를 당기거나, 당신의 체중을 느끼게 하는 땅의 중력이 당신을 끌어당기는 것처럼, 힘은 거리를 초월하여 전달된다고 상상했다. 뉴턴은 중력의 힘이 무엇인지 알지 못했다. 그는 단순히 중력이 우리를 지구에 붙잡아 놓는다고 가정했다. 그는 힘이 물체에 작용할 때와 같이 금속 조각에 작용하는 자석처럼 중력이 물체에 작용한다고 추정했다.

뉴턴이 죽은 지 250년 이상이 지났으나, 오늘날 물리학자들은 아직도 무엇이 중력장 혹은 심지어 자기장(磁氣場)을 구성하는지 확신하지 못한다. 몇몇 학자들은 전자기장(電磁氣場)이 눈에 보이지 않는 가상의 입자(유령)의 충돌 때문에 생긴다고 생각한다. 양자전자역학에서, 힘은 훨씬 더 생소하다. 힘은 다른 물체에 충돌하는 '가상의' 보이지 않는 입자다. 거리를 두고 어느 물체에 작용하는 힘의 개념은 가상 사건의 개념으로 대치되고 있다. 중력 또한 힘일 뿐만 아니라 가상 입자라는 추정도 있다. 힘이라고 불리는 것이 이제는 양자 영역에서 의사소통되는 입자다. 힘은 보이지 않는 영역에서의 통신이다.

질량과 물질에 관한 우리의 관념도 역시 흔들리고 있다. 뉴턴이 법칙이라 생각한 것, 즉 $f = m \times a$는 아주 정확하게 측정하지 않는 한, 크고 느린 사물에 대해서만 어느 정도 사실임이 판명되었다. 만일 당신이 질량에 관해 너무 많이 질문하지 않고, 너무 빨리 가지 않고, 물체를 점점 더 작게 부수지 않는다면, 다시 말해 만일 여전히 오늘날의 일상적 실재인 CR에 머무르고 있다면, 그러면 $f = m \times a$이다.

❖ 과거 패러다임의 장점

이렇게 해서 우리가 아는 바는 다음과 같다.

1. $f = m \times a$와 같은 수학적 진술로 형성된 법칙은 근사치일 뿐이다. 왜냐하면 미적분(가속도를 묘사하는)은 독립된 측정이 아닌, 과정의 세상에 대한 것이기 때문이다.

2. 수학은 사물과 관찰자의 상호작용을 배제한다.

3. 사물, 질량, 에너지, 힘 그리고 입자의 개념은 제한적이다.

만일 입자와 힘 같은 용어가 완전히 정확하지 않다고 동의한다면, 왜 우리는 그 용어를 계속해서 사용할까? 몇몇 사람들은 모든 사람이 그 용어가 의미하는 것을 알고 있기 때문에, 이런 용어가 편리하고 합의된 용어라고 말한다. 그러나 그 용어가 더 이상 정확하지 않다면, 왜 그 용어를 계속 사용해야 하는가? 아마도 우리는 최면에 걸려 있을 수 있다. 물리학은 이미 곤경에 빠져 있으므로 그 세계관 또한 곤경에 처해 있다. 우리는 새로운 패러다임이 생겨야 할 시점에 다가가고 있다. 그렇지만 그런 견해에 도달하기 전에, 우선 오래된 패러다임을 지지하면서 알아보자.

그 오래된 용어들이 다양한 이유로 물리학에서 유지되고 있다. 하나는 물질의 많은 측면이 적어도 대부분의 시간에, 마치 생명이 없는 것처럼 움직인다는 것이다. 입자와 힘에 대한 오래된 견해를 유지하는 또 다른 이유는 뉴턴의 패러다임이 여전히 필요하기 때문이다. 만일 우리가 그것을 조금이라도 사용한다면, 심리적으로도 그것을 완전히 포기할 수 없다.

우리 중 몇몇은 '흠집 대 흠집' 이라고 하는 제3법칙인, 오래된 뉴턴의 패러다임이 필요하다. 우리는 반격하기 위해 오래된 패러다임이 필요하다. 뉴턴의 사고는 중요한 패러다임이다. 만일 누군가 우리에게 부당하게 힘을 사용할 때, 단순히 그들을 용서하는 것만으로는 그런 행동을 다시 하지 못하도록 막지 못한다. 우리는 개인적이고 사회적인 중요한 변화가 생기도록 하기 위해, "모든 행동에는 반응이 있다."는 관점에서 생각할 필요가 있다. 시간이 너무 많을수록, 우리가 해롭다고 느끼는 상황에 제대로 반응하지 못한다.

다시 말해, 뉴턴 물리학은 몇몇 방식에서 유용한 역학과 심리학의 한 형태인데, 특히 물체가 순간적으로 생명이 없어 보이거나 우리가 더 반응할 필요가 있는 상황에서 그러하다.

❖ 초자연치료와 새로운 세계관

그러나 뉴턴의 물리학 법칙은, 물체가 살아 있는 생물학적 구조에서는 부분적으로만 맞는다. 사실, 뉴턴의 법칙은 비일상적 실재인 NCR이나 물체의 비일상적 경험을 다룰 때는 부적합하다. 이런 인식 속에서 물체는 실제적 특성과 가상의 특성 모두를 갖기 때문이다.

우리가 곧 탐구할, 새로운 물리학은 괄목할 만한 발견임에도 불구하고, 물체, 힘, 질량, 입자와 같은 오래된 용어를 계속해서 사용하는, 오래된 세계관의 일부분이다. 양자역학과 상대성 이론은 새로운 세계관의 단서일 뿐이다. 비록 물리학자들이 오래된 개념이라고 모두 옳지만은 않다는 것을 알고 있음에도, 물리학자 자신들은 오래된 개념에 기초하고 있다.

우리가 새로운 세계관으로 움직일 때, 우리의 인식은 변화하고 좀 더 유동적이고 다양하게 된다. 상대성 이론은 우리의 심리학 안으로 들어간다. 우리는 미터 단위로 측정함으로써 강의 깊이를 평가할 수 있고, 또한 강으로 뛰어들어감으로써 강을 이해할 수 있다. 강의 흐름이라는 관점에서 미터를 이용한 측정과 직접적인 경험은 둘 다 유효한 경험이 될 것이다.

이것은 우리의 현재 세계관을 초자연치료와 대응하도록 되돌릴 것이다. 초자연치료는 당신이 변화시키려고 하는 '물체'나 사람들이 모두 영혼과 생명을 지녔다고 가정한다. 전통의 초자연치료사와 현대의 초자연치료사의 견해에서는 '물질'은 살아 있다고 가정한다. 모든 것은 자의식이 있고 느낄 수 있다. 초자연치료사는 현실세계를 밀쳐 낼 뿐만 아니라, 마치 물질이 인간과 같고 영혼이 있는 것처럼 다룬다. 초자연치료는 대부분의 사람이 평범하게 보는 구슬을 잠재적인 신성한 물체로 가정하기도 한다. 사실, 현대의 초자연치료사는 세상이 설명할 수 없거나 일상적 실재의 방법으로는 저항할 수 없는 신비한 사건, 그리고 광대하고 설명할 수 없는 힘으로 가득 차 있다고 가정한다.[5)]

우리들 대부분의 평범한 사람들은 우리들을 괴롭히는 신비한 힘에 대항하며, 이런 힘들이 바이러스, 콤플렉스, 또는 생태 환경적 문제로 설명되기를 희망하면서 뉴턴의 세계에 살고 있는 반면에, 현대의 초자연치료사는 다르다. 유물론의 설명으로 이런 힘과 투쟁하는 대신에, 초자연치료사들은 잡히지 않는 것들을 변화시키려는 노력보다는, 해결방법을 찾기 위해 시간에서 나와 복소수의 영역으로 들어간다.

하지만 현대 물리학의 관점으로 초자연치료사의 통로를 이해할 수 있을까? 한편으로 정말 그렇다. 물리학의 법칙은 수학, 미적분학으로 설명할 수 있기 때문이다. 미적분 이론은 사건이 지점에서 지점으로 이동할 때 변화의 단계적 측정을 패턴화할 뿐만 아니라, 유율로 가는 방법, 즉 측정을 넘어선 순수한 경험으로 이끌어 주기 때문이다. 산술과 복소수와 함께, 미적분은 실제와 가상인, 물질과 정신을 넘어선 비이원적(非二元的)인 세계관에 대한 암시를 준다. 이런 비이원적인 세계관에서, 질량, 힘, 물체에 대한 오늘날의 개념은 이미 그 자체가 유율 안에 있다. 즉, 그들은 서로에게 흘러갈 수 있는, 시대의 변화하는 정신이다.

현대의 초자연치료사는 수학으로 암시된 세상에 살고 있다. 초자연치료사는 힘, 변화, 에너지, 시간의 관점에서 일상의 삶을 사랑하고 존중한다. 그러나 이 삶은 그 본질이 삶과 죽음을 넘어선 신비한 과정이라는 것 또한 알고 있다. 이러한 현대의 초자연치료사들은 우리에게 단지 '뉴턴주의' 를 넘어선 의식의 변형상태를 단순히 선호하지 않고 하나의 같은 세계의 측면들로서 두 가지 인식을 모두 보는 새로운 세계관을 발전시키도록 촉구한다. 사물을 보는 이 새로운 방법은 통합된 세계관으로 가는, 오랫동안 기다렸던 패러다임 전환이다.

1) 수학자의 개념에서, 속도 또는 주어진 한 점에서의 주어진 거리를 이동하는 데 걸리는 시간은 $v=ds/dt$이다.
2) 뉴턴은 가속도를 어떻게 다루었나? 미적분에 관한 장을 기억하라. 그는 다음과 같이 가속도를 설명한다. 속도에서 측정 가능한 변화(0에서 20까지와 같이)를 Δv라고 하면 어느 한 점에서 속도의 변화는 $a=dv/dt$인 가속도로 표현될 수 있다고 주장했다.
좀 더 정확하게, 그는 측정에서 시간의 양이 0으로 접근하는 극한에서, 즉 시간의 변화가 0으로 접근하는 극한에서, 가속도는 속도의 변화를 지나간 시간으로 나누어진 값으로 측정된다. 수학의 용어로는 다음과 같다.

$$\lim_{\Delta t \to 0} \Delta v/\Delta t = a = dv/dt$$

만일 다른 점에서의 속도(v)와 시간(t)을 안다면, 평균 가속도를 계산할 수 있다. 왜냐하면 어느 한 점에서, 또는 손수레에서의 여행 동안에 시간으로 나누어진 속도의 변화인 가속도 a는 아래와 같다.

$$a=(v_1-v_2)/(t_1-t_2)$$

미적분에서의 발견에 의하면, 가속도는 수학적으로 표현될 수 있다(주어진 점에서 시간이 점차 적어진다면, 즉 t_1이 t_2에 가까워지면, 또는 $\Delta t \to 0$에 접근한다고 가정한다면, $dv/dt=a$는 순간적으로 느낄 수 있는 가속도 a이며, 이것은 물체가 속도를 높이거나 낮추는 변화율이다).

다시 말해, 만일 당신이 손수레를 타고 점 1과 2 사이를 여행하면, 주어진 점에서의 다음과 같은 거리, 시간 그리고 속도는 당신의 운동을 묘사하는 데 사용될 수 있다. [그림 12-1]을 보라.

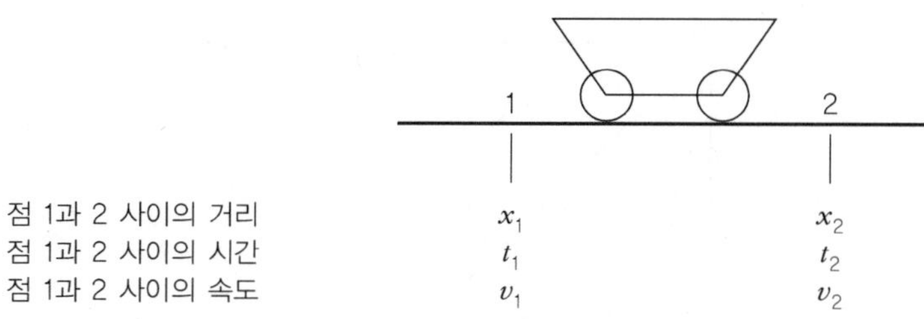

[그림 12-1] 두 점 사이를 여행하는 손수레

우리에게 시간과 공간의 이 모든 측정이 필요한 이유는 무엇일까? 거리는 손수레에 대해 당신에게 충분히 설명할 수 없다. 시간만 가지고는 충분치 않다. 속도는 더 많은 것을 설명할 수 있다. 그러나 속도만으로는 충분하지 않다. 우리는 속도의 변화율(속도가 거리의 변화율인 것처럼)인, 당신의 가속도를 알 필요가 있다.

이제 우리는 x점의 손수레에 관한 정보를 가지고 있다. 당신의 손수레가 어디에 있는지, 언제 거기에 있는지, 그것의 속도를 알고 있으며, 그리고 또한 우리는 속도를 바꿀 때 가속하는지 하지 않는지 알고 있다. 물론, 우리는 누가 운전하는지 모르고, 손수레 안의 영적인 분위기도 모르고, 그 과정도 실제로 느끼지 못한다. 이 모든 것은 최소한 일시적이라도, 우리의 수학에 의해 배제된다. 우리는 손수레가 어떻게 움직이는지 추적할 수 있다. 극단적인 예를 들어 손수레는 잠시 직선을 운행하지만, 곧 언덕에서 떨어진다고 해 보자. 조심해! 앞에 낭떠러지야! 저런, 손수레가 떨어지고 있네!

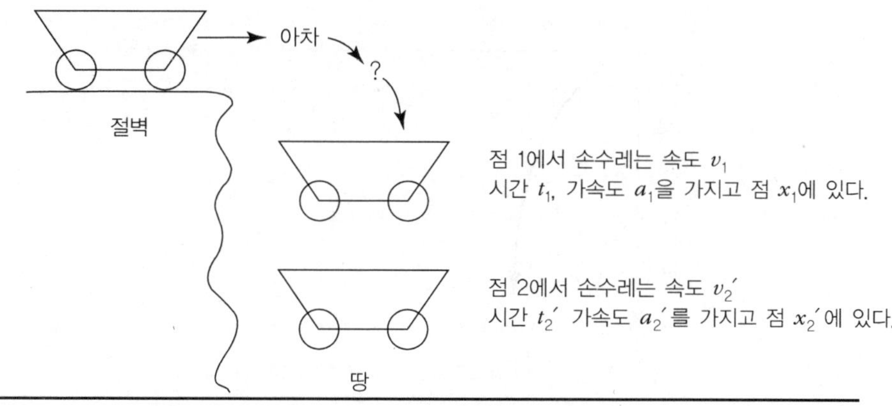

[그림 12-2] 절벽에서 떨어지는 손수레

떨어지면서 두려워하지만 않는다면, 당신은 여전히 점 1과 2에서의 땅 위의 높이를 측정할 수 있다. 우리는 이 모든 것을 그릴 수 있다. 떨어질 때 1초에 1피트, 2초에 2피트, 3초에 3피트 떨어진다고 가정해 보자. 당신의 경로를 거리와 시간에 따라 자세히 그려 보면, 다음 [그림 12-3]처럼 보일 것이다.

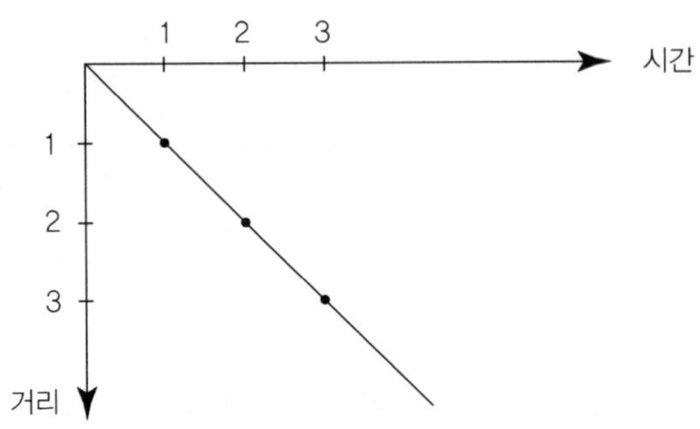

[그림 12-3] 시간에 대하여 추정된 떨어진 거리

[그림 12-3]에서 주어진 순간에 당신이 떨어진 거리는 초당 피트의 그림으로 나타낸다면 직선 그래프다. 이것은 당신의 움직임에 대한 공간과 시간 사이의 관계다. 그래서 어떤 순간의 속도, 또는 dx/dt, 또는 단위시간마다 움직인 거리는 일정하다. 거리도 변하고 시간도 변하나, 비율은 똑같이 유지된다. 당신은 같은 속도로 떨어진다. 이것이 갈릴레오 이전에 사람들이 생각했던 것이다.

그러나 실재에서, 당신의 위치는 직선 그래프 [그림 12-3]에서 보여 준 것보다 더 빠르게 변한다. 사실, 당신의 시계가 1초 지나가면, 당신은 약 16피트에 떨어진 것을 측정할 수 있다. 2초에는 약 64피트 떨어지는 것으로 나타나며, 3초에는 약 144피트 낙하할 것이다. 시간이 지날수록 x는 점점 더 멀리 그리고 더 빨리 간다(그리고 공기는 당신을 끌어당기고 더 빨리 가려는 것을 방해한다).

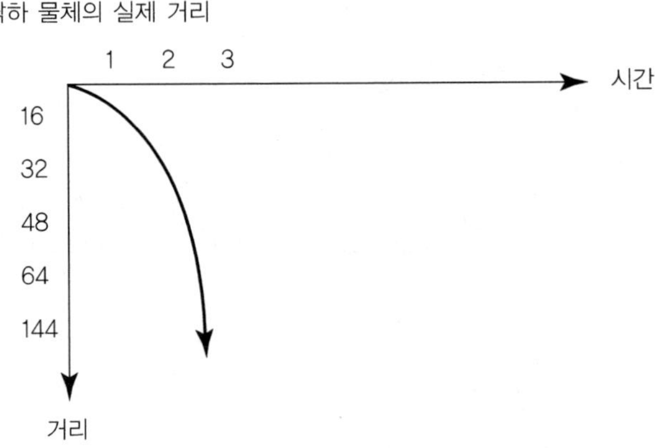

[그림 12-4] 시간에 대하여 측정된 당신 손수레의 실제 거리

[그림 12-4]는 x는 feet(높이)고 t는 시간인 방정식 $x=16t^2$에 의해 설명된다. 시험해 보자. 그 식에 대입하면, 1초는 16피트, 2초의 제곱은 4이고, 4곱하기 16은 64이다. 이것은 당신이 측정하려는 값에 가깝다. 미적분에 의하면, $v=dx/dt$이므로, 속도는 시간의 함수, 또는 $v=32t$이다. $a=dv/dt$, $a=32feet/$초인 가속도는 땅 표면에서 중력에 의해 생성되었다.

3) 이것은 올도스 헉슬리(Aldous Huxley)가 "만일 우리가 뉴턴의 종족을 진화시켰다면, 그것은 진보하지 못했을 것이다. 뉴턴이 최고의 지성이 되기 위해서 그는 우정, 사랑, 부성애, 다른 바람직한 것들에 무능해야 했다. 인간으로서 그는 실패했지만, 괴물로서 그는 최고였다."라고 말한 이유일 것이다. 헉슬리의 인용은 『수학의 세계(*The World of Mathematics*)』 1권 중 존 케인스(John Keynes)의 논문인 「인간 뉴턴(Newton, the Man)」에서 볼 수 있다.

4) 상대성은 관찰자에게 상대적으로 여행하는 속도에 기인한 질량 변화에 대한 다음과 같은 공식을 예측한다. $m=m_0\sqrt{[1-v^2/c^2]}$ (여기에서 '$\sqrt{\ }$'는 이중근호를, c는 빛의 속도, 'm_0'는 소위 '정지질량'을 나타낸다)

5) 『초자연치료사의 육체(*Shaman's Body*)』 첫 번째 장에서, 나는 도교신자 같은, 돈 후안(don Juan)의 철학에 관해 논의했는데, 발생하는 것은 어떤 것이라도 신비하고, 불가사의한 능력이 작동하고, 그리고 과학자 또는 신비주의자 어느 누구도 이러한 힘과 동맹하는 것 외의 어떤 것도 할 수 없다고 가정했다.

제13장
이론들에 대한 이론

만일 지구가 둥글고 하나님이 모든 사람을 볼 수 있다는 것이 사실이라면, 하나님(지구를 둘러싸고 있는)은 동그라미 같다는 것을 의미하나요?

–도라 칼프(Dora Kalf)의 『모래놀이(*Sandplay*)』에서, 3살 어린이가–

뉴턴의 인과율(因果律)은 부분적으로, 주류의 집단적인 사고였기 때문에 1600년대부터 20세기 초까지 최고의 권위로서 방해받지 않고 지배했다. 이 장에서 우리는 물리학의 법칙이 집단의 알아차림의 변화를 어떻게 반영했는지 함께 탐구할 것이다.

우리는 움직이는 속도가 빛의 속도보다 훨씬 느리고, 크기가 큰 물체에 대해서는 뉴턴의 운동 법칙이 적절하다는 것을 알았다. 하지만 운동 법칙을 설명하는 미적분에 대해서 결코 정확하게 측정할 수 없다는 것을 알았다.

수학이 요구하는 정확도를 충족하면서 과정을 추적할 방법은 아직 없다. 미적분은 불확정성이 모든 물리적인 운동 과정에 연관되어 있다는 것을 암시한다.

양자역학을 연구하는 물리학자들은, 수학적 분석이 아니라 원자와 소립자의 행동을 조사함으로써, 1905년에서 1927년 사이에 불확정성에 대해 비슷한 결론을 내렸다. 오늘날 가장 큰 인지도를 얻은 양자역학의 형성은 실험적 사건에 대한 코펜하겐 해석 또는 '비결정론적' 해석이다. 데이비드 봄(David Bohm)의 '인과(causal)' 론 등의 이론은, 같은 사건이지만 다른 해석을 제공한다.

우리는 소립자에 대한 물리학의 해결되지 못한 신비에 크게 놀라지 않은 것 같다. 우리는 소립자 차원의 사건이 아니라, 일상적 실재인 CR의 거시적 측면에 기초한, 힘, 질량, 입자에 대한 뉴턴 개념조차 불확실하다는 것을 보아 왔기 때문이다.

❖ 양자역학

양자역학 전인 약 1900년 전까지는, 물질은 가상 입자의 집합체로 생각되었다. 뉴턴 역학에서 각 입자는 실재보다 더 수학적인 개념이었다. 뉴턴의 입자는 관련된 시공간 안에서 질량과 위치를 가지고 있으나, 그 입자는 공간을 점유하지 않아 부피가 없는 것이다.

원자의 연구는 입자에 대한 새로운 입장을 가져왔다. 시공간에서 원자의 위치와 같은 입자의 성질은, 확률적 위치라는 개념에서 이해할 필요가 있다는 것이 발견되었다. 소립자는 잘 정의된 위치에서의 단순한 점이 더 이상 아니었고, 오히려 주어진 시간과 주어진 위치에서 발견되는 존재로서의 어떠한 확률을 가진 실재였다.

더구나, 입자의 에너지는 아무런 임의의 값을 가질 수 있는 것이 아니라 양자화되어 있다. 즉, 에너지는 작은 덩어리로 원자에 흡수되고 방출된다. 단지 어떤 일정 양 또는 아인슈타인이 명명한 대로 '양자' 로만 허용된다. 그 예로, 원자를 가열하면 방출하는 복사선(輻射線)으로 나타나는 원자의 에너지는 오직 어떤 일정한 색이나 주파수만을 갖는 것으로 밝혀졌다. 1905년 이후로, 물질의 에너지는 양자화되었다고 여겨졌다.

물리학자는 아직도 뉴턴의 운동 법칙을 믿으며, 그 법칙이 거시적 물질에 대해서만은 사실이라고 생각한다. 방정식 $f = m \times a$(f는 힘, m은 질량, a는 가속도)는 큰 물체를 충분히 잘 나타내며, 이들은 모두 일상생활의 관점을 잘 나타낸다. 그러나 물리학자는 원자수준의 현상을 설명하는 수학 방적식의 의미에 더 이상 동의하지 않는다. 우리가 곧 함께 연구할 이 방정식은 허수로 가득함이 밝혀졌기 때문이다.

파동방정식이라 불리는 새로운 공식은 소립자계에서 입자의 예기치 못한 행동을 설명하기 위해 개발되었다. '새로운' 파동방정식은 바다나 호수에서 물결과 같은, 모든 종류의 파동을 설명하기 위해 이전에도 사용되었다. 그러나 부분적으로는 허수 때문에 원자가 관여하는 사건에 대한 파동방정식에서의 파동이 무엇을 의미하는지 아무도 정확하게 알지 못한다.

여전히 관찰의 거시적인 세계가 어떻게 파동방정식으로부터 나타나는지에 대한 합의는 없다. 머레이 겔맨(Murray Gell-Mann)은 양자역학의 현 상태에 관한 물리학자들의 불만을 다음과 같이 표현했다.

> 양자역학은 어느 누구도 제대로 이해하지 못하지만, 우리가 어떻게 사용해야 하는지는 알고 있는 신비하고 혼란스러운 분야다. 양자역학은 우리가 물리적인 실재를 설명하고자 할 때 완벽하게 작동하지만, 그러나 사회과학자가 말하듯, 그것은 '반(反)직관적인 분야' 다. 양자역학은 단순히 이론이 아니라, 그 안에서 어떠한 이론이라도 맞아 떨어져야 한다고 믿는 구조다(1981).

노벨상 수상자 리처드 파인만(Richard Feynman, 1965, pp. 127-128)은 "양자역학을 이해하는 사람은 아무도 없다고 확실히 말할 수 있다."라고 덧붙인다. 나는 "우리는 물질에서 일어나고 있는 것들을 이해할 수 없을 것이다."라고 말하면서 물리학 강의를 시작한 파인만의 위대한 가르침을 기억한다. 그는 물질의 기본 구조를 설명한 수학 공식(파동방정식)을 직접 측정할 수도 없고, 이러한 파동이 묘사하는 입자를 정확하게 측정할 수도 없다고 하였다.

양자물리학의 이론에 대해 계속되는 토론은, 내가 1960년대 초 MIT의 학생이었을 때 들었던, 양자 연구 분야에서의 경향을 묘사한 이야기를 기억나게 한다. 1930년대에 잘 알려진 수학자인 허먼 웨일(Herman Weyl)은 파티에 아인슈타인과 닐스 보어(Niels Bohr)를 초대했다. 두 물리학자는 양자역학의 해석에 관해 일치하지 않았다. 웨일은 물리학의 두 학파가 함께하길 원해서 파티를 열었지만, 아인슈타인과 그의 학생들은 방의 한쪽에 머물렀고, 반면에 닐스 보어와 그의 학생들은 방의 다른 쪽에 있었다. 그들은 한 방에서 두 개의 분리된 파티를 가졌다.

오늘날도 이런 갈등이 사라진 것은 아니다. 몇몇 물리학자들은 양자역학의 법칙이 관찰 가능한 세계에 대해 일치하지 않기 때문에, 양자역학은 잘못되었고 너무 불확실하거나 심지어 옳지 않다고 하는 아인슈타인에게 동의한다. 그러나 다른 물리학자들은 불확정성과 불일치성이 자연의 기본이라고 말한다.

이런 갈등은 심리학에서도 잘 알려져 있다. 몇몇 심리학자들은 사람에 대해 신비한 것이 아무것도 없다고 하는 반면에, 다른 학자들은 사람이 신비하고 결코 이해할 수 없다고 말한다.

이런 토의는 수학에 대한 우리의 이론과 해석이 불완전하다고 깨닫게 해 주기 때문에 유용하다. 그리고 우리는 이론들이 곧 진실은 아니라고 확실하게 말할 수 있다. 이론은 일상적 실재인 CR 공식으로 완전히 파악할 수 없는 과정에 관한 정신적 구조다. 따라서 새로운 현상이 발견될 때마다, 이론은 변하지 않을 수 없다.

❖ 입자와 파동

1690년에, 뉴턴이 수학과 물리학에 관한 자신의 생각을 정리한 『자연철학의 수학적 원리(*Principia*)』를 쓸 때, 유럽의 르네상스는 완전히 흔들리고 있었다. 뉴턴은 입자를 시간에 따라 일정하고 알려진 위치에 있는, 물질의 더 이상 나눌 수 없는 조각으로 생각했다.

양자 이론의 출현 전에도, 어떤 물리학자들은 뉴턴의 이론을 의심했다. 예를 들면, 데이비드 봄은 두 명의 수리 물리학자인 윌리엄 해밀턴(William Hamilton)과 제이콥 제이코비(Jacob Jacobi)의 이야기를 한다. 양자 이론이 나오기 40년 전에, 그들은 $f = m \times a$라는 뉴턴의 운동 법칙을 사용하는 대신에, 우리는 파동으로서 원자를 생각할 수 있다고 말했다. 그들은 뉴턴의 입자에 의해 설명되는 일상의 사건이 어떻게 파동으로 쉽게 설명될 수 있는지 보여 주었다.

다시 말해, 우리는 어떤 특정한 경로를 통해 움직이는 입자를 염두에 두지 않아도 된다. 다른 수학 공식도 입자의 운동에 대하여 설명했고, 더구나 새로운 공식은 파동과 같은 특성을 지녔다. 해밀턴과 제이코비는 입자가 운동의 궤적에 있는 것처럼 보이는 것은 파동 꼭대기의 정점에 있는 것으로 생각할 수 있다고 말했다. 예로서, 자신의 모멘텀(질량과 속도에 의해 결정되는 운동량)에 의해 앞으로 나아가는 대신에, 파도가 앞으로 나아갈 때 이를 타고 앞으로 움직이는 나무 조각을 상상할 수 있다.

이 두 과학자는 물질의 파동-입자(이중성) 이론을 제안했으나, 아무도 그것에 주목하지 않았다. 아무도 파동이 무엇을 의미하는지 알지 못했기 때문이다. 그 시대의 과학자들에게 입자가 파동의 한 측면이라는 것은 너무나 터무니없는 내용이었다. 어떻게 입자가 파동성을 가질 수 있었는가? 때때로 입자가 파동처럼 행동하는 것을 보여 주는 양자물리 실험은, 당시에는 아직 수행되지 않았다. 해밀턴과 제이코비는 그들 자신도 그들의 수학 방정식에서 보여 준 입자-파동의 이중성이 수학의 변칙, 즉 예외라고 생각했다. 그러나 그것은 사실이 아니었다.

이 이야기의 교훈은, 만약 수학이 아직 발견되지 않은 물리적이고, 일상적 실재인 CR의 측면을 설명한다면, 그 측면은 언젠가는 결국 나타날 것이라는 것이다. 다시 말해, 수학은 물리학의 기본적인 형태다. 우리가 알게 된 것처럼, 수학은 일상적 실재와 비일상적 실재, 즉 모든 것이 서로 얽혀 있는 것을 설명한다. 만일 우리가 이러한 방식의 사고를 계속한다면, 물리적 실재는 수학이 나타내는 일반적인 통합된 실재의 한 측면이라는 것을 알 수 있다. 이것은 놀랍지 않다. 왜냐하면 세상을 나타내는 다른 가상과 공식처럼, 수학은 우리의 가장 깊은 경험에서 나타나기 때문이다. 우리가 발견한 대로, 수학은 말할 수 없는 도(道)인, 이중성 너머의 통합된 세계로부터 어떻게 우리의 지각을 펼치는가 하는 표시다. 우리는 심지어 수학이 모든 과학의 가장 기본이라는 것을 정당화할 수 있을 것이다.

❖ 어린이와 물리학자

이론을 만드는 방법은 아이의 놀이처럼 깊은 직감적 이해에 있다. 이론 만들기는 선, 원, 네모의 문제이며, 1, 2, 3의 문제다. 그것은 순간적인 꿈, 경험, 자신의 이미지, 우리 주위의 세상에 달려 있다. 예로서, 만일 약 3살의 어린이에게 자신의 모습을 그리도록 요청하면, 무엇을 그릴까? 아이가 자신을 그린 처음 그림은 얼굴이 원처럼 보인다. 단지 눈과 입이 있는 큰 원으로, 팔, 손, 다리, 발도 없다.

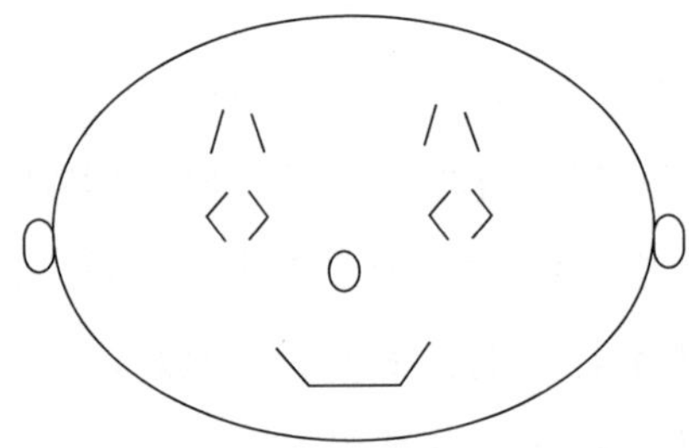

[그림 13-1] 자신에 대한 어린이의 이론: 팔, 다리가 없음

이런 그림이 이론이다. 왜냐하면 어린이는 자신에 대한 지식과 경험을 가지고 있으며 그 경험에 따라 그림을 그리고 있기 때문이다. 그 어린이의 이론은 "이게 내 모습이야!" 라고 말한다. 어린이는 자신, 볼 수 있는 눈, 먹을 수 있는 입, 다소 대칭적인 얼굴의 경험을 그린다.

팔, 다리 등 우리의 사지(四肢)는 어떻게 된 것일까? 말하자면, 그 어린이의 이론은 팔, 다리를 제대로 인식하지 못하고 있다. 왜냐하면 사지는 아직 어린이의 알아차림의 부분이 아니고, 눈, 코, 입과는 다르게 아이의 통제 아래에 있지 않기 때문이다. 단지 우리 어른들은 그 어린이가 팔과 다리를 가졌다고 생각하고, 실제 일상적 실재인 CR에서 팔과 다리를 가지고 있는 것이 사실이기는 하다. 그러나 그 어린이의 실재에서, 아이는 단지 움직이는 원이다.

[그림 13-2] 더 발전된 그림 이론

그 어린이가 자라면서, 그림은 변한다. 이제 팔과 다리가 달린 몸을 그리고, 얼굴 밑에 목도 그린다. 자신에 대한 스스로의 이론에 대한 새로운 측면이 있다.

몸이 아직 매우 크지는 않고, 팔과 다리는 겨우 생겼다. 왜냐하면 이런 모습은 어린이의 경험과 일치하기 때문이다.

이론 물리학도 사람에 대해서가 아니라 물질에 대해 이론을 만들 때, 같은 방법으로 한다. 1500년대에 라이프니츠는 물질 안에 의식이 있다고 생각했다. 라이프니츠처럼, 어떤 사람들은 입자에 영혼이 있다고 생각했다. 그래서 물질은 얼굴과 내면의 생명을 지녔다.

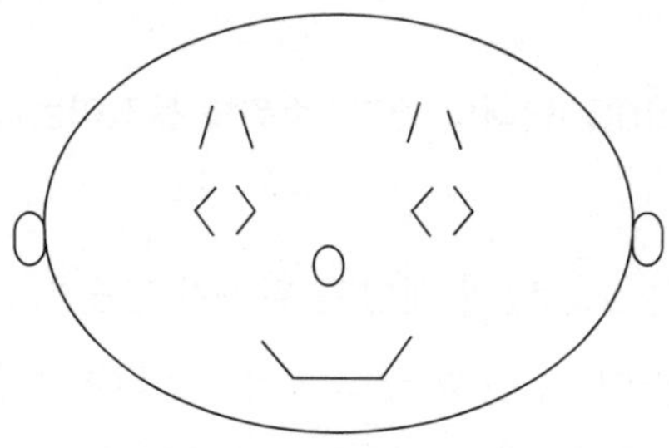

[그림 13-3] 라이프니츠의 기본적 입자 그림

그 후 1700년대 중반에, 그림이 약간 변했다. 영혼은 물질에서 제거되어 사람에게만 있는 것으로 제한되었다. 유럽의 과학은, 영혼은 측정할 수 없으므로 물질에는 영혼이 없다는 합의에 도달했다. 이것이 물질에 대한 르네상스 시대의 이론이다.

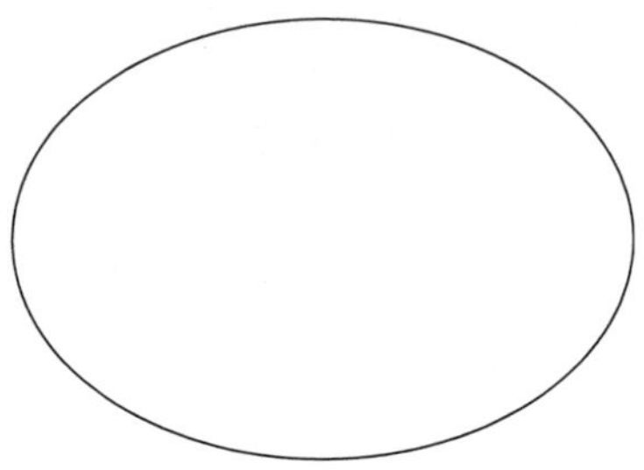

[그림 13-4] 뉴턴 등의 입자의 르네상스 그림

물질의 이미지는 20세기가 바뀔 때쯤 다시 변화했다. 얼굴을 잃었던 기본 입자는 원 밖을 회전하는 핵과 몇 개의 전자를 얻었다.

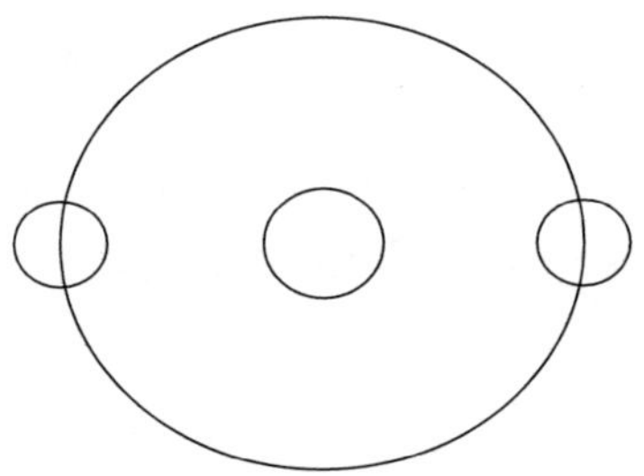

[그림 13-5] 1900년대의 원자: 주위를 움직이는 전자가 있는 핵

다시 한 세기가 바뀌는 오늘날의 개념은 원자가 단순히 그 안에 입자가 있는 원으로 상상되지 않는다는 것이다. 사실 알고 보면, 우리는 보통 일상의 실재에서 아무것도 아는 것이 없는 것 같다. 대부분의 물리학자는 이런 것들을 전혀 상상할 수 없었다고 말한다. 이것은 사실 관계의 네트워크의 일부다. 힘들은 비록 함께하지만 실제적인 힘은 아니다. 그들, 즉 핵과 전자들은 유령과 같이 물체를 교환할 것이다. 어떤 물리학자들은 원자를 주어진 공간에 위치한, 다소 구름 같은 패턴을 형성하는 것으로 시각화한다. 가장 어둡게 밀집한 지역은 그곳에 원자나 소립자가 위치할 가능성이 가장 크다.

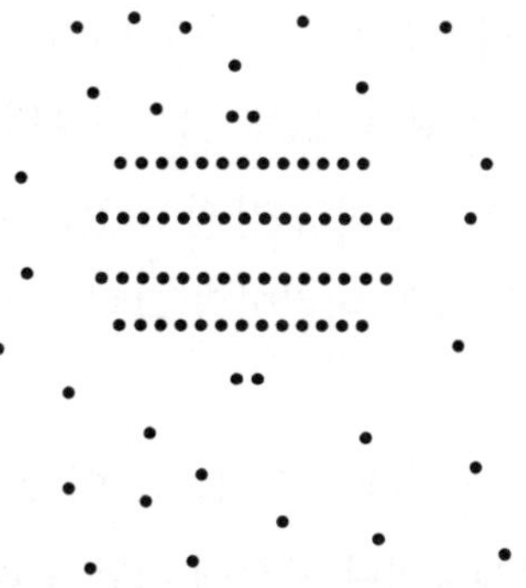

[그림 13-6] 보이지 않는 구름으로서의 원자에 대한 상상, 1925~2000년대

오늘날 물리학의 지도적 입장에 있는 과학자들은 이런 관점이 물질의 실재를 설명하기에 불충분하다고 말한다. 우리가 다음 장들에서 탐구할 때, 마치 입자는 알아차림의 기본 형태를 가진 것처럼 보인다. 물리학은 곧 우리에게 영혼이 물질로 돌아오는 이미지와 더불어, 입자들이 얼굴로 보이는 것을 상상할 것이다.

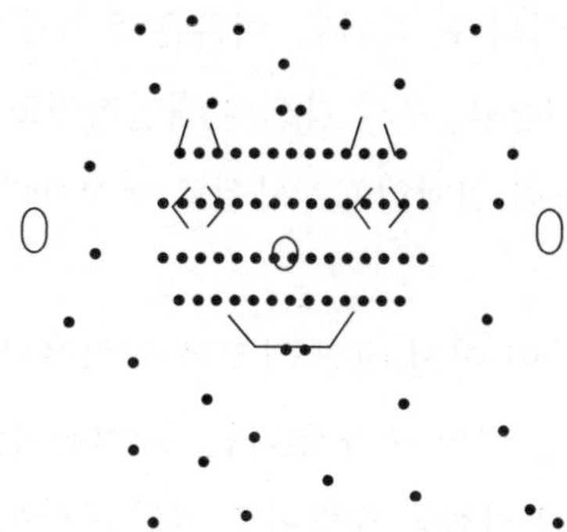

[그림 13-7] 물질의 의식, 2010년쯤?

2100년에는 우리의 견해에 어떤 일이 생길까? 우리는 아마도 입자들이 다시 원이 되고, 모든 것을 총괄하는 신과 같은 비일상적 실재인 NCR의 알아차림으로 돌아올 것이라고 추측할 수도 있다. 나의 추측으로는 알아차림 그 자체가 물질과 같은 것들이 될 것이고, 이것들은 바로 물질의 본질로 이해될 것이다.

1550년 이후에 유지되어 왔던 일치점의 하나는, 물질은 기본적이며 유한(有限)한 입자로 구성되었다는 이론이다. 그러나 극소(極小)의 입자에 대해 측정과 상상이 어렵고 시험될 수 없어 일상적 실재인 CR에서는 이론적으로 옳지 않더라도, 우리는 여전히 그들을 상상하려고 한다. 우리가 가지고 있는 이미지는 우리가 자신을 어떻게 보는지와 같다. 즉, 자신을 그린 어린이의 그림과 비슷한 관점에서 보게 된다는 것이다.

'이론(theory)' 이란 단어는 신이라는 그리스 단어 'theos', 또는 추측하다를 의미하는 'theoria' 로부터 왔다. 세상이나 자신에 대한 우리의 이미지는 추측이다. 이러한 추측 이론은 종교적 신념 체계다. 이런 믿음은 외적인 사건뿐만 아니라 내부 과정도 묘사하기 때문에, 이론은 그것을 믿는 사람에게는 심리적으로 옳다.

따라서 이론은 깨어지기 쉽다. 이론은 변화하는 내면 경험을 표현한다. 그 경험은 우리가 물질에 대한 일상적 실재의 CR 실험에 의해 어느 정도 유효하다고 인정한 것들이다. 이론은 심리적이다. 이론은 어떻게 일상적 실재인 CR 사건이 내면 경험에 의해 반영되는지를 설명한다. 특히 수학 공식에서, 이론은 우리가 관찰할 수 없거나 아직 관찰할 준비가 되어 있지 않은 현상을 배제한다.

이론은 '객관적' 사실이 아니다. 적어도, 이론은 우리가 경험한 우주에 관한 유용한 설명이다. 우리가 만일 이론을, 우리 자신의 개인적이고 문화적인 발전과 관련이 없는, 불변하는 객관적 일상적 실재인 CR 사실로 생각한다면, 우리는 길을 잃을 수도 있다.[1)]

물론, 문제는 우리의 이론이 어떤 내면 과정과 일치하기 때문에, 우리가 그 이론에 집착하게 되면, 그 이론을 버릴 수가 없다는 것이다. 심리학자들도 똑같은 문제를 갖고 있다. 고통스런 어린 시절의 경험이 있었던 사람들은 학대, 충격, 트라우마 이론을 선호한다. 일상적 실재로부터 초월을 꿈꾸는 사람들은 사회 문제가 그렇게 대단히 중요하지 않은 것처럼 세상을 묘사한다. 부유한 특권 배경 출신의 심리상담 치료사들은 대단위의 민족 분쟁 갈등에 거의 관심을 갖지 않는다. 이런 모든 이론은 때때로 유용하다. 하지만 문제는 한 이론에 집착하고 모든 다른 이론과의 상호 연결을 부정할 때 발생한다.

❖ 물질에 대한 오늘날의 이미지

과학이 발전함에 따라, 물질의 이미지는 변화해 왔다. 오늘날 물리학자는 전자 같은 양자 물체가 점 A에서 관찰되다가 나중에는 점 B에서 관찰될 수 있다고 믿지만, 그러나 전자의 이동과정을 방해하지 않고는 그 두 점 사이에서 전자를 관찰할 수 없다.

A B

?? ? ??

[그림 13-8] A와 B에서 측정된, 공간을 통해 움직이는 전자

상황은 꿈과 비슷한 어떤 것이다. 저녁에 당신은 A에서 잠을 자고, 아침에 B에서 일어나고, 우리가 꿈이라고 부르는 이미지를 기억한다. 우리는 잠자기 전에는 A에서, 깨었을 때는 B에서 당신을 관찰할 수 있지만 그 사이에 당신은 어디에 있었는가?

우리가 "당신이 꿈꾸고 있었다."라고 말할 때, 우리는 무엇을 의미하는가? 당신이 잠자러 갔던 점 A와 깨어 있었던 점 B 사이의 시간에 무슨 일이 일어났는가? 당신은

[그림 13-9] 당신은 밤 사이에 A에서 B로 이동을 했고, 아침에 B 지점에서 어떠한 일이 일어났는지를 보고한다

'꿈' 이라는 일상적 개념을 사용해도 좋지만, 그것은 점 B에서 당신이 기억하는 것, 즉 당신이 헤아리거나 다시 헤아리는 것일 뿐이다.

유사하게, 전자도 역시 관찰을 통해 점 B에서 측정되거나 혹은 '깨어날' 때까지는 꿈처럼 변형된 상태에 있다. 우리는 이러한 유사성을 입자와 사람 사이에서 더 확장시킬 수 있다. 입자들은 측정되기 전까지 어느 곳에서나 존재할 수 있고, 사람도 역시 밤에 꿈꿀 때에는 어느 때라도 어느 곳에서나 존재할 수 있다.

물질에 대한 미래의 이미지는 이러한 깨어남과 의식이라는 주제를 반영할 것이다. 전자가 일상적 실재인 CR 관찰자에 의해 측정되거나 관찰되지 않을 때, 그것은 마치 전자가 꿈꾸고 있는 것과 같다. 오늘날의 물리학은 꿈꾸는 동안의 전자를 추적할 수 없지만, 미래의 물리학이 심리학을 포함하는 것으로 확장되면, 아마도 추적이 가능할 것이다. 그렇게 되면, 물리학은 자의식적인 선명한 꿈꾸는 사람의 도움으로 전자의 이동 기간 전부를 추적할 수 있을 것이다.

[그림 13-10] 2010년~?: 관찰과 자의식적인 선명한 알아차림에 연결된 물질의 이미지

❖ 오늘날의 물리학의 정신

오늘날 대부분의 물리학자가 동의하는 양자역학에 대한 코펜하겐 해석(보어, 본, 하이젠베르크와 기타 학자들)은 우리 주위의 세계가 '사물이 발생할 경향성' 으로 가득한, 확률의 반(半)물질적(semi-material) 안개라고 가르친다. 보어는 소립자 사건을 설명하기 위해, 어떤 물질적 사건의 특별한 성질에 대한 두 개의 측정, 두 개의 일상적 실재인 CR 관점이 우리에게 필요하다고 제안한다.

그는 이러한 두 견해를 '상보성(complementary)' 이라고 불렀다. 상보성 원리는, 양자 세계를 이해하기 위해서 우리는 같은 사건에 대한 두 개 혹은 그 이상의 고전적 서술(고전적은 일상적 실재인 CR을 의미)을 필요로 한다고 말한다. 예를 들어, 측정 중의 어떤 한 입자는 어느 순간에는 파동성일 수 있으며, 또 다른 순간에는 입자성의 특성을 나타낸다. 파동과 입자는 같은 양자 물체에 대한 상보적인 묘사다.

이러한 해석 안에서, 양자역학은 물질에 대한 완전한 수학적 서술인 것이다.[2] 이러한 서술에는 다음과 같은 경고가 필요하다. 즉, 측정과 측정의 사이, 즉 비일상적인 실재에서 '입자'에 대한 일상적 실재인 CR 개념을 토론하거나, 심지어는 상상하려고 하지 마라. 일상적인 실재에서는 오직 시험할 수 있는 것만 토론해라. 측정 사이에서 발생한 비일상적인 실재는 물리학의 영역으로 생각하지 마라.

이렇게 과학의 배경에 있으면서, 시험할 수 없는 생각은 허용하지 않는 것에 대하여, 데이비드 봄과 같은 물리학자는 심각하게 논의하였다. 그러나 만일 당신이 물리학에 대한 코펜하겐 해석을 지지하는 물리학자를 개인적으로 만난다면, 그들은 그러한 공식적인 견해를 믿지 않는다고 할지도 모른다. 예를 들어, 리처드 파인만은 양자 이론에 대한 코펜하겐의 접근을 믿는다고 썼다(Feynman & others, 1965). 그러나 개인적으로 그는 그것이 옳다고는 실제로 생각하지 않는다고 말했다. 아인슈타인 역시 보어의 생각을 믿지 않는다고 말했다.

아인슈타인과 보어 간의 오래된 갈등은 여전하다. 많은 물리학자들은 물리학에서 묘사되고 있는 것보다 물질적 우주에는 무엇인가가 더 있다고 의심한다. 몇몇 물리학자들은 물질에 영혼이 들어 있을 가능성을 인정한다. 그들은 비일상적 실재인 NCR 과정에 대한 르네상스의 배제가 잘못이라는 것을 시인하기도 한다. 한편으로 그들은 팔과 다리가 없으나 의식이 있는 얼굴과 같은 세 살짜리 어린이의 본래의 이미지로 돌아가려고 노력하고 있으며, 이것은 스스로 동기를 부여하는 행동과 같다.

스티븐 호킹(Stephen Hawking), 프레드 앨런 울프(Fred Alan Wolf), 로저 펜로즈(Roger Penrose), 아미트 고스와미(Amit Goswami) 등과 같은 용기 있는 물리학자는 현재의 틀에서 벗어나려고 하며, 의식이 어떻게 물리학에 포함될 수 있는지를 알아내려고 한다. 예를 들어, 고스와미는 의식이 사건을 창조한다고 말한다.[3] 반대로 몇몇 신경생리학자들은 의식이 물질로부터 나온다고 이야기한다. 다른 과학자들은 만일 의식이 물질에 영향을 준다면, 그것은 명백히 물질과는 구별되어야만 한다고 주장한다.

우리가 확실하게 말할 수 있는 한 가지는, 우리가 세계에 대한 기계적 견해와 물질이 인간과 전적으로 다르지 않은, 자의식적 힘을 지닌다는 새로운 견해 사이의 경계에 서 있다는 것이다. 이러한 새로운 견해는 시간과 무관한 영원한 우주의 일상적 실재인 CR 사실과 지식 둘 다를 요구한다. 이 새롭게 나타난 견해는, 재현 가능한 사실과 숫자 및 자료의 일상적 실재인 CR 세계와, 자의식적 심리학과 정신에 대한 비일상적 실재인 NCR 세계인 두 가지의 조건을 만족시켜야만 한다. 물질을 영혼을 가진 것으로 보는 물리학에서의 새로운 경향은, 일상의 시간과 꿈꾸기에서의 알아차림에 기초한 새로운 생물학과 서양의학 그리고 인생철학으로 이끌어 가는 더 자의식적인 심리학과 평행할 것이다.

1) 이론가 쿠싱(Cushing)은 이론과 사실을 만들어 내려는 우리의 경향성에 대해 경고한다. 그는(보어, 아인슈타인, 하이젠베르크) 또한 우리 모두가 어떻게 일상적 실재에서 우리의 이론을 사실과 혼동하는지를 보여 주기 위해 그들의 '독보적인' 설명을 인용한다(『양자역학(*Quantum Mechanics*)』 1994, 3장).
2) 양자역학은 소위 상태 벡터, 파동 함수 혹은 확률 진폭 등으로 일컬어지는 개념에서 완성되고 표현된다.
3) 더 정확하게, 아미트 고스와미는 『자각하는 우주(*The Self-Aware Universe*)』라는 책에서 의식은 파동 함수를 붕괴시킴으로써 사건을 창조한다고 말했다. 주카브(Zukav), 카프라(Capra), 울프(Wolf)와 같은 다른 물리학자들도 마찬가지로 암시했다. 높은 존경을 받는 수리 물리학자인 존 뉴먼(John Neuman)은 1932년 초에 의식이 양자역학 안에 존재하지만, 아무도 어디에 있는지 정확하게 모른다고 말했다.

제14장
이중틈새실험

양자 이론에 대해서 충격을 받지 않은 사람은 양자 이론을 제대로 이해하지 못한 것이다.

–닐스 보어(Niels Bohr)–

의식이 어떻게 물리학으로 연결되는지 더 탐구하기 위해, 우리는 양자 물체의 본질로 가는 지름길로 가려고 한다. 그러고 나서 우리는 일상의 시간과 꿈꾸기 둘 다에 근거를 둔 자의식적 심리학으로 다시 돌아올 것이다.

물리학자가 물질이 무엇인지를 알려고 할 때, 그 물질의 작은 조각을 시험한다. 여러분이 소립자만큼 작은 물질까지 가 보면, 그 물질이 너무 작아서 고성능의 현미경으로도 볼 수 없기 때문에 그것을 분리하고 연구하는 것은 어렵다. 만약 당신이 전자를 다룬다면, 당신은 새로운 장비를 사용해서 새로운 실험을 해야 할 것이다. 당신에게는 전자를 방출하는 전자총과, 전자가 목표를 맞추는 것을 측정하는 계수기가 필요하다. 당신은 구름상자(cloud chamber)로 전자를 내보낼 수 있으며, 그 안에서 전자가 이동하면서 남기는 궤적을 보거나, 전자가 계수기에 부딪힐 때마다 그 전자수를 셀 수 있다. 그러나 당신은 결코 전자를 직접 관찰할 수 없을 것이다.

이 장에서 나는 전자가 아주 작은 구멍을 빠르게 통과할 때 어떤 일이 벌어지고 있는지를 논의하고 싶다. 왜냐하면 이러한 조건 아래 전자에게 어떤 일이 벌어지는지를 이해할 때, 우리는 양자역학의 가장 심오하고 깊은 영역들을 이해할 수 있기 때문이다. 그렇게 되면 우리는 의식이 어디에서 물리학으로 들어가는지 더 깊이 탐구할 수 있을 것이다.

❖ 이중틈새실험

모든 양자 물체의 본질을 우리에게 가장 분명하게 보여 주는 이중틈새실험에 대해 생각해 보자. 방 중간에 문이 있는 사각형의 평범한 방을 상상해 보자. 전자는 문에 있는 하나 또는 두 개의 구멍을 통해 전자총으로부터 발사될 것이다. 그 전자들은 문의 틈새(slit)를 통해 방출되어 방의 다른 쪽 끝에 있는 스크린에 부딪힌다.

전자총은 우리가 평범한 일상적 실재에서 보는 총과 같지 않다. 그것은 기본적으로 백열전구에서 볼 수 있는 뜨거운 열선(熱線)과 같다. 우리의 열선은 전자를 방출한다는 의미에서 총처럼 작동한다. 우리는 전자 계수기로 덮여 있는 스크린에 전자를 발사한다. 이러한 계수기는 전하(電荷)에 민감하다. 스크린 전체에 자리 잡고 있는, 계수기는 찰칵하는 소리를 내면서, 스크린의 주어진 지점에 얼마나 많은 전자가 도달하는지 기록하거나 헤아린다.

몇 개의 틈새가 열렸는지에 따라 스크린에서 전자가 도달한 최종 모양에 영향을 주는 것이 나타난다. 우선 문의 틈새 하나만 열어서 시작해 보자.

틈새가 하나인 문을 통해 전자를 발사했고, 또 다른 틈새는 닫혀 있다고 가정해 보자([그림 14-1] 참조). 게다가 더 쉽게 하기 위해, 내가 하나의 전자라고 가정해 보자. 나는 전자총(열선)이 있는 곳에서 아주 뜨거워져서, 문에 있는 틈새를 통해 방출되는 것을 기다리고 있다. 총은 나를 가열하고, 나는 충분한 에너지를 가지고 있어서 방의 중앙에 있는 문의 틈새를 통해 발사되고 스크린에 도착한다.

내가 통과할 수 있는 출구는 단 하나라는 것을 기억하라. 또 다른 출구는 닫혀 있다. 그것은 아주 제한된 세계이지만, 무슨 일이 벌어지는 것을 알 수 있다는 것은 재미있다. 나는 방을 가로질러 발사되고 벽의 스크린에 부딪힌다. 나는 스크린의 어떤 특정한 한 지점에 도착하게 되고, '찰칵' 소리를 내며 전자 계수기에 의해 헤아려진다.

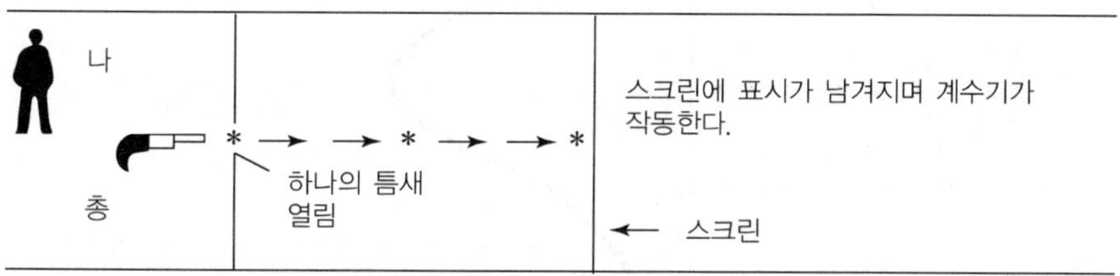

[그림 14-1] 왼쪽의 틈새와, 오른쪽의 스크린이 있는 방

그 실험을 계속하기 위해, 당신은 총을 가열해서 다른 전자를 문을 통해서 더 많이 보낼 수 있다. 당신이 총을 쏜 다음에, 문의 다른 쪽에서 어떠한 결과를 발견할 것인가? 당신은 전자들이 어느 정도 던져진 조약돌 무더기처럼 행동하는 것을 발견할 것이다. 다시 말해, 나와 다른 전자들은 틈새를 통과해서 대부분 스크린의 중앙부분에 부딪힐 것이다. 물론, 몇몇 전자는 스크린의 중앙에서 더 벗어나고, 드문 경우에 우리들 가운데 하나가 스크린의 맨 위나 맨 아래를 친다([그림 14-2]).

비록 대부분의 경우에, 우리는 통과한 열린 틈새 바로 앞에 있는, 스크린의 중앙부분에 부딪힌다. 그 결과로 전자의 분산형태는 확률 곡선을 만들고, 그 곡선은 마치 가운데를 정점으로 하는 누워 있는 종(鐘)과 같은 모습을 띠게 된다.

물리학자들은 전자가 하나의 틈새를 통해 움직여서 이러한 확률 곡선을 그리는 것을 보고, 행복해하며 말할 것이다. "자, 전자는 보통의 입자처럼 행동한다. 그것은 작은 점들이나 혹은 페인트 스프레이와 같다. 당신이 페인트를 분사하면 그것은 곧장 틈새를 통과한다. 그리고 다른 쪽에서 당신은 우리가 대부분의 페인트 입자가 도착할 것이라 예상되는 중앙에서 더 많은 페인트를 얻게 된다." 그리고 그들은 스크린의 양쪽 끝 경계에서 아주 적은 전자나 '덜 칠해진 페인트'를 보았다. 오직 하나의

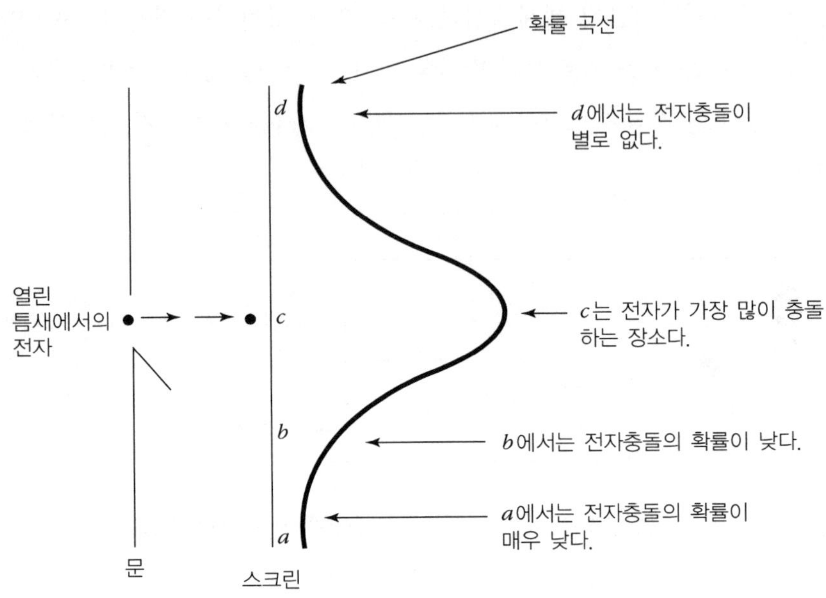

[그림 14-2] 하나의 틈새가 열렸을 때의 확률 곡선

틈새만으로 실험했을 때, 비어 있는 부분이 없이 변화하는 퍼짐의 분포만이 있다.

물리학자들은 말했다. "우리는 우리가 예상했던 결과를 얻을 수 있었다. 이제 만일 우리가 전자에 대해 좀 더 관대하게 문에 있는 두 번째 틈새를 열면 어떤 일이 생기는지 보자." 같은 방이지만, 문에 두 개의 틈새가 있다고 상상해 보자. 이번에 나와 내 친구들이 문의 틈새와 스크린 사이의 미지의 영역을 통과했을 때, 우리는 스크린에 예측하지 못한 방법으로 도착하였다. 우리는 두 개의 종 모양 곡선을 만들기 위해 두 개의 틈새를 통해 분사된 두 개의 페인트 스프레이처럼 도착하지는 않는다.

그렇다. 대신에 스크린의 어떤 지점에 거의 전자가 도착하지 않은 빈 공간이 있다. 종 모양의 확률 곡선은 [그림 14-3]의 오른쪽에서 당신이 볼 수 있듯이 정규 파동 표시로 바뀌었다. 무슨 일이 일어났을까?

새로운 곡선은 아주 다르다. 여전히 어떤 다른 지점보다 중앙에 더 많은 표시를 남긴다. 그러나 문에 오직 하나의 틈새만이 열렸을 때는 전자로 덮여질 어떠한 지점에, 전자가 거의 없다. 곡선의 정점에는 아주 많은 수의 전자 표시가 있지만, 그러나

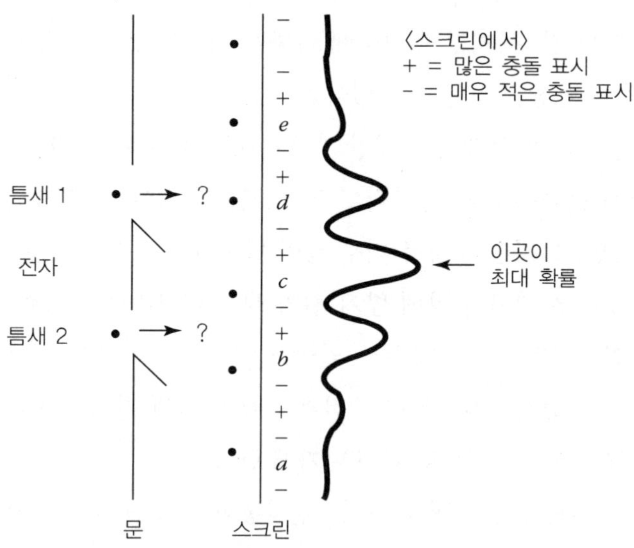

[그림 14-3] 두 개의 틈새가 열렸을 때의 확률 곡선은 전자가 서로 상쇄시키거나 간섭하는 파동처럼 행동하는 것을 보여 준다

이 표시 옆의 마이너스 기호가 있는 곳에는, 전자가 많이 도착하지 않았다. 어떻게 이런 일이 벌어질 수 있을까? 나와 친구 전자들이 스크린에 도착할 때 두 가지의 가능성을 주는 두 개의 틈새가 있을 때, 왜 때로는 어느 부분에는 전혀 도착하지 않는 걸까?

과학자들은 1920년대 이후로 이러한 예/아니요 패턴을 알아내려고 노력해 왔으며, 그것에 대해 많은 의견을 내놓았다. 이 질문에 대해서 내 수업을 듣는 한 학생은 다음과 같이 답변했다. "선택이 전자를 미치게 만들었어요." 다른 답으로는 전자는 "외롭기 때문에 함께 있으려고 해요."라는 것이다. 이런 대답은 위대한 이론이기는 하나, 이런 또는 비슷한 생각은 시험하기 어려운 비일상적 설명이다. 우리는 전자가 선택을 하는지, 서로 의사소통 없이 함께 모여 있는지 시험할 수 없으며, 아무도 현재까지 재현성 있게 시험하지 못했다. 이것은 전자가 서로 모여 있는 것을 원하지 않는다거나 혹은 두 개의 선택(두 개의 틈새)이 한 개의 선택(한 개의 틈새)보다 전자를 더 미치게 만든다는 것을 의미하는 것도 아니다. 둘 중 하나의 가능성이 다른 누군가 알고 있는 것 못지않게 사실에 가까이 접근해 있는지도 모른다. 결국 우리는 이러한 생각의 발상을 실험할 수 없다.

전자와 같은 양자 물체는 자신만의 세계에 존재하며, 그것은 일반적으로 일상적 실재인 CR에 있는 우리가 일반적으로 접근할 수 없다. 우리가 전자의 궤적을 추적하려고 한다면, 그것은 전자를 너무 많이 방해해서 우리가 얻은 결과 사진이 더 이상 방해받지 않은 전자가 방해 받기 전의 행동을 나타내는 것이 아니다. 우리의 관찰 때문에 전자에게 정확하게 무슨 일이 일어나는지에 대한 일상적 실재인 CR 질문에는 대답할 수 없게 된다. 우리가 전자를 보기 위해 필요한 전자 광선은 결국 전자를 우주의 불확실한 영역으로 튀어 나가게 한다.

따라서 시간과 공간의 개념으로는 전자총과 스크린 사이에 어떤 일이 벌어지고 있는지 정확히 알 수가 없다. 오직 우리가 알 수 있는 것은 전자가 발사되고, 전자가 마지막으로 스크린에 도착했다는 사실이다. 우리가 아는 모든 것은 그 결과이며, 그 결과는 스크린에서 이루어진 전자의 행동이다. 우리는 이 행동이 틈새를 한 개 열었는지 또는 두 개 열었는지에 달려 있다는 것을 알고 있다. 그 결과는 다음과 같은 것을 말해 준다. 즉, 몇몇 알 수 없는 이유로 인해, 전자는 두 개의 틈새가 있을 때는 파동처럼 행동하지만, 틈새가 오직 한 개만 열려 있으면 입자처럼 행동한다는 것이다.

❖ 간섭과 파동역학

왜 전자가 파동처럼 행동한다고 해야 할까? 왜냐하면 스크린 위에서의 전자의 '있다/없다' 패턴이 주기적이기 때문이다. 우리 모두는 사물이 '시간 안에서 주기적'이 된다는 것의 의미를 알고 있다. 사물은 낮부터 밤으로, 겨울에서 봄, 여름, 가을로 순환한다. 공간에서의 주기는 파도의 물결인 파동과 같은 것을 의미한다. 우리가 만약 파동의 선을 생각한다면, 우리는 높은 꼭대기와 낮은 골을 볼 수 있다. 두 개의 틈새를 통과한 뒤 스크린 위에서의 전자의 행동은 주기적으로 보이고, 우리에게 파도를 연상시킨다.

모든 파동은 과학자들이 간섭이라고 부르는 흥미로운 특성을 가지고 있다. 두 파동이 만나면, 높은 지점이 동시에 일어나는 곳에서 더해지고, 한 파동의 높은 지점이 다른 파동의 낮은 지점과 만나는 다른 부분에서는 빼거나 소거된다. 이런 더하기와 소거를 '간섭' 이라고 부른다. 예를 들어, 교차하는 물결은 서로 간섭하여 어떤 부분에서는 큰 파도를 만들고, 다른 부분에서는 물결은 작아진다.

나는 파동역학의 선구자인 에어빈 슈뢰딩거(Erwin Schroedinger)가 스크린 위에서 전자의 패턴을 보고 다음과 같이 말했을 것이라고 상상했다. "스크린에는 '있다/없다' 패턴이 있다. 그것은 나에게 두 개 혹은 그 이상의 파동이 상호작용할 때 알려진 파동이 서로 간섭하는 행동 방식을 상기시켜 준다. 우리는 이러한 간섭현상이 소리와 물결에서는 항상 발생하는 것을 알고 있다. 이러한 양자역학을 '파동역학' 이라고 부르자." 이렇게 소리나 물결의 알려진 파동처럼 전자는 서로에 대해 간섭한다. 전자는 서로 합쳐지고 소멸되는 곳에 '있다/없다' 패턴을 남긴다.

당신은 부엌 싱크대나 목욕탕에서 간섭을 실험해 볼 수 있다. 싱크대에 물을 채워라. 표면이 잔잔해질 때까지 기다려서 싱크대의 수도꼭지에서 물을 한 방울 떨어지도록 한 다음, 파동이 동심원을 그리면서 퍼져 나가는 것을 관찰해 보라. 그런 다음 첫 번째 물방울에서 몇 인치 떨어진 곳에서 두 번째 물방울을 떨어뜨려 보고, 두 번째 위치로부터 퍼져 나가는 파동을 관찰해라. 마지막으로, 싱크대의 서로 다른 위치에서 동시에 물 두 방울을 떨어뜨려 물 표면의 중앙에서 어떤 일이 벌어지는지 관찰해 보라. 두 위치에서 나온 파동들이 어떤 부분에서는 합쳐져서 더 큰 파동을 이루고, 다른 곳에서는 파동이 소멸되거나 작아져서 파동이 존재하지 않는 것처럼 만든다. 그 결과로 교차된 무늬 파동으로 아름답게 짜진 직물과 같은 무늬가 생겨난다. 그 형태는 간섭으로 인한 것이다.

물리학자들은 두 개의 틈새를 통해 나간 전자들이 '물질 파동(matter waves)' 이라는 것을 이론화(理論化)했다. 닐스 보어는 그것을 '확률 파동' 이라고 불렀다. 하이젠베르크(Heisenberg)는 확률 파동을 시험하거나 볼 수 없다고 했으며, 볼 수 있는 것이라고는 전자가 두 개의 틈새를 통과할 때 스크린에 나타나는 양자 물체의 파동과 같은 모습이다. 따라서 전자가 움직이고 있을 때 무슨 일이 벌어지는지 알 수 없기 때문에, 우리는 전자 또는 다른 양자 물체를 물질 파동(혹은 어떤 파동이든)이라고 부를 수 없다. 우리는 단지 스크린에 나타난 파동과 같은 모양의 결과만을 알 수 있다. 우리가 말할 수 있는 것은 이러한 결과가 파동에 의해서 만들어질 수 있었다는 것이다. 자신의 이론에 자신이 있는 슈뢰딩거는, 실제로 그가 파동을 보았던 보지 않았던, 볼 수 없는 전자를 묘사하기 위해서 물과 소리의 볼 수 있는 움직임에 대한 기본 형식을 사용할 수 있다고 말했다.

비록 아무도 파동 자체를 볼 수 없었더라도, 모든 종류의 양자 물체에 대한 결과적인 방정식을 '파동방정식' 이라고 불렀다. 물리학자들은 파동방정식을 사용하는데, 왜냐하면 수학은 스크린 위에 발생한 결과와 잘 맞기 때문이다. 수학은 전자에 의해 남겨진 스크린 위의 궤적과 일치하며, 다양한 조건하의 다른 모든 소립자 입자에 대한 패턴을 보여 주는 데 아주 유용하였다. 다시 말해, 우리가 물리학의 이러한 분야를 파동역학, 양자역학 혹은 양자물리학 등 뭐라고 부르더라도, 그것은 소립자의 패턴을 묘사하는 데 상당히 성공적이었다.

파동방정식은 양자 물체의 근원적인 실재에 대한 많은 사람들의 질문에 답변하지 못한다. 전자가 전자총을 떠난 뒤 스크린에 나타나기 전에 전자의 실재는 무엇인가? 몇몇 물리학자들은 여전히 물질이 일종의 진동이나 파동 형태라고 생각하는 반면에, 다른 물리학자들은 입자에 대해 좀 더 일상적인 개념을 고수한다. 그러나 거의 대부분의 학자들은 양자 물체를 대상으로 한 실험에 의존하여, 물질이 파동성과 입자성의 성질을 모두 지닌 양자 물체로 구성되어 있다는 것에 동의한다. 물질의 파동성이나 입자성 중에서 어떠한 측면이 나타나는가 하는 것은 관찰자의 결정(즉, 한 개 또는 두 개의 틈새를 사용하는 것을 결정)에 달렸다. 우리는 '파동' 이나 '입자' 둘 다 볼 수 없는 세계의 일상적 실재인 CR 묘사라는 것을 기억해야만 한다. 그 두 가지의 묘사는 서로가 '상보적' 이라고 생각된다. 즉, 그 두 개의 일상적 실재인 CR 개념은 물질에 대한 측량 가능한 질과 양을 추정하는 데 필요하다.

❖ 물리학에서 수학으로

물리학자들은 전자와 같은 양자 물체와 관찰자 사이의 상호작용에서 발생하는 기본적이며 근원적인 평균의 패턴을 상징하기 위해 수학을 사용한다. 그 결과의 수학 공식은 관찰자와 관찰대상 사이를 연결하는 어떠한 주어진 사건에서 발생하는 것을 지배하는 일반적인 패턴이다. 우리는 앞에서의 연구 여행에서 숫자란 헤아리는 사람과 헤아리는 대상 사이의 상호작용에 대한 기술이라는 것을 발견했을 때, 이미 이러한 개념을 살펴보았다.

전자가 스크린 위에 또 다른 모습을 남겼다고 가정해 보자. 주기적인 파동과 비슷한 모습 대신에 아래와 같은 패턴을 남겼다고 상상해 보자.

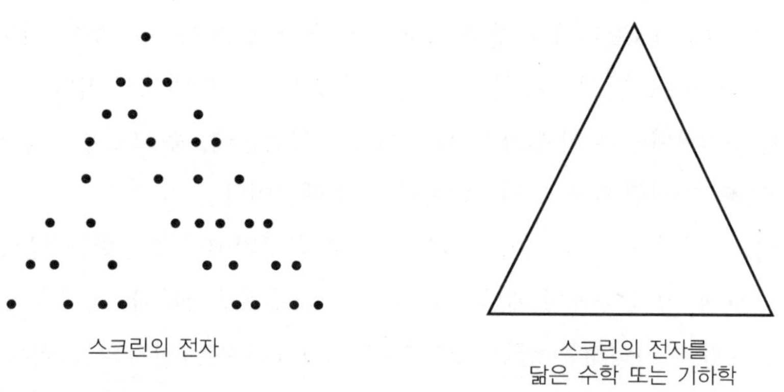

[그림 14-4] 삼각형에 의해 추정된 삼각 모양의 형태

만일 스크린 위에서의 결과가 삼각형이라면, 우리는 삼각형이 모든 점들이 이룬 평균적인 형태에 가장 가깝기 때문에 그 모양을 삼각형이라고 부를 것이다. 그렇다면 파동역학 대신에, 우리는 삼각형역학을 가졌을 것이다. 그러면 우리가 양자물리학에서 사용할 방정식은 파동이 아니라, 비록 물리학자들이 결코 삼각형이 공중에 날아다니는 것을 본 적이 없을지라도, 삼각형의 묘사가 될 것이다.

보어를 포함한 몇몇 물리학자들은 파동방정식의 불가시성에 대해 혼란스러워하고 있다. 그들은 동료 물리학자에게 다음처럼 경고했다. "조심하게, 친구들. 자네들의 머리에서 파동 이미지를 지워 버리게. 수학이야말로 우리가 스크린에서 보는 이미지에 대한 유일한 묘사이며, 날아다니는 동안의 전자 자체에 대해 확실한 어떤 것도 말하지 못한다네. 더구나 당신들이 시험할 수 없는 것에 대해서는 논의할 수도 없네. 만일 자네들이 공중에 있는 것을 시험할 수 없다면, 그것에 대해 무엇이라고 불러서도 안 되네." 전자는 언제나 공중에 떠 있기 때문에, '전자' 라는 개념으로 우리가 의미를 정확하게 하는 것은 엄청난 수수께끼와 같은 난제가 된다.

❖ 꿈과 입자들

일상적 실재인 CR에서 관찰한 물질에 대한 파동 묘사와 그것의 일상적 실재인 CR 밖의 신비하고 알려지지 않은 본질은 처음에 추측한 대로 우리의 이해와 다르지 않았다. 심리학자들은 이 문제를 잘 인식하고 있었는데, 즉 그들은 본질이 알려지지 않은 역설적인 경험에 종종 직면해야만 하기 때문이다.

틈새를 통과한 입자의 보이지 않는 궤적은 꿈꾸기에서 경험하는 경로와 매우 유사하다. 사실, 양자 물체의 패턴은 꿈의 상징과 매우 흡사하다. 이것을 생각해 보자. 당신이 아침에 기억하는 꿈은 스크린에서 헤아려지는 전자의 흔적과 유사하다. '꿈' 이라는 용어는 '전자' 라는 용어와 비슷하다. 즉, 둘 다 본질적으로 알려지지 않은 어떤 것에 대한 일상적 실재인 CR 용어이며, 다시 말하자면 밤을 통해 움직이는 물체가 우리의 기억 스크린에 도착해서, 꿈이 만드는 이미지의 관점에서 헤아려지고 다시 헤아려진다.

스크린의 사건에 대한 설명이 관찰 전에 발생한 사건과 필연적으로 일치하지 않는 것처럼, 꿈꾸기로부터 당신이 경험한 이미지와 느낌은 꿈꾸는 과정 자체와 꼭 실제적으로 일치하는 것은 아니다. 꿈꾸기는 거의 말로 표현할 수 없는 것이다. 그것은 단지 당신의 자의식적 감각이 경험하는 미지(未知)의 세계다.

꿈의 상징이 확장할 때 일상의 실재에서 우리의 행동을 묘사하는 것과 같은 방법으로, 파동함수는 스크린 위의 전자 거동을 형태화한 부호다. 파동함수가 아직 관찰되지 않은 전자에게 일어난 것을 상징하는 것처럼, 우리는 꿈의 상징이 깨어 나기 전에 꿈꾸기의 내용에 대한 공식이라고 말할 수도 있다.

물리학에 있어서 파동함수는 복소수인 것으로 판명되었다. 왜냐하면 이 숫자 복소수는 파동과 비슷한, 주기적 현상을 설명하는 데 가장 적합하기 때문이다.[1)] 8장에서의 내용대로, 복소수는 실재와 가상, 즉 실수와 허수의 측면을 지니고 있으며, 직접적으로 측량될 수 없다. 꿈에 있어서도 마찬가지다. 즉, 꿈은 일상의 문제에 대한 일상적 실재인 CR 해결과 비일상적 실재인 NCR 경험(무의식, 정신적, 낭만적, 유령 같은 특성의 감정) 모두를 지니고 있다. 양자 물체처럼, 꿈꾸기는 직접적으로 측정되지 않는다. 따라서 파동함수와 꿈의 상징 둘 다 내가 비일상적 실재인 NCR 경험으로 언급한, 비일상적 영역을 묘사한다.

양자 물체의 파동함수에 대한 흥미로운 부분은, 전자와 같은 양자 물체가, 세상의 어디에서나 우리에 의하여 관찰되기 전에 존재할 수 있다고 예상한다는 것이다. 그들의 복소수는 일상적 실재인 CR에서 어떠한 장소, 어떠한 시간을 의미할 수 있다. 비슷하게, 꿈꾸기에서 당신은 마찬가지로 실제 세계의 어떠한 장소, 어떠한 시간에 존재할 수 있다.

물질을 설명하는 파동함수는 물리학자에게는 물질에 대한 가장 기본적인 서술로 여겨진다. 꿈이나 꿈과 같은 과정을 다루는 많은 사람들도 같은 가정을 한다. 즉, 꿈은 인간 행동의 중요한 열쇠를 포함하고 있다.

❖ 간섭과 심리학

꿈과 입자 사이의 또 다른 연결은 심리학에서 간섭을 살펴봄으로써 이해될 수 있다. 간섭, 즉 경험의 주기적인 증폭 또는 소거는 잘 알려진 심리학적 원리다.

잠깐 어린이들에 관해 생각해 보자. 지금 학교로 가고 있는 어떤 어린이를 예로 들어 보자. 학교는 우리의 전자 실험의 스크린과 비슷하다고 하자. 만일 한 어린이가 단 하나의 경로로만 학교에 갈 수 있다면, 그 어린이가 그 길로 갈 가능성은 크다. 그러나 만일 그 아이에게 학교에 갈 수 있는 두 개의 경로를 준다면 무슨 일이 일어날까? 그 아이는 결코 학교에 도착할 수 없을 수도 있다. 왜? 그 아이는 결정할 수 없고 혼동되기 때문이다. 혼동되었다는 것은 무엇을 의미하는가? 즉, "그 아이는 결정할 수 없다."는 것은 무엇을 의미하는가?

심리적인 간섭은 두 개의 서로 다른 내부 과정이 동시에 일어날 때 생긴다. 당신은 아마 자신과 친구 사이에서 간섭을 본 적이 있을 것이다. 당신이 동시에 진행하는 두 과정을 가졌을 때, 당신은 학교에 가고 있는 어린이처럼 보인다. 하나의 선택이 주어지면, 어린이는 그 길을 간다. 그러나 두 개의 선택이 주어지면, 아이는 혼란스러워 아무것도 할 수 없을 것이다. 이 혼란은 두 과정의 간섭 때문이다.

심리적인 간섭의 또 다른 간단한 예가 있다. 우리가 식당에 앉아 점심식사를 기다리면서 대화를 하고 있는 것을 상상해 보라. 나는 몹시 배고프다. 나는 내 배고픔이 우리의 대화를 간섭하는 것을 의도적으로 원하지 않으나, 배고픔이 대화를 간섭하려고 하는 것을, 나는 어쩔 수가 없다. 내 위(胃)는 굶주려서 으르렁거리고 있다. 나는 그것을 무시하고 대화에 집중하려고 하지만, 나는 잘 들을 수 없다. 또 내 위는 나에게 점심식사를 원한다고 말하면서, 나에게 말을 건다. 일상적 실재인 CR에서 내가 당신의 말을 듣고 있는 것처럼 행동하려고 하지만, 나는 내 위의 신호에 의해 집중하지 못하게 된다.

결과는? 어떤 순간에 스크린에는 아무것도 없고 내 얼굴은 멍하게 보인다. 당신은 내가 '혼이 빠졌다'고 생각한다. 나는 실제로 당신 말에 집중하지 않고, 당신은 내가 실제로 그곳에 있지 않다는 것을 느끼면서, 나와 대화하는 것이 불편하게 된다. 나는 내가 무슨 말을 하는지, 무슨 생각을 하는지 모른다. 즉, 나는 내 배고픔이 대화의 과정과 간섭한다는 것을 전혀 알지 못한다.

물리학에서 파동과 같은 간섭은 우리가 일상의 회화에서 '멍하기' 또는 심리학적 용어로 '불일치'라고 부르는 것과 유사하다. 입자가 지나갈 수 있는 두 개의 가능한 틈새를 가지는 것처럼, 우리도 동시적으로 일어나는 두 가지 과정을 가질 수 있다.

우리는 보통 하나의 열림 또는 틈새를 확인할 수 있는데, 그것은 우리가 우리의 의식적인 마음, 예를 들면 대화에서 나의 관심이라고 부르는 것이다. 또 다른 틈새는 내 위(胃)의 배고픔 같은 비의도적인 과정을 의미한다.

이러한 비의도적인 과정은, 특히 대화의 주제가 음식으로 옮겨갈 때, 때로는 멍한 상태를 만들면서, 때로는 큰 에너지와 행복을 만들면서 간섭을 한다. 따라서 의도적인 대화는 비의도적인 위의 신호와 일치하고, 열광의 거대한 파동을 만들면서, 나의 과정은 스스로를 함께 더하게 된다. 내 신체의 모든 기관은 마침내 '식사 시간입니다' 라고 말한다.

아마 자연도 같은 방식으로 작동할지 모른다. 아마 두 틈새를 통해 움직이던 전자는 '불일치' 한다. 그들은 서로를 상쇄한다. 즉, 그들은 '멍해진다.' 두 개의 틈새인, 두 과정의 가능성이 주어지면, 전자들은 혼동되고 일치하지 않게 된다.

치료법의 주된 목표 중 하나는 우리의 두 과정이 더 일치하고, 서로 잘 어울리게 돕는 것이다. 그러나 이 목표는 결코 영원히 도달할 수 없다. 왜냐하면 우리가 일치하자마자, 또 다른 비의도적인 과정이 어디선가 나타나서 우리는 다시 얼빠진 상태를 경험하기 때문이다. 간섭은 양자 물체에 기본적인 것처럼 인간 본성에도 기본적이다.

두 가지 또는 그 이상의 형태가 충돌하거나 조화로울 때마다, 우리는 꿈에서 간섭을 본다. 파동함수는 틈새가 하나일 때 스크린 위에 간섭이 없고, 틈새가 두 개일 때 양자 물체의 간섭이 가능한 것처럼, 꿈은 서로 더하거나 서로 상쇄하는 친구 또는 적으로서 두 개의 서로 다른 모습 또는 과정을 묘사할 수 있다.

물론, 우리가 하나의 틈새, 하나의 과정을 말한다면, 일치하는 존재일 때도 있다. 이 기간 동안 우리는 더 단순하고, 하나를 가리키는 개인이다. 우리는 거의 충돌하지 않고 단순한 과정을 가진다. 우리는 배고플 때 먹고 피곤할 때 잠잔다. 순간적으로 단지 하나의 일치된 과정의 발생이 있을 뿐이다. 이러한 일치는 저절로 또는 우리의 꿈꾸는 과정에 우리를 연결하는 내면 작업을 통해 생길 수 있다.

어떤 경우라도, 만일 우리가 양자 물체로 유사한 실험을 한다면, 꿈꾸는 과정은 단일 또는 이중틈새실험과 같을 것이다. 우리가 하나의 틈새일 때, 우리는 단순한 하나의 과정을 갖는다. 이중틈새 상황에서 우리는 불일치하고 간섭으로 혼동하게 되는 것을 경험한다.

양자 물체의 재미있는 특징은 하나 또는 두 개의 틈새를 사용하는 실험에 관한 결정이 입자성이나 파동성과 같은 최종 결과에 영향을 준다는 것이다. 물질의 겉모습은 한 가지 종류의 실험 대(對) 다른 종류의 실험을 하는 사람의 결정에 달려 있다. 우리가 파동을 보는가 또는 입자를 보는가는 우리의 관심에 달려 있다.

꿈 역시 '관찰자' 의 관심에 크게 의존하는 것으로 알려져 있다. 그들 내면 삶에 맞춰진 꿈꾸는 사람은 최소한의 간섭 또는 멍하게 되는 것을 경험한다. 확신을 가지고 꿈꾸기에 관심을 가질 때, 우리는 꿈에서 매혹적인 관계와 시도된 조화의 믿을 수 없는 연결을 볼 수 있다. 관찰자는 양자 영역과 꿈 영역 모두에서 사건의 결과에 아주 중요하다.

❖ 파동의 붕괴와 깨어나기

여기에서 우리는 전자와 같은 양자 물체와 꿈꾸기 사이의 흥미로운 연결에 도달한다. 우리는 이러한 연결을 다음 장에서 더 탐구할 것이나, 지금은 다음과 같은 것을 생각해 보자.

꿈꾸기는 양자 물체가 관찰되지 않을 때, 보이지 않는 시기와 유사하다. 꿈에서, 당신의 존재는 어떠한 시간, 어떠한 위치일 수도 있다. 그러나 당신이 깨어날 때, 당신의 깨어나는 마음의 알아차림은 당신을 하나의 시공간 지점에 착륙시킨다. 어떤 사람도 어떻게 지구의 한 특정 지점으로의 '도착' 이 일어나는지를 정확히 알 수 없다. 어떻게 당신이 한 지점에서 깨어나는지를 설명하는 이론이 없는 것처럼, 어떻게 관찰이 '파동함수를 축소하여' 양자 물체가 하나의 특정 지점 가까이에 위치하게 하는지에 대한 물리학에서의 어떠한 합의도 없다.[2]

우리가 보았듯이, 파동함수의 수학은 양자 물체가 관찰되거나 스크린에 기록될 때 양자 물체가 만드는 이미지를 묘사한다. 파동과 같은 현상에 대한 방정식은 복소수를 사용한다. 왜냐하면 복소수(7장과 8장에서 논의된)는 계산을 단순화하기 때문이다. 우리는 또한 꿈꾸기와 같이, 파동함수를 직접 측정할 수 없다는 것을 알고 있다. 그것은 비일상적 실재인 NCR에서 일어나는 사건의 일반적인 패턴이다. 관찰되기 전 양자물체의 영역으로부터 스크린에서 전자의 관찰까지에(즉, 어느 시간, 장소에서의 전자로부터 계수기에서 관찰되는 전자까지) 도달하기 위해, 수학은 켤레화를 통해 파동함수를 기계적으로 해석한다.

우리는 이미 켤레화가 관찰에 대응하는 수학이라는 것을 발견하였다. 켤레화는 복소수 형태($a+ib$)를 가지는 파동함수에, 반영($a-ib$)을 곱한다. 켤레화는 실수(a^2+b^2)를 생성한다. 물리학은 이러한 실수를 스크린 위의 특별한 지점에서 양자 물체를 발견할 확률로 해석한다.

파동함수의 켤레화는 관찰을 기술하기 위해 꼭 필요한 수학이며, 켤레화는 실제 입자에 대한 복소수 공간에서 보이지 않는 입자와 고전적이며 일상적 실재인 CR에서 헤아릴 수 있는 숫자 사이의 변환이다.[3] 켤레화는 관찰 전 어느 곳에서나 있는 입자가 특정 지점에 위치하도록 하기 위해 해석하는 능력을 부여하는 것처럼 파동함수를 해석한다. 물리학자들은 그들이 '켤레화' 하는 것을 필요로 하지만, 왜 이 수학이 일상적인 물리적 실재에서 정확한 답을 주는지 설명하지 못해 왔다. 이것이 내가 물리학이 기초 없는 집과 같다고 말한 이유다.

지금까지, 우리는 복소수 자신의 반영으로 복소수의 곱셈을 포함하는, 켤레화의 과정이 선명한 꿈꾸기의 과정, 깨어남의 과정과 비슷하다는 것을 알고 있다. 꿈꾸기는 실제적이고 상상적인 특성을 지닌 복소수와 비교할 수 있다. 선명한 꿈꾸기는 꿈을 반영한다. 선명한 꿈꾸기가 꿈에 적용될 때, 둘은 '켤레' 가 되고, 일상생활에서 관찰될 수 있는 신호와 무의식적 표현도 마찬가지로, 연결 과정은 통찰과 자각을 생성한다.[4]

다시 말해, 꿈꾸기는 물질인 실재에 대한 우리의 일상적인 관찰을 기초로 하는 자의식적 경험이다. 물리학에서 파동함수의 붕괴는 심리학에서 자각의 과정과 비슷하다. 물리학에서의 관찰과 심리학에서 자각하는 실재의 핵심은 눈에 보이지 않는 경험을 펼치거나 반영하는 것이다. 우리는 수학에서 켤레화가 복소수 자신의 반영으로 복소수를 곱하는 것을 의미한다는 것을 알았다. 심리학에서 켤레화는 꿈꾸기와 그것의 반영인 선명한 꿈꾸기를 서로 켤레화하는 형태로, 그것에 의해 일상적 실재인 CR과 일상의 의식을 생성한다.

지금까지, 물리학은 허수 때문에 켤레화의 과정에 의미를 부여하는 것이 가능하지 못하였다. 켤레화는 실수를 생산하고, 실제 사건을 계산할 때 매우 유용하였다는 것만이 알려져 있다.

많은 물리학자들은 관찰을 표현하는 수학에 포함된 새롭거나 빠뜨린 원리, 즉 켤레화 수학이 어떻게 작용하는지를 설명하는 원리를 의심해 왔다. 나는 파동함수의 붕괴 속에서, 관찰에 일어나는 것을 설명하기 위해 양자역학에 의해 요구되는 다음의 부가적인 원리를 제안하려고 한다. 이 새로운 원리는, 깨어 있기 위해, 보이지 않는 사건들을 분명하게 알아채기 위해 본성이 스스로를 반영하는 경향성이다. 본성은 일상의 실재의 발생자이며, 선명한 꿈을 꾸는 사람이다. 다시 말해, 우리가 관찰이라고 부르는 것은 우리 안에 있는 무의식적인 경향성의 표현이며, 본성 스스로를 보려고 하는 경향성이다.

꿈꾸기와 파동함수 사이에 너무 많은 유사점이 있으므로 실재에 대한 같은 기본적, 비일상적, 근원적인 경험의 반영으로서 그 둘을 동등하게 다루고 싶어 한다. 꿈의 비일상적 실재인 NCR 과정은 복소수가 발생하는 영역인, 비이중적 세계, 하나의 세계에 대한 표현처럼 보인다.

우리는 복소수의 측면을 이해하기 위해 자의식적 경험, 즉 꿈꾸기를 이용할 수 있으며, 그 반대도 가능하다. 꿈꾸기와 복소수 둘 다 우리에게 양자역학이나 심리학에서 볼 수 없거나 말할 수 없는 하나의 세계로 가는 통찰을 준다.

양자물리학의 수학에서 우리가 발견한 반영은 어떤 사물에 주의를 주려고 하고, 그들을 반영하려고 하는 인간 본성의 반영적인 경향성 안에서 심리학의 유사성을 갖는다. 양자물리학의 수학에서의 이러한 반영은 자아 반영과 본성 자체의 명료함을 가리키는 것 같으며, 이 본성은 깊은 느낌, 예감, 꿈, 즉 자의식적 경험에서 온 실재를 생성한다.

1) 관찰하기 전 전자의 비국소성의 수학에 대해서 다음의 주석을 보라.

2) 입자에 관한 일반적인 방정식 또는 패턴은 어떤 시간 t에, 위치 x에서 발견된 존재의 경향성과 관련된다. 만일 우리가 이러한 경향성을 파동함수라고 부른다면 ψ는 x와 t에 의존하거나 이들의 함수다.

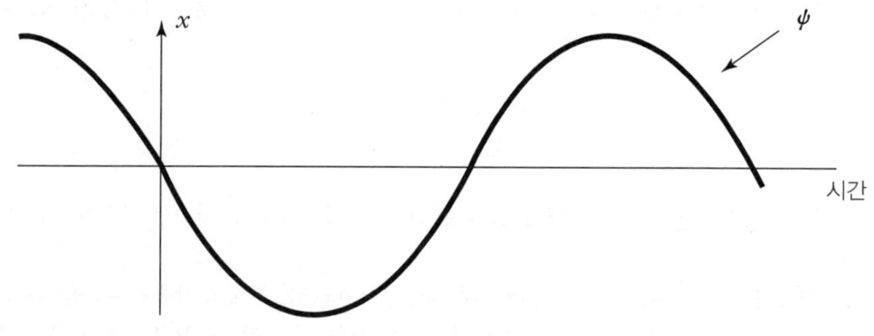

[그림 14-5] 파동 패턴

의존성은 때때로 파동성과 같기 때문에, 우리는 일반적인 파동방정식을 사용할 수 있다. 가장 일반적인 방정식은 그 형태가 다음과 같으며,

$$\frac{\partial^2 \psi}{\partial x^2} = k \frac{\partial^2 \psi}{\partial t^2}$$

이것은 단순하게 시간 t에서 스크린의 점 x에 있을 경향성인 ψ는 주기적 방법으로 x와 t에 의존한다는 것을 말한다(미적분과 미분을 만든 라이프니츠와 뉴턴에 감사한다).

양자역학에서 파동방정식은 부분 미분방정식이라 불리고, 다음과 같이 하나의 입자에 대해 1차원으로 쓸 수 있다.

$$-\frac{h^2}{2m} \cdot \frac{\partial^2 \psi}{\partial x^2} = ih \frac{\partial \psi}{\partial t}$$

외부의 힘이 작용하지 않는 한 입자에 대한 파동방정식

파동방정식에 대한 풀이의 하나는 $\psi = Ae^{i(\omega t - kx)}$와 같이 쓸 수 있거나, 이러한 ψ들의 어떤 부가 또는 중첩 중 어느 것일 수도 있다. 위에서 허수 i를 주목하라. 그러므로 ψ는 복소수다. 독자는 화성학과 음악을 표현하는 데 사용될 수 있는 복소수에 대한 8장으로부터 이 풀이를 기억할 것이다(복소수 수학은 이러한 움직임이 계산되고 표현될 수 있는 용이성 때문에 진동을 지닌 체계에 대해 선택할 수 있는 수학이다). 8장의 주석 2와 3을 참조하라.

어쨌든, 파동함수 ψ는 파동과 같은 풀이를 가지며, 일반적으로 다음과 같은 지수 형태로 쓰일 수 있다.

$$Ae^{i(\omega t-kx)}$$

지수는 미분방정식을 매우 단순하게 만든다. 만일 당신이 그들을 대입하면, 복잡하게 보이는 방정식은 대수(代數)적이 된다. 왜냐하면 지수 함수의 미분은 단순한 곱수로서 지수를 간단하게 아래로 내리기 때문이다.

$$\frac{d}{dt}e^{i\omega t} \;=\; iwe^{i\omega t}$$

두 번째 미분계수도 같은 일을 해서, 또 다른 $i\omega$를 아래로 내린다. 따라서 지수의 미분은 곱셈이 되는 것이다.

양자역학의 경우에, ω는 고전적인 에너지 개념, $E=h\omega$(h는 플랑크 상수, $h=2\pi\hbar$)와 연관된 파동의 진동수다. 파동수 k는 $p=hk$로 전자의 운동량 또는 미는 힘, 즉 압력을 묘사한다. 만일 우리가 정확한 파동수 k를 안다면, 우리는 양자 물체의 운동량을 알 수 있다.

때때로 진폭이라고 불리는 파동방정식의 아주 매력적인 면은, ψ의 완전제곱은 켤레를 곱함으로써 얻을 수 있고 점 x와 시간 t에서 입자를 발견할 확률을 준다는 것이다.

어떠한 외부 힘이 작용하지 않는 전자에 대한 파동함수는 우주 안에서 어디에서나 똑같이 발견될 수 있다고 말하는 것을 주목하라. 그것은 입자가 어디에 있는지를 측정하기 전에는 우리가 입자의 위치에 대해 확신할 수 없다는 것을 의미한다. 그러나 절대값은 가상의 요인을 제거한다. 그래서 입자에 대한 확률 f는 시간과 공간에 따라 변화하지 않는다. 입자는 정해진 에너지를 갖는다. 이것이 우리가 때때로 정해진 에너지 준위의 원자가 정지한 상태(stationary state)에 있다고 말하는 이유다.

양자 파동함수와 양자역학은 부록에 더 자세하게 기술되어 있다.

3) 켤레화의 결과에 대한 수학적 표현은 복소수의 절대값인 실수 값이다. 물리학은 이러한 수를 스크린 위의 어느 한 점에서 입자를 발견할 확률을 나타내는 것으로 해석한다.

4) 8장을 참조하라.

제15장
결례화와 꿈꾸는 시간

일상적인 감각에서의 독립적인 실재는 관찰의 현상이나 작용에 의한 것이 아니다.

– 닐스 보어(Niels Bohr), 『원자 이론과 자연의 설명 (*Atomic Theory and the Description of Nature*)』에서–

1920년대 양자역학의 발견 이후 물리학계에 만연했던 질문들은 오늘날 아직도 우리에게 남아 있다. 만일 전자가 방해받지 않은 상태에서 측정될 수 없다면, 전자 또는 전자의 경로에 대해 말한다는 것이 무슨 의미가 있는가? 우리가 따라갈 수 없는 궤적을 가진 전자가 어떻게 전자 계수기에서 측정될 수 있는 순간적인 충돌로 바뀔 수 있는가? 어떻게 전자는 알려지지 않은 영역을 거쳐 이동하면서 소위 비물질화되었다가, 다시 전자 계수기로 측정될 때 전자로 나타날 수 있는가?

이러한 질문은 물리학의 용어로 대답하는 것이 불가능할지 모른다. 왜냐하면 물리학은 전자의 신비한 비행 동안 '전자'를 추적할 수 없기 때문이다. 지금까지, 심리학은 이러한 삶의 보이지 않는 영역을 이해하는 것을 도와주는 '과학'이었다. 심리학을 연구함으로써 우리는 비일상적이며 시험할 수 없는 과정의 물리학을 이해하는 방법에 관한 힌트를 얻을 수 있다. 심리학의 원리를 탐구함으로써, 우리는 양자역학과 파동함수의 신비한 분석의 기초가 되는 지각 행동을 조사할 수 있을 것이다.

❖ 추적과 펼침

심리학과 의학은 사람들에게 매우 현실적이나, 직접 볼 수 없는 과정을 다루어야만 한다. 두통에 대하여 함께 생각해 보자. 우리는 두통이 머리에서 발생한다는 것을 알고 있다. 우리는 두통이 종종 긴장감에서 시작된다고 알고 있다. 우리는 두통으로 인한 통증을 가라앉히는 방법을 알고 있다. 비록 당신이 통증을 느낄 때 매우 실재적이지만, 그러나 이 통증이 무엇인지 정의하기는 매우 어렵고, 측정하기는 더욱더 어렵다. 한편 통증은 비일상적 실재인 NCR 현상이기도 하다.

나는 두통과 같은 정신신체의학의 효과에 대한 수년 동안의 작업에서, 만일 두통의 경험이 자의식적으로 추적된다면, 두통은 종종 사라진다는 것을 알게 되었다. 두통과 같은 비일상적 실재인 NCR 과정을 추적하기 위해서는, 인내와 주의력이 필요하다. 우리들 대부분은 일상적 실재인 CR에 대해 의미가 있다고 여겨지는 신호에만 관심을 갖도록 길들여졌기 때문에, 이 같은 비일상적 실재인 NCR에 대한 추적은 매우 어렵다. 예를 들면, 내가 학생들에게 두통이 있다고 했을 때, 대부분의 사람들은 내 말을 듣기는 하지만 통증을 언급할 때 내 몸이 무엇을 하고 있는지는 알아차리지 못했다. 즉, 그들은 내가 말한 것을 듣지만, 내가 두통이 어떻게 느껴지는지 말할 때 턱을 악무는 것은 알아채지 못한다. 이러한 내 턱의 신호는 직접적인 일상적 실재인 CR의 의미가 아니다.

내가 두통에 관해 말했을 때, 내 몸은 두통에 관해 학생들이 찾아본 적이 없는, 미세한 메시지를 신호로 보냈다. 내가 두통을 언급했을 때, 나는 무의식적으로 내 목 뒤의 근육을 긴장시키고, 턱을 악물면서 머리를 약간 끌어당겼다.

이 같은 신체 과정은 내 두통의 측면이었지만, 아직 그들은 인식되지 못한 채 지나갈 것 같다. 왜냐하면 이러한 신호의 중요성과 의미에 관해 일치된 것이 없기 때문이다. 목 뒤의 근육을 긴장하거나 이를 악무는 것에 대한 표준적인 의미는 없다.

그러나 미소나, 공식화된 단어, 악수와 같은 다른 신호는 일상적 실재인 CR 신호다. 이것들은 세계의 어느 지역사회나 지역에 바탕을 두고 변화하는 문화적인 의미를 준다.

우리가 두통을 추적하기 위해서는 미세한 신호에 주의해야만 한다. 한번은 수업 중에 두통을 추적하였다. 내가 이를 악물고, 목을 긴장시키는 등의 경향을 알아차림으로써 시작하였다. 나는 주의를 집중하면서 이런 경향성을 더 뚜렷하게 경험하였다. 이렇게 나의 두통을 추적하였을 때, 나의 상태는 더 발전하여, 단어를 넘어서는 감각으로 변하였고, 나의 내면 시각에서는 솟아오르는 물줄기의 흐름이 머리 꼭대기를 통해 대기로 움직이며, 뿜어 오르는 간헐천처럼 보였다. 나는 갑자기 두통의 흐름인 간헐천이 나의 작업에 대한 '분출' 인 흥분을 나타낸다는 것을 깨닫고 웃었다. 나는 가르치고 있는 것에 대한 열정으로 공중으로 팔짝 뛰었고, 이러한 나의 열정을 펼치자 두통이 사라졌다.

❖ 심리학, 수학, 물리학이 어디에서 만나는가

두통의 시작 상태와 끝 상태 사이에 목의 긴장과 이를 악문 상태로 나타나는 비일상적 실재인 NCR 과정이 있었다. 두통 경험의 시작 상태와 끝 상태는, 전자총을 떠난 전자의 시작 상태와 스크린에서의 최종 측정과 비슷한 일상적 실재인 CR 상태다. 그러나 물리학에서는, CR 상태 사이에서 전자의 존재를 묘사하는 복소수 공간을 통해 전자의 비행을 추적할 수 있는 방법이 없다.

비일상적 실재인 NCR 영역에서 펼치기 과정의 개념은 이런 방법으로 결코 자신을 추적해 본 적이 없는 물리학자와 비전문가에게는 매우 낯설 것이다. 그 과정을 밝히기 위해 좀 더 상세하게 과정을 추적하거나 '펼치기' 를 탐색해 보자.

관찰의 모든 유형에서, 당신은 어떤 경험을 배제할 수 있다. 우리는 수학에서 이미 이런 현상을 탐구했었다. 한 사건을 헤아리면서, 그 사건의 다른 측면은 헤아리지 않을 수 있다. 이런 종류의 헤아리기는 자신에게 두통이 일상적 실재인 CR에서 무엇인지를 묻는 것과 같다. 하지만 당신이 두통을 헤아릴 때, 일상적 실재인 CR에서 헤아릴 수 있는 것은 헤아리지만, 비일상적 실재인 NCR 경험은 배제할 가능성이 있다.

경험을 배제하는 또 다른 방법은 환상 중에 그 환상의 의미에 대해 생각하기 시작할 때 일어난다. 환상에 대한 생각은 그 환상을 멈추게 한다. 사건의 이러한 상태는 물리학과 유사하다. 만일 당신이 전자가 비행하는 동안 전자의 상태를 측정하려고 하면, 전자는 파동성 또는 입자성의 특성을 가진 일상적 실재인 CR 개념처럼 행동한다.

환상을 멈추게 하지 않거나 환상을 일상적 실재인 CR 사건으로 바꾸지 않고, 비일상적 실재인 NCR 영역을 통해 그대로 따르는 과정은, 환상의 의미는 알려져 있지 않지만, 신호를 배제하지 않는 특별한 추적 능력을 포함한다. 나의 두통의 예에서, 만일 이러한 추적 과정을 건너뛴다면, 우리는 비일상적 실재인 NCR 특성 또는 상상적 특성을 무시하는 대신에, 일상적으로 가능한 의미나 원인으로 추측한다. 예를 들면, 우리는 두통이 심리적인 긴장에서 오고, 긴장을 풀어야 한다고 말할 수 있다.

그러나 우리가 내 두통과 같은 과정을 추적한다면, 우리는 간헐천과 같은 비일상적 실재인 NCR 과정을 따르며 통찰을 얻을 수 있다. 내 경우에, 두통은 내 열정을 막은 것이 원인이다. 이런 두통의 펼침에 대한 수학적인 유추는 실수의 결과가 생길 때까지 허수 영역을 통해 비일상적 실재인 NCR 과정을 따라가는 것이다. 나는 켤레화로서 수학적으로 생성력이 있는 이런 과정에 주목해 왔다. [그림 15-1]은 과학에서 비슷한 과정들을 요약하였다.

물리학에서 어떤 것을 관찰하려는 의도는 수학과 심리학의 패턴이 이해하기를 요구하는 비일상적 실재인 NCR 과정이라는 것을 인지하라. 더 나아가, 수학에서의 펼치기 과정은 일상적 실재인 CR 결과에서 허수를 상쇄하는 결과를 낳는다. 사실, 이 과정은 측정할 수 있는 특성만을 찾는 것을 의미하는 수의 '절대' 값 또는 실수 값을 취하는 것이라고 볼 수 있다.[1)]

심리학에서의 비일상적 실재인 NCR 경험을 추적하는 것은 I 단계, II 단계를 거쳐 움직이는 것임을 인지하는 것 또한 흥미롭다. 이것은 선명한 반영을 거쳐 스스로를

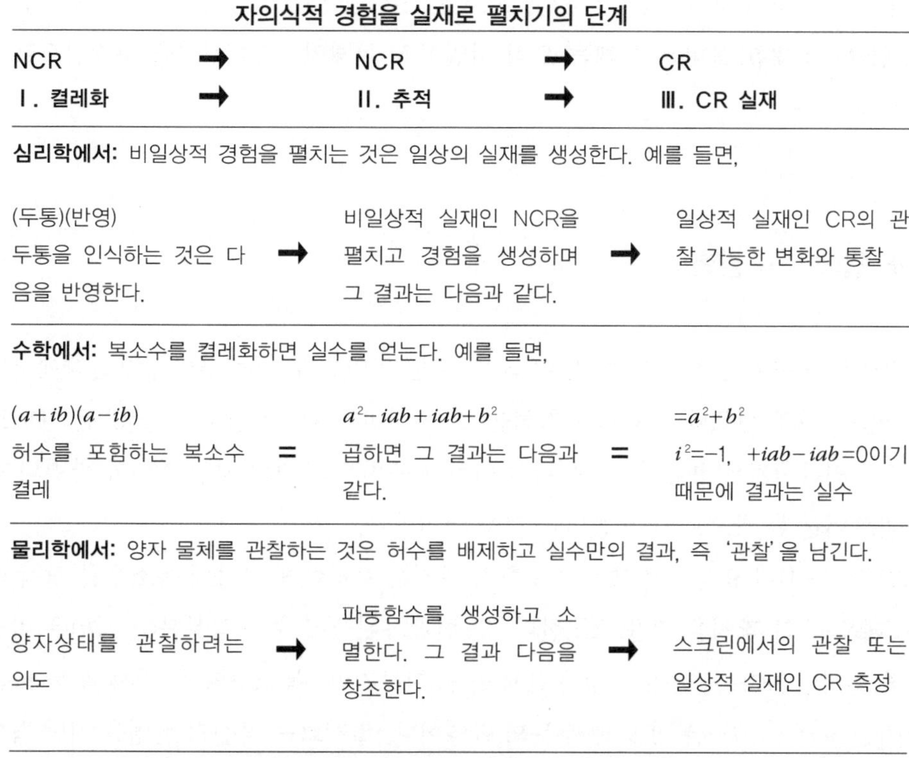

자의식적 경험을 실재로 펼치기의 단계

NCR	➡	NCR	➡	CR
Ⅰ. 켤레화	➡	Ⅱ. 추적	➡	Ⅲ. CR 실재

심리학에서: 비일상적 경험을 펼치는 것은 일상의 실재를 생성한다. 예를 들면,

(두통)(반영) 두통을 인식하는 것은 다음을 반영한다.	➡	비일상적 실재인 NCR을 펼치고 경험을 생성하며 그 결과는 다음과 같다.	➡	일상적 실재인 CR의 관찰 가능한 변화와 통찰

수학에서: 복소수를 켤레화하면 실수를 얻는다. 예를 들면,

$(a+ib)(a-ib)$ 허수를 포함하는 복소수 켤레	=	$a^2-iab+iab+b^2$ 곱하면 그 결과는 다음과 같다.	=	$=a^2+b^2$ $i^2=-1$, $+iab-iab=0$이기 때문에 결과는 실수

물리학에서: 양자 물체를 관찰하는 것은 허수를 배제하고 실수만의 결과, 즉 '관찰'을 남긴다.

양자상태를 관찰하려는 의도	➡	파동함수를 생성하고 소멸한다. 그 결과 다음을 창조한다.	➡	스크린에서의 관찰 또는 일상적 실재인 CR 측정

[그림 15-1] 자의식적 경험을 실재로 펼치기

생성하기 위해 비일상적 실재인 NCR 경험을 허용한다. 그러나 우리는 또한 과정의 펼침을 무시할 수 있다. 즉, II단계는 무시하고 CR과 관련된 질문만 함으로써 CR 결과에만 초점을 맞출 수 있다. 예들 들면, "당신은 왜 두통이 있지요?" 또는 "언제 두통이 시작되었지요?"와 같은 질문에 대한 대답은 추적 과정을 쉽게 배제한다.

두통의 통증과 같은 비일상적 실재인 NCR 측면은 전자와 같은 양자 물체의 비일상적 실재인 NCR 측면과 같다. 즉, 만일 당신이 보통의 측정 기구를 사용하면, 두통의 영향을 알 수 있지만, 두통의 경로는 볼 수 없다. 그럼에도 불구하고, 전자의 통로가 수수께끼일지라도, 두통이 퍼질 때 당신의 통증이 일어나는 것처럼 전자가 도착하면 전자 계수기는 찰칵한다. 모든 사람이 통증과 찰칵의 개념에 동의한다. 그러나 우리는 전자가 단지 입자라거나 혹은 두통이 단지 심리적인 긴장이라고 생각하

도록 우리 자신을 속여서는 안 된다. 이러한 것은 순전히 일상적 실재인 CR 개념이다. 둘 다에 대한 올바른 이해는 오직 비일상적 실재인 NCR 경험을 추적함으로써 얻을 수 있다.

❖ 켤레화와 결합

켤레라는 용어는 사물이 한 쌍이 되는 것을 의미한다. 예를 들면, 생물학에서는 재생산을 위해 세포나 개체가 융합하는 것을 의미한다. '결합(Conjugal)' 은 때때로 결혼과 연관시켜 사용된다. 이 용어의 이러한 용법은 그것의 핵심 의미와 관련되며, 두 파트너를 한 쌍으로 맺어 준다는 것을 의미한다.

[그림 15-1]에 요약된 켤레화의 수학적 과정은 우리에게 하나의 복소수를 켤레 또는 '배우자' 와 짝지을 것을 요구한다. 그 켤레화된 복소수의 앞부분($a + ib$)은 비일상적 실재인 NCR 경험(또는 양자 물체)을 표현하지만, 복소수의 두 번째 부분 또는 '짝(partner)' ($a - ib$)은 첫 번째 부분의 반영이다. 켤레화는 자신의 반영을 지닌 경험과 결합한다.

'결합' 의 개념은 여기에서 중요하다. 왜냐하면 우리는 우리의 경험과 거의 결합하지 않는다. 다시 말해, 우리는 대체로 경험을 알아채지 못하고, 별로 반영하거나 사랑하지 못한다. 대부분의 경우에, 우리는 자신에게 이상해 보이는 경험을 무시하기를 원한다. 그러나 우리의 경험에 대한 켤레나 반사(反射)는 긍정적인 태도로 그들을 반영한다. 자의식적인 비일상적 실재인 NCR 경험을 무시하는 대신, 켤레화는 그 경험을 반영하고 추적한다.

❖ 켤레화와 2차적 주의집중

카스타네다(Castaneda)의 스승인 초자연치료사 돈 후안(don Juan)은 미묘하고, 자의식적이며, 대체로 인지되지 못한 비일상적 실재인 NCR 경험에 대한 이런 종류의 집중을 '2차적 주의집중' 이라고 부른다. 2차적 주의집중은 우리가 자의식적 경험을 펼치기 위해 필요한 기술이다. 1차적 주의집중은 매일의 일상적 실재인 CR, 즉 관찰할 수 있는 경험, 즉 '실재' 에 초점을 맞춘다. 2차적 주의집중은 비일상적 실재인 NCR 경험에 대한 흥미와 연민을 포함한다. 우리는, 비록 그 의미를 모르더라도, 비일상적 실재인 NCR 경험을 우리의 관심 속에 유지하고 그 경험을 펼치도록 허용하기 위해 이 특별한 알아차림이 필요하다. 모르는 과정을 켤레화하기 위해, 믿음, 존경, 냉혹함, 용기, 포용의 몇 가지 조합이 필요하다. 이러한 느낌은 단순히 경험을 알아차리는 보통의 명상 절차에서 필요한 것과는 다르다.

종래의 인습적인 교육은 우리의 1차적 주의집중을 훈련시켜서, 주어진 일상적 실재인 CR에 우리를 적응시킨다. 우리는 신체 감각, 불안정한 환상, 분위기와 같은 사회적으로 배제된 경험에 맞추어져 있는 우리의 2차적 주의집중을 무시하도록 배웠다. 1차적 주의집중은 일상적인 사건, 시공간과 연관되며, 2차적 주의집중은 일반적으로 인식되지 못하는 감정과 직관에 연관된다.

물리학은 시험할 수 있고, 동의된 개념 결과를 선호하는 1차적 주의집중의 대가(大家)다. 그러나 임상심리학과 초자연치료는 비일상적 실재인 NCR 경험에 초점을 맞춘 영역이다. 전통적인 초자연치료사의 훈련은 치료, 텔레파시적 의사소통, 영적 경험을 나눔으로써 공동체 창조를 목적으로 하는 2차적 주의집중을 발달시키는 것에 달려 있다.

이렇게 2차적 주의집중의 몇 가지 형태가 사용될 수 있을 때, 과정은 자신을 펼치고 해결 방법을 만든다. 똑같은 방법으로, 선명한 꿈꾸기는 꿈같은 현상을 펼친다. 선명한 꿈꾸기, 즉 명료하게 되고 우리의 경험을 반영하는 의도는 자발적이거나 비자발적일 수 있다. 우리는 명료하게 되어 경험의 반영을 선택할 수 있다. 또는 반영은 경험에 대한 지각 없이도, 자동적으로 일어날 수 있다. 정상적으로는, 우리는 어떤 것을 반영하기 원하는 것을 자각한다. 그러나 반영은 우리가 의식적으로 그것을 '하지' 않았음에도 자주 일어난다.

같은 방법으로, 우리는 어떤 것을 관찰한다고 생각한다. 그러나 만일 우리가 명상을 해 왔거나 우리의 지각을 작동해 왔다면, 우리는 그것을 향해 돌아서기도 전에 우리 자신이 어떤 것을 관찰하려고 하는 것을 발견할 수 있다. 마치 자연의 한 부분이 우리 안에서 작동하는 것과 같이, 어느 면에서 그것은 어떤 것을 관찰하려고 선택하거나, 우리가 그것을 관찰하기를 원하는 것이다.

많은 생물학 과정과 심리학 과정은 켤레화처럼 자동적으로 발생한다. 우리의 신체는 스스로를 반영한다. 피드백 신호를 가짐으로써, 신체는 스스로 교정되는 꿈같은 비일상적 실재인 NCR 능력을 갖는다. 초기 요가 스승의 한 분인 판탄잘리(Pantanjali)는 "요가는 요가를 가르친다."고 말했다. 에릭슨(Erikson)의 최면 중 핵심적인 진술은 다음과 같다. "당신의 무의식적인 마음은 의식적인 마음의 어떤 도움 없이도 문제를 해결할 것이다." 이런 제안은 켤레화의 감각, 즉 반영, 결합, 꿈꾸기에 대한 주의가 자발적일 뿐만 아니라 자동적으로 일어날 수 있다는 것을 의미한다.

우리는 많은 단순한 방식으로 알아차림과의 켤레화를 탐색할 수 있다. 우리가 실수를 하거나 어리석어 보이는 뭔가를 할 때, 그 실수에 대해 자신을 미워하는 대신에, '실수' 를 낳게 한 알 수 없는 당신의 본성을 존중하려고 시도하라. 더 펼치기 위해 실수를 사랑하고 격려하라. 친구가 말과 행동이 다르다면, 그 친구가 이 '다른 것' 에 친해지도록 격려하라. 2차적 주의집중의 태도는 당신이 자신이나 다른 사람의 '무의식' 을 비난하는 것을 멈추고, 대신에 무의식에 더 깊이 들어가도록 격려할 것이다. 신체 증상이나 사건을 무시하는 대신에, 도리어 그들을 환영하라. 만일 당신이 이와 같은 에너지에 동승한다면, 삶은 훨씬 더 풍요로워질 것이다. 증상을 창조하고 펼치는 것을 도와라. 그러나 선명하지 않은 방식으로 증상을 경험하지는 마라. 꿈이 당신을 어리둥절하게 할 때는, 자신을 꿈꾸는 과정에 빠져들게 하라.

양자역학의 수학은 우리에게 켤레화의 행동을 통해 비일상적 실재인 NCR 과정의 펼침이 어떻게 일어나는지에 대한 상세한 묘사를 해 준다. 나에게 두통이 있을 때, 내가 두통 그 자체를 스스로 생성할 수 있도록 해 주는 주의력을 사용하면, 나는 이들 과정에 대하여 관대하고 긍정적인 반영을 유지함으로써 경험을 평가할 수 있다.

나는 켤레화에 의존하는 물리학의 수학이, 우리의 2차적 주의집중이 비일상적 실재인 NCR 과정을 추적함으로써, 일상적 실재인 CR에서 '실현할 수 있는' 결과를 생성하는 것과 같은 방식으로, 파동함수의 해석을 통해 이들 과정에 대하여 설명할 것을 제안하고 싶다. [그림 15-1]에서 전자의 상태는 관찰자의 마음의 반영을 통해 펼쳐지게 된다. 전자는 보통 무시되기는 하지만, 관찰자와의 비일상적이거나 반영적인 상호작용을 통하여 측정될 수 있는 일상적 실재인 CR 현상으로 나타난다.[2)] 그러나 관찰자와의 비일상적이고 반영적인 상호작용이 배제될 때(보통은 배제된다), 전자는 측정될 수 있는 일상적 실재인 CR 현상으로 나타나지 않는다.

전자는 실수와 확률의 개념으로 스크린에 나타난 측정 가능한 일상적 실재인 CR 현상이 되나, 반면에 관찰되지 않은 전자의 상태에서는 꿈과 같다. 이 상태에서 전자는 관찰될 수는 없으나, 자의식적으로 경험할 수 있다.

일상적 실재인 CR 정의나 전자 상태에서의 불확정성은 계수기에서 전자의 모습에 초점을 둔 1차원적인 일상적 실재인 CR에 부분적으로 기인한다. 우리의 일상적 실재인 CR 측정 모두에서 항상 불확정성이 있을 것이다. 왜냐하면 우리는 관찰자로서, 관찰 후의 자의식적 관련성이나 반영의 과정을 배제하기 때문이다. 반영의 과정이 없는 비일상적 실재인 NCR 관점에서, 일상적 실재인 CR 측정은 이루어질 수 없다. 우리의 정상적인 의식 상태는 자의식적이고, 반영의 과정을 배제하기 때문에 우리는 실재의 본성에 대해 불확실하게 된다.

켤레에서, 우리의 주의력은 비일상적 실재인 NCR 과정을 넘나들면서, 말하자면 전자를 '공동 창조한다.' 여기에서 중요한 것은, 실재는 우리가 보통 잘 인지할 수 없는 경험의 수준에서 관찰자와 관찰대상 사이의 상호작용에 의존한다는 것이다.

심리학적으로 말하면, 켤레화의 결과인 실수에 초점을 맞추는 것은 켤레에 초점을 맞추는 것만큼 중요하다. 켤레화의 과정과 최종 결과는 실재가 창조된 방법의 두 측면이다. 예를 들어, 신체에 관한 일상적 실재인 CR 질문을 함으로써, 당신은 신체의 화학과정을 알게 되고, 다이어트, 유전 등을 논의할 수 있다. 당신은 누군가에게 2차적 주의집중을 사용하도록 압박하지 않고 재미있는 정보를 얻을 수 있다. 당신은 확실한 땅에는 사람들을 남길 수 있지만, 알려지지 않은 땅에는 들어가지 못한다. 일상적 실재인 CR 질문은 신비함을 추적하지 않고 이중틈새실험에서 당신이 스크린에 도달하는 것을 허용한다. 그러나 켤레화는 잘 알려지지 않은, 거의 말할 수 없는 영역을 통과하는 과정을 따른다. 그것은 어떤 행동이 단순히 반복되는 것을 반영하는 심리적인 기술과는 다르다. 켤레를 통해, 우리는 자신의 용어로 말할 수 없는 것을 경험한다. 우리는 전자총과 계수기 사이의 꿈꾸기 세계에 들어간다.

❖ 꿈꾸는 시간에서의 전자

많은 사람들은 소립자와 같이 단단한 물질의 작은 조각은 실재와 물리학의 기초라고 믿는다. 그러나 우리가 탐구해 왔던 영역에서는(양자역학의 수학적인 형식주의와 『양자심리학』의 해석에 따르면) 우주의 기본 물질은 자의식적 경험(미묘한 경험과 그것을 관찰하고 반영하기 위한 경향)이다. 허수 i에 관해 말했던 파울리의 내면 스승을 기억하라. "켤레화는 결합이고 동시에 홀로는 닿을 수 없고 오직 짝으로만 닿을 수 있는, 중간 영역이다."

우리는 짝짓기를 통해서, 복소수로 상징되는 영역과, 물질의 기본적이고 자의식적인 꿈꾸는 시간 측면과의 연관성을 통해서, 파울리의 스승이 흐름, 과정, 불가분의 '원자' 인 '중간 영역' 이라고 부른 것에 참여한다. 파울리는 "i를 지닌 반지는 입자와 파동 너머의 단일성이고 동시에 둘 다를 생성하는 작용이다." 라고 말했다. 그의 스승은 "그것은 불가분의 ……원자다."[3]라고 대답했다.

나는 전자가 측정되지 않을 때 그들의 비일상적 실재인 NCR 측면에서의 전자를 기술하기 위하여 오스트리아 원주민의 용어인 '꿈꾸는 시간' 을 사용하기를 좋아한다. 꿈꾸는 시간은 측정할 수 있는 경험과 대비하여, 과정에 대한 자의식적인 경험을 암시한다. 꿈꾸는 시간은 일상적 실재인 CR에서 다시 떠올려지고 관찰될 때 입자와 같은 성질을 갖는다. 원주민의 신화에서는 실재의 기초를 꿈꾸는 시간이라고 말한다. 이 꿈꾸는 시간은 우리 우주의 가장 기본적인 구성요소, 말할 수 없는 신비로운 심리물리학적 도(道)다. 꿈꾸는 시간은 우리의 일상적 실재인 CR, 즉 매일의 일상 세계를 창조하기 위하여 그 자체를 생성한다.

예를 들면, '간헐천' 은 나의 두통처럼 매일 일상의 실재로 펼치는 경험에 대한 꿈꾸기 시간의 이름이다. 마찬가지로, 파동함수의 비일상적인 NCR 실재는 꿈꾸는 시간이다. 꿈꾸는 시간은 세상의 많은 사람들에게 기본적인 실재다. 그것은 바람의 소리이고, 밀려드는 파도의 으르렁거리는 소리이고, 산에서의 고요함이다. 한때 꿈꾸는 시간은 삶과 죽음의 창조자이자 모든 영적인 신들의 가장 위대한 신으로 존경받았다. 이 영역을 전자 또는 두통에 대한 비일상적 실재인 NCR 경험이라고 이름 짓는 대신에, 꿈꾸는 시간이라고 부르는 것은 자연을 공경하려는 시도다.

❖ 실습: 꿈꾸는 시간을 켤레화하기

만일 당신이 꿈꾸는 시간을 켤레화하는 개념으로 더 실험하기를 원한다면, 다음 실험을 해 보라.

1. **당신이 더 알고 싶어 하는 특별한 신체의 경험을 선택하라.**

2. **그 신체 경험에 대한 당신의 일상적 실재인 CR 설명은 무엇인가**? 예를 들면, 만일 당신에게 복통이 있다면, 당신은 다양한 방식으로 그것을 설명할 수 있다. "나는 아침을 너무 많이 먹었다." "나는 긴장하는 사람이다." "나의 어머니는 과민한 위장을 가지고 있었다." 등. 이러한 묘사는 오직 실수에 대한 수학적 초점과 비슷하다. 일상적 실재인 CR 설명은 켤레화의 배경을 무시한다.

3. **이제, 당신의 특별한, 즉 2차적 주의집중을 사용하라.** 자의식적인 미묘한 경험을 평가하고 경험을 알아차리고 켤레화하라. 만일 당신이 혼자서 작업하고 있다면, 신체 과정의 비합리적인 면을 알아차려라. 당신의 2차적 주의집중을 사용하고, 경험을 평가하고, 그것을 펼치게 하라.
   그냥 과정을 따라가라. 만일 그것이 비합리적이라면, 그리고 비합리적이 될 때는, 더 펼치는 것에 대한 당신의 장애물인 자신의 경계(edge)를 확인하라. 당신은 과정 속에 들어가는 것, 그것의 비범한 내용을 시험하는 것, 또는 과정이 일상적 실재인 CR에 도달하게 하는 것의 경계에 있는가? 당신의 경계가 무엇이든, 과정이 완성될 때까지 펼쳐지는 것을 허용하면서, 부드럽게 돌아가서 다시 확인하여라.

아마 당신은 감정을 가지고, 그림을 보고, 작은 동작을 만들 것이다. 아마 당신은 소리를 들을 것이다. 그러한 것들이 스스로의 결론에 도달하는 것으로 보일 때까지 이런 비합리적인 것을 그저 따라가라. 인내심을 가지고 천천히 하여라. 만일 당신이 신체 경험으로 막히게 되면, 그것으로부터 그림을 그려라.

4. **이제 경험을 추적하는 당신의 비일상적 실재인 NCR 경험과 당신의 신체 조건에 대한 비일상적 실재인 NCR 설명을 당신의 일상적 실재인 CR 설명과 비교하여라.** 당신의 '실수', 즉 당신의 일상적 실재인 CR 설명이 빠뜨리려고 한 것이 있다면 무엇인가?

❖ 시연

다음 시연은 꿈꾸는 시간을 켤레화하는 내 수업의 축어록 사본이다. 그것은 신체 경험을 더 분명하게 펼치는 방법의 예를 보여 준다.

아니: 나는 누군가와 함께 이 실험을 시연해 보일 것입니다. 던, 당신이 지원했는데, 당신은 이 작업을 위해 어떤 종류의 신체 경험을 선택할 건가요?

던: (명상 자세로 서서 말한다) 내 눈이 아주 무겁게 느껴지는 순간, 나는 그것이…… 내 눈을 뜨고 있을 수가 없고…… 눈이 무언가처럼 느껴지고…… (눈을 감는다).

아니: 당신은 떠지지 않는 눈을 설명할 수 있나요?

던: 아마도, 나는 최근에 잠을 별로 많이 자지 못했기 때문에 눈이 잘 떠지지 않는 것 같아요(웃는다).

아니: 아, 그것은 진짜 좋은 이유군요. 만일 당신이 밤에 많이 자지 않는다면, 일반적으로 낮 시간에는 피곤할 수밖에 없을 것 같군요. 그것이 좋은 설명이 될 것이고, 치료법은 좀 더 자는 것이군요. 당신은 당신의 눈을 감기게 하는 그 에너지에 관하여 더 알기를 원합니까? 당신은 이러한 경험을 켤레화하는 것에 관심이 있습니까?

던: 예, 내가 어떻게 그것에 초점을 맞출까요? 무거운 것은 내 눈만이 아니고, 내 신체 전부가 축 처지게 될 것 같습니다.

아니: (수업의 다른 학생들에게) 나는 간단한 말로 던이 하고 있는 것을 반영할 것입니다. 나는 그녀가 축 처지는 것을 알아차립니다(학생들은 던이 자신의 경험을 펼칠 수 있도록 가운데 공간을 비워 준다). 나는 당신이 축 처져 무너져 내리는 이러한 신체 경험을 봅니다.

(여기서, 나는 그녀의 신체 언어와 경험을 반영했다. 나는 또 그녀의 상황 속을 느끼기 시작했고, 무겁게 느꼈다. 나는 내 눈을 반쯤 감고, 던의 경험을 공감하고 반영하면서 바닥에 천천히 쓰러지기 시작했다)

던: 당신은 내가 이러한 쓰러지는 감각에 더 들어가기를 원합니까?

아니: 글쎄 잘 모르겠네요. 그냥 당신의 과정을 따르세요(나는 별로 말하지 않았지만, 바로 '무거움' 의 과정에 들어갔다. 갑자기 던은 바닥에 쓰러졌으나, 그

러나 무의식적으로 바로 앉았다).

던: (잠시 후, 그녀의 얼굴에 미소를 머금고) 음음음, 쓰러짐이 좋네요.

(던은 일어서기 시작했으나, 쓰러졌고, 다시 일어났으나 바닥에 다시 쓰러지는 것을 즐기는 것처럼 보였다. 잠시 후 그녀는 그녀의 에너지가 편안하고 이완된 방법으로 그녀를 움직이게 하는 것처럼 느껴진다고 중얼거렸다. 그녀는 계속해서 이리저리 뒹굴었다)

던: …… 더 이상 어떤 것을 멈추지 않고 …… 와우, 이것은 굉장하네요. 아주 기분이 좋습니다. 일어나는 일이 무엇이든지 간에 그것에 대해 열려 있고, 항상 망설이는 대신에 당신을 데려가도록 두는 것과 같이 느껴집니다. 나는 알았습니다. 나에게 이렇게 사는 삶이란 놀랍고 멋진 일입니다. 아! 이런 기분과 더불어 가게 하고 가는 것과 같이…….

아니: (학생들에게) 던은 피곤했고, 잠이 모자랐기 때문에 눈이 아래로 감긴다고 말했습니다. 그것은 그녀의 신체 경험에 대한 일상적 실재인 CR 설명입니다. 그러나 과정을 켤레화하는 것은 지친 것으로 나타난 것의 또 다른 측면, 즉 그저 가게 하고 더 이상 삶을 통제하거나 조직하려고 하지 않는 측면을 의미합니다.

던: 예, 저는 모든 것을 조직하려고 하는 것에 지쳤어요. 그것에 대하여 이제는 더 이상 에너지가 없어요.

이러한 시연은 우리가 꿈꾸는 시간을 켤레화할 때 일어나는 것을 보여 준다. 우리가 단지 삶의 일상적 실재인 CR 측면에 초점을 맞출 때, 우리는 꿈꾸는 시간을 놓치고, 존재로 살아갈 만한 가치가 있는 삶의 신비한 맥박을 놓친다. 단지 일상적 실재인 CR에 초점을 맞추는 것은 당신이 누구인가에 관한 큰 부분을 배제한다. 비일상적 실재인 NCR 과정에 연결하는 것은 그 사람의 항목이 다른 사람과 결코 공유될 수 없는 의미 있는 경험인 꿈꾸는 시간을 알아채는 것이다.

만일 당신이 비일상적 실재인 NCR 과정을 알아차리고 그것을 켤레화한다면, 비일상적 실재인 NCR 경험과 의식의 변형된 상태가 배제되었을 때 수백 년 전에 만들어진 깊은 상처를 당신은 치료할 수 있다. 당신은 꿈꾸는 시간과 더불어, 당신의 꿈꾸는 신체와 꿈꾸는 세상에서 사랑하는 연인이 된다. 그리고 양자역학 뒤에 있는 수학이 어떤 것인지에 관한 자의식적인 암시를 얻게 된다.

1) $a+ib$의 켤레화는 실수 a^2+b^2을 창조한다. 이 수를 $a^2+b^2=c^2$이라고 부르자. 이 방정식의 그림 형태는 아래의 도형에서 볼 수 있다.

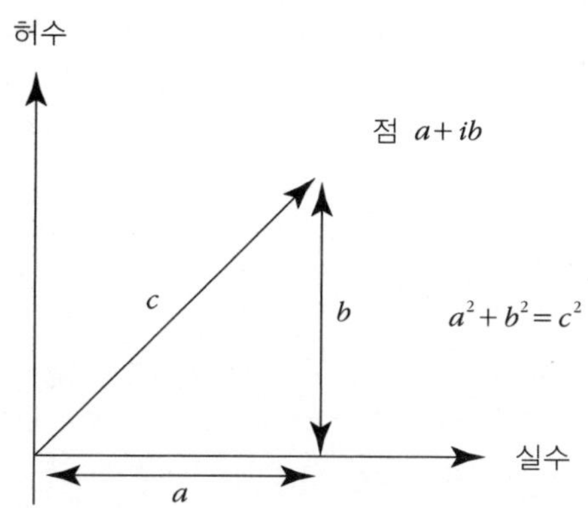

[그림 15-2] $a+ib$**의 절대 제곱 찾기**

2) 실수에 도달하는 수학적인 과정은 한 특정한 실수(예를 들어, 12)를 고려해 봄으로써 이해할 수 있다. 12라는 수를 얻기 위해서 우리는 곱하기 3×4 또는 2×6, 더하기 6+6을 할 수 있다. 12를 얻는 각각의 방법은 다르다.

수 12는 a^2+b^2과 같은 일반적인 수와는 다른 특별한 수다. 수 12는 그 자체로 사실 또는 측정으로 이해될 수 있거나, 복소수 켤레화로부터 발전해 온 것 또는 모든 허수 i가 포함된 펼치는 과정으로 이해될 수 있고, 또는 단순히 절대 제곱을 위해 공식을 적용한 결과로 이해될 수 있다.
따라서 a^2+b^2은 단지 실수일 수도 있고, 또는 복소수를 사용해서 펼쳐진 결과로 이해될 수 있다. 만일 그것이 단순히 실수로 이해된다면, 2차적 주의집중을 사용함으로써 펼쳐진 가상의 비일상적인 과정은 숨겨진다. 이것은 돌의 오라(aura) 혹은 아름다움과 같은, 그 돌에 관해 우리가 갖는 모든 감각을 배제하기 때문에 돌은 실제이고 단단하다고 말하는 것과 같다. 펼쳐졌을 때, 일상적 실재인 CR에서의 전체적인 결과는 단순히 그 돌이 단단하다는 것이다.
실수는 일상적 실재인 CR 측정 도구가 무엇을 설명할 수 있는가다. 그러나 측정에 도달하는 과정은 두 가지 방법 가운데 하나로 완성될 수 있다. 만일 그것이 주의와 함께 경험되고 따라진다면, 우리는 '켤레화한다.' 또는 그것은 단지 상상의 통로를 배제함으로써 발견될 수 있다.

3) 이 표현은 프레드 울프(Fred Wolf)의 『꿈꾸는 우주(*Dreaming Universe*)』 294쪽에서 인용하였다. 이 인용문의 9장에 있는 토의를 참조하라.

제16장
불확정성과 관계

만일 당신의 아이가 뛰어나기를 원한다면, 그들에게 동화를 들려줘라.

–알베르트 아인슈타인(Albert Einstein)–

우리는 이제까지 양자물리학의 수학이, 꿈꾸는 시간을 펼치는 심리적이며 정신적인 방법들의 패턴을 밝혀 준다는 것을 살펴보았다. 역사 이래, 꿈꾸는 시간에서 사건을 추적하는 일은 초자연치료사들에게 속해 있었다. 그들은 켤레화하기를 위해, 일상적 실재인 CR, 문화, 언어 그리고 개인적인 정체성의 장막을 제치고 나왔다. 이는 자의식적이며 말로 표현할 수 없는 실재를 경험하기 위해, 그리고 일상생활을 변형시키기 위해 자신들의 경험을 우리들의 세계로 되가져오기 위한 것이었다. 시공간의 밖에서, 초자연치료사는 시간의 과거와 미래로 움직이거나, 동시에 두 장소에 나타나거나, 미래를 추측하는 텔레파시의 능력을 발전시키는 것과 같은 신비한 일을 하는 것이 자유로웠다. 오늘날, 물리학은 입자가 거의 초자연치료사와 같은 일을 할 수 있다고 믿는다.

이런 자의식적 세상을 탐구하고, 물리학에서 불확정성이 어떻게 일어나는지를 토론함으로써, 우리는 물리학과 관계성 사이의 몇몇 중심적인 연결 고리를 발견할 것이다.

❖ 멜루시나와 그녀를 의심한 남자

비일상적 실재인 NCR 사건에 대한 2차적 주의집중을 발달시키는 것이 삶에 매우 중요하기 때문에, 우리는 조상들에 의해 전해 내려온 설화와 동화를 통하여 이러한 알아차림을 찾아야 한다. 여기에는 꿈꾸는 시간에 초점을 둔 것과 관련된 문제, 그리고 이러한 초점이 매일의 실재에서 어떻게 문제와 불확정성을 해결하는가 등, 꿈꾸는 시간에 관한 신화와 동화가 많이 있다. 그런 동화의 하나가 프랑스의 멜루시나(Melusina) 이야기다.[1)]

> 옛날에 레이먼드라는 사람이 있었는데, 신부가 될 사람을 찾고 있었다. 그가 강가에 앉아 있을 때, 아름다운 처녀가 갑자기 물 위로 나타났다. 그는 매혹당하여 처녀에 대한 그의 열렬한 사랑을 맹세했고 그녀에게 청혼을 하였다.
>
> 그녀는 말했다. "나는 당신과 결혼하겠지만 당신이 무엇을 하더라도, 토요일에는 나를 찾지 마세요." 레이먼드는 자신에게 말했다. "음, 토요일에 뭔가 매우 흥미로운 일이 발생하고 있는 것이 틀림없어. 일요일에서 금요일까지 그녀는 훌륭한 여인이지. 그녀는 예측 가능하고, 훌륭한 성격을 가졌어. 그러나 토요일에는 무엇을 하는 것일까?"
>
> 어느 토요일에 그는 규칙을 깨고 멜루시나를 들여다보았다. 그가 본 것은 무엇인가? 인어였다! 그녀는 비명을 지르고 사라져 버렸으며, 그는 결코 다시는 그녀를 볼 수 없었다. 그는 아마 자신에게 "그녀는 특별한 여자였어. 그녀는 아름다웠으나, 물고기 꼬리를 가졌지."라고 말했을 것이다.

이 이야기는 부분적으로 물속에서 살았던 모든 사람의 일부(멜루시나가 상징하는, 상상의 부분, 정신의 부분, 영원하고 파동 같고 액체와 같은 것)에 관해 말한다. 이 동화는 만일 당신이 레이먼드에 의해 상징되는 불신의 태도로 이 부분을 본다면, 당신은 당신 자신의 이러한 부분을 의심하고, 이러한 의심은 그 부분을 쫓아 버린다. 멜루시나의 사라짐은 삶의 가상적인 비일상적 실재인 NCR 측면에 대한 관계성의 결여에서 발생하는 의심과 불확정성에 대해 말한다. 그것은 삶의 파동성 본질, 강의 정령, 과정의 손실에 관해 말한다.

여러 가지 중에서 이 동화는 사람이 되는 것이 무엇을 의미하는지를 논한다. 우리는 사회에서 자신의 역할을 하는, 시공간에 단지 고정된 일상적인 육체인가? 또는 바다로 계속 흘러들어가는, 강의 한 부분인, 액체 상태의 존재인가? 현대 물리학의 발견보다 앞서는 이 동화는, 물리학자들에 의해 나중에 재발견된 일반적인 원리를 지적한다. 대부분의 경우에, 우리의 일상적 실재인 CR 관점은 시간, 공간, 사회적 규준에 초점을 맞춘다. 그러나 때때로(동화에서는 토요일에) CR, 즉 일상적 실재 관점은 꿈과 의식의 변형 상태를 경험한 부분인, 물에서 살아갈 수 있는 인어인 우리들 일부에 의해 충격을 받는다. 우리는 신체를 가지고 있을 뿐만 아니라, 신체 경험이 병리학의 관점으로는 이해될 수 없지만, 경험의 흐름 안에서만 오로지 이해될 수 있는 꿈같은 신체도 가지고 있다. 이러한 경험에 따르는 물리학에서의 일반적인 원리는 입자가 존재하지 않는다는 것이다. 대신에, 이러한 경험의 흐름 안에는 뭔가 존재할 경향성인, 확률의 파동과 같은 것이 있다고 본다.

멜루시나 동화에서와 같이, 우리들 중 일부는, 만일 우리가 의심하거나 존중하지 않는다면, 고통받고 사라져 버리는 인어인 멜루시나로 상징된다. 따라서 만일 우리가 우리의 꿈꾸는 경험, 감지할 수 있는 느낌, 환상 그리고 꿈같은 움직임을 존중하지 않고 배제한다면, 무기력하고 우울해질 수 있다.

❖ 하이젠베르크와 불확정성

멜루시나 이야기의 교훈은 만일 당신이 당신의 꿈같은 신체 경험과 감각을 사랑 없이 본다면, 당신은 꿈꾸기 시간과의 교류를 잃어버리고 그것을 없애기까지 한다는 것이다. 의심과 이러한 경험에 대한 관계성의 결여는 그들의 본성에 관한 불확정성을 만든다. 그러나 우리는 꿈꾸는 시간에 대한 이해를 발달시킴으로써, 우리의 과정이 현실화되도록 하는, 꿈의 이해에 집중하고 결례화하도록 자신을 훈련시킬 수 있다.

현재의 내용에서 이 동화의 중요성은 단순히 심리적 의미만이 아니다. 이 동화는 관찰 가능성과 불확정성에 관한 더 일반적인 패턴을 나타내고 있다.

멜루시나는 레이먼드에게 토요일에는 그녀를 보지 말 것을 요청하였다. 왜냐하면 그녀는 아마 그가 관습적인 태도를 가지고 있고, 그가 본 것의 의미를 일상적 실재인 CR 부분이 아니라고 배제할 것을 알아차렸기 때문일 것이다. 만일 그가 본 것이 논리적이거나 합리적이 아니라면, 그는 그것의 잠재적인 중요성을 배제함으로써 부주의하게 그것을 쫓아 버린다.

마찬가지로, 오직 일상적인 '실재'와 물질의 관찰만이 의미가 있다고 느끼는 물리학자는 그것의 꿈꾸는 배경을 배제한다. 동화 속 인물인 레이먼드와 오늘날의 현대 물리학자들은(관찰자 모두는 무의식적으로 오직 일반적으로 동의된 하나에 대응하는 실재만을 지각하는) 똑같은 일상적 실재인 CR 태도를 사용한다.

레이먼드가 멜루시나를 찾으려고 할 때, 그는 그녀의 흔적을 놓쳐 버린다. 마찬가지로 소립자를 추적하려고 하는 물리학자는 똑같이 그들을 놓쳐 버린다. 이러한 결과는 물리학이 불확정성의 원리라고 부르는 것으로 다음과 같이 요약될 수 있다.

> 우리는 어떤 방법으로도 소립자를 추적할 수 없다(일상적 실재인 CR에서).

괄호 안의 설명은 나의 것이며, 일반적으로 그것은 물리학에서의 설명에 포함되지 않는다.

우리의 동화에서 남녀 주인공 사이에 더 깊은 관계성이 있었다면 무슨 일이 일어났을까? 물리학자와 물질 사이에 더 깊은 관계성이 있다면 무슨 일이 일어났을까? 만일 일상적 실재인 CR 태도가 완화되거나, 더 사랑하는 2차적 주의집중이 사용된다면, 우리는 물리학의 새로운 영역에 있을 것이다. 그러나 우리가 물리학의 새로운 영역에 들어가기 전에, 심리학으로 돌아가 보자.

나는 학생들에게 왜 사람들이 불확정한지를 말할 수 있는가를 물을 때 매우 재미를 느낀다. 불확정성은 어디에서 왔는가? 몇몇 학생은 불확정성이 우리 안에서 떠오르는 새로운 개념에서 오며, 이 새로운 개념은 우리의 정체성과 믿음의 체계와 충돌한다고 말한다. 어떤 학생들은 확정성이 무엇인지 알기 위해 불확정성이 필요하다고 말한다. 다른 학생들은 다양한 의견이 수렴되거나 인정된 적이 없는 다문화에서의 문제를 제기하며, 이것은 모든 사회 계층의 사람들을 불확정하게 만든다고 말한다. 우리의 멜루시나 동화를 보면 불확정성이, 강의 영혼과 교류하지 않고, 우리의 꿈꾸는 시간 경험을 사랑하지 않는 것에서 온다는 것을 말해 준다.

물리학에서 불확정성 원리는 우리가 물리적 체계의 상태에 관하여 모든 세부사항을 알 수 없다는 것을 말한다. 즉, 입자의 관성인, 운동량을 정밀하게 측정할 수 없다. 왜냐하면 우리의 측정 에너지가 공간에서의 위치를 바꾸도록 입자를 방해하기 때문이다.

운동량(식으로 표현하면, 질량과 속도의 곱)은 물질의 질량과 속도 때문에 생기는 물질의 추진력이다. 시속 3마일로 굴러가는 연필은, 같은 속도로 움직이는 차보다 멈추기가 더 쉬운데, 이는 연필보다 더 큰 차의 질량 때문이다.

1920년대 초 뮌헨에서의 학창 시절 이후, 파울리의 친구이며 양자역학의 아버지인 베르너 하이젠베르크(Werner Heisenberg)는 종종 비결정적 원리라 불리는 불확정성 원리의 발견에 대한 공로를 인정받았다. 이 원리는 전자가 스크린에 나타난 모습을 전혀 방해하지 않고는 전자 경로의 세부사항을 측정할 수 있는 방법이 아직 없다고 말한다(불확정성이 반박될 수 없다는 것을 보여 주는 파인만(Feynman)의 독창적인 방법에 대해서 주석 2를 보라).[2)]

일반적인 방식으로 공식화된, 물리학에서의 불확정성 원리는 일상적 실재인 CR에서 어떤 방법으로든 소립자를 정밀하게 추적하는 것이 불가능하다고 말한다. 다시 말해, 최종적인 모습을 방해하지 않고 현재 일어나는 경로를 측정하는 기계를 이 우주에서는 만들 수 없다는 것이다. 한편으로, 불확정성의 원리는 자연을 보호한다. 당신은 합리적인, 일상적 실재인 CR 방식으로는 여기에 존재하고 있는 것을 붙잡을 수 없다. 그것은 금지된 것이다.

하이젠베르크는 만일 당신이 '위치' 와 같은 전자의 한 측면에 관해 많이 알면, 당신은 전자의 다른 측면인 '속도' 의 추적을 놓치게 된다고 지적하였다. 그리고 만일 당신이 '속도' 를 정확하게 측정하기를 원한다면, 당신은 정확한 '위치' 추적을 놓치게 된다. 따라서 당신은 두 측면을 동시에 정확하게 측정할 수는 없다. 하이젠베르크는 불확정성이 자연적 사실이라고 말했다.

이러한 불확정성은 수학적으로 공식화될 수 있다. 입자의 위치를 공간에서 점 x, 입자의 속도를 v라고 하자. Δx를 입자의 위치에 관한 불확정성이라고 하자. 만일 운동량을 p라고 하고, 운동량을 질량과 속도의 곱으로 정의한다면, Δp는 입자의 운동량에서의 불확정성이다. 이제 불확정성의 원리는 다음과 같은 수학적인 공식을 가진다.

$$\Delta x \geq h / \Delta p$$

여기에서 h는 플랑크 상수라고 불리는 아주 작은 상수다.[3] 이 공식은 위치의 불확정성이란 h를 운동량에서의 불확정성으로 나눈 것과 같거나 크다고 한다. 더 간단하게 말해, x에 관해서 더 많이 알면 알수록, p에 관해서는 더 적게 알게 된다. 반대로, p에 관해 더 많이 알수록, x에 관해 더 적게 알게 된다.

❖ 상보성

닐스 보어(Niels Bohr)는 불확정성의 공식을 보고, 그것이 자신이 '상보성' 이라고 부른 두 번째 원리를 설명하고 있다는 것을 알아차렸다. 그는 p와 x가 불확정성 원리에 포함된 두 개의 '상보적 변수' 라는 것을 알았다. 하이젠베르크의 공식($\Delta x \geq b/\Delta p$, x와 p는 각각 위치와 운동량)에서, x와 p는 그중 하나에 관해 더 많이 안다면, 다른 것에 관해서는 더 적게 알게 된다는 의미에서 상보적이다. 이것은 시소 효과의 일종이다. 즉, x가 올라가면, p는 내려간다.

만일 당신이 입자의 위치에 관해 많이 안다면, 입자의 추진력, 속도 또는 운동량에 관해서는 많이 알 수 없다. 여기에서 보어는 말했다. "음, 매우 흥미 있어 보인다. 만일 당신이 하나를 알게 되면, 다른 것은 놓쳐 버린다. 두 개의 특성, 즉 위치와 운동량은 '상보적' 이다. 당신이 물질을 기술하기 위해서는 그 두 가지가 다 필요하다." 그러고 나서 보어는 이 같은 상보적 특성을 가진 다른 물질적 양(量)이 있는지를 찾기 위해, 물리학의 다른 방정식을 살펴보았다.

물리학의 방정식을 통해 상보적 방법으로 연관된 다른 물질적 양(量)도 있다는 것이 밝혀졌는데, 이미 언급한 한 세트의 물질적 양(量)은 위치와 운동량이다. 또 다른 상보적 세트는 에너지와 시간이다. 이러한 발견은 보어에게 양자 세계 안에서 무엇인가를 기술하기 위해서 항상 두 개의 상보적(CR) 변수가 필요하다는 일반론을 유추할 수 있도록 만들었다. 더 나아가, 하나가 확실하다면, 다른 것은 불확실하다.

❖ 불확정성의 의미

불확정성과 상보성은 몇 가지 흥미롭고, 이상하고, 놀라운 가능성으로 이끈다. 이러한 가능성을 설명하기 위해, 먼저 우리는 몇 가지 단순한 수학적 사고를 할 것이다. 예를 들어, 에너지와 시간을 생각해 보자. 만일 e가 에너지이고, t가 시간이라면, 에너지에서의 불확정성인 Δe와, 시간에서의 변수인 Δt는 하이젠베르크의 불확정성 원리에 따라 서로 연관되어 있다. 즉,

$$\Delta e \times \Delta t \geq b$$

이 방정식은 에너지에서의 불확정성과 시간에서의 불확정성을 곱한 계산 결과가 작은 수인 h와 같거나 크다는 것을 나타낸다.

이것이 무엇을 의미하는 것인지 실질적인 측정의 개념으로 알아보자. 당신이 빠르게 할 수 있는 예로, 3초 걸리는 실험을 한다고 하자. 이것을 알면, 에너지에 대한 불확정성 공식으로부터 에너지의 측정에 대한 불확정성(즉, $h/3$)을 예상할 수 있다(주석 4를 보라).[4)]

반면에, 만일 당신이 더 빨리(즉, 0.3초) 측정한다고 하면, Δt는 더 작아지고, Δe는 더 커진다(이제 Δe는 $h/0.3$이 되고, 더 적은 수로 나누어진 h는 더 큰 계산 결과를 주기 때문에 결과가 더 커진다). 우리가 시간을 더 빠르게 하면, 우리는 에너지에 관해 덜 확실해진다. 이것은 사물을 측정하기 위해 당신이 사용하는 시간이 더 적을수록, 가능한 에너지에 대한 가능성 범위가 더 커진다는 것을 의미한다.

그러나 잠깐만 다시 생각해 보자. 어떻게 에너지 측정이 불확정할 수가 있을까? 에너지는 항상 같은 것이 아닌가? 즉, 상수가 아닌가? 만일 에너지가 상수라고 한다면, 어떻게 그것에 관하여 불확정성이 있을 수 있을까? 이에는 불확정성 원리가 답이다.

양자역학은 매우 짧은 기간의 시간에 대해서 불확정성 또는 에너지에서의 편차를 허용함으로써 오래된 에너지 법칙을 조금씩 깨뜨린다. 오랜 기간의 시간에서 닫힌 계(열과 물질이 이동할 수 없는 계)에서는 에너지가 창조되거나 파괴되지 않는다는 것이 아직도 진실이다. 그러나 불확정성 원리는 만일(우리에게 에너지에서의 편차가) 빠르게 일어날 수 있다면, 에너지에서의 편차가 생길 수도 있다는 것을 말해 준다.

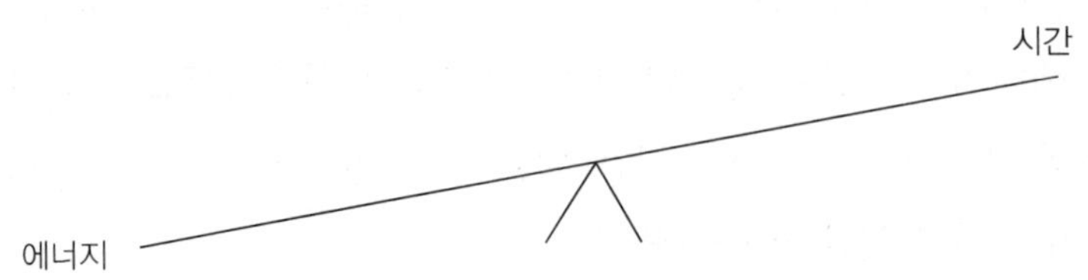

[그림 16-1] 시소에서 에너지와 시간은 상보적이다.
만일 당신이 하나에 관해 많이 안다면, 다른 부분에 대해 거의 모를 것이다

그것에 관해 이런 식으로 생각해 보자. 만일 당신이 아주 짧은 순간에 과속을 한다면, 고속도로에서 교통법규를 어기고도 경찰에 잡히지 않고 시속 100마일로 갈 수 있는데, 그 이유는 경찰이 측정할 수 없기 때문이다. 에너지에도 마찬가지 방식이 적용된다. 만일 에너지가 아주 짧은 시간 동안 매우 크게 되면, 당신은 그것을 측정할 수 없다. 만일 에너지가 아주 짧은 시간 동안에만 벗어난다면, 어느 누구도 그것을 측정하기에 충분한 시간이 없기 때문에 에너지에서 큰 편차가 허용된다. 아무도 에너지 보존의 법칙이 깨어졌다는 것을 입증할 수 없다.

불확정성은 당신이 아주 짧은 시간 동안 에너지 법칙을 깨뜨리는 것을 허용한다. 그러나 에너지 법칙에서 그 깨어진 구멍은 많은 유령이 통과하기에 충분히 크다.

물리학자들도 이 구멍을 통해서 그들의 상상력을 키웠다. 만일 짧은 시간 동안 에너지 법칙을 깨뜨릴 가능성이 있다면, 우리는 에너지에서 큰 편차를 가지고 어떤 사람도 측정할 수 없는 빠른 폭발과 창조에 관해 환상하는 우리 자신을 허용할 것이다. 불확정성의 원리는 물리학자들이 비일상적 실재인 NCR 사건에 관해 환상을 허용하였다.

가장 놀랄 만한 환상의 하나는, 1960년대와 1970년대, 양자전자역학이 창조되는 시기에 일어났다. 물리학자들은 '가상의 입자' 라고 불리는 유령과 같은 에너지를 가상하였다. 그들이 가상하기를, 매우 짧은 시간 동안 거칠고 불확정한 에너지를 가지는 입자가 창조될 수 있었고, 그리고 누구라도 그들을 확인하는 것이 불가능했을 것이라고 했다.[5] 가상의 입자는 아무도 알아차릴 수 없이 일어날 수 있는 유령과 같은 추측이다. 가상의 입자는 물리학에서 모든 종류의 사물을 설명하는 데 사용되었으나, 이것은 우리가 나중에 더 자세하게 탐구할 주제다.

지금은 불확정성이 유령을 물리학으로 되돌리는 것을 허용하는 시점이다. 가상의 입자는 매우 짧은 시간 동안만 존재하다가 곧 사라질 수 있으며, 아무도 그것이 이전에 거기에 있었다는 것을 말할 수 없었다. 유령, 가상의 입자 또는 그 밖의 어떤 것도, 아무도 반증할 수 없기 때문에(비일상적 실재인 NCR에서) 존재한다. 불확정성 원리는 우리가 유령이 존재하지 않는다는 것을 증명할 수 없다고 말한다. 멜루시나와 마찬가지로 전자는 심지어 파동 같은 꼬리를 가질 수 있으며, 아무도 그것을 반증할 수 없다.

상보성 원리와 불확정성 원리는 아주 비일상적—전적으로 기묘하지 않다고 하더라도—과정의 가능성을 열어 둔다. 이러한 원리는 물리적인 우주가 관찰대상에 관한 관찰자의 측정과 선택에 무관하게는 알려질 수 없다는 것을 말한다. 그리고 이러한 원리는, 매우 짧은 시간의 한계 안에서 질량을 가진 많은 에너지와 입자의 창조처럼, 한계 안에서 당신이 원하는 무엇이든 상상할 수 있다는 것을 말하기도 한다.

❖ 심리학과 상보성

어쨌든, 측정하려는 대상(일상적 실재인 CR에서)에 관한 우리의 선택은 관찰의 두 가지 서로 다른 '상보적인' 범주에 해당한다. 위치 또는 시간과 같이 하나의 범주 안에서 수행된 관찰은, 항상 운동량 또는 에너지 같은 상보적인 범주를 동시에 정확하게 관찰할 가능성을 제외한다.

상보성의 정확한 의미는 아직 완전히 밝혀지지 않았고, 많은 추측을 일으켜 왔다. 예를 들면, 파울리는 자기장과 전자기장 영역과 같은 상보성의 다른 종류와, 상보성을 측정하는 데 필요한 도구를 추가함으로써 보어의 상보성 법칙을 더 확장하였다. 대상과 관찰자는 상보적이다.

만일 우리가 파울리의 사고(思考)로부터 추정한다면, 물리학은 또 다른 두 개의 상보적 변수인, 일상적 실재인 CR과 비일상적 실재인 NCR을 필요로 한다고 말할 수 있다. 우리는 당신이 일상적 실재인 CR에서 예상과 측정을 할 수 있으나, 당신이 더 많이 그렇게 할수록, 비일상적 실재인 NCR 또는 당신이 측정하려고 하는 것의 흐름의 경험과 덜 교류하게 된다는 것을 보아 왔다. 불확정성 원리에 대한 나의 의견은 일상적 실재인 CR과 비일상적 실재인 NCR이 상보적이라는 것이다.

또 당신이 일상적 실재인 CR에 초점을 더 맞출수록 당신은 꿈꾸는 과정과 덜 교류하게 되고, 꿈꾸는 것에 더 초점을 맞출수록 당신은 일상적 실재인 CR에 관해 덜 알게 된다고 말할 수 있다.[6] 하나의 전체적인 실재 측면과의 접촉 결여는 우리를 불확실하게 만든다.

❖ 우리는 불확정성을 피할 수 있는가

당신은 다음과 같이 의아해할 것이다. "전자의 에너지, 시간, 위치, 운동량에서 불확정성이 있다거나, 또는 꼬리가 하나인지 둘인지 누가 실제로 신경 쓰는가? 당신이 아는 것에 만족하라. 상황을 받아들여라. 전자가 통과할 틈새가 하나라면, 전자는 입자와 같이 행동한다. 두 개의 틈새가 있다면, 전자는 파동처럼 행동한다. 그것을 꿈꾸는 시간 또는 측정 사이의 어떤 것이라고 불러도 좋지만, 그러나 그것에 관해 질문을 많이 하는 것은 그만둬라."

그러나 우리들 대부분은 멜루시나의 파트너와 같다. 우리들 중 많은 사람들이 자연과 물질을 정의하는 방법에 관하여 알기를 원하는 물리학자와 같다. 우리가 항상 단순히 자연을 존경하고 믿으려고 하는 생각이 있는 것은 아니다. 그래서 때때로 우리도 토요일에는(특히, 그녀가 "보지 말아요."라고 했음에도 불구하고) 멜루시나를 엿보려고 한다.

질문하는 것은 사물을 드러낸다. 즉, 우리는 이미 불확정성이 물리학뿐만 아니라 수학에서도 고유(固有)한 것이라는 것을 알았다. 불확정성은 비일상적 실재인 NCR을 배제하는 알아차림의 측면과 연결된다. 우리는 유사한 배제 과정이 미적분학에 내재한다는 것을 보았고, 양자물체의 측정에서 다시 불확정성을 발견한다.

수학의 연구와 멜루시나의 동화에서, 우리는 불확정성 원리가 물리학 자체보다 더 기본적이며, 일방적인 일상적 실재인 CR 태도에 의해 만들어진다는 것을 따져보도록 강요받았다. 불확정성은 우리가 알아차림을 사용하는 방식과 누구나 동의하는 세계의 묘사를 입증하려는 경향성에 의해 발생한다.

다시 말해서, 우리 주위 세계의 상태를 묘사하고 결정하는 불확정성은 세계 묘사에 대한 우리의 일방적인 일상적 실재인 CR 지향의 산물이다.[7] 우리가 오직 한 가지 실재에 머무는 한, 불확정성은 일반적인 원리처럼 보인다. 불확정성은 자의식적 경험을 배제하는 일상적 실재인 CR의 심리학적 접근에서 일어난다. 그리고 불확정성은 또 오직 꿈꾸는 시간에서의 방황에서 일어난다.

우리의 동화는 불확정성을 관계성 문제로 설명하였다. 만일 우리가 너무 많이 캐묻는다면, 사물들이 불확정하게 되고, 우리는 멜루시나가 어디에 있는지 알 수 없게 된다. 다시 말해서, 우리의 환상 세계, 또는 우리의 과정의 추적을 놓쳐 버린다. 동화는 오늘의 관찰자/관찰대상의 교류 너머에 있는 새로운 종류의 관계를 암시한다. 물질과의 또 다른 종류의 교류는 협력(partnership)을 포함할 것이다.

오늘날의 물리학은 우리에게 불확정성이 가상의 입자, 유령, 꿈, 신 또는 꼬리가 있는 인어의 존재 가능성을 허용한다고 말해 준다. 이러한 모든 비일상적 실재인 NCR 경험은 물리학에 의해 (짧은 시간 동안) 허용된다. 오늘날의 물리학은 경험의 강으로 올라와 거기에 멈추어 있다. 과학자는 "물질은 꼬리가 있을지도 모르지만, 우리는 그것을 시험할 수 없다."라고 말한다. 그러나 나의 예상대로 물리학이 변화한다면, 물리학의 진정한 목적인, 측정 가능한 세계뿐만 아니라 경험된 것의 본성을 이해하려는 목적으로 돌아간다면, 물리학자는 강을 관찰할 뿐만 아니라 강에 들어갈 것이다.

그러면 우리는 이상한 나라의 앨리스와 같은, 물질의 다른 측면인 비일상적 실재 NCR을 탐색할 수 있는 새로운 과학을 가질 것이다. 새로운 물리학은 초자연치료와 마술의 전형적인 비일상적 실재인 NCR 사건에 관하여 새로운 원리를 밝혀 줄 것이다. 과학이 흐름에 초점을 두고 그 본질과 함께 헤엄칠 때, 그것은 복소수와 가상 입자의 경험 영역을 조사할 것이다.

만일 물리학이 내가 예상했던 대로 변화한다면, 멜루시나의 세계인 강을 경험하는 새로운 방법이 떠오를 것이다. 새롭고 더 발전된 초자연치료가 시작될 것이다. 이때에는, 오래된 물리학과 그것의 불확정성 원리가 더 이상 다음과 같은 경고 이상은 되지 않을 것이다. 즉, 만일 당신이 단지 일상적 실재인 CR 관점에서만 우주와 관련된다면, 당신은 우주의 감정을 상하게 하고 필요 이상의 불확정성을 더 만들 것이다. 그러나 새로운 세계관에서, 우리 모두는 현대적 초자연치료사로서 진행 중인 경험의 흐름에 연관시키는 능력을 가질 것이다.

주석

1) 바버라 레오니 피카드(Barbara Leonie Picard)와 조안 키델-먼로(Joan Kiddell-Monroe, 삽화가)에 의한 『프랑스 전설, 이야기와 동화(*French Legends, Tales, and Fairy Stories*)』(옥스퍼드 신화와 전설[Oxford Myths and Legends]에서). 멜루시나의 주제는 널리 펴져 있으며, 비슷한 이야기가 북아프리카, 남아메리카, 고대 유럽 그리고 중국에도 있다.

2) 양자물리학에서의 불확정성을 이해하기 위해서는, 『파인만의 물리학 강론(*The Feynman Lectures on Physics*)』(2권, 1장, 1쪽)에서 파인만에 의한 실험을 생각해 보자. 실험의 핵심은 하이젠베르크를 반대하고 의심하는 것과 그의 불확정성 원리가 실수라는 것을 증명하기 위한 것이다. 다시 말해, 우리는 확실하게 전자의 위치와 운동량을 결정하기를 원한다.
'*' 표시는 아래의 그림에서 전자를 나타낸다고 하자. 만일 스크린에서 전자계수기가 '찰칵' 하면 우리는 전자가 존재한다는 것을 안다고 하자. 계수기는 중괄호] 로 표시되었다. 왼쪽의 전자총이 전자를 발사하고 있다. 전자들은 문에 있는 두 개의 틈새로 통과한다. 왼쪽의 문은 14장에서 연구했던 문과 조금 다르다. 틈새 위아래에 있는 원은 바퀴를 나타내고 있다. 바퀴는 틈새를 통과해야 하는 전자가 문에 부딪히면 문을 위아래로 가볍게 움직이게 한다.
이 실험은 우리에게 전자의 운동량과 위치에 관한 확정성을 줄 수 있는가? 자, 보자. 만일 전자가 틈새 위의 문에 부딪힌다면, 전자는 문을 약간 위로 움직이게 한다. 만일 전자가 아래의 문에 부딪힌다면, 그 문을 약간 아래로 움직이게 한다. 각각의 경우 문이 얼마나 흔들렸고 위아래로 얼마나 움직였

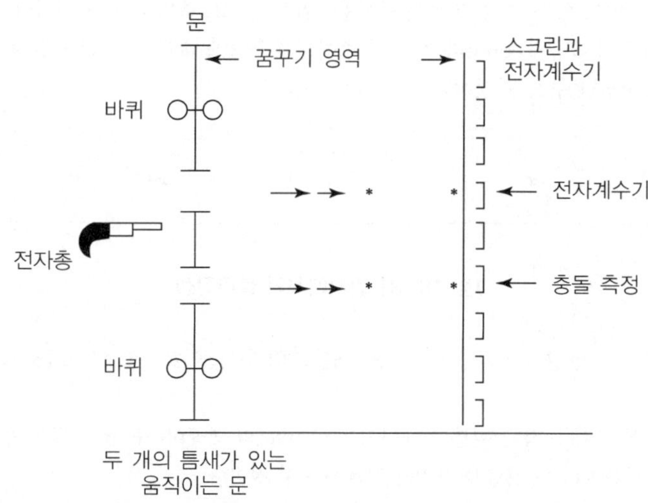

[그림 16-2] 불확정성을 반박하는 데 실패한 새로운 '움직이는 문' 실험

는지에 따라 우리는 충돌(운동량)을 측정할 수 있다.

만일 우리가 문의 무게와 충돌할 때의 속도를 안다면, 우리는 주어진 위치에서의 전자의 운동량을 계산할 수 있고 불확정성 원리를 피할 수 있다(만일 M이 문의 질량, V가 문의 속도, m이 전자의 질량, v는 전자의 알려지지 않은 속도라면, 그때 운동량이 보존된다는 $MV=mv$ 원칙 때문에, 우리는 문의 속도를 측정함으로써 입자의 운동량을 알 수 있다).

우리는 문에 준 충돌 때문에 전자의 운동량을 결정할 수 있다. 또 만일 전자가 틈새 위쪽에 부딪힌다면 문은 올라가고, 그리고 전자가 틈새 아래쪽에 부딪힌다면 문을 아래로 밀어내리기 때문에 우리는 전자의 위치를 알 수 있다. 그래서 우리는 거기에서 전자가 있다는 것을 알 수 있다. 우리는 불확정성 원리를 깰 수 있는 것이다.

옳은가? 아니, 틀렸다. 우리는 몇 가지 문제를 무시했다. 만일 문이 흔들린다면, 그때 우리는 더 이상 문의 정확한 위치를 알 수 없고, 다음 전자가 통과할 때 틈새의 위치는 바뀌게 될 것이다. 우리는 하나의 전자에 대한 위치와 운동을 측정했을지 모르나, 다음 측정을 위한 구조 설정이 흔들렸기 때문에 실험은 바뀌어 버린 것이다. 문의 약간의 움직임이 스크린 위에서의 패턴을 바꾼다. 문의 움직임은 파동 효과를 상쇄하는 것으로 밝혀졌다.

따라서 이처럼, 만일 우리가 아주 정밀하게 전자의 위치를 추적한다면, 우리는 실험을 파괴하고, 아무리 실험 장치를 잘 만들더라도 더 이상 파동 효과를 얻지 못한다. 과학자들은 불확정성 원리를 반박하기 위하여 수많은 다른 실험들을 해 왔으나 실패했다. 우리는 더 좋은 바퀴, 더 잘 굴러가는 더 가벼운 문을 얻을 수 있으나, 아무리 가벼운 흔들기라도 파동을 상쇄한다.

실험 결과는 입자가 바퀴가 있는 문의 틈새 두 개를 통과한 뒤에는 더 이상 파동처럼 행동하지 않는다는 것을 보여 줌으로써 이것을 증명한다. 도중에 전자의 운동량과 위치를 측정하는 것이 스크린에서의 관찰에 관한 한 평범한 입자처럼 행동하게 만든다. 이야기의 교훈은 우리가 아주 정밀하게 측정할 때, 전자는 입자로 변하고, 전자의 파동성을 잃어버린다.

3) 기호 h는 우리가 알고 있는 한 결코 변하지 않는, 일반적이고, 특별하고, 자연적인 상수다. 상수 h는 대략 6.63×10^{-34} joule-seconds다. 따라서 주어진 운동량에 대해서, 우리는 단지 입자가 범위 Δx에 존재한다고 확신할 수 있을 것이다.

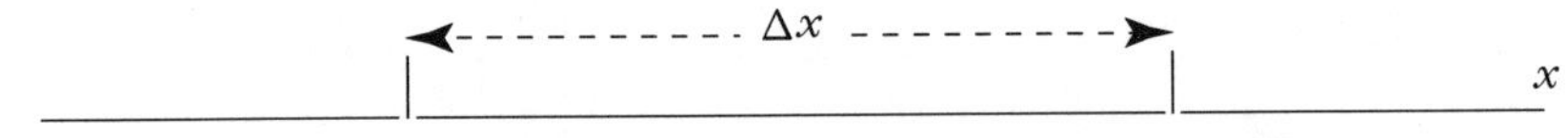

[그림 16-3] 위치에서의 불확정성

4) $\Delta e \times \Delta t \geq h$이므로, 만일 우리가 3초가 필요하면, 그때 우리는 $\Delta e \times 3 \geq h$ 또는 $\Delta e \geq h/3$임을 알 수 있다.

5) 아주 짧은 시간 동안 아주 작은 여분의 에너지는 $e=mc^2$의 제곱이라는 33장에서 논의할 유명한 공식 때문에 아주 작은 여분의 질량을 가지는 것을 허용할 것이다.

6) 우리는, 융을 따라서, 의식과 무의식의 영역이 상보적이라고 말할 수 있다. 꿈을 이해하기 위해서,

당신은 꿈꾸는 사람의 의식 상황에 대해 알아야 한다. 융은 『정신의 구조와 역학(*Structure and Dynamics of the Psyche*)』(전집, 8권)에서 상보성을 말했다.

7) 우리는 파동의 수학적인 기술에서조차도 불확정성을 발견할 수 있다. 15장에서 우리는 입자의 개념이 양자역학에서 '파동 다발' 이라고 하는 무엇인가로 나타낼 수 있다는 것을 보았다. '실재' 입자의 수학적인 개념은 지름이 백만 분의 일 또는 억만 분의 1cm인 작은 파동 다발이다. 입자는 정확한 물체가 아니라 덩어리로 쌓은 파동의 다발이다. 우리는 이러한 '무더기' 기술 안에서조차, 하나의 입자 파동 진동수에 의한 무더기를 확인할 필요가 있기 때문에 입자의 운동을 결정하는 것이 불가능하다는 것이 놀랍다. 그리고 파동 다발에 대해서 단일 진동수는 없다.

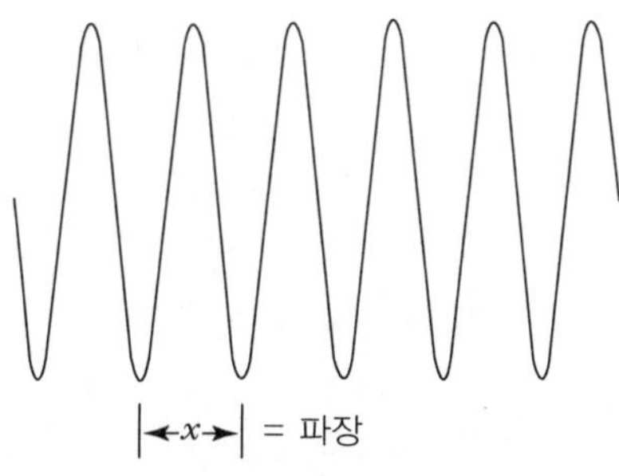

[그림 16-4] 파동의 파장

예를 들면, 단일 파동은 주어진 파장 x를 가진다. 그러나 [그림 16-5]에서 파동 다발은 단일한 파장을 가지지 않는다.

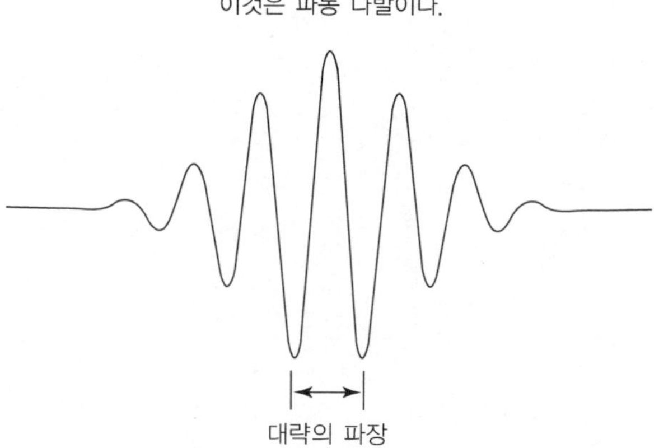

[그림 16-5] 파동 다발의 진동수에서의 불확정성

파동 다발은 흥미롭다. 파동의 무더기로서, 그들이 시공간에서 움직일 때 입자의 본성에 접근하기 때문이다.

제17장
양자 신호교환

인간 지성을 일깨우는 다음 세대의 위대한 시기는 방정식의 질적인 내용을 이해하는 방법을 잘 생성할 것이다. 오늘날 우리는 슈뢰딩거의 방정식이 개구리, 음악 작곡가 또는 도덕성을 포함하는지 또는 포함하지 않는지 알 수가 없다.

-리처드 파인만(Richard Feynman)-

물리학이 경계(edge)를 넘어 강으로 간다면, 물리학은 흐름으로 들어가서 새로운 관계에서 물질과 상호작용한다. 이 장에서 우리는 관찰자와 관찰대상 사이의 관계가 어떻게 자의식적인 상호작용을 하는지 살펴볼 것이다. 이런 상호작용은 양자물리학의 수학적인 패턴으로 부호화되고 불교의 명상가와 오스트레일리아의 토착민들에 의해 수 세기 동안 알려져 온 것이다.

관찰자와 관찰대상 사이에는 관계 과정에 다양하고 미묘한 수준이 있다. 오늘날의 물리학에서 전체적인 관찰 과정은 고전적이다. 비록 우리가 어떠한 실험을 수행하는가에 대한 관찰자의 결정이 최종 관찰에 영향을 준다는 것을 알고 있다 하더라도, 이것은 관찰자와 관찰대상 모두가 다 시공간에서 분리된 것으로 인식된다는 것을 의미한다.

탐구를 더 할수록 우리는 관찰자와 관찰대상이 마치 땅 위의 나무 두 그루 같다는 것을 발견할 것이다. 우리가 땅 위에 서 있는 한, 두 그루의 나무는 분리된 것처럼 보인다. 그러나 우리가 땅 아래를 파면, 두 나무의 뿌리가 서로 얽혀 있어서 관찰자와 관찰대상자는 더 이상 분리되어 있지 않는다는 것을 알게 된다.

우리는 이런 땅속 뿌리의 패턴을 물리학의 수학에서 패턴화된 미묘한 비일상적 실재인 NCR 지각과정의 개념에서 살펴볼 것이다. 이런 관점으로부터, 관찰은 상호적이면서 이원적인 과정(dyadic process)이 된다. 우리는 또한 관찰자와 관찰대상의 관계성에 대한 다양한 수준과, 우리 모두가 다 같이 공존하는 많은 세상의 일부에 대해 알아보기 시작할 것이다.

❖ 시간에서 앞뒤로 움직이는 파동

물질에 대한 가장 기본적인 서술로, 물리학에서 파동함수는 허수를 이용해서 표기된다. 7장과 8장에서 탐구한 것과 같이, 허수는 비일상적 실재인 NCR 사건을 묘사하는 것으로 이해될 수 있다.

복소수에 대해 우리가 아는 것을 간단히 복습해 보자. 복소수의 켤레는 $3+4i$ 에서 허수 앞의 부호가 $3-4i$로 변한다는 것을 제외하고, 원래의 숫자와 거의 같다는 것을 기억하라. 또한 켤레는 서로의 거울 이미지다. 우리가 켤레화를 할 때, 즉, 복소수에 켤레를 곱하면 실수를 얻는다. 예를 들면, $(3+4i)\times(3-4i)$는 실수인 25가 된다(여러분은 $3\times3=9$, $12i-12i=0$, $i\times i=-1$, $4\times4=16$인 것을 알면 이것을 확인할 수 있다).

복소수는, 전자 등 기본 입자의 행동과 같은 양자 사건을 묘사하는 기본적이며 가장 근본적인 패턴인 양자 파동방정식을 나타내는 데 필요하다. 지금까지 물리학자들은 복소수를 직접 측정할 수 없기 때문에 양자 파동방정식에서 복소수를 해석하는 것을 피하려고 했다. 물리학에 대한 코펜하겐 해석에 따르면, 일상적 실재인 CR에서 측정할 수 없는 것은 논의할 수 없기 때문이다.

그러나 시대가 변했다. 오늘날 우리는 꿈꾸기와 꿈의 반영과 같은 비일상적 실재인 NCR 과정에 대한 유추로서 복소수를 이해할 수 있는 기회를 갖게 되었다. 1980년대 시애틀 워싱턴 대학교의 혁신적인 이론 물리학자 존 크레이머(John G. Cramer)는 파동방정식의 복소수에 대한 또 다른 유추를 기술했다.[1] 결례화의 과정에서, 그는 관찰 과정을 보고, 시간에서 하나가 앞으로 움직이고, 다른 하나는 뒤쪽으로 움직이는, 두 개의 상호 관련된 사건을 가상했다.[2]

크레이머는, 각 결레에 대해 측정이 일어날 가능성이 있는 장소의 모든 지점에서 이동하는 '가상의 파동' 으로 이해할 수 있었다고 보았다. 비록 그가 물리학자로서 이러한 가상 파동의 실재를 기술할 수 없었다는 것을 알았지만, 가능성은 직접적으로 측정될 수 없기 때문에 그것, 즉 가상 파동이 측정을 위한 가능성이라고 말했다. 그도 우리 모두가 자의식적 방식으로 경험하는 또 다른 비일상적 실재인 NCR로서 우리가 논의해 온 이러한 가능성을 상상할 수밖에 없었다.

크레이머 이전에, 물리학자들은 반영된 파동 혹은 '뒤로 움직이는' 파동의 중요한 가능성을 무시해 왔다. 왜냐하면 그들에게는 일상생활에서 알려진 결레에서의 짝이 없었기 때문이다. 비록 이러한 파동이 방해받지 않고는 실재에서 측정되지 못할지라도, 크레이머는 양자역학에서 관찰 이면의 몇 가지 가능한 경로를 추측하는 데 사용될 수 있다는 것을 깨달았다. 따라서 이러한 상상은 일상적 실재인 CR에서 전체 시공간을 통해 퍼지는 소위 파동방정식의 붕괴에 대해 추측하는 데 사용될 수 있다.[3]

크레이머는 모호하고 형태가 확실하지 않은 안개로부터 특정한 한 지점으로 파동함수를 붕괴시키는 결레화 과정을 이해하기 위해 서로 통신을 하는 두 개의 팩스 기계와 같은 두 개의 전자 기계의 유추를 사용한다. 첫 번째 팩스 기계 1이 기계 2에게 '삐 삐' 와 같은 '확인' 신호를 발사하면, 기계 2는 또 다른 '삐 삐' 음인 '반향 파동' 을 보내 기계 2가 그곳에 있고 통신할 준비가 되었음을 나타낸다. 반향음은 시간에서 확인을 반영한다.[4]

다시 말해, 첫 번째 파동은 '여보세요?' 라는 신호로 생각할 수 있고, 두 번째 파동(결레 파동)은 '계속해서 전송' 이라는 신호가 된다. 크레이머는 '양자 악수' (Quantum handshake, 데이터 전송에 앞서 제어 신호의 교환)라고 부르는 감각을 우리에게 주려고 이러한 유추를 사용하였는데, 이것은 우리가 관찰이라고 부르는 것의 표면 아래에서 일어나는 비일상적 실재인 NCR 과정에 대한 크레이머의 환상이다.

❖ 꿈꾸는 시간에서의 신호교환

심리학으로부터의 유추는 그 상호작용이 일상적 실재인 CR에서만 추적이 가능한 전기 기계의 유추보다 양자역학의 수학적인 패턴과 더 가까울 수도 있다. 심리적인 상호작용은 또한 2차적 주의집중을 사용하여 비일상적 실재인 NCR 내에서 추적될 수도 있다.

당신이 숲에서 길을 걷고 있다고 하자. 어떤 특별한 나무가 당신의 주의를 끌지만, 그것이 사실은 당신이 나무를 보는 것과, 나무로부터 당신에게 보아달라는 '신호교환 같은' 끌어당기는 힘 중에서, 어떤 것이 먼저인지 말하기 어렵다. 나무에 대한 당신의 관찰이 먼저인가, 아니면 나무가 봐 달라고 당신에게 요청하는 것이 먼저일까?[5)]

비록 우리가 보통 이런 비일상적 실재인 NCR 경험을 무시하더라도, 우리는 우리의 기억을 이용하여, 즉 관찰이 일어난 후 시간을 거슬러 가서 반영함으로써 이런 신호교환이 일어난 것을 회상할 수 있다.

만일 당신이 명상과 관찰 훈련을 받았고, 눈치가 빠르다면, 나무를 보기로 결정하기 전이거나 혹은 동시에 '자신에게 오는' 일종의 신호교환을 알아차릴 수 있다. 당신이 나무를 보는 감각은 시간에서 앞으로 가지만, 나무가 당신에게로 '신호교환을 하는' 감각은 반대 방향으로 오는 것으로 경험된다.

당신은 어떤 신호가 먼저 오고 뒤에 오는지를 정확하게 묘사하지 못한다. 비일상적 실재인 CR의 관점으로는 공간 또는 시간의 앞뒤로 움직이는 것을 증명할 수 없지만, 그러나 당신의 경험은 나무가 당신에게로 신호를 보냈다는 것을 나중에 알려준다. 오스트레일리아 토착인 데이비드 모우라자라이(David Mowlajarai)는 다음과 같이 서술한다.

> 우리가 어디를 걷든 중요하지 않고, 그것은 거기에 있다! 나무 옆을 걷고 있을 때, 그 나무는 이러한 능력 와이룰(Wayrrull)을 갖고 있다. 우리는 그 나무를 볼 수 있다. 왜냐하면 나무의 능력인 와이룰이 우리의 눈과 교류하기 때문이다. 와이룰은 나무가 우리에게 말하도록 한다. 와이룰은 우리가 듣도록 한다. 와이룰을 통해서 우리는 서로 이해할 수 있다. 우리는 나무로부터 배운다. 나무가 우리를 인도한다…… 이런 것들을 사람들이 기억하도록 돕는 것이 나의 일이다. 그 신비를 기억하도록 돕는다.[6)]

모우라자라이는 "우리는 나무의 힘인 와이룰이 우리의 눈높이에 맞추어 주기 때문에 그 나무를 볼 수 있다." 고 말한다. 나는 우리의 눈과 교류하게 만드는 나무의 '힘' 을 '양자 신호교환(Quantum flirts)' 이라고 부른다. 비일상적 실재인 NCR 움직임은 주위에 있는 어느 누구로부터 공통적인 교류를 갖지 않을 수도 있으나, 숲이나 도시의 거리를 통해 움직이는 사람들에게 양자 신호교환의 비일상적 실재인 NCR 알아차림은 생사의 문제가 될 수도 있다.

양자 신호교환은 두 가지의 요소를 갖는다. 하나는 실제 관찰보다 앞서는 것처럼 보이는, 관찰하려는 비일상적 실재인 NCR 경험이다. 이 신호는 시간에서 앞서가는 것으로 경험된다. 또 다른 요소는 대상이 보이도록 '요청하는' 감각이다. 우리가 빨리 알아챈다면, 우리는 이 '와이룰 능력' 을 감지할 수 있다. 그렇지 않으면, 우리는 일단 관찰이 일어나고, 나중에야 그것을 알아차릴 수 있다.

관찰자와 관찰대상에게 일상적 실재인 CR 개념이 자연에 대한 전통적인 이해에서는 분리되지만, 양자물리학의 수학에서 복소수와 허수는 관찰자와 관찰대상을 하나의 분리될 수 없는 시스템으로 만드는데, 이 시스템은 관찰의 비일상적 실재인 NCR 경험과 여러모로 일치한다. 이런 경험에서, 관찰자는 자신에게 신호를 보내 오는 관찰대상을 느끼고, 그리고 일상적 실재인 CR 관찰이 일어나기 전에 물체로부터 오는 비일상적 실재인 NCR 신호교환(시험할 수 없는)을 회상할 수 있다. 이 신호교환 후에, 관찰하려는 의도가 생기고 관찰이 일어난다.

어느 신호가 먼저 오는지 느껴지는 시기는 비일상적 실재인 NCR 경험이다. 그런

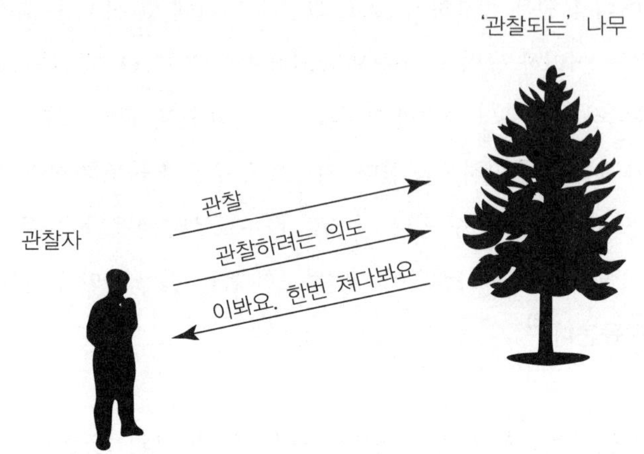

[그림 17-1] 관찰로 이어지는 비일상적 실재인 NCR 양자 신호교환 과정

시기가 보통의 시간에서는 명확하게 묘사되거나 측정될 수 없다. 우리가 두 사람 사이의 대화에 대해 이야기한다면, 둘 다 상대방이 대화를 시작한 것으로 경험할 수도 있고, 심지어 둘 다 상대방이 대화의 원인이라고 생각할 수도 있다.

많은 사람들은 거리를 걸으면서 누군가 자신을 보고 있다는 느낌의 경험이 있다. 당신이 길을 따라 걷고 있고, 내가 당신 앞에 있다고 상상해 보자. 나는 내 뒤로 어떤 신호를 감지하거나, 혹은 아마도 분명한 이유 없이 당신에 대해 생각하기 시작한다. 만일 내가 나의 경험을 무시하지 않고 경험을 따르면, 뒤로 돌아 당신을 볼지도 모른다. 나의 지각으로부터, 나는 뒤에서 오는 신호를 받았고, 그래서 당신을 향해 돌아보았다.

그러나 당신의 입장에서, 통신의 첫 번째 신호는 나의 뒤로부터 왔을 수도 있다. 말하자면, 우리는 서로 신호를 보냈다고 말할 수도 있다. 우리는 누가 어떤 신호를 먼저 보냈다고 확실하게 말할 수 없다. 당신이 나를 먼저 보았는가? 혹은 내가 당신에 대해 먼저 환상을 가졌는가? 비록 누가 먼저 무엇을 했는지 말할 수 없더라도, 내가 돌아서서 우리가 서로 보았을 때 관찰의 순간이 일어난 것을 알고 있다. 그러나 우리의 경험에 관한 한, 일상적 실재인 CR 관찰이 일어나기 전에 비일상적 실재인 NCR의 신호교환이 먼저 일어났다.

우리가 서로 보자마자, 일상적 실재인 CR이 일어났다. 즉, 우리는 일상의 실재에서 서로를 관찰했다. 누군가 우리가 서로 바라보는 것을 사진 찍을 수 있으나, 나의 뒤에 있는 당신을 알아차리는 내 감각의 사진을 찍을 수는 없다.

대부분의 경우에 우리는 비일상적 실재인 NCR 신호교환의 경험을 무시하고, 일상적 실재인 CR 관찰에만 집중한다. 그러나 양자역학의 수학에서 관찰 뒤의 패턴은 꿈꾸기에서의 신호교환과 같은, 일상적으로는 무시된 비일상적 실재인 NCR 경험에 기초한다. 양자역학에서 우리는 켤레화를 발견하는데, 그 켤레화는 꿈꾸기 시간 경험의 펼침을 통해 창조된 일상적 실재인 CR 뒤에 있는 일종의 암호다. 관찰자와 관찰대상이 일상적 실재인 CR 개념에만 머문다면, 자의식적 의사소통자는 비일상적 실재인 NCR 개념이고 그리고 시간과 공간의 관점에서 분명하게 분리될 수 없다.

물리학이 관찰자와 관찰대상의 이분법을 이야기하는 동안, 우리는 또한 심리학과 물리학의 예로부터 관찰이 상호적이며 이원적인 자의식 과정에 기초한다는 것을 볼 수 있다. 나는 상호작용이 아주 빠르고 자의식적으로 일어나서 그들이 경험하는 꿈꾸기 시간이나 분위기를 흩트려놓지 않고서는 새롭게 재생산되지 않기 때문에, '양자 신호교환' 이라는 용어를 사용한다.

❖ 누가 누구를 관찰하는가

우리는 어느 파동이나 신호교환이 먼저인지 구별할 수 없기 때문에, 즉 누구의 쳐다보려는 경향이나 의도가 먼저 오는지를 말할 수 없기 때문에, 우리는 누가 먼저 관찰을 하려는 결정을 하는지 알 수 있는 방법이 없다. 경험에 대해 자의식적인 비일상적 실재인 NCR 수준에 분명한 인과율은 없다. 즉, 시간 개념이 일상적 실재인 CR의 개념이기 때문에, 어떤 신호가 먼저 오고 뒤에 오는지 구별할 방법이 없다. 비일상적 실재인 NCR 수준에서, 두 부분은 관찰의 행위에 서로 관련되어 있다. 사람들이 측정하는 것을 원할 때, 일상적 실재인 CR의 견해를 제외하고는, 관찰대상과 관찰자에 대한 어떤 하나의 단순한 범주는 없다.

양자 신호교환은 우리가 파동함수의 붕괴를 묘사하기 위해 필요한 수학의 의미를 가질 수 있도록 도와준다. 예를 들면, 만일 내가 아침에 자발적으로 당신에게 전화를 건다면, 내 전화는 일상적 실재인 CR 영역에 있다. 당신은 원한다면 그렇게 기록할 수 있다. 그러나 내가 당신에게 전화하기 전에, 당신이 도움을 요청하려고 나를 부르려고 하는 것을 느꼈다고 한다면 어떻겠는가? 그리고 당신이 전화 벨소리를 듣기 전에, 내가 전화할 것이라고 생각했다는 것을 주장하면 어떻겠는가? 비록 그런 비일상적 실재인 NCR 경험이 보편적이라 하더라도, 일상적 실재인 CR에서 시험할 수 있는 것은 아니다.

만일 내가 나의 경험을 무시하지 않는다면, 나는 당신에 대한 나의 경험이 비일상적 실재인 NCR 경험이고, 그리고 당신의 본질에 관한 무엇이 시간과 공간에 단순히 존재하지 않는다는 것을 깨닫는다. 당신은 분명히 나의 외부에 있는 것도 아니고 나의 내부에 있는 것도 아니며, 나의 전후도 아니고, 죽은 것도 살아 있는 것도 아니다. 오히려 당신과 나 둘 다 일상적 실재인 CR뿐만 아니라 꿈꾸기에 참여하고 있다. 비일상적 실재인 NCR에서, 우리는 당신과 나를 분명하게 구별할 수 없다. 비일상적 실재인 NCR에서 우리는 하나다.

양자 신호교환은 우리에게 관찰자로서, 소위 관찰된 대상과 함께 자의식적 수준에서 우리 자신을 확인하도록 허락해 준다. 관찰자와 관찰대상 모두, 일상적 실재인 CR에서 관찰자에 의해 시작되는 것처럼 보이는, 관찰에 참여하는 자의식인 꿈꾸는 사람이다.

❖ 물질에서의 의식

우리가 누군가를 보기 전에 누군가 우리를 보고 있다는 것을 느끼는 능력은 거의 보편적이다. 오스트레일리아의 스승은 일찍이 '와이룰' 이라는 용어로 이러한 움직임을 언급했는데, 나무 혹은 자연의 어느 부분에서 나오는 능력인 '와이룰' 은 우리 눈을 사로잡아 그 자체를 보도록 만든다.

오스트레일리아의 토착민들은 나무가 우리와 상호작용할 뿐만 아니라, 꿈꾸기가 지구를 창조한다고 믿는다. 그들은 우리가 '물질' 이라고 부르는 것이 우리에게로, 그리고 또한 그 자체에게로 움직여 오는 것을 느낀다. 우리가 물체의 물질적인 세계와 세상 사람들이라고 부르는 것 사이에 연결된 믿음은 전통적인 초자연치료 생활 방식의 기초다. 이런 믿음은 토착민들이 사냥과 같은 모험을 하기 전에 꿈을 기다리는 이유다. 실재는 꿈꾸기에 의해 만들어진다.[7)]

호피(Hopi)와 같은 몇몇 토착민의 언어는, 과거 또는 미래와 같은 시간에 대한 단어를 포함하지 않는다. 과거로부터 미래의 창조에서 움직임은 없으며, 꿈꾸기로부터 깨어나는 실재로, 그리고 되돌아가는 통로만이 있다. 융 학파의 스승 중의 한 분인 마리 루이스 폰 프란츠는 '명백한 것, 즉 나타나는 것' 과 '나타나기 시작하는 것' 이라는 호피의 말이 우리의 일상적 실재인 CR과 비일상적 실재인 NCR에 대략 일치한다고 지적한다. 이러한 사람들에게 실재의 물체는 과거의 부분이며, 그것들은 이미 명백하게 나타나 있다. 모든 나타남의 창조자는 '강력한 것('a'ne himu)' 이라고 불린다.[8)]

토착민의 일상적 실재인 CR은 시공간과는 반대로 꿈꾸기와 의식에 기초한다.[9)] 몇몇 오스트레일리아 토착민 집단에서 사람들이 깨어나서 처음 하는 일은 그들의 꿈에 근거한 노래를 부르는 것인데, 동물과 새들이 꿈을 듣고 매일의 사냥과 수확에서 꿈꾸는 사람을 도와준다. 이러한 세계관에서 각 물질(동물, 식물, 광물)은 자신만의 꿈꾸기가 있다. 토착민들은 비일상적 실재인 NCR 경험을 따라가면서, 일상적 실재인 CR의 불확정성을 없애거나 또는 줄인다.

오직 일상적 실재인 CR에만 남아 있는 서구 지향적 관찰자들은 비일상적 실재인 NCR 경험들을 무시하고, 그들이 하려고 할 때마다 사물을 관찰할 수 있다고 느낄 수도 있다. 그러나 비일상적 실재인 NCR 꿈꾸기 경험에서 관찰자와 관찰대상은 모두 서로 상대방의 주의를 '붙잡으려고' 시도하는 것으로 서로를 경험할 수도 있다. 이런 관점에서 관찰의 물리학은 꿈꾸기 때문에 일어난다.

우리가 물질이라고 부르는 것은 비일상적 실재인 NCR에서 움직일 수 있고, 그래서 일상적 실재인 CR 관찰에 참여할 수 있다는 가능성을 고려할 필요가 있다. 이것은 관찰자가 실험하는 것을 선택할 수 있는 것처럼, 대상도 관찰되는 것을 선택할 수 있다는 것을 의미한다.

다시 말해, 양자물리학자의 틈새실험에서 스크린에 접근하는 전자는 헤아려지기를 '원할 수' 도 있으며, 그리고 마치 관찰자 자신이 실험을 할 가능성을 고려하는 것처럼 비일상적 실재인 NCR 신호교환을 보낼 수도 있다. 그 실험은 마침내 이런 배경의 신호교환 때문에, 그리고 신호교환에 대한 알아차림이 있거나 없거나 상관없이 일어난다.

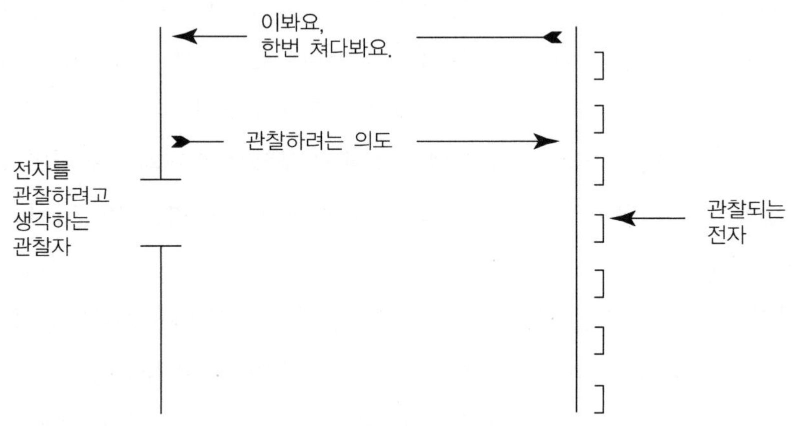

[그림 17-2] 틈새실험에서 양자 신호교환 과정

❖ 관찰로 이끄는 자의식적 자각

만일 전자가 우리에게 신호를 보낸다면, 모든 것은 관찰 가능한 세계에서 다른 모든 것과 함께 신호교환을 하고 그리고 세계는 부분과 사람으로 가득한 장소만큼 많은 상호작용의 네트워크가 된다.

의식이 일상적 실재인 CR 신호의 알아차림에 의지하는 동안, 비일상적 실재인

NCR 신호교환의 자의식적 경험은 우리를 부르는 명료한 꿈꾸기, 반영, 뒤돌아보는 것과 같다. 이것은 비일상적 실재인 NCR 경험의 주의와 알아차림을 포함하거나, 또는 물리학자가 측정할 수 없는 영역에서 일어나는 양자 과정이라고 부를 수도 있는 것을 포함한다. 그래서 전체적인 알아차림은 의식과 자의식 둘 다를 포함한다.

❖ 불교에서 섬광처럼 스치는 자의식적 통찰

명상에 익숙한 독자는 "누가 명상을 하는가?" "전체적으로 관찰할 수 있는 상황에서 언제 '내'가 나타나는가?" "자의식적 관찰에서 자아(ego)는 어디에 있는가?"와 같은 의문을 제기할 것이다. 2,500년 전의 자각에 대한 불교 연구의 해답에 의하면 자의식적 지각은 관찰하는 '내'가 있기 전에 일어난다는 것이다. 불교 전통에 따르면, 분명한 '나'는 없고, '발생하고 없어지는 나'의 감각만이 있다.[10] 불교 사상과 신경과학을 종합한 연구가인 브라이언 랜카스터(Brian Lancaster)는 모든 영성 전통에서처럼, 이 미묘한 자각을 알아차리기 위해 수련이 필요하다고 지적하며, "영원한 것은 아무것도 없다. '나' 또한 영원한 존재가 아니다."라고 말하였다.

불교명상가는 일상의 관찰에 앞서는 지각의 다양한 수준을 오랫동안 경험해 왔다. 이를 라마 승(僧) 아나가리카 고빈다(Anagarika Govinda, 1975)에 따르면 다양한 '의식의 종류'가 많이 있다고 하였고, 리스 데이비드(Rhys David, 1914)는 그것을 '의식의 순간 혹은 아주 짧은 순간'이라고 불렀다.

만일 당신이 바로 내가 비일상적 실재인 NCR의 자의식적 경험이라고 부르는 것을 행동으로 나타내는 것에 대하여 훈련을 받았다면, 비록 '당신'과 상관이 없더라도, 당신 안에 있는 무엇인가는 많은 경험을 느낄 수 있다는 것을 알아차릴 수 있다. NCR 경험과 같은 것은 '당신에게 다가온다.' 만일 그 경험이 너무 강하게 다가오면, 당신은 관심을 가지게 될 것이고, 이에 대하여 관찰하려는 과정이 일어난다. 여기서 실체인 '나'에 대한 지각 과정에는 '당신'이 당신의 지각이 이미 알아차려 버린 무언가를 알아차리려고 결정하는 순간에만 들어갈 수 있다.[11]

다시 말해, 관찰을 지각하기 시작할 때, 지각하는 '나'는 없고 오히려 대상이 보인다. 랜카스터는 우리가 관찰이라고 부르는 것에 앞서는 다양하고 차별화된 자의식 경험의 훌륭한 예를 보여 준다.[12] 관찰 그 자체는 차별화될 수 있고 지각할 수 있는 많은 경험의 끝에서만 일어난다.

확장된 감각에서, 모든 대상은 관찰 행위에 참여한다. 그곳에는 '순식간' 혹은 '신호교환'이 있고, 대상에 대한 선명한 접근과, 그리고 (여전히 꿈꾸기에서) 보려는 결정, 마침내 일상의 의식적인 관찰이 뒤따른다. 비일상적 실재인 NCR의 관점에서, 생명력이 없는 대상(inanimate object)과 같은 것은 없다. '생명력이 없는'과 같은 용어는 관찰의 최종적인 행위만을 나타내고, 순식간과 빠른 신호교환 혹은 미세한 지각과 비일상적 실재인 NCR 경험과 같은 일상적 실재인 CR의 근원을 무시한 것이다.

대부분의 사람들은 오직 인간만이 의식을 갖는다고 가정한다. 그러나 실재를 만드는 파동함수를 결레화하는 수학의 비일상적 실재인 NCR 해석은 우리가 의식에 대해 자의식적 근원이 하나의 관찰자나 대상에서만 일어나는 것이 아니라, 관찰자와 관찰대상 사이의 관계에서도 일어난다는 개념을 생각하도록 해 준다.

관찰이나 의식에 대한 현재의 일상적 실재인 CR 개념은 오직 일상적 실재 CR에만 관련된 심리학자나 물리학자에 의해서는 결코 만족할 만한 방법으로 정의될 수 없을 것이다. 심리학, 명상, 초자연치료, 신경과학은 의식이 어떻게 물리학으로 들어가는가를 보여 준다. 인류학과 명상의 역사는 우리가 의식을 실재 개념으로 정의할 수 없다는 것을 가르쳐 준다. 왜냐하면 그 근본이 자의식적 경험에 놓여 있기 때문이다. 지각할 수 있는 경험은 양자물리학에서 파동함수의 붕괴에 대한 비밀, 즉 신비를 설명한다. 즉, 꿈과 같은 사건은 반영함으로써 실재가 된다.

실재의 창조는 의도하지 않고 일어난다. 이런 창조는 양자 신호교환이 어떻게 펼쳐지는지를 무시하거나 또는 선명하게 추적한다. 어떤 경우이든 간에, 파동함수의 붕괴는 우주의 부분 사이의 양자 신호교환 관계 때문에 일어난다.

1) 크레이머는 1986년 논문을 썼고 2년 후에 『국제 이론 물리학회지(*International Journal of Theoretic Physics*)』(1988)에서 다시 논의했다.

2) 물리학에서 파동함수는 수학식 $a+ib$를 포함하며, 우리의 비일상적 실재인 NCR 경험과 유사하다. 이 형태는 시간에서 동시에 앞으로 움직이는 파동을 나타내며, 반면에 $a-ib$는 시간이 뒤로 가는 파동을 나타낸다. 파동방정식에 대한 해답이 $Y=a+ib=|Y|\, e^{i(kx+wt)}$로 쓰일 때, 우리는 시간에서 앞으로 움직이는 파동의 경우를 갖는다(아래 그림을 보라). 만일 그것이 $Y=e^{i(kx-wt)}$의 형태로 쓰이면, 파동은 시간에서 뒤로 갈 것이다.

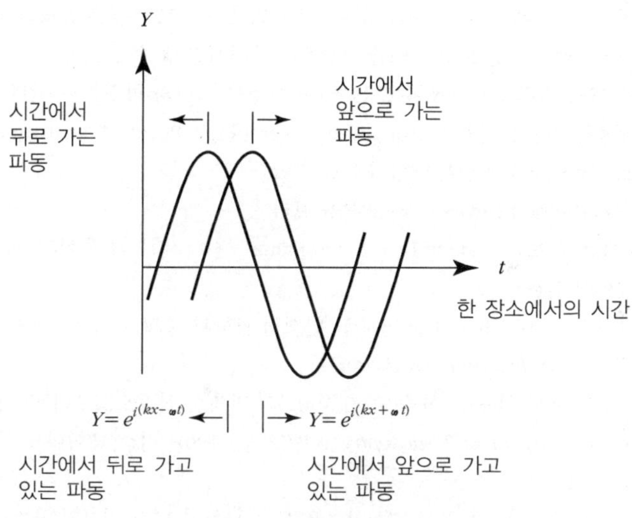

[그림 17-3] 시간에서 앞과 뒤로 움직이는 파동

시간에서 뒤로 가는 신호는, 우리에게 정신적 충격의 상황을 재검토시키면서, 시간에서 뒤로 가는 '회귀' 와 같은 비일상적 실재인 NCR 경험이다.

3) 크레이머의 연구는 최근까지 대부분 주목받지 못했다. 크레이머의 생각에 대한 훌륭한 소개는 물리학자 프레드 앨런 울프(Fred Alan Wolf)와 존 그리븐(John Gribben)의 연구에서 볼 수 있다. 프레드 앨런 울프의 상상력이 풍부한 『꿈꾸는 우주(*The Dreaming Universe*)』, 존 그리븐의 『슈뢰딩거의

고양이(*Schreodinger' s Kitten*)』(238쪽과 그다음)를 보라.

4) 수학적으로, 기계 1에서 보낸 원래의(가상의) 파동은 $a+ib$라는 형태를 가지며, 이것은 '시작 파동' 이다. 원래의 파동에 대한 켤레($a-ib$)는 '반향 파동' 으로, 켤레가 시간에서 뒤로 가는 것을 제외하고 형태와 내용이 원래의 파동과 비슷하다.

5) 8살의 나이에 시력을 잃은 재크 루세리란(Jacques Lusseryran)은 『그리고 그곳에 빛이 있었다: 프랑스 르네상스의 맹인 영웅 재크 루세리란의 자서전(*And There Was Light: Autobiography of Jacques Lusseryran, Blind Hero of the French Resistance*)』(1998, Parabola Books, New York)에서, 내가 반영과 자의식적 알아차림으로써 언급했던 것을 설명하는 놀라운 통찰력을 발달시켰다. 예를 들면, 자신의 실명을 야기한 사건 후 "이제 나의 귀는 소리가 내 귀에 도달하기 바로 전에 그 소리를 들었다…… 종종 나는 사람들이 말을 하기도 전에 사람들의 말을 듣는 것 같았다."라고 말했다(23쪽). 탁자가 자신의 손 아래 있다는 것을 알기 위해서는, "찾기 위해 내 손가락을 눌러야만 했다. 그리고 놀라운 것은 내가 누르는 압력이 탁자에 의해 즉시 대답된다는 것이다. 시력을 잃고서 나는 내가 물건들을 만나러 나가야만 한다고 생각했으나, 그러나 반대로 나는 물건이 내게로 온다는 것을 알았다…… 내가 그것(사과)을 만졌는지 혹은 그것이 나를 만졌는지 나는 몰랐다. 내가 사과의 일부분이 되었을 때, 사과는 나의 일부분이 되었다…… 모든 것은 압력의 교환이었다…… 나는 대상에 기대어 오랜 시간을 보냈고 또한 대상들이 나에게 기댈 수 있도록 두었다(27쪽).

6) 살로메 슈와츠(Salome Schwartz, 1996)는 이것을 그녀의 학위논문 「집합점의 이동: 심리상담치료와 일상생활에서의 변환(Shifting the Assemblage Point: Transformation in Theraphy and Everyday Life)」 3쪽에 실어 나의 주목을 받았다.

7) 로버트 롤러(Robert Lawlor), 38–39쪽을 보라.

8) 마리 루이스 폰 프란츠(Marie Louise von Franz) 『시간: 리듬과 휴식(*Time: Rhythm and Repose*)』

9) 롤러, 앞에서 인용.

10) 브라이언 랜카스터(Brian Lancaster) 『인식적 과학과 불교 아비다마 전통(*Cognitive Science and Buddhist Abhidhamma Tradition*)』

11) 랜카스터(앞에서 인용)는 아웅(S. Z. Aung)의 박학한 작품으로부터 몇 가지 정보를 얻는다. 『철학개론(*Compendium of Philosophy*)』(1972, p. 126), 리스 데이비드 편저; London, Pauli Text Society, 1910.

12) 랜카스터(앞에서 인용). 불교 명상가들은 모든 관찰이 17개 이상의 구별이 가능한, 서로 다른 단계로 구별 지어진, 순간으로 구성된다는 것을 인지했다. 순간 1에서 3을 차지하는 처음의 혼란을 따라가면, 거기에는 무엇인가가 발생하는 잠재의 경험이 있다. 순간 5에서는 감각이 일어난다고 말할 수 있다. 예를 들면, 그다음에는 시각적인 지각이 일어나지만, 그러나 대상은 아직 알아차리지 못한다. 이 서술은 "감각 기관과 감각대상 사이의 접촉감에 의해 특성 지어지며, 그리고 형성된 실체가 눈을 자극한다는 것을 암시하며 발생하는 의식으로서 생각될 수도 있다." 이것은 '수용' '시험' 이라고 불리는 더 나아간 단계가 뒤따르며, 그리고 마지막으로 마음의 흐름, 의식의 흐름에 대한 감각이 뒤따른다. 그러한 많은 순간이 전광석화처럼 일어나고, 전체 과정은 시간의 극미세한 부분에서 일어난다.

제18장 평행한 세계

실험의 모든 가능한 결과가 실제로 일어나는 우주가 불확정의 딜레마에 대한 해결책이 될 수 있을까? …… 비록 이런 제안이 이상한 세계관으로 이끌지라도, 그것은 지금까지 발전해 온 가장 만족할 만한 해답일 수도 있다.

– 브라이스 드윗(Bryce S. DeWitt),
『오늘날의 물리학(*Physics Today*)』 1970 (23권, 9호)에서–

비록 당신이 관찰 전에 관찰대상에 대해 지각과 교환의 비일상적 실재인 NCR 순간을 자의식적으로 경험할 수 있다 하더라도, 현재는 비일상적인 상호작용을 측정하는 것이 불가능하다는 사실은 그대로다. 그래서 당신은 소위 관찰자의 신호교환 또는 관찰대상의 신호교환 중에서 어느 것이 먼저 왔는지 알 수 없다. 자의식적 경험의 인과율을 차별화하는 능력이 없음은 일상적 실재인 CR 관찰자에 관한 한, 이론적으로는 대칭, 즉 가역적인 것을 의미한다. 만일 관찰 과정에서 자의식적 관찰자의 역할이 관찰대상의 역할과 바뀐다 해도, 물리학의 규칙 혹은 법칙은 바뀌지 않고 그대로일 것이다. 이 대칭성은 우리가 어느 정도 관찰자와 관찰대상 둘 다라는 정신적 믿음과 미시(微示)물리학의 대칭성과 연관이 있을 수도 있다.

관찰에 참가하는 당신의 자의식적 자극이, 같은 관찰에 참가하는 관찰대상의 자극에 의해 수학적으로 대체된다면, 우리는 심리학과 물리학에서의 경험, 결과, 관찰이 비일상적 실재인 NCR 수준과 같다고 말할 수 있다.[1] 이런 대체 가능성 또는 대칭성은 자연에 존재하는 대칭성의 많은 종류 중 하나다. 예를 들면, 만일 우리가 공을 어떠한 방향으로 돌려도 공이 여전히 똑같아 보인다면, 공은 대칭적이다.

자연은 평등주의자다. 자연은 당신이 그 공을 공간에서 어떻게 회전시키는지 상관하지 않는다. 즉, 항상 똑같이 보인다. 같은 성질 속에서, 중력의 장(場)에도 대칭성이 있다. 즉, 모든 대상은 무게가 얼마이든 상관없이 같은 속도로 떨어진다. 낙하 속도에 관한 한, 그리고 떨어지는 물체에 관한 한, 자연은 평등하다. 한 물체를 다른 물체로 바꿔도 낙하 속도는 같다. 중력장에서의 대칭성에 관한 이 간단한 사실이 아인슈타인의 상대성 원리의 발견에서는 아주 중요하다.

기본적으로 관찰 가능한 대칭성은 비일상적 실재인 NCR 수준으로 심리학과 물리학에 존재한다. 자연은 물리학의 수학에서 자의식적 수준으로 관찰자와 관찰대상을 구분하지 않는다. 양자 현상에 대한 물리학과 꿈에 대한 심리학은 둘 다 관찰자와 관찰대상 사이의 대칭성에 기초한다. 이 특별한 대칭성이 물리학과 심리학에는 새롭더라도, 어떠한 깊은 수준에서 '당신은 나이고 나는 당신이다' 라고 제안하는 정신적, 즉 영적 사상가에게는 새로운 것이 아니다. 우리는 수학과 물리학을 이해하는 것으로부터 발전된 심리학의 종류에 대하여 탐구할 36장에서 이러한 대칭성에 대해 다시 논의할 것이다.

우리 연구 여행의 이 시점에서, 우리는 관찰의 또 다른 특성, 즉 동시에 일어나는 의식의 평행한 세계와 상태의 존재에 대해 연구할 것이다.

❖ 집중과 다른 세계에 대한 실습

평행한 세계에 대한 개념을 소개하기 위해, 양자 신호교환 개념을 개인적인 경험으로 더 가까이 가져가기 위한 알아차림 실습을 시작해 보자.

우리가 사물을 어떻게 관찰하는지 생각해 보자. 나의 물리학과 심리학 수업에서, 나는 관찰에 대해 이야기하기 위해 나무 한 토막을 이용한다. 당신이 할 수 있다면,

당신도 교실에서 학생들과 함께 앉아 있다고 상상해 보아라. 나는 손에 나무 한 토막을 들고 서 있고, 수업에서 하는 것처럼 당신에게 직접 말할 것이고, 또한 관찰한 것에 대하여 그룹과 이야기하는 동안 무슨 일이 생기는지를 함께 경험할 것이다.

"이 나무토막을 빵 도마나 재료를 자르는 도마라고 생각해 보시오. 나는 이 나무 도마를 당신 앞에 놓을 것이고, 우리는 그것과 함께 양자물리학의 실습을 할 것입니다."

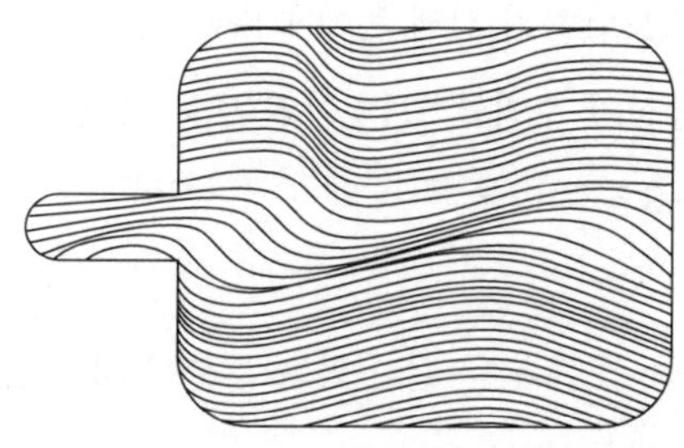

[그림 18-1] 나무로 만든 도마

"만일 당신이 어떠한 난관에 부딪혀 해답을 원한다면, 어느 때든 이 실습을 이용할 수 있습니다. 이것은 쉽습니다. 살아가면서 자신의 불확정성을 줄이기 위해 꿈꾸기의 변형된 상태로 깊이 들어가지 않아도 됩니다. 이 실습은 또한 당신이 양자 신호교환의 물리학을 이해하고 평행한 세계의 이론을 이해하는 기초를 제공할 것입니다. 누가 나와 함께 실습하기를 원합니까?"

수강생 중에 과학자인 존이 앞으로 나왔다. "나는 당신과 실습하기를 원합니다. 제가 무엇을 해야 합니까?"

나는 존에게 별로 할 것이 많지 않다고 말했다. "내가 질문할 때, 단지 당신 자신을 따르고 어떠한 대답이 떠오르는지 보시오. 첫 번째 질문은 간단합니다. 당신은 이 도마를 볼 때 무엇을 느낄 수 있습니까?"

존: 그것은 나무토막입니다.

아니: 좋아요, 나무 한 토막은 일상적 실재인 CR의 관점입니다. 대부분의 사람들은 그것이 나무 한 토막이라는 것에 동의할 것입니다. 사실, 당신들 중에 나무에 대해 지식이 있는 사람은 나뭇결에서 무엇인가를 알아볼 것입니다. 당신은 아마도 그 나무토막이 어떤 종류의 나무에서, 즉 매우 오래된 나무, 자작나무, 소나무 등에서 왔다고 생각할 수 있습니다. 이러한 것이 일상적 실재의 관점이나 사실이라고 합시다. 이것은 미송(美松)나무를 잘라 만든 도마입니다.

이제 나는 다른 견해에 도달하기 위해 존에게 다른 질문을 할 것입니다. 존, 저 나무토막을 보시오. 당신의 주의를 끄는 어떤 부분, 당신과 함께 움직이는 나무의 어떤 부분이 있나요?

존: 도마 윗부분에 주름, 즉 물결 무늬 결이 있는 부분이 내 시선을 사로잡습니다. 나는 그 물결 무늬를 좋아합니다.

아니: 좋아요, 그 무늬에 집중하고 나무토막으로부터 당신에게 오는 그 움직임을 알아차리시오. 무늬가 있는 지점을 알아차리고, 그것에 집중하시오. 그것은 그 움직임을 반영하도록 노력해 보라는 것이오. 집중 시간을 주고, 그것이 펼쳐지도록 해 주시오. 그 무늬와 나뭇결을 바라보고 그것이 당신에게 어떻게 하는지, 무엇이 보이는지 내게 말해 보시오. 이미지, 감정, 움직임, 소리 혹은 무엇이든 마음에 떠오르게 하시오.

존: 그것은 일종의 바다의 파도 같은데…… 나는 이미지가 보이지 않지만…… 그러나 ……찰랑~ 찰랑~ ……과 같은 소리가 들려요. 내가 부드러운 파도 위로 빨리 움직이는 것처럼 느껴져요.

아니: 나무의 무늬와 관련해서 일어나는 바다의 부드러운 파도의 이미지와 소리가 있군요. 그것은 매우 홍미롭습니다. 부드러운 파도의 경험인 당신의 자각을

좀 더 멀리 가져가 볼 수 있겠어요?

존: [잠시 망설이고 난 후] 예, 보통 내가 느끼는 진심 어린 마음과 친절함과 같은 것을 느낍니다.

여기에서 그는 마치 그 경험이 완성되는 것 같이 나무토막에서 돌아서서 나를 보았다. 나는 지금까지 그가 본 것에 대해 감사하고, 그가 방금 보았던 나무의 같은 부분을 다시 보라고 요청했다. 나는 "당신 자신에게 두 번째 기회를 주어, 같은 부분에서 오는 두 번째 이미지를 허용해 보시오. 이것은 좀 더 어려울지도 모르지만, 이 부분에서 다른 어떤 것을 볼 수 있도록 허용할 수 있는지 보시오. 당신에게 무엇이 오나요? 주의 집중해서, 자신에게 떠오르는 것이 무엇이든 2차적 주의집중을 하시오."

존: ……글쎄요. 봅시다…… 오…… 그 무늬가 바다의 파도 같지는 않아요. 그들이 좀 바뀌었어요. 이제 빨리 윙~하며 움직이는 것 같네요. 빠른 무엇…… 일종의 보는 것…… 말이 안 돼요. 좋아요…… 나는 2차적 주의집중을 사용할 것이고 이런 난센스를 인식하려고 해요…… 보여요…… 그것은 이상하고, 나는 모두 줄 서 있는 경계를 볼 수 있습니다. 나의 환상 속에서 그들은 붕~ 하는 소리를 내고 있어요.

아니: 나는 당신이 '붕~' 소리와 관련해서 손가락과 손으로 아주 작게 그리고 빨리 칼로 써는 모습을 취하는 걸 알아차렸어요.

여기에서 존은 빠른 동작을 한 자신의 손에 놀라며 다음과 같이 대답했다. "그것은…… 말도 안 되는 것 같아요. 금속판이 부웅~ 소리를 내며, 아주 빨리 연이어 튕기는 것 같아요. 마치 총을 아주 빨리 발사하는 소리 같고…… 혹은 어떤 것 속에 있는 구멍에 아주 빨리 정확한 어떤 물체를 넣는 소리같이 들려요." 존은 이러한 빠른 동작에 대해 숙고하고 좀 더 펼치도록 했다.

잠시 후에 그는 "알았어요. 그 소리는 아주 정확히 무언가를 써는 칼 소리, 틀림없는 쓱, 쓱, 쓱 하는 소리에서 오는 것이네요. 오……와…… 이것은 내게 매우 새롭고, 흠, 그래요. 나는 그런 정확함을 좋아하고 필요로 해요."라고 말했다. 그는 이런 모든 것에 대해 스스로 조용히 생각했고 흥분해서 계속 말하기를, "인생에 대한 나의 보통의 감각은 부드럽게 파도치는 것으로, 모든 사람들이 내가 아주 친절하다고 말해요. 나는 정확함과 신속함을 필요로 해요. 아마도 그래서 예리한 두통을 갖게 된 것 같아요. 두통은 실제로 깨어지는 느낌이 있어요."

나는 그에게 지각과 환상을 펼칠 수 있었던 태도에 감사한다고 말하면서 칭찬했다. 나는 그가 처음에 나무를 보았을 때, 그것을 도마로 보았고, 두 번째는 부드러운 파도 무늬로, 그리고 이번에는 날카롭고 정확하게 써는 이미지를 보았던 것을 회상시켰다.

나는 그에게 더 질문을 했다. "당신은 부드럽고 파도치는 바다에 대한 모습과 마찬가지로 지금 보았던 것처럼 빠르고 정확한 칼과, 도마로서 나무 이미지 둘 다를 볼 수 있습니까? 동시에 세 가지 이미지 모두를 볼 수 있습니까? 나무판을 보고, 부드럽고 정확한 두 가지 상태와 나무판도 같이 보도록 해 보시오."

존은 "오…… 그것은 쉽지 않아요. 나는 일종의 부드러운 흐름 같은 것, 또한…… 날카로움을 볼 수 있어요. 그리고…… 오, 예, 나는 나무토막도 볼 수 있어요. 와우, 재미있네요. 어지러움을 느껴요. 무슨 일이 일어나는 거죠?"

나는 그에게 자신의 내면 과정에 무슨 일이 일어나고 있는지를 가장 잘 설명할 것이라고 확신시켰다. 그는 또한 내 견해에 흥미를 느낀다고 말하고, 그래서 나는 우리가 동시에 일상적 실재인 CR과 비일상적 실재인 NCR 둘 다를 보았다는 것을 설명하면서 계속했다. 보통 우리는 하나 또는 다른 하나만 본다. 존은 자신의 자리로 돌아가고 나는 강의를 계속했다.

❖ 평행한 세계

존이 일상적 실재 CR 관점인, 미송나무 한 토막과 도마로 보았던, 나무판에 대한 첫 번째 모습을 생각해 보자. 두 번째 모습에는 파도치는 바다가 존과 함께 움직이는 나무판에 있는 무엇인가에서 왔다. 무엇인가가 그의 눈을 사로잡았다. 파도치는 바다가 존의 심리의 투사일까? 그렇다, 그는 자신을 부드러운 존재로 묘사했다. 파도치는 모습이 실제로 나무에 있는가? 물론이다. 조금만 알아차리면, 우리는 나뭇결에서도 파도를 볼 수 있다.

처음에, 우리는 나무토막인, 일상적 실재 CR의 한 토막을 가진다. 그러면 우리도 꿈꾸는 과정을 갖는다. 이 꿈꾸는 과정은 존이 나무와 연결되고, 우리가 보았던 바다의 파도로 나타낸 그의 '일상적인 성격' 이라고 부를 수 있는 것을 발견한다. 마지막 모습에서, 2차적 과정이 일어났던 것 같다. 존은 날카로운 금속과 칼의 모습을 보기 위해 자신의 2차적 주의집중과 결례화하고 펼치는 능력을 사용했다.

내가 그에게 모든 것을 함께 보라고 요청했을 때, 존은 나무, 부드러움, 날카로움을 포함한 전반적 개념(overview)과 이면적 개념(metaview)을 발달시켰다. 나무, 부드러운 파도, 날카로운 금속과 같은 이런 모든 모습은, 다시 말해 나무와 존과의 관계에서 동시에 각각 존재하는 평행의 세계다.

도마에 대해 질문했을 때 우리가 보통 묘사하는 첫 번째 것이 일상적 실재인 CR 묘사다. 즉, 그것은 빵 도마거나 혹은 특별한 종류의 나무다. 대부분 경우, 존과 우리들은 파도나 날카로운 금속이 아닌 나무만을 본다. 이것은 왜일까?

그러면 나의 강의에서 어떤 학생은 보통 다음과 같이 말한다, "그것은 간단합니다. 우리는 나무를 봅니다. 왜냐하면 그것은 파도나 칼이 아니라 나무토막이기 때문입니다."

이 학생이 옳다. 그러나 단지 그 학생이 "그것은 일상적 실재인 CR에서의 나무토막이다."라고 덧붙일 때만 그렇다. 비일상적 실재 NCR의 다른 실재에서는, 그것이 우리가 지각하는 무엇이라도 될 수 있다. 좀 더 정확하게 하자면, 일상적 실재인 CR

에서는 그 도마가 나무토막이라고 부르는 것에 우리 모두 동의한다고 말해야 한다. 존이 항상 파도나 날카로운 금속의 경계를 보지 못하는 이유 중의 하나는, 그가 나무를 볼 때, 자신의 교육과 역사가 다른 사람에게 동의하고 일상적 실재인 CR을 보도록 그에게 강요하기 때문이다. 우리들 대부분은 물체를 보고, 부드러움이나 날카로움의 경험과 같은 또 하나의 세상인, 다른 견해를 배제하도록 훈련받았다. 그런 견해들은 우리와 관련이 없는 것 같기 때문이다.

나무토막을 빵 도마라고 부르는 것은 누구에게나 영향을 미친다. 당신이 스스로에게 "나는 도마를 사용해야만 한다."라고 말할 때, 당신은 일상적 실재인 CR 진술을 유용하게 사용한 것이지만, 또한 자신을 둘러싼 물질 세계에 대한 관련성을 효과적으로 억제해 왔다. 물체와 당신 자신에 대한 일상적 실재인 CR 관점은 자신의 꿈꾸는 경험을 배제한다.

일상적 실재인 CR은 나이, 성별, 인종, 도덕성, 문화, 성적인 지향 때문에 사람들을 배제할 뿐만 아니라, 또한 꿈꾸는 시간의 경험을 배제한다. 일상적 실재인 CR은 물질의 힘, 물질의 영혼, 사물의 움직이는 능력을 억압한다. 당신이 길을 따라 내려가면서 다른 사람을 보거나 혹은 가로등을 볼 때, '사람' 과 '가로등' 이 그 사람 혹은 가로등의 비일상적 실재인 NCR의 특성을 배제할 수도 있는 CR 견해라는 것을 기억할 필요가 있다.

비일상적 실재인 NCR 관점에서, 우리가 우리의 자의식적 경험을 무시할 때, 우리 자신의 일부분과 우리 주위의 세계를 죽이는 것이다. 그 세계는 평행한 실재들을 결합한 것이고, 모든 평행한 실재는 항상 현재다.

자신이 가지고 있는 많은 비일상적 실재인 NCR 경험을 배제한다면, 당신은 물체, 시공간, 미래, 삶 자체에 대해 당신이 보고 있는 것이 불확실해질 것이다. 만일 당신이 자신에 대해 일상적 실재인 CR 견해만을 사용한다면, 당신 인생의 반을 잘라 버리는 것이다. 예를 들면, 거울을 볼 때, 당신이 어떻게 보이는가에 대해 일상적 실재인 CR 견해만을 사용한다면, 스스로 비교적 잘생겼다고 혹은 못생겼다고 생각하는 것과는 상관없이 자기 자신을 거부하는 것이다. 두 의견 모두 당신을 과소평가(무시)하거나 다치게 할지도 모른다. 왜냐하면 부분적으로 그것은 다른 견해, 다른 세계,

자신의 다른 면, 다른 정신들, 가면들, 그리고 자신의 존재 내의 신들을 억제하기 때문이다. 일상적인 판단은 틀리지 않다. 즉, 그 판단은 단지 많은 세계 중 하나일 뿐이다.

도마는 단순한 나무토막만이 아니다. 그것은 또한 꿈꾸기에서 당신과 함께 참여하고, 나무 자체와 당신의 실재를 만드는 미지의 존재다. 어느 날 그 나무토막이 갑자기 살아날 수도 있다. 존에게, 나무는 칼이 될 수도 있고, 갑자기 탁자에서 떨어져서 사과를 두 토막으로 자를 수도 있다. 존이 자신의 인생에서 칼을 사용하는 사람이 될 수 없다고 느낄 때 아마도 나무가 조리대에서 떨어져 바닥의 말벌을 반으로 나눌 수도 있을 것이다. 그것은 마치 도마가 그 자신의 인생을 가졌던 것처럼 존에게 보일지도 모른다.

사실, 당신과 함께 신호교환하는 모든 것은 일상적 실재인 CR 물체만은 아니며, 그것은 또한 마법도 함께 가지고 있다. 비일상적 실재인 NCR 실재로부터 양자 신호교환인, 평행한 세계에 대한 개념은 초심리학적 사건인 동시성에 대한 설명과 의미를 준다. 그러나 그러한 사건에 대한 패턴은 당신과 당신을 둘러싼 물체 및 세계 사이의 관계에 숨어 있다. 당신은 물리학의 일상적 실재인 CR 측면을 사용해서는 그 특이한 사건을 이해하지 못할 것이다. 그러나 이런 관찰 실습을 더 부가하면, 당신은 나무판이 존의 세계의 일부이거나, 그가 그 세계의 한 부분임을 볼 수 있다. 당신이 총명하다면, 자신을 둘러싼 세계와 관련을 맺고 그 능력을 존중해야 한다. 당신은 그 나무토막과 다른, 다시 말해 당신을 둘러싼 죽은 물체에 대한 존중과 연민을 가져야만 한다.

존과 함께한 수업에서, 한 학생이 존에게 날카로운 금속 토막의 두 번째 이미지를 보는 것이 왜 더 어려워 보이느냐고 질문했다. 이에 대하여 다른 학생이 그가 부드러운 첫 번째 모습에 분명하게 동일시하는 것 같다고 대답했다. 나는 존이 파도치는 바다가 자신의 정체성에 더 가깝기 때문에 첫 번째 모습에 동일시하게 되었다고 덧붙였다. 즉, 이것이 그가 칼 이전에 바다를 본 이유다. 우리들 대부분처럼, 존은 나무에서 그가 알고 있는 자신의 부분만을 보려고 하고, 날카로움과 같은 다른 경험은 배제하려고 한다. 그러나 우리가 보는 모든 것은, "여보게, 나는 나이고, 나는 당신의 일부분이네. 잘 보게나." 라고 말하려고 하는 것과 같이, 우리와 함께 신호교환을 한다.

혼란스럽게 보였던 다른 학생은, 존의 정확한 금속 토막과 칼이 거기에 실제로 있는 것인지 혹은 그것이 투사인지를 머뭇거리며 질문했다.

나는, 우리가 알 수 있는 한, 그 대답은 '거기에 실제로' 에 의해 의미하는 것에 달려 있다고 말했다. '실제로' 는 일상적 실재인 CR의 용어다. 그것은 다른 실재가 없다는 것을 의미한다. 하나의 일상적 실재인 CR 대답은 '칼은, 얼마나 많은 사람이 칼이 그곳에 있다는 것에 동의하느냐에 달려 있다' 가 될 것이다.

다른 한편으로, 일상적 실재인 CR은 유일한 하나의 실재다. 만일 존이 자연에서 정확성을 본다면, 이 정확성은 그를 위해 자연에 존재한다. 그가 참여한 것은 바로 실재다. 즉, 자연에 대한 자신의 관계성의 일부를 묘사하는 것이다. 가장 상대론적인 견해에서, 그 칼은 그 자신도 아니고 본성도 아니지만, 둘 다이기도 하다. 비록 모든 사람이 그가 미쳤고, 잘못되었고, 바보이며, 거짓말쟁이라고 말하더라도, 우리는 파도와 날카로운 물건이 거기 없다고 가정할 수 없다. 우리 각자는, 그 나무에 대한 우리 관계의 특별한 본성 때문에 나무의 다른 면을 볼 수 있을 것이다. 요점은 모든 세계가 항상 존재한다는 것이다. 그러나 일상적 실재인 CR에서 우리가 동의하는 유일한 것은 빵 도마가 나무토막이라는 것이다.

❖ 평행한 세계 보기 실습

여기서 당신은 존이 빵 도마로 했던 평행한 세계 보기 실습을 개인적으로 실습해 볼 수 있다.

1. **나무토막을 보거나, 자신이 있는 공간의 한 부분을 선택하라.** 당신의 주의를 끄는, 당신과 함께 신호교환을 하는 공간의 일부분을 선택하라. 벽, 천장, 커튼으로부터 신호교환을 지켜보라. 그리고 첫 번째로, 자신에게 "내가 보고 있는 것

의 일상적 실재인 CR 관점은 무엇일까?" 라고 질문하라.

2. **그리고 당신이 보고 있고 당신과 상호작용하고 있는 대상에 대해 그것이 무엇인지를 알아차려라.** 당신이 끌리는 대상을 계속해서 보고, 어떤 이미지가 당신 마음에 나타나도록 두어라. 떠오른 이미지를 자신에게 묘사하라.

3. **이제, 기다려라. 똑같은 대상을 계속해서 바라보고 자신에게 또 다른 두 번째 이미지가 형성되도록 두어라.** 이런 일이 일어날 때까지 기다려라.
   잠시 동안 이 새로운 이미지와 과정에 집중하라. 그것이 펼쳐지게 하라. 기다려라. 보는 것은 시간이 걸리며, 자신이 보고 있는 것을 펼치는 것에는 인내가 필요하며, 따라서 자신에게 일어나는 사건에 집중하는 데 여유를 주어라. 당신은 두 번째 이미지를 보는 것을 감추려고 하는 편견이 있을지도 모르므로, 비록 그것이 비이성적이고 비정상적인 것처럼 보이더라도, 그저 시도하라. 그것에 집중하고, 펼쳐진 결과가 당신에게 의미 있게 될 때까지 그것과 관련해서 뭔가 일어나도록 두어라.

4. **마지막으로, 하나의 모습으로부터 다른 모습, 또 다른 모습으로 바꾸어라.** 당신은 동시에 그들 모두를 볼 수 있는가?

당신과 당신의 환경은 계속해서 함께 꿈꾸고 있다. 그것은 마치 당신과 본성이 예술가이자 파트너인 것과 같다. 당신은 예술품이자 예술가로 하나다.

❖ 다(多) 세계에 대한 에버렛과 드윗의 이론

존과 미송 나무토막의 관계인, 관찰자와 관찰대상 사이의 관계는 다(多) 세계에서 동시에 일어난다. 하나의 세계에서 존은 존이고 나무는 미송나무다 다른 세계에서,

존과 나무는 부드러운 파도다. 세 번째 세계에서 그들은 둘 다 맹렬하고 칼을 지닌 전사다.

다 세계의 경험은 관찰자와 관찰대상 사이의 관계에 관한 것이다. 이러한 세계에서 유일한 것은, 물리학의 관측 가능한 세계에서 미송나무 한 토막이다. 만일 물리학자가 해변을 떠나 강으로 간다면, 자연의 많은 면, 즉 다 세계가 나타난다. 당신의 2차적 주의집중을 사용하는 것은 이상한 나라를 찾아 구멍으로 들어간 앨리스가 되는 것과 같다.

'다 세계' 의 경험은 물리학에서 파동함수의 붕괴를 설명하기 위해 개발된, '다 세계' 이론 뒤의 심리적인 패턴의 하나다. 휴 에버렛(Hugh Everett)과 브라이스 드윗(Bryce Dewitt)은 1970년대에 양자물리학의 수학을 이해하기 위해 '평행한 세계 이론(parallel world theory)' 을 제안하였다.[2)]

이 이론에 따르면, 당신이 무언가를 보자마자, 그 모습은 무한한 다른 가능성으로 분산되고, 그 모든 가능성이 동시에 존재하게 된다. 이러한 다른 가능성 모두가 평행한 세계에서 동시에 존재한다. 이런 세계는 모두 현재이며 실제다. 그것이 드윗이 전체적인 실재 중 '가지(branch)' 라고 부르는 것이다.

양자물리학의 '다 세계' 해석은 관찰자가 자신이 경험한 것을 알아차리고 기억함으로써 관찰대상의 일부분이 된다는 것을 서술한다. 만일 우리가 존의 해석처럼 비일상적 사건을 고려한다면, 그 이론은 이해하기 더 쉬워진다. 각각의 세계는 관찰자-관찰대상의 관계에 대한 특별한 측면을 나타낸다.

'다 세계' 이론에 따르면, 양자 체계는 많은 가능한 상태에서 관찰될 수 있다. 관찰이 일어날 때, 전자 또는 나무토막과 같은 체계는 관찰자의 동반 상태에 연결된 모든 가능한 상태로 분리된다. 다시 말해, 많은 상태가 일어나고, 각 상태에는 특별한 관찰자-관찰대상의 관계가 있다.

이 이론은 나무토막을 보고 있는 존과 유사하다. 존이 그 나무를 볼 때, 그는 여러 개의 동시적인 관계 상태에 들어간다. 그와 미송나무는 하나의 상태다. 그와 바다의 파도는 다른 상태이고, 그와 전사의 칼은 또 다른 세 번째 상태다.[3)]

드윗의 생각에 따르면, 우리는 사건에 대한 유일한 견해가 그것이 어떤 것이라도,

지금 우리가 보고 있는 바로 그것에 집중하고, 붙잡고, 기억하고, 믿음으로써, 주어진 어떤 순간에 존재하게 되는 모든 다른 세상을 붕괴한다는 것이다.

비슷하게, 우리는 당신이 집중하고 있는 세계관을 가지고 관련성으로 들어가자마자, 관찰자와 관찰대상의 상호작용하는 본성 때문에 특정한 사건이 모든 가능성에서 나오게 된다고 말할 수 있다. 이 순간, 당신은 다른 모든 관점을 배제하게 된다.

만일 당신이 전자와 같은 양자 대상을 관찰하는 데 모든 시간을 보낸다면, 시간이 지나면서 전자와 관련된 가능한 세계의 전반적인 전체성을 볼 것이다. 당신이 무언가를 볼 때마다, 많은 세계가 발생한다. 그러나 만일 당신이 주의하지 않으면, 하나에만 집중함으로써 그 많은 다른 세계를 배제하게 될 것이다.

❖ 좀 더 완전한 양자 이론

에버렛과 드윗의 '다 세계' 이론은 비일상적 실재인 NCR 관찰자와 관찰대상의 경험을 포함하는 좀 더 완전한 양자역학이다.

심리학은 관찰자와 관찰대상 사이의 관계가 가능한 차원을 많이 갖는다고 가정하는 물리학의 한 측면을 지지한다. 심리학은 물리학에 아이디어를 더해 주는데, 그 아이디어란 주어진 순간에 나타나는 특별한 차원이나 세계가 기회나 통계의 문제가 아니라는 것이며, 일상적 실재인 CR에 대한 관점과, 관찰자와 관찰대상에 대한 심리학과 물리학을 포함하는 미묘한 요소와 많이 연결된다는 것이다.

간단히 말하면, 보이는 것은 관찰자와 관찰대상 사이의 관계에 의존한다. 이 관계는 다음과 같이 연결된다.

- 관찰자의 순간적인 일상적 실재인 CR
- 관찰자가 어떻게 자신을 알아차리는가
- 관찰자가 자신의 2차적 주의집중을 어떻게 이용하는가
- 모든 관계자와 그들의 상호작용 관계의 특별한 본성

관찰의 순간에는, 이러한 요소가 어떤 경험이나 관찰은 일어나고, 어떤 다른 것은 중요하지 않거나 존재하지 않는 세계로서 배제하려고 하는지를 결정한다.

이 모든 것은 개인으로서의 당신에게 무엇을 의미하는가? 명료한 목격자로서, 당신이 만일 양자 신호교환에 예민하다면, 당신은 다소 동시적으로 다양한 세계를 볼 수 있다. 위의 실습은 당신에게 당신의 관찰이 확실하지 않다는 의구심을 주었을 수도 있는데, 이러한 불확실성은 당신이 한 가지 가능한 세계에만 부분적으로 집중하고 있기 때문에 일어난다.

알아차림 연습은 당신을 자신뿐만 아니라 양자물리학, 심리학, 미래의 과학, 우주 전체와 연결시켜 준다. 어떠한 순간에 당신의 알아차림을 사용하는 것은 무한한 혜택이 주어지는 것으로 보이며, 더 큰 확정성을 제외하고 알려진 부작용은 없어 보인다.

1) 복소수, 양자역학, 정신의 자의식적 세계에서는, 비록 일상의 실재인 CR 세계에 우리가 얽혀 있다 하더라도, 누가 누구와 무엇을 하는지를 명확하게 구별하는 것이 중요하고 의미가 있을 것이다.

2) 드윗, 에버렛과 그레이엄의 『양자역학의 다 세계 해석(*The many-Worlds Interpretation of Quantum Mechanics*)』(1973)을 보라.

3) 이 평행한 세계 이론과 자각적 유추는 물리학의 다른 이론과 아주 밀접하게 연관되어 있다. 통계 역학에 익숙한 물리학자들은, 내가 그랬던 것처럼, 드윗이 자신의 평행한 세계에 대한 아이디어를 1800년대 살았던 수학자이며 통계학자인 윌라드 깁스(Willard Gibbs)의 아이디어에서 가져왔다고 추정할 수도 있다.

깁스는 어떤 하나의 사건이라도 두 가지로 이해될 수 있다고 말했다. 그것은 같은 사건을 여러 번 반복해서 얻은 평균으로 이해될 수 있다. 또는 그 사건에 대해 모두 줄을 서 있고 모두 동시에 일어나는 것 같은 많은 평행한 사건의 하나로 상상함으로써 이해될 수 있다. 비슷한 사건의 이런 많은 가능한 체계에 대한 평균은 사건들의 완전한 '전체성' 에 대한 평균이다.

예를 들면, 만일 우리가 일정 시간에 걸쳐 한 원자의 행동을 관찰했다면, 우리는 전자가 나오는 한 원자의 평균 행동을 측정할 수 있을 것이다. 또는 전체성 아이디어를 이용하면, 우리는 각각이 전자를 방출하려고 하는, 모두 같은 종류의, 수천 개의 원자로 구성된 거대한 전체성의 한 구성단위로서의 원자를 생각할 수 있다. 몇 개의 전자는 소속된 원자로부터 방출될 준비가 되어 있고, 몇 개는 방출되고 있고, 몇 개는 이미 원자로부터 방출되었다.
다시 말해, 각 원자는 전체성의 하나이며 많은 평행한 세계의 체계 중 하나다. 마치 다른 물리적 상태에서의 체계처럼, 각각은 평행한 세계를 구성한다. 한 원자에 대한 자신의 관찰을 이해하기 위해서, 당신은 사건과 같은, 다른 입자를 포함하는 전체성 안의 가능한 하나의 사건으로 원자를 이해할 수 있다. 전체성에 대한 깁스의 개념은 평행한 세계 이론의 초기 단계처럼 보인다.

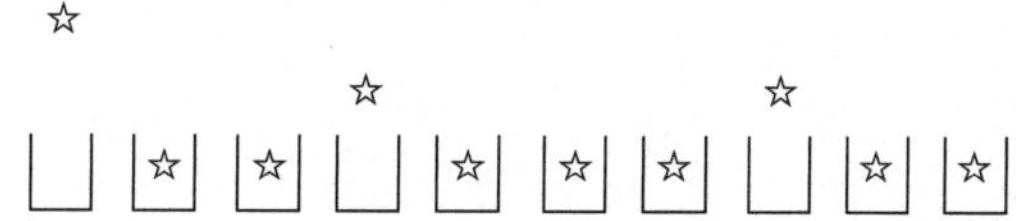

[그림 18-2] 전자가 나오고 있는 깁스의 전체성 상자

깁스의 전체성 이론의 약점은 마치 우리가 관찰하는 그런 많은 세계 혹은 체계의 상태가 우리와 아무 관련이 없는 것처럼 보인다는 것이며, 강점은 어떤 사건이든 동시에 일어나는 가능한 많은 사건의 하나로서 이해된다는 것이다.

제19장
비국소성과 우주 마음

…… 당신이 살아가고 있는 이러한 삶은 단지 전체 존재의 한 조각일 뿐만 아니라 어떤 의미에서는 '전체' 이며, 단지 이 전체는 한눈에 파악될 수 있도록 구성된 것이 아닐 뿐이다. 우리가 아는 대로, 이것은 브라만(Brahmins)이 정말로 너무나 단순하고 너무나 분명한, 신성하고 신비한 공식인, 'Tat tvam asi', 즉 '이것은 당신이다' 라는 공식에서 표현한 것이다. 다시 말해서 "나는 동쪽에도 있고 서쪽에도 있다, 나는 위에도 있고 아래에도 있다. 나는 이러한 전 세계다."라는 것과 같다.

–에어빈 슈뢰딩거(Erwin Schroedinger),
『인생이란 무엇인가?(*What is Life?*)』에서–

에버렛(Everett)과 드윗(DeWitt)의 '다 세계(many-worlds)' 이론은 물리학에서 관찰과 관련된 문제를 푸는 것을 의미하고, 또한 소립자의 수준에서 양자 사건 사이의 놀라운 상호관련성을 설명하는 것을 의미했다. 우리가 현대 초자연치료로 들어가는 우리의 연구 여행을 계속하면, 우리는 물리학자들이 양자 얽힘과 비국소성이라고 부르는 것을 논의함으로써 양자물리학과 정신적인 철학 사이의 어떤 연결을 탐구할 것이다. 우리는 양자 세계의 이런 특성이 어떻게 우리를 인간관계의 심리에, 그리고 우주 마음에 연결하는지를 탐구할 것이다.

❖ 벨의 실험

양자 얽힘 혹은 상호관련성을 보여 주는 실험은 때때로 '세계의 단일성' 또는 벨의 실험이라고 불린다. 이 실험은 어떠한 광원(光源)에서 나오는 광자이든지 간에 서로 연결되어 있다는 것을 보여 준다.

모든 다른 양자 현상처럼, 빛은 때로는 입자로서, 때로는 파동으로서 행동한다. 예를 들어, 빛을 발하는 네온램프를 상상해 보라. 한 쌍의 광자가 네온램프에서 나와서 서로 다른 방향으로 방출되어 나간다. 하나의 광자는 한 방향으로 가고 다른 하나는 그 반대 방향으로 나간다. 이런 광자들을 가지고 행한 놀라운 실험은 두 입자가 얼마나 멀리 떨어져 있었거나 또는 얼마나 오래 분리되었는지는 상관없이, 하나의 입자에서 무슨 일이 일어나든 다른 분자에서 일어난 일과 관련이 있다는 것을 보여 주었다.[1)]

결과는 한 입자의 운동에 대한 측정이, 그 입자들이 일정 시간 동안 먼 거리로 떨어진 후에조차, 다른 분자의 측정과 풀 수 없을 정도로 연결되어 있다는 것을 보여 준다. 더 엄밀하게 말하면, 한 장소에서 입자 A의 스핀에 대한 측정은, 우리에게 다른 장소와 다른 시간에 있으나, A와 쌍을 이루는 입자 B의 스핀에 대한 정보를 준다.

만일 내가 두 개의 공을 오른쪽으로 하나, 왼쪽으로 하나 던진다면, 10분 후에 한 공의 회전에 대한 측정은 다른 공의 회전에 대해 우리에게 별로 알려 줄 수 없을 것이다. 만일 두 공을 연결하기 위해 상상할 수 있는 무엇인가가 없다면, 두 개의 분리된 양자 물체는 어떻게 연결되어 있을까?

광자와 같은 소립자의 입자는 실제로 회전하는 작은 공과 같지는 않다. 사실, '스핀(spin)' 의 개념은 '입자' 의 개념과 마찬가지로, 전혀 공과 같지 않은 양자 물체의 회전과 비슷한 특성을 서술하는 데 유용한 일상적 실재인 CR 용어다. 스핀의 개념은 단순히 입자의 고유한 각운동량을 나타내는데, 이는 회전하는 공의 각운동량(angular momentum)과 같이 정지당하는 것에 저항한다.

만일 A의 스핀에 대한 측정이 A의 운동량이 위를 향한다는 것을 보여 준다면, 우리는 B의 스핀이 아래를 향한다고 추측할 수 있다. 만일 우리가 A의 스핀이 아래로 향했다는 것을 알면, 우리는 B의 스핀은 위로 향할 것이라는 것을 추측할 수 있다. A와 B는 이런 방식으로 서로 보완한다. 즉, A와 B는 연결되어 있고, 그들의 전체 스핀은 균형이 맞추어져 있다.

이제 이런 현상에 대해 좀 더 개인적으로 생각해 보자. 당신과 내가 동시에 네온 램프를 떠난 한 쌍의 광자이며(아래를 보라), 내가 로스앤젤레스 방향으로 빛의 속도로 가는 동안 당신은 모스크바를 향해 빛의 속도로 움직인다고 가정해 보자.

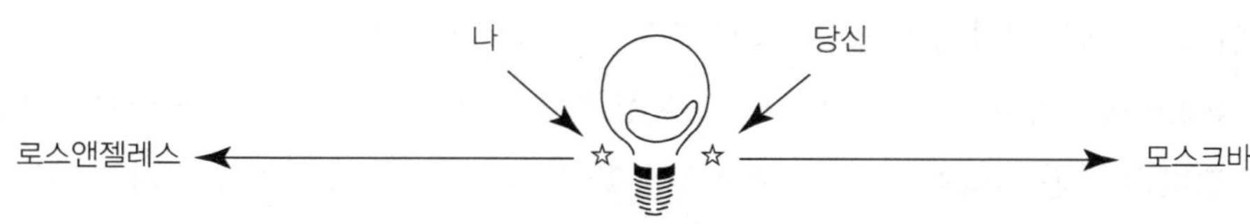

[그림 19-1] 벨의 실험

이제 로스앤젤레스와 모스크바의 사람들이 우리 머리를 본다고 해 보자. 주어진 순간에, 만일 그들이 내가 머리를 아래로 향하는 것을 발견한다면, 사람들은 당신의 머리가 모스크바에서 위로 향할 것이라고 바르게 추측할 수 있다. 사실, 만일 모스크바에서 어떤 사람이 확인한다면, 당신의 머리가 위로 향하고 있는 것을 발견할 것이다. 만일 사람들이 로스앤젤레스에서 내 머리가 위로 향하는 것을 본다면, 모스크바 사람들은 당신이 내려다보는 것을 발견할 것이다. 벨의 실험은 우리 둘 다, 알려지지 않은 방법을 통해, 시간과 공간을 통해 연결되어 있다는 것을 보여 준다.

이것이 현재 우리가 반드시 알아야 할 필요가 있는 벨 실험의 본질이다. 그 결과는, 원래 같은 시스템의 부분이었던 두 개의 양자 실체가, 가장 이해하기 어려운 방법으로 서로 관련된 채로 남아 있다는 것을 보여 준다. 그것들은 '얽혀 있는' 것으로 여겨지는데, 그것은 그 시스템에서 만일 하나의 광자가 한 방향으로 스핀하고 있다면, 다른 하나는 반드시 그들의 전체 '스핀' 의 균형을 맞추기 위해 반대 방향으로 돌아야 한다는 것을 의미한다.[2)]

이 실험은 만일 당신이 하나의 얽힌 광자의 움직임을 알 수 있다면, 다른 광자의 움직임도 알 수 있다는 것을 보여 준다. 인간 수준에서 이런 얽힘의 유사성은 은유적인 것 이상인 것이다. 우리가 그 근원을 지구, 신, 또는 그 밖에 뭐라고 부르든, 우리 인간이 같은 근원에서 왔기 때문에, 그리고 우리들 중 많은 사람들은 자신들이 같은 과(科, family)에서 온 것으로 경험하기 때문에, 우리는 또한 '짝지어진' 것이다. 우리의 관계에 더 가까이 가면 갈수록, 또는 우리가 같은 근원에서 온 것을 더 느낄수록, 우연의 법칙을 넘어서서 보이는 관련성에 더 많이 연결되어 있는 것처럼 보인다. 연결되어 있는 경험은 비일상적 실재인 NCR 현상이고, 상호관련성에 대한 전체적인 느낌처럼, 일상적 실재인 CR 방법으로는 입증하기 어렵다.

그럼에도 불구하고, 많은 사람들은 초현상적인 방법으로 연결된 것을 느낀다. 나는 한 집단의 어떤 사람이 자신의 내면에서 일어나는 것이 무엇인지를 안다면, 자신을 둘러싼 다른 사람들에게서 무슨 일이 일어나는지 또는 일어날 것인지를 상당히 많이 안다는 것을 가끔 본다. 그 반대 또한 사실이다. 만일 당신이 나를 안다면, 당신은 자신을 알고 있다. 한편으로는, 마치 벨의 실험에서의 광자들 같이, 많은 사람들은 연결되어 있다고 항상 느껴 왔다.

우리는 서로를 아는 것 같다. 우리의 관계는 우리가 서로의 행동을 보상한다는 의미에서 대칭적이다. 이론적으로, 이러한 보상은 우리가 시간과 공간에서 얼마나 멀리 서로 떨어져 있는지에 상관없이 존재한다. 다른 말로 하자면 이것은 국소성이 없는 것이고, 다른 말로는 '비국소성' 이 존재하는 것이다.

만일 우리가 우리의 입자를 더 자세히 본다면, 이를테면 당신이 2001년에 한 입자의 행동을 안다면, 당신은 2025년에 그 입자가 무엇을 할 것이라는 것을 알게 될 것임이 밝혀진다. 조금 이상하기는 하지만, 만일 당신이 2025년에 한 입자의 행동을 안다면, 당신은 시간을 거슬러 가서 1920년에 다른 입자가 무엇을 했는지도 알 수 있을 것이다. 게다가 두 개의 얽힌 광자 사이의 연결은 그것들이 서로 지구의 반대쪽 끝에 있을 때나 단지 10피트 떨어져 있을 때나 마찬가지로 똑같이 강하다.

어디인가에 입자와 연결된 숨겨진 힘이 있는가? 그것은 아무도 모른다. 당장은, 상호작용에 대한 이유가 양자물리학에서 설명되지 않은 채로 남아 있다. 몇몇 사람들은 광자가 빛보다 더 빠른 신호(소위 타키온 [tachyon] 신호)를 통해 연결되어 있다고 상상한다. 타키온은 빛보다 빨리 움직이는 입자이며, 빛의 속도보다 빠른 것은 아무것도 없다고 하는 상대성 이론에 따르지 않는다. 타키온이라는 단어는 빠르다는 것을 의미한다.

타키온이 존재하고 빛의 속도보다 더 빠르다면, 타키온은 시간을 거슬러 가서 미래가 현재에 영향을 주고 그리고 2022년의 입자 행동이 1970년의 다른 입자에 영향을 줄 수 있다.

몇몇 물리학자들은 광자들 사이에는 타키온적인 의사소통이 있을 수 있다고 생각한다. 따라서 모스크바에 있는 한 광자가 로스앤젤레스에 있는 광자에, 시간의 앞뒤로 신호를 보내기 때문에, 어떻게 한 광자가 다른 광자가 무엇을 하는지를 '알 수 있는지' 를 설명할 수 있다. 그러나 이러한 타키온 이론은 알베르트 아인슈타인에 의해 개발된 상대성 이론의 결과 중 하나에 의해 제한을 받는다. 상대성 이론은 측정할 수 있는 것은 어떤 것도 빛의 속도보다 더 빨리 갈 수 없다고 말한다.

현재 우리가 말할 수 있는 것은 입자에 대한 국소성이나 공간 분리가 더 이상 의미 있는 개념이 아니라는 것이다. 입자는 더 이상 분리된 국소성을 갖지 않는다. 우리 가운데 어느 누구도 분리된 실재에서 사는 사람은 아무도 없다는 사실에서, 일상에서 얽힌 양자 물체의 '비국소성' 에 대한 유추는 단순하다. 한 입자의 스핀이 다른 입자에 대한 것을 우리에게 말해 준다는 것은, 만일 당신이 나에 대해 무언가를 안다면, 나의 파트너가 시간 차이와 공간 분리를 떠나 어디에 있든 상관없이, 나의 파트너를 이해할 수 있다는 것을 말해 주는 것과 같다. 만일 내가 나의 행동에 대해 무언가를 안다면, 나는 당신에 대해서도 무언가를 아는 것과 같다. 우리의 가장 깊고, 가장 자의식적이며, 미묘한 경험의 수준에서, 우리는 얽혀 있다. 이것이 어떻게 일어날까?

❖ 데이비드 봄의 온전한 전체성

신호가 빛의 속도보다 더 빨리 갈 수 없다면, 그들은 어떻게 연결이 될까? 이 질문은 양자역학에 대한 에버렛과 드윗의 '다 세계' 설명과 같은 많은 추론을 발생시켰다. 데이비드 봄(David Bohm)은 또 다른 비일상적 실재인 NCR 개념을 등장시켰다.[3] 그는 분리된 입자와 분리된 상태가 모든 것에 대한 기초가 되는 세상의 이론으로 시작하지 않는다고 제안했다. 그는 우리가 물리학의 새로운 이론을 개발해야 한다고 말했다. 이 새로운 이론은 애초부터 세계는 온전한 전체성의 장(場)이라고 가정한다. 이 이론에서는 한 쌍의 광자의 관계 같은 양자 사건들이 처음부터 상호 관련되어 있다. 봄은 온전한 전체성 이론으로 시작했고 양자역학과 상대성을 재발전시키려고 노력했다.

봄은 일상의 실재가 이러한 상호 관련된 전체성을 어떻게 펼치는지를 보여 주려고 했다. "물에 국수와 콩을 넣고, 요리해서, 수프를 만듭시다."라고 말하기보다는, 봄은 모든 재료가 섞인 그 훌륭한 수프가 결정적인 실재라고 하고, 그 수프가 자신을 구성성분인 각각의 국수, 콩, 전자와 사람으로 펼친다고 주장했다.

봄은 온전한 전체성의 개념을 움직임의 본성을 먼저 고려함으로써 논의하기 시작했다. 그는 상태 지향적 사고로부터 과정 지향적 사고를 구별하였다.

> 누군가 어떤 것에 대한 '생각'을 할 때마다, 정지된 상태의 이미지 또는 일련의 정지된 상태의 이미지들로 이해되는 것 같다. 그러나 움직임에 대한 실제의 경험에서, 누군가는 일련의 정지된 상태의 이미지들 그리고 일련의 '멈추어진' 사진이 빠르게 달리고 있는 자동차의 실제성과 연관이 있을 수 있다고 여겨지는 흐름에 대한 온전한, 나누어지지 않은 과정들에 대한 감각들을 느낀다.
>
> …… 사고(思考) 그 자체는 움직임의 실제 과정에 있다. 다시 말해, 누군가는 일반적으로 물질의 움직임에 대한 흐름의 감각과는 다르지 않은, '의식의 흐름'에서 흐름에 대한 감각을 느낄 수 있다. 따라서 사고 그 자체가 전체로서의 실재의

한 부분이 아닐 수도 있지 않을까?[4)]

봄은 '의식의 흐름'과 같은 비일상적인 경험을 '물질의 움직임'과 비교하고 있다. 그는 물리학에 대한 새로운 과정 지향적 기초에 대해 말하고 있다. 아마도 봄은 자신이 죽기 전에 상대성을 포함하기 위해 자신의 이론에 대한 수학적 배경을 발달시키는 데 성공하지 못했기 때문에, 그의 사상은 오늘날 물리학자들 사이에도 별로 알려져 있지 않다. 그러나 봄의 이론을 멀리하는 또 다른 이유는 심리적인 것 같다. 현재 형태에서의 물리학은 일상적 실재인 CR의 상태 지향적 패러다임 위에 세워진 것이다. 봄의 이론은 과정의 패러다임이다. 상태 지향이 부분과 입자에 기초한 것이라면, 과정 패러다임에서 실재의 기초적인 요소는 변화와 흐름이다.[5)] 과정 지향과 철학은 서구적인 사고에 존재하는 것이지만, 이 영역에서의 중요한 철학자들은 아시아로부터 왔다.

❖ 심리학에서의 인과성과 비인과성의 연결

양자 이론을 바탕으로 벨의 실험에 의해 제시된 새로운 중요한 특성은 비국소성이다. 이 비국소성은, 어떠한 시스템도 주어진 국소성에서 그 부분들의 상호작용을 근거로 해서 설명할 수 없다는 것을 의미한다. 비국소성은 시스템의 가장 미묘한 특성이 전체에 의존한다는 것을 암시한다.

어떤 세상이 온전한 전체성에 의존하는 시스템과, 어떤 행동이 상호작용하는 부분들 사이의 연결을 통해 이해될 수 있는 시스템 사이에는 상당한 차이가 있다. 우리는 물리학뿐만 아니라, 관계의 심리학에서도 이것을 알고 있다. 관계성의 어떤 측면은 원인과 효과라는 개념으로 이해될 수 있으나, 어떤 측면은 동시성의 개념이나 융이 정의한 '의미 있는 우연'의 개념이 필요하다. 빅터 맨스필드(Victor Mansfield)와 마빈 슈피겔만(Marvin Spiegleman)은 벨의 실험에서 광자 사이의 상호관련성과, 융의 동시성 개념에서 사람들 사이의 상호관련성과의 평행성을 제안했다.[6)]

사람들 사이의 의사소통에 대해 생각해 보자. 녹화기에 저장되고 있는, 서로 이야기하고 있는 두 사람에게서 볼 수 있는 신호를 생각해 보자. 비디오테이프에서 보여지는 한 사람의 신호는 다양한 방법으로 두 번째 사람의 신호와 연결될 수 있다.

첫째, 두 사람의 신호는 인과적 방법으로 연결될 수 있다. 우리가 다른 사람들에게 어떻게 응답하는가는 그들이 무엇을 하는가에 달려 있고, 그들이 무엇을 하는가는 부분적으로 우리가 무엇을 하는가에 달려 있다. 이 경우에, 우리에게는 볼 수 있고, 인과적으로 연결된 의사소통을 하는 두 개의 분리된 실재인 두 사람이 있다.

사람들 사이의 의사소통에 대해 좀 더 생각해 보기 위해, 봅과 샤론 두 사람에 대해 이야기해 보자. 이 두 사람은 당신에게 도움을 청하기 위해 왔으며, 당신이 다른 관점으로 연구할 수 있도록 그들의 상호작용을 녹화하도록 결정한다. 봅은 샤론이 더 우수하다고 느낄 때 자신이 열등하다고 느낀다고 하자. 둘 다 점잖고 보통인 부부라고 가정하자. 즉, 그녀가 의기양양하게 느낄 때, 그는 너무 부끄러워 열등감을 느낀다는 것에 대해 이야기하지 못한다. 그래서 그들은 마치 아무 문제가 없는 것처럼 행동한다.

이제 그들의 비언어적인 신체 신호를 상상해 보자. 봅이 행복한 것처럼 행동하려고 하고 샤론에게 안부를 묻자, 샤론의 머리는 올라가고 그녀는 "난 좋아요, 당신은 어때요?" 라고 자랑스럽게 말했다. 봅이 그녀의 자랑스럽다는 신호를 보자, 그의 목소리는 주저하면서, 머리를 숙이고, 가슴이 오그라들고, 어깨가 내려간다. 그럼에도 불구하고, 그는 할 수 있는 한 자신 있게 "오늘 당신을 보니 좋아요." 라고 대답한다. 여전히 머리를 치켜 세우고, 샤론은 그녀 역시 봅을 보게 되어 기쁘다고 생각한다고 말한다. 봅은 웃으려고 하지만, 더욱더 그의 비언어적 신호는 자신이 행복하지 않다는 것을 나타낸다.

여기서 그들의 신호는 인과적으로 연결된 것처럼 보인다. 당신은 봅이 의식적으로 확인하지 못하는 그 신호(목소리의 높이, 떨어뜨린 고개, 구부린 가슴 등)를 통해 샤론 머리의 움직임과 그녀가 우월함의 태도와 원인적으로 연결되어 있다는 것을 알 수 있다. 게다가, 그가 더 우울해질수록, 그녀의 코는 더 높아져 가는 것을 알 수 있다. 당신이 이런 상호작용을 녹화했다면, 그녀의 '우월성' 신호가 봅이 우울해하는 반응 바로 전에 오는 것을 알 수 있다. 그녀의 우월성 신호가 봅의 우울증의 원인이 되는 것처럼 보인다.

우리는 인과적 의사소통의 순서를 확인할 수 있다. 즉, 샤론의 신호는 봅의 신호의 원인이 되는 것 같다. 치료에서, 한 파트너의 신호와 다른 파트너의 신호가 인과적으로 심리에 어떻게 연결되는지 지적하는 것은 아주 중요하다. 인과적 사고는 도움이 될 수 있다. 그것은 국소적 지향과 개인적인 초점을 가지고 있다. 인과적 사고는 우리가 한 사람의 행동이 다른 사람의 행동과 어떻게 연결되어 있는지를 보도록 도와준다. 한 사람에게 일어나는 것이 다른 사람에 대한 의미로 이해될 수 있다. 한 사람의 머리가 올라간다면, 다른 사람은 그것에 반응해서 머리가 내려간다. 두 파트너 모두 사건에 대해 책임이 있다. 그들과의 상담에서, 당신은 "봅, 당신은 샤론이 우쭐해할 때 우울하게 보이네요."와 같이 말할 수 있다.

이제, 처음보다 더 자세히 같은 비디오테이프를 연구해서, 누가 무엇을 먼저 했는지 결정하는 것이 불가능하지는 않더라도 어렵다는 것을 알아차린다고 해 보자. 당신은 우선 신호가 무엇인지를 대답해야 한다. 언제 신호가 시작하고 끝나는가? 사실, 샤론과 봅의 머리 동작에 대한 당신의 관찰이 더 정확하면 할수록, 신호를 구성하는 것이 무엇인지를 더 많이 질문해야만 한다. 우리는 당신이 비디오테이프에서 볼 수 없는 숨겨진 직관을 고려해야 할까? 당신은 자신의 마음 상태나 그들의 머리 동작에 앞서는 언어 전의 신호를 포함시켜야만 할까? 당신은 어떤 신체 신호 전에 어떤 충동이 오는지를 결정해야만 할까? 그의 머리는 그녀의 머리가 올라간 뒤 내려왔으나, 그러나 그녀의 머리가 올라가기 전에 그는 턱을 악물었다. 왜일까? 우리가 봅에게 물었더니, 봅은 샤론을 보았을 때 가졌던 어떤 행복하지 않은 마음을 숨기려 했다고 말했다고 상상해 보자.

다시 말해, 머리 동작을 포함하는 거시적인, 일상적 실재인 CR 신호의 근원은 확실하지 않다. 봅의 우울이 그녀의 우월성의 감각을 초래했을까, 또는 그 반대였을까? 우리는 상황의 인과성을 항상 결정할 수 없다. 왜냐하면 심리학에서, 단지 고개를 들거나 내리는 것과 같은 몇 개의 사건은 일상적 신호다. 그 외의 다른 신호들은 비일상적 실재인 NCR에 속하고, 우리는 그들에 대해 교감이 없다. 이러한 자의식적인 충동이나 잠재의식의 감정은 녹화된 비디오에서 쉽게 보이지 않는다.

우리는 시간과 공간의 밖에서 서로 연관되어 있는, 얽힌 광자의 양자 신호교환 현상에서 비일상적 실재인 NCR 신호를 만났다. 우리는 봄과 샤론이 시간과 공간을 넘어, 자의식적으로 상호 연결된 비슷한 방법으로 얽혀 있다고 말할 수 있다. 사람들은 하나 이상의 방법으로 서로 신호를 교환한다.

그래서 사람이나 광자 사이의 상호관련성에 대해 가능한 설명 중 하나는, 신호가 빛의 속도보다 빠르게 움직인다는 것이다. 또 다른 하나는 사람과 광자가 온전한 전체성의 자의식적인 우주에 연결되어 있다는 것을 의미하는 봄의 해석이다. 또 다른 설명에 의하면, 사람과 광자는 비일상적 실재인 NCR에서 서로 움직인다. 자의식적 세계에서, 양자 신호교환은 비국소적 방법으로 일어난다.

❖ 거대한 인간 시스템에서의 보상

상호관련성은 관계에서 보상 현상이기 때문에 대부분의 사람들에게 친숙하다. 즉, 마치 그들의 전체적인 스핀이 0이어야 하는 것처럼, 한 사람은 다른 사람과 균형을 맞춘다. 한 사람이 행복하지 않다면, 다른 한 사람이 더 행복하려고 노력한다. 한 사람이 하나의 의견을 갖게 되면, 종종 다른 사람은 반대되는 생각을 갖는다.

같은 결론이 큰 집단에서도 사실로 적용된다. 배제된 집단은 자신들이 불행하기 때문만이 아니라, 공동체의 전반적인 전체성 때문에 의견을 내세운다. 한 공동체가 전체적이고 다양해지려는 경향성과, 집단에서의 각 개인이 전체 집단에 의해 의미 있는 존재로서 보이려는 경향성은 집단의 모든 구성원 사이에 얽힘에 대한 두려운 감각을 만들고 비일상적 실재인 NCR 관련성을 만든다.[7)]

부부의 구성원이 마치 비인과적인 연결을 갖는 시스템의 일부분처럼 행동하는 관계에는 많은 상황이 있다. 이런 비인과적인 연결을 갖는 시스템의 일부인 것처럼 행동하는 많은 상황이 있으며, 그 시스템에서는 상호관련성과 대칭의 원칙이 서로 균형을 맞추려는 반응과 경험을 일깨우는 것처럼 보인다. 이것은 당신이 주어진 순간에 어떤 생각과 관찰에 의해 지배되는 이유일 수도 있다. 보상에 대한 개념은 왜 어떤 사건이 주어진 순간에 당신에게 신호교환을 하는지, 왜 다른 사건들은 신호교환을 하지 않는지를 설명한다. 보상은 당신이 경험하는 것과 다른 사람이 관찰하는 것이 균형을 이룰 필요가 있다는 것을 제안한다.

만일 당신이 인과적 인지(認知)만 사용하는 사람들과 작업한다면, 당신은 많은 것을 배울 것이지만 어떤 것은 놓친다. 당신은 또한 자신이 얽힌 신비한 상호관련성의 감각을 필요로 한다. 이런 경우에 당신은 공동체와 관계에 대한 미묘한 배경을 느낄 수 있다.

우리는 항상 다른 사람들과 균형을 맞추고, 칭찬하고, 보상하면서 상황을 온전하게 만드는가? 이것이 일반적인 심리학 규칙인가? 우리는 결코 이러한 질문에 대답할 수 없을지도 모른다. 왜냐하면 대답하기 위해서는 우리에게 비일상적 실재인 NCR 경험을 일상적 실재인 CR 상황에서 실험할 것을 요구하기 때문이다. 그리고 우리는 결코 그런 실험을 할 수 없는데, 왜냐하면 비일상적 경험은 시간과 공간을 따라가지 못하기 때문이다.

그러나 대칭과 균형의 원칙이 얽혀 있는 상호작용에 대한 많은 NCR 경험 사이에서 유지되고 있다는 것을 우리는 확실히 말할 수 있다. 우리는 빛의 속도를 넘어 움직이는 몇 가지 현상에 의해 연결되어 있다고 생각하거나, 또는 우리가 함께 공유하는 온전한 전체성 때문에 우리가 얽혀 있는 것이라고 생각할 수 있다. 대부분 인간의 마음은 다소 자기 균형을 이루는 경향이 있기 때문에, 아마도 인간과 같은 우주 마음에 대한 몇 가지 형태가 우리를 연결시킬 수 있다.

어쨌든, 우리는 샤론의 심리적인 경계를 원(圓)으로 그린다면, 또 다른 원으로 봅의 심리적인 경계라고 인정했던 영역을 상상할 수 있다. 두 사람은 떨어져 있지만

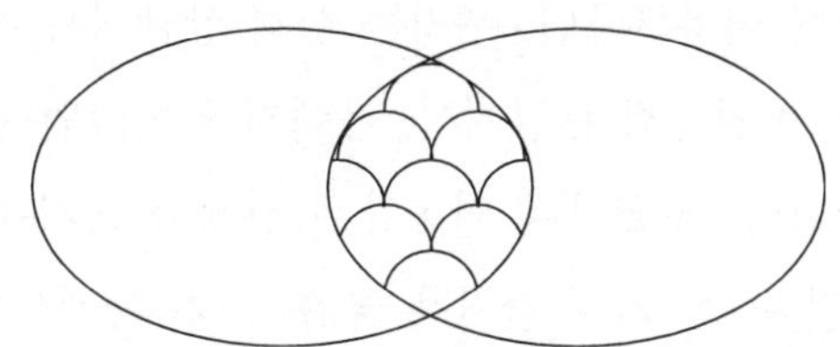

[그림 19-2] 얽힌 사람들: 우리는 어떻게 겹치는가

또한 겹쳐지기도 한다. 겹치는 영역은 온전한 전체성에 대한 영역이며, 얽힌 영역이고, 당신이나 나에 대해서 분명하게 말할 수 없지만 우리에 대해서만은 말할 수 있는 영역이다. 이곳이 비일상적 실재인 NCR에서 우리가 서로 움직이는 곳이다.

'우리의' 영역에서 우리는 누가 누구에게 영향을 주었는지 말할 수 없다. 우리는 단지 신호가 국소성과 시간에 관한 한 구별하기 어렵다고만 말할 수 있다. 한 영역에서 두 사람의 신호는 떨어져 있을 수 있지만, '우리' 의 영역에서는 신호가 얽혀 있다. 우월성과 열등감의 감각 중에 어느 것이 먼저 오는지 말할 방법은 없다.

우리들 사이를 지나는 머리 동작과 같은 신호는 분리 가능하고 구별 가능하다. 그러나 감춰진 직관과 감정, 눈의 깜빡거림 또는 턱의 조임과 같은 비일상적 실재인 NCR 교환은 쉽게 분리할 수 있는 것이 아니다. 이러한 후자의 신호나 상호관련성의 타이밍에 대한 일상적 교감은 결코 없을 것이다.

따라서 비분리성과 분리성 둘 다 모든 관계에 존재한다. 비분리성은 우리가 '우리' 라는 단어에서 의미하는 것처럼, 당신과 나 모두다. 이 '우리' 는 손, 발, 몸통으로 이루어진 신체와 같이 분리될 수 있지만, 혈관을 통해 몸 전체에 흐르는 피와 같이 한 장소에만 속하는 것처럼 국소적일 수는 없는 어떤 것이다.

잠시 동안 자신의 몸에 대해 생각해 보자. 예를 들면, 당신의 발은 다르지만, 분리되어 있지는 않다. 당신이 걸을 때, 마음과 신경 시스템이 두 발을 연결하기 때문에, 각각의 발은 다른 발이 방금 전에 한 일을 안다. 관계에서 사람들의 분리된 정체성은 관계에서 '우리' 의 사지(四肢)인, 즉 부부 한 쌍의 몸에 있는 사지와 비슷하다. 우리가 이런 유추를 확대한다면, 모든 분리 가능한 사람들과 존재들은 더 큰 조직, 국가, 법인, 집단, 집합체 또는 집단에 대한 통로인 사지다. 개인으로서, 우리는 전체로부터 분리되거나, 동시에 똑같은 전체에서 분리될 수 없는 측면 둘 다이다.

우리가 잠시 심리학에 머무른다면, 우리는 실제 상담에서 이것이 무엇을 의미하는지를 물어야만 한다. 비일상적 관점에서, 봅에게 일어났던 열등감은 샤론에게 일어나는 우월감과 일치한다. 우월감과 열등감은 전체의 관계에서 두 가지 역할, 즉 한 존재의 두 측면과 같다. 두 가지 감각은 공유된 장(場)에서의 양극성이다. 그 둘은 누구나 어디에도 속할 수 있는 두 개의 정치적 정당과 같다.

일상적 실재인 CR 관점에서, 그 부부는 나누어질 수 있는 시스템의 측면과 나누어질 수 없는 시스템의 측면을 갖는다. 즉, 그것은, 항상 얽혀 있고, 양자 물체로부터의 비인과적으로 연결된 비일상적 실재인 NCR과 일상적 실재인 CR 신호의 형태로 나타나는 양자 시스템처럼 전체적이다. 비일상적 실재인 NCR 신호는 몸 신호, 꿈, 동시성 또는 '의미 있는 우연성' 과 같은 경험이다.

심리적인 관점에서, 인간 시스템은 분리될 수 있는 측면과 분리될 수 없는 측면 둘 다를 가진다. 감정 영역에서는 서로 다른 정체성과 의도가 있다. 즉, 비일상적 실재인 NCR 경험은 꿈에서처럼 얽혀 있는 서로 다른 부분이 있다. 그러나 일상적 실재인 CR에서 우리는 어떤 부분이 어떤 사람에게 속하는지를 계속해서 그리고 정확하게 구별할 수 없다. 정확하게 누가 무엇을 했고, 누구를 비난하거나 칭찬하는 것은 결코 완벽하게 확실하지 않다. 기껏해야, 우리는 그러한 역할을 하는 관계성 장(場) 영역의 일상적 실재인 CR에서만 말할 수 있다.

만일 우리 주위의 장(場)이 우울과 우월성 같은 역할 전에 오는 주어진 분위기이거나, 또는 이러한 역할이 장 영역을 만든다면, 우리는 확신할 수 없다. 처음에 거기에는 부부의 장 영역이 있었을까, 아니면 그것은 개별의 사람이었을까? 그러한 시간지향적 질문들은 호기심을 자아내지만, 일상적인 시간만을 다루고 관련된 개인에 의해서만 대답될 수 있다.

관계에 포함된 사람들의 분리될 수 있는 개별 심리에 초점을 맞추는 것은 중요하고 유용한 일상적 실재인 CR 관점이다. 이러한 관점에서, 우리는 봅이 자신의 일 때문에 우울하다거나, 또는 샤론이 자신의 집안 배경 때문에 우월감을 느낀다고 말할 수 있다. 그러나 사람들 간의 분위기인 시스템 또는 관계 장 영역도 마찬가지로 중요하다. 비난과 존경은 신호가 나누어질 수 있을 때 각 개인의 심리에서만 개별적으로 연관된다. 그러나 비일상적 실재인 NCR 장 영역에서는 한 사람 또는 다른 사람과 연결할 수 있는 비난이나 인과성은 없다. 관계에 대한 전체적인 장 영역의 관점으로부터, 일상적 실재인 CR에서는 무엇이 열등감과 우월감으로 나타나는가의 사이에 대화, 상호작용, 흐름이 있다.

❖ 우주 마음과 시스템 이론

여기에서 우리는 각 입자가 서로 보상한다는 것이 일종의 대칭이거나 균형이라고 말할 수 있는 물리학으로 돌아가자. 입자의 행동에서 균형 잡힌 대칭은 국소성 개념을 적용할 수 없게 만든다. 입자가 서로 반영하고 움직이는 방법은 나누어지지 않은 전체성의 영역에서 그 입자들의 얽힘 때문이다. 입자는 쌍으로 되어 있거나, 상호 연관되어 있다. 그것들은 마치 세계적인 장이 그들을 연결하는 것처럼 서로 보상한다.

사람들이나 입자 모두 시스템의 특성을 갖고 있는 장에 존재하는데, 그 특성은 균형, 전체성, 자기 보상에 대한 경향성인, 시스템 스스로의 '지성(intelligence)' 과 같은 것이다.

과학계에서 시스템 개념은 최근 프리조프 카프라(Frithjof Capra)에 의해 개발되어 왔다. 그는 살아 있는 유기체의 본성을 설명하기 위해 '자가 조직(self-organizing)' 이라는 용어를 사용하기 위해 초기 철학가 중의 한 사람인 임마누엘 칸트(Immanuel Kant, 1790)의 말을 다음과 같이 인용하였다. "우리는 상호 간에 하나가 다른 것을 생성하기 위해 다른 부분을 생성하는 유기체로서 (그런 시스템의) 각 부분에 대해 생각해야만 한다. 이것 때문에 (그 유기체는) 조직되고, 스스로 조직하는 존재가 될 것이다."[8)]

이 개념은 제임스 로브로크(James Lovelock)가 『가이아의 시대(*The Ages of Gaia*)』에서 제안한 자가 조직 가설과 비슷하다. 로브로크의 가이아 가설은 살아 있는 유기체, 지구의 기후와 지각(地殼)에 대한 공진화(共進化)의 증거를 제시한다. 전체 지구는 스스로 유지하기 위해 노력한다. 보다 최근에 전체론 생물학자 루퍼트 셸드레이크(Rupert Sheldrake)는 비물리적 '단일기원' 의 장에 대한 개념을 주장했다. 그것은 생물학적인 형태의 발달과 유지에서 인과적 요인으로서 시스템 지성을 생성한다.[9)]

로브로크는 '어머니 지구' 를 의미하는 그리스어에서 온 '가이아' 라는 용어를 사용하는데, 그것은 인간과 같은 마음이 모든 것을 포용한다는 것을 제안하는 인류 발생적이고 신화적인 개념이다. 로브로크는 (정확하게 이유는 설명하지 않고) 우리의 세계가 인류적 본성, 인간과 같은 형태를 지녔다고 제안한다.

만일 우리가 분명하게 지성적이고, 얽힌 인간 시스템을 가이아 가설에 합친다면, 우리는 모든 상호작용하는 자의식적 존재 사이에 관계의 전체 장을 포함할 수 있도록 로브로크의 이론을 확장할 수 있다. 지금 우리가 살고 있는 세계는 특별한 성질을 가지고 있다. 그것은 움직이는 파트너로 가득한 단일한 전체가 되었다. 즉, 모든 것은 다른 모든 것들과 함께 움직이고 있다. 세계 그 자체는 인간과 같이 자가 조직하는 마음이다.

이런 마음을 만들어 가는 원칙은 무엇일까? 아마도 이 질문은 이론물리학의 기본에 놓여 있을 것이다. 또한 그것은 신학의 핵심이며 심리학의 기초다. 우리의 과거 발견으로부터, 우리는 이런 우주 마음의 원칙 중 하나가 그것의 대칭성이라고 말할 수 있다. 양자 물체의 수준에서 이 대칭은 균형, 즉 '스핀의 보존' 으로 나타난다. 심리학에서 이 대칭은 순간이 아니라 확실히 긴 시간에 걸쳐 다른 사람의 행동에 대해 우리가 보상하려는 방법으로 나타난다. 이 대칭의 또 다른 측면은 양자 신호교환의 특성을 반영하는 비일상적 실재인 NCR 원칙이며, 이는 파트너들이 우리가 알지 못하는 방법으로 서로 상호작용하는 경향성인 NCR 영역에서의 신호교환에서 기인된다. 그러한 신호교환 현상은 비국소성 감각을 불러일으킨다.

우주 마음에 대한 대칭의 또 다른 측면은 '시간에서 우리의 모든 부분에 대한 동등한 접근' 이라고 할 수 있다. 우리 모두는 우리 자신이 된다는 것이 어떤 느낌인지 알고 있다. 나는 아니(Arny)이고 나는 나 자신을 어떤 방법으로 알아차린다. 그러나 나는 에이미(Amy)에 대해 많은 꿈을 꾸고 그녀와 함께 움직인다. 양자 신호교환에서, 나는 그녀의 위치나 혹은 나의 신호를 말할 수 없다. 그녀가 나의 내면 또는 외부에 있는지 말할 수 없으며, 그녀는 내면이며 외부인 둘 다이다. 그러나 나는 이 상황을 충분히 파악하고 있는 아니(Arny)다. 이런 관점에서 나는 때때로 아니(Arny)이지만, 때로는 에이미와 같은 존재로서 나 자신을 확인하는 것을 볼 수 있다. 동시에 나 자신과 다른 사람이 되는 이러한 잠재성, 아니와 에이미 둘 다를 보는 개관, 즉 전체성을 갖는 나의 능력은 우주 마음이 반드시 그러해야 한다는 개인적이며 비일상적 실재인 NCR 경험이다. 그러나 에이미 또한 이런 능력을 가졌기 때문에, 우주 마음은 우리 둘 다에게 있다.

이러한 생각으로부터 추정하는 것은, 일반적으로 우리는 '나는 나' 이지만, 그러나 '나는 또한 너' 라고 말할 수 있다는 것이다. 사실, 나는 내가 알아차리는 모든 것이고 나를 알아차리는 모든 것이다. 또한 나는 우주 마음이고 대칭의 원리에 따라 작용한다. 나는 나 자신의 모든 부분을 알려고 하고, 모든 부분이 서로 알고 의사소통하고, 서로 평가하고, 서로 보상하기를 원한다. 대칭은 내면의 민주주의를 향한 경향성에서 스스로를 나타낸다. 즉, 나 자신의 서로 다른 부분을 동등하게 중요한 것처럼 다루는 경향성을 말하며, 절대적인 의미에서 어느 부분도 '첫 번째' 가 아니고, 어느 부분도 '두 번째' 가 아니다.

만일 전부는 아니지만 대부분의 사람들은 자신의 내면이나 전체로서의 세계와의 관계에서 자기 지식과 균형을 향한 이런 비일상적 실재인 NCR 경향성을 갖는다. 이런 자기 균형 경향성은 세계를 둘러싼 사람들 사이뿐만 아니라, 모든 심리학과 영적인 전통에서도 하나 또는 다른 형태로 발견된다. 몇몇 깊은 수준에서, 우리 모두는 우리 자신 안에 모든 것을 갖고 있다.

이러한 일반적인 숙고는, '인류기원 인물', 시간에서 완전성을 추구하는 개인적인 경향성으로, 우리 모두가 살아가면서 나타내는 장과 같이, 우리 모두가 참여하는 일종의 우주 마음이 가능한 것처럼 보이게 만든다. 이런 우주 마음은 개별적인 사람의 측면으로도, 그리고 우리를 둘러싼 소위 물질세계에서뿐만 아니라 우리의 관계와 공동체에서 균형 잡힌 메커니즘으로도 나타난다. 그러나 지금까지 이런 상호관련성은 데자뷰, 동시성, 신과 같은 많은 이름으로 불리었으나, 1차원의 시간과 국소성에 대한 감각으로 무시되어 왔다.

인류기원 인물 혹은 우주 마음은 모든 관찰 가능한 사건 뒤의 기본적인 패턴이며, 물리학과 심리학에 대한 가설적 기초다. 우리는 벨의 실험과 사람들 간의 상호관련성을 설명하기 위해 그러한 가설이 필요하다. 우주 마음에 대한 감각을 배제하는 것은 우리에게 근절(根絶), 즉 뿌리째 뽑힘의 느낌을 준다. 많은 사람들이 죽음이 가까워졌을 때 느끼는 '집으로 가는 느낌' 은 우주에서, 즉 우주 마음에서 우리 자리를 다시 찾는 것이다.

에이미와 나는 죽기 직전의 혼수상태에 있던 환자의 믿을 수 없는 회복을 목격한 후 에이미와 함께 집필했던 『코마: 깨어남의 열쇠(*Coma: Key to Awakening*)』에서, 나는 임사(臨死) 체험이 우주 마음에서 분리된 자신으로부터 어떻게 개인적 정체성의 빠른 변환으로 가져오는가를 보았다. 많은 사람들은, 아니 거의 모든 사람들은 죽음 가까이에서 이런 비일상적 실재인 NCR의 상호관련성을 경험한다.

대칭, 보상, 비국소성 외에도, 우주 마음은 자신에 대한 일종의 '닫힘(closure)'을 가져야만 한다. 7장과 8장에서 우리는 수학에서 닫힘이 숫자의 장(場)에서 어떤 일이 일어나더라도 그 장에 남아야 한다는 사실을 의미한다는 것을 발견했다. 즉, 닫힘은 모든 사건이 특별한 규칙에 의해 사건이 일어나는 그 장에 남는다는 것을 의미한다. 따라서 모든 일상적 실재인 CR과 비일상적 실재인 NCR의 지각은 우리들의 인식의 장에 있다.

이것은 우리가 무엇을 경험하든, 너와 나에게 어떤 일이 일어나든, 우리들 사이 또는 모든 것들 사이에 무슨 일이 일어나든, 같은 장에서 일어난다는 것을 의미한다. 모든 사건과 상호작용에 대한 지각은 그 하나의 장에서 일어난다. 이런 '닫힌' 장은 우리들의 알아차림의 장이다. 왜냐하면 우리가 경험하는 어떠한 것도 그 장에서의 일상적 실재인 CR 혹은 비일상적 실재인 NCR의 경험으로서 자신을 확장하고, 축소하고, 스스로를 제곱하고, 자신을 반영하면서 펼쳐지기 때문이다. 다시 말해, 우주 마음은 비일상적 실재인 NCR에서 측정되거나 혹은 경험되는 사건을 묘사하는 복소수의 장과 비슷한 특징을 갖는다.

우리는 우주의 각 측면이기 때문에, 우리는 온전한 전체성에 대한 가정, 인류기원 인물 또는 우주 마음을 일상적 용어로 결코 시험해 볼 수 없을 것이다. 우리는 결코 우리 자신이 부분인 전체로서의 우주에 대한 실험을 할 수 없다. 따라서 적어도 일상적 실재인 CR에서, 우리는 전체 우주에 관한 진술의 어떠한 일상적 실재인 CR 증거를 만들 수 없다. 반면에, 우리는 일상적 실재인 CR에서의 이러한 이론을 반박할 수도 없다.

우리는 서로 일치하는 근거에 대한 그러한 이론만을 판단할 수 있고, 전체로서의 삶에 대한 설명과 어떤 의미를 설명할 수 있는 그 이론의 능력만을 판단할 수 있다. 예를 들면, 우주 마음 이론은 신화와 일치한다. 지금까지 우주 마음은 여신과 신을 투사해 왔다. 이와 똑같은 투사가 가이아의 가설에서 발견된다. 우주를 의인화한 가이아와 같이 인간을 닮은 존재에 대한 이미지에는 긴 역사가 있다. 이런 거대하고 인간적인 존재 혹은 인류기원 인물 존재는, 그들이 신화에서 언급되어 온 것과 같이, 널리 퍼져 있으며, '어머니 지구(Mother Earth)' 또는 북미 원주민의 '위대한 영적 지도자(Great Spirit)' 가 있다. 중세의 기독교인들은 그리스도로서 우주를 생각했다. 초기 게르만 민족들은 이미르(Ymir)와 보탄(Wotan)을 우주가 되는 것으로 상상했다. 중국 설화에서는 반고(Pan Ku)가 우주이고, 인도에서는 푸루샤(Purusha)가 우주다.

신성한 기하학에 대한 26장에서 우리는 그런 인류 신화가 자신들을 알기 위해 세계를 창조해 가는 것이라고 말하는 것을 알게 될 것이다. 그들은 종종 대칭적 특성으로 묘사되었다.[10] 그들은 내가 양자 신호교환, 양자물리학에서 관찰 배후의 수학이라고 불렀던, 반영적 상호작용 이면에서 발견되는 대칭 및 균형과 일치한다. 우주 마음은 가이아의 가설과 일치하고, 사람들 간의 상호작용 심리학과도 일치한다. 우리는 신성한 영혼이 대칭성의 원리라고 말할 수 있다.

❖ 우주 마음의 진화?

우리가 신화를 연구할 때, 우리는 물리학이나 심리학에서 발견되지 않는 우주 마음의 역사를 발견한다. 인류 신화에 따르면, 우리가 우리 자신이 일부라고 상상하는 위대한 영혼은 끊임없이 죽고 다시 태어나는 것이다. 신화에서, 인류기원 인물 존재인 대상이 주기적으로 죽을 때, 그들은 조각들로 나누어지고, 나누어진 부분으로부터 세상은 다시 창조된다. 그들의 머리털은 풀이 되고, 피는 강이 되고, 뼈는 나무가 된다.

신이 조각들로 나뉠 때, 우리가 우리의 세계, 우리의 문화라고 부르는 것도 역시 조각으로 나누어진다. 이런 '조각으로 나누어지는 것' 은 함께하는 것에 대한 우리의 비일상적 실재인 NCR 감각이 나누어진다는 것을 의미한다. 그러면 우리는 서로로부터 고립된 우리 자신을 발견하고, 일상적 실재인 CR 세계의 분리된 부분이 된다. 인류기원 인물의 위대한 영혼이 죽을 때, 우리는 개인, 부부, 가족, 문화, 세계로서 고립과 분리의 중심에 있는 우리 자신을 발견한다. 우주 마음이 조각으로 나누어질 때, 우리들 각각은 우리가 속한 전체에서 떨어져 나간다. 공동체에 대한 우리의 자의식적 기본은 부분으로 나누어지고, 우리는 고립되고 외로운 인간이 된다.

죽음의 신화적 비극과 인류 존재 대상의 분리는 각 개인에 의해 온전한 전체성의 세계의 끝으로 경험된다. 그래서 깨어진 전체성은 세계로서 남는다. 이것이 나무, 강, 사람, 그 밖의 다른 존재가 서로 거의 관련이 없는 현재 우리의 일상적 실재인 CR이다. 우리들의 관계의 장과 하나 됨(oneness)에 대한 비일상적 실재인 NCR 경험은 배제된다.

신화는 우리에게 우리의 현재 세계가 한때는 나무가 뼈, 강이 피, 동물과 사람이 어떤 존재의 세포라는 것을 잊어 왔다고 말해 준다. 무너진 현재 세계에서 우리는 상호관련성의 경험을 배제하거나 양자 신호교환과 일상 세계가 의지하는 꿈꾸기를 무시한다.

아마도 이런 건망증 때문에 많은 사람들이 2000년대에 물리학을 통해 광자가 얽혀져 있다는 것을 재발견한 것에 놀란 것처럼 보인다. 우리는 전체에서 분리될 수 없는 부분이라는, 우리의 비일상적이며 자의식적인 경험을 잊어 왔다. 그러나 당신과 나는 우리가 보는 모든 것이 의미가 있고, 우리의 알아차림이 우주를 전체로 만들고 스스로의 의식을 갖도록 만드는 데 필요하다는 것을 재발견할 필요가 있다.

그러나 분리가 모두 나쁜 것은 아니다. 그것은 또한 분명히 하고 구별해야 하는 기쁨이고, 사물을 자세히 알고 발견해야 하는 기쁨이다. 서양 세계는 수 세기 동안 구별하는 데 익숙해 왔다. 그러나 최근 초자연치료에 대한 서양의 관심과 2차적 주의집중은 인류가 재창조되려고 한다는 것을 가리키는 것 같다. 아마도 이것이 생태학자나 생태심리학자가 우주 마음에 대해 좀 더 확인하고 우리의 몸으로서의 지구를 경험하도록 요구하는 이유일 것이다.[11]

아마도 우주 마음에 대한 분리는 스스로를 뒤집어 놓으려는 것 같다. 이 경우에 우리는 우리들 자신이 온전한 전체성을 재발견하는 과정에 있음을 알 수 있다. 봄의 가설은 이러한 재발견의 측면이다. 에버렛과 드윗의 '다 세계' 이론은 또 다른 가설이다. 가이아의 가설과 우주 마음의 개념은 아직은 재발견에 대한 또 다른 신호가 아니다.

우리는 우주 마음이 다시 원래 상태로 자라고 있는 시기에 살고 있다. 미래에 우리는 세상을 작은 부분으로 더 잘 구별할 수 있을 뿐만 아니라, 모든 자의식적 존재가 어떻게 상호 연결되어 있는지를 좀 더 통찰할 것이라고 기대할 수 있다. 우주 마음 개념의 불가피한 재생이 생겨남에 따라, 우리는 신화, 인류기원 인물에 대한 비일상적 실재인 NCR 마음, 신의 마음, 신이 운영하는 게임의 법칙에 대해 더 잘 알게 될 것이다.

앞에서부터 19장까지에서 수학과 양자물리학을 통한 우리의 간단한 연구 여행은 비일상적 실재인 NCR 알아차림이, 신의 마음에 있는 수학적인 게임 규칙에 따라 부분적으로 본 뜬 것이라는 것을 나타낸다. 신의 비일상적 실재인 NCR 게임 규칙은 덧셈, 뺄셈, 닫힘을 포함한다. 게다가 그 규칙은 반영, 양자 신호교환, 보상, 대칭, 비국소성을 지배한다. 우리의 비일상적 실재인 NCR 자각의 대부분은 신의 마음 패턴에 따라 조직되었다. 따라서 어떤 경험에 대한 경계를 배제하고 창조하는 경향성은 신성한 게임에 대한 인간의 부분이다.

신의 위대한 정신은 신을 향한 우리의 일상적인 태도로는 이겨 낼 수 없는 것일지도 모른다. 우리의 감각 혹은 비일상적 실재인 NCR 상호관련성이 무너지거나 무시되는 동안, 신은 조각이 나거나, 미치거나 혹은 떨어져 나간다. 신에게 내재된 단일성(unity)을 배제하는 것은 사실상 우주를 창조하거나 파괴하는 데 대한 인간의 특별한 역할이 될 수도 있다.

주석

1) 벨의 법칙(1964)은 국소적으로 숨겨진 변수에 대한 스핀의 상관관계의 가능성이 양자이론적 스핀 상관관계 함수에 의해 제한되고 지배된다는 것을 증명했다. 이것은 비록 양자 현상이 양자 이론에 대한 대안으로서 비국소적으로 숨겨진 변수 이론의 가능성을 열어 두더라도, 양자 현상이 근본적으로 비국소적인 것을 의미한다. 1982년 알렌 아스펙트(Alain Aspect)의 실험적 증명 이후로, 물리학자들은 일반적으로 비국소성에 동의한다.
2) 캐나다 브리티시 컬럼비아 주에 있는 빅토리아(Victoria) 대학의 물리학자 찰스 카드(Charles Card)에 따르면, "만일 비국소성 현상으로부터 배울 수 있는 일반적인 교훈이 있다면, 그것은 양자역학에서 공간과 시간의 국소화에 대한 보존 또는 대칭 원칙의 우월성이, 자연에서는 대칭이 시공간보다 존재론적으로 앞선다는 것을 가리키는 것 같다. 이 결론은, 기본 입자의 특성을 찾기 위한 대칭 성질의 사용이 필요에 의해 널리 보급된 이론 입자물리학에 의해 충분히 보강되었다."(카드, 41쪽을 보라)
   보존 원칙은 두 개의 광자로 구성된 시스템의 총 운동량은 같아야 한다는 것이다. 이것이 대칭 원칙인데, 왜냐하면 당신이 당신을 나와 교체할 수 있으며 그래도 시스템은 변화하지 않기 때문이다. 만일 한 사람이 오른쪽을 본다면, 다른 사람은 왼쪽을 보고 있을 것이다.
3) 데이비드 봄의 『전체성과 숨어 있는 질서(*Wholeness and the Implicate Order*)』(1980)를 보라.
4) 위와 같은 책, ix쪽.
5) 윌리엄 키핀(William Keepin)은 저널 『개정(*Revision*)』(1993)에서 매우 흥미로운 방법으로 봄의 창조적인 연구에 대해 논의한다.
   우리는 『의식적인 우주(*Conscious Universe*)』(1990)에서 매네스 카패토스(Menas Kafatos)와 로버트 나듀(Robert Nadeau) 등이 우주가 어떻게 각 부분이 전체를 창조하는 국소성을 갖고 있는지를 보여 주는 것을 알아야 한다. 벨에 의해 보인 온전한 전체성인 우주는, 원자에서 은하수까지 모든 수준에서 발생하고, 스핀과 같은 양자 특성에 영향을 준다. 카패토스와 나듀는 우주가 의식을 가져야만 하고, 그리고 이것은 다른 어떤 한 부분보다 더 커야만 한다고 주장한다. 우주의 관찰할 수 있는 부분만을 다루는 물리학은 전체로서 그것을 이해할 수 없다. 그러나 이것은 전체가 부분에 미치는 영향이라는 측면에서 매우 중요하다.
6) 맨스필드(Mansfield)와 슈피겔만(Spiegelman)은 그들의 논문 『양자역학과 융 심리학(*Quantum Mechanics and Jungian Psychology*)』에서, 동시성에 대한 융의 개념과 비국소성을 연결한다. 맨스필드에 따르면, "나는 이런 상관관계가 비인과적인 상수와 실험적으로 재생 가능한 현상의 완벽한 보기(일반적 비인과적 질서로서 동시성에 대한 융의 더 넓은 견해)의 보기라고 제안한다." 또한 맨스필드의 매력적인 책, 『동시성, 과학과 영혼-만들기: 물리학과 불교 그리고 철학을 통하여 융의 동시성 이해하기(*Synchronicity, Science and Soul-Making: Understanding Jungian*

Synchronicity through Physics, Buddhism, and Philosophy)』를 보라.

7) 집단적 긴장을 다루는 데 대한 더 많은 정보를 위해, 공동체 열기에 대하여 쓴, 나의 책『불에 앉아 있기(*Sitting in the Fire*)』를 보라.

8) 칸트. 1790, 1987, 253쪽 나는 이 인용과 시스템 이론과 과학을 함께 모으는 것에 대한 중요성에 대해 카프라(Capra)에게 감사한다.『삶의 그물망(*The Web of Life*)』(1996) 23쪽을 보라.

9) 생물학자와 이론가인 루퍼트 셸드레이크의 읽기 쉬운『인생의 새로운 과학(*A New Science of Life*)』을 보라.

10) 인류의 심리학에 대한 더 많은 정보를 위해 나의 책『첫 번째 해 (*The Year I*)』(1985)를 보라. 그 책은 공동체 생활의 이면에 있는 장(場)에 대해 말하고 있다.

11) 생태심리학은 42장에서 더 자세히 논의될 것이다.

제 3 부

상대성에서의 도(道)

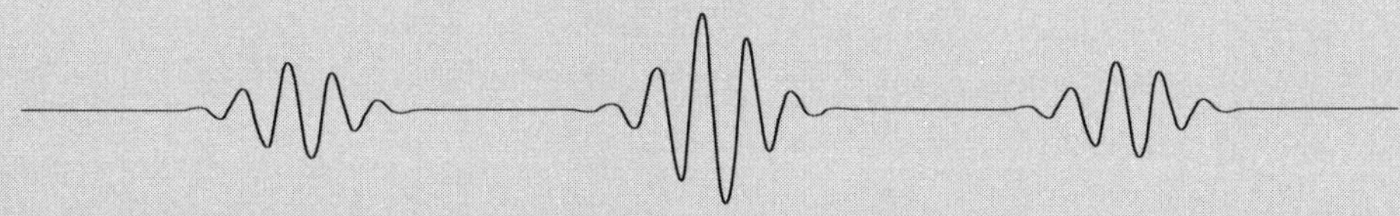

제20장
상대성의 심리학

나는 신이 어떻게 이 세상을 창조했는지 알고 싶다. 이런 저런 현상에는 흥미가 없다. 단지 신의 생각을 알기 원하며, 나머지는 지엽(枝葉)적인 것들이다.

—알베르트 아인슈타인(Albert Einstein)—

우리들 대부분은 아인슈타인과 같이, 대답을 얻기 어려운 중요한 질문을 한다. 어떻게 우주가 만들어졌는가? 무엇으로 만들어졌는가? 얼마나 거대한가? 인간의 삶의 의미와 목적은 무엇인가? 우리는 죽어서 어디로 가는가? 우주 법칙은 어떻게 우리의 행동을 다른 사람 및 자신들과 연결하는가?

그런 질문에 대답하기 위해, 심리학자들은 꿈, 임사 체험, 영적인 믿음을 연구한다. 초자연치료사들은 변형상태를 설명하고, 물리학자들은 기본 입자를 실험한다. 천체물리학자와 우주철학자들은 공간과 시간, 연대와 크기, 선형성과 굴곡의 본질에 대해 의문을 품으면서 우주를 연구한다. 그들은 우리가 사물을 관찰하는 구조의 타당성에 대해서도 의문을 갖는다. 그들의 실험은 행성 관찰, 거대한 공간, 시간, 힘, 전체 우주를 다룬다. 천문학 이론에 대한 실험의 증명은 빛이 거대한 질량의 별 옆을 지나갈 때 구부러지는 것과 같은 사건을 관찰함으로써 이루어진다.

천체 물리학자들이 상대성 이론을 발전시키고 확장하는 동안, 양자물리학자들은 양자 이론을 발전시킴으로써 물질과 우주의 본성에 관한 의문을 다룬다. 이 책의 2부에서는 어떻게 양자 이론이 수학, 심리학, 초자연치료와 연결되어 있는지 다루었고, 3부에서는 아인슈타인의 상대성 이론과, 양자물리학과 의식의 변형상태에 관한 심리학과 그 이론의 관계에 초점을 둘 것이다. 여기서 우리는 상대성의 심리적인 배경과 의미를 검토할 것이다.[1)]

❖ 상대성의 개요

'상대성' 이라는 단어는 관계에서 왔다. 물리학에서 상대성 이론은 증거의 서로 다른 체제 사이의 관계를 묘사한다. 이 이론은 우리의 정신체제, 관계성, 실재 본성을 다루는 중요한 의미를 가지고 있다. 각각의 정신적 그리고 물질적 체제는 상대성 이론과 연관된 특별한 관점을 가지고 있다.

예를 들면, 기준의 첫 번째 물리적 체제는 당신이 기차가 지나가는 것을 보고 있는 동안 서 있는 땅이 될 것이다. 기준의 두 번째 체제는 그 땅 위의 기찻길을 따라 움직이는 기차 안에 있는 당신이 될 것이다.

기차 안의 사람의 관점에서 볼 때, 만일 그 기차가 일정한 속도로 움직이고 있음

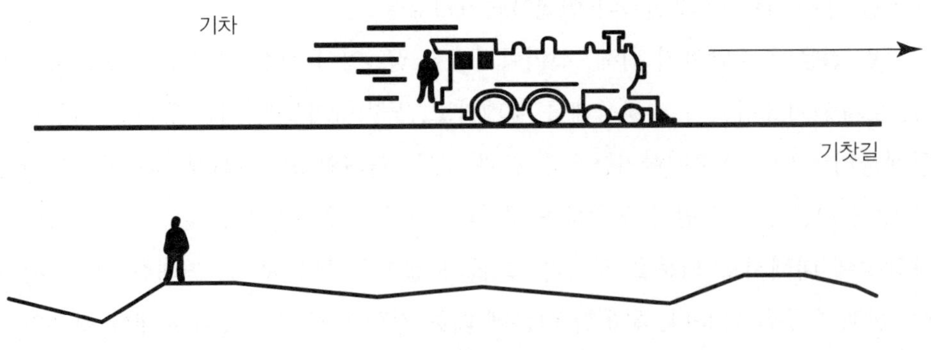

[그림 20-1] 두 개의 체제: 땅과 움직이는 기차

에도 조용하다면, 기차는 정지한 것 같고 기차 밖 세계가 움직이는 것처럼 보인다. 당신은 기차가 움직이고 지구가 정지해 있는지, 아니면 기차는 정지하고 지구가 움직이는 것인지 궁금한 적이 있는가? 이 경험은 명백하고 정확하고 절대적인 기준 체제 같은 것은 존재하지 않는다는 사실을 지적한다. 각 관점은 다른 관점과 관련이 있다.

물리학자들은, 어떠한 체제도 절대적인 것은 없기 때문에 기본 법칙들은 모든 증거 체제에 맞도록 형성되어야 하며, 모든 기준 체제 안에서 같은 타당성과 기본 형태가 있어야만 한다고 말한다. 다시 말해, 똑같은 운동 법칙이 땅에서와 비교하여 상대적으로 일정한 속도로 달리는 기차를 타고 있는 사람에게 적용되는 것과 마찬가지로 땅에 서 있는 사람에게도 적용되어야 한다는 것이다.

우리가 뒤에서 더 구체적으로 알게 되겠지만, 뉴턴의 운동 법칙은 모든 체제 안에서 같은 방법으로 적용되지 않는 것으로 판명됐다. 전기와 자기력에 대한 뉴턴의 생각을 지배하고 있는 규칙들은, 땅에 서 있는 사람과 기차를 타고 여행하는 사람의 관점들에서 발생하는 사건을 적용할 때 매우 다른 대답을 제시한다.

아인슈타인은 특수상대성 이론으로 하나의 체제 안에서 발생하는 것과 다른 체제에서 발생하는 것이 어떻게 연관되어 있는지, 기차에 타고 있는 사람의 관점과 땅에 있는 사람의 관점이 어떻게 관련되는지 설명했다. 만약 상대 속도가 크다면, 즉 기차가 매우 빠르게 움직이고 있다면, 공간과 시간의 개념이 모든 체제 안에서 동일하게 되기 위해 물리학 법칙들이 변화해야만 한다는 것이 판명되었다. 상대성은 우리의 일상적 실재인 CR의 느낌을 바꿀 것이고 우리에게 이것의 절대성을 다시 고려하도록 할 것이다. 그러나 빨리 앞서려고 하지 말자.

요점은, 상대성이 어떻게 공간과 시간이 더 이상 일상생활에서의 시간과 공간과 같이 이해될 수 없는가이다. 상대성에서, 공간과 시간 같은 기본적인 일상적 실재 CR 차원은 더 이상 일상생활에서처럼 더 이상 절대적이고 서로 독립적이지 않으며, 체제가 변화할 때 같이 변화한다. 우리가 움직이는 우주선에서 여행하는 동안 길이 1미터로 보이는 막대 자는, 땅 위에 서 있는 누군가가 망원경으로 그 막대기를 측정할 때 그 길이가 1미터보다 좀 더 짧아 보일 수 있다.

상대성의 물리학에서, 새로운 공간적 차원이 시간과 공간의 오래되고 분리된 개념을 대체하기 위해 창조되어야만 했다. 왜냐하면 시간과 공간은 기준 체제에 따라 변화하기 때문이다. 새로운 우주적 차원은 시간과 공간이라고 불리던 것의 조합인 '시공간(space-time)' 이라 불린다.

아인슈타인은 물리학 법칙들이 모든 체제 안에서 동일하게 유지되기 위해, 사건들 스스로가 '상대적으로' 보여야만 하고, 그것은 물체의 모양, 크기, 질량이 사건의 상대적인 속도와 방향에 의존하는 것을 의미한다. 예를 들어, 누군가가 기차에서 2미터를 걸었다면, 그 사람은 땅에 있는 사람에게 2미터보다 약간 부족한 거리를 움직인 것처럼 보일 것이다. 얼마나 다른가? 이것은 땅에 상대적인 기차의 속도에 달려 있다.

상대성은 아무것도 또는 거의 아무것도 절대적이지 못하다고 말한다. 오직 빛의 속도만이 한 체제에서 다른 체제로 바뀔 때 변하지 않는다. 우리는 당신이 어떻게 빛의 속도를 측정하는지 상관없이, 빛의 속도가 동일해지려는 경향이 있다는 것을 알게 될 것이다. 비록 당신이 광선(光線)과 거의 같은 속도로 함께 달린다면, 당신이 그 광선과 아주 가까워지더라도, 오늘날의 물리학은 당신이 항상 동일한 빛의 속도를 측정할 것이라고 설명한다. 상대성은 궁금증들로 가득하다. 빛의 속도를 제외하고 모든 것은 상대적이다.

공간과 시간은 변할 수 있다. 즉, 땅 위에 있는 사람의 관점에서 보면 공간은 수축하고 시간은 느려지고, 기차 속의 시계는 더 천천히 움직인다. 왜 우리는 이 모든 것을 알아차리지 못하는 것인가? 한 가지 이유는 이 이상한 일들의 어떤 것도 상대속도가 빛의 속도와 가까워질 때까지 나타나지 않기 때문이다. 정지하고 있는 땅과 상대적인 기차의 속도는 빠를지는 몰라도 빛의 속도보다는 매우 작다. 이것이 땅에 있는 우리가 비록 기차 속의 시계를 잠깐 볼 수 있더라도, 우리가 공간과 시간의 구부러짐과 수축을 볼 수 없는 이유다.

우리가 그런 것들을 알아챌 수 없는 또 다른 이유는, 우리 자신의 비일상적 경험들을 보통 무시하기 때문이다. 우리들 대부분은 시간이 매우 빠르거나 혹은 이유 없이 느린 것 같을 때 시간을 느낀다. 왜냐하면 일상적 실재인 CR에서 우리의 속도는,

빛의 속도인 초속 186,000마일보다 매우 작은 시속 0~600마일(비행기의 속도가 시속 600마일) 범위 안에 있기 때문이다. 그리고 우리는 비일상적 실재인 NCR 경험을 무시하려는 경향이 있기 때문에, 어떤 사람들은 공간과 시간이 관찰자의 체제에 의존한다는 것을 생각할 때 충격을 받기도 한다.

❖ 다른 이론에서 상대성의 측면

아인슈타인의 상대성 이론은 우리에게 소개된 첫 번째 이론이 아니다. 상대성 이론의 일부 내용은, 다른 많은 관점이나 또는 많은 세계가 동시에 존재할 수 있다고 하는 '다(多) 세계 이론(many-worlds theory)' 의 양자역학 연구에서 나타났다. 관찰된 사건은, 관찰을 통해 무시되었음에도 불구하고, 유일한 사건이 아니라 존재하는 많은 사건 중 하나다.

우리는 또한 관찰이 절대적이 아니라, 어떤 측정을 할 것인지 하는 결정에 의존한다는 것을 알았다. 더욱이, 양자 신호교환의 논의로부터 우리는 관찰을 시작하는 관찰자의 바로 그 생각이 상대적이라는 것을 보았다. 관찰자와 관찰대상 둘 다 분리할 수 없는 방법으로 서로 '신호교환' 을 하기 때문이다. 일상적 실재인 CR과 비일상적 실재인 NCR은 상대적인 체제다.

우리 연구 여행의 앞부분에서의 수학 연구 또한 상대성 개념을 다루었다. 우리는 숫자와 헤아리기가 관찰자의 심리학과, 관찰자와 관찰대상 사이의 관계성에 의존한다는 것을 알았다. 수학은 또한 주어진 관찰자의 심리적인 체제에 대해 상대적일 때 유일하게 유효하다. 누가 무엇을 헤아리가는 누가 헤아리고 있는가에 달려 있다.

❖ 심리적 체제의 상호관련성

심리학에서 우리는 어떤 한 사람 내에서의 기준 체제 사이의 차이와, 서로 다른 나이, 문화, 인종 등 사람들 사이의 차이 때문에, 종종 상대성을 다루어야만 한다. 각 문화는 자신의 체제를 가지고 있고, 그리고 어느 하나의 주어진 문화 안에서는 세계를 보는 관점에 적어도 두 개의 체제가 있다. 그것은 일상적 실재인 CR, 그리고 의식의 변형상태 또는 비일상적 실재인 NCR이다. 비일상적 실재인 NCR에서의 경험은 일상적 실재인 CR에서의 경험에게는 불합리하게 보인다. 따라서 우리는 자신의 관점과 다른 사람의 관점을 똑같이 무시한다.

전 세계적으로, 의식의 주요 체제는 공간 및 시간적 사고에, 시계와 막대 자에, 서로 분리될 수 있는 고정된 공간과 선형방식으로 앞으로 진행하는 시간에 연결되어 있다.

1시간과 1미터는 세계 어느 곳에서나 같다는 일반적인 합의가 있다. 또 다른 체제인 비일상적 경험에서는, 꿈꾸기, 약물 사용 또는 신체적인 상처와 연결된 의식 변형상태의 존재로부터 알고 있듯이 사각형의 방이 구부러지고 시간은 뒤틀려질 수 있다.

상대성에도 불구하고, 많은 심리학자들은 일상의 실재 체제는 꿈꾸기보다 더 중요하다고 생각한다. 만일 누군가 오랫동안 변형상태에 있다면, 그 사람에게 무언가 잘못되었다고 생각한다. 즉, 그 사람의 체제가 '정상적'이 아니라 장애가 있는 것이라고 생각한다.

모든 체제 안의 사람들이 똑같이 타당한 의식의 상태에 존재하는 것으로 여겨지는 대신에, 통계상의 다수가 '정상'인 것으로 여겨진다. 이 같은 심리적인 편견과 대비하여, 우리의 연구 여행은 덧셈, 뺄셈, 곱셈, 나눗셈의 과정이 실수뿐만 아니라, 허수에 대해서도 마찬가지로 유효한 것과 같이, 일상적 실재인 CR의 규칙이나 비일상적인 실재인 NCR 규칙이나 같다는 것을 제안해 왔다.

확대, 무시, 억압의 심리과정은 모든 체제에서 발생한다. 게다가 빛의 속도가 물리학의 모든 체제에서 같은 것처럼, 알아차림의 개념은 심리학의 각 체제에 유효한 것처럼 보인다. 모든 상태에서, 심지어 정신병적이고 임사 상황에서조차도, 알아차림에 대한 가능성이 있다.[2] 더욱이, 산술 같은 동일한 기초 패턴은 수학, 물리학, 초자연치료뿐만 아니라 심리학에서도 찾을 수 있기 때문에, 수학과 심리학은 결국 동일한 예술 또는 과학의 다른 체제 또는 다른 관점으로 보여야만 한다.

물리학에서 상대성의 중요한 측면은 어떠한 체제도 절대적이지 못하다는 것이다. 상대성 이론은 일방적이 되려는 세계에서 자연적인 민주주의다. 어떠한 관점도 세계를 묘사하기에 충분하지 않기 때문에, 모든 관점은 다른 관점과 관련하여 똑같이 중요하며 의미가 있다. 물리학에서 상대성은 다양한 체제들이 어떻게 서로 관련이 있는지의 세부사항을 묘사한다.

그러나 대부분의 사람들이 꿈꾸기의 실재를 넘어 일상의 실재에 대한 가치를 강조하듯이, 물리학도 양자 물체의 비일상적 실재인 NCR 측면에 있는 것보다, 물질과 입자와 같은, 일상의 언어와 상태 지향의 용어를 포함하는 고전적인(일상적 실재인 CR) 배경에 더 중요성을 둔다. 다시 말해, 물리학은 복소수에 의해 묘사된 양자 세계의 사건에 대해 일상적 실재인 CR을 강조하고 비일상적 실재인 NCR을 무시한다. 이것이 아마도 온전한 전체성으로 시작하는 봄(Bohm) 이론이 구성요소와 입자로 시작하는 다른 이론이 가졌던 대중성을 얻지 못했던 이유일 것이다. 미래의 물리학은 단지 일상적 실재인 CR 상태가 아닌, 의식의 모든 상태의 동등한 유효성을 포함하는 상대성에 대해 더 확장된 개념을 요구할 것이다.

❖ 상대성의 심리학에서

우리는 다음 장에서 빛 또는 빛의 속도가 상대성에서 중요한 역할을 한다는 것을 알게 될 것이다. 왜냐하면 이 속도는 모든 체제에서 유일하게 일정한 것이기 때문이다. 빛의 속도를 제외한 모든 것은 상대성 이론에서 상대적이다.

빛의 속도에 대한 느낌을 얻기 위해, 빛에 대하여 생각해 보자. 몇몇 사람들은 빛이 너무 빠르기 때문에 빛이 실제로 속도를 갖는다는 것을 알지 못한다. 그러나 빛은 순간적이 아니다. 빛은 한 장소에서 다른 장소로 가기 위해 시간이 걸린다.

최근까지 사람들은 빛은 무한히 빠르고, 그리고 빛이 우리의 눈에서 나오기 때문에 우리는 빛을 볼 수 있다고 생각했다. 여신 아프로디테에 대한 그리스 신화는 아프로디테가 우주의 심장에서 불을 가져왔고 우리가 태어날 때 눈에 불을 켠다고 설명한다. 고대 이론에서 우리의 눈은 세계로 빛을 보낸다. 다시 말해, 우리는 관찰되고 있는 물체에 빛을 보냄으로써 사물을 본다.

이 생각은 오늘날의 물리학에서 수정되어서, 우리는 우리 눈으로 반사되어 들어오는 빛에 의해 물체를 본다고 설명한다. 어떠한 빛도 눈 자체로부터 나오지는 않는다.

그러나 비록 일상적 실재인 CR 개념으로 입증될 수 없다 하더라도, 신화가 전적으로 틀린 것은 아니다. 이 신화는 비일상적 실재인 NCR의 패턴 중 하나다. 사랑의 여신 아프로디테는 눈의 다양한 구성요소를 함께 유지하기 위해 사랑으로 인간의 눈을 만들었다고 한다. 양자 '신호교환' 에 대한 생각은 사랑스럽고 빛나는 눈에 대한 고대 신화에서 다시 찾을 수 있다. 양자 신호교환에서, 관찰 이면의 비일상적 실재인 NCR 과정인 신호는 관찰자로부터 관찰대상에게로 전달되고, 그리고 관찰이 일어나기 전에 다시 되돌아오는 것처럼 보일 수 있다. 비일상적 NCR 실재에서, 일상적 실재인 CR 관찰은 오로지 아프로디테 때문에 발생할 수 있다. 모든 관찰은 성적 욕구를 증가시키는 것이 아니라 관계지향적 경향성인 아프로디테 방식에 기초한다.

우리 내부에 빛이 있기 때문에 시력이 발생한다는 생각은 신화다. 즉, 이것은 비일상적 실재인 NCR 경험이 될지 모르지만, 일상적 실재인 CR 사실은 아니다. 우리는 우리의 눈으로부터 나오는 빛을 가질 수 있을까? 그 대답은 그렇다와 아니다 모두다. 즉, 비일상적 실재인 NCR에서는 맞지만, 일상적 실재인 CR에서는 그렇지 않다.

사실, 모든 신화들은 그것을 믿는 사람들의 개인적인 경험의 견해에서는 옳다. 모든 거짓들, 신화, 전설, 동화, 역사적인 견해들은 직접 경험한 사람들에게는 옳다. 그러나 비일상적 실재인 NCR에서 진실인 어떤 것이 일상적 실재인 CR에서 반드시 진실은 아니다. 진실은 체제의 문제다. 마찬가지로, 어떤 것은 일상적 실재인 CR 안에서 진실이기 때문에, 예컨대 당신이 병이 있다는 진단처럼 '진단상의 진실' 이 당신의 경험에서 진실이라는 것을 반드시 의미하지는 않는다.

비일상적 실재인 NCR에서는 우리 눈에서 빛이 나오고, 일상적 실재인 CR에서는 그것이 사실이 아니라는 것은 둘 다 진실이다. 즉, 인간의 시간에서는 빛이 무한히 빨리 움직이지 못한다. 태양 빛이 지구에 도달하는 데 얼마나 걸린다고 생각하는가? 내 수업에서 이런 질문을 했을 때, 나는 다양한 대답을 들었다. 진행된 대화를 보면 다음과 같다.

리처드: 8분 30초입니다.

아니: 맞아요! 당신은 물리학을 잘 알고 있네요. 지구까지 도달하는 데 8분 30초가 걸립니다.

잰: 태양과의 거리는 우리가 느끼는 것보다 더 멀어서 오래 걸리는 것 같습니다.

아니: 맞아요. 태양은 아주 멀리 떨어져 있지요.

조이: 특히 비가 많이 오는 오리건 주에서 말이죠.

아니: 태양은 멀리 떨어져 있고 만일 이 사이에 구름이 있다면, 훨씬 더 멀어 보입니다. 그러나 사실은, 저 위에 있어 우리가 볼 수 있는 태양은 진짜가 아닙니다. 우리가 본 것은 그곳에 8분 전에 있었던 태양입니다. 도(道)처럼 들립니까? 노자(老子)는 "당신이 볼 수 있는 태양은 진짜 태양이 아니야!" 라고 쉽게 말할 수 있었을 것입니다. 우리가 보는 어떤 것도 진짜 물체가 아닙니다. 즉, 그것은 순간 전에 그곳에 있었던 물체입니다.

만약 태양이 다 타 버린다면, 우리는 그때부터 8분 후까지는 태양이 다 타 버린 것을 모를 것이다. 태양은 일정하게 에너지를 사용하기 때문에, 언젠가 다 타버릴 것이다. 태양은 하나의 큰 별이며, 그 질량은 지구 질량의 약 백만 배다. 하지만 언젠가 태양은 다 타 버릴 것이다.

태양이 꺼지는 순간, 만일 인간들이 그 시대에 여전히 살아 있다면, 과학 분야의 사람들을 매혹시킬 것이다. 만약에 당신이 살아 있고 지구가 여전히 돌아간다면, 이 암흑은 발생한 지 8분이 될 때까지 모르는 채 있을 것이다. 아인슈타인에 따르면, 빛의 속도보다 빠른 것이 아무것도 없기 때문에, 마지막 광선은 태양이 꺼진 후 8분 만에 당신에게 도달할 것이다. 우리는 단지 과거에만 맞출 수 있다. 어떤 면에서, 현재라는 것은 아무것도 없다.

만약 한 아이가 와서 말하길 "아인슈타인은 틀렸어요. 난 시간보다 먼저 알 수 있어요. 난 그 사건이 일어나기 전에 꿈을 꾸어요. 그래서 무언가가 빛의 속도보다 더 빨리 움직일 수 있어야 해요."라고 말한다면 어떻게 될까?

이 아이나 아인슈타인 중 누가 옳은가? 둘 다 맞다. 그들은 단지 다른 체제 안에 있다. 아인슈타인이 의미했던 것은 일상적 실재인 CR에서 측정할 수 있는 것은 어느 것도 빛의 속도보다 더 빨리 움직일 수 없다는 것이다. 말하자면, 일상적 실재인 CR은 우리가 측정하고, 재현하고, 다른 사람들과 공유할 수 있는 물체의 관점에서, 스스로를 정의한다. 만일 이 아이의 예견에 대하여 아무런 합의가 없다면, 텔레파시가 결코 측정될 수 없기에 이 아이는 그저 평범한 행운이라고 물리학자들은 말할 것이다.

물리학이 기본적 전망에서 더 상대적이 되면, 아이들의 사고방식, 꿈꾸기, 예지력과 의식의 변형상태 등에 대하여 더 많이 받아들일 수 있을 것이다. 물리학의 수학에서는 이런 것들을 수용할 수 있는 여지가 있지만, 아이들의 경험이 측정될 수 없는 한 실험물리학에서는 이를 수용하지 못한다. 그러나 물리학은 스스로를 더 잘 통합하기 위해서 검증할 수 없는 경험도 포함할 필요가 있다.

상대성의 수학은 허수의 개념으로 시공간의 기본적인 차원을 묘사하므로 우리가 볼 수 없거나 증명할 수 없는 것들을 다룬다. 이것이 아마도 상대성이 시간여행을 하는 아주 많은 공상 과학소설에 영감을 준 이유일지도 모른다. 이것은 아이의 텔레파시를 설명하기 위한 공간을 제공한다(동시성에 대한 27장의 설명). 수학은 또한 천체 물리학자들이 우리가 알고 있는 우주가 아닌 초공간과 또 다른 우주의 가능성을 고려하도록 조장해 왔다.

❖ 절대 정지(靜止)의 장소는 없다

1900년대 초, 아인슈타인은 스위스 정부의 문서 서기였다. 그는 물리학 시험에 낙제했고 스위스기술대학(ETH)에 입학하지 못했다. 그의 선생님은 그가 게으르고 수학을 못한다고 생각했다. 아인슈타인은 1905년에 양자역학에 대한 첫 논문을 썼고 약 10년 후에 상대성에 대한 첫 논문을 썼다. 그가 마침내 교수로서 ETH에 고용될 수 있었던 것은 상대성과 양자물리학에 관한 그의 연구를 출판한 후였다.

비록 아인슈타인이 양자역학에 대한 업적으로 마침내 노벨상을 받았음에도 불구하고, 상대성에 대한 그의 연구는 처음에는 무시되었다. 사람들은 그것은 실수라고 생각했다. 아무도 4차원의 우주를 상상할 수 없었고, 그 존재를 거부하기를 원했다. 세상은 우주에서 빛이 행동하는 방법의 실험과 관찰이 그의 이론으로부터의 전망을 증명한 후에야 아인슈타인을 믿었다.

특수상대성 이론에서 아인슈타인의 획기적인 개념 중 하나는 우주의 어느 곳에도 절대 정지(靜止)인 장소는 없다는 것이었다. 모든 것은 그 밖의 모든 것과 상대적으로 지속적인 움직임 속에 있다. 아인슈타인이 나타날 때까지, 사람들은 절대 정지되어 있는 것이 존재해야만 한다고 가정했다. 18세기에 사람들은 우주의 안개나 '에테르(ether)' 라고 불리는 끈끈한 유체가 모든 사물이 그것을 통하여 움직이는 동안 정지해 있다고 추측했다. 수백 년 동안, 사람들은 지구가 우주의 중심에 고정되어 있다는 일상적 실재인 CR 체제에 집착하였다. 그리고 얼마 후에, 사람들은 지구가 우주의 나머지와 상대적으로 움직인다는 것을 깨달았다. 여전히 사람들은 만일 지구가 고정되지 않으면, 태양계는 정지된다고 생각한다. 만약에 태양계가 고정되지 않으면, 은하계가 정지된다고 희망한다. 만일 은하계가 움직이고 있다면, 적어도 우주는 스스로 정지하고 있어야만 한다.

왜 물리학자들은 정지하는 절대적인 매체가 필요한 것인가? 만일 어떤 것이 절대 정지에 있다면, 당신은 그것과 상대적으로 다른 것의 속도를 측정할 수 있다. 만일 지구가 절대 정지에 있다면, 기차의 속도는 절대 값을 가질 수 있다. 그러면 모든 기차는 단 하나의 지구인 하나의 체제와 상대적인 속도를 가진다. 모든 사람들은 다른 모든 것을 판단하기 위해 절대적인 어떤 것을 찾는다.

그러나 실험들은 에테르가 정지하고 있지 않다는 것을 증명했다. 사실, 적어도 일상적이고 측정할 수 있는 실재에서는 에테르가 전혀 없다는 것이 판명되었다. 에테르는 모든 사람, 특히 전기와 자기장 이론을 발달시킨 맥스웰의 상상의 신물이었다.

세기가 바뀌면서, 에테르는 비일상적 실재인 NCR의 우주 마음 같은 선도자인 여신일 수도 있었다. 그러나 여신은 객관적인 사실이 아니다.

물리학자들만이 홀로 안정되고 절대적으로 고정된 것을 원하는 것은 아니었다. 우리 대부분도 비슷하게 느낀다. 우리는 흔히 어떤 것은 옳고 다른 것은 완전히 틀리다고 느낀다. 우리는 근본적인 진실이 존재해야만 한다고 느낀다. 우리 대부분은 확실하고 기본적으로 안정적인 무엇인가가 없이는 살 수 없다고 느낀다. 이것이 우리 대부분이 우리의 견해가 옳은 것이라고 종종 확신하는 이유다. 우리는 이런 견해에서 우리 자신과 모든 사람을 측정하기를 원한다. 그러나 일상적 실재인 CR에서, 심지어 내가 말하고 있는 것조차 절대적인 것은 전혀 없다. 우리가 말하는 모든 것은 많은 가능성 중 일부분이다.

길모퉁이에서 교통경찰이 측정한 속도를 생각해 보자. 그의 속도탐지기는 당신의 차가 시속 55마일로 달려야 하는 지역에서 시속 60마일로 가는 것을 측정한다. 만약에 당신이 시속 55마일로 가야 하는 지역에서 60마일로 가고 있다면, 경찰은 당신에게 속도위반 통지서를 발부할 것이다. 그러나 당신이 절대속도로 60으로 간 것이 아니라 경찰의 서 있는 속도탐지기와 상대적으로만 60이라면, 당신은 법정에서 논쟁할 수 있을 것이다. 당신은 속도가 정말로 0이었고 경찰과 세계의 나머지가 너무 빨라서 모든 것이 시속 60마일로 움직였다고 논쟁할 수도 있다. 속도를 줄여라, 세계여! 당신의 관점에서는, 당신이 세계의 나머지에게 속도위반 통지서를 주어야 한다. 이런 상황에서 당신만 오직 평범한 사람이 될 수 있을까? 그리고 당신은 과속에 대한 이러한 과학적인 평가에서 옳지 않은 것일까?

만약 당신이 법정에서 이러한 논쟁을 한다면, 판사는 아마도 당신에게 속도위반에 대한 벌금을 내게 하고, 당신의 정신이 온전한가 의심할 것이다. 판사는 지구, 별, 에테르와 같이 어떤 것은 정지되어 있고, 그것들과 상대적으로 당신의 차가 너무 빨리 달렸다고 말할 것이다. 아마 판사는 "미안하지만 지구는 움직이지 않아요. 당신이 틀렸어요."라고 말할 것이다.

만약 당신이 아인슈타인을 변호사로 고용한다면, 그는 "당신이 맞아요. 당신의 속도는 상대적이지, 절대적이지 않아요. 그 경찰과 당신은 다른 체제 안에 있어요.

즉, 다른 시간과 공간이 포함되어 있어요. 절대적인 것은 없어요."라고 말할 것이다.

속도가 의미하는 것은 무엇인가? 무엇이 속력인가? 만약 그 경찰이 알아차림과 상대성을 이해한다면, 아마도 이렇게 말할 것이다. "당신의 상대적인 속도는 사회와 일상적 실재인 CR 체제의 견해와 상대적으로 너무 빠릅니다. 당신은, 당신이 너무 빨리 가서가 아니라, 일상적 실재인 CR과 관련하여 너무 빠르기 때문에 속도위반 통지서를 받게 된 것입니다. 이 속도위반 통지서는 우리 모두가 생각해야 할 관계성 문제가 있다는 것을 말합니다. 당신은 일상적 실재인 CR에 대해서 더 알아야 할 필요가 있고, 또한 당신으로부터 더 많은 것을 들을 필요가 있을 것 같습니다." 누가 벌금을 내야 하는가 하는 질문은 당신과 세계 사이에서 협상이 이루어져야 한다.

만약 당신이 그런 경찰을 만난다면, 당신은 정말로 그 지점에서 차에서 내려 그에게 인사하고, 벌금을 납부하겠다고 하고 깨닫게 해 준 것에 대해 고맙다고 해야 할 것이다. 그런 사람은 당신에게 상대성의 기초 문제인 관계성을 깨닫게 할 것이다. 그 경찰은 당신에게 틀린 (또는 옳은) 것의 절대 척도뿐만 아니라, 더 엄청난 주위 관계의 의식에 대해 필요한 것을 일깨워 주고 있다.

상대성 질문들은 모두 무엇이 평범하고, 무엇이 건강하고, 무엇이 너무 빠르고, 누가 가장 잘생겼는지에 대해 절대적인 것처럼 들리는 기초 공식이다. 일상생활의 많은 것이 일방적이고 절대적인 가치의 환상으로 확고한 일상적 실재인 CR 평가에 기초한다. 어떻게 우리는 당신의 체온, 기분, 혈압, 머리카락, 얼굴과 피부색, 당신의 사이즈가 정상이 아니라는 것을 알 수 있을까? 어떻게 우리는 모든 사람과 모든 것이 정상이라는 것을 알 수 있을까? 누가 어느 것에 대한 절대적 측정인가?

아인슈타인의 상대성 이론은 우리의 대부분과 같이 그를 둘러싼 세계가 시간과 공간이 절대적이기를 원했고 정지, 안정, 확실한 무언가를 희망했기 때문에, 처음에는 받아들여지지 않았다. 사람들은 그 밖의 모든 것이 측정될 수 있는 기준을 희망했다. 하지만 유감스럽게, 어떠한 문화적이거나 개인적인 일상적 실재인 CR도 절대적이지 못하고, 어느 하나의 실재도 다른 것에 대한 절대적인 판단으로 사용될 수 없다. 오직 관계성이 있을 뿐이고, 이 체제들 사이의 관계성을 아인슈타인이 발견한 것이다.

주 석

1) 내가 여기에서 줄 수 있는 것보다 상대성의 물리학에 대한 세부사항들의 더 넓은 배경지식을 원하는 사람을 위해 아래에 있는 책들을 추천한다.
   로버트 오셔만(Robert Osserman)의 『우주의 시(*Poetry of the Universe*)』는 수학자의 관점에 의해 쓰여졌다. 만약 당신이 과학에 관심이 있다면, 이것은 시적이고 읽기 쉽다. 이 책은 어떻게 기하학이 발생했고, 일상생활과 기하학의 관련성에 대해 우리가 이해할 수 있도록 도와준다.
   알베르트 아인슈타인의 『상대성(*Relativity*)』은 내가 가장 좋아하는 책이지만, 만약 당신이 과학을 많이 공부하지 않았다면 어려울 수도 있을 것이다. 이 책은 최소량의 수학을 포함한다. 만약 당신이 이 특별한 사람의 진정한 생각을 읽기 원한다면, 바로 이 책을 읽어라.
   로저 펜로즈(Roger Penrose)의 『황제의 새로운 마음(*The Emperor' s New Mind*)』은 수학이 부담되지 않는 사람들을 위한 책이다. 펜로즈는 심리학과 물리학 사이의 관련성에 대해 역시 홍미를 가진 수리 물리학자다.
   래리 고니크(Larry Gonick)와 아트 휴프만(Art Huffman)의 『만화로 안내하는 물리학(*The Cartoon Guide to Physics*)』은 쉽고 재미있다. 당신이 할 일이 없을 때, 이 책을 꺼내서 물리학을 공부하고 웃어라.
2) 나는 『당신 자신에 대한 작업(*Working on Yourself Alone*)』과 『도시의 그림자(*City Shadows*)』의 모든 상태에서 의식의 심각한 변형상태와 존재하는 깨달음의 증거를 논의한다.

제21장
질병의 끝

…… 특수상대성 이론은 전기역학과 광학으로부터 성장했다.

– 아인슈타인(Einstein), 『상대성(*Relativity*)』에서–

이 장에서 우리는 아인슈타인이 어떻게 특수상대성 이론을 개발하였는지를 찾아보고, 전기 이론과 자기 이론에서 이 이론이 해결한 역설을 탐구할 것이다. 그리고 우리는 어떻게 상대성 이론이 정신질환과 신체질환에서 유사한 문제를 해결할 수 있는지 알게 될 것이다.

특수상대성 이론은 땅과 상대적으로 일정한 속도로 움직이는 기차에 앉아 있는 당신에게 적용되는 물리학의 법칙이, 땅에 가만히 앉아 정지하고 있는 당신에게도 똑같이 적용되어야 한다고 말한다.

"그것은 당연한 것 아닌가?" 하고 당신 스스로에게 말할 수도 있다. 그것은 당연하기도 하고, 당연하지 않기도 하다. 만약 당신이 기차 안에 있는 동안 공을 튀긴다면, 이 공은 올라갔다가 내려간다. 그러나 지상에서 창을 통해 위아래로 움직이고 있는 공을 보고, 또 기차가 움직이고 있는 것을 보고 있는 사람에게는 공의 움직임이 단순히 위아래로만 움직이는 것이 결코 아니다. 땅에서 움직이지 않고 서 있는 관찰자에게는 공이 위아래로 움직일 뿐만 아니라 앞으로도 움직이고 있다. 땅에 있는 사람에게 공의 움직이는 경로는 [그림 21-1]의 아래 그림과 같을 것이다.

기차의 체제 내에서 위아래로 움직이는 것처럼 보이는 공은……

… 기차가 지나가는 땅 위에 서 있는 사람에게
위아래 그리고 옆으로 움직이는 것 같이 보인다.

[그림 21-1] 두 관점에서 튀겨지는 공

만약 공이 위아래로 튀겨지고 있는 방법을 지배하는 법칙이 모든 체제에서 똑같이 존재한다면, 이 법칙은 공의 방향에 대한 명백한 차이를 보완해야만 한다.

일반적으로, 많은 사람들이 같은 것(그것이 무엇이든)을 본다면, 무엇이든지 간에 그것에 대하여 우리가 말하는 것은 '나의 견해인 나의 체제로부터' 온 것으로 형성되어야만 한다. 예를 들어, 응용 심리학에서 상대성은 "무의식은 이해할 수도 없고 알 수도 없다."는 말 대신에 "내가 서구적인 일상적 실재인 CR 구조 안에 있는 한, 무의식은 이해할 수 없는 것이다."라고 말할 필요가 있다는 것을 의미한다. 한 상대주의적 초자연치료사는 "무의식은 의식의 변형상태 관점으로 이해할 수 없는 것이 아니다."라고 말해야만 할 것이다. 도인(道人)이라면 자신의 비이원적인 견해로는, 무의식 같은 것은 없다고 말할 수도 있다. 무의식에 대한 이러한 모든 언급은 그들이 상대주의일 때만 옳다. 왜냐하면 그들의 정확성은 주어진 체제에 의존하기 때문이다. 그 체제의 출처에 대한 증명 없이 마치 '사실' 인 것처럼 서술한다면, 어떠한 관점도 완벽하게 옳지 않다. 상대성의 원리는 심리학과 물리학 내에서 다른 체제에 의한 견해 차이를 해결하는 데 필요하다.

❖ 자기(磁氣)와 전기(電氣)

아인슈타인은 전기와 자기에서의 기본 문제를 해결하기 위해 상대성을 이용했다. 빗을 생각해 보자. 당신의 머리카락을 빗으로 빗는다면, 전기가 발생할 것이고, 만약 이 빗을 머리카락 근처에 다시 놓는다면, 빗은 머리로부터 머리카락을 당긴다. 머리카락과 빗 사이에 전하(電荷)의 차이가 빗으로 머리카락을 끌어당긴다. 아무도 이것이 무엇인지 정확하게 몰라도, 전하는 한 점에서 문자 q로 도식적으로 나타낼 수 있다. 두 개의 양전하 또는 두 개의 음전하는 서로 밀어내는 반면, 하나의 양전하

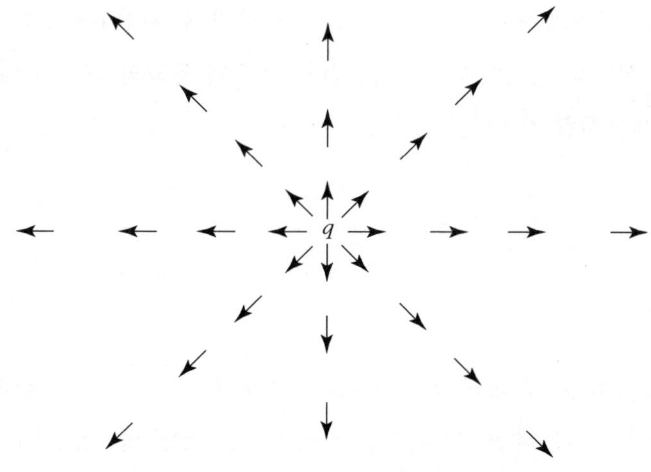

[그림 21-2] 전하 q 주위의 전기력 장

와 음전하는 서로 끌어당긴다. 전하는 그 주변의 물체에 영향을 준다. 전하는 자신 주변에 힘의 장(場)을 가지고 있으며, 다른 전하를 끌어당기거나 밀어낸다. 물리학에서, 전하 주변의 장은 [그림 21-2]처럼 도형으로 표현될 수 있다.

장 중심의 전하 q는 화살표 모양 ← 또는 → 에 의해 표현되는 장을 만들어 낸다. 중심 근처에는 더 많은 화살표가 있고 중심에서 더 멀어질수록 적어진다. 이것은 더 강한 전기력이, 멀어서 더 적은 화살표가 있는 곳보다, q 가까이에 있는 다른 전하에 영향을 주는 것을 나타낸다. 다른 전하에 대한 인력과 척력인 밀고 당기는 힘은 먼 곳보다 중심 근처에서 더 크다. 중심에서 더 멀수록 자기장의 '힘의 선(線)' 은 더 약하게 된다.

그래서 빗을 머리카락으로부터 점점 더 멀리함에 따라, 빗 주위의 장은 더 약해진다. 즉, 당신의 머리카락을 움직이는 힘이 더 적어진다.

비록 아무도 정확히 알지는 못하지만, 나는 마치 우리가 전기장이 무엇인지 아는 것처럼 말하고 있다. 무엇이 거리를 두고 떨어져서 공기를 통해 지나가고 있는가? 그것은 어떻게 하는 것인가? 그리고 왜 그것은 더욱더 약해지는가? 이것은 마술인가? 이 시점에서 더 질문을 하지 않고, 물리학은 단순히 장이 존재한다고 가정하고, 장이 물체에 대해 만드는 힘으로 측정할 수 있다고 가정한다. 물리학은 많은 도식, 이론, '장' 과 같은 추상적인 개념을 사용한다. 왜냐하면 그런 도식은, 마치 얼마만큼 떨어져 있는 거리의 빗으로부터 당신의 머리카락에 나타나는 힘의 양과 같은, 측정할 수 있는 결과를 만들어 내기 때문이다. 나중에 우리의 연구 여행에서, 우리는 이 이론들을 개선시킬 것이다.

❖ 자기

자, 이제 자석(磁石)에 대해 생각해 보자. 만약 종이 한 장 위에 금속가루를 놓고 그 아래에 자석을 놓는다면, 그 자석은 금속가루를 어떤 형태로 만들어 낸다. 자석은 스스로의 장을 갖고 있는데, 그 장은 자석 주위로 작은 금속가루를 어떻게 당기느냐에 따라 모양이 나타난다.

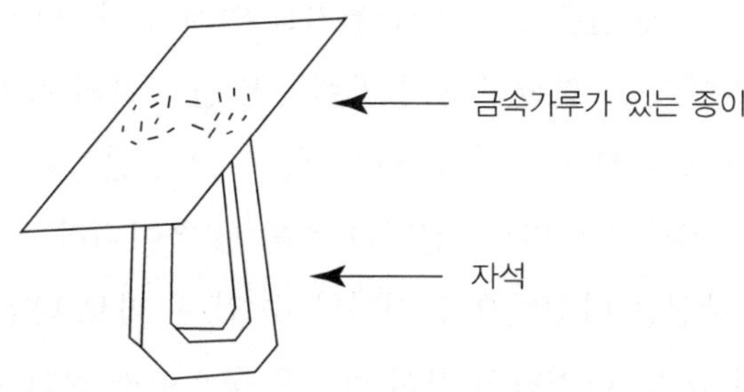

[그림 21-3] 자석은 종이 위에서 금속가루의 모양을 만든다

1890년대까지, 사람들은 자석의 장에 의해 만들어진 힘과 전하에 의해 만들어진 힘이 독립적이라고 생각했다. 그런데 물리학자들은 자기장의 중앙에 금속 철사(鐵絲)를 놓고 그 철사를 자석 주위로 움직여서, 자기와 전기의 두 힘이 연관되어 있다는 것을 발견했다. 자기장의 중앙에 있는 철사를 움직일 때, 그들은 전기가 철사(전선)를 따라 흐른다는 것을 발견했다. 그들은 우리의 세계를 변화시켰던 전기를 생성하는 방법을 발견했던 것이다.

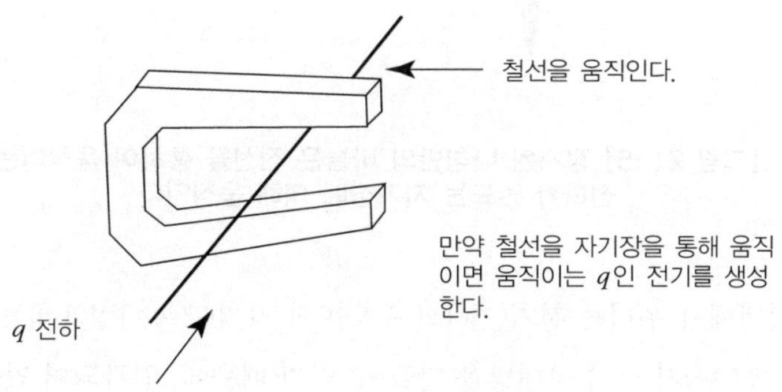

[그림 21-4] 전기의 발생

자기장을 통한 전선의 움직임은 바로 수력 발전기가 작동하는 원리다. 만약 그 전선을 바퀴에 감고, 그리고 물이 자석의 주위에 있는 그 바퀴를 돌린다면, 그 전선은 자기장 안에서 움직이고, 당신은 전선에서 전기를 얻게 된다. 만일 당신의 자동차 엔진이 차 안의 발전기에 있는 전선의 둥근 바퀴를 발전기 안의 자석 주위로 움직이면, 당신은 전조등을 켜고 다른 전기장치를 사용할 수 있는 전기를 얻게 된다.

전선을 통해 흐르는 전하가 있다면, 전기가 흐를 뿐만 아니라, 전선 주변에서 자기장을 만들어 낸다. 당신은 나침반으로 검사할 수 있다. 바로 나침반이 지구의 자기장에 반응하는 것과 같이, 나침반의 자석 바늘은 움직이는 전선에 의해 만들어진 자기장에 반응할 것이다.

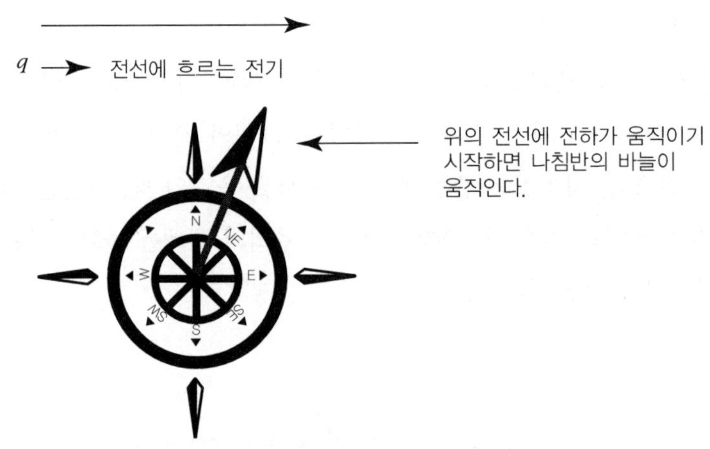

[그림 21-5] 정지된 나침반의 바늘은 전선을 통하여 움직이는 전하가 만드는 자기장에 의해 움직인다

이러한 실험에서 우리는 전기(전하의 움직임)와 자기(금속 나침반 바늘과 금속가루를 움직이는 데 필요한)가 각각 상대방을 만들 수 있기 때문에, 연관되어 있어야 한다. 움직이는 전하는 자기장을 만들고 움직이는 자기장은 전류를 생성한다.

맥스웰(Clerk Maxwell)은 이러한 전기와 자기 사이의 연관성을 발견했고, 1800년대 중후반에 전기와 자기의 법칙을 발달시켰다. 이 법칙을 오늘날 맥스웰의 법칙이라고 한다.

자기가 어떻게 전기를 만들고, 전기가 어떻게 자기를 만드는지 기억한다면, 당신은 다음과 같은 재미있는 '논리(論理)' 실험을 즐길 수 있을 것이다.

내가 손에 나침반을 들고 땅 위에 서 있고, 공기 중에서 옆으로 지나가는 전하를 알아챘다고 가정해 보자. 나는 움직이는 전하가 자기장을 만든다는 것을 알기 때문에, 내가 땅에 서 있어도, 나의 나침반 바늘이 급격히 위치를 바꿀 것이라고 기대하는 것은 당연하다. 그리고 그렇게 된다.

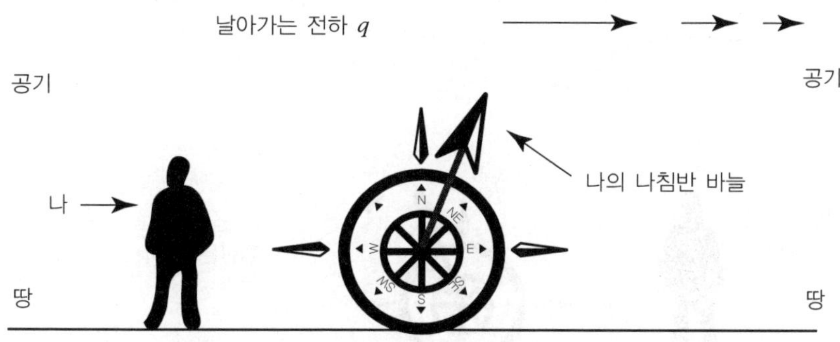

[그림 21-6] 전하가 지나가면 나의 나침반은 자력을 알아차린다

그러나 만일 당신이 나처럼 땅에 고정되어 있지 않고, 전하를 따라 공중으로 날 수 있다면, 무슨 일이 일어날까? 당신의 위치와 상대적으로, 그 전하는 여전히 정지하고 있다. 왜냐하면 당신과 전하는 둘 다 같은 속도로 여행하기 때문이다. 그래서 만약 당신이 가지고 있는 나침반을 본다면, 당신은 무엇을 볼 수 있을까? 그 나침반은 공중에서 당신과 함께 날고 있는 전하 때문에 움직일까?

그 전하는 당신과 상대적으로는 움직이지 않기 때문에, 당신의 나침반에는 아무 일도 일어나지 않는다. 따라서 그 전하는 나침반에는 자기장을 만들어 내지 않지만, 움직이는 전하는 (땅에 서 있는) 나의 나침반에는 자기장을 만든다. 나는 당신과 당신의 전하가 빠르게 지나가는 것을 보면서 땅 위에 서 있기 때문에, 나에 관한 한, 그 전하는 나와 상대적으로 움직이며, 자기장을 만든다. 나의 나침반 바늘은 이것을 감

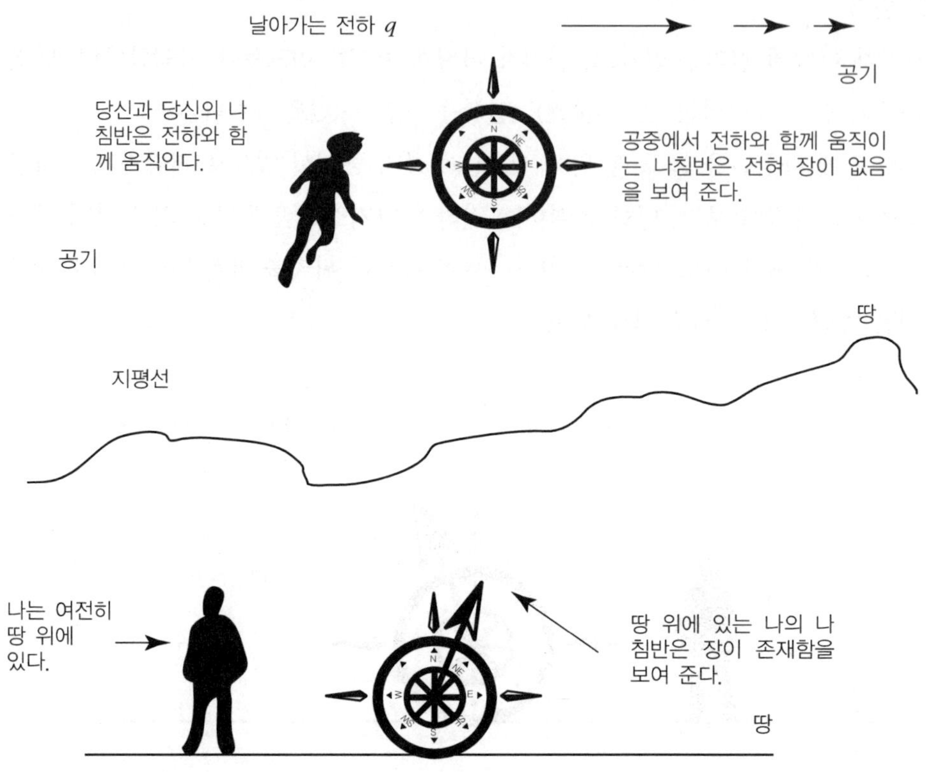

[그림 21-7] 당신이 전하와 함께 날아간다면 당신의 나침반 바늘은 아무것도 감지하지 못하지만, 땅 위의 나의 나침반은 자기장을 감지한다

지하고 움직인다.

따라서, 당신이 나한테 "이봐, 아니(Arny) 나의 나침반에 의하면 여기에는 자기장이 없어요."라고 말할 때, 나는 "아냐, 공중에 있는 나의 친구야, 당신이 틀렸어, 나의 나침반에 의하면 여기에는 자기장이 있어."라고 대답한다면 우리 둘 사이에는 관계성 문제가 있는 것이다. 당신은 내 나침반이 고장이라고 말하고, 나는 당신의 나침반이 아무런 자기장도 보여 주지 않기 때문에 고장이라고 말한다. 이것은 단지 지각의 문제인가? 아니다. 만약 당신이 아래를 보고 내 나침반의 바늘을 볼 수 있다면, 당신은 바늘이 움직이는 것을 볼 수 있을 것이고, 만약에 내가 위로 올려 보고 당신의 나침반 바늘을 볼 수 있다면, 나는 바늘이 움직이지 않는다는 것을 볼 수 있을 것이다.

만약에 물리학의 법칙이 모든 분야와 체제에서 동일하다면, 우리 둘 모두 옳은 것이 틀림없다. 그러나 당신이 그런 측정을 할 수 없다면, 나는 주어진 움직이는 전하로, 어떻게 주어진 영역에서 자기장과 같이 근본적인 것을 측정할 수 있을까?

이것은 맥스웰이 자신의 방정식을 던져 버리려고 한 핵심 문제였으며, 그의 방정식은 하나의 체제에서 전기와 자기를 동시에 묘사했다. 그는 자기와 전기가 연관되어 있다는 것을 알았지만, 두 나침반이 서로 다른 측정을 나타내는 것과 같은 난관을 해결할 수 없었다. 그의 결과는 모순이며 딜레마다.

그 후 아인슈타인이 따라와서 "진정해, 모든 것은 잘 될 거야. 나는 상대성 원리로 그 수수께끼를 풀 수 있어."라고 말했다. 아인슈타인은 전기와 자기가 시공간의 체제로부터 독립적으로 묘사할 수 없다는 것을 보여 주었다. 공간, 시간, 물질(전기와 자기를 포함하는)은 모두 상호의존적이다. 아인슈타인의 상대성 원리가 나오기 전에, 사람들은 자연의 힘이 공간과 시간에 대해 독립적이고, 그 힘은 관찰자의 체제와는 아무런 관계가 없다고 생각했다. 그러나 아인슈타인은 이렇게 말했다. "나는 당신의 속도가 어떻게 상대적인 속도로 바뀌는지, 시공간이 어떻게 상대적인 시공간으로 바뀌는지 (즉, 주어진 체제에서 상대적인) 수학적으로 보여 주겠네. 그리고 마지막으로, 나는 서로 다른 체제에서 결과가 어떻게 연관되는지를 보여 주겠네. 그렇게 되면, 친애하는 맥스웰, 당신의 법칙은 어디에서나 유효할 것이네."

아인슈타인이 발견한 것과 우리가 나침반으로 한 위의 실험에서 추측할 수 있는 것은, 자기와 같은 힘은 관찰자 및 관찰자의 측정 도구와 상대적으로 물체의 속력에 의존한다는 것이다. 결과는 관찰자의 체제에 의존한다. 자연의 힘은 우리의 관찰 체제, 즉 우리가 사물을 관찰하는 세계의 시공간에 모두 연결되어 있다.

❖ 병리적 현상은 상대적이다

우리는, 부분적으로 물리학의 내용이 우리의 개인적인 삶을 풍요롭게 하는 잠재성을 가지고 있기 때문에 물리학을 탐구하는 중이다. 이제 잠시 자기와 전기의 문제에 대한 심리적 유사성을 생각해 보자. 땅에서 전하를 지켜보는 사람이, '와, 저것이 바로 자기적 상황이네' 라고 생각할 때, 어떤 전자와 함께 움직이면서 작용하는 힘이 없다고 느끼는 사람의 심리적 동등함은 무엇일까?

당신은 의식의 변형상태 경험에서 해답을 알 수 있을 것이다. 공중에 날고 있는 사람은 변형상태와 같은 무언가에 있다. 변형상태에 있는 누군가를 상상해 보고, 그리고 자신을 신이라고 생각하는 누군가를 상상해 보자. 우리들은 단지 그 사람이 전하처럼 높이 날고 있고, 그리고 정상이라고 좀 더 깊이 상상해 보자. 이상한 일은 일어나지 않는다. 단순히 그 사람은 신이다.

만약 당신이 그 사람의 상태 속으로 들어가서 그 과정을 통해 함께 날 수 있다면, 당신은 그 사람이 신이라고 느끼는 이유를 이해하기 시작할 수도 있으며, 그녀의 상태에 관한 한 그 사람을 신이라고 생각한다. 사실, 당신이 그 사람의 세계 안에서 그 사람과 함께 진실하게 움직일 때, 평범한 세상은 이상하고 지루하게 보이고, 땅 위의 사람들이 이상하게 보이는 반면, 그 사람은 아주 좋아 보인다.

만약 당신이 그 사람과 함께 움직일 수 없다면, 당신은 그 사람의 나침반이 꺼졌다고 생각하고, 그 사람은 길을 잃고 주변에서 혼란을 일으키는 것을 알아채지 못한다고 느낀다. 당신은 심지어 그 사람을 정신병자라고 부를 수도 있다. 당신의 마음 체제에 있는 당신과 같은 다른 사람들도 역시 그 사람이 이상하다고 생각한다. 그러나 그 사람은 자신이 정상이고 당신과 당신의 친구들이 바보라고 느낀다.

❖ 질병의 끝

이제 당신과 당신 신체에 대해 완전히 내면적인 다른 예에 대해 생각해 보자. 피곤하게 느껴지는 것이 어떤 것인지 기억해라. 만약 당신이 그 피곤함에 대한 자신의 내부 경험과 함께 움직인다면, 만약 당신이 경험 안으로 들어서서 자신에게 깊게 들어간다면, 당신은 갑자기 피곤함 대신에 평안함을 느낄 수도 있다. 만약에 당신이 자신의 경험과 함께 들어가지 않는다면, 만약 당신과 당신의 신체가 서로 다른 체제에 있다면, 나침반처럼 당신의 신체는 끌려 다니는 것 같고, 무겁고 피곤하게 느껴진다. 당신은 문제가 있는 것을 느끼고 잠을 더 자거나, 아마도 커피를 더 마시는 것과 같은 해결책을 찾는다.

당신이 일상적 실재인 CR에 머물러 당신의 과정 흐름과 함께 움직이지 않는 한, 피로의 힘이 당신에게 작용하는 것처럼 보인다. 그러나 만일 당신의 가라앉은 '실재' 지향을 그냥 보낸다면, 만일 당신의 신체 과정과 함께 날 수 있다면, 당신은 자신의 본질과 함께 흐르고 아무런 저항도 느낄 수 없다. 사실, 모든 것은 완전하다.

첫 번째 상태에서, 당신의 '나침반', 즉 당신 내면의 신체 모니터는 당신이 비정상적인 증상을 가졌고, 미쳤고 아프다고 말해 준다. 두 번째 상태에서, 당신의 모니터는 평화롭고, 당신은 도(道) 안에 있고 모든 것이 좋다고 느낀다. 첫 번째 상태에서 당신은 일상적 실재인 CR에서 당신의 위치를 유지한다. 두 번째 상태에서 당신은 꿈꾸면서 흐른다. 다시 말해, 당신이 자신의 신체를 어떻게 경험하는가는 자신의 증거 체제에 달려 있다.

많은 상대성 효과들이 병원에서 발생한다. 어느 날 당신은 자동차 사고 후에, 당신의 신체 위의 허공을 떠다니는 동안, 어떠한 문제도 없다는 것을 느끼면서, 수술대 위에 누워 있는 자신의 몸을 발견할지도 모른다. 그러면서 당신은 의사와 간호사가 아래에서 "이 사람이 죽어 가고 있어요, 그녀를 살려야 해요."라고 다급하게 말하는 것을 볼 수 있다. 당신의 체제에서는, 그들은 당황하여 시간을 낭비하고 있는 것이다. 당신은 당신의 육체이탈 여행이 끝나자마자 바로 돌아올 것이라는 것을 알고 있다.

다시 말하면, 당신이 아프든지 미쳤든지, 심지어 죽어 가는지 아닌지는 상대성의 문제다. 증상을 갖는 것은 당신 의식의 상태 문제다. 한 관점에서 병으로 나타나는 것이 다른 관점에서는 병이 아니다.

심지어 고통의 경험은 당신의 의식 체제에 의존한다. 하나의 상태에서 당신의 과정이 고통을 야기하는 반면, 고통을 견딜 수 있을 때 또 다른 과정에서는 고통을 일으킬 힘이 전혀 없을지도 모른다. 대신에, 당신은 창조적이고 에너지의 충만함을 느낀다.

이것은 모두 체제의 상대성에 대한 것이다. 하나의 체제 안에는 자기장이 있고, 또 다른 체제에서는 자기장이 없다. 이 두 가지 의견이 모두 옳다. 둘 중 어느 하나의 견해도 유일한 진실이 아니다. 한 견해가 옳다고 가정하지 마라. 하나의 실재를 사실이라고 하고 다른 것은 사실이 아니라고 확신하지 마라.

'정신적 질병'이나 '신체적 질병'과 같은 심리적인 증상은 오직 일상적 실재인 CR의 관점으로만 존재한다. 꿈꾸기에서, 그리고 당신의 과정을 따르는 중간에서는, 모두 건강하고 잘 지낼 수 있다.

다시 말해, 질병은 절대적으로 실제가 아니다. 질병은 몸무게, 크기, 체온 등의 요소 개념으로 정상적인 신체를 정의하는 일상적 실재인 CR 관점으로만 장애로 여겨진다. 비일상적 실재인 NCR의 관점에서 증상은 숲 속의 길처럼 당신이 따라 갈 수 있는 과정이다.

피부병이나 알레르기, 두통과 같은 몇몇 만성 증상은, 단지 일상적 실재인 CR 관점에서의 증상이기 때문에 치료될 수 없다. 그러나 당신 의식의 변형상태의 관점에 따르면, 이러한 증상들은 전혀 존재하지 않는다. 과학의 엄청난 발전에도 불구하고, 오직 일상적 실재인 CR의 관점만 유지하는 한, 많은 육체적인 질병들은 절대 '치료되지' 않을 것이다. 이것은 우리가 여전히 왜 흔한 감기를 고치지 못하는지, 왜 사람들은 나이를 먹고 죽는지, 왜 우리는 천식을 제거할 수 없는지의 이유가 될 것이다. 다른 체제에서 우리는 감기에 걸리지 않는다. 우리는 단지 눈물을 많이 흘리고, 코에서 콧물을 흘리면서, 침대에서 잠드는 내부로 들어가는 과정을 겪는 것이다. 마찬가지로, 또 다른 관점에서 우리는 단지 늙고 죽는 것이 아니라 인간 형태 이외의 다른 것으로 변형하는 것이다.

만일 아인슈타인이 여기에 지금 있다면, 그는 아마 이렇게 말할 것이다. "그래요, 신체적인 질병은 단지 증명할 수 있는 한 증거 체제 안에서만 존재하고, 다른 체제에서는 존재하지 않아요." 하나의 체제에서 당신이 경험을 따르고 결레화하는 변형상태의 체제로 들어온다면, 질병은 존재하지 않는다. 그곳에서는 단지 함께 움직이는 과정만 있다. 꿈꾸기에서, 당신의 꿈, '온도계' '나침반' 모든 다른 것이 건강을 측정한다. 상대성은 우리가 질병과 건강에 대해서 어떻게 생각하는지에 대한 패러다임 변화에 대한 힌트를 준다.

치유 또한 절대적인 의미는 없으며, 상대적이다. 당신은 실재에서 치유될 수 있고, 꿈에서 아픈 것으로 보일 수도 있다. 비슷하게, 당신은 꿈에서 치유될 수 있지만, 일상적 실재인 CR에서 증상을 가지게 될 수 있다.

여기에서 당신은 다음과 같이 생각할 수도 있다. "자, 아니(Arny), 만약 당신이 부러진 다리에 깁스를 하면 괜찮아지겠지. 또는 만약 당신이 흥분한 상태의 누군가에게 약을 준다면, 그들은 진정하거나 또는 적어도 기분이 좋아져 조용해질 거야. 누가 상대성을 필요로 하지?"

나의 대답은 부러진 다리를 치료하는 데는 깁스를 하면 도움이 될 것이지만, 그러나 당신은 그 이전에 다리를 부러지게 한 힘을 다루지 못했다. 꿈에 관한 한, 이러한 힘은 문제일 수도 있으며, 제대로 처리되지 못한다면, 다른 부분이 부러질 수 있다.

당신은 지나치게 활동적인 아이에게 온순하도록 약을 줄 수도 있다. 우리는 아스피린으로 두통을 가라앉게 할 수 있다. 많은 사람들이 그들의 증상을 억눌러서 일상적 실재인 CR 안에서 더 안락함을 느낀다. 그러나 우리는 어떠한 체제의 어떠한 관찰자가 극도로 활동적이고, 아프거나 부러진 것으로 신체를 설명하는지를 알아차리도록 여전히 주의해야 한다. 그런 용어들은, 우리가 자신을 육체적인 신체로, 개인, 부모, 의사, 학교 체제로 동일시하는 일상적 실재에만 사용할 수 있다.

일상적 실재인 CR은 중요한 실재다. 그러나 그것이 유일한 것은 아니다. 그리고 이것은 증상과 다른 사건에 관한 한, 중요한 것이 아닐 수도 있다. 그것이 일상적 실재 CR의 치료를 위한 석고붕대와 약을 제거했을 때, 문제의 비일상적 실재인 NCR 기원이 여전히 존재하는 이유다. 꿈꾸기의 관점에서, 일상적 실재인 CR은 일방적이다. 그 일상적 실재인 CR의 절대성은 틀렸거나 환상이다. 우리는 심지어 꿈꾸기의 관점에서, 일방성은 위험하고 병든 태도라고 말할 수도 있다. 몇 세기 동안 심리상담 치료사들은 아픈 증상을 '치유하기' 위해서뿐만 아니라 일상적 실재인 CR의 일방성을 '치유하는' 것도 포함하며 '아픈' 사람들을 도와주기 위해 스스로를 꿈꾸기에 몰두시켰다. 내담자에게 상대성을 일깨워 줌으로써 전통적인 초자연치료사들은 일방성을 치유한다.

전체론적인 치유는 일상적 실재인 CR 과정과의 증상을 다룰 뿐만 아니라, 꿈꾸기 과정과 증상의 진행 과정을 통해 일상적 실재인 CR에서 일어난다. 예를 들어, 만약 당신에게 두통이 있어, 마치 망치가 당신을 치고 있는 것처럼 느껴진다면, 아스피린을 먹을 뿐만 아니라 망치 치기로 들어가라. 상대성에 의해 힌트를 받은 패러다임의 변화에서, 우리는 일상적 실재인 CR과 비일상적 실재인 NCR 두 체제 모두의 관점으로부터의 증상을 다룰 필요가 있다.

병은 전기와 자기와 같다. 그들은 하나의 체제에서는 나타나지만 다른 체제에서는 나타나지 않는다. 자기장처럼 고통은 부분적으로 꿈꾸기 체제에 대한 관계성의 결핍 때문에 우리를 귀찮게 한다. 만약 당신이 아프다면, 당신 자신을 가능하면 편안하게 하고, 일상적 실재인 CR 관점에서 당신의 증상을 치료하며, 그리고 꿈을 꿀 수 있는 자신의 몸을 축하하고, 당신의 일상적 실재인 CR의 마음을 떠나서 신체 과정으로 들어가라고 추천한다. 그러면 당신은 일상적 실재인 CR 안에서 아픈 것뿐만 아니라, 꿈꾸는 강한 사람이라는 것을 알게 된다. 이런 방법으로 당신은 병을 끝낼 수 있다.

제22장
형태변형과 초공간

"꿈꾸기의 세 번째 관문은 잠에 빠져 있는 그 누군가를 응시하는 자신을 발견할 때 도달하게 된다. 그리고 그 잠에 빠져 있는 누군가는 바로 당신이라는 것을 깨닫는다."라고 돈 후안(Don Juan)이 말했다.

–카를로스 카스타네다(Carlos Castaneda)의
『꿈꾸기의 예술(*The Art of Dreaming*)』에서 돈 후안(Don Juan)–

아인슈타인의 상대성 이론의 핵심에는 한 체제에서의 사건을 다른 체제에서의 사건으로 변환하는 패턴이 있다. 여기서 우리는 이러한 '형태변형(shape-shifting)', 즉 실재 사이로 이동하는 주술적 방법에 대한 인류학적 용어인 변환 패턴의 심리학적 유사성에 대해 연구를 시작할 것이다.

형태변형은 의식 상태와 정체성의 변화를 의미한다. 형태변형의 몇몇은 상담 및 치료에서 심리적인 문제의 해결에 항상 포함되어 있다. 당신의 개인적인 성장은, 한 번에 하나씩, 다양한 세계를 살거나, 다른 관점들을 통하여 같은 것을 보거나, 어떤 한 체제나 의식 상태에서 다른 체제나 의식 상태로 움직이는 것이 가능한가에 달려 있다. 예를 들어, 한 세계에서 당신은 시간이 앞으로 흐르는 일상적 실재인 CR에 있지만, 또 다른 세계에서는 시간이 느리거나 거꾸로 흐르고, 심지어는 멈춰진 또 다른 종류의 삶을 즐길 수도 있다.

'형태변형' 을 하는 몇 가지 특별한 방법을 함께 탐구해 보자. 체제 간 변환의 세부사항을 이해하기 위해, 나는 체제, 차원, 공간, 초공간(超空間, 4차원 이상의 공간)과 같은 특별한 용어의 의미가 무엇인지 밝힐 것이다. 우리는 수학을 통해서뿐만 아니라 초자연치료적, 심리적인 영역을 통해서도 함께 접근해 볼 것이다.

❖ 다른 체제들

아인슈타인은 어떻게 한 의식 상태에서 다른 의식 상태로 초자연치료적 전환이 이루어지는지 묻지 않았지만, 한 물리적 체제에서 만들어진 관찰이 다른 체제에서의 관찰과 어떻게 연결되는지 물었다. 심지어 어린아이로서, 아인슈타인은 스스로에게 놀라운 질문을 했다. 그는 자신이 광속으로 여행하고 있다면 거울에서 자신을 볼 수 있는지에 대해 곰곰이 생각했다. 자신이 지구에 존재하고 있다면, 거울 속에서 자신을 볼 수 있다고 그는 생각했다. 거울에 자신의 얼굴을 반사하고 거울상을 다시 자신에게 가져오는 빛은 c라고 하는 일정한 속도로 움직이는 바로 그 빛이다. 그러나 만약 내가 광속 c로 움직인다면, 내 자신의 모습을 볼 수 있을까? 그럴 때 거울에서 나 자신을 보려면, 나 자신을 보기 위한 빛은 더 이상 나를 따라올 수 없기 때문에, 어떠한 특별한 일이 발생해야만 한다. 거울에서 광속으로 움직이는 나 자신을 보기 위해서는, 뭔가 공간과 시간을 구부리는 이상한 일이 일어나야만 한다. 그렇다. 오늘날 우리는 아인슈타인의 의구심이 옳다는 것을 알고 있다.

앞의 21장에서 물리학의 서로 다른 물리적 체제들에 대한 논의를 기억하는가? 한 체제에서 땅에 서 있는 사람과 다른 체제에서 기차 안에 있는 사람을 기억해 보자. 서로 다른 두 체제의 또 다른 예는 입자가속기에서 발생하는 사건을 관찰하는 두 가지의 다른 견해다. 입자를 가속하는 2마일 길이의 긴 관을 상상해 보자. 입자가속기는 원 모양으로 구부러져 있다. 친절한 물리학자들은 입자가속기를 사용하여 한 입자를 가속시키고, 그 입자를 다른 입자에 충돌시켜서 입자들이 무엇으로 구성되어 있는지 알아내려고 한다. 만일 당신이 가속기 한쪽 끝에 입자를 넣는다면, 당신은 입자가 광속의 2/3에 도달할 때까지 가속기 내의 원형 관을 움직이도록 가속할 수 있다.

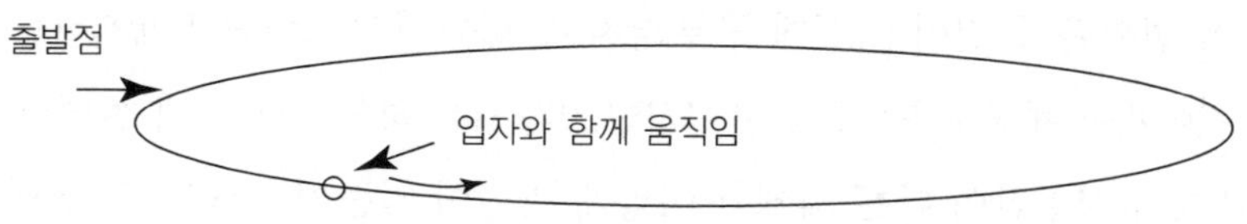

[그림 22-1] 입자가속기(2마일 길이의 원형 관)

가속기 관이 시작하는 장소에 서 있으면, 당신은 '정지된' 체제에 있다. 그 체제에서 당신은 거의 무게가 없는 입자를 측정할 수 있다. 가속기가 입자를 가속시킬 때, 짧은 시간 동안 약 2마일을 여행한 후, 땅 위 당신의 체제에서 측정했을 때 그 입자는 시작했던 때의 약 2배의 무게를 보인다. 당신의 관점으로 보면, 입자는 2마일을 여행한 후 많은 무게를 얻었다. 당신의 관점으로 입자는 2마일을 간 것이다.

이제 체제를 바꾸어, 기차로 여행했던 것처럼 입자와 여행을 해 보자. 입자가 자체의 관점으로부터, 자체의 체제에서 얼마나 멀리 갔다고 생각하는가? 겨우 2~3인치다. 입자의 관점(즉, 입자의 속도로 함께 여행한 사람의 관점)에서는 사물이 상대적으로 조용하다. 사실, 마치 입자는 몇 인치만 움직였으며 무게를 증가시키지 못한 것처럼 보인다. 입자는 확실히 2마일을 가지 못했다.

비록 아인슈타인이 입자의 속도로 아주 빨리 이동할 때 무슨 일이 일어나는지에 대해 곰곰이 생각했을 때 겨우 아이였지만, 그는 옳았다. 당신이 광속에 가까워지면 특이한 일들이 공간과 시간에서 일어난다. 오늘날 우리는 만일 당신이 일정한 속도로 입자와 함께 날 수 있다면, 당신은 입자를 더 잘 이해하고, 입자의 관점으로 당신과 입자가 같은 무게와 크기를 유지할 동안 입자 주위의 세계가 수축하는 것을 볼 수 있다는 것을 안다. 땅에 있는 사람 입장에서는 당신이 속해 있는 세계는 변화가 없고, 단지 입자만이 변화한다. 그러나 만일 당신이 입자와 함께 이동한다면, 당신과 입자를 제외한 외부 세계는 수축한다.

아인슈타인은 서로 다른 체제에서 동일한 사건에 대한 측정을 어떻게 연관시킬 것인가 하는 문제에 대해 생각하였다. 그는 가속기 밖의 땅에 서 있으면서 측정한 입자 크기와, 가속기 내에서 입자와 함께 이동하면서 측정한 입자 크기를 연관시키는 방법을 발견했다. 그의 해법은 '로렌츠 변환' 이라 불리는 수학공식으로 나타낼 수 있는데, 이 변환은 물질이 어떻게 구부러지고, 나타나고, 변환(한 체제에서 2마일처럼 보이는 것이 다른 체제에서는 오직 몇 인치인 것과 같은)하는지에 대해 설명한다. 이 변환은 한 체제의 시공간이 다른 체제와 어떻게 관련이 있는지, 그리고 당신이 체제 사이를 이동할 때 시공간이 어떻게 팽창, 수축하는지 보여 준다.

❖ 형태변형 변환

로렌츠 변환을 발견하는 데 사용된 수학은 복잡하지는 않지만,[1] 그러나 이 변환에 집중하는 대신, 변환의 감각, 의미, 심리를 이해하는 데 집중해 보자. 이것을 하기 위해 형태변형의 개념을 생각해 보는 것도 도움이 될 수 있다.

우리 인간은 체중의 증가나 감소에 의해 소규모로 형태를 변화시킨다. 우리는 일상생활에서 우리 정체성의 확장이나 수축을 통해 심리학적으로 형태를 변화시킨다. 전통의 초자연치료사들은 형태변형을 많이 했고, 그래서 그들이 때때로 '자른 머리를 수축시켜 보관하는 야만종족(headshrinkers; '정신과 의사' 라는 의미도 있음)' 이라고 불린 이유다. 내 생각에 초자연치료사들은 아마도 사람들이 흥분하거나 정신이 상일 때, 사람들의 머리 크기를 줄였기에, 그런 초자연치료사를 따라 오늘날의 정신과 의사들도 여전히 'shrink' 라고 불린다고 나는 믿는다. 어쨌든, 매일밤 우리는 변형 또는 형태변형을 한다. 꿈꾸기의 관점에서 보면, 신체 변형의 일상적 실재인 CR 이미지와 우리의 시공간에 대한 감각은 점점 더 커지거나, 작아지거나, 더 무거워지거나 가벼워진다. 더욱이 아무것도 아닌 것 같은 일상의 실재 사건이 꿈꾸기에서 갑자기 엄청난 악몽이 될 수도 있다.

잠들기 전에 우리 대부분은 일상적 실재인 CR에서 산다. 이 실재에서 우리는 우리 주위의 대다수 일반 여자와 남자처럼 행동한다. 그러나 꿈에서 우리는 동물이나 정령이 되거나, 날거나 사라질 수 있다. 꿈꾸기에서 우리는 형태변형을 통하여 독수리, 곰, 뱀이나 식물이 될 수도 있다. 이러한 변형은 일상생활에서는 보통 일어나지 않는다.

전통의 초자연치료사들은 이러한 사건을 의식화하고 음악, 춤, 약물의 도움으로, 자신들이 자신들의 수호신령에 의해 소유되도록 함으로써, 형태변형을 통하여 놀라운 존재가 된다. 이런 능력이 있는 초자연치료사는 정체성을 변환할 수 있다. 개체성은 그들의 인간 형태에서 나가고 다시 들어온다. 대부분의 물리학자들은 독수리나 곰이 될 수 없으며, 그들이 관찰하는 입자처럼 무게를 늘리거나 줄일 수 없다. 하지만 과학자들은 어떻게 변형이 발생하는지 이해할 수 있어야만 한다. 상대성을 이해하려면, 당신은 형태변형을 이해할 필요가 있다.

보통의 물리학처럼 심리학은 '관찰자' 가 다른 체제에서의 결과를 다루는 동안 자신의 체제에 머물면서, 물리학에서 관찰자처럼 되는 절차를 갖고 있다. 융은 꿈에서 등장하는 모습들과 의사소통하면서 당신의 일상생활에 머무는 절차를 '적극적인 상상' 이라고 불렀다. 융은 비일상적 실재인 NCR에서의 비전에 대해 말하는 동안 "자신의 것을 잡아라." 라고 당신에게 제안했다. 나의 스승이자 융의 학생이며 동료였던 바버라 한나(Barbara Hannah)는 두 관점을 동시에 유지하는 중요성을 강조한 『적극적인 상상(*Active imagination*)』이란 책을 썼다. 현재 논의의 관점에서, 우리는 당신에게 꿈의 형상과 대화하면서 일상적 실재인 CR과 일상생활의 관점과 체제는 계속 유지해야 한다고 말할 수 있다. 당신이 이렇게 할 수 있다면, 재미있는 대화가 될 것이다. 당신이 그들의 실재에 빠지거나 그들이 당신에게 되돌아온다면, 당신은 보통 하던 대로 단지 꿈꾸거나 생각하고 있는 것이다. 두 가지 관점을 유지하는 것은 적극적인 상상에 매우 중요하다.

심리학에서 꿈의 해석은 꿈과 관련하여 자신의 체제에 머물 수 있는 또 다른 방법이다. 적극적인 상상에서 당신은 자신의 체제에 남아 있으면서 실제로는 다른 체제에 도달한다. 반대로, 해석은 당신이 꿈의 특이함을 자신의 관점으로 변형시키는 동안, 당신이 일상적 실재인 CR의 세계에 머무는 것을 허용한다. 해석은 합의에 의해 성립된 일상생활에서 그 의미를 찾음으로써 꿈을 해석한다.

당신이 곰의 꿈을 꾸었다고 하자. 곰의 의미를 해석하는 하나의 방식은 곰이 당신이 의식하지 못한 자신의 일부라고 가정하는 것이다. 다시 말해, 일상생활 동안 당신은 약간 곰처럼 행동할 수도 있지만, 당신은 그것을 의식하지 못하고 있다. 해석 방식을 통해 당신이 수행하는 변환은, 사실 곰 꿈의 의미가 당신의 일상 행동의 일부가 곰과 같다는 것을 발견하면서 자아상(自我像)을 변화시킨다. 이 변환은 당신이 더 강한 알아차림으로 곰의 에너지를 활용하게 해 준다. 우리는 비록 당신이 일상적인 실재에서 자신에게 인간으로 나타날지라도, 꿈에서의 당신 행동은 곰의 행동으로 나타난다고 말할 수 있다.

형태변형의 또 다른 방식은 곰의 역할을 하면서 일상적 실재인 CR을 떠나서 비일상적 실재인 NCR로 들어가는 것이다. 아이들은 항상 이렇게 한다. 역할극은 당신을 일상적 실재인 CR에서 비일상적 실재인 NCR로 이동시킨다. 그러나 해석의 과정에서 당신은 다소 인간으로 남아 있기 때문에 역할극은 해석과는 다르다. 그러나 역할극에서, 당신은 자신이 맡은 역할인 물체가 될 수 있다. 즉, 당신은 실제로 시간이 짧든 길든 간에 자신의 기준과 정체성의 정상적인 틀을 벗어난다. 역할극은 다른 체제, 의식의 다른 상태 사이의 중요한 변형이다. 역할극은 생존에 중요하다. 역할극이 없다면 당신은 매우 지루하거나 우울할 수 있다.

그러나 당신이 곰이 되거나 혹은 오랜 기간 동안 곰이었다고 생각한다면, 당신은 더 이상 역할을 계속할 수 없다. 다른 사람들이 당신을 미쳤다고 생각할 것이기 때문이다. 상대적으로 말하면, 일상적 실재인 CR은 비일상적 실재인 NCR만큼 이상하거나 미친 것이다. 만약 당신이 한 상태에 영원히 빠진다면, 혹은 오랫동안 꿈의 상태로 빠진다면, 일상적 실재인 CR 관점에서 당신은 실제로 정신병이 있다고 할 수도 있다. 정신병은 오랜 기간 동안 지속되는 이동으로 특징지어지는 변형의 또 하나의 수단이다.

만약 당신이 전체를 볼 수 있는 능력을 지니고 의식의 다양한 틀이 있다는 것을 깨닫는다면, 당신은 그것들과 함께 초(超)의사소통(metacommunication: 말이 아닌 시선, 몸짓, 동작, 태도 등에 의한 의사소통)이 가능하다. 'Meta'는 '뛰어넘는'이라는 의미이고, 'communication'은 '소통'을 의미한다. 만일 당신이 이러한 초(超)의사소통을 한다면, 당신의 의식 상태에 대해 말할 수 있다. 당신의 견해를 유지하고 의식의 일상적 실재인 CR과 비일상적 실재인 NCR 둘 다에 관해 의사소통을 할 수 있다.

초(超)의사소통을 하기 위해, 당신은 어느 하나의 관점에 휘말리지 않고 한 관점에서 다른 관점으로 이동하기 위해, 두 관점으로부터 충분히 떨어져 있을 필요가 있다. 만약 당신이 이렇게 떨어져 있을 수 있다면, 당신은 크게 웃을 수 있고, 그리고 일상적 실재인 CR의 시공간, 사업, 신경과민, 우울 혹은 열광에 의해 일방적으로 사로잡혔던 자신의 일부에 대해 인정하거나 혹은 웃어 버릴 수 있다. 또한 당신은 꿈꾸기의 예찬자인 것처럼 열광하는 부분에 대해서도 웃을 수도 있다.

초월의 관점으로부터, 일상생활과 꿈꾸기 둘 다는 단지 의식, 관점, 체제의 상태다. 이 관점은 일상적 실재인 꿈이 일상의 마음에 대한 '의식이 축소된 상태' 라고 주장하는 CR의 관점과는 다르다. 초월의 관점으로부터 당신은 꿈이 하루 종일 지속되는 진행 중인 경험이라는 것을 느낀다.

꿈에서 당신의 얼굴은 사슴의 얼굴로 변형될 수 있으며, 당신의 뼈는 사슴의 뼈로 변형할 수 있다. 초월의 관점으로부터 당신은 일상적 실재인 CR의 인간으로 길을 걸으며, 동시에 같은 길을 사슴이 나무와 다른 동물을 느끼면서 숲을 이동하는 것처럼 걷는 자신을 경험할 수 있다. 당신은 일상생활을 하면서 사람일 수 있고 그리고 마법적 존재 또는 다른 존재일 수도 있다. 당신이 도시를 바라보고 산에 오르거나, 석양을 바라보거나 물속을 들여다볼 때, 당신은 일상의 실재를 마술로 만드는 경험으로 당신을 이동시키는 특별한 감각을 느낀다. 만약 당신이 초월상태에 있다면, 일상적 실재인 CR 관점의 세상에서 잠이 들고 깨어나지만, 또한 당신은 당신이 해야 할 일이 있을 때조차 그저 사슴처럼 느끼는 세상인, 잠과 깨어남이 전혀 없는 세상에 살고 있을지도 모른다.

당신에게 내재하는 초월상태는 당신이 사람이나 사슴이 아니라 계속해서 변형하는 능력을 지닌 과정이라는 것을 안다. 초월상태에서 당신은 물리학의 체제 사이의 변형이 당신이 꿈꾸기에서 만들 수 있는 변형의 흐릿한 이미지임을 잘 알고 있다.

지금까지 우리는 일상적 실재인 CR에 머물기, 꿈의 해석, 일상적 실재인 CR과 형태변형에서의 이탈, 일상적 실재인 CR과 꿈꾸기에 대한 알아차림을 동시에 유지하는 것을 의미하는 초월상태 도달의 가능성을 발견했다.

요약하면, 심리학에서는 다음과 같이 일상적 실재인 CR과 비일상적 실재인 NCR 사이에 많은 가능한 변형 방법이 있다는 것이다.

적극적인 상상은 꿈에 나타나는 형상과 의사소통을 하면서, 일상의 실재에 남아 있는 것을 의미한다.

해석은 꿈을 당신의 일부로 생각한다. 당신이 8장의 내용을 기억한다면, 해석은 허수를 제거하고 단지 실수만 남게 하는, 복소수를 그 복소수의 반영(혹은 켤레)으로 곱하는 것과 비슷하다. 켤레화는 비일상적 실재인 NCR에서 실재를 생성하고 비일상적 실재인 NCR을 배제하는 데 사용될 수 있다. 마찬가지로 해석은 허수 성분을 배제하고 복소수의 절대값을 가지며, 당신이 일상적 실재인 CR에 머물도록 허용한다. 해석은 물리학에서 관찰과 비슷하다. 즉, 하나의 세계의 의미를 다른 세계의 개념으로 이해하려고 노력하면서, 하나의 실재에 머물면서 다른 실재에 관해 이야기하는 것이다.

정신병은 일상적 실재인 CR에서 비일상적 실재인 NCR 또는 변형상태로 들어간다. 정신병에서 당신은 그냥 변형상태로 갔다가 다시 돌아올 수 있는 것이 아니며, 대신, 당신은 일상적 실재인 CR을 떠나서 오랫동안 돌아오지 못할 수도 있다. 만일 우리가 물리학자를 위한 일상의 의미가 전혀 없는 블랙홀이나 허수의 세계에서 방황하는 것을 고려하지 않는다면, 물리학에서 이러한 변형과 비슷한 것은 없다.

죽음은 인생에서, 보통 삶의 마지막에서 당신의 정체성이 당신의 일상적 실재인 CR을 떠나는 절차인 또 다른 변형과정이다. 『티베트의 지혜(*Tibetan Book of Living and Dying*)』에서 소걀 린포체(Sogyal Rinpoche)가 서술한 것처럼, 많은 종교적 관습은 빛, 고요, 호흡 조절 등을 통해 죽음을 일상의 자아에서 변형상태로 변환하는 것으로 본다. 이 관습에서 일어난 변형상태는 깨달음, 빛, 공허, 고요, 침묵의 개념으로 묘사한다.

신성한 물질은 약품, 식물과 같은 것으로 종종 실재를 변형시키기 위해 영적인 전통에서 사용된다. 페요테(peyote) 선인장이나 아야후아스카(ayahuasca) 같은 신성한 식물은 일상적 실재인 CR에서의 일시적 이탈과 변형상태로의 몰입을 가능하게 한다. 의식화된 성적(性的) 관습, 요가의 어떤 형태, 그리고 다른 방법이 비슷한 변형을 달성한다.

관계의 유동성은 잘 알려져 있지 않은 변형 방법이지만, 유사한 변형이 타인의 눈을 통해 단순히 사물을 보는 법을 배움으로써 일상생활에서 발생할 수 있다. 우리의 관계에서 우리가 더 유동적일수록, 우리는 자신의 관점과 또한 타인의 관점을 통해 같은 사건을 더 많은 견해로 바라볼 수 있다. 여기서 형태변형이 독수리나 곰이 되는 것을 통해 발생하는 것이 아니라, 인생에서 우리가 하는 역할이 많은 가능한 역할 중의 하나일 뿐이라는 깨달음으로부터 발생한다.

나는 형태변형을 모든 심리적 변형이 일어나는 일반 범주로 활용한다. 왜냐하면 모든 실용적 치유 절차는 우리의 형태 · 크기 · 색깔 · 움직임 등의 관점과 이미지를 변형할 수 있기 때문이다. 당신은 여전히 일상적 실재인 CR 개념에서의 차이(예를 들어, 곰이 되는 것과 여자가 되는 것의 차이)를 설명하기 위해 사용할 수도 있다. 그러나 내가 언급하는 형태변형 경험은 당신의 체제, 당신의 감정, 당신의 시간, 공간, 정체성에 대한 감각을 완전히 변형시키는 것이다.

❖ 차원

물리학에서 변형은 꿈꾸기, 약물, 역할극 때문에 일어나는 것이 아니라 속도의 변화, 즉 속력, 가속도, 힘의 변화에 의해 발생한다. 아인슈타인의 논리 실험의 하나였던 '쌍둥이 역설' 은 이러한 요점을 잘 설명한다. 아인슈타인은 쌍둥이 물리학자인 피터와 파울이란 두 사람을 상상했다. 파울이 빛과 비슷한 속도로 우주선을 타고 여행을 떠난다. 파울이 집으로 돌아와서 쌍둥이인 피터를 보고 자신이 피터보다 나이가 덜 들었다는 것을 알게 된다.

파울이 너무 빠른 속도로 여행해서 그의 시간은 천천히 흘렀고 나이를 덜 먹게 되었다. 파울은 아주 빨리 여행해서 몇 분 혹은 몇 년을 절약했다. 이것은 우리가 보통 생각하는 것과 정반대다. 모든 사람들은 "천천히 그리고 쉬면서 행동해라." 고 말한다. 그러나 물리학은 당신이 흥미 있는 인생을 갖기 위해 천천히 행동할 필요가 없다고 말한다. 물리학은 그것을 잊으라고 말한다. 해 보자! 다른 사람보다 더 빠르게 움직여서 더 오래 살아라! 상대성의 놀라운 결과 중 하나는 당신이 빨리 움직이면 시간과 공간이 수축한다는 것이다. 사실, 단지 뛰기, 움직이기, 운전 그리고 하늘을 나는 것은 당신의 시간을 천천히 가게 하지만, 그 크기가 너무 작아서 당신은 결코 알아채지 못한다.

물리학에서 속도는 일정한 시간 동안 당신이 이동하는 공간 크기의 개념으로 측정된다. 우리가 시간과 공간을 생각할 때, 우리는 차원을 고려하게 된다. 차원은 우리의 관찰이 발생하는 우주인 체제를 기술한다.

과학에서 차원이란 단어는 보통 주어진 공간에서 무엇인가의 위치를 파악하는 데 필요한 지점 또는 좌표의 수(數)를 의미한다. 보통의 공간, 즉 당신이 지금 책을 읽고 있다면 당신이 있는 방에서, 당신의 위치를 기술하기 위해 길이, 폭, 높이의 차원인 3개의 좌표가 필요하다. 종이의 평면에 점을 나타내기 위해서는 2개의 차원인 길이와 폭이 필요하다. 예를 들어 한 점이 세로축에서 2인치 그리고 가로축에서 2인치 지점에 있다고 말할 수 있다.

일상적 실재인 CR 체제는 보통 공간의 3개 차원인 3개의 좌표를 포함한다. 당신이 현재 있는 방에 대한 기준틀은 3개의 서로 수직인 방향을 갖는다. 일직선 같은 1차원의 체제에서, 당신이 물체의 위치를 기술하기 위해 필요한 것은 한 개의 좌표인 길이

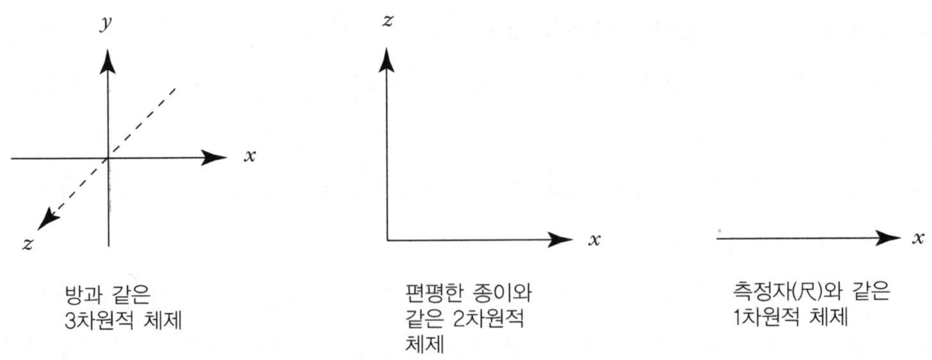

[그림 22-2] 3차원적, 2차원적, 1차원적 체제

다. 종이 위에서는 2개의 차원이 필요하고, 방에서는 3개의 차원이 필요하다([그림 22-2] 참조).

여기까지 우리는 방에서의 공간과 종이에서의 면적과 같은 공간적 크기에 대한, 일상적 실재인 CR 차원에 관하여 이야기해 왔다. 그러나 비일상적 실재인 NCR 차원은 우리 삶에서 중요한 역할을 하고, 또한 사건들을 완벽하게 기술하는 데 필요하다. 예를 들어, 당신이 지금 앉아 있는 방을 기술하기 위해, 당신은 그 방이 편안하거나 소박한지, 크거나 작은지, 오래된 건물인지 새 건물인지를 말할 수 있었다. 당신의 방은 크거나 작은지, 오래되었는지 새 것인지, 소박하거나 편안한지와 같이 모두가 동의하지 않을 수도 있는 비일상적 실재인 NCR 차원뿐만 아니라, 길이와 넓이 같은 일상적 실재인 CR 차원도 갖고 있다. 하지만 이 모든 일상적 실재인 CR 차원과 비일상적 실재인 NCR 차원은 당신이 어디에 있는지 정확히 기술하는 데 꼭 필요하다.

편안하다는 것은 측정할 수 있는 일상적 실재인 CR 개념이 아니므로, 물리학은 편안이라는 단어를 비일상적 실재인 NCR 차원에서 고려해야 할 것이다. 어느 것이 편안한지 그렇지 않은지에 대해 모든 사람이 동의할 수는 없을 것이다. 1장에서 과학이 이러한 차원을 다루지는 않는다고 말한 아인슈타인의 인용을 기억하라.[2) 시간과 공간은 CR 차원이고 이것은 측정 가능하다.

우리의 개인적 경험에 대한 일반적인 동의가 없을 수도 있기 때문에, 비록 우리가 보통 비일상적 실재인 NCR 경험을 무시하거나 다른 사람과 의논하지 않지만, 우리는 다(多) 차원의 일상적 실재인 CR과 비일상적 실재인 NCR 공간에 살고 있다. 그럼에도 불구하고, 우리가 관찰한 대상을 정확히 기술하기 위해서 우리는 시간과 공간 이상이 필요하다. 즉, 우리는 또한 감정의 서술인 자의식적 NCR 차원이 필요하다.

당신이 하나의 물체 및 유사한 물체들을 서술하기 위해 필요한 변수의 숫자는 '차원' 의 수다. 자신 또는 타인을 나타내기 위해 당신은 어떤 차원이 필요한가? 당신이 일상적 실재인 CR 차원을 이용한다면, 당신은 시간과 공간, 문화, 나이, 종교, 지역과 같은 것들이 필요하다. 의사로서 당신은 신체를 이해하기 위해 더 많은 차원이 필요하다. 예를 들어, 당신은 또한 체온, 몸무게도 필요하다. 심리상담 치료사는 당신과 부모와의 관계, 당신의 행복 · 우울 · 기분 등의 느낌을 물어볼 수도 있다.

물리학처럼 심리학은 차원을 선호해 왔다. 1차원 심리학이 있는데 이는 세상이 단일 차원의 개념으로 보인다는 것을 의미한다. 1차원 심리에서 당신은 단순히 정상 아니면 비정상으로 보인다. 또한 부모와 자식 사이의 상호작용이라는 개념으로 모든 것을 보는 2차원 심리학도 있다. 주어진 부모의 본성과 아이의 본성에서, 이런 2차원 심리학은 인간의 행동에 대해 많은 것을 기술한다. 그리고 깊이 또는 높이 같은 것을 추가한 3차원 심리학이 있다. 이것은 다른 차원뿐만 아니라, 초의식이나 잠재의식을 다루는 초개인 심리학 혹은 심층 심리학이다. 또한 4차원 심리학에서는 움직임, 시간, 과정을 다룬다. 시공간처럼 과정은 시각화하기 어려우며, 우리가 앞으로 알아낼 것처럼 흐름으로 시각화해야만 한다.

수학자들은 1차원 세계를 '하나의 공간 세계', 2차원 세계를 '두 개의 공간 세계'라고 부른다. 3차원은 '세 개의 공간', 4차원은 '네 개의 공간' 등으로 본다.

'초공간(Hyperspace)'은 3차원 이상의 다차원적 공간을 일컫는 용어다. 우리는 1 · 2 · 3차원 공간을 직선, 종이의 평면, 높이가 있는 방으로 시각화할 수 있다. 그러나 초월 공간인 4차원 이상의 공간을 시각화하기는 불가능하지 않지만 매우 어렵다. 어떻게 그려야 할까? 예를 들어, 방의 바닥에 일련의 점으로서 방(4차원)을 통과하는 통로를 그릴 수 있을 것이다. 그 각각의 점은 다른 시간에서 공간의 위치를 나타낸다. 그렇지만 우리는 4차원 그 자체를 어떻게 그려야 할까? 우리는 오직 방과 같은 3차원 공간을 통해 선을 그리면서 그 4차원의 존재를 표시할 수 있다.

4차원 공간의 의미에 대한 대략의 느낌을 주기 위해, 수학자와 물리학자는 3개의 공간 차원과 1개의 시간 차원을 가진, 시공간과 같은 4차원적 모습에서 공간 차원 중의 하나를 남겨 둠으로써, 3차원적 모습으로 줄이려고 시도했다. 초기에 상대성 이론을 거부했던 이유 중 하나는 아인슈타인의 새로운 4차원 초월 공간이 상상할 수도 없는 것이었기 때문이다.

왜 초공간은 상상하기 어려운 것일까? 왜 우리는 3차원 이상을 갖는 공간을 시각화하는 데 어려움이 있을까? 정확한 해답은 없지만, 그러나 그것은 우리의 지각이 1 · 2 · 3차원을 쉽게, 그리고 아마도 4차원의 개념을 한번에 파악하려는 수학의 탐구에서 오는 것 같다. 이 지각의 한계는 3차원 공간의 시각화뿐만 아니라, 인간 모습

같은 표준 집합체를 이용하여 수학을 정립한 기초수의 한계일지도 모른다. 약간의 어려움이 있어도 우리는 3차원 이상을 파악할 수 있지만, 5차원에 이르렀을 때는 우리의 경계를 넘는다.

우리가 보통 사용하는 몇몇 차원은 쉽게 이해할 수 있지만, 그것이 우리에게 모든 것을 말해 주지는 않는다. 2, 3차원을 사용하는 것은 삶을 단순하게 하지만, 숨겨진 나머지 경험을 배제한다.

❖ 더 높고 초월적인 차원 만들기

우리가 사용하는 차원은 정치적인 영향이 있다. 아인슈타인이 4차원 시공간을 제안했을 때, 아무도 관심을 가지지 않았다. 물리학자들은 실재가 아닌 것을 상상한다고 생각했다. 심지어 최근에 스티븐 호킹(Stephen Hawking)이 우주 최초의 순간을 설명하는 '가상시간' 차원을 말했을 때, 많은 사람들은 너무 추측에 근거했다고 생각했다.

그러나 아인슈타인과 호킹이 세계를 설명하기 위해 4차원을 이용한 최초의 인물들은 아니었다. 옛날 사람들은 우주를 설명하기 위해 4차원 또는 그 이상의 차원을 사용했다. 잉카와 마야를 포함하는 미주(美州, 남미와 북미)의 원주민, 중국인, 기독교 이전의 많은 사회는 우주를 나타내기 위해 4중 구조를 적용했다.[3] 만일 4차원이 '우주'를 나타내기 위해 사용될 수 있다면, 4차원보다 작은 것은 무엇인가를 놓치고 있는 것이다. 사실, 어떠한 작은 수의 차원은 다른 것을 배제한다. 예를 들어, 2차원 세계에서의 심리적 예를 생각해 보자.

자신의 부정적인 부모와 자신을 상처 입은 아이로만 생각하는 국면에 있는 어떤 사람에 대해 생각해 보자. 이 두 공간 세계에서의 모든 움직임은 평지와 같은 곳에서 발생한다. 우리는 평평한 테이블에 놓인 평면 종이와 같은 [그림 22-3]을 생각해 볼 수 있다. 길이와 폭은 있지만 높이는 없다. 종이 위와 같은 평면 위의 어떠한 점도 부모와 자식의 강점과 약점에 대해 말함으로써 찾을 수 있다.

2차 공간 세계에서 점 1에서 점 2의 어떠한 경로도 종이 위에 남는다. [그림 22-3]에서, 당신이 무엇을 하고 어디로 가든 부모와 아이의 관점에서 찾을 수 있다. 평면에서의 당신 상태는 간단하다. 즉, 당신은 성숙하거나 유치하거나, 성장하거나 퇴행하거나, 나이 들었거나 아이이다. 부정적인 부모는 당신을 미워하거나 또는 사랑한다.

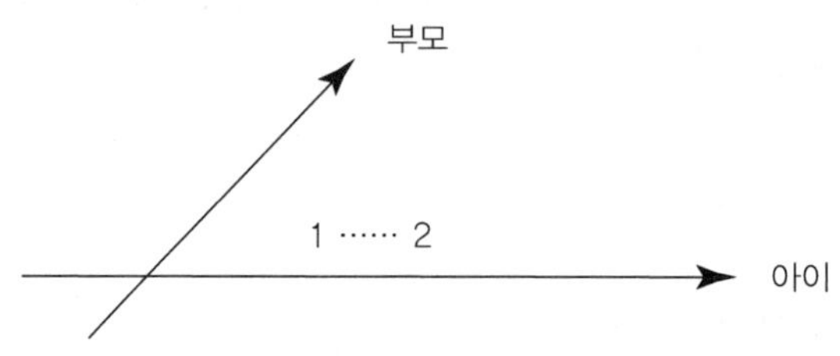

[그림 22-3] 2차원적 세계에서의 움직임

2차원적으로 생각하는 사람들은 삶에 쉽게 갇힌다. 그들은 2차원적인 부모-자식 정체성에 갇혔다고 느낀다. 그들은 부모 되기와 자녀 되기의 차원 내에서만 움직일 수 있다. 좀 더 고차원 세계인 외적 인지로부터, 우리는 그들이 다른 차원에 접근하지 못한다고 말할 것이다. 이것이 사람들이 우울해지거나 혹은 자신들을 북돋아 주는 무엇인가를 찾는 이유일 것이다. 그들은 기분을 북돋아 주거나 가라앉히는 방법을 찾는 것이다.

만일 당신이 오직 2차원만 사용한다면, 그곳에는 깊이 혹은 높이가 없다. 그곳에서는 성직자가 매우 유용할 수도 있다. 성직자는 "당신의 신에게 말하세요. 신은 3차원입니다."라고 말할 것이다. 만일 그런 사람이 심리상담 치료사를 만나면, 심리상담 치료사는 "당신은 2차원 우주에 갇혀 있습니다."라고 충고할 수도 있다. 또한 그 심리상담 치료사는 다음과 같은 말로 세 번째 차원을 덧붙일 것이다. "당신의 꿈을 따라가시오. 왜냐하면 거기서 당신은 자신의 일상적 실재인 CR 차원과, 당신 세계의 문제와 해결책을 초월하여 움직이는 과정을 발견할 것입니다." 꿈에는 아이와 학대하는 부모 이상의 것이 존재한다. 아마도 자비로운 여왕, 개구리, 여신 또는 신이 있을 것이다. 아니면 공허인 무(無)가 있을 것이다.

지금까지 이 세 번째 차원은 배제되어 왔다. 존재하고 있었지만 알아차리지 못했다. 사람이 변함에 따라, 새로운 차원이 알아차림에 추가되었다. 우리는 새로운 차원의 추가를 [그림 22-4]에서처럼 나타낼 수 있다.

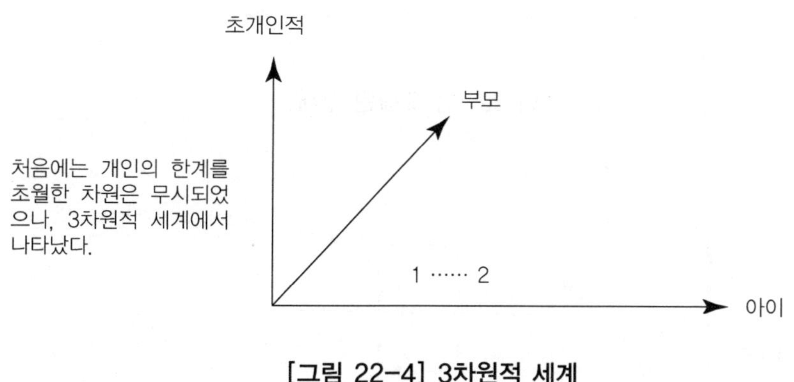

[그림 22-4] 3차원적 세계

세 번째 차원 또는 초개인적 꿈꾸기 차원은 내담자가 이전의 세계에서 벗어나, 평면을 초월하여, 공중으로 올라가거나 지상으로 내려가고, 그리고 덜 갇힌 느낌이 들도록 허용한다. 이제 내담자는 2차원의 공간 대신에 3차원의 공간에 있다. 이 이야기의 내용은 우리가 대부분의 시간에 살고 있는 차원의 수는 보통 우리가 필요한 수보다 적다는 것이다. 꿈과 같은 차원을 추가함으로써, 당신은 인간의 형태를 벗어나, 매우 다른 새롭고 활기찬 실재 혹은 체제로 이동할 수 있다.

정신적, 꿈 또는 그리고 종교적 차원이 전에는 일상적 실재인 CR에 존재하지 않았는가? 그들은 존재했지만, 대체로 희미하게 인지되었거나 완전히 무시되었다. 꿈꾸는 사람은 초개인적 차원에 관심을 가졌을 수도 있지만, 그러나 그것을 무시했다. 다시 말해, 성직자나 심리상담 치료사에게 가기 전에, 당신은 새로운 실재인, 새로운 차원을 발견하고 삶의 형태를 바꿀 수 있다.

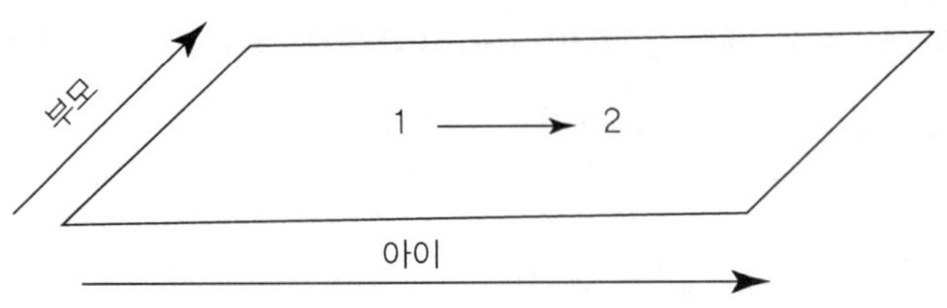

[그림 22-5] 오래된 실재

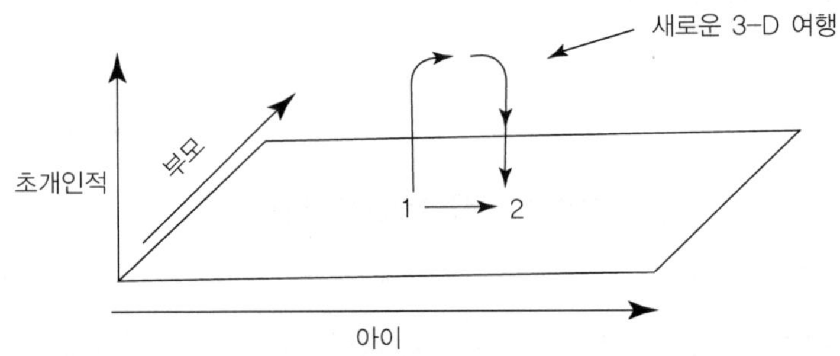

[그림 22-6] 새로운 실재: 3차원적 여행

[그림 22-5]와 [그림 22-6]에서 두 세계를 비교함으로써, 우리는 차원이 물리학자, 성직자 혹은 심리상담 치료사에 의해 더해진 것이 아니라, 이러한 차원이 이미 존재했었음을 알 수 있다. 물리학과 심리학에서 일어난 것은 존재와 생각에 대한 새로운 차원과, 존재했었지만 무시되었던 방법이 단순히 우리에게 열려 있다는 것이다.

비록 우리가 종종 2차원의 평면에서 살지만, 우리는 3차원 또는 그 이상의 차원의 능력을 가지고 있다. 세 번째 차원에 대한 접근은 대체로 우리의 기분과, 잠재의식, 무의식, 초개인적 영역이 존재한다고 힌트를 주는 놀라운 영감에 감추어져 있다.

당신이 오직 3차원만 이용한다면, 일상생활을 초월할 수 있다. 당신은 초자연적인 관점에 대한 능력을 가지고 있다. 그러나 오직 3차원만으로는 당신의 견해와 통찰력이 여전히 너무 확고하고 고정되거나 융통성이 없을 수도 있다. 당신은 경이로운 철학과 훌륭한 통찰력을 발달시킬 수 있겠지만, 아직 완전한 능력을 깨우지는 못했다. 네 번째 차원이 빠져 있기 때문이다.

시간은 처음의 3개 차원에서 빠져 있다. 즉, 과정이 빠져 있다. 변화가 없다면, 당신의 고상하거나 깊은 견해는 빠르게 정적(靜的)으로 되거나, 독단적이거나, 경직된다. 하나에서 다른 것으로 변화하는 사건이나 상황의 네 번째 차원에서 알아차리는 것 대신에, 당신은 이런 저런 것을 할 필요가 있거나, 이런 저런 것이 된다고 생각할 수도 있다. 네 번째 차원은 당신에게 첫 번째 초공간인 시간, 과정, 도(道)에 대해 접근하게 해 준다. 이러한 네 번째 차원(과정, 변화, 도[道])은 더 이상 1, 2, 3차원적인 그림에 의하여 기하학적으로 시각화할 수 없다. 그것은, 일상의 실재와 3차원의 관점으로 기술되는 과정은 사물이 어떻게 흐르는가 알려 주는 정적인 상기물일 뿐이다. 이것이 바로 도교 신자들의 핵심 메시지가 이미 도라고 부를 수 있는 것은 영원한 도가 아니라는 이유인지도 모른다. 이것은 과정을 오로지 사물들이 어떻게 흘러가는지를 상태적인 기억인 3차원과 일상적인 실재로만 기술하는 것이다.

과정은 경험이다. 그것은 움직임의 차원이며 언어로 표현하기 어렵다. 시간은 우리의 일상적인, 고정된, 3차원적 혹은 상태 지향의 단어에 숨겨져 있다. 예를 들어, 자아, 본능, 그림자, 혹은 자신과 같은 심리적인 개념은 그런 것에 대한 정적(靜的)이거나 고정된 감각이다. 심지어 물리학자, 관찰자, 초자연치료사, 혹은 내담자의 개념도 역시 고정되었다. 그러나 우리는 어느 것에 대해서도 고정된 것은 아무것도 없다는 것을 상대성으로부터 알아 왔다. 비록 우리의 개념이 정적인 것처럼 보이더라도, 사건은 항상 변형하고, 변모하고, 변질된다. 비록 말로는 그런 과정을 기술하기는 어렵더라도 말이다.

물리학과 심리학의 선조인 연금술은 고정된 고체 상태 대신에 변형을 강조했다. 우리는, 함축된 의미가 확고하고 상태 지향 또는 '사물' 지향적이 되는, 과정을 쉽게 잊고 유형학이나 개체성 같은 생각에서 벗어나 고정된 상태를 만든다. 도교신자와 불교신자들은 체계적 개념을 믿지 말고, 대신 '비자아(非自我)' '무자아(無自我)' '무(無)'를 강조하라고 충고한다. 도교와 불교의 중요한 메시지는 "모든 것은 변한다."다.

4차원과 그 이상의 초공간은 일상적 실재인 CR 차원을 최대한 사용하여 사는 것에 중요하지만, 그러나 마음을 따라가는 것도 또한 중요하다. 예를 들어, 당신은 훌륭한 물리학자가 되기 위해서 수학이 필요하다. 그러나 직관과 같이 볼 수 없는 차원도 새로운 발견을 위해서는 매우 중요하다. 아인슈타인은 훌륭한 물리학자였지만 수학에서는 게으른 학생이었다. 그는 우주의 본질에 대한 경이로운 물리적 직관을 가졌다. 당신은 수학을 가르칠 수는 있지만, 직관은 가르칠 수 없다.

마찬가지로, 훌륭한 음악가는 항상 악보를 읽는 것이 아니다. 그들은 '귀'로 사물을 연주한다. 일상적 실재인 CR 차원은 중요하지만, 독창성은 네 번째 과정적인 차원과 연관이 있다.[4] 이러한 초공간에서, 당신은 나이 드는 것, 또는 발생하는 어떤 것에도 자유롭다. 당신은 어느 하나의 형태나 묘사에 묶여 있지 않다. 당신은 하나의 고정된 상태나 대상에 묶여 있지 않고, 유동적이 된다.

❖ 초공간에서의 해법

나는 물리학자와 심리학자로서 초공간을 3차원 실재를 초월하는 세계를 의미하는 것으로 사용하고 있다. 우리는 문제를 해결하기 위해 초월 공간이 필요하다. 심리학에서 과정, 음악, 창의성, 흐름의 경험은 풀 수 없는 상태 지향적 해석의 문제를 해결한다. 적절한 분석은 네 번째 차원을 암시하거나 당신에게 방향을 제시하기도 하지만, 그것은 발생하는 과정을 멈추게 할 수도 있다. 우리는 일상의 실재라는 개념에서 꿈꾸기 작업에 대해 말할 수 있지만, 꿈꾸기 그 자체는 꿈과 실재(일상적 실재인 CR) 둘 다의 과정이며, 그것은 일상적인 세계의 시공간에서 꿈을 살리는 과정이다.

유사하게, 물리학자는 현재의 3차원을 넘어서는 새로운 초공간 차원을 추가함으로써, 양자 이론과 상대성 이론을 함께 합치려는 것과 같은 기본적인 문제를 해결하려고 한다. 아인슈타인은 시간을 포함하는 4차원 세계를 추가함으로써 많은 문제를 해결했다. 스티븐 호킹의 가상시간과 최근 수리물리학의 10차원과 같은, 훨씬 더 많은 차원의 추가는 우리에게 물리학을 통합하도록 해 줄 수 있다.[5] 추가적인 차원은 더 많은 공간과 더 큰 자유가 있는 세계를 창조한다.

만일 당신이 당신의 3차원 일상적 실재인 CR 세계에서 문제를 해결할 수 없다면, 또 다른 차원을 추가하는 것이 놀랄 만한 효과를 나타낸다. 만일 당신이 초월성을 추가하였으나 이것이 효과가 없다면, 과정에 대한 몰입은 또 다른 가능성이다. 한 수학 정리에 의하면, 3차원에서 해결할 수 없는 매듭은 네 번째 차원의 추가로 해결될 수 있다고 한다.[6] 즉, 매듭은 '더 많은 공간'이 있는 4차원에서 해결될 수 있는 것이다. 이와 같은 해결은 3차원에서는 불가능하지만, 4차원에서는 쉽다. 사실, 세 번째 차원은 매듭을 엉키게 하는 유일한 차원이라는 것이 밝혀졌다.

심리학에서 이 이론의 동의성(同義性)은 4차원, 즉 과정, 도의 커다란 깨달음으로 풀기에 불가능해 보이는 문제들이 더 이상 문제가 되지 않는다는 것이다. 매듭은 더 이상 존재하지 않고 해결될 수 있다. 다시 말해, 과정의 알아차림으로 풀 수 없는 3차원에서의 문제와 같은 것은 없다. 일단 당신이 움직임의 알아차림을 사용하면, 당신은 이미 최악의 문제까지도 해결할 수 있을 것이다. 따라서 우리는 이러한 자의식적 물리학으로서의 심리학에 대해 2부에서 더 깊이 탐구할 것이다.

❖ 전체성과 대칭

융은 사람의 완전성을 묘사하기 위해 만다라(mandala)라는 대칭 그림을 사용했다. 모든 측면이 서로 균형을 잡으며 어느 주어진 시간에서 전체 또는 균형적인 존재로서, 그는 시간이나 과정 없이 3차원적 느낌에서의 심리적인 전체성을 상상했다. 그러나 전체성조차도 시간 차원과 함께 형성될 때 더 완벽해진다. 우리들 중에 소수만이 우리 인생의 어느 단계에서 잠시 균형을 잡기도 하지만, 균형의 대칭 원리의 진실은 시간에 따라 더 잘 드러날 수도 있다. 만일 당신이 몇 년 이상 자신에 대해 고민하고 있다면, 당신은 자신이 실제로는 행동의 다른 형태로 주위를 배회하고 있다는 것을 알아차릴 수도 있다. 어느 한순간과 다음 순간에 당신은 화가 났다가 편안하고, 갈등하다가 조화롭고, 생각하다가 느끼고, 능동적이다가 수동적이 되고, 성숙하다가 미성숙할 수도 있다.

대칭, 전체성, 균형은 시간이 지남에 따라 현상학적으로 나타난다. 비록 우리가 어떤 한순간에 '전체'로 나타나지 못하더라도, 우리는 시간이 지남에 따라 '전체'로 나타난다. 3차원에서는 대칭이 어느 주어진 시간에 사실이 아닐 수도 있지만, 대칭은 4차원에서 사실로 나타난다. 심리학에서 대칭을 경험하기 위해, 우리는 과정 차원인 고차원(hyper-dimension)이 필요하다.

체제, 형태변형, 차원에 대한 이러한 논의는 우리를 시간의 경과에 따라 완전성으로 경험되는 전체성의 과정 지향의 의미로 이끌어 준다. 우리는 개별화, 또는 자기됨, 자기실현이 시간에서 이해를 요구하는 상태 지향 개념이라고 말할 수 있다.

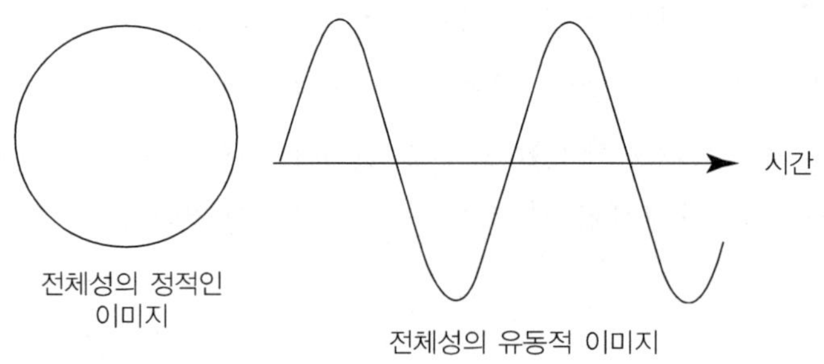

[그림 22-7] 전체성의 정적 이미지와 유동적 이미지

전체성이 우리가 시간의 경과에 따라 자신의 행동과 경향을 이해하도록 안내하는 과정인 것처럼, 물리학에서의 대칭은 과학이 자연의 전반적인 특성을 파악하도록 안내하는 패턴이다.[7)] 물리학에서의 대칭은 종종 둥근 형태의 공으로 그려진다. 3차원 공간에서 공을 회전시키면 모양이 똑같다. 길이, 넓이, 높이가 같기 때문에, 공을 묘사하기 위한 높이 · 길이 · 넓이의 공간적 개념은 교체 가능하다. 만일 공의 넓이를 길이나 높이로 바꾸어도, 묘사는 변하지 않는다. 우리가 다양한 공간 차원에 걸쳐 공을 회전시킬 때 그대로 똑같이 남아 있기 때문에 공은 회전에 대해 대칭이다.

물리학 법칙이 대칭 특성을 갖는 경향성은 물리적인 일상적 실재인 CR 차원보다 더 중요한 차원이 없다는 것을 의미한다. 만약 앞에서 언급했던 공과 같이 길이, 넓이, 높이, 시간이 서로 교환된다면, 물리학의 많은 법칙도 변하지 않고 남아 있을 것이다. 우리가 앞으로 가는 시간을 뒤로 가는 시간으로 대체한다면, 미립자의 많은 측면들이 변하지 않은 채 남아 있다. 대부분의 미시적 물리학 법칙은 시간 관점에서 대칭적이다.

❖ 결론

우리가 대칭 법칙과 차원, 형태변형, 그리고 변형의 개념으로부터 배울 수 있는 것은, 만일 당신이 형태변형하거나 추가된 차원을 경험한다면, 인간적이라는 의미에 대한 당신의 개념이 변할 뿐만 아니라, 물리학도 역시 변화한다는 것이다. 우리는 더 이상 물체나 입자에 대한 우리의 일상적인 개념을 확신할 수 없다. 모든 것은 과정 안에 있다. 오늘날 대부분의 사람들은 변화 · 과정 · 시간에 저항하는 정적인 신체로서, 주어진 정체성을 지닌 사람으로 자신들을 생각한다. 마찬가지로, 우리는 우리의 물리적 세계 역시 다소 고정되었다고 생각한다.

대신 만일 당신이 시간에서 고정된 뭔가가 아니라, 오히려 일정하고 영원한 변화 중에 있는 유동체라고 생각한다면, 삶은 달라진다. 당신은 미래에 있는 문제에 대한 해답을 필요로 하는, 주어진 과거가 있는 3차원의 몸이 아니다. 대신에 당신은 지금 곰이 되고, 사람이 되고, 마침내 과정 그 자체가 되는 변화하는 형태가 된다.

상대성과 심리학은, 땅 위의 개념으로 기차를, 일상적 실재인 CR 개념으로 비일상적 실재인 NCR을 이해하는 것처럼, 다른 체제의 개념으로 하나의 체제를 이해하는 것이 가능하게 한다. 그러나 각 체제는 단지 하나의 체제다. 그것은 물질의 상태인, 마음의 상태다. 체제 간의 모든 변형에서 함축된 의미는 고정된 상태에서 고정된 물체가 되는 대신에 계속해서 변형하는 가능성이다.

아인슈타인과 정신분석은 우리에게 다른 체제에서의 관점으로부터 한 체제를 이해하는 방법을 보여 주었으나, 그러나 지속적인 변화의 세계인, 통합적 개요의 관점에서 결코 삶의 의미를 논의하지는 않았다. 물리학은 우리에게 4차원의 초공간 세계에 대해 말해 주지만, 동시에 실재에 대해 좀 더 제한된 변형을 알아차리는 반면, 거기 4차원에서 사는 방법을 알려 주지는 않는다. 고차원의 실재에서 사는 방법을 이해하기 위해, 우리는 체제 사이에서 앞뒤로 이동할 수 있을 뿐만 아니라, 형태변형의 지속적인 과정으로 들어갈 수 있는 전통의 초자연치료사에게 가야만 한다. 고차원적 공간과 오직 하나가 아닌 다른 세계에 사는 것을 배우는 것은 이제 모든 사람들의 도전이다. 만일 우리가 체제와 유동적인 형태변형 사이를 여행할 수 있다면, 우리는 다차원의 세계에 사는 현대의 초자연치료사가 되는 경로에 있는 것이다.

지금부터 실재적이 되는 것은 새로운 의미를 갖는다. 그것은 우리의 일상적인 인간의 숙명을 인지하며, 또한 4차원 이상의 공간으로 이동하고, 전체가 되고, 시간, 삶, 심지어 죽음도 초월한다는 의미를 갖는다.

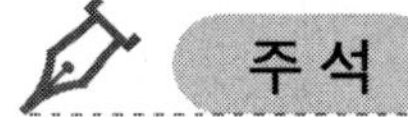

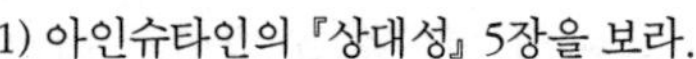

1) 아인슈타인의 『상대성』 5장을 보라.
2) 아인슈타인은 『상대성의 의미(*The Meaning of Relativity*)』 1쪽에서 이 두 세계를 다음과 같이 구별하였다. 언어의 도움으로 각 개인들은 어느 정도 그들의 경험을 비교할 수 있다. 따라서 서로 다른 개인의 어떠한 감각인지는 서로 교감이 되지만, 반면에 다른 감각인지는 그러한 교감이 이루어질 수 없다는 것이 판명되었다.
우리는 서로 다른 개인에게 공통적인, 따라서 상당히 비개인적인, 그런 감각인지를 현실처럼 여기는 데 익숙해 있다. 자연과학, 특히 가장 기본적인 물리학은 그런 감각인지를 다룬다."
3) 마리 루이스 폰 프란츠의 『수와 시간(*Number and Time*)』(115쪽)을 보라.
4) 이 유사성에 도움을 준 동료이며 친구인 아담 츠비히(Adam Zwig, 포틀랜드, 오리건)에게 감사한다.
5) 수학적으로 더 높은 차원에서 자연 법칙을 기술하는 것이 더 쉽다. 왜냐하면 상호관련성을 보기가 더 쉽기 때문이다. 물리학자 미치오 카쿠(Michio Kaku)의 뛰어난 저서인 『초공간(*Hyperspace*)』(11, 13쪽)을 보라.
6) 이 매듭이론의 증명은 카쿠의 위 참고문헌 339쪽에서 볼 수 있다.
7) 대칭에 관해서 수학자 유진 위그너(Eugene Wigner)의 훌륭한 책 『대칭(*Symmetry*)』을 보라.

제23장 아인슈타인의 시간으로부터의 분리

물리학을 믿는 우리와 같은 사람들은, 과거, 현재, 미래의 구별이 단지 고집스럽게 지속되는 환상이라는 것을 알고 있다.

– 알베르트 아인슈타인(Albert Einstein)–

스티븐 호킹(Stephen Hawking)과 같은 몇몇 물리학자들은 광속의 불변성 같은 상대성 이론의 어떤 측면은 너무 어려워서 일반인이 이해할 수 없다고 말한다.[1] 그러나 광속이 어떻게 모든 체제에서 일정한지를 이해하는 것은 인지, 우주, 우리의 마음을 깨닫는 본성에 중요하다.

여기서 우선 아인슈타인에 대해 생각해 보고 어떻게 그가 시공간에 대한 일상적 개념으로부터 분리가 가능했는지 생각해 보자. 무엇보다도 아인슈타인도 우리가 살고 있는 같은 공간에서 살았다. 일상적 실재인 CR에서 취리히에 있는 그의 아파트도, 아마 편평하고 사각형이었을 것이다.

대부분 사람에게 일상적 실재인 CR은 비교적 편평하다. 우주를 통과하는 당신의 여행 경험이 산에 가는 것처럼 가파르다면, 당신은 가능한 한 가장 편평한 길을 선택할 것이다. 우리 모두는 다소 편평한 표면 위의 편평한 위치에서 잠자려고 한다.

일상적 실재인 CR은, 당신이 주위의 공간과 시간을 알고 있다는 의미에서 국소적이다. 당신은 길이나 거리, 그리고 옆집 사람을 알고 있다. 당신의 아파트나 집은 아마도 상당히 네모지거나 편평할 것이고, 이것이 때때로 아파트를 '플랫(flat, 편평한 곳)' 이라고 부르는 이유일 것이다.

❖ 일상적 실재인 CR은 광속보다 느리다

비록 우리들 중 많은 사람들이 일상생활의 빠른 속도에 대해 불평하지만, 사실 이것은 빛이 여행하는 굉장한 속도와 비교하면 대단히 느린 편이다. 이메일의 등장으로, 편지는 더 빨리 전달되지만, 대부분의 생활이 상당히 여유롭다. 대부분의 사람들이 여행하는 가장 빠른 방법은 비행기를 타는 것이다. 제일 빠른 비행기의 속력은 음속이거나 초속 약 300m로, 이는 초속 1090피트 혹은 0.2마일이다.

이것은 빠른 것 같지만, 만일 빛의 속도를 생각해 본다면, 음속은 느리다. 초당 소리가 0.2마일 갈 때, 빛은 186,000마일을 가며, 빛은 소리보다 약 백만 배 빠르다. 이 대단한 광속은 사람들이 빛이 순간적이고, 한 곳에서 다른 곳으로의 이동에서 시간이 전혀 걸리지 않는다고 생각하는 이유다. 그러나 빛은 빠르지만, 순간적이지는 않다. 우리가 우리의 인생에서 하는 대부분의 일은 광속에 비교하면 너무 느린 속도로 지나간다. 우리는 그런 아주 빠른 속도를 지닌 일상적 실재인 CR 경험은 거의 없다. 초고속, 굽은 공간, 거대한 비국소적인 거리는 일상적인 삶에서 우리에게는 매우 드문 일이다.

❖ 일상적 실재인 CR 시간은 의인적(擬人的)이고 선형적이다

우리의 시간과 공간의 경험에 대해 생각해 보자. 전 세계적으로, 일상적 실재인 CR에서의 삶은 상당히 땅에 고정되어 있고, 매우 사회 지향적이며 인간 지향적이다. 우주인을 제외하면, 달에 가거나 지구 밖 우주로 간 사람은 거의 없다. 천문학자와 과학추리소설 작가 외에 누가 은하의 문제에 대해 곰곰이 생각하겠는가?

우리에게 익숙한 시간 간격은 년(年)으로서 우리 자신의 나이다. 우리 모두는 '세기(世紀)'에 대한 감각을 지니고 있다. 왜냐하면 우리는 특별한 세기나 세기의 전환기에 걸쳐 있기 때문이다. 우리가 탄생의 시기 이전으로, 뒤로 가거나 또는 죽음을 지나 앞으로 간다고 생각하기는 어렵다. 당신이 1960년 이후 태어났다면, 1920년에 이 세계가 어땠는지 상상할 수 있을까? 대부분의 사람들에게, 1920년은 다른 세상이다. 이제 1890년, 1700년 또는 기원전 3000년을 생각해 보자. 이 시기는 모두 다른 차원 같은 것이며, 그것들은 우리에게 실재가 아닌 가상의 신화다. 역사는 우리에게 비실재적인 특징이 있으며, 우리 삶의 시간만이 실재인 것처럼 보인다.

인간 수명은 대략 80년이다. 만일 우리가 삶의 순환이라는 관점에서 생각해 본다면, 약 500년 전인 일곱 생애 전은 유럽 르네상스가 시작했을 때이고, 유럽인이 아메리카 대륙을 발견했을 때다. 아메리카 원주민 문화는 한 인간의 생애 주기보다 시간에 대해 더 넓은 견해를 가지고 있다. 아메리카 원주민은 약 500년 후인 우리 미래의 7세대에게 발생할 일에 대한 결과에 기초하여 결정을 해야만 한다고 말한다. 어떤 결정이 지금부터 500~600년 후의 세계의 당신 영역에 어떤 영향을 줄지를 생각하면서 무엇인가를 결정하는 것을 상상해 보아라.

이제 당신이 지금 하고 있는 일 때문에, 또는 지구가 탄생되었던 50억 년 전에 일어난 일 때문에, 오늘부터 10,000년 후에 무슨 일이 일어날 것인지 숙고하는 것을 상상해 봐라. 그러한 시대는 우리의 인간중심적인 사고를 넘어선다. 그러한 시대는 비일상적 특징을 가지려고 하고 있지만 그것은 물리학이 다루어야만 하는 시대일 것이다.

우리는 보통 시간이 꾸준한 속도로 앞으로 간다고 생각한다. 이것이 우리가 특정한 시간에 할 일을 결정하는 이유다. 그러나 많은 원주민들은 적절한 시간을 기다린다. 호피(Hopi)족 같은 사람들은 시간이라는 단어조차 없지만, 대신에 그들은 어떤 것이 현재 나타나고 있는지 혹은 어떤 것이 명백한지에 대해 이야기한다. 과거, 현재, 미래가 없다. 시기 선택이 중요하다. 한 지점에서 다른 지점까지 끊임없는 펼침으로서 경험되거나, 또는 환경과 문화에 따라 정지, 중단, 확장, 수축하는 것으로 경험될 수 있다. 비록 우리가 미래를 향해 앞 방향으로 펼치는 것으로 시간에 대한 일상적 실재인 CR 개념을 갖고 있지만, 시간이 가장 기본적이거나 핵심의 본질은 아닐지도 모른다. 어떤 면에서 시간에 대한 우리 개인의 경험이 더 근본적이다.

❖ 움직임

일상적 실재인 CR에서의 움직임은 보통 공간에서만의 움직임을 의미하는 반면, 상대성에서는 움직임을 시간을 통과하고 공간을 통과하는 것이라고 여긴다. 우리들 대부분은 일상적 실재인 CR에서의 움직임은, 방에서 춤추거나 걷는 것과 같은 공간에서의 움직임을 의미한다는 것에 동의할 것이다. 또한 시간에서 움직이는 것을 생각해 보자. 예를 들어, 내가 하루 종일 소파에 앉아서 TV만 보는 게으름뱅이라고 상상해 보자. 나는 시간에서 움직이고 있는 것인가? 잠자리에 들 때, 나는 움직이고 있는가? 나는 시간에 맞추어 움직이고 있다. 대부분 사람들은 잘 때는(만일 우리가 잠자리에서 숨쉬기와 뒤척임을 무시한다면) 공간에서 움직이지 않는다고 말한다. 그러나 비록 내가 가만히 있어도, 나는 여전히 시간에서 움직이는 것이다.

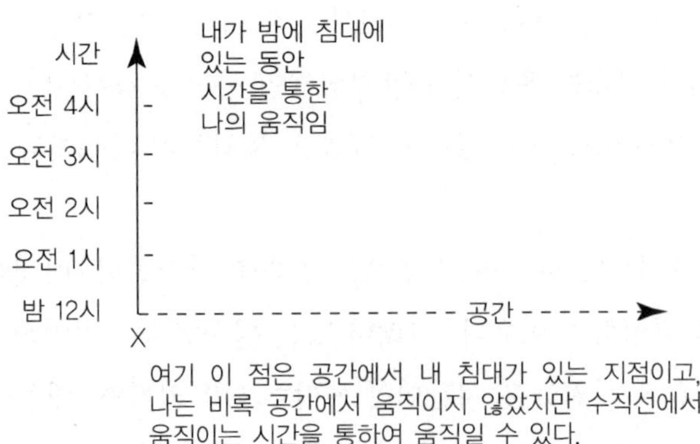

[그림 23-1] 공간이 아닌 시간을 통한 움직임

[그림 23-1]에서 위쪽 방향의 직선을 따라 움직이는 것은 우리가 '시간이 지나간다' 또는 '시간이 날아간다' 라고 말할 때 의미하는 것을 그래프로 설명한 것이다. 공간에서의 움직임이 운동감각적 능력을 필요로 하는 반면, 만일 과정의 알아차림, 우리 내면의 변화하는 분위기의 알아차림이 없다면, 우리는 시간에서 움직임을 알아차리지 못한다. 밤에 당신은 시간에서(앞으로, 뒤로, 시간을 벗어나거나, 몸을 벗어나) 자신이 원하는 어디로든 움직인다. 그러나 당신은 이 과정을 지각하기 위해서 꿈꾸기를 알아차려야만 한다.

만일 당신이 하루 종일 가만히 앉아서 눈을 감은 채 깨어 있다면, 당신은 마치 몸이 움직이는 것과 같은 당신의 신체를 경험할 수도 있다. 이것은 일반 공간이 아니라, 상상의 공간에서의 움직임에 대한 경험이다. 그렇지만 당신은 이것을 움직임으로 경험한다. 이런 종류의 움직임이 더 시간에서의 움직임 같다. 시간에서의 움직임은 공간에서의 움직임과는 반대로, 인지되기 위해서는 단지 시각적 또는 운동감각적 능력을 필요로 하는 비일상적 실재인 NCR 특성의 알아차림과 연관이 있다.

시간에서의 움직임은 우리의 운동감각적 감각과 완전히 별개가 아니다. 꿈이나 환상에서 깼을 때, 당신이 어디에 있었는가에 대한 합의는 없을 것이다. 그러나 당신은 시간에서 움직였다. 시간은 지나간다. 시간에는 일상적 실재인 CR과 비일상적 실재인 NCR의 움직임이 모두 존재한다. 더군다나 시간은 공간적 특징이 있다. 다시 말해, 우리가 별개라고 여기는 공간과 시간 같은 일상적 실재인 CR 차원은 우리의 과정 경험에 혼합되어 있다. 우리는 공간과 시간의 일상적 실재인 CR 개념이 흥미롭기는 하지만, 완벽하지 않다고 말할 수 있다. 이것과 관련된 많은 종류의 모순이 불일치하기 때문이다.

❖ 마이켈슨-몰리의 실험

아인슈타인이 시간과 공간의 일상 세계에 살긴 했지만, 그 역시 시공간이 절대적이 아니라는 직관을 갖고 있었다. 시공간은 그의 흥미를 크게 끌지는 못했다. 그래서 아마도 자신의 원작 논문을 '시공간의 상대성' 이 아닌 '빛에 대한 불변의 원리' 라고 부르기로 결정했던 것 같다. 분명히, 그는 불변, 즉 광속의 일정한 본성만큼 시공간의 상대성을 강조하지는 않았다.

아인슈타인의 불변 원리는 비록 물체가 더 빨리 감에 따라 시공간이 변하더라도, 광속은 일정하고 당신이 속한 체제에 의존하지 않는다고 말한다. 그는 마이켈슨(Michelson)과 몰리(Morley)의 1887년 실험을 고찰함으로써 이러한 결론에 이르렀다.

이 실험의 요지는 서로 상대적으로 움직이는 두 사람에 대해 생각함으로써 이해할 수 있다. 달리는 기차의 지붕 위에서 걷고 있는 여자의 손전등으로부터 나오는 빛의 속도를 측정하기 위해 다리 위에 서 있는 한 남자를 상상해 보자. 다리 위의 남자는 한 가지 기준 체제를 구성한다. 여자가 걷고 있는 기차는 두 번째 기준 체제다. 만약 손전등을 든 여자가 다리 아래로 수그리지 않는다면, 그녀는 머리를 부딪칠 것이다([그림 23-2] 참조).

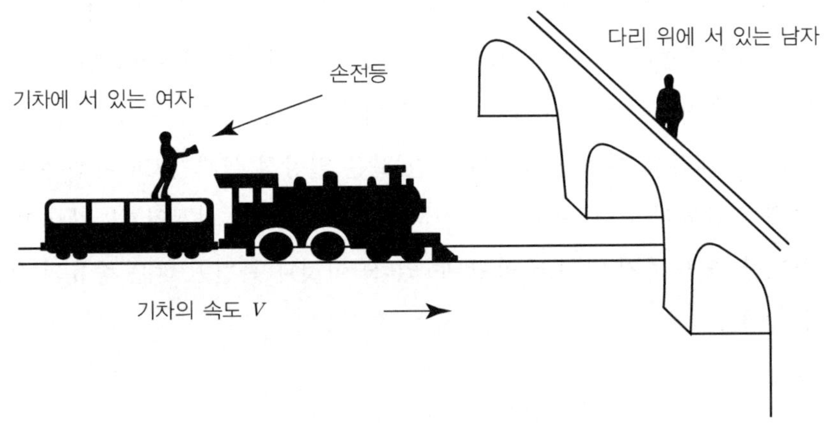

[그림 23-2] 여자의 손전등은 다리 위에 서 있는 남자를 향해 움직인다

일상적 실재인 CR 인지에서는, 그녀가 다리에 머리를 부딪친다면 기차가 빠르게 움직일수록 그녀는 머리를 더 많이 다칠 것이다. 만일 그녀가 기차와 상대적으로 v

라는 속도로 기차 위를 걷는다면, 그리고 기차가 지구와 상대적으로 V라는 속도로 가고 있다면, 지구와 상대적인 그녀의 속도는 걷는 속도에 기차 속도가 더해져 $V+v$가 될 것이다.

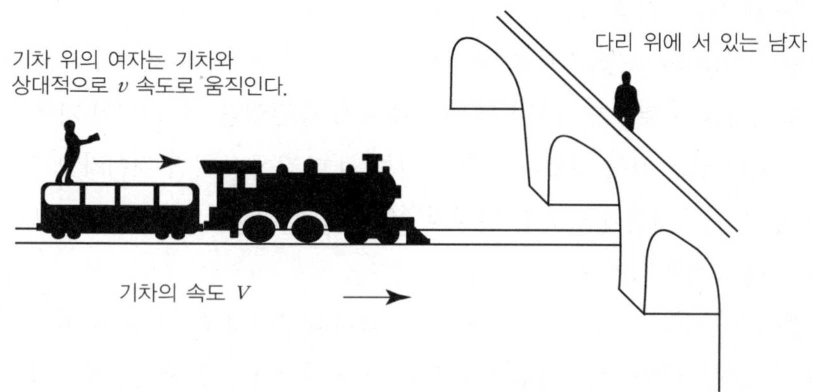

[그림 23-3] 여자와 손전등 빛은 남자에게 상대적으로 $V+v$ 속도로 간다

기차의 속력에 여자의 걷는 속력이 더해져서 함께 그녀의 머리가 다리에 부딪치는 전체 속력을 만든다. 만일 기차가 앞으로 나가는 동안 그녀가 뒤로 걷는다면, 뒤로 가는 속력 v가 기차 속력 V에서 빼져서 결과적으로 전체 속력이 $V-v$가 되므로 우리는 그녀의 머리가 덜 다칠 것이라고 기대할 것이다.

이제 다리 위의 남자를 생각해 보자. 그는 여자의 손전등에서 나오는 빛의 속도를 막 측정하려고 한다. 주어진 순간에 그녀는 손전등을 켜는 데 동의해서 남자가 빛이 자신에게 도달하는 데 걸리는 시간을 측정하기 시작할 수 있다. 남자가 아주 특별한 측정 장치를 가지고 있어서 여자가 불을 켜는 순간과 남자가 빛을 보는 순간 사이의 시간을 측정할 수 있다고 가정해 보자. 예를 들어, 여자는 기차가 어떤 가로등 기둥을 지날 때 불을 켠다고 하자. 남자는 기차가 가로등 기둥을 지나는 것을 보고 측정을 시작하고, 그리고 여자는 자신의 등을 켠다.

남자는 매우 철저해서 몇 번의 측정을 하기로 결정했다고 하자. 여자는 V 속도로 움직이는 기차 위에 여전히 서 있고, 남자는 시간과 빛의 속도를 측정한다. 그리고 남자는 여자가 남자 방향으로 걸어서 전체 속도가 $V+v$가 될 때 다시 빛의 속도를 측정한다고 해 보자. 남자는 심지어 기차가 앞으로 가는 동안 여자가 뒤로 걸어서 빛이 자신에게 오는 데 걸리는 세 번째 시간을 측정한다. 이 세 번째 측정에서 그녀의 속도는 남자와 상대적으로 $V-v$가 된다.

당신은 이 남자의 측정 결과를 어떻게 추측하는가? 언제 빛의 속도가 최대일까? 대부분의 사람들은 여자가 기차에서 다리 방향으로 걸었을 때, 그녀가 가만히 서 있거나 기차에서 뒤로 가는 것보다는 빛이 더 빨리 다리에 도착할 것이라고 추측한다. 그러나 이 추측은 시간과 공간의 일상적 실재인 CR 개념에 근거한 것이고 그 추측은 옳지 않다고 판명되었다.

마이켈슨과 몰리(그들의 실험에서는 기차와 다리 대신 간섭계를 사용)에 의해 더 정밀하게 수행되었던 이와 같은 실험은 다리에 있는 남자에 관한 한, 측정된 빛의 속도가 기차 위에서 여자의 움직임과 상관없이 동일함을 보여 주었다.

사실, 기차 위의 여자가 전후로 움직이든, 그냥 서 있거나 점프를 하든, 기차의 속력이나 혹은 여자가 기차 위에서 걷는 속력과 관계없이, 다리 위의 남자는 항상 동일한 빛의 속도를 측정한다.

우리는 속력이 거리의 크기인 D를, 시간의 크기인 T로 여행한 것이라는 것을 알고 있다. 만일 우리가 빛의 속도를 c라고 한다면, c는 D를 T로 나눈 것과 같다(즉, $c=D/T$). 그래서 선로 위의 기차 위치로부터 측정한 여자와 남자 사이의 거리를 측정해서 시간으로 나눌 때마다, 또는 그녀의 빛이 자신에게 도착한 시간을 측정할 때마다, 그는 빛의 속도가 일정하다는 것을 발견했다. 그러나 만일 그녀와 그녀의 불빛이 기차에서 때로는 앞으로 움직이고 때로는 뒤로 움직였다면 어떻게 같을 수 있을까?

물리학자들은 마이켈슨-몰리 실험 결과에 충격을 받았다. 어떻게 이러한 결과가 가능한가? 그 결과는 중요한 모순을 보여 주었다. 여기에서 시간과 공간에 대한 일반적 감각과 분리되어 있던 아인슈타인이 등장한다. 그는 자신의 이론을 만들고 다음과 같이 말했다. "진정하시오. 당신들이 할 수 있는 모든 것은 실험 증거를 받아들이는 것입니다. 빛의 속도는 항상 동일하게 $c=D/T$로 측정됩니다. 그러나 D/T는 비율입니다. 그래서 만일 거리를 시간으로 나눈 속도 또는 비율이 같다면, 시간과 공간에 대한 일반적인 정의는 변해야 할 것입니다." 즉, 남자와 여자 사이의 시간과 공간은 남자에 상대적인 여자의 속력에 따라 수축되거나 팽창해야만 한다.

D/T가 일정하게 유지되려면, 남자가 여자의 어떤 체제(혹은 속도)에서 미터와 초로 측정한 것은, 여자가 다른 체제(혹은 다른 속도)에 있을 때 수축 또는 팽창해야만 한다. 만일 우리는 여자가 느리거나 빠르게 가는 상황을 1과 2라는 숫자로 나타낸다면, D_1/T_1가 D_2/T_2와 같아지기 위해, 거리(D)와 시간(T)의 측정은 여자의 속도에 따라 더 커지거나 더 작아져야만 한다.

빛의 속도가 300이라면, 어떠한 기차 속력에서 측정한 거리와 시간, 즉 D/T는 600/2가 될 수도 있다. 그러나 기차 위의 여자가 더 천천히 움직일 때, 같은 장소에서 측정된 D와 T는 여전히 같은 비율 300이다. 그러므로 다른 기차 속도에서, 그 남자는 D/T를 602/2.006으로 측정할 수도 있다. 다시 말해, 시간과 공간의 측정은 속도가 변화할 때 같이 변화한다. c가 일정하게 유지되기 위해, 거리(D)와 시간(T)은 같이 팽창해야만 한다. 예로

$$c=300=\frac{600}{2}=\frac{602}{2.006}$$

빛의 속도가 일정하게 유지되기 위해서는 시간이 팽창하거나 수축해야만 한다. 만일 시간과 공간에 대한 측정이 변하지 않는다면, 빛의 속도는 변화하는 기차의 속도에서 일정하게 유지될 수 없다. 기차가 시속 50에서 100마일로 속도를 높인다면, 그 기차에 대한 거리와 시간 측정은 마찬가지로 변할 것이다.

일정하게 유지되는 빛의 속도 측정에 대한 골치 아픈 문제는 1분의 의미가 더 이상 모든 상황 아래에서 1분이 아니라는 것이다. 1분은 더 이상 고정되거나 일정한 것이 아니며, 1분은 기차 위에서 여자의 움직이는 체계의 속도가 변함에 따라 다리 위의 남자에 대한 변화다. 여자의 시계가 보여 주는 1분은 남자가 측정한 1분과 다를 것이다.

아인슈타인은 이것에 대해 신경 쓰지 않았고, 단지 다리 위의 남자가 측정한 시간과 공간이 기차의 속도에 달려 있다고 이해했다. 아인슈타인은 기차가 빨리 달리면 달릴수록, 시간이 더 많이 변하거나 변곡된다는 것을 알아냈다. 여자의 기차 체제와 상대적인 그녀의 시간 측정, 즉 그녀의 '적절한' 시간은, 그 기차가 전혀 움직이지 않을 때 남자가 다리 위에서 측정한 시간과 동일하다. 기차의 속도가 증가함에 따라, 여자가 기차에서 측정한 시간과 남자가 다리 위에서 측정한 시간은 달라진다. 이것은 만일 여자가 움직이는 기차에 있고 남자가 움직이지 않는다면, 비록 그들이 사전에 그들의 시계를 똑같이 맞추었다고 해도 그들의 시계는 서로 다른 시간을 나타낸다는 것이다. 사실, 아인슈타인의 견해로는 그녀의 기차가 더 빨리 가면 갈수록, 시간은 더 강하게 휘어지고 느려진다.

독자로서 당신은 빛의 속도가 항상 같고 시간과 공간이 휘어진다는 것에 대해 혼란스럽거나 놀랄지도 모르겠다. 나 또한 이러한 사실들을 처음 배울 때 놀랐지만, 오늘날 나는 광속의 일정성보다 아인슈타인에 대해 훨씬 더 놀란다. 나는 아인슈타인이 그의 세계의 나머지 사람들과 오늘날 세계의 대부분 사람들이 고정되었다고 생각하는 시공간의 개념에서 어떻게 분리할 수 있었는가에 깊은 인상을 받았다. 아인슈타인은 다른 사람들이 생각하는 것에 개의치 않았다. 그는 다른 사람들의 생각, 표준 차원의 개념으로부터 분리했다. 대신, 그는 실험을 믿었다.

서구 세계의 의식에 확고한 근원을 두는 시간과 공간 같은 차원은, 아인슈타인보다 우리들이 더 분리하기 어렵다. 그는 결코 관습적인 사람이 아니었다. 그는 자신이 가족, 친구, 자신의 개인적인 외모에 전혀 얽매이지 않는다고 말했다. 나는 최근 TV쇼에서 아인슈타인이 미국 시민권 선서식 때 양말 신는 것을 잊었다고 말하는 것을 보았다.[2)]

아인슈타인은 시간과 공간과 같은 차원이 일상적 실재인 CR 세계를 이해하는 데 단순히 보조적이라는 것을 깨달을 정도로 비관습적이었다. 시공간은 절대적인 실제가 아니라는 것이다. 그는 여자의 시계가 기차 위의 여자에게 나타나는 것보다 다리 위에 있는 남자에게 더 느리게 나타날 것이라고 정확하게 추측했다. 사실, 만일 그녀의 기차가 아주 빨리 움직인 다음 멈춘다면, 우리는 여자의 시계가 무언가 잘못되었다고 생각할 수도 있다. 왜냐하면 시계는 다리 위의 남자에게, 몇 분 늦은 것으로 나타날 것이기 때문이다. 그러나 여자의 시계가 잘못된 것은 아니다. 남자와 상대적인 여자의 속도 때문에, 시간이 남자에게 변곡(變曲)되었다. 따라서 우리의 시계와 자로 잰 측정은 객관적이 아니다. 공간과 시간은 우리가 우리와 상대적인 우리가 관찰하는 사건의 속도에 의해 영향을 받는다.

왜 우리는 전에는 이것을 알지 못했을까? 시간과 공간에서의 극소적(極少的) 변화가 느리게 일어나기 때문에 우리는 느린 속도에서 시간이나 공간의 변곡을 알아차리지 못한다. 그러나 빠른 속도에서 변곡 단위는 몇 초, 분 혹은 년이 될 수 있다.

상대성의 등장으로, 시간과 공간 개념의 절대 지위는 무너졌다. 아인슈타인 이후, 시간과 공간은 권좌에서 내려왔다. 반대로 빛의 속도가 절대 존재로서 그 자리를 차지했다. 다리 위의 1분이나 1m는 속도를 내고 있는 기차에서의 1분이나 1m와는 전혀 같지 않은 반면, 물리학자들에 의해 c라 불리는 빛의 속도는 모든 체제에서 일정하다.

당신은 일상적 실재인 CR에서 1미터는 단순히 1미터일 뿐이라고 주장할 수 있다. 그러나 만일 당신의 야드(yard)자나 미터(meter)자가 매우 빨리 움직이기 시작한다면, 상대성에 의해 자가 빨리 가면 갈수록 자의 길이는 가만히 서 있는 사람에게는 더 많이 수축될 것이다. 다시 말해, 내가 가만히 서 있다면 나와 상대적으로, 당신의 미터자는 더 빨리 움직일수록 더 작아질 것이다.

당신은 이쯤에서 야드자나 시계의 변화가 실제이며 사실인지, 혹은 그것이 지각의 변형인지 의아해 할 수 있다. 우리는 상대성 탐구로부터 실제 혹은 사실인 것은 아무것도 없다는 것을 알았다. 오직 상대적인 길이와 시간이 있을 뿐이다. 기차 위의 1미터와 1분이 실제로 더 작아지거나 커졌을까? 땅 위의 사람에게는 맞고, 기차 위의 사람에게는 틀렸다.

'실제로' 는 더 이상 의미가 없다. 크고 작다는 것은 이제 상대성 개념으로 줄어든다. 다시 말해, 절대적인 5피트나 5분 같은 것은 전혀 없다. 2일 같은 개념도 없다. 이 모든 것들은 상대적이거나 외견상 측정이다. 우리의 측정에 기초한 우리의 지각은 우리가 보는 것이 무엇이든 우리와 상대적으로 얼마나 빨리 움직이는지에 기초한다.

여기서 우리는 자신의 관점으로부터 분리된 기본적인 심리 문제에 이르게 된다. 우리가 실제와 사실 같은 단어를 사용할 때, 우리는 모든 것이 서로 상대적인 관찰의 혼합인 실재 대신에 고정된 실재가 있다고 가정한다. 이것은 우리가 나중에 좀 더 탐구할 민주주의에 대한 우리의 이해에 기초가 되는 매우 심오한 주제다.

한번은 나의 학생 한 명이 다음과 같이 질문했다. "우리는 초등학교에서 1미터는 파리(Paris)의 어느 지점에서 특정 온도, 특정 위도와 경도, 특정 습도 아래에서 보관되고 있는, 어떤 표준물체의 길이라고 배웠습니다. 만일 당신이 그 1미터 짜리 자를 가져가서 빛의 속도로 공간에 던지면 무슨 일이 일어날까요? 그 자는 다른 길이가 되나요?"

나는 "미터자는 지구에 있는 우리에게는 줄어들어 보인다. 그러나 학교에서 선생님들은 사실을 설명하기에는 너무 어렵기 때문에 너희들에게 거짓말을 했다. 선생님들은 파리에 있는 기준 자가 너희들이 서 있는 장소와 관련해서 움직이지 않는 한, 길이가 1미터다. 그러나 그 미터자가 움직이기 시작한다면, 너희들은 그 자가 수축하는 것을 볼 수 있을 것이다."라고 대답했다.

만일 당신이 아인슈타인에게 그 미터자의 실제 길이가 무엇이냐고 묻는다면, 그는 다음과 같이 말할 것이다. "그 질문은 전혀 의미가 없다. 길이와 시간은 이제 상대적인 개념이다. 그들의 절대성은 끝났다. 그것들은 그 두 가지가 혼합된 새로운 측정으로 대체되어야만 한다. 그 새로운 측정을 시공간(space-time)이라고 부른다. 시공간을 계산하기 위해, 당신은 덧셈, 곱셈, 제곱과 제곱근의 공식으로 주어진 비결을 따라야만 한다."[3)]

따라서 많은 물체들이 상대적인 반면에, 빛의 속도는 상대적이 아니며, 시간과 공간의 혼합인 시공간의 새로운 측정은 시간과 공간의 장소에서 이루어진다. 우리는 다음 장에서 시공간의 개념을 더 깊이 다루어 볼 것이다.

지금 빛의 속도가 초당 3×10^{10} 센티미터라는 것을 알았다고 해 보자. 이것은 1초당 30만 킬로미터이고, 1초당 18만 6천 마일이다. 이 측정은 초당 마일이지, 시간당 마일이 아님을 기억하라. 물리학의 방정식에서 c라고 불리는 광속은 정말로 아주 큰 숫자다.

❖ 심리학에서의 빛

초당 30만 킬로미터인 빛의 속도는 자연 상수다.[4] 당신은 3이 그 숫자에 왜 나타나는지 궁금할 수도 있다. 아무도 자연에서 상수의 특정 값에 대한 이유를 알지 못한다. 그들은 그저 나타나서 과학에 대한 신비로 남아 있다.

그러나 그것이 우리가 광속에서 3이란 숫자의 기원에 대해 추측하는 것을 막지는 못한다. 숫자 3에 대한 이유를 이해하려면, 우리는 수학의 심리학이 필요할 수 있다. 우리의 숫자 연구에서 어떻게 우리가 사물을 인지하는지 논의한 것을 기억하라. 우리의 알아차림 구조는 어떠한 한계와 기초수를 창조했다. 예를 들어, 우리는 3개 이상을 동시에 쉽게 인지할 수 없다. 우리는 타고난 알아차림의 한계를 가지고 있다. 이러한 한계는 우리가 무엇인가를 헤아리고 그것을 다른 사람들과 공유하려고 할 때 발생하는 동력(動力)의 일부분이다.

심리학적 개념에서 빛은 우리가 사물을 보는 데 사용하는 중요한 매체다. 빛은 전 세계 대부분의 사람들에게 인간의 알아차림을 상징한다. 빛은, 불타다, 빛나다, 무게가 없는, 쉬운, 빠른 등의 단어와 연관이 있다. 만화에서 새로운 아이디어가 떠올랐거나 이해가 되었을 때 그 사람의 머리 위에 전구가 나타난다. 빛은 밤과 낮을 구별한다. 우리는 빛을 일출, 기상, 의식과 연관하여 생각하고, 종종 잠자는 시간이나 무의식을 의미하는 것으로는 빛이 꺼진다고 생각한다. 'enlighten(교화하다, 비추다)'라는 동사는 배움 · 가르침 · 알림 · 새로운 정보의 의사소통과 연결되어 있다. 한 사람의 깨우침은 종종 다른 사람의 깨우침까지 일어나게 해 준다. 알아차림의 순간은 빨리 일어난다. 그것은 자발적이며 아주 빠르다.

그리하여 빛의 속도는 보기에 따라서는 알아차림의 속도와 어떤 일에 대한 자각 · 깨달음 · 습득에 걸리는 시간에 대한 비유다. 물리학에서처럼 심리학의 광속에도 불변성이 있을까?

예를 들어, 초자연치료와 심리학에서 명료함, 신호교환, 자의식적 섬광의 속도가, 그들의 기준 체제에 상관없이, 누구이며 그들이 혹은 어디 출신인지에 상관없이, 모든 사람에게 일정할 수 있을까?

다음 장에서 나는, 우리들 몇몇이 다른 사람보다 더 빠르거나 늦다고 말하는 개념에도 불구하고, 우리 모두는 평등하게 '총명' 하다는 것을 주장할 것이다. 즉, 나는 자의식적 알아차림과 명료함 같은 비일상적 지각이 모든 자의식적 존재에게 동일하다는 점을 주장할 것이다. 다시 말해, 광속의 불변성은 아인슈타인이 깨달은 것보다 더 보편적인 진실일 수 있다.

나는 이번 장에 대해 수업하기 전 아침에, 빛에 대한 꿈을 꾸었다. 꿈에서 나는 밝은 유성을 보았는데, 하늘에서 지구를 향해 오는 것이 아니라, 지구에서 출발하여 빛의 속도로 하늘로 가고 있었다. 처음에 그 유성은 내가 살고 있는 미국의 북서쪽 태평양 연안을 가로질러 아주 빠르게 지나갔다. 그 유성은 바다 위로 날면서, 광속으로 움직이는 총알만큼 빠르게 지나갔다. 나는 유성을 볼 수 없었지만, 유성이 지나가면서 생기는 파동을 확실히 볼 수 있었다. 나는 '맙소사, 저 유성이 오리건 해변에 추락할 것 같아!' 라고 생각했다.

그러나 유성은 추락하지 않았다. 유성은 계속 가다가 지구 표면 위로 갑자기 날아올랐다. 유성은 하늘로 계속 올라가다가, 우주로 더 높이 올라가서 하늘을 가로질러 우주의 별이 되었다!

보아 하니 아인슈타인도 어렸을 때 비슷한 꿈을 꾸었다.[5)] 그 꿈은 다음과 같다. "나는 눈 속에서 바닥이 편평한 썰매를 타고 언덕 아래로 내려가고 있었다. 바위와 나무가 내 옆으로 더욱더 빠른 속도로 지나갔다. 그리고 나는 우주에 있었고 행성들이 내 옆으로 광속보다 더 빠른 속도로 지나갔다."

그 꿈의 의미는 무엇인가? 우리가 결코 확실히 알 수는 없지만, 나는 일정한 광속 뒤에 아인슈타인조차 생각하지 못했던 우주 원리가 있을 수도 있다고 의심한다. 우리는 다음 장에서 광속 일정성이, 깨달음과 관련된 큰 원리의 단지 한 부분임을 함께 탐구할 것이다.

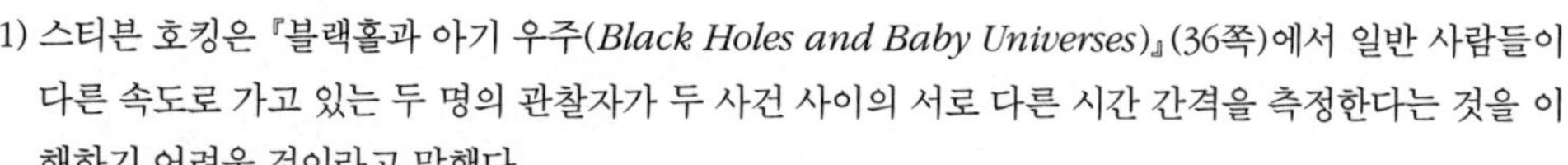

1) 스티븐 호킹은 『블랙홀과 아기 우주(*Black Holes and Baby Universes*)』(36쪽)에서 일반 사람들이 다른 속도로 가고 있는 두 명의 관찰자가 두 사건 사이의 서로 다른 시간 간격을 측정한다는 것을 이해하기 어려울 것이라고 말했다.
2) 『아인슈타인: 나는 세상을 어떻게 바라보는가(*How I See the World*)』는 1997년 퍼시픽 아츠(Pacific Arts)에서 배포한 PBS의 '노바(Nova)' 프로그램에서 여러 번 방송되었다.
3) x, y, z가 공간의 세 개의 차원이고, c는 광속이고, t는 시간이라면, 시공간 s는 다음과 같은 합의 제곱근을 구함으로써 찾을 수 있다.

$$s^2 = x^2 + y^2 + z^2 - c^2t^2$$

어쩌면, 광속 c는 어떻게 시간과 공간이 연결되었는지를 보여 주는 방법일 뿐이다.
4) 이 속력은 체제에 상관없이, 보통 진공상태에서 측정된 것과 같다. 우리는 이미 양자물리학에서, 진동수에 대한 양자에너지의 비로 6.626×10^{-34} joule-seconds의 수인 플랑크 상수라는 또 다른 자연 불변의 값을 알고 있다.
5) 아인슈타인의 어릴 적 꿈에 대한 이야기를 해 준 롭 샌두치(Rob Sanducci)에 감사드린다.

제24장
빛과 명료함

물리학에서, 비어 있는 우주에서 빛이 전파되는 법칙보다 더 간단한 법칙은 없다.

–아인슈타인(Einstein)의 『상대성(*Relativity*)』에서–

위의 인용에서 아인슈타인이 옳다고 하더라도, 빛에는 상대성 이론에 나타난 것보다 훨씬 더 많은 것이 들어 있다. 이 책의 의도는 현대 물리학이 관습적인 실재에서 그 관점을 근거로 할지라도, 물리학의 개념은 또한 오직 꿈꾸는 사람과 초자연치료사에 의해서만 전통적으로 점유되어 왔던 비일상적 영역을 지적하고 있다는 것을 보여 주는 것이다. 이 장에서 우리는 빛과 그 불변성에 대한 우리 경험의 원천을 이해하기 위해 공간과 시간의 일상적 실재인 CR 개념 이면을 탐구할 것이다.

우리의 탐구를 시작하기 위해, 우리는 가장 기본적인 질문을 해야만 한다. "빛은 무엇인가?" "왜 빛의 속도는 일정한가?" "우리에게 빛의 의미는 무엇인가?"

우리의 질문에 대답하기 위해, 빛의 파동성에 대해 생각해 보자. 모든 양자 현상처럼, 빛은 입자성과 파동성을 모두 가진다. 더구나 모든 파동은 적어도 진동수와 파장이라는 2가지 공통적 특징을 갖는다. 파동의 진동수는 초당 파동이 오르고 내려가는 횟수다. 광파를 포함하여 한 파동의 길이는 파동에서 두 정점 사이의 거리로 측정된다. 만일 파장을 L, 진동수를 f, c를 파동의 속도 (우리의 경우 빛의 속도)라 한다면 그 속도는 간단히 $L \times f = c$가 된다.

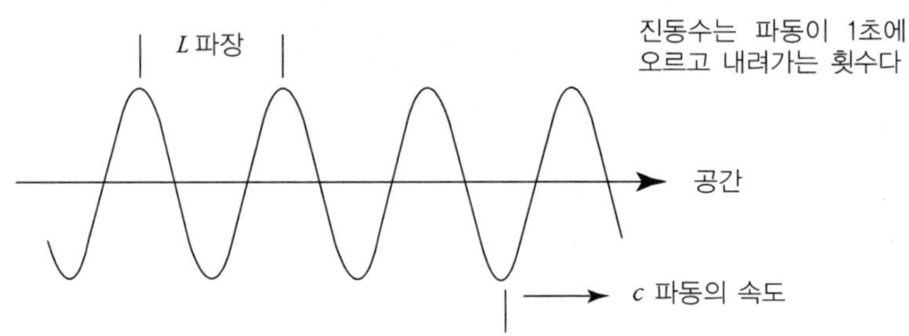

[그림 24-1] 파동의 파장과 진동수를 곱하면 파동의 속도와 같다

우리가 가시광선이라고 부르는 것은 광속으로 이동하는 모든 파동의 전체 전자기 스펙트럼의 작은 부분이다. 그래서 모든 전자기파는 c가 빛의 속도일 때의 공식 $L = c/f$와 연관이 있다.

파동에 대한 이 공식에서 알 수 있는 것처럼, 장파는 낮은 진동수를 가지고 단파는 높은 진동수를 가져야만 한다. [그림 24-2]에서 보는 것처럼, 라디오파와 TV파의 파장은 가시광선보다 더 길고, X선보다는 더 짧다.

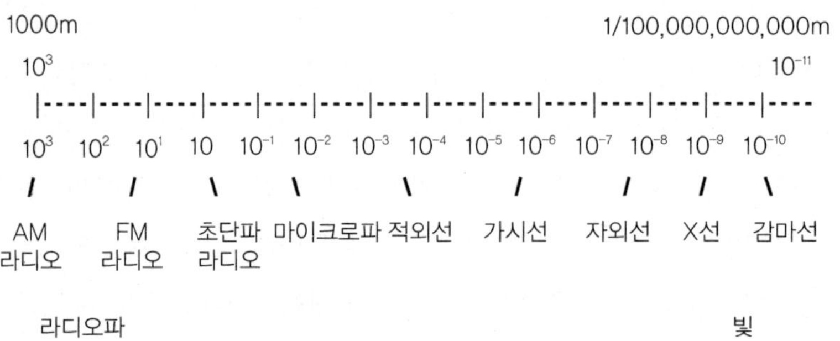

[그림 24-2] 전자기 복사선의 파장에 따른 분류: 그림에서는 대수 척도로 표시

❖ 양자 신호교환의 '속도' 의 불변성

[그림 24-2]에서 보는 것처럼, 가시광선은 라디오파와 TV파, 마이크로파, X선을 포함한 전체 스펙트럼의 매우 작은 부분이다. 이 모든 파동은 일상적 실재인 CR 부분이고, 일상적 실재인 CR과 연관된 공간과 시간을 가지며 다양한 실험 기구에 의해 측정될 수 있다.

그러나 시간과 공간에서 측정될 수 없는, 많은 종류의 비일상적인 의사소통도 있다. 양자 신호교환과 평행한 세계에 관해 17장과 18장에서, 우리는 양자역학의 관찰행위가, 한 복소수가 자신의 반영으로 곱해지는 켤레화의 수학적 연산에 의존한다는 것을 발견했다. 우리는 TV 신호, 라디오파, X선과는 다르게, 측정할 수 없는 비일상적인 '신호교환' 또는 비일상적 실재인 NCR '사전신호' 의 교환으로 켤레화 과정을 해석해 왔다.

모든 CR 전자기파의 속도는 측정 가능한 빛의 속도인 c이다. 그러나 양자 신호교환의 속도는 측정할 수 없고 단지 경험될 수만 있다. 우리는 누가 어떠한 움직임을 먼저 보냈는지에 결코 합의할 수 없을 것이다. 당신은 단지 자신이 경험한 것만을 알 뿐이다. 즉, 당신 자신이 그들을 관찰하기 원하기 전에 당신에게 신호교환을 하는 대상을 감지한다. 당신은 사물을 바라보기 직전에 그 사물에 대해 반짝하고 생각이 떠오르는 것을 알아차린다. 그러나 다른 방법으로 이 생각들을 포착하고, 사진 찍고, 측정하기는 어렵다.

다시 말해, 다른 사람 또는 사물에 대한 일상적 실재인 CR 교류가 합의적일 수 있다 하더라도, 이것 또한 보이지 않는 신호의 교환인 비일상적 실재 NCR 신호교환에 근거하고 있다. 자의식적 사건을 배제한 사람조차도 한 번 이상은, 텔레파시, 동시성, 비일상적 실재인 NCR 의사소통의 교환을 경험해 왔다. 당신이 어떤 사람을 생각하고 있는데 바로 다음 순간에 그 사람에게서 전화를 받거나, 또는 길에서 그 사람을 만난 경험이 얼마나 있는가? 대부분의 사람들이 양자 신호교환, 텔레파시, 예지력, 데자뷰, 동시성을 경험하지만, 이때 관련된 신호의 순간, 의미, 속도에 대해서는 결코 합의하지 못할 것이다.

마찬가지로, 양자물리학에서 파동함수의 켤레화에서 암시된 신호교환의 비일상적 실재인 NCR 특성들은 서로 연관이 있으며, 시간과 공간의 개념으로 분명하게 정의할 수 없다. 사실, 우리가 측정 사이에서 광자와 같은 양자 물체의 거동을 포함한 어떠한 종류에 대한 비일상적 실재인 NCR 현상을 확인하고, 사진을 찍고, 추적을 하면 할수록, 그것들에 대해 우리는 더욱더 불확실해진다.

속도는 일상적 실재인 CR 측정이므로, 비일상적 실재인 NCR 신호의 정확하거나 확실한 속도를 말할 수 없다. 그러나 우리는 사람들로부터 가깝게 있거나 멀리 있음으로써 우리 스스로를 경험하고, 우리의 시간이 다른 사람의 시간과 같거나 다르다는 것을 알 수 있으므로, 비일상적 실재인 NCR 경험과 신호와 같은 '공간과 같은(space-like)', 그리고 '시간과 같은(time-like)' 특성들이 있다. 마찬가지로 일상적 실재인 CR 속도는, 사물 또는 사람이 빠르거나 느린 것과 같은 비일상적 느낌에서 비일상적 실재인 NCR 유사점을 가지고 있다. 우리는 '예지력' '동시성' '데자뷰'란 용어에서 비일상적 실재인 NCR 신호에 대한 '시간 같고(time-like)' '속도 같은(velocity-like)' 본질을 볼 수 있다.

어쨌든, 양자 신호교환과 예지와 같은 비일상적 실재인 NCR 신호의 속도가 빠르거나 순간적이라는 것에 대한 일반적인 합의가 있다. 물리학 이전에, 사람들은 광속은 순간적이라 생각했지만 지금은 큰 숫자이긴 하지만 유한한 값이므로 제한적 속성이 있음을 알고 있다.

우리는 빛이 더 이상 순간적이지 않다고 생각할지라도, 여전히 비일상적 실재인 NCR 신호가 전혀 시간이 걸리지 않는 것으로 경험한다. 우리의 경험에서 비일상적 실재인 NCR 신호는 어떤 '찰칵' 소리와 함께 일어난다. 깨달음 자체, 혹은 'satori(悟道, 깨달음)'는 순간적이다. 마찬가지로, 대부분의 사람들은 순간적인 본성을 지닌 것으로 갑작스런 직관이나 그와 비슷한 것을 경험한다. 다시 말해, 비일상적 실재인 NCR 신호교환의 의사소통은 상상할 수 있는 가장 빠른 속도인, 순간에 일어난다.

우리는 양자 신호교환의 속도를 감지할 수 없을 정도의 짧은 순간으로 경험한다고 말할 수 있다. 그래서 빛과 시간 같은 일상적 실재인 CR 관찰 이면에서 비일상적 실재인 NCR 알아차림 과정의 속도는 일종의 불변으로 경험된다. 즉, 속도는 변하지 않는다. 마찬가지로, 상대성 이론에서 측정 가능한 광속 또한 불변이고 일정하다.

다시 말해, 양자 신호교환처럼 비일상적인 양자 신호는 하나의 중요한 방법에서 일상적 실재인 CR 신호, 빛과 같다. 비일상적 실재인 NCR 신호와 일상적 실재인 CR 신호는 둘 다 변하지 않는다. 즉, 모든 체제에 있는 모든 사람에게 동일하게 보인다. 비일상적 실재인 NCR 양자 신호교환은, 우리가 꿈을 꾸든 깨어 있든, 모든 체제에서 감지할 수 없는 동일한 지속시간을 지닌다. 비일상적 실재인 NCR 움직임 신호와 일상적 실재인 CR의 빛 신호는 둘 다 체제의 동일하고 독립적인 존재로서 또는 관찰자의 마음 상태로서 경험하는 속도를 가진다.

그것은, 일상적 실재인 CR과 비일상적 실재인 NCR에서 기본적인 알아차림 과정이 누가 보거나 무엇을 보는지에 상관없이, 또는 기준 체제에 상관없이, 변하지 않는 속도로 발생하는 것처럼 보인다.

❖ 비일상적인 알아차림과 의사소통 과정

더 진행하기 전에, 우리가 연구하고 있는 다양한 알아차림 과정을 정리해 보자.

꿈꾸기. 꿈꾸기에 대한 수학적 유사성은, 일반적인 형태가 $a+ib$인 파동함수다. 일상적 실재인 CR 관찰자에게 꿈꾸기는 반영 없이 존재하는 잠재의식의 또는 '섬광 같은' 알아차림이다.

양자 신호교환. 양자 신호교환은 관찰 이면의 비일상적 실재인 NCR 신호다. 두 개의 꿈꾸기 신호는 잠재적인 관찰자와 관찰대상을 연결하면서, 서로를 반영한다. 그들은 비일상적 실재인 NCR에서 감지할 시간 없이 순간적이다. 일상적 실재인 CR에서 이 신호들은 측정될 수 없고, 빛의 속도보다 더 느리거나 빠를 수 있다.

켤레화. 수리물리학은, 양자파동에 반영을 곱하여 $(a+ib)\times(a-ib)$가 되는 켤레화의 연산으로 신호의 반영을 나타낸다. 심리학에서 이 반영은 명료함이 실재를 만드는 데 필요한 증폭을 의미한다. 이러한 명료함은 순간적으로 일어나거나, 혹은 연습을 통해 만들 수도 있다.

의식. 의식 또는 일상적 신호의 알아차림은 꿈꾸기와 양자 신호교환에 기초하여, 비일상적 실재인 NCR 경험의 자기 반영을 통해 창조된다. 물리학에서 켤레화는 실수를 만들기 위해 복소수를 곱한다.[1)]

의식은 관찰과 같다. 둘 다 비일상적 실재인 NCR 반영을 스스로 생성한 결과이며 서로 동의한다. 꿈꾸기와 양자 신호교환은 지각의 지속시간이 없는 속도에서 일어나지만, 의식의 등장은 시간에서 일어난다.

명료함. 명료함은 '섬광 같은' 꿈꾸기인 잠재의식의 알아차림이다. 꿈꾸는 사건에 대한 명료함이 없다면, 의식은 보통 양자 신호교환 같은 비일상적 실재인 NCR 사건을 배제한다. 그리하여 의식에는 물리학자들이 '고전적인' 공간적, 시간적 특성이라고 부르는 것을 갖고 있다. 우리가 의식의 꿈꾸기 배경을 무시한다면, 꿈은 명료함 없이 나타난다.

비일상적 실재인 NCR 신호와 의식에 대한 연구는 상대성의 영역과 모든 양자역학의 영역을 함께 끌어 모은다. 상대성은 우리에게 관찰이 어떻게 광속에 의존하고 사건의 속도에 따라 변하는지 말해 준다. 반면에 양자역학은 어떻게 관찰이 순간적인 속도로 일어나는 비일상적 실재인 NCR 경험에 의존하는지 묘사한다. 빛의 일정한 속도에 대한 비일상적 실재인 NCR의 유사함은 양자 신호교환의 지속적인 순간 속도다.

그리하여 우주의 모든 것은 일상적 실재인 CR과 비일상적 실재인 NCR 속도 모두로 다른 모든 것과 의사소통한다. 우리는 정말로 놀라운 고속의 의사소통 체계로 모든 사물과 모든 사람에 연관되어 있다.

❖ 꿈의 속도

보통의 빛에 대한 비일상적인 유사성은 양자 신호교환이며, 이것은 빛과 같이 꿈꾸기, 결레화, 명료함 같은 알아차림 과정의 큰 스펙트럼의 한 부분이다. 양자 신호교환의 속도는 교류하지 않는 알아차림의 기본 속도인 꿈꾸기의 속도다.

우리의 일상적 실재인 CR의 의식적인 마음이 '빛을 보기' 위해서는 잠깐의 시간이 걸리지만, 우리의 비일상적 알아차림은 전혀 시간이 걸리지 않는다. 이것이 우리가 모든 것을 즉시 알 수도 있고, 동시에 우리가 '아는 것' 을 이해할 때까지 오랜 시간이 필요할 수도 있는 이유다. 예를 들어, 깨어 있는 삶에서는 그것을 이해하는 데 몇 달이 걸릴지도 모르지만, 내가 꿈을 꾼다면, 꿈에서는 즉시 이해할 수도 있다.

❖ 누가 가장 빠른가

비일상적 알아차림과 명료함의 속도와 빛의 속도 모두가 모든 사람에게 똑같이 경험된다면, 우리 모두는 알아차림에 대한 동일한 기본 속도를 가져야만 한다. 심리학에서 광속의 불변성에 대한 유사성은 우리 모두 비일상적 실재인 NCR 알아차림에서 동일한 속도를 지닌다는 것이다.

우리는 일상적 실재인 CR에서 무엇인가를 실제로 깨닫는 데 필요한 시간인, 개인의 변화에 필요한 시간을 논의하는 것은 아니다. 이러한 변화는 많은 것, 즉 우리가 어떻게 자신을 받아들이는가, 누가 배움에 필요한 시간을 측정하는가, 새로운 정보는 우리의 일상 의식에서 얼마나 멀리 있는가 등과 같은 것에 의존한다. 정보를 우리의 일상 의식으로 넣는 데 필요한 시간이, 그 정보와 우리의 정체성과 우리 자신과의 거리에 의존하고, 누가 학습을 측정하는가에 의존한다면, 알아차림에 대한 우리의 기본 속도는 이 모든 요소에 독립적이다. 알아차림의 이러한 기본 속도는 모든 사람에게 동일하다.

❖ 예

예를 들어, 열등감을 느끼거나 내면의 비판으로 고통을 겪는 등의 보통의 심리적인 문제를 생각해 보자. 자신을 사랑하는 방법을 배우는 것은, 이러한 사랑이 '마음에서 멀리 있다' 는 사람보다는 그렇지 않다는 일부 사람에게 더 쉬울 것이다. 만약 사랑이 '멀리' 있다면, 그 사람은 자신을 사랑하는 것을 배우는 데 더 길고 '오랜' 시간이 필요하다. '멀리' 라는 말은 비일상적 실재인 NCR 용어다. 그러한 거리는 측정될 수 없지만, 우리 모두는 서로 알게 됨으로써 그 의미의 느낌을 이해한다. 예를 들어, 어떤 사람에게는 스스로를 사랑하는 것이 가까이 있는 반면에, 다른 사람에게는 그것이 멀리 있는 것 같다.

자신을 사랑하는 것과 같은 비일상적 실재인 NCR 사건이 가까이 있든지 멀리 있든지, 그리고 시간이 오래 걸리든지 짧게 걸리든지 하는 것은 상대적인 개념이다. [그림 24-3]의 두 사람을 보자. 사람 1은 자신을 사랑하는 방법을 배우는 데 사람 2보다 더 오랜 시간이 걸린다. 우리는 사람 1이 사람 2보다 감수해야 할 더 긴 비일상적

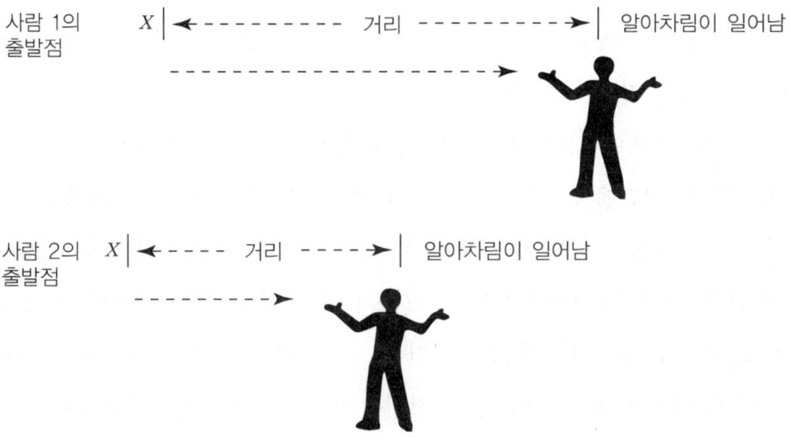

[그림 24-3] 학습에서 비일상적 실재인 NCR '거리'와 시간 사이의 관계

실재인 NCR 거리를 가진다고 말할 수 있다.

알아차림의 비일상적 실재인 NCR 속도는 순간적이지만, 즉 자신을 사랑하는 느낌이 측정할 수 없는 속도로 움직이지만, 우리의 정체성이 그러한 정보를 받아들이데 걸리는 시간은 이 새로운 사실들이 우리의 전반적인 정체성으로부터 '얼마나 멀리' 있는지에 의존한다.

출발점에서, 만약 사람 1의 정체성이 사람 2보다 배워야 할 새로운 사실로부터 더 멀리 떨어져 있고, 만약 알아차림의 속도가 똑같다면, 사람 1과 사람 2가 같은 위치에 도달하는 데 사람 1이 사람 2보다 더 시간이 걸릴 것이다. 예를 들어, 내가 21살 때 꾸었던 물리학과 심리학을 통합해야 한다는 꿈의 의미를 깨닫고, 이 책을 쓰는데 36년이 걸렸다. 나의 이해가 더뎠을까? 또는 그 꿈이 나의 정체성에서 아주 멀리 있는 무언가를 알려 준 것일까? 즉, 그것의 해답은 멀리 있었다.

우리가 자의식적 경험으로 시작하는 의식에 도달하는 기본적인 능력과 속도는 모든 사람에게 동일하지만, 깨어 있는 정체성과 새로운 배움 사이의 거리는 서로 다르다.

나는 이 개념에 대한 훌륭한 실례를 본 적이 있었다. 한 텔레비전 프로그램에서, 달라이 라마는 "나는 수학과 물리학 같은 과목은 잘하지 못했다. 아주 잘하지 못했다."라고 말했다. 그는 폭소를 터뜨리면서 자신은 '종교' 같은 다른 과목은 아주 잘했다고 말했다. 그리고 이유를 다음과 같이 설명했다. "나는 어린 시절에 종교와 가깝게 지냈으나 과학과는 전혀 연관이 없었으며, 그것이 지금의 내가 수학과 물리학을 잘하지 못하는 이유다."

달라이 라마는 수학보다 종교에 더 "가까웠다!" 비록 무언가를 얻는 속도가 모든 인간에게 같을지라도, 달라이 라마는 수학을 이해하는 데 더 시간이 걸린다. 왜냐하면 수학이 수학자에게서보다 그에게서 더 멀기(거리의 일상적 실재인 NCR 의미에서) 때문이다.

❖ 사회적 행동주의와 특권

수학과 같은 어떤 것을 당신 가까이 가질 수 있는 것은, 당신이 타고난 것이지 얻은 것이 아닌, 특권이며 행운이다. 그래서 만일 우리가 어떤 사람을 우리보다 '덜 영리하다' 고 말한다면, 우리는 우리의 특권, 시간과 공간의 상대성, 꿈에 대한 우리의 기본적이며 동등한 능력을 깨닫지 못한 것이다. 달라이 라마에게는 종교와 가깝게 있을 수 있었던 것이 특권이다. 그가 다른 사람보다 종교에서 더 훌륭한가? 아니다. 기본적으로 그렇지 않다. 그는 단지 종교와 가까운 것이다.

만약 당신이 자신에게 인종차별, 성차별, 동성애 혐오를 수용하도록 허용한 경험이 있다면, 인종주의자, 성차별자, 동성애 혐오자는 어리석은 사람인가? 그들로부터 상처받은 사람의 입장에서는 '그렇다.' 하지만 한편으로, 그들 인종주의자들은 어리석은 것이 아니다. 인종, 성, 권력, 우월성 등 각양각색의 문제는 당신보다 그들 인종주의자들로부터 더 멀리 있을지도 모른다.

당신이 무언가를 이해했다면, 즉 당신이 그것과 가깝다면, 당신은 특권을 받은 것이다. 당신은 운이 좋다. 그러나 만일 당신이 다른 사람들이 어리석다고 생각한다면, 당신 자신은 그다지 총명한 것이 아니다! 또는 당신은 영리하지만, 상대성의 개념이 다른 사람보다 당신에게서 더 멀리 있다고 나는 말해야 할 것이다. 우리는 모두 알아차림, 배움, 깨달음, 빛 보기에 대해 동등한 능력이 있다. 달라이 라마는 같은 빛을 보는 데 걸리는 시간이 당신의 생애 중 특정 시기, 그것으로부터 지금 당신의 거리에 의존한다고 말할 것이다.

사회 활동가는 이렇게 주장할 것이다. 이 모든 것이 그럴듯하지만, 그것을 알지 못한 사람들이 권력을 가지고, 그리고 그들이 동등하게 자신들의 '아는 것' 을 가속화할 능력이 없을 때 어떤 일이 일어날 것인가?

역사를 살펴본다면 우리는 이 질문에 답을 발견할 수 있다. 역사를 통해 혁명은 힘이 의식을 진보시킨다고 믿었다. 그들이 옳은가? 그럴 수도 있고 아닐 수도 있다. 당신은 사람들이 무엇인가를 배운 것처럼 강제로 움직이도록 또는 행동하도록 할 수 있다. 즉, 당신이 만약 압박을 가할 수 있다면 그들은 즉시 바뀐 것처럼 보인다. 더구나 당신은 누군가에게 정략적인 교정을 강요할 수도 있다. 그러나 '빛을 보는 것' 은 좀 더 시간이 걸린다. 그것은 당신의 실재에 대한 전체적인 그림의 변화를 포함한다. 그것은 참조 체제 사이의 관련성과 상대성을 보는 것을 포함한다. 진정한 이해는 배제되어 왔던 것에 대한 개방을 필수적으로 의미한다. 이러한 개방은 배제되어 온 정보가 당신에게서 얼마나 멀리 또는 가까이 있는가에 따라 다소 시간이 걸린다.

만일 당신이 어떤 사람의 어리석음으로 인해 고생하고 있다면, 당신은 당연히 그 사람을 바꾸려고 할 것이다. 그러나 다른 사람들은 '그것을 알기 위해' 그들이 가야만 하는 거리의 차이 때문에, 우리가 볼 때는 빠르거나 느린 것 같아 보이지만, 결국 우리 모두는 동일한 속도라는 것을 당신이 깨달을 때 진정한 변화가 온다. 우리는 우리의 기본적인 능력에서는 동등하지만, 우리의 순간적인 의식에서는 다르다.

만일 당신이 동등성에 대한 이 요점을 이해한다면, 당신은 다른 사람과 같다는 것을 알기 때문에 더 앞으로 나아가서 세상을 변화시킬 수 있다. 당신이 변화하기를 원하는 그 사람들처럼, 당신 또한 속도의 동등성, 거리와 시간의 상대성에 대한 요점을 이해하는 데 시간이 많이 필요하다. 모든 사물의 상대성과 능력에 대한 기본적인 동등성을 깨달은 열정적 활동가는 새로운 종류의 세상을 시작할 것이다.

만약 우리가 상대성에 대한 모든 요점을 이해할 수 있다면, 우리는 변화된 세계에서 살 수 있을 것이다. 우리 모두는 매우 빠르고 현명하다. 우리 모두는 한순간, 아주 짧은 시간에 그것을 알 수 있다. 모든 사람들은 아주 짧은 시간 동안에 모든 것을 이해하고, 동시에 우리 중 몇 명은 일상 의식 속에서 '그것을 아는', 즉 어떤 대상을 아는 데 오랜 시간이 걸린다.

❖ 깨달음은 길이다

베트남의 불교성직자인 틱낫한(Thich Nhat Hanh)은, 깨달음으로 가는 길은 없지만, 깨달음이 곧 길이라고 말한다. 현재 논의의 관점에 의하면, 우리는 필요로 하는 빛과 알아차림을 얻으면서 매순간 그 길 위에 있다고 말할 수 있다. 다시 말해, 깨달음은 목적이 아니고 과정이다.

우리는 매일의 삶에서 우리가 광자(光子)와 같다는 것을 보아 왔다. 우리의 길은 양자 신호교환을 통하여 서로 얽혀 있으며 그리고 모든 사물과도 얽혀 있다. 우리 모두는 빛과 같은 속도로 또는 시간을 통과하는 속도보다 빠르게 움직이며, 다른 모든 것들과 함께 꿈꾸는 자의식적 알아차림과 같은 속도로 움직인다. 이러한 점에서, 각각의 길, 각각의 순간은 깨달음 과정의 부분이다. 깨달음은 우리가 경험한 것을 명료하게 반영할 때 우리가 서 있는 길이다.

만일 우리 모두가 깨달음의 길에 있다면, 왜 우리는 이렇게 고통을 받을까? 해답은 고통 그 자체가 깨달음의 길이거나 잠재적인 깨달음의 길이라는 것이다. 왜냐하면 고통은 대체로 그것을 반영할 명료한 관찰자를 찾는 양자 신호교환인 비일상적 실재 NCR 신호이기 때문이다. 일단 결합되면, 고통의 신호는 매일의 삶을 풍부하게 하는 의미 있는 사건이 된다. 고통은 우리가 경험하는 모든 것, 비일상적 실재인 NCR 통로, 선명해질 수 있는 길, 또는 틱낫한의 말처럼 깨달음과 같다.

당신이 가진 모든 환상, 당신이 매일 밤 꾸는 꿈, 자신의 몸으로 경험하는 모든 감정은 빛의 속도로 또는 더 빠르게 여행하는 정보이자, 감지할 수 없는 순간에 움직이는 더 빠른 정보인 깨달음이다. 누가 그 정보를 우리에게 보낼까? 아무도 아니다. 우리가 말할 수 있는 모든 것은 우리가 스스로 반영하는 우주의 부분이라는 것이다.

❖ 우리는 모두 자의식적 길에서 만난다

꿈꾸기는 우리가 서로 연결되고, 반영되고, 양자 신호교환을 공유하는 영역이다. 우리는 사물에 대한 일상의 견해가 서로 다를지 모르지만, 꿈꾸기에서 우리는 공유된 세상을 찾는다.

잠깐 동안 투사에 대한 심리적 과정을 생각해 보자. 당신은 내가 당신에게 '좋은'

무언가를 투사하는 것을 경험한다고 해 보자. 당신이 느낀 '좋은' 무엇인가는 당신이 아니다. 그러나 만일 당신이 2차적 주의집중을 이용한다면, 당신은 거의 항상 먼저 내게 신호교환을 했다는 것을 알게 될 것이다. 당신은 투사의 과정에 참여했다. 아마도 내가 당신에 대해 말한 일상적 실재인 CR의 가치는 당신에 관한 한 아주 정확하지는 않겠지만, 그러나 나에게 당신 안의 무엇인가가 당신에게 투사할 대상의 가능성을 주면서 신호교환을 한다.

당신은 보통 나를 다른 세계에 살고 있고, 당신에 대해서 잘못 알고 있으며, 나의 칭찬이 당신 자신에게 과분하다고 보는 것으로 경험할 수도 있다. 그러나 만일 당신이 자신의 꿈을 연구해 보면, 당신은 그 '좋은' 특성이 정말로 자신의 일부라는 것을 알 수 있을 것이다. 당신의 2차적 주의집중을 사용한다면, 당신은 사실 나에게 자신의 좋은 특성을 지지해 달라고 신호를 보내고 있다는 것을 알 수 있을 것이다. 당신의 믿을 수 없는 특성은 내게 신호교환하면서 보아 달라고 요구한다. 그러나 2차적 주의집중이 없다면, 나에게 칭찬을 요구하는 신호를 보내면서 칭찬을 요구하는 깜빡임이 당신의 눈썹에 어떻게 나타나는지 당신은 거의 알아차리지 못할 것이다. 만일 알아차렸다면, 당신은 좀 더 많은 이해를 느끼거나, 적어도 나의 메시지에 대해 좀 더 공감을 느낄 것이다. 당신은 또한 꿈꾸기에서 자신이 나와 함께 있다는 것을 알게 될 것이다. 당신은 이런 좋은 특성들을 비일상적 실재인 NCR 초공간에서 공유한다. 당신은 더 이상 그들과 분리된 존재가 아니다. 한편으로는, 만일 당신이 명료하다면, 꿈꾸기에서 자신이야말로 칭찬을 필요로 하는 사람이며 또한 그러한 신호를 보내는 사람이라는 것을 알아차린다. 사실, 꿈꾸기의 세계에서 당신과 나는 우리의 관점에서 분리될 수 없다.

당신이 자의식적 영역에서 명료하다면, 꿈꾸기 신호, 즉 빛의 속도 또는 그보다 더 빠른 속도로 일어나는 양자 신호교환을 지각하기 때문에 당신은 깨달음으로서 당신이 있는 길을 경험한다. 당신은 나와 함께 공간과 시간 같은 특성을 가진 꿈의 세계에 참여한다. 그 세계에서 당신에 대한 자신의 견해와 당신에 대한 나의 견해는 똑같다.

그 세계에서 자의식적인 비일상적 실재인 NCR 신호가 '교환하는' 속도는 서로 얽힌, 상호관련성의 속도이며, 우리의 공통된 기반인 비일상적 실재인 NCR 전달 네트워크의 속도다. 그것은 우주 조종사의 속도이며, 또한 인지할 수 있는 우리 자신의 능력의 속도다.

이 속도는 너무 빠르고 끊임없이 측정 불가능해서 누가 무엇을 처음에 했는지 결코 확실히 말할 수 없을 것이다. 속도의 불변성은 일상적 실재인 CR 이면의 우주 법칙인 비일상적 실재인 NCR의 하나다. 비일상적 실재인 NCR 신호의 속도 없이는, 물리적인 우주가 존재하지 않으며, 개개인의 삶과 사회의 삶이 서로 통합되는 심리학도 없을 것이다.

우리는 25장에서 꿈꾸기의 공간과 시간이 물리학의 시공간에 대한 비일상적 실재인 NCR 유사성이라는 것을 알게 될 것이다. 꿈꾸기와 시공간 둘 다 모든 관점에 의해 공유되는 관점을 포함하는 초공간이다. 둘 다, 모든 체제와 심리상태에서 사람들에 의해 공유되는 공동의 기반이다.

1) 기억하겠지만, 켤레화는 복소수 $(a+ib)$와 그의 반영인 $(a-ib)$을 곱한 것이다. 그것을 곱하고 나서, 필요한 모든 항을 더하거나 빼 주면 실수 a^2+b^2이 남는다. 수학적으로 다음 식을 의미한다.

$$(a+ib)\times(a-ib)=a^2+iab-iab+b^2=a^2+b^2$$

제25장
시공간과 비밀의 강

세상의 도(道)는 강과 바다로 흘러가는 계곡 물과 같다.

-『도덕경(道德經)』, 32장, 앨렌 첸(Ellen Chen)의 번역-

시공간이라 불리는 상대성의 너무나 놀라운 4차원적 초공간은, 빠른 속도와 우주적 사건을 계산하기 위한 수학적 과정일 뿐만 아니라, 공유된 개인적 · 사회적 과정에 대한 은유적 표현이기도 하다. 이 시점에서 시공간에 대한 물리학 연구가 어떻게 인간의 사회적 과정과, 양자역학과 상대성 사이의 경험적 연결을 이해하도록 하는지 탐구해 보자.

우선 '시공간(space-time)' 에 대한 세부사항 몇 가지를 살펴보자. 아인슈타인은 저서 『상대성(*Relativity*)』에서 상대성의 원리를 설명하기 위하여, 실제로 실험은 하지 않고 실험을 상상하기 위해, 사고(思考) 실험(Gedanken Experimenten) 또는 순수 사고를 사용하였다. 사고 실험에서, 아인슈타인은 원리를 설명하기 위해, 1900년대 초기에 사람들에게 친숙했던 기차와 같은 운송기관을 이용했다. 이러한 사고 실험 중 하나에서, 그는 땅과 상대적으로 속도 V로 진행하는 기차를 주의 깊게 상상했다.

한 사람은 기차 객실 안에 서 있고, 다른 한 사람은 기차가 지나가는 것을 보면서, 땅에 서 있다.

아인슈타인은 만일 움직이는 기차 안에 서 있는 사람이 창 밖으로 돌멩이를 땅에 떨어뜨리면, 그 돌멩이에 어떤 일이 생길지 상상해 보려고 하였다. 그는 기차에 타고 있는 사람과 또한 기차를 보면서 땅에 서 있는 사람에게 돌멩이의 경로는 어떻게 나타날까라고 스스로 물었다.

그는 기차 안의 사람에게는 돌멩이가 아래쪽으로 직선으로 떨어지는 것으로 보일 거라고 추론했다. 기차가 지나가는 것을 보고 있는 땅에 서 있는 사람에게는, 돌멩이의 경로가 단지 아래로만 떨어지는 것이 아니라 아래로 떨어지면서 기차의 진행 방향으로 움직이는 것으로 보일 것이다.

[그림 25-1]에서 당신은 기차 객실에서 돌을 창 밖으로 떨어뜨리는 사람을 볼 수 있다. 그 사람에게는 기차 밑의 땅이 일정 속도로 움직이는 동안에도 돌멩이가 땅에 똑바로 직선으로 떨어지는 것처럼 보이는 것에 주목하라(바람의 저항력은 없다고 가정하자).

[그림 25-1] 기차 안에서 볼 때 떨어지고 있는 돌의 모습

그러나 [그림 25-2]에서 당신은 땅 위의 사람에게 돌멩이의 경로가 앞쪽과 아래쪽으로 움직이는 것처럼 보인다는 것을 알 수 있다.

[그림 25-2] 땅에서 볼 때 떨어지고 있는 돌의 모습

이제 우리는 똑같은 사건에 대해 두 개의 관점을 가진다. 누구의 견해가 옳은가? 둘 다 옳다. 사람의 손을 떠난 시간부터 땅에 떨어질 때까지 돌멩이의 경로는 관점에 따른 상대적인 개념이다. 돌이 따라야 했던 단 하나의 경로라는 것은 없다. 인생에 대한 우리의 관점은 우리의 체제에 달려 있다. 게다가, 기차의 속도가 매우 빠르다면, 공간과 시간이 상대성의 방식에 따라 변곡되기 때문에 막대자의 길이나 혹은 초의 기간에 대한 의미도 달라진다.

만약 아인슈타인이 함께하지 않았더라면, 두 관찰자는 돌멩이의 궤적에 대해 이야기하는 데 어려움이 있었을 것이다. 아인슈타인은 시간과 공간의 측정이 다르다 하더라도, 또한 시간과 공간이 체제의 상대적인 움직임 때문에 변곡된다 하더라도, 변하지 않은 채 남아 있는 돌멩이의 비행에 대한 특성 몇 가지가 반드시 있을 것이라고 추론하였다. 그는 실험을 통해 돌멩이의 어떠한 부분을 보든지 상관없이, 돌멩이에서 반사되어 나오는 빛의 속도는 같다는 것을 알고 있었다. 그러나 그 사실은 돌멩이의 어떤 특성이 변하지 않고 똑같이 남아 있는지에 대해서는 그에게 별로 알려주지 않았다.

아인슈타인은, 비록 시간과 공간이 관찰자의 체제에 대해 상대적이라 하더라도, '시공간의 분리' 또는 '*s*'라고 부르는 공간과 시간의 특정한 조합이 체제로부터 독립적이어야만 한다고 생각했다. 그는 기차의 속도가 느릴 때, 이 신비스러운 '*s*'는 그것이 무엇이든지 간에, 마치 제방 위의 어떤 사람에 의해 측정된 보통의 거리(길이)와 같은 것이어야만 한다고 생각했다. 매우 빠른 속도에서 s는 두 체제에서 얻은 측정과 매우 달라야 한다고 판명되어야만 한다. 왜냐하면 이런 측정은 서로 다르기 때문이다. 기차에서 떨어진 돌멩이에 대해 말하는 대신에, 그는 관찰자들이 '공통 기준', 즉 공통의 's'를 찾아야만 한다고 생각했다.

그는, 특히 과학자들이 관련된 체제들 사이의 방대한 차이, 예를 들면 우주여행이나 행성 간의 의사소통에 대해 생각할 때 이 공통 기준이 매우 중요하다고 추론하였다. 아인슈타인은 떨어지는 돌멩이뿐 아니라, 떨어지는 유성의 경로와, 지구에서의 당신의 관점과 달에서의 나의 관점과 같이 서로 다른 관찰자들이 떨어지는 유성을 보는 상대적인 거리에 대해서도 생각하고 있었다.

기차 안과 땅 위의 사람 대신에, 지구와 달 위에 있는 당신과 나에 대해 이야기해 보자. 당신이 나에게 6월 1일과 15일 사이에 유성이 하늘에서 얼마나 움직였는지 묻는다고 해 보자.

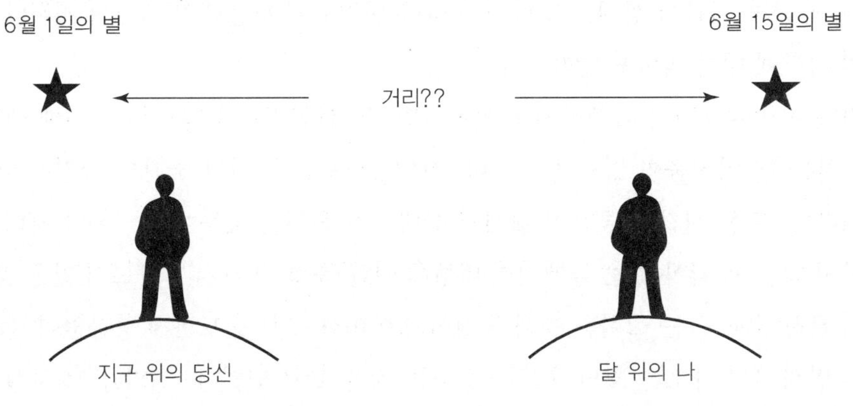

[그림 25-3] 별이 움직인 거리의 측정

지구에 있는 당신은 달에 있는 나와의 두 지점 사이의 거리에 대해 어떻게 의논할 것인가? 달에서 나는 하나의 거리를 측정하고 하나의 움직임을 본다. 반면에, 당신은 지구에서 다른 거리를 측정하고 다른 움직임을 본다. 어쨌든, 당신이 보는 것은 당신이 측정하고 있는 위치에서의 상대적인 별의 속도에 달려 있다.

아인슈타인의 대답은 '로렌츠 변환' 으로, 이것은 서로 다른 체제의 관점을 연결시키고 공통 기준의 측정, 즉 *s* 또는 '시공간의 분리' 로 상징되는 시공간의 계산을 허용한다. 그의 공식은 복잡하지 않다. 그것은 모든 체제에서 광속의 불변성에 대한 가정에서 나올 수 있으며, 하나의 체제에서 일어나고 있는 사건은 다른 체제에서 보일 때조차 같은 사건이 되어야만 한다는 사실에서 나올 수 있다.[1)]

과학자들은 아인슈타인의 공식을 믿었다. 왜냐하면 그의 계산이 옳다는 것과 우리가 주어진 사건에 대해 측정하는 공간과 시간은 실제로 변곡되어 있고, 우리가 사물로부터 측정하는 체제의 속도에 달려 있다는 것을 보여 주는, 특수상대성 이론에 대한 실험적 증거가 많았기 때문이다. 과학자들은 각 개인의 측정의 혼합인 *s*를 찾음으로써, 모든 체제에서 동일한 공통 기준을 가질 수 있다는 것을 발견하였다.

❖ '*S*' 는 공통 기준이다

그러나 이 공통 기준, 시공간은 무엇일까? 아인슈타인은 수학적 공식을 제외하고, 우리에게 결코 정확하게 말해 줄 수 없었다. 시공간이 실제로 무엇을 의미하는지 탐구하는 것은 우리에게 달려 있다.

우선, 상대성에 대한 수학적 결과에서는(수학에 익숙한 독자들은 이것에 관해 주석에서 볼 수 있다) 복소수를 필요로 한다. 게다가, 그 수학은 우리에게 광속보다 더 빠른 속도는 허용하지 않는다고 말한다. 왜냐하면 그 공식은 허수의 결과만을 주고 그 결과는 일상적 실재의 의미가 전혀 없기 때문이다. 수학이 허수의 결과, 즉 비현실적인 시간과 공간을 줄 때, 그것이 무엇을 의미하는지 결코 아무도 말할 수 없었다.[2)] 상대성의 결과는 어떤 물체가 빛보다 빠르게 움직이는 경우에는 직접 측정할 수가 없다.

오늘날, 만약 어떤 사건이 광속보다 빠르게 일어날 수 있는지 묻는다면, 우리는 그 질문에 '예'와 '아니요' 둘 다로 대답해야 한다. 꿈꾸기, 양자 신호교환, 그리고 다른 비일상적 실재 사건은 측정할 수 있는 시간에서 벗어나 있다. 우리가 광속보다 빨리 움직일 때, 아인슈타인의 수학은 허수를 생성한다. 우리는 허수란 측정할 수 없다고 배웠다. 허수는, 그 결과가 주관적인 판단에 달려 있는 텔레파시나 동시성과 같이, 비일상적 실재인 NCR에서 발생한 사건을 의미한다. 따라서 일상적 실재인 CR 관점으로는, 측정할 수 있는 어떠한 것도 빛보다 빠를 수 없다.

❖ 시공간의 분리

시공간 분리에 대한 아인슈타인의 수학을 좀 더 자세히 살펴보자. 시공간 분리를 계산하는 방법은 기본적으로 샐러드와 같다. 이 샐러드에 당신은 x, y, z, c, t와 같은 다른 문자들을 함께 섞을 수 있다. 각 문자는 x 길이, y 폭, z 높이, c 빛의 속도, t 시간을 나타낸다.

당신이 이 문자들을 제곱하면, 즉 스스로를 곱하고, 제곱된 거리를 함께 더하고, 제곱한 시간 요소를 빼면, 당신은 시공간에 대한 올바른 계산방법을 갖게 된다. 다시 말해, 만일 x, y, z는 거리이고, t가 지구에서 측정된 시간이고, c는 광속일 때, 시공간에 대한 공식을 단어와 부호로 나타내면 다음과 같다.

시공간의 제곱은 [폭의 제곱 더하기 길이의 제곱 더하기 높이의 제곱] 빼기 [빛의

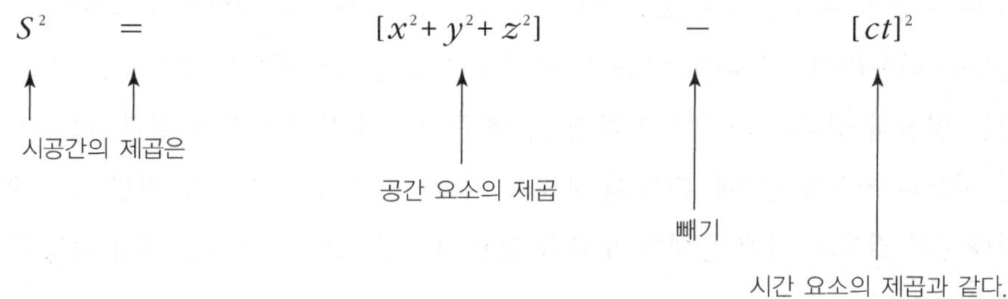

[그림 25-4] 시공간 분리의 방정식과 내용

속도로 여행한 거리의 제곱]과 같다.

다시 말해, 만약 폭(x), 길이(y), 높이(z), 시간(t)에 대한 당신의 측정 결과로 당신이 있는 국소적 체제의 크기를 얻는다면, 그리고 상수인 빛의 속도 c를 가지면, 당신이 s를 찾기 위해 해야 할 것은 위의 공식에 대입하는 것뿐이다. 우리가 아직 설명하지 않았지만, 놀라운 사실 하나는 이제 s가 더 이상 당신이 속해 있는 체제에 의존하지 않는다는 것이다. 만약 당신이 넓이, 길이, 높이, 시간에, 떨어지는 유성과 같은 동일한 사건에서 나의 관점으로 얻은 측정값과는 매우 다른, 당신의 측정값을 넣는다고 해도, 우리는 동일한 s를 얻게 될 것이다. 이것은 매우 놀라운 일이다. 왜냐하면 그것은 항상 우리 자신의 차원 대신에 우리에게 주어진 가치를 공유하게 하고 그 가치를 말해 주기 때문이다.

시공간 s는 주어진 사건에 대한 변수인 공간과 시간의 특별한 혼합이며, 즉 그것은 당신이 속해 있는 체제에 무관하다. 그것은 더 이상 우리가 아인슈타인 이전에 생각했던 것처럼, 불변하는 사건 그 자체에 대한, 나 또는 당신이 가졌던 이전의 상태가 아니다. 이제 우리는 시공간이 항상 똑같은 x, y, z와 t의 혼합이라는 사실을 알고 있다.

우리가 시공간의 공식을 볼 때, 우리는 공식에 x, y, z, t가 포함되어 4차원적이라는 것을 알 것이다. 반대로, 공간은 x, y, z만 포함하며, 공간은 3차원적이다. 다시 말해, 시공간 분리인 s(시간도 공간도 아닌)는 고차원(hyper-dimension), 초공간, 우리가 경험한 세계일 수 있지만 일상적이지는 않은 세계다. s는 지구에 있는 사람이나 달에 있는 사람에 대해 같은 경험이 될 것이다. 그리고 둘 다 별 사이에 있는 각자의 공간과 시간 측정을 주장하면서 s를 계산할 수 있다.

❖ 민코프스키의 가상의 시간

아인슈타인의 스승인 민코프스키(Minkowski)는 아인슈타인의 시공간이 또 다른 세계에 대한 이야기임을 깨닫고 시공간에 대한 아인슈타인의 방정식을 단순화함으로써 이 세계를 가능한 한 잘 묘사하고자 하였다. 민코프스키는 아인슈타인의 4차원 공식을 2차원의 삼각형 그림처럼 만듦으로써 보기 쉽게 하였다.[3] 민코프스키의 단순화는 훌륭했지만, 보기 쉽게 하기 위해서는 우리가 앞에서 본 것처럼 시간 차원이 허수로 된다는 것을 그는 알았다.[4] 민코프스키는 아인슈타인의 연구를 보고, 아인슈타인의 방정식이 새로운 세계관을 가지고 있으며, 사건이 '세계 선(線, world lines)' 의 개념 관점으로 표현된 시공간 세계임을 깨달았다.

'세계 선' 의 새로운 4차원적 세계는 상대성이, 적어도 어느 정도는, 양자역학의 파동함수와 같다는 것을 알 필요가 있다. 둘 다 수학적으로 허수로 표현된다. 파동함수가 부분적으로 실수이며 부분적으로 허수인 복소수임을 기억하라. 그리고 우리가 보아 왔듯이, 복소수는 꿈꾸기, 환상, 환각, 느낌, 고통과 같은 비일상적 실재인 경험과 연관이 있다.

다시 말해, 양자역학에서와 마찬가지로, 상대성의 허수는 비일상적 실재의 경험을 나타낸다. 복소수 또는 꿈꾸기는 양자역학과 상대성을 연결시킨다. 이처럼 간단한 것이다. 우리의 비일상적 실재의 경험은 가장 작은 소립자 영역과 우리가 사는 가장 큰 우주 모두를 묘사하는 방법을 형성한다.

관찰자, 경험자, 당신과 나는 비일상적 실재인 NCR 관계에서의 참가자다. 양자역학 해석에 대한 나의 해석 관점에서, 지구 위의 당신과 달 위의 나는, 둘 다 유성에 이끌렸기 때문에 떨어지는 유성을 관찰할 수 있다. 유성이 우리 둘에게 모두 신호교환하고 있는 것이다. 따라서 우리가 관찰하기 전에 비일상적 실재인 무엇인가가 발생하고 있다는 것을 알면서, 우리는 초공간에서 연결된다. 이제 상대성에 의하면, 우리가 우리 자신의 체제에서 유성을 관찰할 때, 그것은 우리 사이의 관찰에 대한 공통 기준을 만들어 주는 관찰 자체가 아니라, 바로 허수인 혼합이다.[5] 다시 말해 우리의 비일상적 실재의 경험에서 상대성의 시공간은 앞서 논의한 양자 신호교환과는 분리할 수 없는 것이다.[6]

❖ 시공간과 개인 과정

시공간 분리의 유사성 하나는 예술가의 작품에서 찾을 수 있다. 만약 그 예술가가 어느 정도 평범하다면, 우리들 대부분은 그 예술가를 정의할 수 있는 특별한 재능과 능력을 지닌 것으로 본다. 그러나 만일 그가 특출하다면, 우리들 각자는 그의 작품에 대해 뭔가 다른 것을 보기 시작한다.

피카소에 대해 생각해 보자. 그가 자신의 작품 중 하나를 '여인' 이라고 불렀다고 하자. 당신과 내가 거기에 동의한다고 하자. 그러나 그녀가 정확히 무엇을 하는지에 대해서는, 나와 당신과 피카소가 결코 동의할 수 없다. 그의 작품에는 뭔가 놀라운 것이 있다. 우리 각자가 그의 능력과 특출한 본성에 대해 다른 견해를 갖는 반면에, 우리 모두는 그의 그림에서 무엇인가 대단한 것이 있다는 같은 견해를 공유할 것이다. 우리는 그가 정확하게 무엇을 그렸는지에 대한 합의가 없지만, 그림의 대단함에 대해서는 정말로 동의한다. 우리는 비일상적 실재의 경험의 힘에 대해 동의한다. 그것은 마치 피카소가 우리를 3차원의 일상적인 삶에서 꺼내어, 일종의 시공간인 4차원으로 몰아가는 것 같다. 우리는 이 일종의 '공간-시간' 인 초공간에 대한 놀라운 본성에 동의한다. 여기에서의 '공간-시간' , 즉 초공간은 그림에서 그린 실재 사물과, 우리가 잘 정의할 수 없는 창조적 천재성을 결합한 것이다. 전체적인 효과는 더 이상 일상의 실재에서 정의할 수 없다.

한 예술가의 재능은 일상적 실재인 CR의 능력과 자신이 일으키는 상상력의 결합으로, 최면을 거는 듯한 4차원적 효과를 초래한다. 우리가 그 예술가의 전체적인 효과가 놀랍다는 것에 동의를 얻을 수 있는 반면에, 우리는 이것이 어떻게 발생하는지에 대해서는 정확히 말할 수 없다. 단지 그가 일상적 실재를 넘어 초공간으로 우리를 데려갔다고 이야기할 수 있다. 그는 우리 모두를 꿈꾸게 하였고, 우리가 그의 존재를 공유하는 것은 바로 이러한 꿈꾸기 경험이다. 우리 각자는 그의 예술을 주어진 공간의 개념으로 보지만, 우리가 본 이후에 발생하는 것은 꿈꾸기로만 표현할 수 있다. 우리는 일상의 시간과 공간 밖에 있는 경험 공간 혹은 초공간에 있는 것이다.

시공간 꿈꾸기의 또 다른 예는 전통의 마법사나 초자연치료사의 행위와 관련된다. 나는 카를로스 카스타네다(Carlos Castaneda)의 저서에서 나오는 미친 듯이 춤추는 남자, 돈 게나로(don Genaro)를 구체적으로 떠올린다. 돈 게나로를 상상해 보자. 누군가 그를 방문해서 문 앞에 서 있으면, 돈 게나로는 인사 대신 창조적이며 초자연치료적인 춤을 추기 시작한다. 돈 게나로를 방문한 두 명의 다른 초자연치료사 제자들은 서로 다르게 목격했을 수도 있다. 한 명은 초자연치료사의 춤을 보고, 막 날아가려고 하는 퍼덕거리는 작은 새의 모습으로 변신했다고 생각할 수도 있다. 두 번째 제자는 그가 독수리처럼 퍼덕거리며 춤을 춘다고 본다. 둘 모두의 관점은 서로 다른 심리 체제에서 온 것으로, 지구에 있는 사람과 달에 있는 사람이 떨어지는 유성을 매우 다르게 보는 것처럼 서로 다르다.

두 제자들은 돈 게나로가 춤을 추고 있고 새 같으며, 최면상태이고 주술적인 힘을 가진 것으로 경험한다. 두 명의 서로 다른 관찰자에 의해 목격된 꿈꾸기의 힘은 시공간과 유사성을 갖는다. 꿈꾸기의 힘은 양자 신호교환과 상대성에서 발견되는 복소수 수학과 유사한 공통 기준이다. 꿈꾸기의 힘은 실재 특성(돈 게나로가 새처럼 춤을 추는 모습)을 가지며 또한 가상의 특성도 가지고 있다. 이러한 실재와 가상의 특성, 즉 복소수는 공유되는 경험이며, 다른 시각에서 결합되는 공통 기준이며, 시공간과 유사한 경험이다.

'초자연치료' 라는 바로 그 용어는 비록 우리가 일상생활의 개념으로 정확히 정의하지는 못하지만, 초자연치료사가 다른 실재로 들어가는 사실에 대해 합의한다는 것을 암시한다. 초자연치료에서 비일상적 실재의 경험에 대한 연구는 우리에게 아주 다른 관점에서 공유되고 있는 계속되는 불변의 특성에 대한 암시를 준다.

우리는 "돈 게나로가 스스로 경험하고 있었던 것은 무엇일까?" 라고 질문할 수 있다. 그는 아마도 일상적 실재인 CR의 외부인, 시간과 공간 밖으로 걸어 나가, '나구알(nagual, 중미 토속 종교에서 마법적으로 자신을 당나귀, 개 등과 같은 동물 형태로 변하게 할 수 있는 힘을 가진 사람)', 미지의 세계, 도(道), 무의식 속으로 들어가서 스스로를 경험했다고 말할 수도 있다. 그는 자신의 모든 다양한 부분과 조화되었고, 공간을 통해, 시간의 전후로, 흐름의 한가운데로 여행한 것이다.

❖ 시공간과 집단의 공통 기준

나는 돈 게나로를 만난 적이 없지만 종종 집단과정에서 아프리카, 오스트레일리아, 남미의 비슷한 전통적 초자연치료사들을 경험해 보았다. 나는 신령이 내가 목격하고 있는 초자연치료사를 움직이고 있다는 느낌을 항상 가졌었다. 그들의 '힘의 행위' 는 신비하며 모두에 의해 서로 공유되었다. 비록 각 관찰자는 초자연치료사에 대한 자신의 분리된 경험을 가졌다 하더라도, 우리 모두는 무아지경의 최면상태와 치료로 보이는 것을 공유했다.

이러한 최면상태와 '힘의 행위' 는 시공간의 한 형태이며, 참석한 모든 사람에게 있어서 '공통 기준' 이다. 그 경험은 초공간, 마법적이며 통합된 분위기에서 발생했다. 사실, 이런 공통 기준이 바로 집단을 창조하고 존재하도록 유지하는 것이다.

나는 이 초자연치료사에게서 경이로움과 편안함 둘 다를 느꼈다. 나는 그들의 언어를 이해할 수 없었지만, 그 초자연치료사는 모든 공동체 속으로 깊이 흐르는 비밀의 강인, 아메리카 원주민들이 위대한 영혼이라 부르는 공통의 신비감 경험을 통하여, 나를 그들의 가장 은밀한 영역인, 바로 나 자신의 '집' 으로 데려갔다.

일상생활에서 우리는 우리의 CR 체제, 다른 견해, 교육, 사회와 계층의 배경에 의해 분리되어 있다. 우리 각자는 자신만의 세계에 살고 있다. 그러나 함께 꿈꾸기에서, 우리의 구분된 체제는 떨어져 나가고, 우리 각자는 상대성의 시공간에 의해 암시된 통합된 동일한 실재를 공유한다.

세계의 범세계주의적 문화의 대부분에서, 일상적 실재인 CR은 마치 절대적인 것처럼 공간과 시간의 주요 차원을 강조한다. 우리는 능력, 지성, 인종, 성, 나이 등의 개념 관점으로 우리 자신과 다른 사람들을 측정한다. 이러한 분리는 유용한 차별화를 이끌어 내기도 하지만, 또한 소외, 즉 인종주의, 종교전쟁, 동성애 혐오증, 노인차별, 외로움 등을 초래하기도 한다.

그러나 함께 꿈꾸는 순간 동안, 이러한 차원과 구분된 관점은 함께 통합되고 우리는 더 이상 어떤 하나의 인종, 종교, 성별, 나이가 아니며, 철저하게 혼자인 것도 아니다. 깊은 공동체 경험에서, 우리는 삶과 죽음, 흑인과 백인, 이슬람교, 불교, 힌두교, 유대교, 기독교, 여자와 남자, 동성애자와 이성애자, 노인과 젊은이, 당신과 나의 형언할 수 없는 혼합체가 된다.

나는 에이미와 함께 한국인, 일본인, 중국인, 흑인, 라틴계, 백인계 미국인의 큰 집단과 여러 나라의 많은 사람들과 겪었던 특별히 감동적인 공동체 경험을 기억한다. 우리는 제2차 세계 대전에서 비롯된 아시아 국가들 간의 불화와 황폐화 영향을 풀기 위해 함께 모였었다. 그 집단의 주 관심사는 대부분 전쟁 잔혹성으로 인한 고통과 대립을 풀어 내는 것이었다. 다양한 아시아 민족 간의 공개 집단 토의, 논쟁, 상호작용은 내내 우리 모두를 놀라운 감정적 폭발, 통찰, 부분적 해결의 과정을 겪도록 하였다. 집단의 많은 구성원들은 스스로 2차적 주의집중을 사용하는 훈련을 하여 놀라운 감정을 꺼내어 해결하고 지나갈 수 있었다.

이러한 대집단 작업은 그런 상황에서 기대할 수 있었던 만큼 잘 진행되었다. 많은 심각한 순간들이 발생했으며, 가장 고통스런 상황에서 부분적인 해결이 발생하기도 했다. 우리가 집단 경험을 끝냈을 무렵에, 특히 전쟁으로 상처받은 한 한국인 참석자는, 분명하고 단호하게 자신은 발생했던 역사적 사건에 대해 일본인들이 어떤 협정과 사과를 할지라도, 절대로 일본인들을 좋아하지 않을 것이라고 선언했다. 그 한국인은, 일본인들이 어려움을 극복하기 위해 최선을 다할지라도, 이생에서나 내생에서도 어떠한 것도 다시 느끼지 않을 것이며, 결코 웃거나 울지도, 눈물을 흘리지도 않을 것이라고 강하게 말했다.

그 한국인이 이야기하고 나서, 긴장된 침묵이 흘렀다. 단지 1분이었지만 오래된 것 같은 시간이 흐른 뒤, 방 반대쪽의 한 일본인 참석자가 일어나서 일본어로 간단하고 부드럽게 무언가를 말했다. 그러자 대집단의 모두에게 충격적이게도, 일본인들이 거의 하나가 되어 일어나서 한꺼번에 엎드려, 고개를 숙이고 집단을 향해, 한국인들에게 일본인들이 저지른 잔혹함에 대해 용서를 구하고 사과하면서, 그 한국인에게 순종의 인사로 손을 뻗고 엎드려 절하였다.

다시 침묵이 있었다. 그때 한국인은 울음을 터뜨리고 흐느끼고 또 흐느꼈으며, 모든 사람들의 마음을 열고, 우리 모두를 공동체 속으로 흐르는 비밀의 강으로 안내하였다.

그 놀라운 사건을 목격한 각각의 사람들은 모두 일어난 일에 대해 자신 고유의 관점을 가지고 있었다. 그러나 무언가는 공통적이며 공유되었다. 모두가 깊이 감동 받았고, 말하자면 다른 실재로 옮겨졌다. 우리 모두는 내가 함께 꿈꾸기라고 언급하는 그러한 공통의 초공간에 살았던 것이다. 그와 같은 순간들은, 갈등에 빠진 공동체의 불 속에 앉아 있기 위해 필요한 힘들고, 두렵고, 불편한 노력을 매우 가치 있는 것으로 만든다.

그 한국인과 일본인은 비일상적 실재의 경험, 생각, 형언할 수 없는 감정에 대한 2차적 주의집중을 사용함으로써 우리 모두를 꿈꾸기의 영역으로 이동시켰다. 그들은 일상의 실재에서 걸어 나와, 역사를 통해 꿈꾸기로 들어갔다. 모두가 벌어진 일에 대한 자신의 관점을 가지고 있을 것이다. 그러나 놀랍고 일상을 넘어선 무엇인가가, 표현할 수 없는 무엇이 일어났다고 모두가 동의할 것이다.

일상적 실재인 CR의 어휘는 그 과정에 대해 생각을 하는 데 유용하다. 우리는 전형적인 이미지 그리고 역사를 사용할 수 있다. 우리는 사회적인 이슈와 지구문제에 대해 이야기할 수 있다. 이러한 묘사들은 강으로 가는 통로지만, 강 자체에 대한 경험은 아니다. 집단이 매우 깊게 들어가서 감춰진 느낌을 끄집어내고 일상의 실재를 넘어 이동하는 것은 매우 드물다. 이러한 일이 일어날 때, 아메리카 원주민들이 사용한 영적인 용어인 '어머니 지구(Mother Earth)' 의 의미가 분명해진다. '어머니 지구' 는 공동체의 힘이며, 모든 사물 사이의 연관성을 꺼냄으로써 차이를 없애 버린다. '어머니 지구' 의 경험은 전 세계적인 지구의 불화에 직면하여 세계가 화합할 것이라는 희망을 우리에게 만들어 준다.

'어머니 지구' 는 시공간의 형태다. 심리학은 원주민에서뿐만 아니라 물리학에서도 '어머니 지구' 에 대해 많은 것을 배울 수 있다. 상대성의 수학은, 모든 것들이 발생하는 가장 보편적 영역인 시공간이 관찰자가 있는 언제 어느 곳에서나 항상 존재하는 계산이라고 우리에게 확실한 용어로 말해 준다. 일단 당신이 자신만의 관점에서 보는 것과 같이 상대성에 대한 표현을 시작하면, 곧 충분히 새로운 차원과 흐르는 과정이 나타날 것이다. 이 과정 영역에서 일상의 실재에 대한 부분과 입자들이 공통의 강으로 함께 흘러간다.

❖ 결론

이번 장에서 우리는 시공간은 사건이 일어난 공간 차원에서 시간 요소를 빼고 계산될 수 있다는 것을 발견했다. 관련된 상대속도가 크지 않다면, 시공간은 단순히 일상의 공간과 시간일 뿐이다. 하지만 높은 속도에서는, 사건에 대한 관점이 달라지기 시작한다. 이러한 상황에서 우리 모두가 공유하는 유일한 것은 우리의 공간적 차원과 시간 차원의 4차원적 조합이다.

물리학의 빠른 속도에 대한 심리학의 유사점은 공동체가 의식의 변형상태로 들어갈 때다. 이런 상태에서 우리의 강렬한 경험과 보통의 평범한 자아 사이의 차이는 매우 크다. 시간과 공간의 변곡이 발생하고, 우리 모두는 새로운 영역인 초공간으로 들어간다. 그 결과 얻어진 변형상태에 대한 우리 자신의 개인적인 설명은 그것들이 우리 각 개인적 체제에 의존하기 때문에 다르다. 그럼에도 불구하고, 4차원적 시공간과 비슷하게, 우리는 여전히 우리 모두에게 신호교환하는 놀라운 대상, 꿈꾸는 시간의 공통적으로 흥분된 감각의 특별한 실재를 공유하고 있다. 그 순간에 꿈꾸는 시간이 시공간(space-time)이 되는 것처럼, 우리가 특별한 상호관련성으로 변형된다는 것을 느낀다.

원주민들이 '어머니 지구(Mother Earth)' 라 부르는 비일상적 실재의 공통 기준인 시공간은 비록 숨겨져 있다 하더라도, 우리가 사물을 보는 일방적인 방법에 항상 존재한다. 우리가 어떤 문제에 대한 다양한 일상적 실재인 CR 관점을 취할 때, 그리고 우리가 감춰진 불합리한 요소를 드러낼 때, 사건의 과정과 같은 '시간 같은(time-like)' 특성이 시작된다. 만일 우리가 주어진 사건 주위에 있는 사적인 경험을 밝힐 수 있는 용기가 있다면, 이 이야기의 교훈은 우리가 분리의 세계를 연결의 감각으로 변형할 수 있다는 것이다.

공통성, 또는 과학자들이 이야기하듯이 '시공간 분리의 불변성' 은 개인 또는 대집단 과정의 복잡성을 촉진하는 것에 대해 걱정하는 우리에게 희망을 준다. 특히 우리를 분리하고 따돌리는 일방적이고 비상대적 관점에 의해 곤란에 처할 때, 또 우리가 긴장과 곤란의 한가운데 빠져 있을 때, 현대 물리학을 기억하는 것이 도움이 될 것이다. 물리학은, 누군가가 자신들의 개인적인 경험의 경계를 넘어 꿈꾸기의 영역으로 들어간다면, 공통의 시공간 측정과 함께 꿈꾸기가 가능하다고 분명하게 말한다. 우리는 공동체의 비밀의 강이 엄청난 적대감 속에조차 내재한다는 것을 기억할 필요가 있다.

물리학은 시공간을 형성하는 경험에 대해 심리학으로부터 배울 수 있다. 물리학은 초자연치료사의 주의집중이 4차원적 시공간뿐 아니라, 자의식적 경험의 영역인 허수의 범위를 파악하고 이해하는 데 필요하다는 것을 배울 수 있다. 초자연치료사가 미지의 세계라고 부르는 것은, 심리학자들이 텔레파시, 동시성, 공동체, 과정, 또는 수학자가 미적분학에서 찾을 수 있는 유동(流動, flux)이라고 부른다. 미래의 물리학자들은 상대성의 시공간과 양자역학의 결례화가, 우주 영역과 소우주 영역이 심리학과 초자연치료의 자의식적 경험과 공존하는 곳에 있다는 것을 깨달을 것이다. 이러한 자각은 새로운 세계관의 시작이며, 우리 모두의 '분리된' 실재에 대한 상호 관련된 본성을 지각하는 현대의 초자연치료다.

주 석

1) 로렌츠 변환에 대한 아인슈타인 유도식의 기본 개념은 빛의 속도가 모든 체제에서 일정하며, 거리는 속도와 시간의 곱이라는 데 기초하고 있다. 유도된 근사식은 다음과 같다. 광속의 1차원에서 여행한 거리는 $x=ct$이다. 또는 $x^2-c^2t^2=0$이다. 다른 체제(x', t' 이라고 하자)에서 동일한 사건의 출현 모습은 $x'^2-c^2t'^2=0$을 의미해야 한다. 우리가, 빛의 진행이 완전한 직선이 아니며, 유클리드 기하학을 만족시키지 않아도 되거나, 직각삼각형의 빗변은 나머지 두 변의 제곱의 합의 제곱근이라는 피타고라스 정리를 고려하지 않아도 되는, 빛의 진행에 대한 일반적인 경우를 고려해 보면, 3차원에서 다음과 같다.

$$x'^2 + y'^2 + z'^2 - c^2t'^2 = x'^2 + y'^2 = z'^2 - c^2t'^2 = s^2$$

여기서 s는 시공간 분리다.

만일 우리가 $x=vt$이라는 것을 기억하고, $y=z=0$라 한다면, 위의 방정식은 [그림 25-5]에서 보는 것처럼 1차원에 대한 로렌츠 변환을 준다(이 유도에 대한 더 자세한 내용은 아인슈타인의 저서 『상대성의 의미(*The Meaning of Relativity*)』에서 볼 수 있다).

일반적으로, 땅 기준에서의 값이 x, y, z, t로 주어지는 어느 한 체제에서, 그것과 상대속도 v로 이동하면서 x', y', z', t' ($y=y', z=z'$일 때) 값의 다른 체제로의 로렌츠 변환의 결과는 다음과 같다.

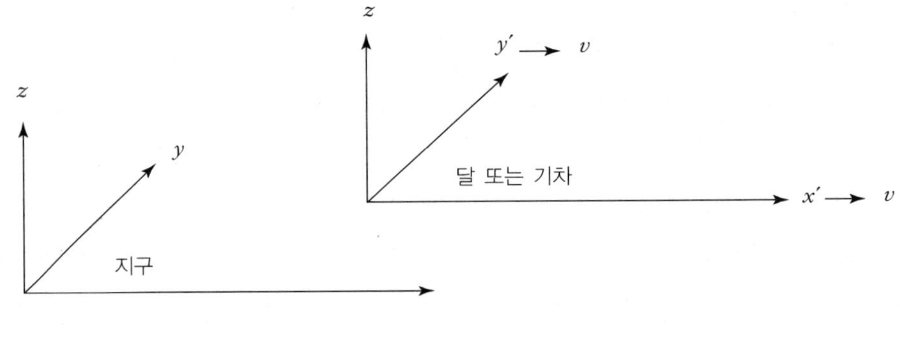

$$x' = \frac{x-vt}{\sqrt{1-v^2/c^2}} \text{와 } t' = \frac{t-vx/c^2}{\sqrt{1-v^2/c^2}}$$

[그림 25-5] 상대적인 체제에서 공간과 시간의 연결

지구와 상대적인 기차(또는 달)의 속도는 $v=x/t$이다. 만일 우리가 땅에서 보여지는 기차나 별과 같은 움직이는 체제에서 1미터를 측정하는 미터자가 있다면, 우리는 x'의 값을 얻을 수 있다. 그 1미터는 지구에서 재는 사람에게는 얼마가 될까?

$x-vt=x'\sqrt{1-v^2/c^2}$ 이므로,

만약 $x'=1$, $t=0$이면,

$x = \sqrt{1-v^2/c^2}$ 이다.

이것은 기차와 같은 매우 작은 속도에 대해서는, x가 역시 약 1미터라는 것을 보여 준다. 그러나 매우 높은 속도에 대해, 기차 위의 사람이 1미터를 측정한다면, 지구 위의 사람은 그 미터자가 수축한다고 생각할 것이다. 만일 v가 c보다 커진다면, 그러면

$$x = \sqrt{1-v^2/c^2} = \sqrt{\text{음수값}} = i\sqrt{\text{양수값}}$$

여기서 $i=\sqrt{-1}$ 이기 때문에 우리는 허수 값을 얻게 된다. 따라서 오늘날의 물리학에 의하면, 어느 것도 빛보다 빠르게 움직일 수 없다. 왜냐하면 만약 그렇다면, 그것은 일상적 실재인 CR로 측정될 수 없기 때문이다. 빛의 속도 이상의 어떤 것도 상상의 세계, 즉 꿈꾸기를 다루게 된다. 게다가 [그림 25-5]의 t' 에 대한 공식에서 $x=0$인 경우, 속도가 증가하면 기차에서 측정된 1초가 땅에서 측정한 사람에게 있어서는 1초보다 작게 측정된다는 사실을 알 수 있다. 즉, 다음 식에서처럼 v가 증가하면 시간은 수축된다.

$$t = \sqrt{1-v^2/c^2}$$

2) 위의 주석 1에서 $v(=x/t)$가 c보다 크면 허수가 나오는 과정을 설명했다.

3) 시공간에 대해 계속해서 더 탐구하기에 앞서, 그것에 관해 좀 더 생각해 보자. 이것은 복잡하지는 않지만, 당신이 그동안 직각삼각형에 대해 많이 배우지 않았다면, 복잡해 보일 수도 있다. 나는 삼각형에 대해 잠깐 설명한 후 아인슈타인의 수학 스승인 헤르만 민코프스키가 어떻게 아인슈타인의 결과를 재평가했고, 어떤 의미에서, 단순화했는지 보여 주고자 한다.

민코프스키는 s를 보고, 그것은 직각삼각형의 대각선이나 빗변(긴 변)과 같은 것이라는 것을 깨달았다.

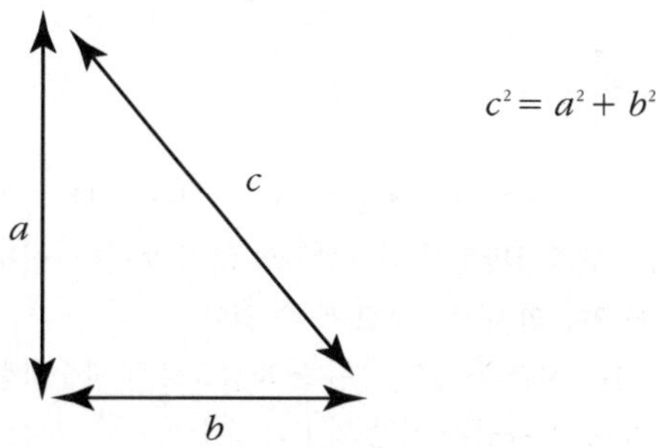

[그림 25-6] 직각삼각형의 유클리드 공식

민코프스키는 직각삼각형의 공식을 보고, 시공간 방정식도 비슷해 보인다고 생각하였다.

$$s^2 = x^2 + y^2 + z^2 - c^2t^2$$

위 식을 단순화하고 공간 좌표 x, y, z를 하나의 공간 좌표 x로 표시할 수 있다면 다음과 같다.

$$s^2 = x^2 - c^2t^2$$

이 시공간 공식은 다음 식과 비슷하게 보이는데,

$$c^2 = a^2 + b^2$$

이것은 c가 거리인 직각삼각형의 공식이다.

민코프스키는 이것을 보고 다음과 같이 생각했다. "흠, s 또는 시공간은 4차원적 측정(3개의 공간 차원과 1개의 시간 차원)이다. 반면에, 평면 삼각형은 2차원적이다. s를 4차원에서 시각화하기 어려우니, 2차원으로 줄여 보면 어떨까? 근본적으로 3차원인 우리의 일상 세계에서 4차원적 실재 같은 것은 아무것도 없다. 미래의 물리학자들은 아인슈타인의 상대성 연구를 시각화하려 하겠지만, 그가 말하고 있는 것을 시각화하지 못한다면 그것은 너무 이상할 거야!"

2차원이나 3차원은 생각하기 쉽기 때문에, 민코프스키는 x, y, z, t로 구성된 4차원적 초공간을 2차원으로 줄이기로 결정했다. 그는 평면 삼각형으로 시각화함으로써 본질에 접근했다. 이것은 울퉁불퉁한 지구의 표면을 측정하는 것과 같다. 곡면은 측정하기 어렵기에, 당신은 편평한 것으로 가정하고, 폭 곱하기 길이인 면적에 대한 공식을 적용해서 표면을 계산한다.

새로운 4차원적 세계를 시각화하기 위한 그의 노력에서, 민코프스키는 시간과 공간을 동등한 입장에 두기 위해 단순히 재명명하였다. 그는 x_1을 공간 차원($x = x_1$), x_4를 시간 차원($-ict = x_4$)이라 하고, 직각삼각형의 형태를 지닌 더 단순한 공식을 도출하였다.

$$s^2 = x_1^2 + x_4^2$$

이 모든 것의 요점은 실재의 관점에서 초공간을 시각화하는 것이었다. 그리고 실제로 위의 시공간에 대한 4차원 공식은 직각삼각형의 대각선 공식처럼 보인다. 이것은 만일 우리가 2차원에서의 삼각형을 생각한다면 s를 일종의 대각선으로 볼 수 있다.

민코프스키의 수식은 시간의 가상 차원을 숨김으로써 단순화한다. 민코프스키의 새로운 세상은 일상적 실재인 CR의 공간 차원과 시간 차원의 결합이지만, 시간은 앞에 허수가 있다($-ict = x_4$). 다시 말해, 시간 차원을 시각화하는 것은 어렵다.

그러나 우리는 수학 없이도 처음부터 이미 알고 있었는데, 시간은 공간적 성질을 갖지만, 시간에서의 움직임은 상상하기 매우 힘들다는 것이다. 우리는 우리의 생각 속에서 시간을 공간화한다(예를 들어, 당신에게 "당신이 자동차로 다음 도시까지 가는 데 얼마나 걸리나요?" 라고 물어본다면 당신은 "약 500마일(800km) 정도" 라고 대답할 것이다).

민코프스키는 x차원을 새로운 이름으로 불렀다. 그것은 당신을 당신의 이름이 아닌 '공간 1' 이라고 부르는 것과 같다. 그는 x를 x_1이라고 재명명했다. 그는 y도 역시 새로운 이름인 공간 2 또는 x_2라고 불렀다. 같은 방식으로, z는 x_3가 되었다. 이제 그는 시간 앞에는 불편한 음의 기호가 붙어 있으므로, 즉 $-c^2t^2$ 이므로, '시간에 대해서는 도대체 어떻게 해야 하지?' 라고 생각했다. 그는 시간 차원을 x_4로 하자고 생각했다.

이것은 정말로 기발했다. 왜냐하면 -1의 제곱근은 i이므로, 그는 $x_4^2=(-ict)^2$, 즉 $x_4=-ict$라고 표시함으로써, $(-c^2t^2)$항에서 마이너스 부호를 숨겼다(7장을 기억하라). 이 새로운 이름으로, 시공간은 좀 더 친숙하게 되었다.

즉, $x=x_1$, $y=x_2$, $z=x_3$, 그리고 $-ict=x_4$이므로

$$s^2=x_1^2+x_2^2+x_3^2+x_4^2$$

이 식은 y, z가 0일 때, 다음과 같이 줄일 수 있다.

$$s^2=x_1^2+x_4^2$$

4) 하지만 잠깐, 시간, $x_4=\sqrt{-c^2t^2}$ 에 대해 무슨 일이 일어났을까? -1과 같은 음수 값의 제곱근은 i이므로, $x_4=ict$가 된다.

5) 시공간의 계산: 당신에 관한 한, 하나의 공간 차원 x를 따라 움직인 행성의 거리를 측정할 때 y와 z는 필요 없다고 가정하자. 그러면 우리는 시공간을 2차원의 지도인 것처럼 그릴 수 있고, 우리는 쉽게 시각화할 수 있다. 시공간은 이제 2차원으로 표현될 수 있다.

예를 들어, 공간 관점에서 250마일, 시간 관점으로 1년을 운행한 행성의 시공간 분리를 측정해 보자.

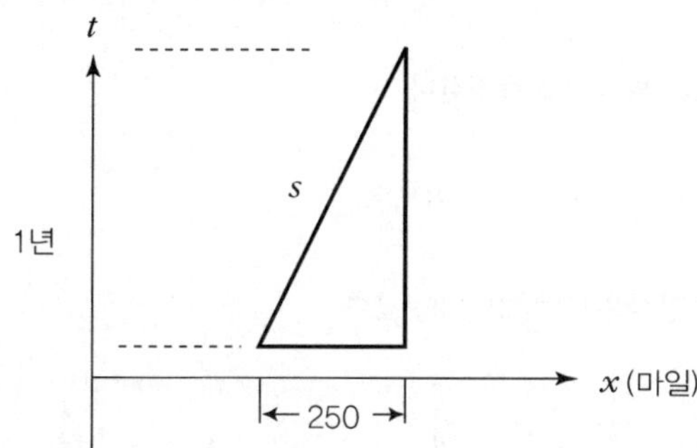

[그림 25-7] 250마일과 1년을 측정하는 시공간 그림

이제 우리는 이 값들을 위의 x, t 공식에 대입할 수 있고, 행성이 지구 시간으로 1년과 지구 거리 250마일을 이동한 시공간 분리인 s를 얻을 수 있다. 마찬가지로, 우리는 그 행성이 시간을 통해 움직인 행성의 속도 또한 측정할 수 있다.

이러한 시공간 분리를 찾는 이유는 이러한 s 값이 당신이 어디에서 측정하든지 관점에 상관없이 항상 일정하기 때문이다.
만일 그 행성이 여전히 우주에 정지해 있다 해도, 그것은 여전히 시간에서 움직이는 것이고, 무엇보다도 늙어 가는 것이다.

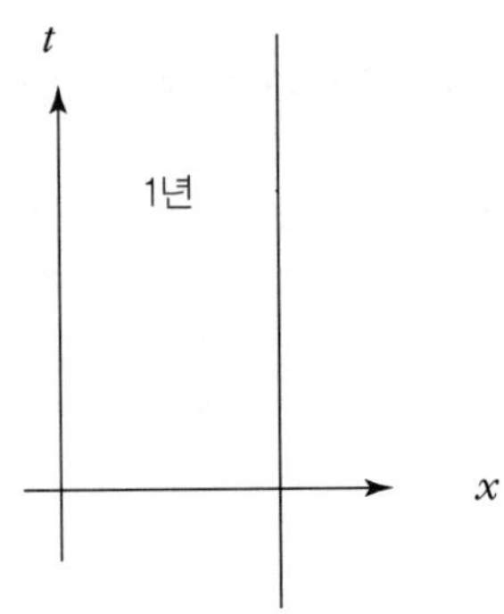

[그림 25-8] 공간에서 움직임이 없을 때 시공간의 움직임

오직 시간에서의 움직임으로, 행성은 시공간에서 직선을 만든다. 왜냐하면 x, y, z가 전혀 변하지 않기 때문이다. 시간에서의 움직임에 대한 속도가 있을까? 물론 있다. 시간에서의 속도는 $c=s/t$이다. 어떻게 시간에서 물체의 속도가 있을까? 속도는 바로 빛의 속도다. 그러므로 비록 당신이 주어진 기준 체제의 관점에서 1인치도 움직이지 않았더라도, 당신은 시간에서 빛의 속도로 움직이고 있는 것이다.
달에 있는 사람은 x_1' 와 x_4' 를 측정한다.

$$s^2 = x_1^2 + x_4^2 = x_1'^2 + x_4'^2$$ 이므로

그림 형태로, 이 방정식은 [그림 25-9]와 같다.

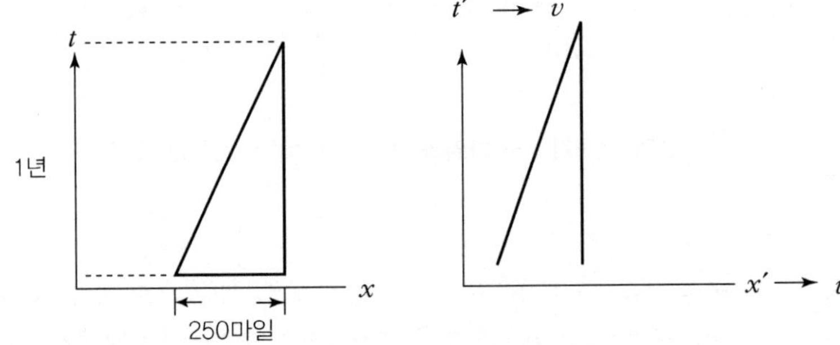

[그림 25-9] 지구와 움직이는 체제에서 보여지는 상대적 측정

나는 250마일을 측정하고 나의 시간 t는 1년이지만, 지구와 상대적으로 움직이는 기차의 사람에게 x'와 t'는 다르다.

6) 시공간은 상대성 수학에서 가상의 시간을 포함한다. 주석 3의 내용을 보라. 거기에서는 모든 관찰자에게 시간 요소는 관찰자 각각의 체제에서는 시간×빛의 속도×허수, 즉 ict이다. 나는 시공간과 상대성을 연결하는 흥미로운 토의에 대해, 친구인 조 굿브레드(Joe Goodbread)에게 감사를 보낸다.

제26장
신성한 기하학: 어둠의 구조

태초에 거대란 우주의 알이 있었다. 알 속에는 혼돈(chaos)이 있었고, 혼돈 속에는 떠다니는 신성한 태아인 반고(盤古: 중국 신화에서 시조(始祖)이자 창조자)가 있다.

-3세기 중국의 반고 신화에서-

보통 우리들 대부분은 우주에 대해 생각할 때, 사람, 식물, 사물과 같은 것으로 채워질 수 있는 방처럼, 형태가 없는 빈 공간을 상상한다. 또한 우주 공간을 측정하기 위해, 우리는 3차원 범위에서 측정 자(尺) 같은 것을 펼치는 상상을 한다. 그리고 그 공간에서는 거대한 직선의 길이 모든 방향에서 무한대로 뻗어 있다고 생각한다.

아인슈타인의 첫 상대성 이론인 특수상대성 이론은 우리의 선형적이고 독립적인 차원의 개념을 시공간이라 불리는 4개의 서로 얽혀 있는 차원으로 바꾸었다. 그의 일반상대성 이론은 더 나아가서 바로 우리의 선형적, 비어 있는, 무(無)의 우주 개념을 구부러지고, 채워진, 물질적 개념으로 바꾸었다. 일반상대성 이론에서 우주 또는 시공간, 시공간의 구조, 기하학은 비어 있거나 형태가 없는 것이 아니라, 질량체의 형태라는 것이다. 다시 말해, 우리가 길을 걸어가면서 통과하는 빈 공간은 그냥 열린 빈 공간이 아니라 물질이라는 것이다.

우리 연구 여행의 이 부분은 상대성과 신화 사이의 심리학적 연결을 연구하기 위한 전주(前奏)로서, 우주와 기하학을 탐구함으로써 시작할 것이다. 우리가 함께 발견할 메시지는 사실, 우주는 바로 우리 자신이라는 것이다.

❖ 기하학

우주를 이해하기 위해 기하학, 즉 우주의 구조를 생각해 보자. 다행히, 대부분의 사람들에게 기하학은 대수학보다는 이해하기 쉽다. 기하학은 회화(繪畵)적이다. 그림은 미술의 형태이며 대수학 공식보다는 덜 추상적으로 보인다. 예를 들어, 직각삼각형의 가장 긴 변인 빗변에 대한 피타고라스의 방정식, 대수학 공식 $c^2 = a^2 + b^2$을 생각해 보자. 이 공식은 우리들 대부분에게 기하학적으로 동등한 직각삼각형의 그림보다 더 복잡해 보인다.

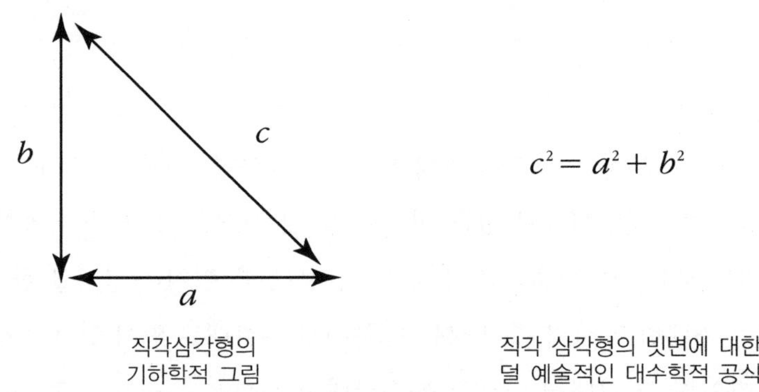

[그림 26-1] 기하학과 대수학의 비교

[그림 26-1]에서 그 공식은 도해(圖解)의 관점으로 묘사될 수 있다. 도해는 공식을 그림 방식으로 설명한다. 공식의 의미는 점 1과 2 사이의 거리를 구하기 위해서 a와 b의 길이를 알고, 제곱해서 더한 뒤 제곱근을 취하면 된다는 것이다. 기하학은 도해

이기 때문에, 그것은 물리적인 우주뿐만 아니라 종교의 영적인 우주와 심리학에서 전체성에 대한 심리적 영역을 묘사하는 데도 중심적인 역할을 한다.

예를 들어, 우리 행동 이면의 중심적인 영성 공식과 심리적인 공식 또는 기하학적인 구조 중 하나는 다양한 종교적 전통과 융의 심리학에서, 원 또는 인도에서 온 대칭 도표인 '만다라' 로 그려져 왔다. 융은 '만다라' 가 인간 행동의 목표, 전체성, 또는 개별성을 상징한다고 느꼈다. '만다라' 는 우리가 많은 면(面)을 가지고 있으며, 그것을 균등하게 개발해야만 한다는 것을 암시한다. '만다라' 는 많은 형태를 가지고 있다 예를 들어, 그것은 원이나 정사각형, 별 모양, 직사각형일 수도 있지만, 항상 대칭이어야 한다.

공이 대칭일 때, 어느 방향으로 회전시켜도 공의 기본 형태는 변화하지 않는다. 정사각형은 원보다 덜 대칭적이다. 원이나 구(球)는 당신이 원하는 어느 방향으로 돌려도 모양이 똑같다. 정사각형의 모양을 똑같게 하기 위해서는 한 번에 정확히 1/4바퀴를 돌려야 한다. 직사각형은 훨씬 덜 대칭적이다. 이 경우는 180도를 돌려야 모양이 똑같다. 이것은 십자가에도 해당된다. 즉, 만약 십자가의 '팔' 이 위아래 중심보다 더 위에 있다면, 그 십자가는 왼쪽에서 오른쪽으로 또는 오른쪽에서 왼쪽으로 뒤집을 때 대칭이다. 만약 그렇게 뒤집는다면, 십자가의 모양은 똑같을 것이다. 그러나 만약 그것을 위아래로 뒤집는다면, 모양은 바뀐다. 6개의 꼭짓점을 갖는 별 모양도 60도씩 돌린다면, 대칭이다. 당신이 5개의 꼭짓점을 갖는 별의 대칭을 유지하기 위해서는 조금 더 돌려야 한다.

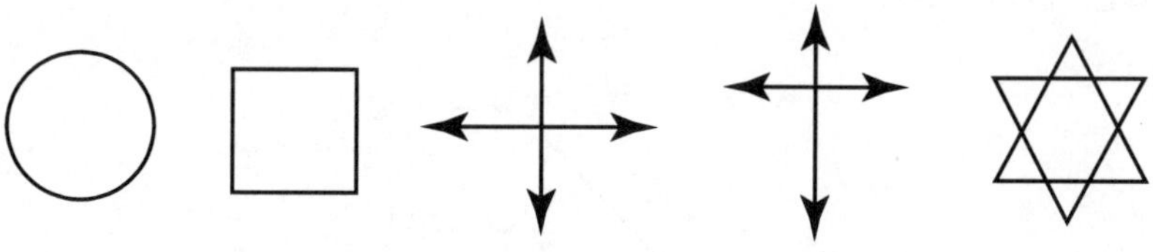

[그림 26-2] 대칭 물체의 예

기하학은 우리가 완성하고자 하는 깊은 경향성, 즉 전체성을 그림으로 나타내는 많은 대칭 구조를 가지고 있다. 대칭성은 또한 물리학 법칙의 근본이기도 하다. 좀 더 나아가서, 우리는 이러한 대칭성의 기원을 함께 더 탐구할 것이다.

❖ 기하학의 역사

'Geometry(기하학)' 라는 단어는 글자 그대로 'earth measure(지구측정)' 을 의미하며, 그리스어로 지구를 뜻하는 'geo' 와 측정을 뜻하는 'metron' 에서 유래하였다. 기하학의 진화, 그리고 공간과 시간, 우주 모양에 대한 우리 생각의 진화는 수천 년을 거슬러 올라가 땅의 측정과 분할에 연결된다. 초기 바빌로니아 사람들과 이후의 그리스 사람들은 $c^2 = a^2 + b^2$을 발견했을 때 좋아했다. 그 이전의 사람들은 거리 c의 길이, 즉 자신의 땅 모퉁이 사이의 빗변 또는 대각선의 길이를 정확히 계산할 수 없었으며, 그들은 장벽이나 담장의 길이 또는 땅의 크기를 말할 수 없었기 때문이다.

약 3,000년 전에 지금의 이집트에 살던 바빌로니아 사람들은 지구가 얼마나 큰지, 태양으로부터 얼마나 떨어져 있는지 알고 싶어 했었다. 그들은 자신들의 공식 $c^2 = a^2 + b^2$을 측정의 시작점으로 사용했다. 그들은 곧은 막대를 하늘을 향해 땅에 꽂고, 연중 다양한 시간에 태양의 그림자가 땅에 닿을 때 만드는 각도(角度)의 변화를 주목했다. 이로부터 그들은 태양이 지구에서 얼마나 멀리 떨어져 있는지를 계산할 수 있었다. 사실, 태양이 한 해의 다른 시간에 만드는 각도와 그림자가 이동하는 방법을 관찰함으로써, 바빌로니아 사람들은 지구가 둥글다는 것을 추측하였고, 그 지름도 또한 예측하였다.[1)]

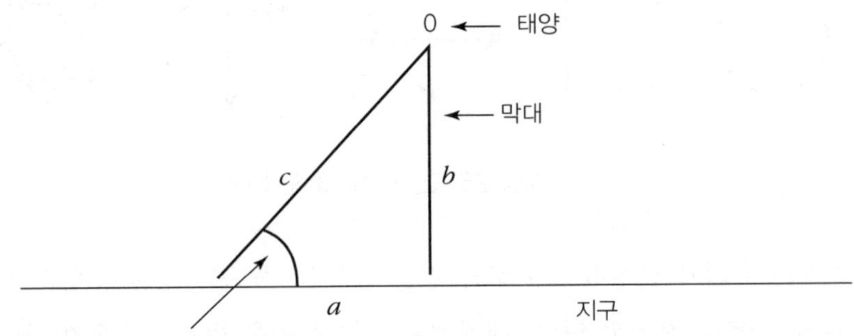

[그림 26-3] 태양에 의해 지구에 만들어진 각도

유럽 사람들은 자신들이 처음으로 지구가 둥글다는 것을 발견했다고 생각하지만, 그것은 사실이 아니다. 바빌로니아 사람들은 자신들의 기하학 이론을 바탕으로, 훨씬 전부터 알고 있었다. 오랜 시간이 지난 후, 기원전 300년경에, 그리스 사람들은 기하학 연구를 시작했고, 이집트 사람들이 이미 알고 있었던 사실들을 재발견하였다. 그리스의 철학자 유클리드는 『원소(*The elements*)』라는 13권의 책을 썼는데, 이 중 네 권이 기하학에 관한 것이다. 유클리드의 연구는 종종 처음으로 기하학의 법칙을 밝힌 것으로 인용되지만, 우리는 북아프리카의 바빌로니아 사람들이, 예를 들어 정사각형의 면적에 대한 공식(한 변의 길이의 제곱)과 같은 것을 처음으로(기원전 1,000년경) 발견했다는 것을 기억해야 한다.[2] 적어도, '아라비아 숫자' 라는 우리의 숫자가 아프리카 사람에게서 왔다는 공적은 인정할 수 있다.

그리스 사람에게는 빗변이 직각삼각형의 다른 두 변의 제곱의 합의 제곱근과 같다는 기하학 공식에 대한 공적이 주어졌다. 왜냐하면 그들은 연역적 추론을 사용하여 공식을 증명하였기 때문이다. 그때까지는 그런 '증명' 이 없었다. 바빌로니아 사람들은 연역적이기보다는 실험적(귀납적)이었다. 그들은 "만약 그것이 작용한다면, 그것은 사실이다." 라고 말한다. 유럽 사람들은 증명에 있어서 연역적인 추론을 선호한다. 그들은 "논리적으로도 개연성이 있어야 한다." 라고 말한다.

그런데 2,000년이 지난 1931년에, 오스트리아 사람 쿠르트 괴델(Kurt Goedel)은 수학의 논리적 전제가 절대적으로 완벽하다고 확신할 수 없다는 것을 연역적으로 보여 주었다. 괴델의 이론은 어떤 수학적 시스템도 스스로를 증명할 수는 없다는 것을 보여 주었다.[3] 수학은 물리학의 기본적인 서술이므로, 물리학 이론들은 결코 완전히 자립할 수 없다. 물리학이 오늘날의 수학에 의존하는 한 결코 '닫힘' 에 도달할 수 없다. 연역적으로 말해서, 수학은 모순되고 항상 역설에 이르게 될 것이다.

❖ 신성한 기하학

고대(古代)에 논리적 공식과 기하학이 발견된 것과 동시에, 더욱 신화적인 기하학 또한 고려되었다. 신성한 기하학은 수학사에 기술되어 있지 않은 수학의 한 측면이지만, 우주 연구에 있어서 우리에게 중요한 측면이다.

기원전 600년경에 파타고라스와 많은 사람들이 합리적이고 연역적으로 생각하고 있는 동안, 이집트 사람들과 동인도 사람들은 수학이 어디서부터 유래했는지 곰곰이 생각하였다. 이집트 사람들은 수학이 대양의 신화적 정신, '무한한 공간' 이라고도 불리는, 위대한 여신 넌(Nun)에 의해 창조되었다고 추측하였다. 그 여신은 또한 '부피' 와 '미분' 을 창조했다고 믿어졌다.[4] 만일 가상의 입자들을 계속해서 낳는 우주의 기초인 광활한 가상적인 에너지 바다를 의미하는 물리학의 영점 에너지 장을 생각한다면, 우리는 오늘날에도 이와 똑같은 개념을 볼 수 있다. 다시 말해, 현대 물리학과 고대 신성한 이집트 기하학에 따르면, 부분, 입자, 미분은 무(無)의 바다에서 나온 것이다.

광활하고, 창조적이고, 무한한 공간에 대한 이러한 생각은 또한 개인심리학에서도 발견된다. 나는 신성한 기하학에 대해서 공부해 보지도 않고도, 잘 아는 것처럼 보이는 '정신병적' 상태(나는 '극단적 상태' 라는 말을 더 선호한다)의 여러 내담자들을 상담해 보았다. 내가 취리히에서 학생이었을 때 한 내담자는 부피가 바다로부터 창조된 것임을 알아야 한다고 분명하게 나에게 말했다. 그녀는 변형상태에 있는 동안, 우주의 본성에 대해 추정하면서 우주는 처음에 거대한 대양이었다고 말했다. 그녀는 대양을 거대한 '잠재력으로 가득한 액체', 즉 거대하고 나누어지지 않은 '장(場)' 이라고 불렀다. 나는 그녀가 자신에 대해 이야기하고, 자신과 자신만의 세계를 재창조하려고 한다는 것을 알았다. 나는, 그녀 또는 다른, 이른바 정신분열증 환자들로부터 나오는 우주이론이 여신 넌(Nun)과 같은 신화적인 부분뿐만 아니라 현대 물리학의 거울 이론을 가지고 있다는 사실에 매혹되었다. 오직 학자들만이 신학, 심리학, 물리학을 구분한다. 일반인들은 고대인들이 그러했듯이 이 분리되었다고 하는 분야들을 동일한 주제로 경험한다.

자신의 환상에서 신화와 물리학을 사용하는 사람들은 우주 마음에 대한 자신의 견해를 주고 있다. 고대 이론과 현대 경험은 우리가 우주적으로 꿈꾸는 신체 안에 살고 있다는 것을 나타낸다. 여신 넌(Nun)에 대한 이집트의 신화와, 현대에서 그에 상응하는 이론 중 하나인, 온전한 전체성의 원형상태로부터 우주의 입자와 다른 구조를 펼치는 우주에 관한 물리학자 데이비드 봄의 이론이, 무(無)로부터의 창조에 대한 우리의 경험에 해당하는 은유다. 명상하면서 시간을 보내던 우리 모두는, 매번 일종의 창조적인 힘이 명백한 공허로부터 갑작스런 통찰, 단어, 개념들을 가져올 때마다, 여신 넌과 같은 무언가를 알아차린다. 마찬가지로, 분명 혼수상태였던 사람들이 놀라운 통찰과 함께 명백한 무(無)의 바다에서 스스로 불현듯 깨어나기도 한다.[5)]

기원전 700년경의 이집트 교과서에서, 창조적인 우주 공간의 여신 넌이 말한다.

> 묘사할 수 없는 것을 어떻게 묘사할 것인가?
> 보여 줄 수 없는 것을 어떻게 보여 줄 것인가?
> 형언할 수 있는 것을 어떻게 표현할 것인가?
> 잡을 수 없는 순간을 어떻게 잡을 것인가?[6)]

여기서 넌은 우리가 말로 나타낼 수 없는 자의식적 경험을 서술하고, 보여 주고, 말하고, 파악하고, 공식화하려는 우리의 가장 깊은 경향성을 상징한다. 그녀는 말할 수 없고, 실재의 자의식적 배경인 도를 나타내는 상징이며, 그리고 구조의 개념 안에서 도를 알아차린다.

고대의 책에 따르면, 우주의 무한한 원천인 넌은 시간과 공간 이전이다. 그녀는 긍정과 부정, 양(陽)과 음(陰)이었다. 기하학의 창조자인 그 여신은 자연에서 질서를 창조하는 잠재력이다. 그녀는 우리에게, 우주가 구조를 창조하는 차원을 기다리는 휴지(休止)의, 수동적이며, 비어 있는 물질이 아니라, 오히려 창조적인 잠재력이 넘치는 지적인 존재임을 일깨워 준다. 어떤 면에서 아프리카 사람들은 아인슈타인 이전에 이 사실을 알고 있었다.

신화에 따르면, 넌의 마법적 힘과 창조성은 스스로를 알고자 하는 그녀의 충동을 반영해 준다.[7)] 그러므로 여신 넌 신화의 의미 중 하나는, 깨닫기 위해서 항상 연구를 해야 하는 것만은 아니라는 것이다. 당신에게 필요한 답을 얻는 것은 당신에게 달린 것이 아니다. 우주는 스스로를 알기 위해 당신을 이용한다. 당신이 해야 할 일은 단지 잠들어서 꿈을 꾸는 일이다. 우주가 준비가 되면, 당신은 자기 스스로를 알게 될 것이다. 때가 되면, 당신은 그 순간에 당신이 필요로 하는 바로 그 정보를 얻게 될 것이다.

MIT에서 나의 스승 중 한 사람이었던 노버트 위너(Norbert Wiener)는 바로 이런 일을 하곤 했다. 인공두뇌학이라는 의사소통 분야의 개척자였던 위너 교수는, 지루하거나 무언가를 생각하다가 막히면, 잠들어서 꿈을 꾼다고 하였다. 어느 날 수업시간에 그는 우리에게, 침대 옆에 작은 노트를 두고 기다렸으며, 그런 방법으로 어떤 문제들에 대한 해결책을 찾았다고 이야기해 주었다. 그는 놀랍도록 총명하고, 비범한 스승이었다. 그러나 그는 완전히 '멍한 상태(spaced out)' 였다. 아마도 그는 넌과 함께 신호교환을 하고 있었을 것이다. 그는 수업에 오거나 회의에 가서 사람들과의 이야기 중에 잠들었고, 갑자기 통찰력을 갖고 깨어났다. 이미 언급한 바와 같이, 나는 그가 MIT의 복도를 걸으면서, 자기가 지금 어디 있냐고 물었던 것을 기억한다. 당시에 나는 그가 그 지역에 살고 있다는 것을 알고 있었기 때문에, 그가 매우 이상한 사람이라고 생각했다. 그러나 몇 해 뒤 취리히에서 만났을 때, 그는 여전히 자기가 어디 있는지 혼란스러워했다. 비록 물리적 공간에서의 그의 위치는 확실치 않았지만, 그는 의사소통에 관한 새로운 생각과 구조를 밝혀 낸 천재였다.

고대 인도에서도 신화적이고 수학적인 우주 창조자가 있었다. 힌두교도들은 푸루샤(Purusha)가 모든 면이 같은 20개 면의 기하학적 형상인 정20면체(icosahedron)의 형태로 일시에 세상을 창조하였다고 한다.[8] 힌두교도들에 따르면, 우리의 세상은 푸루샤에 의해 창조되었으며, 펼쳐진 푸루샤다. 다시 말해, 우주는 스스로 창조된 기하학적 구조다. 현대의 개념에서, 수학은 스스로 창조하는 우주의 마음 구조라고 말할 수 있다.

푸루샤의 숫자 20은, 기초수가 우리의 신체 구조(손가락과 발가락이 10개)와 연관되어 있다는 것을 기억한다면, 그리 놀라운 것이 아니다. 푸루샤는 '인간 같은' 세상의 구조, 즉 인간 형태를 지닌 '인류기원 인물' 의 형상이다.

신화에 따르면, 우리의 수학과 물리적 우주는 '무에서의(*ex nihilo*, out of nothing)' 창조가 아니라, 그들 스스로 무한한 공간인 여신과 신에 의해 창조된 것이다. 우주는 수학적이지만, 우리가 사용하는 수학은 또한 부분적으로 '인간 같은' 것이다. 이는 우리가 우주의 일부이기 때문이다. 다시 말해, 우리의 인간 형상은 우주의 가장 깊은 법칙의 표시인 것이다. 이것이 바로 심리학적으로 우리에게 맞는 대칭성과 전체성 같은 원칙이, 또한 물리적인 우주에도 잘 맞는 이유일 것이다. 우리의 이론 체계는 우리의 본질을 반영한다.

오늘날 과학자들도 물리학을 통합하는 '끈 이론'에서 입자를 이해하기 위해 10차원의 초공간을 사용하려고 하는 것은 매혹적이다. 왜 10일까? 아마도 그것은 우리의 깊은 곳에서, 우리는 (그리고 다른 모든 것들도) '인간 같은' 우주의 반영이라고 추측하고 있기 때문일 것이다.

❖ 대칭성: 자연의 마음

10세기경에, 기독교 신화는 그리스도를 네 개의 원으로 구성된 우주 공간의 일부분이라고 상상하였다. 그리스도는 한 손에 원을 그리는 컴퍼스를 들고 있는 모습으로 네 개의 원 안에 그려졌다. 그리스도는 기하학자로 여겨졌다. 그는 혼돈 또는 원시상태로부터 우주의 창조를 재현하면서, 그의 컴퍼스로 원을 그리고 있다.[9] 여기에서 기하학의 원은 창조의 도구다.

[그림 26-4] 4개의 원 안에 있는 예수 그리스도

이러한 주제는, 원에서 삼각형 그리고 마지막으로 정사각형으로의 진행을 통해 창조를 보여 주는 일본의 '선(禪)'의 서예에서도 나타난다.[10]

만일 당신이 이슬람 교회, 기독교 교회, 불

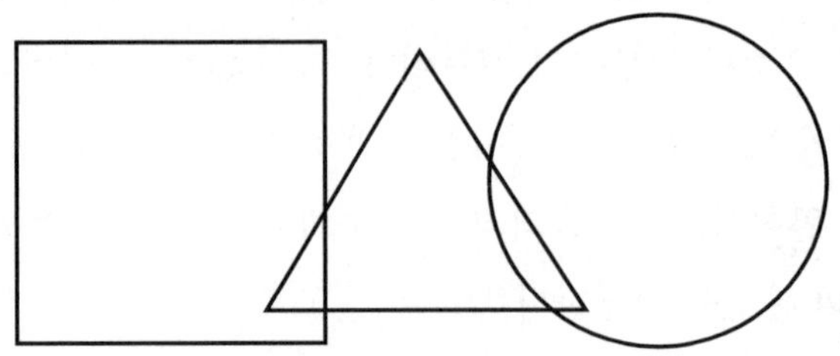

[그림 26-5] 원으로부터 삼각형을 거쳐 사각형의 창조를 보여 주는 일본 서예 그림

교 사찰 또는 유대교 교회에 가서 컴퍼스를 들고 거기 서 있는 여신을 본다면, 당신은 어떤 종류의 종교를 가질 것인가? 수업에서 내가 이런 질문을 던졌을 때, 한 학생이 웃음을 터뜨리며 "전부 다요."라고 대답했다. 나는 다른 질문으로 반응했다. "그러면, 당신은 기독교 외에 원을 그리는 컴퍼스가 신성한 역할을 하는 다른 어떤 종교를 아느냐?"

대부분의 학생들은 수도회 '프리메이슨 기사단' 조직은 컴퍼스와 정사각형을 사용한다는 것을 알고 있으며, 아메리카 원주민들은 4개의 방향을 가지고 있다는 것을 알고 있었다. 오늘날, 원주민들은 공간이 신성하고 성스럽다고 느낀다. 공간은 꿈의 시간이다. 컴퍼스와 그 방향은 신성한 것이라고 믿어져 왔다. 동서남북의 신들이 4개의 방향을 지배한다. 종교의식에서 초자연치료사 또는 추장은 우리가 살고 있는 지구의 대기를 구성하는 살아 있는 지성체에 존경을 표하면서, 이러한 각 영령을 존경한다.

르네상스 시대 동안, 과학은 정신적인 경험을 배제하려고 했지만, 그러나 신은 여전히 여기에 있다. 물리학자와 천문학자가 오늘날의 우주에 대해 이야기할 때, 그들은 비록 종교를 믿지 않더라도 종종 신을 언급한다. 아인슈타인의 유명한 양자물리학에 대한 비평과 선언인 "나는 신이 이 세상을 걸고 주사위 놀이를 한다고는 절대 믿지 않는다."라는 말은 그가 신을 정확한 방법으로 우주를 건설한 기하학자이자 수학자로 생각했다는 것을 보여 준다. 그에게 우주는 푸류샤나 넌과 다르지 않은, 전능한 신이었다.[11)]

❖ 유클리드 기하학과 비(非)유클리드 기하학

1900년까지 대부분의 수학자와 물리학자는 더 이상 수학 이면의 신성한 힘, 또는 스스로를 반영하는 우주의 표현인 수학을 가까이 하지 않았다. 사실, 물리학의 공간은 우리의 일상적 실재인 CR의 네모난 방과 매우 유사하다. 그리스 사람들의 연역적 추론은 과학의 중심이 되었고, 신과 여신은 일시적으로 배제되었다.

1900년대 물리학자 사이에서 공간에 관한 가장 공통적인 생각은, 수학자들이 '2차원' 또는 '평지'라고 부르는 것이었다. 왜냐하면 그것이 책상 위에 놓여진, 원과 사각형이 그려진 한 조각의 종이처럼 상상될 수 있기 때문이다. 물리학의 세계는 유클리드 식이었으며, 우리가 학교에서 배운 이론 원리로 측정될 수 있는 원과 삼각형으로 구성되어 있다고 여겨졌다.

바빌로니아와 그리스의 측량사들은 자기 나라 땅의 면적을 측정하기 위해 사각형과 삼각형 공식을 사용했다. 한 마을에서 다음 마을까지의 거리를 확인하기 위해, 물론 그들은 보폭(步幅)을 이용해 잴 수 있었다. 그러나 만약 중간에 가파른 언덕이 있다면, 거리를 측정하는 것이 매우 힘들었을 것이다. 수학 공식은 거리를 측정하기 위해 직선으로 갈 수 없을 때 당신을 도와주는 일반적인 방법을 제공해 준다([그림 26-6]에서처럼). 어느 새 한 마리가 당신의 A마을에서 이웃인 C마을로 날아간 거리

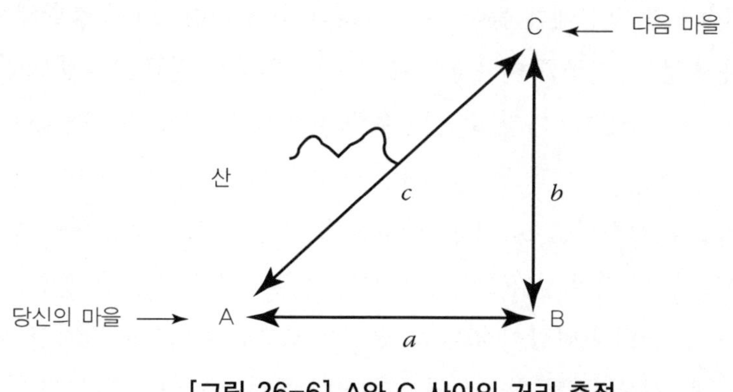

[그림 26-6] A와 C 사이의 거리 측정

를 재기 위해서는, 단지 직각삼각형 공식을 사용하기만 하면 된다.

만약 산이 마을 A와 C([그림 26-6]) 사이에 있다면, 당신이 c의 거리를 재기 위해 알아야 할 것은 a^2과 b^2의 합이다(a와 b 사이에는 언덕이 없다고 가정하고). A와 C 사이에 있는 c를 직접 잴 필요는 없다. 기하학 공식은 당신이 직접적으로 측정할 수 없다고 해도, 공간에서 어떻게 그 장소로 가야 할지, 얼마나 멀리 있는지를 말해 준다.

우리가 행성들 사이의 우주 공간과 같은 아주 먼 거리를 측정할 때, 우리는 삼각형에 대한 이러한 유클리드 또는 피타고라스 공식을 사용할 수 없다는 것이 밝혀졌다. 사실, 거리, 삼각형, 사각형, 원형 공식은 더 이상 유효하지 않다. 우리는 곡선을 다루는 비유클리드 기하학 공식인 새로운 공식이 필요하다.

곡선적 사고에서 온 몇 가지 특성을 이해하기 위해, 우리가 살고 있는 다소 둥근 지구를 이용해서 시작할 수 있다. 만일 당신이 적도를 따라 세계를 도는 비행기 여행을 하면, 당신은 결국 처음 출발한 장소로 되돌아오게 될 것이다. 이는 우리가 사는 지구가 둥글기 때문이다.

비행기 여행으로 지구상의 두 지점 사이의 가장 빠른 길은 직선이 아니라 곡선이다. 미국 오리건 주 포틀랜드에서 동쪽에 있는 프랑스 파리까지 가기 위해서, 지상과 가깝게 비행하면, 약 1,000마일 정도를 절약할 수 있지만, 파리까지 곧장 가지는 못한다. 대신, 당신은 먼저 동쪽이 아니라 북쪽으로 가야만 한다.

비어 있는 공간을 여행하는 것과 같은 개념을 갖기 위해, 우주를 여행한다고 생각해 보자. 당신이 있는 곳, 예를 들어 미국 오리건 주 포틀랜드에서 출발해서, 지구 둘레를 여행하지 않고, 지구를 떠나 곧바로 우주로 간다면, 결국 포틀랜드로 되돌아오게 될 것이다. 왜 그런가? 가장 최근의 우주 이론에 의하면, 우주는 굽어져 있기 때문이다.

우주의 굴곡을 시각화하는 또 다른 방법은, 두 지점 사이에 돌멩이를 쏘아 올린 궤적의 선(線), 또는 그것의 양자 동등성인 광자 빔(빛줄기)의 직선성(直線性)을 측정하는 것이다. 만일 중력과 바람이 없다면, 당신은 조그만 돌멩이나 광자가 일직선으로 간다고 기대할 것이다. 하지만 우리의 예상이 틀린 것이라고 밝혀졌다. 우리가 지구에 머무는 한, 우리는 틀렸다는 것을 거의 인지하지 못한다. 그러나 우리가 인지하더라도, 광자의 경로는 직선이 아닌 곡선이다.

이 굴곡은 매우 미미해서 1900년 초까지 아무도 인지하지 못했다. 아인슈타인은 우주가 굽혀져 있다고 밝혔으며, 왜 그런지에 대한 물리적인 직관도 갖고 있었다. 그는 한 무더기의 돌이나 광자의 이웃에 존재하는 큰 질량의 물질이 그것들의 경로를 구부린다고 말했다. 광자 빔(빛줄기)은 물론 빛이다. 이와 같은 생각을 공식화하는 또 다른 방법은 구부러진 것은 빛줄기가 아니라, 공간 그 자체라는 것이다. 하나의 관점에서 생각해 보면, 물질이나 중력이 공간을 굽게 한다. 그래서 가설적인 유클리드의 세계에서 일직선으로 가야만 하는 어느 것도 우리가 살고 있는 우주에서는 받아들일 수 없다. 왜냐하면 우주 공간은 구부러져 있기 때문이다.

상대성의 발견 이래, 우리는 우주에 대해 구부러지고 곡선인 물질로서 주변에 얼마나 많은 물질이 있는가에 달려 있다고 상상해야만 한다. 당신이 만약 큰 행성 가까이 있다면, 당신이 있는 공간인 우주는 아주 많이 구부러져 있다. 그러나 지구 위에서, 우주는 그렇게 많이 구부러져 있지 않다. 요약하면, 이는 일반상대성 이론의 결과다. 우리는 이 부분에 대해 다음 여러 장에서 더 탐구할 것이다.

앞에서 논의한 특수상대성 이론은, 시공간에서 상대적인 움직임이 다소 직선적이며 일정한 상대적 체제를 다룬다. 일반상대성 이론은 일정한 속도로 움직이는 것이 아니라 변화하고 있는 속도(속도를 느리게 하거나 빠르게, 또는 가속하는)로 움직이는 체제를 다룬다.

오늘날 대부분의 물리학자들은 특수상대성 이론을 받아들이는 반면, 일반상대성 이론은 수학적으로 복잡하고 아직까지도 연구 중이다. 하지만 우주가 구부러져 있고 구부러짐이 존재하는 물질의 양과 관계가 있다는 개념은 일반상대성 이론에서 잘 받아들여졌다.

우주에 대한 개념은 이미 몇몇 사람들에게는 낯설다. 그러나 거기에 구부러진 우주를 더한다면 어떨까? 이러한 개념은 정말 이상하다. 물질이 공간을 굽게 한다는 것은 놀라운 개념이며, 단지 아인슈타인 같은 사람만이 생각해 낼 수 있었다. 그는 우리가 빛이 구부러지는 우주에 살고 있다면, 그리고 공간이 정말로 직선이며 편평하지 않다면, 진짜 삼각형이나 원형은 없다는 것을 깨달았다. 우리의 우주에서, 삼각형과 원은 굽었으며 편평한 종이 위에 정확하게 그릴 수 없다. 더구나 이 생각과 더불어 우리 대부분이 학교에서 배운 유클리드 기하학의 공식과 개념은 우리의 근접 환경에서만 적용된다. 대체로 우리는 전제적인 우주에 대해 곡선을 쓸 수 있는 기하학이 필요하다.

❖ 굴곡과 변형상태

유클리드 기하학이 행동 심리학과 비슷하듯이 비유클리드 기하학은 초자연치료와 비슷하다. 당신은 유클리드 기하학에서와 같이, 행동 작업에서 선형적인 인과 관계를 얻으려고 노력한다. 그러나 비유클리드 기하학에서와 같이, 초자연치료에서는 비선형이며, 움직이고, 구부러진 공간과 변형상태에서 작업해야 한다.

우리 모두는 자거나 춤출 때, 상상하거나 즐거움을 가질 때마다 일상의 실재와 의식에서 조금씩 벗어난다. 황홀과 같은 의식의 변형상태에서, 공간과 물질은 굽은 것처럼 보이며, 직선 차원의 생각과 직선의 선형적인 생활은 제한적인 것 같다. 나는 몇 년 전 오리건 해안을 여행할 때, 에이미와 함께 드라이빙을 하면서 우리 앞의 매우 견고한 땅과 도로가 차 앞에서 위로 구부러진 다음 마치 우리 머리 위 공중에서 유턴을 하듯이 뒤로 움직이는 경험을 기억한다.

[그림 26-7] 우리 앞에서 공중으로 구부러진 고속도로

나의 요점은, 시간과 공간에 대한 당신의 굴곡 감각은 당신의 의식 상태에 의존한다는 것이다. 심리학자와 초자연치료사들은 우주 그 자체가 굽은 장소라는 것을 항상 알았었다. 다시 말해, 공간의 모양은 근처의 질량의 양과 당신이 들어가 있는 의식 상태에 의존한다. 물리학이 부피와 공간의 굴곡이라고 부르는 것은 심리학에서 정신(psyche)과 경험이라고 부른다. 경험이 강하면 강할수록, 우리는 덜 직접적으로 질량을 경험한다. 우리가 경험하는 것은 끌어당겨지고 있는 느낌이다. 우리는 굴곡과 중력을 느낀다. 우리는 보통의 평범한 삶에서 직선 공간을 경험하고, 변형상태의 시공간과 같은 4차원적 또는 더 고차원적 초공간도 경험한다.

꿈꾸기는 초공간에서 일어날 수 있지만, 그것은 또한 삶을 통해 우리를 안내하는 데 사용되는 현실적이며 실용적인 활동이기도 하다. 전 세계 원주민들은 사냥을 하거나 일상적 삶을 살기 위해 그들의 꿈꾸기로부터의 안내에 의존한다. 만약 우리가 환경을 예측 가능하고 측정 가능한 직선 공간이나, 또는 우리의 계획이나 프로그램으로 채워지기를 기다리는 빈 공간, 즉 무(無)로만 생각한다면, 우리는 '역점(力點, power spot)'과 같은 환경의 '꿈같은(dreamlike)' 효과를 무시하는 것이다. 이런 역점은 원주민과 민감한 사람들이 중력을 가지며, 신성한 장소로 인정하는 곳이다.

환경을 알기 위해, 우리는 환경의 지성을 느낄 수 있는 변형상태를 신뢰해야만 한다. 그러면 우리는, 우리의 가장 깊숙한 내면에 있는 자신과 우주의 나머지에 일치하는 우리 삶을 인도하는 데 필요한, 시공간의 비일상적 측면들을 경험한다.

❖ 비유클리드적 사고

비유클리드 기하학은 공간의 굴곡을 묘사한다. 우리는 유클리드 기하학이 $c^2 = a^2 + b^2$과 같은 공식으로 편평한 세상에만 유효한 것을 알았다. 당신이 살고 있는 국소적인 지역에서, 지구는 편평한 것처럼 보인다. 작은 호수 역시 편평하게 보인다. 이런 편평함에 대한 인식이 콜럼버스 시대의 유럽인들이 바다 멀리 항해할 경우 지구의 경계 너머로 떨어질 것이라고 생각한 이유다. 장(場)이 강력한 곳에서,

다시 말해 거대한 행성들과 많은 물질들이 있는 곳에서, 우리는 비(非)유클리드 기하학을 사용해야만 한다. 3개의 공간 차원과 하나의 시간 차원을 고려해야만 하는 시공간의 4차원을 기억하는가? 시공간 분리는 a라는 공간 같은(space-like) 요소에서 b라는 시간 같은(time-like) 요소를 빼는 것이다.[12] 따라서 시공간 분리 s는 $s^2 = a^2 - b^2$ 형태가 된다. 이것을 보면 유클리드의 공식 $s^2 = a^2 + b^2$과 매우 비슷하게 보인다.

비유클리드 기하학은 유클리드 기하학과 $s^2 = (a^2 - b^2)$과 같이 음(陰)의 부호가 다르다. 만약 당신이 시공간 분리를 찾기 원한다면, $(a^2 - b^2)$의 제곱근을 구해야 한다.

만약 우주 공간이 편평하지 않다면, 우리는 음(陰)의 부호가 연관되어 있다는 것을 제외하고 유클리드와 비슷한 공식을 갖게 될 것이다.[13] 음의 부호는 시공간을 구부리는 효과를 가진다. 음의 부호는 시공간을 구부러지게 만들며, 시공간은 더 이상 전적으로 편평하지 않다. 공간은 허수가 포함되어 있기 때문에 추측할 수 있는 것처럼, 또 다른 상상의 차원을 필요로 한다.[14] 바로 이 상상의 차원이 우리를 비일상적인 세계, 자의식적 경험, 신화, 인생을 가치 있게 하는 사물에게로 다시 되돌아 연결시켜 준다.

비유클리드 세상은 일상적 실재인 CR의 유클리드 세상과는 다르다. 비유클리드 기하학에서 서로 평행하게 시작하는 두 선은, 평면 공간에서 만나지 않는 것처럼 서로 만나지 않고 영원히 갈 수는 없다. 공간이 구부러져 있으므로 이 평행선들은 결국 만나게 된다. 물리학자들은 망원경을 사용하여 보통의 공간에서 직선으로 이동하는 별빛이 태양 주위를 통과할 때 얼마나 구부러지는지 측정함으로써 비유클리드 공식을 시험하였다. 우리의 우주는 큰 행성 주위에서 굽어져 있다.

비유클리드 기하학은 우리가 우주의 크기를 추정하도록 도와준다. 우주의 정확한 크기는 당분간 알려지지 않은 채 남아 있을 것이다. 현재로서는 우리의 망원경이 우주 전체를 볼 정도로 충분히 강력하지 않기 때문이다. 그러나 우주의 크기에 대한 가장 최근의 추정값은 수천 억 광년으로, 이는 빛이 1년에 이동하는 거리의 수천 억 배를 곱한 크기다. 이것은 엄청난 수치이지만, 중요한 것은 우주가 여전히 유한(有限)하다는 점이다.

유한한 우주는 우리의 직관에서 또 하나의 전환점이다. 이집트 사람들은 여신 넌(Nun)을 무한한 우주라고 여겼으며, 물리학자가 아닌 대부분의 사람들도 그렇게 생각한다. 아마도 넌에 대한 우리의 꿈꾸기 때문에, 그리고 아마도 우리가 지구에서의 평범한 삶의 공간으로 제한되어 있기 때문에, 우리 대부분은 우주가 무한하다고 기대한다. 그러나 오늘날의 과학은 우리가 살고 있는 물리적인 우주가 무한한 정도로 크지 않다는 것을 암시한다. '빅뱅(Big Bang)' 이론은 우리에게 현재의 우주는 팽창하고 있으나 결국은 수축할 것이라고 말한다.

물리적이고 눈에 보이는 우주 너머에 있는 것은 상대성 이론에 의해 예측되었다. 처음에 물리학자들은 단 하나의 우주만 있다고 생각했다. 그러다가 1930년대에 사람들은 아인슈타인의 수학으로 실험을 하기 시작했고, 아인슈타인이 말하지 않았던 것을 발견했다. 그의 수학은 실제로 우주의 작은 구멍들인, '블랙홀(black hole)' 과, 4차원적 우주를 설명하는 수학에서의 '불연속성' 을 예측했다.[15] 그 이후 이러한 블랙홀들은 실험적으로 확인되었고, 다른 우주의 존재 가능성을 이끌었다.

일반상대성 이론에서 불연속성은 천문학자들에게 상대성 방정식이 시공간에서 다른 우주로 이끌 수도 있는 블랙홀인 구멍(hole)이 존재해야만 한다는 것을 나타내고 있다는 느낌을 주었다. 오늘날 만일 당신이 블랙홀이 있는, 즉 거대한 중력장이 있는 시공간 영역으로 들어간다면, 우주는 깔때기나 튜브 모양으로 구부러질 것이라는 것이 물리학자들 사이의 공통된 의견이다. 블랙홀 근처에서, 당신은 수학에서뿐만 아니라, 물리적 실재에 대한 당신의 경험에서도 불연속성을 만난다. 이에 지금까지 공상 과학소설만이 상상할 수 있었던 이상한 일들이 일어난다.

❖ 우주란 무엇인가

몇몇 이론가들은 상대성 수학의 진보는 우리 우주의 블랙홀을 통해 다른 우주로 갈 수 있다는 것을 예측한다고 말한다. 어떻게 우리는 이것이 가능하다는 것을 아는가? 실제로 다른 우주에 발을 들여 놓은 사람이 있는가? 당신은 어떻게 다른 우주에 관해 말하거나 측정할 수 있는가? 무엇보다도, 블랙홀을 통과하는 경험은 비참할 것이다. 왜냐하면 그 이론에 의하면, 우리 몸의 질량은 블랙홀 근처에서 엄청난 중력의 영향 때문에, 우리의 속도가 가속됨에 따라 증가하기 때문이다. 몸의 형태를 지니고 그런 상황에서 생존할 수 있는 사람은 아무도 없다. 어쨌든, 내가 아는 어느 누구도 우주의 블랙홀을 통과하지 못했다. 그리고 대부분의 사람들은 하나 이상의 우주를 상상하는 것조차 어려워한다.

오늘날 물리학의 수학은 우주를 편평한 팬케이크가 아니라 살아 있는 둥근 모양의 호박에 가깝다고 예견한다. 그 호박은 시간에 따라 자라고 수축한다. 그러는 동안, 우리는 그 안에서 떠돌고, 우리 삶의 과정은 모든 지점의 호박 물질의 두께에 의해 결정된다. 그 호박 물질이 매우 두껍고, 물체가 매우 응축되어 있는 곳에서, 우리는 옆에 있는 호박으로 가는 터널처럼 보이는 블랙홀을 발견하게 된다.

그러면 그 호박의 겉모양은 어떠할까? 푸류샤, 반고, 넌, 그리스도, 시바의 신화에 의하면, 스스로를 반영하며 계속해서 꿈꾸고, 대칭적이고 완벽한 형태로 자가-창조를 하는 신의 마음은 당신의 마음과 전혀 다르지 않다. 다시 말해, 당신의 우주에서 밤에 당신이 관찰하는 어둠의 구조는, 당신이 좀 더 완전한 존재로 천천히 성장함에 따라 자신에게서 스스로 경험하는 형태, 구조, 대칭처럼 보인다.

결국 우리의 이 우주는 전혀 낯설지 않은 것처럼 보인다. 사실, 어느 정도 익숙하고, 당신의 가족의 일원이며, 당신의 가까운 친척이다. 아마도 이것이 원주민들이 우주를 '아버지 하늘(Father Sky)'과 '어머니 지구(Mother Earth)'처럼 가족 이름으로 불렀던 이유일 것이다. 사실 우주는 당신이 직관이라고 부르는 초공간인 자의식적 경험에 맞출 때마다 경험하는 당신의 가장 가깝고 친애하는 친척이다.

25장의 시공간에 대한 우리의 논의에 따르면, 이 곡선 모양의 '호박 같은' 우리의 우주는 공통의 평범한 가족의 바탕이자, 우리 모두가 함께할 수 있는 장소다. 신화적 이야기는 이 바탕이 세속적인 것이 아니라, 넌, 푸루샤, 그리스도, 반고의 신성한 공간이라고 보여 준다. 이 신들은 공동체를 위한 비전과 치유를 찾기 위해 다른 세상으로 들어갔던 초자연치료사들에 의해 수 세기 동안 사용되었던 능력을 상징한다. 이 신들은 블랙홀 안의 무한한 영역을 의심하는 오늘날의 물리학자들에 의해 직관되는 능력을 상징한다. 이런 모습들은 당신 자신의 우주적 신성이며, 이 우주적 신성들은 당신이 그들을 가장 필요로 할 때 놀라운 형태와 생각으로 창조된다.

주 석

1) 로버트 오서만은 훌륭하고 재미있는 그의 저서 『우주의 시(*Poetry of the Universe*)』 1장에서 지구의 크기와, 지구와 태양 사이의 거리를 어떻게 측정하는지 자세히 적고 있다.
2) 로버트 오서만과 유타 메르츠바하(Uta Merzbach)가 쓴 『수학의 역사(*A History of Mathematics*)』에서 수학의 역사 부분을 보라.
3) 괴델은, 산술을 위해 발전된 체계처럼 하나의 확고하고 논리적인 체계에서, 명제는 공식화될 수 있지만, 그 체계의 논리나 공리 안에서 증명되거나 결정될 수 없다는 것을 보여 주었다. 어떤 간명한 진술들은 증명될 수 없거나 반증될 수 없는 논리 체계에서 항상 존재할 것이다. 다시 말해, 산술의 공리가 우리를 모순으로 이끌지 않을 것이라는 것을 알 수 있는 방법은 없다. 이는 가장 명확한 방법의 사용을 통해 수학적 확실성의 가능성을 파멸시키려는 것처럼 보인다. 물리학이 현재 상태로 수학에 고착하는 한, 자연 세계의 모든 현상은 추론될 수 있다는 일련의 공리를 물리학은 결코 갖지 못할 것처럼 보인다. 그러나 오늘날의 과학자들은 여전히 그들의 수학 명제가 사실인지, 거짓인지, 아니면 증명 불가능한 것인지를 결정하는 방법을 찾기를 희망한다. 그러나 아직까지 아무도 이런 방법을 찾는 데 성공하지 못했다.
4) 기하학과 신화학이 아름답게 엮어진 로버트 롤러(Robert Lawlor)의 『신성한 기하학(*Sacred Geometry*)』을 보라.
5) 그와 같은 깨어남을 묘사한 나의 저서 『코마, 깨어남의 열쇠(*Coma, Key to Awakening*)』를 보라.
6) 루시 래미(Lucie Lamy)의 저서 『이집트 신비: 고대의 지식에 대한 새로운 빛(*Egyptian Mysteries: New Light on Ancient Knowledge*)』 8쪽을 보라.
7) 주석 6의 8쪽과 14쪽을 보라.
8) 주석 4의 102쪽과 뒷부분을 보라.
9) 주석 4의 11쪽을 보라.
10) 주석 4의 13쪽을 보라.
11) 바틀릿(Bartlett)의 『친숙한 인용(*Familiar Quotations*)』 15판(1980)을 따라, 필립 프랭크(Philipp Frank)의 『아인슈타인, 그의 인생과 시간들(*Einstein, His Life and Times*)』(1947)에서 인용.
12) 시공간의 분리는 다음과 같이 쓸 수 있다.

$$s^2 = x_1^2 + x_2^2 + x_3^2 + x_4^2 \text{ 또는 } s^2 = x^2 + y^2 + z^2 + (-ict)^2$$

13) 우리가 단순화를 위해 y와 z 차원을 무시한다면, 시공간의 분리는 다음과 같이 되어서 이해하기 쉬

울 것이다.

$$s^2 = x_1^{\ 2} + x_4^{\ 2} = x^2 - (ct)^2$$

14) 시공간에서 허수의 효과는 시간 차원을 음의 부호로 연결한다. 위의 공식 $s^2 = (a^2 - b^2)$ 에서에 a와 b에 1과 2와 같은 실제 값을 넣는다면, 음수의 제곱근은 허수가 되기 때문에 다음을 얻는다.

$$s = \sqrt{1-4} = i\sqrt{3}$$

만일 a가 b보다 크다면, (3이 1보다 큰 것처럼) 그때는 2의 제곱근, 즉 약 1.4인 정상적인 수를 얻게 된다.

15) 수학의 비연속성은 도로에 매우 깊게 파인 구멍과 같다. 수학적으로, 당신이 숫자 2를 숫자 0으로 나누려고 할 때, 무언가는 비연속적이 된다. 2/1과 같은 두 숫자를 나누는 것은 쉽다. 답은 2이다. 마찬가지로 2/0.5는 4이다. 그러나 2/0의 답은 무한이다. 2/0과 같은 숫자들은 일반상대성 이론에서 '비연속성'으로 나타나며, 그리고 천문학자들에게 상대성 방정식은 시공간에서 반드시 구멍, 블랙홀이 존재해야 한다는 것을 나타낸다는 느낌을 준다.

제27장
융의 마지막 꿈: 동시성

나는 인간의 자아나 영혼의 어떤 부분은 시간과 공간의 법칙에 얽매이지 않는다고 단순히 믿는다.

– 칼 융(Carl Jung)–

나는 융의 사망 6일 후인, 1961년 6월 13일 취리히에 처음 도착했다. 융 학파 사람들은 자신들의 분석가, 스승, 좋은 친구, 할아버지, 이웃이었던 그를 그리워하며 매우 슬퍼했다. 그의 제자들은 그의 인생의 마지막 순간에 대해 이야기하고 있었다.

그가 죽기 전 마지막 꿈에서, 융은 동시성을 이해하기 위한 수학 공식을 찾기 위해 다른 공간들을 헤매고 있는 꿈을 꾸었다. 확실히 그는 앞으로 걷고 있었지만, 그가 뒤로 가는 것을 볼 수 있었던 거울도 있었다. 주변에는 삼각형들이 있었다.

융은 무엇에 관해 꿈을 꾸고 있었을까? 그는 반영, 삼각형, 유클리드와 비유클리드 기하학, 시간과 공간의 의미에 대해 꿈꾸고 있었던 걸까? 이 장에서 우리는 이런 질문들을 탐구해 볼 것이며, 융의 동시성(synchronicity) 개념에 대해 논의하고 내용을 새롭게 할 것이다.

융은 죽기 전에, 심리학, 물리학, 동시성 사이의 공통 기반에 대해 노벨 물리학상

수상자 볼프강 파울리와 함께 연구하고 있었다. 융은 그의 『모음집(*Collected Works*)』 8권(845 단락)에서, 동시성은 "내면과 외부의 의미 있는 동시 발생"을 의미한다고 말했다. 여기에서 융은 '내면' '외부' '의미' '동시 발생' 처럼 우리가 결국 궁극적으로 분화시킬 개념을 사용하였다.

융은 "동시성의 이러한 원리는 인과적으로 관련이 없는 사건들의 상호관련성이나 통합을 제안하며, 따라서 *Unus Mundus*('하나의 세상')로 잘 묘사될 수 있는, 존재의 통합적 측면을 가정한다."라고 말했다. 현재 논의의 개념에서, 동시성은 관찰자가 일상적 실재인 CR에서 무관한 두 개의 사건이 의미를 통해 비일상적 실재인 NCR 방식에서 서로 연관되어 있다는 것을 느끼는, 일상적 경험이다. 이 사건들은 관찰자에게 하나의 통합, 즉 상호관련성을 통해 암시되는 '하나의 세상'이 있다는 것을 경험하게 한다.

나는 지난 30년 동안, '하나의 세상'과 동시성을 이해하기 위해 많은 단계를 거쳐왔다. 먼저, 나는 꿈꾸기와 신체 사이의 연결에 내 자신을 몰입시켜야만 했다. 그리고 신체작용, 관계, 세계의 긴장 사이의 연관성을 연구할 필요를 느꼈다.

❖ 아인슈타인과 융

융은 동시성의 관념(시간과 공간에서 분리되고 인과적인 연결이 없는 것처럼 보이는 사건 사이의 연결에 관한 관념)에 영감을 준 것에 대해 아인슈타인의 공로를 인정했다. 융은 다음과 같이 말했다(1953년 2월 25일 칼 젤리히(Carl Seelig) 박사에게 보내는 편지에서).

> 아인슈타인 교수는 여러 번 저녁 식사의 초대 손님이었습니다……. 그때는 아인슈타인이 초기의 상대성 이론을 발전시키던 초창기였으며, 나에게 공간뿐만 아니라 시간에서도 가능한 상대성과 그것들의 정신적인 조건성에 대한 생각을 시작하게 한 사람도 바로 아인슈타인이었습니다. 30여 년 후, 이런 자극이 나와 물리

학자 파울리 교수와의 관계를 이끌었고, 내가 정신적인 동시성에 대한 논문을 저술하도록 이끌어 주었습니다.

동시성에 대한 융의 관념은 (그의 『모음집』의 984 단락에 있는 같은 이름의 논문에서) 다음과 같이 요약될 수 있다. 융은 동시성에 대해 다음과 같이 말한다. 고딕체는 내가 사용한 것이다.

1. 동시적이며 **객관적인 외부 사건과 정신적 상태의 동시 발생**

2. 시간상 동시적이지만 공간적으로 별개인 외부 사건과 정신적 상태의 동시 발생

3. 시간상 별개인 외부 사건과 정신적 상태의 동시 발생

❖ 관찰자의 역할

융 학파로 훈련받은 분석가로서 나의 경험은 나에게 융이 의미하고자 하는 것에 관한 일반적인 감각을 주었다. '정신적 상태'는 꿈이나 순간적 직관 같은 비일상적 경험을 의미한다. '객관적인, 외부 사건'은 시간과 공간의 일상적인 실재를 의미한다.

융이 일상적 실재인 CR 관찰자와 비일상적 실재인 NCR 관찰자와 같은 개념을 생각하기 전이었기 때문에, 그는 비일상적 실재인 NCR 경험자를 일상적 실재인 CR 관찰자인 것처럼 말하면서, 일상적 실재인 CR 관찰자와 비일상적 실재인 NCR 관찰자를 통합하였다. 비일상적 실재인 NCR 경험자만이, '공간적' '시간상' 별개인, '외부의' '객관적인' 사건과 '정신적 상태'의 동시 발생을 판단할 수 있다. 시간과 공간은 일상적 실재인 CR 체제에서 오는 반면, 정신적 상태는 모두 비일상적 실재인 NCR 관찰이다. 비일상적 실재인 NCR 사건이 일상적 실재인 CR 사건과 일치하

는가는 그 사람의 비일상적 실재인 NCR 체제의 문제다.

오늘날 우리가 이런 설명에 비일상적 실재인 NCR 경험자를 포함한다면, 동시성은 하나 또는 그 이상의 참가자가 시간 또는 공간, 또는 둘 다에서 일상적 실재인 CR 사건과 함께 오는 것으로 경험하는 비일상적 실재인 NCR 사건으로 재형성될 수 있다. 연결 요인(要因)은 비일상적 실재인 NCR의 자의식적 경험이며, 또는 공동체의 시공간 경험을 공유하는 비일상적 실재인 NCR이다. 이런 비일상적 실재인 NCR 경험들이 융이 '하나의 세상'을 통해 의미했던 것이다.

융은 후에 '비인과(非因果)적 질서'라는 더 넓은 의미에서의 동시성에 대해 말했는데, 어떤 패턴이나 근본적인 원리의 표시가 원인과 효과의 일상적인 것과는 다르다는 것이다. 그는 이 범주에 '현대 물리학의 비연속성인, 자연수의 성질과 같은 선험적 요소' 뿐만 아니라, 순간적 통찰과 창조적인 행위를 포함했다.[1)]

융은 동시성을, '관찰자가 어떠한 다른 둘을 합치는 '*tertium comparationis*(제3의 위치)'를 인식할 수 있는 좋은 위치에 있는, 정신적 과정과 물리적 과정' 사이의 일반적인 연결의 특별한 한 경우일 뿐이라고 생각했다.[2)] 제3의 위치는 개인적인 공간과 시간 체제를, 비록 그것들이 각각은 명백하게 분리된 실재로 보일지라도, 하나로 보는 시공간과 같은 체제가 될 수 있을 것이다. 융은 이 제3의 위치가 연금술사들이 '정신(psyche)'과 '물질(matter)'의 이원성을 근본으로 하는 어떤 초월적인 존재를 지녔다는 '하나의 세상'으로서 의미했던 근본적인 통합과 어떻게든 연관되어야 한다고 추측했다.[3)]

❖ 동시성의 상대성

이번에는 상대성으로 다시 시작해서, 그것이 어떻게 동시성, 일치, 동시 발생의 개념을 구별하는 데 도움을 주는지 살펴보자. 아인슈타인은 동시성의 개념에 대해 숙고한 후 이것은 어떤 절대적인 의미가 없다고 결론을 내렸다. 이 결론에 도달하기 위해, 그는 다음과 같은 사고(思考) 실험을 수행했다.

아인슈타인은 자동차 안의 한 사람과 땅 위의 또 다른 한 사람에 대해 생각했다. 차 안에 있는 사람은 운전 중이었고, 점 A와 B 사이의 중간 지점, 점 M을 지나고 있다. 운전자는 중간 지점 M을 지나면서 땅 위의 사람에게 인사로 손을 흔들었다.

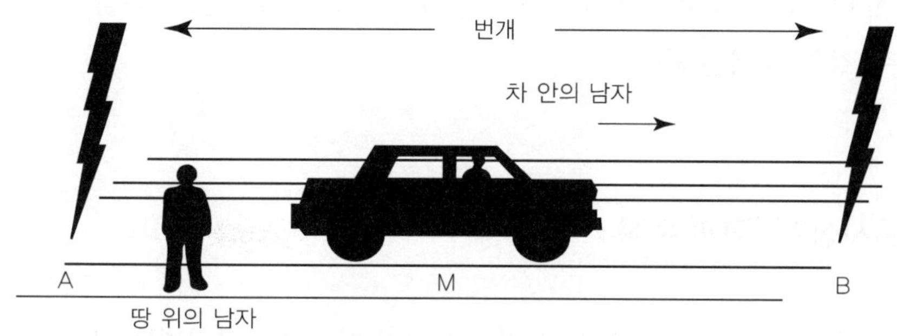

[그림 27-1] 갑자기 A와 B에 번개가 떨어졌다!

그때 번개가 쳤고, 땅에 서 있던 사람이 말했다. "와! 나는 점 A와 B에서 동시에 두 개의 번개가 땅에 떨어지는 걸 봤어! 번개를 동시에 둘 다 보는 건 정말 놀라운 일이야!" 그러나 마찬가지로 점 M에 있었던 차 안의 남자는 "아니야, 번개는 먼저 점 B에 떨어졌어!" 라고 말한다.

누가 옳은 것일까? 두 사람 모두 옳다. 즉, 번개가 언제 쳤는가에 대한 그들의 평가는 자신들의 체제의 속도에 달려 있다. 그 이유는 이렇다. 차 안의 남자가 점 M을 통과할 때 시속 50마일로 운전하고 있었고, 다른 남자는 땅 위에 서 있었다고 하자. 점 M은 A와 B지점에서 모두 같은 거리에 있다. 번개가 갑자기 점 B와 A를 쳤다.

차 안의 남자는 그가 점 A을 치는 번개를 보기 전에, 점 B를 치는 번개를 보았다. 점 B의 번개가 먼저 친 것은 점 A의 번개가 그에게 도달할 때까지 시간이 좀 더 걸렸기 때문이다. 그는 시속 50마일로 전진하고 있었고, 따라서 점 A에서의 빛은 그를 '따라잡아야' 했던 것이다. 그래서 그는 점 B에 먼저 번개가 치는 것으로 보았다. 그에 관한 한, 번개는 점 A와 B에 동시에 떨어지지 않았다.

땅 위의 남자에게 번개는 A와 B에서 동시에 일어났다. 왜냐하면 그가 A와 B로부터 같은 거리에 있기 때문이다. 두 점에서의 번개는 그에게 도착하는 데 같은 시간이 걸린다. 그가 한 지점을 향해 가까워지고 다른 한 지점으로부터 멀어지는 것이 아니기 때문이다.

이 이야기의 교훈은 땅 위의 남자에게 동시에 일어난 일이 운전하는 남자에게는 동시적이 아니라는 것이다. 사람들이 같은 체제에 있지 않다면, 절대적이거나 객관적인 동시성 같은 것은 없다.

❖ 동시성? 긍정과 부정

위에서의 사고(思考) 실험은 두 사건이 우연의 일치인지 아닌지는 체제의 문제라는 것을 의미한다. 지구상에서 우연의 일치로 판단되는 사건들이 다른 체제에서 판단될 때는 몇 년 떨어져 있을 수도 있다. 동시성은 절대적인 감각으로는 존재하지 않는다.

만약 심리학을 잘 살펴보면, 우리는 동일한 기본적인 사고가 '의미(meaning)' 와 같은 비일상적 사건에도 적용된다는 것을 알 수 있을 것이다. 이제 심리학에서 '우연의 일치' 의 의미를 살펴보자.

예를 들면, 동시성은 주어진 한 관찰자에게 꿈에서 일어난 일이나, 일상의 실재에서 일어난 일이 우연의 일치(동시발생적인 일치)이거나 또는 동시적이라는 것을 의미한다. 융은 '동시성' 이라는 용어를 인과관계가 없어 보이는 사건들 사이의 '의미 있는 우연의 일치' 라고 정의했다. 따라서 우연의 일치는 두 사건을 경험하고 있는 개인과 관련 있는 한, 두 사건은 서로 대응 일치한다는 것을 의미한다. 그러나 동시성은 동시 발생처럼, 완전히 상대적인 개념이며, 다시 말해 지각 체제의 문제다.[4)]

구체적인 예를 하나 살펴보자. 당신이 한 아이에게 뺨에 입맞춤을 하고 있는 한 남자에 대한 꿈을 꾸었다고 해 보자. 다음날 아침, 당신이 아파트 문을 열었을 때, 평소에 별로 애정을 표현하지 않던 옆집 사람이 손녀의 뺨에 입맞춤을 하고 있는 것을 보고 놀라게 된다. 두 사건(당신의 꿈에서 한 남자가 아이에게 입맞춤을 하는 것과, 실제에서 옆집 사람이 그렇게 하는)이 함께 나타나는 것은 우연 이상이기 때문에, 당신은 "와, 이건 우연의 일치이며, 동시 발생이야."라고 중얼거린다. '정신적' 또는 꿈의 사건과, 그리고 당신의 문 밖에서 일어난 물리적 또는 '외부의' 사건은 연결되어 있는 것처럼 보인다.

그러나 그것들은 누구를 위해 연결되어 있는가? 누가 관찰자인가? 이 경우, 관찰자는 바로 당신이다. 당신이 바로 동시성으로 이 사건들을 경험하는 사람이다. 당신의 옆집 사람은 자신의 손녀의 뺨에 입맞춤한 것 외에 어떠한 것도 경험하지 않을 것이다. 그에게는 동시성이 전혀 없을 것이다. 만약 그에게, 당신의 꿈과 그가 어떻게 손녀에게 입맞춤했는지에 대해 동시성에 대한 당신의 느낌을 말한다면, 그는 아마도 당신을 전혀 이해하지 못할 것이다. 사실, 그는 당신이 왜 흥분하는지 이해하지 못할 것이다. 당신의 이웃은 단순히 사랑스런 순간을 경험했기에, 그래서 그에게는 동시성이 없다.

동시성은 꿈꾸는 사람이나, 또는 우연의 일치에 대한 비일상적 실재인 NCR의 평가에 동의하는 사람들에게만 유효하다. 그러나 꿈꾸는 사람의 체제에 있지 않은 사람들에게는 우연의 일치라는 것이 없었으므로 동시성은 없다. 그들(꿈꾸는 사람의 체제에 있지 않은 사람)에게는 동시성이 존재하지 않는다.

따라서 우리의 결론은, 비일상적 실재인 NCR 체제와 다른 관찰자에 의한 동시성은 일상적 실재인 CR에서 존재하지 않는다는 것이다. 일반적으로, 동시성은 일상적 실재인 CR 사건과 비일상적 실재인 NCR 사건의 혼합이고, 그러므로 경험자의 정신적 체제에 부분적으로 근거한다.

'시기선택'과 '의미'에 대한 감각은 비일상적 평가다. 이것들은 서구 세계의 일상적 실재인 CR에서는 객관적이 아니다. 당신이 동시성을 재생하려고 한다면, 아마도 어렵다는 것을 알 것이다. 동시성에 대한 일상적 실재인 CR 실험의 통계적 타당성을 '증명하는' 것은 어렵다. 그러나 융은 그런 통계적 실험을 시도했고, 동시성에 대한 그의 논문에 이를 보고하였다. 그는 동시성과 우연의 일치가 자신이 그 일에 흥분하는 동안에는 기대했던 것보다 더 높은 비율로 발생했다고 결론지었다. 그러나 그의 흥분이 사라지자, 우연의 일치 역시 감소했다.

'의미' 가 객관적이고 일상적 용어로 측정될 수 없다 하더라도, 우연의 일치가 존재하지 않는다는 것을 의미하는 것은 아니다. 의미는 그것을 경험하는 사람들에게는 삶과 죽음의 문제가 될 수 있다. 정의에 따라, 동시성은 증명할 수 있는 일상적 실재인 CR 의미를 전혀 가지고 있지 않다. 동시성에 대한 아인슈타인의 결론처럼, 동시 발생에 대한 관찰은 관찰자의 관점과 체제에 달려 있다. 다시 말해, 두 사건은 당신이 관여하는 한, 의미 있게 연결되어 있는 것처럼 보일 수 있지만, 그 사건들이 나와는 무관할 수도 있다.

점 A와 B에 떨어졌던 두 번개는 땅 위의 남자의 움직이지 않는 체제에서는 동시에 발생했지만, 그러나 차 안의 움직이는 체제에 있는 남자에게는 아니었다. 비슷하게, 내가 다른 정신적 체제에 있다면, 동시성은 당신에게 일어날 수 있지만 내게는 아닐 수도 있다. 일반적으로, 동시성은 객관적이거나 절대적이지 않다. 이것이 아마 동시성이 여태까지 결코 증명되지 않는 이유일 것이다. 체제의 개념에서의 정의에 따르면, 우리가 동시성을 비일상적 실재인 NCR 사건과 일상적 실재인 CR 사건의 우연의 일치라고 정의하는 한, 동시성은 증명될 수 없을 것이다.

자신의 인지에 대해 불확실한 우리들 대부분은 일상적 실재인 CR 실증을 얻기를 원하고, 초심리학적 현상을 '증명' 하려고 한다. 많은 형태의 동시성과 같이, 이런 현상들은 당신이나 당신의 체제 속의 누군가에게는 사실일 수 있지만, 그러나 당신의 체제 속에 있지 않은 누군가에게는 사실이 아니다. 일상적 실재인 CR의 느낌에서 '실재' 가 아닌 것이다.

일상적 실재인 CR 체제에서 초심리학 현상을 증명하려는 것은 무언가를 증명하거나 반증하려는 것이 아니다. 동시성은 꿈꾸기에서 존재하고, 의식 상태가 꿈꾸기를 하는 사람에게 모든 것은 동시성이다. 세계가 그들에게 '동의한다.' 그러나 다른 이들에게 동시성은 그들의 관찰하는 마음이 일상적 실재인 CR에 남아 있는 한 놀라운 수수께끼로 남을 것이다. 그런 관찰자들의 경우에, 세상은 결코 의미 있는 표시를 보여 주지 않을 것이다.

다른 체제를 여행하는 누군가는 같은 사건들을 보고, "잊어버려. 그건 동시성이 아니야. 그건 단지 환상이야. 실재가 아니야. 그 사건들은 같은 시간에, 같은 공간에서, 또는 같은 의미로 발생하지 않아." 라고 말할지도 모른다.

어떠한 것도 같은 주어진 시간, 같은 장소, 같은 의미에서 절대적인 방식으로 발생하지 않는다. 동시적인 상호관련성의 전체적인 관념은 인식에 대한 상대적 문제다.

나는 동시성을, 적어도 그중 하나는 일상적 실재인 CR에서 발생하는 둘 혹은 그 이상의 사건들 사이에서 연결에 대한 비일상적 실재인 NCR 경험으로 재정의하고 싶다.[5)]

동시성을 포함하는 비일상적 실재인 사건들은 미래의 물리학과 심리학 영역에 포함될 것인데, 물리학은 동시성의 상대적 결론들을 일반화해서 그것들이 일상적 실재인 CR 사건들뿐만 아니라, 마음의 비일상적 실재인 NCR 상태, 꿈꾸는 사람과 꿈꾸지 않는 사람, 아이에게 입맞춤하는 남자를 꿈꾼 사람, 아이에게 입맞춤한 남자에게도 적용할 것이다. 궁극적으로 물리학이 초점을 두는 일상적 실재인 CR은 상대적인 상태다. 물리학이 이런 통찰을 그것의 형식론에 포함할 때, '한 번(one-time)' 의 사건들을 통계적인 의미 없이도 더 잘 이해할 수 있게 될 것이다. 우리는 이미 양자물리학에서 이 새로운 물리학의 시작을 알리는 전조를 보아 왔다.[6)]

❖ 시간 여행

우리는 의미 있는 사건들과 동시성이 절대적이지 않으며, 공간과 시간이 상대적이라는 것을 보아 왔다. 과거나 미래의 개념에 절대적인 의미는 없다. 당신의 체제에서 미래의 당신에게 벌어질 일들이 나에게는 현재가 될 수도 있다. 당신의 과거가 나에게는 심지어 존재하지 않을 수도 있다. 단지 우리가 모두 같은 비일상적 실재인 NCR 체제 속에 있는 경우에만 어떤 형태의 동시성을 경험적으로 만나게 된다.

두 가지 사건의 중요성이나 의미에 대해 의견이 일치하지 않더라도, 우리는 일상적 실재인 CR의 시간과 공간에서 빠져나올 수 있고, 전통적 초자연치료사처럼 우리 자신의 시간 감각에서 과거와 미래로 이동하는 연습을 할 수 있다. 우리가 우리의 여행을 따라 더 멀리 갈수록, 우리는 미래가 현재를 어떻게 바꿀 수 있는지 알게 될 것이며, 그리고 우리가 현대의 초자연치료사가 됨으로써 과거나 미래를 바꾸기 위해 어떻게 현재에 뛰어들어야 하는지 알게 될 것이다.

점 B를 향해 시속 50마일로 차를 몰던 남자를 다시 생각하면서, 물리학에서의 시간 여행을 생각해 보자. 그가 속력을 높여 점 B에 2분만에 도달할 수 있다고 해 보자. 이제 더욱 빨리 달려서 번개가 치는 그 순간에 도달할 수 있다고 가정해 보자. 아예 그곳에 도달하는 데 전혀 시간이 걸리지 않는다고 상상해 보자. 그 사람은 빛의 속도보다 빠르게 움직여서, 번개가 치기 전에 그곳에 도착했다.

만약 그 사람이 빛보다 더 빨리 간다면, 0분보다 짧은 시간에 B에 도착할 것이다. 사실, 그는 번개가 치기 전인 1분 전(-1분)에 도착했다! 만약 그가 충분히 빨리 간다면, 시간을 거슬러 갈 수도 있다. 그가 여전히 더 빨리 간다면, 15년 전에 B에 도착했을 수도 있다. 이것은 일상적 실재인 CR을 벗어나야 하기 때문에 우리가 이해하기 어렵다.

어느 누구도 그가 얼마나 빠른지 혹은 동시성이 발생하는지 안 하는지에 대해 동의해야 할 필요가 없다. 어느 누구도 그가 그 엄청난 속도로 B에 도착했을 때 그것을 증명하거나 반증할 수 있는 사람은 아무도 없다. 일상적 실재인 CR의 증명은 신호에 달려 있고, 그리고 어느 누구도 빛의 속도보다 더 빠른 일상적 실재인 CR 신호를 개발하지 못했기 때문이다.

하지만 일상적 실재인 CR 증거가 없어도, 이 운전자는 그것이 일어나기 전에 이미 알지도 모른다. 만일 그가 그렇게 빠르다면, 그는 꿈꾸기의 세계에 들어가게 될 것이다. 시간에서 미래나 과거로 가는 것은 그에게 꿈꾸기에서 개인적으로 실제인 것이다. 이 실재는 오늘날의 물리학 영역 밖일 수도 있지만, 여전히 복소수의 패턴과 상대성의 허수 수학에 의해 지배되는 영역 내에 있다.[7] 아인슈타인은 일상적인 어느 것도 빛보다 더 빠르게 갈 수 없다고 말했지만, 비일상적 실재인 NCR 사건들이 빛의 일상적 실재인 CR 속도로 제한되어야만 한다고는 말하지 않았다.

다시 말하면, 당신은 시간에서 거꾸로 갈 수 있다는 것이다. 당신은 어떤 장소에서 몇백 년 전에 일어났던 일을 갑자기 알 수 있다. 당신은, 시간에서 과거로 간다든지, 데자뷰 형태의 동시성으로 몇백 년 전에 일어났던 일들을 보는 것과 같은, 꿈같은 사건을 증명할 수도 있으나, 당신의 체제에 있지 않은 다른 사람들이 당신에게 동의하지 않을 수도 있다는 것을 이해하는 한, 당신은 확실히 그런 경험을 하면서 살 수 있다. 당신의 개인 과정은 당신만의 특별한 타임머신이자 당신의 우주 나침반이 되는 것이다.

❖ 개인적 실험: 시간 여행

이쯤에서 당신은 아마 개인 과정과 시간 여행을 실험해 보기를 원할 것이다. 당신이 원한다면, 나는 다음과 같은 가상의 사고 실험을 해 볼 것을 제안한다.

우리들 인간 대부분은 언젠가는 죽기 마련이고, 죽음에 대해 많이 생각하는 것을 싫어한다. 하지만 언제든, 모든 사람은 어떤 이유로 죽게 될까 궁금해한다. 잠시 삶의 끝 가까이에 있는 자신을 상상해 보자. 개인의 경험이나 꿈꾸기에서 시간을 앞질러 가서, 삶의 끝에 있는 자신을 상상해 보자. 더 좋은 방법은 당신이 특정한 질병, 노화, 자동차 사고 등과 같은 그 무언가로 인해 죽어 간다고 상상하는 것이다. 그리고 잠시 후에 나는 당신에게 삶의 끝 지점에서 자신에게 이야기해 보라고 요청할 것이다.

당신은 준비되었는가? 시간을 앞질러 간다는 것은 이미 어떤 사람에게는 특별한 일이다. 죽음에 대해 생각하는 것은 더욱 복잡하다. 그러나 이러한 것은 우울하거나 절망적일 필요가 없다. 그것은 오히려 당신의 일상생활에서 매우 유용할 수도 있고, 아마도 심지어 재미있을 것이다. 이제 좀 더 앞으로 가보자.

1. **자신이 죽어 가면서 미래로 여행을 떠나는 것이라고 스스로 상상해 보자**. 당신이 임종을 맞이하고 있다고, 또는 어디에서든 죽어가고 있다고 상상해 보자. 보통의 환상은 아니지만, 흥미로울 수 있으니, 한번 시도해 보자.
   마치 당신이 사진이나 영화를 보고 있는 것처럼, 자기 자신을 한번 보자. 몇 가지 특별한 이유로, 당신은 미래를 볼 수 있고 지금보다 더 늙은 자신을 볼 수 있다. 그 상태에서 계속해서 자신을 보아라.

가장 중요한 것은, 죽어 가고 있는 자신을 상상하는 것이다. 자신의 모습을 상상하라. 숨소리를 들어라. 죽어 가는 모습을 실제로 보려고 해라. 그것이 늙어서인가? 병 때문인가? 사고인가? 마치 미래인 것처럼, 죽음을 보아라. 자신이 죽어 가는 모습에 약간의 두려움을 느낄 수도 있다.

2. **준비가 되었으면, 죽어 가는 자신의 모습을 보고, 이 모습이 당신에게 하나의 현명한 메시지를 전달한다고 상상해라**. 이제 늙고 죽어 가는 자신이 현재의 자신에게 이야기한다고 상상하라. 미래에 일어날 것처럼, 대화를 해라. 현재 자신의 모습 그대로이면서, 동시에 죽음에 이른 자신의 모습을 상상하고, 늙은 사람의 메시지에 귀 기울여라.

3. **이제 늙은 당신 자신이 젊은 당신에게 어떻게 살아야 하는지, 삶에 관한 조언을 하도록 해 보자**. 죽어 가는 당신은 삶에서 선한 일로 무엇을 했는가? 그다지 선하지 않은 일로는 무엇을 했는가? 당신의 늙은 모습은 살아온 삶에 대해 만족하는가? 좀 다르게 살았다면 어떠했을까? 늙은 모습이 당신에게 조언하도록 하자. 늙은 모습에게 당신의 현재 삶에 대해 물어보아라. 현재 당신의 삶을 어떻게 살아야 하는가? 미래의 당신이 현재의 당신에게 삶을 다시 산다면, 오늘의 삶을 어떻게 다르게 살아야 할지 무슨 조언을 할까? 그 조언을 들어보아라.

4. **대화가 끝나면, 미래의 당신에게 감사하고 당신이 사는 현재로 시간 여행을 해서 다시 돌아와라**. 준비가 됐다고 느껴지면, 그 메시지를 다른 누군가와 나누거나 또는 적어두어라. 당신은 미래의 죽음에서 온 메시지를 기억하면서 자신의 몸으로 돌아와, 자신의 발을 땅에 확고하게 딛고 있음을 확실히 느끼도록 해라.

❖ 시간 여행의 의미

물리학이 시간에서 거꾸로 가는 것의 심리학과 함께 작업하지 않더라도, 부분적으로 우리 모두가 시간 가역성(可逆性, reversibility: 앞으로도 갈 수 있고 뒤로도 갈 수 있는)의 패턴을 가지고 있기 때문에, 물리학의 수학은 그것에 대한 패턴이 있다. 우리가 방금 했던 실험은 미래로 가서 시간상 현재를 뒤돌아보는 것이 어떠한 것인지에 관한 어떤 암시를 준다. 전통적으로 심리학은 현재를 바꾸기 위해 과거로 돌아간다. 심리학은 우리의 현재 행동을 이해하기 위해 우리의 부모와 우리의 어린 시절을 생각하게 한다.

과거를 방문하는 것과 마찬가지로, 미래를 방문하는 것 역시 중요하다. 우리는 보통 이런 일들을 두려워하고 걱정하면서도 무의식중에 한다. 그렇지만 우리는 의식적으로 알아차림을 하면서 미래를 여행할 수도 있다. 거기서 우리는 펼쳐진 사건들에 집중할 수 있고, 그로 인해 현재를 풍요롭게 만들 수 있다. 당신이 겪은 비일상적 실재인 NCR 경험은 실재다. 과거와 미래에서 당신은 죽음 또는 전생(前生)과 이야기할 수 있다. 당신은 미래와 과거 시간대의 경험에 따라 현재의 자신에게 새로운 방향을 줄 수 있다. 왜냐하면 미래, 과거, 현재가 시간 속에서 자신들을 펼치면서 한 순간에, 뒤엉킨 꾸러미로 모두 모아지기 때문이다.

양자역학의 허수, 양자 신호교환, 결레화, 자기 반영을 탐구하면서, 우리는 과거, 현재, 미래가 꿈꾸기에서 모두 뒤엉켜 있음을 알았다. 꿈꾸기에서 미래는 지금 당신과 신호교환하고 있다. 사실, 미래와 과거로 가는 것으로서 생각할 수 있는 양자파동 간의 의사소통은 현재를 생성한다. 이 말은 시간 개념이 내적 경험으로부터 나온 것이 아니라, 일상적 실재인 CR의 개념이기 때문에 복잡한 것처럼 들린다. 그러나 주관적인 경험의 관점에서 보면, 현재를 생성하면서 미래나 과거로 가는 파동의 개념은 복잡하지 않다. 시간에서 현재 순간은 당신의 현재 정체성에 관한 한, 과거나 미래에 존재하는 자신들 사이의 상호작용으로 창조된다.

다시 말해서, 과거와 미래의 개념, 즉 시간 차원은 그 순간 당신이 자신을 어떻게 동일시하는지와 연관된다. 그래서 당신의 심리학 때문에, 양자역학 수준에서의 신호교환 때문에, 또는 상대성에서의 시간여행 때문에, '그 순간 당신이 자신을 동일시하는 방법은 시간에서 과거나 미래로 여행하는 비일상적 실재인 NCR 상호작용에 연결되거나 그것에 의해 창조된다.'

❖ 신성한 의식

융이 동시성 뒤에 놓여 있는 '하나의 세상(*Unus Mundus*)' 에 대해 말했을 때, 그는 사건이 빛보다 빠른 속도로 일어나므로 측정할 수 없는 상대성의 부분인 시공간에 대한 가상의 측면을 직감하고 있었을지도 모른다. 이것은 복소수의 영역이다. 또한 이것은 내가 양자파동의 장(場)을 이해하는 데 사용해 왔던 신호교환의 자의식적 영역이다.

융이 '하나의 세상' 이라고 부른 것을 나는 함께 꿈꾸기라고 언급했다. 다시 말해, '하나의 세상' 은 시간, 공간과 정체성의 일상적 실재인 CR 구별이 더 이상 묶이지 않는 꿈꾸기 세상이다. 이것은 순수한 경험의 세계다.

우리가 함께 꿈꾸고 변형상태에 함께 들어갈 때, 우리는 신비하고 초자연적인 어떤 것을 느낀다. 그러나 그 초자연적인 것에 대한 당신의 상상력은 나의 상상력과 완전히 다를 것이다. 우리가 마지막에서 공유하는 유일한 것은 '도(道)' 에 대한 두려움이다. 우리는 그런 공유된 동시성에서 분리성의 감각을 공유하지 않는다.

에이미와 내가 브라질 아마존 정글 깊숙한 곳의 원주민들이 벌리는 신성한 식물인 아야후아스카(ayahuasca: 환각제의 일종)를 이용한 신성한 의식에 참여했을 때, 에이미는 의식 장소에서 여자들 영역으로, 나는 남자들 영역으로 갔다. 우리 둘 다 향(向)정신성 식물을 사용하는 그 의식에서 환각의 강렬한 경험을 했고, 그 의식에 참여하고 있는 모든 사람들도 강렬한 환상을 경험했다.[8)]

그러나 우리 각자의 환상은 매우 달랐다. 내 옆에 앉아 있던 남자가 악귀를 볼 때, 나는 대칭성을 보았고, 에이미는 자신의 할머니를 보았다. 우리가 공유하는 것은 환상의 내용도 아니고, 이미지나 주어진 의미도 아니다. 우리 각자의 차원과 체제는 너무나 다르다. 우리 모두가 공유하는 것은 꿈꾸기에서 몰입하는 자의식적인 경험이다. 우리가 주문을 외우는 사람들 사이에서 믿을 수 없는 광경을 보며 정글 속 텐트 속의 뜨거운 열기 속에서 함께 앉아 있을 때, 한 가지는 확실했다. 우리 모두는 말로는 절대 표현할 수 없는 무언가와 연결되어 있다는 것이다. 우리를 인도했던 초자연치료사가 말하기를, 우리는 각자의 방식으로 신을 맞이하고 있으며, 그 엄청난 경험을 하기 위해 우리의 관심을 모으고 집중하라고 당부했다. 초자연치료사는 우리에게 '2차적 주의집중' 같은 것을 요청한 것이다.

그 집단적인 경험이 우리 모두를 하나로 이끌었다. 모든 사람이 자신만의 특별한 통찰력을 갖고, 우리가 속한 세상이 설명할 수 없고, 놀랍고, 영감을 주는 곳이라는 지식을 공유하게 되었다. 그 의식 끝 무렵에 우리 120명 모두는 일어서서 북의 리듬과 최면성의 주문에 맞춰 천천히 리듬을 타며 춤을 췄다. 우리는 꿈꾸기, 시공간, 양자 신호교환, 우리가 보통 밤에 혼자 따로 만나는 우주를 공유했다. 그러한 세상을 함께 만나는 것은 모든 존재의 공동체를 창조하는 것이었다.

이런 경험들은 거기에 있는 모든 사람들에게 실재였으며, 삶을 가치 있게 만드는 경험의 일종이다. 그러나 나는 그때 우리의 경험이 이와 비슷한 세계를 통합하는 초공간 경험을 하지 않은 사람들을 이해시키기에는 한계가 있다고 생각한다. 우리는 그 사건들의 의미와 중요성을 공유하지 않았지만, 어떤 신비스런 일이 발생했다는 일반화된 감각을 공유하고 있다. 우리는 상상의 영역을 설명하기 위해 누군가가 사용하는 일상적 실재인 CR 개념의 세상이 아니라, 우리가 상상의 영역에 있었다는 감각을 공유했다. 공유한 공동체 영역에서, 사물은 균형을 이룬다. 우주는 대칭을 감지하고, 우리에게 개인으로서 다른 모든 사람과 균형을 이루는 방법을 신비스럽게 알려 준다.

그날 밤의 경험은 나에게 광범위한 세계관을 주었다. 이 세계관은 이론물리학에서 나온 이론이 아니라, 경험이었다. 그 광범위한 세계관은 이집트의 선지자들이 여신 넌이 기하학을 창조한 것을 어떻게 보았는지, 유럽의 선지자들이 그리스도가 나침반으로 세상을 창조한 것을 어떻게 말하는지, 인도의 선지자들이 최고의 신 푸루샤가 자기 반영의 우주를 창조한 것을 어떻게 보았는지에 대한 내면의 지식이었다.

그러므로 동시성의 배경이 되는, '하나의 세상'은 복소수와 신화의 세상이자, 융의 마지막 꿈의 세상이었고, 우리를 연결하는 놀라운 최고의 영역이다.

주 석

1) 그는 계속해서 말하기를, "…… 결과적으로, 우리는 우리가 설명할 수 있는 개념의 범위 내에서 지속적이고 실험적으로 재현 가능한 현상을 포함해야 한다. 이것이 좁은 범위로 이해되는 동시성에 포함된 현상의 본질과 일치하지 않는 것처럼 보이더라도 말이다. 나는 사실 좁은 의미의 동시성은 일반적인 비인과적 질서의 특별한 예에 불과하다는 관점에 동의한다. 즉, 관찰차가 운 좋게 '제3의 위치'를 인식할 수 있는 위치에서의 정신적이고 물리적인 과정과 동등하다고 생각하는 편이다."(융, 『모음집』, 8권, '동시성(*Synchronicity*)' 965단락).
2) 주석 1, 965단락.
3) 주석 1, 14권, 767단락과 그 이하: "일상적 실재인 CR에 대한 이 모든 전제조건들은 전형적, 즉 …… 전논리적(前論理的)이다."
   조지프 캠벨(Joseph Campbell)이 편집한 『들고 다닐 수 있는 융(*The Portable Jung*)』의 518쪽에서 융은 다음과 같이 말했다. "동시성 현상은 이질적이고, 인과적으로 관련이 없는 과정에서 의미 있는 동등성의 동시 발생을 증명한다. 다시 말하자면, 그런 현상은 관찰자가 인지한 내용이, 인과적인 연결 없이, 동시에 어떤 외부 사건에 의해 표시될 수 있다는 것을 증명한다. 이를 통해 정신은 시간에서 찾을 수 없거나, 또한 그 공간은 정신과 상대적이라는 것을 알 수 있다……. 정신과 물질은 하나의 같은 세상에 포함되고 더구나 서로 계속 교류하기 때문에, 또한 궁극적으로 표시할 수 없는 초월적인 요인들에 달려 있기 때문에, 정신과 물질이 하나의 같은 사물의 두 가지 다른 측면이라는 것은 가능할 뿐만 아니라, 상당히 가능성 있는 일이다."
4) 동시성 개념(즉, 의미 있는 우연의 일치)에서 융이 사용했던 '의미'는 리하르트 빌헬름의 '도(道)' 개념의 사용과 연관되어 있다. 빌헬름은 『역경(*I Ching*)』을 번역하면서 '도' 대신에 '의미'라는 단어를 사용했다. 도는 대략 '방식'이나 '시기 선택'으로도 번역될 수 있다.
5) 나는 사건들이 비인과적으로 연관되어 있다는 생각을 버리고 있다. 그 이유는 비일상적인 사건(꿈이나 고통의 느낌)은 일상적인 사건(교통사고)과 인과적으로 연관될 수 없는데, 비일상적인 사건은 정의상 통계적으로 비재현(非再現)적이기 때문이다.
6) 수학에 관심을 가진 독자, 즉 어떻게 동시성이 양자역학의 수학적 형식으로 발견될 수 있는지에 대해 흥미를 지닌 독자는 부록을 보라.

7) 로렌츠 변환에 대한 방정식은 상대성 속도가 광속보다 더 빠를 때 어떻게 허수가 나타나는지 보여준다. 그 체제와 방정식은 [그림 27-2]와 같다.

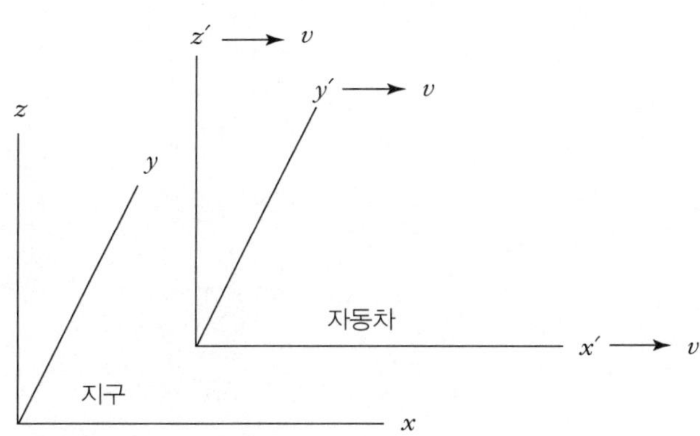

[그림 27-2] 로렌츠 변환의 체계와 방정식

여기서 우리는 차의 속도 v가 충분히 빠르게 움직인다면, t' 은 허수가 될 것이라는 것을 안다. 예를 들어, 그 차의 속도가 광속보다 더 크다면, v^2/c^2는 1보다 크게 된다. 그러면 $x=0$일 때, 땅 위의 사람이 차에 있는 사람에 대해 측정한 시간(t)은 허수가 된다. ($[1-v^2/c^2]$의 제곱근이 음수의 제곱근이 되고, 결국 허수가 되기 때문이다) 여기서, 우리는 선형적 시간에서 빠져나와 꿈꾸기로, 다시 말해 비일상적 실재인 NCR 실재로 들어가는 것이다.

8) 아야후아스카(ayahuasca)가 중독성은 없지만, 나는 약물 경험에 대한 글이 중독 경향이 있는 사람에게는 문제가 될 수 있다는 것을 알고 있다. 나는 약물의 중독성과 약물의 건강상의 위험 때문에, 약물남용에 대해서 반대한다는 것을 밝혀 두고 싶다.

제28장
골곡과 2차적 주의집중

일반상대성 이론에 따르면, 공간의 기하학적 성질들은 독립적이지 않고, 물질에 의해 결정된다.

–알베르트 아인슈타인(Albert Einstein)의 『상대성(*Relativity*)』에서–

상대성 이론에 대해 좀 더 자세히 살펴보기 전에, 지금까지 우리의 연구 여행으로부터 얻은 중요한 몇 가지 개념에 대해 간단히 복습해 보자. 어느 물체(대상)가, 당신이 집중해서 관찰하기 바로 직전에 당신의 주의를 끌 때마다 양자 신호교환이 항상 발생한다는 것을 당신은 양자 물리학으로부터 기억할 것이다. 양자 신호교환은 모든 관찰에 대해 기본이 되는 비일상적 실재인 NCR 경험이며, 매우 빠르고 쉽게 배제될 수 있다. 양자 신호교환은 당신의 가장 깊은, 거의 말로 표현할 수 없는 자의식적 경험에서 나오며, 그리고 분명히 '하나의 세계(*Unus Mundus*)' 로부터 나타나는 신호교환의 사건이다. 이 '하나의 세계' 는 꿈꾸기의 세계다. 그것은 비국소적이기에 어느 곳에도 있고(동시에 어디서나), 시간적이지 않기에 어느 때나 있고(과거 및 미래와 연결), 비일상적(당신의 체제에 있지 않기에 타인들이 동의하지 않는)이다.

동시성은 외부 사건과 연결하는 비일상적 경험이다. 그것들은 당신의 주의를 끌거나 또는 타인의 주위를 끌며, 외부의 일상적 실재인 CR 사건에 의해 반영되는 것처럼 보이는 양자 신호교환이다. 예를 들어, 당신에게 갑자기 누군가 생각이 났는데, 그다음에 당신이 그 사람이 길을 걷고 있는 것을 보는 것과 같다. 동시성을 증명하기란 쉽지 않다. 왜냐하면 그것은 주로 당신에 대한 비일상적 실재인 NCR 사건이기 때문이다. 당신이 정말로 그 사람을 먼저 생각했다는 것을 증명하는 것은 매우 어렵다.

당신과 당신 주위의 모든 사람들이 자의식적 경험에 더 가까이 갈수록, 더 많이 공유된 동시성이 항상 일어나는 것처럼 보인다. 일정한 감각에서 동시성을 알아차리기 위해, 당신은 자신의 주변에서 일어나는 이상한 일을 알아차리고, 꿈꾸기가 일상적 실재인 CR의 실재에 어떻게 영향을 미치는지 알아차리는, 2차적 주의집중이 필요하다. 이런 고조(高潮)된 알아차림의 순간에, 많은 사람들은 공간이 비어 있는 것이 아니라, 오히려 활동적이고, 물질 같으며, 모든 사물과 모든 인간이 서로 연결된 살아 있는 실체라는 것을 느끼게 된다.

동시성에서, 실재는 꿈과 같고, 공간은 전 세계 사람들의 철학이나 초자연치료적 경험에서 묘사된 영혼(spirit) 같은 것이 된다. 일상적 실재인 CR 공간은 모든 것을 포용하는 실체인 것 같다. 거기에서 우리 개인 자신의 경계를 정의하기 어렵다. 당신과 나는 비국소적이고, 시간에 한정되지 않는 비(非)시간적 자신이 된다.

아인슈타인의 일반상대성 이론에서 가장 훌륭한 점은 공간의 많은 측면을 '모든 것을 포용하는 실체' 라고 밝혀 주었다는 것이다. 그가 말하는 공간은 빈 공간이 아니며, 물질 같은, 활동적인 실체다. 좀 더 정확하게, 일반상대성 이론에서 우주의 기하학은 중력강도 같은 물질의 특성을 도입한다. 이번 장에서 우리는 우주 공간에서 발견되는 굴곡이 어떻게 당신의 주의력에 대한 이탈, 즉 의식의 변형상태에 대한 은유가 되는지 살펴볼 것이다.

❖ 굴곡은 속도를 변화시키는 것과 연결되어 있다

아인슈타인은 특수상대성 이론이 주어진 체제의 관점으로부터 일정한 속도로 발생하는 사건에 대한 것이라는 것을 알았다. 그는 특수상대성 이론을, 변화하는 속도에 대한 좀 더 일반적인 상대성 이론으로 확장해야만 한다는 것을 알았다. 일정한 속도로 움직이는 기차, 자동차, 로켓은 특수상대성 이론 문제다. 상대성 이론을 일반화시키기 위해, 아인슈타인은 속도를 높이거나 낮추는 것에 의해 변화하는 속도를 고려했다.

이것이 개략적으로 아인슈타인이 일반상대성 이론을 얻은 방법이다. 그는 물체의 속도를 변화시키기 위해서 거대한 힘이 필요하다는 것을 알았다. 뉴턴은 17세기에 이 힘에 대해서 설명한 바 있다. 당신은 아마도 뉴턴의 법칙(힘 = 질량 × 가속도)을 기억할 것이다. 속도의 변화는 가속 또는 감속을, 즉 속도가 높아지거나 낮아지는 것을 의미한다. 예를 들어, 비행기 안에서 당신은 이륙과 착륙을 할 때, 속도가 시속 0에서 500마일로 올라갔다가, 다시 0으로 내려온다. 가속과 감속은 거대한 힘을 발생시키는데, 이륙 중에는 당신의 몸이 의자 등받이 쪽으로 밀착되고 착륙할 때는 안전벨트 앞쪽으로 밀착하는 것으로 당신은 이러한 힘을 알 수 있다.

일정한 속도는 밀고 당기는 이런 힘을 다룰 필요가 없다. 하늘 높이 날면서 일정한 속도일 때, 비행기가 조용하다면, 당신은 날고 있다는 사실을 알아차리기 힘들다. 속도의 어떠한 변화, 속도의 방향 변화조차도 힘을 포함한다. 당신은 직선 도로에서 달리는 자동차의 방향을 바꾸려면, 자동차의 핸들에 힘을 가해야 한다는 것을 알고 있다. 우리 모두는 일상 경험에서 공간을 통해 물질을 움직일 때 변화를 주기 위해서 힘이 필요하다는 것을 알고 있다.

다시 말해, 공간에서 구부러지는 것은 힘과 관련이 있다는 것이다. 게다가 힘은 공간에서 구부러지는 움직임과 관련이 있다. 아인슈타인은 중력이야말로 모든 물체에 영향을 끼치는 우주의 큰 힘 중의 하나이기 때문에, 중력의 힘은 어떻게든 속도의 변화 또는 굴곡의 변화, 또는 둘 다에 어떻게든 연결된다고 추론했다. 아인슈타인은 뉴턴이 중력이라고 부른 것이 물체의 속도를 변화시키고 행성이 움직이는 방향의 변화에도 연관이 있다는 것을 알았다.

물론 아인슈타인은 중력이 지구가 태양 주변을 회전하게 하고, 달이 지구 주위를 회전하게 한다는 것을 알고 있었다. 그래서 그는 자신의 생각을 뛰어넘어 무언가 새로운 것을 추정하기 시작했다. 아인슈타인은 모든 사람들이 중력에 의한 것이라고 생각하던 바로 이런 태양 주위의 지구 궤도가, 실제로는 우주 공간 자체가 구부러져 있는 것에 기인하며, 지구는 단지 태양 주위의 그 길을 따라간다고 생각했다. 아인슈타인은 중력이 단지 추측일 뿐이며, 아마도 실제로 존재하지 않고 대신 구부러진 공간만이 존재한다고 생각했다.

우리 모두는 아인슈타인이 가졌던 것과 동일한 물리적 직관을 가지고 있지 않을 수도 있다. 그래서 아인슈타인의 직관을 따르기 위해 당신의 직관을 이용하는 대신에, 다음과 같이 생각해 보자. 우리의 태양이 차지하고 있는 공간에서 '질량 같은 것' 이 많은 곳이면 어디든, 지구처럼 더 작은 행성 가까이 있는 것보다는 공간이 더 많이 구부러져 있다. 다시 말해, 질량과 중력은 단순히 공간의 굴곡에 반영된다. 당신은 질량이나 굴곡을 생각할 수 있다.

지구는 상대적으로 작은 행성이기 때문에 지구 또는 지구 주위에서, 공간은 많이 변화하지 않는다. 만약 당신이 직선으로 가려고 하고 당신 주위에 미는 힘이 전혀 없다면, 당신은 직선으로 가는 데 어려움이 없을 것이다. 당신의 경로를 계산하기 위해서는 학교에서 배운 유클리드 기하학이면 충분하다. 그러나 당신이 태양의 열과 복사선(輻射線)을 견딜 수 있다고 가정한다면, 당신은 태양 주변을 여행하는 동안 당신이 취해야 할 경로를 계산하려면 비유클리드 기하학이 필요할 것이다. 왜냐하면 그 경로는 크게 구부러져 있기 때문이다.

❖ 정사각형의 크기

직선성의 유클리드 기하학과 곡선성의 비유클리드 기하학 사이의 연결은 완벽한 정육면체를 만드는 데 관련된 문제를 상상함으로써 이해될 수 있다. 만약 당신이 6개의 면 또는 정사각형을 완벽하게 동일하게 만들 수 있다면 그리고 그것들을 서로 수직하게 놓을 수 있다면, 완벽한 정육면체를 만들 수 있게 될 것이다.

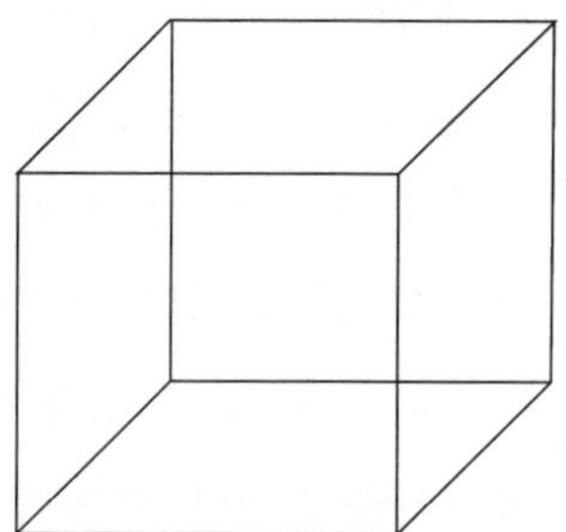

[그림 28-1] 6개의 완벽한 정사각형은 정육면체를 만든다

유클리드는 정육면체의 대각선 d(한 꼭짓점 1에서, 다른 꼭짓점 2까지의 선)는 $x^2+y^2+z^2$(가로, 세로, 높이 각각의 제곱의 합이다)의 제곱근으로 구할 수 있다고 말했다.

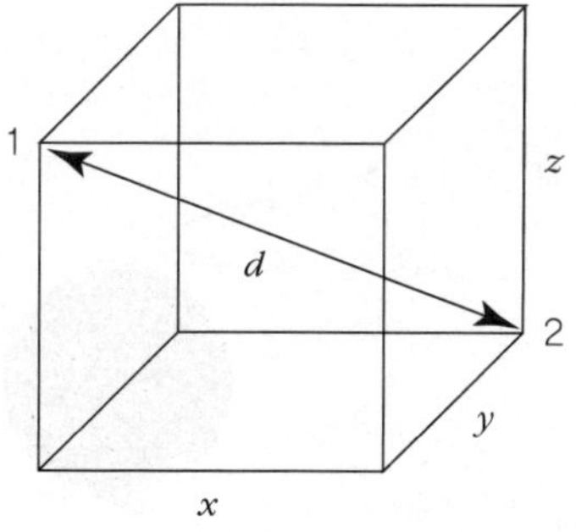

[그림 28-2] 대각선 d는 점 1에서 점 2로 연결된다

이제 당신이 훌륭한 측정 도구를 가지고 있고, 그것으로 대각선 d의 실제 길이를 측정할 수 있다고 해 보자. 만약 당신이 그런 도구를 가지고 있다면, 유클리드가 틀렸다는 것을 발견할 것이다. 사실, $x^2+y^2+z^2$은 d^2과 정확하게 같지 않다. 우리가 만든 이 완벽한 정육면체는, 공간이 휘어져 있기 때문에 유클리드 공식을 따르지 않는다. 지구에서 우리는 이것을 거의 알아차리지 못한다. 왜냐하면 지구 같이 작은 행성에서 공간은 많이 구부러지지 않기 때문이다. 큰 행성 가까이에서 공간은 더 많이 구부러진다. 다시 말해, 우리의 우주에서 $x^2+y^2+z^2$은 d^2과 같지 않다.

우리의 우주에서 무언가를 정확하게 측정하려면, 우리는 비유클리드 기하학이 필요하다. 지구에서 중력은 그렇게 강하지 않다. 그렇지 않다면, 당신은 정육면체가 실제로는 정육면체가 아님을 알아차렸을 것이다. 태양의 주변에서처럼 물질이나 중력이 많은 곳에서는, 공간이 더 많이 구부러진다. 물질이 거의 없는 우주에서는, 유클리드 기하학으로도 실재를 아주 잘 측정할 수 있다.

아주 밀도가 높은 별 가까이에서, 중력은 너무 강해서 시공간이 구부러져 있다. 사실, 시공간은 이 별들에 의해 너무 많이 구부러져서 공간의 형태, 또는 중력의 끌어당김은 이 지역을 벗어나려는 모든 것을 뒤로 빨아들인다. 어떻게 우리는 이것을 알 수 있는가? 우리는 빛과 같은 물체에 무슨 일이 일어나는지 볼 수 있다. 빛이 무거운 행성 근처에서 움직일 때, 광선은 곧게 나가는 대신 구부러진다. 천체(天體), 즉 행성의 물질이 매우 밀도가 높을 때, 광선은 더욱더 많이 구부러지며, 만일 행성

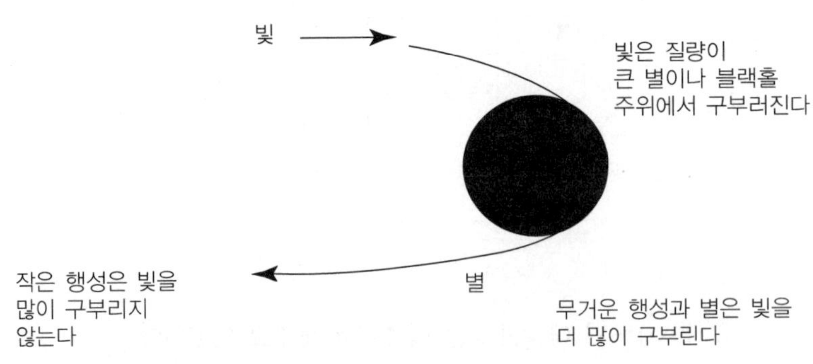

[그림 28-3] 질량체 주위에서 구부러지는 광선

이 극도로 조밀하다면, 광선은 바로 행성으로 구부러져 다른 곳으로 갈 수 없다. 이런 경우 블랙홀이 존재하는 것이다. 시공간이 너무 휘어져서 빛이 직선에서 벗어나 구부러지고 스스로 휘어져 돌아온다.

❖ 콜럼버스가 지구가 둥글다는 것을 발견한 것이 아니었다

대부분의 사람들은 우주가 곧지 않고 구부려져 있다는 사실에 놀란다. 의식적으로, 대부분의 사람들은 선형의 곧은 사물 존재를 믿고, 어떠한 것이 곧지 않는 것을 발견하면 놀라게 된다. 특히 굴곡을 기억해야 할 필요가 있는 것은 아마도 유럽 문명이다. 9세기경, 유럽은 암흑시대에 접어들었고, 그들이 스스로 또는 아라비아 문명으로부터 배웠던 것을 잊어버렸다. 그들은 초기 이집트인이 세상이 둥글다고 했던 것도 잊었다. 중세까지 유럽인들은 지구가 기본적으로 편평하다고 믿었다. 이집트로부터 배운 모든 오래된 지식들은 불타거나 유실되었다. 그것이 오늘날 대부분의 서양 사람들이 콜럼버스가 1492년에 지구가 둥글다는 것을 발견했다고 믿는 이유다. 그러나 수학자 오셔만(Osserman)에 따르면, 콜럼버스는 자신의 배에, 지구가 둥글다고 쓰인 이집트 고문서의 사본을 가지고 있었다고 한다.[1)]

스페인 사람들이 콜럼버스에게 이른바 새로운 세계를 항해하지 못하게 한 이유 중 하나는 중력이 발견되지 않았었기 때문이며 콜럼버스가 지구를 돈다면 우주 공간으로 떨어질 것이라고 여겼기 때문이다. 유럽인들의 생각에, '새로운' 세계는 아메리카 대륙이었고, '오래된' 세계는 유럽, 아시아 그리고 아프리카였다. 그러나 이러한 지구행성에 대한 새로운 모습은 유럽인들이 살고 있던 곳에 기초한 것이었다. 그들은 세상이 두 개의 원으로 구성되었다고 보았다.

당신이 두 개의 원을 보면, 그 그림이 유럽 중심적임을 알 수 있을 것이다. '새로운' 세계는 새로운 것이 아니었다. 아메리카 원주민은 항상 그곳에 살고 있었다. 새로운 세계는 유럽인들에게만 새로운 것이었고, 이러한 모습의 지구에서 상대성에 대한 이해는 전혀 없었다. 유럽 중심적인 인식은 또한 아시아가 동쪽에 있는 것으로

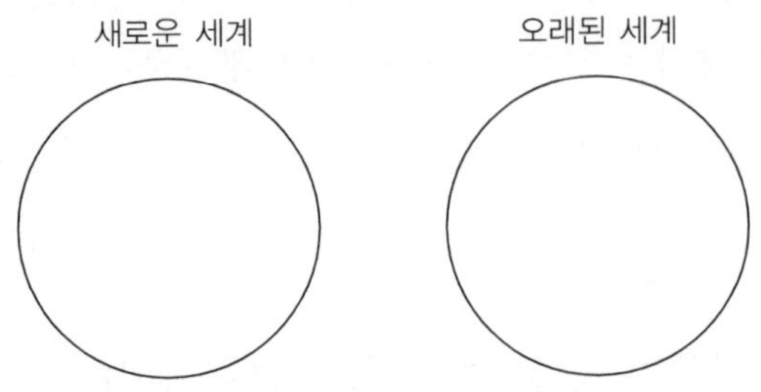

[그림 28-4] 유럽 중심적 인식으로부터의 세계

여긴다. 오리건에 사는 우리 관점에서 보면, 아시아는 서쪽이다. 오늘날 인도의 관점에서, 이른바 중동은 서(西)아시아다.

만약 당신이 '서양' 사람이고, 유럽 중심적이라는 것을 깨닫지 못한다면, 아시아는 더욱더 신비롭게 여겨진다. 아시아는 '극(極, 더 멀리 있는)' 동(東)이 된다. 그러나 사실, 동양에 대해 '더 멀리' 라는 것은 없으며, '서양' 과 비교해서 더 특이할 것도 없다.

그러나 유럽인이나 미국인이 '극서(極西)' 지방에 산다고 한다면, 유럽인 또는 유럽계 미국인의 후손(後孫)인 우리들은 어떻게 느낄까? 당신은 차이점이 느껴지는가? 당신은 자신이 세상의 중심에서 벗어났다고 느낄 것이다. 당신은 소외되고, 무시되고, 모든 사람들의 관심에서 밀려났다고 느낄 것이다.

어쨌든, 이러한 상대성에서의 전환 후, 다시 굴곡으로 돌아가 보자. 콜럼버스가 아메리카 대륙을 발견한 후, 유럽 사람들은 지구가 둥글다는 사실을 깨달았다. 그러자 심각한 문제가 닥쳤다. 편평한 세상에서는 두 점 사이의 가장 짧은 거리가 직선이었다. 그러나 둥근 표면에서는 두 점 사이의 가장 짧은 거리가 곡선이라는 사실이다.

❖ 지구에서의 측정

굴곡에 대한 감각을 더 얻기 위해, 지구에 구멍을 뚫어 반대편까지 곧장 간다고 상상해 보자. 구멍을 뚫은 길이 지구의 반대편에 도착하는 최단거리일 것이다. 그러나 지구 위에서 가장 빠르고 짧은 길은 곡선 길이다. 미국 오리건 주 포틀랜드에서 취리히에 이르는 길이 북극 위로 큰 원을 그리는 것과 같은 것이다. 이러한 가장 빠른 곡선 길은 측지선이며, 이는 구부러진 표면에서 표면을 따라가는 가장 짧은 길이다.

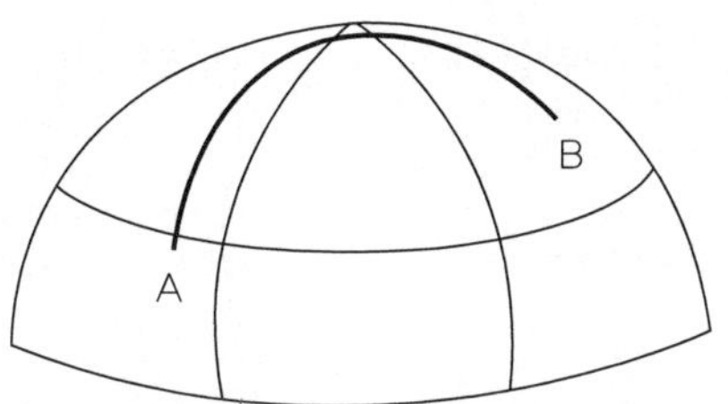

[그림 28-5] A-B는 측지선이다

포틀랜드(점 A)에서 취리히(점 B)까지 가는 여행을 생각해 보자. 만약 당신이 포틀랜드에서 취리히로 가는 것을 생각하면, 포틀랜드의 위도가 46도이기 때문에, 취리히로 가는 가장 가까운 길은 대부분 위도 46도에 있는 직선이라고 생각할 것이다. 그렇지만 이는 사실이 아니다. 가장 빠른 길은 지구의 꼭대기에 있는데, 지구의 꼭대기가 찌그러져서가 아니라 측지선 때문이다. 당신이 여유를 갖고 뒤로 물러나서 보면, 지구의 이곳에서 저곳까지 최단거리는 중심이 지구의 한가운데에 있는 큰 아치인 것을 발견할 것이다. 거리를 확인하기 위해 좋은 방법은 (구부러진 표면을 따라) 철사를 놓는 것이다. 그러면 당신은 경도나 위도를 따라 직선으로 여행하는 것보다, 측지선이 구체의 최단거리임을 증명할 수 있다.

이제 지구를 떠나 우리 주위의 우주 공간에 관해 생각해 보자. 당신이 우주비행사처럼 지구 밖으로 쏘아 올려졌다가 떨어지면, 당신은 공간을 통하여 떨어질 것이다. 그러나 지구에 직선으로 떨어지는 것이 아니라, 곡선을 따라 떨어지게 될 것이다. 이것은 우주가 지구 주위에서 구부러져 있기 때문이고, 구부러진 공간을 통과하는 최단 길이가 구부러진 표면을 따라 가는 '측지선' 이기 때문인데, '측지선' 은 당신이 중력이 매우 강한 지구에 더 가까이 다가올수록 더 구부러진다. 중력은 공간을 굽게 만든다.[2)]

대부분의 천문학자들은 우주가 너무 구부러져 있기 때문에 당신의 시력이 아주 좋아 우주를 바라볼 수 있다면, 당신은 결국 자신의 등을 볼 것이라고 믿는다. 또는 당신이 정말 긴 팔을 가지고 최대한 그 팔을 뻗을 수 있으면, 손이 자신의 어깨까지 닿을 것이다. 이것은 정말 심리학처럼 보인다. 당신이 어디를 보든, 당신은 자기 자신을 본다. 만일 당신이 다른 사람들에게 손을 내밀면, 결국 닿게 되는 것은 바로 당신이다.

❖ 상상의 기하학

아인슈타인은 우주를 설명하기 위해서 유클리드 기하학보다 더 많은 것이 필요하다는 것을 알았지만, 어디서 그것을 찾아야 하는지 몰랐다. 운이 좋게도 아인슈타인은 그에게 필요한 수학을 가르쳐 준 좋은 친구들이 있었다. 아인슈타인은 수학자들이 오랫동안 구부러진 공간에 대해 생각해 왔었다는 사실을 발견했다.

러시아의 수학자 니콜라이 로보체프스키(Nikolai Lobochevski, 1793~1856)는 새로운 공간에 대해 수학적 실험을 한 초창기 사람들 중 한 명이었다. 그는 자신이 기하학에 허수를 도입한다면, 그 자신이 '상상의 기하학' 이라고 부르는 것을 창조할 수 있다는 사실을 발견했다.

그의 기하학은 '쌍곡선 기하학' 임이 밝혀졌지만, 그 당시 그는 이 사실을 알지 못했다. 오늘날 우리는 그가 트럼펫 모양과 같은 기하학적 공간을 발견했음을 알고 있다. 1829년, 그 당시 평면이나 사각형 세계 위의 평행선은 영원히 만나지 않고 계속 갈 수 있다는 직선적 유클리드 법칙을 깨고 그는 최초로 비유클리드 기하학을 발견했다.

❖ 리만의 곡선

그때 아인슈타인은 로보체프스키보다 굴곡에 대해 더 많이 연구했던 독일의 수학자 게오르그 프레드리히 베른하르트 리만(Georg Friedrich Bernhard Riemann)을 알게 되었다. 1854년, 리만은 공간이 구부러질 수 있다고 상상했었다. 사실, 그는 상대성 이론에서 아인슈타인이 사용했던 바로 그 수학을 개발했다.

리만은 짧지만 놀라운 인생을 살았다. 외관상으로는, 그가 이러한 새로운 기하학을 발견하는 데 단 6개월이 걸렸다. 리만은 다음과 같이 자문하면서 자신만의 사고(思考) 실험을 했다. "만약 횃불을 지구 위에 놓으면 어떻게 될까? 만약 지구 위 상공 50마일에 이 횃불을 놓고, 그곳에 안개가 약간 있다면, 그 횃불은 지구에 있는 우리에게는 어떻게 보일까?" 그는 안개를 통하여 보이는 둥근 빛(halo, 광륜) 속에 후광이 있을 것이라고 생각했으며, 이 둥근 빛이 완벽한 원(圓)인지 궁금해했다. 그는 또한 그 원을 측정하는 방법을 궁금해했다. 그가 원의 둘레를 측정하는 유클리드 공식을 이용할 수 있을까? 그 공식은 $2\pi r$이며, 여기서 π('원주율')는 약 3.14이고, r은 원의 반지름이다.

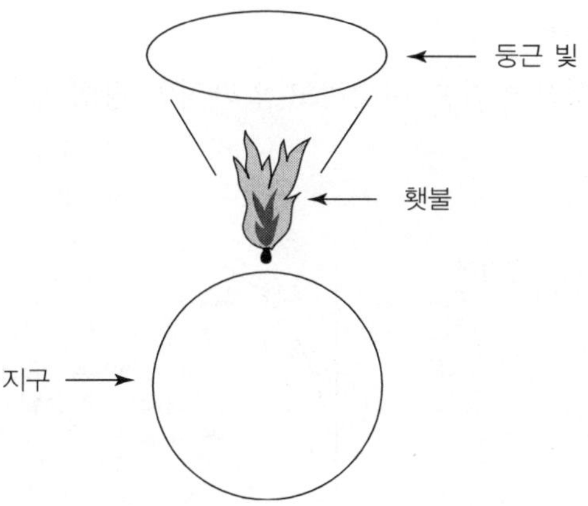

[그림 28-6] 리만의 사고 실험: 지구의 50마일 위에 있는 횃불이 둥근 빛을 만든다면 얼마나 클 것인가

리만은 원의 둘레가 정말로 유클리드 공식인 $2\pi r$을 만족하는지 시험해 보기 위해, 자신이 희미한 안개 속의 둥근 빛 속을 걷는 것을 상상했었다. 그의 사고 실험에서는 측정할 수만 있다면 둥근 빛은 완벽한 원이 아닐 수도 있다는 것이다.

나는 리만이 그 원의 둘레가 $2\pi r$이 아닐 수도 있다고 의심하는 용기와 능력을 가졌다는 것에 놀랐다. 이는 마치 2 + 2가 4가 아닐 수도 있다고 의심하는 것과 같다.

리만은 만약 당신이 무언가를 실제로 측정하고 유클리드 기하학을 사용하지 않는다면, 유클리드 기하학과 새로운 기하학의 구부러진 정도의 차이를 '굴곡' 이라고 불러야 한다고 생각했다. 직선과, 공간에서 그 직선이 만드는 곡선의 차이가 바로 리만이 굴곡이라고 표시한 것이었다. 리만은 공간이 실제로 구부러져 있는지 전혀 알지 못했고, 단지 자신의 직관을 따랐을 뿐이었다. 그는 유클리드 직선과 사물의 실제 모습 사이의 차이를 굴곡으로 정의할 수 있을 것이라고 생각한 것이다. 그는 이런 굴곡을 g라고 불렀다. 그는 유클리드 기하학에서 ds라고 불리는 미소한 거리가 정육면체의 대각선에 대한 자신의 공식을 따라 계산할 수 있다는 것을 알았다.[3)]

공간에서 실제 거리를 구하는 그의 새로운 공식은 g만큼 변화된 ds이다. 다시 말해, 우주에서 거리는 더 이상 ds가 아니라, $g \times ds$이다.[4)] 척도 g는 새로운 기하학의 공간 특성이 얼마나 구부러졌는지를 결정한다. 굴곡이 없다면, 즉 상대적으로 크기가 작은 물체의 경우라면, g의 값은 약 1이 되며, 구부러진 기하학은 보통의, 직선 유클리드 기하학이 된다.

리만은 모든 구부러진 공간을 비슷하고 일반적인 방법으로 연구할 것을 제안했

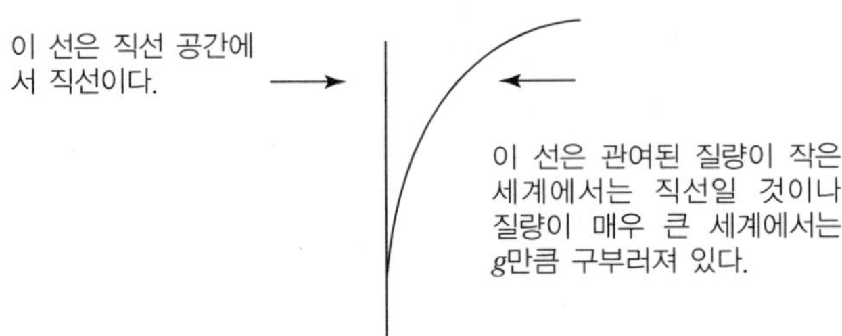

[그림 28-7] 굴곡은 직선으로부터 벗어남으로써 측정된다

다. 이런 방법으로, 리만은 공간이 구부러져 있다는 사실을 설명하고 우주의 굴곡에 대해 저술할 때 아인슈타인이 사용할 수학적 도구를 준비했다. 아인슈타인과 리만의 유일한 차이점은, 왜 공간이 구부러져 있는가(즉, 중력이 구부러진 공간의 원인)에 대한 직관을 아인슈타인이 가지고 있었다는 것이다. 아인슈타인은 공간이 왜 구부러졌는가에 대해 놀라운 물리적 직관을 갖고 있었지만, 반면에 리만은 더 수학자다웠고 이러한 굴곡이 가능하다는 것만을 단순히 상상했다. 아인슈타인에게 수학을 가르쳐 준 취리히 친구 덕분에, 아인슈타인은 리만의 연구 업적을 발견했고, 일반상대성 이론을 창시할 수 있었다.

❖ 심리 곡선

굴곡은 우리의 우주와 물리학에 매우 중요하다. 물리학의 다른 원리들처럼, 기하학이나 시공간에서 일어나는 현상에 대한 측정만이 아니라, 우리의 가장 깊숙한 내면의 경험과 연결되어 있다. 이미 11장에서, 우리는 구부러진 사물이 우리가 측정할 수 있는 실재를 떠나 경험의 흐름으로 들어가도록 하는 미적분법을 알아보았다. 또한 25장에서, 변형상태와 초자연치료가 심리학에서 직선적 행동 변화와 관련된 것처럼, 굴곡은 직선적 기하학과 관련된다는 것을 논의했다.

이제 우리는 직선과 곡선, 보통의 선형적인 삶과 의식의 변형상태 사이의 연결은 '굴곡' 이라고 말할 수 있다. 그러나 굴곡의 심리적 유사성은 무엇일까? 심리적 굴곡은 대상이 어떻게 구부러지고, 특이하고, 이상하며, 꿈 같은지에 대한 감정적 측정이다. 굴곡에 대한 유사성은 많지만, 개념의 대부분이 '굴곡된' 또는 '변형' 처럼 부정적이다. 이 용어들은 '정신 나간(out of mind)' '미친(nuts)' '미친(crazy)' '거친(wild)' '정신 나간(insane)' '미친(cracked)' '정신착란의(demented)' '혼란한(deranged)' '불안정한(unbalanced)' '정신 빠진(screwy)' '미친(mad)' 등의 용어와 관련된다. 그렇지만 '창의적인(creative)' '비범한(genius)' '멋진(wizard)' '꿈결 같은(dreamy)' 처럼 긍정적으로 함축된 의미도 있다.

학생들에게 심리학에서 어떻게 우리가 굴곡을 측정하는지를 물으면, 대체로 커다란 논쟁이 생긴다. 학생들은 왜 '곧은 것', 즉 직선은 일상적이고, 왜 특이한 것은 일상적이지 않는지 질문한다. 종종 어떤 사람이 '구부러진' 사람인가의 기준은 선형적 방법에 의한 문제 해결에 대한 무능력이라고 말한다. 다시 말해, 선형적 또는 이성적 방법으로 문제에 접근할 수 없는 사람, 즉 비선형적 또는 감성적 방법으로 문제에 접근하는 사람들은 과소평가되는 경향이 있다. 전통적인 초자연치료사들은 구부러진 상황을 인식하고, 이상하고 '비정상적인' 무언가가 그 순간에 일어나는 것을 측정하거나 알아차리기 위해 자신들의 2차적 주의집중을 활용한다. 초자연치료사는 그 순간을 무시하는 대신, 그들의 특이한 곡선을 따른다. 우리 모두는 일상적 실재인 CR의 선형성에 훈련되어 있다. 일상생활에서 무언가가 선형성으로부터 벗어나면, 만일 당신이 창의적인 작가, 댄서, 음악가 또는 초자연치료사가 아니라면, 당신은 그 '벗어남'을 피하려고 할 것이다. 초자연치료사들은 2차적 주의집중을 사용하여 특이한 것을 찾아내고, 꿈꾸기가 펼쳐지도록 하는 그러한 상태를 유지한다. 이것이 초자연치료사들을 선형 시간에서 벗어나게 한다.

당신이 무언가가 휘어진다는 사실을 알아차릴 때, 당신은 2차적 주의집중을 이용해 일상적 실재인 CR에서 벗어남을 알아차릴 수 있다. 리만과 아인슈타인이 굴곡값 g로서 우주의 굴곡을 측정했던 것처럼, 당신도 2차적 주의집중을 이용하여 세상이 선형적 실재로부터 구부러지기 시작할 때를 알아차릴 수 있다.

영적 전사(spiritual warrior)의 주요 임무는 2차적 주의집중을 발달시키고, 구부러짐이 언제 시작하는지 알아차려, 그것에 익숙해지고, 비일상적 실재인 NCR 실재에 사는 것이다. 정상으로부터의 벗어남은 정신이 명백해지는 것이다. 2차적 주의집중을 사용하면, 당신은 예측 불가능하고 창의적인 삶을 살 수 있는 기회를 갖게 된다. 그렇지 않으면, 선형적 삶은 당신을 지루하게 할 것이다. 매일의 일상적 실재인 CR은 우리가 우리의 의식 상태를 측정하는 것의 반대되는 기준이 되지만, 그러나 당신이 이 기준을 고수한다면 당신은 좌절하게 된다.

많은 약물과 전통적 치료법이, 구부러진 벗어남을 건너뛰고, 우울, 강박관념, 환상, 어지러움 등을 억누르는 약물로 2차적 주의집중을 차단하기 위해, 사람들을 선형적 시간과 일직선의 방향으로 되돌아오게 하는 데 사용되고 있다. 그렇지만 당신이 2차적 주의집중을 이용하면, 당신은 '이탈된' 또는 '비정상적인' 인생이 유일한 실재임을 알아차릴 것이다. 다시 말해, 아인슈타인과 리만의 우주만이 구부러진 것이 아니다. 일상의 실재도 또한 변형된다. 굴곡이 어디에서나 존재하고 지구가 둥글기 때문에 시공간에서 순간 순간 변화하듯이, 꿈꾸기 또한 역시 어디에나 존재하며 지구와 세계적인 비일상적 실재인 NCR 공간에 의존한다.

당신은 무언가가 약간 휘어지고, 특이하거나 낯선 것 같은 때를 알아차리기 위해 언제든지 당신의 2차적 주의집중을 사용할 수 있다. 당신이 경험한 것이 정확하게 자신이 의도한 것과 일치하는지 일치하지 않는지 항상 자신에게 물어볼 수 있다. 당신이 원한다면 지금 시도해 볼 수 있다. 당신의 선형 궤도를 따르는 대신에, 거기에서 벗어나는 법을 연습해 보라. 벗어남을, 즉 이탈을 따르라. 느껴 보라. 2차적 주의집중을 사용하라. 당신을 이끌려고 하는 벗어남은 어디에 있는가?

초자연치료사 돈 후안은 우리가 사는 비일상적 실재인 NCR 세계를 '나구알(nagual)' 이라고 부르고, 융은 이를 '무의식' 이라고 불렀다. 다른 사람들은 의식의 변형상태라고 불렀다. 돈 후안은 굴곡에 대한 자신만의 표준이 있었다. 그는 오히려 아인슈타인 같았으며, 변형상태나 나구알에서 사는 사람들이 '실제' 사람이라고 말했다. 선형적 시간의 직선적이며 일상적으로 사는 다른 사람들을 '도깨비(phantom)' 라고 불렀다. 초자연치료사의 개념에서, 당신이 도깨비라면, 당신은 동시성을 알아차리지 못한다. 당신은 직선의 세상에만 살고 있는 것이다. 당신이 실재일 때, 당신은 우주가 구부러졌다는 것을 감지하고 그것에 맞게 살아간다. 대부분의 사람들은 아마도 전통적인 물리학자들처럼, 우주의 일상적 실재인 CR 차원에 근거하는 삶을 사는 도깨비들이다.

가장 현실적이 되기 위해, 우리는 일직선과 구부러진 공간 모두에서 알아차림을 발전시키거나, 일상적 실재인 CR과 비일상적 실재인 NCR 사건 모두를 따를 필요가 있다.

주 석

1) 오셔만, 『우주의 시(*Poetry of the Universe*)』.
2) 당신이 시공간에서 우주비행사가 떨어지는 것을 따라 간다면, 이 자유낙하는 직선이 아니라 시간 축의 주위로 나선형이 될 것이다. 왜냐하면 공간과 시간이 수축하기 때문이다. 그 나선은 우주비행사가 지구에 가까이 갈수록 더 작아질 것이다.
3) 미소한 거리가 ds이면, 정육면체의 대각선을 구하는 유클리드 방정식은 다음과 같다.

$$(ds)^2 = (dx)^2 + (dy)^2 + (dz)^2$$

4) 리만은 오늘날 '리만 공간' 이라고 알려진 것을 개발했다. 이것은 g로 상징되는 숫자가 굴곡을 나타내며 공간의 정확한 위치와 본질에 의존한다. 즉, g는 x, y, z와 시간의 함수다. 그는 $x^2 + y^2 + z^2$인 유클리드 공간 앞에 g를 붙여서, 거리 s 또는 미소한 거리 ds를 구하기 위한 새로운 공식을 다음과 같이 만들었다.

$$\begin{aligned} ds^2 = {} & g_{11}(dx)^2 + g_{12}(dxdy) + g_{13}(dxdz) \\ & + g_{21}(dydx) + g_{22}(dy)^2 + g_{23}(dydz) \\ & + g_{31}(dzdx) + g_{32}(dzdy) + g_{33}(dz)^2 \end{aligned}$$

유클리드 공간은 $g_{11} = g_{22} = g_{33} = 1$ 인 특별한 경우임이 밝혀졌다. 왜냐하면 유클리드 상황에서는 모든 다른 g' 의 값이 0이기 때문이다.

제29장
빅뱅과 블랙홀

블랙홀이 존재한다는 예상에는 충분한 이유들이 있고, 관찰 결과는 우리 은하계 및 다른 은하계들에 많은 블랙홀이 존재한다는 것을 나타낸다.

-스티븐 호킹(Stephen Hawking)-

모든 사물은 그들 사이에 질서를 갖는다. 그리고 그 질서는 우주를 신처럼 만드는 방식이다.

-단테(Dante Alighieri)-

리만(Riemann)은 1800년대 중반에 아인슈타인의 우주에 대한 수학과 굴곡을 발견했지만, 이탈리아 시인인 단테(1265~1321)는 600여 년 전에 그의 서사시, 『신곡(*The Divine Comedy*)』에서 우주와 비슷한 구조를 상상했다.[1] 이번 장에서 우리는 어떻게 시인이 수학자가 600년 후에나 발견한 것을 미리 볼 수 있었는지 살펴볼 것이다.

리만의 우주는 2개로 분리된 반구(半球)로 단순화하여 표현할 수 있다.

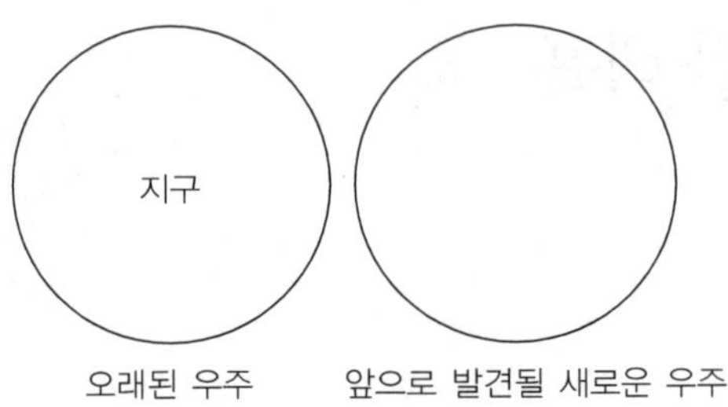

[그림 29-1] 리만에 따른 우주

리만의 4차원적 우주에 대한 단순한 표현은 두 개의 면을 지닌 구(球)로 이해될 수 있다([그림 29-1] 참조). 그림 왼쪽에 있는 리만의 오래된 우주는 중앙에 지구가 있고 그 너머는 우리가 알고 있는 우주 세계다. 지구 주위의 원은 가장 좋은 망원경으로 볼 수 있는 외적 한계를 나타낸다. 그림 오른쪽의 구는 리만 우주의 나머지 부분이다(2차원으로 그려졌다). 이것은 오늘날 우리가 볼 수 있는 한계 너머의 새로운 우주로, 아직 발견되지 않은 새로운 우주다. 우리는 아마도 다음 세기에 지금 우리가 가지고 있는 것보다 더 강력한 망원경으로 이 '새로운 우주'의 큰 덩어리를 볼 수 있을 것이다.[2)]

단테 또한 2개의 구(球)로 우주를 상상했다([그림 29-2] 참조). 한 구의 중심에는

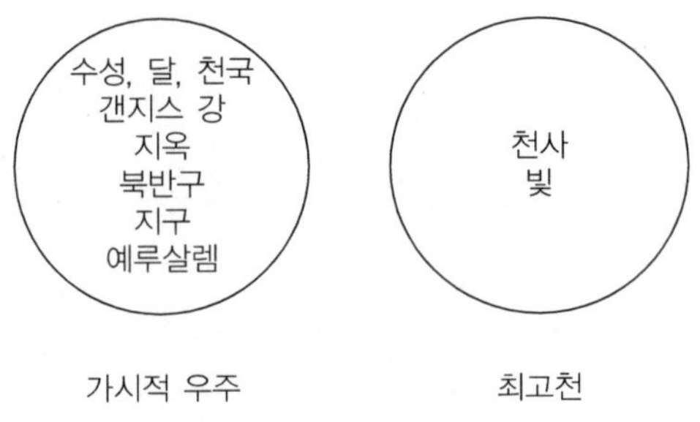

[그림 29-2] 단테의 우주

지구라는 알려진 세계가 있다. 이 세계의 외부 둘레는 그 당시 볼 수 있는 가장 먼 곳을 나타냈다. 만약 당신이 이 알려진 세계의 한계를 넘어간다면, 당신은 알려져 있지 않는 세계인 오른쪽의 우주로 들어갈 것이다. 당신은 새로운 우주의 중심에서, 천사로 둘러싸인 '최고천(最高天, the empyrean: 불과 빛의 세계로 신이 사는 곳)' 이라는 밝은 빛을 발견할 것이다.

『신곡』에서 단테의 영웅은 그의 정신적 안내자인 베아트리체(Beatrice)에 의해 지옥, 연옥, 천국을 통해 마침내 순수한 빛과 불의 원천이며 신들의 거처인 최고천에 도달하는 상상의 여행을 한다. 베아트리체와 영웅은 함께 지구의 집에서 눈에 보이는 우주의 바깥, 즉 왼쪽의 구 둘레까지 여행한다. 거기서부터 그는 경계를 넘어 불의 구(球)인 가장 높은 우주, 최고천의 구를 들여다본다.

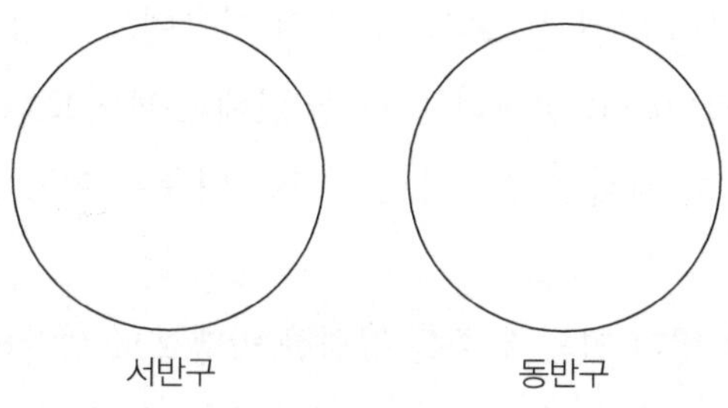

[그림 29-3] 오늘날의 세계

오늘날 지구 행성의 지도들은 적어도 한 가지 면에서 비슷하다. 그 지도들은 종종 '새로운' 세계와 '오래된' 세계를 나타내는 두 개의 타원을 보여 준다.

❖ 단테 우주와 리만 우주의 차이점

아인슈타인이 우주는 우주 내의 물체들의 질량에 의해 그 모습이 형성되었다고 생각했듯이, 단테는 우주가 수성, 달, 태양 같은 정령의 힘에 의해 구성되었다고 생각했다. 13세기 시인에게 이러한 생각은 단지 행성들만이 아니라, 운명을 지배하는 신성과, 점성술의 힘이었다. 미래를 예언하기 위해 당시의 점성가들은(오늘날의 점술가처럼) 별자리를 사용했다. 미래의 패턴은 행성 간의 별자리에 숨겨져 있으며, 사업의 시작, 임신, 사업 거래 처리 등에 대한 가장 적절한 시기를 예언하는 데 사용되었다.

오늘날 이러한 생각은 별이 중력을 갖는다는 이론의 비일상적 실재인 NCR 반영으로 나타난다. 이러한 중력은 먼 거리에서 작용하고, 우주의 모습을 구부리고, 그 별 근처에 있는 어떠한 물체의 운명을 정한다고 한다. 그러나 오늘날의 일상적 실재인 CR 우주 이론은 태양이 500만 년 안에 다 타 버릴 것이라는 사실 이외에, 우리의 개인적인 운명에 대해서는 거의 알려 주지 않는다.

단테의 우주는 우리가 죄와 실패의 느낌을 통해, 존재나 문명의 생동하는 중심을 향하여 우리의 정신 여행을 계속하는 곳의 지도였다. 현대 과학자들이 빅뱅이라는 멀리 있는 격렬한 중심에 의해 창조되는 순간의 시작에서 구성된, 거대한 물체에 의해 구부러진 우주일 것이라고 상상하는 것을, 단테는 베아트리체와 같은 정신적 동맹자의 도움으로 최고의 지혜를 추구하면서 모든 인류가 여행해야만 하는 영역으로 보았다.

우리는 여전히 가장 멀리 있는 우주를 격렬한 빅뱅으로 생각하는 오늘날의 천문학자에게서 우주의 비일상적 실재인 NCR 특성의 효과를 볼 수 있다. 이러한 멀고 알 수 없는 격렬한 중심은 우리 기원의 장소다. 광범위하고 은유적인 감각에서, 저 격렬한 중심은 우리의 집, 우리의 탄생의 본질적인 장소다. 오늘날의 빅뱅 이론에 따르면, 현재의 우주 팽창이 뒤바뀌게 되면, 그 집은 또한 우리 모두가 되돌아갈 장소다.

❖ 허블의 법칙

아마도 우주에 대한 단테의 관점과 오늘날 과학자들의 관점 사이의 가장 큰 차이는 우리의 현재 관점이 우주를 확장과 수축으로 본다는 것이다. 우주의 확장과 수축의 개념은, 미국의 천문학자 허블이 리만의 초구(超球, hypersphere)와 아인슈타인이 1905년에 발표한 상대성 이론에 새로운 요소를 더했던, 1912년에 그 기원을 두고 있다. 그러나 아인슈타인과 리만은 우주의 가능한 크기에 대해 거의 예측하지 않았다. 그들은 우주가 변화하거나 확장할 것이라고 예상하지 않았다. 그들의 관점에 의하면, 우주는 거대하고, 변하지 않는, 4차원적 초공간이라는 것이었다.

허블은 우리의 우주가 전혀 정적(靜的)이 아니라는 것을 발견했다. 그는 그 시대에 가장 새로운 망원경으로 우주를 보고 발광행성으로부터 오는 빛의 '적색이동(red shift: 빛의 파장이 장파장(長波長) 쪽으로 이동하는 현상)' 현상을 발견했다. 그 현상은 발광행성이 지구로부터 더 멀리 있을수록 더 빨리 사라져 가고 있다는 것을 나타내는 것이다.[3] 허블은 우리 가까이 있는 별들이 더 멀리 있는 별들보다 우리로부터 더 천천히 이동한다는 것을 알았다. 별이 멀리 있을수록 우리로부터 사라져 가는 속도도 더 커진다. 관측은 모든 것이 나머지로부터 물러나고 있다는 것을 나타내기 때문에, 허블의 관측은 우리의 우주 자체가 팽창하고 있다는 것을 나타내는 것이다.

비록 확장하는 4차원적인 우주를 상상하기는 어렵지만, 우리는 풍선과 같은 3차원적인 물체로 초구의 움직임을 엿볼 수가 있다. 풍선에 공기가 차면 찰수록 풍선은 더 커진다. 풍선이라는 우주에서, 모든 별들과 우리는 풍선 표면의 점과 같다. 풍선이 팽창함에 따라 점은 점점 커지고 따라서 각각의 점은 모든 다른 점으로부터 멀어진다. 이 풍선이 완전한 예는 아니지만 우리에게 확장하는 우주에 대한 암시를 준다.

❖ 빅뱅

확장하고 있는 우주의 발견은 확장의 원인이 무엇인가 하는 의문을 불러일으켰다. 오늘날 확장하는 우주의 의문에 대한 대답이 빅뱅 이론이다. 허블의 관측에 의하면, 우주는 대폭발과 함께 시작하였으며 중력이 우주를 다시 수축할 때까지 확장될 것이다. 빅뱅의 초기 폭발의 에너지가 다 펼쳐졌을 때, 우주를 포함한 모든 물질, 모든 별들이 확장을 멈추고 줄어들기 시작할 것이다. 그러면 중력의 힘은 우주가 아주 조밀해질 때까지 우주를 수축시키기 시작한다. 이들 물체의 집합체들은 아주 조밀해지고 질량이 증가하여 빛의 광자를 포함한 모든 것이 달아나려는 것을 방지하면서 끌어당길 것이다. 만약 빛의 광자가 응축된 거대 질량의 우주로부터 발광하거나 유출할 수 없다면, 그 결과 생긴 밀도가 큰 물체는 보이지 않게 될 것이다. 그것이 '블랙홀' 이라고 불리는 것이다.

우리가 물체를 보기 위해서는 그 물체가 빛을 내거나 그 물체에서 반사되는 빛이

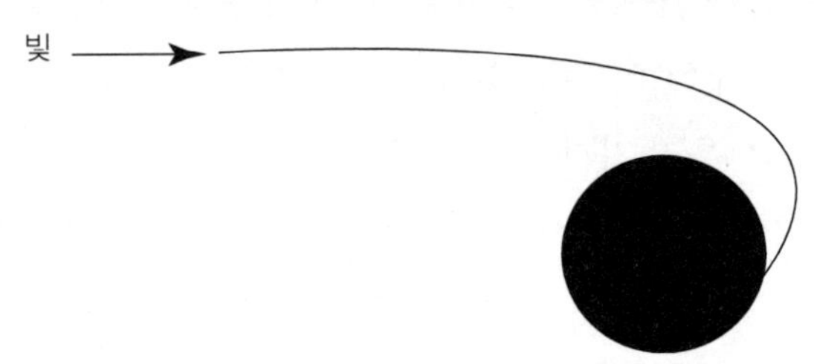

[그림 29-4] 빛은 블랙홀 가까이에서 빨려들어가고 벗어날 수 없다

필요하기 때문에, 블랙홀을 볼 수가 없다. 만약 중력이 너무 커서 빛이 물체로부터 달아날 수 없다면, 그 빛은 거기에서 붙잡히게 되고 물체는 블랙홀이 된다.

별은 그들의 질량이 매우 큰 중심에서 폭발적인 원자 에너지 때문에 확장하지만, 응축된 연료가 다 소모되어 이 에너지가 소멸될 때, 별의 중력이 서로를 끌어당기기 시작하고, 그렇게 별은 붕괴하기 시작한다. 우리의 태양은 결국에 스스로를 다 태우고 대략 2마일의 반지름을 지닌 구(球)로 응축될 것이다. 빅뱅 이론에 따르면, 우리가 지금 알고 있듯이 전체 우주도 또한 대략 지구 크기의 부피로 응축될 것이다.

현재 우리 우주는 초창기의 조밀하고 수축된 질량에서 아직도 확장하고 있다. 별의 질량이 붕괴되고 블랙홀이 됨에 따라, 별의 중심은 더 조밀해지고 뜨거워진다. 별이 초과밀화(超過密化)될 때, 별의 중력이 끌어당기는 힘은 아주 커서 빛이 달아날 수 없다. 따라서 빛이 도망가거나 다시 나타나기 위해서는 별이 식어야만 한다. 냉각이 발생하면, 블랙홀은 다시 확장하기 시작한다. 간략히 말해서, 이것이 빅뱅과 팽창하고 있는 우주의 이론이다.[4)]

이 이론이 소개된 이후로 많은 논쟁이 있었다. 오늘날 대다수의 물리학자는 빅뱅 이론을 인정한다. 즉, 우주는 거대한 폭발을 하고 오늘날 우리가 알고 있는 확장된 우주를 만들었던 응축된 물체인 블랙홀에 의해 시작되었다.

물리적 이론에 따르면, 우리 우주가 확장 단계 안에 있는 것처럼 보이지만, 또 다른 관점에서는 우주가 붕괴하고 있는 것처럼 보인다. 과학에 따르면, 우리가 붕괴하려면 50억 년이 걸릴 것이라고 한다. 붕괴 후, 우리 우주는 다시 확장할 것이다.

빅뱅 이론의 반대 이론은 '계속적 창조 이론' 이다. 이 이론의 문제는 우주 전체에서 창조가 안정적인 상태를 유지하면서 계속해서 만들어져야 한다는 것이다. 이론적으로, 이러한 계속적인 창조는 먼 거리에도 물체의 밀도가 똑같이 유지되는 것을 보장하면서 발생해야만 한다. 그러나 아무도 이런 경우를 보지 못했다. 그러므로 대부분의 우주철학자들은 거대한 원초적 불덩어리, 즉 지금은 확장하고 있기는 하지만 결국 붕괴될 빅뱅을 생각하고 있다.

❖ 천문학이 종교와 심리학을 만나는 곳

몇몇 철학자들은 우주의 창조가 물리학의 영역이 아니라 신학의 영역이어야 한다고 주장하면서, 물리학자와 천문학자들과 논쟁을 한다. 무엇보다 적어도 아직까지, 우리는 우주가 시작하는 것을 실험할 수가 없다. 몇몇 사람들은 우리가 빅뱅 그 자체를 볼 수가 없기 때문에 이러한 분야가 종교 영역이어야만 한다고 말한다. 우주가 빛을 발산하도록 충분히 냉각되고, 확장하기 시작하고, 스스로를 보여 줄 때에만, 우리는 빅뱅 이후 발생하는 것을 볼 수 있을 것이다.

블랙홀의 물리학은 우리가 우주의 시작을 볼 수 있게 되는 것을 방해한다. 우주의 시작은, 만일 있었다면, 볼 수 없을 것이다. 이것을 다르게 말하면, 수학적인 관점에서 빅뱅은 가상의 시공간, 즉 일상적 실재인 CR의 구조를 넘어 사건이 발생했어야 하지만, 그러나 결코 보일 수 없는 영역에서 발생했다고 하는 것이다. 만약 우주가 블랙홀로서 시작했다면, 우주를 관찰하는 우리의 능력은 일상적 실재인 CR의 이론적인 한계를 갖는다. 만약 우리가 일상적 실재인 CR에서 우주의 시작을 결코 볼 수 없다면, 그것은 무엇인가?

이 이론에 따르면, 우리는 우주를 냉각기에만 볼 수 있으며, 그전에는 복사선(輻射線)이 나올 수 없기 때문에, 첫 순간에 어떤 일이 발생했는지에 관한 정보를 줄 수가 없다. 망원경을 통해 멀리서 발생한 물체의 빛을 보면서, 우리는 시간에서 거꾸로 가는 것을 본다. 왜냐하면 빛이 이러한 사건에서 우리 눈에 도달하는 데 시간이 걸리기 때문이다. 예를 들면, 오늘 우리가 보고 있는 태양은 시간에서 8분 전의 태양이다. 멀리 떨어질수록, 우리는 시간에서 더 뒤로 가는 것을 보고 있는 것이다. 우리의 망원경이 더 좋아질수록 우리는 더 먼 곳을 볼 수 있게 되고, 오늘날의 기구로 볼 수 없었던 은하를 발견할 것이다. 아마도 2010년까지 우리는 빅뱅 직후까지 거슬러 올라가서 볼 수 있을 것이고, 우리는 시간이 언제 시작되었는지 더 잘 알게 될 것이다.

응축된 우주의 냉각이 정보와 빛이 나오도록 허용하는 시점까지 시간에서 거슬러 올라가서 보기 위해, 우리는 정말로 좋은 망원경이 필요하다. 그러나 그때까지는 아무리 우리 망원경이 좋다고 해도, 근본적으로 우주의 시작을 알기 위해 충분히 멀리 볼 수 있는 방법이 없다.

다가오는 수년 안에, 새로운 망원경은 우리에게 빅뱅 직후에 발생했던 사건을 보여 줄 것이다. 그때 우리는 우주가 처음 복사선을 내기 시작하던 그때 일어났던 사건을 보게 될 것이다. 그렇게 되면 우리는 더 알게 되겠지만, 우리에게 블랙홀을 볼 수 있는 실험적인 방법은 결코 없을 것이다. 우리는 우주가 유한(有限)한지 또는 무한(無限)한지 결코 확실하게 알지를 못할 것이다.

우주의 시작을 보기 위해서 우리는 광속보다 더 빨리 보아야 하고, 이러한 속력은 아인슈타인의 이론에 의하면 있을 수 없다. 광속보다 빠른 속도에서, 그의 방정식은 오늘날 물리학에서 해석이 불가능한 허수를 만든다. 따라서 일상적 실재인 CR에서 광속보다 빠르게 움직이는 것은 없다는 법칙은 우리의 생활에서 또 다른 불확정성 원리를 만들어 낸다. 왜냐하면 우리는 무엇이 우주를 시작했는지 합의할 수 없기 때문이다.

그러나 우리는 일상적 실재인 CR의 관찰 가능성의 한계가 사람들이 비일상적 실재인 NCR과 꿈꾸기에서, 사건들이 발생하기 전에 동시적으로 일어나는 사건들을 인지하는 것을 결코 방해하지 않는다는 것을 기억해야 한다. 태양의 이 순간의 폭발 반응에 대한 메시지가 당신에게 전해지려면 8분이 소요되는데, 이전에라도 당신은 태양이 폭발하는 꿈을 꿀 수가 있다.

단테는 리만보다 600년 전, 아인슈타인보다 700년 전에 『신곡』을 썼다. 그는 우주의 본질과 기원을 조사하고, 오늘날 사용하는 것과 다르지 않은 우주의 지도를 보여 주었다. 그러므로 우리는 꿈꾸는 시인들이 광속에 의해 제한된 일상적 실재인 CR 신호 이면을 보고 있다고 추정해야만 한다.

상대성과 양자역학의 수학은 광속보다 더 빨리 움직이는 신호를 허용한다. 그러나 그들은 허수 영역에 존재한다. 이러한 허수는 우주의 특성인, 실재 또는 일상적 실재인 CR, 가상 또는 비일상적 실재인 NCR 둘 다를 의미한다. 이러한 허수의 존재는 우주의 시작이 실재가 아니라, 가상이라는 것을 의미한다. 다시 말해, 우리는 우주의 시작을 망원경과 마찬가지로 꿈꾸기로도 조사할 수 있다.

단테, 리만, 아인슈타인의 우주 관점의 유사점을 지적한 오셔만(Osserman)은 시인, 수학자, 물리학자의 우주 사이의 구조적 유사점도 지적했다. 그러나 우리는 구조에 대한 시인의 꿈이 나중에 리만의 수학과 아인슈타인의 상대성에 의해 다시 상상되었다는 점을 강조해야만 한다.

양자역학에서 우리는 관찰자가 비일상적 실재인 NCR에서 일어나는 '꿈같은' 신호교환에서 관찰대상과 함께 참가하는 것을 보았다. 이러한 꿈꾸기는 관찰의 기본이다. 이러한 꿈꾸기는 천문학의 일상적 실재인 CR에서도 사실이어야 한다. 일상적 실재인 CR에서 우주가 우리에게 드러내는 이미지는 우리가 꿈꾸는 것과 분리될 수 없는 것이다.

우주의 시작에 대해 '실제적 사실'을 추구하는 동안, 우리는 그것에 대한 우리의 상상도 진지하게 받아들여야 한다. 우리 수학에서 가상의 차원은 우리에게 이집트의 여신 넌(Nun)과 인도의 신 푸루샤(Purusha)에 의해 묘사되는, 신화에서 예시하는 '하나의 세계'를 재고(再考)하게 만든다. 우리는 리만의 수학, 아인슈타인의 광속,

허블의 법칙을 신화와 연결시킬 필요가 있다. 우리가 보고 경험하는 전체 우주는 신화와 일상적 실재인 CR, 실수와 허수의 통합이다. 우주는 동시에 잠재적인 인간 자아의 지도이며, 우주선(宇宙船)이 따라야만 하는 잠재적인 시공간 경로다.

❖ 블랙홀을 조사하는 방법

오늘날 우리가 관찰하는 우주와 은하를 퍼뜨린 원자 반응으로부터 힘의 가설적 폭발인 빅뱅의 중심부는 모든 것이 시작되는 신들의 거처인 최고천에 대한 단테의 상상과 다르지 않다.

우리는 우주의 빅뱅과, 적어도 대중적인 문화에서 오늘날 개인의 행동에 책임이 있는, 우리의 심리적 과거에서의 중심적 절정경험과 격렬한 순간을 연결하는 것을 거의 피할 수 없다. 다시 말해, 물리학 이론은 오늘날 우리의 심리상태를 만드는 큰 폭풍들에 대한 인과관계론에 대한 비유다.

단테가 리만-아인슈타인의 우주를 예견하는 것과 같은 방식으로, 꿈꾸기는 빅뱅이나 어떠한 다른 블랙홀과 그 이면을 들어가 볼 수 있다. 빅뱅 때 혹은 빅뱅 전에 무엇이 발생했는지 아는 것은 우리의 전생이 무엇이었는지 아는 것과 같다. 우리는 이러한 정보가 우리에게 결정적일 때 우리의 미래와 과거를 꿈꾸고 알 수 있다. 마치 굶주린 사냥꾼이 활에 화살을 올리기 전에, 사냥감이 어디 있는지 꿈꾸는 것과 같다.

블랙홀의 개인적인 경험은, 이런 일들이 물리학에 의한 일상적 실재인 CR에서 발견되거나 재발견되기 전에 다른 우주와 어떻게 연결되는지 알아보는 데 도움을 줄 수 있다. 우선, 우리는 “물리학의 빅뱅과 블랙홀 이론에 대한 심리학의 비일상적 실재인 NCR 유사점은 무엇인가”라고 물어야만 한다. 모든 것을 창조한 것이 무엇인지, 당신이 접근하면 빨아들이고, 너무 가까이 가면 절대 빠져나올 수 없게 하는 것은 무엇일까?

해답의 하나는 큰 콤플렉스다. 대부분의 사람은 적어도 하나의 블랙홀을 가지고 있다. 어떤 주제는 모두를 당황하게 하고, 우리를 '콤플렉스' 에 들어가게 한다. 큰 쟁점은 우리를 너무 혼란시켜 우리는 입지를 잃고, 압도당하거나 기(氣)가 죽는다. 유년기의 이야기, 비판, 우울, 자포자기의 심정과 학대 등의 문제는 '블랙홀' 이다. 그러나 블랙홀은 영적인 경험, 창조성, 임사경험, 우리를 안으로 빨아들이는 구멍일 수도 있으며, 또한 블랙홀의 그 힘에 한번 붙잡히면 우리가 기꺼이 머물러 있을 수도 있는 장소다. 삶의 거대하고 신화적인 형태인 이러한 블랙홀은, 그 내용이 우리의 현재 행동을 설명할 수 있는 꿈같은 사건이다.

우리는 이야기, 꿈, 상상으로 블랙홀 안으로 들어갈 수 있다. 모든 토착 공동체에는 초자연치료사가 있는데, 그들은 변형상태에서 인생의 가장 알려져 있지 않은 영역, 개인의 콤플렉스, 공동체의 운명과 기원으로 여행할 수 있었다.

에이미와 나는 가장 엄청난 블랙홀의 하나인 혼수상태의 사람과 성공적으로 대화하기 위해, 알아차림 과정(11장 미적분학에서 논의)의 적응을 사용해 왔다. 혼수상태는 다른 우주로의 전이(轉移)로서, 특히 임사체험과 연결해서 이해되어 왔다.[5] 우리는, 블랙홀이 의사소통이 금지되는 시공간 영역이라고 여겨지는 것처럼, 현재 의학계의 합의에 의하면 혼수상태의 사람들은 본질적으로 의사소통이 불가능하다고 여겨지는 식물인간이라는 것을 기억해야 한다.

우리가 혼수상태의 사람들과의 의사소통으로 알 수 있는 것은, 이러한 '블랙홀' 이 놀라운 정보와 '절정 경험' 으로 채워져 있다는 것이다. 비록 모든 사람이 삶의 의미와 기원에 대한 새로운 발견을 가지고 이러한 혼수상태와 절정 경험에서 깨어나는 것은 아니더라도, 많은 사람들이 깨어나와 인생에 대한 핵심을 말해 준다.

나는 다음 이론을 지지하기 위해 단테, 초자연치료사, 꿈꾸는 사람들, 혼수상태를 소개했다. 우리는 우리 자신의 비일상적 실재인 NCR 능력으로 인해서 우주의 시작에 있었던 일과 블랙홀 안에서 일어나고 있는 일을 경험할 수 있다.

❖ 개인적인 실험: 블랙홀 실습

물리학이 우리의 심리학을 설계한다는 전제는 철학적일 뿐만 아니라, 당신이 시도해 보기를 원하는, 다음의 경험적인 실험을 안내한다.

1. **블랙홀을 확인하라.** 잠시 여유를 가지고, 당신을 흥분시키거나 흥미를 잃게 해서 당신을 압도하고 당신의 모든 의식을 빨아들이는 사건을 떠올리려고 노력하라. 당신 주위의 모든 것을 구부러지게 하는 무엇인가가 있을 것이다. 당신은 자신의 모든 빛과 모든 의식을 잃는 것이 두려운가? 당신은 스스로에게, 자신의 가장 심각한 문제가 무엇이며, 무엇이었는지 묻고 싶을 수도 있다.

   당신은, 정신 이상뿐만 아니라 창조력의 근원, 죽음뿐만 아니라 새로운 생명과 같은 그런 블랙홀 영역의 목록을 갖고 있을 수도 있다. 이제 그중 하나만을 생각해 보자. 그 문제가 당신을 문제 자체의 중력의 끌어당김에 따르도록 만들고 있는가?

2. **블랙홀을 탐구하라.** 물리학은 우리가 이 우주를 떠나길 원치 않는다면, 블랙홀에서 멀리 떨어져 있으라고 제안하는 반면에, 영적 전사(戰士)는 블랙홀을 피하기보다 오히려 탐구하라고 부르는 것을 느낀다.

   블랙홀에 들어가는 것은 고대 초자연치료사의 기술이다.[6] 초자연치료사가 되기 위해서는, 당신은 지금 블랙홀로 들어가서 짧은 시간 안에 자신과 다른 사람들을 위한 도움과 정보를 가지고, 그런 블랙홀의 가장 깊고 알려지지 않은 공간을 다시 떠날 수 있어야만 한다. 즉, 공간으로부터 돌아올 수 있어야 한다.

   블랙홀 안에는 보통의 평범한 빛이 별로 없다. 그래서 당신은 거기 블랙홀에서 일상적인 의식을 조금 가져올 필요가 있다. 단테의 가장 높은 천국이며 불의 구(球)인 최고천을 발견하기 위해, 당신은 2차적 주의집중을 사용할 필요가 있다.

준비가 되면, 잠시 여유를 갖고 실제로 블랙홀을 알아내고 탐구하라. 상상하거나 다시 상상하라. 느껴라. 이 감정으로부터 이미지를 만들고, 그것에 관해 당신을 상기시키는 동작을 만들어라. 자신에게, "이제 나는 이 감정, 저 감정, 혹은 비전을 알 수 있다."라고 말하려고 하고, 그리고 그것이 스스로를 당신에게 드러내는 것처럼 당신의 경험적 과정을 따라라. 그림, 감정, 블랙홀로 들어가는 길뿐만 아니라 나가는 길을 따라가라. 블랙홀로 들어가서 그것이 스스로 나타나기를 기다려라. 당신의 2차적 주의집중을 사용하고, 그것이 스스로의 메시지를 당신에게 드러내도록 해라.

3. **블랙홀의 중심에 들어가라.** 당신이 블랙홀을 따라가기 시작했을 때, 무엇이 블랙홀을 창조했는지 당신의 상상으로 돌아가라. 창조의 사건은 어떻게 보이고, 어떻게 들리고, 어떻게 느껴지는가? 그것은 뜨거운가, 거친가, 악마인가, 사랑인가? 당신의 경험을 믿고, 그것을 적어라.

만약 당신이 블랙홀의 본질이 무엇인지 느끼거나 가시화할 수 있다면, 그것을 적고, 그림으로 그리고, 말하고, 이해하라. 당신 삶에서 나타난 에너지의 이러한 핵심이 다른 어떠한 곳에서 나타나는지 스스로에게 물어라. 당신의 블랙홀의 기원에 대한 당신의 시적인 형성이 바로 블랙홀의 본질의 모습이다.

당신이 이 핵심을 만날 때, 그것이 변화하는지 또는 당신이 어떻게 변화하는지를 알아차려라. 당신은 참가자인가, 관찰자인가? 이 핵심을 받아들이고 이해하도록 하라. 당신은 어떤 면에서 항상 그것을 알고 있었는가, 그 존재를 의심했는가?

당신 핵심의 경험을 아는 것은 당신의 미래에 발생할 것으로 기대되는 것에 관한 힌트를 줄 수도 있다. 당신이 자신의 핵심을 만난 것에 대해 어떻게 느끼는가? 당신은 거기에서 자신이 만난 것을 어떻게 다루었는가?

블랙홀의 핵심에 도착한 다음, 만일 당신이 블랙홀로부터 고통을 받고 있는 것은 아니지만 블랙홀 창조자의 에너지로 좀 더 확인했다면, 어떻게 하면 당신의 현재 삶이 변할 수 있는지에 대해 스스로에게 물어보아라.

이런 종류의 개인 작업은 우리가 블랙홀을 이해하는 데 중요하다. 그러나 블랙홀은 또한 집단과 국가에도 영향을 준다. 문화의 핵심 또는 창조물을 발견하는 것은 개인 작업만큼 중요하다. 집단의 삶에서 블랙홀은 알려진 우주의 한계와, 문화 또는 국가의 정체성인 집단문제의 핵심에 놓여 있다. 블랙홀은 갈등, 증오, 전쟁으로 가득 차 있지만, 또한 황홀한 종교적인 경험도 가득 차 있다. 25장에서의 제2차 세계대전의 문제에 대한 집단 토론은, 가장 문제가 많은 장소에서 무아경의 집중 경험, 어쩌면 새로운 우주조차도 나타날 수 있다는 것을 보여 주었다.[7)]

물리학은 우리가 일상적 방법으로는 블랙홀 안에 들어갈 수 없다고 하지만, 초자연치료는 어떻게 해야 들어갈 수 있는지에 대해 많은 힌트를 담고 있다. 나는 블랙홀에 들어가고 나오는 방법에 대해 여기에서 간략하게 설명했다. 요점은 용기, 열정, 이해, 미지에 대한 지적(知的)인 존중이며, 시기가 맞으면 당신은 우주의 신비 안으로 들어가서 새로운 정보와 지혜를 가지고 나타날 수 있다.

여기서 나는 아메리카 원주민 부족 '오글라라 수(Oglala Sioux) 족(族)' 의 놀라운 이야기와 고난의 시절이 떠오른다. 그들은 존 니하트(John Neidhart)의 이야기인 『검은 사슴이 말하다(*Black Elk speaks*)』에 묘사되어 있다. 그 책은 예지력이 있는 검은 사슴이 어떻게 변형상태에 들어가고, 위험에 빠진 오글라라 부족들에게 새로운 문화형태인 그다음 우주의 기원을 찾기 위해 어떻게 비전을 갖게 되었는지를 이야기한다.

모든 개인과 문화는 변형, 삶, 죽음을 겪는다. 미래에 우리 태양계는 끝날 것이고,

모든 인류는 미래가 무엇을 가져올지에 대한 질문에 직면하게 된다. 우리 우주가 궁극적으로 수축, 확장 또는 자기 파괴를 할 것인지는 그것에 대한 우리의 비일상적 실재인 NCR 관계와 무관하지 않을 수도 있다. 전체 우주의 미래는 아인슈타인뿐만 아니라 단테에게도 달려 있으며, 당신과 내가 어떻게 우리 자신의 블랙홀의 핵심과 절정 경험을 다루는가에도 달려 있을 수 있다.

우리가 이들 영역으로 여행하는 것을 배울 수 있다면, 우리는 그 세계에 존재할 수 있는 새로운 방법인 새로운 우주의 통로에 있는 것이다. 그곳에서 우리는 더 이상 현대 물리학자만이 아니라, 일상적인 세계와, 우리의 우주와 우리 자신의 신비한 미지(未知) 핵심 사이를 유연하게 여행하는 현대 초자연치료사가 될 것이다.

1) 오셔만의 『우주의 시』 90쪽과 그다음에 쓴 것, 그리고 단테의 『신곡』 343쪽을 보라. 문학의 걸작인 『신곡』은 단테에 의해 이탈리아어로 쓰인 서사시다. 1321년 저자의 죽음 직전에 발간된 이 책은, 지구와 '모든 사람(Everyman)'의 모습으로 순례하는 시인에 대한 인생 풍자를 감추고 있다. 중세 유럽의 가장 위대한 시 중의 하나로, 시대를 거쳐 내려오는 아름다움과 인류애를 표현한다.

2) 리만의 4차원적 우주의 이미지에 대해 좀 더 정보를 원하는 독자들은 오셔만의 『우주의 시』 87쪽을 참고해라.

3) '적색이동'은 가깝고 멀리 있는 별과 발광 행성으로부터 나오는 빛스펙트럼 선(線)의 위치 사이의 관련성이다. 거리가 멀면 멀수록, 스펙트럼의 적색 끝부분 쪽으로 파장이 길어지고 주파수가 감소하는 방향으로 더 큰 이동을 한다.

   만약 우리로부터의 거리가 d인 은하계가 속도 V로 후퇴한다면, $d = V \times T$가 되며, 여기서 T는 때로 우주의 나이라고 부른다(비록 T가 8×10^9년이라는 이 나이는, 내가 아는 한, 숫자 그대로 받아들여서는 안 된다).

4) 에너지가 소진될 때에는 그 유명한 E와 m의 관계식인 $E = mc^2$(e는 에너지, m은 질량, c는 광속) 때문에 질량은 줄어든다. 나는 31, 32장에서 이 방정식을 더 상세히 논의할 것이다. 잠시, 우주의 초기에는 물체의 매우 큰 밀도 때문에 중력이 매우 컸다고 가정해 보자. 그러면 에너지 소모로 인해 식기 시작하고, 따라서 물체의 밀도도 감소한다. 에너지가 작아지면, 물체도 감소하며, 물체가 작아지면, 중력도 감소하고 물질의 폭발이 다시 발생할 수 있다. 이제 물질은 블랙홀에서 달아날 수 있기

때문에 빛의 입자와 물질의 작은 조각은 달아날 수 있다. 이러한 복사(輻射; 빛을 쏘아냄)가 발생하면 우주는 팽창한다. 나는 이것을 '요요(yo-yo)' 효과라고 부른다.

우주의 팽창과 수축에 대한 이론은, 물질과 중력이 충분해서 수축 단계 동안 궁극적으로 우주를 내부로 끌어당길 수 있다는 데 기초한다. 오늘날 우리가 볼 수 있는 우주의 물체는 그런 중력 효과를 창조하기에 충분하지 않아서, 결국 '대붕괴(big crunch)' 로 끝나게 된다. 물질의 또 다른 형태로, 소위 '흑체(black matter)' 또는 '보이지 않는 물체(missing matter)' 가 그 차이를 채울 수 있다. 이 물질은 비록 그 존재가 광선을 구부리는 방식으로 보일 수 있더라도, 우리가 볼 수 있는 물질처럼 전하를 전혀 가지고 있지 않기 때문에 눈에는 보이지 않아서 흑체라고 부른다. 전하가 없는 이 물질은 우리의 측정기계에 나타나지 않지만 그 효과는 보이기 때문에, 우리는 거기에 있다는 것을 안다. 몇몇 물리학자들은 그것이 우주의 99% 정도를 형성한다고 추측하며, 따라서 우주는 '무게' 또는 중력이 충분해서 다시 함께 스스로를 잡아당긴다.

그러한 흑체 없이, 우주는 함께 잡아당겨질 수 없고, 영원히 팽창할 것이고, 결국엔 냉각되어서 낮은 에너지의 입자들이 될 것이다. 어떠한 방법으로든 우주는 변할 것이고, 수십 억 년 안에 크게 팽창된 냉각으로 끝나거나 대붕괴로 진화할 것이다. 나는 수십 억 년 안에 우리가 새로운 초공간 우주를 창조할 수 있거나, 또는 현재 우주의 진화에 영향을 줄 수 있을 것이라고 추측한다.

5) 나의 『코마, 깨어남의 열쇠(*Coma, Key to Awakening*)』와 에이미 민델의 『코마, 치료의 여행(*Coma, A Healing Journey*)』을 보라.

6) 이러한 과정은 『초자연치료사의 육체(*The Shaman's Body*)』라는 나의 책에서 논의되었다.

7) 『불에 앉아 있기(*Sitting in the fire*)』에서 나는 인종 간 갈등이 폭력으로 확대되려는 위협을 논의한다. 가장 위협적인 순간에, 아프리카계 미국인 남자는 꿈꾸기의 배경을 알아차리고, 인종 차별이 모든 사람에게 주는 고통 때문에 통곡하기 시작했다. 사람들은 한 사람씩 그를 얼싸안기 시작했고, 인류의 가장 비극적인 장면에서 많은 사람들이 영적인 경험으로 마침내 예기하지 못하고, 정말로 예측할 수 없었던 결과로 모두가 하나가 되었다.

제30장
사람이 비밀 통로다

아인슈타인은 중력이 단지 시공간의 고정된 배경에서 작동하는 힘이 아니라, 시공간 안의 질량과 에너지에 의해 야기된 시공간의 뒤틀림이라는 혁신적인 생각을 했다.

—스티븐 호킹(Stephen Hawking)의
『블랙홀과 아기 우주(*Black Holes and Baby Universes*)』에서—

아인슈타인이 특수상대성 이론과 일반상대성 이론을 발견하였을 때, 아무도 블랙홀에 대해 생각하지 않았다. 아인슈타인은 광속과 중력의 본성에 관심이 있었다. 우리는 이미 물질이 시간과 공간을 구부러지게 한다는 아인슈타인의 일반상대성 이론을 이해했지만, 어떻게 그가 이러한 결론에 도달할 수 있었는지에 관한 중요한 세부 내용 일부를 아직 검토하지 않았다. 이 장에서 우리는 어떻게 아인슈타인이 그 이론을 발전시켰는지 간략하게 알아보고, 심리학에서 일반상대성 이론에 대한 의미를 탐구하기 시작할 것이다.

우리가 지금 알고 있는 것처럼, 특수상대성 이론은 오직 일정한 속도로 움직이는 기차, 차, 다른 물체를 다룬다. 많은 물체들이 일정한 속력으로 움직이지 않기 때문에, 아인슈타인은 특수 이론을 일반화시켜 모든 가능성이 포함되기를 원했다.

비행기를 생각해 보자. 비행기가 하늘을 날 때 당신이 창문 밖을 보지 않는다면,

당신이 움직이고 있다는 사실을 거의 알아차리지 못하는데, 이때는 비행기가 일정한 속도를 유지하고 있다는 것을 알았다. 또한 우리는 이러한 일정속도가 이륙과 착륙 동안에 변화하며, 당신이 그러한 속도 변화 때문에 비행기에 대해 생각하게 만든다는 것을 앞에서 보았다. 이륙할 때는 당신의 몸이 좌석을 누르는 힘을 느낀다. 착륙할 때 비행기는 감속하고 당신은 앞으로 쏠리게 된다.

속력이 일정할 때 가속과 감속은 0이다. 비행기 여행에서의 시작과 끝에서의 변화하는 속도는, 전혀 우리가 통제할 수 없는 큰 힘의 존재를 알아차리게 한다. 우리가 28장에서 보았듯이, 일반상대성 이론은 특수상대성 이론과 다르게 이러한 변화하는 속도의 효과를 다루고, 따라서 이 변화와 관련된 힘을 다룬다.

심리학에서 특수상대성 이론과 일반상대성 이론의 유사점은 '심리학의 특수 이론'이, 도리어 보통의 일상적인 의식만을 다루고, '일반 이론'은 빠른 변화, 거대한 힘, 특이한 변형상태로 들어가는 시간과 공간의 휘어짐을 다룬다는 것이다. 현재 심리학의 일반 이론은 강력하게 변형되고, 극도의 정신 이상 상태와 임사체험을 다루는데, 비슷한 일반상대성 이론보다 덜 완성되었다. 따라서 물리학의 일반상대성 이론을 연구하는 것이 심리학에서 다루는 극도의 변형상태에 대하여 더 잘 알 수 있는 방법이다.

❖ 아인슈타인의 엘리베이터 실험

아인슈타인이 일반상대성 이론을 발견했던 방법을 간단하게 살펴보면서 시작해 보자. 아인슈타인은 다음의 사고(思考) 실험으로 시작했다. 마음속에서 아인슈타인은 창문이 없고 매우 조용히 움직이는 엘리베이터 안에 서 있는 한 남자를 보았다. 아인슈타인은 엘리베이터 안의 남자가 엘리베이터가 움직이는 소리를 들을 수 없고, 바깥도 볼 수가 없다고 상상했다. 그는 단지 바닥으로부터의 압력만을 느낄 수 있으며, 그런 종류의 압력은 대체로 그가 단단한 땅, 즉 지구 위에 서 있을 때 느끼는 것과 같다.

밖에서 그 남자와 엘리베이터를 보면서, 아인슈타인은 그 남자가 중력에 의해 영향을 받지 않는 공간 영역에 매달려 있는 것으로 상상했다. 아인슈타인은 외부에서 들여다보면서 엘리베이터가 공중에 매달려 있는 동안, 거대한 기중기가 그 엘리베이터를 위로 끌어당기는 힘을 만드는 것을 상상하였다. 밖을 볼 수 없는 엘리베이터 안의 사람은 그러한 당기는 힘을 느끼며, 이 힘은 아래의 땅으로부터 온다고 생각한다(아인슈타인은 뉴턴의 공식 $F=M\times A$(힘 = 질량 × 가속도)에 따라 엘리베이터 가속에 필요한 힘을 계산하였다. 그 남자와 엘리베이터의 질량이 주어지면, 아인슈타인은 기중기가 필요로 하는 힘은 중력의 가속 에너지에 상응한다고 상상했다).

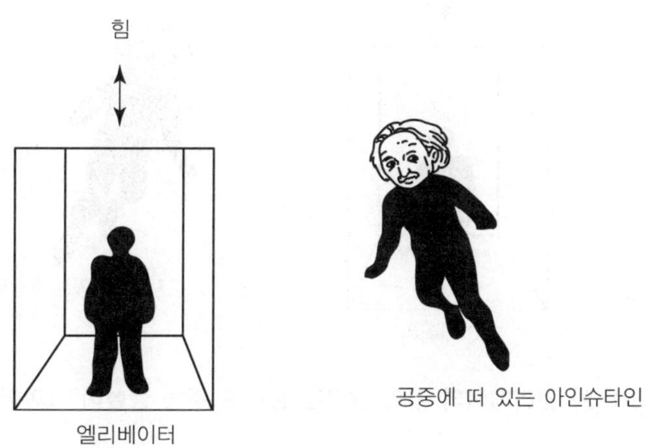

[그림 30-1] 아인슈타인의 엘리베이터 사고 실험

그래서 아인슈타인은 자신의 상상력을 더 진행시켜 엘리베이터 안의 남자와 통화가 가능하다고 가정했다. 그 남자는 자신의 몸무게가 자신을 엘리베이터 바닥에 있도록 해 준다는 것을 느낀다고 말했다. 아인슈타인은 "그 힘은 어떤 종류의 힘입니까?" 라고 묻자, 그 남자는 "물론 중력의 힘입니다!" 라고 말했다. 그러나 아인슈타인은 "그것은 중력이 아닙니다. 큰 기중기가 당신을 당기고 있는 것입니다!" 고 말했다. 그러나 엘리베이터 안의 남자는 "뭐라고요? 아니에요. 그것은 중력처럼 느껴집니다." 라고 말했다.

아인슈타인은 엘리베이터 안의 남자가 밖을 볼 수 없는 한, 자신을 아래로 잡아당기는 중력의 힘과 그를 위로 당기는 기중기로부터의 힘과의 차이를 구별할 수 없다고 결론지었다.

아인슈타인은 이 사고 실험을 통해 엘리베이터 안의 남자는 자신을 바닥으로 당기는 중력의 힘을 나타내는 큰 행성이 자신 아래에 있는지, 아니면 자신을 위로 가속시키는 힘을 가하는 기중기가 자신 위에 있는지 알 수 없다는 것을 즉시 이해했다.

[그림 30-2] 엘리베이터 안의 남자는 중력을 주는 행성이 가까이 있다고 생각한다

자신의 의견을 증명하기 위해, 엘리베이터 안의 남자는 아인슈타인에게 그가 안경을 떨어뜨리고 무슨 일이 생겼는지 관찰할 것이라고 말한다. 그리고 그 남자는, "보시오, 안경이 바닥에 떨어졌습니다!" 라고 말했다. 그러나 아인슈타인은, "미안하지만, 그것은 기중기에 의해 생긴 가속 때문입니다!" 라고 말했다. 다시, 아인슈타인은 그 남자가 중력과 몇 가지의 힘에 의한 가속의 차이를 엘리베이터 안에서는 알 수 없다고 결론지었다.

그 남자는 기중기 또는 중력으로부터 오는 힘의 결과인 가속의 차이를 알 수 없기 때문에, 중력의 힘은 기중기의 힘과 어떠한 방법으로든 동등해야만 한다. 조금 다르게 말하자면, 중력과 가속은 엘리베이터 안의 남자에게는 동등하다.

아인슈타인은 이를 '동등성의 원리' 라고 불렀다. 즉, 시공간의 주어진 지점에서 중력의 국소적인 효과는 기준 가속 체제의 효과와 동등하다.

그는 그의 일반상대성 이론이 변화하는 속력, 다시 말해 가속도를 포함해야만 하고, 따라서 중력 역시 포함되어야만 한다는 것을 알았다. 왜 그런가? 그 이유는 중력과 가속이 비슷한 효과를 가지기 때문이다. 아인슈타인은 중력이 물체에 가속도와 같은 효과를 준다는 것을 알았다. 이와 같이 중력이 힘과 가속의 힘은 구별할 수 없다. 가속도는 그리고 그 힘은, 당신이 차를 오른쪽이나 왼쪽으로 조절할 때와 같이, 변화하는 방향에 의해 발생할 수 있기 때문에 우주의 구부러짐 현상과 중력의 효과는 동등하다.

아인슈타인은 자신의 사고 실험을 나중에 자신의 결론을 재확인해 준 실제 측정만큼, 또는 그보다 더 신뢰했다. 그는 일반상대성이 무엇을 하든 간에, 이러한 동등성을 다루어야만 한다는 것을 알게 되었다.

당신은 '만약 중력과 가속도가 동등하다면 무엇을 의미하는 것인가?' '만약 아인슈타인이 상대성의 일부인 중력에 흥미가 있다면 무엇을 의미하는 것인가?' 라고 생각할지 모른다. 이것이 왜 필요한가의 대답은 동등성의 원리가 중력을 구부러지는 시공간과 연결시키기 때문이다.

왜 그런지 간단히 설명해 보자. 만약 s가 여행한 거리, t는 관련된 시간, v가 속력이면, $v=s/t$가 된다는 것을 기억하라. 가속도 a는 속도의 변화이므로 a는 s/t에서의 변화다. 그래서 가속도는 시공간의 변화와 동등하다. 다시 말해, 중력과 가속도의 동등성은, 모든 물체의 가장 보편적인 힘인 중력이, 이러한 차원이 휘어지고 뒤틀릴 때 발생할 수 있는 시간과 공간에서의 변화와 동등하다는 것을 의미한다.

❖ 시공간과 중력의 본질

대략 1910년까지 중력은 그저 하나의 개념이었다. 즉, 아무도 그것이 어떻게 작동하는지 몰랐다. 심지어 오늘날까지도 그것은 아직 수수께끼이고, 더 많은 연구가 필요하다. 그러나 그 당시에 사람들은 중력이 물체를 서로 끌어당기게 하는, 모든 물체에 내재하는 보편적인 힘이라는 것을 알고 있었다.[1)]

사실상, 중력은 모든 것에서 가장 '평등한' 힘이다. 중력은 물질이 단단하거나 부드럽거나, 작거나 크거나, 그 물질의 본질, 색, 전하, 자기적 성질에 의존하지 않는다. 자연의 모든 다른 힘은 관련된 물체가 어떠한 종류인지와 관련이 있다. 예를 들어, 자기력은 자성 물질에서만 작용한다. 그러나 중력은 모든 종류의 물질에 작용하는 전체 우주의 일반적인 성질이다. 그러나 중력이란 무엇인가?

과학자들은 모든 물질에는 질량이라 부르는, 물질에 관한 어떠한 '변하지 않는 성질'이 있다는 것을 알고 있다. 질량이라 부르는 물질의 성질은, 그 물질을 제외한 우주의 나머지 부분에게 다음과 같이 말한다. "내가 직선으로 가게 하시오. 그렇지 않으면 나는 저항할 것입니다. 나를 밀거나 가속하면 나는 저항할 것입니다. 일단 내가 나의 경로에서 움직이면, 당신이 나에게 다른 경로로 가도록 힘을 가하지 않는 한, 나는 그 경로에서 벗어나지 않을 것입니다."

만약 질량이 말을 할 수 있다면, 그렇게 말했을 것이다. 다시 말해, 모든 물질은 질량을 가진다. 질량이 크면 클수록 가속과 변화에 대한 저항이 더 커진다. 질량의

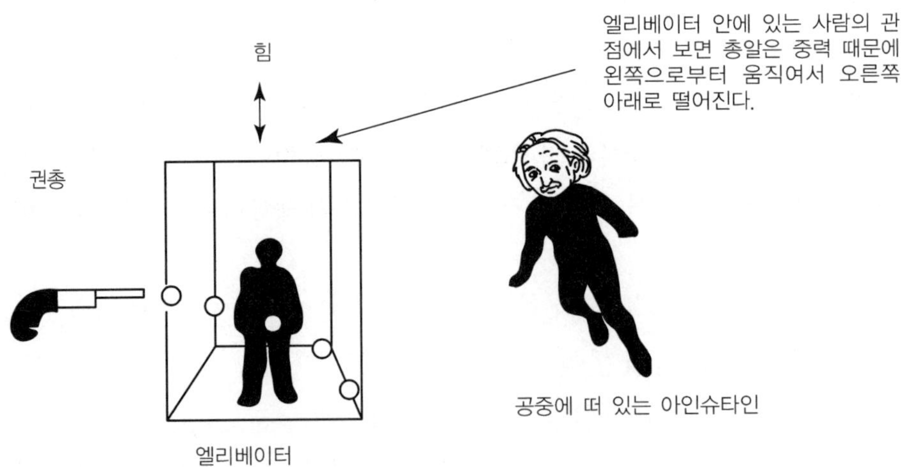

[그림 30-3] 무엇이 총알을 떨어지게 하는가

본질에 대해 우리 모두는 질량이 고정된 성질이고 변화에 저항한다고 말할 수 있다. 질량은 관성을 가지고 있고, 우리는 질량을 가속시키기 위해 힘이 필요하다. 큰 행성은 매우 큰 질량을 가지는데, 이것은 행성 주위에서 중력이나 동등한 것이 매우 크거나 굴곡이 크다는 것을 의미한다.

질량과 굴곡 사이의 연관성을 더 잘 이해하기 위해, 우리는 엘리베이터 실험의 상상으로 돌아가 보자. 이번에는 엘리베이터에 구멍을 만들어 권총의 총알이 쉽게 통과할 수 있도록 해 보자.

우리가 권총을 발사했을 때, 총알은 직선으로 가는 것이 아니라 떨어지는 것처럼 보인다. 엘리베이터를 위로 당기는 힘이 있기 때문에, 엘리베이터 안의 남자는 총알이 바닥으로 떨어지는 것을 볼 수 있다. 만일 엘리베이터가 기중기 때문에 가속하지 않는다면, 또는 중력이 엘리베이터에서 작용하지 않는다면, 엘리베이터 안의 남자에게 총알은 직선으로 가로질러 가서 반대편 벽에 부딪힐 것이다. 그러나 엘리베이터가 가속하고 있기 때문에, 엘리베이터의 남자는 총알이 바닥에 떨어지는 것을 볼 수 있다.

엘리베이터 밖의 아인슈타인에게는, 전체 엘리베이터는 물론, 바닥 역시 총알을 만나기 위해 위로 올라가는 것처럼 보이지만, 엘리베이터 안의 남자에게는 총알이 아래로 떨어지는 것처럼 보인다. 이 남자에 관한 한, 그는 자신의 과거 경험으로부터 공이나 발사된 총알이 중력 때문에 떨어진다는 것을 알고 있다. 그러나 그의 과거 경험들이 절대적인 진실은 아니다.

아인슈타인의 관점에서, 그 총알은 자체의 질량 때문에 직선으로 가려고 하고, 바닥은 기중기의 가속되는 힘의 결과로 인해 총알을 만나러 올라간다.

파동성과 입자성을 모두 가지는 빛은 총알과 같은 입자들의 연속적인 흐름으로 이해될 수 있다. 비록 빛과 총알 사이의 차이가 빛에는 무게와 질량이 없다는 것이지만, 빛은 어느 정도 총알처럼 행동할 것이다.

아인슈타인은, 만약 엘리베이터가 가속된다면, 빛의 직진성 때문에 빛은 가속되는 상자를 통해 움직일 때 '떨어지는' 것처럼 보일 것이라고 추리했다. 그것은 마치 빛이 중력을 줄 수 있는 큰 행성 근처에 있다면 '떨어지는' 것처럼 보이는 것과 같다. 비록 빛에 질량이 없다고 할지라도, 빛의 경로는 떨어지거나 구부러진 것처럼 나타날 것이다. 우리는 시간과 공간의(또는 구부러진 시공간으로서의) 변화로써 가속도를 말할 수 있기 때문에, 빛은 휘어진다고 말할 수 있다. 왜냐하면 공간은 그 엘리베이터의 안쪽과 주위로 휘어지기 때문이다. 동등성 원리에 의하면, 그 이유는 중력의 효과가 시간과 공간의 구부러짐과 동일하기 때문이다.

중력, 또는 그와 동등하게 구부러진 시공간은 빛을 구부린다. 즉, 빛을 굽게 한다. 동등성의 원리는, 중력이 가속과 동등하기 때문에(즉, 시공간에서 휘어짐) 중력의 효과를 갖기 위해서 공간 자체가 큰 행성 근처에서 구부러져 있어야만 한다. 다시 말해, 아인슈타인은 뉴턴이 중력이라고 생각했던 것이 구부러진 시공간이었다는 것을 깨달았다.

이러한 생각에서 중력은 더 이상 중심적인 힘이 아니다. 대신에 중력은 구부러진 시공간을 표시하는 것이 되었다. 굴곡은 '질량과 같은(mass-like)' 성질이다. 우리 주위의 공간은 어떤 시간과 공간에서 구부러져 있고, 우리가 살고 있는 바로 그 공간은 우리에게 '물질과 같은(substance-like)' 영향을 가지고 있다.

아인슈타인이 도달한 결론은 빛이 중력, 즉 공간의 굴곡 때문에 구부러진다는 것이다.

당신은 이러한 전체적인 개념이 일상 경험과 너무 거리가 멀어 믿을 수 없다고 느낄 수 있다. 그러나 당신은 일상 경험을 믿을 수 있는 것보다 꿈꾸기의 느낌을 더 믿을 수 있다. 당신은 사물이 '무거워질 때', 그것이 모든 것을 구부러져 보이게 한다는 것을 알고 있다. 그러나 우리가 변형상태로 더 깊이 들어가기 전에 물리학으로 돌아가 보자.

과학자들이 실험적으로 큰 행성 근처에서 빛을 측정했을 때, 빛이 중력에 의해 정말로 구부러진 것으로 밝혀졌다. 천문학자들은 태양의 일식을 기다려서, 큰 행성 가까이의 공간에서 다른 별들로부터의 빛이 구부러져 오는 것을 측정하였다. 그들은 아인슈타인의 계산이 옳다는 것을 발견하였다. 이들 천문학자들이 시공간의 휘어짐을 증명했을 때, 그것은 과학계에 큰 충격을 주었다.

큰 행성 주위의 공간이 휘어져 있기 때문에, 만약 빛이 왼쪽 위 모퉁이의 밝은 별

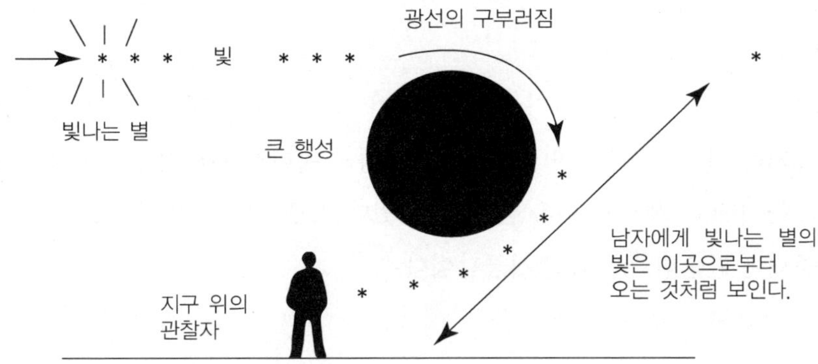

[그림 30-4] 질량이 큰 행성 근처에서의 시공간과 빛의 구부러짐

에서 나온다면([그림 30-4] 참조), 그리고 그 빛이 태양 가까이에서 이동한다면, 그 별은 지구의 관찰자에게 실제로 왼쪽 위에 있는 별에서 오는 것인데, 오른쪽의 별에서 오는 것처럼 나타날 것이다. 이 실험은 이러한 별들로부터 오는 빛은, 무거운 행성 또는 태양과 같은 별이 주위에 있을 때 구부러진다는 것을 보여 주었다. 중력이 더 클수록 빛의 경로는 더 많이 구부러진다.

당신은 블랙홀이란 아주 조밀하게 되어 달아나려는 광선이 다시 당겨지는 별이라는 것을 기억할 것이다. 따라서 만약 무거운 행성이 태양이 아니라 모든 행성 중 가

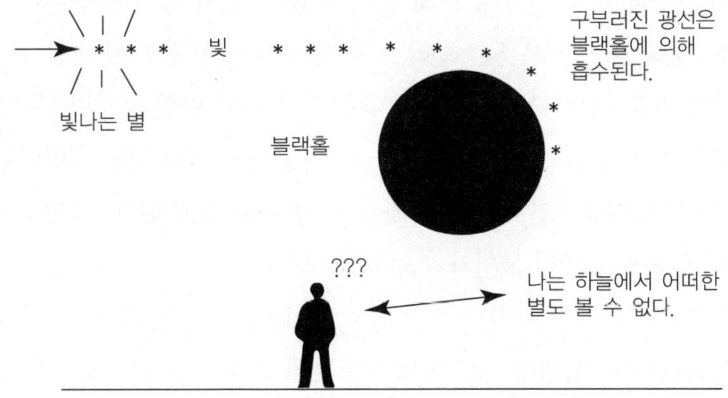

[그림 30-5] 블랙홀 때문에 관찰자는 전혀 별을 볼 수 없다!

장 조밀한, 중력은 블랙홀이 스스로에게 빛을 끌어당기는 그런 방법으로 시공간을 휘게 한다.

빛은 공간을 따르려고 한다. 만약 우주가 직선이라면, 빛은 직선으로 이동할 것이다. 그러나 빛이 휘어졌다면, 우리는 동등성의 원리로부터 시공간 자체가 휘어져 있거나, 근처에 큰 행성과 매우 큰 중력이 있다고 생각할 수 있다. 아인슈타인에 관한 한, 중력은 단순히 구부러진 시공간이다.

❖ 중력은 시공간의 굴곡이다

중력을 말하는 또 다른 방법은, 우리가 중력이라고 부르는 것이 시공간에 숨겨진 굴곡으로부터 오는 강력한 효과라는 것이다. 간단히 말해, 그것은 일반상대성 이론과 연관된 수학이 없는 일반상대성 이론이다.

당신은 자신의 침대 매트리스를 생각하는 것처럼 시공간을 생각할 수 있다. 블랙홀 주위의 공간은 당신이 한 발로 매트리스에 서 있을 때 매트리스에 나타나는 현상과 같다. 매트리스의 나머지 부분은 다소 편평하지만, 자신의 발 주변, 즉 블랙홀 근처는 매트리스가 가라앉는다. 만약 당신이 충분히 무겁다면, 당신은 매트리스에 구멍을 만들 것이다.

별 주위의 공간은 또한 안으로 밀려 들어가 있다. 만약 별이 블랙홀과 같이 매우 크지 않다면, 움푹 들어간 부분은 그리 크지 않다. 편평한 공간에 대한 유클리드 기하학은 질량이 작은 곳에서는 비교적 잘 맞는다. 그러나 만일 당신이 블랙홀 가까이에서 움직이고 있었다면, 당신은 매트리스의 큰 굴곡 근처에 있는 개미처럼 될 것이다. 당신은 당신의 일상적인 경로에 갑자기 큰 변화를 겪게 된다. 당신의 속도는 변화하고, 블랙홀 속으로 빨려 들어가기 시작할 것이다.

구부러진 공간은 그것이 마치 중력인 것처럼 사물을 가속한다. 다시 말해, 우리가 물질이라고 하는 것은 상대성 이론에서 시공간의 굴곡과 동등한 일상적 실재인 CR적 용어다.[2] 아인슈타인에 따르면, 중력은 기하학의 성질이었다. 하나의 관점에서 물질이 무엇인가 하는 것은 다른 관점에서는 시공간의 굴곡이었다.

일상적 실재인 CR에서, 질량은 중력과 관련이 있고 공간의 형태와는 전혀 관련이 없다. 중력의 일상적 실재인 CR 개념은 중력에 관한 한, 중요성이 줄어들기 시작한다. 이것은 우리가 앞서 본 것처럼, 마치 입자의 개념이 양자역학에서 그 의미를 잃어버리기 시작한 것과 같다.

리만과 아인슈타인의 수학으로부터 얻을 수 있는 계산은 우리에게 빛이 무거운 행성 주위를 움직일 때 얼마나 구부러지는지 정확하게 알려준다. 실험으로 이러한 계산을 증명할 수 있었기 때문에, 일반상대성 이론은 오늘날 우리에게 빛에 대한 정확한 예측을 하도록 허용하지 않았던 뉴턴의 이론을 넘어서는 큰 발전으로 받아들여진다. 상대성의 수학은 어떠한 한 점에서 우주 시공간의 형상이 모든 곳에 있는 물체의 양에 달려 있다는 것을 보여 준다.

르네상스 이래로 서양적인 사고에서는 우주가 진공, 결핍, 형태와 의미가 없는 빈 공간으로 보여 왔다. 상대성의 출현 이후, 이 개념은 바뀌었다. 시공간은 일종의 물질적 물체가 되고, 그리고 물질과 중력의 개념은 시공간의 굴곡으로 바뀌었다. 이 새로운 세계관에서, 기하학은 이들 물체로부터 떼어 낼 수가 없다. 아인슈타인의 일반상대성 이론에서 우주는 더 이상 추상적인 개념이 아니라, 우리 모두가 살고 있는 '물체와 같은(substance-like)' 장소가 된다.

❖ 굴곡과 중력의 예

일상생활에서 이 모든 것을 더 쉽게 이해하기 위해, 자동차 경주로에서 빠르게 달리고 있는 차를 확대해서 볼 수 있다고 상상해 보자. 이는 천문학자인 앨런(Alan)과 힐러리 라이트(Hilary Wright)에 의해 고안된 방법이다. 당신은, '와! 저 차들이 경주로를 빠르게 달리고 있는 것으로 보아, 최고의 운전자임이 틀림이 없다. 또는 아마도 원형 경주장 중심에서 그 차들을 잡아 주는 일종의 마법의 줄을 가지고 있을 것이다' 라고 생각할 것이다. 그러나 당신이 더 가까이 갈수록 당신은 그 경주용 차에 운

전자가 없다는 것을 볼 수 있으며, 더욱이 차를 원형 경주장 중심으로 연결하는 마법의 줄이 없다는 것을 볼 수 있을 것이다. 당신이 보는 것은 경주로 그 자체가 굽어져 있다는 것이다.

이러한 경주용 차들의 움직임에 대한 행성 사이의 동등성은 빛, 총알, 입자, 운석, 시공간을 통해 날아다니는 모든 것의 움직임이다. 마치 차가 경주로의 굽은 주위로만 움직일 수 있는 것과 같이, 모든 것은 구부러진 궤도에 있다. 그리고 모든 것이 구부러진다. 중력과 같은 어떤 마법적인 힘 때문이 아니라, 상대성 이론으로 인한 시공간이 구부러져 있기 때문이다. 우리는 사물이 구부러진 방법으로 움직이는 사실을 설명하기 위해 중력이 필요하지 않다. 더 이상 경주용 차가 움직이는 방법을 설명하기 위해 비밀 운전사나 마법의 줄이 필요하지 않은 것과 마찬가지다. 차는 단지 중력이나 다른 힘 때문이 아니라, 트랙이 굽어져 있기 때문에 원형으로 움직일 수 있는 것이다.

다시 말해, 지구는 태양이 지구에게 아주 큰 중력적 인력을 미치고 있기 때문에 태양 주위를 도는 것은 아니다. 공간 자체가 휘어져 있는 것이다. 지구는 태양 둘레의 이 특별히 구부러진 경로를 가야 할 뿐이다. 만약 누군가가 그 경로가 행성의 중력 때문이라고 주장한다면, 그것도 좋다. 그러나 그것도 또 하나의 관점일 뿐이다.

4차원적 시공간의 구부러짐은 침대 매트리스와 경주용 차의 예로서만 가정이 가능하다. 왜냐하면 우리의 3차원적 세계에서는 정확히 일치하는 예가 없기 때문이다.[3)] 그러나 비일상적 실재인 NCR의 예는 많이 있다.

❖ 상대성의 비일상적 실재인 NCR 경험

일상의 경험으로는 그러한 생각을 할 수 없었을텐데, 공간이 구부러졌다고 생각하는 아인슈타인의 용기는 어디에서 왔을까? 나는 그것이 물리적인 직관이며 아인슈타인의 자의식적인 경험에서 왔다고 믿는다.

심리학에서 일반상대성 이론의 유사점은, 각 사건에 2개의 관점이 있다는 것을 암시한다. 하나의 관점은 우리가 우리의 개인 심리, 자신의 콤플렉스, 학대 문제, 역사, 신화, 개인적인 생리학, 건강, 문화, 사회, 역사, 기타 등의 힘에 의해 움직인다는 것이다. 일반상대성 이론의 다른 관점은, 우리 인생의 경로가 우주의 본성인, 보편적인 도(道)에 기인한다는 것을 의미한다.

다시 말해, 우리는 두 가지 관점을 가진다. 하나는 개인, 개인 간, 집합적인 힘과 장(場)이 우리 인생의 경로를 창조한다는 것이다. 또 다른 관점은 우리의 경로가 자연의 방법, 우리 개인의 존재가 지나가는, 우주의 다른 모든 경로와 함께 창조된 우주의 장(場)에 대한 순간적인 표현이라는 것이다.

한편으로, 우리는 단지 중력으로 또는 심리적으로 다른 물체와 상호작용하는 물체가 아니라, 하나의 경로, 아마도 특별한 경로로 가는 초대(招待)에 대한 표현이다. 지구가 태양 주위에서 움직이는 것처럼 (또는 태양이 지구 주위로 움직이는 것처럼) 우리 가까이 오는 어떤 것이라도, 바로 우리 자신인 경로를 따라 움직여야만 한다. 우리 스스로, 그리고 우리 주위의 모든 것들이 단지 물체가 아니라, 우리 주위의 모든 것에 대한 비밀스럽고, 보이지 않는 경로다. 다른 사람들은 이것을 아우라(aura), 인력 혹은 척력으로 경험할 수도 있으나, 그러나 가장 공정한 관점에 의하면 우리는 단지 경로로 가는 초대인 것이다.

개인 혹은 물체로서 우리는 시공간에 영향을 주고 구부러지게 한다. 당신 이웃의 누군가 또는 어떤 대상의 운명은, 마치 당신이 그들의 패어 들어간 부분에 들어가는 것처럼, 바로 당신의 패어 들어간 부분으로 들어가는 것이다. 다른 것들이 우리 근처로 올 때, 그들의 경로가 우리의 경로와 합쳐지고, 모든 사람들은 자신의 길을 바꿔야만 한다. 우리가 그들 가까이 있으면 우리의 경로가 바뀌어야 한다. 마찬가지로, 아인슈타인의 견해에 의하면 물질의 모든 조각은 일정한 경로를 통과하기 위해 일종의 초대를 만들어 낸다. 각 물체는 경로 초대다. 내가 나이가 더 들수록, 당신에게 작용하는 힘과 같은 것이 다른 관점에서는 단순한 도(道)라는 아인슈타인의 생각에 더 동의하게 된다.

1) 뉴턴의 중력 이론은, 물질의 모든 입자가 질량의 곱에 직접 비례하고 그들 사이의 거리 제곱에 반비례하는 힘으로 다른 모든 입자를 끌어당긴다는 이론이었다. 만약 1과 2를 물질의 질량이라고 한다면, f를 두 입자의 질량 사이의 힘, r을 그들 사이의 거리, G를 중력 상수라고 하면,

$$f=\frac{G(m_1 \times m_2)}{r^2}$$ 이다.

2) 수학적으로 생각하는 독자들은 아인슈타인의 『상대성(*Relativity*)』(55쪽과 그 아래에 쓴 것)에서의 논의를 즐길 수 있을 것이다. 또한 볼프강 파울리의 『상대성 이론(*The Theory of Relativity*)』이란 책에서 아인슈타인의 가정에 대한 파울리의 비평을 보라.
아인슈타인은 리만에 의해 발전된 수학을 사용하였다. 28장의 주석 4에서, 당신은 굴곡 인자 g를 포함하는 거리에 대한 방정식을 알 수 있다. 아인슈타인은 물체의 '질량-에너지(mass-energy)'를 설명하면서, '에너지-운동량 텐서(energy-momentum tensor)'를 생성하도록 질량과 에너지를 하나로 함으로써 g를 일반화하였다. 그의 굴곡 인자 g는 특별한 영역에서 우주의 굴곡을 나타내는 기하학적인 텐서가 되었다. 그는 가정을 만들어 자신의 기하학적 텐서, 즉 시공간의 굴곡은 에너지-운동량 텐서와 아주 간단한 연관을 가졌다는 것을 제안했다. 말하자면, 이것은 우주의 형태가 그곳의 물질의 양에 의해 결정된다는 것을 의미했다.
3) 차에 대한 비유는 모든 비슷한 예처럼 흥미롭지만, 완벽하지 않다. 더 많은 차들이 경주장 트랙 위에 있을수록, 즉 우주에 더 많은 물질이 존재할수록, 경주장의 굴곡은 더 구부러진다. 더 많은 차들이 존재함으로써, 우리는 결국 블랙홀의 상태에 이르게 되고, 거기에서 차들은 중앙을 향하여 안쪽으로 나선 모양을 그리며 떨어져서, 결국 모두 함께 사라지게 된다.

第31장
절정 경험: 우주는 어떻게 시작되었나

우주는 우리와 무관하게 '저 밖에' 존재하는 것은 아니다. 우리는 발생하는 것처럼 보이는 무엇인가와 이미 불가피하게 관련되어 있다. 우리는 관찰자가 아니라 참가자다. 무엇인가 이상한 느낌 그 자체는 바로 참가하는 우주다.

- 물리학자 존 휠러(John Wheeler)

연구 여행에서 우리는 이제 상대성 이론과 빅뱅이 어떻게 절정(Peak) 경험에 대한 은유(隱喩)인지 알아보게 될 것이다. 이러한 경험에 대한 연구는 우주 기원을 밝혀주는 데 기여할 수도 있다.

아인슈타인은 중력이 시공간 굴곡의 영향 때문이라고 말했다. 상대성의 관점에서 가장 기본적인 물체는 바로 장(場), 시공간, 우리가 살고 있는 4차원적 공간이다. 물리학자 이외의 사람들은, 사람들이 중력의 힘, 가속도, 공간의 굴곡의 차이점에 대해 관심을 가지는 것을 의아해할 것이다. 이런 의구심을 가지는 한 가지 이유는 심리학적 관점이다. 힘과 굴곡 사이의 차이점은, 당신을 밀치고 있다고 여기는 무엇을 가진 것과 실제로 당신을 밀치고 있는 그 무엇이 바로 당신이 가야만 할 통로인 도(道)인 것을 발견하는 것의 차이이다.

당신에게 문제가 있다고 하자. 당신이 오랫동안 현기증, 이중으로 보이는 것, 꿈꾸기, 또는 비슷한 경험을 겪었다고 하자. 한 유형의 의사 또는 심리상담 치료사는, 당신의 문제가 뇌의 손상에 의한 것이라고 말한다. 다른 유형의 사람은, 그것이 당신이 유년기 때 겪은 정신적 외상과 관련이 있다고 말한다. 또 다른 사람들은 "당신은 외계인의 납치 탓으로 볼 수 있는 유체이탈 경험의 초기 증상을 가지고 있는 것이다."라고 말할지도 모른다. 초(超)심리학자는 "귀신이 그렇게 한 것이다."라고 할 수 있고, 정신과 의사는 "신체 화학의 불균형에 의해 야기된 정신질환이다."라고 말할 것이다.

❖ 힘인가 또는 도인가

이러한 관점 중에서 어떤 것이 옳은지 묻는 것은 그곳에 물질적인 힘이 있는지 또는 단지 당신을 방해하는 도(道)가 있는지를 묻는 것과 같다. 이런 질문은, 당신의 손에 작용하는 힘이 당신에게 영향을 주는 가까이 있는 행성에 의한 것인지를 묻는 것, 또는 당신의 현기증이 시공간의 굴곡의 표시인지를 묻는 것과 비슷하다. 물질적 설명이 약물, 유령, 또는 개인 심리학 같은 물체와 분야를 다루는 반면, 기하학적 설명은 시간과 공간의 점성술적 순간, 또는 단순히 도를 포함한다.

엘리베이터 안의 사람과 관련된 아인슈타인의 사고 실험을 기억하는가? 엘리베이터 안의 사람은 마치 당신과 같고 자신의 체제를 가지고 사물을 경험할 것이며, 자신의 '행성' 의 개념으로 자신을 설명할 것이다. 그러나 더 일반적인 관점에서, 힘의 개념에 의한 설명은 시공간 굴곡의 개념에 의한 우주의 설명으로 대체가 가능하다.

따라서 모든 의사와 심리상담 치료사들은 당신의 상황을 판단하는 방법에 대해 윤리적인 딜레마를 가지고 있다. 당신의 개인적인 심신(心身) 문제는 당신의 육체적 화학작용 때문인가? 아니면 도(道)의 문제인가? 각각의 설명은 패러다임, 신념 체계, 삶에 대한 느낌을 나타낸다.

❖ 도(道)와 굴곡

도교신자들에게 '말로 표현할 수 있는 도'는 화학, 아버지, 어머니 또는 유령이다. 그러나 '말로 표현할 수 없는 도'는 질병을 일으키는 힘과 전혀 관련이 없다. 사실, 무엇보다도 당신에게 잘못된 것은 아무것도 없다. 발생했던 것은 단지 당신의 도였다. 이러한 생각의 결과를 통하여 당신은 자신의 일반적인 관점을 있는 그대로 내버려두고, 그리고 사건 그 자체가 되도록 개방하는 것을 배울 수 있다. 당신이 현기증이 난다고 해 보자. 저혈압, 의식의 변형상태를 일으키는 정신 또는 뇌의 문제를 다루는 대신에, 도교신자로서 당신은 운명의 굴곡에 맞추거나 운명의 골곡이 되는 것을 선택할 수 있다. 이것은 보통의 자신으로 남아 있는 대신 당신이 현기증을 느끼게 되는 것을 의미할 것이다. 당신은 경로에 던져진 움직일 수 없는 물체가 되기보다는 오히려 경로 그 자체다.

사람들은 우리가 살고 있는 기하학인 시공간의 굴곡으로 도를 항상 생각해 왔다. 중국 사람들은 도(道)를 주변 환경을 통해 움직이는 파동의 장(場), 즉 '용선(龍線)'으로 묘사했다.[1] 꿈꾸는 시간에 대한 호주 원주민들의 그림은 공간에서 장(場)과 구부러짐에 대한 유사한 표현을 보여 준다.[2]

만약 상대성 이론에 대해 묻는다면, 도교신자들과 호주 원주민들은 우리가 살고

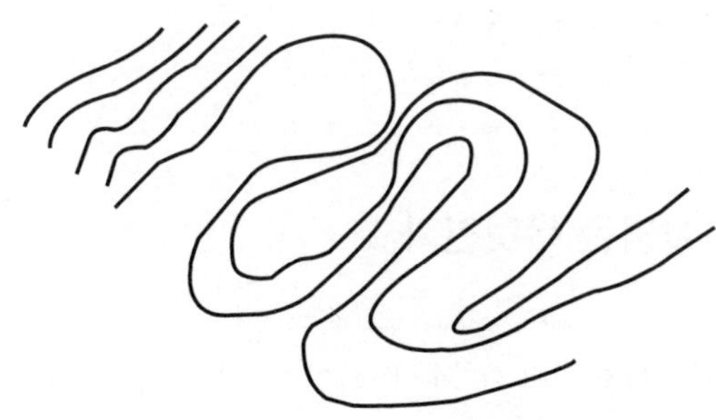

[그림 31-1] 중국 도(道)교의 용선(龍線)과 호주 원주민의 꿈꾸는 시간의 선

있는 장(場), 도(道) 또는 꿈꾸는 시간이 구부러져 있고 그래서 빛, 의식, 그 밖의 모든 것이 변형되는 것처럼 보이는 이유라고 한, 아인슈타인에게 아주 잘 동의할지도 모른다. 도교신자에게 시간과 공간은 다소 예측할 수 없는 방법으로 변하고, 그리고 인생의 목표는 굽은 장에 맞서기보다는, 오히려 함께 살아가는 것을 배우는 것이다.

마음의 물질적인 체제에서, 당신은 도 또는 꿈꾸기 시간에 대해 별로 상관하지 않는다. 당신은 인과적인 설명과 선형적인 삶을 원한다. 물질주의자의 체제에서, 당신은 바이러스가 플루의 원인이라고 믿는다. 당신은 치료를 위해서 대증(對症)적 접종을 맞거나, 대체의학적 치료법, 또는 민간요법을 찾게 된다. 그러나 거의 대부분의 인간 문제들은 단순한 원인만을 갖지 않는다. 예를 들어, 당신이 왜 감기에 자주 걸리는가 하는 것은 인생의 사건을 만나고, 저항하고, 동행하는 방법인, 도(道)와의 관계를 이해하도록 요구할 수도 있다.

당신에게 적절한 설명은 시대의 문제다. 때때로 당신은 자신의 문제가 사회적 상황, 가족 유전학, 병리학, 비타민 C의 결핍 또는 부모로부터 물려받은 것 때문인지 알기 원한다. 이러한 일상적 실재인 CR 설명이 유용하기도 하지만 반면에, 대부분의 사람들은 삶에서 때로는 놀래거나, 정신을 빼앗기는 계속적인 일상적 실재인 CR 설명의 사용으로 인해 우울해지는 경향이 있다. 그러나 도교론자들의 관점은 물질적인 관점과는 상호 보완이 된다. 물질적인 견해는 물질적인 수준에서 당신이 사물을 변화시키도록 하는 반면에, 도교론자들의 견해는 주어진 원인으로부터 분리하고, 믿을 수 없을 정도로 영적인 우주의 부분으로서의 자기 자신의 비전과 관련시킨다.

❖ 가장 잘 맞는 설명은 무엇인가

당신의 첫 번째 정체성은 '당신 자신' 이라고 하는 모든 것이라고 하자. 두 번째 정체성은 다른 사람들, 당신 주변의 무섭거나 놀라운 사람들과 사물에 투사되는 것이다.

당신이 아니 민델(Arny Mindell: Arny는 Arnold의 애칭) 같은 첫 번째 정체성을 가진 '자신' 인 한, 당신은 당신을 주위로 밀쳐 내는 것 같은 인생을 경험한다. 당신은 '아, 나는 아니 민델이고, 어려운 날들을 지내고 있습니다. 나는 브라질에서 말라리아에 걸렸고, 그것이 나를 괴롭히며, 또한 어떤 사람들이 나를 귀찮게 하고 있습니다' 등과 같이 생각한다. 그 순간에 말라리아, 귀찮은 사람들 등은 나의 두 번째 과정이 된다.

내가 첫 번째 정체성과 연결되어 있는 한, 세상의 나머지는 '내가 아니다.' 그것은 나에게 반대하거나 찬성하는 힘인, '두 번째 과정' 이다. 나는 내가 그 두 번째 과정과 함께 움직이지 않는 한, 가속도, 중력, 사람들, 질병, 그리고 그 밖의 모든 것을 낯설고 공격적인 것으로 경험한다.

나의 정체성인 첫 번째 과정의 경계를 극복하면, 나는 내 주위의 힘에 동일시하는 자신을 발견한다. 말하자면, 내가 도(道)다. 만일 내가 나의 정체성으로 나의 경계를 극복하거나, 내가 아니 민델을 이완시키고 내 주위의 문제로 들어오게 하면, 나는 계속해서 나를 내면으로 들어가게 하고 나른하게 하는, 강력하며 정신에 변화를 주는 힘인 말라리아가 된다. 내가 이렇게 할 때, 나는 갑자기 내 자신이 더 이상 시간의 선형 경로에 있지 않다는 것을 발견한다. 대신에, 시공간은 내가 말라리아에 걸렸을 때로(아마존의 원주민들과의 강력한 환영과 정신적인 경험을 가졌던 시간으로) 거꾸로 구부러진다. 말라리아의 고열(高熱)을 느끼는 대신에, 내가 1년 전에 가졌던 경험은 나의 도(道)가 된다.

내가 물질적 패러다임에 머무르는 한, 내가 마침내 말라리아에 굴복하고, 피로에 굴복해서 말라리아로부터 발생한 의식상태(아마존의 경험을 회상하는 비일상적 실재인 NCR 통로)가 될 때까지, 내 몸의 문제는 나 자신의 문제라기보다는 말라리아라고 부르는 힘인 반대자인 것 같다. 하나의 관점에서 질병으로 보이는 것은, 다른 관점으로부터 펼치려고 하는 깊고 마음을 변형하는 경험이다. 당신은 자신이 알아차린 존재가 될 때, 더 이상 원인이 없고 오로지 장(場)만이 있다.

다음 질문, 즉 "무엇이 당신에게 작용하는 힘이 있다고(혹은 없다고) 느끼도록 결정하는가?" 에 대답하는 순간 당신이 갖는 정체성은 어떤 것인가?

❖ 절정 경험과 경로가 움직이는 방법

도 또는 우주의 기하학과 함께, 당신이 당신 주위의 장(場)과 동일시할 때, 다음과 같은 또 다른 질문이 생겨난다. "이 우주는 무엇인가?" "그것은 어디서 오는가?" "그것은 어떻게 시작하게 되었는가?" "나는 누구인가?"

물리학에서, 그 대답은 우주가 시공간의 의미 없고 특별한 계산으로서 어느 정도 표시한다는 것이다. 우주는 하나의 경로로 표시되고 그 각각의 경로는 단지 블랙홀의 안 또는 밖으로 인도하는 경로일 뿐이다. 모든 경로는 빅뱅에서 시작되었다.

우리는 빅뱅 이론과 블랙홀 개념이 우리의 심리학과 연관이 있다는 것을 이미 알아보았다. 우주가 창조될 때 모든 것이 발생해 나온 최초의 블랙홀을 이해하기 위해, 우리는 빅뱅의 비일상적 실재인 NCR 의미를 탐험할 필요가 있다.

이제는 절정 경험의 관점에서 빅뱅을 다시 조사해 보자. 29장에서 우리는 대부분의 천체물리학자들이 우주는 빅뱅으로 시작되었다고 믿는다고 배웠다. 그러한 빅뱅은 대략 지구 정도의 크기였던 응축된 우주의 거대한 질량의 공간적 굴곡이며, 각 행성은 서로에게서 더 거리를 멀어지게 하는 속도로 움직이는 별과 행성으로 구성된 현재의 확장하는 우주로 폭발하고 펼쳐졌다.

[그림 31-2] 토착민 그림의 접근[3)]

빅뱅 이론에 따르면, 물질은 응축되고, 거대해지고, 식고 그리고 폭발한다. 세상의 창조에 대한 원시적인 생각은 전적으로 모두 다르지 않다. 많은 사람들은 태초에 모든 것을 방출하는 일종의 지구 창조자들이 있었다고 생각한다.

또한 이슬람교, 유대교, 기독교의 전통들도 창조자인 신에 의해 인격화된, 최상의, 유일한 행위, 즉 단 한 번의 창조 행동의 개념으로 우주의 기원을 보고 있다. 우리는 18장에서, 우주 마음과 같은 무엇인가가 스스로에게의 반영을 통해 우주를 창조했음을 믿는다고 보았다. 브라만, 시바, 반고, 넌, 그리스도 그리고 보탄의 형태에서, 이러한 스스로에게 반영하는 존재와 우주는 자기 자신의 반영으로서의 존재가 되었다. 이러한 이론에서 호기심은 창조자를 자극하는 힘이다. 다시 말해, 스스로에게 질문하고, 궁금해 하고, 삶을 탐구하고, 자기 반영은 삶에 대한 새롭고 창조적인 해결책을 제공한다.

이제 어떻게 꿈꾸는 시간과 그 반영(신호교환이나 호기심에 기인하는)이 물리학에 나타나는지 살펴보자. 당신은 양자물리학의 수학을 기억할 것이다. 허수는 파동방정식과, 허수와 그 허수의 반영의 곱하기로 일상적 실재에 대한 실수, 측정 가능한 숫자를 결과로 생성하는 켤레화에 사용되었다. 26장의 상대성 이론에서, 우리는 또한 허수가 시공간의 계산에 중요한 역할을 수행한다는 것을 보았다. 좀 더 구체적으로 시간 요소는 상대성에서 허수다. 이 요소는 '*ict*'로, c는 빛의 속도, t는 시간이다.[4)]

당신은 주석 4에서, 만약 시간 요소가 공간 요소보다 작다면, 보통 물리학자들이 이러한 허수의 요소를 다루지 않아도 된다는 것을 알 수 있었다. 이러한 수학적인 특수 용어의 의미는 짧은 시간 동안에 공간에서의 큰 움직임이 있는 사건에 대해, 시공간의 숫자는 실수이고, 허수는 계산에 나타나지 않는다는 것을 의미한다. 공간에서 그런 큰 움직임은 상대성이 적용되는 일반적인 영역이다.

스티븐 호킹은 상대성 이론을, 우주는 크게 응축되어 있기 때문에 공간적 움직임을 많이 하지 않는 상황인, 우주의 기원에 적용하기로 결정했다. 이러한 상황에서 시공간은 가득 차 있고 응축되고 붕괴된 우주의 조건 때문에, 가상적인 것으로 판명되었다. 호킹은 허수와, 우주의 시작과 같은 상황에서 일어나는, 결과적인 가상 시간

과 차원을 다루기로 결정했다. 그는 매우 추측적이지만 흥미로운 이론을 얻었다.[5)]

호킹은 당신이 주석 4에서 볼 수 있는 것과 같은 아인슈타인의 상대성 이론에서 온 계산으로부터, 시공간은 포함된 공간적인 거리가 시간적인 거리보다 덜 중요할 때 가상이 된다는 것을 보았다. 우리는 우주의 시작에서 이런 상황을 발견할 수도 있고, 또한 일상생활에서 이런 상황을 상상할 수도 있다. 예를 들어, 만일 우리가 오후 1시의 뉴욕과 오후 1시 8분의 런던이라는 시공간의 분리를 고려한다면, 시공간에 대한 계산은 실수(實數)가 된다. 여기서 시공간 중의 약 5천 마일이라는 공간적 차원은 7분이라는 시간적 차원보다 더 중요하다. 그러나 만일 오후 1시의 뉴욕과 1분 후인 오후 1시 1분의 뉴욕 사이의 시공간의 분리를 계산한다면, 공간적 차원은 제로이고 시간적 차원은 1분이 되며, 그리고 시공간은 가상적인 것이 된다.[6)]

물리학자에게 이러한 가상적 결과는 우리가 공간이 아닌 시간을 여행하는 것을 의미하며, 공간 요소는 실제가 아니고 중요하지도 않다. 호킹은 우주의 시작에서 일어날 수 있었던 것을 이해하기 위해 시공간에 대한 그러한 고찰을 하였다. 그는 민코프스키(Minkowski)와 아인슈타인의 시공간 이론에서 시간 요소(ict)가 앞에 허수를 가지고 있다는 것을 고려했다. 우주의 시작에서, 우주는 너무 응축되어 있기 때문에 포함된 공간이 그렇게 크지 않았다. 따라서 호킹은 시공간이 주로 시간이었기 때문에 시공간은 본질적으로 가상이라고 보았다.

그때 호킹은 갑작스런 영감이 떠올랐다. 그는 바로 그 창조의 짧은 순간에서 시간 간격을 왜 가상으로 하지 않았을까라고 생각했다. 무엇보다도, 시간이 너무 짧기 때문에 아무도 이러한 간격을 측정할 수 없을 것이다. 그는 우주 시작의 아주 짧은 순간과 관련된 시간 요소는 매우 작다고 생각했다. 사실, 창조의 시간은 10^{-43}초 정도다. 만약 아무도 이렇게 짧은 시간을 측정할 수 없다면, 왜 오늘날 우리가 알고 있는 대로, 시간을 어떠한 의미이든, '가상의 시간' 으로 바꾸지 않는가. 그는 그 의미에 대해 깊이 생각하지 않았다. 그는 단지 시간을 가상이라고 하자고만 말했다. 따라서 만일 시간이 가상이라면, 시간 요소 $-ict$는 이제 $+ct$가 된다.[7)]

당신은 호킹의 의견을 따를 수 있는가? 최초의 창조를 위한 짧은 시간은 추측에 의한 가상 시간으로, 실제 시간을 대치함으로써 시공간은 실수(實數)로 나타나게 된다! 호킹은 바로 그 최초의 창조를 위한 짧은 시간의 시간 간격이 허수라고 가정했다. 왜냐하면 아무도 그 시간을 측정할 수 없고, 그래서 시공간은, 허수가 제곱이 되어 더 이상 방정식에 나타나지 않아서 실재가 되었기 때문이다. 일단 시공간이 실재가 되면, 우주의 시작도 실재가 된다. 이것이 가상의 시간에 대한 호킹 이론의 본질이다.

호킹은 아무도 이러한 시간을 측정할 수 없다면, 물리학에 관한 한 역시 가상일 수도 있다고 생각했다. 아무도 그것이 가상이 아니라는 것을 증명할 수는 없다. 따라서 우리는 실제 우주가 시작되도록 허용하는 가상 시간의 개념을 사용할 수 있다.

호킹의 가정은 내게 양자 신호교환에 대한 이전의 논의를 기억나게 하는데, 거기서 우리는 비일상적 실재인 NCR 신호교환으로서 관찰 수학에서 허수를 해석했었다. 양자 신호교환 관찰의 기원을 말하는 것은 우리에게 관찰에 대한 비일상적 실재인 NCR 경험적 근거를 준다. 양자 움직임 또는 반영된 신호는 CR을 결합하고 생성한다. 우주의 시작에서 최초의 창조를 위한 짧은 순간에 존재하는 가상 시간에 대한 호킹의 가정도 이것과 유사하다. 그는 가상의 시간이 우주가 스스로를 창조하는 최초의 행위 전에 발생했다고 가정하였다.

많은 물리학자들은 호킹 이론을 이해하고 증명함에 있어서 중요한 문제를 발견하였다. 그러나 심리학적으로, 우리는 우주의 시작에 발생한 일에 대한 호킹의 설명이 일상적 실재의 창조에 대한 나의 설명과 유사하다고 말할 수 있다. 허수와 허수에 관련된 비일상적 실재인 NCR 경험은 우주의 실재 창조에 대한 기본이다.

우주의 시작에서 가상의 시간은 허수를 사용하고 비일상적 실재인 NCR 경험을 다룬다. 비일상적 실재인 NCR이나 꿈꾸는 시간의 관점으로부터, 공간적 차원이 시간적 차원보다 덜 중요할 때, 우리는 시간 여행을 한다. 이러한 경우 시공간에 대한 계산에서 발생하는 허수는, 비록 비일상적이라 하더라도 여전히 우리에게 가능한, 시간 여행과 같은 비일상적 실재인 NCR 경험에 대한 패턴이다. 무엇보다도 모든 사람들은 '시간이 날아간다' 또는 '시간을 끌고 있다' 와 같은 느낌을 알고 있다. 시간 여행은, 선형상의 시간 밖으로 나와서, 사물의 흐름에서 존재하는 꿈꾸기와 같은 것이다.[8)]

다시 말해, 진화에 대한 호킹의 관점은 다음과 같은 우리의 현재 논의의 개념으로 이해할 수 있다. 우주는 꿈꾸기, 가상의 시간, 스스로에게 반영하는 우주로 시작되었다.[9] 그 우주는 호기심을 끌게 되고, 따라서 자기 반영적이 되는 비일상적 실재인 NCR 과정을 가지고 있다. 그것이 실제 세계가 생기게 되는 방법이다. 호주 원주민에 따르면, 위대한 신들이 꿈꿀 때, 꿈꾸기가 결례가 될 때, 우주가 존재하게 되었다고 한다. 꿈꾸는 시간은 모든 것을 앞서 간다. 꿈꾸는 시간에서, 우주는 그 자체를 반영하는 것으로 생각될 수 있고, 이러한 자기 반영은 빅뱅과 같은 무엇인가에서 실제 우주를 창조했다.

물리학자에게, 우주의 시작에서 시공간에 대해 우리가 발견한 가상의 결과는, 단지 우리는 공간이 아니라 시간 여행을 했다는 것을 의미하며, 그러므로 시공간이라는 요소는 실재도 아니며 중요하지도 않다. 그러나 만일 우리가 호킹과 함께 시간이 가상이라는 것을 고려한다면, 우리는 꿈꾸는 시간이 우주를 창조했다는 것을 생각해 볼 수 있다.

나의 요점은 물리학을 증명하거나 반증하려는 것이 아니라, 우리가 물리학에서 발견한 것이 무엇이든 그것이 영구적인 철학과 종교의 부분이었다는 것을 보여 주는 것이다. 요약하면, 우주의 시작에서 어떠한 신화적인 형태이든 비일상적 실재인 NCR 우주 마음의 몇몇 형태는 우주를 반영하고 생성했다. 최초의 비일상적인 반영의 행위는 실제의 물리적 세계를 창조했다. 자기 반영 전에, 비시간적이며 비공간적인 무엇에는 그저 허수, 그저 꿈꾸기만이 있었을 뿐이다. 호기심과 자기 반영이 꿈꾸기로부터 실재를 만들었다.

❖ 심리적 절정 경험

당신이 이전의 몇 단락의 기술적인 설명에 동의하든 하지 않든, 당신은 개인적인 경험에서 꿈꾸기와 호기심이 창조의 순간을 선행(先行)한다는 것을 알고 있다. 당신은 몇 달 혹은 몇 년 동안 인생에 대한 기본적인 질문을 깊이 생각할 수 있다. 그때 갑자기 일종의 빅뱅, 절정 경험, 모든 삶을 조직하거나 재조직하는 것처럼 보이는 거대한 폭발이 발생한다. 이러한 빅뱅이 일어나는 동안, 그 세계는 붕괴하는 것처럼 보인다. 당신은 임사경험이나 놀라운 경험을 할 수 있으며, 그리고 갑자기 모든 것에 대한 의미와 핵심을 볼 수 있다.

❖ 개인적인 실험: 빅뱅

당신이 빅뱅의 개인적 NCR 경험을 원한다면, 다음과 같은 내면 작업의 실습을 해 볼 수도 있다.

1. **절정 경험 또는 가장 놀라운 경험을 회상하라.** 당신은 결코 가져 보지 못했다고 생각할 수도 있지만, 그러나 당신의 인생을 거슬러 올라가서, 정말로 크고 궁극적으로 최고조인 몇 가지 경험을 생각하면서, 아주 멋지거나 형편없이 나쁜 경험으로 생각해 볼 수 있다.

   그런 경험의 예를 하나 선택하라. 언제 어디서 발생했는가? 몇 살이었는가? 누가 있었는가? 무엇과 같은가? 당신은 이러한 절정 경험 동안이나 직전에 어떠한 방식으로 꿈꾸었는가? 얼마나 오래 지속되었나? 그러한 경험 후에 실재에서 어떤 사건이 펼쳐졌는가?

   그 경험에서 시간은 어떠했는가? 스스로 이 가상 시간을 묘사해 보라. 실제 공간에서의 여행이 당신의 경험에서 어떠한 특별한 역할을 했는가? 그 절정 경험 이후 언제 어떻게 일상적 실재인 CR로 다시 들어갔는가? 그 세계는 더 강렬하여 응축되었거나 붕괴되었는가?

2. **자신에게 실험해 보고 당신의 마음과 몸이 당신이 그 절정 경험을 다시 느낄 수**

있게 하는지 알아보아라. 당신은 이 절정 경험의 감정을 기억할 수 있는가?

할 수 있다면, 자신의 손과 발로, 움직임 속에서의 그 경험에 대한 감정을 표현하는 실험을 해라. 그것이 아무리 작은 움직임의 표현이라도, 어떠한 움직임의 표현으로 나타내어라. 완벽한 멈춤도 움직임이 될 수 있지만, 어떠한 방식으로라도 움직이려고 시도해 보아라.

3. **절정 경험이 당신의 삶에서 형성되었던 방식이나 지금 형성되고 있는 방식으로 생각하라.**

당신의 삶에서 어떻게 그것이 중심이 되어 왔는가? 만일 그렇다면, 어떻게 그것이 당신의 일상적인 일과 관련이 되어 왔는가? 이러한 절정 경험이 어떻게든 당신의 관계에 영향을 주었는가? 이 절정 경험은 당신의 관계에 어느 정도 영향을 주는가? 절정 경험 전에 그것이 어떤 방식으로 삶의 기간을 형성했는가?

그것이 당신의 미래를 형성할 수도 있을 것이라고 당신은 어떻게 추측하는가? 당신은 여전히 그러한 절정 경험을 찾고 있는가? 미래를 형성하는 아이디어를 즐겨라. 이러한 절정 경험에 기초하여, 당신이 무엇을 할 수 있을지를 추측하거나 결정해라.

4. **이 절정 경험은 오늘날의 신체 경험이나 신체 문제에 대한 두려움과 어떠한 방식으로 연관되어 있는가?**

이 절정 경험은 어떠한 방식으로 당신의 신체 문제와 연관이 있는가? 당신의 신체 문제 중 하나를 선택해라. 그렇더라도, 당신의 절정 경험이 어떻게 그 문제에 어떻게 영향을 주는가?

❖ 실험 후

나는 물리학과 심리학 강의를 듣는 학생들과 이 실험을 수행해 왔다. 실험 뒤에는 실험에 대해 논의하였다. 다음은 여러 해 동안 학생들이 말해 주었던 절정 경험의 목록이다.

유년기의 경험. 많은 사람들, 특히 창조적인 예술가들은 자신들의 평생의 작업을 '빅뱅' 과 연관시킨다. 절정 경험은 종종 유년기의 경험과, 정신적 외상으로부터의 반짝임과 연관이 있다. 이러한 것이 현상의 블랙홀과 같은 형태다.

소명(召命). 많은 절정 경험은 삶에서의 과업이라고 정의하는 소명으로서 느껴진다.

임사체험. 당신이 죽음이 가깝다고 느끼는 것, 몸에서 벗어남, 껍질 안에서 삶의 전체를 보는 것, 빛, 사랑, 분리를 알아차리는 것들이 절정 경험이라고 여겨진다. 때로는 유체이탈 경험이 명상 중에 발생한다. 그때 당신은 '자신' 밖에서 당신의 '실제' 몸을 보게 된다.

신(神), 즉 영적 경험. 신이 당신에게 이야기한다고 생각하거나, 느끼거나, 꿈꾸는 것은 일반적인 절정 경험이다.

사랑. 몇몇 사람들은 그들의 인생에서 가장 큰 경험이 하늘에 떠다니는 것과 같이 느끼는, 사랑에 빠지는 것이라고 말한다.

깨달음(satori). 삶의 본성에 대한 순간적인 통찰인 '깨달음(satori)' 에 이르는 깨달음의 순간이 종종 절정 경험과 연관이 있다. 나의 학생 하나는 "나는 인도의 스승 밑에서 깨달음을 얻었다. 나는 '진정한 알아차림(Shaktipat)' 을 가졌다."라고 절정 경험을 표현했다.

통합 경험. 지구 및 별들과 하나가 되는 것이다. 어떤 경험은 우리를 돌, 동물, 우주와 하나가 되는 느낌과 연결해 준다. 많은 경험은 모든 사물이 함께 잘 어울리거나, 서로 균형을 이루며 통합을 창조하는 감각을 갖도록 해 준다.

창조성. 예술적이거나 지적인 활동을 할 때, 아주 창조적으로 되는 것은 절정 경험이 될 수 있다.

살인 또는 인명구조. 누군가를 구조하거나, 싸움이나 전쟁에서 누군가를 죽이는 것은 주된 경험이 될 수 있다. 학생 한 명이 말하기를 "나는 두 사람이 죽은 차 안에서 한때 일했었다. 그것은 끔찍했지만, 그러나 이상하게도, 그것은 또한 내 삶에서 가장 놀라운 사건이었다."

정신병적 경험. 한 학생은 다음과 같이 말했다. "언젠가 내가 거의 미쳐 가고, 어떤 목소리가 나를 괴롭히던 때를 되돌아 생각해 보면, 내가 꿈을 꾸고 있는 것인지 깨어 있는 것인지 구별할 수 없었다."

우리의 논의에서, 우리는 정신병적인 경험과 유사-정신병적 경험이 실재와 상상 사이의 갈등을 보여 주는 매우 일반적인 절정 경험이라는 것을 발견해 왔다. 대부분의 절정 경험은 적어도 실재와, 다른 세계도 똑같이 중요하다는 느낌을 결합하는 감각 측면에서는 약간 미친 것처럼 보였다. 이것은 가상의 세계가 실재가 되고, 꿈꾸기가 일상의 의식에서 나타나는 그 순간을 나타내는 빅뱅과 같은 것이다.

❖ 결론

절정 경험은 우리를 삶의 중심적인 것으로 알아차리도록 하는 반짝임이다. 절정 경험은 의식의 극단적이고 꿈과 같은 변형상태에서 나타나며, 그리고 우리를 인생의 의미나 기원, 우주의 모든 것에 연결시켜 준다. 이러한 경험은 깊은 비일상적 실재인 NCR 탐색과 인생 자체에 대한 호기심으로부터 나타난다.

절정 경험은 그 경험이 약간 식을 때, 우리의 일상생활에서의 관점에서 앞으로 수년 동안 펼쳐진다는 느낌에서 빅뱅과 심리적으로 비슷하다. 그들의 의미는 즉시 나타나지 않지만, 시간에서는 존재하고 있다.

빅뱅이 발생하기 전에, 당신은 블랙홀 안에 있을 수 있다. 당신의 삶에서 빛은 나오지 않고 있다. 당신은 고립되고, 지루하고, 붕괴되었다고 느낄 수 있다. 그러나 그때 빅뱅이 일어난다. 빅뱅은 당신이 어떤 나이, 10, 30, 40 또는 80세에서도 올 수 있다. 절정 경험은 꿈꾸는 시간, 가상의 시간과 함께 이 세계에서 다른 세상의 반영을 다룬다. 단지 그러한 빅뱅 이후에만 실제 세계가 돌아올 수 있다.

빅뱅이 우주를 형성하는 것과 같이, 절정 경험은 경험이 발생하기 이전과 이후, 오늘까지도 당신 삶의 많은 것을 형성한다. 이것을 확인하기 위해, 만약 당신의 절정 경험이 당신에게 다음 질문에 대한 대답의 힌트를 줄 수 있는지, 스스로 물어라. "당신이 이 행성에서 정말로 원하는 것은 무엇인가?" "여기에 왜 왔는가?" 이러한 질문에 대한 가장 만족스러운 대답은 이들 절정 경험의 관점으로 형성될지도 모른다.

물리학, 천문학, 신학은 다른 방식으로 삶과 우주에 관한 큰 질문에 대답을 하지만, 그 질문은 다 똑같다. "삶은 무엇인가?" 또 되풀이해서 다시 자신에게 물어볼지도 모른다. "나는 무엇을 하고 있으며 그것을 왜 하는가?" "무엇이 나를 이것으로 이끄는가?" "나는 어디서 왔는가?" "우리 모두는 어디로 가는가?"

물리학에서 이러한 질문에 대한 대답은, 당신이 여행하는 시공간의 '세계선(世界線)' 이다. 세계선은 당신의 삶의 길 또는 경로다. 당신은 일반적으로 신화, 학대, 유산, 화학 또는 세계의 역사 관점에서 사물을 설명하기 위해, 오늘과 내일만 생각한다. 그러나 더 크게 본다면, 당신이 빅뱅에 의해 창조된, 세계선의 한 부분이라는 것을 알 수 있다.

내가 절정 경험이라고 부르는 것을, 초자연치료사들은 기도와 영계와의 교류의식의 결과라고 불렀다. 모든 토착문화의 기본적인 부분은 그런 경험을 추구하고, 영계와의 교류의식을 계속하여 초자연치료사의 도움으로, 그 탐구에 대한 의미를 드러내었다. 이렇게 해서, 사람들은 자신과 공동체의 삶에 새로운 방향을 주기 위해 절정 경험에 함축된 통로에 도달하려고 항상 시도해 왔다.

당신의 절정 경험은 당신이 도(道)를 지향하는 방법과 유사하게 이해될 수 있다. 즉, 도는 삶에 의해 밀고 당겨지는 느낌 대신에, "삶과 함께한다."고 느끼는 방법이다. 절정 경험은 당신의 일상 세계의 구부러져 있는 본질의 중심인 '핵심' 경험이다. 절정 경험은 당신이 잊었을 수도 있는 삶의 의미에서, 예기치 않는 사건 속에서 나타난다.

이러한 절정 경험과 영계와의 교류의식은 당신에게 개인적인 삶에 대한 것뿐만 아니라 우주의 시작에 대한 힌트를 준다. 일반상대성 이론과 잘 일치하는 심리학의 일반 이론은, 물질적 형태가 어디에서 시작하며 우리 모두가 어디로 가는가에 대한 이론이다. 나의 이론은, 우주는 꿈꾸기에 대한 꿈꾸기와 호기심으로 시작되었다는 것이다. 자기 반영은 순간적인 폭발로 깨어나는 절정 경험으로 이끌어 준다.

우주가 비일상적 실재인 NCR 과정에서 자신에게 반영했을 때, 우주는 자신을 발견했다. 그것은 마치 우리가 각자의 절정 경험을 통해 자신의 본질적 측면을 발견하는 것과 같다. 우리가 일상적 실재인 CR에서 붕괴라고 인지하는 것이 비일상적 실재인 NCR에서는 우주가 자신을 새롭게 중심화하고, 자기 반영하는 방법일 수도 있다.

아마도 우주는 압축되고 붕괴하여, 자신의 믿을 수 없는 광대함과 다양함의 의미에 대해 의심하고 의아해 하면서, 공으로 응축했을 것이다. 자신의 본성에 대한 자기 반영은, 우리가 오늘날 발견한 것, 자기 호기심의 수학, 자기 반영의 수학을 드러내었다.

우리 자신, 친구, 도시, 태양계, 하늘의 별 주위의 모든 물질적 형태가 자기 반영과 빅뱅으로부터 기원하는 세계선을 여행한 후 여기 도착했기 때문에, 모든 것은 이론적으로 우주의 진짜 본성에 대해 의아해하면서 우리와 함께 참여하고 있다. 우리 모두는 우리 모두의 통합을 발견하기 위해 함께 길 위에 있다.

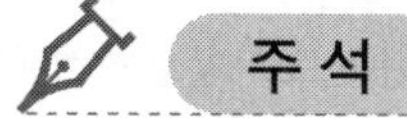

주석

1) 로손(Rawson)과 레게자(Legeza)의 『도(道)』(1979)의 그림 56, 57을 보라. 거기에는 용선이 이용 가능한 에너지, 구름 속의 소용돌이로 나타난다.
2) 예를 들면, 피터 서튼(Peter Sutton)의 『꿈꾸기: 호주 원주민의 예술(*Dreamings: The Art of Aboriginal Australia*)』(1988)의 125쪽, 'Witchedy Grub Dreamings' 을 보라.
3) 서튼의 『꿈꾸기』 중 그림 150에서.
4) 26장에서, 우리는 4차원적 우주에서 측정한 거리인, 시공간의 분리에 대해 상세히 논의했다. 4차원적 우주는 시공간의 일반적 4차원에서 다음과 같이 나타낼 수 있다.

$$s^2 = x_1^2 + x_2^2 + x_3^2 + x_4^2$$

또는 공간좌표 x, y와 z, 시간좌표 t를 사용하여 다음과 같이 나타낼 수 있다.

$$s^2 = x^2 + y^2 + z^2 + (-ict)^2$$

우리가 잠시 동안, x축으로만의 움직임을 생각한다면, 위의 식을 단순화할 수 있다. 그러면 y와 z 차원은 더 이상 방정식에 나타나지 않고 단순화하며, 시공간 분리는 다음과 같이 된다.

$$s^2 = x_1^2 + x_4^2$$

그러나 4차원은 ict이기 때문에, 최종적으로 시공간 분리에 대한 단순화된 방정식을 얻을 수 있는데 다음과 같다.

$$s^2 = x^2 - (ct)^2$$

다시 말해, 시공간에서 허수의 효과는, 시간 차원이 그 수 앞에 음(-)의 부호를 가진다는 것을 의미한다. 더욱이 때때로 시공간의 분리 자체는 가상이 된다. 우리가 위의 식에서 x와 ct에 실제값을 넣으면, 즉 x에 1을, ct에 2를 넣으면 다음을 얻을 수 있게 된다.

$$s = \sqrt{(1-4)} = i\sqrt{3}$$

음수의 제곱근은 허수이기 때문이다. 만일 $x=2$, $ct=1$처럼, x가 ct보다 크다면, 당신은 4-1=3의 제곱근이라는 실수를 얻게 되며, 그리고 3의 제곱근은 약 1.4인 실수다.
5) 호킹의 이론은 물리학자 폴 데이비스(Paul Davies)의 『시간에 대해, 아인슈타인의 끝나지 않은 혁명

(*About time, Einstein's Unfinished Revolution*)』(1995), 190~192쪽에서 놀랄 만하게 간단한 용어로 표현되었다.

6) 만일 우리가 1분이라는 시간 차원과 0의 공간차이를 다룬다면, $s^2=x^2-(ct)^2$, $x=0$이고, s는 음수의 제곱근이며 허수가 된다.

7) 우리가 시간 t에 대해 가상의 시간 요소로 바꾼다면, $-ict$는 $ic\times it$가 된다. 그리고 그것은 $i\times i=-1$이기 때문에, $+ct$가 된다.

8) 당신은 이미 4장에서 비선형적 시간에 대해 알아보았다. 거기서 나는 『역경(易經)』에서 "앞으로 가는 것을 헤아리는 것은 뒤로 가는 것이다."라는 오래된 구절을 인용하였다. 이러한 구절은, NCR에서 당신이 실재의 자의식적 뿌리로부터 물러나고 있다는 것을 알아차리는 동안, 한편으로 일상적 실재인 CR 시간, 늙어 감, 사물이 표현되는 것의 관찰, 자의식적 씨앗으로부터의 펼침에서 앞으로 향하는 비일상적 실재인 NCR 경험을 의미한다.

전체의 관점에서 보면 시간은 그렇게 필요한 개념이 아니다. 왜냐하면 이것은 주어진 뿌리로부터 펼쳐지는 NCR 사건에 대한 감각에서 상대적이 아니기 때문이다. CR 용어에서는 상상의 시간에 대한 경험은 신형적인 시간에서 벗어나는 것이며, 환상적이 되거나, 상상하고, 꿈꾸고, 시간으로부터 앞으로 또는 뒤로 가는 것이다.

9) 나는 여기에서 자기 반영이라는 용어를 사용하여 주석 4의 수학적인 개념을 표현했다. 가상의 시간(it)을 t의 위치에 두고, 우주의 시작을 계산하면 다음과 같으며,

$$s=\sqrt{-(ct)^2}=\sqrt{-(cit)(cit)}=\sqrt{(-ct)(+ict)}=ct$$

여기에서 시간 용어인 $-ict$와 $+ict$는 우주의 시작에서 효과적으로 제곱근이 되거나 자기 반영이 되었다.

제32장
에너지 탐색

태초에 신이 하늘과 땅을 창조하셨다.

–창세기 1:1–

그러나 그곳에서 창조를 본 사람은 아무도 없다.

–물리학자 스티븐 와인버그(Steven Weinberg)의
『최초의 3분(*The First Three Minutes*)』에서, 창조의 시작에 대한 언급–

나는 4, 5살 무렵 처음으로 종교를 접하면서 신에 대해 궁금해했다. 나는 유대교 회당이나 교회에 대해 잘 몰랐다. 내 부모님은 나를 유대교 회당으로 데리고 가셨고, 나는 모든 사람들이 일어서서, 앞뒤로 몸을 움직이면서 기도하는 것을 보았다. 내가 어머니께 "저 사람들은 무엇을 하고 있나요?" 라고 물었을 때, 어머니는 "그들은 기도하고 있는 것이다." 라고 대답하셨다. 내가 다시 "모든 사람들이 기도를 드리고 있나요?" 하고 묻자, 어머니는 "가서 확인해 보자." 라고 대답하셨다.

그래서 우리는 이웃에 있는 교회로 갔고 거기 있는 사람들이 같은 일, 즉 기도를 하고 있었다. 내가 다시 "왜 사람들은 기도를 드리나요?" 라고 물었을 때, 어머니는 "우리 모두는 확실하지 않아서, 신과 더 많은 교류가 필요하다." 라고 말씀하셨다. 나는 사람들이 신에게 기도하기 위해 왜 그렇게 큰 집에 가야만 하는지 이해할 수 없었다. 나는 신이 어디에나 있다고 생각했다.

내가 자라면서, 나는 인간의 불확정성과 신의 탐색에 관한 이러한 문제들을 잊어버렸지만, 무의식적으로 계속해서 이것을 탐색했던 것 같다. 왜냐하면 나에게는 신이 어디에나 존재한다는 것을 찾는다는 것이 항상 중요했기 때문이었다. 그 후에 내가 신과 여신에 관해 더 많은 것들을 알기 위해 물리학에 흥미를 가지게 되었을 때, 나는 그들을 자연이라고 불렀다.

상대성에 관한 마지막 장에서, 우리는 신의 본성에 관한 생각과, 물리학이 에너지라고 부르는 것 안에 신들이 어떻게 숨겨져 있는지 숙고해 볼 것이다. 나의 희망은 에너지에 관해 더 많은 것을 발견함으로써, 불확정성을 줄이고 무한성과 더 많이 교류하게 되는 것이다.

❖ 물리학자와 초자연치료사

상대성 이론의 중심 관점은 공간, 시간, 중력과 같은, 일상적인 개념의 중요성을 축소하고, 그것들의 일부를 우리가 우주라고 부르는 영역인, 4차원적 시공간으로 대체하는 것이다. 시공간은 세계에서 우리의 보통 경험을 꿈꾸기와 결합하고, 그런 면에서 시공간은 새로운 차원이다. 그것은 모든 인간의 경험에서 공통 요소와, 모든 물질적 형태에 의해 공유되는 공통적 기반의 원형(原型)이다. 원주민들은 물리학이 시공간이라고 부르는 것을 펼쳐지는 우주의 신성하고 모든 곳에 존재하는 힘 '어머니 지구'로 경험한다.

오늘날 물리학자들은 상대성을 양자역학과 통합하기 위해, 4차원에서 5차원, 또는 10차원까지도 증가시키려고 노력함으로써 아인슈타인의 상대성 이론을 개선하고 있다.[1)] 시간과 공간에 대한 오래된 개념은 예전보다 더 멀리 떨어져 있다. 멀지 않은 미래에, 물리학은 모든 물질적이고 영적인 형태들이 시공간에 대한 현재의 개념과는 다르게, 초공간에서 상호 연결된다는 점에서 심리학에 동의할 것이다.

공간과 시간이 과학적 세계관에서 덜 중요해짐에 따라, 생명이 없고 정신이 없는 물질에 대한 오래된 개념들도 역시 사라지고 있다. 영혼이 없는 물질에 대한 르네상스의 개념은 물질의 양자 개념으로 대체되고 있다. 고정되고 독립적인 '사물들' 의 묶음 대신에, 오늘날 우리는 물질을 서로 얽혀 분리할 수 없는 원소(element)들의 활발한 활동으로 본다. 물질의 보이지 않는 입자는 관찰에 의해 일상적 실재를 창조하는 에너지 장(場)으로 대체된다. 물질, 에너지, 우주를 이해하려는 우리의 시도에서, 마치 우리가 신성한 기하학과, 무(無)에서 질서와 숫자를 창조하는, 보이지는 않지만 자각하는 신의 힘으로 돌아가는 것처럼 보인다.

신성한 기하학의 정신과 물리학 영역 사이의 큰 차이 중 하나는 신성한 기하학이 실험이 아니라 경험에 의해 스스로를 확인한다는 것이다. 신성한 기하학 영역과 다차원적 우주와 현대 물리학 에너지의 또 다른 차이는 관찰자의 초점이다. 초자연치료사가 실재를 인지하기 위해 2차적 주의집중을 사용하는 반면에, 물리학자들은 비일상적 실재인 NCR 사건에 참가하기를 피하고, 일상적 실재인 CR에만 초점을 맞춘다.

물리학자들처럼, 오늘날의 보통 사람들은 아직 2차적 주의집중을 사용할 준비가 되어 있지 않다. 2차적 주의집중을 따르는 것은 일상적 실재인 CR의 세속적인 측면으로부터 당신의 해방감을 증가시켜 주는 것이 사실일 수도 있지만, 당신은 질병, 우울증 또는 임사체험에 의해 강요될 때까지, 대체로 비일상적 실재인 NCR 사건에는 초점을 두지 않는다. 알아차림의 위기는 삶의 에너지가 더 이상 당신에게 있지 않을 때 발생한다. 당신의 에너지가 더 이상 자신의 통제하에 있지 않을 때, 당신은 시간, 공간의 개념과 일상생활이 더 이상 유용하지 않으며, 당신은 시공간과 같은 상상의 공간으로 들어가서 당신의 이성적 마음 대신에 2차적 주의집중을 사용하면서 여행해야만 한다는 것을 깨닫게 된다.

❖ 에너지

생존과 비이성적인 공간을 가로지르는 것과 에너지에 대해 더 잘 이해하기 위해, 물리학자의 영역과 초자연치료사의 영역을 연결하는 에너지의 개념에 관해 생각해 보자. 에너지는 비일상적 실재인 NCR과 일상적 실재인 CR 영역 모두에서 잠재적인 행동, 활력, 생기, 활동, 영향력을 의미한다. 심리학에서 에너지가 경험의 활력과 잠재적 능력을 나타내는 반면에, 물리학에서의 에너지는 좀 더 현실적이다.

우선, 물리학에서 에너지는 기계적 혹은 전기적 힘으로 이해될 수 있다. 물리학은 에너지를 일(work)의 관점에서 정의한다. '에너지' 라는 용어는 '일' 이라는 그리스어(語)의 'ergos' 단어와 연관이 있다. 에너지는 비록 눈으로 볼 수 없지만, 일을 할 수 있는 능력으로 나타난다. 따라서 에너지는 일을 하는 능력으로 정의되며, 일은 입자가 일정한 거리를 움직이는 데 필요한 힘의 양으로 측정한다. 에너지를 측정하기 위해 당신은 일을 측정한다. 일은 에너지의 한 형태다.

$$\text{에너지} = \text{일} = \text{힘} \times \text{거리} = F \times D$$

[그림 32-1]의 여인을 보라. 그녀가 도르래를 이용하여 추(錘)를 끌어올리기 위해 힘을 사용하고 있고, 움직인 일정한 거리는 측정 자로 측정할 수 있다. 그녀가 힘 F로, 땅에서 거리인 D까지 추를 올리고 있는 것이다.

그녀가 사용한 에너지의 양을 계산하기 위해, 당신은 그녀가 그 일에 얼마나 많은 힘을 사용했는지 알아야 한다. 일의 양은 그녀가 추 W를 거리 D만큼 들어 올리는

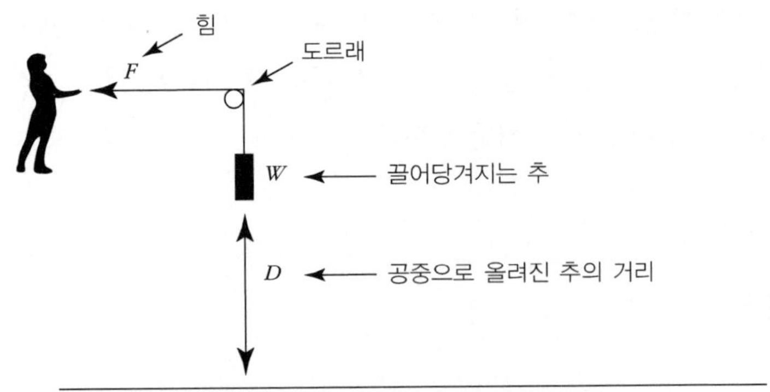

[그림 32-1] 여인이 힘을 사용하여 추를 도르래 위로 들어 올린다

데 사용한 힘이다. 따라서 에너지에 대한 정의에 따르면 다음과 같다.

$$에너지 = 일 = 힘 \times 거리$$

이제 추 W는 지면으로부터 거리 D에 있다. 그것은 얼마만큼의 에너지를 가지고 있는가? 우선, 우리는 에너지를 운동에너지와 위치에너지 두 종류로 나누어 생각할 수 있다. 위치에너지는 말 그대로의 의미로서, 저장되어 있는 것이다. 사용되고 있지 않고 숨겨져 있다. 위치에너지는 중력, 전기, 핵과 화학적 능력의 결과로 저장된 에너지를 포함한다. 운동에너지는 움직임의 에너지로, 동적(動的)이며 움직임 때문에 발생한다.

먼저 위치에너지에 대해 연구해 보자. 추는 들어 올려짐으로써 위치에너지를 얻는다. 만약 여인이 추를 가지고 들어 올렸다면, 위치에너지의 양은 그녀가 한 일을 통해 얼마나 많은 에너지를 추에 투입했느냐에 달려 있다. 다시 말해, 추는 그녀가 투입한 에너지의 양만큼 위치에너지를 얻게 되었다. 위치에너지는 또한 그 추를 떨어뜨릴 때, 얼마나 많은 일을 할 수 있는가의 방법으로도 측정될 수 있다. 만약 그 여인이 $W = F \times D$만큼을 투입하고, 위치에너지가 일의 양과 동등하다면, 추의 위치에너지는 다음과 같다.

$$E = F \times D$$

나는 비록 추가 아무 일도 하지 않는다고 하더라도, 그 에너지를 위치에너지라고 부른다. 왜냐하면 그 추는 일을 해야 할 때는 일을 할 수 있기 때문이다. 그 추는 땅보다 높은 위치 때문에 일을 할 수가 있다. 추가 땅 위에서 더 높이 올라갈수록, 그것의 위치에너지는 더 커질 것이다.

❖ 위치에너지와 서열

땅보다 높은 위치에 있는 추는 땅에 있는 같은 추보다 더 큰 위치에너지를 갖는다. 땅보다 높은 위치에 있는 추는 일을 할 수 있는 더 큰 능력을 갖는다. 예를 들면, 만일 우리가 추를 도르래와 연결하고 추를 천천히 떨어뜨린다면, 그것은 땅에 있는 또 다른 추를 들어 올릴 수 있다. 만약 당신이 추를 들어 올리는 것 외에 아무것도 하지 않는다면, 추의 에너지는 위치에너지로 남아 있게 된다.[2)]

위치에너지는 은행에 돈을 보관하고 있는 것과 같다. 만약 당신이 은행에 돈을 맡기고 있다면, 비록 당신은 어떤 것도 전혀 할 필요가 없지만, 당신이 원한다면 무엇인가를 할 수 있다. 위치에너지에 대한 중요한 심리학적 유사점은 사회적 서열이다. 만약 당신이 다른 사람보다 사회적 위치가 더 높다면, 당신은 그들보다 더 높은 서열에 있고 그리고 더 많은 일을 할 수 있는 잠재적 능력을 가지고 있다.

당신이 이 서열을 사용하든 하지 않든, 또는 서열을 의식하든 하지 않든, 서열은 당신이 세계에서 더 낮은 서열의 다른 사람들이 할 수 없는 일을 하는 잠재적 능력을 지녔음을 의미한다. 예를 들어, 대부분의 나라에서 남자들은 일반적으로 여성들에 비해 더 많은 보수를 받으며, 더 흔하게 지도자의 위치를 차지하고 있다. 이것은 여성들이 더 낮은 사회적 서열을 지녔기 때문이다. 일부 남성들은 항의하며 자신들이 그러한 높은 서열을 가지고 있지 않다고 말할 것이다. 대신에, 그 남자들은 그들의 서열을 사용하지 않았으며, 또는 주어진 어느 순간에 서열을 사용할 수 없었다고 말할 것이며, 또는 다른 분야에서 낮은 서열을 가지고 있다고 말할 것이다. 이러한 항의에도 불구하고, 남자로 태어난 어떤 사람의 잠재 능력은 같은 문화와 인종에서 여성의 잠재 능력보다 더 크다. 서구 국가에서, 피부색이 짙은 사람들은 사회적 기회가 일반적으로 더 적으며, 백인보다 같은 위치 또는 '지위'에 이르기 위해서는 더 열심히 일해야만 한다. 이 모든 것은 서열 때문이고, 사회적 지위와 잠재적 능력이 연결되어 있기 때문이다.

서열도 위치에너지와 같다. 어느 주어진 인간 집단에서, 성(性), 인종, 종교, 성정체성, 나이 등과 같은 것이 우리에게 다른 사람들에 비해 크고 작은 사회적 서열을 부여한다.

우리 모두는 어떤 서열을 가지고 있지만 거의 그것을 의식하지 못한다. 대부분 높은 서열을 지닌 사람들은, 앞의 우리의 예에서 추의 위치에너지를 볼 수 없는 것처럼 거의 서열을 알아차리지 못한다. 대부분의 경우에 주류(主流)에 속한 어느 누구도 자신의 서열을 알아차리지 못한다. 왜냐하면 당신에게 서열이 있다면, 당신은 계단에 놓인 추와 같기 때문이다. 제일 높은 계단 위의 추는 낮은 계단 위의 추와 똑같아 보인다. 그러나 사회적 지위 때문에 더 높은 계단에서 안주하고 있는 그러한 '특권을 가진' 사람들의 잠재적 능력은, 더 낮은 장소에 있는 다른 사람들과는 공유하지 않는 기회를 그들에게 제공한다. 따라서 사회적 영역에서, 몇몇 사람들은 더 나은 서열, 즉 다른 사람보다 더 성취할 수 있는 더 큰 잠재적 위치에너지를 갖는다.[3)]

❖ 일률(率)의 물리학과 역사

물리학에서, 일률(power)은 일을 수행하거나 에너지가 전환되는 속도다. 일률은 일의 속도, 또는 일정 시간 동안 사용된 에너지로 정의된다.

$$일률 = 에너지 / 시간$$

일률은 에너지를 사용하는 속도다. 마력(馬力) 또는 와트(watt)로 표현한다.[4)] 일률은 우리를 위한 '말(馬)' 또는 동물의 능력이다. 그것을 끌어당기는 일률의 속도, 일이 완성되는 속도다. 당신의 전기 요금 청구서는 당신이 지난 달 사용한 전기가 한 일에 대한 계산서다.

일률은 일정 시간 동안 사용한 에너지, 하고 있는 일의 속도다. 추를 끌어올리는 여인은, 만일 그녀가 그 일을 빠르게 했다면, 추를 끌어올리기 위해 많은 일률을 사용했을 수도 있다. 또는 그녀가 느긋했다면, 그녀는 추를 천천히 끌어올리면서 일률을 작게 사용했을 수도 있다. 만일 당신이 살을 빼기를 원한다면, 당신은 걷기보다 뛰는 것이 더 많은 에너지를 소모할 수 있다는 것을 알고 있다.

심리학적으로, '권력이 있는' 사람들은 같은 서열에서 권력이 없는 사람보다 더 빨리 일을 하기 위해 자신들의 위치에너지를 사용할 수 있다. 사회 활동가는 기업의 지도자만큼 힘을 갖는 일이 거의 없다. 비록 사회 활동가가 낮은 서열을 가졌다고 하더라도, 그 사람이 자신의 서열을 빨리 사용한다면 많은 능력을 가지고 있는 것이다. 우리는 이것을 수학적으로 계산할 수 있다. 만약 능력=서열/시간 또는 에너지/시간이라면, 당신이 일을 하는 데 사용한 시간이 매우 빠르고 매우 작다면, 당신의 능력은 증가한다.

테러범들은 이것에 관한 모든 것을 알고 있다. 그들의 사회적 서열은 아마 매우 낮지만, 만일 그들이 어떤 일을 즉석에서 한다면, 자신들의 부족한 서열을 속도를 통해 능력을 증가시킴으로써 보완할 수 있다. 폭탄을 이용하여, 단 한 사람이 한 국가를 잠시 동안이라도 정지시킬 수 있다. 이런 방법으로, 당신의 서열은 아주 낮지만 여전히 큰 능력을 가질 수 있다.

따라서 위치에너지 또는 서열은 물리학 또는 사회심리학에게만 중요한 척도가 아니다. 힘 역시 아주 중요하다. 우리 모두는 힘이 선과 악, 어떠한 목적으로든 다른 사람들에게 사용될 수 있다는 것을 알고 있다. 물리학은 어떻게 힘을 사용하는지, 또한 치료할 수 있는 만큼 파괴도 할 수 있는 폭탄을 왜 제조하는지에 대해서는 고려하지 않는다. 미래의 사회는 물리학적 힘과 심리학적 힘 모두를 사용하는 윤리에 대해 생각할 필요가 있다.

지금까지, 물리학은 힘을 사용하는 방법에 대해 거의 언급하지 않았다. 그 이유는 지구와 중력장(重力場)에는 영혼이 없는 것으로 여겨 왔기 때문이다. 우리는 물리학의 힘을 사용하는 방법에 대해 물리학과 말할 필요가 없었다고 생각했다. 미래에는 이것이 바뀌어, 심리학이 물리학의 통합적인 부분이 되는 것이 나의 희망이다. 어떤 이유로든 밀고 당기기, 일률의 사용, 에너지의 사용은, 물리적인 과정일 뿐만 아니라 심리적인 과정이다. 이 심리적인 과정은 일률을 사용하는 사람과 '일률이 적용되는 물체' 또는 일률이 적용되는 사람들 사이의 대화를 필요로 한다.

❖ 운동에너지

만약 당신이 중력장에서 추를 떨어뜨리면, 빠르게 떨어질 것이다. 만일 내가 추를 놓으면, 추의 위치에너지는 움직임 또는 운동에너지로 전환된다. 만일 추가 떨어지면, 그것은 빠르게 움직여서 바닥의 무언가를 깨뜨릴 것이다. 떨어지는 물체는 스스로 깨질 수도 있고, 또는 소음을 내서 사람들을 놀라게 하는 데 사용될 수도 있다.

추가 떨어지면서 추의 속도는 증가한다. 운동 혹은 행동 에너지 KE는 추의 질량과 속도의 식(式)으로 정의된다. 즉, 운동에너지 = (질량(m) × [속도(v)]^2)/2 ($KE = mv^2/2$).[5)]

이 운동에너지의 양은 나에게 라이프니츠를 생각나게 한다. 오늘날 우리가 운동에너지라고 부르는 것을, 그는 '살아 있는 힘(vis viva)' 이라고 불렀는데, 즉 물체의 '활력' 을 의미한다. 10장에서 우리는 라이프니츠가 에너지에 대한 비일상적 실재인 NCR 개념을 가졌던 것을 보았다. 그에게 물질은 자체 내면의 '살아 있는 힘' 을 가지며, 그것은 움직임과 일을 할 수 있는 능력에서 나타났다. 그는 이 활력을, 우리가 운동에너지를 $mv^2/2$로 정의한 것과 비슷하게, mv^2으로 정의했다.

라이프니츠는 살아 있는 힘이 물질에 내재하고, 영혼을 지녔으며, 에너지의 형태로 나타난다고 추측했다. 나는 그가 21세기의 혁명을 직관하고 있었다고 생각한다. 그 시기에 아인슈타인은 일종의 살아 있는 힘, 물질에 내재하는 에너지가 있다는 것을 발견했으며, 물질 자체가 에너지의 형태라는 것도 발견했다. 우리는 다음 장에서 이 혁명에 관해 더 깊이 다루게 될 것이다.

❖ 에너지의 보존

지금까지 우리는 위치에너지와 운동에너지, 또는 에너지의 형태에 대해 생각해 보았다. 이제 추가 땅으로 떨어지고 있는 움직임이 있을 때처럼 위치에너지가 있는,

저장된 상태와 활동적이고 역동적인 상태 사이에서 에너지가 어떻게 흘러가는지에 대한 일반적인 규칙을 생각해 보자.

모든 에너지의 전환은 '에너지 보존' 이라고 불리는 법칙에 의해 지배된다. 이것은 일반적이고 중요한 규칙으로, 자연의 모든 세계에서 '시스템' 의 에너지의 총합은 변하지 않는다는 것을 말해 준다. 앞에서 논의한 추의 예에서, 추의 총 에너지는 떨어지는 과정 중에 변화하지 않는다. 대신에, 땅에서 들어 올려질 때 위치에너지의 형태로 축적된 에너지는 추가 떨어지면서 속도가 증가할 때 운동에너지로 변환한다. 추가 떨어지면서 모든 위치에너지는 운동에너지가 된다. 에너지의 형태가 위치에서 운동으로 바뀌지만, 총합은 그대로 똑같다. 이것이 에너지보존의 한 예다.

추가 들어 올려지면서 축적된 위치에너지는 관련된 일의 양, 즉 $F \times D$에서 얻을 수 있다. 추가 놓여져서 땅에 떨어질 때 이 저장된 에너지는 풀리게 된다. 위치에너지는 운동에너지로 전환되고, 에너지보존의 법칙에 따르면, 이것은 $F \times D$와 같아야만 한다. 다시 말해, 추가 땅 가까이 도달했을 때의 운동에너지 $mv^2/2$가 $F \times D$와 같다는 것이다.

물리학은 이것을 자연의 법칙이라고 한다. 중력장에서 추의 에너지 총합은 변하지 않아야 한다는 것이다. 에너지는 창조되거나 파괴될 수 없다.

추가 마침내 땅에 도착해서, 운동에너지는 추를 떠나서 사라진 것처럼 보인다. 그러나 에너지보존법칙이 에너지가 사라지지 못하게 한다. 운동에너지로 전환된 위치에너지는 어디로 갔는가? 우리가 아는 모든 것은 단지 추락 지점이다. 우리는 우리의 법칙으로부터, 충돌 시의 에너지가 땅, 주위의 공기, 추 자체를 가열하는 데 필요한 에너지의 양과 같아야만 한다고 올바르게 추측할 수 있다. 보존의 법칙은 열에너지가 충돌하기 직전의 운동에너지의 양과 같다고 말해 준다. 에너지보존법칙은, 우리가 보존법칙이 없으면 예상할 수 없는 일들을 예측하게 해 준다.

추를 들어 올리는 것을 통해 시스템으로 에너지를 투입한 여인 자신은 에너지를 잃었다. 그녀는 그 일을 하면서 약간의 열량을 소모했다. 마침내 그녀가 투입한 에너지의 양은 주위를 덥히면서 끝이 났다. 그녀는 열에너지를 볼 수 없지만, 에너지보존법칙 때문에 그녀의 일이 세계를 변화시킨다는 것을 알고 있다. 세계는 조금 더

워졌다. 우리가 하는 모든 것은, 비록 길을 따라 걷는 것조차도, 에너지를 사용하고 변형시켜 전체 우주에 영향을 준다.

에너지보존법칙은 놀라운 것이다. 이는 에너지의 형태와 유용성이 변할 수도 있지만, 에너지의 총량은 일정하게 보존된다는 것을 말한다.

❖ 심리적 에너지

심리상담 치료사들은, 예를 들면 '저 사람은 열정적이다!' 라는 '에너지 같은(energy-like)' 표현을 많이 사용한다. 일부 심리상담 치료사들은 그들 스스로를 '에너지 심리상담 치료사' 라고 부른다. 많은 사람들이 그들의 일을 도(道), 기(氣) 에너지를 따르는 것으로 경험하는데, 그것들은 활력의 비일상적 실재인 NCR 경험이거나, 때때로 흐름으로 묘사되는 인생의 힘이다. 초자연치료사들도 역시 에너지를 말한다. 많은 원주민 초자연치료사들은 힘과의 접촉, 힘의 사용, 힘의 발생, 힘의 발견을 통해 힘, 즉 능력에 관해 말한다.

힘의 지점 찾기, 자신의 힘 찾기, 힘을 받은 느낌은, 당신이 에너지나 과정에 접촉하는 것과 모두 연결된다. 그리고 기분이 좋은 것과 살아 있음을 느끼는 것과도 연결된다. 중요한 인간 문제는 에너지가 너무 많거나 거의 없는 경우다. 많은 경우 사람들은 에너지를 많이 가지고 있지 않다. 그들은 약간 기가 꺾여 우울해하거나 지쳐 있다. 일부 사람들은 자신들이 막다른 곳에 다다라서 더 이상 에너지가 흐를 수 없기 때문에 우울한 것을 경험한다고 말한다. 여기에서 사람들이 에너지가 없다면, 어떻게 그리고 왜 막다른 곳에 다다랐다고 가정할까? 이에 대한 한 가지 이유는 에너지보존법칙이 일정하고 영적인 비일상적 실재인 NCR 감각에서 나오기 때문이다.

모든 사람들은 때때로 무기력하게 느낀다. 당신의 일상적 실재인 CR의 관점에서 볼 때, 당신은 마치 일정한 에너지, 활기, 정력, 강렬함을 잃은 것처럼 느낄 수 있다. 당신은 아마 당신이 아무것도 할 수 없고, 자기 일을 싫어한다고 느낄 수도 있다. 아마 당신은 우울해질 수도 있다. 그러나 당신이 말하고 있는 것은 에너지가 사라졌다는 것이다. 에너지가 보이지 않게 된 것이다. 에너지가 사라진다면, 당신은 어딘가에는 틀림없이 있어야 한다고 추측해야 한다. 사람들은 단지 에너지가 없어졌다고 간단히 믿지 않는다. 우리는 에너지가 단순히 보이지 않거나 접근하기 어렵다고 느낀다.

따라서 당신이 기가 꺾였다거나 에너지가 없다고 말할 때, 에너지는 없어지는 것이 아니라, 단순히 당신 손에서 사라진다고 확신하게 하는 어떠한 우주 법칙이 있어야만 한다는 것을 의미하는 것이다. 심리상담 치료사들 역시 에너지는 어디에나 있지만 단지 내담자가 접근하지 못하는 것이라고 가정한다. 대부분의 사람들은 에너지를 마치 정신(spirit)적인 것으로 경험한다. 우리는 에너지가 사라질 수 없고 어딘가에는 반드시 있어야만 한다고 믿는다. 우리는 그저 에너지의 흔적을 잃을 따름이다. 그것은 구름 뒤에서 가려지거나 지평선 아래로 잠겼다가, 내일 다시 떠오르는 태양과 같다.

물리학에서 에너지보존법칙은 정신으로서의 에너지 감각과 연결되고, 우리는 즉시 사용할 수 없을 때조차 에너지가 항상 존재한다고 믿는다. 초자연치료적 영역에서 에너지보존은 심리학자들을 에너지 탐색자로 만든다. 비록 개인으로서 우리가 결코 '닫힌 계(closed system)' 가 아님에도 불구하고, 에너지 법칙은 우리의 어떤 것이 소멸될 수 없으며 끝날 수 없다고 추측하도록 만든다. 우리는 이러한 비일상적 실재인 NCR 에너지 경험에 대해 다양한 이름을 많이 가지고 있다. 예를 들면, 일부 서아프리카의 원주민들은 삶의 에너지인 당신의 영혼이 부족의 에너지 원(源)에서 빌려온 것이며, 당신이 죽을 때 그것을 다시 돌려준다고 믿는다. 이 부족 자체는 삶의 에너지가 보존되는 닫힌 계로 여겨졌다. 부족의 많은 사람들은, 죽을 때 자신의 개인적인 삶의 에너지가 부족의 에너지 저장원으로 돌아가고 그곳에서 새로운 사람이 태어난다고 느꼈다.

공동체는 에너지가 끊이지 않는 일종의 닫힌 계다. 우리 모두는 거대한 시스템의 일부분이며, 우리를 창조한 에너지는 우리가 살고 죽음에 따라 꾸준히 변형을 진행한다. 에너지는 우리 모두가 공유하고, 선택하고, 변형하고, 내보내는 것이다. 우리가 죽을 때 에너지가 일종의 저장소(pool)로 돌아간다는 믿음은 비일상적 실재인

NCR의 에너지보존법칙이다. 이러한 관점에서 삶은 우리가 우주라고 부르는 영역인, 자신의 공동체 영역에서 빌린 것이다.

따라서 우리의 에너지가 일상적 실재인 CR에서 의식의 초점을 떠날 때, 에너지는 사용할 수 없게 되고 주변 환경이나 사람들에게로 사라진다. 우리는 꿈꾸기에서 에너지를 찾기 위해 2차적 주의집중이 필요하며, 이 에너지를 포획하기 위해서는 초자연치료사가 필요하다. 심리적 에너지가 떠날 때, 그것은 일상적 실재인 CR을 떠나 원칙적으로, 꿈이나 변형상태에서 발견될 수 있다. 우리는 우리의 에너지를 우리가 사랑하거나 미워하는 누군가의 형태로 우리의 꿈에서 찾을지도 모른다. 그것들은 우리가 갖지 못한 모든 열정과 활력을 가지고 있다. 우리 꿈속의 이러한 모습은 우리의 정체성의 경계를 넘는 의식의 변형상태, 과정과 잠재성을 표현한다.

융은 심리적 에너지 법칙에 관해 말한다(『모음집(*Collected Works*)』, 8권). 그는 만약에 에너지가 의식에 없다면, 그것은 그가 무의식이라고 부르는 것 안에 있다. 좀 더 자세한 재(再)진술에 의하면 에너지는 경험으로 나타난다는 것이다. 만일 우리가 경험에 대한 경계를 가지고 우리가 외부 사건, 꿈, 신체 경험을 무시한다면, 이러한 경험의 에너지는 파괴되는 것이 아니라 변형된다. 그것은 '감각 채널' 로 전환된다. 예를 들면, 우리가 밝은 빛의 꿈을 꾸었는데 그 꿈을 무시했다면, 그 에너지는 시각적 통로로부터 바뀌어 불타고 있는 빛으로 경험되는 두통의 형태로서 자기 수용적으로 나타날 수 있었다. 에너지는, 비록 한 통로에서 다른 통로로, 예를 들어 시각적인 것에서 신체적인 것으로 전환된다고 하더라도, 변하지 않는다.

신체 증상에 관한 나의 책 『꿈꾸는 신체와 작업하기(*Working with the Dreaming Body*)』에서, 융이 무의식이라고 불렀던 것은 사용하지 않는 채널, 즉 사용하지 않는 감각 채널의 개념으로 번역될 수 있다는 것을 보여 주었다. 예를 들면, 전적으로 듣기에만 의존했던, 그래서 사람들과 이야기하기를 아주 좋아했던 어떤 남자는, 오랫동안 사랑했던 아내가 갑자기 죽자 심각한 우울증에 빠졌다. 아내의 죽음과 더불어, 주로 이야기를 들어 주던 사람이었던 그 남자는 자살 충동을 느끼게 되었다. 그는 자기 아내를 영원히 잃어버렸다고 말했다. 처음에 그를 돕는 것이 불가능해 보였다. 그러다가 나는 그가 시각 경험이 아닌, 청각 채널에만 초점을 맞추는 것에 익숙하다는 것을 깨달았다. 그가 '그녀'를 다시 발견하는 것을 돕기 위해, 나는 그가 주로 사용하지 않는 시각 채널에서 아내를 찾을 수 있기를 바라며 그에게 아내의 사진을 보여 주었다. 갑자기 그는 놀라운 경험을 했다. 그는 그녀의 죽음 직후, 그의 아내가 꿈속에서 나타나, 파티에 그녀를 따라 오라고 한 것을 기억했다. 그가 그녀에 대한 이러한 내면의 모습을 보았을 때, 그는 황홀해졌다. 그녀와의 교류를 잃은 것이 아니었다. 단순히 시각 채널로 바뀐 것이다. 그 남자는 아내를 다시 보았을 때, 살기로 결심했다.

❖ 에너지와 인류의 미래

에너지보존의 물리적인 원리에 의하면, 닫힌 계에서의 에너지 총합은 겉보기에 사라지거나 열에너지로 바뀌거나 해서 전보다 적게 사용할 수밖에 없을 때조차도 똑같다.

우리는 실제로 에너지를 낭비할 수 없다. 우리가 낭비하는 것은 실제로 에너지의 가용성(加用性)이다. 일단 추를 들어 올려 얻어진 에너지는 떨어지면서 열에너지로 분산되지만, 일을 하기 위해 필요한 에너지는 추적하기가 더 어렵다. 열은 대기로 분산되어, 그 열로 일을 하기에는 적합하지 않다.

엔트로피(Entropy)는 에너지의 비가용성(非加用性)의 척도로서, 추가 떨어질 때 증가한다. 엔트로피 법칙은 때때로 '우주의 열역학적 종착점(heat death: 엔트로피가 최대가 된 열적 평형 상태)' 법칙이라고 부르는데, 에너지가 물리적 닫힌 계에서 점차 사용할 수 없게 되면서 점점 증가하는 것을 말한다. 즉, 엔트로피는 에너지의 가용성의 척도다. 추가 들어 올려질 때, 즉시 사용할 수 있는 가용성의 에너지가 많아진다. 에너지의 이러한 상태는 매우 낮은 엔트로피를 가진다. 추가 떨어질 때, 추의 에너지는 충돌의 에너지로 바뀌고, 그것은 일을 하는 데 쉽게 사용될 수 없다. 과학자들은 비록 에너지의 양이 보존되더라도 엔트로피의 상태는 더 높아질 수 있다고 말한다.

우리는 천연가스, 석탄, 석유와 같은 가용성 에너지를, 난방을 하거나 오늘날의 인간세계를 만들기 위해 끊임없이 사용해 왔다. 그래서 너무 많은 에너지를 사용했기 때문에 지구 행성에서 유용한 에너지 자원이 고갈되고 있다. 우리는 석탄, 천연가스, 나무와 같은 가용성 에너지 형태를 천천히 파괴하고 있는 것이다. 쉽게 사용할 수 있는 에너지의 양이 감소할수록, 우리 행성의 엔트로피는 증가한다. 소위 선진국들은 에너지 사용을 줄이고, 폐기물을 재활용하고, 여러 가지 다른 방법으로 에너지를 보존하는 것을 정말로 배워야만 한다.

아마도 바로 이 점에서, 과학은 초자연치료사와 에너지 탐색가에게서 비가용적인 에너지를 좀 더 유용하게 만드는 방법에 대해 많이 배워야 할 것이다. 전통적 초자연치료사의 방법은 꿈의 세계에서 에너지를 찾기 위해 2차적 주의집중을 사용한다. 다시 말해, 과학에서 엔트로피 법칙은 시스템의 에너지가 항상 같지만 점점 가용성이 감소하며 엔트로피는 증가한다고 설명하는데, 2차적 주의집중 없이는 에너지의 가용성이 감소하게 된다는 단순한 법칙인 것이다. 에너지의 비가용성 증가는 일종의 알아차림 법칙이다.

만약 당신이 무의식적이며 자발적인 과정에 초점을 맞추기 위해 자신의 알아차림을 사용한다면, 당신은 에너지가 사라지는 것처럼 보일 때 에너지를 발견할 수 있다. 알아차림을 통하여, 당신은 이른바 우주의 엔트로피 혹은 열역학적 종착점을 되돌릴 수 있다. 맥스웰은 엔트로피 법칙을 발견하였는데, 이는 닫힌 계의 에너지가 점점 더 비가용성이 되는 것을 예견했다. 그는 전체 우주가 내리막길로 달려가고 있다고 예견했다. 맥스웰이 이 법칙을 발견한 19세기 말에 그는 도깨비(오늘날 맥스웰의 도깨비라고 불리는)가 그 법칙을 뒤집을 수 있을 것이라는 생각을 했었다. 도깨비는 전체적으로 알아차림에 의해 이 역할을 했다.

여기에 방법이 있다. 맥스웰의 도깨비는, 어떠한 실내의 방과 같은 시스템에서 그 방을 둘로 나누는 문에 서 있는 작은 존재로 상상하였다. 방의 반은 뜨겁고, 다른 반은 차갑다.

에너지 법칙에 따르면, 우리는 비록 뜨거운 분자가 문을 통해 왼쪽으로 가고 차가운 분자가 오른쪽의 뜨거운 방으로 간다고 하더라도, 방 전체의 에너지는 항상 똑같다는 것을 알고 있다([그림 32-2] 참조). 우리는 에너지 전환이 결국 방 전체의 온도를 균일하게 한다는 것을 알고 있다. 맥스웰의 엔트로피 법칙은, 에너지가 기본적으로는 항상 똑같지만, 에너지는 일을 하는 데 점점 더 적합하지 않게 된다. 예를 들면, 온도가 균등해지기 전에는 뜨거운 쪽이 차가운 쪽으로 공기를 이동시키는 데 사용될 수 있다. 그러나 양쪽의 전체적인 온도가 균등해진 후에는, 방 양쪽의 에너지가 주변의 무언가를 움직이기에는 덜 유용해진다. 시스템의 엔트로피는 증가되었다.

맥스웰의 도깨비는 '무의식적' 시스템에서 알아차림에 대한 상징이다.

[그림 32-2] 도깨비에 의해 문에서 확인되는 뜨거운 분자와 차가운 분자

그러나 만일 작은 도깨비가 존재한다면 엔트로피 법칙은 유효하지 못할 것이다. 다음은 맥스웰의 사고 실험이다. 그는 도깨비가 원하는 대로 문을 열거나 닫을 때 알아차림을 이용할 수 있다고 상상했다. 양쪽의 온도가 같은 동일 온도 시스템에서, 영리한 작은 도깨비는 문으로 들어오는 모든 분자를 확인해서, 따뜻한 분자가 오른쪽으로 가려고 하면 문을 열어 주고, 차가운 분자가 오른쪽으로 가려고 할 때는 문을 재빨리 닫는다. 마찬가지로, 그 도깨비는 차가운 분자가 오른쪽에서 왼쪽으로 가도록 한다. 이렇게 해서 도깨비는 주의집중과 문을 이용하여, 모든 확률법칙을 깨뜨리면서 동일 온도 시스템을 가지고 한쪽의 온도를 높게 한다(역자 주: 일정 온도의 방이라도 그 안의 분자는 온도가 서로 다를 수 있다. 즉 일정 온도는 분자들의 평균이라고 생각할 수 있고 도깨비는 그 분자들을 골라서 뜨거운 분자와 차가운 분자를 분리시키려는 것이다).

예를 들면, 그릇에 담겨 있는 차가운 수프가 갑자기 한쪽은 수프가 얼고 다른 한쪽은 끓는 것을 보는 것과 같다. 물리적인 세계에서, 그런 사건은 가능하더라도 거의 발생하지 않는다. 나는 수프에 이런 변화가 발생한 것을 결코 본 적이 없다. 그러나 만약 맥스웰의 도깨비가 존재한다면, 이러한 일들은 언제든지 발생할 수 있다.

심리학, 명상, 초자연치료의 세계에서, 이런 일은 좀 더 자주 일어나는 것 같다. 당신이 자의식적인 능력을 발전시킨다면, 당신은 의식이 없어진 곳의 상황으로 들어가는 맥스웰의 도깨비가 될 것이다. 당신은 삶의 블랙홀과 미지의 영역으로 들어가서, 갑자기 자신을 변형할 수 있다. 이러한 방법으로, 당신은 우주의 열역학적 종착점 법칙인 엔트로피 법칙을 뒤집을 수 있다. 영매, 신비론자, 치유사, 초자연치료사들은 항상 이 일을 한다. 그들이 죽은 사람들을 살려 내고, 기적을 만들고, 무의식과 죽음만이 있는 삶을 창조할 수 있는 방법에 대한 이야기가 많이 있다.

정신신체의학과 대체의학과정은 자의식적 알아차림의 실습에 근거한다. 당신이 삶을 포기하려고 하는 바로 그때 몸으로 들어감으로써, 당신은 무슨 일이 일어나는지 느끼고, 감각하고, 보고, 듣고, 알 수 있으며, 그래서 삶에서의 중요한 변화를 치유하고 창조한다. 알아차림과 삶의 과정은 연결되어 있다.

다시 말해, 맥스웰에 의해 발견된 열역학 제2법칙인 엔트로피 법칙은 비자의식적 우주에 근거하고 있다. 만약 우주가 맥스웰이 추측하고 영매, 신비주의, 초자연치료사가 지각한 것처럼 스스로 자각한다면, 세계는 열역학 제2법칙을 되돌리는 일종의 질서를 창조하였을 것이다.

❖ 개인적인 실험: 에너지 탐색

이 시점에서 당신은 맥스웰의 도깨비가 되어 에너지를 찾는 실험을 원할지도 모른다. 다음 질문들은 당신 자신의 영혼인 에너지를 찾는 데 도움이 될 것이다. 연습을 위해 당신은 조용하고 편안한 자리가 필요할 것이다. 그리고 다음 질문들에 대답해 보자.

1. **아침에 깨었을 때 처음으로 느끼는 것이 무엇인가**? 어떤 것을 보거나, 느끼거나, 특정 방향으로 움직이거나, 무엇을 듣는가? 깨어날 때 사용하는 첫 번째 채널을 기록하라. 당신은 보는가, 느끼는가, 움직이는가 혹은 듣는가? 이 채널을 그저 기록해라.

2. **이제 당신이 아침에 우선적으로 초점을 두지 않는 다른 채널을 찾아보라.** 만약 당신이 느낀다면, 이제 시각화를 해 보아라. 당신이 만약 아침마다 처음으로 무엇을 본다면, 당신의 신체 느낌에 집중해 보아라. 만일 아침에 무언가를 듣는다면, 당신의 신체 움직임을 사용해라. 요점은, 잠시 동안 당신의 주의집중을 사용하고 다른 새로운 채널에 초점을 맞추는 것이다. 어떤 다른 채널도 사용할 수 있다. 그 채널에서 일어난 경험(보기, 듣기, 느끼기, 움직이기)을 기록하고 따라 가서 자신에게 그 채널에서 그러한 경험을 펼칠 수 있는 시간을 주어라. 이것이 맥스웰의 도깨비가 되어 자신의 2차적 주의집중을 사용하는 방법이다. 이 채널과 그러한 경험이 당신의 에너지가 있는 곳이다.

3. **만약 할 수 있다면, 이제 당신의 경험을 완성하기 위해 또 다른 채널을 사용할 수 있다.** 그것은 경험을 보기, 움직이기, 느끼기 그리고 경험이 소리 내게 하기, 말 걸기, 말하게 하기 등이다.

4. **어떻게 당신이 바로 전에 했던 경험을, 이전 장에서 작업한 절정 경험과 연결할까**?

5. **당신이 했던 경험은 당신의 에너지가 있어 왔던 곳이다.** 이제 이 에너지는 유용하다. 잠재적이고, 사용할 수 있고, 활동적으로 만들 수 있다. 당신은 그것으로 무엇을 하기 원하는가? 당신은 그 에너지를 빠르게 바로 사용하기를 원하는가? 천천히 사용하고 싶은가?

에너지 사용 방법에 대해 생각해 보라. 만일 당신이 이 잠재적 에너지가 사물을 움직이게 하거나, 만일 잠재적 위치에너지가 운동에너지가 된다면, 자신을 위해, 공동체를 위해 또는 세계를 위해 무엇을 창조할 것인가?

❖ 미래의 문명

에너지에 대한 연구와 사용은 매우 중요해서 많은 과학자들과 미래 학자들은 우리가 에너지를 어떻게 잘 사용할 것인지에 따라 미래의 문명을 측정한다.[6] 태양, 우리의 은하계 전체와 우주로부터의 에너지, 지구의 에너지, 우리 안의 에너지를 사용하는 방법은 우리의 운명을 결정한다. 예를 들면, 우리가 에너지를 사용하는 방법은 지구상에서 인간의 생명을 유지시켜 주는 생태계의 미래를 결정한다. 우리가 우주 에너지를 사용하는 방법은, 인류가 우리 태양계의 붕괴로부터 탈출 여부와 관계없이 언젠가는 매우 중요한 역할을 할지도 모른다.

오늘날 천문학자들의 예측에 의하면, 50억 년 후에는 우리의 태양이 소멸된다고 한다. 그다음에 우리 은하계와 나머지 우주들도 응축되거나 파괴될 것이다. 그러나 만약 우리가 에너지 발산이나 사용 방법을 더 많이 배운다고 하더라도 미래는 피해 갈 수 없다.

현재 우리는 물리학 법칙이 일상적 실재인 CR 부분이 아닌 사건의 의미와 성질에 대해서 의식이 없는 관찰자들에 근거한 것이라고 확실하게 말할 수 있다. 물리학 법칙들은 물질에 영혼이 없고 살아 있지 않다고 가정하며, 관찰자들도 2차적 주의집중과 초자연치료사의 능력이 없다고 가정한다. 그러나 인간적이고 자의식적인 알아차림이 물리적인 사건에 적용될 때, 물리학의 현재 법칙은 맥스웰의 도깨비 이야기에 의해 직관될 수 있다.

맥스웰은 잃어버린 에너지에 대한 우리의 탐색과, 영혼을 따라가는 우리의 능력이, 에너지가 조금씩 영원히 잃게 된다는 엔트로피 법칙을 되돌리는 사건인 기적을 창조할 수 있다고 예측했다. 대부분의 사람들은 개인의 삶에서 이 법칙의 의미를 느낀다. 일상적 실재가 더 이상 절정 경험으로부터 발산되는 비이성적인 구부러짐을 따르지 않을 때, 삶은 지루하고 죽은 것이다. 우리는 그 메시지가 멀거나 애매한 것처럼 보이는 꿈, 증상들, 동시성에서 다시 나타나는 에너지의 흔적을 잃게 된다.

지금까지 미래학자들은 우리 우주의 물리적인 에너지 사용에 대해 일상적인 방법에만 초점을 맞추었고, 그러한 특별한 의미의 생명선, 세계선(世界線)을 찾는 알아차림, 2차적 주의집중을 사용하는 데 우리가 갖고 있는 잠재력은 무시했다. 우리 모두가 확실히 아는 것은 에너지는 변환하고, 그리고 정신과 같이 다소 일정하게 보인다. 에너지는 어떻게 변환하는지, 정확히 미래가 개인으로서의 당신과 공동체에게 무엇을 가져다줄지는, 모든 사람들의 일상적 삶을 꿈같고, 무한하고, 영원한 통로로 변환하는 것에 달려 있다. 이 통로는 우주의 시작으로 돌아가고 시간의 끝으로 앞서가는 길이다.

1) 우리가 뒤에서 숙고할 초현(超弦)이론은 차원의 수를 4차원부터 10차원까지 증가하려고 한다. 더 많은 내용은 미치오 카쿠(Micho Kaku)의 『초공간(*Hyperspace*)』을 보라.
2) 추는 중력에 의해 떨어지기 때문에, 추를 처음의 위치에서 들어 올릴 때 필요한 일률은 그 추의 무게를 붙잡고 있는 힘과 같아야만 한다. 같은 크기의 그 두 힘은 물리학에서 mg(m은 추의 질량, g는 중력의 힘에 의해 물체가 가지는 중력 가속도)이다.
3) 사회적 서열은 단지 서열의 형태만이 아니다. 그것에는 정신적이고 심리학적인 서열을 포함하여 모든 종류의 잠재적인 서열이 있다(서열에 대한 자세한 내용이 있는 나의 『불에 앉아 있기(*Sitting in the Fire*)』를 보라). 요점은 서열이 특권이라는 것이다.
4) 1마력은 초당 550피트 · 파운드(ft · lb), 혹은 746와트(watt)다.
5) 상대성에서, 운동에너지는 뉴턴의 공식으로부터 바뀌어야만 한다. 따라서 $KE=(([m-m_0]v^2/2)$로, m_0는 정지 질량이다.
6) 에너지 사용의 관점에서 미래 문명에 대한 카쿠의 논의는 실제적이며 이해하기 쉽다. 그의 『초공간』 마지막 장들을 보라.

제33장
원자력 에너지와 가상 입자

중국인들은 명상 수련을 통해 영적 육체를 형성함으로써, 현생에서 자신의 평범한 몸에 있는 에너지를 풀어서 자신에게 새로운 육체를 부여하려고 시도하였다. 이러한 방법을 통하여 사람의 정신적 핵심 주위에 힘의 장이 형성된다. …… 이렇게 미묘한 육체를 지닌 자아(自我)는 더 이상 육체적 몸에 얽매이지 않고 (리하르트 빌헬름(Richard Wilhelm)에 따르면), 그것은 모든 존재와 생성에 한결같이 충만하게 다가오는 의미의 도(道)가 된다. ……

– 마리 루이스 폰 프란츠(M. L. von Franz)의
『수와 시간(*Number and Time*)』–

우리는, 라이프니츠가 물질은 그 자체의 영혼과 에너지를 가지고 있다고 생각한 것을 알았다. 라이프니츠로부터 삼백 년 후, 아인슈타인은 그의 특수상대성 이론에서 동일한 개념을 발견했다. 그 특수상대성 이론에 따르면, 어떠한 속력(v)으로 움직이는 질량(m)인 물질의 에너지는 더 이상 고전 물리학에서의 값인 $mv^2/2$가 아니다. 에너지는 더욱 복잡하게 되었다. 에너지에는 아인슈타인 이전의 물리학자들에게 감추어져 있던, 추가적인 요소가 포함되어 있었다. 움직이는 물체의 전체 에너지는 이제 $mv^2/2 + mc^2$이 되었다. mc^2이라는 이 새로운 추가적인 요소는 다양한 관점인 관찰자의 체제, 사건 자체의 체제가 포함된 데 기인하였다.[1] 움직이지 않는 체제(관찰자와 상대적으로), 즉 질량 m의 물체가 전혀 움직이지 않는 특별한 경우에 대해, 정지한 질량체의 에너지는, 다음과 같이 일종의 내재(內在)되어 있거나 비밀스러운 에너지를 포함한다.

$$E = mc^2$$

에너지는 질량과 광속의 제곱의 곱과 같다. 여기에서 c는 광속이다. 이 공식 이전에, 물체의 에너지는 위치에너지인 PE와 운동에너지인 KE의 합으로 간주되었다. 만일 위치에너지와 운동에너지가 없다면, 그 물체는 정지하고 있으며 에너지를 가지고 있지 않다.

$$E = PE + KE = 0$$

아인슈타인의 새로운 공식은, 비록 위치에너지가 없더라도(예를 들어, 중력장 안에 존재하지 않기 때문에), 그리고 운동에너지가 없더라도(왜냐하면 그 물체가 관찰자와 상대적으로 움직이기 않기 때문에), 모든 물질에는 잠재되어 있는 에너지가 여전히 존재한다고 말한다.

$$E = PE + KE + mc^2 = mc^2$$

사실, 움직이지 않고 중력장에도 있지 않은 원자처럼 물질의 작은 입자라도, 그 작은 질량 안에는 이미 저장되어 있는 많은 양의 에너지가 있다. 이 질량에 광속의 제곱을 곱하기 때문에, 에너지의 양은 크다. 광속은 아주 커서(초당 186,000마일) 그 속도를 제곱하면, E는 매우 커진다.

방정식 $E = mc^2$은 질량과 에너지가 본질적으로 같은 핵심의 표현이라는 개념을 상징한다. 상대성 이론에서 우리는 이미 시간과 공간은 분리할 수 없다는 것, 즉 그들은 같은 핵심이라는 것을 알았다. 이제 우리는 물질과 에너지 또한 분리할 수 없다는 것을 알게 되었다. 우리는 에너지가 물질 안에 저장되어 있다고 말할 수 있다. 질량에는 에너지가 있다. 우리는 또한 그 반대로도 말할 수 있다. 즉, 에너지에는 잠재적인 질량이 있다. 우리가 하나의 관점에서 질량이라고 부르는 것은 다른 관점에서는 에너지다. 이 장에서 우리는 어떻게 아인슈타인의 방정식이, 에너지가 물질적 형태를 가질 수 있다는 이유로, 우리에게 가상 입자의 탄생을 상상할 수 있게 해 주는지 살펴볼 것이다.

물리학자들은 그 에너지 공식에 놀랐다. 그 이유는 라이프니츠 이래의 일상적 실재인 CR 견해에 의하면 질량이 비활성의, 죽은, 수동적인 물체와 관련이 있기 때문이었다. 반대로, 에너지는 항상 본질적으로 역동적인 특성을 가지고 있었다. 그러나 아인슈타인의 특수상대성 이론의 출현으로, 질량은 에너지를 가지고 있으며, 라이프니츠의 살아 있는 힘, 즉 활력을 가지고 있다. 질량은 다시 살아나고 있는 것처럼 보인다. 질량과 에너지에 대한 일상적 실재인 CR 개념은 더 이상 통합되어 있지 않다. 일상적 실재인 CR에서, 이 개념은 분리될 수 있다. 그러나 우리의 느낌 속에서, 이 개념은 통합되어 있고 서로 섞여 있다. 예를 들어, 미국에서 '무겁다(heavy)' 라는 속어는 아주 재미있고 놀라운 어떤 것이라는 뜻이다. 그 이유는 우리가 중요하고 재미있는 어떤 것을 무겁고 큰 것으로 경험한다는 것이다. 이와 마찬가지로, 거대한 돌과 같이 아주 무거운 어떤 것은 강렬하다고 할 수 있다. 우리의 비일상적 실재인 NCR 경험에서 질량과 에너지, 무겁고 강렬한 것에 대한 개념은 하나다.

물리학에서 아인슈타인의 방정식은 에너지의 상실이 질량의 상실을 의미한다는 것을 암시한다. 우선, 일상적인 것으로 손전등을 생각해 보자. 만약 당신이 손전등을 켜서 배터리의 에너지를 사용한다면, 손전등의 배터리 에너지는 줄어들고, 그 배터리의 질량 또한 아주 적은 양이라도 줄어들 것이다. 얼마나 줄어들 것인가? 만약 E가 손전등의 배터리에서 사용한 에너지라면, 줄어든 질량의 양은 $m=E/c^2$이다. c가 아주 크기 때문에, 줄어든 질량의 양은 아주 적다. 이것이 당신이 손전등을 사용하면, 무게는 줄어들지만 질량 m의 변화를 결코 알아차리지 못하는 이유다.

❖ 원자 폭탄

질량의 에너지 전환에 대한 더욱 극적(劇的)인 예는 상실된 질량이 에너지로 변환되는 원자 폭탄이다. 질량이 아주 조금 소모됨으로써 생성되는 에너지의 양은 아주 큰데, 그 이유는 $E=mc^2$ 공식에서 빛의 속도인 c가 아주 큰 수이기 때문이다.

상대성은 물리학을 극도로 무겁고, 강렬하고 정치적인 것으로 만들었다. 상대성은 제2차 세계대전 중의 과학자들에게 원자 폭탄의 개념을 제공했었다. 독일이 처음 원자 폭탄을 개발하려고 시작하였을 때, 놀란 미국의 과학자들이 그들보다 먼저 원자 폭탄을 개발하려고 서둘렀다. 나머지는 단순한 역사가 아니라, 현재의 정치이기도 하다. 오늘날 거의 모든 나라가 원자 폭탄을 만들고 세계를 위협할 수 있다. 이 원자 에너지는 평화적으로 이용되어 전력을 만들어 낼 수도 있고, 또는 핵무기로서 인류를 파괴시킬 수도 있다. 이제 이 에너지에 대해 알아보자.

다음은 물질에 잠재되어 있는 에너지를 계산하고 사용하는 방법이다. 그리스 문자인 델타 Δ가 어떤 것의 양의 변화를 의미한다고 하자. 아인슈타인에 의하면, 질량의 변화는 다음과 같은 에너지의 변화를 의미한다.

$$\Delta E=\Delta m\times c^2$$

이 방정식은 많은 양의 에너지를 만들기 위해서 크지 않은 질량이 필요하다는 것을 보여 준다. 똑같은 방정식을 반대로 보면, 작은 질량의 물질을 만들기 위해서는 엄청난 양의 에너지 ΔE가 필요하다는 것을 보여 준다. 오늘날 우리는 물질을 만들어 내기 위해서 에너지를 사용하고 있지 않는데, 그 이유는 우리가 사용할 수 있는 충분한 에너지를 우리가 가지고 있지 못하기 때문이다. 현 시점에서 그것은 우리에게 너무 비싼 것이다. 그러나 이 방정식에서 알 수 있는 것은, 만약 우리가 엄청난 양의 에너지를 사용할 수 있다면, 결국에는 물질을 생성해 낼 수 있다는 것, 아마도 전체 우주조차도 만들 수 있다는 것이다.

공식 $\Delta E=\Delta m\times c^2$이 원자 폭탄의 핵심이다. 원자 폭탄을 만들기 위해, 또는 연관된 모든 문제와 함께 원자 에너지를 방출하기 위해, 당신은 우라늄과 같은 무거운 원자를 작은 조각으로 깨뜨린다. 만약 당신이 우라늄 원자를 다른 입자와 충돌시키면, 우라늄은 더 작은 입자들로 깨어진다. 그러나 우라늄이 조각들로 부서지는 방법은 특이해서, 그것은 단순히 부서지는 것뿐만 아니라 빛, 즉 복사선을 발산하고 그로 인해 복사선의 형태로 에너지를 잃게 된다. 우라늄 붕괴에 대한 화학식은 다음과 같다.

우라늄 = 3개의 원자(우라늄보다 작은 질량을 가진) + E(열 + 복사선) + 2개 중성자

그 의미는 일정 질량의 우라늄이 3개의 더 작은 질량의 원자, E(열에너지와 복사에너지) 그리고 2개의 빠른 속도로 날아가는 중성자로 변환된다는 것이다. 만약 그 주위에 다른 우라늄 원자가 있다면, 첫 번째로 붕괴된 우라늄 원자로부터 방출된 중성자가 다른 우라늄 원자와 충돌하면서 또다시 붕괴시키기 때문에 연쇄 반응을 얻게 된다. 마치 하나의 폭죽이 가까이 있는 주위의 다른 폭죽들을 점화시킬 수 있듯이, 하나의 폭발이 다른 폭발들을 유발하는 것이다. 이러한 방식으로, 하나의 우라늄 원자가 다른 원자, 입자, 복사선을 만들어 준다. 그리고 중성자 한 개로 하나의 우라늄 원자를 폭발시키면 또 다른 중성자를 방출하게 되고, 연쇄 반응이 일어나게 된다. 그것이 바로 원자 폭탄의 원리다.

각 반응에서 방출된 에너지 총량의 핵심은 다음의 사실, 즉 두 개의 작은 중성자의 질량과 세 개의 더 작은 원자의 질량 총합은 원래의 우라늄 원자의 질량 총합보다

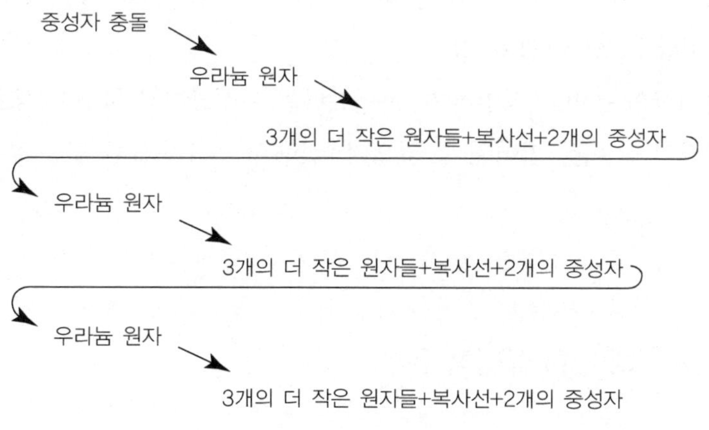

[그림 33-1] 원자 폭탄의 연쇄 반응

작다는 것에 있다. 다시 말해, 우라늄 원자의 질량은 세 개의 더 작은 원자들과 두 개의 중성자보다 더 크다. 질량은 폭발 과정에서 소모되었다.

소모된 질량은 엄청난 양의 열과 엄청난 양의 복사선 형태로 발산된다. 하나의 원자가 다른 원자들을 점화시키고 당신은 우주에서 가장 창조적이고, 역동적이고, 치명적인 과정의 하나를 얻게 된다.

아마 당신은 보이지 않을 정도로 작은 입자 사이의 몇 번의 충돌이 어떻게 그렇게 엄청난 에너지 변화를 가져올 수 있는지 의아하게 생각할 것이다. 만약 당신이 나무에 충격을 주면 나무가 움푹 들어가고, 또는 나무를 태우면 당신은 약간의 열과 많은 양의 숯을 얻을 것이다.

그 해답은 나무에 충격을 주면 단지 나무 속에 있는 분자들의 배열 방식에만 영향을 미치는 것이지, 분자들을 구성하는 원자들의 구조에 영향을 주는 것은 아니라는 것이다. 분자들은 여러 개의 원자들이 전기적인 인력에 의해서 모여 있는 것이라는 것을 기억해야 한다. 나무에 충격을 주는 것은 분자들이 결합되어 있는 방법에 영향을 미친다. 충격을 주는 것은 분자들의 배열에 에너지를 더해서, 이것이 그 나무에 약간 열을 내거나, 움푹 들어간 곳의 배열 방식만을 재조정할 뿐이다.

물질이 질량을 잃지 않고 다른 물질 형태로 변환되는 화학 반응과는 대조적으로, 우라늄과 같은 원자의 붕괴가 일어나는 동안에는 실제 질량이 소모된다. 화학 반응은 분자에 있는 원자들의 배열을 변화시키지만, 원자를 조각으로 깨뜨리는 원자 반응에서는 질량을 소모시킬 수 있다.

이를 물리학의 용어로 정리하면, 아인슈타인은 시공간과 물질이 상호 연결되고, 공간과 시간이 더 이상 떨어질 수 없으며, 질량과 에너지 또한 같은 본질이라고 말했다.

❖ $E = mc^2$에 관한 심리적 유추

우리 모두는 심리학에서도 '화학' 반응과 '원자' 반응을 경험해 왔다. 만약 당신이 누군가와 우정의 관계를 맺고 있다면, 당신은 일종의 화학 결합을 가지고 있는 것이다. 당신은 그들의 플러스에 의해 채워지는 마이너스를 가지고 있고, 그들도 당신의 플러스가 완성시킬 몇 개의 마이너스를 갖고 있다. 만약 당신이 그 우정 관계를 망치로 친다면, 만약 당신의 우정 관계를 당기고 밀어낸다면, 당신은 많은 어려움을 갖게 된다. 많은 열기와 관계의 재고가 가능하다. 그것이 바로 화학적 인력의 본질이다.

그러나 만약 당신이나 당신의 친구가 죽거나 '정신병자'가 된다면, 심각한 정신적 충격이 발생해서 친구가 깊은 상처를 입는다면, 둘 중 한 명의 본질이 깨져 버린다. 그것은 마치 물질적인 어떤 것이 없어지고 에너지로 변환되면서 당신으로부터 분리되어 나가는 것과 같다. 그 에너지 혹은 정신은 격렬한 기억, 끔찍한 악몽, 생명을 위협하는 증상, 또는 그보다 더 나쁜 결과로 변해서 날아간다. 그것은 마치 원자폭탄과 같다. 삶의 어느 시점에서 당신은 우라늄 원자와 같다. 만약 어떤 작은 것이 잘못된 방향으로 당신을 건드린다면, 당신은 정신병이나 정신적 충격에 있는 사람들처럼 튕겨지고, 당신 주위에 강력한 연쇄 반응을 만들게 된다. 이러한 상황에서 조그마한 충돌이 엄청난 연쇄 반응을 일으킬 수 있다.

❖ 어떻게 장이 입자로 변하는가

우리는 어떻게 물질적 입자가 에너지로부터 만들어질 수 있는지를 설명하는 것에 관해 물리학과 심리학의 개념을 연구하고 있는 것이다. 당신은 원자 에너지 공식인 $E=mc^2$을 기억할 것이다. 그 식에 의거하여 우리가 어떻게 에너지가 물질을 만드는지를 배우기 위해 우리의 다음 단계는 전기에 의해 생성된 물리적 장(場)의 의미를 탐구하는 것이다.

앞에서 우리는 전기장을 살펴보았다. 우리는 어떻게 전기장이 자기력과 연결되는지를 보았지만, 장이 정말로 무엇인가에 대해서는 살펴보지 않았다. 그 이유 중 하나는 아무도 전기장이 무엇인지 정확하게 모르기 때문이다. 물리학이 확장될수록 장과 같은 개념 또한 발전한다. 당신은 전기장이 전자나 양전자와 같은 입자들에 의해 운반되는 전기 전하(電荷)에 의해 생성된다는 것을 알고 있다. 원자는 전하를 가지고 있으며, 그것은 분자를 형성하기 위해 원자들이 서로를 당기는 방법의 하나다. 원자 주위의 전기장은 입자들과 다른 원자들을 잡아당긴다. 원자 주위의 전기장은 분자 화학의 많은 부분을 설명해 준다. 분자 화학은 서로를 당기고 밀쳐내는 오래된 이야기다.

장은 놀라운 능력을 가지고 있지만 매우 추상적이다. 장은 정확하게 어떻게 작용할까? 물체가 어떻게 멀리 있는 다른 물체를 서로 끌어당기고 밀어낼까? 이것은 마술인가? 심지어 시공간의 장도 이상하긴 마찬가지다. 도대체 시공간의 굴곡이 어떻게 중력장을 만들어 내는가? 많은 물리학자들은 도교주의자 또는 아인슈타인처럼 장-지향적이 아니어서, 장의 역학에 대해 더 알기를 원했다. 사실, 아인슈타인과 동시대의 많은 양자 물리학자들과 (더 최근의 물리학자들까지도) 시공간의 굴곡이 중력과 동등하다는 생각에 결코 전적으로 만족하지 못했다. 물질과 중력은 이론적으로는 구부러진 시공간으로 대치될 수 있지만, 이것이 의미하는 바는 무엇인가? 물질의 본질을 이해하는 데 시공간의 개념이 유용하고 중요하지만, 시공간의 장은 그 장이 어떻게 물리적 성질을 나타내는지에 대해 더 알고자 하는 물리학자들에게 신비하고 너무나 수학적인 것으로 보인다.

많은 과학자들이 가상 입자의 개념이 보다 일상의 실재에 더 가깝다고 느꼈다. 비록 그러한 가상 입자가 보이지 않더라도, 많은 사람들에게 입자가 장보다 더 친숙한 것 같다. 그래서 상대성 이론과 양자역학이 합쳐지는 물리학의 영역인 '가상 입자'라는 믿기 어려운 이야기가 시작되었다.

가상 입자에 관한 몇 가지 특성은 하나의 이야기로 가장 잘 이해할 수 있다. 만약 당신이 다음을 하나의 이야기로 생각한다면, 당신은 그것을 받아들이고 따를 수 있을지도 모른다. 그렇지 않다면, 당신의 이성적인 생각이 그것들에 관해서 논쟁을 하고자 할 것이다. 다음 장에서, 나는 그 이야기에 대한 이성적인 근거를 더 제공하겠지만, 여기서는 그 이야기가 이성적으로 들리도록 노력을 하겠다.[2)]

1700년 이래로, 사람들은 물질이 그 주위에 서로 다른 물리적인 장(전기장, 자기장, 중력장)이 있다고 생각해 왔다. 물질적인 장은 수학 개념으로 설명될 수 있었다. 그래서 물질적인 장은 정확한 정의를 가지고 있었다. 그러나 아무도 정확하게 이러한 장이 정말로 무엇인지를 몰랐으며, 또는 어떻게 역학적 근사의 개념으로 작용하는지 몰랐다. 그것들이 어떻게 물체에 힘을 작용할 수 있게 하는 것인가? 어떻게 자석이 멀리 떨어져 있는 쇳가루에 영향을 미치는가? 이것은 마술이었나?

아인슈타인은 시공간의 차원, 우주 공간이 '물질과 비슷하다(substance-like)' 고 말했는데, 그 이유는 시공간의 굴곡은 중력의 개념과 동등하기 때문이다. 그는 물질과 장의 개념을 연결시켰다. 이 때문에 물리학자들은, 예를 들면 입자와 같은, 더욱 실체적인 것들이 또한 장의 표현이 될 수도 있다는 것을 추측했다.

우리는 전자, 양자, 또는 어떤 종류의 하전(荷電)된 입자도 그 주위에 하전된 전기장을 가지고 있다는 것을 알고 있다. 이 장은 외부로 빛을 발하고, 심지어 멀리 있는 다른 입자에게 영향을 준다. 물리학자들은 두 전자를 함께 밀어내기 위해서 필요한 힘이 얼마인지를 알아냄으로써 그 장의 힘을 확인할 수 있다. 두 개의 전자가 서로 가까이 있을 때, 그들 사이에는 전기장이 있기 때문에 서로를 밀어내게 된다. 그러나 실제로 무슨 일이 일어나는가? 여기에 그 질문에 사람들이 답한 것이 있다.

전기장이 이 반발력의 원인이라는 생각에 반대하는 물리학자들은, 물질의 아주 작은 조각인 역학적 입자의 개념에서 그 전기장을 설명한다. 이 물리학자들은 멀리에서 마술적인 효과를 갖는, 즉 반발력을 만드는 전기장의 개념을 좋아하지 않았다. 그들의 마음에는, 물체들에게 윙윙 거리는 소리와 같은 것이 아닌, 물체들 간에 충돌이 있을 때, 물체가 서로 밀쳐내는 전기장이 자리 잡고 있었다.

장과 입자들의 연결은 우리에게 생소한 것이 아니다. 당신은 아마도 앞에서 논의된 장과 숫자의 연결에 대해 기억할 것이다. 첫째로, 우리가 '과정' 이라고 부르는 어떠한 분화되지 않은 장이 있다는 것을 가정하였다. 우리는 그 묘사할 수 없는 과정을 '말로 표현할 수 없는 도' 라고 불렀다. 말로 표현할 수 없는 도가, 상상하기 어려운 장의 개념이기 때문에, 그것은 우리가 생각할 수 있고 서로 연결할 수 있는 사물이라는 관점에서 스스로를 펼치는 경향을 가지고 있다. 이러한 도 또는 과정을 묘사하기 위해 숫자가 나타났다. 도는 1, 2, 3의 개념으로 펼쳐졌다. 숫자들은 장을 묘사하는 부분, 입자, 양이다. 그러나 숫자의 주위에는 많은 부분의 불확정성이 있다. 왜냐하면 그들의 사용은 비일상적 실재인 NCR 경험을 무시하는 경향이 있기 때문이다. 입자처럼 숫자는 명확하며 공유될 수 있는 일상적 실재인 CR을 창조한다.

오늘날의 물리학자들은 유사한 곤경에 처해 있다. 장을 묘사하기 위하여 이들은 입자의 일상적 실재인 CR 개념만을 고수하기로 결정했다. 비록 그 개념은 양자이론에서 불확정성의 측정 때문에, 이미 불확실하고 유효하지 않아도 이를 지속하고 있다. 이러한 입자 개념의 모호성에도 불구하고, 물리학자들은 하나의 미지의 역장(force field)을 묘사하기 위해 다른 하나의 미지의 입자를 사용하기로 결정했다.

나의 스승들은 장을 입자의 관점에서 설명하려는 시도에 다음의 질문을 통해 접근하였다. "설명 그 자체는 무엇을 의미하는가? 어떻게 우리가 미지의 장을 다른 미지의 보이지 않는 입자로 설명할 수 있는가? '설명' 이라는 용어는 무엇을 의미하는가?"

무언가를 설명한다는 의미에 대해서 여러 가지 다른 견해가 있다. 한 가지 견해는 '설명은 경험의 관점에서 장에 대해 기술하는 것을 의미한다' 는 것이다. 다른 견해는 '설명하는 것은 기본 과정, 일상적 실재인 CR, 개인의 정체성이라는 관점에서 질문자와 연관시키는 것을 의미한다' 는 것이다. 세 번째 견해는 '설명은 그 사람의 나머지 경험과 일치하는 개념을 사용한다는 의미다' 라는 것이다. 나의 많은 학생은 세 번째 견해에 동의하며, 대부분의 사람들의 개인적인 경험과 정체성이 사물에 대한 원인을 갖는 것에 기초한다고 말한다.

우리는 어떤 사람에게 무엇인가를 설명하는 것이 또 다른 사람에게는 설명되지 않을 수도 있다는 것을 볼 수 있다. 현재까지 물리학은 대부분의 사람들에게 무엇인가 의미 있는, 입자, 에너지, 일, 시간, 공간, 물질 그리고 수와 같은, 일상적 실재인 CR 개념들을 주로 이용하여 왔다. 이러한 용어들을 정확하게 탐색해 보면 그것들이 아주 정밀하지는 않다. 그것들은 고정되고 분리되기보다는 모두 상호 연결되어 있고, 좀 더 과정 지향적이다. 아직까지도 물리학은 사물들을 이해시키기 위해서 이러한 언어를 계속해서 사용하고 있다.

명백히, 일반적으로 받아들여지는 설명은 일상적 실재인 CR 용어로 사건을 묘사하는 것이다. 예를 들어, 모든 사람들이 두뇌 화학(brain chemistry)과 꿈이라는 용어로 경험들을 말하는 것에 동의한다면, 나는 그것들을 이해하고 새로운 것들을 설명하기 위해서 그 언어를 사용해야 할 필요가 있다. 나는 두뇌 화학이나 꿈이 무엇인지 모르지만, 이러한 경험들이 어떤 사람들에게 의미가 있는 한 그것은 문제가 되지 않는다.

총체적으로 수용되는 설명은 일상적 실재인 CR 용어나 개념을 다룬다. 현재, 우리 마음에 나타나는 현상을 설명하기 위해서 외계의 존재 혹은 외계인을 이용하는 것이 주류의 과학자들에게 받아들여지는 설명은 아니겠지만, 반면에 두뇌 화학은 받아들여질 것이다.

물리학에서도 마찬가지다. 우리가 새로운 세기를 시작하면서, 인과관계와 입자들에 대한 개념이 장들이나 멀리 떨어진 행동보다 더 잘 받아들여진다. 그러므로 비록 입자들이 존재하지 않더라도, 입자는 사람들에게 사물을 '설명' 해 준다. 입자의 개념은 우리를 어떤 사건과 연관시키고, 그리고 심지어 시험될 수 있고 나중에 기술을 발전시키는 데 사용될 수 있는 유용한 이론으로 발전하도록 해 준다. 다른 세기에는, 아마도 유령이 입자보다 더 일상적인 역할을 수행할지도 모른다. 그러면 우리는 유령이나, 일상적 실재인 CR에서 수용 가능한 어떤 것에 관해 말할 것이다.

오늘날 선호되는 설명은 인과관계를 포함한다. 예를 들어, 하나의 가상 입자는 또 다른 보이는 입자와 충돌하여 그것을 움직이게 만든다. 물리학에서의 설명은 총체적으로 수용 가능한 개념에서 형성되어야 할 뿐 아니라, 또한 실험 결과에 의해 제한되어야 한다. 수용될 수 있는 유일한 설명은 그들을 검증할 만한 무엇인가를 가지고 있다.

'가상' 입자의 경우, 당신은 그들을 실제로 측정할 수는 없지만, 가상 입자 개념과 관련하여 다른 것을 측정할 수 있다. 만약 그 가상 입자 개념이 물리학에서 수용되려면, 그 개념은 상대성이나 양자역학, 즉 아인슈타인의 '에너지 = 질량 × 광속의 제곱' 법칙과 양자역학에서의 불확정성 원리와 같은 알려진 법칙과 패턴에 따라야만 한다. 요약하면, 물리학에서의 수용 가능한 설명은 일상적 실재인 CR 개념을 사용하며, 시험될 수 있는 요소를 가지고 있고, 다른 알려진 물리학의 법칙에 따라야 한다.

❖ 양자 전기역학

물리학자들은 장을 입자의 개념으로 설명하기로 결정하였는데, 그 이유는 입자 설명이 물리학에서 수용 가능하기 때문이었다. 물리학자들은 장을 양자 전기역학(quantum electrodynamics: QED), 즉 물리학에서 가장 유용하고 일반적으로 수용된 이론으로 설명한다. 양자 전기역학은 양자역학, 상대성, 전기장 이론의 조합이다. 그것이 설명하는 것은, 두 개의 전자와 같은 두 개의 하전된 입자가 서로를 밀어내는데, 그 이유는 그 둘 사이에 있는 전기 '장' 때문이 아니라, '가상' 입자가 각각의 전자로부터 방출되고 이 가상 입자가 서로를 밀어내기 때문이라는 것이다.

리처드 파인만(Richard Feynman)의 큰 업적으로 인해, QED는 어떻게 화학이 작용하는지, 어떻게 전자들이 광자라 불리는 가상 입자를 교환하는지를 멋지게 설명한다. 그 이론이 완벽한 것은 아니지만, 여러 면에서 여전히 최고다. 물리학은 궁극적으로는 QED를 능가하는 새로운 개념(예를 들어, 초현(超弦)이론)들을 발전시킬 것이지만, 이러한 새로운 이론들은 QED가 이 세계에 대해서 우리에게 말해 줄 수 있으려면 한참 먼 길을 가야 할 것이다.

장에 대한 상상의 설명으로서 가상 입자의 발전에 관한 이야기는 참으로 흥미롭다. 양(+)으로 하전된 어떤 2개의 입자, 음(−)으로 하전된 2개의 전자 또는 양으로 하전된 2개의 광자를 생각해 보자. 왜 이 두 양자가 서로를 밀어내고 떨어져 있는지에 대한 가상의 해답은 가상 입자가 무(無)로부터 창조되었기 때문이다. 가상 입자는 양자 중 하나에서 떨어져 나와 다른 양자와 충돌한다고 가정한다.

[그림 33-2]의 왼쪽 그림에서, 우리는 대치된 전기장에 의해 '설명된' 반발을 볼 수 있으며, 그림의 오른쪽에서는 가상 입자들의 충돌에 의해 설명된 반발을 볼 수 있다.

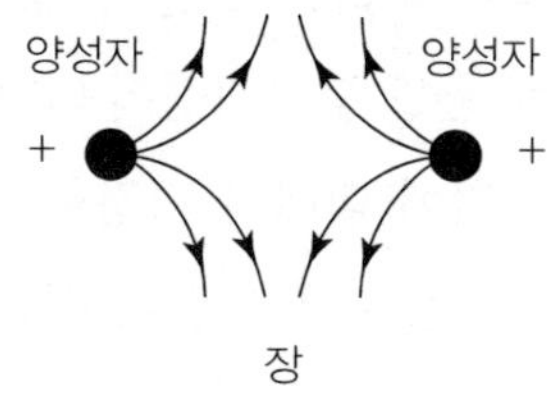

반발에 대한 장 그림
두 양성자 사이의 장은
반발력을 준다.

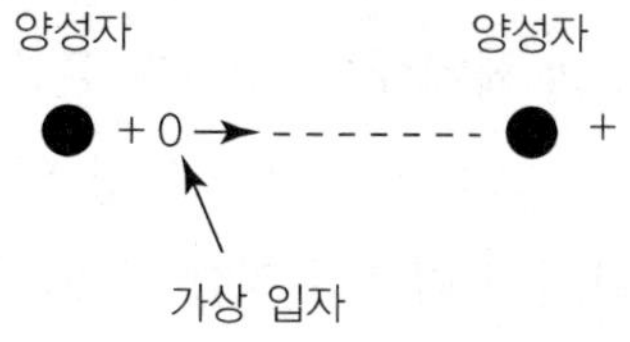

반발에 대한 입자 그림
가상 입자가 한 양성자에서 방출되어 다른
양성자와 충돌함으로써 반발력을 만든다.

[그림 33-2] 전기장의 장 및 입자 설명

그림 오른쪽에서 하전된 입자들은 그 안에 가상 입자들을 가지고 있고, 이 가상 입자들이 다른 하전된 입자들과 충돌하고, 그로 인해 반발을 일으키고 있다. 그러나 이 가상 입자들은 어디에서 나타날까?

물질의 입자 그림에서, 양성자와 같은 일반적인 물질은 빛의 작은 입자와 같은 다수의 가상 입자를 '포함' 하고 있는 것으로 가정되는데, 이 빛의 작은 입자는 주(主) 입자로부터 나오고 들어간다. 사물의 이러한 그림에서, 일시적으로 존재하는 빛의 광자와 같은 가상 입자는 광자 같은 더 큰 하전된 입자에서 나와서, 보이거나, 측정되거나, 무게를 잴 수 있기 전에 양자에 의해 다시 흡수된다.

하전된 입자의 상황은 당신이나 나와 같은 사람이 혼자 생각하면서, 거리를 걷는 것과 비슷하다. 나의 상황에 대한 만화 그림은, 걷고 있을 때 머리에서 많은 생각과 아이디어가 나왔다 다시 들어가는 사람으로 그려질 수 있을 것이다.

물리학자들은 하전된 입자를 마치 많은 생각들이 나왔다가 다시 들어가는 머리와 같은 것으로 본다. 그들의 상상은, 두 개의 하전된 입자가 가까이 있을 때, 각각의 가상 입자가 전하를 방출하는 것이 아니라 오히려 다른 하전된 입자와 충돌하고 부딪혀서 서로 밀쳐내는 것이라고 제안한다. 그것이 어떻게 + 또는 - 전하가 서로를 밀쳐내는지에 대한 양자 전기역학으로부터의 답이다.

실제로, 양자 전기역학은 내가 말한 것보다도 활발하다. QED에 따르면, 교환 입자(가상 입자의 또 다른 이름)는 시간에서 앞뒤로 이동할 수 있다. 우리는 어떤 양성자가 먼저 가상 입자를 방출시켜서 다른 양성자와 부딪히게 하는지 알 수 없다. 우리는 단지 양자의 세계에서, 시간과 공간 그리고 측정에 관한 불확정성이 있다는 것만을 알고 있다. 그러나 우리는 가상 입자를 측정하는 것에 대해서 걱정할 필요조차 없다. 왜냐하면 우리는 측정할 수 없기 때문이다. 그것들은 매우 짧은 시간 동안에만 존재한다.

어떻게 해서 물리학자들은 그러한 무모한 추측을 할 수 있을까? QED의 설명은 처음에는 거의 심리학적인 것으로 들리는데, 그 이유는 심리학자들 또한 인간의 행동을 설명하기 위해서 가상의 꿈의 모습을 만들기 때문이다. 당신은 아마도, 도대체 어떻게 그러한 심리학적, 물리적 이론들이 허용될까 의아해할 수도 있다. 가상 입자가 실제 입자와 충돌한다는 생각이 허용되는 이유는 가상 입자가 측정될 수 없기 때문이다.

가상 입자들은 너무 빨리 움직여서 불확정성 원리에 의해 보호된다. 그것들은 측정되거나 볼 수 없다. 실제의 입자들 또한 직접적으로 볼 수 없다. 양자이론을 기억하는가? 당신은 전자와 같은 입자도 그것들이 부딪히는 화면에서 전자 계수기에 의해 부딪힐 때만 볼 수 있다. 당신은 또한 안개상자 안에서 입자들이 뒤에 남기는 희미한 줄을 보면서 입자의 궤적을 따라갈 수 있다. 입자들의 결과는 볼 수 있지만, 그 입자들 자체는 직접적으로 볼 수 없다.

반면에 우리는 결코 가상 입자의 부딪히는 소리를 듣거나 궤적을 찾을 수는 없지만, 그들이 존재한다고 믿는다. 왜? 몇 가지 이유가 있다. 첫째, 우리가 다음 장에서 살펴볼 것이지만, 그들은 물리학의 법칙들을 따르고 있기 때문이다. 둘째, 사람들이 입자의 개념을 좋아하기 때문이다. 셋째, 가상 입자 이야기는 측정 가능하거나 기술적인 효과(예를 들어, 우리가 34장에서 살펴볼 X선 같은 것)를 설명하기에 유용한 생각의 도구이기 때문이다. 가상 입자는 측정될 수 있는 사물에 대해 이해할 수 있도록 해 준다.

가상 입자는 물리적 영역과 비물리적 영역 사이의 흥미롭고 가능성 있는 연결 다리다. 가상 입자 개념으로, 물리학자들은 그들의 비일상적 실재인 NCR 상상을 일상적 실재인 CR 현상을 설명하는 데 사용하고 있다. 그들은 '가상 입자' 라는 하나의 마술적인 설명으로, 다른 것, 즉 장을 설명하는 데 사용한다. 입자는 모든 것이 하나의 사물로 축소 가능하다는 것을 믿는 세계관에 의존하는 마술적인 설명이다. 즉, 그 보이지 않는 작은 사물이 그러한 효과를 만든다.

가상 입자는 인생의 당구 공 모형에 많이 근거하고 있다. 비록 당신이 안개상자 속의 전자를 추적할 수 있다 하더라도, 전자의 사진을 찍은 사람은 아무도 없다. 그러나 사람들은 비록 가상 광자가 추적될 수 없다고 하더라도, 가상 광자 혹은 빛의 입자가 전자에서 나온다고 믿는다. 우리는 소립자 물리학에 대한 이 모든 이야기 또는 이론이 단지 투사일 뿐이라고 말할 수 있을 것이다.

양자 전기역학 이론은 심리학과 물리학이 교차하는 곳 중 하나다. 우리는 우리의 일상적 실재인 CR 세계를 이해하기 위해 비일상적 실재인 NCR로부터 투사할 필요가 있다. 실재가 비일상적 실재인 NCR 꿈꾸기로부터 나오기 때문에 자연은 우리의 투사 대부분을 따른다. 그러나 몇몇의 투사가 장이나, 가상 입자와 같은 똑같은 현상을 묘사할 수 있기 때문에, 가장 좋은 투사나 이론은 가장 많은 것을 설명하는 것이다. 투사는 일상적 실재인 CR의 현재의 관점뿐만 아니라, 물리학과 우리가 볼 수 있는 물질의 다른 행동 규칙에 따르는 한, 수용 가능하게 된다. 다시 말해, 이 일상적 실재인 CR이 변함에 따라, 우리의 자연과 물질에 관한 관점도 역시 변할 것이다.

만약 당신이 가상 입자 개념을 좋아하지 않는다면, 당신은 언제나 더 좋은 개념들을 찾아낼 수 있다는 것을 기억하라. 당신은 결코 물리학에서 어떤 것을 이해해야 하거나 동의해야 할 필요가 없다. 만약 당신이 더 좋은 것을 생각할 수 있다면, 지금까지 배워 왔던 것을 거부하고, 당신의 생각을 증명하라. 물리학에서 최종적인 것은 아무것도 없다. 만약 당신 속의 어떤 것이 물리학에서의 무엇인가를 이해하기 거부할 때, 그것은 모든 사람이 틀리고 놓친 것일 수도 있다.

어쨌든, 현재에 물리학 법칙에 따르며 안개상자, X선 등 일상적 실재인 CR 측정과 일치하는 가상 실재의 모습은 [그림 33-3]과 같다.

하전 입자는 일종의 광자 솜털을 만들어 내는 다수의 가상 입자에 둘러싸여 있다고 여겨진다. 이 하전 입자가 측정될 수 없는 광자를 방출하고 다시 흡수한다고 가정한다.

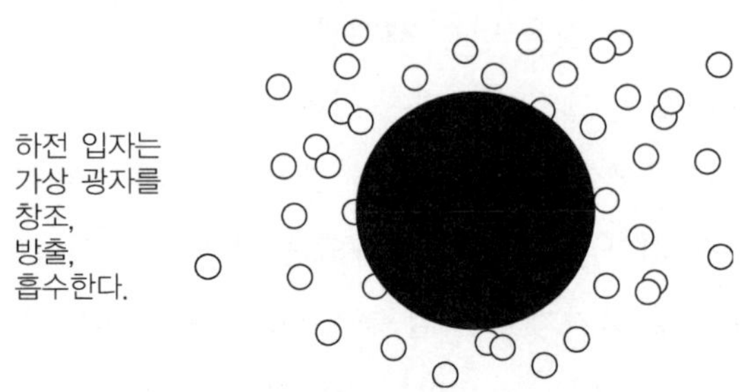

[그림 33-3] 하전 입자의 QED 그림

이 입자들은 어디에서도 나오지 않으며, 오히려 에너지의 동요(動搖)에서 나온다고 이야기한다. 그들은 물리학의 법칙에 의해 보호받는, 수용 가능한 유령들이다. 에너지 법칙에 의하면, 만약 한 개의 하전 입자가 충분히 여기(勵起: 높은 에너지 상태로 올라가는 것)되면, 가상 광자는 방출해야 할 엄청난 에너지를 가지게 되며 실제로 하전 입자를 떠난다. 가상 광자가 충분한 에너지를 갖게 되면 떠나게 되는데, 이것은 당신이 그것을 빛의 형태로 볼 수 있다는 것을 의미한다. 에너지의 동요가 가상 입자를 만들어 내지만, 그것들이 더 많은 양의 에너지가 주어질 때만 가시광선으로 변한다.

❖ 심리학에서 가상의 부분과 입자

이 시점에서 우리는 우리가 보지 못하는 많은 것들을 행하고 있다는 것을 기억하는 것이 중요하다. 물리학과 마찬가지로 심리학은 가상의 물질, 부분, 입자로 가득 차 있다. 대부분의 심리학자들은 그림자, 아니무스(animus), 내면 아이, 채널, 에너지와 같이 비록 아무도 본 적이 없는 이러한 가상의 부분들을 이야기한다. 그러한 것들은, 모든 설명이 그러하듯이, 몇몇 사람들에게 현재 일어나고 있는 것들을 이해하는 데 도움을 주기 때문에 우리에게 실재가 된다.

가상의 심리학적 부분은 당신이 그들이 영원하고 실재라는 것을 믿지 않는 한, 대단한 것이다. 당신은 당신이 좋아하는 어떠한 비일상적 실재인 NCR 개념(신, 여신, 자신, 개체화, 자아)도, 그것들이 당신이 말할 수 있는 행동과 같은 일상적 실재인 CR의 사물을 설명하는 데 유용하다면, 사용할 수 있다. 모든 가상의 부분들은, 도(道)나 과정과 같은 장이론을 상호보완적으로 묘사한다. 예를 들어, 도교는 부분이 없는 통합된 이론이다. 그것은 마치 전자기 이론이 가상 입자를 '생산' 해 내는 것과 같은, 부분들이 합쳐진 장이론이다.

나는 장을 좋아하지만, 부분들도 또한 재미있다. 예를 들어, 우리들 주위, 내부, 사이에 무의식이라고 불리는 어떤 것이 있다는 관념이 수년간 나를 빠져들게 했다. 그것은 마치 상대성 이론이 발견되기 전에 사람들이 흔히 믿었던 신비한 에테르(ether) 같이 들렸다. 나는 무의식을 볼 수 없었다. 그것은 정적(靜的)이었는가 또는 동적(動的)이었는가? 내가 무엇을 찾아야 하는가? 이미지를 꿈꾸기? 어쨌든 괜찮다. 그러나 그들이 전부는 아니다.

무의식을 둘러싼 나의 곤혹감 속에서, 나는 또 다른 입자 이론을 생각해 냈다. 나는 모든 입자들을 신호(signal)라고 부른다. 어떤 신체신호(gesture)는 당신이 다른 사람에게 전달하기 위한 의미를 담고 있다. 이러한 의도적인 신호는 물리학에서 하전 입자와 같은 것이다. 어떠한 면에서, 그 신호들은 우리가 의사소통에서 사용하는 근본적인 조각들인 것이다. 만약 당신이 정말로 정밀하다면, 당신은 언제 그리고 어디에서 신호들이 시작되고 끝이 나는지를 발견하기 어렵겠지만, 일상적 실재인 CR의 관점에서 보면, 그들은 입자와 같은 방법으로 존재한다.

다른 신호들은 '이중 신호(double signal)' 다. 이들은 일종의 불분명하고, 불명확하고, 의도적인 신호들 주위를 맴돌고 있는 것이다. 우리는 보통 이중 신호를 보내려 하지 않을 뿐만 아니라, 만약 훈련되지 않았다면 그 출현을 거의 알아차리지도 못한다. 이중 신호는 가상 입자와 같다.

예를 들면, 내가 만약 교실에서 강의를 하고 있다면, 나는 칠판에 적으면서 학생들과 이야기한다. 나의 단어와 목소리는 내가 확인하는 신호다. 그러나 동시에, 나는 말을 하면서 계속 위를 올려다 볼 수도 있다. 그것이 이중 신호다. 나는 말을 멈추어야 하고, 잠시 동안 조용히 하고, 서두르고 싶지 않기 때문에 실제로 내가 시계를 보고 있다는 것을 발견하기 위해 자신을 보아야 할 것이다. 그러나 나는 또한 내가 몇 분 후에 끝내야 하므로, 서둘러야 한다는 것을 깨닫는다. 나의 서두름(위를 쳐다보는 것)은 불분명한 이중 신호였다. 나는 시계와 일종의 신호교환을 하고 있거나, 또는 시계가 나에게 신호교환을 하고 있었던가? 누가 먼저 가상의 이중 신호를 보내고 있었는가?

어쨌든, 고의적인 신호는 당신이 비디오테이프에서 볼 수 있는 궤적을 남기는 입자와 같다. 이중 신호는 가상 입자(내가 올려다보는 것과 같은)와 같은 것인데, 당신은 거의 보지 못하거나 잘 인식할 수 없다. 당신이 그 신호를 알아차리려고 노력할 때만 (마치 당신이 하전 입자를 에너지로 채우는 것과 같이), 내 이중 신호의 가상적인 본질이 명확해진다. 단지 내가 올려다보는 나의 이중적, 비의도적 신호를 명상할 때에만 그것이 정상신호가 된다. 그러면 나는 강의 시간이 끝났음을 의미한다는 것을 알게 된다.

일반적으로, 당신은 이중 신호를 잘 볼 수 없다. 그것은 인어 멜루시나와 비슷하다. 만약 당신이 사랑으로 그녀에게 접근하지 않는다면, 그녀는 사라지고 측정할 수 있는 질량이나 내용물이 아무것도 없다. 만약 이중 신호들이 강화되지 않는다면, 즉 요리되고 펼쳐지지 않는다면, 이중 신호의 의미에 대한 합의는 결코 없을 것이다. 이중 신호는 단지 잠재적으로만 의미가 있다. 그들은 마치 양자 전기역학에서 교환 입자와 같다. 나의 이중 신호가 당신의 일반 신호와 부딪히고, 반대로 당신의 이중 신호와 나의 일반 신호가 부딪힌다면, 그들은 서로 신호교환을 한다. 그것이 우리가 서로 잡아당기고 밀어내는 방법이다. 이중 신호는 가상 입자와 같이 행동한다.

이중 신호와 가상 입자는 우리가 멀리 떨어져서 상호작용하는 것을 설명하고자 할 때는 훌륭한 아이디어가 된다. 당신은 우리가 오라(aura)와 장을 보내거나, 우리가 이중 신호와 가상 입자를 방출한다고 말할 수 있다. 장이론과 입자이론은 비록 둘 다 완전한 실재는 아니지만, 흥미로운 이론이다. 요점은 바로 당신의 마음이 사물과 사람 간의 신비한 장의 본질에 대해 설명하고자 하는 절실함을 가지고 있다는 것이다.

우리가 하나의 설명을 발견하자마자, 우리는 그것이 결코 완전히 설명될 수 없는 어떤 것에 대한 설명이라는 것을 기억할 필요가 있다. 게다가, 미래에 이 신비스러운 어떤 것이 보다 새롭고 더 나은 설명을 얻을 수도 있다는 것이다. 절대적인 면에서 실재는 아무것도 없으며, 개념들은 자연에 관한 생각들을 이해하고 나누는 데 도움을 주는 도구다. 가상 입자는 물리학이 장에서 인력과 척력을 설명하기 위해 만들어 낸 그 어떤 것이다. 이것은 실재가 어디에서 오는가를 설명하는, 비일상적 실재인 NCR 설명(완전히 상상된 것)이 된다. 다시 말해, 물리학은 꿈꾸기가 없이는 더 이상 존재할 수 없다.

주 석

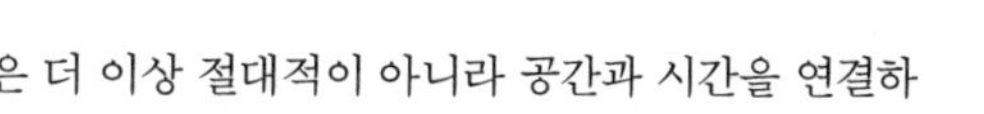

1) 움직임의 속도는 관찰자에 의존하기 때문에, 속력은 더 이상 절대적이 아니라 공간과 시간을 연결하는 로렌츠 변환에 종속된다.
   상대성에서 질량의 한 점의 에너지는 이제 다음의 공식으로 나타내져야 한다.

$$mc^2/\sqrt{1-v^2/c^2}$$

   위 식은 낮은 속력에서 $mc^2 = mv^2/2$에 의한 근사값을 얻을 수 있다. 이 공식의 '상대성'에 대한 간단한 유도를 위해서, 아인슈타인의 『상대성(*Relativity*)』의 49쪽과 그 이후를 보라. 그는 한 조각의 물질이 낮은 속력 v에서 움직일 때의 총에너지는 $E = mc^2 + mv^2/2$ 라고 쓸 수 있다는 것을 보여 준다. 상대성에 의한, 물질의 추가 에너지, mc^2을 주목하라. 유명한 공식인 $E = mc^2$은 물질의 에너지가 그 물질과 함께 움직이는 체제로부터 측정될 때 얻어지는데, 그 이유는 이 관점에서 v는 0이기 때문이다. 다시 말해, $E = mc^2$은 물질의 조각이 그 자체 시스템 안에서 정지하고 있을 때의 잠재적 에너지다.

2) 나는 이 주제에 관해서 밤 새워 이야기를 함께 나눈 에이미 민델에게 특별히 감사를 전한다.

제34장
무(無)에서의 창조

나는 앞으로 수십 년 내에, 물질적 인식과 정신적 인식으로부터의 우리의 세계관에 큰 변화가 올 것이라고 낙관한다.

– 14대 달라이 라마–

물리학자들은, 물리학의 다른 이론과 일치하고 실험 결과에 잘 들어맞는, 가상 입자 개념과 같은 생각을 아주 진지하게 연구할 것이다. 이 장에서, 우리는 '일치' 란 용어의 의미와, 어떻게 가상 입자가 양자물리학과 상대성 이론의 원리와 잘 일치하는지, 즉 어떻게 가상 입자가 에너지보존, 불확정성, 질량–에너지 원리에 잘 맞는지를 탐구할 것이다. 더 중요한 것은 과학이 어떻게 새로운 이론을 도출하는지 숙고할 것이다. 우리는 존재에 대한 하나의 이론이 어떻게 다른 이론보다 더 지지를 받을 수 있는지 그 이유를 살펴볼 것이다.

가상 입자(또는 물리학과 심리학의 어떠한 이론, 또는 초자연치료)가 반드시 따라야 하는 중요한 원리는 다음과 같다.

에너지 보존. 물리학에서, 닫힌 계에서의 에너지 총합은(또는 상대성 이론에 의하면, 질량-에너지의 총합은) 일정해야만 한다.

불확정성. 에너지보존법칙에 따르면, 닫힌 계의 에너지는 시간이 지나도 일정하게 유지되어야만 한다. 그러나 양자역학의 불확정성 원리로부터 우리는 에너지와 같은 모든 측정 가능한 양(量)이 약간 동요될 수 있으며, 따라서 시간에 따라 조금씩 변할 수 있다는 것을 발견했다. 측정 방법이 측정 대상인 시스템이나 물체를 동요시키기 때문에, 어떠한 측정도 절대적으로 정확하거나 확실할 수 없다.

상대성 이론. 당신은 아마 아인슈타인이(그들 자신의 체제에서 정지하고 있는 시스템에서 이루어진 측정에 대해), 에너지와 질량이 방정식 $E=mc^2$과 같이 연관되어 있음을 발견한 것을 기억하고 있을 것이다. 따라서 우리는 에너지의 변화가 질량의 변화를 발생시키거나, 또는 에너지의 작은 변화가 입자와 같은 작은 양의 질량을 발생시킨다고 생각해야만 한다.

나는 이 일반적인 원리를 다소 단순한 비유로 설명하겠다. 우리에게 백만 개의 모래 알갱이가 담긴 모래 상자가 있다고 가정하자. 더 나아가, 이 모래 알갱이들은 상자의 에너지를 나타낸다고 가정해 보자. 각 모래 알갱이는 작은 에너지를 상징한다. 모래가 상자 밖으로 나올 수 없고, 아무것도 상자 안으로 들어갈 수 없기 때문에, 모래의 양은 일정하다.

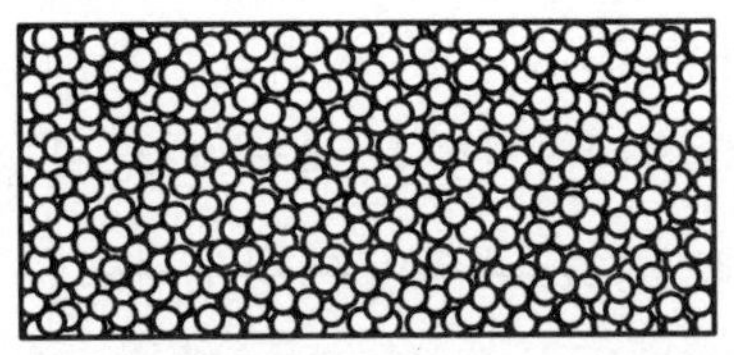

[그림 34-1] 모래 알갱이 1,000,000개가 들어 있는 모래 상자는 에너지의 일부를 나타낸다

불확정성 원리 때문에 비록 아무것도 상자에 들어가거나 나올 수 없다 하더라도, 에너지에는 여전히 작은 변화가 있으며, 그것은 상자 안의 모래 알갱이의 총 수에 대해 약간의 불확정성이 있는 것이다. 인간으로서 우리가 무엇을 하든, 확실성을 가지고 모래의 각각 입자를 측정할 수는 없다. 따라서 만일 E가 에너지 또는 모래의 총량이면, E는 에너지보존법칙 때문에 일정하다.

불확정성에 대하여 생각해 보자. 당신은 상자 안의 대략 백만 개의 모래 알갱이를 셀 수 있는 성능이 좋은 족집게를 가지고 있다고 하자. 만일 당신이 그 모래 알갱이를 하나씩 세는 것에 집중할 수 있다면, 족집게로 모래를 세기 시작해서, 어느 날 당신은 모래 알갱이 1,000,001개를 측정하게 될 것이다. 그러나 다음날에 당신은 999,999개만을 측정하게 될 것이다. 따라서 당신의 에너지 측정에는 불확정성이 있다.

다시, 그리스 문자인 델타 Δ는 '무엇의 아주 작은 부분' 을 의미한다고 가정해 보자. ΔE를 아주 작은 에너지, 즉 헤아림에서의 벗어남이라고 하자. 여기에서의 경우 ΔE는 하나 또는 두 개의 모래 알갱이다. 수십만 개의 모래 알갱이를 하나씩 헤아린다는 것은 어렵기 때문에 모래 총 수에서의 작은 벗어남 ΔE는 발생할 수밖에 없다. 더구나, 어떤 알갱이는 너무 작아서 가루와 같기 때문에 셀 수가 없을지도 모른다. 당신은 무엇이 알갱이이고 무엇이 가루인지 어떻게 결정할 것인가? 그래서 상자의 에너지인, 상자 안의 모래 알갱이의 수에 대한 가장 잘된 측정에서조차 항상 조금 불확실하다. 이것을 불확정성 ΔE라 부르자.[1)]

이제 우리의 불확정성에서 시간이 어떠한 역할을 하는지 생각해 보자. 만일 서두를 필요가 없고, 세상의 모든 시간을 당신이 가질 수 있다면, 당신의 불확정성은 작아질 것이다. 만일 당신이 서두른다면, ΔE는 더 커질 것이다. 즉, 시간의 작은 양 Δt에 대해 ΔE는 더 커질 것이다. 만일 당신이 많은 양의 시간을 가진다면, 모래 알갱이에서의 불확정성은 작아져서 ΔE도 작아진다.

이제는 양자역학의 불확정성 원리를 간단히 묘사해 보자(더 많은 정보를 위해 15장과 16장을 보라). 하이젠베르크의 불확정성 원리는 에너지의 불확정성에 실험에 사용된 시간의 양, 즉 총 시간을 곱한 것은, h로 표시되는 플랑크 상수라 부르는 매우 작은 수보다 같거나 더 작아야만 한다고 설명한다.[2)] 즉, $\Delta t \times \Delta E \geq h$ 이어야만 한다.

이것은 시간이 짧은 경우에, 에너지의 불확정성이 클 것이라는 것을 의미한다. 에너지에서의 불확정성의 크기 ΔE를 줄이기 위해서, 즉 ΔE를 더 작게 만들기 위해서, 우리는 측정할 때 단순히 더 많은 시간을 사용하기만 하면 된다.

양자물리학자는 에너지에서의 불확정성 또는 작은 벗어남, 즉 동요를 어떻게 설명할 수 있을까? 무엇보다도, 에너지보존법칙에 따라 닫힌 계의 에너지는 일정해야만 한다. 이것은 일정 값에서 에너지는 벗어날 수 있다고 하는 불확정성 원리와 모순되는 것이 아닐까?

불확정성은 에너지보존법칙과 실제로 모순되는 것이 아니다. 왜냐하면 비록 모래 알갱이의 수가 거의 똑같다고 해도, E는 일정하므로, 우리는 그러한 아주 작은 벗어남을, 즉 동요를 측정할 수 없다는, 불확정성 원리에 의해 에너지의 작은 벗어남인 동요가 발생하기 때문이다. 불확정성 원리는 불확정성이 일상적 실재인 CR의 일부라고 말한다. 우리는 어떠한 사물이 얼마나 크거나 작은지 결코 정확하게 알 수 없다.

에너지가 근본적으로 일정하다는 생각과, 에너지가 짧은 시간 동안 불확실하다는 생각 사이의 외견상의 갈등, 즉 모순은 우리의 삶에서도 볼 수 있다. 인간관계를 예로 들어 보자. 우리는 다소 변하지 않을 것 같이 보이는 관계를 만들지만, 작은 양자 신호교환에 의해 짧은 순간(또는 조금 더 긴 시간)에 그 관계를 깨뜨리기도 한다. 관계에 관한 두 방법(형성과 파괴) 모두가 인간 본성의 '원칙'이다. 한 가지 원칙은, 당신의 관계에서 에너지를 보존하면서 그것을 깨뜨리지 말라고 말하는 반면, 다른 원칙은, 아무도 당신이 그것을 했는지 증명할 수 없기 때문에, 당신이 빠른 신호교환을 통해서나 꿈꾸기를 통해 관계의 불변성을 깨뜨릴 수 있다고 말한다. 관계에 관한 두 원칙은 동시에 일어난다. 짧은 벗어남, 즉 동요는 자연에서 허용된다. 긴 벗어남과 동요는 법칙을 깨뜨린다.

똑같은 것이 물리학에서도 적용된다. 에너지보존법칙은 사물을 기본적으로 변동 없이 유지한다고 말하지만, 불확정성 원리는 측정될 수 없는 빠른 동요를 허용한다. 짧은 순간 동안, 우리는 에너지보존법칙에서 약간의 벗어남을 가질 수 있다.

이는 눈 깜짝할 사이에 볼 수 없는 것이 허용되는 것이다. 자연은 (두 개의 외관상 반대되는 법칙 중) 하나가 그 발생에 대해 시간적 제한을 가지는 한, 두 법칙이 동시에 작동하는 것을 허용한다. 불확정성 원리는 에너지보존법칙(측정할 수 있는 짧은 시간의 경우를 제외하고)을 무효로 할 수 없다. 에너지보존법칙은, 에너지가 짧은 순간에 측정될 수 없기 때문에, 그 아주 짧은 순간 동안이 아니라 일정 시간 동안에 대해서는 유효하다.

이제 상대성 이론으로 돌아가 보자. 에너지에서의 동요는 불확정성 원리에 의해 허용되지만, 상대성 이론의 질량-에너지의 법칙에 따르면 $E=mc^2$이다. 이 방정식에서 에너지의 동요는 질량의 동요를 의미한다. 이 부분이 상대성 이론과 양자역학이 겹쳐지는 곳이다.

질량-에너지의 관계식은, 정지하고 있는 질량의 에너지가 $E=mc^2$과 같이 주어진다는 것을 나타낸다. 만일 우리가 에너지에서의 작은 동요(動搖)를 잘 다룰 수 있다면, 방정식 $\Delta m=\Delta E/c^2$(Δm은 질량 측정에서의 불확정성)에 의해 계산할 수 있는, 질량에서의 작은 동요도 잘 다룰 수 있다.

이제 놀라운 문제를 다루어 보자. 기대해 보라. 짧은 시간 동안, 만일 우리에게 질량의 작은 동요가 허용된다면, 우리는 에너지의 동요에서 발생하는 가상 입자를 가질 수 있다. 이것은 무(無)로부터 가상 입자를 창조하는 것에 해당한다. 우리는 에너지를 정확히 측정할 수 없기 때문에, 질량에서 작은 동요를 가질 수 있거나, 또는 아무도 측정할 수 없는, 나타나고 사라지는 작은 입자를 가질 수 있다. 불확정성 원리는 당신이 그 입자들을 측정할 수 없을 것이라고 말한다. 만일 당신이 그 입자들을 측정할 수 있다면, 그들은 '가상' 이며, 함축된 묵시적인 것으로서 실제로 거기에 있는 것이 아니다.

가상 입자는 에너지보존법칙, 상대성에서 질량-에너지의 관계, 양자역학의 불확정성 원리와 일치한다. 물리학의 법칙에 의하면, 가상 입자는 연구의 주제가 될 수 있다. 비록 당신이 가상 입자를 보거나 측정할 수 없지만, 우리는 그것에 대해 연구할 수 있다. 가상 입자는, 에너지의 불확정성에서 창조된, 마치 공상 과학 소설의 플라스틱 총알, 즉 비비탄과 같다. 입자는 비일상적 실재인 NCR 감각에서 사용된 일상적 실재인 CR 개념이다. 모든 것에는 에너지에서 측정할 수 없는 요동(搖動, fluctuation)이 있기 때문에, 동요가 아주 잠시(짧은 시간 동안)인 한, 모든 것에는 질량에서도 측정할 수 없는 요동이 있다. 그러나 아주 짧은 시간의 기간 동안, 아무도 아주 작은 물질의 조각이 실제로 거기에 있었는지 없었는지 확인할 수 없다. 우리의 측정 도구는 성능이 결코 그렇게 훌륭하지 않을 것이다. 그래서 우리는 스스로에게 가상 입자 개념을 생각하도록 허용한다. 가상 입자는 측정할 수 없는 보호지역인, 일종의 안전지대에 살고 있다.

이즈음에서의 내 강의에서는 열띤 토론이 종종 일어난다. 몇몇 학생들은 무에서 아무것도 창조할 수 없다고 주장한다. 다른 학생들은 아무도 창조를 측정할 수 없기 때문에 무에서 무엇인가를 창조하는 것이 가능하다고 말한다. 어떤 학생은 사람들이 여신이나 신이 자신의 손을 모래 상자나 에너지 상자에 넣어서 가상 입자를 창조한 것처럼 생각하는 것 같다고 말했다. 다른 학생들은, 여신 넌(Nun)이 하나의 하전 입자가 짧은 시간 동안 다른 입자를 신호교환하게 만든다고 말한다. 그러나 대체로 모든 학생들은 양자 신호교환이 작은 변형 동안 심리학과 물리학의 기본 법칙에 의해 보호된다는 점에 동의한다.

우리의 생각이 다음과 같은 내용을 따라야만 한다는 것을 의미하는 물리학 법칙과 일치하는 한, 우리는 장과 입자에 대해 우리가 원하는 어떠한 이론도 만들어 낼 수 있다는 것을 알아 왔다.

Ⅰ. **에너지보존법칙:** 시간이 변화해도 에너지는 일정하다.

Ⅱ. **질량-에너지 전환:** $E=mc^2$이기 때문에 에너지는 질량으로 나타날 수 있다.

Ⅲ. **불확정성 원리:** 에너지는 약간 동요할 수 있다, 즉, $\Delta E \times \Delta t \geq h$

다시 말해, 움직임이 너무 빨라서 우리가 감지할 수 없다면 일상적 실재인 CR 법칙에서 벗어날 수도 있다.

어쨌든, 가상 입자가 다른 물리적 법칙들을 잘 따르기 때문에, 물리학자들은 측정할 수 없는 그 입자들이 짧은 순간 동안 존재할 수 있다는 생각을 할 수밖에 없었다.

그들은 전자나 양성자와 같은 하전 입자를 둘러싸고 있는 에너지 장이, 그러한 장의 요동에서 나오는 가상 입자처럼 빠른 동요를 가질 수밖에 없다는 생각을 허용할 수밖에 없었다. 그래서 에너지 장에 대한 개념은, 다른 가상 입자나 전자와 양성자와 같은 더 큰 입자에 부딪히는 가상 입자 개념으로 대체되었다.

❖ 일상적 실재인 CR의 불문율

만약 당신이 정말로 그것에 대해 깊이 생각해 보았다면, 이렇게 물을지도 모른다. "만약 무엇이 가상적으로 일어날 수 있다면, 왜 그것을 입자라고 부르는가?" 왜 그것을 환영(幻影)이나 유령이라고 부르지 않는가? 앞으로 100여 년 후에도 물리학자들은 여전히 입자의 개념으로 장을 설명할 것인가? 아무도 말할 수 없다. 그러나 한 가지는 분명하다. '입자' 라는 용어는 오늘날 많은 사람들이 합의했기 때문에 쓰이고 있다는 것이다. '유령' 이라는 용어는 현재 과학계로부터 합의를 얻지 못한다.

다시 말해, 일상적 실재인 CR은 과학을 형성하는 데 중요한 역할을 수행한다. 사실, 다음의 문장을 다른 세 가지 법칙과 합하는 것이 더 좋을 것 같다. 즉, 물리학의 네 번째 불문율은 이론이 받아들여지기 위해서는 승인을 받아야 한다는 것이다. 이론은 반드시 과학계에 의해 공유된 개념을 사용해야 한다. 가상 입자가 따라야 할 네 가지 법칙은 다음과 같다.

Ⅰ. 에너지보존 법칙: 시간이 변해도 에너지는 일정하다.

Ⅱ. 질량-에너지 전환: 에너지는 질량으로 나타날 수 있다($E=mc^2$이므로).

Ⅲ. 불확정성 원리: $\Delta E \times \Delta t$는 h보다 같거나 또는 커야 한다.

Ⅳ. 공동체 원리: 이론은 반드시 일상적 실재인 CR 개념을 사용하여야 한다.

[그림 34-2] 수용된 신념체계를 지배하는 규칙들

물리학은 가상 입자나 이러한 법칙에 맞는 어떤 다른 개념도 반드시 고려해야 한다고 말한다. 제4의 법칙은 특별하다. 만약 일상적 실재인 CR이 유령에 대한 신념의 방향을 바꾼다면, 그것은 마치 오늘날 가상 입자가 나타났다가 사라지는 것과 같이, 짧은 시간 동안 유령이 나타났다가 사라지는 것을 의미한다. 당신이 논리적으로 생각한다면, 아무도 가상 입자를 볼 수 없기 때문에 유령의 개념이 입자의 개념보다 나은 것처럼 보일 것이다. 그러나 유령의 개념은 네 번째 규칙에 맞지 않는다.

이론들은 집단적 경향에 연결되어 있다. 그전에 이것에 대해 생각해 보지 않은 일부 과학자들은 이론이 집단적 제한에 구속받지 않는 것에 만족할 수도 있다. 그러나 우리는 명백하게 피할 수 없는 결론을 강요당했다. 집단적 신념체계는 이론에서 빠질 수 없는 부분이다. 비록 이런 개념(우주나 시간, 입자와 같은)들의 모호함이 상대성과 양자역학이 개발된 후 1920년대에 우리가 그 개념들을 포기하게 만들었더라도, 제4의 법칙은 물리학자들이 여전히 우주나 시간, 입자와 같은 아이디어를 가지고 있는 이유 중의 하나다.

오늘날 개인적이고 주관적인 경험들은 비일상적인 것으로 여겨지고 있다. 그것들은 아직 제4의 법칙에 따라 받아들여질 수 없다. 과학적 합의는 유령을 좋아하지 않는다. 그러나 만일 의식의 변형상태에 대한 관심이 증가한다면, 만일 2차적 주의집중을 사용하는 능력이 우리 교육의 한 부분이 된다면, 미래의 물리학은 매우 다르게 정의될 것이다.

❖ 가상 입자와 내면 작업

입자의 개념은 '시간의 변화' 를 포함한다. 400년 전부터의 입자로 굳게 채워져 있는 물질의 개념은 20세기 초기에 양자역학에서 '파동과 같은 다발(wavelike packet)' 의 개념이 되었다. 이제 상대성과 양자역학의 가장 최근의 통합에서, '입자' 는 이웃한 입자와 상호작용하면서, 입자에서 나오는 형체가 없는 한 다발의 가상 물체인 기본적인 '물체' 가 된다. 가상 입자는 상호 연관적이다. 그것은 자신과 이웃을 연결하면서 입자를 교환한다.

입자와 사람의 이미지는 실제 변화에 대한 합의된 관점에 따라 변한다. 예를 들면, 뉴턴의 물리학에서는 사람을 정밀한 세계에서 부품과 입자로 구성된 하나의 기계로 보았다. 1905년경, 특수상대성 이론과 양자역학의 초기와 같은 시기에, 프로이트는 사람에게 신비한 잠재의식이 있다고 상상했다. 그리고 이후 잠재의식 그 이상을 포함하는 융의 무의식이 나타났다. 알프레드 아들러(Alfred Adler)는 추동(推動, power drive)을 강조했고, 게슈탈트는 전경(前景)과 배경(背景)을 도입하여 모든 것을 지금 여기 등에 존재하게 하였다.

다시 한 세기가 지나면서, 심층 심리학자들은 인간을 어느 정도 다른 사람에 대해 독립적이라고 이해했다. 이제 새로운 세기의 시작에서, 인간은 자신과의 관계뿐 아니라 이웃과 우주와의 관계에서 자신을 찾으려는 경계에 있다. 가족치료는 수년 동안 이것을 제안해 왔으나, 개인치료는 주로 개인에게 초점을 맞추어 왔다. 비록 상대성 이론이 각각의 분자가 우주 보편적 장의 한 부분임을 오래도록 주장해 왔지만, 양자역학이 주로 개별 입자에 초점을 맞춘 것과 같은 현상이기도 하다. 앞으로 20여 년간, 임상심리학은 개인 심리학을 관계성 및 집단과정과 통합하는 지배적인 관계성의 풍조에 의해 새로 태어나게 될 것이다.

물리학에서 입자에 대한 현재의 견해는, 나에게 어떻게 사람들이 서로 상호작용하는지에 대한 심리학에서의 현재의 견해를 상기시켜 준다. 개인을 치료하는 많은 심리학자들은 솜털로 둘러싸여 있는 개체라고 불리는 입자처럼 사람을 보고 있다. 그 이미지는 머리 주위에서 계속해서 끊임없이 무엇인가가 나오고 다시 들어가는 만화책의 인물 모습과 같다. 끊임없이 머리로부터 나오고 들어가며 주위에서 뛰어다니는 상상 속의 존재(그림자, 자아, 부모, 아이 등)로 둘러싸인 머리를 가지고 있는, 이런 만화에서와 같은 사람에 대한 이미지에 관하여 심리학에서는 집단적 합의가 있다.

과정지향 심리학에서 관계성 이론은 이러한 존재들을 신호, 즉 외부 세계로 방출되고 우리 주위의 사람들로부터 흡수되는 무의식적 신호의 근원으로 보고 있다. 이중 신호 이론에서 이러한 가상 과정은 상대적이다. 그 가상 과정들은 우리를 끌어당

[그림 34-3] 들어가고 나가는 신호를 가진 머리로서의 인간 존재

기기도 하고 서로 밀어내기도 하며, 우리에게 불가항력적인 인력 또는 반발력을 주기도 한다. 대부분의 경우에 사람들은 머릿속의 소음을 없애는 데 자신의 2차적 주의집중을 사용하지 않고 있다.

정말 사람들은 신호의 형태로 머릿속으로부터 나오는 유령과 꿈의 모습을 가지고 있는 것일까? 답은 실험적 사실뿐만 아니라 통제하는 일상적 실재인 CR에도 달려 있다. 만약 당신이 비일상적 실재인 NCR 경험을 믿는다면 솜털은 실재이며, 그렇지 않으면 솜털은 꿈꾸기의 형태다. 그것은 주관적이며 비현실적이다. 많은 심리상담 치료사에게 이러한 생각은 유용하고 실용적이다. 왜냐하면 이 생각들은 사람들을 자신과 다른 사람에게 설명하는 데 사용할 수 있기 때문이다.

❖ X선

물리학에서 가상 입자와 같은 개념의 가치는 다소 평범한 용어로 물체를 설명하고, 시험해 볼 수 있는 다른 물체의 이면을 상상할 수 있게 해 준다는 것이다. 만약 누군가가 같거나 더 많은 다른 물체를 설명할 수 있는 더 좋은 개념을 찾아낸다면, 가상 입자는 그 자리를 양보할 것이다. 그러나 오늘날 입자는 (비록 초현(超弦)이론에 의해 도전받고 있기는 하지만) 가장 많이 인정받고 있다.

예를 들면, 가상 입자는 어떻게 X선을 만들었는지 상상하는 데 이용할 수 있다. X선이란, 그것이 무엇인지 아무도 몰랐기 때문에, 1895년 뢴트겐에 의해서 붙여진 이름이다. X선은, 높은 에너지 입자를 원자에 충돌시켰을 때 발생하는 자외선보다 짧은 파장을 가지는 전자기 복사선이다. 높은 에너지의 입자와 충돌할 때 모든 원자들은 그들 고유의 X선 스펙트럼을 방출한다. X선은 많은 형태의 물질을 통과할 수 있고, 내부 구조를 조사하는 데 의학적, 산업적으로 이용된다.

X선은 복사선의 전자기 스펙트럼의 일부(파장 0.005～5나노미터; 주석 3의 그림 참조)다.[3] X선은 무거운 원자로 만들어진 한 조각의 금속을 진공관에 넣고 그 안에서 전자를 충돌시킬 때 발생한다. X선은 원자 주위의 전자가 높은 에너지로 올라갈 때 원자로부터 방출되는 에너지의 한 형태다. X선은 고체를 뚫고 지나갈 수 있다. 그것들은 사진 필름과 형광성 스크린에 영향을 준다. X선은 파장이 너무나 작기 때문에, 당신이 치아 X선을 찍을 때 알 수 있는 것처럼 많은 물질을 통과할 수 있다.

가상 입자들은 X선을 상상해야만 한다. 금속 조각에 들어 있는 원자들을 보자. 금속을 구성하고 있는 원자 주위를 돌고 있는 가상 입자를 포함하는 전자에게, 다른 하전 입자로 충돌시키면, 가상 입자들 중 몇 개가 떨어져 나오게 된다([그림 34-4] 참조).

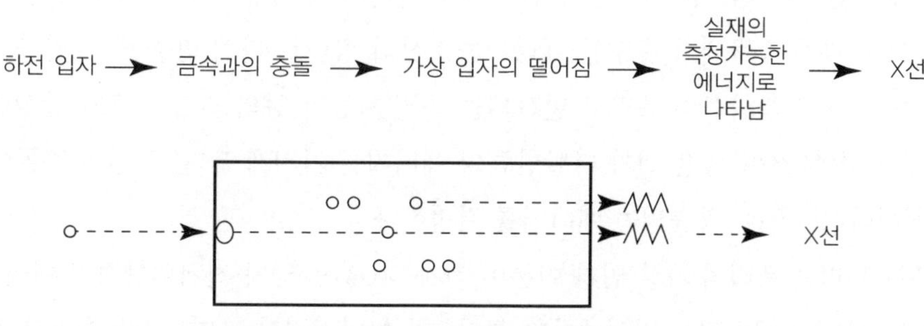

[그림 34-4] X선의 교환 입자 설명

X선의 가상 입자 설명에서, 원자의 전자 주위에 있는 가상 입자들이 충격을 받으면, 약간의 충격 에너지를 흡수하게 된다. 말하자면, 그것들은 매우 높은 에너지로

올라가게 된다. 그 매우 높은 에너지 상태의 가상 입자들은 X선의 형태로 방출된다. 비록 가상 입자를 측정할 수 없더라도, X선은 측정될 수 있다. 그 이유는, 낮은 에너지 상태의 가상 입자가 많은 에너지를 흡수할 때 그 가상 입자가 일상의 실재에서 나타나거나 구체화할 수 있기 때문이다.

그래서 X선에 대한 설명은, 만약 당신이 중(重)금속에 전자 다발을 쏜다면, 금속 원자 주위를 돌아다니는 몇 개의 가상 광자가 폭발에서 흡수한 에너지에 의해 높은 에너지 상태가 되면서 X선의 형태로 가상 입자가 금속 밖으로 떨어져 나오게 된다.

과거에도 X선이 관찰된 적이 있었으나 단순히 중금속 원자로부터 방출되는 에너지로만 이해되었었다. 가상 입자들은 '방출 에너지' 설명에 입자의 일상적 실재인 CR 개념에서 X선을 설명함으로써 일종의 역학적 의미를 제공한다. 당신은 입자에 충돌을 시킴으로써 하전 입자를 높은 에너지 상태로 올릴 수 있으며, 그리고 그 충돌로부터 하전 입자의 가상 입자는 높은 에너지 상태로 올려진 후 X선이나 또는 초단파로 방출된다.

당신은 X선을 만드는 것과 원자 폭탄을 만드는 것과의 차이에 대해 궁금해할 수도 있다. X선을 만드는 일은 원자 폭탄을 만드는 것과는 다르다. 왜냐하면 X선을 얻기 위해서는 원자의 핵을 조각으로 깨뜨리지 않아도 된다. 즉, 측정 가능한 질량 소모가 없다는 뜻이다. 당신은 단지 원자 주위의 전자를 높은 에너지 상태로 올리고, 그리고 전자가 충돌에서 흡수한 에너지는 X선의 형태로 다시 방출된다. 원자 폭탄에서는 거대한 복사선의 폭발로 변환되는 측정 가능한 양의 질량 소모가 발생한다. X선은 금속에 쏘아 넣은 전자 다발만큼의 에너지를 가지게 된다. 당신이 충돌에 투입한 에너지의 양이 방출되는 에너지를 결정한다.

우선 우리는 우리의 가상 입자 이론이 전자 장(場)의 양자 전기역학적인 이미지를 주려는 시도였다는 것을 기억해야만 한다. 이 이미지에서 보면, 전자 주위의 장이, 계속해서 그 전자에 의해 방출되고 또 흡수되는 한 다발의 가상 입자가 된다. 먼 거리에서도 힘의 영향을 줄 수 있는 장이라는 것은, 이제 한 다발의 가상 입자로 여겨지며, 여러 가지의 충돌과 폭발, 교환을 할 것이다. 이러한 충돌, 폭발, 교환은 에너지가 충분히 커지지 않으면 측정될 수 없다. 에너지가 큰 폭발이 되기 전에는, 가상 입자는 단지 빠르고 측정할 수 없는 요동 외에는 어떠한 것도 할 수 있는 에너지를 갖지 못했다.

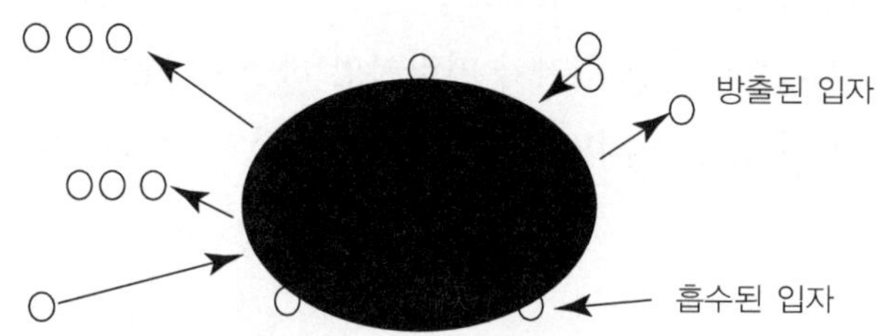

[그림 34-5] 가상 입자에 둘러싸인 입자의 이미지

X선과 비슷하게, 타고 있는 불과 전구의 빛도 전자기 복사선으로 방출될 에너지를 흡수하는 가상 입자로 '설명' 될 수 있다.

가상 교환 입자의 개념은 모든 힘의 장을 '설명' 하기 위해 물리학에서 폭넓게 확대되어 왔다. 원자의 핵에 있는 양성자들을 가깝게 붙어 있게 하는 강한 핵의 힘은, '중간자(meson)' 라고 부르는 교환 입자 사이의 상호작용으로 여겨진다. 중간자 외에도 '글루온(gluon)' 과 같은 더 많은 교환 분자가 있는데, 이 '글루온' 은 중성자와 양성자를 구성하는 물질인 '쿼크(quark)' 와 상호작용을 한다. 또한 중력장에 대한 또 다른 설명(구부러진 시공간의 효과로서 생각하는 대신)을 제공하는 '중력자(graviton)' 도 있을 수 있다. 아직 어느 누구도 '중력자' 를 발견하지는 못했으나, 입자의 개념이 얼마나 강력한지를 보여 주는 그 명칭은 이미 존재하고 있다.

❖ 설명을 설명하기

이제 우리는 오늘날 자연의 모든 힘을 입자 교환의 개념으로 설명하려고 노력하는 물리학의 한계에 도달하였다. 많은 물리학자들은, 기초 교환 입자 또는 내가 이름 붙인 '관계성 입자'가 결국 자연에 있는 모든 힘에 대한 통합된 이미지를 제공하기를 희망한다.

가상 교환 입자나 관계성 입자에 대해 논의하려는 이유 중의 하나는, 그것들이 우리에게 다시 한 번 "우리가 '설명'으로 무엇을 의미하는가?"를 묻도록 부추기기 때문이다. 앞서 언급했던 가상 입자가 따라야만 하는 네 개의 규칙을 기억하는가? 그 규칙들은 우리에게 설명이 의미하는 것에 관한 몇 가지 힌트를 준다. 그 규칙은 다음과 같다.

Ⅰ. **에너지보존법칙**

시간이 변해도 에너지는 일정해야 한다.

Ⅱ. **질량-에너지 전환**

에너지는 질량으로 나타날 수 있다($E=mc^2$).

Ⅲ. **불확정성 원리**

$\Delta E \times \Delta t$는 플랑크 상수와 같거나 커야 한다.

Ⅳ. **일상적 실재인 CR 공동체 원리**

새로운 이론은 반드시 일상적 실재인 CR 개념을 사용해야 한다.

앞의 세 가지 규칙은 이미 있는 것이다. 그 세 가지 규칙은 일상적 실재인 CR에서 확인될 수 있는 결과들을 이끌었기 때문에 수용되어 왔다. 앞의 세 가지 규칙은, 어떠한 설명도 반드시 실험적인, 일상적 실재인 CR 검증을 포함해야만 한다는 것을 의미한다.

제4의 법칙은, 과학적 이론들이 스스로 합의된 개념에 기초해야만 한다고 밝히고 있다. 예를 들면, 교환 입자는 에너지로 방출될 때를 제외하고 보일 수 없으나, 입자의 개념에는 합의를 포함하고 있다. 사람들은 입자 개념을 좋아한다. 입자는 많은 사람들의 생각 속에 공유되고 토의될 수 있다. 내가 전에 말했듯이, 우리가 오늘날 입자, 교환 입자 또는 가상 입자라고 부르는 것들을 미래에 우리는 끈[弦]이나 유령이라고 부를지도 모른다.

'설명' 이 '진실' 이어야만 할 때 문제가 발생한다. 우리는 항상 일상적 실재인 CR이 변할 때, 설명적 개념 역시 변한다는 것을 명심해야 한다. 이 모든 것은 시대정신(Zeit Geist)에 의존하는데, 이는 독일어로서 '시간' '정신' 또는 '시대정신' 을 의미한다.

'시대정신' 은 물리학과 심리학에서 숨겨진 변수다. 예를 들면, 일상적 실재인 CR의 시대정신은 가상 입자와 꿈속의 형상의 개념들을 허용한다.

우리는, 물리학에서 숨겨진 변수로 발견된 동일한 시대정신이 심리학에도 영향을 준다는 것을 알고 있다. '동시성' 에 관한 27장에서, 우리는 아인슈타인의 상대성 이론이 융의 동시성에 관한 개념에 영향을 주었다는 것을 알았다. 무의식에 관한 프로이트와 융의 생각은, 무의식을 일종의 장(場)인, 잠재력의 광대한 바다로 상상하는, 동시에 추동(drive; 프로이트) 혹은 원형(原型; 융)이라고 부르는 가상 부분 사이의 상호작용으로 상상될 수 있었던 입자 시대정신을 반영한다. 물리학에서 에너지의 바다에서 나타나는 보이지 않는 입자처럼, 추동과 원형도 보여질 수 없다. 그러나 오늘날 많은 사람들이 인간행동을 설명하는 데 추동과 원형을 사용한다. 사실, 소립자인 기본 입자는, 꿈속의 형상과 원형이 심리학에서 의미하는 것처럼 물리학에서도 의미를 갖는다.[4)]

❖ 세계 사이의 경쟁

급진적 이론가들은 합의된 시대정신에 반대한다. 새로운 사고(思考)의 방법과 기존의 시대정신 사이의 갈등은 새로운 사고 방법과, 새로운 사고를 억제하고 확인하려는 오래된 사고 방법 사이의 경쟁, 세계 간의 경쟁이다. 이러한 경쟁은 과학계에서 패러다임 변환의 시기 중에서만 일어나지 않는다. 경쟁은 인간 변화의 모든 영역에서 일어난다. 토착적인 전통은 지배적인 시대정신과 새로운 개념 사이의 긴장의 중요성을 강조한다. 예를 들면, 영계(靈界)와의 교류를 구하는 의식(vision quest) 동안 놀라운 경험을 가졌었던 영적 인물이라도, 자동적으로 미래의 초자연치료사로 인정을 받는 것은 아니다. 그 비전은 초자연치료 전통과 전체 공동체에 의해 결정된 특성에 따라야만 한다. 따라서 영적 전통도 비전을 가진 사람이 새로운 개념을 찾는 것을 구속한다.

과학과 종교의 역사는 그러한 갈등에 관한 고통스러운 이야기들로 가득 차 있다. 갈릴레오(Gallileo)는 그의 견해가 그 시대의 지배적 종교 전통과 다르다는 이유로 그의 생애가 끝날 때까지 감옥에 갇혀 있었다. 많은 구속은 고통스러웠고, 그들 대부분은 너무나 전통적이고 독선으로 인한 것이었기에 불필요한 것들이었다. 그러나 일상적 실재인 CR과 비일상적 실재인 NCR 사이에 일어나는 긴장, 집단적 시대정신과 개인적 또는 '주관적' 경험들 사이의 긴장은 심각한 긴장이 된다. 그것은 세계 간의 창조적인 경쟁이 될 수도 있다.

두 개의 세계, 모든 세계들은 서로 확인하는 데 필요하다. 그 갈등은 새로운 비일상적 실재인 NCR 사고를 현실적이며 유용하고 이해할 수 있는 것이 되도록 작용한다. 또한 세계 간의 갈등은 낡은 일상적 실재인 CR에 의해 매여 있는 사람들을, 그들이 필요하다고 느끼는 것보다 더욱 유연하게 되도록 부추긴다.

새로운 이론들은, 새로운 경험과 새로운 경험의 의심으로부터의 세계 경쟁인 초자연치료, 심리학, 물리학에서 발생한다. 즉, 끊임없이 변화하는 문화와 공동체의 면모가 일상적 실재인 CR과 비일상적 실재인 NCR 간의 충돌인 제4의 법칙으로부터 발생한다.

이러한 갈등으로 미루어 볼 때, 미래의 물리학적 발견들은 일반심리학에서 우주적 주류에 대한 변화를 예상할 수 있다. 각각의 물리학 이론은 주어진 시대정신의 산물이며 심리학의 형태를 기술한다. 따라서 새로운 물리학 이론은 반드시 존재하고 있는 심리적 상대를 가져야만 한다.

예를 들면, 어머니 지구(Mother Earth)와 꿈꾸는 시간을 둘러싼 토착문화와 뉴에이지의 신념체계에서 관심의 재탄생은 미래의 심리학, 신학, 물리학의 통합을 예견한다. 특히 나는 우리가 도(道)와 같은 심리적인 개념이, 물리학, 자연, 서구과학의 보이지 않는 공간과 에너지의 장(場)과의 통합을 이루게 될 것이라고 예측한다.

우리는, 호주 원주민이 우주를 고대 중국에서 도(道)라고 불렀던 거대한 꿈꾸기의 한 부분으로 생각하고, 영적인 전통은 우주를 의식이 있는 신 또는 여신과 동일시한다는 것을 알고 있다. 오늘날의 물리학자들은 에너지 장이 있는 곳에서 나타나는 가상 입자에 대하여 말한다. 아프리카인들은 바다의 여신 넌(Nun)으로부터 나타나는 수학적으로 완벽한 형태에 대해 말하고, 현대 물리학자들은 우주에서의 의식에 관해 이야기하고, 지구를 여신으로 말한다(러브로크(Lovelock)의 가이아(Gaia) 가설 이래로).

시대는 끊임없이 변하고 있다. 과학의 미래에 관한 이러한 성찰에서 우리의 현재 논의도 세계 간의 경쟁 중에서 일어나고 있으며, 또한 알려진 법칙들과 지금까지 설명할 수 없었던 사건들에 대한 새로운 설명 중에 일어나고 있다. 예를 들면, 물리학자로서의 내 안의 목소리는 상당히 불만스럽다. 내 개념 중의 일부는 처음에 이러한 물리학자의 시대정신에 불신을 불러일으켰다. 왜냐하면 나는 실재의 본성을 이해하고 "어디에서 의식이 물리학과 만나는가?" 하는 질문에 답하기 위해 비일상적 실재인 NCR 경험의 검증의 중요성을 강조해 왔기 때문이다.

시대정신은 나의 꿈꾸기 사용에 적합하지 않았다. 왜냐하면 이 시대정신의 개념은 300여 년 동안 물리학의 한 부분이 아니었기 때문이다. 그러나 나는 이러한 불신을 기꺼이 즐겼는데, 이는 나에게 증명된 사고방식과 증명된 실험적 검증을 인정하는 주류에 가까이 머물도록 했기 때문이다. 그러나 가상 입자가 우리가 X선을 이해하도록 돕는 것과 마찬가지로, 꿈꾸기는 우리가 양자파동 함수, 아인슈타인의 시공간, 호킹의 가상의 시간을 이해하도록 돕는다. 더 나아가, 가상 입자와는 달리, 모든 사람들은 꿈꾸기를 경험할 수 있다. 그래서 나는 꿈꾸기가 물리학의 알려진 법칙을 만족시키고 의식을 설명할 수 있기 때문에, 궁극적으로는 넓게 받아들여질 것이라고 추측한다.

또한 세계 사이의 경쟁은 내 안에 있는 심리상담 치료사와 초자연치료사의 불만을 야기한다. 즉, 내 안에 있는 심리상담 치료사와 초자연치료사들은 물리학에 너무 많은 중요성을 두었다고 주장한다. 그러나 우리가 논의해 온 개념들은, 지금까지 물리학에서 설명하지 못한 현상뿐만 아니라 심리학에서의 신비한 요소들에 대해서도 설명을 제공한다. 이러한 설명은 심리학의 오래된 개념을 포함하기 때문에, 그것의 현재 형태에서 심리학은 결국 물리적 과학과 초자연치료의 새로운 통합인, 새로운 과학의 한 부분이 되기 위하여 확대될 것이다.

주석

1) 입자에 대한 일상적인 또는 '고전적' 유사성을 사용하는 것은 독자들에게 우리의 무능력에 의한 것과 같은 불확정성의 개념을 심어 주기 위해서다. 양자역학에서 불확정성은 물질과의 상호작용을 묘사하는 내재된 특성이며, 아무리 정밀한 측정을 하더라도 존재해야 하는 그 무엇이다.
2) 플랑크 상수 *h*는 에너지의 진동에 대한 양자에너지의 비율로 정의하며, 초당 6.626176×10^{-34} 주울 · 초(joule · second)이다.
3) 가시광선은 특정 파장을 가지며, 그 특정 파장은 라디오파, TV파, 가시광선 그리고 X선을 포함하는 전자기 복사선이라고 하는 스펙트럼 또는 파(波)의 매우 넓은 영역 중의 작은 일부다.
4) 『융과 파울리의 물리학과 인식론의 관련성에 대한 원형적 가설(*The Archetypal Hypothesis of Jung and Pauli and Its Relevance to Physics and Epistemology*)』에서 원형(原型)에 대한 연구를 통해, 빅토리아 대학의 물리학자 찰스 카드(Charles Card)는 기본 입자가 물리학의 원형이라고 제안하였다.

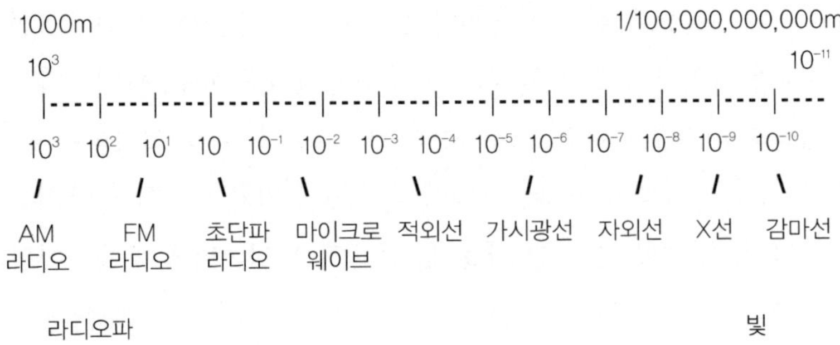

[그림 34-6] 전자기 복사선의 파장에 따른 분류(대수적 척도)

제35장
물리학에서의 과정이론

그러나 나는, 지금이 정확하게 우리의 현재 사고방식에 동양적 사고를 약간 혼합하는 수정이 필요한 시점이라는 것을 굳게 믿는다.

-파동역학의 창시자 에어빈 슈뢰딩거(Erwin Schroedinger)-

지금까지 우리는 대부분의 물리학자가 역장(力場)에 대한 가장 만족할 만한 설명이 가상 입자라고 생각한다는 것을 알았다. 하지만 매우 다른 경쟁적인 이론도 있다. 예를 들면, 가상 입자들이 서로 부딪치는 상호작용 공간으로 입자 주위의 영역을 생각하는 대신에, 물리학자들은 또한 전자와 같은 입자 주위의 영역을 상호작용이 일어나는 신비스러운 '매트릭스' 로 생각해 왔다. 단어 매트릭스(matrix)는 '어머니(mother)' 라는 단어와 연결되어 있고, 사물이 결실을 맺는 장소인 '자궁 같은(womb-like)' 영역임을 의미한다.

양자 전기역학(QED) 이후에 개발된 S-매트릭스 이론(S는 분산(Scattering)의 첫 자)은, 전자와 다른 기본 입자가 상호작용할 때 발생하는 것의 자세한 내용을 이해하려고 하였다. S-매트릭스 이론은 입자 주위의 영역을 '자궁 같은' 곳으로 생각한다. QED에서는 입자들(예를 들어, 시간에서 앞과 뒤로 이동하는 통로에 있는 가상 입자와 같은)[1] 간의 관계성에 대한 역학적 세부사항을 상상하려고 한 반면에, S-매트릭스 이론은 전체 분산 과정을 설명함으로써 입자이론의 모순을 피하려고 시도했다.

1960년대에 개발된, S-매트릭스 이론은 물리학에 대한 과정 지향적 접근이다. 이 이론은 어떤 입자가 무엇을 했는지를 찾으려는 대신에, 입자 충돌의 전체적 결과를 연구한다. 1990년대 후반에, 끈이론과 같은 새로운 아이디어와, 도전자인 우주의 10차원 이론은 S-매트릭스 이론으로부터 유래하였다. 이러한 새로운 아이디어들은 또한 사건의 전반적인 본질을 나타내며, 양자역학과 상대성 이론과 마찬가지로, S-매트릭스의 사고와 철학에 굳은 기반을 두고 있다.[2]

과정 지향 접근법과 대조적으로, 입자이론은 축소주의적이다. 입자이론은 사건의 본질을 기본 입자와 기본 상태의 개념으로 이해하려고 한다. 가상 입자와 S-매트릭스 사고 사이의 차이, 즉 상태 사고와 과정 사고 사이의 차이를 이해하기 위해, 질병에 대한 서로 다른 두 가지 의학적 접근법을 고려해 보자. 질병을 이해하기 위해, 축소주의적 의학에서는 신체를 부품의 관점에서 이해될 수 있는 기계와 같이 연구한다. 이러한 접근법에서 당신은 작은 조각들이 모여서 세포를 이루고 신체 전부를 형성하는 것처럼, 신체의 기본 입자, 즉 원자, 분자, 기관, 장기, 시스템 등을 연구한다.

똑같은 질병을 이해하기 위해, S-매트릭스 접근법은 몸이 무엇을 하는지, 무엇을 먹었는지, 언제 잤는지, 다른 사람들과 어떻게 상호작용하는지 등에 주목한다. 질병 과정은 이러한 전반적인 상호작용 패턴과 행동의 관점에서 연구되며, 신체 내의 개별적 부분의 관점으로는 크게 연구되지 않는다.

이와 비슷하게 몸은 매트릭스, 즉 세계와의 과정과 상호작용을 담는 도구다. 당신은 차의 연료통과 유량계(油量計)를 분리할 수 없듯이, 마찬가지로 신체 부분들을 분리할 수는 없다. 왜냐하면 신체 부분들은 더 상호의존적이기 때문이다. 마찬가지로 우리는 전체의 상호작용을 전적으로 방해하지 않고 하나의 입자를 상호작용에서 분리할 수 없다.

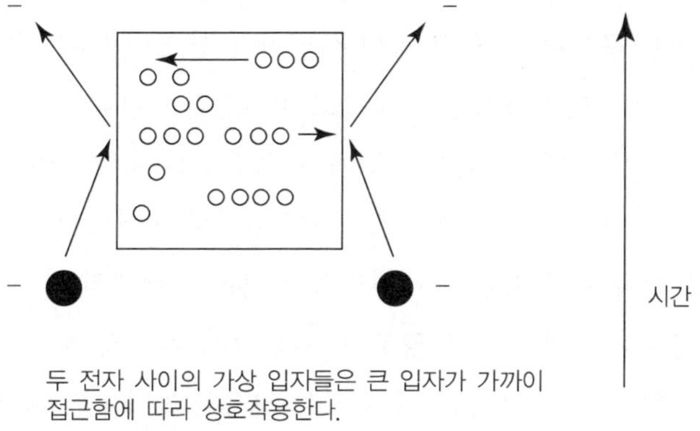

[그림 35-1] 상호작용하는 전자에 대한 상태 지향적인 입자 개념

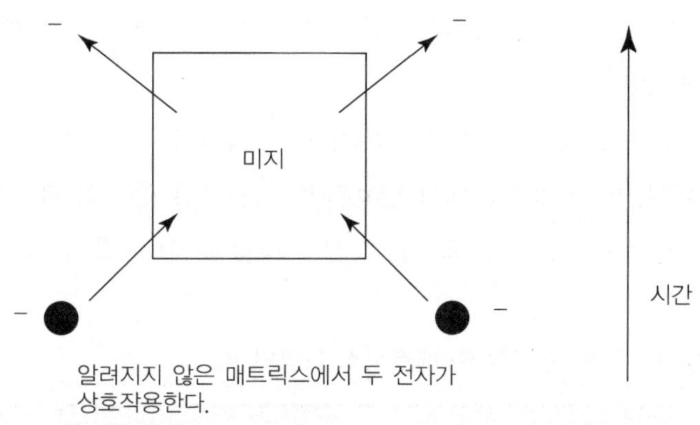

[그림 35-2] 상호 교환하는 전자에 대한 과정 지향적인 S-매트릭스 접근

S-매트릭스 사고에서는 확실한 근거 없는 가상 입자를 다루는 대신, 우리가 볼 수 없는 것을 잊고 그것들이 근본적이 아니라고 말한다. 대신에, 전반적인 과정이 기본이라고 한다. S-매트릭스 이론은 전체를 분리된 개체의 관점에서 분석하고 아원자 반응을 작은 조각으로 나누려는 축소주의 이론과는 반대로, 사건의 축소할 수 없는 전체성을 반영하려고 한다. 신체에 대한 위의 예의 관점에서, S-매트릭스 접근은 간, 쓸개 등에 의하며 그 과정을 이해하는 대신, 개인의 전체 삶의 과정을 반영한다.

S-매트릭스 이론은 전자의 전체적 분산 패턴이 서로 간의 상호작용 전후에 어떻게 나타나는지를 묻는다. 이러한 패턴은 입자가 상호작용하는 동안 서로에게 무엇을 하는지에 대한 역학보다 더 중요하다고 여겨진다. S-매트릭스 이론은, 우리가 가상의 상호작용을 추적할 수 없기 때문에, 그것을 이용할 수 없다고 말한다. 우리가 아는 것이라고는 전자 주위의 영역이 분산이 일어나는 매트릭스라는 것이다.

다시, 인간 신체의 관점에서, S-매트릭스 이론은 신체의 각 부분을 연구하지 않고, 대신에 인간의 신체가 외부 영향에 의해 방해받을 때 작용이 일어나는 통로일 뿐이라고 가정한다. 마찬가지로, 개별 가상 입자의 불가해한 에너지와 질량에 대해 말하는 대신에, S-매트릭스 철학은 상호작용의 과정에 대한 결과에 초점을 맞춘다. 이 이론에는 오직 과정과 사건이 있을 뿐이다. 거기에는 상호작용 전후의 입자가 있지만, 상호작용 중에는 단지 그들의 관계 매트릭스만이 존재할 뿐이다. 우리는 상황의 전후를 측정할 수 있지만, 그 중간에 발생한 것은 측정될 수 없으며, CR 개념으로 이해될 수 없다.

S-매트릭스 이론에서, 양자 장이론의 가상 입자와 교환 상호작용은 과정적 사건으로 이해된다. 양자 장이론에서 상호작용하는 가상 입자의 관점으로 설명되는 역장(力場)은, S-매트릭스 이론에서는 다시 설명할 수 없는 장이 된다.

표 35-1 입자 개념과 S-매트릭스 개념의 비교

양자 장이론에서	S-매트릭스 이론에서
가상 입자의 교환에 의한 역장	과정의 잠재성
입자	반응 통로

❖ 물리학에서의 과정 지향과 상태 지향

입자, 우주, 시간 같은 상태 지향 개념은 필연적으로 고정성과 불변성을 가지고 있다. 그것들은 자연의 일상적 실재인 CR 가정으로는 유용하다. 이러한 개념들이 일상의 실재에서 우리에게 일반적이고 유용한 반면에, 물리학에서는 이들과 관련해서 많은 문제들이 있다. 예를 들면, 입자의 개념은 우주에서 하나의 대상으로 다루어지는 하나의 작은 점을 의미한다. 그럼에도 불구하고 우주는 무한적으로 나누어질 수는 없다. 왜냐하면 당신이 나눌 때 어느 정도 한계에 도달하면, 당신은 양자물리학의 불확실성 원리에 부딪히기 때문이다. 더군다나, 시간에 대한 일상적이고 선형(일상적 실재인 CR)적인 의미는 아원자의 세계에서는 거의 의미가 없다. 왜냐하면 사건은 시간에서 앞뒤로 움직이기 때문이다. 게다가, 상대성은 시간이나 공간, 에너지와 물질과 같은 개념에서 분리성, 즉 개별성을 제거하였다. 심지어는 '현재'라는 일상적 실재인 CR 개념도 모호하다. 만약 시간이 연속적인 형태로 움직인다면, 거기에는 현재는 없고 절대적으로 정지된, 고정된 지점도 없다.

물리학은 언제나 두 영역으로 작용한다. 하나는 사건이 시간과 공간, 물질과 에너지 같은 상태 지향적 아이디어의 개념에서 논의되는 일상적 실재인 CR 영역이다. 또 하나는 과정 지향적 아이디어인데, 개별적 세부사항보다는 전체적인 패턴이 연구되는 영역이다. 우리는 어떻게 물리학이 한 지점에서의 사건 연구로부터 연속된 흐름으로의 연구로의 전이를 이루었는지 미적분학의 탐구에서 알아보았다. 우리가 방금 본 대로, S-매트릭스 이론에 의하면 입자는 사물이라기보다는 과정이다.

❖ 심리학에서의 과정과 상태

심리학은 부분과 과정을 대상으로 연구한다. 만약 우리가 소위 입자적 사고를 사용한다면, 원형(原型)은 성모와 성자처럼 그들의 이미지의 개념으로 이름 지어진다. 이것들은 과정보다 실체와 상태에 더 가깝다. 그러나 의식의 변형상태, 꿈꾸기와 명상에서, 원형은 함께 흐르고, 그들이 혼합될 때 분리성은 불가능하다. 원형의 입자 개념은 우리의 꿈꾸기 경험과 관련되기보다는 일상적 실재인 CR로부터의 상태 지향적 관점과 더 관련되어 있다.

관계성에서 사람을 이해하기 위한 상태 지향적 접근은 그의 꿈들을 살펴보는 것일 것이다. 거기서 당신은 그 사람이 숙고해야 할 중요할 수 있는 다양한 경험과 부분을 발견한다. 이러한 부분들은 관계성에서 그의 행동 측면들을 나타내는 구별 가능한 이미지로 생각될 수 있을 것이다. 이 입자 관점은 유용해서, 이전에는 무의식이었던 새로운 측면과 느낌을 보여 주는 대단한 통찰력을 가져올 수 있을 것이다. 두 사람이 관계성 속에 함께 있을 때, 그러면 당신은 그들의 가상 부분을 서로 상호작용하는 것으로 생각할 수 있다. 융 학파는 서로 상호작용하는 남성의 여성적 요소인 아니마(anima; 남성에게 나타나는 여성성)와 여성의 남성적 요소인 아니무스(animus; 여성에게 나타나는 남성성)를 종종 언급한다. 이것이 가상 입자 이론이다.

대부분의 경우에 사람들은 관계성에서 가상 입자 지향적이다. 관계성의 앞, 중간, 뒤에서, 당신은 아마 당신 자신과 다른 사람들을 선과 악을 지니고, 이것과 저것을 하는 것으로 생각할 것이다. 그리고 당신은 모든 것을 어린 시절의 사건이나 그 비슷한 것의 관점에서 설명하려고 할 것이다.

과정지향 관점은 관계성에서 당신의 전반적인 행동에 초점을 맞춘다. 이 관점은 당신을 반응의 통로, 상호작용의 매트릭스, 또는 전형적인 상호작용이 일어나는 영역으로 본다. 당신의 파트너와 만나고 함께 있는 동안, 당신이 자신에 대해 말할 수 있는 것은 당신이 관계성 매트릭스나 과정 중에 있다는 것이다. 다른 사람들이 당신이나 당신 파트너에게 상호작용할 때, 어떤 전체적 관계성 패턴이 반복해서 나타난다.

예를 들면, 갈등 중에, 많은 사람들은 먼저 화를 내고 다른 사람을 강렬하게 비판하게 되지만, 이후에는 잘못을 깨우치게 되고, 결국에는 자기 비판을 하게 된다. 반면에 다른 사람들은 기가 꺾이고 자기 비판적이 되었다가는 다시 사랑으로 모든 것을 해결하려고 한다. 또 어떤 이들은 오랜 갈등 기간 동안 친절을 유지하다가는 갑자기 바뀌어서 화를 내고, 그리고 나중에는 모든 사람들을 승자로 인정하려고 한다. S-매트릭스 사고로 볼 때, 이러한 패턴은 당신의 '과정 잠재력(process potential)' 의 특성이다.

대부분의 사람들은 과정 지식(관계성 행동의 전체적 그림)보다는 그들 자신의 가상 입자 지식(역사 등에 관하여)을 더 많이 갖고 있다. 입자적 사고는 당신의 관계성 상호작용을, 일련의 주어진 교환으로 작게 나누어 순간 대(對) 순간의 방법으로 분석한다. 입자 지향적 관계성 심리상담 치료사는, 작용과 반작용, 누가 무엇을 야기하는지, 그리고 누가 누군가에 대해 무엇을 했는지의 책임에 집중하다 보면, 전체적 흐름을 멈추게 할 수도 있다. 과정 지향적 관점은 그것들을 설명하는 동안 전체적 패턴에 초점을 맞춘다. 갈등 상황에서 상담사는 발생하고 있는 갈등에 대한 패턴을 자각하여, 이렇게 말할지도 모른다. "자, 이제 그 패턴이 일어나면, 다음에는 또 다른 패턴이 일어날 때이군요."

관계성에 관한 과정적 관점에서, 우리가 함께 추었던 춤에 대하여, 단지 함께 추었던 사람들과 했던 스텝의 관점만으로는 다 설명될 수 없다. 실제의 춤은 스텝 이상이기도 하면서 결코 스텝을 떠나서는 있을 수가 없다. 이렇게 과정 관점과 입자 관점도, 둘 다 상호 보완적이며 어떠한 순간이든 심리학에서 중요하다.

당신은 우리가 미적분을 논의할 때 이와 비슷한 상황을 기억할지도 모른다. 미적분에 대한 상태지향적 접근은 그것을 무한히 작은 단계의 부분의 척도로서 미적분을 이해했다. 그러나 과정 지향은, 뉴턴이 더 이상 무한히 작은 단계로 나눌 수 없었던 순수한 흐름의 개념, 즉 유율(流率, 11장을 보라)을 발전시켰을 때 나타났었다.

우리가 사물을 부분 또는 단계로 보는 것은 관점의 문제다. 입자나 과정은 모두 당신의 기준 체제와 당신이 온 세계에 의존하는 실제다. 수많은 가설적 유령과 불확실성을 걱정하지 않는다면, 당신은 축소주의적 사고를 사용할 수도 있고 인생을 입자로서 이해할 수 있다. 축소주의적 세부사항은 만족스러울 수도 있지만, 전체적 설명에는 또한 전반적인 과정 관점이 필요하다. 완전한 과정 지향은 이론적으로, 상태 지향과 흐름 지향 관점 모두의 알아차림인, 입자적 사고와 S-매트릭스 사고를 모두 포함한다.

물리학의 더 완전한 과정 지향은 시간에서 전후로 움직이는 개체의 가상 입자 관점과 빛의 속도보다 빠르게 움직이는 외계(外界)적 존재를 통합할 것이다. 그것은 또한 어떤 순간적 상황도 신비롭다는 과정 관점을 포함하기 때문에, 전체적 패턴이 알려질 것이다. 이러한 완전한 과정 관점은 자연의 궁극적 실재에 대한 어떠한 확고

한 설명도 하지 않고, 단지 자연을 상호작용하는 관점에서 변형하는 콜라주로 본다.

심리학에서 과정 관점은, 알아차림을 존중하고 따른다면 놀라운 결과를 주는 지혜를 갖게 된다는 발견에 근거하고 있다. 이러한 관점은 언어적, 비언어적 상호작용이 일어나는 혼수상태, 정신이상 상태, 그리고 개인과 대집단 과정에 대한 심리적 적용을 확장한다. 그 적용의 한계는 아직 알려져 있지 않다.[3)]

우주의 기본 물질은 과정이라고 말하는 몇몇 물리학자들은, 하나의 완전한 과정 관점을 시도해 왔다. 데이비드 핑켈슈타인(David Finkelstein) 같은 물리학자는 입자가 전혀 없으며, 단지 과정만이 있을 뿐이라고 말한다.[4)] 핑켈슈타인은, 일상적 실재인 CR 관점에서 묘사되거나 측정될 수는 없지만 경험될 수 있는, 시간과 공간의 매개변수인 과정으로서 생각하는 것을 넘어서는 과정이 있다는 것을 의미한다.

데이비드 봄(David Bohm)의 펼침 이론과 온전한 전체성 이론은 양자역학의 또 다른 과정 지향적 관점이다. 상보성 이론의 창시자이며 양자역학의 선지자 중 한 사람이었던 닐스 보어(Niels Bohr)는, 또한 열렬한 과정적 사고가(思考家)였다. 나는, 보어가 그의 60회 생일에 중심적 과정의 상징인, 음(陰)과 양(陽)의 소용돌이치는 상호작용 에너지를 포함하는 원(圓)인 중국의 태극 모양의 목걸이만을 선물로 희망했다는 것을 들었다.

보어는, 물리학에서 중요한 일, 그리고 아마도 신비주의는 과정, 즉 영원한 변화, 비영속성(非永續性), 끊임없는 흐름이라는 것을 직관적으로 알고 있었다. 과정은 중요하지만, 차원에 대한 시각으로부터 그것은 단순히 초공간의 하나이며 다른 세

[그림 35-3] 태극 문양

개 차원의 일방성과 고정된 상태를 보완하는 네 번째 차원이다. 과정은 큰 그림의 한 부분이다. 그러나 고정된 상태 없이, 말할 수 없는 도의 위대한 변혁은 의미가 없을 것이다.

우리는 34장에서 과학의 미래가 일상적 실재인 CR과 비일상적 실재인 NCR 관점 사이의 긴장에 달려 있다는 것을 알았다. 오늘날 과정은 사물들의 비일상적인 측면이고, 상태 지향이 선호되고 있다. 나는 미래의 어떤 시점에서는, 많은 사람들이 대부분의 시간에 존재하는 마음의 상태로서의 상태 지향 사고를 통합하고 인정하는 커다란 과정 관점을 향하여 움직일 것으로 상상한다.

❖ 입자 또는 과정: 개인적인 실험

만약 당신이 입자 관점과 과정 관점의 차이를 느껴 보고 싶다면, 다음과 같은 실험을 해 볼 수 있을 것이다. 만약 당신이 이 실험을 다른 누군가와 함께하게 된다면, 둘이 동시에 하는 것이 중요하다.

1. **몇 초 동안 당신 주위의 분위기 또는 장을 느껴 보라.** 이 말은 약간 넋 나간 것처럼 멍하게 되는 것을 의미한다. 당신이 할 수 있는 어떤 방법으로든, 오직 분위기, 장, 세계 공간을 느껴 보아라. 당신 내면의 상상력을 사용하여 당신 주위의 장에서 일어나는 것을 찾아보라. 그것을 그대로 느껴 보라. 당신이 어디에 있든, 자신의 방, 거리, 도시, 환경의 분위기가 어떤가?

2. **당신이 준비가 되었을 때, 당신의 2차적 주의집중을 사용하고, 장이 하나의 단어 형태로 당신에게 이야기하도록 하라.** 당신이 장으로부터 나오는 첫 단어(또는 몇 단어)를 들어 보라. 만약 당신이 '청각, 즉 잘 듣는' 유형의 사람이 아니라면, 대안으로 당신이 보는 첫 번째 이미지를 잡아라. 그 단어 또는 이미지를 인식하고 집중하라.

그것의 메시지를 듣거나 보아라. 당신에게 다가온 바로 그 첫 번째 단어 또는 그림을 기억하라. 그것들을 잡아라.

그 단어나 이미지가 당신에게 의미가 있는가? 그것들은 당신에게 개인적으로 어떤 의미를 주는가?

3. **당신이 준비가 되었을 때, 당신이 이 메시지를 느낄 수 있는가를 스스로 질문해 보아라.** 당신은 또한 그러한 정보를 어떻게든 당신에게 작용하는 힘으로 느낄 수 있는가? 그러한 정보를 어떻게든 당신의 신체에 작용하고 있는 힘으로 느낄 수 있는가? 그 힘이 어떻게 느껴지는가?

4. **스스로 다시 한 번 확인하라.** 만약 당신이 방금 경험한 것이 당신의 개인적 심리였는지, 아니면 당신이 받아들이고 보내는 장이었는지 자신에게 질문하라. 이 대답에 대해 추측해 보아라.

5. **끝으로, 만약 당신이 이것을 다른 사람과 함께하고 있다면, 그 사람과 함께 당신의 해결책을 나누어 보아라.** 만약 당신 혼자 하고 있었다면, 그 경험의 시간을 적어 놓은 다음에 가까운 다른 사람에게 당신이 이 체험을 하고 있었을 동안, 그들은 어떤 체험을 하고 있었는지를 물어보아라. 그들은 무엇을 경험했는지, 당신의 경험과 비교해 보아라.

두 번째 질문에서 내가 당신에게 그 장이 본질적으로 무엇을 표현하고 있는지를 느껴 보라고 요구했을 때, 나는 당신에게 주위의 그 장이 마치 가상 입자, 당신과 부딪히는 정보의 조각들을 가지고 있는 것처럼 경험하도록 요구했던 것이다. 당신을 둘러싼 장은 당신에게 가상의 메시지를 보내고 있는 것이다.

그리고 세 번째 질문에서 나는 분산력(分散力)으로서 그 장을 경험하기를 요구한 것이다. 그 장은 당신에게 특별하지 않는 방법으로 영향을 주는 역장(力場) 같은 것이 된다. 그러면, 당신, 당신의 환경을 둘러싼 영역은 관계성 매트릭스이며, 관계성 매트릭스는 어떤 방법으로든, 당신에게 반응하거나, 흐르거나, 움직이도록 요구하는 신비한 영역이다. 장은 당신에게 말하자면 분산되는 입자로서 무엇인가를 말했을 것이다.

만약 당신이 그것에 대해 생각해 본다면, 당신은 그 장으로부터 들은 것의 핵심 요소들을 자신의 개인 심리 관점으로 발견할 것이다. 반면에 당신이 주변의 다른 사람들과 확인할 때, 당신이 다른 사람들의 장으로부터 들은 것이 당신의 경험과 연결되어 있었다는 것을 발견할 수 있을 것이다. 다시 말해, 우리를 둘러싼 세계라고 부르는 것은 또 하나의 관계성 매트릭스이며, 가까이 있는 모든 것에 비슷하게 영향을 주는 과정인 것이다. 따라서 당신, 환경 그리고 나까지 모두가 앞으로 일어날 반작용의 통로인 것이다. 우리는 우리가 뒤에 남겨 놓은 상호작용의 개념으로 설명될 수 있는 개별적인 독립체인 것이다.

예를 들면, 이러한 체험을 했던 내 수업의 학생인 피터는 흥분된 모습으로 일어서서, "나는 장(場)이 나에게 미치광이처럼 춤추라고 말하는 것을 들었습니다. 그리고 내 파트너인 안젤라도 장이 그녀에게 세계를 뜨겁게 만들고, 입자가 춤추게 하라고 말했습니다. 장이 그녀에게 나랑 어떻게 해야 하는지도 말했을까요?" 라고 말했다.

그들 둘 다 똑같은 것을 들었기 때문에, 장에 관한 그들의 경험은 가상적이고 비일상적이다. 장은 안젤라에게 피터에 대해 말해질 수 있는 만큼 '야성(野性)' 에 대한 정보를 주었다. 장은 그녀가 뭔가를 뜨겁게 만들고, 그를 춤추게 하기를 원했다. 비일상적인 방법으로, 그 둘은 그들의 관계에 세 번째 사람이 있는 것처럼 장을 통해 연결되어 있었다.

입자 관점에서 장은 사람들에게 무엇을 할 것인지를 말하고, 그리고 과정 관점에서 우리는 그것이 '분산되었다' 라고 말한다. 그것은 안젤라를 뜨겁게 만들고, 피터를 춤추도록 만들었다고 말할 수 있다. 과정 관점에서 본다면, 장과 다른 모든 것은 가까이에 오는 것들을 흩어 놓는 반작용의 통로다.

개인 심리학의 관점에서 우리를 둘러싼 장은, 우리가 메시지, 정보, 자신에게 적용되고 있는 제안을 상상하는 것처럼, 우리에게 자신에 관하여 알려 준다. 그러나 과정의 견지에서는, 환경뿐만 아니라 우리의 개체성이 서로에게 움직이는 신비한 반작용의 통로인 것이다.

하나의 관점에서 당신이 꿈, 신체 부분, 개체성을 갖는 반면에, 다른 관점에서 당신은 주위의 물체를 어떤 방법으로 움직이게 하는 신비 그 자체이기도 하다. 입자 관점에서 당신은 특별한 콤플렉스, 꿈, 다른 특징으로 개체성을 구성하게 된다. 이 관점에서 당신은 자아, 특별한 문화, 독특한 역사를 지니게 된다. 그러나 과정 관점에서 당신은 경험에 대한 자궁, 즉 매트릭스다.

❖ 매트릭스 이론, 과정 그리고 영성

만약 우리가 자신에 관한 과정 아이디어를 연장해 본다면, 우리는 분산되는 도형으로 인생을 보게 될 수도 있다. 이것은 우리가 우리의 일대기를 우리 뒤에 남겨 둔 상호작용 흔적의 관점으로 볼 수 있다는 의미다. 입자 관점에서는 당신이나 다른 사람들이 당신의 행동을 당신의 문화, 성(性), 성적 지향, 종교, 개인적 역사의 관점에서 설명을 하려고 하는 반면, 과정 관점에서는 당신이 비일상적 실재인 NCR 관점 이외에는 결코 설명될 수 없는 신비인 것이다.

얼마나 많은 비일상적 실재인 NCR 관점을 우리가 인간에 대해 가지고 있는지를 보면 매우 놀라운 일이다. 최근에 나는 융에 관한 여러 일대기를 읽었다. 한 저자는 융의 연구를 그의 광기(狂氣)로 설명하였다. 다른 작가는 그가 스위스 사람이 된 것을 비난하였다. 세 번째 작가는 융이 그의 아버지가 기독교 목사였기 때문에 그런 일을 했다고 말했다. 또 다른 저자는 융은 이런 저런 사람과 동침하지 않았어야 한다고 말했다. 이 모든 비일상적 실재인 NCR 관점들은 융의 인생에 대한 가상 입자적 설명이다. 그러나 모두가 다 말하고 행동했을 때, 우리가 확실히 말할 수 있는 유일한 것은 융이 관계성 상호작용의 흔적만을 남겨 놓았다는 것이다. 그는 자신의 사회와 인류에게 중요한 어떤 영향을 끼쳤고, 그는 원형(原型), 동시성 등의 개념을 발견해 냈다.

어떤 면에서 변화에 대한 고전적인 책인 중국의 『역경(易經)』은 대단하다. 사람은 그가 주위의 다른 사람들과 환경에 준 영향에 의해서만 평가되어야 한다. 『역경』은 S-매트릭스 관점을 가지고 있고, 우리 각자를 우리 주위의 세계에서 분산되고, 상호 작용하고, 접촉하고, 근본적으로 불가해하고, 신비하고, 미지의 존재라고 본다.

우리가 무엇을 하는지에 대한 우리의 개인적이고 개별적인 비일상적 실재인 NCR 자의식적 경험과 설명을 가지고 있더라도, 당신과 내가 우리의 근처에서 일어났었던 것을 제외하고 우리에 관해 일상적 실재인 CR에서 말할 수 있는 것은 아무것도 없다. 이러한 견해는 인간에 적용할 수 있는 양자역학 관점과 비슷하다. 우리는 본질적으로 당신과 나처럼 일상적 실재인 CR 속에 나타나는, 자의식적 NCR 경험, 파동함수, 신비이지만, 당신과 나의 궁극적인 진실은 결코 알려져 있지 않다. 각각의 '실제' 대상은 결국 그 자체가 비일상적인 자기 반영 과정에 근거한 것이다. 우리는 오직 우리의 일대기에 대한 외적 측면에서, 우리가 한 일에 대해서만 동의할 수 있을 뿐이며, 그러나 어떻게 우리가 삶을 경험했는지, 삶을 알고 미워하고 사랑했는지에 대해서는 동의할 수 없다.

『역경』이나 불교 또한 당신의 개체성을 과정 지향적 방법으로 언급하고 있다. 불교는 당신의 개체성을 자기 묘사나 자기 조사에서 떨어져 나와서, 당신이 자신, 자신의 야망, 건강, 나이를 모두 내려놓고, 삶의 비영속성, 상태의 흐름에 대해 자신을 열라고 제안한다. 불교 관점에서, 인생은 당신을 통해 진행되어 온 것에 대한 당신의 개인적인 설명을 알아차리고, 포기하고, 그저 지나가도록 하는 것이다. 당신은 그 흐름을 알아차리고 있다.

만약 당신이 과정의 관점에서 자신이 누구인지를 묻는다면, 당신은 주어진 내면 부분을 지닌 독립체로서 보이지는 못하지만, 반작용의 통로로서 다른 사람들과 상호작용하는 방법으로 보이게 된다. 누군가가 당신에 관해 말할 때마다, 그들은 사건들이 진행되는 독특한 방법에 관해 말하고 있는 것이다. 어떻게 또는 왜 당신이 이것을 하는지는 비일상적 실재인 NCR 관점의 문제인 것이다.

한 관점의 목표는 개체화하고 우리의 다른 부분들을 알려고 하는 것인 반면에, 또 다른 관점의 목표는 당신이 다른 사람들에게 준 영향을 지각하는 것이다. 부분을 지닌 개체 대신에 반작용 통로로 발전한다는 것은, 당신이 무엇을 왜 했는지에 대해서만 초점을 맞추는 대신 관계성에 대한 당신의 전체적인 영향력을 안다는 것을 의미한다.[5] 그것은 당신의 인생을, 볼 수 있는 총체적 영향력을 가진, 그러나 그 정확한 본질은 전혀 알 수 없는, 불가사의한 비밀로 본다는 것을 의미한다.

주 석

1) 『양전자 이론(*The Theory of Positrons*)』(1949)에서 파인만은 입자 개념, 시간에서 거꾸로 가기와 같이, 직접 측정할 수 없는 일상적 실재인 CR 개념을 사용하였다. 예를 들어, 전자의 대등한 반물질인 양전자를 생각해 보자. 양자역학의 수학에 따르면, 시간에서 앞으로 가는 양전자는 마찬가지로 시간에서 거꾸로 가는 전자가 될 것이다. 어느 누구도 지금까지 시간에서 거꾸로 가는 무언가를 측정하는 방법을 알지 못했다.

2) 미치오 카쿠(Michio Kaku)는 『초공간(*Hyperspace*)』 325쪽과 그 다음에서, S-매트릭스 이론에 대한 진화를 논의하였다. 끈이론은 S-매트릭스 이론의 근거를 마련하고, '점과 같은 입자(pointlike particle)' 개념을 진동하는 선(線), 고리, 또는 닫힌 끈 (closed string)으로 대하려는 시도다.

3) 나는 『도시의 그림자와 코마(*City Shadows and Coma*)』에서 비언어적인 상호작용을 논의하였다.

4) 데이비드 핑켈슈타인의 물리학에 대한 과정 견해는 '양자물리학과 과정 형이상물리학(*Quantum Physics and Process Metaphysics*)' 에서 볼 수 있다.

5) 아인슈타인은 인생을 비슷하게 보았다. "인간은 우리가 '우주' 라고 부르는, 전체의 한 부분이며, 이 부분은 시간과 공간에 의해 제한된다. 인간은 자신, 자신의 생각, 감정을 나머지 부분과 분리된 어떤 것—자신의 의식의 시각적 망상의 한 종류로 경험한다. 이 망상은, 우리를 우리의 개인적 욕망과, 우리와 가장 가까운 몇 사람만의 애정으로 제한하는, 일종의 감옥이다. 우리의 과업은, 이 감옥에서 모든 살아 있는 창조물과 모든 자연의 아름다움을 포용할 수 있는 열정을 넓힘으로써, 우리 자신을 자유롭게 해야만 하는 것이다." 이 인용문은 데보라 두다(Debbora Duda)의 『고향으로 돌아가기(*Coming Home*)』(1984) 95쪽에 있다.

제36장
자기 반영의 우주

어느 것도 신(神)으로부터 벗어나 오래 머물 수 없고, 그 영역 밖에서는 아무것도 존재할 수 없는 신의 영역에서 오래 떨어져 있을 수 없다.

–켄 윌버(Ken Wilber)의 『에덴으로부터의 출현(*Up From Eden*)』에서–

양자역학 또는 파동역학의 창시자인 에어빈 슈뢰딩거(Erwin Schroedinger)는 자연을 있는 그대로 이해하기 위해서 이 이해에 대한 인간의 의식을 먼저 배제시켜야 한다고 말했다. 다시 말해, 참여자가 되는 대신에 우선 우리는 물리학에서 관찰자가 되어야만 했다. 슈뢰딩거는 다음과 같이 말한다.

마음은 그 자신의 본질로부터 자연철학자의 객관적인 외부 세계를 정립하였다. 마음은 자체의 개념에서 물러나는 것, 즉 스스로를 제외시키는 단순한 방법 외에는 거대한 과업에 적응할 수 없었다.[1)]

만약 슈뢰딩거가 지금까지의 우리의 탐구에 참여했었다면, 그는 자신의 설명을 다음과 같이 고쳐 말했을 것이다. "자연의 마음은 우리가 알고 있는 것보다 더 지혜롭다. 왜냐하면 자연의 마음이 우주에 대한 우리의 공식으로부터 스스로를 제외시켰다고 우리가 생각하도록 만들었기 때문이다.”

슈뢰딩거는, 마음이 우리가 가지고 있는 우주의 전반적인 그림에서 현재까지도 해석되지 못한 복소수라는 매개물을 통해 스스로를 비밀리에 암호화했다는 것에 동의할지 모른다. 마음은 자신을 사물의 최종적이며 일상적 실재인 CR 공식에서 사라져 버리는 놀라운 능력을 가진 그 복소수에 감추었다. 그럼에도 불구하고, 이러한 마음의 의식에 대한 암호는 사용되기를 기다리며 그 복소수들 속에 있다.

이번 장에서, 우리는 물리학, 심리학, 신화(神話)학에서 보이는 것처럼 슈뢰딩거의 우주 마음의 암호 또는 패턴을 탐구할 것이며, 그리고 이 마음이 자신의 의식에 대하여 설명하는 것도 연구할 것이다.

❖ 불확정성

1장에서 우리는 서로 다른 명상학파의 두 수도사가 강 위의 다리에서 만났던 이야기를 들었다. 한 수도사가 강이 얼마나 깊은가를 물었을 때, 다른 한 사람은 그를 물속에 던졌다. 수학이 물리적 우주의 형성에서 ‘마음’을 암호화한 것을 알기 위해, 물리학자는 반드시 물속으로 들어가야만 한다. 말하자면, 꿈꾸기와 같은 비일상적인 사건의 의미를 경험하기 위해서, 복소수에 숨겨져 있는 자의식적 배경으로 들어가야만 한다.

이러한 경험 없이, 양자역학과 상대성에 대한 해석은 일상적 실재인 CR과 비일상적 실재인 NCR을 다루는 양면의 수학에서 한쪽의 견해만을 경험하는 것이다. 만약 복잡한 세계와 꿈꾸기와 같은 비일상적 실재인 NCR 세계가 관계가 없는 것이라고 여겨진다면, 이러한 수학을 이해하기 위해 일상적 실재인 CR 체제를 사용하는 것은 비(非)상대론적인 것이 된다. 즉, 일상적 실재인 CR은, 어떤 체제도 절대적이 아니라는 상대성의 본질적 공헌을 부정하면서 ‘유일한’ 체제가 된다.

모든 다른 사람들처럼, 물리학자도 두 개의 체제 속에 살고 있다. 자신의 관찰을 둘러싸고 있는 세계에서 자신의 감정과 함께 어떻게 참여하는지를 무시함으로써, 물리학자는 자신을 그저 단순하게 기록하는 도구로 취급하고, 스스로를 일방적인 관찰자로 만든다. 복소수 수학에서의 다양한 실재들을 포함하는 물리학의 전체적인 해석은 그들, 즉 그 다양한 실재들을, 일상적 실재인 CR에 앞서는 '꿈같은 씨앗' 같은 자의식적 경험으로서 여러 사건에서 '마음의' 존재에 대한 패턴으로 이해한다.

물리학에서 관찰자의 일방적인 일상적 실재인 CR 관점도 심리학이나 의학을 포함하는 주류의 태도 어디에서나 발견된다. 예를 들면, 심리학에서 심리상담 치료사는 '객관적' 이려고 애쓰고, 그들 자신 내부의 사건들과 내담자들을 자신들과 연결시키는 감정적 흐름에 사로잡히지 않으려고 노력한다. 의학에서도, 우리는 의사가 환자의 신체(환자나 의사가 경험하고 있는 것으로부터 대체로 독립적인 부분들의 체계로 보이는)에 관해 일하는 것을 통해서도 알 수 있다. 의사는 객관성을 유지하려고 노력하며, 환자의 감정적인 삶에 대해서는 거의 질문하지 않는다.

물리학, 심리학, 의학에서, 관찰자와 관찰대상의 관계는 가능한 한 '객관적' 인 것이다. 그들 자신을 관찰대상과 분리시키려 노력하는 관찰자는, 비록 자의식적이고 꿈같은 경험이 삶을 부분으로 나누는 이러한 구분은 일방적임을 알려 준다고 해도, 여전히 상태 지향적 관점을 유지하려고 시도한다.

표 36-1 물리학, 심리학, 의학에서의 일상적 실재인 CR과 비일상적 실재인 NCR

영역/관찰자	일상적 실재인 CR 관찰대상	비일상적 실재인 NCR 관찰의 주제
물리학/물리학자	입자	가상 입자, 파동함수
심리학/심리상담 치료사	내담자, 내면의 삶	꿈, 환상, 자의식적 느낌
의학/의사	신체, 질병	정신신체적 고통, 느낌, 상상

이러한 물리학, 심리학, 의학 각각의 영역에서, 고전적인 또는 일상적 실재인 CR 관찰자들은 불확정성에서 벗어나지 않고 연관되어 있다. 물리학자와 입자의 관계는 하이젠베르크의 불확정성 원리에 의해 지배되고 있는데, 이 원리는 기본적으로 일

상적 실재인 CR 관점에서 입자에 대해 우리가 알아낼 수 있는 것에 한계가 있다고 말한다. 이 원리는 예를 들면, 가상 입자와 같은, 그 어느 것도 측정할 수 없는 모든 종류의 상상의 물체를 염두에 둔 것이다. 비슷한 형태로, 심리상담 치료사는 완전히 통제되거나 예측할 수 없는 내담자의 미래나 기분에 대하여 영원히 확신할 수 없다. 꿈꾸기 과정에 들어가지 않고는, 심리상담 치료사는 일상적 실재인 CR에서 보여 준 내담자의 일부분만을 알 수 있을 뿐이다.

마찬가지로 의학에서도, 치료가 의식의 통제를 벗어난 많은 비역학적인 요인들을 포함하기 때문에, 수술 같은 인과(因果)적인 조정의 효과는 완전히 예측 가능하지 못하다.

지금 그들이 주장하는 대로, 물리학, 심리학, 의학은 서로 연관된 관찰자와 관찰 대상이 마치 분리될 수 있는 것처럼 고전적이고 상태 지향적인 설명에 의해 특징지어진다. 불확정성은 이러한 관찰자들이 비일상적 경험을 무시한 결과다.

일상적 실재인 CR 체제의 잔재는 일상생활에서 비일상적 실재인 NCR 사건들의 영향에 관하여 불확정성을 만들어 낸다. 불확정성 원리는 자연의 어떠한 일상적 실재인 CR 형성에도 필요하다. 스며드는 불확정성의 존재를 부정하기보다는, 불확정성을 사건에 대한 모든 일상적 실재인 CR적, 상태 지향적 설명에 포함해야 한다.

표 36-2 물리학, 심리학, 의학에서의 불확정성

U＝불확정성			
영역/관찰자	일상적 관찰대상	U	관찰의 비일상적 주제
물리학/물리학자	소립자	U	가상 입자, 파동함수
심리학/심리상담 치료사	사람, 내면의 삶	U	꿈, 환상, 자의식적 느낌
의학/의사	신체, 질병	U	정신신체증적 고통, 느낌, 상상

이 도표는 일상적 실재인 CR 체제의 관찰자에게, 비일상적 실재인 NCR 경험을 고려할 수 없기 때문에, '관찰대상'에 대한 불확정성은 존재해야 한다는 것을 보여 준다.

말로 표현할 수 없는 깊은 감정 및 직관과 같은, 비일상적이며 자의식적인 경험을 알아차림으로써 시작하는 좀 더 과정 지향적 체제에서, 관찰자와 관찰대상 사이의 분리감은 사라진다. 이러한 분리감이 사라지면서, 관찰자와 관찰대상과의 관계가 만들어진다. 이러한 관계는 고립, 통제의 결여, 자연에 대한 불확정성의 감각을 감소시킨다.

전통적 초자연치료사는, 관찰대상을 숭배하고, 관찰대상을 자신에게 연관시키고, 그전에 불확정성이 지배하던 지식을 발견하기 위해 자의식적 영역으로 들어가는, 새로운 종류의 관찰자의 원형(原型)이다. 전통적 초자연치료사는 이 세계와 개인 내면의 사건을 다룰 뿐만 아니라 전체 우주도 다룬다.

❖ 우주에 대한 불확정성

이제 전체 우주의 영역을 위의 구도에 첨가해 보자. 우주에 대한 과학적 관찰자는 우주철학자라 불린다. 시공간의 분리를 기억하는가? 상대성 이론에서 이것은 모든 체제에서 모든 관찰자에게 일반적인 사건들의 척도다. 이것은 우주에서 사건에 대한 합의적 측정이다.

앞선 장에서, 사건이 빛의 속도보다 더 빠른 속도에 연결된 것처럼 보일 때, 우리는 어떻게 시공간의 분리가 가상, 즉 비일상적이 되는지 논의했다. 이것은, 즉 시공간의 분리는 미래가 현재에 영향을 줄 때, 당신이 시간에서 뒤로 또는 시간을 벗어나는 것처럼 움직일 때, 우주가 시작되는 창조의 첫 순간에 공간이라는 것이 없었을 때, 바로 그 순간에 발생한다. 어떻게 스티븐 호킹이 우주의 시작을 허수와 가상의 시간으로 묘사했는지 기억하는가? 오직 비일상적이고 관찰이 불가능한 사건들만이 입자의 양자 파동함수의 허수에 포함되어 있는 것처럼, 같은 종류의 이러한 사건들이 상대성 이론에 대한 아인슈타인의 공식에 의해 허용되었다.

만약 우리가 우주의 영역을 넓히고 관찰 중인 우주철학자들을 우리의 구도에 넣는다면, 우리는 다음과 같은 것을 발견하게 된다.

표 36-3 우주론, 물리학, 심리학, 의학에서의 불확정성

U=불확정성			
영역/관찰자	일상적 관찰대상	U	관찰의 비일상적 주제
물리학/물리학자	입자	U	가상 입자, 파동함수
심리학/심리상담 치료사	사람 , 내면의 삶	U	꿈, 환상, 자의식적 느낌
의학/의사	신체, 질병	U	정신신체증적 고통, 느낌, 상상
우주/우주철학자	우주, 시공간 분리	U	시공간($v > c$), 파동함수

위 표로부터 우주에 관한 불확정성이 부분적으로는 꿈꾸기, 즉 당신의 절정 경험에서 직관한 것과 같은 창조에 대한 비일상적인 경험에 초자연치료사의 참여가 부족한 것에 기인한다고 우리는 유추해서 말할 수 있다.

❖ 우주의 파동함수

오늘날 대부분의 물리학자들은 초자연치료사의 관점을 자신들의 우주 개념에 포함시키지 않지만, 그러나 스티븐 호킹 같은 사람들은 입자와 파동함수와의 관계처럼 우주를 생각함으로써 세계들 간의 거리를 좁히고 있다. 호킹의 생각이 어떻게 작용하고 그것이 우리에게 무엇을 의미하는지를 살펴보자.

모든 물리학자들처럼, 우주철학자들은 알려졌거나 미지의 은하계, 미래와 과거의 공간, 아직 관찰되지 않은 광대한 사건을 모두 포함하는, 전체 우주가 우리가 여기 지구에서의 경험에 대해 우리가 관측하는 바로 그 물리학 법칙에 따르기를 기대한다. 예를 들어, 우주가 여기 지구에서 경험하는 물리학 법칙을 따른다면, 우주는 양자 파동함수에 의해 설명되어야만 한다. 왜냐하면 그 대상이 입자, 행성, 또는 우주라 하더라도, 모든 대상은 그러한 파동함수를 갖고 있기 때문이다.

스티븐 호킹 같은 양자 우주철학자들은 입자 물리학자들이 작은 양자 물체로 보는 것처럼 전체 우주를 본다. 호킹은 각 입자가 그런 것처럼 우주도 반드시 파동함수를 가져야 한다고 추측해 왔다.

14장에서 17장까지의 논의에서, 파동함수가 일부는 실수이고 일부는 허수인 복소수라는 것을 기억할 것이다. 비록 물리학자들이 아직 양자 신호교환 같은 비일상적인 사건의 관점에서 복소수를 해석하지 못하더라도, 우리는 그러한 해석이 현재 양자역학에 존재하지 않는 근거를 제공한다는 것을 알았다. 파동함수에 대한 새로운 해석 없이, 그것들은 하이젠베르크가, 어떤 지점, 어떤 시기에서 시스템을 발견하려는 '경향성' 이라고 부르는 것으로서 가장 잘 나타난다. 나는 이러한 경향성을, 우리가 실제로 하나의 대상을 관찰하기 전에 우리의 주의를 끌었던 자의식적인 경험이라고 불렀다.

파동함수를 자의식적인 경험 또는 하이젠베르크의 '경향성' 으로 해석한다는 것은 측정할 수 없다. 왜냐하면 경향성이란 $(a+ib)$와 같은 복소수이기 때문이다. 그러나 반영하는 경향성의 켤레화에 의한 결과인 실수는 어떤 장소와 시간에서 양자물체를 발견할 수 있는 측정 가능한 확률이다.[2)]

우주의 파동함수를 이해하기 위해, 물리학자들이 사용할 것 같은 방법으로 경향성을 이해해 보자. 행성과 같이 크기가 큰 물체의 파동함수는, 한 도시에서 많은 사람들로 이루어진 집단의 경향성과 같이 우리 모두에게 친숙한 어떤 것의 경향성의 파동함수로 생각될 수도 있다.

아마 당신은 도시의 한가운데서 군중이 함께 모이는 경향성이 도시의 변두리에서 군중이 모이는 경향성보다 일반적으로 더 크다는 것에 동의할 것이다. 어디서든 모여 있는 군중을 발견하는 기회가 얼마나 되는지 알기 위해, 당신은 사람들이 어디에 사는지, 중심에는 얼마나 많은 사람이 사는지, 중심 밖에는 얼마나 많은 사람들이 사는지 등을 알 필요가 있다.

군중의 파동함수는 사람들이 어떤 장소, 어떤 시간에 있으려는 경향성이다. 마찬가지로, 행성의 무리에 대한 파동함수는, 우주의 어떤 부분에 모여 있으려는 행성들의 경향성인 것이다. 똑같은 방법으로, 원자와 같이 자신의 불투명한 영역 가운데서, 전자가 일정 영역에 위치하는지를 발견할 수 있는 가능성은, 우리가 어떻게 전자가 위치하고 있기를 기대하는 영역에 '거주하는지' 를 고려함으로써 발견될 수 있을 것이다. 어떤 장소, 어떤 시간에 존재하는지에 대한 경향성의 묘사가 파동함수다. 비록 입자의 파동함수는 이러한 불투명한 영역에 퍼져 있더라도, 그것은 있을 것으로 기대되는 곳에서 가장 많이 발견된다.

똑같은 방식으로, 만약 당신이 나의 꿈과 나의 파동함수를 안다면, 나와 같은 사람이 컴퓨터를 사용하고 있는 것을 발견할 수 있을 것이다. 이것은 나의 파동함수가 이론적으로 우주 끝까지 전 공간으로 퍼져 나갈 수 있기 때문이다. 입자처럼, 나의 파동함수도 당신이 나를 보통 찾을 수 있는 곳에서 최대가 될 것이다. 만약 내가 오리건 주 포틀랜드에 산다면, 나의 파동함수는 다른 곳에서는 더 작아질 것이고 달에서는 아마 0일 것이다.

일상적 실재인 CR에 존재하는 어떤 사건의 경향성 또는 파동함수는, 그것이 결레화할 때, 우리에게 대상, 사람, 전자, 행성 또는 군중에 대한 일상적 실재인 CR 성질을 가장 잘 찾을 수 있는 곳을 알려 준다. 스티븐 호킹은 '입자' 라는 단어를 '우주'로 바꿔 놓음으로써 지적인 도약을 이뤄 냈다. 파동함수가 우주 전체에 퍼져 있는 입자에 관해 생각하는 대신, 그는 파동함수가 전체로 퍼져 나간 우리의 우주에 대해 생각했다. 무엇에서 퍼져 가는가? 무한한 숫자의 평행한 우주 위에! 그의 사고에서 우주는 양자 물체이며, 그것이 차지하는 공간은 다른 우주이어야 한다.[3]

우리 자신의 우주 외의 다른 어떠한 우주에 대한 파동함수는 매우 작다는 것을 증명하는 것과 같은, 호킹의 추정적인 새 이론으로는 풀리지 않는 수학적이고 철학적인 문제들이 있다. 무엇보다도, 만일 파동함수가 다른 우주에서 최소화되지 않는다면, 우리는 우리와 매우 다른 우주와 시공간에서 우리 자신을 계속해서 찾아야 할 것이다. 물론 초자연치료사들은 우리가 하는 것을 반박했었고, 실제로 가끔 우주를 변형했다. 그러나 이것은 대체로 희귀하고, 그리고 그런 변형은 일상적 실재인 CR에서는 측정될 수 없다.

❖ 신들은 관찰자다

만약 우리가 호킹과 함께, 우리의 전체 우주에 대한 파동함수가 있다고 가정한다면, 입자의 파동함수 또는 경향성과 비슷하게, 우주는 그 자체로 존재하는 경향성이어야 하며, 또한 항상 바로 여기에 있지 않으려는 경향성이어야 한다. 이는 그것이 자기 반영을 할 수 있으면서도, 스스로 신호교환할 수도 있고, 또 다른 모든 것과 함께 신호교환할 수 있기 때문에, 우주는 일상적 실재인 CR 감각에서 실재를 이룰 수 있는 것이다.

이제 커다란 의문에 도달하게 된다. 우주가 일상적 실재인 CR에 현재 존재하고 있는 것처럼 존재하기 위해서, 그 모든 놀라운 현미경과 우주론적인 존재와 함께, 돌, 행성, 은하들과 모두 함께, 그 무엇인가가 원래의 꿈, 또는 경향성, 상태로부터의 존재가 되기를 꿈꾸었다. 누가 그런 일들을 했는가? 누가 우주를 관찰하고, 파동함수를 결레화하고, 자의식적인 본질을 반영하고, 그것의 경향성을 실재로 바꾸는 능력이 있는 첫 관찰자이었는가? 그것이 창조되었을 때, 우리 중 어느 누구도, 현재의 일상적 실재인 CR 우주의 다른 것들도 존재하지 않았었다.

이 질문에 대한 한 가지 대답은 우주는 호기심이 많다는 것이다. 그것은 자의식적이며, 자신을 반영할 수 있는 꿈꾸는 우주이며, 그것이 확장함에 따라 일상적 실재인 CR 속으로 자신을 꿈꾼다. 우리의 우주는 자기 반영적이어야만 한다. 이러한 결론 없이, 물리학, 심리학, 우리의 우주 자체는 오늘날 존재할 수 없었을 것이다.

물리학자들이 영원히 이 대답을 확인하겠지만, 가장 오래된 대답은 우리의 우주가 스스로를 지켜보는 여신이나 신이라는 것을 우리는 기억할 수 있다. 26장의 신성한 기하학에서, 우리는 신들이 자신을 알기 위해 어떻게 자신에게 반영하는지, 그것에 의해서 세계를 창조하는 것을 보았다. 이것은 우리가 아침에 일어날 때 자신이 누구인지 궁금해하는 것과 비슷하다. 호기심은 우리에게 거울을 보게 하고, 거울에서 우리를 반영하거나 우리의 반영을 바라보며 우리는 일상적 실재인 CR에 있는 사람이 된다.

마찬가지로, 신화에 의하면, 우리의 우주는 그 자체로 자신의 관찰자이며, 스스로의 창조자다. 우주는 자의식적이다. 우주는 그 자신의 경향성을 경험하며 호기심이 많기 때문에 스스로를 창조하기 위해 자신에게 반영한다.

예를 들면, 아메리카 원주민 주니족(Zuni)의 창시자인 아바나윌로나(Awanawilona)는 생각을 통해 자신을 잉태했다. 아바나윌로나는 "그 자신 속에서 생각을 가졌고, 그 생각이 모양을 만들었으며, 공간으로 나와, 이것을 통해 공허한 속으로 한 발 내딛었으며, 외부 공간으로 들어가, 이로부터 힘과 성장으로 가득 찬 안개와 성장의 흐릿함이 나타났다."[4)]

마찬가지로, 인도의 신 푸루샤(Purusha)는 자신을 남자와 여자로, 한 쌍을 둘의 반쪽으로 나누고, 그것에 맞게 우주의 나머지도 창조했다. 에스키모 신화에서, 라벤(Raven) 추장과 그의 분신, '작은 참새' 는 우주의 공동 창조자다. 우주의 부분에 반영하는 것은, 그리스에서는 '나누어진 우주의 알(cosmic egg)' 로 상상되었으며, 일본인들은 하늘과 땅을 하나의 나누어진 알(egg)로 보았고, 유대인, 중국인, 마오리인, 그리고 많은 다른 종족들도 이러한 우주적 반영을 창조의 근원으로 보았다.[5)] 느가주 다야크(Ngadju Dyak)는 두 산(山)의 충돌을 창조의 힘으로 보았다. 나바호족(Navajo)의 모래 그림은 세상을 창조하는 하늘과 땅의 상반(相反)된 성질의 결합을 보여 주고 있다. 아래에서 보여 줄 [그림 36-1](나바호족의 모래)에서, 어떻게 신들이 동등하면서도 대립적인지 알아보자.[6)]

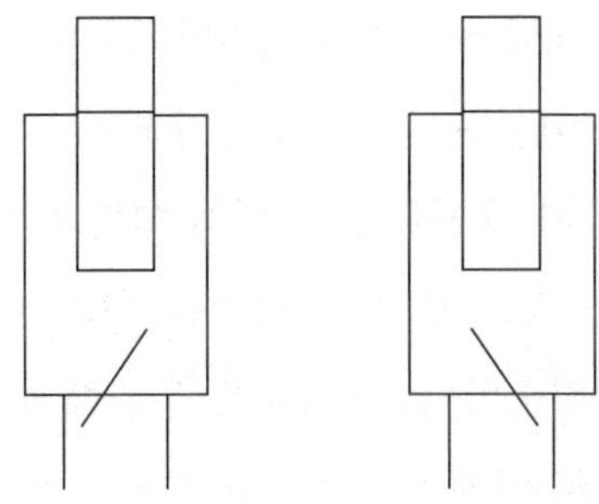

[그림 36-1] 아버지 하늘과 어머니 지구-켤레화에서 상반된 결합의 단순화 도형

이 우주론의 신화적 도형은 실재와 상상의 특징을 지니는 파동방정식의 패턴 ($a+ib$)을 가지고 있다. 이 패턴이 자체의 반영 또는 켤레($a-ib$)를 만났을 때, 두 숫자는 켤레화하거나 곱해져서 실재를 생성한다.

나바호족은 수학이 켤레화라고 하는 것을 경험해 왔음이 틀림없다. 우리가 양자 우주론에서 발견한 켤레화의 패턴은, 자기 반영에 의해 스스로를 켤레화하는 우주다. 이러한 패턴은, 신화적 우주론과 둘로 나뉜 우리 선조들의 켤레화 같은 고대의 이론들에서도 볼 수 있다. 다시 말해, 우주의 수학에서 발견되는 반영 패턴은, 우리가 원시 창조 신화나 모래 그림에서 볼 수 있는 패턴과 비슷한 특성을 지니고 있다.[7)]

실재가 쌍둥이 관계 패턴에 기초한다는 믿음은 매우 넓게 퍼져 있다. 침시아족(Tsimshian) 신화에서는, 삶 자체가 동등하지만 상반된 눈으로 보는 한 쌍의 쌍둥이 영혼으로 보여지고 있다. 캐나다 서쪽 해안에서 온 최초의 원주민들은, 그들의 가장 오래된 고대의(약 3,000년 전) 얼굴을 돌에 새기면서, 동등하지만 상반된 눈으로 서로를 바라보는 쌍둥이로 묘사하였다.

> 삶이란 매우 똑같은 모습이지만 상반되는 눈을 가진…… 돌에 새겨진 한 쌍의 쌍둥이 얼굴이다. ……그들은 자기 인식에 대한 모순인…… 자의식으로 가득 채워져 있다.[8)]

과학자들은 16세기 이후 우주에 대해 인간 형태의 투영을 피하려고 노력해 왔다. 물리학자들의 많은 외적 성공들은 신앙과 감정 대신에 시험이 가능한 가설에 기초하여 이루어졌다. 그러나 슈뢰딩거를 인용해 말하자면, 이러한 성공은 우리가 '우리의 가슴에 가장 가깝고 친근한 것' 을 이해하는 데는 도움을 주지 못했다.

비록 과학이 우주를 의인화하는 것을 피하려고 노력해 왔다고 하더라도, 모든 우리의 개념은 '인간' 이다. 우리가 알아 온 것처럼, 물리학에서 어떤 설명의 공식도 그 시대의 정신인 시대정신에 달려 있다. 우리가 참으로 객관적인 우주를 가질 수 있는 방법은 없다. 모든 설명, 모든 숫자는 우주의 인격화에 달려 있다. 왜냐하면 우리가 일찍부터 우리의 연구 여행에서 본 것처럼, 그러한 숫자 사용은 우리 개인 및 공동체의 심리학과 연결되어 있기 때문이다.

나바호족 도형에서 발견한 것처럼, 우리는 어떻게 우주가 생기는지를 설명하는 신화적 의인화가 수학에서 복소수 같은 똑같은 실재를 나타낸다는 것에 대한 의심을 피할 수 없다.

'인류발생론 원리' 는 우주의 '인간 같은' 묘사는 불가피하다고 말한다. 인류발생론 원리에 대한 설득력이 약한 설명은, 우리의 개념이 시계를 만들거나, 외과수술을 하거나, 꿈을 이해하거나, 달 착륙을 잘 설명하는 의미에서 '우주도 인간이다.' 라는 것이다.[9)]

그러므로 당신이 우주와 같거나 또는 그 우주의 논리가 당신 것과 같다. 다시 말해, 어떤 면에서 당신의 마음이 신의 것과 같기 때문에, 당신이 신의 마음을 이해한다는 것이다. 이것으로부터, 당신은 당신 앞의 많은 사람들처럼, 당신의 마음이 모든 다른 자의식적 존재의 마음과 같다고 결론 내릴 수 있어야만 한다.[10)]

당신이 신이라는 결론에 기초하면, 당신이 생각하고 느끼는 것은 신이 생각하고 느끼는 것이다. 그래서 일상 세계와 전체 우주에 대한 당신의 불확정성을 감소시키기 위해, 당신이 보고 있는 당신의 자의식적 경험들로 되돌아갈 필요가 있다. 그러면, 당신의 불확정성은 당신이 보고 있는 것이 당신 자신의 한 측면인 것을 재발견함으로써 감소된다. 당신을 둘러싼 사람들과 사건들은 당신의 측면들이다. 우주도 또한 당신 얼굴 중 하나다. 만약 당신이 태어나기 전과 죽음 이후에 누구인지를 알고 싶다면, 당신의 경험들을 진지하게 받아들여라. 이것이 우주가 그 자신의 비일상적 실재인 NCR 사건들을 진지하게 받아들이는 것을 돕는 것이다. 다시 말해, 당신이 경험하는 그대로의 우주가 되는 것이다.

❖ 재고하는 의식

우리는 호주 원주민들이 언제나 모든 대상은 우리에게 신호교환을 하는, 관찰하는 자의식적인 힘을 가지고 있다고 항상 믿었다는 것을 배워 왔다. 반영의 비일상적 실재인 NCR 경험은 우리의 생존에 대한 기본이다. 그것은 우리가 그 물체를 증명할 수 없어도 물체를 알도록 허용해 준다. 예를 들어, 우리가 숲 속에서 위험한 길 대신에 안전한 길을 선택할 줄 아는 것과 같다. 말하자면 인생의 모든 길은 우리에게 '신호교환' 을 한다.

모든 신화에서 발견되는 가장 중요한 요소는 자의식적 알아차림이 이미 꿈꾸기의 과정 속에 존재한다는 것인데, 그 알아차림은 스스로에게 반영할 수 있다. 우주는 스스로에게 반영하며, 그 자신의 길을 알아차리고, 실재를 창조한다.

비일상적 실재인 NCR 관점으로부터, 양자역학에서 실제 세계는 '관찰자' 와 함께 신호교환하는 '대상' 을 통해 생겨난다. 이것이 자의식적 경험이나 경향성들이 그들 스스로를 깨닫는 방법이다. 그러면 비슷하게 우주는 스스로에게의 신호교환을 통해 생겨난다. 우리의 일상적 실재인 CR적 자신의 알아차림과 같은 어떤 것은, 우리가 물웅덩이나 다른 어떤 종류의 거울로부터 자신의 모습을 볼 때 생긴다.

따라서 의식은 자기 반영을 통해 일어나고 다음과 같은 것들로 구성된다.

1. 마치 당신 안에 원래 있었던 것처럼 당신이 잠재적으로 경험하는 **경향성, 자의식적, 꿈꾸기의 과정.** 이러한 신호교환의 상징은 물리학의 파동함수와 신화의 신들에게서 발견된다.

2. **마치 다른 사람이나 물체로부터 온 것처럼 잠재의식적으로 경험되는 자의식적, 번개처럼 순간적인(flash-like) 신호.** 이러한 신호교환의 상징은 양자역학의 켤레복소수, 또는 신화에서 서로 신호교환하는 쌍둥이 신 또는 결합된 신들에게서 발견된다.

3. **자의식적, 꿈꾸는 과정이 자신에게 반영하는 과정인 켤레화, 일상의 생성, 일상적 실재인 CR 실재와 의식.** 이러한 과정의 상징들은 복소수들이 곱해져서 실수를 산출해 내는 양자역학에서 발견되며, 그리고 신이 스스로 통합하여 우리가 알고 있는 대로 세계를 창조하는 신화에서 발견된다.

의식은 인지의 자의식적, 비일상적 실재인 NCR 양자 번쩍임, 서로를 반영하는 신호교환에 기초한다. 의식은 두 영역 사이, 자의식적인 비일상적 실재인 NCR 경험과 일상적 실재인 CR 경험 사이의 전환을 포함한다.

신화뿐만 아니라 양자물리학에 의하면, 우주는 자신을 비추고, 자신에게 반영하는 같은 경향성을 가지고 있다. 만약 우리가 지금까지 논의 중인 관점을 사용한다면, 우리는 신들이 이 세상을 켤레화에 의해 창조했다고 말할 수 있다. 즉, 신들은 자신의 자기 반영에 초점을 맞춤으로써 세계를 펼친 것이다. 그것의, 즉 자의식적 자신에게 반영하고 일상적 실재인 CR을 창조하는 우주는 호기심 많고 자의식적인 존재다. 우리가 궁금할 때 그러는 것처럼 우주는 스스로 참여하며, 반영하고, 우리 자신의 비일상적 실재인 NCR 과정을 펼친다.

우주가 자의식적이라는 생각은, 각각의 종(種)과 사물이 비일상적 실재인 NCR 알아차림의 특성을 가진다고 느꼈던 원주민들 중에서 발견된다. 예를 들면, 인간은 연어(salmon)로 변형할 수 있다. 그러나 연어는 사람 또는 연어가 헤엄치는 강으로 떨어지는 나뭇잎으로 변형될 수도 있다.[11] 다시 말해, 우리가 감각적 알아차림이라고 부르는 인간의 활동으로 여겨지는 것은 모든 존재와 모든 사물에 해당하는 것이다.

당신은 다음과 같이 결론을 내릴 수 있다. 실재, 즉 CR은 알아차림의 자의식적 수준에서 모든 것과 다른 모든 것의 상호작용을 통하여 존재하게 된다. 우리의 신체는 몸의 부분들이 서로를 반영하는 방법 때문에 존재한다. 즉, 공동체는 우리의 비일상적 실재인 NCR 신호교환을 통해 창조되는 것이다. 마찬가지로, 전체 우주는 우주의 모든 부분들이 상호 연결된 신호교환을 통해 존재한다. 이러한 결론은 우리가 물리학, 심리학, 신화학에 대해 알고 있는 것과의 일치에 기초한다.

자기 반영의 우주라는 생각이 어떤 이들에게는 새로운 것인 반면에, 미르체아 엘리아데(Mircea Eliade)는 『영원한 회귀의 신화(*The Myth of the Eternal Return*)』에서 지적하기를, 초기의 많은 사람들은 이 지구상의 모든 활동이 모든 패턴의 근원인 하늘에서 거울상(像)이 반영된 것이라고 믿었다. 사람들은 우주가 자신을 반영하거나 켤레화함으로써 '실재'를 창조한다고 항상 생각해 왔다.

❖ 인간이 중심이 아니다

우리 인간은 이 우주에서 얼마나 중심적인가? 이 질문에 대한 대답은 우리가 인간의 의미를 어떻게 정의하느냐에 달려 있다. 만약 우리가 오직 일상적 실재인 CR 관찰자로만 존재한다면, 대답은 부정으로, 우리는 중심이 아니다. 그러나 우리가 양자 신호교환의 비일상적 실재인 NCR 알아차림을 허용한다면, 인간의 정의는 당신이 볼 수 있는 모든 사물로 확장되어야 한다. 이 경우에, '인간' 은 광범위하고 비국소적인 자의식적 알아차림을 의미한다. 그러한 비일상적 실재인 NCR '인간' 알아차림은 지금까지 언급된 우주에 관한 모든 이론에서 중심이고 절대적이며, 우주의 모든 것에 포함된다.

일반적인 인간 의식이 창조와 실재의 이야기에서 중심이 아니라는 사실은 신화 속 창조자들의 이야기와 그림이 실제의 살아 있는 사람들이 아닌, 신들과 여신들만을 포함하고 있는 이유일 수도 있다. 신화와 수학은 인간에 대한 명백한 묘사를 포함하지 않는다. 왜냐하면 인간 요소는 자의식, 비일상적 실재인 NCR, '정령 같은' 또는 '신 같은' 것이기 때문이다. 우리는 단지 복소수나 신화의 여신과 신들만을 본다. 이 모든 것을 말하는 또 다른 방법은 인간에 대한 우리 자신의 정의가 인간 형태에만 제한되어서는 안 된다는 것이며, 우주는 비일상적 실재인 NCR '인간 같은' 자연을 가지고 있다는 것이다.

우리는 모든 것이 그 자체로서 인간 형태 없이 창조된 실재라는 것을 보여 주는, 다음과 같은 종교적 설명에서 명백한, 일상적 실재인 CR 인간 형태의 부재(不在)를 알아차릴 수 있다.[12)]

> 시크교의 아디 그란트(Sikh Adi Granth) 성서: 말 한 마디로 전체 우주는 살아 움직이는 존재가 되었다.

> 구약 성경: 태초에 말씀이 계셨고, 이 말씀이 하나님과 함께 계셨고, 이 말씀은 하

나님이다. 그리고 하나님이 말씀하시기를, "빛이 있으라." 하니 빛이 있었다.

이슬람 코란: 무(無)로부터 하늘과 땅의 창조자는 사물을 의도할 때 단지 "있어라." 고 말하기만 하면 그것은 그대로 되었다.

도교 도덕경: 이름이 없음(無名)은 하늘과 땅의 시작이다. 이름이 붙여짐(有名)은 만물의 어머니다.

힌두교의 우파니샤드(Hindu Upanishads): 그러므로 그 말씀으로, 그 자체로, 그는 이 전체 우주, 존재하는 모든 것을 탄생시켰다.

우리가 탐구해 온 우주에 관한 신비적인 초자연치료사의 비일상적 실재인 NCR 관점은, 물리학자들이 창조에 있어 중심적 역할을 하는, 오늘날의 현대 물리학과는 다르다. 양자물리학의 현재에서, 실험을 창조하는 물리학자의 결정은 실험의 결과를 결정한다. 그러나 초자연치료사의 비일상적 실재인 NCR 관점에서, 실재란 객관적 관찰자의 결과가 아닌, 자의식적 존재들 사이의 참여적 상호 연결의 결과다.

만약 우리가 이런 자의식이 어디에 위치해 있는지, 의식과 실재의 뿌리가 어디인지 묻는다면, 우리는 단지, 양자물리학의 수학과 신화 이야기에 따라, 의식의 뿌리들은 어디서나 항상 발견되는 경향성이라고 대답할 수 있을 뿐이다. 다시 말해, 의식의 뿌리들은 우리 우주를 특징짓는다.

❖ 창조와 사라짐

앞에서의 논의로부터, 우리는 우리 자신을 알기 위해 우주를 알 필요가 있다고 결론지을 수 있다. 더욱이 인류발생론 원리에 따라, 당신은 우주를 알기 위하여 자신을 알 필요가 있다.

인류발생론 원리는 우주의 가능한 진화에 대해 몇 가지 힌트를 제공한다. 만일 당신 자신에 관해 생각한다면, 앞 장에서 알게 된 것처럼 당신이 꿈의 끈(dreamline), 양자 파동함수, 당신이 가졌던 빅뱅이나 절정 경험의 메시지를 보여 주는 경향성이라는 것을 안다.

우리의 인생은 빅뱅 또는 절정 경험으로부터 꿈의 끈을 따라 펼치려는 것으로 보일 수 있다. 우리가 여행하는 의미의 비일상적 실재인 NCR 경로를 배제하거나 인식하지 않을 때, 우리는 어떤 기반으로부터 단절되는 느낌을 갖는 경향이 있다. 우리는 순수하게 일상적 실재인 CR 지향적이 될 수 있고, 더 이상 자기 반영적이 아닐 수도 있다. 이러한 비일상적 실재인 NCR 경험의 과소평가는 우리에게 부분적으로 죽은 느낌을 남겨 줄 수 있다. 반면에, 만일 우리가 우리의 꿈의 끈의 잠재적인 의미를 알아차린다면, 우리는 일상적 실재인 CR에서 펼치는 자신을 반영하고 알아차린다. 그래서 우리의 정체성은, 정상적인 일상 사람이 되는 것에서, 우주의 나머지와 연결된 삶의 신화를 갖는 꿈이 되는 것으로 바뀐다. 우리가 발생하려는 꿈으로 살아갈 때, 우리는 비일상적 실재인 NCR에 더 가까워짐을 느끼고 우리의 일상적 실재인 CR 형태로부터 자유로워서 해방되는 것처럼 느낀다.

우리는 자신의 삶을 무시하거나, 진실한 본성을 알아차리거나, 임사경험에 관계없이, 가장 독실한 무신론자조차, 과소평가된 비일상적 실재인 NCR 실재, 즉 모든 존재의 근원으로의 복귀를 느끼는 것처럼 보이고, 무엇보다 강력하게 의식하는 우주를 알고 있다.

우리 모두는 원주민들과 물리학자들처럼 신의 마음이 어떻게 작용하는가를 이론화한다. 수학과 초자연치료에 대한 우리의 연구에서, 그리고 인류발생론 원리로부터, 우리는 신의 마음이 꿈꾸는 것과 빅뱅으로부터 펼쳐지는 것을 추측할 수 있다. 신은 더하고, 빼고, 신이 경험하는 모든 것은 하나의 세상에서 일어난다, 다시 말해, 신은 '닫힘(closure)' 을 지녔다. 신의 알아차림은 비국소적이다. 신은 호기심이 있고 자기 반영을 하는 경향이 있으며, 그래서 자신을 재창조한다.

인류발생론 원리를 사용하면서, 우리는 진화이론을 만들 수 있다. 우리는 우주가 시작되기 전에, 그리고 신의 현재 일상적 실재인 CR 형태 안에 나타나기 전에, 신은 꿈꾸고 있었다고 말할 수 있다. 즉, 신은 존재하기 위한 경향성이었다. 어떤 점에서 신은 우리가 확장의 현재 상태라고 부르는 것을 반영하고 펼쳤다. 신의 반영은 일상적 실재인 CR과 우리의 현재 우주를 생성한다.

우주가 팽창할수록 두 가지 가능한 경험이 있다. 신의 자기 반영과 일상적 실재인 CR 세계가 신이 꿈꾸는 자기 자신을 인식하도록 신을 인도하거나, 또는 신이 이러한 자기를 무시하는 것이다. 어쨌든, 신의 일상적 실재인 CR 측면은 사라지거나 소멸된다. 반고(Pan Ku)와 보탄(Wotan: 게르만 민족의 신)의 인류 형상들처럼, 신은 붕괴되어 블랙홀이 되고 경향성의 세계에서 꿈꾼다. 신의 꿈에서 호기심이 되돌아온다. 신은 자기를 반영하고 일상적 실재인 CR 우주를 재창조한다. 신은 스티븐 호킹이 '가상 시간' 이라고 부른 것을 켤레화하고 우리가 오늘날 알고 있듯이 팽창하는 우주를 창조한다.

다시 말해, 우주는 창조와 소멸의 상태, 자기 이해와 무시의 상태를 통해서 진행한다. 물리학의 수학을 신화와 심리학적 경험과 통합하는 이 이론은, 우리 우주의 현재 상태가 창조와 소멸 과정의 무한하고 순환적인 역사에서 단지 하나의 작은 순간이라는 것을 의미한다.

주 석

1) 『마음과 물질(*Mind and Matter*)』 276쪽.

2) 파동함수의 확률에 대한 해석은 파동함수를 켤레로 곱해서 실수인 '절대 제곱' 을 얻는 것으로부터 시작된다. [$(a+ib)\times(a-ib)=a^2+b^2$]

3) 평행한 우주에 대한 호킹의 생각은 에버렛(Everett)와 드윗(Dewitt)의 생각과 같은 것으로, 우리는 한 가지 요점만 제외하고, 17장에서 논의했다. 호킹은 우주 사이의 상호관련성을 '벌레구멍관(worm hole tubes)' 으로 보았고, 반면에 아인슈타인의 방정식은 '불연속성(discontinuities)' 을 지적했다. 사물에 대한 에버렛과 드윗의 내용에서 평행한 세계는 연결되어 있지 않았다.

4) 데이비드 맥라건은 『신화 창조(*Creation Myths*)』 15쪽에서 아메리카 원주민에 대해 기록하였다.

5) 위와 같은 책, 15쪽. 그녀는 '그는 스스로에게서 나를 재창조한 후 어떻게 나를 포용할 수 있을까?

라고 생각한다. 나는 내 자신을 숨길 것이다. 그리고 그녀는 다양한 동물로 변형해서, 동물 각 한 쌍이 재창조되었다.

6) 위와 같은 책.

7) 위와 같은 책, 43쪽.

8) 이 인용은 월슨 던(Wilson Dunn)의 『B.C. 시대의 이미지 석상: 30세기 북서부 해안의 인디언 조각(*Images Stone B.C.: Thirty Centuries of Northwest Coast Indian Sculpture*)』(1975)에 나온다. 나는 이 정보를 마거릿 세권(Margaret Seguin)이 편집한 『침시아족: 과거의 이미지, 현재에 대한 관점(*The Tsimshian: Images of the Past, Veiws for the Present*)』(1993)과 마조리 핼핀(Marjorie Halpin)의 『석상에서 의미 찾기: 조각과 쌍둥이 석상의 모습(*'Seeing' in Stone: Masking and the Twin Stone Masks*)』에서 처음으로 보았다.

9) 만일 태양에서의 지구의 거리와 빛의 속도와 같은 것들을 결정한 신들의 이사회가 있었다면, 더 강력한 원칙은 오늘날의 물리학자들에게서 주목을 덜 받을 것이다. 브라이언 하인(Brian Hine)의 『신의 휘파람: 창조의 천둥, 새로운 물리학에서의 궁극적 실재의 메아리(*God's Whisper: Creation's Thunder, Echoes of Ultimate Reality in the new Physics*)』 62쪽을 보라.

10) 예를 들어, 침시아족은 인간의 마음은 다른 자의식적 존재의 마음과 모든 면에서 같다고 믿었다. 주석 8을 보라.

11) 마거릿 세권(1993)이 편집한 『침시아족: 과거의 이미지, 현재의 관점(*The Tsimshian: Images of the Past, Views for the Present*)』 141페이지에서 거든(Marie-Francoise Guerdon)의 글, '침시아족의 세계관과 그들의 실행자들(Introduction to Tsimshian Worldview and its Practitioners)'를 보라. "침시아족…… 우주의 네트워크에 대한 자신들만의 내용을 만들어 냈다. 만일 어떤 대상이 주(主) 신화를 따른다면, 인간에게 그 세계는 영적인 영역으로 둘러싸인 인간의 공동체처럼 보인다. 그 영적인 영역은 자신들의 종족에 따라 나오고 들어가며, 서로의 삶을 간섭하는 모든 존재가 함께하는 동물의 왕국을 포함한다. 그러나 만일 한 대상이 나가서 동물, 예를 들어 연어가 되려고 하면, 한 대상은 연어 인간이 바로 자신들이라는 것을 발견할 것이다. 마치 연어가 인간이 되는 것과 같이, 우리가 또한 그들에게 연어가 될 수 있다면, 우리 인간은 'naxnoq', 연어를 먹는 곰처럼 보일 것이다." 다시 말해, 모든 존재는 의사소통의 특성에서 똑같다. 이 가설의 상세한 말은 앞에서 인용한 핼핀의 책에서 찾을 수 있다.

12) 브라이언 하인의 책 62쪽을 보라.

제 4 부

심리학은 자의식적 물리학이다

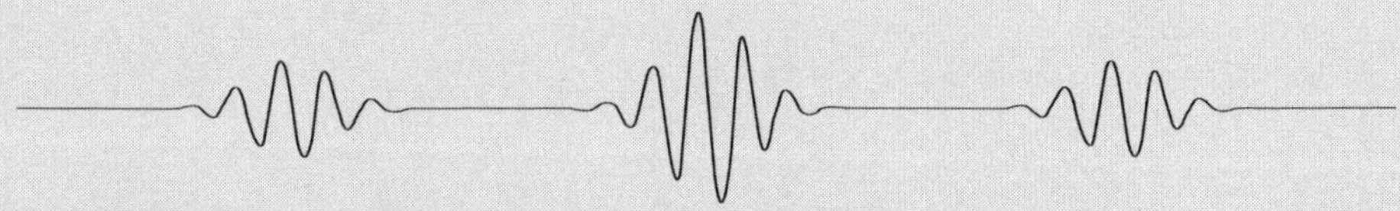

제37장 대칭과 의식
제38장 드림바디: 두 종류의 죽음
제39장 드림워크: 꿈 안내로서의 마음
제40장 바디워크: 질병과 엑스터시 사이에서
제41장 월드워크: 역사를 바꾸는 방법
제42장 플래닛워크: 여섯 번째 대 종말
제43장 기도에 대한 응답

제37장
대칭과 의식

1950년대에, 노벨상 수상 물리학자인 볼프강 파울리와 저명한 심리학자 칼 융은 심리학과 물리학을 더 밀접하게 해 주는 책을 저술하였다. 그 책의 출간 후 파울리는 1958년에, 융은 1961년에 세상을 떠났다. 그들의 저서는 모험적이며 용기가 있었기에, 우리에게 많은 도전들을 남겨 놓았다. 우리가 함께하는 연구 여행의 마지막인 이 책의 4부는 파울리와 융이 함께 저술한 책과 만나는 첫걸음이다.

> 우리가…… 받아들일 수 있는 유일한 관점은 실재의 두 가지 측면이다. 즉, 양적인 것과 질적인 것, 물리적인 것과 정신적인 것이 서로 융화할 수 있고, 동시에 포용할 수 있다는 것을 인식하는 것이다. 물리적인 것과 정신적인 것(예를 들면, 물질과 마음)이 실재 그 자체에서 상보적일 수 있다면 가장 이상적일 것이다.[1)]

이번 장에서 우리는 물리적인 것과 정신적인 것을 포용하고, 물질과 마음을 단지 상보적일 뿐 아니라 대칭적인 것으로 보는 관점을 논의할 것이다.

우리가 앞선 논의에서 발전시켜 왔던 관점은, 당신 자신을 알기 위해서는 우주를 이해해야만 하고, 또 우주를 알기 위해 당신 자신을 이해해야만 한다는 것이다. 이후의 장에서, 우리가 연구해 온 물리학과 수학을 이용하여, 이러한 관점을 발전시키고, 심리학에 대한 그러한 관점의 의미를 보여 줄 것이다.

❖ 간단한 복습

앞으로 더 나가기 전에, 지금까지 우리의 연구를 간단히 다시 살펴보자. 일찍이, 우리는 숫자의 개념에서 헤아리기가, 헤아림 이면의 경험들을 배제함으로써 발생하는, 거의 무의식적 과정으로 나타난다는 것을 알았다. 숫자 체계는 인체에 기초한, 그리고 수용된 언어 패턴에서 나온 것이다.

당신은, 어른들은 돌을 그냥 헤아리기만 하는 반면에, 어린이들은 그 돌을 두 개의 갈색 돌과 세 개의 검은 돌로 본다는 것을 아마도 기억할 것이다. 어떤 사건을 헤아리는 과정은 우리가 무엇을 헤아릴 것인가를 선택하는 방식의 중요성을 헤아리지 못함으로써 불확정성을 발생시킨다. 그 결과인 불확정성은, 우리가 목장의 양(羊), 전날 밤의 꿈, 또는 안개상자(cloud chamber)의 양자 물체 등, 어떤 것을 이야기하든지 발생한다. 헤아리기는, 펼치는 과정의 어떤 일상적 측면을 상세히 나타낼 수는 있지만, 관찰자의 심리는 무시하기도 한다.

또한 불확정성은 미적분학에서도 발생한다. 뉴턴의 유율(또는 오늘날 부르는 대로, 미분)에 대한 논의에서, 우리는 미분학의 형식론에 의해 제안된 대로 불확정성이 당신이 헤아리고자 하는 것의 극소 변화량을 결코 측정할 수 없기 때문에 발생한다는 것을 발견했다.[2] 미분학은 당신이 일상적 실재인 CR의 물리적 측정의 세계에서 유동의 영역, 즉 흐름과 과정의 직접적 경험으로 이동할 때 발생하는 변화를 나타낸다.

7장과 8장에서 우리는 복소수가 실수와 허수로 구성된다는 것을 알았다. 허수 i는 -1의 제곱근, $\sqrt{-1}$이다. 허수는 수학의 범위와 응용을 증가시키는 데 필요하지만, 그러나 그들은 또한 실재 사건들을 묘사하는 수학에 새로운 종류의 불확정성을 부여한다. 이런 불확정성의 이유는 허수가 직접적으로 측정될 수 없기 때문이다. 어떠한 음의 실수의 제곱근도 직접 측정할 수 없기 때문에, 그것의 정량적이며 일상적 실재인 CR 의미는 여전히 모호하다. 허수는 새롭고 측정할 수 없는 차원을 실재에 추가한다.

❖ 양자물리학에서의 복소수

물리학자들은, 양자역학의 파동함수와 상대성 이론의 시공간을 포함하는, 자연의 많은 측면들을 묘사하기 위해 허수를 사용한다. 허수를 자신, 즉 또 다른 허수에게 곱하면 실수가 되기 때문에, 허수 또는 복소수는 그들을 켤레화할 때 실수가 되는 놀라운 특성을 갖는다. 그리고 실수는 측정 가능하다. 비록 허수와 복소수가 매우 유용하다 할지라도, 물리학자들은 이들 숫자들이 무엇을 나타낼 수 있는지에 대해 추측하지 않는다. 왜냐하면 그것들은 직접 측정될 수 없기 때문이다. 단지 추상적인 수학적 논리에 적합하다.

물리학이 양자역학의 기본적 파동방정식과 상대성 이론의 시공간을 설명하는 데 허수를 사용하기 때문에, 이 방정식의 정확한 의미는 여전히 모호하다. 우리의 연구 여행에서, 우리는 물리학에서 전에 답변하지 못했던, "어떻게 의식이 물리학에 포함될까?" 라는 기본적 질문에 대한 어떤 해답을 찾아냈다.

우리는, 의식이 양자 신호교환의 반영 형태에서 켤레화하는 과정 동안 양자역학에 들어가는 것을 보았다. 이러한 것들은 전체적인 모든 공간에 있는 파동함수를 감소시키거나 '소멸' 시켜서 하나의 장소에 위치하게 하는, 그래서 모든 관찰을 생성시킨다.

복소수의 중요성을 무시하고, 복소수를 '실수' 에 이르게 하는 켤레화를 통해, 물리학은 자신의 근원을 이해하지 않고도 실재에서 충분히 효율적으로 '작동' 한다.[3] 물리학은 양자역학과 상대성 이론에서 수학적 원리가 정확하게 무엇을 의미하는지 모르고 복소수에 대해 이 수학적 원리들을 사용한다.[4] 지금까지 실재에서 일어나는 것을 헤아리는 데 켤레화의 사용을 설명했던, 알려진 물리학 원리는 없었다.

나는 이전 장에서 켤레화, 즉 허수를 그 거울상으로 곱하는 것이, 의식과 관찰에 우선하는 우리의 자의식적이며 자기 반영적인 경향성을 나타낸다고 제안했었다.

당신은 허수처럼 알지 못하는 무언가가 어떻게 물리적 실재의 패턴과 법칙을 이해하는 데 중요할 수 있는지 의아해할 수도 있다. 나의 대답은, 우리는 우리가 완전히 이해하지 못하는 가정에 근거하여 많은 일들을 한다는 것이다. 예를 들어, 심리상담 치료사는 사람들의 일상의 삶을 이해하기 위해 꿈에 대해 작업하지만, 그러나 어느 누구도 꿈이 무엇인지 확실히 알지 못한다. 마찬가지로, 우리도 허수를 이해하지 못하기는 하지만, 그러나 허수는 관찰 가능한 물리적 과정들의 행동을 설명하는 데 도움을 준다.

아인슈타인을 포함하여 많은 물리학자들이, 물리학에서 수학의 '비합리적인 효과성' 에 대해 놀라는 것처럼, 많은 심리상담 치료사들은 사람을 이해하는 데 꿈의 비합리적인 효과성에 대해 놀란다. 나의 논제는 이 '비합리적인 효과성' 이, 실제로 수학과 꿈꾸기가 무엇인지(실재의 전체적인 표현)를 단순하거나 신비스럽게 반영하기 때문에 존재한다는 것이다. 이 전체적인 실재는, 그 특성이 꿈꾸기 경험과 비슷한 허수로 암호화된다.[5] 또한 꿈꾸기는 실제 현상과 가상 현상 모두를 포함하며, 꿈꾸기는 반영되었을 때 복소수와 같이 실현 가능한 통찰, 행동, 결과를 만들어 낸다. 꿈꾸기는 자의식적이다. 즉, 그것은 잠재적 지각, 예감, 직관, 언어 이전의 감정이 발생하는 알아차림의 수준에서 나온다.

양자물리학과 상대성 이론에서 중요한 역할을 하는 허수는, 관찰 물리학 너머의 알아차림 경험, 자기 반영, 심리학과 비슷하다.

심리학으로부터 한 예를 들어보자. 고통을 생각해 보자. 고통은 일상적 실재인 CR과 비일상적 실재인 NCR 경험이다. 고통은 꿈꾸기의 한 형태이며 복소수와 유사하다. 가령, 종양으로 인한 고통은 그 종양이 주변 조직에 주는 압력과 같은 '실재'

일로 추적될 수 있다. 그러나 고통의 다른 측면은 추적될 수 없다. 당신은 '지옥 같은 느낌이다!' 와 같은 말로 짐작할 수 있는 느낌을 측정할 수 없다. 고통과 같은 감각적 경험은 복소수와 비슷하다. 고통은 $(a+ib)$와 같은, 실수와 허수의 조합으로 상징되는, 실재와 가상의 특징을 모두 지닌다. '실재' 성분은 종양으로부터의 압력에 연결된다. 그러나 고통에 대한 '가상적' '지옥' 은 비일상적이고 주관적인 느낌이다. 그것이 종양이 제거되었을 때조차, 통증 감각이 '육체적인' 이유 없이 남아 있는 이유다.

오직 실수만이, 지금까지 허수의 의미를 무시해 왔던 물리학의 결과에 중요하다. 그러나 심리학은 복소수 영역을 이해하지 않고는 있을 수 없다. 물리학에서, 오직 일상적 실재인 CR 또는 '실재' 경험들만 신뢰를 얻는다. 즉, 가상의 경험들은 중요하다고 생각되지 않았다. 의학도 마찬가지다. 우리는 지옥의 의미를 무시하고 주로 종양에만 초점을 맞춘다.

16장에서 우리는 양자역학에서의 하이젠베르크의 불확정성 원리를 논의했었는데, 그것은 우리가 일상적 실재인 CR에서 양자 물체에 대해 알 수 있는 것에는 한계가 있다고 말한다. 당신은 양자 물체의 경로를 방해하지 않고 일상적 실재인 CR에서 그 경로를 추적할 수 없다. 그러나 나는 당신이 비일상적 실재인 NCR에서 그것을 꿈꾸고 경험하면서 그 경로를 알 수 있다고 제안했다.

우리가 상대성 이론을 논의할 때, 우리의 인지 체제의 상대성뿐만 아니라, 모든 체제에서 일정하다는 빛의 속도에 대한 비상대성과 시공간 분리라는 특별한 척도에 대해서도 말했다. 시공간은 우리가 동시성과 그집단의 동반에서 경험하는 공통 기반에 대한 은유다.

빛의 속도보다 더 빠른 속력의 사건에서, 당신은 다시 한 번 허수의 영역과 비일상적 실재인 NCR 영역에 도달한다. 이 영역에서 시공간에 대한 수학은 동시성, 투사, 꿈, 그리고 시간에서의 앞뒤 이동과 시간을 벗어난 움직임이라는 관점에서 사건에 대한 NCR 해석을 허용한다.[6)]

❖ 의식

비일상적 실재인 NCR 경험, 심리학, 전통적 초자연치료에 대한 전망은 물리학이 그 기초를 발견하도록 돕는다. 물리학을 더 잘 이해하기 위해, 우리는 심리학과 초자연치료에서 비일상적 실재인 NCR 경험에 관해 더 잘 이해할 필요가 있다. 알아차림, 자기 반영, 의식과 같은 심리학의 일상적 현상을 수학적 개념에서 어떻게 구별할 수 있는지 탐구해 보자. 이 개념들의 의미와 파동함수에 대한 관련성은 부록에서 살펴보았다. 다음은 이러한 관련성에 대한 요약이다

1. **파동함수와 꿈꾸기.** 꿈꾸기가 초자연치료와 심리학인 것처럼, 파동함수는 물리학이다. 파동함수는 물질의 실재 이면의 기초적이고 기본적인 비일상적 실재인 NCR 과정들을 설명하고 발생할 사건들에 대한 경향성이다. 일상적 실재인 CR 관점에서, 꿈꾸기는 일어날 일들에 대한 경향성이다. 예를 들면, 우리는 종양의 압박과 '지옥' 에 연결되는 고통을 측정할 수 없지만, 비일상적 실재인 NCR에서 이 경험을, 발생할 고통에 대한 경향성으로서 이해할 수 있고, 일상의 실재에서 그 자체를 펼칠 수 있다.

2. **일상적 실재인 CR과 켤레화.** 일상적 실재인 CR은, 양자 신호교환의 알아차림, 펼침, 반영으로 해석하는, 관찰 및 켤레화의 수학을 통해서 양자물리학에서 생성된다.

   물리학에서, 관찰의 과정은 NCR에서 관찰자와 관찰대상 사이의 신호교환을 통해 시작한다. 심리학에서는 이 신호교환이, 예를 들면 우리 일상의 주의력과 신체 감각 사이에서 발생할 수도 있다. 가령, 우리는 종양에서 '지옥' 의 느낌을 알아차릴 수 있고 그것에 반영을 시킴으로써 펼치거나 발생시킬 수 있다. 우리가 이것을 의식적으로 한다면, 지옥 같은 '경향성' 은 불같은 열기로서, 그리

고 열정으로 펼칠 수도 있다. 일상적 실재인 CR에서 이 열정을 활성화함으로써, 자의식적 영역에서 '지옥' 같은 신체 감각은 사라질 수 있다. 이렇게 결레화는 양자 함수를 '소멸' 할 수 있다.

실재 이면의 결레화는 물리학에서 자동적이고 무의식적으로 발생하는 반면에, 심리학과 초자연치료에서는 관찰자가 참여자가 되고 일상의 실재를 함께 만들어내고 변화시킬 수 있다. 우리는 다음 장에서 이렇게 하는 방법을 발견할 것이다.

3. **의식과 관찰.** 관찰의 과정이 자동적이고 비자발적(파동함수를 결레화하면서)인 것으로 물리학의 수학에 나타나는 반면, 앞에서 언급한 바에 의하면 관찰은 자발적 또는 비자발적인 방법으로 추적될 수 있다. 그것이 자발적일 때, 우리는 미세한 비일상적 실재인 NCR 신호교환(고통과 같은)에 집중하고 반영하기를 선택할 수 있으며, 따라서 실재를 창조하는 데 참여하는 것이다.

물리학자들이 관찰이라 부르는 것은 심리학자들이 의식이라 부르는 것과 비슷하다. 일단 결레화를 통해 관찰이나 의식이 발생하면, 관찰자는 비일상적 실재인 NCR 경험을 무시하거나 그것들을 더 펼치고 추적하는 것을 선택할 수 있다.

그래서 관찰은 피상적인 행동으로 또는 자의식적 경험에 기초한 매우 깊이 있는 사건으로 경험된다. 당신이 알아차림으로 결레화할 때, 당신은 비일상적 실재인 NCR 영역 안에서 양자 신호교환에 계속해서 참여하고 있다는 것을 알게 된다. 이것은 당신이 일상적 실재인 CR과 의식이라고 부르는 것이 근본적인 실재가 아니라, 오히려 사람들과 물체 사이에서 자의식적이고 상호작용하는 과정과 같은 비일상적 실재인 NCR 경험에 의한 기반 위에 지지되는 발판과 같다는 것을 의미한다.

호킹의 우주관을 기억하라. 모든 물체에 대해 파동함수가 있는 것처럼, 우주 또한 파동함수를 갖는다. 앞선 논의에 기초하여, 우리는 우주가 꿈꾸고 있고 그 자체의 반영을 통해 일상적 실재인 CR을 창조한다는 것을 고려해야만 한다. 말하자면, 우주는 자체의 경험을 추적하고 반영함으로써 스스로를 창조한다. 이것은 우주의 모든 부분이 양자 반영에서 서로의 비일상적 실재인 NCR 상호 작용에 포함된다는 것을 의미한다. 우주는 자기 알아차림의 경향성이 있는 호기심 많은 사람과 같다.

❖ 의식으로 가는 다양한 NCR 경로

지금까지 우리가 배운 내용 일부를 살펴보았고, 이제 앞서 말한 물리학과 수학으로부터 심리학에 대해 어떤 것을 우리가 밝힐 수 있는지 살펴보자. 물리학의 수학이, 당신과 내가 상황을 반영하고 관찰과 의식을 창조할 수 있는 여러 가지 다양한 방식과 유사하게, 결레화가 여러 가지 다양한 방식으로 발생할 수 있다는 것을 예측한다.[7] 물리학의 수학이 예측하는 것의 의미를 이해하기 위해, 일상의 실재를 창조하는 다양한 심리학적 또는 비일상적 실재인 NCR 경로의 일부를 살펴보자.

당신과 나 사이의 의사소통을 고려해 보자. 우리가 서로에게 우리의 감정을 함께 반영한다고 가정해 보자. 먼저 당신이 당신의 경험에 관해 나에게 말하겠다고 결정

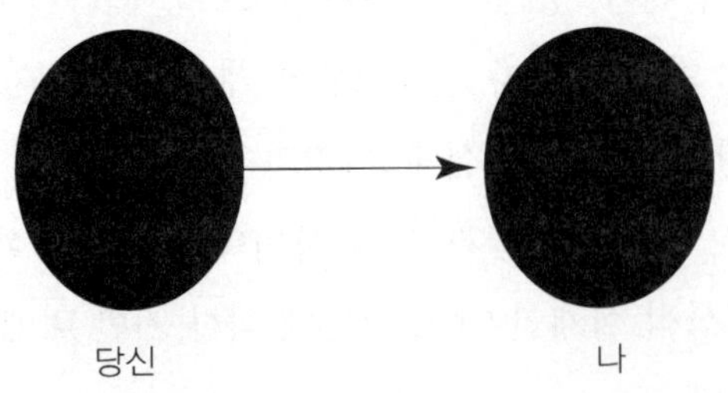

[그림 37-1] 일상적인 실재: 당신이 내게 먼저 말한다

했다고 하자. 나에게 말하는 것은 당신과 나 사이의 합의적 상호 연결이며, [그림 37-1]과 같이 그릴 수 있다.

비일상적 실재인 NCR 상호작용의 다양한 유형이, 당신이 나에게 말하기 전에 발생할 수 있다. 우리는 이런 상호작용을, 꿈꾸기, 신호교환, 자의식적 알아차림, 결레화, 투사, 몽상을 포함하는 다양한 이름으로 부를 수 있다. 우리가 이러한 NCR 상호작용을 어떻게 부르든 상관없이, 그들 모두는 물리학의 수학에 의해 예측된, 다음의 특성들을 갖는다(자세한 내용은 부록을 보라).

비국소성, 비공간: 비일상적 실재인 NCR에서는 이런 저런, 그리고 당신과 나의 일상적 실재인 CR 개념은 방해받게 된다. 우리는 당신 또는 나의 알아차림이 공간의 어디에 위치하는지 모른다. 우리 의사소통의 일부는 말하자면, 공유된 마음에 기초한다.

비시간성, 시간 비방향성: 비록 우리의 일상적 실재인 CR 의사소통이 당신에 의해 시작되었음이 분명하더라도, 비일상적 실재인 NCR에서 우리는 당신을 내게서 시간상 분리할 수 없다. 왜냐하면 내가 당신에게 보내는 신호의 비일상적 실재인 NCR 경험은 내 안에서 시작하는 비일상적 실재인 NCR 신호의 반향(反響), 즉 메아리일 수도 있기 때문이다. NCR에서 시간의 방향에 관해 확실할 수 있는 방법은 없다. 즉, 우리는 누가 무엇을 먼저 했는지 말할 수 없다. CR 질문인, '당신이 내게 신호교환을 했는가? 아니면 내가 당신에게 신호교환을 먼저 했는가?' 는 답해질 수 없다.

비개체성, 내부 또는 외부가 없음: 당신은 나에게 비일상적 실재인 NCR 신호를 보냈는가? 아니면 당신은 나의 나머지 부분과 연결하려고 하는, 나의 일부인가? 당신과 내가 누구인지의 구별은 우리의 세계에서는 경계가 희미해진다.

그래서 당신과 나의 비일상적 실재인 NCR 그림은, 당신과 나의 개념이 비영속적인 순환의 원(圓)인 태극(太極)과 같은 것이다.

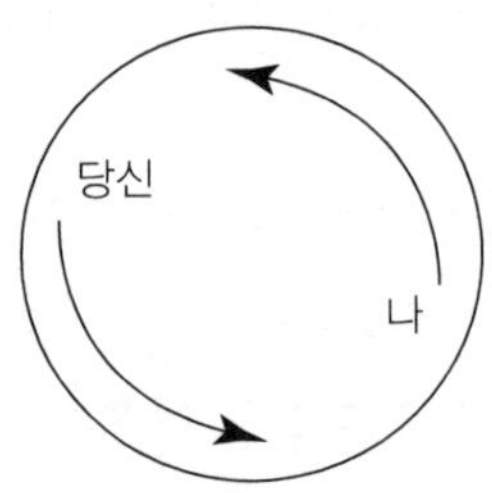

[그림 37-2] 전체로서 당신과 나의 비일상적 실재인 NCR 해석: 비일상적 실재인 NCR 의사소통자들로서 우리 사이의 경계는 보이지 않는다

일상적 실재인 CR 관점에서는 아무도, 우리가 꿈꾸고 있는지, 자기 반영을 하고 있는지, 결레화하는지, 신호교환을 하는지, 투사하는지, 무엇인가를 하기 위해 또 다른 몽상을 하고 있는지, 확실히 말할 수 없다. 왜냐하면 이 모든 비일상적 실재인 NCR 과정이 외부 관찰자에게는 주관적이고 구별할 수 없는 것이기 때문이다. 당신은 투사하고 있었는가? 아니면 내가 당신의 반응을 불러일으켰는가? 신호교환이 관여하고 있는가? 누가 우리의 상황을 발생시키기 위해 무엇에게 반영하였는가? 당신과 나는 이러한 사건에 대한 우리 자신의 비일상적 실재인 NCR 경험을 분명히 가지고 있을 것이나, 그러나 외부로부터 이 다양한 과정의 전부 또는 일부가 발생했을 수도 있다. 그것들 중 어느 하나는 우리가 관계를 유지하고 있는 곳으로 이끌 수도 있다.

다양한 비일상적 실재인 NCR 경험이 어떻게 단독 또는 집합적으로 일상적 실재인 CR 상황과 동등한지, 그리고 이런 모든 상호작용의 일부 또는 전부가 어떻게 일상적 실재인 CR에서 어떤 관찰을 발생시키는 것으로 고려될 수 있는지에 대한 유추를 사용하기 위해, 집에서 직장으로 가는 것에 관해 생각해 보자.

당신은 공원을 가로질러 걸어가거나, 택시를 타거나, 버스를 이용하거나, 뛰거나, 친구 차를 얻어 타거나, 헬리콥터를 탈 수도 있다. 그러나 직장의 당신 상사에 관한 한, 그가 알아차리는 전부는 당신이 사무실 문을 통해 들어오고 있다는 것이다. 당신이 그녀에게 말하지 않는다면, 그녀는 당신이 택한 경로를 알 수 없을 것이다. 어쨌든, 그녀에게 모든 경로는 같고, 단지 당신이 사무실에 도착하는 것만이 중요하다.

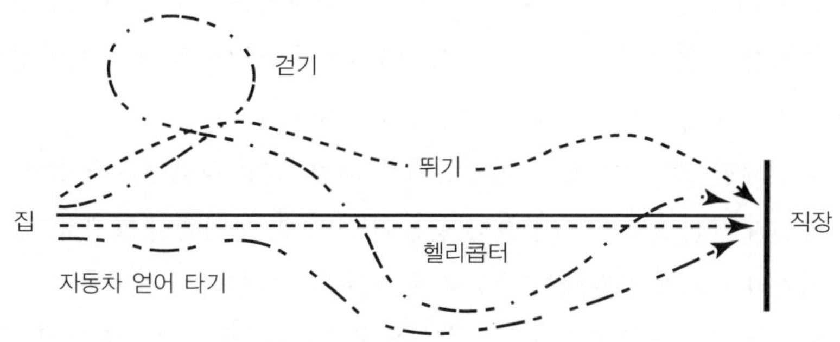

[그림 37-3] 출근하기 위한 여러 가지 경로들

그러나 당신에게 그 경로들은 동등하지 않다. 즉, 어떤 경로는 다른 것보다 느낌이 좋다. 비슷하게, 실재에 대한 어떤 비일상적 실재인 NCR 경로는 다른 것보다 좋게 느껴진다.

당신이 먼저 나에게 말한 그 예에서, 투사는 자기 반영보다 덜 유용할지 모른다. 당신의 설명은 당신이 나에게 투사한 당신의 어떤 부분에 대해 당신이 어떻게 반영했는가 대신에, 당신이 나에게 투사한 것에 기초하고 있을지 모른다.

심리학은, 말하자면 직장에 가는 다양한 방법을 다룬다. 세상에 존재하는 것에는 비일상적 실재인 NCR 방식들이 무수히 있다. 어떤 방식들은 삶을 비참하게 만들고,

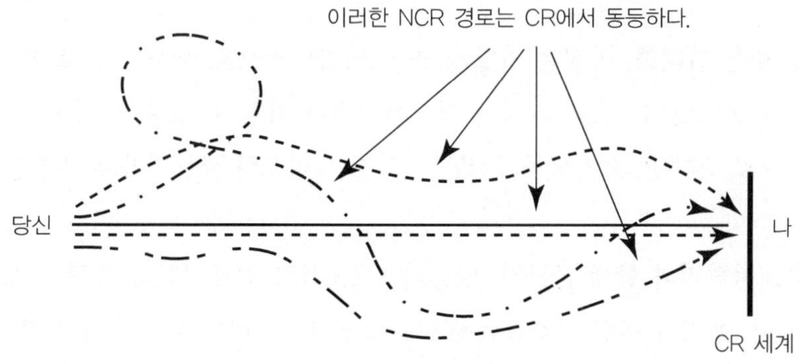

[그림 37-4] 실재 이면의 다양한 비일상적 실재인 NCR 경로들은 일상적 실재인 CR 세계에서 동등하다

다른 것들은 삶을 보다 즐겁게 한다. 당신이 목적지에 도착하기 위해 당신이 택하는 경로는 비일상적 실재인 NCR 활동이다. 왜냐하면 그것은 당신의 개체성과 자신의 꿈꾸기에 대한 당신의 관계성에 의존하기 때문이다.

일상적 실재인 CR 체제에서, 비일상적 실재인 NCR 경로들은 구별하기 어렵다. 그러나 당신과 나는 우리의 다양한 경험들이 동시에, 분리해서 발생하고, 빛의 속도보다 느리거나 빠르게 시간에서 앞뒤로 움직인다고 느낀다.

당신과 나는 선택할 수 있는데, 우리는 우리가 놓여 있는 경로를 무시하거나 알아차릴 수도 있다. 우리는 투사하고, 몽상하고, 자신의 꿈꾸기를 반영하고, 서로의 신호교환을 반영하고, 경험을 결례화하고, CR 상호작용 이면의 가장 깊숙한 곳의 경험을 추적할 수도 있다.

부록에 설명된 양자역학의 규칙에 의해 패턴화된 비일상적 실재인 NCR 상호작용에 대한 가능한 CR 명칭의 목록은 다음과 같다.

1. **측정 또는 해석.** 양자물리학에서, 측정 또는 해석은 수학에서 절대 제곱근을 택함으로써 발생한다. 심리학에서 측정 또는 해석은, 관찰자가, 그들의 가상의 측면을 배제하는 방식에서의 경향성에 대한 측정과 해석을 통해 관찰하면서, 일상적 실재인 CR에만 초점을 맞출 때 일어난다. 당신이 관찰하는 것의 측면들을 어떻게 과소평가하는지를 알아차려라.

2. **반영 또는 결례화.** 당신은 자발적 또는 비자발적으로 꿈꾸기 같고 자의식적인 경험을 반영할 수 있고, 그것을 결례화하거나 펼칠 수 있다. 만일 이 반영이 자발적으로 된다면, 초자연치료사들은 그것을 명료한 꿈꾸기라고 부른다.

3. **신호교환하기와 함께 꿈꾸기.** 당신과 나는 서로 신호교환을 통해 실재를 만들 수 있다. 우리가 이런 신호교환을 알아차릴 때, 우리는 실재를 함께 만든다.

4. **투사하기와 몽상하기.** 투사에서, 당신은 비일상적 실재인 NCR 경험을 일상적

> 실재인 CR 경험과 혼동한다. 당신은 당신의 꿈꾸기가 CR이라고 믿는 반면에, 더 면밀한 조사에서, 당신은 당신의 꿈꾸기가 당신 자신의 한 측면임을 알아차린다.
>
> 몽상에서, 당신의 일상적 실재인 CR 행동이 나의 신호에 의해 촉발되어 온 것으로 보일 수 있다는 것을 당신은 인식하지 못한다. 말하자면, 나는 당신을 몽상한 것이다. 당신의 행동은 오직 내 안에서만 시작하는 것으로 보이는 신호에서 나온다. 투사와 몽상 모두에서, 당신은 우리 사이의 양자 신호교환인, 사건에서의 당신의 비일상적 실재인 NCR 역할을 과소평가한다.

CR은 대부분, 반영, 몽상, 신호교환, 해석, 측정의 경험들을 무시함으로써 창조된다. 실재에 이르는 이러한 경로의 어떤 것도 양자역학의 수학을 따라 일상적 실재인 CR에서 분명하게 구별될 수 없다. 그러나 그것들은 심리학에서 매우 중요하다.

❖ 개별화와 집단의식

이러한 다양한 경로의 비국소성과 비시간성은, 당신이 당신의 주의를 사로잡는 무언가 또는 누군가와 함께 꿈꾸기에 참여하고 반영하는 것을 의미한다. 예를 들어, 매우 거칠지만 자신의 거친 행동을 무시하는 존이라는 사람을 생각해 보자. 그는 그 사실을 알지 못한다. 당신이 이 사실에 대해 그에게 반영해 줄 때, 그는 자신이 얼마나 거칠었는지 알기 시작한다.

그러나 그의 행동을 반영하는 당신의 능력은 당신 자신 안에 이런 행동을 가지고 있는가에 달려 있다. 요약하면, 비일상적 실재인 NCR에는, 특별한 국소성이나 시간성이 없는 난폭함이 있다. 난폭함을 인지하는 모든 사람은 거기에 참여하며, 결국 존은 자신의 무의식적 행동을 의식하게 되었다고 말하는 한 사람이 될 수도 있다. 의식은 위치와 타이밍을 갖지만, 그러나 의식을 불러일으키는 신호교환은, 포함된 모든 자의식적 존재들에 의해 공유된다.

그래서 어떤 면에서, 개인의 성장은 단지 일상적 실재인 CR에서만 정말로 개인적이다. 비일상적 실재인 NCR에서, 개인의 성장은 신호교환하기와 의식의 창조에 참여하는 모든 것과 모든 사람에게 달려 있다. 우리는 의식의 개념을 확장해야만 하며, 그래서 그것은 단 한 사람에게만 속하는 것이 아니라, 그 근원의 한 부분으로 우리가 알아차리는 모든 것을 포함해야 한다.

유사하게, 관찰자로 물리학이 언급하는 것은, 자신이 관찰하는 대상과 자신의 비일상적 실재인 NCR 상호작용을 알아차리지 못하는 누군가로 보일 수 있다. 고전적인 관찰자는 자신이 보는 것이 자신의 반영이라는 사실을 과소평가한다. 관찰하는 동안, 대상은 꿈꾸기에서 파트너가 된다.

일상적 실재인 CR에서 당신이 관찰한 것이 무엇이든(전자, 동물, 우주, 다른 사람 등) 꿈꾸기의 영역에서 당신과 분리할 수 없게 된다. 일상적 실재인 CR에서, 당신은 양자 신호교환이 어디에서(당신인지, 나인지) 시작되었는지 말할 수 없다. 이 비구별성은 대칭으로서 물리학의 수학에 나타난다.

심리학과 물리학의 수학을 비교한 결과는 간단하다. 비일상적 실재인 NCR 꿈꾸기에서, 우리가 당신이라고 부르는 것은 또한 나라고 불릴 수 있다.[8)]

❖ 통합과 파동함수 소멸

심리학은 꿈꾸기의 '통합'을 통해 발생하는 개인 성장에 기초하고 있다. 물리학에서 통합과 유사한 것은 '파동함수 소멸'이라고 불린다. 이에 대하여 다음과 같이 설명해 보겠다.

꿈꾸기는 비국소적 경험이다. 즉, 그 위치는 알려지 있지 않으며 자의식적이다. 꿈꾸기의 위치는 어디에도 없으나, 동시에 모든 곳에 있다. 이 꿈의 비국소성은 경향성이나 관찰 전 상태로서 우주를 통해 존재하고 있는 파동함수의 비국소성과 비슷하다. 물리학에서 관찰의 순간에, 파동함수는 신비롭게도 다소 특정 위치를 가진 입자가 되는 것으로 소멸한다.

관찰을 통해 파동함수의 소멸하는 과정은 무의식적 내용의 조각을 통합하는 것과 비슷하다. 꿈꾸는 자에게, 통합은 어떤 시간과 장소에 위치한 꿈꾸는 자의 개체성의 강력한 잠재 부분으로서 '공중에' 있어 왔던 특성들을 보유하는 꿈에서의 형상을 반영하고 경험하는 것을 의미한다. 통합한 반영의 순간에, 통합은 일어난다. 통합은 환경(무엇인가가 투사되는 꿈속의 형상 또는 어떤 사람)의 한 부분이 자신의 행동 한 측면의 거울상이라는 것에 대한 인식으로 구성된다.

다시 말해, 통합은 꿈꾸기의 비국소성을 특정한 장소로 소멸시킨다. 심리학에서 의식 또는 통합의 과정은, 당신이 어디에서나 있는 것처럼 보일 수 있는 비일상적 실재인 NCR 꿈꾸기 경험에 초점을 맞출 때 시작해서, 당신이 그 꿈을 자신 안의 실재에서 찾을 때 끝난다. 마찬가지로, 관찰은 물리학에서 파동함수를 소멸시킨다. 관찰은 물체의 파동함수가 시간과 공간 전체에서 존재하려는 경향성으로 시작해서 그것, 즉 파동함수를 한 지점에 놓으면서 끝난다.

따라서 파동함수의 관찰과 소멸이 물리학인 것처럼, 의식과 통합은 심리학이다. 그러나 통합과 파동함수의 소멸은 은유적 감각에서만 비슷한 것이 아니다. 비일상적 실재인 NCR에서, 그들은 하나이며 똑같은 현상이다. 아래와 같은 초심리적인 현상은 이 가설을 지지하는 것으로 보인다.

몇 년 전, 내가 스위스에서 일할 때, 나는 통합이 어떻게 초심리적인 문제를 해결했는지 놀랐다. 한 가족이 나에게 12살 된 딸을 데려왔다. 왜냐하면 가족이 저녁식사를 하려고 앉을 때마다 거실 창문을 쾅쾅 두드리는 유령인, 시끄러운 요정(poltergeist)이 그녀에게 찾아왔기 때문이었다. 그녀의 가족은 나의 도움을 구했고, 각자가 시끄러운 요정들이 만드는 소리를 드라마틱하게 증명했다. 그들은 유령으로 인해 겁을 먹었고, 오직 12살의 딸이 거실에 있을 때만 유령이 창문을 두드렸다고 말했다.

나는 소녀에게 나와 함께 게임을 하자고 제안했다. 그때까지 아주 조용히 있던 소녀에게 시끄럽게 하고 내 사무실 바닥을 두드리자고 제안했다. 나는 독일 단어 'Poltern' 이 '두드림' 을 의미한다는 것을 기억했다. 그녀는 처음에 부끄러워했으나 몇 번 소리를 내본 후에는 나의 제안을 즐겼고, 또한 집에서도 해 보겠다고 말했다. 나는 그녀에게, 특히 유령들이 가까이 올 때 집에서 탁자를 두드리고 큰 소리로 자신을 표현하라고 요청했다.

그 소녀는 내 제안을 따랐고 그 유령을 '통합' 했다. 그녀는 그 행동을 내 사무실에서뿐만 아니라 집에서도 반영했다. 가족들이 놀랍게도, 그때까지 조용한 소녀였던 그녀가 저녁 시간에 아주 소란스러운 사람이 되었다. 반면에 조용한 가족은 그 시끄러운 아이로 인해 오싹해졌다. 왜냐하면 그녀가 탁자를 두드리자마자, 그 유령은 사라지고 다시 돌아오지 않았기 때문이다.

무슨 일이 일어났을까? 당신은 그 유령이 파동함수와 같다고 말할 수 있다. 즉, 그것은 부분적으로는 모든 사람이 그것을 들었으므로 실재이고, 유령은 결코 필름에는 찍히지 않았기 때문에 부분적으로 가상이다. 유령은 그 가족에게 비일상적 NCR 실재인 복소수와 같았다. 파동함수처럼, 그 유령은 탁자를 두드리는 소녀에 의해 반영되었을 때, 소멸되었다.

하나의 관점에서 당신은 그 소녀가 유령에게 자신의 행동에 특정하고 영원한 위치를 줌으로써 그 유령을 통합했다고 말할 수 있다. 그 이전에는, 유령의 위치, 유령의 집은 알려지지 않았다. 그 12살 소녀가 두드리기 전에, 가족은 유령이 그 집의 내부 어딘가에 있었다고 말했다.

또 다른 관점에서, 그 소녀는 유령을 몽상한 것이다. 어떤 면에서 그녀는 너무 조용한 존재가 됨으로써 자연을 자극하였다. 아니면 아마도 그녀는 아무에게도 말하지 않고 유령과 신호교환을 하고 있었다. 또 하나의 설명은 그 유령이 파동함수와 같이, 꿈꾸기의 모든 측면, 중부 유럽 전체 환경의 일부, 그리고 마찬가지로 내 심리학의 일부였다는 것이다.

이 모든 설명은 이론적으로 동등하다. 왜냐하면 우리는 유일하게 옳은 것이 어떤 것인지 시험할 수 없기 때문이다. 그 아이의 경우 자신의 일부, 즉 너무 부끄러워서 매일의 삶에서 드러내지 못하는 활기 넘치는 부분이, 시끄러운 유령에게 투사되었다고 말할 수 있다.

그러나 당신은 그 영령이 소녀에게만 속한 것이 아니고, 그녀의 전체 가족에게 속한 것이었다고 주장할 수 있다. 그녀는 단지 가족 중에 '확인된 환자' 였고, 그 가족은 하나의 단위로, 소란스럽게 살고 있는 문제가 있었다. 심리학 또는 초심리학의 다른 학파들은 발생한 일에 대해 다른 이론을 가지고 있을 것이다. 일부는 그녀의 성을 억압했다고 말하거나, 원형이 몰려 있다고 하거나, 다른 행성에서 외계인이 왔다고 하거나, 오래전에 죽은 귀신이 다시 살아났다고 할 것이다.

이 모든 해석은 가상 입자에 대한 해석과 같다. 관련된 사람들의 의식 상태에 따라 그러한 모든 해석들은 유용할 수 있다. 유령 사건 자체에 관한 한, 모든 해석은 동등하고 서로 구별될 수 없다. 당신은 유령 사건이 다른 많은 면을 지녔고, 각 면에서의 관점은 일상적 실재인 CR 관점에서 동등하다고 말할 수 있다. 왜냐하면 각각은 파동함수의 최종적 소멸, 즉 유령의 사라짐 또는 통합으로 이끌기 때문이다. 각 견해는 가치가 있으며 각각은 최종의 견해에서 동등하다.

어떻게 또는 왜 문 두드림이 바람이나 알려진 원인 없이 일어났는가, 그리고 왜 소녀가 두드리자 문 두드림이 멈추었는가와 같은 질문에 대한 대답은 시험될 수 없다. 일상적 실재인 CR은 비일상적 실재인 NCR 경험의 측정 수단을 가지고 있지 않기 때문에, 초자연치료사나 심리상담 치료사들이 영적 능력에 연결되어 있는 것을 말할지라도, 일상적 실재인 CR 관찰자는 이것을 그저 운이 좋았다고 할 수 있다.

여기서 우리는 통합과 관찰 사이의 차이점과 유사점을 알 수 있다. 이 두 개념은 경향성을 심리적이나 물리적 사실로 소멸시키는 점에서는 비슷하다. 그러나 그들은 또한 다르다. 통합의 경우, 관찰자가 비일상적 실재인 NCR 경향성을 선택하고 그 경향성이 된다. 모든 꿈같은 사건은 잠재적으로 강한 의미가 있다. 그러나 물리학의 경우에서, 비일상적 사건들은 의미를 갖지 않는다. 왜냐하면 의미는 비일상적 실재인 NCR 특성이고 관찰자들은 그들이 본 것에서 심리적으로 이익을 얻으려고 하지 않기 때문이다. 대신에, 그들은 자신들의 관찰과 관련된 감정과 개인 경험을 배제한다.

파동함수의 소멸 그리고 꿈과 같은 물질인 신호교환의 통합에서, 우리는 심리학과 물리학이 사실상 어떻게 하나의 과학이 되는지 본다. 파울리는 그러한 연합을 희망하면서, "만약 물리학과 정신(즉, 물질과 마음)이 같은 실재에 대한 상보적 측면으로서 보일 수 있다면, 무엇보다도 가장 만족할 만할 것이다."라고 말한다. 사실, NCR 실재를 설명하는 수학에 대한 우리의 논의는 우리에게 공유된 실재가 되어야만 하는 무엇인가에 대해 암시를 준다. 물리학과 심리학의 공통 기반은 물리학의 수학에서 복소수로 표현되었고, 심리학에서 꿈꾸기와 신화적인 형상으로 표현되는 꿈꾸기의 언어 이전의 비일상적 실재인 NCR 실재다. 파울리의 말을 사용하면, '물리학과 심리학' 은 같은 실재의 상보적인 측면이다.

일상적 실재인 CR에서 정신 또는 물질로 보이는 것은 비일상적 실재인 NCR에서는 구별이 불가능하다. 사건들이 물질적이든 심리적이든, 당신이든 나든, 대상이든 관찰자이든, 개인적이든 집합적이든 의미가 있든 없든 모두 관점의 문제다.

일상적 실재인 CR 관찰자가 명백한 비국소성과 비일상적 실재인 NCR 사건의 대칭적 행동들을 경이로워하거나 회의적으로 있는 동안, 깨달음 중에 있는 전통의 초자연치료사 전사와 현대 초자연치료사 모두는 존재의 목적이 꿈꾸기 세계를 통하여 살고 이동함으로써 일상 삶의 실재 너머를 얻는 것임을 안다.

유령 이야기의 소녀는 물리학과 초자연치료 사이의 기본적 차이를 나타낸다. 물리학에서 관찰자는 꿈꾸기(우리의 경우에, 유령인) 세상에서 일상적인 실재의 렌즈를 통해 바라보면서, 일상의 삶으로서 일상적 실재인 CR에 머문다. 초자연치료에서, '자기 인식의 경로에 있는' 전사는 꿈꾸기를 조사하기 위해 일상적 실재인 CR 밖으로 나와서 '세계를 멈춘다.'[9)]

오늘날 물리학에서는 시간 밖으로 나오는 것이 추측이라고 할지라도, 내일의 과학은 다를 것이다. 꿈꾸기는 우주 배경의 과정으로서, 고대 초자연치료사의 경로로 보일 것이다. 새롭게 제시되는 세계관에서, 현대 초자연치료사는 일상적 실재인 CR의 정체성을 무의미하게 하는 것 너머로 움직일 수 있을 것이다. CR 안의 관찰자에 관한 한, 현대 초자연치료사는 예측할 수 없는 영령, 불가해한 자의식적 존재, 그리고 공간, 시간, CR이 즉각적이고 직접적인 경험만큼 중요하지 않은 대칭적 우주의 일부가 될 것이다.

현대의 초자연치료사는 꿈꾸기에 들어가서, 유령과 그 자체로 현존하는 것을 만나고, 형태 변형하여 유령이 된다. 머지않아, 일반인으로서의 그녀의 정체성은, 자신이 일상적 실재인 CR 관찰자가 더 이상 이해할 수 없는 비국소적 개체이며 알아차림이라는 것을 깨달을 때, 변형된다. 현대 초자연치료사가 국소성과 시간의 개념으로부터 그 자신을 자유롭게 할 때, 인간이 된다는 것이 어떠한 의미인지의 일상적인 관점은 더 이상 그녀를 구속하지 않는다. 그녀에게, 물리학의 수학과 대칭 원리들은, 자신의 전체 경험의 희미한 묘사일 뿐이다. 그녀에게 심리적 설명들은 꿈꾸기에서 색채가 풍부한 경험과 비교할 때 희미한 것에 지나지 않는다.

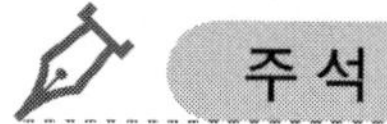

주 석

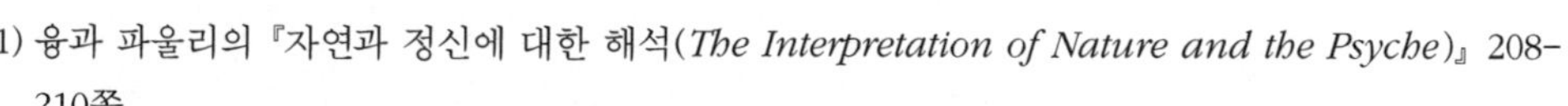

1) 융과 파울리의 『자연과 정신에 대한 해석(*The Interpretation of Nature and the Psyche*)』 208-210쪽.

2) 유율 또는 미분은 미적분에서 ds/dt이다. 측정될 수 있는 수준은 Δt가 0으로 접근할 때 $\Delta s/\Delta t$로 표시되었다. 이러한 부호들은 오직 짧은 시간인 Δt 동안에 매우 빠른 거리의 측정 Δs를 암시한다.

3) 이것은 실수 해답만이 의미가 있고, 문제에 대한 허수 해답은 대수롭지 않은 것으로 무시된다는 것을 의미한다. 예를 들면, 진자 운동, 즉 추의 흔들림의 진폭을 기술하기 위해 사용된 방정식은 실수와 허수 성분을 가질 수 있다. 그러나 오직 실수만이 어떤 '의미'를 가진다고 파인만이 그의 『물리학 강의』에서 인용하였다.

4) 다시 반복한다면, 만일 복소수가 $a+ib$(a와 b는 실수)라는 일반적인 형태를 가진다면, $a+ib$의 켤레복소수 또는 반영은 $a-ib$이다. $a+ib$ 그 자체는 일상적 실재인 CR에서 측정되거나 논의될 수 없지만, '절대 제곱을 갖는' 켤레화의 결과는 실수이고 측정될 수 있다. 즉, $(a+ib)$와 $(a-ib)$의 곱은 '실재'이며 일상적인 측정 가능한 수 a^2+b^2이다. 양자역학 규칙에 맞는 이러한 수학적 정의 방식에 대해서는 부록을 보라.

5) 앞에서 인용한 책에서 파울리와 융은, 숫자는 우리가 양자역학과 상대성 이론에서 볼 수 있는 것처럼, 정신과 물질이 모두 있는 통합된 영역을 설명한다고 말했다.

6) 우리가 아래에 보는 것처럼 만일 v가 c보다 더 크다면(24장을 보라), 공간 x와 시간 t에 대한 로렌츠 변환은 허수가 된다. 제곱근 부호 안의 수의 값은 음수가 되고 음수의 제곱은 허수이기 때문이다.

7) 물리학의 수학이 어떻게 켤레화가 다른 많은 방식으로 일어날 수 있다는 것을 예측하는지에 대해서는 부록을 보라.

8) 다시 말해, 만일 우리의 '나'의 일상적 실재인 CR 정체성을 '나 아닌' 것으로 바꾸어도, 심리학의 CR 결과는 변하지 않은 채 남는다. 우리는 비일상적 실재인 NCR에서 당신과 나 사이의 차이를 구별

할 수 없다. 일상적 실재인 CR 관찰자는 꿈꾸기에서 국소성을 구별할 수 없다. 우리는 양자물리학 뒤에 있는 수학적인 공식이 a과 b에 관해서 대칭이라고 말할 수 있다. $a+ib$의 형태로 나타나는 파동함수를 기억하라. 일상적 실재인 CR은 켤레화, 즉 $(a+ib)\times(a-ib)=a^2+b^2$을 통해서 나타난다. 우리가 a와 b를 바꾼다면 일상적 실재인 CR은 변하지 않는다. 즉, 우리가 우리 자신과 다른 사람이라고 부르는 것은 가역(可逆: 정방향으로도 역방향으로도 진행할 수 있는)적이다.

9) 『초자연치료사의 육체(*The Shaman's Body*)』에서 나는 일상적 실재인 CR 세계를 멈추고 꿈꾸기를 따라하는 방법에 관해서 말한다.

제38장
드림바디: 두 종류의 죽음

우리는 이제, 양자과정과 우리의 내면 경험 및 사고과정 사이의 밀접한 유사성이 단순한 우연(의 일치)인지 질문할 수 있다……. 사고과정과 양자과정 사이의 놀라운 유사성은, 이 두 가지를 연관시키는 가설이 유익하다고 제안을 할 것이다. 만일 그러한 가설이 증명될 수 있다면, 우리는 사고의 많은 특징을 자연스런 방법으로 설명할 수 있을 것이다.

– 데이비드 봄(David Bohm)의 『양자이론(*Quantum Theory*)』에서–

우리는 이제 현대 초자연치료의 훈련장으로 들어가고 있다. 초자연치료사들은 비일상적인 세계를 통해 움직일 때, 일상적 실재인 CR 시간의 안과 밖으로 여행한다. 시간의 안으로 들어가는 방법과 밖으로 나오는 방법을 배우기 위해, 우리는 초자연치료사 돈 후안과 심리학자 융의 가르침, 또는 물리학자 리처드 파인만(Richard Feynman)의 시공간 도표를 따를 수 있다. 초자연치료사의 힘, 심리학적 콤플렉스, 시공간에서의 창조와 사라짐 도식들에 관한 연구는, 우리에게 죽음의 본질에 대한 새로운 통찰을 줄 것이다.

당신의 일상적인 주의집중 장애는, 당신에게 일상적 실재인 CR 지향의 시기 중에 꿈꾸기의 모습에 대하여 즉각적으로 접근하게 해 준다. 이런 장애들은 당신의 주의집중, 갑작스런 말실수, 순간적으로 지나가는 공상에서의 순간적인 깜빡임으로서, 또는 지속적인 변형상태나 혼수상태(예를 들면, 뇌손상에서 기인하는)와 같은 좀 더 영구적인 과정으로서 발생할 수도 있다.

꿈꾸기를 다루는 것에는 두 가지 방법이 있다. 하나는 그들의 메시지를 당신의 일상생활에 포함하여, 일상적 실재인 CR 안에 머물면서 그 흔적들을 이해하는 것이다. 다른 하나는 주의집중 장애를 변형상태와 변형된 정체성으로의 초대로 받아들이면서 실재를 바꾸는 것이다. 첫 번째는 심리상담 치료사의 해석적 방법이다. 두 번째는 초자연치료사의 방법이다. 이 두 가지는 서로 매우 다르지만, 우리가 곧 알아보게 될 것처럼 매우 귀중하다.

❖ 분석가의 방법

융은 콤플렉스를 '주의집중 장애' 라고 불렀으며, 원래는 그 병인(病因)이 트라우마, 즉 과거의 고통스러운 사건에 의해 야기되었다고 생각했다.[1] 그는 콤플렉스는 '분리된 경험들, 부서진 정신' (37장의 시끄러운 유령 같은)을 나타내며, 또한 '꿈의 설계사' 가 된다고 말했다. 융은 『콤플렉스 이론의 비평(*Review of the Complex Theory*)』에서 "콤플렉스의 병인은 흔히 소위 트라우마로, 약간 정신이 혼미한 쇼크 같은 것이다." 라고 말한다. 나중에 융은 콤플렉스가 단지 충격적인 경험인 정신적 외상에서만이 아니라 외부의 원인이 없을 수도 있다는 것, 그것들이 단지 '원형(原型)적' 이라는 것을 깨달았다.

어쨌든, 콤플렉스는 신체 감정, 움직임, 언어 또는 기억이, 감정적 경험의 근원이 당신의 과거에서 발견되든 되지 않든, 당신의 주의집중을 방해할 때 일어나는 과정이다. 융은 사람들이 '콤플렉스 상태에' 있을 때, 그들 피부의 전기 전도성이 변화한다는 것을 알았다. 이러한 관찰로부터 거짓말 탐지기가 개발되었다. 거짓말 탐지기는 대상자가 거짓말을 하거나 콤플렉스 상태에 있을 때 피부의 전기적 특성의 변화를 측정한다.

파동함수가 입자의 패턴인 것과 같이, 꿈은 콤플렉스의 패턴을 보여 준다. 콤플렉스와 입자는 모두 측정될 수 있지만, 꿈이나 파동함수를 볼 수는 없다. 즉, 그것들은 일상적 실재인 CR에서 측정할 수 없는 비일상적 실재인 NCR 패턴인 것이다. 콤플렉스와 주의집중 장애를 연구하기 위해, 당신은 꿈꾸기에 접근할 필요가 있다.

❖ 콤플렉스의 일상적 실재인 CR 모습

콤플렉스를 측정하기 위해, 융은 '시험 참가자' 에게 융이 언급한 각각의 특정 단어와 관련하여 마음에 떠오르는 첫 단어를 보고하도록 요청함으로써 '콤플렉스 연상(聯想) 실험 '을 개발했다. 융은 서로 다른 단어에 대한 도표를 고안해 냈고 참가자가 그 각각에 반응하는 시간을 측정했다. 가장 긴 응답시간을 주는 단어들은 콤플렉스가 존재한다는 것을 나타냈다. 만약 시험대상자가 다른 단어보다 '숲' 이란 단어에 대해 연상하는 것이 더 긴 시간이 걸린다면, 융은 "당신은 숲 콤플렉스가 있습니다." 라고 말한다. '어머니' 라는 단어에 '아버지' 로 응답하는 데 1초가 걸렸는데, '숲' 에 '아름답다' 로 응답하는 데 1초보다 긴 시간이 걸렸다고 해 보자. 이것은 '숲' 을 콤플렉스로 만든다. 물리학에 관한 이전 작업의 관점에서 보면, 우리는 두 가지 과정이 동시에 일어난다고 말할 수 있을 것이다. 이 두 가지 과정은 '숲' 이라는 단어와 관련하여 서로 간섭한다.

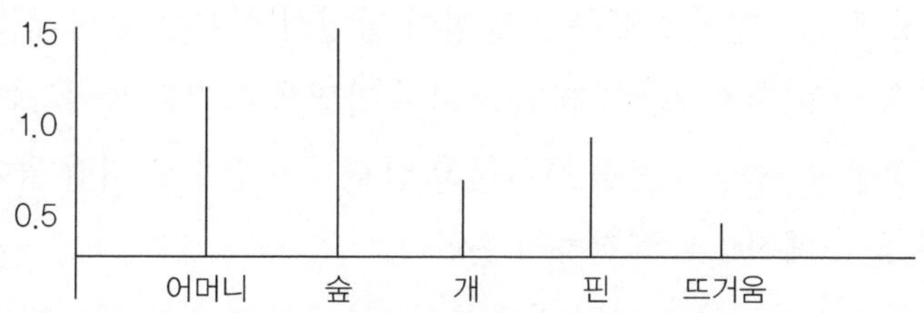

[그림 38-1] 단어 연상 실험

융은 꿈이 콤플렉스가 있는 곳에서 형성된다는 것을 발견했다. 왜냐하면 단어 연상 실험을 통하여 어느 사람의 콤플렉스를 확인하는 것은 그들의 꿈의 내용에 대해 신뢰할 만한 예견을 하도록 해 준다. 예를 들면, 위 실험의 사람은 숲에 대해서나 또는 숲에서 곰을 만나는 꿈을 꾸는지도 모른다.

콤플렉스는 여러 채널을 갖는다. 즉, 비록 융은 그의 작업에서 꿈에 나타나는 현상을 주로 다루었지만 이것은 꿈의 현상과 육체 현상 모두에서 나타난다. 오늘날 우리는 꿈꾸기와 비일상적 실재인 NCR 경험들이 주의집중 장애, 말실수, 환상에서와 마찬가지로 신체증상, 관계성 신호들, 그리고 중독의 형태로 일상의 삶에 나타난다는 것을 알고 있다.

❖ 콤플렉스를 가진 초자연치료사들

심리상담 치료사가 자신을 더 잘 알기 위해 콤플렉스에 직면하는 반면에, 현대의 초자연치료사는 주의집중 장애를 일상적 실재인 CR의 문을 두드리는 또 다른 세계로 본다. 우리 대부분이 다른 세계를 억압하거나 분석하기 위해 그 문을 닫고 있는 반면, 초자연치료사는 알려지지 않은 것을 만나기 위해 그 문을 열어 놓는다. 우리가 꿈꾸기를 위해 그 문을 열어 놓을 때 일어나는 일은 예측할 수 없다.

5장에서, 우리는 꿈꾸기에서 첫 번째 경계는 꿈에 들어가기 위한 경계임을 알았다. 이 경계는 콤플렉스가 당신의 주의집중을 방해할 때마다 일어난다. 당신이 자신의 주위집중을 방해하는 현상을 다루는 방법이 당신이 이끄는 삶의 종류를 결정한다. 가끔은 꿈을 분석하거나 일상의 태도를 고쳐 가면서 그것을 통합하는 것으로 충분하다. 하지만 종종 실재의 그 문을 통과하고 꿈꾸기의 강으로 직접 들어가는 것을 제외하고는 혼란을 실제적으로 해결하지 못한다.

미지의 공포 그리고 자신의 오래된 정체성으로부터의 자유의 공포가 꿈꾸기로 가는 문에서 당신을 기다린다. 꿈꾸기가 당신의 집중을 방해하는 지점에서, 당신의 정체성과 일상적 실재인 CR 체제는 꿈꾸기 과정의 강도(强度)에 따라, 도전받고, 흔들리고 또는 파괴된다. 꿈꾸기와 당신의 일상적 실재인 CR 정체성의 만남은 [그림 38-2]에 나타나 있다.

[그림 38-2]에서, 시간에 따라 당신의 과정은 왼쪽에서 시작해서 위로 올라가는 연속선으로 보인다. 당신이 처음으로 콤플렉스를 만날 때, 당신은 콤플렉스를 당신의 집중을 방해하는 일종의 역장(力場)에서 경험한다. 콤플렉스에 의해 흔들리는 '정상적 정체성'을 당신의 '1차 과정'이라고 하고, 무서운 숲과 같은 꿈꾸기의 내용을 '2차 과정'이라고 하자. 다음의 도표에서, 당신은 시간을 따라 '숲'으로 표시된 지점 옆을 지나는 미지의 2차 과정을 만날 때까지 오른쪽으로 움직인다. 이 순간에 당신은 자신의 경계를 만나고 분리된다.

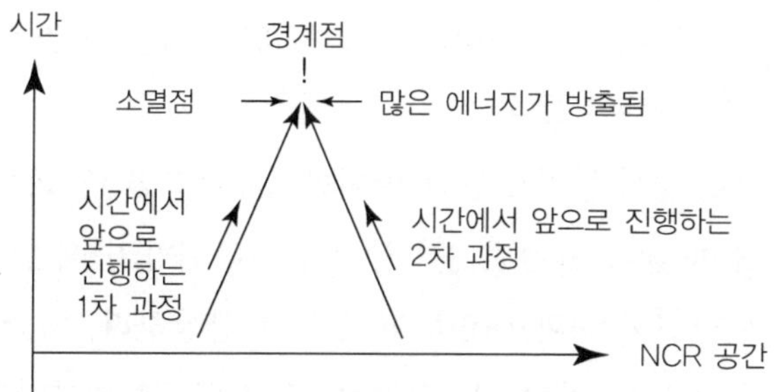

[그림 38-2] 경계에서의 경험에 대한 시공간 도표

가능한 실제 경험을 상상하고, 홀로 또는 친구와 같이 걸어서 숲으로 들어간다고 해 보자. 숲의 형상은 당신을 무서운 콤플렉스로 들어가게 한다. 당신은 그곳에 곰이 있을지도 모른다고 두려워한다.

거기에는 두 과정이 동시에 진행되고 있다. 당신은 여전히 일상적인 자신이고, 동시에 그 숲에 존재하는 것에 대해 상상하고 두려워하기 시작한다. 경계에서, 당신은 그 신비한 숲과 대면하게 된다. 이 순간에 당신의 '1차 과정'은 멈칫거리며, 당신은 지금까지 해 온 것처럼 더 이상 계속할 수 없고, 당신의 1차적 정체성이 일시적으로 방해받는 곳에서 일종의 소멸이 발생한다.

[그림 38-2]의 '언덕' 왼쪽에서, 당신의 1차 과정, 당신의 정상적인 일상적 자아를 볼 수 있고, 언덕의 오른쪽에서 2차 과정(신비한 숲과 곰)을 볼 수 있는데, 이것은 당신을 의식의 변형상태와 혼란상태로 들어가게 한다. 당신 신체의 전기적 특성이

변화하며, 당신의 움직임은 멈칫거리고, 입이 마르고, 멍하게 되거나 함께 산책을 하는 친구와도 말이 없어진다.

[그림 38-2]의 윗부분은 1차 과정과 2차 과정이 나뉘는 경계다. 그것은 세계 사이의 경계다. 많은 에너지와 흥분이 여기에서 발생한다. 이 지점이 당신의 경로가 뒤집어지거나 사라지는 것처럼 느끼는 곳이며, 당신의 의식이 콤플렉스에 의해 접수되는 곳이다.

이제 당신이 스스로를 멀쩡하고 정신이 맑은 사람이라고 판단한다고 가정해 보자. 이것이 당신의 1차 과정이고, 두렵거나, 어지럽게 되고, 변형상태와 같은 감정을 가지게 되는 것은 2차 과정이다. 그러나 당신은 이런 변형상태를 무시하거나 확인하지 않으려는 경향이 있다.

당신이 실제로 숲에 들어갔을 때 일어난 것은 [그림 38-2]에서 볼 수 있다. 당신은 정신이 맑고 또한 숲과 관련된 변형상태를 두려워하기 때문에, 이것을 피하는 경향이 있다. 이제 당신이 숲과 대면하고 있다고 상상하라. 당신에게 이것은 전기장에 들어가는 것과 같으며, 일어나는 모든 것은 신비하고 초자연적인 것이다. 숲으로 걸어 들어가는 동안, 당신은 어지럽고 불편함을 느끼고, 당신의 주의집중은 방해받고, 그리고 많은 여분의 에너지와 땀이 우주로 발산될 것이다. 당신은 자신의 오래된 정체성을 유지하려고 노력하지만 변화는 피할 수 없다. 경계에서, 당신은 두려움, 불확실, 혼란을 느끼는 동시에 흥분을 느낀다. 당신은 자신과 산책하는 친구에게, 그만둘 것인지 아니면 당신이 가진 그 느낌 속으로 들어갈 것인지 묻는다. 당신의 오랜 정체성에서 떨어져 나와 그 느낌의 흐름을 따라 2차 과정으로 들어가거나, 아니면 당신이 뭔가 정상이 아니라고 느끼기 때문에 포기해야 하는가?

❖ 반물질과 2차 과정

여기서 잠깐 멈추자. 그 숲에서 그 곰과 당신이 무엇을 하려고 한 것인가를 논의하기 전에, 물리학에서 이런 상황과 유사한 것, 즉 강한 장에서 하전 입자에 대한 분산 도표를 논의해 보자. [그림 38-3]과 [그림 38-4]는 전자 같은 하나의 물질이 장에 의해 방향이 바뀔 때 무슨 일이 발생하는가를 설명하기 위해, 리처드 파인만이 처음으로 개발한 것이다.[2)] 이 도표는 단지 반대 전하를 지닌 평범한 물질인 새로운 개념, 반물질을 소개한다.

반물질 양전자(positron)는 전자와 같지만 음전하 대신에 양전하를 갖는다. 비슷하게 반물질과 물질과의 관계는, 곰과 당신과의 관계와 같다고 말할 수 있다. 요약하면, 그 곰은 당신 자신의 반물질적인 쌍둥이로, 당신의 '곰과 같은(bearlike)' 성격이며, 많은 면에서 당신과 같지만 반대 전하를 갖는다. 예를 들면, 당신은 지쳐 있을지 모르지만, 곰은 에너지로 가득 차 있다. 비슷하게, 반물질은 물질과 같지만 반대 전하를 갖는다.

파인만은 양자 전기역학(QED)을 개발하는 데 큰 역할을 하였는데, 그것은 전기장을 설명하기 위해 가상 입자를 사용하는 이론이다. 파인만의 도표([그림 38-3]과 [그림 38-4] 참조)는 도표의 오른쪽 아래에 있는 전자와 양전자 쌍인, 짧은 수명의 가상 입자의 생성과 사라짐의 관점에서 전기장을 통과해 움직이는 전자에게 어떠한 일이 발생하는지 설명한다. 34장에서, 당신은 아무도 이런 입자들을 실제로 측정하거나 그들이 생성되었다는 것을 증명할 수 없지만, 물리학의 법칙은 그 입자들이 그곳에 존재할 수 있다고 생각하게 해 준다는 것을 아마 기억할 것이다. 그들은 전기장에서 동요(動搖)로부터 생성된다.

파인만이 제안한 전자는, 내가 1차 과정이라고 불러 왔던 것, 즉 우리가 보통 우리 자신을 확인하는 방식과 비슷하다. 또한 파인만이 반물질이라고 언급한 것을 나는 2차 과정이라고 불러 왔었다. 이런 비교에서, 콤플렉스 장(場)의 경계 가까이에서 당신이 경험하는 것에 의해 밀리며 당겨지고 있는 느낌은, 물리학의 전기장에서 전자에게 일어나는 것과 비슷하다. 곰에 관한 환상의 생성과 환상과 당신의 관계는 가상 입자, 양전자 쌍의 생성과 비슷하다. 당신의 환상은 일상적 실재인 CR에서 실제로 존재한다고 증명될 수는 없지만, 당신은 확실히 그것을 느낀다.

우리가 논의할 유사점은 다음과 같다.

표 38-1 콤플렉스와 전기장의 유사점

심리학	물리학
콤플렉스에 의해 창조된 장	전기장
1차 과정, 분명하게 되기	전자 같은 물질
2차 과정, 곰	양전자 같은 반물질
경계	소멸점

파인만은 콤플렉스나 1차 또는 2차 과정들에 대해 설명하지 않았지만, 전자 같은 물질의 한 조각이, 전자를 밀고 당기거나 '분산시키는' 전기장에서 어떻게 행동하는지를 설명했다. 그는, 우리가 결레화를 이해하기 위해 양자역학을 재해석한 것과 같이, 양자역학의 수학(폴 디랙[Paul Dirac])에 의해 개발된 수학의 '공식')을 재해석함으로 이러한 연구를 하였다.[3)]

파인만의 재해석에서, 전기장 안에 분산된 전자는 두 가지로 보일 수 있다. [그림 38-3]에 묘사된 첫 번째 견해에서, 전자는 시간에서 앞으로 움직이는데 바로 거기에서 일시적으로 전자/양전자 쌍을 생성하는 장을 만난다(그림의 오른쪽 아래). 그리고 결과적으로 그 쌍의 반물질 입자에 의해 사라지게 된다. 최종적으로 그 쌍에 있던 전자가 새로운 방향으로 굴절되면서 다시 나타난다.

파인만의 두 번째 해석([그림 38-4])은 시간에서 뒤로 가는 놀라운 움직임을 보여

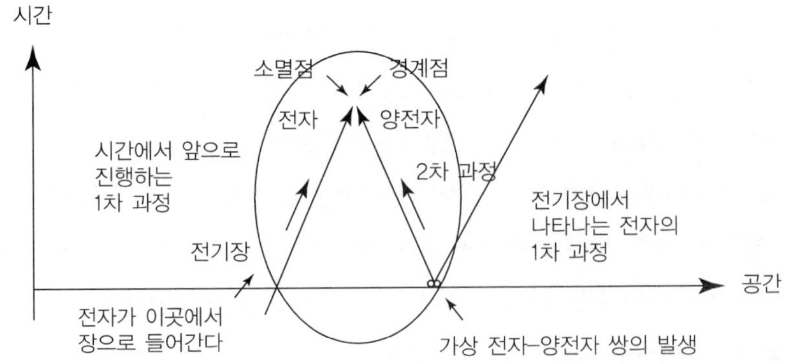

[그림 38-3] 양전자의 발생을 포함하는 전기장에서 전자의 분산

준다. 처음에, 전자는 시간에서 앞으로 움직이다가 그리고 뒤로 움직인다. 전자/양전자 쌍의 생성 또는 반물질의 사라짐은 발생하지 않는다.

이제 심리학과의 관계를 고려해 보자. 전자를 굴절시키는 전하 장을 만나는 전자는, 숲에 의해 변형된, 당신의 온전한 1차 과정에 대한 은유다. 숲의 경계에서 일어나는 것은 두 가지로 이해될 수 있다.

소멸. 첫 번째 가능성은, 당신이나 전자가 자신의 정체성을 계속해서 유지하면서 시간에서 앞으로 움직이는 것이다. 당신이 숲의 장을 만날 때, [그림 38-3]에서와 같이 양전자 및 전자와 비슷하게 가상의 쌍이 생성된다. 이런 생성은 당신이 곰을 만나는 환상에서 발생한다. 전자가 반물질 양전자에 의해 사라지게 되는 것 같이, 당신은 숲의 환상 효과로 인해 멍하게 되고, '무의식에 빠지게' 된다. 얼마 후에, 당신이 깨어나고 숲으로부터 다시 나타난다. 즉, 당신의 경로는 바뀌었지만, 당신은 그 이유를 거의 알지 못한다.

유동하는 자아. [그림 38-4]에서, 우리는 파인만의 전자에 대해 두 번째 가능성을 볼 수 있는데, 그것은 처음에 올라가고 나중에 내려가는, 즉 시간에서 앞뒤로 움직이는 연속적 경로(심리학자는 이것을 시공간에서의 '세계선' 이라고 부른다)를 따른다. 이 전자는 불멸이다. 이 전자는 양전자에 의해 사라지는 대신에 간단히 시간을 벗어나서 그 자신의 방향을 반대로 바꾼다. 이것이 전자가 사라짐과 죽음을 피하는 방법이다.

파인만의 설명에서, 전자의 경로는 삶이 지나가는 길과 같다. "이것은 길 위를 낮게 날고 있는 비행기의 폭격수가 갑자기 3개의 길을 보다가, 그중에 두 길이 하나가 되고 다시 사라질 때, 그는 단순히 하나의 길에서 긴 지그재그 길을 지나왔다는 것을 알게 되는 것과 같다."[4)]

[그림 38-4]에서, 나는 전자가 어떻게 장 안에서 충돌하는지에 대한 파인만의 이론과 그것의 심리학적 비유인 콤플렉스로 들어가는 것 같은 긴장된 상황을 묘사하였다. 나는 1차 과정에 있는 원래의 전자와, 전자 물질의 2차 과정에 있는 숲 속의

곰과 같은 가상적 반물질 측면인 양전자와 동일시한다. 다시 말해, 이것은 마치 물질이 두 가지 측면을 가지고 있는 것과 같다. 하나는 일반적으로 그것을 확인하는 방식이고, 다른 하나는 반물질 또는 2차적 측면이다.

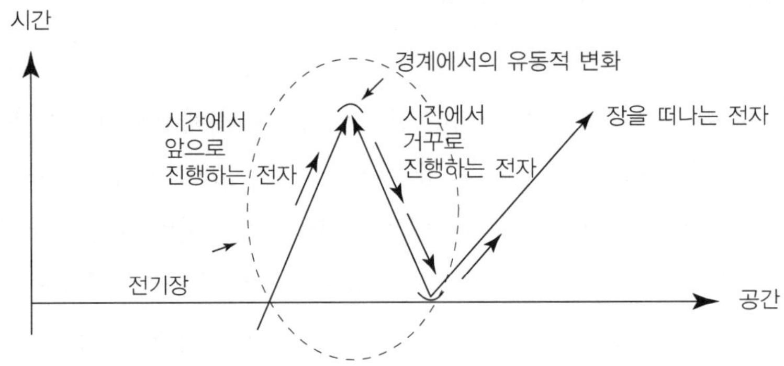

[그림 38-4] 전기장에서 전자의 시간 반전

콤플렉스 상태에서는 일반적으로 당신에게 발생하는 세부사항에 대해 거의 생각하지 않는다. 당신은 숲과 같은 곳으로 단순하게 들어가기도 하고, 마치 아무것도 없었던 것처럼 인생의 문제가 있는 곳에서 다시 나타나기도 한다([그림 38-5] 참조).

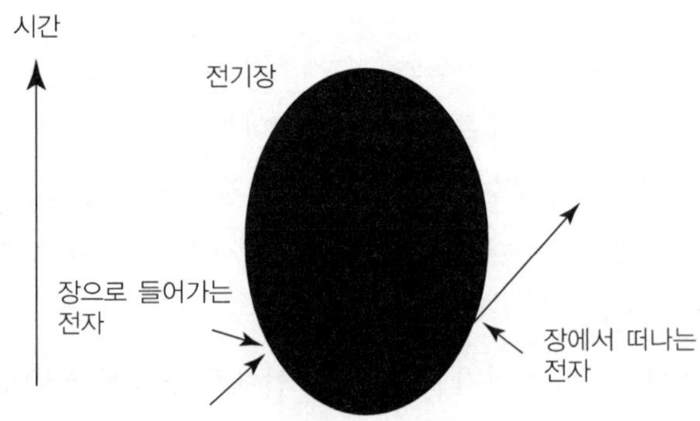

[그림 38-5] 전기장에서 발생한 것은 신비다

심리학자들은 또한 이러한 전기장 안에서 전자에게 일어난 것은 공백이 비일상적이라는 것을 깨닫는다. 그것이 파인만이 이런 장 안에서 발생한 가상 입자 상호작용을 상상하여 구상하기로 결정한 이유다. 마찬가지로, 초자연치료사들은 당신이 콤플렉스에 빠져들 때 일어나는 것이 비일상적이라는 것을 깨닫는다. 전통적인 초자연치료사들(현대적인 초자연치료사들도 마찬가지로)은 그런 순간이 일생일대의 기회라는 것을 깨닫고 있다. 전통적인 초자연치료는 초자연치료사 전사가 비일상적 실재인 NCR을 통해 얻을 수 있는 서로 다른 경로들을 탐구해 왔다.

시간에서 앞뒤로 움직이는 파인만의 두 번째 가능성은 전반적인 시공간의 관점을 사용한다. 이런 관점에서, 시간상 앞으로의 움직임과 가상의 양전자는 포기되었고, 대신에 당신은 비일상적 실재인 NCR에서 연속적인 흐름이 있는 세계에서 자신을 발견하는 것이 가능하다. 그 세계에서 당신은 말하자면, 뒤로 가거나 '시간을 벗어날' 수 있다.

파인만은, 비록 물리학이 절대로 일상적 실재인 CR에서 전자의 경로를 추적할 수 없고, 전자가 그 반대 입자에 의해 사라지거나, 아니면 그것이 유동적으로 시간 밖으로 나와서 장에서 다시 나타나기 전에 역사, 즉 과거 속으로 되돌아갔는지 확실하게 증명할 수 없더라도, 양쪽 관점 모두 물리학의 수학에 의해 허용되었다는 것을 발견했다. 그러나 아무도 실험실에서 그런 사건을 측정하기 위해 시간을 되돌리는 방법을 알지 못한다. 파인만의 이론은 전체적으로 관찰된 이러한 현상들, 즉 사물이 들어가고 나오는 거대한 달걀을 설명하려고 시도한 것이다.

이제 심리학으로 되돌아 가 보자. 파인만의 도표에 대한 유사성은 우리가 이전에 시작했던 이야기의 도움으로 이해할 수 있다. 숲 속에서 일어난 장면의 두 가지 줄거리를 상상해 보자.

소멸. 파인만의 첫 번째 도표([그림 38-3])와 유사한 한 장면에서, 당신은 시간에서 앞으로 움직이고, 숲으로 들어가서 불안해진다. 당신은 냉정하고 맑은 정신을 잃게 될까 두려워하고 갑자기 더 이상 집중할 수 없거나 무슨 일이 일어나는지 기억하지 못한다. 당신은 곰을 만나는 것을 상상한다. 당신의 주의력과 초점이 방해를 받는다. 당신은 무엇이 말해지고 있는지 따라가지 못한다. 당신이 시간에서 앞으로 움직일수록 더욱더 혼란스럽게 되고 마침내 멍하고 의식의 변형상태로 들어간다. 경계에서, 말하자면, 당신의 곰에 대한 환상이 당신을 '소멸' 시킨다. 당신이 '변형' 상태에 있는 동안, 당신은 숲, 그것의 마법적 능력, 그리고 뒷다리로 서 있는 곰을 환상으로 본다. 잠시 후에 당신은 변형상태에서 벗어나 다시 정상적인 느낌을 갖는다. 이것은 마치 당신이 잠시 동안 '의식을 잃고 쓰러진' 것과 같다.

불멸(Immortality). 또 다른 장면([그림 38-4] 파인만의 두 번째 도표)에서, 당신의 정체성은 더 유동적이다. 당신은 숲 속으로 들어가서 불안함을 느끼고, 꿈꾸기 세계의 문을 두드리는 것 같이 느낀다. 당신은 초자연치료사이고 당신의 잘 개발된 2차적 주의집중과 용기를 사용하여, 당신은 숲에 있는 곰의 환상이 당신의 맑고 냉정한 마음이 자유롭게 움직이도록 당신을 이끌고 있다는 것을 깨닫는다. 당신은 경계를 넘고, 일시적으로 당신 자신을 자유롭게 하고, 변형상태로 들어간다. 당신은 경로를 반대로 해서, 뒷다리로 서 있는 곰이 된다. 당신의 산책 친구는 자신이 보고 있는 것을 믿지 못할 것이다. 거기에는 최면상태의 마술적인 힘을 가지고, 곰처럼 서 있는 당신이 있다. 당신은 곰 모습으로 형태변형하고, 당신의 신체는 춤추고 노래한다. 당신은 자신을 반대로 하고, 완전히 시간 개념을 잃고, 더 이상 당신은 시간에 구속되지 않는다.

당신은 전에는 맑은 정신이었으나, 지금은 황홀 상태에서 노래하고 춤춘다. 어떤 면에서, 당신은 시계 반대 방향으로 움직인다. 즉, 당신 삶의 정상적인 방향과 반대로 움직이는 것이다. 당신은 당신의 더블(double)이 된다. 당신은 일상적 실재인 CR에서 시간 개념을 잃고, '당신 자신의 세상' 으로 들어가고, 당신의 꿈꾸기 과정이 스스로를 분명하게 표현하게 한다. 돈 후안의 말을 사용하자면, 그것은 마치 당신이 '세계를 멈춘 것' 과 같다. 당신은 격렬한 흥분과 활동을 통과하고, 몇 분 후에는 숲에서 나와, 예전의 자신으로 되돌아간다. 당신 삶의 경로는 변화되었다. 당신은 이런 열광하는 곰의 에너지에 더 접근하고, 예전의 자신과 같이 행동하지 않으려고 결심한다.

첫 번째 장면에서, 당신은 2차 과정에 의해 사라지거나, 멍한 상태로 빠졌고, 다시 깨어났다. 두 번째 장면에서, 당신은 더 유동적으로 되고 꿈꾸기의 문으로 들어가서, 일시적으로 2차 과정이 되고, 그 후에 당신의 옛 정체성과 함께 다시 나타난다. 그러나 당신은 유동적이고 예측할 수 없는 전체 시간 동안 당신 자신이었다.

파인만은 이것을 다음과 같이 말할 것이다. 장을 만나는 전자는 반대의 반물질인 양전자에 의해 사라질 수 있고 다시 전자로 깨어날 수 있거나, 또는 전자는 정상적인 시간의 앞으로의 움직임에서 빠져나와, 잠깐 뒤로 가고, 보다 각성되고 변화된 전자로 나타날 수 있다.

우리는 여기에 관여된 물리학을 이해하기 위해 물리학 대신 과정적 언어를 사용할 수 있다. 우리는 또한 전자가 변화의 장을 만날 때 2차 과정을 발전시킨다고 말할 수 있다. 2차 과정은 전하 앞에 음의 기호를 가진 전자의 반영이다.

반물질과 물질과의 관계처럼, 2차 과정과 1차 과정은 연관되어 있다. 반물질이 반대 전하를 가진 물질인 것처럼, 그 앞에 음의 기호를 지닌 2차 과정은 말하자면, 자연과 곰으로부터 빌린 투사다.

❖ 세상 멈추기

이런 설명들은 심리학 및 양자물리학과 일치한다. 즉, 양자물리학의 수학 방정식과 주의집중 장애의 심리학과 일치한다. 파인만의 물리학과 일반적인 물리는 두 가지의 서로 다른 심리학을 따라 패턴화되었다고 말할 수 있다.

하나의 장면에서 당신의 유동성은 자신의 정체성, 자신의 경계에 의해 억제되고, 그리고 다른 장면에서 당신은 경계가 오는 것을 알아차리고 경계를 통해 자유롭게 움직인다. 마치 약간의 도움으로, 시끄러운 유령이 되었던 소녀처럼, 당신 역시 경계를 만날 때 신비한 숲이 될 수 있다.

그 문은 초자연치료사 돈 후안이 얘기한 대로, 시간이 지나도 변하지 않는 초시간적임, '세상을 멈추는 것' 에 대한 경계다. 당신은 강한 감성적 장을 느끼고, 시간과 공간으로부터 벗어나서 새로운 정체성에 들어가게 된다. 첫 번째 장면에서, 당신은 경계 뒤에 머물고, 당신의 경험을 배제하고, 세상이 당신을 방해한다고 느낀다. 당신은 2차 과정에 의해, 또한 당신이 부주의하게 나눈 것에 의해서 상처받고 있는 것처럼 느끼며, 그리고 이것이 당신을 아픈 것처럼 느끼게 하거나 분열된 것처럼 느끼게 만든다. 그래서 당신은 다른 사람들에게 투사하고 당신보다 더 환상적이거나 덜 멀쩡한 사람들과 갈등을 빚거나, 혼란한 상태에 의해 침해받은 것처럼 느낀다. 아마 당신은 거칠고, 강력한 병을 두려워하거나 당신의 일상의 실재를 변형시키는 물질에 중독되었을 수도 있다. 어쨌든, 세상은 끊임없는 변화의 기회 대신에, 문제인 것처럼 보인다.

당신이 정체성과 유동적이 될 때, 주의집중에 대한 어떠한 장애도 꿈꾸기의 세계로, 그리고 NCR 행동의 새로운 형태로 들어가는 문의 초대로 보인다. 첫 번째 장면에서 당신은 콤플렉스를 가졌고 평범한 '물질' 로 남는다. 두 번째 장면에서 당신은 초자연치료사 돈 후안의 말을 사용하면, '유동적 전사' 가 된다.

리처드 파인만은 파격적이기는 하지만 훌륭한 스승이었다. 그 자신은 매우 유동적이었으며 예측 불가능이었다. 일을 해야 할 때는 놀았고, 노는 시간 동안에는 일을 했다. 나는 그의 일급비밀 프로젝트에 관한 이야기를 들었는데, 스파이들로부터 그러한 프로젝트를 지키는 경비원을 속이는 데도 시간을 보냈다는 것을 기억한다. 그는 매우 재미있는 사람이었다.

하지만 파인만은 그의 물리학의 심리학에 관해서는 말하지 않았다. 만약 그가 오늘날 살아 있다면, 나는 그의 도표가 앞으로 진행하는 시간에서 벗어난 것을 보여주거나, 또는 주어진 상황에 의해 사라지는 것이, 단지 당신의 개인 능력에 의해 결정되는 것이 아니라 당신이 자신 속에서 찾는 장의 힘에 연결되어 있다는 것에 그가 동의할 것이라고 확신한다.

이런 장은 정체성의 안과 밖에서, 그리고 인생에서 시계 방향 혹은 시계 반대 방향으로 움직이기 위해 에너지를 공급한다.

우리가 삶에서 택하는 비일상적 실재인 NCR 경로를, 일상적 실재인 CR에 있는 관찰자는 구별할 수 없다. 이 관찰자에게는 모든 경로가 똑같다. 우리가 투사의 통로를 택하거나, 우리의 꿈처럼 되기 위해 서로 꿈꾸기를 하거나, 이중 신호들과 증상들을 경험하거나, 해석하고 분석하거나, 또는 콤플렉스가 꿈꾸기로 가는 문임을 알고 있는 유동의 전사가 되거나, 이 관찰자에게는 마찬가지다. 그러나 이런 경로들이 우리에게 똑같이 느껴지지는 않는다. 사실, 우리가 여행한 길과 우리가 택하는 경로는 삶과 죽음의 문제다.

❖ 실제 사람과 유령

물리학은, 모든 길들이 가능하지만 어떤 길을 가야 하는지는 당신에게 알려 줄 수 없다고 말한다. 무엇이 당신이 가야 할 길을 결정하는가?

이러한 질문에 답하기 위해, 우리는 위의 두 장면에 대한 특별한 용어가 있는 초자연치료로 돌아가야만 한다. 돈 후안은 그 장(場)을 나구알(nagual)이라고 불렀다. 이러한 나구알은 우리에게 보통의 일상적 실재인 CR에 살면서 알 수 없는 것에 의해 주기적으로 사라지는 '유령' 이 되거나, 형태변형의 정체성에 의해 시간과 공간으로부터 벗어나는 '실제' 사람이 되는 것 중에서 선택하게 한다.[5] 이에 돈 후안은 우리가 우리의 특정 사회에서, 특정한 사람으로서의 평범한 정체성을 변형시키고, 시간과 공간에서 독립적으로 움직이는 자유로운 정신이 되라고 제안한다.

돈 후안의 실제 사람이 되는 개념은 우리가 보통 '실제' 라고 생각하는 것과 정확히 반대다. 그에게, 실제 사람은 꿈꾸기를 하면서 움직이고 시간을 거슬러 갈 수 있는 사람이다. 즉, 실제 사람은, 자신의 모든 능력을 다해 살아갈 수 있는 용기와 2차적 주의집중을 사용하는 자의식적 존재의 공동체의 일부다.

돈 후안의 초자연치료사 집단은 실재로서 꿈꾸기에 합의하는데, 일상적 실재인 CR을 실제라고 여기는 세상의 나머지 부분과는 반대인 것이다. 돈 후안의 '유령' 은 정확히 모든 사람이 실제의, 정상적인, 일상의 사람이라고 부르는 것이다. 그의 개념을 사용하면, 당신이 유령일 때, 당신은 개인 심리학과, 꿈의 형상을 갖는데, 당신은 그것들이 마치 당신이 아닌 것처럼 본다. 실제 사람으로서, 당신은 자신이 바뀌는 꿈의 형상이다. 돈 후안의 실제 사람은 그 자신도 아니고, 그가 꿈꾸는 것들 중의 하나도 아니다. 즉, 그의 주의집중을 사로잡고 흥분시키는 어떠한 것도 다 된다. 그는 유동적인 정체성을 가지고 있으며, 따라서 상상, 움직임, 분위기, 환상, 감정 등 그를 방해하는 것은 무엇이라도 될 수 있다. 영적 언어를 사용하자면, 그는 스스로에게 작용하는 거대함이다. 그들의 논리적 결론에 대한 파인만의 생각은 전체 우주와 개인과의 연결의 거대함에 관한 비슷한 생각을 밝히고 있다.[6)]

❖ 무엇이 당신 또는 전자가 경계를 넘어갈지를 결정하는가

물리학은 주로 유령에 관해 말하지만 실제 사람이 되는 것에 관한 패턴을 포함한다. 물리학은 어떤 경로를 택해야 하는지를 말하지 않지만, 전기장들이 우리에게 선택할 기회를 제공한다는 것은 드러내고 있다.

당신이 경계를 넘어서 유동의 전사가 될지 안 될지를 무엇이 결정하는가? 콤플렉스나 장의 적절한 시기와 존재는 중요하다. 다른 요인들은 당신이 만나는 장의 본질과 강도, 당신 자신의 정체성의 강도 그리고 당신의 2차적 주의집중을 사용하는 당신의 능력에 달려 있다.

또 다른 요인은 장 안에서 당신 주위에 있는 사람이다. 예를 들면, 만약 당신과 함께 있는 사람이 비이성적 행동에 매우 개방적이라면, 당신은 꿈꾸기로 가는 문을 통과할 가능성이 더 높아지고, 잘못 이해되는 것을 덜 두려워할 것이다. 이것은 당신이 어떤 예술가나 심리상담 치료사 주위에 있을 때는 변화할 수 있지만, 좀 더 이성적인 사람들과 있을 때는 차단되어 있는 이유다. 심리학에서, 비일상적 실재인 NCR에서 사건들의 결과는 포함된 모든 것들의 전개에 달려 있다. 당신은 아무 때나 곰이 될 수는 없지만, 당신이 만약 환경으로부터 충분한 지원을 받는다면 곰이 될 수 있다.

같은 내용이 물리학에서도 마찬가지일까? 비일상적 실재인 NCR에서 전자의 경로는 반물질에 의해 언제 사라지게 될 것인가 그리고 대신에 언제 유동성을 나타내어 시간에서 진동할 것인가? 사건들이 시간에서 앞으로 갈지 뒤로 갈지를 증명하기 위한 객관적 측정법이 없기 때문에, 우리는 초자연치료나 심리학에서 비일상적 실재인 NCR에서의 경험에 근거한 해답에 대해 추정할 수밖에 없다.

우리가 보아 온 대로, 관찰자의 심리학은 양자 사건들의 비일상적 실재인 NCR 경로에 영향을 미친다. 나의 가설은, 관찰자의 유동성과 경계가 일상적 실재인 CR을 창조할지 또는 특별한 비일상적 실재인 NCR을 창조할지를 결정하면서, 양자 대상의 행동에 영향을 미친다는 것이다. 다시 말해, '시끄러운 유령' 과 같은 초심리학적인 현상이 발생하는지 아닌지는 그러한 현상을 관찰하는 모든 사람의 경계와 유동성에 달려 있다고 볼 수 있다. 당신의 신체 또는 당신을 둘러싼 세상이 정상적으로 행동하는지 또는 매우 예측 불가능한 방법으로 행동하는지는 부분적으로 모든 사람의 유동성에 달려 있다. 물체가 마치 시간을 벗어나거나 시간에서 뒤로 움직이는 것처럼 행동할 기회는, 관찰자와 관련된 모든 사람이 비일상적 실재인 NCR 사건들에 개방적이고 꿈꾸기 문을 통과할 준비가 되어 있을 때 더욱 커진다. 그것이, 어떤 사람이나 장소 주위에서 당신이 전생의 삶을 가지고 있는 스스로를 경험하는 이유이며, 반면에 다른 사람들 주위에서 당신은 지금의 삶이 유일한 것처럼 느낄 것이다.

융은, 그가 흥분해서(전자가 높은 에너지 상태로 올라가듯) 초심리학적인 사건들에 개방적일 때, 그 사건들이 발생했다고 말했다. 그러나 그가 덜 흥분했을 때, 사건들은 발생하지 않았다. 비록 관찰자와 양자 대상의 상호작용이 일상적 실재인 CR에서 항상 증명하기 어렵더라도, 물리학자도 초심리학적 현상들을 경험한다. 1960년대, 취리히 ETH의 학생이었을 때, 나는 1958년에 타계한 볼프강 파울리에 관한 이야기를 들었다. 그의 동료들은 여전히 '파울리 효과' , 즉 그가 물질에 대해 가졌던 것으로 보이는 초심리학적인 영향에 대해 말하고 있었다. 예를 들면, 뮌헨에서 온 실험물리학자들은, 나에게 실험실의 병들이 특별한 이유 없이 폭발했던 어느 날 파울리가 그 도시를 통과한 것이 틀림없다고 말했다. 파울리가 근처에 있을 때, 물질은 더 이상 정상적으로 행동하지 않는다는 것이었다.

비슷하게, 당신은 당신을 관찰하는 관찰자의 심리가 당신의 신체에 영향을 미친다는 것을 알며 당신은 그것을 느낄 수 있다. 만약 사람들이 당신에게 영향을 미칠 수 있다면, 가족, 마을, 전체 환경 그리고 세계와 우주조차도 당신의 신체에 영향을 미칠 수 있다. 이것은, 당신의 가족, 문화 또는 우주가 어떠한 경계를 갖는다면, 당신은 자유로운 분위기에서보다 더 쉽게 곤경에 빠지게 된다는 것을 의미한다. 열린 마음의 환경에서, 당신은 더 쉽게 유동적인 존재가 된다. 이러한 방법으로, 당신의 개인 심리는 우주의 나머지뿐 아니라 당신이 사는 곳과도 연결된다.

마찬가지로, 물질의 행동은 문화와 우주의 본질에 달려 있다. 당신의 태도 변화는 물질적 세계를 변화시키고, 우주의 변화도 당신의 심리에 영향을 미친다.

나는 우주에서 반물질의 양을 확인할 수 있는 이러한 사고에 대한 미래의 시험을 상상할 수 있다. 지금 이 순간에는 반물질보다 물질이 더 많다. 그러나 이러한 비율은, 일상적 실재인 CR이 경험의 강을 피하는 유령이 되도록 격려하는 대신, 사람들이 실재가 되어서 시간에서 벗어나도록 격려하는 세상에서는 반전될 수 있다.

또 다른 시험은 신체의 질병과 사회적 긴장 사이의 연결을 알아차릴 것이다. 어느 주어진 시점에서, 꿈꾸기에 대한 공동체들의 개방성과 신체 질병들의 수는 상호 연결되어 있는 것이 틀림없다.

❖ 드림바디

꿈과 신체 경험 사이의 비일상적 실재인 NCR 연결을 '드림바디'라고 부르자(이 제목의 내 책을 보라). 드림바디와 당신 신체의 일상 경험과의 관계는 반물질 입자와 일반 입자의 관계와 같다. 드림바디는 또 다른 세계에 관한 당신의 신체적 감각이다. 대부분의 사람들은 이 신체적 감각이 자신들을 사라지게 할 정도의 두려운 강한 증상이 될 때만 이러한 감각에 집중한다. 드림바디는 초자연치료사들이 세계 사이를 여행하기 위해 사용하는 신체 경험이다.

드림바디는, 증상과 통제되지 않는 움직임의 관점에서, 꿈에서, 동시성 등에서 신체에 나타나는 미묘한 느낌 또는 자의식적 경험과 함께 시작한다. 사실, 당신은 당신의 계속되는 드림바디 신체 과정의 감각이, 꿈속의 형상과 같은 일상적 실재인 CR 관점에서 당신의 시각적 능력에 의해, 억압, 분노, 고통, 행복 등의 관점에서 당신의 자기수용 감각에 의해, 다른 사람으로서 관계성의 관점에 의해, 움직임의 장애로서 움직임의 관점에 의해 해석된다고 말할 수 있다. 그러나 드림바디는 이 중의 어느 것도 아니다. 오히려 그것은 일상적 용어로 말해질 수 없는 도에 관한 당신의 개인적, 개별적 경험이다. 꿈과 신체 경험들은 말해질 수 있는 도와 같다.

드림바디는 물리학에서 양자 파동함수와 비슷하다. 양자 파동함수가 일상적 실재인 CR에서는 보일 수 없지만, 사물이 발생할 경향성으로 이해될 수 있는 것 같이, 드림바디는 증상과 예측 불가능한 동작들의 관점으로 나타나는, 비일상적 실재인 NCR, 자의식적, 사전 신호(pre-signal)의 경험이다.

드림바디를 간단히 설명하면, 당신은 나의 심리상담 치료사이고 내가 "망치에 관한 꿈을 꾸었습니다."라고 말한다고 해 보자. 그 순간에, 당신은 내가 서서 바닥을 발로 두드리는 것을 알아챈다. 망치에 대한 나의 꿈에 초점을 맞추는 대신, 당신은 나의 전체적인 꿈꾸기 과정을 따라 오고, 내 발의 두드림을 따라올지도 모른다. 당신은 내 발의 움직임을 반영하고 나의 보통의 평범한 정체성을 버리고 그 발의 움직임으로 들어가라고 요구할 수도 있다. 내가 아무런 경계도 갖고 있지 않다고 가정한다면, 당신의 도움으로, 나는 꿈꾸기로 가는 문을 통해 움직이며 내 발의 두드림과 켤레화하기를 시작할지 모른다. 내가 바닥을 발로 두드리는 것을 상상하라. 나는 변형상태로 들어가서 두드림을 즐기고, 춤추고 소리치기 시작한다고 하자.

이 상태가 가라앉은 후, 나는 내 망치 꿈의 의미를 깨닫는다. 그것은 이제 내 발의 두드림 속에서 자신을 나타내고 있다. 내 꿈은, 일상의 삶에서 망치의 힘을 사용하면서, 내가 발을 내리고, 더 우뚝 서야 한다는 것을 의미한다.

이 경험에서, 나는 나의 정상적 관점을 버리고, 꿈꾸기에 들어가고, 다시 나오고, 나의 드림바디가 내가 변화하도록 하는 초대임을 이해한다. 일상적 실재인 CR 관점에서, 드림바디는 망치의 꿈과 발 두드림으로 나타나지만, 그것은 거의 묘사할 수 없는 흥분의 경험에서 자의식적 근원을 가지고 있다. 드림바디는 꿈꾸기, 콤플렉스, 증상 중에 나타나지만, 당신이 꿈꾸기의 문을 통과할 때 당신이 들어갈 수 있는 비일상적 실재인 NCR 경험으로 언제나 존재한다.

❖ 물리학에서의 드림바디와 초자연적인 작업

우리는 드림바디가 파동함수로 물리학에서 나타나는 것을 보아 왔다. 『드림바디』(14~16쪽)에서, 나는 꿈꾸기가 양자 파동함수와 어떻게 같은지, 그리고 신체에서 '잠재력' 인 '뭔가에 대한 경향성' 을 어떻게 보여 주는지 논의하려고 한다. 물리학자 프레드 울프(Fred Wolf)는 『꿈꾸는 우주(*The Dreaming Universe*)』(214쪽)에서, 양자 파동함수와 입자와의 관계처럼 드림바디와 신체도 똑같은 관계를 가지고 있다고 말하면서, 드림바디에 대한 나의 정의와 더불어 설명하고 있다.

> 입자상태의 확률을 주는 양자 파동함수를 입자의 물리적인 상태와 연관 지을 수 있는 것과 매우 비슷한 방법으로, 드림바디는 물리적인 신체와 연관 지을 수 있다.

울프는 물리적 신체에 대한 열쇠는 그것의 파동함수, 실수와 허수, 드림바디에 동의하는 것처럼 보인다. 당신 또한 파동함수를 경험하는 열쇠는 드림바디라고 말할 수 있다. 당신의 일상적 실재인 CR 정체성은 일상의 실재에서 당신은 누구인가인 반면에, 당신의 비일상적 실재인 NCR 정체성은 당신의 드림바디, 당신의 파동함수, 당신의 주의집중을 끄는 뭔가의 유동적이며 변화하는 본질이다.

드림바디는 양자 파동함수의 개념으로 물리학에서 나타날 뿐만 아니라, '장(場) 같은(fieldlike)' 이나 '파동 같은(wavelike)' 현상에 대한 경향성으로 신성한 과학에서 항상 보여 왔다. 드림바디 경험은 장, 파동, 빛과 관련되어 전 세계적으로 다양하게 묘사되어 왔다. 드림바디 경험은 인도에서는 샤크티(Shakti: 시바신의 아내) 또는 쿤달리니(Kundalini)로, 고대 로마에서는 수성(Mercury, 水星)으로, 일본에서는 기(氣)로 불린다. 초자연치료사 돈 후안은 드림바디에 개인적인 힘, 죽음을 멈출 수 있는 춤, 더블(double)과 같은 여러 가지 이름을 주었다. 이런 명칭들은 우리 신체의 일상적인 모습을 넘어선 특별한 비일상적 실재인 NCR의 물리적 능력과 힘을 나타내는 것이다.

중국의 금강체(chinese diamond body), 서아프리카 타시 카라(Tishi Kra) 또는 집단 영성, 이집트의 카(Ka), 힌두의 신비한 육체, 티베트의 그림자 실재, 서구권의 영기(靈氣) 있는 성체(星體)와 더블(double) 등은 드림바디의 경험에 대한 많은 명칭의 일부다.[7] 아프리카, 중국, 인도, 유럽, 미주(美洲)에서는, 죽음에서 또는 죽음에 가까울 때 드림바디가 흐름, 과정, 우주 나머지와의 융합으로 경험되어 왔다.

드림바디는 우리의 일상적 감각으로는 직접적으로 명백하지 않은, 미묘한 물질로 여겨져 왔다. 그것은 나선형, 충격, 전기적, 자기적 또는 액체와 같은 것으로 시각화되어 왔다. 때때로 드림바디는, 모든 자연에서 고유한 '인간 같은(human-like)' 지성과 의사소통 능력의 부분으로서 드림바디에 대한 우리의 감각을 나타내는 이미지인 유령이나 천사로 보인다. 이런 모든 경우에서 드림바디는, 보편적으로 인생의 지적(知的) 근원, 죽음에서 존재의 연속체의 일부로 생각되는, 제2의 신체였다.

역사의 시작 이래로, 사람들은 우리가 꿈꾸기로 들어갈 때, 우리의 몸을 우리의 일상적 실재인 CR 신체에 약하게 연결된 드림바디, 비국소적, 비시간적 형태 또는 경향성으로 경험한다고 믿어 왔다. 만약 우리가 신체의 꿈꾸기를 따라가는 법을 배운다면, 우리는 자유에 대한 가장 오래된 방법인, 초자연치료사의 신비한 신체를 개발시킬 수 있다.

❖ 죽음에 관한 기록

드림바디로 들어가는 것은 세계적으로, 죽는 것, 우리 자신의 물리적 또는 일상적 실재인 CR 측면을 떠나는 것과 비교되어 왔다. 드림바디는 죽음을 통하여 다른 쪽으로 나타나는 경험인 불멸의, 죽음의 몸(thanatic body)으로 보인다. 드림바디는 형태변형의 대가(大家, master)다.

이제 죽음을 이해하기 위해, 고대인들이 했던 것처럼 드림바디 개념을 사용해 보자. 일상적인 삶에서, 당신은 시간에서 벗어나 드림바디로 들어가서, 돈 후안이 말한 것처럼, '실제 사람' 이 될 수 있다. 이렇게 하기 위해, 당신은 당신의 일상적 실재인 CR 정체성을 일시적으로 떠나서, 지금까지 스스로와 결레화하는 배제된 꿈꾸기 과정으로 들어가고, 마침내 증상, 콤플렉스, 문제뿐만 아니라 자신의 일상적 실재인 CR 정체성으로 나타난다. 드림바디로 들어가는 것은, 당신이 일상적 CR 실재에서 나와, 실재 이면의 파동함수와 관련되는 것이다. 당신 스스로 확인하는 대신에, 자신이 무시했던 감각으로 확인하고, 마침내 꿈꾸기 과정으로 확인한다. 이 꿈꾸기 과정은 자신의 주의집중에 대한 장애인, 일상적 실재인 CR의 문을 두드리는 것으로 이전에 경험했던 것이다.

만약 우리가 일상생활에서 짧은 기간 동안 당신의 드림바디로 확인하는 이러한 실제적인 방법으로 추정한다면, 신체적 죽음의 순간에 일상적 실재인 CR이 스스로의 "결레화를 취소한다." 고 말할 수 있다. 즉, 당신은 자신의 꿈꾸기 과정, 당신의 파동함수, 당신 본래의 집 또는 자신으로 다시 한 번 확인한다. 당신은 더 이상 자신의 일상적 실재인 CR 정체성을 확인하지 않고, 비국소적이고, 비시간적이며, 스스로가 알고 있는 것 같은 '당신' 이 아니고 '당신이 아닌 것' 도 아닌 꿈꾸기 과정이 된다.

죽음에 대한 많은 고대의 묘사는, 다음과 같이 의심하게 만든다. 죽음은 당신이 삶에서 가질 수 있는 드림바디의 이러한 경험과 비슷하다는 것과, 죽음은 당신의 파동함수, 기본적인 패턴, 매트릭스 또는 자연으로 확인되는 것과 같다는 것이다. 당신은 측정 전 양자 실재를 주도하는 수학에 의해 의미되는 복소수, 일상적 실재인 CR의 결레화되지 않은 요소, 일상생활의 꿈꾸기에 대한 근거가 된다.[8)]

당신이 일상적 실재인 CR에서 살고 있는 평범한 사람으로 자신을 확인하는 한, 당신은 죽음을 두려워해야만 하는 유령이다. '실제 사람' 으로서, 당신은 경험하는 것이 무엇이든 그 속으로 들어가도록 자신의 2차적 주의집중과 형태변형을 훈련하면서, 전사인-초자연치료사가 된다. 이런 방법으로, 당신은 자신의 드림바디의 알아차림을 발전시킨다. 당신이 일단 자신의 일상적 실재인 CR 정체성에 대한 연결을 끊고 꿈꾸기로 들어가는 것을 배우면, 당신은 당신의 드림바디가 하나의 고정된 물체가 아니라, 당신의 일상적인 정체성의 반대가 아니라, 당신의 주의집중을 잡는 것의 알아차림인, 유동적인 경험이라는 것을 깨닫는다. 비슷하게, 죽음에서 당신은 당신에게 신호교환하고, 당신을 실재가 되게 결레화하는 이러한 모든 사람들과 사물이 된다. 당신은 현재 자신이 무엇인가에 대한 꿈꾸기 핵심이 된다.

벤자민 워커(Benjamin Walker)는 세계 곳곳에서 죽음에 대한 신화를 수집했다. 이러한 이야기들은 바다로 흘러가는 강으로, 당신의 과정이 보편적 과정으로 흐르는 개인으로 당신을 묘사한다.[9)]

조로아스터교(Zoroastrian)의 찬가(약 기원전 800년)에서 드림바디는 마즈다 신(Lord Mazda: 페르시아 신화의 선신[善神])과 연관이 있다.

> 오! 마즈다 신이여, 우리가 그대를 보고, 그대에게 다가갈 수 있고, 그대와 통합되는 것을 감사드립니다.

고대 그리스의 에우리피데스(Euripides, 기원전 480~406년)는 죽음에서 신들과 합류하는 자신에 대해 말했다.

> 나는 제우스와 하나가 되기 위해, 하늘의 창공으로 높이 솟아오를 것이다.

비슷한 관점이 드림바디의 불멸성을 강조한, 버질(Virgil, 기원전 70~19년)에 의해 유지되었다.

> 해방된 영혼은 신에게 간다. 신은 그녀 영혼의 집이며, 창조자이며, 끝이다. 어떠한 죽음도 그녀의 것이 아니다. 현세의 눈이 어두워지면, 그녀의 영혼은 높이 날고, 신처럼 높은 곳에서 통합된다.

수피 잘랄루딘 루미(Sufi Jalaluddin Rumi, 1207~73)의 말은 거의 도교신자와 같다.

> 내가 나의 영혼을 포기했을 때, 나는 마음이 없는 상태가 될 것이다. 오! 내가 더 이상 존재하지 않게 하라. 비존재는 단지 내가 신에게 되돌아가는 것을 의미할

뿐이기 때문이다.

문다카(Mundaka)의 『우파니샤드(Upanishads)』(약 기원전 650년)에서, 우리는 바다로 흘러가는 강으로 묘사되는 바다에 대한 아이디어를 발견한다. 그 이미지는 나에게 아프리카의 타시 카라(Tshi Kra)에서 발견한 모든 영혼들을 담는 집단의 용기(容器)를 기억나게 한다.[8)]

> 흐르는 강이 형태와 이름을 포기하면서 바다로 사라지는 것처럼, 현명한 남자는 높은 곳보다 더 높은, 천상의 존재로 들어간다.

도교의 노자(老子, 기원전 450~375년)는 인간 발달의 마지막 단계란 도(道)와 하나가 되는 것이라고 말했다.

> 즉, 우리의 본질이 최대로 개발되었을 때, 우리 발전의 경로(course)는 '무(無: 비존재, not-being)' 에서 근원으로 되돌아오는 것으로 끝난다.

이집트의 장례식은(Wallis, 1974, 158-173쪽) 똑같은 신체로의 환생을 강조하며, 바(Ba: 영혼)가 부활할 때 바로 그 신체로 되돌아올 수 있도록 실제 신체를 보존하려고 하였다. 한 남자가 매장되었다.

> …… 그의 영혼 바(Ba)와 그의 지성 슈(Xu)가 수천 년 후에 돌아와 무덤에서 자신의 신체를 찾으려고 할 때, 그의 영혼 바(Ba)와 그의 지성 슈(Xu)는 그곳에서 기다리고 있던 자신의 '카(Ka) 또는 수호신 지니어스(genius)' 를 발견할 것이며, 그들 셋은 한 차례 이상 신체에 들어가서, 그것을 부활시키고, 오시리스(Osiris)의 왕국에서 영원히 함께 살 것이다.

이러한 모든 전통에서, 우리는 초자연치료사의 메시지를 발견한다. 일상적 실재인 CR에서의 자유와 드림바디의 지식은 인생의 신비한 목적이다. 이것이 아주 오래 전부터, 요기(yogi)들이 '삶에서 죽은 사람' 이 되기 위해, 그리고 '미묘한 것' 이 되기 위하여 '지구 요소들을 용해(溶解)하는 것' 을 수행했던 이유일 것이다.[10)]

이러한 결론들은 우리가 물리학과 심리학으로부터 알고 있는 것과 일치한다. 당신의 일상적인 자아는, 당신이 아마 우주의 기원을 고려하는 가능성에 놀라는 것과 마찬가지로, 죽을 때 일어나는 것을 고려하는 가능성에 전율할지도 모른다. 그러나 우리 모두는 삶과 죽음에 대한 우리의 견해를 형성하는 데 정당한 시도를 할 필요가 있다. 어쩌면, 그것이 심리학, 이론 물리학, 영적 전통에 관한 모든 것이 된다.

우리가 이러한 고찰을 그들의 결론에 옮긴다면, 최소한 두 종류의 죽음이 있어야만 한다. 그중 하나는 무엇인가 2차적이며 무시된 것에 의해 사라지고 있는 느낌에서 죽는 것이다. 그런 경우에, 당신은 자신의 2차 과정에 의해 압도당하게 되며, 당신이 누구인지의 흔적을 잃어버리게 된다. 다시 말해서, 당신은 혼수상태가 된다.

또 다른 종류의 죽음에서, 당신은 정체성의 전환, 형태변형, 꿈꾸기 경험의 파도타기를 한다. 당신은 시간에서 벗어나, 자신에게 일어나고 있는 어떠한 것과도 함께 움직인다. 이러한 종류의 죽음에서, 당신은 시간과 고정된 정체성의 아이디어로부터 스스로를 자유롭게 한다. 대신에, 당신은 자신의 절정 경험에서 발산되는 꿈꾸기 경로를 반영한다. 당신의 경로는 우주의 경로와 통합된다.

죽음의 첫 번째 종류에서, 당신은 죽음에 임한, 위협받는, 따라서 사라지게 되는 것으로 자신을 경험한다. 그 죽음 후에 당신은 삶으로 되돌아온다. 다시 말해서, 당신은 마치 당신이 시간과 공간의 다른 지점에서 강렬한 전자기장으로부터 나타나는 전자처럼, 환생한다. 이러한 죽음과 재탄생의 경험은 최근에 사망한 친척 또는 중요한 인물의 이름을 따서 어린이에게 이름 지어 주는 관습 이면의 비일상적 실재인 NCR 패턴일 것이다.

또 다른 종류의 죽음에서, 당신은 소멸을 경험하지 않지만, 유연하게 시간을 벗어나서 자신의 자의식적 자아가 되고, 영원한 불멸의 존재, 모든 것을 가지고 있는 하나가 된다. 어느 누구도 일상적 실재인 CR에서 정확하게 당신이 콤플렉스, 질병, 죽음을 통해서 어떠한 경로를 선택하는지 추적할 수 없는 반면에, 당신은 드림바디에 대한 자신의 경험에서, 자신의 죽음뿐만 아니라 자신의 삶도, 이해할 수 없는 환상, 느낌, 움직임으로 처음에 나타났던 것에 따르는 자신의 전체적인 유동성과 용기에 달려 있다는 것을 알고 있다.

주 석

1) 1920년대 논문 「콤플렉스이론에 대한 복습(*A review of complex theory*)」(『모음집』, 8권, 92쪽)에서, 융은 학대문제가 콤플렉스와 어떻게 연관되었는지에 대해 생각했다. 그의 생각은, 대부분의 우리 문제가 학대문제로부터 비롯된다고 주장한, 프로이트 이론과 무관하지 않았다. 나중에, 프로이트는 그의 주장을 취소하고 학대 이야기가 잘못 받아들여졌다고 추정했다.
2) 파인만의 논문 「양성자의 이론(*The Theory of positrons*)」 167쪽을 보라.
3) 폴 디랙이 양자역학의 방정식을 연구함으로써 그 존재를 예측했던 1930년대 이전에는 반물질에 대해 많이 알려지지 않았었다. 그는 전자에 대한 방정식이 전자뿐 아니라, 그가 이해할 수 없었던 전자의 반영까지 설명하는 것을 발견했다. 그는 그 반영이 아직까지 발견되지 않았고, 전하를 제외하고 전자로서 같은 특성을 지닌 물질의 한 조각임이 틀림없을 것이라고 추측했다. 그는 양전자가 발견되기 전에 양전자가 존재한다고 대담하게 추측했다. 확실히, 2년 정도 후에 양전자가 발견되었고, 바로 후에 많은 다른 반물질 입자 또한 발견되었다.
4) 리처드 파인만의 전게서.
5) 카를로스 카스타네다의 스승인 돈 후안은 『돈 후안의 가르침(*The Teachings of Don Juan*)』에서 유령과 실제 사람에 대해 상세하게 말한다. 나는 『초자연치료사의 육체(*The Shaman's Body*)』에서 이러한 개념의 의미를 연구하였다.
6) 거대함의 아이디어는 보이는 것처럼 멀지 않다. 파인만의 도표는 시간에서 앞뒤로 움직이는 전자가, 그것의 가역성과 다른 전자들과의 상호연결성 때문에, 전 우주에서 유일한 전자라는 가능성을 이끌어 냈다. 따라서 이 이론에 따르면, 우리 모두는 중성자, 양성자, 전자로 구성된 하나 또는 여러 조각의 물질이다. 우주에는 각 입자가 단 하나씩만 있으며, 우리가 그것이다. 파인만 모델은 우주에 반물질과 같은 만큼의 물질이 있다고 예측한다는 것을 보여 주는데, 이 사실은 아직 실험적으로 확인되지 않았다.
7) 벤자민 워커의 『신비한 육체: 인간의 더블과 성체(*The subtle body: The Human Double and the Astral Planes*)』(1977)는 궁극적으로 더블(double)과 신비체에 대한 정보의 실질적인 백과사전이다.

유럽의 더블(double): 유럽인들은 실제 신체 밖의 꿈같은 신체를 '더블(double)' 이라고 불렀다. 그것은 사람의 생각, 특성, 느낌에서 확인되고 수면 중에서 그리고, 변형과 죽음에서 분리된다. 그것은 실제 신체와 공존한다.

호주의 추링가(Churinga): 호주 원주민들은 당신의 영혼인, 꿈꾸는 자신이 추링가, 즉 기하학적 패턴을 가진 나무와 돌 조각에 존재한다고 믿는다. 이러한 물질은 당신 개인이나 가족 영혼에게 피난처를 제공해 준다. 여기에서 꿈꾸기 신체는 환경의 대칭적 측면에 연관되어 있다.

아프리카의 집단 영혼(Tshi Kra): 아프리카 서쪽 해안에서 타시(Tshi) 집단은 '카라(Kra)' 라고 불리는 개인의 영혼을 숭배한다. 그것은 부족의 실체로서 출생 전에 존재했던 모든 조상을 섬겼으며, 또한 태어날 자손들도 섬길 것이다. 당신이 죽을 때, 개개인의 카라는 태어날 사람에게 줄 영혼의 저장고인 부족의 카라와 통합된다. 그것은 세대에서 세대로 이어진다. 여기에서 드림바디는 특별한 문화의 장(場)으로 연결된 것으로 나타난다. 개인의 영혼은 집단 영혼으로 통합되고, 그것은 새로운 드림바디 모습을 위한 에너지를 제공한다. 당신의 드림바디는 당신 부족의 역사와 미래에 속한다. 개개인의 영혼은, 한편으로는, 집단의 영혼으로부터 빌려온다. 이것을 보는 다른 방법은 당신이 집단 장(field)의 한 측면이라고 말하는 것이다. 다시 말해, '단체(corporation)' ('시체(corpus)' 또는 '신체(body)' 로부터), 집단적 드림바디는 산 자와 죽은 자의 모든 영혼으로 구성되어 있다.

이집트의 카(Ka) 또는 파동함수: 이집트인들은 '신체의 복제(Ka)' '유체(流體)의 혼' 을 말하는데, 이것은 사는 동안과 죽은 후에 신체와 함께 남아 있는 것이다. 상형문자 원문을 연구하는, 이집트 학자 가스통 마스페로(Gaston Maspero)는 카를 유기체의 모든 부분을 재생산할 수 있는 '덜 밀집된 신체의 복제' 로 설명한다. 카는 무덤에 머물고, 방부처리된 물리적 신체가 변하지 않는 한 생존한다. 이러한 드림바디 관점은 주어진 일상적 실재인 CR 신체에 대한 신체 패턴의 반영, 더블을 우리에게 상기시킨다. 그것은 실제 신체를 주는 복잡한 파동 패턴과 비슷하다.

중국의 금강체: 중국의 도교신자에 따르면, 신비체는 명상 중 머리 꼭대기로부터 나타나는 당신 자신의 다양한 모습으로 보이는 '금강체' 다. 두 눈 사이의 공간에 집중해서 명상하는 것도 그 금강체를 활성화시킨다. 그것이 외현화하면, 그것은 머리에서 떠나며, 반면에 물리적인 신체는 변형상태에 머문다. 그러면 명상가는 투시력과 투청력이 생겨서 일반적인 감각으로는 불가능한 것들을 볼 수 있고 들을 수 있다. 이것은 비국소적 자아 이론처럼 들린다. 이 과정에 대한 심리적인 유추는 자신과 분리된다는 것이다. 분리된 꿈꾸기 신체는 대칭적이다. 당신이 보는 시각과 채널에 상관없이, 당신은 똑같은 본질을 본다. 그러므로 그것과 유사한 것은 대칭적 결정(結晶)인 금강석이다.

기독교의 부활한 신체: 드림바디는 또한 죽을 때 신체를 떠날 수 있는, 그러면서 다른 신체에서 부활할 수 있는 기독교 관점에서도 나타난다. 여기에서 드림바디는 다시 비국소적이 된다.

힌두교의 인과적 신체와 신비체: 힌두교의 관점에서 우리는 물리적 신체, 신비체, 인과적 신체 또는 영혼의 세 가지 신체를 가지고 있다. 신비체는 다섯 개의 느낌과 활동 기능, 다섯 개의 힘, 그리고 낮고 높은 정신을 포함하며, 인과체는 과거에 의해 창조되고 우리 개인을 만든다. 다시 말해, 드림바디는 과거의 삶 속에서 창조된 경험과 함께 감각기관에 근거한 현재의 경험이다. 즉, 우리의 신체 경험은 매일, 매주 또는 전생의 삶 동안 과거의 무의식적 행동에 의해 부분적으로 창조되거나 또는 '원인이' 된다.

티베트의 그림자 실재: 티베트인의 생각에서, 살아 있는 것과 살아 있지 않은 것 모든 것은 더블(Double), 또는 그림자 실재를 가진다. 라마(Lamas)는, 잠자는 동안이나 명상 수행 중에 움직여 나와, 더블을 볼 수 있다. 그러나 죽음은 이러한 더블을 파괴한다. 이 이론은 꿈꾸기 장(場)이 일상적 실재인 CR 신체와 연결되어 있는 한, 이집트인의 '카' 개념과 비슷하다.

서구의 성체(星體): 서구의 성체 이론은 기원 전 150년경에 나온 연금술 보고서에 나타나 있다. 예를 들면, 그노시스교(Gnostic)의 스승인 성 파울(St. Paul)은 '사람 안에 있었던 신성한 광채' 에 대해 말했다. 이것은 '새벽' 을 의미하는 그리스어의 '아우고에이데스(Augoeides)' 였다. 1600년대에 신 플라톤 학파 학자들은 빛나는 의에 싸여져 있는 불멸의 영원한 영혼을 상상했으며, 그것은 점성술의 영향에 따르는 '별 같은 매개체' 였다. 파라켈수스(Paracelsus)와 연금술사들은, 신성체는 변형되어야만 하는 씨앗이라고 생각했다. 여기에서 드림바디는 신성한 광채, 빛, 씨앗으로 나타난다. 드림바디는 빛을 가지고 있으며, 아마도 의식의 몇 가지 기본 형태가 그것과 관련되었을 것이다. 씨앗은 펼쳐져야 할 뭔가의 잠재력이다.

지난 200여 년 넘게, 인간은 죽음의 순간에 약간의 무게를 잃어버린다고 믿어 왔기 때문에, 많은 실험들이 꿈꾸기 신체의 무게 측정을 수행해 왔다. 내가 아는 바로는, 아직 아무도 이렇게 비일상적인 경험을 측정하지 못했다. 어떤 환상들은 꿈꾸기 신체를 살아 있는 신체에 끈으로 연결시킨 것으로 본다.

8) 수학적으로 말하자면, 육체적인 죽음의 순간에, 우리의 꿈꾸기 신체의 일상적 실재인 CR 측면, 즉 $|(a+ib)|^2$는 CR에 대한 경향성, 즉 $(a+ib)$로서, 원래의 양자함수로 축소시킨다.

9) 워커는, 죽음에서 신에게 연결되어 있는 꿈꾸기 신체를 보여 주면서, 죽음에서 꿈꾸기 신체의 행동에 대한 이러한 견해들을 수집하였다(전게서 294쪽).

10) 미르체아 엘리아데의 『요가, 불멸성과 자유(*Yoga, Immortality and freedom*)』 272쪽에서 "……요가 수도자 ……그들 각자의 매트릭스로 이러한 우주적 요소들의 재흡수를 목격하며, 그 과정은 죽음의 순간에 움직이게 하고 세상을 넘어선 존재의 첫 단계 동안 계속한다."를 보라.

제39장
드림워크: 꿈 안내로서의 마음

> 꿈은 영혼의 가장 깊고 가장 은밀한 내면에 숨겨진 작은 문으로서, 의식적 자아가 있기 오래전의 영혼이었으며 의식적 자아가 도달할 수 있었던 것을 훨씬 넘어서는 영혼일 것인 그 태고적 우주의 밤으로 들어가게 한다.
>
> –융(C. G. Jung)–

심리학과 초자연치료는, 주로 일상적 실재인 CR에 초점을 맞춤으로써, 우리의 마음에 가장 밀접한 경험들을 배제하는 과학적 세계관을 증대시키는 데 필요하다. 양자역학의 창시자의 한 사람인 에어빈 슈뢰딩거(Erwin Schroedinger)는 다음과 같이 말했다.

> 내 주변의 실제 세상에 대한 과학적인 묘사는 매우 불충분하다. 그것은 나에게 사실적 정보를 많이 제공하며, 우리의 모든 경험들을 매우 일관된 순서로 제시하지만, 우리의 마음에 정말로 소중하고, 우리에게 정말로 문제가 되는 모든 것에 대해서는 억지로 침묵한다.[1)]

물리학자들은, 당신과 내가 더 이상 경험하지 못하는 양자역학과 상대성 이론과 같은 많은 사실들과 세상들을 발견했다고 느낀다. 그러나 우리는, 물리학자들이 물리학의 수학에서 비일상적 실재인 NCR 패턴의 중요성을 배제했기 때문에 그렇게 착각한다는 것을 알았다. 이러한 패턴을 배제함으로써, 물리학은 꿈꾸기를 무시하고 '우리 마음에 정말로 소중하고, 우리에게 정말로 문제가 되는 모든 것들' 을 무시한다.

꿈꾸기 영역을 통해 여행하는 방법을 이해하기 위해서, 물리학은 초자연치료와 심리학을 참고해야만 한다. 이 장에서, 우리는 우리의 공상과 상상에 관한 불투명하고 우울하며 유령 같은 허구를 통해 마음이 우리를 안내하는 방식과 꿈꾸기에 초점을 맞추기 위해, 실재인 일상적 CR 측면을 잠시 접어둘 것이다.

❖ 마음의 경로

초자연치료사는 일상적 실재인 CR의 관점과 체제로부터 모든 비일상적 실재인 NCR 경로들을 서로 구별할 수 없는 것처럼 보인다는 것을 알고 있다. 비록 이러한 비일상적 경로들을 서로 구별할 수 없다고 해도, 그것들은 동등하지 않다. 돈 후안은 사는 방식을 묻는 제자 카를로스 카스타네다에게 "모든 경로는 동등하다."고 말한다. 그는 일상적 실재인 CR에 관한 한, 어떠한 특별한 통로도 '많은 통로 중의 하나일 뿐' 이라고 의미한 것이다. 따라서 전사는 그에게 인생에 행복을 가져다주는 경로, 마음의 경로를 따른다.[2)]

> 경로는 단지 경로일 뿐이라는 것을 명심해라. 만약 당신이 그것을 따르면 안 된다고 느낀다면…… 그것이 당신의 마음이 말하는 것이라면 그만두어라…… 모든 경로들이 다 통하는 것은 아니다…… 어떤 사람은 마음으로 따라오지만, 다른 사람은 아닌 경우도 있다.

초자연치료사는 마음이 꿈꾸기에서 다양한 일상적 실재인 CR과 비일상적 실재인 NCR 경로를 통한 우리의 안내자라고 말한다. 즉, 나침반, 측정 자(尺), 시계가 우리가 일상적 실재인 CR에서의 협상을 돕는다면, 마음은 우리가 비일상적 실재인 NCR 경험을 다루는 것을 돕는다.

시계와 측정 자, 나침반은 꿈꾸기에서 당신에게 그리 도움이 되지 못한다. 마음이 없다면, 당신은 관찰한 것과 객관적인 관계만을 가지게 된다. 또한 마음이 없다면, 무엇을 보고 있는지도 느끼지 못한다. 즉, 당신은 관찰대상에 의해 어떻게 당신이 변형되는가에 대한 알아차림이 없는 물리학자와 같은 관찰자에 지나지 않는다.[3)]

관찰에 의해 (최소한 일상적 실재인 CR에서) 관찰자가 크게 변화되지 않는 물리학에서와는 달리, 당신은 꿈꾸는 사람으로서 자신이 경험한 것에 연결함으로써 완전히 변형될 수 있다. 일상적 실재인 CR에 남아서 꿈꾸기를 관찰하는 것은 일종의 물리학과 심리학이다. 그것에 관련시킴으로써 꿈꾸기의 문을 통해 가는 것은 대체적으로 또 다른 물리학과 심리학이다. 첫 번째 종류의 물리학/심리학은 꿈, 직관, 의식에서의 변형, 환상 같은 비일상적 실재인 NCR 사건들을 측정하고 해석함으로써 일상적 실재인 CR에 머문다. 두 번째 종류는 거울, 궤적으로 들어가서, 이러한 과정을 촉진시킴으로써 연관성을 찾는다. 여기에서 관찰자는 꿈꾸기 세상과 연관된 파트너가 된다.

❖ 해석하기와 결레화하기

이러한 두 방법을 자세히 살펴보자. 심리학에서 해석하는 것과 결레화를 통하여 실제 가치를 갖는 것은 비슷한 종류의 관찰이다. 당신은 파동함수, 고통, 곰에 대한 환상과 같은 비일상적 실재인 NCR 과정을 검토하지만, 일상적 실재인 CR 체제 안에 머물러 있다. 심리학에서 일상적 실재인 CR 관점을 유지하기 위해서, 당신은 일상의 실재에 대한 상징과 그들의 관계에 대해서 당신이 알고 있는 것과, 꿈꾸는 사람의 정체성에 대해 당신이 아는 것을 추가함으로써 비일상적 실재인 NCR 현상을 해석한다. 당신은, 꿈 이미지나 경험이 일상의 실재와 연관되어 있는 것을 꿈꾸는 사람들에게 물어봄으로써 '꿈의 실제 가치를 해석할 수' 있다. 당신이 '난폭하다'는 단어를 '곰'과 연관시켰다고 하자. 그러면 당신은 곰에 관한 환상을 성격의 거칠고, 난폭하고, 광폭한 부분을 의미한다고 해석할 것이다.

물리학에서의 관찰이 전자가 스크린에 만든 이미지를 보고, 그것을 '전자'라고 부르는 것처럼, 이러한 절차는 당신의 일상 행동에서 꿈에 의해서 만들어진 연상 또는 이미지를 알아차린다. 스크린을 타격하는 전자처럼, 연상은 물리학자의 양자 파동함수와 유사한 꿈꾸기 영역으로부터 '갑자기 나타난다.'

연상 방법 이외에도, 꿈에 연결하는 많은 효과적인 방법이 있다.[4] 해석의 이점, 즉 절대값을 취하는 것은 당신이 일상생활에서 놓치고 있는 것의 일상적 실재인 CR에서 즉답(卽答)을 얻는 것이고, (해석의) 단점은 당신이 일상적 실재인 CR을 삶의 기본 근거라고 생각하고, 일상적 실재인 CR이 단지 물 위에 떠 있는 선착장이라는 것을 잊는다는 것이다.

비록 연상 방법이 당신이 일상적 실재인 CR에 있는 동안에는 도움이 되지만, 당신이 문제 속에 빠져 있을 때나, 우울, 불행에 빠져 있을 때, 즉 당신이 객관적인 일상적 실재인 CR 관찰자가 될 수 없을 때는 당신을 돕지 못한다. 이러한 연상하기와 해석하기에서 발생하는 더 큰 어려움은, 당신이 꿈 진술에만 초점을 맞추고 그 순간에 일어나는 꿈꾸기 과정에는 초점을 맞추지 못할 경우다. 그 결과, 당신의 정체성은 비일상적 실재인 NCR 과정들과 함께 지속적인 교류를 통해서 계속되는 방식보다는 오히려 하루하루 단계적인 방식으로 발달하게 될 것이다.

만일 당신이 꿈꾸기의 관찰자가 되는 것으로부터 참여자, 마음의 경로에 있는 초자연치료사가 되는 것으로의 전이를 경험하고 싶다면, 당신은 다음과 같은 실험을 해 봐야 할 것이다.

❖ 개인 실험: 관찰자에서 초자연치료사로

1. **최근의 꿈 또는 환상을 기억하고 기록하라.**

2. **당신의 꿈에서 하나 또는 몇 개의 이미지를 선택하라.** 당신이 이미지를 선택한

후, 스스로 "내가 그 이미지에서 연상한 첫 번째 단어는 무엇인가?"를 물어보라. 그 연상이 어디서 왔는지, 그 형상 또는 유사한 형상과 함께 무슨 일이 일어났는지, 연상에 관해 짧은 이야기를 말해 보라.

3. **당신의 꿈 이미지에 대한 당신의 연상을 생각하면서 최선을 대해 당신의 꿈을 설명하려고 하라.** 당신의 설명 또는 해석은 '옳은 것'이 되어야 할 필요는 없다. 단지 실험의 목적을 위해 해석하려고 노력하라. 당신의 해석을 써 보라.

4. 지금 당신의 기록 종이를 치우고 잠깐 쉬면서 스스로에게 물어보라. "**그 순간에, 나에게 아직은 말로 표현 할 수 없는 무슨 일이 일어나고 있는가**?" 또는 "내가 아직은 말로 표현하지는 못하지만 실제로 경험하고 있는 것은 무엇인가?"

5. **이제 당신의 마음을 열고 당신의 순간 경험과 연관시키도록 하라.** 움직이면서 오직 그것을 따르고, 느끼고, 보고, 듣고, 반영하려고 노력하라. 즉, 비일상적 실재인 NCR 안에서 그것을 꿈꿔라. 당신의 주의집중을 사용하고, 인내하고, 그것이 스스로를 완성할 때까지 함께 머물러라. 만일 당신이 어떤 것을 느낀다면, 그것을 이미지와 움직임으로 표현하라. 만일 당신이 어떤 것을 본다면, 그것을 느끼고 움직임 안에서 그 자체가 표현되게 하라.

6. 어느 정도 당신이 그것을 한 뒤에, 당신이 방금 경험했던 것에 대해서 기록하라. **스스로에게 물어보라. "도대체 어떻게 이 꿈꾸기 과정이 나의 꿈에 연관되어 있는가**?" 꿈은 당신 내면의 꿈꾸기 과정의 한 측면, 한 모습인가? 당신의 꿈을 분석하고, 꿈꾸기를 경험하는 것 중에, 무엇이 같으며, 그리고 무엇이 다른가?

7. **이제 스스로에게 물어보라. "나는 최근 어떤 종류의 신체 감각과 신체 문제들을 깊이 생각하고 있는가**?" 당신에게 치료할 수 없거나 약으로 고칠 수 없는 그런

문제가 있는가? 어떻게 당신의 꿈꾸기 과정이 당신의 신체 과정과 연관되어 있는가? 어떻게 두 개의 경험, 즉 당신의 꿈꾸기와 당신의 신체 과정이 연결되어 있는가?

일단 실험을 마치면, 당신은 이 실험으로부터 무엇을 배웠는지 당신 스스로에게 물을 것이다. 마음과 함께 당신의 꿈꾸기 과정을 따르기와 당신의 꿈을 해석하기 사이의 연결이 무엇인지, 당신 자신의 말로 설명하려고 해 보라. 이것이 일상적 실재인 CR의 체제로부터 세상을 관찰하는 것과 일상적 실재인 CR의 배경 안에서 비일상적 실재인 NCR 경험에 참여하는 것 사이의 차이다.

초자연치료사 돈 후안은 꿈꾸기를 따르는 것에 대해서 배우는 사람을 '사냥꾼'이라고 부른다. 아마도, 동시에 비일상적 실재인 NCR 경험 따르기가 생존의 문제이기 때문일 것이다. 당신이 숲에서 살아야 하는 호주 원주민 사냥꾼이라면, 당신은 숲을 알기 위한 관찰뿐만 아니라 꿈꾸기 또한 필요하다.

❖ 크라우스

꿈꾸기를 따르면서, 사냥은 당신이 혼자 배우든지 아니면 스승과 함께 배울 수 있는 어떤 것이다. 호주 원주민 사냥꾼이었던 한 스승에 대한 개인적인 이야기가 떠오른다. 이러한 이야기는 더 지적인 토론보다 훨씬 더 훌륭하게 마음의 교훈을 가르치는 경향이 있다.

내가 지루하게 공부하고 있었던 20대 초반에 취리히에 있을 때, 나의 가장 친한 친구는 스위스 산에서 살던 70대의 산 사람인 수행자 크라우스(Kraus)였다. 나는 주말마다 규칙적으로 숲 속으로 약 반 마일 떨어져 있으며 계곡과 폭포 뒤, 길 끝에 있는 오두막으로 그를 찾아갔다.

나는 크라우스를 매우 좋아했다. 그는 대단한 유머 감각을 가졌으며, 항상 웃고 있었다. 그 유별난 남자와 저녁 시간을 보내는 것은 황홀한 경험이었다. 우리는 그가 자두로 만든 음료수를 마시고, 함께 변형상태에 빠지곤 했다. 그가 한때 사냥꾼이었다고 나에게 말했던 것은 이러한 의식의 변형상태 중의 하나에 있었을 때다.

"당신은 어떻게 사냥을 했어요?" 라고 나는 물었다. 그는 평소와는 달리 우울한 목소리로 중얼거렸다. "나는 사냥 허가증을 위해 돈을 쓰는 것을 원하지 않아 법적으로 사냥총을 사용할 수 없었기에 사냥할 때에 다른 수단을 사용해야 했단다. 그래서 나는 꿈을 기다렸다."

그는 그때 내가 융 학파 심리학을 공부하는 학생이었다는 것을 몰랐다. 그는 그것이 무엇인지도 몰랐을 것이다. 그리고 그는 얼마나 내가 꿈에 관심이 있는지도 알지 못했을 것이다. 나는 순진하게 물었다. "당신은 지금 꿈을 기다리고 있습니까?" "그래, 나는 겨울을 기다리고 있어." 라고 그는 말했다. 내가 말했다. "지금이 겨울인데요. 당신은 어떤 종류의 게임을 찾고 있나요?" 그는, 겨울이 꿈속에서 때가 되었음을 알려주고, 그는 여우 한 마리를 기대하고 있다고 말했다. 나는 숲 속에서 지금 여우를 찾아보자고 제안했으나 그는 꿈을 기다려야만 한다고 주장했다.

간단히 말하자면, 우리는 잠깐 이야기를 나누고 다 쓰러져 가는 산 속의 오두막집에 있는 낡고 오래된 천 소파에서 잠들었다. 우리는 잠시 후에 깨어났고, 그는 잠이 덜 깬 상태에서 "여우가 지금 숲 속에 있다." 고 중얼거렸다. 나는 "어떻게 아세요?" 라고 말했다. "내가 여우 꿈을 꾸었기 때문이다." 라고 그가 말했다. 나는 흥분했고, 여우를 찾기 위해 나가려고 했지만, 그는 우리가 다음날 아침까지 기다려야 한다고 다시 말했다.

다음날 아침, 그가 움직여야 할 적절한 시간이라고 느낄 때까지 우리는 몇 시간을 기다린 것 같았다. 그는 숲 속에 있는 여우에 관한 꿈에서 여우가 있을 만한 곳을 나에게 말했다. 우리는 그 장소로 바로 갔는데, 거기에는 바로 현실의 살아 있는 여우가 있었다.

크라우스는 꿈꾸기에 의해, 그의 2차적 주의집중을 사용하고 '세상을 멈추게 함'으로써 자신의 특별한 사냥 방법을 개발한 것이다. 그는 사냥총을 위한 허가증을 구입할 여유가 없기 때문에, 사냥총을 가지고 있지 못했다. 그래서 그는 소리치기에 의한 사냥법을 개발했다. 그는 우리가 다가가는 것을 알아채지 못한 여우를 향해 미끄러지듯 나아갔다. 그런 다음에 여우가 어떤 장소로 이동하는 것을 기다린 후에, 그는 다른 사람으로 바뀐 것처럼 보였다. 그는 여우와 나 둘 다 놀래서 충격을 받을 만큼 크게 외치기 시작했다. 낭떠러지 근처에 서 있던 여우는 놀라서 낭떠러지 끝에서 바로 뛰어내렸다. 우리는 곧바로 낭떠러지로 기어 내려가서 죽은 동물을 주워 왔다. 크라우스는 칼을 꺼내서 순식간에 간을 꺼냈고, 그 자리에서 날것으로 먹었다.

처음부터 끝까지 모든 것이 충격이었다. 나는 이전에 한 번도 사냥을 해 본 적도 없었고, 바로 조금 전까지 살아 있던 동물의 간을 먹어 본 적은 더욱 없었다. 나는 이러한 사냥의 경험이 두려웠지만 또한 재미있는 경험이었다는 것도 인정해야만 하였다. 이러한 사냥 방법은 모든 사람들이 할 수 있는 것은 아니다. 스위스에서 대부분의 사냥꾼들은 그들의 꿈을 사용하거나, 또는 그렇게 소리침으로 뛰어내리게 하는 방법을 사용하지 않는다. 어쨌든, 우리는 필요한 것을 먹었고, 남은 것은 겨울을 위해 보관하려고 그의 집으로 가지고 왔다.

크라우스는 배가 고팠으며, 가난했지만, 자신의 누더기 옷들도 좋아했다. 그는 도시 출신 사람들과 같지 않은 것에 자부심을 가졌다. 그의 작은 텃밭을 경작하기 위해서 열심히 일해야 함에도 불구하고, 항상 행복하고 다소 풍부한 여유가 있는 사람처럼 행동했다. 그는 자신의 꿈, 유머 감각, 미지에 대한 사랑을 따랐다. 그리고 그는 배가 고플 때, 사냥을 했다.

당신은 배가 고플 때, 당신이 사냥하는 동물의 삶과 죽음에 대해서 걱정할 필요가 없다. 당신은 비일상적 실재인 NCR 과정의 일부가 되고, 모든 사건들은 어떻게든 함께 적응한다. 당신의 배고픔, 동물의 죽음, 겨울 그리고 꿈꾸기는 당신의 일상적인 CR의 경계를 넘어선 경험의 일부처럼 보인다.

크라우스는 그의 주변에 있는 동물들을 존중하고 사랑했다. 그러나 이러한 감정은 그가 사냥하는 것과 충돌하지 않았다. 나는 그것을 설명할 수 없다. 당신이 오로지 먹을 것이 필요해서 사냥을 한다면 죽음은 과정의 일부다. 이런 방식으로, 사냥은 자연의 일부다.

나 자신은 동물을 사냥하는 것에 흥미가 없다. 그러나 나는 꿈꾸기 과정 속에서 일어나는 무엇이든 삶과 죽음을 넘어선다는 것을 잘 알고 있다. 그 이유는 일어나는 사건들이 마음의 신비한 경로 중 일부이기 때문이다. '바르게 느끼는' 경로는 꿈꾸기다. 마음의 경로는 최소한의 노력, 가장 큰 흥분, 신중한 포기 감각의 경로다.

만약에 당신이 마음의 경로를 따른다면, '모든 것에 대한 침묵…… 정말로 우리 마음에 다가오는 것, 진실로 우리에게 더 이상 중요한 것은' 없다. 비일상적 실재인 NCR 과정을 마음과 연관시키는 것은 우리를 관찰자의 세상을 넘어서, 삶과 죽음도 넘어서는, 양자파동함수와 꿈꾸기 영역 속으로 우리를 이동시킨다.

❖ 심리학에서의 담배 사냥

사냥, 즉 자의식적, 비일상적 실재인 NCR 경험을 따르는 것은, 당신이 수행자, 초자연치료사, 심리상담 치료사로부터 배울 수 있는 무엇이다. 이러한 사냥을 이론적으로 설명하는 것은 어렵다. 아마도 이것이, 융이 꿈 이론에 대해서 저술한 것이 별로 없는 이유일 것이다. 그는 오랜 기간 동안 유효할 수 있는 꿈에 대한 이론이 없다고 말했다.[5)]

융의 『모음집(*Collected Works*)』 8권은 융 학파에게 강한 영향을 미쳤다. 비록 융이 꿈 작업에는 단순한 방법이 없다고 말했음에도 불구하고, 시간이 지나면서 많은 융 학파 심리상담 치료사는 꿈을 작업하는 방법을 발달시켰다. 이러한 꿈의 작업 방법에서는 꿈꾸는 사람이 꿈을 보고하고, 꿈을 해석하는 작업자는 이미지의 상징과 연상에 대해서 묻는다.

꿈은 일상적인 삶에 대한 보상으로 여겨졌다.[6)] 이런 종류의 꿈 작업은 오늘날 잘 알려져 있으며, 세상에 널리 퍼져 있다. 사람들은 꿈에 대한 이러한 비(非)병리학적인 태도에 대한 융의 공로를 인정하지 않았지만, 그는 그것의 창설자임에 틀림이 없다.[7)]

융의 학생이었던 바바라 한나(Barbara Hannah)는 꿈을 작업하는 데 어떠한 특정한 방법을 따르지 않았다. 그녀는 언젠가 융이 자신에게 그녀 자신의 방법을 따르라고, 즉 "무의식을 따르라고" 말했었다고 나에게 말했다. 그것이 그녀의 방식이다.

내가 그녀를 처음 만났을 때 그녀는 70대 후반의 영국 여자였으며, 내가 함께 연구해 본 가장 급진적인 심리상담 치료사였었다. 예를 들면, 그녀는 이렇게 말하는 것을 좋아했다. "나는 꿈을 이해하지 못할지라도, 여전히 융 학파입니다." 그녀는 "만약에 꿈이 무엇을 의미하는지 알기 원한다면, 차라리 다른 사람에게 물어보십시오."라고 말했다. 그렇게 꿈에 대해 많은 초점이 있는 융 학파 내에서도 그것은 급진적인 견해였다.

바버라는 나에게 꿈꾸기 과정을 통해서 지금 내가 '마음을 따라가기' 라고 부는 것의 가치에 대해서 가르쳤다. 그녀는 그녀가 좋다고 느꼈다면, 자리에서 벌떡 일어나 그것을 말했을 것이다. 그녀는 매우 실제적인 여자였고, 아주 고대의 방식을 가진 최고의 마법사였다. 내가 다른 심리상담 치료사와 작업했을 때, 나는 보통 무슨 일이 일어났었는지 나중에 말할 수 있었다. 또한 상담이 끝난 후에도 나 자신을 훨씬 더 이해할 수 있었다. 그러나 바바 한나와 작업한 후에는, 나는 매우 당황하였고, 절대로 내가 밝히기를 원하지 않는 어떤 것을 어떻게 그녀가 알게 되는지 도무지 알 수가 없었다.

취리히에서 상담하는 동안에 내가 그녀를 두 번째 만났을 때, 그녀는 고상한 영국식 분위기 속에 앉아 있었는데, 나에게는 그 분위기가 마치 아이작 뉴턴 시대인 17세기 초 영국에서 직접 온 것처럼 보였다. 그녀의 방은 마치 우리가 300년 전에 살고 있는 것처럼 장식이 되어 있었다. 그때 그녀는 나에게 단지 평범한 나이 든 여자처럼 보였다. 그러나 그때 나는 20대 초반으로 보스턴에 있는 MIT를 막 졸업했고 합리적인 생각으로 가득 차 있었다는 것을 기억해 주기 바란다. '오 맙소사, 이것은 매우 긴장된 상황이 될 것이다' 라고 나는 생각했다.

최악의 경우를 준비하면서 나는 분석을 위해서 앉았다. 그녀는 내 오른쪽 옆에 적절하게 앉았고, 우리는 함께 말하기 시작했다. 그녀의 사무실에는 작고 평범한 재떨이가 있었으며, 그 안에는 립스틱이 묻은 반쯤 남은 담배가 있었다. 나는 나 자신에 관하여 잡담을 하였고 시간을 때우기 위해 "오! 누군가 여기에서 담배를 피운 것 같습니다."라고 말했다.

"아하!" 그녀는 그녀의 2차적 주의집중을 사용하면서, 또한 나도 나의 주의집중을 어설프게나마 사용할 수 있다는 것을 기대하면서 불쑥 말했었다. "**당신은 저** 담배에 관심이 있군요!"

"아니요, 꼭 그렇지는 않습니다." 나는 순간적으로 담배가 나의 관심을 끌었다는 사실을 무시하면서 방어적으로 말했다. 그녀는 여우를 막다른 길로 몬 사냥꾼처럼 그 담배로 달려들었다. "그러면 **당신은** 정확하게 무엇을 **저** 담배에서 보았습니까?"

내가 무엇을 말할 수 있었을까? 나는 숨을 몰아쉬고 나서 방어적으로 중얼거렸다. "그래요, 나는 립스틱 자국을 보았습니다." 머릿속으로는 이러한 대화 전체가 너무 지나쳤다고 생각되었고, 나는 빠져나갈 출구가 필요했다. 그래서 나는 문을 찾고 있었다.

그녀는 나의 눈이 문을 향하고 있는 것을 보고, 쥐를 쫓는 고양이처럼 그 담배에 덤벼들었다. 그녀는 밖으로 토해 냈다. "그래서 당신의 성생활에 무슨 일이 일어나고 있습니까?" 그녀는, 나의 젊고, 순수하고, 순진하며, 남성적이고, 이성을 사랑하는, 미국인의 감수성에 충격을 주면서 살쾡이처럼 계속하였다. 나의 충격을 알아채고, 그녀는 가차 없이 앞으로 나아갔다. "자, 당신이 두려워하는 것은 무엇입니까?"

나는 뼛속까지 떨렸다. 모든 것을 넘어서 그대로 있으려고 하는 어떠한 시도도 안으로 무너져 버렸다. 그리고 나는 마치 자비를 구하듯이 울먹이고 있는 내 자신을 발견했다. "그래요, 나는 꿈에 대해 할 얘기가 있습니다." 그녀가 나의 몸에서 마지막 구명대를 빼앗는 것과 같이 말할 때, 나는 나의 말을 마칠 수가 없었다. 단호하게 그녀는 나의 운명을 선언했다. "우리는 저 담배와 함께 머물러야만 합니다."

실제로 여기에서 그 담배에 대해서 그때 내가 그녀의 사무실에서 했던 것들을, 더 이상 자세하게 말하고 싶지 않다. 그러나 그 립스틱이 남은 담배로부터 많은 것을 얻었다는 것을 말할 수 있다. 그것은 정말로 좋은 담배였다. 그때 나의 성생활은 재미가 없었는데, 그녀의 도움으로 매우 개선되었다.

나는 내가 영리한 젊은 과학자라고 생각했었다. 그러나 지금 나는 초자연치료사 전사의 모습을 한 상대를 만난 것이다. 그녀는 내가 하찮게 생각했던 비일상적 실재인 NCR 과정에 집중하는 방법을 알고 있었다. 그녀는 나의 꿈꾸기 속으로 그리고 나의 저항과 경계를 통과하여 그녀 자신의 감각을 찾아내기 위해 자신의 마음을 이용한 것이다. 그녀는, 비록 그때는 그러한 용어를 사용하지 않았지만, 꿈꾸기로의 문을 활짝 열어 놓았다. 그녀는, 내가 나 자신(위 경우, 담배에 묻은 립스틱)을 어떻게 동일시하는지에 대한 경계에서 나와 '신호교환' 하는 정보에만 집중했다. 그녀는, 나의 꿈꾸기가 내가 아직 찾지 못한 환상 속의 여자 및 관계성과 연관이 있다는 것을 알아차린 것이었다.

바버라는 그녀 스스로 꿈꾸기에 대한 이러한 시스템을 발전시켰다. 그것은 그녀의 '방식' 이다. 그녀는 꿈에 대해서 좀처럼 말하지 않았으나, 꿈꾸기 과정을 따름으로써 실제로 변화를 얻을 수 있었다. 말로 할 수 없는 '도' 이거나, 나의 경우, 초점을 맞추지 못한 도로서 시작하는, 그 립스틱이 묻은 담배는 그녀의 켤레화와 펼치기를 통해서, 나의 내부 립스틱, 내부의 여인, 성에 대한 나의 관심, 그리고 내가 알기를 두려워했던 느낌의 생활에 대한 주요한 통찰이 되었다. 그녀로부터 나는 비일상적 실재인 NCR 과정과 양자 파동함수가 새로운 우주를 창조한다는 것을 배웠다.

❖ 비국소성의 스승

나의 분석가 중 또 다른 한 사람은 프란츠 리클린 2세(Franz Ricklin, Jr.)였다. 그는, 꿈을 포함한 어떤 것에 대해 작업할 때 심리상담 치료사가 어떻게 행동을 해야 하고 시선을 두지 말아야 하는 것과 같은 규칙에 구애받지 않았다. 그는 대부분의 상담 시간을 그의 눈을 손으로 덮고 그의 눈썹을 만지면서 보냈다. 나는 한동안은 그의 얼굴을 보지 못했다. 그는 주로 자신에 대해서 자신에게 말했다. 얼마나 대단한 심리상담 치료사인가!

비록 내가 그에게 꿈을 말해도, 그는 결코 직선적인 방법으로 그것들을 분석하지 않았다. 그는 마음속으로 꿈을 끌어들이면서, "그 꿈…… 그 꿈…… 내 아내……" 와 같이 중얼거린다. 그러면 나는 "당신의 부인은 나의 꿈과 어떠한 연관이 있습니까?" 라고 물었다.

그러나 이러한 나의 물음에 대답 없이, 그는 계속했다. "나의 아내…… 우리는 지난 금요일 저녁 이러한 놀라운 장면을 가졌었습니다……. 내가 왜 당신에게 이런 이야기를 하고 있는 것일까요? 왜 당신은 이것을 들어야만 하지요?" 나는 "모릅니다, 나는 정말 모릅니다. 당신이 나에게 말해 주세요!"라고 말했던 것 같다. 그는 그가 했던 것을 왜 했는지 나에게 절대로 말하지 않았다. 그는 내 앞에서 일상적 실재인 CR로부터 분리되었던 것이다. 그는 되풀이해서 세상을 멈추었던 것이다.

만일 당신이, 그가 꿈을 해석했거나, 나의 꿈과 개인적인 문제 사이의 연결을 발견했다고 추측했다면, 그 대답은 절대로 아니다. 그는 관계에 대해서 자주 말했지만 그것들을 그 자체로 결코 규정짓지 않았다. 그는 내가 만났던 가장 혼란스러운 사람이었다. 나는 나 자신과 그에 대해서 어떤 것도 결코 이해하지 못했다. 그러나 내가 정의할 수 없는 어떤 것이 항상 치료되었다. 나는 영감을 받았던 것이었다.

리클린은 나에게 비국소성에 대해서 가르쳤다. 나는, 나의 마음속에 있는 것이 무엇이든지 그의 마음에도 동시에 있다는 것을 배웠다. 그에게 일어났던 비일상적인 내면의 사건을 따르는 것이, 나에게는 비국소성의 경험이 되었다. 내가 나의 과정으로서 생각하는 것이 무엇이든지 간에, 그는 그것이 자신의 과정인 것처럼 행동했다. 우리 사이에 경계의 부재(不在)는 그를 내가 항상 찾던 친구로 만들게 했다. 우리는 함께 '상담' 을 하지 않았다. 우리는 절대로 아무것도 하지 않았다. 그러나 그것이 모든 것이었다.

그는 나에게 나의 서구식 교육에 의해서 빼앗겼던 무엇인가를 되찾아 주었다. 그는 나에게 상상력, 카스타네다가 꿈꾸기 과정이라고 불렀던 나구알(nagual)을 주었다. 내가 그와 함께 있을 때, 나는 비일상적인 사건들이 실재라는 것을 알았다. 내가 그와 함께했던 이후, 나는 터무니없고 비일상적인 사건에 따르는 것이 마음의 경로라는 것을 알았다.

리클린은 언제나 꿈꾸기 과정 속에 있었기 때문에 매우 인기가 있었다. 사실, 그는 꿈꾸기 모형을 만들어서 가르쳤다. 그는, 꿈꾸기 과정에서 무슨 일이 일어나는지에 대해 초점을 두는 것과, '통제된 포기' 에 관하여, 그리고 다른 사람들과 작업할 때 내 자신의 자의식적인 경험을 무시하지 않는 것에 대하여 가르쳤다. 내가 치료 작업을 시작하기도 전에 나의 치료를 마치는 방법과, 꿈꾸기로서 또는 알아차림을 가진 심리상담 치료사로서 사람들에 대한 나의 작업을 이해하는 것을 가르쳐 주었다.

나는 미지의 것과 함께 움직이는 것, 마음을 따르는 것이 맞다라는 것을 리클린으로부터 배웠다. 나는 인생 그 자체가 언제나 놀랄 만한 일이고, 어떤 사람은 미친 사람처럼 살 수도 있고, 또는 이것으로부터 벗어날 수도 있다는 것을 알게 되었다. 여러 면에서 리클린은 그저 평범한 사람이었다. 그는 의사를 가르치는 정신병 의사였고, 스위스 육군에서 소령으로, 융 연구소의 소장 등을 맡은 사람이었다. 융은 그의 삼촌이었다.

나는 내용보다 오히려 본질을 불러일으켜 주는 과정 지향적 생활양식을 살고 보여 준 나의 스승을 존경한다. 그들은 나에게 나의 자의식적 능력을 신뢰하도록 가르쳐 주었는데, 자의식적 능력이 없다면 실재는 헛된 것이기 때문이다.

❖ 빵에 대한 꿈

비일상적 실재인 NCR은 매우 개인적이고 내적(內的)이기 때문에, 나는 주류이며 신성한 과학의 토론 한가운데에서 꿈꾸기에 대한 개인적인 경험을 말하고자 한다. 이 이야기들은, 어떤 다른 방식으로 연관시키기 어려운, 비일상적인 경험에 포함된 두려움과 열정에 대한 무엇인가를 당신에게 말한다. 나는 이야기 없는 '마음' 에 대해서 어떻게 말해야 할지 모르겠다.

당신에게 비일상적 실재인 NCR 과정에 접근하는 다양한 방법을 보여 주기 위해서, 나는 여러 심리상담 치료사가 똑같은 꿈을 어떻게 다루는지에 대한 예를 보여 주겠다. 꿈속에서 나는 빵을 팔고 있었다. 그것이 내 꿈의 전부다.

나의 심리상담 치료사 중에 한 사람인 마리 루이스 폰 프란츠는 개인적인 관계와 집단적인 관계에서 매우 훌륭하다. 그녀는 나에게 빵과 연관되어 있는 것이 무엇인지 물었다. 나는 말했다. "빵은 당신이 먹기 위해서 필요한 것입니다." 그녀는 "그것은 연상이 아니라 정의입니다."라고 말했다.

정의는 알고 있는 비인격적인 정보의 회상이다. 연상은 단어에 연결된 느낌이거나 순간적으로 '떠오르는 느낌' 이다.[8] 때때로 순수한 연상을 얻는 것은 어렵기도 하다. 왜냐하면 우리는 정보에 대해 경계를 가지고 있기 때문이다.

나는 말했다. "당신도 알고 있듯이, 나는 스위스 빵을 좋아하고 나는 미국 빵을 싫어합니다." 폰 프란츠가 말했다. "그래서 당신이 먹고 있는 것과 당신에게 도전하고 있는 것은 스위스와 유럽입니다." 그 말은 내 안에서, 어떤 비일상적 실재인 NCR 과정의 일상적 실재인 CR에서 실제 가치를 얻는 과정을 통해서 보이는 생리학적인 반응인, "그렇구나."라는 반응을 주면서, 나는 내가 필요한 것을 얻었다. 실재의 새로운 조각이 일상적 실재인 CR에서 나에게 나타났다. 나는 더 이상 단순한 미국인이 아니었다. 나의 꿈은 나의 정체성이 유럽인이 되고 있음을 보여 주었다.

내가 바버라 한나에게 빵에 대한 똑같은 꿈을 말했을 때, 그녀는 즉시 주제를 바꾸었다. 그녀는 내가 그녀를 보기 위해서 올 때 신었던 구두를 왜 신었는지 나에게 물어봄으로써 대응했다. 그녀에게 틀림없이 신호교환을 주었을 그 구두에 대해서 흥미로운 점은 그것이 내가 유럽에서 구입한 최초의 구두였다는 것이다. 비록 나의 옷은 꽤 오래되고 낡았어도 나의 구두는 새것이고 광택이 났다. 그 이탈리아산(産) 구두의 뾰족한 앞부분은 나의 마음을 사로잡았었다.

우리는 구두에 대한 토론에 들어갔고 똑같은 마지막 결론에 도달했다. 즉, 나는 유럽인이 되고 있었다. 우리는 결코 꿈속으로 들어가지 않았다! 바버라는 꿈꾸기 과정이 다양한 채널이라는 것을 나에게 가르쳐 주었다. 즉, 그것은 단지 꿈속에서만 나타나는 것이 아니라 당신 또는 다른 사람에게 신호교환하는, 당신이 하는 모든 것에서도 나타난다. 그리고 그녀는 꿈꾸기 과정 그 자체가 꿈을 해석하는 것이라고 가르쳐 주었다.

내가 빵에 대한 꿈을 리클린에게 말하기 시작했을 때, 그 또한 주제를 바꾸었다. 그는 말했다. "…… 내 마음에 뭔가 문제가 있다……. 그것들이 무엇인가? 관계 문제!" 갑자기 그는 그의 관계에 대해서 다시 말하기 시작했다. 이번에는 내가 그때에 가지고 있었던 문제 중의 하나가 내 것과의 특별한 관계로 연결되어 있다는 것을 깨달았다. 나는 관계하기의 새로운 양식이 필요하다고 불쑥 말했다. 그는 관계에 대해서 전혀 아는 것이 없고 그것에 관해서는 결코 나를 도울 수가 없다고 말했다. 나도 역시 전혀 알지 못한다는 것을 인정하였다. 나는 그에게 그와 그의 친구가 어떻게 관계를 발전시키는지를 물었고, 그는 많은 로맨틱한 장면과 사건, 그 밖의 여러 가지에 대해 말했다. 이것은 나의 담배 경험과 같이 들렸다. 나는 그 상담으로부터 많은 것을 얻었다. 나는 그때에 내가 자랐던 미국문화가 개방적 유럽 세계보다 관계에 대해서 더 청교도적이라는 것을 깨달았다. 그것은 내가 꿈속에서 사고팔기를 원했던 것은 스위스 빵이었다.

리클린이 가지고 있는 그 자신에 대한 초점과 관계는, 우리를 문화 차이와 내가 변하는 방법에 대한 토론으로 이끌었다. 나의 꿈은 그를 통하여, 일부에 지나지 않았던 비일상적 NCR의 실재를 경험했다. 양자 대상들이 뒤엉켜 있고 서로 연결되어 있고, 비국소적인 것과 같은 방식으로 꿈꾸기가 뒤엉켜 있고 서로 연결되어 있다는 것을 어떻게 보여 주는지를 배웠다.

내가 그에게 한 번도 이야기하지 않았던, 빵에 대해 가졌던 연상 중의 하나는 빵이 예수 그리스도의 신체, 즉 사랑의 신체였다는 것이다. 그 연상은 너무도 깊어서 나는 나 자신에게도 그것을 인정하기 어려웠다. 나는 그때에 그런 연상을 가졌다는 것을 알았는데, 왜냐하면 내가 나의 꿈 일기에 그것을 썼었기 때문이다. 따라서 나의 빵은 매우 영성적이고, 나에게 관계에 대한 유럽적인 무엇인가를 포함하고 있었다.

이러한 세 명의 심리상담 치료사로부터 내가 배운 것은 각각 달랐으나, 꿈의 내용에 대한 정보는 똑같았다. 그들은 나에게 똑같은 과정을 경험하는 다른 시각을 주었다. 나는, 나의 정체감을 강화할 수 있는 일상적 실재인 CR 정보를 배웠다. 나는 나의 미국적인 정체성을 떠나고 있었다. 내가 나의 경계를 넘어설 때 일어난 비일상적 실재인 NCR의 직접적인 경험이 내가 원했던 것보다 더 많은 것을 가져다주었다는 것을 배웠다. 그것은 나에게 마음의 경로를 보여 주었다.

슈뢰딩거는, 세상에 대한 과학적인 관점은 우리에게 사실적인 정보를 주고 우리의 경험을 정리하지만, 무엇이 인간의 마음에 가장 가까운지는 말해 주지 않는다고 말했다. 과학은 대단하며, 나는 그것을 끔찍이 사랑한다. 과학은 불가사의한 것을 지적하며, 그것의 일상적 실재인 CR 효과를 존경할 만한 것으로 기술한다. 그러나 그 세계관은 손가락의 끝에서 멈춘다. 과학적 세계관은 단지 과학에만 속하는 것은 아니다. 그것은 당신이 아마도 대부분의 시간 동안 따르는 관점이며, 다리 위에 서서 자의식적인 강의 경험, 꿈 그리고 허수의 양자 영역을 가리키는 관점이다. 이 관점은 물을 보지만 그냥 물에 대해 선명하게 머문다.

그 강을 알기 위해서, 당신은 다리에서 뛰어들고, 강물에서 수영하면서 주변을 빙빙 돌아야만 한다. 그러면 당신은 의식과 무의식, 관찰자와 입자, 물리학과 심리학, 심리상담 치료사와 꿈, 정말로 모든 일상적 실재인 CR 개념에 대한 생각이 생활로부터 당신을 보호할 수 있는 묘사라는 것을 깨닫는다. 그러나 그 마술적인 담배꽁초, 내 이탈리아산 구두, 양자 신호교환에 관한 바버라의 명료함 또는 겨울 식량을 가져다준 크라우스의 소리치기의 세계를 표현할 단어는 없다. 당신이 이러한 비일상적 실재인 NCR 세상과 연결될 때, 당신은 우주의 기본적인 물질인 꿈꾸기를 다루고 있다는 것을 느낀다. 이러한 연결이 없다면, 물질세계는 마치 스스로의 생명이 없는 것처럼 느껴진다.

꿈꾸는 우주에 있으려면, 물속에서 수영하는 것처럼 많은 기법들이 있어야 한다.[9] 꿈꾸기와 작업하는 것은 끊임없이 수정이 필요한 초자연치료의 기술이며 과학이다. 그러나 그러한 많은 심리학적이며 초자연치료적인 기법 속에는 마음의 지혜가 있으며, 그리고 그 마음의 지혜는 당신의 주의와 신호교환하는 자의식적 세계를 포용한다. 마음의 경로인 꿈꾸기는 양자 파동함수, 삶에서의 당신의 죽음에 대한 직접적인 경험이다. 당신이 이 경로에 있을 때, 당신은 초(超)시간성과 자유의 느낌을 갖는다.

반면에 일상적 실재인 CR 경로는 정보로 가득 차 있으나, 그것은 당신을 감각을 잃은 상태로 만들거나 불행한 존재로 만들 수 있다. 마음의 경로는 순간적이다. 그것이 당신으로 하여금 매일 매일이, 매 순간이 하루 종일 아주 놀라운 것이라고 느끼게 해 주기도 한다.

1) 켄 윌버의 『양자 질문(*Quantum Questions*)』(8쪽) 속의 에어빈 슈뢰딩거
2) 카를로스 카스타네다, 『돈 후안의 가르침(*The teachings of Don Juan*)』(106-107쪽). 나는 이 내용을 『초자연치료사의 육체(*Shaman's Body*)』(140쪽)에서 아주 상세히 논의하였다.
3) 파울리(1964)는 앞의 38장에서 인용한 다음과 같은 글에서 과학의 한계를 언급했다. "꿈의 순수한 지각은 이미 의식 상태를 변화시켰고, 그로 인해 양자물리학에서 관찰을 하는 것과 비슷한 새로운 현상을 만들어 냈다. 따라서 그 결과, 물리학에서는 더 이상의 직접적인 유사성이 없기 때문에, 꿈의 의식적 반영은 무의식에 대하여 더 광범위한 효과를 가져야만 한다."
4) 델라니(Gayle Delaney)는 『꿈꾸기의 돌파구(*Breakthrough Dreaming*)』에서 꿈을 작업하는 나름대로의 근거와 기본 방법을 가지고 꿈 작업 이론가의 작업을 함께 통합하는 놀라운 연구를 하였다.
5) 융의 『콤플렉스 이론에 대한 복습(*Review of the Complex Theory*)』 92쪽을 보라.
6) 융은 그의 『모음집』 8권, 253, 287-288쪽에서 보상, 상보성(相補性) 그리고 상징성을 기술하였다. '꿈 심리학에 대한 일반적 관점(*General Aspect of the Dream Psychology*)' 에서 융은, 보상이 '상보성의 원리' 의 일반화이며, 적응 또는 조정을 만들어 내기 위해서 서로 다른 자료나 관점을 균형을 맞추고 비교하는 수단이라고 말했다. 그는 꿈이 매일의 실재에서 부족한 것을 보상하거나 균형을 맞추는 것임을 의미한 것이었다. 만일 당신이 당신의 내면의 삶을 따르고 있다면, 당신의 꿈은 당신이 있는 곳을 반영한다. 그런 다음 당신은 깨어나서 느낀다. "그래, 그 꿈은 지금 나의 위치와 매우 비슷하다." 다시 말해서, 당신의 1차 과정은 당신의 순간적인 2차 과정과 비슷하다. 만약 당신의 매일의 마음과 정체성이 2차 과정과 많이 다르다면, 꿈은 뭔가 빠뜨린 것을 가져다준다.
7) 융은, 물리학자가 기본입자를 지켜보듯, 경험적으로 꿈의 내용을 다루었다. 그는 꿈꾸기 세계에서 꿈의 일부를 가져와서, 각각의 꿈을 꾼 사람의 실재와 연결하여 연구하였다.
8) 융에 따르면, 원(圓)과 같은 각각의 꿈 상징은 개인적이며 집단적인 의미를 모두 가지고 있다. 예로서, 원은 당신 정원에 있는 원 모양과 당신 개인의 연상을 통해서 연결될 수 있으나, 또한 완성에 대해 일반적이거나 집단적인 의미를 갖기도 한다.
   우리가 지금 논의하고 있는 언어에서는, 꿈과 같은 모든 비일상적 실재인 NCR 경험은 개인적이고 집단적인 의미와 말로 나타낼 수 있는 일상적 실재인 CR 연상뿐만 아니라, 말로 나타낼 수 없는 비일상적 실재인 NCR 연상도 갖는다. 예를 들어, 원의 경우에 비일상적 실재인 NCR 연상은 현기증의 감각일 수 있다. 왜냐하면 원은 어떤 사람들을 어지럽게 하지만, 반면에 일상적 실재인 CR 연상은 '친구들의 원, 즉 둥근 무리' 가 될 수도 있기 때문이다.
9) 꿈꾸기 과정과 작업하는 데 필요한 느낌 기법의 연구인 에이미 민델의 『메타기술(*Metaskills*)』을 보라.

제40장
바디워크: 질병과 엑스터시 사이에서

영원의 철학에 따르면, 사람의 실제 자아 또는 부처의 본질, 즉 불성은 영구(永久)하지도 그렇다고 죽음을 거역하는 것도 아니다. 그것은 오히려 초(超)시간적이며 초(超)물질적이다.

-켄 윌버(Ken Wilber)의 『에덴으로부터의 출현(*Up from Eden*)』에서-

당신은, 당신 몸에 대한 경험이 일상적인 느낌에서 실제라는 것을 다른 사람에게 확신시키지 못할 수도 있고, 또 당신은 당신의 드림바디를 절대로 사진 찍을 수 없지만, 그러나 드림바디가 상처를 받을 때 이는 당신과 상관이 없는 것이 아니다. 당신에게 있어서 아픔은 실재일 수 있다. 우리의 다음 연구는, 물리학과 의학이 고통의 실재에 도움이 되지 못할 때, 꿈꾸기의 문을 통해 당신의 경계를 넘어 2차 과정으로 들어가는 것이 어떻게 고통을 다루는 데 도움이 되는지를 보여 줄 것이다.

당신이 신체 문제들을 고통으로 경험하는지 또는 영적인 모험으로 경험하는지는, 당신이 당신의 불편함에 포함된 감각에 어떻게 접근하는가에 달려 있다. 만일 당신이 "오, 상당히 어렵겠지만 매우 잠재적으로 중요하다."라는 태도로 그것들에게 접근할 수 있다면, 최악의 고통은 개선된다. 당신이 고통을 느낄 때, 항상 고통을 적대시하며 그 경험을 무시하는 것은 고통을 더 악화시킨다. 반면에, 만약 당신이 고통

너머에 있는 미묘하고 자의식적인 본질을 발견함으로써 고통과 상호작용할 수 있다면, 그 고통은 점차적으로 사라지거나 견딜 만하게 될 것이다. 최고의 고통은 아마도 펼치려고 하는 비일상적 실재인 NCR 과정을 무시한 탓일 것이다.

나는 그의 심장 막에 암 종양을 가진 한 남자를 상담한 것을 기억한다. 그는 심장이 뛸 때마다 칼로 찌르는 듯한 고통을 느꼈다. 그는 몸에 대해 수줍어하였고, 그래서 처음에 우리는 '평화로운 물' 을 본 그의 꿈에 집중했다. 그는 '무엇인지는 모르지만, 물이 뭔가 잘못되었다' 라고 추측하였다. 나는 그가 그의 꿈에 대해 이야기할 때 머리를 긁는 것을 보았다. 그래서 나는 그에게 그 '가려움' 에서 꿈꾸기에 대한 문을 두드리는 것이 무엇인지 보고, 두피 과정을 포용하도록 해 보라고 제안했다.

그는 그의 의사가 나를 만나는 것이 그를 위해 좋을 수도 있겠다고 생각했기 때문에 나를 만나러 왔지만, 그는 내 작업에 대해 아는 것이 없었다. 그래서 그는 왜 자신의 두피를 긁는 데 초점을 두어야 하는지를 의아해하면서 내게 물었다. 나는 그에게 뭐라고 이야기해야 할지 몰라서, 그것은 단지 심장의 경로일지도 모르며, 종양의 고통보다 더 흥미로울 수도 있다고 사실대로 말했다. 그러자 그는 긁는 행동에 초점을 맞추었고, 그의 '평화로운' 파트너라고 불렀던 긁는 손톱들이 공격하는 단도(短刀)라고 경험하는 자신을 발견했다. 나는 곧, 그가 항상 평화롭기만을 원해서 모든 종류의 갈등에 저항했음을 발견했다. 어쨌든, 뭔가 적절하지 못한 것으로 생각한 평화로운 물에 대한 그의 꿈은 바로 갈등을 다루는 부적절한 자신의 평화로움에 관한 꿈이었다.

명백히 그는 갈등을 피하려는 자신의 경향성을 파트너에게 투사하였고, 그의 손톱은 평화로움과 갈등에 대한 저항에 분노하는 자신의 일부분이었다. 그가 파트너 대신에 자신에게 분노해 있는 것을 발견하자마자, 가슴을 칼로 찌르는 듯한 고통은 가라앉았다. 자신을 되찾자, 뭔가 잘못되었던, 그의 꿈에서의 평화로운 물은 너무 평화로웠다고 말했다.

일상적 실재인 CR 체제에서, 신체는 해부학적 구조, 혈액형, 몸무게, 나이, 종양 등으로 묘사할 수 있다. 그의 '증상' 에서 배제된, 꿈같은 신체 감각은 '칼로 찌르는 듯한' 고통이었고, 자신의 평화로움에 대한 스스로의 분노였다.

우리는 육체적인 일상적 실재인 CR 신체에서 드림바디 경험을 항상 찾을 수는 없다. 나는 미국 서해안 지역에 살았던 한 여자를 기억한다. 그녀는 내게, 어떤 의사도 해결해 줄 수 없는 통증을 그녀의 유방에서 느낀다고 말했다. 다음에 그녀를 만났을 때, 그녀는 미국의 반대쪽에 살고 있고, 몇 년 동안 연락이 없던 그녀의 언니가 전화해서 얼마 전에 유방암에 걸린 것을 발견했다고 말했다고 내게 말했다. 내담자는 그녀의 언니가 자신의 가슴 통증이 시작되었던 같은 날에 암을 발견했다고 내게 말했다.

드림바디의 비국소적 측면은 아마도 국소적 처방들이 효력을 발휘하지 못하는 이유일 것이다. 당신은 신체를 치료함으로써 신체 문제를 항상 없어지도록 할 수는 없다. 드림바디의 비국소성은 꿈꾸기 같은 의사소통 방법들을 요구한다. 내담자와 작업하는 것은 비국소적으로 작업하는 것을 포함하며, 그녀의 고통을 직접 치료하는 것이 아니라 그녀와 언니의 관계를 치료하는 것을 포함한다. 다자 간 전화 세션을 통하여, 나는 그들이 서로에게 '고통' 이 되어 주도록 격려했다. 처음에는 약간 주저하다가, 그들은 서로에게 어떤 '아픈' 일들을 이야기했고, 아주 화를 냈었으나, 내담자 가슴의 고통이 개선되었을 뿐만 아니라 두 자매의 관계도 개선되었다. 결국 그 두 자매는 사이가 좋아지게 되었다.

당신은 그 여자의 암이 없어졌는지에 대해 궁금해할지도 모른다. 그 답은 당신에게 암이 무엇을 의미하는지에 달려 있다. 당신에게 만일 암이 두 여성을 사로잡고 괴롭히는 비일상적 실재인 NCR이라면 답은 '그렇다.' 또한 일상적 실재인 CR의 유방암을 뜻한다면 답은 역시 '그렇다.' 그 자매는 그녀의 상태에 따라 수술 받기를 선택하였고 좋아졌다. 내가 아는 한, 이날까지 암은 재발하지 않았다.

아마 당신이 가질 수 있는 또 다른 의문은 "무엇이 그녀와 언니의 병을 고쳤는가?" 일 것이다. 이 질문 역시 우리에게 치유가 무엇을 의미하는가에 달려 있다. 우선 내담자의 언니가 아팠는가? 병은 일상적 실재인 CR 개념이다. 그렇다. 그녀는 단지 일상적 실재인 CR 관점에서 아팠다. 그러나 비일상적 실재인 NCR의 관점에서 봤을 때, 두 자매는 고통스런 문제를 해결하는 중간 과정에 있었다. 우리는 21장에서 병과 치료는 오직 일상적 실재인 CR 체제 안에서만 존재한다는 것을 알았다. 이것이 바로 대부분의 사람들이 아플 때 꿈을 잘 꾸지 않는 이유다. 왜냐하면 비일상적 실재인 NCR 관점에서, 그들은 단지 그들 자신의 새로운 측면을 꿈꾸고 있기 때문이다.

❖ 병의 심리학

모든 만성적인 신체 문제는, 일상적 실재인 CR에서 당신 자신이 누구인지 생각하는 것과 끝없음 사이의 전쟁터다. 신체 문제의 심리 부분은 당신의 1차 과정이 공격당하고 있다는 사실을 직면하고 있다는 것이다. 당신이 아플 때, 당신은 극적인 상황에 들어간다.

당신이 감기나 독감 같은 단기간의 병에 걸렸을 때, 삶은 비교적 고통스럽지 않다. 하지만 당신이 아주 심각한 병에 걸렸다면, 당신은 당신을 스쳐 빠르게 지나가는 시간을 본다. 괴로움과 더불어, 당신은 무엇인가를 잘못했고 벌을 받고 있다고 생각하게 된다. 어쩌면 당신은 어떤 것은 더했어야 했고, 다른 것은 덜 했어야 했는지도 모른다. 당신은 당신의 삶이 지나치게 스트레스가 많았거나, 지나치게 활기가 없었다는 등의 생각을 한다. 기독교 신자들은 "하나님 아버지, 만일 가능하다면 이 운명의 잔이 나를 비껴 지나가게 해 주십시오." 라고 기도하면서 이 상황을 십자가의 예수그리스도 이미지에서 상징화하기도 한다.

그 아픔의 운명을 견디는 것은 정말로 힘들다. 병중에, 당신의 신체는 스스로를 방어할 수 없는 치명적인 학대를 겪게 된다. 만약 당신이 심각한 병을 가지고 있다면, 우주에 의해, 신들에 의해, 병에 의해 당신 스스로가 부서지는 것을 느낄 것이다. 그것은 마치 당신이 정당한 이유도 없이 감금된 것과 같다.

아프지 않은 사람들은 아픈 사람에 대한 이러한 갈등의 가공적 차원을 인정하는 것을 기억해야만 한다. 아주 아프다는 것은 당신이 아직 살아 있음에도 불구하고, 당신의 삶을 잃는 것과 같다. 당신은 원하든 원하지 않든, 꿈을 꾸도록 강요받으며 일상적 실재인 CR에서 나와야 한다.

어떤 경우에는 그 질병을 극복하는 어떤 약도 존재하지 않는다. 치료법이 없는 병은 불가능한 도(道)가 되기도 한다. 혁신적인 과정은 만성적 증상들에 의해 만들어진다. 거의 항상 그 증상들은 처음에는 깜박이는 2차 과정으로 나타난다. 그다음 그들은 스스로를 확대하고, 우리를 위협하기 시작하고, 다시 나타나고, 이를 통하여 결국 우리들은 신체 감각으로 그들을 알아챌 수밖에 없게 된다.

처음, 짧은 시간의 신호교환이었던 것은 영구적인 폭격이 된다. 조금씩 우리는 충격을 받게 되고, 특히 우리가 만성이 되었을 때, 증상인 '적' 의 힘에 복종하고 적응하도록 강요받게 된다. 우리는 인내심 없는 '환자' 가 된 것이다.

어떤 사람들은, 운 때문이거나 삶의 끝에 가까운 노화 때문이거나 간에, 그들이 누구인지 알지 못하고 비일상적 실재인 NCR 과정을 다루는 데 유동적이 된다. 이 상태에서 그들은 아픈 사람이 되는 것에 대한 희생적 정체성을 버리고, 꿈꾸기의 문을 통과하여, 시간 밖으로 나오고, 그들이 항상 꿈꾸어 왔던 것이 된다.

나는 슬픔과 놀라움을 가지고 에이즈로 죽은 한 친구를 회상한다. 그의 고통 초기에, 그는 예수가 그와 이야기하길 원한다는 꿈을 꾸었다. 그는 그 후 몇 년 동안 크게 고통받았지만 삶의 막바지에 이르렀을 때, 세상이 에이즈라고 부른 과정들을 반영하기 시작했다. 그가 에이즈와 관련된 고통으로 인해 불안해질 때마다, 그는 신호교환을 시작하며 그것을 켤레화시켰다. 어느 날, 나는 그가 잎사귀처럼 떨면서 고통스러워하는 것을 보았다. 용기 있게, 그는 희생자가 되는 대신, 그 과정을 알아차림으로써 스스로를 떨게 하기 시작했다. 그는 또한 나도 부드럽게 흔들었다. 그리고 그는 마치 내가 자신인 듯 내게 말했다. "모든 것을 떨쳐 버리고 내게 오라!" 나는 내가 생각했던 것처럼 행동하면서 그에게 물었다. "당신은 누구입니까?"

그의 대답은 "나는 하나님이다." 이다. 그는 즉시 몸의 떨림을 멈추었고 눈물을 흘리기 시작하였다. 나는 정상적인 의식의 상태에 있는 이 친구처럼 행동하려고 하면서 말하기를, "하나님, 제게 말씀해 주십시오. 이것은 무엇입니까?" 잠시 후에 하나님은 대답했다. "그것은 삶을 흔들어서, 느슨하게, 즉 편안하게 이완하는 것이고, 이러한 떨림은 '나' 이며 너의 질병이 아니라는 것을 믿으라는 것이다."

나는 그의 의식 상태에서 계속적으로 작업을 해야 한다고 생각했기에, "이건 저에게 너무 가혹합니다."라고 주장했다. 하지만 하나님은 무뚝뚝하게 "너는 다른 사람들을 위해 희생하고 있는 것이다."라고 대답했다. 이 시점에서 내 친구는 하나님의 역할에서 다시 그의 오래된 자아로 돌아와서 나를 향해 몸을 돌리며 말했다. "아니(Arny), 나는 당신을 위해 고통받고 있습니다. 왜냐하면 당신은 당신의 고통에 대해 이야기하지 않기 때문입니다. 그러나 나는 항상 나의 고통에 대해 얘기합니다. 왜냐하면 아무도 그들의 고통에 대하여 이야기하지 않기 때문입니다."

나는 내가 겪고 있는 문제들에 대해 최선을 다해 이야기하였고, 그리고 우리는 얼싸안았다. 나는 기분이 좀 나아졌고, 잠시 후 내 친구는 더 이상 아파하지 않았다. 가장 좋았던 것은, 내가 나를 괴롭혔던 내면의 아픔에 대해 이야기를 시작했을 때 그의 떨림이 가라앉았다는 것이다. 나는 이 친구에게, 스승인 프란츠 리클린(Fanz Ricklin)에게서 꿈꾸기는 아무에게도 속해 있지 않고 비국소적이라고 배운 것을 잊고 있었다고 이야기했다.

일주일 후, 친구는 에이즈와 관련된 신경학적 증상들로부터 아프지 않았고 몸이 떨리지 않았다. 그는 우리 모두를 위해 고통받고 있었다. 그는, 자신만의 방법으로 십자가 위의 예수가 되었고, 사람들에게 그들이 잊고 있었던 고통을 깨닫게 하였으며, 다른 사람들을 위해 고통받는 자신을 봐달라고 하였다. 그의 생애 마지막 몇 주 동안, 그는 하나님이었다. 삶은 그를 꿈꾸기의 문을 통해 이동하도록 밀어붙였다. 자신만의 방법으로, 병은 육체적으로 고통받는 사람뿐만 아니라 운 좋은 주위의 모든 사람들을 위한 치료법이 될 수도 있다.

❖ 고통과의 상호작용

진통제는 훌륭하다. 그것들은 종종 삶을 견딜 수 있게 만든다. 나의 경험에 의하면 진통제가 듣지 않는 이유는, 사람이 질병을 적으로 생각하는 '대증요법적' 심리학을 가지고 있기 때문이다. 10장에서 우리가 알았듯이, 대증요법의 의학적 사고는, 병든 사람을 고장 난 기계로 보는 뉴턴적 물리학의 철학을 반영한다. 1600년대 이후로, 서구의 의학적 사고(思考)는 질병이 있다면, 그것에는 반드시 원인이 있다는 관점을 유지하고 있다.

과정 사고는 이러한 일상적 실재인 CR 신념 체계를 목적론으로 확장한다. 즉, 과정 사고는 모든 경험이 또한 개개인에 대한 비일상적 실재인 NCR 의미를 가진다고 가정한다. 두 가지 사고 방법의 비교는 〈표 40-1〉과 같다.

표 40-1 대증요법과 과정 개념의 비교

대증요법	과정 사고
신체 문제	신체 경험
당신의 신체가 아프다	당신의 신체가 꿈꾸고 있다
건강/질병	경험과 새로운 경험
고통	변형 상태

의학의 대증요법적 심리학으로 보면, 당신은 아프든가, 건강하든가 둘 중 하나다. 당신은 신체 문제를 가지고 있거나, 아니면 당신의 심리상태가 잘못되었다. 과거 사람들은 당신이 충분히 기도하지 않아서 그렇다고 말했다. 오늘날 사람들은 당신의 문제가 유전, 발암물질, 비만, 비타민 부족 때문이라고 생각한다.

당신의 건강이 좋지 않을 때 이원론은 최상의 영향력을 가진다. 그런데 설상가상으로, 당신은 이원론적인 사고 때문에 병이 더 악화되는 것으로 느낄 수 있다. 당신은 건강이 좋을 때, 자신이 성공적인 것처럼 생각한다. "당신은 오늘 아주 좋아 보입니다."라고 다른 사람들은 말한다.

그러나 당신이 건강이 나쁘다고 느낄 때, 그것들은 당신이 형편없이 보인다고, 무엇이 쇠한 것처럼 보인다는 것을 암시한다. 당신이 온통 관절염에 걸려 있거나, 뇌졸중 발작 후 입가에서 침이 흐를 때, "이런! 당신은 건강이 좋아 보이지 않는군요." 라고 사람들은 말한다. 그러한 말은 상처를 준다. 문화는 당신이 드림바디를 가지는 것을 반대한다. 그것은 당신의 꿈꾸기와 양자 파동함수를 거부한다. 문화는 당신의 새로운 도(道)를 없애기 위해서 약물을 복용하기를 원한다. 흰 와이셔츠를 입고 그리고 당신의 꿈꾸는 얼굴을 말끔하게 해라.

사람들은 이제는 당신을 쳐다보며 "얼마나 좋은 기회인가, 당신은 관절염으로 꿈꾸고 있다. 지금 당신은 인간적인 과정의 또 따른 국면에 있다."라고 말하지 않는다. 질병에 대한 집단적인 부정이 환자가 자신의 질병에 대해 말하는 것을 좋아하지 않는 이유다. 이원론은 그들의 경험을, 생물학과 느낌, 건강과 질병, 좋고 나쁨의 부분들로 분리시킴으로써 그들의 감정에 상처를 준다. 이원론은 과정에 대한 것이 아니라, 성공과 실패에 관한 것이다. 그것은 알아차림에 관한 것이 아니라, 짧고 긴 삶, 즉 생명에 관한 것이다.

만약 당신의 삶이 질병에 의해 짧아지게 된다면, 훌륭한 대증요법 의사들은 사실을 숨기려고 하거나 당신이 패배자인 것처럼 통계적으로 당신의 상황을 알려 주려고 한다. 당신은 당신의 삶이 도박이며 남아 있는 유일한 가능성은 패배자가 되거나 승리자가 되는 것이라고 느낀다. 만일 당신의 질병이 계속된다면, 의학도 충분히 알지 못하고, 누구도 도울 수 없고, 시간은 끝났기 때문에, 당신뿐만 아니라 의학도 계속 실패하게 될 것이다. 의학 체계는 도우려고 하지만, 의학의 패러다임은 당신을 도움이 필요한 희생자로만 보기에 '냉정하다.' 모든 과학 안에 함축된 일상적 실재인 CR 관점은 당신의 고통을 증가시킨다. 그러나 당신을 바라보고 "이런, 상태가 보통이 아니군요. 이제 당신은 엄청난 과정으로 들어가려고 합니다."라고 말하는 훈련을 받은 병원 직원들을 상상해 보라. 당신은 아마도 당신의 '건강상태' 에 대해서 조금은 덜 당황할 것이다.

질병에 대해 이원론적이지 않은 패러다임은 당신의 신체 경험을 국소적, 육체적 장애뿐만 아니라 세계적인 꿈꾸기 과정으로도 볼 것이다. 병은 두렵기만 한 것이 아니다. 비일상적 실재인 NCR 관점에서, 병은 해방을 위한 기회, 견고한 정체성으로부터 자유다.

에이미와 함께 가졌던 상담과 세미나에서 내가 여러 번 경험했던 것들 중의 하나는, 신체 문제가 있는 사람은 풍부한 경험을 가지며, 꿈꾸기의 문을 통과한 이후에 기분이 더 좋아진다는 것이다. 이것은 부분적으로 비일상적 실재인 NCR 경험을 향한 새롭고 긍정적인 태도에서 기인하거나, 또는 개방된 임상 환경에서 사람들과 함께 작업하는 사례에서 참석한 모든 사람들의 태도에 기인하기도 한다.

우리는 경계를 넘어서 꿈꾸기 속으로 들어갈 때의 편안함과 자유로움이 부분적으로 환경에 의존하는 것을 보아 왔다. 열린 마음의 임상은 포괄적인 치료다. 왜냐하면 그것이 삶을 더 편안하게 만들기 때문이다. 이러한 개방된 분위기에서는, 아주 소심한 사람조차도 더 유연하게 되면서 꿈꾸기로 들어가는 아주 편안한 시간을 가질 수 있다.

우리가 파인만 도표를 논의했을 때, 전자가 시간에서 벗어날 가능성과 이러한 발생은 관찰자의 경계에 달려 있다는 가능성에 대해 말했다. 그것은 심리학에서도 똑같이 적용될 수 있다. 병든 어떤 사람에게 자신의 꿈꾸기 신체와 하나가 되는 기회는 전체 사회 공동체의 자유에 달려 있을 것이다. 또 그 반대도 진실이 될 수 있다. 양자역학의 관찰자처럼 꿈꾸기를 두려워하는 정직한 관찰자는, 전자가 시간에서 자신의 운명을 펼치는 방법을 방해하는 것처럼, 그가 꿈과 신체 경험의 펼침을 방해할지도 모른다. 관찰자의 말할 수 없는, 그러나 무심한 관점은 우리가 느낄 수는 있지만 쉽게 측정할 수 없는 방식으로 상처를 준다.

나는 죽음 직전에 있었던 여자와 상담한 것을 기억한다. 그녀는 병이 너무 깊어서 일어설 수도 없었으며 특수한 운송 기구로 이동해야만 했다. 그녀의 고통은 대단했다. 내가 잠깐 그녀의 침묵을 조사하고 특별한 휠체어에 앉아 있는 그녀의 신체에 무슨 일이 일어나고 있는지 느끼기를 그녀에게 요구했을 때, 그녀는 "가벼움(Lightness), 어떻게 그것이 가능할 수 있습니까? 지금은 내 인생에서 가장 무겁고 최악의 상태입니다."라고 말했다.

그녀의 일상적 실재인 CR의 '무거운(heavy)' 신체 평가에 대해 논하는 대신, 나는 내 자신의 경험을 털어놓았으며, 나의 이성적 판단과는 다르지만 쾌활한 기분을 가지려는 나 자신을 발견할 수 있었다. 내가 쾌활하면 할수록 그녀는 더욱 미소를 짓기 시작했다. 갑자기 그녀가 말했다. "평생 질병으로 고통받는 느낌은 무엇일까요?" 그녀는 즉시 그녀의 휠체어에서 일어서서, 도움 없이 그녀의 약한 다리로 비틀거리며 앞으로 똑바로 걸었다. 처음에 그녀는 주저했지만, 곧 그녀는 똑바로 서게 되었다. 그것은 자발적인 변환이었다. 그녀는 계속해서 웃었다. 그녀의 주변에 있던 모든 사람들은 충격을 받았다. 기뻐서 초연한 상태에서, 그녀는 하루 종일 웃었고, 2주 후 죽을 때까지 그녀의 웃음소리는 계속 남아 있었다. 가끔 나는 그녀가 오늘도 여전히 웃고 있다고 생각한다.

당신은 "그녀는 고통을 부정하고 있었습니까? 어떻게 그녀가 그렇게 삶을 힘들게 살면서도 모든 사람을 웃게 만들 수 있습니까?"라고 물을지도 모른다. 나는 이러한 질문에 확실한 대답은 할 수 없다. 그러나 가벼움이 단지 나의 과정이라면, 그녀는 아마도 우리의 상호작용 후 웃음을 멈추었을텐데 이것은 그러한 경우가 아니었다. 꿈꾸기에 마음을 개방함으로써, 우리 모두는 우리 자신들과 그녀가 경계를 넘어가는 것을 도왔고, 인생은 짧고 그 끝은 보통 고통스럽다는 일상적 실재인 CR 사고를 넘어가도록 도왔다. 우리는 마음이 가벼웠다. 왜냐하면 우리도 역시 언젠가 죽는다는 것을 알며, 어쨌든 우리가 그녀와 같다는 것을 알았기 때문이다. 한편으로 그것은 집단적인 깨달음이었다. 만일 당신이 죽는다는 것을 안다면, 더 이상 집착할 것이 아무것도 없기 때문에 당신은 사물을 흘러가게 두고 사물을 즐길 수 있다.

부처님에 의하면, 일상적 실재인 CR과 정체성에 대한 집착 때문이다. 만일 당신이 자신이 누구인지에 집착한다면, 당신은 사물의 불영속성, 개인적인 존재로 인한 망상, 자기 존재로부터 고통을 받는다. 부처님에게 고통을 위한 치료약은 그의 가르침, 다르마(Dharma: 법)였다. 부처님에 따르면, 우리가 제대로 된 궤도에 있는 것을 방해하는 것은 개인의 역사인데, 그것은 모든 종류의 정신적, 감정적인 모호함, 습관적인 반응성 콤플렉스, 그리고 당신이 좋아하는 것에 대한 집착과 당신이 싫어하는 것에 대한 반감인 혼란으로 구성되어 있다. 최악의 문제는 일상적 실재인 CR 태도, 주체-대상 이원주의, 분리된 자아의 개념에 대한 집착들이다. 불교에서 질병의 원인은 정체성, 우리의 진실한 정체성이 없음에 대한 무지다.[1]

불교에서 일상적 실재인 CR 세계와 그것의 창조물은, 당신이 단지 자신의 일상적 실재인 CR 정체성일 뿐이라고 생각하는 것에 기인하는 착각이다. 우리가 앞서 돈 후안의 초자연치료에서 보았듯이, 일상적 실재인 CR 태도로 동일시하는 것은 유령이다. 실제 사람은 마음의 경로, 꿈꾸기의 경로에서 움직인다.

따라서 의료 시스템에 대한 실제 대안은 대안적 의료 시스템이 아니라 모든 사람을 보는 또 다른 방법인 대안적 사고방식이다. 의료 시스템을 위한 대안은 아픈 사람을 꿈꾸기의 길에서 전사로 보는 것이다.

❖ 고대의 치료 관습

인류학자인 미르체아 엘리아데(Mircea Eliade)는, 원주민들이 꿈꾸기의 길에서 전사가 되는 것을 통해, 꿈꾸기를 통해 서로를 치료하는 것을 보여 주는 이야기들을 수집했다. 그들은 신화, 설화를 암송하는 동안, 그들이 말하고 있던 이미지의 능력을 다시 느낌으로써 꿈꾸기의 상태로 들어갔다.

엘리아데에 따르면,

> 모든 마술적 찬송은 사용된 치료법의 기원을 알려 주는 주문이 반드시 선행되어야 한다. 만약 그렇지 않으면, 그것은 행해지지 않는다. 치료하는 찬송의 치료법이 효력을 가지려면, 최초의 여성이 출산하는 것과 같은 방법으로, 식물의 기원을 아는 것이 필요하다.[2)]

원주민의 자연적 치료법은 자의식적 꿈꾸기, 존재의 과정 이야기에 대한 참여다. 당신은 아이들에게 이 이론을 시험해 볼 수 있다. 만일 당신이 아이들에게 어떻게 위약(僞藥, placebo)이 훌륭하게 효력을 주는지 이야기해 주고, 이야기를 재미있게 하기 위해 '아픈' 어린이를 초대한다면, 어린이는 꿈꾸기에 대해 개방적이기 때문에 종종 '치유'가 일어난다.

나는 언젠가 심각한 천식 발작으로 거의 죽을 뻔한 어린이를 상담한 적이 있었다. 하루는, 우리가 사무실에서 함께 상담하고 있는 동안에, 그러한 발작을 일으켰다. 나는 아이에게 위약을 주면서 그것이 사람에게 마술적인 작용을 할 것이라고 말했다. 그는 내가 말했던 것을 주의 깊게 들으면서, 기침을 심하게 하면서도 그 약이 창문을 크게 만들 수도 있는지를 물었다. 나는 그가 무엇을 말하려고 하는지 몰랐으면서도, "그래. 하지만 오로지 마법사만이 그 방법을 알고 있다." 고 말했다. 나는 아이에게 알약이 창문을 크게 만들 수 있다는 것을 어떻게 알았는지 물었다. 그는 뭔가를 숨기는 듯이 미소를 지으며, 자기도 모른다고 말했다. 나는 다음에 무엇을 해야 할지 알지 못했으나, 아이에게 창문을 열도록 해야겠다는 생각이 갑자기 떠올랐다. 나는 아이에게 창문가로 올라가서 '그 창문을 열도록' 부축하였다. 그는 그 기회를 잡아서 나의 사무실에 있는 무거운 창문 중의 하나를 밀어서 열었고, 그의 천식 발작은 가라앉았다. 그는 결코 위약을 먹지 않았던 것이다.

그는, 나의 치료 이야기와 알약이 창문을 크게 만들 수 있다는 그의 덧붙임을 통해서 꿈꾸기로 들어왔기 때문에, 치료가 되었다. 그는 자신을 둘러싸는 그러한 천식 발작이 그의 폐를 압박해서 거의 숨을 쉴 수 없는 것을 경험했다. 일상적 실재인 CR 개념 '천식' 은, 그가 한가운데 있는 꿈꾸기, 닫힌 느낌에 대한 그의 신체 반응에 의해 패턴화되었다. 나의 위약 이야기는 그에게 그의 꿈꾸기에 접근할 수 있는 기회를 주었으며, 그것이 그가 마술적인 알약이 창문을 넓게 할 수 있는지를 물었던 이유인 것이다. 한편으로 우리는 신화와 설화를 암송하는 엘리아데의 토착민인 것이었다. 일상적 실재인 CR 안에서 천식처럼 보이는 것은 비일상적 실재인 NCR에서는 꿈꾸기의 강, 마법사에 의해서 열려지고 있는 무거운 창문이었다.

그는 사무실 창문을 열었을 뿐 아니라 신비스런 느낌으로 창문을 크게 만들었고 그의 일상적 실재인 CR적으로 답답한 폐를 크게 했다. 우리는 또한 그의 우울하고 답답한 가족의 상태를 해결하는 방법을 계속해서 찾았다. 원시 의학의 토착적인 치료는 마음의 경로다. 그것은 꿈꾸기와 연결되어 있다.

❖ 드림바디 워크

보통 당신은 하루 동안에 자신의 주의 집중을 혼란케 하는 많은 작은 신체 신호교환을 감지한다. 그러면 당신의 신체는 당신에게 신호교환을 한다. 계속되는 드림바디 실험에서, 나는 당신에게 과정의 파트너가 됨으로써 그러한 신호교환 중의 하나를 택하라고 진지하게 제안할 것이다. 당신은 신체 과정을 따라가기 위해서 당신의 2차적 주의집중이 필요하다. 당신이 좋다면, 당신의 신체 과정을 따라갈 때, 당신이 하는 일은 태양이 하늘을 가로질러 움직일 때 그 태양을 따르는 꽃이 되어야 하는 것이라고 상상할 수 있다. 가끔씩 태양은 구름 뒤로 들어가지만, 꽃은 태양이 다시 드러나기를 기다린다. 꽃이 하늘에서 움직이는 태양을 따르는 꽃처럼 당신 자신의 과정을 따라가라.

처음에 당신은 이렇게 하는 것이 부끄러울지도 모른다. 아마도 먼저, 당신은 단지 그것에 대해 읽어 보기만을 원한다. 하지만 이 작업은 용기와 당신의 주의집중을 사용하기 위한 훈련을 요구한다. 2차적 주의집중을 사용함으로써, 당신은 일상적 실재인 CR의 주요한 규칙을 깰 수 있다. 이 규칙은 당신의 비일상적 실재인 NCR 경험을 억누르고 해석에 집착하는 것이다. 그 주요한 규칙은, 당신이 꿈꾸어지는 꿈 대신에 주어진 정체성을 가진 사람이라는 것을 말한다. 당신이 좋다면, 당신은 지금 꿈꾸는 시간 속으로 갈 가능성을 실험할 수 있다.

❖ 바디드림 훈련 연습

1. **꿈이 마음에 들어오도록 하라.** 당신은 꿈에서의 이미지에 대한 연상에 대하여 스스로에게 물을 수 있다. 이 정보를 간단히 기록해 두어라.

2. **과거의 증상이든지 아니면 당신이 최근에 느끼고 있는 증상이든지 간에, 일어나는 증상을 선택해라.** 단 하나의 증상만을 선택해라. 그 증상을, 일상적 실재인 CR의 개념, 유전, 노화, 먹는 습관의 개념으로 당신 자신에게 설명하도록 하라.

3. **이제 꿈꾸기를 시도해라. 신호교환을 지켜보라. 그 증상으로부터 당신의 주의집중을 끄는 것을 지켜보아라.** 증상의 가장 강렬한 측면을 알아차리고, 그리고 그것을 당신의 주의집중 안에, 즉 당신의 2차적 주의집중 안에 유지하라. 예를

들자면, 당신은 작은 고통, '강렬한 고통' 이 일어나고 있다고 말해라. 강렬한 감각을 유지시켜라.

4. **이제 그 신호교환을 펼쳐라.** 당신의 정상적인 정체성을 내려놓고, 비일상적 실재인 NCR 꿈꾸기 과정에 빠져라. 그것이 원하는 것을 창조하도록 하고, 시(詩)적으로 되도록 하고, 움직임으로 들어가도록 하고, 당신의 환상이 풀어지도록 하라.

   예를 들면, 만약 당신이 불타는 것을 작업하고 있다면, 당신은 불타는 것을 느끼고, 불을 보고, 불과 함께 춤을 추고, 그리고 불에 관한 시(詩)를 지을 수도 있다. 시인, 가수, 자발적 움직임의 춤을 추는 사람이 되도록 자유롭게 두어라. 당신 자신이 상황을 극적으로 만들게 하고, 당신이 상대성 이론을 공부하는 동안에 했던 것처럼 '형태변형' 하게 하라.

5. **당신이 더 이상 나아갈 수 없을 때, 당신이 계속하려고 시도해 왔을 때, 당신에게 더 멀리 나가기 위한 격려가 필요한지 확인해라.** 당신은 경계에 위치하고 있는가? 어떠한 경계인가? 당신의 경계를 아는 것이 당신에게 도움이 될 것이다.

   당신은 당신의 일상적인 정체성에 붙잡혀 꿈꾸기의 문에서 막혔는가?

   떠오른 이미지, 움직임 또는 소리 표현이 당신 자신을 확인하는 방법과 많이 다른가?

   당신은 당신이 이러한 모든 이미지와 경험을 만들고 있으며, 따라서 그것들이 진실이 아니라고 생각하는가?

   당신은 당신에게 가장 가까이 있는 것들 또는 당신 외부의 삶에서 당신의 과정을 살게 하는 것을 망설이는가?

당신의 실험에서 무엇인가 완성이 있었다면, 그러면 지금은 당신의 과정이 어떻게 자동적으로 세상에 펼쳐지는지, 당신이 펼치고 있는 '가상의' 개인적인 실재가 어떻게 당신의 일상의 삶을 새롭게 하고 재창조하는지 알아차릴 때다.

6. **당신이 꿈꾸기에서 나올 때, 당신이 어떠한 일상적 실재인 CR 사고(思考)에 먼저 집중하는지 당신의 주의집중과 알아차림을 사용하라. 그것들을 따라가서, 당신의 과정이 어떤 방식으로든 실재를 새롭게 하고 재창조하려고 시도하는지를 알아차려라.** 지금 당신이 생각하고 있는 것을 일상의 삶에서 당신 자신과 다른 사람에게 하는 것을 상상하라. 세상에는 경계가 있을 수 있다는 것을 기억해라. 아마도 당신은 당신 주변에 있는 사람들에게 당신이 다음에 하려고 계획하고 있는 것을 설명해야 할 필요가 있을 것이다.

예를 들면, 내담자 한 사람은 위궤양의 경험에 대해 상담하고 있었다. 그녀는 강렬한 신호교환을 따랐고, 그것에 초점을 두었으며, 열, 흰 빛, 밝게 불타는 빛에 의해 소진되고 있는 그녀 자신을 보았으며, 그리고 태양, 세상을 밝게 하는 것이 되려는 것에 대해서 시를 썼다.

그러나 환상은 오래 가지 않는다. 그녀가 일상적 실재인 CR로 돌아왔을 때에, 그녀는 그녀가 구성원으로 있던 신앙공동체에 대해서 환상을 가지고 있었다는 것과, 다양한 문제에 대한 그들의 관심 부족 때문에 그녀가 그들과 함께하면서 얼마나 소진되었었는지 알아차렸다. 그래서 그녀는 그들에게 전화해서, 목사에게 어떠한 확실한 변화를 요청했고, 목사는 "얼마나 놀라운 일인가." 하고 대답하였다.

그녀가 궤양이라고 부른 것은, 실재를 창조 또는 재창조하도록 켤레화되기 위해 노력하는 비일상적 실재인 NCR적인 불타는 빛, 일종의 파동함수인 것으로 밝혀졌다. 어쨌든, 모든 증상은 꿈과 같이 더 진지하게 받아들일 필요가 있는 파동함수다.

어떠한 경우에도, 그녀의 고통은 그녀의 내면 작업 전에 이미 그녀가 아프다고 느끼게 만들었다. 그 후에 그녀는 자신의 과정이 주변의 세상과 연결되는 것처럼 보인다는 환상에 있었다. 그녀가, 그녀의 신체와 마음이라고 생각한 것은 그녀의 비일상적 실재인 NCR 경험에서 동시성이었다. 그것은 그녀의 공동체 주변에 펼쳐진 비국소적 장이었다.

심리학자들이 물리학으로부터 많은 것을 배울 수 있듯이, 물리학자들(그리고 우리가 마음의 과학적 체제 안에 있을 때 우리 모두)도 드림바디 작업에서 새로운 세상을 발견할 수 있다. 당신은 다리에서 물로 뛰어 내려가야 할 필요성에 대해서, 비국소적이고, 꿈같은 파동함수로서 당신의 드림바디를 경험하는 것에 대해서 배울 수 있다. 당신은 아주 다른 체제 사이에서 형태변형의 경험을 통해 자신의 일상적 실재인 CR 자체로부터 비일상적인 드림바디로 이동할 수 있다. 당신은, 물질적 증상의 일상적 실재인 CR 묘사 이면에 자의식적이고 거의 묘사할 수 없는 감각, 증상 이전에 그곳에 있었던 꿈꾸기의 알아차림이 놓여 있다는 것을 배울 수 있다. 당신이 자의식적 경험을 펼칠 때, 그것이 실재를 재창조하는 꿈 세계의 흐름으로 당신을 이끄는 것을 발견할 수 있다.

의사가 당신에게 결과를 예측할 수 없는 병이 있다고 진단할 때, 그리고 물질이 불확정성을 지닌 입자라고 불릴 때 당신이 어떻게 느꼈을 것인가를 상상할 수 있다. 꿈시간 안에서 당신과 모든 물질적 세상이 통계적인 결과로 신체도 아니고 병도 아니며, 입자도 아니고 불확정성도 아니라, 펼쳐지는 극적인 세계 신화라는 것을, 당신은 당신의 CR 자체에게 상기시킬 필요가 있다.

한편으로, 신체는 당신의 최고의 물리 실험실이며, 스스로 결레화하고 펼치려고 하는 우주에 대한 당신의 개인적, 자의식적인 경험이다. 양자물리학의 파동함수처럼, 드림바디는 비국소적이다. 그것은 주어진 순간에 모든 것 위에, 어디에나 있다. 비일상적 실재인 NCR에서, 마치 앞의 여자의 위궤양이 그녀의 목사에게는 '놀라운 일' 인 것과 같이, 우리가 펼쳐지는 세상의 단순한 조각들이라는 것에는 불확정성이 없다.

주 석

1) 부처님의 최초의 가르침인 사성제(四聖諦)는 핵심을 담고 있다. 실론 섬, 중국과 티베트에서, 선(禪), 순수 불교, 소승불교와 대승불교에서, 이 최초의 가르침은 우리가 유한한 존재로서 고통을 받으며, 일상적 실재인 CR이 반복된다는 것을 기억해야 한다고 말한다. 우리는 생로병사, 우리가 원하는 것을 가지지 못하는 것, 우리가 가지고 있는 것을 원하지 않는 것, 우리에게 소중한 대상 및 사람과 헤어지는 것, 우리가 좋아하지 않는 사람들과 관련되는 것으로부터 고통받는다.
2) 엘리아데의 『신화와 실재(*Myth and Reality*)』(16쪽)에서, 그는 인류학자 엘랜드 노르덴시욀드(Erland Nordenskiold)를 인용했다.

제41장
월드워크: 역사를 바꾸는 방법

자신의 깊은 본질이 전체와 하나임을 재발견한 사람은 시간, 불안, 근심의 고통으로부터 벗어난다. 즉, 소외와 분리된 자기 존재의 굴레에서 벗어난다. 자신과 타인이 하나인 것을 알면, 삶의 두려움에서 놓여 난다.

– 켄 윌버(Ken Wilber)의
『에덴으로부터의 출현(*Up From Eden*)』에서–

이제 우리의 연구 여행에서, 우리는 관계성 및 대집단 작업을 위한 비국소성과 대칭성에 대한 물리학의 의미로 이동할 것이다.

단지 당신의 일상적 실재인 CR에서의 1차적 관점은 당신 자신의 마음을 가지고 있는가 하는 것이다. 꿈꾸기의 관점에서, 당신이 당신의 마음이라고 부르는 것은 공유되고 있는 현상이다. 뇌는 머릿속에 위치하고 있다는 일상적 실재인 CR 개념이지만, 마음의 위치는, 국소성에 관한 한 불확정성에 의해 통제되는, 파동함수 같은 비일상적 실재인 NCR 경험이다. 일상적 실재인 CR의 관점에서, 당신이 보통 무시해왔던 그러한 순간적으로 나타나는 2차적 사고들은 모든 것에서, 모든 곳에서, 언제라도 나타나고 있다. 즉, 그들은 환경과 공유되고 있다고 우리는 말할 수 있다.

물리학과 심리학 모두 순간적으로 나타나는 신호교환을 다룬다. 두 사람 또는 두 사물 사이의 일상적 실재인 CR 신호의 발신자와 위치는 서로 분리될 수 있지만, 이 신호의 순간적인 출현의 원천은 양자 대상들과 서로 얽혀 있다. 우리는 19장에서 벨(Bell) 법칙의 놀라운 결과와 1982년 알렌 아스펙트(Alain Aspect)의 실험적 증명에 대해 논의했었다. 우리는 LA와 모스크바를 지나고 있는 쌍둥이 광자의 얽혀 있는 본성을 발견했었다. 아스펙트의 실험 이후, 물리학자들은 비국소성에 대해 일반적으로 동의하고 있다. 그 실험은, 서로 얽혀 있는 광자는 온전한 전체성의 배경으로부터 나타난다는 느낌을 주었다. 이것은, 우리가 우리의 상호관련성 감각을 배제하려는 경향이 있기 때문에 우리들 중 일부를 놀라게 했다.

데이비드 봄(David Bohm)은 서로 얽혀 있는 양자 대상의 비국소성과 신비한 연결을 설명하기 위해 온전한 전체성이라는 개념을 제안했다. 그는 "양자이론에 함축된 새로운 본질적 특성은 비국소성이다. 즉, 하나의 체계는 체계 전체에…… 의존하지 않는 기본 속성을 가진 부분으로 나누어서 분석될 수 없다. 이것은 전 우주의 온전한 전체성이라는 급진적인 새 개념으로 유도하고 있다."[1]라고 말했다.

봄은 온전한 전체성이라는 개념이, 개별 입자의 분리성에 근거해 왔던, 물리학의 개념적 근거를 재생하는 데 사용될 수 있기를 희망했다. 봄의 통합이론은 나누어졌던 세계를 다시 함께 되돌려 놓는 한 방법이었다.

부분들로 이루어진 이 세계는 중국의 반고(Pan Ku)와 독일의 이미르(Ymir)(19장 참조)와 같은 인류기원 인물의 죽음에 대한 신화로 묘사되었다. 이러한 인류기원 인물이 죽을 때, 우리 주위의 세계에 대한 우리의 감각도 부분으로 나누어졌다. 이러한 신화들은, 죽음의 결과로서, 그리고 조각난 체계로서 오늘날 분리성의 일상적 실재인 CR 세계를 묘사하며, 상호관련성이 깨어진 감각을 초래한다. 이러한 신화들에 따르면, 다양성에 잘 적응하지 못하는 우리의 능력은, 빅뱅(Big Bang)[2]과 같은 무엇인가에 의해 폭발된 요소로 이루어진 우주의 한 상태에서 살고 있기 때문에 나타난다. 죽은 인류로 살고 있는, 그 결과의 세계는 오늘날 세계주의적 일상적 실재인 CR의 비일상적 실재인 NCR 모습이다. 벨의 이론, 아스펙트의 실험, 봄의 온전한 전체성 이론은, 온전한 전체성의 본래의 감각을 부활시키고자 하는 것이다.

19장에서 우리는 서로 의사소통을 하고 있는 두 사람에 관한 비디오 연구가 한 사람 또는 상대방이 보내는 1차적 또는 의도적 신호의 근원을 나타내는 것을 알았다.

이 경우 하나의 신호가 다른 신호보다 먼저 나타나는 것으로 보일 수 있기 때문에 당신은 신호교환에 대해 이야기할 수 있다. 그러나 2차적 또는 우연한 신호의 근원을 조사할 때, 어떤 신호가 먼저 시작하는지 구별하는 것은 대부분 불가능하다.

첫 번째 경우에서, 당신은 두 사람이 분리되어 있다는 것에 동의할 것이다. 그러나 당신은 어떤 신호가 먼저 나타나는지 말하는 것이 불가능한 두 번째 경우를 어떻게 해석할 것인가? 거기에서 하나의 가능성은, 하나의 체계가 분리되면서도 서로 얽혀 있는 사람들 안에서 나타나고 있다는 것이다. 이런 경우 당신의 주관적인 경험을 제외하고는 당신이나 상대방 모두 명확하지 않다. 일상적 실재인 CR의 분리 가능성도 없고, 분명한 경계 또는 국소성도 없다.

우리는 비국소성을 주어진 사람 및 국소성과 연결되어 있는 증상의 개념으로 보아 왔다. 당신은 아마도 언니가 유방암을 발견했을 때 동시에 발생한 동생의 가슴 통증을 기억할 것이다(40장 참조). 이 사례를 일반화해 보면, 분리 가능한 두 사람의 국소성과 관련된 관계성은 본질적으로 비국소적이다. 다음의 예에서 볼 수 있듯이, 관계성은 어디에서나 항상 있다.

❖ 관계성의 비국소성

오리건 해변에서 이 장을 쓰고 있을 당시, 나와 에이미는 놀라운 경험을 했다. 하늘이 푸르고 맑은 어느 날 아침, 아침 식사를 하면서 나는 에이미에게 누군가가 어딘가를 침입하려는 직감이 든다고 말했다. 나는 순간적으로 떠오르는 직감을 알아챘고(예를 들면, 나의 2차적 주의집중을 사용하는), 에이미의 도움을 받아, 돈을 필요로 하는 범죄자에 관한 공상을 했다. 우리는 이러한 공상에 의아해했는데, 왜냐하면 우리는 그때 다른 사람을 도와줄 수 있을 정도로 충분히 벌고 있었기 때문이다. 그럼에도 만약에 경제 사정이 어려워지면 어떻게 해야 할지 이야기를 나누었다.

에이미는, 비록 내가 지금 당장 경제 사정이 어려운 것은 아니더라도, 내가 심리적인 '안정' 을 위한 준비가 부족하다는 것을 깨닫지 못했다는 것을 지적해 주었다.

즉, 나는 작업을 위한 경제적 안정이 필요했다는 것이다. 그때 갑자기 에이미가 전날 밤에 꾸었다가 잊었던 꿈을 기억했다. 그녀의 꿈에서 외국의 한 개발도상국에서 온 어떤 사람이 침입하려고 했다. 그녀 역시 그녀가 하고 있는 일에서 어떤 도움이 필요했던 것이다. 그것이 우리 사이의 관계성의 장이었다.

우리의 대화는 한 통의 전화로 중단되었다. 포틀랜드에 있는 우리 사무실에 방범장치를 설치한 포틀랜드의 한 보안회사에서, 그곳의 도난경보기가 갑자기 울렸다고 알려 왔다. 보안회사는 경찰이 우리의 포틀랜드 사무실을 조사했다고 말했다. 에이미와 나는 그 전화에 충격을 받았다. 우리는 우리의 공상과 꿈에 함께 들어가 보기로 했다. 에이미와 나는 경찰과 강도를 연기했다. 먼저 내가 강도가 되었고 다음은 에이미였다. 그녀는 미국보다 경제적으로 매우 어려운 나라에서 왔다고 말했다. 내가 그 역할을 맡았을 때, 나는 미국에 살고 있는 가난한 사람이었다. 그 역할극 중에 우리는 둘 다 "돈을 내놔."라고 말했다. 우리 둘은 이 정보를 내면 작업을 통하여 알려고 했지만, 또한 우리가 다른 사람들을 위해 지금 하고 있는 것 이상으로 도울 수 있을지 생각해 보았다.

비일상적 실재인 NCR의 관점에서, 이 과정은 누군가가 침입할 것이라는 나의 직감, 그리고 에이미의 꿈과 실제로 누군가 침입했다는 전화가 결합된 것이다. 이것이 동시성인가? 사실, 우리에게 그것은 동시성이었다.

그러나 그 일이 거기서 멈춘 것은 아니다. 에이미가 경찰에게 전화를 했을 때, 그녀는 경찰이 도난경보를 조사한 결과, 우리의 친구 중 한 명이 우리의 포틀랜드 사무실에 들어가서 무엇인가를 가지고 나오다가 부주의하게 도난경보기를 작동하게 만들었다는 것을 발견했다고 들었다. 어떤 친구가 이런 짓을 했을까? 정말 외국의 한 개발도상국에서 온 친구일까!

사건의 일상적 실재인 CR 묘사에는 에이미, 나, 경찰, 도난경보기, 포틀랜드의 친구 등이 포함되었다. 개인과 국소성은 분리 가능하다. 당신은 일상적 실재인 CR 질문을 할 수 있다. 즉, 에이미는 이러한 상황을 꿈꾸었는가? 또는 내가 꾸었는가? 당신은 이 두 질문에 '그렇다' 는 대답을 해야 할 것이다. 에이미와 나는 이렇게 교류할 수 있는 사고(思考)에서 많은 것들을 배웠다. 나는 내가 그때까지 무시하고 있었던 나의 필요성 몇 가지를 표현할 수 있었다. 아마 우리의 친구가 경제적 도움이 필요했었을까? 그렇다. 그것은 틀림없는 사실이었고, 우리는 또한 그를 실제로 도와주었다.

지금까지, 이러한 상황의 물리학과 심리학은 분리 가능성에 관한 가정을 근거로 한다. 그러나 사건의 비국소성 본질은 도대체 어떤 것일까? 이러한 인과관계는 어떤 특별한 사람, 시간, 장소에만 국한되지 않는다. 분리된 것 같은 사건들이 일어나는 동안(에이미의 꿈, 나의 직감, 포틀랜드에서의 도난경보기와 우리의 친구의 도착과 같은) 또한 해변과 우리와 연결되어 있던 도시 사이의 비국소적 환경도 있다.

온전한 전체성의 정신에서 보자면, 당신은 대기와 우주가 명백한 부분들의 비국소성을 통해 나타나는 인류라고 말할 수 있다. 이 인류는 '내적' 갈등을 가지고 있었다. 그것은 그 자체에, 부자와 가난한 사람들 간의 문제에, 계급의식에, 그 자체의 모든 부분 중에서 내적인 사랑과 이해에 대해 작동한다. 이러한 관점에서 보면, 에이미와 나, 경찰, 우리의 친구에 의해 공유된 비국소적 알아차림만이 있다. 우리가 사람 또는 대상이라고 부르는 것은 이 장면에서의 역할, 인류 영역에서의 역할과 같다. 온전한 전체성 이론으로 더 전개해 보면, 우리는 때때로, 한 역할에서 다른 역할로 옮겨 다니거나 변경한다고 말할 수 있다. 한 역할에서는 부자이고, 다른 역할에서는 가난하다. 그곳에는 여러 개의 역할을 가진 하나의 장이 있고 그 역할을 맡을 명백하게 분리된 한 무리의 사람들이 있다.

역할은 물리학에서 대상 또는 관측할 수 있는 것과 같은 일상적 실재인 CR 이름이다. 비일상적 실재인 NCR의 관점에서, 일상적 실재인 CR 대상은 존재하지 않는다. 존재하는 모든 것은 이러한 대상에 대한 양자 파동함수다. 마찬가지로, 온전한 전체성의 관점에서 보면, 역할은 장(場)에서 실제로 존재하지 않는다. 그러한 역할을 창조하는 비일상적 실재인 NCR 감정만이 존재하는 것이다. 파동함수처럼, 이러한 감정들은 모든 사람이 공유한다. 우리는 상호연결의 얽혀 있는 그물망에 살고 있으며, 일상적 실재인 CR 역할의 안팎으로 움직이는 가상 입자들과 같다.

우리가 살고 있는 대기나 장은 전자기장과 같다. 만일 그러한 장을 상상하고 싶다면, 종이 위에 철가루를 놓고 종이의 아래에 자석을 놓는 것을 상상하라. 결과는 철가루가 자석의 극 주변에 타원형으로 정렬되어 나타나는 것이다. 이 극들은 장을 나타내는 것으로, 종이 아래의 자석의 극성으로 설명될 수 있거나, 또는 종이 위에서 철가루의 정렬로 나타나는 분명한 힘과 장력으로 설명될 수 있다. 자석의 자장이 역할을 만든다. 마찬가지로, 장은 집단의 생활을 분극화한다. 위의 예에서, 부자, 가난한 자, 경찰의 역할은 전체적인 상황을 설명한다.

어느 한 순간, 에이미, 나의 친구, 나는 이러한 역할 중 어느 하나의 역할이거나 역할같이 느낄 수 있다. 비록 우리의 일상적 실재인 CR 정체성이 대체로 서로 연관되었더라도, 우리 중 어느 누구도 이러한 역할 중의 어느 역할도 아니다. 우리 모두는 혼합된 피(血), 또는 혼합된 정신을 갖고 있다. 우리는 서로 얽혀 있다. 따라서 개인 작업과 집단 작업의 중요한 측면은, 당신이 무시해 왔던 자신의 다양한 측면을 발견하는 역할 전환인 것이다.

38장의 논의에서, 우리는 강력한 장에서 우리에게 일어나는 것에 대한 양자 전기역학적 묘사를 보았다. 당신은 이러한 묘사가 당신에게, 당신과 반대 성질의 반물질에 의해 소멸되거나, 당신 자신의 위치를 반대로 전환시키고 자신의 일상적 실재인 CR 정체성에서 나오게 하는 것 중에서 선택하게 해 준다는 것을 기억할 것이다.

위의 예에서, 에이미와 나는 장을 느꼈으며, 반물질 역할이 됨으로써, 즉 우리의 환상에서 우리를 공격하는 역할, 침입하는 역할이 됨으로써, 우리의 방향을 전환하는 것을 선택했다. 우리는 역할 사이, 장에서 우리와 '타인' 사이를 넘나드는 데 장을 이용했다. 만일 우리에게 기회가 있었다면, 우리는 우리의 역할 전환 과정에 포틀랜드의 친구와 경찰을 초대했을 것이다.

❖ 역할 전환 불변성

역할은 그대로 남아 있지만 그 역할을 맡은 사람이 변할 때, 전환 불변성이 발생한다. 불변성은 변동이 없는 것을 의미한다. 비록 역할이 바뀌어도, 전체로서 체계의 구조는 변하지 않고 그대로 남는다. 당신이 당신에게 영향을 주는 행동의 또 다른 형태를 자의식적으로 경험할 때, 당신은 역할을 바꿀 수 있다. 초자연치료사는 이렇게 할 때를 형태변형을 한다고 말할 것이다.

아주 빈번하게, 이런 자의식적 경험은 과소평가된다. 당신이 다른 사람의 관점을 공유하고, 그래서 자신의 관점을 잠시 떠나 다른 관점을 공유하는 것을 감지할 때, 당신의 역할은 전환되거나 변경된다. 그러나 모든 역할이 여전히 남아 있기 때문에, 그 체계는 불변이다. 그것이 전환 불변성이 의미하는 것이다. 체계는 똑같이 그대로 남는다. [그림 41-1]에서, 크고 밝은 원이 역할 A와 B를 나타내며, 그것을 채우는 사람들은 더 작고 어두운 원이다.

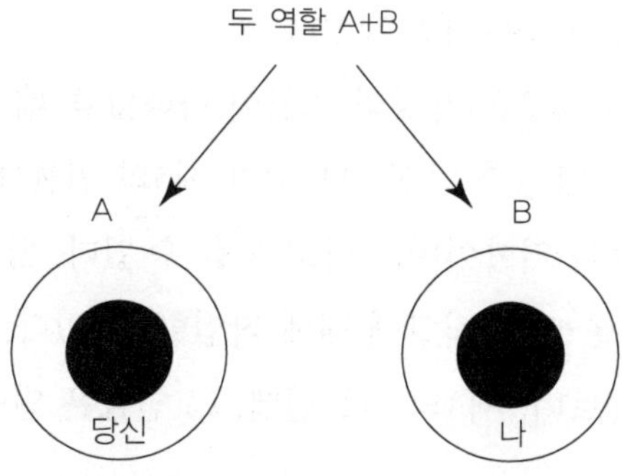

[그림 41-1] 두 역할 A와 B, 그리고 두 사람 '당신'과 '나'를 포함하는 체계 또는 장

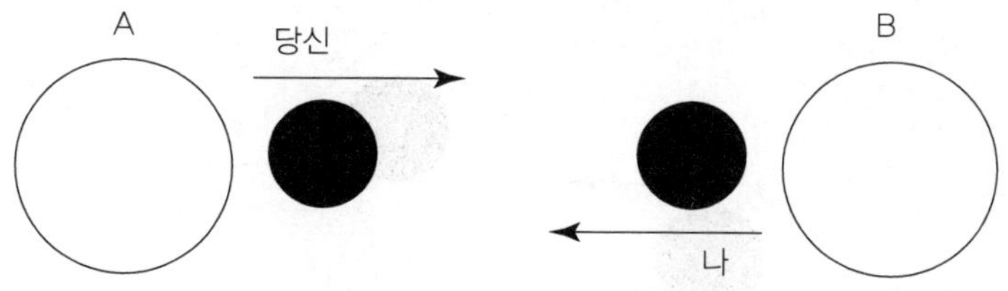

[그림 41-2] 두 사람, '당신'과 나'는 역할을 바꾸었지만, 체계의 역할 구조는 똑같이 그대로 남아 있다

전환 불변성 원리는 당신에게 역할 전환에 의한 관계성 및 집단과정을 작업하도록 허용한다. 그래서 관계성은 장에서 두 명 이상의 사람들과 많은 역할로 구성된다.

전환 불변성과 형태변형은 당신에게 당신 자신의 것으로 경험하는 모든 비일상적 실재인 NCR 현상을 가질 수 있는 가능성을 허용한다. 예를 들면, '다른 사람' 의 꿈과 몸짓이 당신에게 흥미가 있거나 신호교환하는 한 '다른 사람' 의 꿈과 몸짓이 당신 자신의 것으로 보일 수 있다. 17장에서, 우리는 당신을 매혹하는 모든 것이 당신과 당신의 주의를 끄는 대상 또는 사람 사이의 비일상적 실재인 NCR 장에 속한다는 가능성과 처음으로 만났다. 당신이 기억하는 것은 다른 사람이 바로 당신이라는 것이다. 그것이 당신의 파트너가 당신이 가졌다가 잊었던 꿈이나 경험을 회상하는 이유다. 당신의 경험은 당신에게 속하는 만큼 다른 대상에게도 속해 있다. 자의식적 수준에서, 당신은 곧 당신의 파트너인 것이다.

관계성 및 집단 작업은 새로운 가상의 역할이 나타났을 때 알아차리는 누군가에게 달려 있다. 예를 들면, 당신과 당신 파트너가 제3의 인물에 대해 이야기를 나눌 때, 제3의 인물은 또 하나의 역할이며, C라고 부를 수 있다. 당신은 이 제3자에 대한 꿈꾸기로서 자신과 관계성 또는 집단에 대해 작업할 수 있다. 장에는 세 가지 역할이 있다. 당신, 당신의 파트너, 제3의 인물인데, 그 인물은 일종의 유령 역할이거나

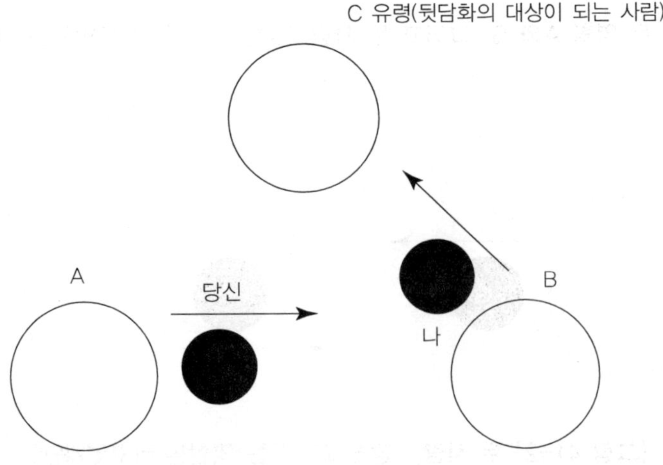

[그림 41-3] 역할을 바꾸는 두 사람이 포함된 세 가지 역할, A, B와, 유령 C

당신과 파트너 사이를 부딪치는 가상 입자다. 위의 예에서, 전화가 울리기 전에, '외국의 한 개발도상국 출신의 사람' 은 우리의 장에서 가상 또는 유령 역할이었으며, 곧 실재가 되었던 역할이었다.

부부나 더 큰 집단과의 작업에서, 촉진자인 심리상담 치료사도 장에서 하나의 역할이 있으며, 무슨 일이 일어나는지 감독하는 부분이 그것이다. 촉진자는 장 자체의 눈인 '꿈꾸는 눈' 이다. 이 눈의 관점에서 볼 때, 우리 자신을 포함해서 우리가 알아차리는 모든 것은 우리가 펼치고 있는 꿈의 부분이다. 만일 당신이나 다른 사람이 이 촉진자 역할을 해낼 수 없다면, 관계성 작업과 집단 작업은 요리사가 없이 끓고 있는 국과 같이 느껴질 것이다. 적당한 부분에 올바른 양념을 넣을 사람도, 요리가 끝났을 때 불을 끌 사람도 없다. 촉진자는 사람들이 또한 역할 자체가 아니라는 것과, 거의 모든 사람들이 그 역할을 해낼 수 있다는 것도 알고 있다. 어느 누구도 너무 전체적이라 단지 하나의 역할일 수만은 없다. 모든 사람은 촉진자의 역할을 포함하여, 모든 역할에 대해 책임이 있다.

일상적 실재인 CR에서, 우리는 주어진 정체성을 가지고 있는 사람들이며, 그러한 정체성과 연결된 역할을 수행하고 있다. 그러나 비일상적 실재인 NCR 관점에서는 역할이 우선하며 우리는 꿈꾸기로 존재가 된다. 당신은 자신의 역할을 포함하여 매

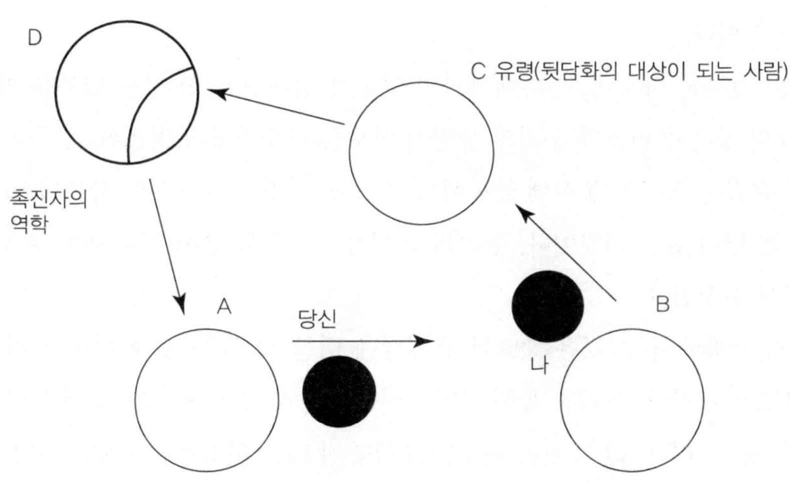

[그림 41-4] 촉진자를 포함한 네 가지 역할

우 복잡한 역할 속에 있다. 만일 당신에게 가장 진실한 정체성이 있다면, 그것은 당신이 모든 역할을 하며 그 역할들 사이의 상호작용 과정이 된다는 것이다.

장이 되는 것은 내게 잭 콘필드(Jack Kornfield)가 묘사한 아프리카의 집단을 기억나게 한다. 이 집단에서, 한 아이의 탄생은 아이의 어머니가 먼저 아이의 노래를 듣는 것으로 시작된다. 어머니가 아이의 노래를 듣고 난 후, 어머니는 남편이 될 사람을 찾는다. 그들이 결혼하고, 그 9개월 후 아이는 실체로서 나타난다. 이 집단의 경험에서, 노래는 개인 또는 관계성보다 앞서며, 그 노래는 부모가 함께하도록 이끈다. 이 노래는 실재보다 앞서는 신호교환인 양자 파동함수 같다. 다시 말해, 당신은 원래 사람들을 연결하는 장(場)인 노래였다.[3)]

나는 아메리카 원주민이 들려준 이야기를 기억하고 있다. 그녀의 집단에서 모든 부부는 자신들의 아이를 80살까지 또는 800살까지 살게 할 것인지를 선택해야만 했다. 부부는 80살까지 살게 될 실제의 아이를 원하는지를, 아니면 약 800년을 사는 것처럼 보이는, 공동체를 위한 새로운 노래를 창조해야 하는지를 알아야만 한다.

일상적 실재인 CR이 아직 조각나지 않은 문화에서 나타난 이러한 이야기에서, 사람과 관계성은 노래처럼 들리거나, 꿈이나 비전으로 나타나는 장의 표현이라고 생각되었다. 이러한 각각의 노래나 꿈은 전체로서 공동체에게 중요한 임무와 연결되어 있다. 그 임무는 아이를 갖거나, 새로운 노래나 문화에 대한 삶의 방식을 창조하는 것일 수도 있다.

물리학의 장과는 다르게, 신화에서의 비일상적 실재인 NCR 장은 임무를 가지고 있다. 노래의 장은 우리들과 우리의 우정이 임무를 완수하도록 창조한다. 우리 개인의 노래나 꿈같은 임무는 동시에 공동체의 장이며, 온전한 전체성의 장이며, 우리를 함께 이끄는 뿌리 깊은 패턴이다. 우리의 관계성은 우리를 통해 이어지는, 공동체의 노래에 의해 결정된다.

꿈꾸기의 관점에서, 그것은 중요한 관계성에 대한 세부내용도 아니며 우리의 개인 심리학도 아니지만, 우리를 통해 나타내려는 공동체의 정신, 그리고 우리의 관계성을 연결하는 노래다. 그 노래는 때로는 조화롭지 않은 불협화음이지만, 여전히 노래이기는 하다.

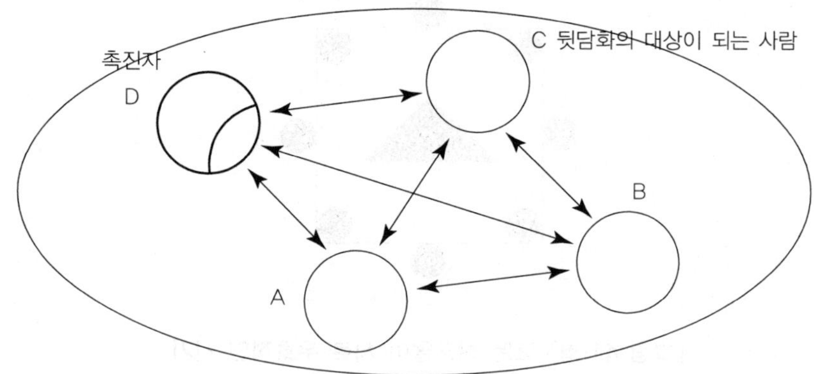

[그림 41-5] 장으로서의 당신: 당신이었던 역할과 나였던 역할을 포함하여 당신 안에 4가지 이상의 역할을 가지고 있다

❖ 공동체의 대칭성

나는, 공동체가 그 중심에 놓은 성물(聖物)에다 창조해 놓은, 아름다운 예술 작품과 다양한 형태의 대칭성에 자주 매료되어 왔다. 전 세계 어디에서나 발견되는, 고도로 대칭적이고 균형을 이루고 있는 작품들은 우리가 살고 있는 장이 대칭 원리에 따라 구조화되었다는 것을 보여 주는 것 같다.

36장에서, 우리는 원주민들이 통합하여 조화로운 존재로 융합시키는 켤레화된 상대, 즉 반대편으로부터 발생하는 공동체의 창조를 어떻게 보는지 보았다. 예를 들면, 델라웨어(Delaware)의 아메리카 원주민들은 모든 창조물들이 다음 그림과 같이 서로 우호적이었던 창조 후의 시기를 표현하고 있다(Maclagon, 1977, 79쪽).[4)]

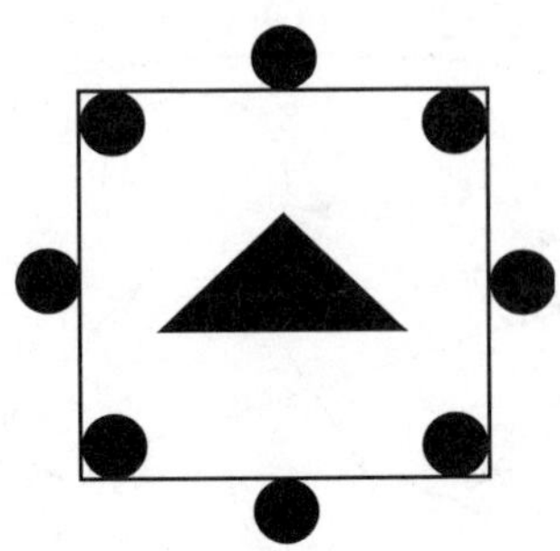

[그림 41-6] 모든 창조물이 서로 우호적인 시기

[그림 41-6]은 우리가 켤레화의 수학적 개념에서 발견한, 일종의 거울 대칭을 보여 준다. 이 그림을 볼 때, 당신은 수평 대칭(오른쪽에서 왼쪽)을 볼 수 있지만, 수직 대칭(위에서 아래)은 볼 수 없다. 만일 당신이 손에서 이 책을 좌우로 회전시키고 페이지를 통해서 보면 뒤쪽에서 같은 그림을 볼 수 있을 것이다. 그러나 당신이 이 책을 상하로 회전시키면, 그 그림은 대칭이 아닐 것이다. 삼각형의 꼭짓점은 밑에 있게 되고 밑변은 위에 있게 된다.

[그림 41-6]은 우리에게, 공동체의 안녕과 개인적 알아차림에 대한 패턴이 물리학에서 관찰에 대한 수학적 도식과 유사하다는 인상을 준다. 왜냐하면 복소수도 한 방향에 대해 대칭적이며 또 다른 방향에 대해 비대칭적이기 때문이다. 7장의 도형은 복소수 $a+ib$가 좌우 회전이 아닌 위아래로 회전시키면 켤레인 $a-ib$가 되는 것을 보여 주었다.

많은 원주민들 중의 공동체는 권위와 순위라는 분명하고도 중요한 차이를 동시에 지지하는 반면에, 모든 인간, 동물, 식물의 평등성과 대칭성에 근거하고 있다. 당신은 32장에서, 순위는 지면으로부터 들어 올려진 추(錘)로 상징되는, 위치에너지라는 것을 기억할 것이다. [그림 41-6]에서, 높고 낮은 순위는 위아래의 차이점이 분명한 삼각형으로 상징되는 것처럼 보인다.

다시 말해, 공동체에서의 조화는 감추어지고 비밀적인 것과는 반대로, 중심적이며 명백한 사회적 순위에 부분적으로 의존한다. 조화는 또한 동시에 모든 존재의 기본적 평등성에도 의존한다.

❖ 공동체의 전환 대칭

새, 물고기, 거북이, 야생 동물, 괴물, 파리와 모기는 모두 서로 매우 다른 동물이다. 그러나 [그림 41-6]에서, 우리는 하나의 큰 사각형과 작은 원을 볼 수 있다. 그래서 장에서는 개별 본질보다는 단지 역할이나 위치만이 중요하다. 이렇게 각 위치의 개별 본질에서 차이가 없는 것은 전환 대칭이 새, 나무, 사람, 바위 같은 다양한 존재의 공동체 장 이면에 놓여 있다는 것을 나타내는 것이다.

이러한 전환 대칭에 대해 더 자세하게 알아보자. 예를 들어, 곡예사가 손을 끊임없이 움직이며 4개의 공을 올리고 또 받고 있다고 해 보자. 그 공들은 전환되고 있는 대칭성을 가지고 있다. 각각의 공은 다른 공으로 대체되지만, 전체적 패턴은 항상 똑같이 유지된다. 하나의 공을 다른 공과 구별 짓는 유일한 것은 공을 돌리는 사람의 손 또는 공중에서의 공의 순간적인 위치일 뿐이다. 전환 대칭은 시간에 걸쳐 일어나는 역동적 불변의 과정이다.

원주민의 신화에 의하면, 부부뿐만 아니라 사람의 대집단, 사실은 모든 존재가 시간에 걸쳐 근원적인 전환 대칭을 보여 준다. 인간적, 개인적 관점에서, 전환 대칭은 각각 개인의 역동적인 전체성에 그 근원을 갖는다. 당신은 특별한 배경과 집단 출신의 중요한 개인이며, 현재의 정체성에 맞는 역할을 수행할 더 큰 전체에 필요한 사람으로, 시간에 걸쳐 자신의 공동체에서 모든 가능한 역할에 매료되고, 그 모든 역할을 하려고 한다. 다시 말해, 당신은 이러한 역할들 사이에서 전환하고 있다. 누구나 모든 사람이 각각의 모든 역할을 공유한다. 깊은 차원에서, 우리는 서로의 반영이며, '타인' 으로서의 우리 스스로를 경험할 필요를 가지고 있다.

예를 들어, [그림 41-6]의 한 위치가 족장이고 또 다른 위치는 어린이를 나타낸다고 하자. 어느 한때에 족장은 지도자의 역할을 하겠지만 또 다른 시기에는 족장과 상대적인 장에서 어린이의 역할을 할 것이다. 또한 어린이는 어린이 역할을 할 수도 있지만, 다른 시기에 족장이 될 수도 있다. 어린이가 엄마, 아빠, 족장의 역할을 할 때, 그들은 형태변형과 역할 전환을 한 것이다.

전환 대칭은 각 개인이 전체가 되기 위한, 즉 자신 안에서 모든 부분이 되기 위한 시간에 걸친 경향성 때문에 나타난다. 다른 관점에서 보면, 전환 대칭은 공동체의 전체성과 평등성이 누군가에 의해 수행되는 모든 공동체 역할을 갖는 것에 의존하기 때문에 나타난다. 또 다른 관점에서 보면, 전환 대칭은 신호교환과 창조에서 온전한 전체성과 협동에 대한 기본 감각 때문에 존재한다.

어쨌든, 공동체의 역동은 개인뿐 아니라 집단에서의 전환 대칭에 근거한다. 우리 개개인이 다양한 역할사이에서 전환해도 공동체는 독특한 그 자체로 남아 있다. 이렇게 하여, 일상적 실재인 CR 관점에서 우리 모두는 매우 다르지만, 동시에 비일상적 실재인 NCR의 관점에서 우리 각각은 모든 부분으로 구성된 전체이기 때문에, 우리는 동일하다. 어느 주어진 순간에 우리는 다르면서 또한 같다.

오늘은 누가 가해자 또는 피해자라고 해도 내일은 입장이 바뀌어 피해자와 가해자가 될 수 있다. 지금까지, 이러한 전환은 새로운 인물들이 끊임없이 같은 역할을 맡으면서 세계사를 유도해 왔다. 신화의 관점에서, 공동체의 대칭은 푸루샤(Purusha), 시바(Shiva), 그리스도(Christ), 넌(Nun)과 같은 인류기원 인물로부터 나타났다. 이 신들은 스스로를 창조하고 재창조하는 수학자이며 기하학자다. 26장에서, 우리는 어떻게 우주의 구조가 수학적 구조의 개념으로 나타나는 신들의 실체인지에 대해 논의했다. 오늘날의 과학자들처럼, 초기 인류도 우주가 우연이 아니라, 구조적이고 기하학적이라는 것을 믿었다.

❖ 순위의 균형

[그림 41-6]에서, 삼각형은 차이와 방향성의 감각을 창조한다. 피라미드는 위와 아래가 비대칭이다. 사회적 영역에서, 이러한 상하 양분은 차이와 순위, 부조화와 불균형과 관련된다. 어떠한 공동체에도 많은 종류의 순위가 있다. 다른 사람보다 뭔

가에서 더 우수한 사람, 나이가 더 많은 사람, 더 어린 사람, 권력을 가진 일부의 집단, 권력을 덜 가진 나머지 집단 등이다. 그 밖에 인종, 성별, 나이, 종교, 성적 지향, 건강, 사회적 힘, 영적인 힘, 부(富) 등에서 둘로 나눌 수 있다.

그 결과, 어떤 사람은 높은 순위를 가지며, 사회적 척도에서 더 높은 계급에 있다. 그들은 다른 사람들보다 더 많은 권력을 가지고 있다. 그러나 순위는 절대적인 것이 아니라 상대적이다. 32장에서, 순위는, 위치에너지와 같이, 사용될 수도 아닐 수도 있으며, 보통 순위를 가지고 있는 사람은 자신이 순위를 갖고 있다는 것을 인식하지 못한다고 했던 것을 기억할 것이다. 같은 종류의 돌로 빌딩의 계단을 만들면 모두 같아 보인다. 그러나 계단 위쪽에 있는 돌은 아래 것보다 더 큰 위치에너지를 가지고 있다.

공동체의 삶에서, 순위의 불균형은 양극화를 만든다. 공동체에서 낮은 사회적 순위를 가진 사람들은 불가피하게 인정을 요구하며 저항하게 된다. 머지않아, 하위의 사람들이 상위로의 접근이 금지되면, 투쟁을 일으킨다. 즉, 순위의 불균형은 힘을 균등하게 분배하려는 집단과정을 불러일으킨다. 상위층이 되기 원하는 사람은 하위층 사람에 의해 균형을 이루게 된다. 각각의 편은 다른 편에 의해 균형을 이룬다. 비록 이러한 원리가 스스로를 완성하는 데 수년 또는 수 세기가 걸린다고 하더라도, 모든 공동체에서 순위의 불균형은 중요한 도전과 중요한 평형장치로 작용한다.

지구상의 긴장은 부분적으로 당신과 내가 평등한 존재라고 주장하는 것에 기인한다. 우리는 무시당하는 것을 거부한다. 우리 각각은 인정을 원한다. 공동체의 개인이나 집단이 다른 집단에 대해 더 많이 인정받는다면, 평등의 과정이 시작된다. 그러면 우리가 서로를 허물거나 세우는 것은 단지 시간문제일 뿐이다.

평등의 원리는 순위가 높은 사람은 줄이고, 낮은 순위로 배제된 사람은 늘리려고 한다. 이런 경향은 부조화와 불균형에서 균형으로 움직인다. 대칭으로 가는 이러한 경향성은, 시간에 걸쳐 일어나는 균형화의 경향성에서뿐만 아니라, 우리의 본성에 대한 공동체 의식을 생성하면서, 우리가 동시에 서로를 어떻게 반영하는가에서도 스스로를 보여 준다. 이러한 반영은 상위 사람들이 하위 사람들보다 덜 의식적이라는 것을 모두가 깨닫는 것을 도와준다. 이것은, 왜 항상 상위 사람들이 우리가 모두

평등하다는 것을 강조하면서 불평등 순위에 기초한 표면적 평화를 혼란시키는 하위 사람들 때문에 항상 당황해 하는 이유를 설명한다.[5)]

❖ 공동체 의식: 역사를 바꾸는 방법

공동체의 깨어남은 순위에 대한 알아차림, 즉 차이에 대한 감각과 그리고 전환 능력, 즉 우리가 곧 모든 것이라는 감각에 달려 있다. 의식은 사회적 지위가 낮은 사람들의 문제를 어떻게 배제하고 있는지를 알아차리면서, 자신의 지위를 알아차리거나 나타내는 것에 달려 있다. 또한 의식은 당신이 완전히 꿈꾸는 존재인, 다른 사람이라는 것을 아는 것에 달려 있다. 만일 당신이 모든 존재의 평등성에 대한 영성적인 비일상적 실재인 NCR에 부딪힌다면, 당신은 실제의 사회적인 문제를 무시할 가능성이 있다. 비슷하게, 만일 당신이 순위 의식만을 위해 싸운다면, 당신은 영성과 사랑을 쉽게 무시할 것이다. 개인으로서, 당신은 실재에 대한 뉴턴식의 일상적 실재인 CR 알아차림과 온전한 전체성에 대한 양자물리학자의 알아차림 모두가 다 필요하다.

당신과 내가 다양성과 동일성을 알아차릴 때, 그리고 사회 변화가 순위의 불균형과 비일상적 실재인 NCR 평등성의 인식에 의해 동반될 때, 역사는 변화할 것이다. 두 과정에 대해 알아차림을 얻는 것은 인내가 필요하며, 동시에 전체 공동체의 도움이 있을 때만 발전이 가능하다. 나의 가장 좋은 친구들과 가장 나쁜 적들은 바로 나의 위대한 스승들이다. 이러한 의식은 명상 중에 홀로 앉아 있는 나에게는 일어나지 않는다.

최근, 나는 다양성 문제에 대해 오랫동안 침묵해 왔던 몇몇 학생들이 억압받는 고통에 대해 동료와 교수를 일깨우기 위해 나섰던, 대학 연구소에서의 어느 과정에 참석했던 것을 기억한다. 내가 공동체 의식에 의해 의미했던 것을 보여 주는 놀라운 상호작용의 하나라고 나는 생각한다.

한 서부 해안의 큰 대학 연구소의 학생과 교수가 큰 강당에 모였다. 학생과 교수가 모두 당면한 문제에 대해 발표한 후, 아무도 말하지 않았다. 결국 몇몇 교수가 그들의 연구소가 어떻게 변해야 하는지에 대한 생각을 말했다. 학생들은 여전히 조용했다. 그런데 갑자기 뒤쪽에서 분노에 찬 몇몇 학생들이 격렬하게 비난을 하면서, 교수들이 대학 연구소 내의 다양성 문제를 무시한다고 비난했다. 학생들은 아무도 성, 인종, 종교, 성적 지향에 대해 언급하지 않는 것에 분노했다. 교수들은 놀랐고, 침묵에 빠졌으며, 본의 아니게 역할이 바뀌었다.

복수! 바로 그 순간에는, 학생들에게 힘이 있었고, 교수들은 협박당하는 것처럼 느꼈다. 거의 모든 사람들이 깜짝 놀랐다. 몇몇은 혼란스러워했고, 많은 사람들은 정신이 나간 것 같았다. 누가 가해자이고 누가 피해자인가?

역할 전환의 경향성을 무시하고 강력한 발언자로서의 자신의 순위를 무의식적으로 사용하면서, 한 교수가 학생들은 통제를 벗어나면 안 된다고 주장했다. 이 말은 불씨에 성냥을 그어 댄 것과 같았다. 토론의 예의는 무너졌고, 한 학생이 그 교수를 증오한다고 소리쳤으며, 다시 모든 사람들이 대학 연구소의 파국이 가까웠다는 두려움에 얼어붙었다.

그러나 모두가 놀랍게도, 의식이 명료한 한 여학생이 자신의 용기, 알아차림, 역할 전환의 능력을 사용했다. 그녀는 일어서서 역할이 전환되었다고 하면서, 아무도 교수의 역할을 하는 사람이 없다고 말했다. 그래서 그녀가 그 역할을 하려고 한다고 했다. 그녀는 선언했다. "나는 무릎을 꿇고 학생들에게 자비를 구한다. 소리치고 있는 학생들, 내가 의식하지 못한 점을 단죄하지만 말고, 나에게 지금 우리가 살고 있는 세상보다 더 나은 세상을 보여 달라."

교수들에게 소리치던 학생은 이제 교수 역할을 하며 말한 여학생에게 비틀거리며 갔다. 그들은 잠시 마주 보고 서 있다가 눈물을 흘리며 서로 껴안았다. 무의식중에 자비를 구하던 교수의 역할과 개혁적이나 겸손해진 학생의 역할이 통합되었다. 그것은 놀라운 순간이었으며, 순위에 대한 깨달음과 전환 대칭이 공동체라고 불리는 그 특별한 의식으로 통합되던 순간이었다.

무슨 일이 일어났을까? 이 상호작용 이후 많은 일들이 일어났다. 그 대학 연구소는 살아남았고, 변화했다. 모든 사람들이 서로 대화하기 시작했고, 다양성, 배제된 사람의 고통, 또한 교수로서의 어려움에 대해 배우기 시작했다. 그 대학 연구소는 변화했다. 그러나 여기에서 우리의 목적으로, 학생과 교수 간의 상호작용에 대한 세부사항을 연구해 보자.

교수 역할을 했던 학생은 공동체가 학생과 교수의 역할에 의해 일상적 실재인 CR에서 정의되었다는 것을 알고 있었다. 그 여학생은 자신이 학생일 뿐 아니라, 교수 중의 한 사람이라는 것도 알고 있었다. 그녀의 지식은 역할 전환, 형태변형을 초래했다. 그녀는 모든 사람에게 힘의 차이와 비일상적 실재인 NCR 수준에서의 깊은 평등성을 상기시켰다. 비록 그녀는 학생이었지만, 또한 교수였음을 알고 있었고, 교수 중 한 사람으로서 그녀가 학생들이 교수의 무시에 의해 상처를 받는 것처럼, 학생들에 의해 희생양이 되는 느낌을 경험할 수 있었다. 그녀는 학생들이 자신들이 교수에게 투사했던 것이 되었다는 것을 알고 있었다. 피해자는 뜻하지 않게 가해자가 되었고, 또 그 반대가 되었다. 그녀는 교수들이 어떻게 자신들의 순위를 의식하지 못하는지 보여 주었고, 또한 겸손한 제자가 되는 방법을 보여 줌으로써 공동체 의식을 도와주었다.

나는 지금까지 그날의 '여주인공' 이었던 현명한 학생에게 초점을 맞추었다. 그러나 전체적인 상호작용에서 공정하기 위해, 당신은 그녀가 장의 일부라는 것을 기억해야 한다. 그 강당의 모든 사람이 일어난 일에 기여했던 것이다. 모든 사람이 장에 의해 분극화되어 있었다. 모든 사람이 그 장으로부터 고통을 겪었지만 결국에는 그 장에서 축복을 받았다. 그 여학생의 작업은 혁신적인 동료 학생들이나 무의식의 교수들의 도움 없이는 일어날 수 없었다. 비일상적 실재인 NCR의 관점에서, 그들은 모두 똑같이 중요하다. 사실, 그들은 모두 같다.

❖ 우주 속의 대칭

공동체가 스스로에 대해 작용해서 의식이 발생할 때, 시간에서 어느 누구도 소외되지 않는 단일성의 근원적인 느낌이 나타난다. 그러한 순간에, 사람들은 공동체는 여신과 같으며, 그녀의 몸체가 존재하기에 아주 좋은 장소라고 말하곤 한다.

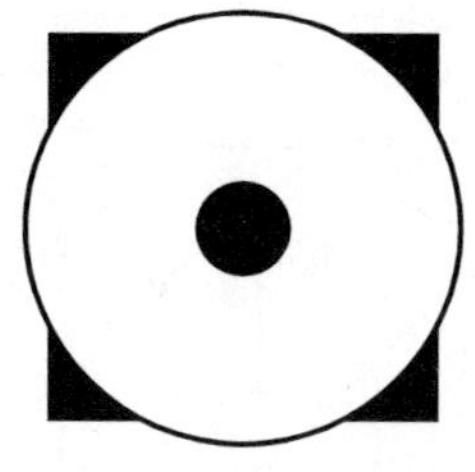

[그림 41-7] 태초에, 위대한 마니토우는 우주에서 영원히 길을 잃었다

델라웨어 인디언은 세상의 창조자 위대한 마니토우(Manitou)로서 조화로운 경험을 상징화한다. 이 신의 상징은 가운데에 점이 있는 둥근 원이 사각형을 거의 덮고 있는 대칭적 기하 구조로 상징화되어 있다.[6)]

창조자에게서 발견된 대칭성은 물리학에서 발견된 대칭에 의해 반영되거나 또는 그 대칭과 유사하다.[7)] 36장에서, 우리는 파동함수와 순수한 가상 시간이 우주의 초기 생성을 특징지었다는, 스티븐 호킹의 이론에 관해 알았다. 이 이론을 이해하기 위해 우리는 우주가 자기 반영을 한다는 개념이 필요했다. 이 개념은 우주가 자기 반영하는 존재라는 원주민의 개념과 일치한다. 물리학에서, 비일상적 실재인 NCR 수준의 자기 반영은 파동함수를 켤레화하고, 그럼으로써 실제 세계를 발생시키는 결과를 초래했다.

우리 우주에 대한 비공간적 생성, 순수한 가상 우주의 개념이, '태초에, 영원히, 우주에서 사라진' 것이 바로 위대한 대칭이자 자기 반영의 마니토우라고 주장하는 델라웨어의 개념과 일치한다.

집단과정에서, 당신과 다른 사람들이 논의하고, 탄식하고, 싸우고, 웃을 때, 자기 반영하는 창조자의 대칭성은 역할 전환하려는 당신들의 경향성을 나타낸다. 당신이 공동체 과정의 순위 불균형을 반영할 때, 전환 대칭, 초(超)시간성, 하나의 세계 경험이 발생한다. [그림 41-8]에서, 당신은 교수-학생의 상호작용에서 어떻게 전환과정이 이러한 초(超)시간성, 대칭 세계의 경험으로 이끄는지 볼 수 있다.

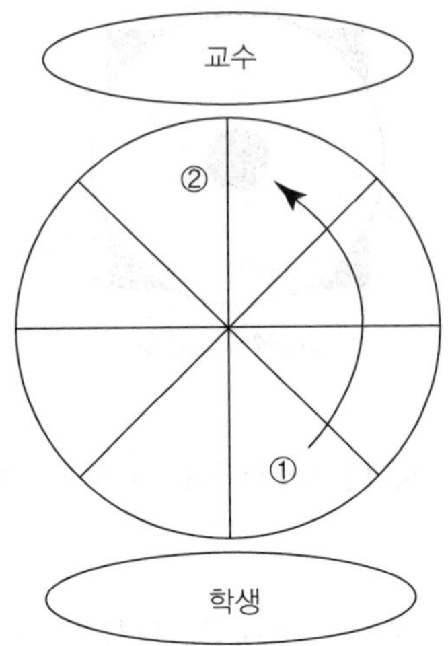

[그림 41-8] 전환을 통해, 순위 불균형은 역동적인 조화를 이끈다 (교수와 학생의 역할이 비교적 고정되어 있는 동안, 1, 2와 같은 사람들은 역할을 전환한다)

❖ 의식적인 공동체 과정

집단과정에서 의식은 '기적' 이다. 나는 그러한 기적을 아프리카계 아메리카인과 유럽계 아메리카인 사이의 갈등에서, 케냐의 집단과정에서, 캐나다의 서부 해안에 사는 원주민 인디언인 하이다(Haida)족과 함께, 그리고 어느 곳에서든 공개적인 도시 포럼에서 보아 왔다. 나는 이러한 순환이 한국인, 일본인, 중국인 사이에서, 또한 라틴 민족과 앵글로 민족 사이에서 심각한 갈등 후에 발생하는 것을 보아 왔다. 그러한 순간에, 나는 신의 마음, 자연의 마음의 일부분이 되는 느낌을 가졌다.

그러나 나는, 그 순간이 매력적이기는 하지만, 우리를 전환하도록 이끄는, 역할 사이에서의 불평등성과 다양성의 느낌을 통해 먼저 투쟁하지 않고는 일어나지 않는다는 것을 강조하고 싶다. 특히 다문화 상황이 연관될 때, 당신과 나는 다양성에 대한 긴장을 견디기 위한 포용력이 필요하다는 것을 기억해야 할 필요가 있다.

❖ 집단의 우주적 지성

집단 경험은 그들을 둘러싼 세계와 직접적 그리고 간접적으로 불가피하게 연결된다. 나는 환경에서 급진적인 변화와 연결되어 있는 많은 집단과정의 일부가 되어 왔다. 나는 텔아비브에서의 작업이 기억나는데, 그곳은 집단과정에서 평화로운 마무리가 정치적 측면에서 갈등을 빚은 당사자 사이의 협정과 일치하던 곳이었다. 또한 나는 브리티시 콜롬비아 주 밴쿠버에서 격앙되었던 갈등도 기억나는데, 그때 세계적 평화주의자 중 한 사람인 이스라엘의 라빈(Rabin)의 암살도 동시에 일어났었다. 나는 샌프란시스코와 도쿄에서 두려운 경험도 겪었는데, 그곳에서 함께했던 집단들은 환경에서 극적인 개선을 이루기도 했다. 주석 8에서, 공동체 변형이 환경에서의 변화와 불가분하게 연결되어 있는 일본, 아메리카, 중국에서의 여러 집단과정을 자세히 논의하였다.[8)]

각각의 집단과정은 인근의 공동체에서와 전체 환경에서의 변화에 모두 연결되어 있다. 한편으로는, 어느 주어진 집단의 과정은 더 이상 그 집단, 문화, 환경에만 소속되는 것이 아니라, 세계 장의 측면이기도 하다. 어떠한 집단과정에서, 당신의 집단뿐 아니라 지구 행성 그리고 이론적으로 전체 우주는 모든 별, 은하계, 태양계, 심지어 실제와 가상의 시공간에서의 다른 잠재적 우주와 관련되어 있다.

어떤 집단의 과정에서, 당신이 나에 관하여 일상적 실재인 CR 관찰을 하기 전에, 또는 내가 당신에 관해 말하기 전에, 우리는 비일상적 실재인 NCR에서 신호교환하면서 서로 합쳐진다. 우리의 인생은 자의식적이며, 상호 연결되고, 비국소적이다. 마치 우리가 벨의 실험에서 얽혀 있는 광자들과 같다면, 당신을 접촉한 것은 무엇이라도 나에게도 영향을 준다. 이러한 비일상적 실재인 NCR 수준에서, 우리가 우리의 일상적 실재인 CR 자신이라고 부르는 것은 단지 역할임을 우리는 알고 있다. 당신과 내가 상호관련성의 이러한 느낌을 무시할 때, 일상적 실재인 CR 세계는 존재하게 되며, 우리가 맡고 있는 그 역할이 우리라는 사람이라는 사실에 대해 절대적으로 명백하게 느낀다. 그 순간 우리는 분리되고 구별된다.

그렇지만 의식의 순간 동안, 당신 또는 나는 얽혀 있는 비일상적 실재인 NCR 세계와 사회 문제의 일상적 실재인 CR 세계 모두가 우주의 두 측면이라는 것을 알게 된다. 이것은 우리에게 우주의 물리학을 반영하는 전환의 기회를 준다.

이러한 것들이 상대성, 양자역학, 우리 원시 조상의 영성의 암시적 가르침이다. 이러한 가르침은 개인, 관계성, 정치, 우주의 과정과 연결된다. 만일 우리가 우리의 관심을 끄는 것을 찾을 수 있고, 역할을 전환하고, 모든 시대의 초자연치료사처럼 형태변형의 알아차림을 이용한다면, 시간에서 각각의 순간이 우주 창조의 재현을 경험하는 기회가 된다. 당신은 호기심을 갖고 당신 공동체의 꿈, 얽혀 있는 공동체의 장, 상호 연결된 역할의 장을 반영함으로써 재창조한다.

당신의 선택은 비일상적 실재인 NCR을 잊고 사람들이 역할을 맡고 있는 일상적 실재인 CR에 남아 있거나, 또는 다른 사람이 되는 것에 대한 당신의 알아차림을 기억하는 것이다. 당신이 알아차림을 사용한다면, 당신은 대부분의 경우에 우리 모두가 전체적인 우리 자신을 잊고 우리가 맡은 역할에만 충실하다는 것을 알게 된다. 그러나 당신이 알아차림을 사용한다면, 당신은 개인과 공동체의 삶에서 역할 간의 전환을 통해 우리를 일깨울 것이다. 다시 말하면, 만일 당신이 일상생활의 전형적이고 진행되는 갈등과 해결에 알아차림을 사용하기로 선택한다면, 당신은 우주의 자기 재생에 참여하는 것이다. 그것이 세계의 역사와 시대의 과정을 변화시키는 방법이다.

주석

1) 데이비드 봄이 바실 힐레이(Basil Hiley)와 함께 발간한 논문에서(1975, 94쪽). 양자 물체는 빛의 속도보다 더 빠른 속도로 연결되는 것처럼 나타난다는 의미에서, '얽혀 있는 양자' 라고 할 수 있다. 양자 얽힘은, 만일 그들이 연결되어 있다면, 비일상적 물체이어야만 한다는 것을 나타낸다.

2) 페르시아의 신화에 의하면, 세계는 위대한 여신 타이맷(Taimat)이 살해된 후 형성되었다. 인도에서 푸르샤의 형태로 전 우주가 나뉘었다. 즉, 그의 머리는 하늘이 되고, 배꼽은 공기가 되고, 발은 땅이

되었다. 그의 마음에서 달이, 눈에서 태양이 솟아오르고, 숨결에서 바람이 나타났다. 중국에서는, 세상이 죽음에 따라 반고가 죽을 때 그의 부분들이 세상이 된다. 더 상세한 내용은 나의 초기 저서 『첫 번째 해(*The Year I*)』(49–53쪽)을 보라.

3) 잭 콘필드의 『가슴의 통로: 정신적 삶의 위험과 약속을 통한 안내(*A Path With Heart: A Guide Through the Perils and Promises of Spiritual Life*)』(Bantam Doubleday Dell, 1993).
4) 데이비드 맥라건(David Maclagan)의 『신화와 창조(*Creation Myths*)』 79쪽도 보라.
5) 나의 저서 『무예의 지도자와 불에 앉아서(*Leader As Martial Artist and Sitting in the Fire*)』에서 나는 다양성을 통한 조화의 창조에 대해 자세히 언급했다.
6) 맥라건의 전게서 78쪽.
7) 대칭성은 신화, 심리학, 물리학에서 모든 비일상적 실재인 NCR 장의 기초다. 물리학자는 물리학 이면의 대칭성을 말할 때 신을 언급한다.

리처드 파인만(그의 저서 『물리학 강론(*Lectures on Physics*)』 17장, 1–8쪽에서)은 수학 지향의 독자에게 더 중요한 보존법칙과 그들의 대칭 원리와의 관계에 대한 몇 가지의 일반적인 개관을 제공하였다. 공간에 대한 대칭성은, 예를 들면, 공간에서 주어진 방향에 대한 운동량의 보존을 의미한다. 즉, 공간 축을 중심으로 한 회전에 대한 대칭성은 각운동량의 보존을 기술하며, 반영에 대해 대칭성은 반전성(反轉性, parity)의 보존을 다루며, 전자에 대한 대칭성은 교환을 다룬다. 모든 보존법칙은 대칭성을 의미하고 있다.

물리학의 수학 법칙은 대칭적 또는 거의 대칭적이다. 예를 들면, 시간에서의 대칭성은, 우리가 법칙의 수학적 표현에서 $+t$를 $-t$로(즉, 앞으로 진행하는 시간을 뒤로 진행하는 시간으로) 바꿀 때를 의미하며, 만일 바꿨을 때 그 법칙이 변화하지 않으면 그 법칙은 시간에 대하여 대칭적이다. 그 법칙은 달라지지 않는다. 기술적 표현으로 '시간 불변성' 이라고 한다.

당신은, 시간에서 앞으로 또는 뒤로 움직이는 것에 관한 대칭성이, 38장의 파인만 도표에서 어느 개인이 1차 과정에서 2차 과정으로의 전환과 연관되었다고 말할 수 있다. 이 전환은 양자 신호교환의 비일상적 실재인 NCR 알아차림을 통해 시작되었으며, 우리가 '다른 사람' 이라는 우리의 비일상적 실재인 NCR의 자의식적 경험에 근거한 것이다.

집단과정에서 이런 전환은 사람들이 역할을 바꿀 때 일어난다. 즉, 그들이 시간에서 벗어나거나, '세상을 멈추거나' 또는 시간이 역사와 무관하게 만든다.

물리학에서의 많은 대칭성은, 고유한 형태의 대칭성을 갖는, 복소수 면(面)과 연관시킬 수 있다. 예를 들어, $a+ib$의 절대제곱인 $|a+ib|^2$라는 숫자는, a와 b가 바뀌어도 결과가 같다.

여기에서 그 방법을 알아보자. 만일 당신이 복소수 면에 있는 각 수에 i를 곱한다면, 예를 들어 복소수 $3+5i$에 i를 곱하면, $i\times i=i^2=-1$이므로 $3-5i$의 값이 얻어진다. 만일 모든 숫자가 같은 방식으로 곱해진다면, 일반식은 다음과 같다.

$$i\times(a+ib)=ia-b \text{ 또는 } -b+ia$$

놀라운 사실은 다음과 같다.

$$|-b+ia|^2=(-b+ia)(-b-ia)=|a+ib|^2=a^2+b^2$$

그래서 $a+ib$의 절대 제곱은 실수와 허수가 바뀌면 대칭이 된다. 이것은 일상적 실재인 CR의 관점에서, CR과 NCR의 성질은 가역(可逆)적이라는 것을 의미하며, 또한 절대적 실재도 없다는 것을 의미한다. 이것은 또 다른 종류의 상대성 원리다.

$a+ib$와 $-b+ia$의 차이를 기하학적으로 생각해 보자. 만일 $a+ib$에 i를 곱하면, a와 b 앞의 부호가 바뀌고, 실수였던 것이 이제 허수가 된다. 이는 모든 숫자가 반시계 방향으로 90도 회전하는 것과 같다. [그림 41-9]와 [그림 41-10]을 보라.

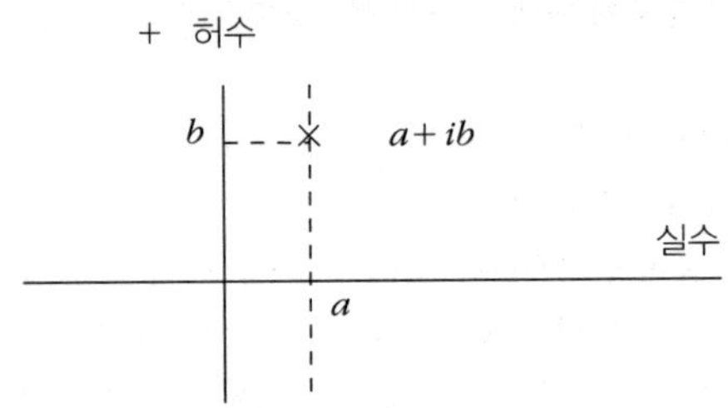

[그림 41-9] i를 곱하기 전의 $a+ib$

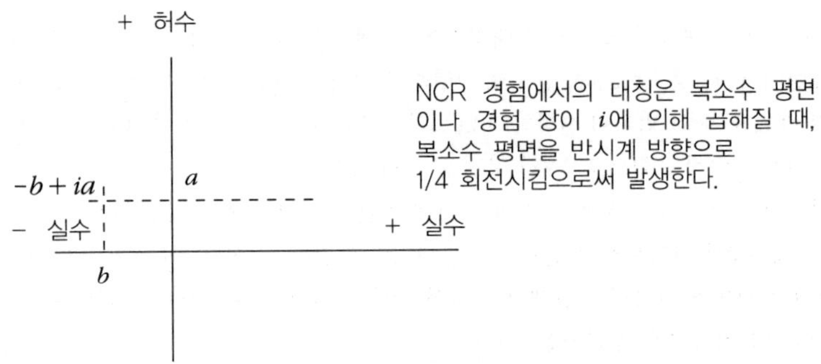

[그림 41-10] 1/4 회전에 의한 복소수 장의 회전 결과

비일상적인 경험 수준에서, 복소수 면의 수준에서, 만일 당신이 실제인 것과 가상인 것을 바꾼다면, 당신은 비일상적인 경험과 일상적인 경험을 바꾸는 것이다. 당신은 형태변형한다. 돈 후안의 말을 사용하자면, 당신은 '유령' 대신에 '실제' 사람이 된 것이다. 당신은 급진적인 변형을 경험한다. 그렇지만 외부의 일상적 실재인 CR 세계에서, 당신은 똑같은 것을 본다. 그것은 실제와 가상 사이의 근원적인 대칭 때문이다.

내면적으로, 당신이 비일상적 실재인 NCR을 다루는 방법은, 일상적 실재인 CR 수준에서는 인지할 수가 없는 삶과 죽음의 문제다.

8) 나는 환경에 강력한 영향을 주었던 일본에서 발생한 놀라운 상호작용을 생각한다. 전환과 순위 평준

화에 대한 사례가 우리가 최근에 도쿄에서 작업하는 중에 일어났다. 집단 작업 세미나를 위해 일본에 도착했을 때, 우리는 오랫동안 심한 가뭄이 있었음을 알았다. 물을 절약하기 위해, 사람들에게 하루에 16시간 동안 물의 사용을 허용하지 않았다. 그것은 그 집단에게 마치 비를 만드는 데 성공한 것처럼 보였다. 이야기는 다음과 같다.

첫날 저녁 우리는 참가자의 커다란 원 가운데에서 펜을 회전시켰으며, 그 펜은 만성 근육 경련과 긴장으로 고통을 받고 있다는 한 남자를 가리켰다. 우리는 그를 선택한 것이 '우연'이였기 때문에, 그는 도(道)의 표현, 즉 집단 영역이나 마음의 표현일 것이라고 말했다. 간단히 얘기하면, 우리는 가운데서 그와 작업했고, 그의 경련을 묘사해 보라고 요청했다. 그는, 그것이 갑작스런 경련 경험이었다고 말하면서 긴장된 근육처럼 움직이는 것을 우리에게 보여 주는 데 동의했다. 그는 근육처럼 수축해서, 몸을 꼬고 안으로 움츠렸다. 우리는 일상의 그 남자처럼 행동했고, 그가 몸을 풀고 이완하도록 그를 부드럽게 당기면서, "근육아, 긴장을 풀어라." 하고 말했다.

갑자기 그는 어떤 사람이, 밖으로 나가서, 더 사교적이 되라고 '그를 당겼던' 어린 시절의 경험이 기억난다고 말했다. 에이미와 나는 그 사람들처럼 행동했다. 우리는 사회를 연기하면서 "밖으로 나가라, 나가서 더 사교적이 되어라." 고 말하면서 움츠린 자세의 그를 계속해서 끌어당겼다. 그는 저항했고, 안으로 끌어당겼으며, 마침내 사교적이 되는 것은 괜찮은데 사회도 개인을 좀 더 존중해야만 할 것이라고 말했다. 그랬을 때에야 근육이 이완될 것이라고 그는 말했다. 그의 몸은 개인의 가치와 집단 적응 사이의 문화적 갈등의 무대였던 것이다.

이 사례에서 당신은 사회적 긴장이 어떻게 신체 증상으로 자신을 나타내는지를 보았다. 나는 전 세계의 수백 가지 사례를 더 줄 수 있지만, 우선 이러한 간단한 사례가 38장에서 언급했던 일반화를 나타내도록 하겠다. 즉, 세계의 긴장이 우리 신체에서 나타난다. 우리의 신체는 비일상적 실재인 NCR 세계 장 영역의 표현이다. 그의 신체는 자신의 문화의 긴장을 지니고 있는 것이다. 그러므로 개별 작업만으로는 아무도 '치유' 할 수 없다.

다음으로 우리는 또한 전체 집단을 작업하는 것이 필요했다. 이것은 어렵지 않았다. 왜냐하면 곧 그가, 문화는 내향적인 개인에게 더 관대하게 되어야 한다고 말하자마자, 조용한 토론이 집단 내에서 계속 되었기 때문이다. 사람들은 서로 속삭이고 있었다. 우리는 그들이 무엇에 대해 이야기하고 있는지 물었고, 그들은 사람들에게 개인적인 것이 허용되어야 하는지가 의문이라고 대답했다.

집단의 몇몇 구성원은 일어나서 가운데 있던 남자를 한쪽으로 끌어당기며 말했다. "우리는 다른 사람이 아닌 우리 자신의 리듬을 따르기를 원합니다." 집단의 다른 구성원들은 그 남자를 다른 쪽으로 끌어당기며 말했다. "당신은 집단을 존중해야 합니다. 만일 당신이 개인으로서의 자신을 따른다면, 그 공동체는 지속될 수 없을 것입니다." 집단의 투쟁은 계속되었고, 우리가 대립된 개인 내면의 역할과 공동체에서 대립하는 사회적 역할 사이를 분명하게 구별할 수 없을 것이라는 것은 명백했다.

근육 경련 증상을 가진 그 남자가 자신의 신체 문제의 통찰에 대해 모두에게 감사한 후, 그 집단은 과정을 계속했다. 의문은, 개인이 된다는 것이 집단과 문화의 완전성과 건전성을 방해하지 않을까 하는 것이다. 우리의 대집단 오픈 포럼에서 학생들은, 자신들이 오랫동안 침묵하고 있었다면서, 개인으로서 받아들여질지를 물었다. 그들은 자신들이 중요하게 여겨지기를 원했다. 거대한 평행자(Equalizer)! 그들은 자신들의 교육에 관한 모든 결정에 참여할 필요가 있다고 말했고, 교수들이 존중해 주길 원했다. 그들은 교수를 존중해야 하는 것이 일방적이라고 느꼈다. 감정적 논쟁은 지속되었다.

이러한 토론 중에, 몇몇 여자들이 문제는 단지 교수만이 아니라고 말했다. 여자들은 남자들에 의해 억압받고 있다고 느낀다고 말했다. 전체 집단이 이 논쟁에 합류했다. 어떤 남자들은 더 이상 여성이 열등한 사회적 지위에 있다는 것에 동의하지 않는다고 말했다. 에이미와 나는, 어느 누가 이것에 대해 무엇을 해야 하는지 알고 있는지 물었다. 길고 긴장된 침묵이 흐른 후, 한 사람 또 한 사람씩 주저하며 말을 하기 시작했다. 처음에는 그들은 말하기가 두렵다고 말했다. 그리고 그들은 역할극을 시작했고 누군가가 지배적 사회 질서의 역할을 했다. 그는 보이지 않는 사회 규범을 인격화하는 '유령 역할' 인 가해자였다. 모든 사람을 침묵하게 한 강력한 지배자로서, 그는 "어른을 존경하라, 내게 복종하라!" 고 말했다. 이것은 중요한 분극, 중요한 피라미드인 것처럼 보였다.

남자와 여자들은 그 지배자에게 대항하여 자신들을 지키기 위해 싸웠다. 어떤 사람은, 1945년 이후 일본 남자들은 정신적 투사정신을 잃었고 그 대신 경제적 우승자가 되었다고 불평했다. 정의와 기사도라는 고대의 정신, 사무라이는 사라졌다. 사무라이는 어디에 있을까? 갑자기 한 일본인 남자가 앞으로 튀어나와 남자와 여자들을 추종하게 만드는 그 '지배자' 를 공격했다. 영웅적인 '사무라이' 는 힘을 주어 말했으며, 비록 그는 '지배자' 역할을 하는 남자의 절반 정도의 신체 크기였지만, 더 큰 남자는 흔들리기 시작했다.

권위에 대항하여 공개적으로 강하게 말하는 것에 대한 일본의 금기가 시험받고 있는 것이다. 한 영웅이 사회적 행동의 포럼을 탄생시켰다. 이제 많은 사람들이 더 자유롭게 느꼈다. 여자와 남자들은 그들이 여성 문제와 남녀 간의 관계성을 어떻게 해결하기를 원하는지에 대해 말했다. 얼마나 놀랍고 진솔한 상호작용인가! 여자들은 종속적인 것에 대해 말했고, 남자들은 강한 여성에게 느끼는 두려움에 대해 말했다. 모두가 사회 체계에 대해 압박감을 느끼고 있었다. 대화를 나누어 본 결과, 개인적인 해결과 깊은 통찰과 감정이 많이 얻어졌다. 거대한 전환 대칭이 일어났고, 대집단 작업은 계속되었다.

많은 사람들이 이전에 이와 같은 것을 전혀 경험해 보지 못했었다. 그것은 기억에 남을 저녁이었다. 일본 역사상 가장 뜨겁고, 가장 건조한 여름이었다. 그들의 개인적이고 사회적인 문제에 대해 3일간의 작업이 끝난 후, 비가 너무 많이 내려 도로가 침수되었다. 공항으로 가는 기차 노선도 침수되었기 때문에 세미나 다음날 우리는 비행기를 거의 놓칠 뻔했다.

이 이야기는 나에게, 리하르트 빌헬름(Richard Wilhelm)이 이야기하고 융이 기록한 '비를 일으킨 사람(Rainmaker)' 을 기억나게 한다. 1900년대 초, 가뭄으로 고통받던 한 마을에 비를 내리게 하기 위해 중국인 도인(道人)이 초대되었다. 그는 공동체가 '도에서 벗어나' 있음을 알아차리고 마을 전체의 장에서 작업하기로 결정했다. 우리가 작업했던 일본인 공동체의 사례에서, 도에 들어가는 것은 장의 위치, 순위의 불균형, 그리고 전환 대칭에 대한 알아차림과 연결되어 있었다. 모든 사람이 사회적 순위가 더 큰 알아차림과 민감성을 이용하여 다루어지길 원한다. 모든 사람은 고대 형태를 지지하는 사회적 압제자였다. 또한 모든 사람은 이러한 형태를 깨는 영웅이었다.

이것은, 우리가 사회적 문제를 둘러싼 대집단과정이 장기간 긴장 속의 가뭄을 깨뜨리고 비를 내리게 한 두 번째 경우였다. 첫 번째는 몇 년 전, 캘리포니아, 빅 슈의 에살렌에서였다(자세한 이야기는 에

이미와 나의 『말 거꾸로 타기』를 보라). 사회적 변화의 불길에 들어가는 집단들은, 장기간의 문화적 갈등의 장벽이 사라질 때 물이 다시 흐르도록 하는 것처럼 보인다. 그 집단이 비를 만드는 자(rainmaker)가 된다.

무엇이 문제였을까? 문제가 있었을까? 그렇다. 일상적 실재인 CR의 관점에서 보면 문화적 그리고 개인적 심리학의 문제가 있다. 이 상황은 편파적이다. 그리고 아니다. 비일상적 실재인 NCR의 관점에서는 문제가 없다. 우리는 단지 건조하고 비가 없고 흐름이 없는 도의 중앙에 도착했던 것이다. 태극의 순간적 불균형과 다양성은, 태극이 영원한 바퀴를 회전시키면서 전환할 수 있도록 반영되기 위해 필요했다.

제42장
플래닛워크: 여섯 번째 대 종말

그것은 모두 당신과 내게 달려 있다. 만일 지구를, 우리가 주인도 아니고, 세입자도 아닌, 더구나 승객도 아닌, 우리 자신도 일부인 살아 있는 유기체로 본다면, 우리는 지금보다 앞으로 더 오랜 기간을 이 지구에서 살 수 있을 것이며, 우리 인류는 '허용된 기간' 동안 충분히 생존할 수 있을 것이다.

–제임스 러브로크(James Lovelock)의
『가이아의 시대(*The Ages of Gaia*)』에서–

32장에서, 우리는 맥스웰(Maxwell)의 열역학 제2법칙에 대해 논의했는데, 그 법칙에서 닫힌 계의 에너지는 시간이 지남에 따라 덜 사용할 수 있는 형태로 변화하고 결국에는 더 이상 사용할 수 없게 된다고 하였다. 맥스웰은 우주도 같은 운명을 따를 것이지만 그럼에도 불구하고 닫힌 계에서의 알아차림 능력인 맥스웰 도깨비의 개연성에 대하여 상상하였다. 그래서 이 도깨비가 실제로 존재한다면, 제2법칙을 뒤집어서 결국은 혼돈으로부터 질서를 가져올 것이라고 하였다.

열역학 제2법칙에 의해 예견된 궁극적 혼돈(chaos)을 향해 시간에서 앞으로 기우는 대신에, 우주가 대칭성, 자기 반영의 이미지로부터 질서를 생성하고, 스스로를 재창조하는 것이 사실일까? 닫힌 계인 우리의 지구가 열적 평형이라고 불리는 '열역학적 종착점'(heat death: 엔트로피가 최대가 된 열적 평형상태)에서 종말을 맞을 것이라고 예측하는, 엔트로피 원리의 최후 심판 날에 대한 예보와 균형을 맞출 질서의 경향성이 있을까? 대부분의 과학자들은, 재순환이 일어나거나 말거나, 우리의 생태계는 회복할 수 없다고 믿는다. 우리가 함께해 온 연구 여행의 이 단계에서, 우리가 논의해 오고 있는 전환 대칭이 어떻게 이러한 불길한 문제에 해답을 줄 수 있는지 알아보자.

❖ 시간

시간의 겉으로의 단일 방향성은 일상적 실재인 CR에서만 나타난다. 꿈꾸기의 시각에서 보면, 시간은 우리가 양자역학에서 알아본 것과 같이 가역(可逆)적이거나 비(非)연관성이다. 당신은 37장에서 물리학, 심리학, 초자연치료에서 시간 가역성을 반영하는 과정을 가지고 있는 반물질에 대하여 논의한 것을 기억할 것이다.

우리는 콤플렉스가 발생할 때마다 그것에 저항할 수 있거나, 주의집중을 소멸시키거나, 또는 2차적 주의집중과 반영을 사용할 수 있으며, 따라서 이런 것들이 관찰을 방해하게 된다. 이처럼 당신은 언제나 시간에서 벗어나 꿈꾸기로 들어가는 단계에 대한 선택을 가지고 있다. 초자연치료사 돈 후안은 이러한 활동을 '세계를 멈추는 것' 이라고 말했다.

집단 작업에서, 역할 전환은 세계를 멈추는 것이다. 만일 당신이 충분히 유동적이라면, 어떠한 역할이 당신을 매료시키거나 혼란시키는지 알아차리고, 당신의 견해를 바꿔 가며, 역할을 전환할 수 있다. 적어도 잠시라도, 이런 방식으로 전 세계가 멈추게 되고, 통합된 경험이 발생할 수 있다. 그 순간에, 적(敵)과의 영원한 전투인 역사의 패턴은 반대가 되고 시간은 정지하게 된다.

따라서 시간이 지닌 단일 방향성의 일상적 실재인 CR 경험은 역할 전환의 콤플렉스에 들어가거나 역할 전환의 순간을 알아차림으로써 보상받을 수도 있다. 이런 방법으로, 도리어 콤플렉스나 공동체 문제에서의 긴장은 공동체 느낌으로 이끌고 저주 대신 축복이 된다. 이러한 소통의 모델은 맥스웰의 도깨비에서도 발견할 수 있는데, 이 도깨비의 알아차림은 입자와 화학반응의 아수라장을 시간 가역적 우주로 바꿀 수 있다.

❖ 여섯 번째 대(大) 종말

맥스웰의 도깨비와 같은 현명한 존재가 없다면, 우리의 사회적 그리고 물리적 우주는, 지구 역사의 현재 주기를 특징으로 하는 줄어들지 않는 폭력성의 결과로, 생태적인 대 재앙으로 종말을 맞이하게 될 것으로 예측된다.

생물학자들은 역사에서 우리의 현재 시기를 여섯 번째 대 종말의 시작이라고 말한다. 그들은 이전의 다섯 번의 종말에서, 모든 동식물의 생명이 파괴되었다고 말한다. 우리 지구의 역사를 살펴보면, 매 2천 6백만 년 정도마다 대 종말이 있었던 것처럼 보인다. 예를 들면, 6천 5백만 년 전의 종말에서는 대부분의 공룡들이 죽었으며, 3천 5백만 년 전의 또 다른 종말에서는 많은 지상 포유동물들이 사라졌다.[1)]

이번의 종말 과정은 여섯 번째가 될 것이고, 그것에서 처음의 멸종은 인간에 의해 야기될 것이다. 이러한 참사의 생태학적 입장에서 보면, 인간은 지구, 태양계, 은하계나 우주가 다 불타 버리기 때문에 종말하는 것이 아니라, 인구과밀과 독성 폐기물로 인해 죽게 된다는 것이다. 생태학적 종말을 초래하기 위해서는 인간이 필요하지 않지만, 이번에는 인간이 그러한 대 격변적인 사건에 기여하고 있다. 알아차림과 의식의 증가가 어떻게 이런 암울한 결과에 어떤 영향을 줄 수 있을까? 우리는 개인, 집단, 환경적 사건들이 서로 긴밀하게 연결되어 있음을 알고 있다(41장의 주석 8 참조).

물리학과 심리학, 개인적 과정과 공동체 과정은 환경적 과정과 얽혀 있다. 우리는 이러한 얽힘에 대해 다음과 같이 논의해 왔다.

- 헤아리기 과정과 숫자 1, 2, 3의 창조에 감춰져 있는, 비일상적인 주관적 상호작용 개념
- 양자역학의 수학 개념: 관찰은 비일상적 실재인 NCR에서 관찰자와 관찰대상 사이의 양자 신호교환을 요구한다.

- 시간이 비일상적 특성을 가지는 허수, 즉 가상의 양(量)이 되는, 상대성 이론의 수학 개념

우리는 우리가 관찰하는 모든 것에서 빠져나올 수 없게 연결되어 있다. 하지만 우리 대부분은, 분명히 인과관계에 있는 환경과, 일상적, 고전적, 뉴턴식 연결에 초점을 맞추고 있다. 환경의 여섯 번째 대 종말이 독성 폐기물에 의해 촉진된다는 것을 인식하는 것은 중요하고도 쉬운 일이다. 만일 우리의 생태계를 파괴하는 독성 물질의 양이 우리가 폐기물을 얼마나 재활용하는가에 달려 있다면, 왜 재활용하지 않는가?

문제는 우리 모든 사람이 자원순환을 해야 하는 '대상' 에 포함된다는 것을 느끼지 못하고 있다는 것이다. 대부분의 환경론자들은 어떻게 공동체를 창조적으로 운영하는지보다는 동식물을 파괴하는 데 이용된 뉴턴식의 물리학과 화학에 더 치중하고 있다.

우리가 달에 가거나 종이를 재활용하는 만큼, 다른 사람과 서로 잘 지내야 하는 것을 안다면, 환경 문제를 통한 작업은 쉬울 것이다. 일반 대중들에게는 우주 탐험, 소립자, 자원순환이, 대집단과정에 관한 초자연치료사의 활동과 발견보다 더 관심거리가 된다. 아마도 인간관계 문제에 대한 과소평가가 여섯 번째 대 종말의 주요 요인이 될 것이다. 즉각적이고, 물리적이며, 인과적인 뉴턴식의 개입이 필수적이지만, 이것이 근본적인 문제, 즉 우리가 가지고 있는 서로에게 대한 그리고 어머니 지구에 대한 자의식적 관계성 문제를 해결하지는 못한다.

❖ 생태 심리학

환경생태가 더 완벽해지기 위해서는 뉴턴식 인과적 해결로 다루는 것과 마찬가지로 원시 토착적인 영적 신념을 통합하는, 생태 심리학을 다룰 필요가 있다. 생태 심리학 운동의 선구자인 아르네 네스(Arne Naess)는 표면적 생태학과 심층적 생태학을 구별하였다. 그는 표면적 생태학이 생존을 위한 환경주의로, 주로 인간의 생존문제

에 초점을 둔다고 하였다. 이러한 표면적 생태학은 인간중심적으로, 공해, 자원 고갈, 건강, 선진국의 풍요에 초점을 둔다. 그러나 네스의 '심층적, 장기적 생태학'은 인간이 비-인간과 동일시할 필요성과 좀 더 전체적인 관점에서의 비폭력 환경 활동에 대한 필요성을 이야기한다.[2)]

이렇게 하기 위해, 우리는 지금까지 계속 논의해 왔던 본질적 요점을 고려할 필요가 있다. 즉, 우리는 모든 수준에서 세계에 영향을 줄 수 있는 현대의 초자연치료사가 될 수 있는 잠재력을 가지고 있다. 우리는 관찰자와 관찰대상 간의 국소적, 인과적 신호교환뿐 아니라, 비일상적 실재인 NCR 연결, 양자 신호교환, 그리고 꿈을 촉진할 수 있는 잠재력을 지니고 있다. 우리는 실제 폐기물을 재활용하는 것뿐만 아니라, 지구와 손을 잡아야 한다는 것을 알아야 한다.

그렇지만 보통의 사람에게, 일상적 실재인 CR은 중요한 실재다. 물질이 알아차림을 공유하거나 스스로의 알아차림을 가지고 있다는 생각은 있을 수 없는 일이다. 어떻게 그들이 우리에게 신호교환을 할 수 있을까? 오늘날 대부분의 사람들은, 환경이 자의식적인 존재라는 것을 의심하면서, 물질의 본성에 대해서는 말로만 떠들고 있다. 바위가 살아 있거나 의식의 유무는 당신이 속한 의식 상태, 간단히 상대성에 달려 있다는 것을 기억하라.

비일상적 실재인 NCR 경험의 관찰에서 살펴보면, 그 밖의 양자 신호교환을 통한 모든 대상과의 상호작용 감각에서 모든 것은 살아 있으며, 일상적 실재인 CR에서 물질로 경험하는 형태성을 창조한다. 양자역학의 수학적 패턴은 관찰자와 대상의 상호작용 이면에 있는 결레화 과정을 드러내며, '물질' 세계에서의 자의식적 경험을 항상 발생시킨다. 이러한 대칭성과 상호관련성은 우리가 '보는 것'의 이면이자, 관찰과 의식의 이면이다.

심리학에서, 개인의 행복은 부분적으로 우리가 어떻게 자기 반영 과정을 촉진하는지에 의해 결정된다. 반영은 심리학과 물리학의 기초일 뿐 아니라 도교의 태극, 신성한 기하학 그리고 원시 신화에서 발견되는 오래된 원리다.

원주민의 일상적 실재인 CR 관점에서 보면, 환경을 구성하는 모든 것은, 알아차림의 과정이 인간과 비슷한 살아 있는 존재들이다. 이러한 관점에서, 나무가 우리의 관찰대상으로 참여하고 또 자신을 관찰하도록 우리에게 요청한다고 생각하는 것은 자연스러운 일이다. 서구적 일상적 실재인 CR 개념을 사용하면, 내가 나무를 보는 동시에 나무도 나를 보고 있다. 이러한 원시적 사고가 양자역학을 이해하는 데 필요하다.[3] 서로 신호교환하는 과정은 언제나 누구든지 경험할 수 있지만, '실제' 관찰의 허수적, 즉 가상적 특성을 무시하는 일상적 실재인 CR의 개념에서는 시험해 볼 수 없을 수도 있다.

물리학의 수학과 원시적 사고에서, 나무는 부분적으로는 그 나무를 관찰하는 데 필요한 양자 신호교환과 더불어 존재한다. 만일 우리들 중 둘이 그 나무를 관찰한다면, 그 나무의 존재는 부가적인 상호작용에 근거한다. 바꾸어 말하면, 관찰된 나무—또는 사람이나 어떠한 물체—의 일상적 실재인 CR에서의 존재는, 비일상적 실재인 NCR에서 존재와 상호작용하는 모든 것과 모든 사람에게 달려 있다.

당신은 감정적으로 또는 육체적으로 입자, 나무 또는 다른 사람과 같은 관찰대상으로부터 분리할 수 없다. 분리의 감각은 감각기관에 근거한 인식의 비일상적 측면을 무시함으로써 발생한다. 일상적 실재인 CR의 모든 관찰은 꿈꾸기에서 비일상적이며 참여적인 교환에 근거한다. 양자역학에서의 비일상적 실재인 NCR의 관점에서, 정확하게 누가 관찰자이고 누가 관찰대상인지는 더 이상 분명하지 않다. 비일상적 실재인 NCR에서는 관찰자와 관찰대상 둘 다 서로에게 신호교환을 한다. 당신이 비일상적 실재인 NCR의 관점에서, 각각 소위 인간의 관찰이 자연 자체를 바라보는 자연의 일부분으로 구성된다고 말한다면 당신은 더 이해하기 쉬울 것이다.

임상 심리학자의 관점에서는 당신이 나의 일부분을 반영하기 때문에 나는 당신을 보는 것이다. 호주 원주민 초자연치료사는 사람들과 대상이 '나의 주의를 끄는 것', 그들이 '붙잡는 것' 이라고 말한다. 당신이 주목하는 대상은 양자역학의 비일상적인 차원에서 당신에게 주의를 집중하는 것이다. 당신이 생각하는 모든 대상은 당신에 대해 생각한다. 단지 일상적 실재인 CR에서만 우리는 나무에서 나무꾼을 분리하듯, 환경에서 인간을 분리할 수 있다. 꿈꾸기에서 나무꾼과 나무는 동일한 상호작용의 두 부분이다.

유럽의 르네상스 시대에 프랜시스 베이컨(Francis Bacon)은, 자연이란 고문으로 그 비밀을 얻어 내야 하는 노예와 같다고 순진하게 말했다. 오늘날 이 개념은 바뀔 필요가 있다. 자연은 노예가 될 수 없다. 당신, 베이컨, 당신 자신이 모두 자연에 참여하고 있기 때문에, 당신이 곧 자연이다. 꿈꾸기에서, 당신이 자연이라고 부르는 것은 당신의 반영이다. 비일상적 실재인 NCR에서, 당신은 단지 자연이 꿈꾸기에서 그것에 포함되었을 때만 자연에게 무언가를 할 수 있을 뿐이다.

결론적으로 당신이 하는 모든 것은 다른 사람의 관점에서, 자연이 하는 것이다. 당신을 자연으로부터 분리하는 한 가지 방법은 비일상적 실재인 NCR 경험을 무시하고, 자의식적 꿈꾸기 상호작용을 과소평가하는 것이다. 이러한 분리는 상대론적이지도 생태학적이지도 않다.

좀 더 상대론적인 관점은 일상적 실재인 CR과 비일상적 실재인 NCR 둘 다를 포함하는데, 한편으로는 당신이 자연을 보호할 필요가 있다고 하고, 다른 한편으로는 자연이 당신의 행동을 통해 자연 스스로가 창조하고 스스로의 부분을 또한 파괴한다는 것을 알아차릴 필요가 있다. 일상적 실재인 CR 관점에서 보면, 당신은 지구의 생명체에 대해 책임이 있다. 그러나 비일상적 실재인 NCR 관점에서, 자연은 자신과 '우리의' 생태계를 창조하고 파괴한다.

이것은 자연이 변화할 수 없다는 것을 의미하는 것은 아니다. 어쨌든, 당신과 나는 자연의 일부이며 우리는 변화할 수 있다. 이것은 단순히 우리의 경험과 행동이 단지 우리만의 것은 아니라는 것을 의미한다. 예를 들면, 무시하는 경향은, 허수가 스스로를 곱해서 실수를 만드는 것과 마찬가지로, 우리 모두가 항상 그렇게 한다는 의미에서 자연스러운 경향이다. 결국 $i \times i = -1$과 같이, 허수 i는 마지막 계산 결과에서 사라진다는 것을 의미한다. 물론 당신이 잊어버린다는 것은 아니다. 당신은 항상 모든 실제 관찰이 가상 허수의 켤레화, 스스로를 깨닫는 상상의 결과라는 것을 알아차리고 기억할 수 있다. 그러나 수학의 본성은 우리 심리학의 본성이 경험을 무시하는 것을 허용하는 것처럼, 가상 허수를 잊어버리고 과소평가하는 것이 가능하게 만들기도 한다.

비일상적 실재인 NCR 과정의 무시는 자연의 일부다. 그것은 또한 심리학, 수학, 물리학의 일부이기도 하다. 게다가 무시하는 것이 유용하기조차 하다. 무엇보다 당신이 길을 건널 때 갑자기 길 중간에서 반지를 보았다고 생각하지만, 당신은 순간적으로 떠오르는 그러한 환상을 무시하면서, 달려오는 차에 부딪히지 않기 위해 길을 마저 건널 수밖에 없기 때문이다.

많은 유용한 것들은 물질의 정신을 무시하는 것에서 비롯된다. 내가 노동력을 절약하는 도구로 컴퓨터를 사용할 때, 어떻게 내가 자연을 노예로 만들려는 베이컨의 소망에 전적으로 반대할 수 있을 것인가? 나의 요점은 자연이 자연을 배제한다는 것이다.

일상적 실재인 CR에서 독성 폐기물의 효과에 대해 초점을 맞추는 것과 이러한 폐기물의 발생을 멈추기 위해 유용한 사회 활동을 조장하는 것은 '정상적' 이고 중요하다. 그러나 자연도 자의식과 모든 존재의 단일성을 무시함으로써 스스로를 해친다는 것만을 기억하는 것도 도움이 된다. 이러한 방식으로 자연은 스스로의 죽음에도 관여한다.

일상적 실재인 CR과 비일상적 실재인 NCR 둘 다 서로에게 의존한다. 비록 당신이 물질적 환경의 정신을 무시할지라도, 살아 있는 힘(vis viva)[4] 또는 내부로부터 그것을 움직이는 물질의 영혼 등 그러한 영혼은 여전히 그곳에 있다.[5] 이 모든 것의 도덕성은, 당신과 내가 자연의 일상적 실재인 CR 관점과 비일상적 실재인 NCR 관점 사이에서 전환하는 것을 배울 필요가 있다는 것이다. 그것은 그다지 어렵지 않다. 당신 자신과 당신 주변의 사물들을 고체와 실재로서 보려고 노력해라. 그리고 잠시 후에, 당신 자신과 당신의 환경을 꿈꾸기에 의해 만들어진 것으로 보려고 노력해라.

❖ 나무란 무엇인가

미래의 과학은 비일상적 NCR 실재와 일상적 CR의 실재 둘 다에 대한 더 큰 알아차림을 가지게 될 것이다. 이러한 일이 일어나면, 새로운 의문이 발생한다. 당신은 문화가 비일상적 실재인 NCR 경험을 '실재' 로 보는 것을 다시 배울 때, 새로운 문제가 발생할 것이라는 것을 추측할 수 있다. 예를 들어, 만일 당신이 주변의 '무기물

(無機物)' 세계와, 예로 나무와 내적으로 친밀하게 의사소통할 수 있다면, 몇몇 사람들이 나무를 보고 각자 나무가 자신들에게 서로 다르게 의사소통을 했다면 무슨 일이 일어날까? 누가 옳은가?

좀 더 구체적으로, 만일 환경론자들이 "그 나무는 슬프고 잘리기를 원하지 않는다."라고 말하는 반면에, 나무꾼은 "그 나무는 내가 먹고 살 수 있게 기꺼이 자신을 희생하겠다."고 말했다고 한다면 어떻겠는가? 누가 올바른 나무의 관점을 가지는가? 누가 나무의 '참된' 의견을 듣는가?

일상적 실재인 CR의 관점에서 보면, 모든 관찰자가 환상을 가지고 있다. 당신이 일상적 실재인 CR에서 민주주의 국가에 살고 있다면, 당신은 나무를 잘라도 되는지 아닌지 투표로 결정할 것이고, 대답은 투표의 결과에 달려 있을 것이다.

일상적 실재인 CR의 관점에서, 모든 사람이 자신을 나무에 투사한다. 일상적 실재인 CR의 관점은, 우리는 모두 분리된 개인이며, 우리가 나무에 대해 말한 것은 순수한 환상이거나 합리적인 사실이라고 주장한다. 따라서 아무도 나무에 대해 정확하지 않다. 그것의 물리적 특성과 측정이 단지 '객관적', '실제' 이며, '정확' 할 뿐이다.

그렇지만 비일상적 실재인 NCR의 관점에서 보면, 우리 모두는 나무의 목소리를 듣는 참여자다. 우리는 공유된 마음에 참여한다. 꿈꾸기의 비일상적 실재인 NCR 관점에서, 양자물리학과 상대성 이론의 해석에 따르면, 당신이 나무에 대해 관찰한 어

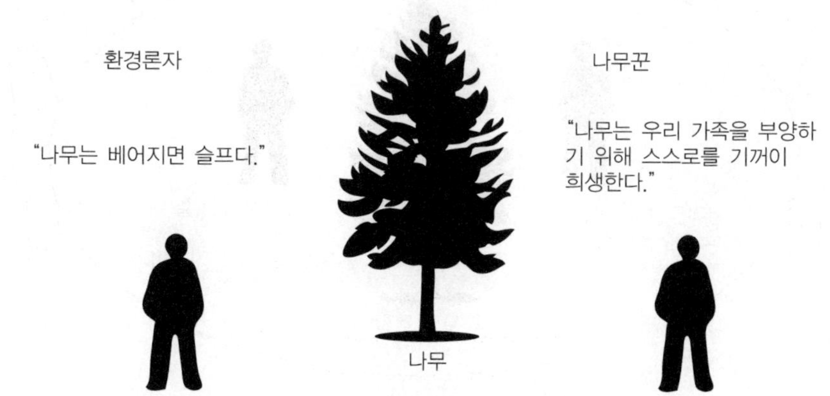

[그림 42-1] 나무에 대한 의견

떠한 것도 당신의 마음과 나무의 마음 모두의 관점이다. 이 공유된 마음은 공유한 지성의 자의식적 경험이며, 일종의 시공간의 장이며, 우리 각자가 대개 자신의 개인적인 관점으로 보는 공통된 근거다.

비일상적 실재인 NCR에서 나무는 함께 꿈꾸기를 통해, 우리의 나무와의 경험 과정을 통해 이해되는, 공유된 장이다. 이러한 관점으로부터, 나무를 관찰한 모든 사람은 나무와의 통로다. 그 나무는 우리를 통해 생각한다. 우리는 나무의 일부이며, 마치 당신이 나무에서 당신의 일부를 발견하는 것과 같다. 당신을 부분적으로 나무가 되게 하는 똑같은 추론으로, 나무 또한 부분적으로 인간이 된다. 당신의 행동은 나무의 움직임에 부분적으로 반영되며, 나무의 마음이 당신의 사고에 부분적으로 반영된다.

마치 인간 중심 관점에서 나무가 '말한다' 고 당신이 생각한 모든 것이 당신의 특성인 것과 마찬가지로, '나무 중심' 세계에서 우리 모두는 나무 특성의 일부다.

다시 말해, 만일 우리 둘이 나무에 대해 이야기한다면, 우리 둘과 나무가 나무의 특성에 있는 모든 역할이며, 그것은 우리가 참여하는 나무 장에서의 역할이다.

모든 관점들은 나무 중심 세계에서 나무의 부분으로 동시에 관련되어 있다. 바꾸

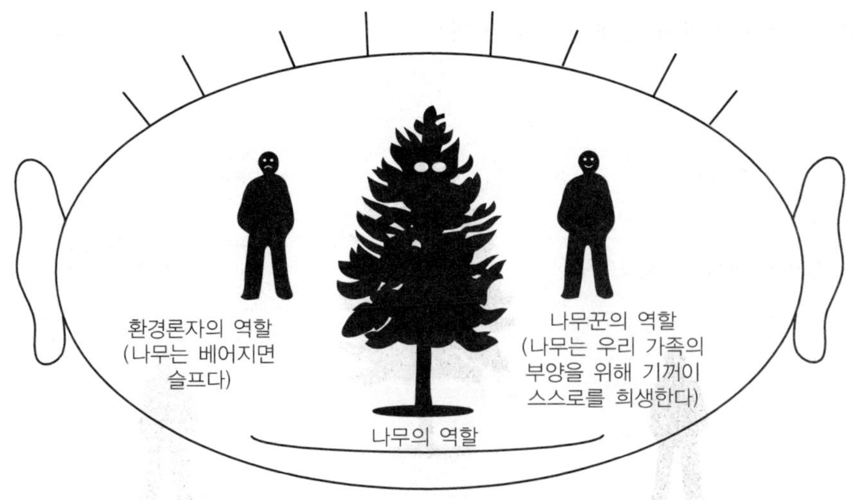

[그림 42-2] 나무 중심적 세계에서 나무의 마음: "흠, 내게 약간의 내면 갈등이 있구나"

어 말하면, 나무 행동의 한 부분은 마치 나무가 나무꾼 가족을 먹여 살리기 위해 잘려지는 것이 행복한 것처럼 행동하는 반면에, 나무의 또 다른 부분은 잘려져서 죽게 되는 것이 슬프다.

보편적 우주의 관점에서, 나무꾼, 환경주의자, 나무, 당신 그리고 나는 모두 자연의 꿈꾸기의 부분들이다. 자연은, 예를 들어 환경을 훼손하며 생활을 해야 하는 나무꾼과 같이, 자신의 다른 부분을 돕기 위해 자신의 일부를 사용하는 것에 갈등이 있다.

우리의 환경과 우리 자신 사이에서 당신과 내가 경험하는 모든 갈등은 세계적, 지구적, 우주적이며 또한 매우 인간적이며 세속적이다. 우리의 갈등은 또한 자연의 갈등이지만, 자연의 갈등이 바로 우리 갈등이다. 생계를 위해 또는 당신이 인도적으로 필요하다고 여겨졌던 무엇인가를 하기 위해, 당신이 마지막으로 자신의 신체를 사용했고, 무시했으며, 거의 잘렸던 때를 생각해 보라. 당신 또한 다른 사람을 위해 삶의 일부분을 희생한다.

환경에 대한 각각의 갈등은 우리들 각각에 대한 갈등이다. 환경에 관한 각각의 결정은 세계에 영향을 미친다. 이런 자의식적 관점에서, 당신은 자연 마음의 일부이며, 자연은 당신 마음의 일부다. 이런 종류의 상대적인 사고에 대한 양자적 추론은 우리 모두가 얽혀 있다는 것이다. 우리가 '당신' 이라고 부르는 것과 우리가 '나무' 라고 부르는 것은, 일상적 실재인 CR에서 불확정성과 연결되어 있는 비일상적 실재인 NCR에서 일상적 실재인 CR이 꿈꾸기 경험에 대한 상태 지향적 가정과 동등하다. 우리는 우리가 양자 수준에서 모두 얽혀 있다는 것만을 알고 있다.

일상적 실재인 CR 관찰 전에, 꿈꾸는 사람은 자신과 다른 모든 것을 언제나 어디에나 있는 존재로 경험한다. 비국소성은 꿈꾸기와 양자 파동함수에 중요한 것이다. 원칙적으로, 나무에 대해서도 마찬가지다. 나무도 어느 순간 어디에서나 있다. 그 나무의 마음은 부분적으로, 나무가 이끄는 주의집중을 가진 사람들의 사고와 감정으로 이루어진다. 일상적 실재인 CR 심리학의 관점에서, 나무가 우리의 심리학의 산물인 만큼 우리는 나무의 심리학의 산물이다. 바꾸어 말하면, 나무가 자신에게 스스로 하기로 결정한 것은, 우리가 나무에게 하기로 한 것을 반영할 뿐 아니라, 전체 우주가 스스로를 다루는 방법과 우리가 우리 자신을 다루는 방법에서도 반영된다.

❖ 플래닛워크(planetwork)

비일상적 실재인 NCR에서 자연의 기본적인 자의식적 특성을 반영하지 않는, 그리고 우리의 생태계를 파괴하는 것에 대해 책임이 있는 일상적 실재인 CR 관점은, 인류중심적이지만은 않다. 그것은 소박하고 단지 그림의 한 부분이다. 이런 관점은 바로 당신이 자연을 지배할 수 있는 힘을 가졌다고 생각하게 만든다. 이런 관점은 또한 당신이 그러한 지배를 변화시킬 수 있기 때문에, 즉 당신은 환경을 보존하는 데도 기여할 수 있기 때문에 중요하다.

그러나 더 상대적인 관점은, 꿈꾸기에서 일상적 실재인 CR에 인류에 의한 자연의 지배로 나타나는 것이 모든 존재의 공동체에서의 상호작용이라고 말할 것이다. 바위, 식물, 동물, 사람 그리고 모든 종류의 정신에 대한 역할에서 순위의 문제를 포함하는, 집단과정과 공동체에 대한 델라웨어 인디언의 상징을 생각해 보자. 이러한 인식에서는, 각자의 역할이 중요하며, 각자는 서로 상호 작용하는 것에 포함된다.

과거에는 자의식적 존재의 비일상적 실재인 NCR 세계에 갈등이 생기면, 공동체는 질서를 바로잡기 위해 초자연치료사를 소집했다. 전통적인 초자연치료사들은 월드워크 촉진자였다. 개인에게 개인 작업이 필요하듯이, 인간 사회에는 월드워크가 필요하며, 모든 존재의 공동체는 플래닛워크를 하기 위한 촉진자가 필요하다. 플래닛워크에는 모든 존재의 공동체에서 협상을 다룰 수 있는 초자연치료사의 촉진자인, 꿈꾸기 작업자를 필요로 한다. 지금까지 단지 전통적인 초자연치료사만이, 우리가 함께 살기 위해 인간이 환경의 정신을 학대하거나, 환경의 정신이 사람을 다치게 하는 자연에서 상황을 인지하고 촉진해야만 한다고 우리를 가르치면서, 플래닛워크를 해 왔다. 초자연치료사들은 개인 또는 공동체로 작업할 때마다, 진행되고 있는 플래닛워크가 모든 존재에게 영향을 줄 것이라는 것을 알고 있었다. 공동체를 치유하는 것은 개인을 치유했으며, 개인과 작업하는 것은 전 공동체와 심지어 환경까지도 치유했다.

우리가 자연의 측면이 된다는 비일상적 실재인 NCR의 관점은 우리의 생태 심리학의 주요 목적인 자기 정의를 확장시킨다. 사라 콘(Sara Conn)에 따르면,

> …… 자신의 생태학적으로 책임있는 구조는 아르네 네스(Arne Naess)가 '생태적 자신' 이라고 부르는 것을 요구할 것이다. '생태적 자신' 는 성장과 인간관계뿐 아니라…… 모든 존재와 더불어 자기를 확인해 가며 자기를 확장해 가는 것도 포함한다……. 네스가 지적한 대로, 만일 우리가 자신의 한계를 '확장하고 깊게' 한다면, 지구는 우리를 통해 흐르고, 우리는 지구를 당연히 보호할 수 있다.[6)]

한편으로, 콘과 네스는 물리학자보다 앞서 있다. 자연을 보호하는 일에서, 우리 중 어느 누구도 첨단 과학이 초자연치료사를 따라잡도록 기다릴 수 없다. 어머니 자연을 진실로 보호하는 것은 자의식적이 되는 것과, 비일상적인 경험을 알아차리게 되는 것을 필요로 한다. 자연은 관찰자와 관찰대상의 양방향 투사인 인식으로부터 구별될 수 없기 때문에, 자연에 대한 비일상적 실재인 NCR 경험의 배제는 자연의 일부를 억압할 뿐 아니라, 당신 자신의 일부도 마찬가지로 억압한다.

❖ 미래에 대한 사고

비록 배제가 자연적이라 해도, 불협화음을 발생시킨다. 우리는 인간적 영역과 외관상 비인간적 영역 사이의 관계성이 어떻게 진화할 것인지를 예견할 수 없으나, 오늘날 우리 지구의 생태계는 여섯 번째 대 종말을 향하는 것처럼 보인다. 우리는 이러한 것의 암시를 16장의 멜루시나 이야기에서 보았다. 멜루시나와 그녀를 의심했던 남자를 기억하는가? 그 인어는 파트너의 의심으로 고통을 받았다. 그녀는 일상적 실재인 CR의 관찰자에 의해 배제된 자연의 NCR 경험을 상징한다.

한편으로는, 여섯 번째 대 종말은 당신이 환경의 비일상적 NCR 실재를 배제하는

모든 순간에 발생한다. 당신이 당신의 어떠한 자의식적인 NCR 감정이라도 배제할 때마다, 당신은 자연에게 상처를 입힌다.

비록 멜루시나의 동화가 그녀가 영원히 사라지는 것으로 끝이 난다고 해도, 대 종말은 뒤집어질 수도 있다. 일회성(一回性) 사건과 경험을 배제하는 은유적 종말은, 당신이 국소성과 분리성의 인과적인 세상을 평가하는 만큼 그들을 평가함으로써 바꿀 수 있다. 당신은 자신의 환상, 감정, 그리고 주전자와 프라이팬, 의자와 책상, 컴퓨터, 자동차, 그리고 자신을 둘러싼 바위, 식물, 동물들과 의사소통함으로써 시작할 수 있다.

이러한 태도는 정치학, 물리학, 심리학을 소생시킬 것이다. 마르크스의 공산주의, 간디의 비폭력 저항, 프로이트의 무의식, 융의 집단무의식 그리고 하이젠베르크의 불확정성 원리, 아인슈타인의 상대성 이론 이래로, 정치학, 심리학, 물리학의 주요 주제에 대한 연구는 분리를 유지하면서 부분적으로는 속도를 늦추었다. 이에 정치학, 물리학, 심리학의 새로운 추진력은 그들을 함께 합치는 것으로부터, 비일상적 경험을 연구하는 활동가와 물리학자로부터, 그리고 꿈꾸기는 우리가 보는 것의 일상적 실재인 CR과 비일상적 실재인 NCR 차원의 알아차림이 물질과 형태가 연결된다는 것을 심리상담 치료사가 깨닫는 것에서 나타난다.

비인격적인 대상들도 그들 자신의 미래에 대해 말할 수 있는 것이 결국 도시 정치의 부분이 될 것이다. 이러한 민주주의에서는 모든 것들이 의견을 말할 수 있고 투표권을 가질 것이다.

나에게 수학과 물리학의 새로운 국면은 급박한 것처럼 보인다. 물질을 헤아리고 관찰하는 데 알아차림을 고려함으로써, 이 새로운 국면은 숫자, 시간, 정신, 물질보다 논리적으로 앞서는 기초적인 '물질' 로서의 자의식적 알아차림을 포함할 것이다. 자의식적 알아차림은 비국소적이다. 그것은 인간의 뇌와 같은 물질적 장소에 제한되는 것이 아니다. 자의식적 알아차림은 의식과 일상의 실재에 대한 근거다. 예를 들어, 그것은 자연의 자기 반영에 대한 일반적인 경향성이 되는 관찰의 이면에 놓여 있다. 이러한 과학의 새로운 발전에서, 알파벳이 언어인 것과 같이 복소수는 과학이 된다. 즉, 우리가 인식하고 의사소통하는 방법에서의 기본적인 입자가 되는 것이다.

최근 몇 년간, 물리학에서 사용된 새로운 종류의 수학적 사고는 내가 미래의 과학 발전으로 본 것을 반영하는 것처럼 보인다. 기본적이며 가상적인 입자의 이야기를 펼칠 때, 몇몇 이론가들은 상대성 이론과 양자역학을 통합하기 위해 새롭고 다차원적인 '초공간' 을 이용하고 있다. 이 공간은 입자나 물질보다 더 근본적이 될 것임을 약속한다.[7]

수학을 통한 이러한 단일화는 나에게 꿈꾸는 시간의 주요 본질을 깨닫게 하는데, 꿈꾸는 시간의 가상 공간은 모든 것에 대한 이론이 되는 것을 의미한다. 새로운 수학은 원시적인 꿈꾸는 시간의 부활이다.[8]

부분적으로, 또한 물리학도 허수를 사용하는 데 있어서 스스로를 중심에 맞추는 것처럼 보인다. 나는 특히 17장에서 언급한, 파동함수에 대한 크레이머(Cramer)의 메아리 이론 해석을, 31장에서 언급한, 상대성 이론에서 호킹의 가상 시간을, 그리고 양자역학과 상대성 이론을 통합하기 위해 복합 공간 개념을 사용하는 로저 펜로즈(Roger Penrose)의 최근 '트위스터(twister)' 이론을 생각한다. 그의 공간은 8개의 차원으로, 시공간의 4차원마다 각각에 대해 실제와 가상의 차원이 존재한다.

새로운 세기가 시작되면서, 양자역학과 상대성 이론이 세계를 설명하기 위해 가상 영역을 사용했을 때, 물리학은 지금 지나가고 있는 21세기 초에 나타나는 행로인, 보이지 않는 공간과 힘을 향하고 있다.

몇몇 과학자들은 지금 다가오는 초자연치료, 심리학, 물리학의 통합에 대해 불쾌해 할 것이다. 다른 독자들은, 비일상적 실재인 NCR 경험이 우주의 기본 물질로 여겨지는 세계관의 변화에 저항할지도 모른다. 하지만 이러한 변화는 고려되어야만 한다. 왜냐하면 수학의 해석이 기존의 심리학 법칙과 물리학 개념과 일치하기 때문이다. 게다가 이러한 해석은 지금까지 이해하기를 꺼려 했던 초심리학 같은 현상에 대해 설명하기 때문이다. 37장에서 지적했던, 파동함수의 소멸에 대한 물리학자들의 개념과, '통합' 이라는 심리학적 개념과 '시끄러운 요정(poltergeist)' 현상 사이의 놀라운 유사성을 기억하라.

오늘날 대부분의 과학자들은 물리학의 기본 철학에는 관심이 적고 응용하는 데에 더 바쁘다. 그러나 리처드 파인만(Richard Feynman)은 철학적 논의에서 '핵심' 을 찾기 위해 많은 시간을 보냈다. 나는 동료들과 함께, 물질적 실재에 고정될 수 없는 생각을 따르면서, 본래의 목적에서 벗어나 저 멀리에 있는 정신적인 환상을 따르는 선배 과학자들을 비웃었던 MIT 학생인 나 자신을 기억한다.

나는 여전히 이러한 학생들 중 하나다. 실용적이 되는 것이 나에게는 중요하다. 그러나 가장 현실적 관점은 물리학의 수학 법칙이 불완전하다는 사실을 직면할 것을 요구한다. 즉, 그들의 근거는 알려지지 않았다. 물리학은 이해할 수 없는 수학으로 묘사되는 실험적 과정이다.

나는 이러한 수학과 물리적 세계의 기초는 꿈꾸기라고 생각한다. 실제 세계를 이해하려면, 우리는 초자연치료사와 심리학, 관찰자와 관찰대상의 환경 사이의 자의식적 신호교환과 지각의 번쩍임을 고찰해야만 한다. 내가 제안하는 방향은 틀림없이 기술, 신경과학, 정신의학, 초심리학의 새로운 돌파구로 이끌 것이다. 의학의 비일상적 실재인 NCR 측면에도 응용이 있을 것이다. 우리는 암과 같은 질병과 우리의 꿈 사이의 상호관계, 양자역학과 자의식적 알아차림 사이의 상호관련성을 더 잘 이해할 것이다.

그러나 다행히 긍정적인 점은, 물리학의 기초가 확장됨에 따라, 환경에 대한 우리의 관계성과 상호작용이 개선된다는 것이다. 그러면 오늘날의 이론 물리학과 파괴된 환경에 대한 주요 문제가, 우주의 비일상적 실재인 NCR 배경인 꿈꾸기를 배제하고 있는, 동일한 사건 때문이라는 것이 명백해질 것이다.

❖ 여섯 번째 대 종말의 반전

최근 물리학의 발전은 멜루시나 동화가 나타내는 것을 인정한다. 일상적 실재인 CR 관찰자의 의식상태가 양자과정을 방해한다는 것이다. 이런 방해는 미스트라(Mistra)와 슈더핸(Sudarshan)의 최근 연구에서 나타나 있는데, 방사성 핵과 같은 불안정한 입자의 붕괴에 관한 관찰이 그러한 관찰 행동에 의해 억제될 수 있다는 것을 보여 준다.[9] 이와 같은 '양자 지우개' 실험은 입자들이 나중에 관찰될 가능성에 대해서도 입자들이 반응할 것이라는 것을 시사한다.

바꾸어 말하면, 미래의 당신 자신을 관찰하려고 계획을 세우는 것은 현재의 경험을 지울 수 있다는 것이다. 만일 우리가 미래를 당신의 현재의 2차적이며 무의식적인 과정으로 받아들인다면, 이러한 '지우개' 실험은 당신이 어떻게 무의식적으로 자신을 보는지에 따라서 당신의 물리적 신체에 영향을 준다는 것을 의미한다.

물리학은 원주민들이 항상 알고 있었던 것을 재발견하고 있다. 즉, 창조와 소멸은 꿈꾸는 시간에서 발생한다는 것이다. 과학자들이 일상적 실재인 CR 시험을 통해 의식상태가 지구의 생명체에 영향을 주는지 또는 우리 생태계를 파괴하는지를 증명하려고 노력하는 반면에, 원주민의 사고는 이러한 상처를 치유하려고 한다. 초자연치료사는 꿈꾸기 시간에서 자연의 다양한 부분들이 스스로를 파괴하는 것을 방지하는데 참여한다.

초자연치료사의 플래닛워크는 우주를 하나의 사실에서 상호작용 과정으로 변형시키면서, 비일상적 경험을 진지하게 받아들였다. 이 우주에서 가장 편안하게 느끼는 사람들은 그들 자신에 대해 무엇인가 초자연치료적인 것을 가지고 있으며 다양한 수준에서 우주와 상호작용한다. 당신이 뉴턴식의 관찰자와 꿈꾸는 사람 모두로서 총체적으로 상호작용할 때, 당신은 운명이 어떻게 모든 존재의 공동체에서 일상적 그리고 비일상적 상호교환의 촉진에 의존하는지 경험한다.

새로운 세계관은, 당신이 지금 동일시하고 있는 것처럼 다른 관찰자와 '대상' 으로부터 분리된 관찰자로서, 당신이 아직도 자신을 동일시하는 것으로서, 그리고 또한 당신이 자신의 주의를 끄는 모든 것을 동일시하는 것과 같이, 우리에게 달려 있다. 초자연치료사는 평범한 사람이 되는 것, 그들이 일상적 실재인 CR에서 무엇이든지 매일 일하는 것, 그리고 자연을 존중하고 밤에는 형태변형하며 반영을 알아채고 그들이 관찰한 자연의 힘이 되는 것 등을 통해 이런 확장된 정체성을 성취해 왔다.

우리는 많은 곳에서 새로운 세계관과 확장된 정체성에 맞는 패턴을 발견한다. 선(禪)은 깨달음이라는 개념에서 확장된 정체성을 나타낸다. 선 스승 모린 스튜어트(Maurine Stuart)에 따르면, 깨달음은 '분명하게 보는 것' 이 수반된다. 이 깨달음은 다음과 같다.

> …… 당신이 그 모든 구성 부분을 기록하면서 무언가를 보고 분석한다는 것을 의미하지 않는다. 물론 아니다. 당신이 분명하게 볼 때 당신이 꽃을 보고, 진실로 그것을 볼 때 꽃이 당신을 본다. 물론 꽃에 눈이 있어서가 아니다. 그것은 꽃이 더 이상 단순한 꽃이 아니며, 당신이 더 이상 단순한 당신이 아니다. 꽃과 당신은 우리가 말할 수 있는 것 너머의 무엇으로 용해되었으나, 우리는 이것을 경험할 수 있다.…… 진실로 이것을 이해했던 13세기 신비주의자인 마이스터 에크하르트(Meister Eckhart)는 "내가 신을 보는 그 눈이, 신이 나를 보는 눈과 같은 눈이다."라고 말했다.…… 우리가 분리되지 않은 전체 우주의 한 부분이라는 것을 알아차리면서, 우리의 마음은 수정처럼 깨끗해지고, 다르마(Dharma, 법)이 나타나게 된다. 그러니 우리는 분명하게 바라보도록 하자…….[10]

이러한 지혜로운 선 스승이 깨달음이라고 불렀던 알아차림의 행동은 양자물리학, 상대성 이론, 그리고 모든 실재에 대한 비일상적인 기초다.

선, 원시적 사고, 비일상적 실재인 NCR의 관점에서, 지구의 파멸은 다음 여섯 번째 대 종말이 아니라 일곱 번째다. 여섯 번째는 우리 모두가 원주민들과 그들의 초자연치료적 세계관을 말살시켰을 때 발생했다. 다시 말해, 우리 생태권의 여섯 번째 종말은, 지구의 모든 생명체에 독성 폐기물을 쏟아 부은 결과로 발생하지는 않는다. 여섯 번째 대재앙은 당신이 자신의 비일상적인 경험을 무관한 것으로 비난하는 매순간 발생한다.

여섯 번째 대 종말을 막으려면, 닫혀 있고 절망적인 물질 시스템에서 자신의 주의 집중을 사용하는 것이다. 어떠한 사람, 가족, 세계 또는 우주적 상황을 택해도 좋다. 맥스웰이 상상한 은유적 도깨비가 되어라. 그 도깨비의 초자연치료적 의식은, 맥스웰이 가상한 열역학적 종착점에 대한 일상적 실재인 CR 반전에 영향을 주며, 이 우주를 구할 수도 구하지 못할 수도 있지만, 그러한 의식은 분명하게 생존하기 위한 열의를 더하게 될 것이다.

파인만의 그림과 전자기장에서 전자의 운명을 기억하라. 세상을 멈추고 시간에서 벗어나기 위한 기회로서 장(場), 콤플렉스, 문제들을 반기는 돈 후안의 '실제 사람'

을 기억하라. 닫힌 장으로 들어가서 당신과 내가 생각하는 무엇인가가 '그것의' 마음의 일부라는 것을 기억하라. 그것이 살든 죽든 우리가 서로를 어떻게 대하는지에 부분적으로 달려 있다. 거기에는 더 이상 어떻게 우리가 서로를 느끼는 것과는 무관한, 보편적 상황이나 지구 행성 생태는 없다. 장(場)이 긴장할 때, 당신이 맡은 역할을 알아차리고 서로의 모습으로 형태변형을 하라. 나무, 환경주의자, 나무꾼 그리고 존재하는 모든 것의 역할 사이에서 선명하게 움직임으로써 좀 더 유연해지도록 지구의 마음을 도와라.

비일상적인 꿈꾸기에 대한 당신의 주의집중은 성공, 실패, 삶과 죽음 같은 상태 지향적인 고정된 개념을 지지한다. 도리어 이러한 삶에서 위협이 되는 큰 문제는 형태변형의 기회이며 파괴적인 에너지를 놀라운 삶의 힘으로 변형시킨다. 이렇게 하면, 당신은 여섯 번째 종말을 반전시킬 수 있다. 이러한 플래닛워크로부터 나오는 무한한 열정으로 당신은 새로운 세계를 만들고, 일곱 번째 종말을 상관없는 것으로 만들 것이다.

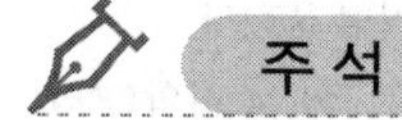

주 석

1) 미히오 카쿠(Michio Kaku's)의 『초공간(*Hyperspace*)』 200-296쪽을 보라. 한 이론은, 지구와 충돌하는 거대한 소행성이 이러한 종말을 일으켰다는 것이다.
2) 조지 세선(George Session)이 편집한 『21세기를 위한 심오한 생태학(*Deep Ecology for the 21st Century*)』에서, 생태학 연구는 헨리 데이비드 소로(Henry David Thoreau), 존 뮤어(John Muir), 로런스(D. H. Lawrence), 올더스 헉슬리(Aldous Huxley)의 생각을 부분적으로 따르고 있다. 생태학과 사회적 행동 간의 연결은 조지 오웰(George Orwell)의 작품과, 최근의 테오시어도어 로잭(Theodore Roszak)의 『생태 심리학』에서 발견할 수 있다. 그는 인간적 생명체와 비인간적 생명체를 하나로 포함하고 모든 원주민과 도교로 더 거슬러 올라가는 깊은 근원을 지적했다. 아시시(Assisi)의 성 프란스시코, 낭만적 사상, 19세기의 반문화 운동, 1960년대의 히피족, 선, 앨런 와츠(Alan Watts), 그리고 게리 스나이더(Gary Snyder)는 모든 존재의 평등성을 말하고 있다. 로잭(Roszak)은 린 화이트(Lynn White) 또한 인간을 동식물보다 우월하게 보는 주요 종교의 관점을 자연의 생태학적 문제들과 연결시켰다고 지적했다. 아시시의 프란시스코는 달랐다. 그는 '모든 창조물의 평등성'

을 설교했다.

3) 독자들은 17장의 양자 신호교환에 대한 토론을 재검토해 볼 수 있다.

4) 라이프니츠의 '살아 있는 힘' 은 mv^2이다(m 질량, v 속력). 오늘날의 운동에너지는 $(mv^2/2)$이다. 자세한 내용은 10장을 보라.

5) 다시 말해, 우리가 오늘날 에너지 또는 물질이라고 부르는 것에는 한때 영혼이 있는 것이라고 믿어졌었다. 정신적인 물리학의 부활에 대한 시작에 대해서는 프레드 울프(Fred Wolf)의 『영성적 우주(*The Spiritual Universe*)』(1996)를 보라.

6) 위에서 인용한 조지 세션의 저서에서, 우리는 생태학자 사라 콘(Sara Conn)의 저서 『생태 심리학(*Eco-psychology*)』(163-165쪽)에서 그녀의 의견을 발견할 수 있다. 우리는 또한 『심오하고, 넓은 생태학(*Deep, Long-Range Ecology*)』에서 아르네 네스의 아이디어를 발견할 수 있다. 생태철학을 부처의 가르침과 연결하는 데 유효한 조애너 메이시(Joanna Macy), 존 시드(John Seed) 그리고 많은 사람들도 세션의 저서에서 볼 수 있다.

7) 만일 우리가 양자 전기역학의 발전을 따라 양자 색(色)역학, 전기 약(弱)역학과 초현이론이라고 부르는 것으로 들어간다면, 그것은 마치 수학적 공간의 개념이 입자 개념을 뛰어넘는 것처럼 보일 것이다. 카쿠(Kaku)도 동의했다. 위의 인용 저서 313쪽.

8) 초현이론이라는 초공간 이론은 여러 가지 자연의 힘을 하나의 이론으로 정리한 것이다. 위에서 인용한 카쿠의 저서 165쪽을 보라. 입자(그리고 입자의 끈, 토네이도, 늘려지고 거품 모양 같은 시공간 개념에서의 가장 최근의 재형성)의 진화하는 이론은 알아차림 구조에 대한 새로운 세부사항을 발견하고 기술함으로써 이해할 수 있다. 데이비드 그로스(David Gross) 등의 저서에서 볼 수 있는 입자 이론의 단순화는, 우주의 시작에서부터 존재했던 하나의 통합된 힘으로서 자연의 네 가지 기본적인 힘(전자기력, 강한 핵의 힘, 약한 핵의 힘, 그리고 중력)을 보고 있다. 이것은 태초에, 오늘날 우리가 볼 수 있는 모든 것을 반영하고 창조한, 알아차림의 힘이 있었던, 원주민의 신화처럼 들린다.

9) 1992년 레이먼드 차오(Raymond Chiao)의 저서에 관해 달링(Darling)의 『선 물리학(*Zen Phycics*)』 135쪽을 보라.

10) 스튜어트(Stuart)의 저서 『미묘한 소리: 모린 스튜어트의 선 가르침(*Subtle Sound: The Zen Teachings of Maurine Stuart*)』(1996)을 보라.

제43장
기도에 대한 응답

동화 『이상한 나라의 앨리스』의 관점에서 보면, 현실세계는 나무 줄기와 같이 땅 위에 있으며 사람과 사물로 가득 차 있다. 나무의 뿌리는 땅 아래의 비일상적 실재인 NCR을 상징한다. 나무의 비유를 빌리면, 일상적 실재인 CR 관찰자는 나무 줄기를 보지만, 자의식적 경험은 나무 뿌리를 알아차린다.

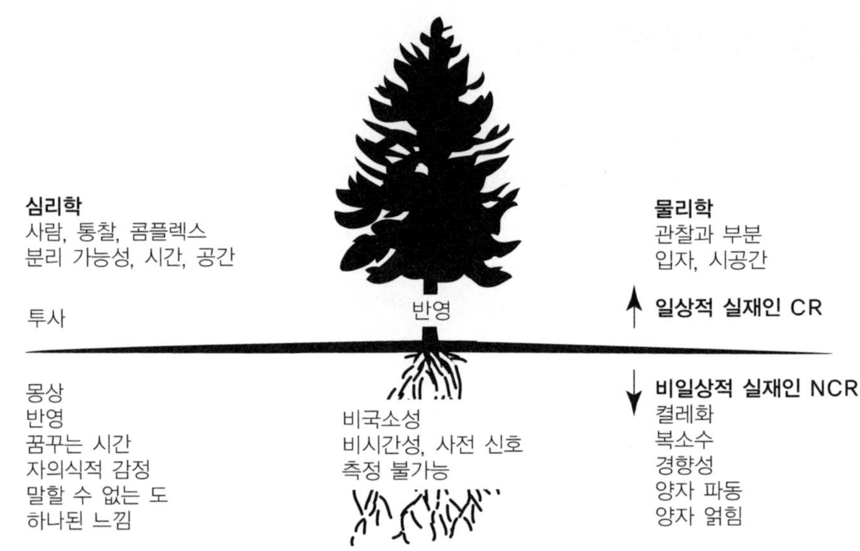

[그림 43-1] 두 실재에 걸쳐 있는 나무로서의 세계

비일상적 실재인 NCR에서 자의식적 지식은, 일반적으로 인식되지 않은 사물들을 인식할 수 있는 당신의 능력에 의해 표시된다. 지각력이란 당신이 어떤 것을 보는 것과 그것이 당신을 보는 것 사이를 구별할 수 없는 하나됨의 특별한 상태다. 그러나 당신이 당신의 자의식적 인식에 관해 선명하지 않을 때, 당신은 그들을 무시하고 세계는 현세적이고 세속적이 될 뿐만 아니라 이해할 수 없고 무의미하게 된다.

자의식적 경험의 무시는 물리학자들이 양자역학과 상대성 이론에서 새로운 세계, 우리가 경험하지 못한 세계를 발견했다고 생각하도록 만들었다. 사실, 앨리스는 오래전에 이러한 세계를 발견하였다. 앨리스의 이야기에서, 그녀와 그녀가 뒤쫓는 토끼는, 실재의 뿌리가 모든 자의식적 존재들 사이의 비일상적 실재인 NCR의 의사소통에 있다는 것을 알아차리고 있다. 앨리스의 세계에서는 문 손잡이가 말을 하며 모든 것들은 살아 있다.

지금까지 물리학은 나무의 줄기와 가지에 주로 초점을 맞추어 왔다. 이해할 수 없는 수학으로 묘사되는 지하의 나무 뿌리는, 자의식적 경험의 영역인 동화의 나라와 상상의 공간을 나타낸다. 선(禪)과 원시 토착민의 전통에서와 같이, 이러한 수학에서는 당신이 보이기 때문에 당신 자신을 볼 수 있다. 당신은 끊임없이 스스로에 의해 끌리고 있는 정상(定常)상태(steady state)에 있다.

신화적 개념에서, 세계는 스스로에게 반영하는 신성한 힘을 통해 존재로 나타나게 된다. 당신은 이것을 당신 자신과 모든 사람들에 대해 궁금해 함으로써 경험한다. 우리의 논의에 관해서, 자기애(自己愛)는 자신의 인식을 받아들이는 것, 자신의 궁금증을 받아들이는 것, 진심 어린 관계 과정인 켤레화 행동의 시작으로 알아차리는 것에서 온다. 나는 당신의 경험을 포용하고 당신에게 신호교환하는 무엇이든 따르는 것이 마음의 경로, 즉 삶과 죽음, 꿈꾸기 그리고 우주를 통한 현대 초자연치료사의 가르침이라는 것을 보여 주려고 노력해 왔다.

지금까지, 물리학은 자신의 수학적 의미와 입자 간의 빛보다 빠른 상호작용을 이해하는 데 어려움을 겪어 왔다. 마찬가지로, 심리학도 꿈의 기원과 동시성, 강하게 변형된 의식이나 혼수상태의 의식을 이해하는 데 어려움을 겪어 왔다. 이러한 문제들은, 관찰자를 비(非)연관적이며 영혼도 없는 존재로 취급하였으나, 의식이 수학 속에 내재해 있다는 발견을 통하여, 물리학에서 발생하였다. 심리학이 봉착하는 문제도, 태초부터의 비국소성과 온전한 전체성의 상태를 가정하는 대신, 관찰자가 자아—신체에 국한된 일상적 실재인 CR 관찰자—라고 가정하는 것에서 발생한다.

나의 관점은 잠재의식적 알아차림이 기초이며, 과학의 시작과 끝이고 다른 것들을 창조하는 첫 번째 원리라는 것이다. 이러한 알아차림은 세계의 기본적인 물질이 꿈꾸기라는 것을 알아차린다. 관찰자, 관찰대상, 그리고 일상적 실재인 CR에서의 다른 모든 것은 비국소적 얽힘을 무시함으로써 발생한다. 이러한 첫 번째 원리를 가정하는 것은 물리학의 수학적 기초를 보다 더 완전한 것이 되도록 허용한다.

새로운 물리학과 심리학에서, 기본 과정은 기본 입자 또는 자아, 자기와 같은 성격의 부분이 아니라 꿈꾸기다. 이러한 기본적 꿈꾸기 과정은 나에게 입자물리학에 대한 리처드 파인만(Richard Feynman)의 독창적인 저서 『기초 과정들에 대한 이론(*The theory of fundamental processes*)』을 떠오르게 한다. 그의 책은 입자 자체가 물리적 실재의 뿌리가 아니라, 진짜 뿌리는 입자 사이의 상호작용, 보이지 않는 관계성 과정이라고 강조한다.

우리가 함께하는 연구 여행의 끝과 더불어, 우리의 연구들은 유사한 관점에 도달해 왔다. 우리는 꿈꾸기 과정이 물리학과 심리학의 뿌리라는 것을 알아 왔다. 우주의 기본 재료는 관찰에 포함된 모든 것 사이에서 상호작용하는 관계 과정이다. 이러한 과정은 양자역학과 상대성 이론의 수학에 반영된다. 그 수학은 관찰대상인 '다른 것' 과의 복잡한 초공간에서 역동적이고 꿈같은 상호작용의 은유적 표현이다. 비일상적이고 꿈같은 실재에서, 당신은 개별적인 대상 또는 개인이 아니라, 보이는 모든 것들과의 복합적 관계성이다.

다른 말로 표현하면, 꿈꾸기는 물질 이전(pre-material)이다. 꿈꾸기는 단지 밤에 일어난 그림인 꿈만을 의미하지는 않는다. 이제 꿈꾸기는 당신이 잠을 자는 동안 갖는 느낌, 당신의 환상, 직관력, 예기치 않는 신체의 느낌들뿐 아니라 순간적으로 당신의 관심을 끄는 부분적으로 관찰된 대상과 같은, 모든 자의식적인 비일상적 실재인 NCR 경험을 말한다. 이러한 것들이 그 세계의 물질 이전의 기원이다.

물질 이전의 꿈꾸기는 당신을 통해 그 자체를 실재로 만들어 내려고 시도하고 있다. 비일상적 실재인 NCR에서 당신이 보고 있는 것은, 당신이 실재로 펼치려고 하는 당신 자신의 순간적인 모습이다. 일반적으로, 당신이 보는 모든 '실재' 는 실제적이면서 또한 꿈같은 본성을 가지고 있다. 우주는 행성과 태양계, 준항성(準恒星)과 블랙홀로 구성된 물질적 물체이며, 그리고 당신이 느끼는 모든 것으로 구성된 꿈꾸기 물체다.

자의식적 알아차림이 없다면, 관찰은 자체의 영혼을 잃을 뿐 아니라 관찰하는 당신도 영혼을 잃을 것이다. 16세기 이후, 물리학은 비일상적 실재인 NCR을 무시하는 일상적 실재인 CR에서의 실험에 기초를 두어 왔다. 그러나 이제는 더 완전해지기 위해서, 물리학은 비일상적 실재인 NCR 실험, 즉 주관적인 인상을 포함하도록 당신의 도움이 필요하다.

심리학과 물리학 사이의 경계는 자의식적 경험을 무시하는 CR 관찰자들에게만 남아 있다. 당신이 자신의 알아차림을 사용할 수 있는 방법을 다시 배움에 따라 처음에는 자의식적 경험이 이상하거나 비정상적으로 보일 수 있다. 그러나 당신이 배움을 계속함에 따라 오래된 일상적 실재인 CR은 아마 일방적으로 보일 것이다.

상대성 이론의 교훈을 기억하라. 즉, 체제가 없는 것이 절대적 의미에서 실재다. 지각이 없거나 동등한 지각이 전부다. 어떠한 실재도 없다. 알아차림 그 자체는 비일상적 실재인 NCR의 자의식적 경험과 일상적 실재인 CR 관찰자 사이에서 탐조등처럼 전후로 움직이는 바탕이다.

당신이 자신의 주의집중을 더 많이 사용할수록, 세계는 더욱더 동화에서만큼 구상적 관념에 근거하는 복합적인 실재가 된다. 세계는 반짝거리고, 당신이 아이였을 때처럼 가지고 있었던 광채를 되찾게 될 것이다. 인생은 다시 놀랍고, 매혹적이고, 자유롭고 쾌활한 예술가들을 위한 장소처럼 보일 것이다.

당신과 비슷한 사물에 대해 예민해지는 것은 당신에게 새로운 정체성을 준다. 대개 당신은 다른 사람들과 다르다고 느낀다. 즉, 세계는 낯설고 이상하고 놀랄 만한 사건들로 채워진 다양성으로 가득 차 있다. 이러한 일상적 실재인 CR 관점은 당신이 자기 자신을 지켜야 하는 사건들로부터 당신을 분리시킨다.

그러나 자의식적 관점에서, 당신이 당신의 멋진 경로에서 언젠가는 만날 수 있는 잠재적으로 강렬하고 환상적인 것은 바로 당신 자신, 당신의 상호관련성, 당신 자신의 반영이다. 한편으로, 당신은 오직 본인에게만 이끌릴 수도 있고 거부당할 수도 있다. 당신이 바라보는 모든 것들의 이면에는 기본적으로 동성애적(同性愛的, homoerotic; homo는 '같은 것' 을 의미)인 것이 있다.

오늘날의 언어로, 기초 물리학과 기초 심리학은 색다른 물리학과 심리학이다. 일상적 실재인 CR 물리학만 이성애적(異性愛的, heterosexual; hetero는 '다른 것' 을 의미)이다. 그것은 동일성의 느낌을 무시하는 것에 근거하고, 관찰자가 관찰대상과 다르다고 가정하기 때문이다.

자의식적 물리학의 관점에서, 자기 반영은 모든 대칭 원리의 기원이다. 그것은 시간 대칭, 즉 양자 사건의 세계에서 시간을 벗어나 미래, 과거로 여행할 수 있는 능력을 창조하였다. 자기 반영은 비국소성의 본질, 비일상적 실재인 NCR 사건 동안 공간적 분리의 부적절함이다. 자기 반영은 형태변형하는 능력에서 드러나며, 그리고 집단과정에서 외부 시스템이 변하지 않고 그대로 있는 동안 당신 자신으로부터 해방의 감각과 변환 대칭을 경험하는 능력에서 드러난다. 당신이 이러한 것들을 할 수 있을 때, 당신은 이 세상이 잘못되지 않았다는 것을 안다. 어려움은, 분리되고 영구적으로 고정되고 상태를 흔들어서 변화시킬 수 없는 그러한 세계에서의 기본 입자와 같은 상태에서 생겼다.

대칭성은 모든 관점들의 상대성에서 나타나고, 우주를 창조했던 신화적 인물(형상)의 기하학에서, 넌(Nun), 푸루샤(Purusha) 그리스도에게서 나타난다. 자신을 알기 위해서 신이 사용한 자기 반영이 세계를 창조하였다. 우주는 호기심이 많은 사람이다. 당신 자신에 대해 반영적이며 궁금해하는 당신의 경향성은 이러한 호기심 많은 우주에서 온다. 마침내 당신이 자신에 대해 더 많이 알게 되면, 당신은 우주의 마음, 소용돌이치는 태극, 초자연치료사의 이중성에 대해서도 더 많이 알게 된다.

❖ 관계성에서의 얽힘

비일상적 실재인 NCR의 관점에서는, 하나의 관계성의 문제만이 있다. 이는 자기 자신을 알아 가는 것이다. 비일상적 실재인 NCR에서, 당신은 관계성 그 자체이고, 당신과 나에 관한 노래, 즉 당신의 시구(詩句)를 채워 줄 바로 그 사람들을 찾는 노래다. 비일상적 실재인 NCR의 관점에서, 이를 위한 유일한 과정은 함께 꿈꾸기다. 누군가는 이것을 창조성이라 부르고 다른 사람은 얽힘 또는 사랑이라고 부른다.

그러나 과소평가는 역시 자연 마음의 부분이기도 하다. 당신이 인정하기를 거부하는 자의식적 경험이 당신과 연관이 있다는 것을 배제하면서 당신을 경계에서 붙잡아라. 그러면 결국 당신 주변을 무시하는 것들이 문제를 일으킨다. 따라서 당신은 모든 사람과 모든 것들, 사람과 대상이 (특히 당신은 그들을 바로 당신이 아니라고 주장할 때) 더 이상 서로 신호교환하는 것이 아니라 당신의 삶을 침범하고 있다고 느낀다. 그날 당신이 낮에 무시했던 소리, 풍경, 감정들은 밤에 메아리와 꿈으로 반사된다. 즉, 당신이 헤아리지 않았던 모든 사람과 모든 것들이 만성적 문제로 되돌아오게 된다.

무시는 무의식적으로 일어나기 때문에, 당신은 단지 어떻게 다른 사람이 당신을 무시하는지를 알아차린다. 당신은 간과(看過)되는 것이 무엇인지 알며, 그것이 또한 상처를 준다. 그러나 무시는 시간을 창조한다. 그것은 당신 자신의 비일상적 실재인 NCR 인식을 억누르고, 당신을 무시했던 사람들을 일깨우도록 당신을 자극시킴으로써 과거에서 미래를 만들어 낸다. 무시는 당신이 복수를 꿈꾸게 만든다.

우리 대부분이 과소평가된 존재로 동일시하기 때문에, 세계는 언제나 가해자로 가득한 것처럼 보인다. 그러나 이 일상적 실재인 CR의 세계에서는, 다른 사람의 중요성을 보지 못한 채, 누구나 다른 모든 사람들을 지나쳐 버린다. 과소평가자로서, 우리 모두는 기본적으로 무의식적 가해자다. 다른 사람을 과소평가하는 우리 자신의 경향성을 알아차리지 못한 결과로, 우리는 그들에게 깨워야 할 잠자고 있는 사람으로 보이는 반면, 그들은 항상 불필요하게 화가 나 있는 듯 보인다.

사건들을 과소평가하는 당신의 경향성은 미묘한 선택, 즉 당신이 경험하는 것보다 더 또는 덜 중요하다는 가정에 근거한다. 당신의 정체성은 매우 중요한 것으로, 당신이 과소평가했던 사람들과 사건들로부터 끊임없이 보호해야 했던 깨지지 쉬운 본질이다. 과소평가는 고통스러우나 시간이 앞으로 진행하게 하는 자연스런 과정이다. 그것은 차별의 의미와 역사의 필연성을 창조하고, 당신이 알았던 것, 즉 당신이 '다른 사람' 과 다르면서 또한 같다는 것을 깨달으면서 자기 반영 방법과 역할 전환 방법을 배우기 위해 복수의 순환을 통하여 당신을 자극한다.

❖ 대칭적인 생활: 개인적인 실험

만약 당신이 관계성의 얽힌 본질과 과소평가 이면의 상호관련성을 실험하는 것에 관심이 있다면, 당신은 아래의 것들을 해 보기 바란다.

당신이 좋게 느끼고 있는 누군가가 당신을 좋아하지 않는다고 생각해 보라. 당신에 대한 그들의 의견은 무엇인가? 어떤 방식으로 당신이 무의식 중에 그들의 순위를 당신보다 더 높거나 낮게 정해 놓은 적이 있는가? 만일 있다면, 어떤 방식으로, 그들의 복수는 당신이 무의식 중에 그들의 순위를 낮게 (또는 높게) 정하도록 당신에게 일깨우려고 하는 시도인가? 당신 스스로 그들의 의견을 과소평가하고 무시하는가?

지금, 형태변형을 시도하고, 다른 사람이 되어 보고, 그리고 그들의 눈을 통해 당신 자신을 보라. 당신의 순간적 정체성을 내려놓으려고 시도해 보고, 당신이 당신 자신도 아니고 다른 사람도 아니며, 단지 당신의 두 측면에 관한 노래일 것이라는 가능성을 고려해 보라.

당신은 통찰력, 용기 그리고 경험과 더불어 대칭적으로 전환하고 사는 것을 배울 수 있다. 당신의 모든 지각력이 모두 동등하게 중요하다는 것을 인정한다면, 보다 깊고 실질적이고 직접적인 민주주의가 가능한 삶을 살게 될 것이다.

❖ 당신은 누구인가

일상적 실재인 CR의 관점에서 보면, 당신은 사회 장(場)에서 중요하거나 중요하지 않은 역할을 하는 하나의 개인이며 정체성이다. 당신은 태어나고, 언젠가는 죽을 몸이다. 그러나 비일상적 실재인 NCR의 관점에서 당신은 다르게 보인다. 거기에서 당신은 집단과정, 모든 자의식적 존재들 간의 상호작용, 같이 꿈꾸는 사람들(co-dreamer)의 시스템, 그들 자신을 반영하고 세계를 창조하는 기초적인 물질 이전의 상호작용이다.

일상적 실재인 CR에서 개인의 정체성은 당신의 모든 비일상적 실재인 NCR의 경험들의 과소평가하는 것, 즉 무시하는 것으로부터 발생한다. 반영과 반영의 무시를 통해 물질이 됨으로써, 사람이 되는 것이 중요한 경험이라고 순간적으로 생각하면서 당신은 무의식적으로 자기 이면의 이상한 나라의 앨리스와 같은 동화는 잊어버리게 된다. 그러나 신성한 반쪽이 없는 사람이 되는 것은 항상 무언가가 빠져 있다는 것을 의미한다. 당신은 끊임없이 적(敵) 또는 죽음에 대한 두려움으로 괴롭힘을 당하게 될 것이다. 잠이 들수록, 당신이 잊어버린 것, 즉 그 자체의 부분을 과소평가하고 무시하는 자기 반영 상호작용의 공동체를 기억하게 된다.

한 견해에 따르면, 인생은 우리가 전환과 가혹한 운명의 희생자가 되는 혼란이다. 이러한 입장은 모든 사람들에게 가혹하지만, 그렇다고 이미 운명지어진 것도, 바꿀 수 없는 것도 아니다. 또 다른 견해에 따르면, 시간은 더 이상 존재하지 않는다. 사실, 당신은 결코 태어나지도 않았고 죽을 존재도 아니라는 것이다. 대신에 당신이 바로 우리 전체의 합이며, 관계성의 우주이며, 가상적이며 변화하는 동화 나라다. 당신이 보통 자신을 태어나고 죽을 몸으로서 생각하는 동안, 당신의 비일상적 실재인 NCR 자아는 지구 둘레의 달과 같이 일상적 실재인 CR 둘레를 돌면서, 뜨고 진다.

사람이 되는 것은 당신이 꿈꾸었던 것을 잊어버리면서, 거룩한 자신과 그것의 부정(否定) 모두를 포함한다. 황홀했던 밤에서 되돌아오는 신데렐라처럼, 고통스럽게 일을 해야 할 자신을 방치하고, 일상생활의 조급함에서 살아남기 위해 노력하면서, 자정에 마법의 유리 구두를 남겨 놓는다. 당신은 다른 사람의 쓰레기 같이 보이는 것을 치우기 위해 되돌아가며, 일상적 실재인 CR의 한계에서 성공하기 위해 투쟁한다.

❖ 기도에 대한 응답

만약 우리가 마법의 공간에 확실한 기반을 가지고 있지 않다면, 우리는 일상의 실재의 허망함으로부터 보호를 원한다. 불확정성과 때때로의 외로움은 우리를 떨게 만든다. 살아남아 무엇인가를 성취하기 위해 싸우는 반면, 우리는 이 세상에 고통에서 벗어나 정의와 자유가 있을 것이라는 확신 또는 몇 가지 무한한 과업에 대한 메시지를 갈망하면서, 실제 상황에서는 우리 자신을 잃어버리고 만다.

신앙심이 없이 살고 있을 때, 백일몽에 의해 혼란해지면, 당신은 어떻게 해서든지 방치해 두었던 구원의 상태를 다시 부른다. '내 마법의 유리구두는 어디에 있는가?' '이 세상을 견딜 수 있게 만드는 무한한 신의 손길은 어디에 있는가?' 라고 당신이 물었을 때, 구원을 받을 것이다.

❖ 현대 초자연치료사의 꿈꾸기

앞에서 물었던 우리의 질문에 대한 답이 지금 순간에 놓여 있다. 당신이 원한다면 지금 시도해 볼 수 있다.

1. **당신 주위를 둘러 봐라. 지금 순간에 당신에게 신호교환하는 것이 무엇인지 알아차려라.** 당신이 인지한 것이 무엇이고, 당신의 주의를 끄는 것이 무엇인가? 단지 그것을 알아채고, 보거나 들어라. 그것이 무엇처럼 보이는가? 그것은 무엇을 하고 있는가? 그것이 무엇처럼 보이고 무엇처럼 들리는가? 그것은 어떻게 느끼는가? 그것이 반 인간(semi-human)의 얼굴을 가지고 있다고 가상하면서 그 메시지가 무엇일지 상상하라. 당신에게 신호교환하는 것이 무엇인지 기억하라.

2. **지금 신성한 존재가 있는 것처럼 가장하라. 어떤 이름이든지 당신에게 맞는 이름으로 불러라.** 만약 당신이 이러한 것들을 믿지 않는다면, 적어도 잠시라도 믿는다고 생각하라. 무엇이든 간에 당신을 괴롭히던 문제의 해결을 위해 기도하라. 그것이 무엇이든 기도로 시험해 보기 바란다. 신성한 존재에게 당신에게 중요한 무엇을 그리고 비록 당신이 그 욕구를 좀처럼 인정하지 않는 것일지라도 물어보라. 잠시 동안, 당신의 깊은 욕구를 느껴 보고 당신의 기도를 적어라. 그리고 그것들을 기억하라.

3. **지금, 이 실험의 첫 부분에서 당신에게 신호교환했던 것이 무엇이든 기억하라.** 어떻게 그 신호교환이 당신 기도의 응답인지를 당신 자신에게 물어보라. 어떤 면에서 그 신호교환의 내용 또는 경험이 당신이 찾고 있는 응답인가? 그 신호교환의 메시지를 진지하게 느끼려고 노력하라. 그것이 당신의 현재 세계를 변화하게 하라. 그리고 지금 일어나려고 하는 그 변화를 느껴라.

당신 자신의 알아차림은 당신의 가장 깊고 거의 무의식적인 기도들이 당신의 주의를 끄는 대상에 의해, 자연의 마음인 무한(無限)과의 연결에 의해 조직되어 있다는 것을 보여 준다. 당신의 마음은 신의 마음과 얽혀 있다. 이러한 기도와, 그들을 의식에 연결하는 신호교환을 가져오는 것은, 아인슈타인이 그의 유명한 서술 "나는 신의 생각을 알고 싶다…… 나머지 것은 다 사소한 것들이다." 에서 '신의 생각' 이라고 불렀던 것에 관해 당신에게 알려 준다.

'*i*' 라는 문자가 새겨진 마법 반지에 관한 파울리의 꿈을 기억하는가? 그 반지의 중앙에서 말을 하던 그 '스승' 을 기억하라. 그 스승은 '양자 마음' 을 통해 언제나 당신에게 말하고 있다.

양자 마음은 비일상적, 비국소적, 비시간적, 자의식적 경험이다. 그 세계에는 마법의 유리구두와 당신의 기도에 대한 응답이 있다. 실제적이 되는 것은, 무한을 인식하는 것이 저 먼 곳에 있는 것이 아니라 당신의 현재 경험에서 신호교환하고 있는 실재의 바로 그 바탕이라는 것을 의미한다. 항상 거기에서 당신을 지지할 준비가 되어 있는, 하늘의 별은 당신이 생각하는 것보다 훨씬 가까이 있다.

우리 연구 여행의 끝에서, 우리는 우리가 왜 여기에 있는지에 관한 그 간헐적인 질문들에 대해 새로운 답을 가진 우리 자신을 발견한다. 그 의미는 '당신' 은 여기에 없다는 것이다. 그곳에는 단지 꿈꾸기만이 있다. 이러한 꿈꾸기 세계관, 즉 이 양자 마음에서 당신과 나는 단지 우리 자신이 아니라 전체 우주인 것이다. 다른 말로, 우리는 항상 여기에 있었다.

나는 물리학뿐만 아니라 의학, 심리학과 정치학에서도 새로운 종류의 알아차림에 대한 경계에 있다는 것을 보여 주려고 꾸준히 노력해 왔다. 우리는 제한된 신체를 가진 실제 사람들일 뿐만 아니라, 꿈꾸기, 양자 마음의 비국소적 본질이라는 것을 이해하고 명료하게 하는 것이, 우리를 일상적 실재인 CR 밖으로 벗어나게 한다. 또한 우리가 알아차린 것이 무엇이든지, 우리는 양자 마음으로 형태변형을 할 수 있다. 나는 이 형태변형이 가장 심각한 문제를 가진 신체를 해방시킬 뿐만 아니라 '다른 사람' 이 내가 아닌, 동시에 실제로 나라는 것을 깨닫는 것을 통해, 세계 역사를 개선하는 효과를 가져올 수 있다고 예언한다.

나는 이러한 이원적인 알아차림이 새로운 밀레니엄 시대의 개념만큼 확실히 역동적이고 새로운 종류의 사회 운동을 창조할 것이라고 예언한다. 사람의 본질을 인생에서 맡은 이름 또는 역할로는 찾을 수 없는 것처럼, 모든 물질적인 대상 물체의 본질은 대상 물체가 아니라 어디에나 있는 양자 마음이다. 현재, 우리 세계는 경계에 있다. 우리가 살고 있는 세계는, 사람들이 유한한 삶을 가진 물질적 대상, 태어나고 죽어야 하는 사람이라고 믿는다. 이러한 관점에서, 우리의 개성을 가지고 주어진 가족, 문화, 전통에 속한다는 것은 분명하다. 우리는 우리의 차이에 대한 명확성과 인정이 필요하다. 이와 같은 명확성은 절박하게 요구된다.

그러나 이 세계의 다양성 문제와 갈등은 결코 이와 같은 명확성만으로는 해결할 수 없고, 뉴턴식의 물리학 문제보다 더 큰 문제는 양자 사고(quantum thinking) 없이는 해결될 수 없다. 새로운 밀레니엄 시대에, 물리학, 심리학, 의학, 정치학이 양자 마음으로부터 물질적 실재를 분리하는 경계를 넘어설 때, 사람들은 실재와 가상 모두에서, 자신들의 전체적 자체가 되는 데 더 자유로워질 것이다. 그 순간, 우리가 항상 기도하고 꿈꾸어 왔던 세상은 실재에 더 가까워질 것이다.

부록: 의식에 대한 수학적 패턴

이 부록은 심리적 과정에 대한 은유적 표현으로서 양자물리학의 수학적 패턴을 논의한다. 이 부록의 내용은 파동이론을 기억하고 심리학과의 연결성을 깊이 생각하는 것에 관심 있는 수학적 성향의 독자들에게 매우 쉬울 것이다. 그러나 수학적 배경이 없는 독자들은 이 부록과 관련된 내용을 37장에서 찾아보기 바란다.

나는 이 부록에서 물리학 이면에 있는 수학에 대한 분석을 통하여 일상적 실재인 CR에서 특정한 비일상적 실재인 NCR 과정의 비구별성이 양자역학의 수학과 원리로 설명된다는 것을 보여 주고자 한다.

❖ 파동에 대하여

파동이론에 대하여 간략하게 재검토를 해 보자. 즉, 빛, 전기 그리고 자기력은 파동으로 진행하며, 그들 스스로 간섭하며 증폭 또는 소멸될 수도 있다. 또한 연속적인 소리 파동의 간섭은 북 소리 같은 비트(beat)도 생기게 한다.

우리는 많은 종류의 파동에 대해 알고 있다. 소리의 파동은 소리가 갇힐 때 메아리를 만들어 내고, 달이 끌어당기는 중력의 변화는 조류를 만든다. 바다는 물의 표면 장력 때문에 긴 파도와 소용돌이 그리고 더 작은 잔물결을 만들어 낸다. 지진은 지구의 표면에 수직한 위아래의 진동뿐만 아니라 지구 표면을 따라 움직이는 수평 압축 파동도 보낸다.

양자역학은 때로는 '물질 파동', 확률 파동 또는 경향성이라고 부르는, 눈에 보이지 않는 양자 파동을 다룬다. 그들의 확률 진폭은 진동수와 에너지에 비례한다.

일반적으로, 만약 파동이 시간 t와 속도 c로 x축의 양(+)의 방향으로 이동한다면, 빛의 파동과 같은 파동 전선(前線)에서 $x = ct$이다. 파동의 진폭은 수학적 함수 $x - ct$이다. 즉, x를 감소시키는 방향으로 진행하는 메아리는 $x = -ct$이기 때문에 $x + ct$의 함수가 될 것이다.

관찰자와 반사(反射) 거울 사이에서 움직이는 파동에 대해, 우리는, x축을 따라 하나는 앞으로 가고 다른 하나는 뒤로 가는 파동 중첩을 갖는다. $x = -ct = c(-t)$이므로, 반사된 파동은 시간에서 뒤로 가는 것으로 이해될 수 있을 것이다.

두 파동의 중첩이 발생할 때, 그들은 어느 주어진 x에 대해서 파동이 증폭되거나 간섭할 수 있다. 우리가 동일한 속도와 반대의 위상(位相)을 갖는, 즉 위상이 180° 다른 파동을 증폭시키고자 할 때, 그들은 서로 간섭하여 상쇄될 수 있다. 만약 파동들이 같은 위상으로 도달한다면, 그들은 스스로를 더하게 되고 파동은 더 강해진다(예를 들어, 소리가 더 커지거나, 많은 전자들이 동일한 공간에 도달한다). 간략하게 요약하면 다음과 같다.

같은 위상의 파동은 서로 보강 간섭하여 증폭된다.

다른 위상의 파동은 상쇄 간섭하여 파동 신호가 사라진다.

일반적으로, 서로 다른 진동수의 두 개의 파동의 경우에는 천천히 변화하는 맥놀이 비트를 갖는 파동이 발생한다.

❖ 목말 타기

두 번째 또는 더 높은 진동수를 갖는 파동의 진폭은 첫 번째 파동에 섭동을 일으키거나 '목말 타기'를 한다.

파동을 경계 내로 국한하기 위해 (당신이 어떤 것을 보려고 사용한 빛이 반사되어 당신에게 되돌아올 때 발생하는 것 같은), 당신은 파동 반영의 경우를 들 수 있다. 예를 들어, 끈(string)이 $x=0$으로 제한된다면, 우리는 다음 식과 같은 형태로 이동하는 파동을 가진다.

$$y=F(x-ct)+G(x+ct) \text{ 또는 } y=F(x-ct)-G(x-ct) \ (x=0\text{에서 } y=0\text{이므로})$$

만약 파동이 고정점에 도달한다면, 이 고정점에서의 도착은 부호의 변화로 반영되고, 그래서 그것은 반대 방향으로 진행한다. 고정된 끝부분에 도달하는 파동은, 역시 고정점 이면으로부터 위아래가 바뀌어서 나오는 것으로 이해될 수 있다.

복소수는 다음과 같은 수의 성질 때문에 파동에 대한 묘사를 간단하게 만든다.

$$x+iy=e^{+i\omega t} \text{ 와 } x-iy=Ae^{-i\omega t} \ (\text{여기서 } i\text{는 허수})$$

또한,

$$A^2=x^2+y^2=(x+iy)\times(x-iy)$$

복소수는 실수와 허수의 부분, 또는 크기 r과 위상 각 θ을 지닌 기하학적 표현식을 갖는다. 따라서 그들은 진동과 파동 같은 현상을 묘사한다.

파동은 다음과 같이 지수 형태로 쓸 수 있다.

$$F(x-ct)=Ae^{i\omega t(t-x/c)} \text{ 그리고 } F(-x-ct)=Ae^{i\omega t(t+x/c)}$$

파동 변위는 결절점 또는 정류파를 가지고 있다. 결절점은 동일한 또는 '자연적' 진동수를 가지는 사인곡선의 점이다.

결국 모든 운동은, 그것이 적당한 진폭과 위상으로 결합된, 모든 다른 결절점들의 합이라고 추정함으로써 분석할 수 있다.

❖ 양자역학과 파동 진폭

양자역학은 위치 x와 시간 t에서의 입자와 같은 모든 사건에 대해, 진폭 Ψ가 있다는 가정에 의존한다. 이 진폭은 $\Psi(x, t)$로 쓸 수도 있다. 따라서

$$\Psi(x, t)=(x, t)\text{의 진폭}$$

이 식에서, 경향성으로도 불리는 진폭은 일상적 실재인 CR에서 다른 장소와 다른 시간에서 그 입자를 찾아내는 경향성이다.

입자를 찾을 확률은 진폭의 절대값의 제곱, $|\Psi|^2$에 비례한다.

Ψ와 $|\Psi|^2$ 간의 차이는 무엇인가? 차이점은 Ψ는 여전히 허수를 포함한다는 것이다. 15장에서 17장까지, 우리는 Ψ가 일상적 실재인 CR에서는 검증될 수 없는 비일상적인 지각을 상징한다는 것을 알아보았다. Ψ는 꿈같은 지각을 나타낸다. 양자역학의 진폭 Ψ은 실수와 허수 값의 조합이다.

❖ 양자역학의 원리

다음은 단일 장에서 입자에 대한 양자역학적 기술이다. 그것은 리처드 파인만(Richard Feynman)이 『물리학 강의(*Lectures on Physics*)』 3권 3장에서 제시한 일반적인 내용을 따른다.

단순한 상황에서의 Ψ는 파동과 같다. 그것은 $ei^{(\omega t-kr)}$에 비례한다. 이것은 진폭이 공간과 시간에서 주기적으로 변화한다는 것을 의미하고, r은 복소수의 공간에서 원점으로부터 벡터 위치다.

Ψ는 파동의 진폭이다.

t는 시간이다.

ω는 빈도다.

파동 수 k는 운동량에서 오고, $\hbar k$와 같다.

(입자의 에너지는 $\hbar\omega$이고, 여기서 $\hbar$는 $\frac{h}{2\pi}$로 변형된 플랑크 상수다)

제1 원리 원점 s를 떠나서 x에 도달하는 입자의 확률적 진폭 Ψ는 파동함수에 의해 주어진다. 디락(Dirac) 기호법 또는 양자역학의 언어에서, 진폭은 $\langle x|s\rangle$이다.따라서 $\langle x|s\rangle$는 ⟨x에 도달하는 입자|s를 떠나는 입자⟩를 의미한다.

제2 원리 만약 입자가 두 개의 가능한 경로에 의해 주어진 상태에 도달할 수 있다면, 과정의 총 진폭은 개별적으로 생각한 두 개의 경로에 대한 진폭의 합이다. 따라서 만약 입자들이 갈 수 있는 두 개의 경로가 열려 있다면(예를 들어, 열림 1과 2), 입자들의 진폭은 그것이 두 틈새 또는 열림, 즉 경로를 통해 지나가는 기술의 합이다.

$$\langle x|s\rangle_{\text{두 개의 경로}} = \langle x|s\rangle_{\text{경로 1}} + \langle x|s\rangle_{\text{경로 2}}$$

제3 원리 만약 입자가 s에서 1, 1에서 x까지처럼 특정한 통로를 지나 갈 수 있다면, 진폭은 경로의 단면에 대한 진폭의 곱으로서 쓸 수 있다.

$$\langle x|1\rangle\langle 1|s\rangle$$

따라서 가능한 경로 1과 2 모두를 통한 $\langle x|s\rangle = \langle x|1\rangle\langle 1|s\rangle + \langle x|2\rangle\langle 2|s\rangle$이다.

제4 원리 게다가 복소수를 위한 법칙으로부터 $\langle x|s\rangle = \langle s|x\rangle^*$ 그리고 $\langle s|x\rangle = \langle x|s\rangle^*$라는 것이 밝혀진다.

그것은 하나의 상태에서 다른 상태로 직접적으로 도달하는 진폭은 반대쪽 상황의 복소수 켤레다.

따라서 양자역학에서 장소와 시간의 대칭성은 복소수의 세계와 파동함수의 정의에서 나온다.

제5 원리 x에서 출발해서 s에 도착하는 전자에 대한 확률은 $|\langle s|x\rangle|$로 주어질 수 있는데, 이것은 s부터 x로 가는 무엇에 대한 파동에, x에서 s로 가는 파동의 반영을 곱한 것이다.

❖ 수학에 의해 패턴화된 심리적 경험

만약 우리가 의식적 깨달음 이면의 자의식적 경험에 대한 은유로서 관찰 이면의 수학을 갖는다면, 동등성 및 역설과 같은, 변형된 의식 상태를 다루는 심리상담 치료사가 이미 알고 있는 대부분의 흥미로운 패턴들이 나타난다. (독자들은 자의식적 경험을 수학적 형식주의로 연결하기 위한 첫 번째 시도로서 다음을 고려해야 한다)

예를 들어, 수학적 표현 $\langle x|s\rangle$는 "나는 꿈을 꾸고 있고, 꿈을 꾸는 동안 나에게서 나온 신호는 당신에게 가고 있다."라는 의미를 가지고 있다.

$\langle x|s\rangle^*$는 "내가 반영하고 있거나 추적하고 있다. 즉, 나는 시간에서 뒤집어진 비일상적 실재인 NCR 신호를 당신에게 보내고 있다. 즉, 내가 당신에게, 알아차리고 그것에 반영시킨, 허수의 부호를 바꾼 신호를 보내고 있다."는 의미를 나타낸다. 이것은 또 당신이 나에게 보낸 무엇인가의 반영된 신호로서 이해될 수도 있다. 그리고 이것은 또 내가 당신에게 보내고 있는 것을 내가 반영하거나 추적하는 것으로 이해

될 수도 있다.

$\langle s|x\rangle$는 당신의 꿈꾸기를 의미한다. 즉, 당신은 나에게 꿈같은 신호를 방출하고 있다.

$\langle s|x\rangle^*$는 당신이 허수의 값을 반영하고 바꾼, 즉 당신이 CR에서 시간이라고 부르는 것을 바꾼, 당신에게서 나에게 오는 신호를 반영하거나 추적하는 것을 나타낸다. 이것은 당신의 상황 반영에 대한 비유, 나로부터 당신에게 가는 신호를 당신이 추적하는 것에 대한 비유다.

그러나 $\langle x|s\rangle=\langle s|x\rangle^*$ 그리고 $\langle s|x\rangle=\langle x|s\rangle^*$이기 때문에 당신에게 가는 내 신호들은 내 신호들을 당신이 알아차리고 추적하거나 반영하는 것과 동등하다. 당신도 나를 추적할 수 있다.

양자물리학의 법칙과 규칙들은 물리학자들에게는, 이러한 모든 자의식적인 경험들이 과소평가되거나 무시되기 때문에, 유별나고 이해할 수 없는 것처럼 들린다. 그러나 우리 모두는 동시성과 같은 순간에, 우리가 어느 누가 처음 또는 두 번째로 무엇을 했는지를 말할 수 없다는 것을 알고 있다.

다시 말해, 양자역학에서는, 미래와 과거가 자의식적 수준에서 구별 불가능하듯이, 주어진 장소와 시간에서 '당신과 나'에 대한 생각들이 무너지게 된다. 이런 식으로, 물리학에서 우리는 관찰이 일어나기 전에 전자가 관찰자에게 자체의 존재를 신호했거나 또는 관찰자에게 전자의 생각이 발생했는지 결코 확실하지 않을 것이다.

양자물리학은 우리에게, 비일상적 실재인 NCR에서, 국소화된 당신 또는 내가 없다는 고려에 대한 근거를 제공한다. 즉, 나로부터 나온 신호가 있는데, 그것은 동시에 당신으로부터 나에게 오는 인지 신호일 수도 있다. 더구나, 당신으로부터 발생한 나에게 오는 당신의 신호에 대한 당신의 알아차림은 당신으로부터 오는 신호들을 내가 알아차리는 것과 동등하다.

❖ 양자물리학에서 꿈꾸기까지

따라서 파동함수 Ψ 또는 파동함수의 진폭은, 비일상적 실재인 NCR에서의 국소성과 차이로서, 우리가 경험하는 것들 간의 NCR 움직임 또는 투사를 의미하는, 자의식적 경험에 대한 은유다. 이러한 국소성과 차이가 그곳에 있는지는, 일상적 실재인 CR에서는 증명될 수 없다.

당신에 대한 나의 자의식적 꿈꾸기와 당신이 나를 인식한 결과로서 나를 반영하고 추적하는 것은 구별 불가능하게 같다.

비일상적 실재인 NCR에서, 나의 무의식적 행동은 마치 그것이 당신의 것인 것처럼 당신이 그것을 반영하는 것과 같다. 마찬가지로, 당신의 무의식적 행동은 그것을 내가 인식하는 것과 같다.

예를 들어, 당신이 당신 집에서 휘파람을 불고 있다고 하자. 다음날 나는 당신에게 전화를 한다. 당신이 휘파람을 부는 것에 관해 알지 못하지만, 나는 직관적으로 그것을 알아차리고 당신에게 집에서 휘파람 부는 것을 멈추어야 한다고 말한다. 이것은 (내가 추측하는) 당신이 한 것에 대한 나의 자의식적 피드백이나 반영이, 당신이 제일 먼저 했던 것과 '같다' 는 것을 의미한다. 비일상적 실재인 NCR에서, 당신의 휘파람은 그것에 대한 나의 반영과 구별 불가능하거나, 그것에 대한 나의 반영은 당신의 휘파람과 같다는 것이다.

여기에서 '같다' 는 비일상적 실재인 NCR에서, 어제 일어난 일을 직관하면서, 우리는 당신의 휘파람이 어제 당신과 함께 발생했는지 또는 오늘 나와 함께 발생했는지는 말할 수 없다는 것을 의미한다. 다른 말로 표현하면, 우리는 당신이 어제 했던 것처럼 내가 꿈꾸기에서 오늘 휘파람을 불었다고 말할 수 있다. 또는 우리는 내가 어제 당신을 통해 휘파람을 불고 있었다고, 또는 당신이 어제 휘파람을 불고 난 후에 오늘 나를 통해 당신이 휘파람을 불었다는 것을 곰곰이 생각하고 있는 것이라고 말할 수 있다. 이러한 모든 사고(思考)들은 시간과 국소성에 대한 우리의 CR의 개념을 왜곡한다.

꿈꾸기에서 무엇인가를 하는 것과 더 일찍 발생하는 그것에 관한 정보 없이, 이후에 그것을 반영하는 그 밖의 어떤 사람에 관한 정보에도 동등성이 있다.

아마 이 모두를 말하는 더 간단한 방법은, 비일상적 실재인 NCR에서는 확고하고 국소화가 가능한 당신과 내가 없다는 것이다. 단지 일상적 실재인 CR에서만 당신 또는 내가 있을 뿐이다. 따라서 비일상적 실재인 NCR을 통하여, 우리는 비국소성, 비시간성 그리고 온전한 전체성에 대해 알고 있다.

❖ 일상적 실재 CR

다시, 비일상적 실재인 NCR 경험에 대한 비유로서 물리학에 관해 계속하면, 제5원리는 일상적 실재인 CR에 도달하기 위해, 우리가 파동함수를 결레화하는 것이라고 말한다. 여기에는 아래의 내용을 포함하는, 여러 가지 가능성들이 있다.

1. 홀로 작업하기

나로부터 나온 신호가 당신에 이르는 확률은 $|\langle x|s\rangle|$이거나 $\langle x|s\rangle\langle x|s\rangle^*$이다. 이것은 "나는 홀로 내 자신을 반영하면서, 이 장면을 작업하고 있다."는 것으로 이해될 수도 있다. 예를 들어, 나는 당신에 대하여 꿈꾸고 또한 반영함으로써, 통찰력과 현실을 창조한다. 즉, 나 자신의 환상을 추적하고 그것들을 논의할 수 있다는 것을 의미한다.

2. 함께 선명한 꿈꾸기

$\langle s|x\rangle^*\langle x|s\rangle^*$는 함께 꿈꾸기에 대한 패턴이다. 여기서 당신과 나는 자의식적 그리고 동시적으로 서로를 반영한다. 우리는 모두 결레화하거나 펼치기, 함께 선명하게 꿈꾸기를 하고 있다. 우리는 실재를 공동으로 창조한다.

3. 함께 투사하기

$\langle x|s\rangle\langle s|x\rangle$는 꿈꾸기에서 어떻게 내가 당신에게 신호를 보내고 당신이 그것을

다시 나에게 보내는가를 나타낸다. 이것은 공동 투사(co-projecting), 또는 서로에게의 투사라고 부를 수 있다. 이와 같은 방법으로, 우리는 무엇인가를 꿈꾸기에서 의식으로 가져온다.

4. 홀로 명료한 꿈꾸기
$\langle s|x\rangle^*\langle s|x\rangle$는 홀로 명료하게 꿈꾸는 당신으로 이해될 수 있다. 당신은 홀로, 스스로 위의 장면을 작업하고 있다.

5. 무시 또는 과소평가
이러한 자의식적 알아차림의 경험 가운데 어느 것도 일상적 실재인 CR에서는 측정될 수 없다. 따라서 그들은 파동함수를 그것의 켤레로 곱하는 것과 동등하다. 다시 말하면, 매일의 실재는 비일상적 실재인 NCR 경험을 완전히 부정함으로써 도달될 수 있다.

예를 들면, 선(禪) 그림은 60세 된 화가가 인생 60년에 걸쳐 창조하는 것으로 이해될 수 있거나, 또는 당신은 화가의 60년은 부정하고, 단지 20초 만에 그림을 그렸다고 말할 수도 있다.

실재가 명료한 꿈꾸기에 의해 창조되었는지, 또는 단지 일상적 실재인 CR에서 그곳에 있는지는, 일상적 실재인 CR 관점만으로는 단독으로 결정될 수 없다. 수학적 동등성 때문에, 의식에 의한 창조는 자의식적 꿈꾸기가 없는 세계의 존재와 동등하다. 즉, CR에서 둘 다 동등하고 구별될 수 없다.

❖ 의식: 일반 원리

나는 자연에서 의식을 향한 일반적인 반영적 경향성이 되기 위해 파동함수의 켤레화를 사용해 왔다. 양자물리학은 이러한 원리의 특별한 측면이다. 일반적인 일상의 실재와 의식에 대한 자의식적 경험의 이러한 일반적 경향성은, 오늘날의 물리학과 심리학이 '실재'로 동일시하는 것의 창조물이다. 비일상적 실재인 NCR 관점에서, 이러한 창조는 반영 또는 선명한 꿈꾸기로서 복소수의 세계에서 일어난다. 관찰과 의식은 선명한 꿈꾸기의 결과다.

영적이고 역설적인 의미에서, 말해질 수 없는 도(道)는 그 자체를 추적한다. 그래서 그 스스로에게 반영함으로써, 도(道)는 실재, 즉 말해질 수 있는 도(道)를 창조한다.

이것을 왜 해야 하는가? 나는 물리학이 부가적인 원리, 즉 우주가 호기심이 많고 반영을 통해 스스로를 알기 원할 뿐만 아니라 의식적이 되기를 원한다고 추정할 수 있는 원리가 필요하다고 말했다. 우리는 우리 자신에 대해 스스로의 호기심이라는 개념에서 이 같은 원리를 경험하게 된다.

이른바 현실의 실제 세계에서 관찰할 수 있는 모든 사건은, 비일상적 실재인 NCR 관점에서 의식적이 되는 이러한 경향성의 결과다.

의식에 대한 많은 경로들이 있고 일상적 실재인 CR에서의 결과에 관한 한, 모든 경로들은 동등하다. 일상적 실재인 CR의 관점에서, 이것은 모든 비일상적 실재인 NCR 경로들의 동등성으로 나타난다.

예를 들어, 어떤 것이 12의 값을 가진다고 해 보자. 12에 도달할 수 있는 방법들이 1+11, 2+10, 2×(5+1) 그리고 (20−9)+1과 같이 많이 있다. 양(量)적으로 말하면, 일상적 실재인 CR에서의 측정에 관한 한, 위의 방법은 모두 12의 결과를 가지며 모두 동등하다.

이것은 당신이 집에서 나와 회사까지 일하러 가는 37장의 사례와 같다. 당신은 여러 가지 경로들을 가질 수 있다. 즉, 공원을 통해 가거나, 누군가를 만나거나 아무도 만나지 않거나, 넘어지고, 다치고, 병원에 가고, 다시 일하러 가는 등이다. 직장에서는 당신이 도착하면 출근했다고 생각한다. 그것이 일상적 실재인 CR에서의 '사장'이 신경 쓰는 전부인 것이다.

그러나 심리학에서는 당신이 한 점에서 다른 점으로 이동하는 데 사용하는 다양한 경로들이 중요하다. 당신은 비일상적 실재인 NCR의 경로에서 혼자 움직일 수 있고 당신이 하고 있는 것을 선명하게 반영할 수 있다. 즉, 당신은 자신을 반영하는 세계를 몽상할 수 있다. 당신은 다양한 방법으로 살 수 있다. 요점은, 자의식적 경험은 스스로를 반영하는 경향, 일상적 실재인 CR과 의식을 창조할 수 있는 경향이 있다는 것이다. 비록 당신이 일상적 실재인 CR에서 이러한 비일상적 실재인 NCR의 경로들을 구별할 수 없을지라도, 당신이 자신의 경로를 여행하는 방법은 삶을 즐기거나 싫어하는 차이를 만들 수 있다.

양자역학의 수학은 다양한 결론을 패턴화하며, 이들은 영구적인 지혜처럼 들린다.

1. 의식에 관한 한, 매일은 잠재적으로 위대한 날들이다. 왜냐하면 매일 우주는 스스로를 발견하기 위해 당신의 모든 지각을 사용하기 때문이다.

2. 일어나고 있는 모든 것과 어떠한 것도 그 자체를 보려고 노력하는 모든 것들이다.

3. 당신은 매일 그 밖의 모든 것들과 함께 자의식적 경험의 반영을 통해 세계를 창조하는 것에 관여되어 있다.

4. 당신 자신 안의 온전한 사람이 되는 것은 의식에 대한 경향성의 특별한 적용이지만, 이러한 경향성은 개체적인 것이 아니고, 우주 보편적인 것이다. 당신은 일상적 실재인 CR 자신만에 의해서는 개체로서 전체가 될 수는 없다. 당신은 이러한 활동에 참여하는 다른 모든 것들과의 연결에 대해 의식적이 된다. 모든 것이 함께 실재와 의식의 창조를 가능하게 해 준다.

이러한 생각은 낙관적이다. 그것은 당신의 모든 경험들이 중요하고 의미 있다는 것을 말한다. 꿈꾸기에서는 명확한 당신이나 내가 없기 때문에, 우리는 의식과 일상의 실재를 함께 창조한다.

참고문헌

Aspect, Alain, P. J. Dalibard, and G. Roger. 1982. *Physics Review* 49: 1804 (letter).

Aung, S. Z. *Compendium of Philosophy*. Revised and edited by Mrs. C. A. F. Rhys-Davids. 1910. London: Pauli Text Society, 1972.

Auyang, Sunny. *How Is Quantum Field Theory Possible?* New York: Oxford University Press, 1995.

Aziz, Robert. C. G. *Jung's Psychology of Religion and Synchronicity*. Albany, NY: State University of New York, 1990.

Bass, L. A. "A Quantum Mechanical Mind-Body Interaction." *Foundations of Physics* 5: 150-172, (1975).

Bell, John Stewart. "On the Einstein Podolsky Rosen Paradox." *Physics* 1: 95-200, (1964).

_____. "On the Problem of Hidden Variables in Quantum Mechanics." *Reviews of Modern Physics* 38: 447, (1966).

______. *Speakable and Unspeakable in Quantum Mechanics*. Cambridge, England: Cambridge University Press, 1987.

Bernstein, J. "I Am This Whole World: Erwin Schroedinger." In *Project Physics Reader*. Vol. 5 (1968-69). New York: Holt, Rinehart and Winston.

Bohm, David. *Quantum Theory*. Englewood Cliffs, NJ: Prentice Hall, 1951.

_____. *Wholeness and the Implicate Order*. Boston: Routledge and Kegan Paul, 1980.

______. *Unfolding Meaning: A Weekend of Dialogue With David Bohm*. London: Routledge, 1985.

Bohm, David, and Y. Aharanov. "Discussion of Experimental Proof for the Paradox of Einstein, Rosen, and Podolsky." *Physical Review*, 108: 1070, (1945).

Bohm, David, and Basil Hiley. "On the Unitive Understanding of Nonlocality as Implied by Quantum Theory." *Foundations of Physics* 5: 93-109, issue 1, (1975).

Bohm, David, and D. Peat. *Science, Order and Creativity.* New York: Bantam, 1987.

Bohr, Niels. *Atomic Theory and the Description of Nature.* Cambridge, England: Cambridge University Press, 1934.

____. *The Philosophy of Niels Bohr*, edited by A. P. French and P. J. Kennedy. Cambridge, MA. Harvard University Press, 1985.

Born, Max. *Natural Philosophy of Cause and Chance.* London: Oxford University Press, 1949.

Boyer, Carl B. *The History of the Calculus and Its Conceptual Development.* New York: Dover, 1959.

Boyer, Carl B. *A History of Mathematics.* 2nd ed. Revised by Uta Merzbach. New York: John Wiley and Sons, 1991.

Capra, Fritjof. *The Tao of Physics.* New York: Fontana/Collins, 1978.

____. *The Web of Life.* New York: Anchor-Doubleday, 1996.

Card, Charles R. "The Archetypal Hypothesis of Jung and Pauli and Its Relevance to Physics and Epistemology." Paper presented at the First International Conference on the Study of Consciousness within Science, Bhaktivedanta Institute, San Francisco, CA, 1991.

Castaneda, Carlos. *The Teachings of Don Juan: A Yaqui Way of Knowledge.* New York: Penguin, 1968.

____. *The Art of Dreaming.* New York: HarperCollins, 1993.

Chen, Ellen. *The Tao Te Ching.* A new translation with commentary. New York: Paragon House, 1989.

Churchill, Rule. *Complex Variables and Applications.* New York: McGraw-Hill, 1960.

Close, Edward R. *Infinite Continuity.* Los Alamitos, CA: C&C Publishers, 1990.

Cramer, John, G. "An Overview of the Transactional Interpretation of Quantum Mechanics." *International Journal of Theoretical Pshysics* 27(2): 227-236, (1988).

Crosland, M. P., ed. *The Science of Matter.* New York: Penguin, 1971.

Cushing, James T. *Quantum Mechanics, History Contingency and the Copenhagen Hegemony.* Chicago: University of Chicago Press, 1994.

Dalai Lama. *Sleeping, Dreaming and Dying*, edited by Francisco Varela. Boston: Wisdom Publications, 1997.

Darling David. *Zen Physics.* New York: HarperCollins, 1996.

Dante [Alighieri, Dante]. Inferno. *In The Divine Comedy of Dante Alighieri.* With an introduction by Alan Mandelbaum. New York: Bantam, 1982.

Davies, Paul. *About Time; Einstein's Unfinished Revolution.* Simon & Schuster, 1995.

de Vesme, Caesar. *Peoples of Antiquity.* Translated by F. Fothwell. London: Rider, 1931.

Delaney, Gayle. *Breakthrough Dreaming: How To Tap the Power of Your 24-Hour Mind.* New York: Bantam, 1990.

DeWitt, Bryce, and N. Graham, eds. *The Many-Worlds Interpretation of Quantum Mechanics.* With papers by Hugh Everett. Princeton, NJ: Princeton University Press, 1973.

Duda, Deborah. *Coming Home.* Sante Fe, NM: John Muir Publisher, 1984.

Dunn, Wilson. *Images Stone BC: Thirty Centuries of Northwest Coast Indian Sculpture.* Sannichton, Canada: Hancock House, 1975.

Eliade, Mircea. *Myth and Reality.* New York: Harper, 1963.

_____. *Yoga, Immortality and Freedom.* Translated from the French by Willard R Trask. Bollingen Series, LVI. Princeton, NJ: Princeton University Press, 1970.

______. *The Myth of the Eternal Return: Cosmos and History.* Bollingen Series, XLVI. Princeton, NJ: Princeton University Press, 1974.

Einstein, Albert. *Relativity, the Special and General Theory.* Translated by Robert W. Lawson. New York: Bonaza Books, 1961.

____. *The Meaning of Relativity.* Princeton, NJ: Princeton University Press, 1955.

Einstein, Albert, with H. A. Lorentz, H. Weyl, and H. Minkowski. *The Principle of Relativity.* New York: Dover, 1923.

Einstein, Albert, B. Podolsky, and N. Rosen. "Can Quantum Mechanical Description of Physical Reality Be Considered Complete?" *Physical Review* (1935) 47:777.

____. *A. Einstein; How I see the World.* PBS Home Video, Distributed by Pacific Arts, 1997, shown on "Nova," Oregon Public Broadcasting.

Ellis, Jean A. *From the Dreamtime; Australian Aboriginal Legends.* New York: Harper Collins, 1992.

Eves, Howard. *History of Mathematics.* New York: Holt, Rinehart and Winston, 1969.

Feinberg, G. "Possibility of Faster Than Light Particles." *Physical Review* (1989) 159:1067.

Feynman, Richard. "The Theory of Positrons." *Physical Review* 76:6 (1949).

____. *Theory of Fundamental Processes.* New York: Addison-Wesley Pub. Co., 1961.

______. Probability and Uncertainty: The Quantum Mechanical View of Nature. In *The Character of Physical Law.* Cambridge, MA: Massachusetts Institute of Technology

Press, 1965.

Feynman, Richard, R. Leighton, and M. Sands. *The Feynman Lectures on Physics*. Vol. 1. Read, MA: Addison and Co., 1965.

____. *The Feynman Lectures on Physics*. Vol. 2. Read, MA: Addison and Co., 1965.

Finkelstein, David, "Quantum Physics and Process Metaphysics." In *Physical Reality and Mathematical Description*, edited by Charles P. Enz and Jagdish Mehra. Dordrecht, Holland, Boston, MA: D. Reidel Pub. Co., 1974.

_____. "Primitive Concept of Process." In *Physical Reality and Mathematical Description*, edited by Charles P. Enz and Jagdish Mehra. Dordrecht, Holland, Boston, MA: D. Reidel Pub. Co., 1974.

Gamow, George. *One Two Three... Infinity, Facts and Speculations of Science*. New York: New American Library, 1960.

Gell-Mann, Murray. "Questions for the Future." In *The Nature of Matter*, edited by J. H. Mulvey. Oxford: Oxford University Press, 1981.

Gibilisco, Stan. *Understanding Einstein's Theories of Relativity*. New York: Dover, 1983.

Globus, Gordeon G. "Self, Cognition, Qualia and World in Quantum Brain Dynamics." *Journal of Consciousness Studies*, Vol. 5, No. 1, (1988), pp. 34-52.

Goedel, Kurt. "On Formally Undecidable Propositions of Principia Mathematica and Related Systems." Reprinted in English in *From Frege to Goedel: A Source Book in Mathematical Logic*, 1879-1931, edited by Jean van Heijenoort. Cambridge, MA: Harvard University Press, 1967.

Gonnick, Larry and Art Huffman. *The Cartoon Guide to Physics*. New York: Harper Perennial, 1990.

Goodbread, Joseph. *Radical Intercourse*. Portland, OR: Lao Tse Press, 1997.

Goswami, Amit, with Richard Reed and Maggie Goswami. *The Self-Aware Universe: How Consciousness Creates the Material World*. New York: Tarcher, 1995.

Govinda, Lama Anagarika. *Foundations of Tibetan Mysticism, According to the Esoteric Teachings of the Great Mantra, Ocm Mani Padme H-ucm*. New York: Samuel Weiser, 1974.

Gribbin, John. *Schroedinger's Kittens and the Search for Reality: Solving the Quantum Mysteries*. Boston, MA: Little, Brown and Company, 1995.

Halpin, Marjorie. "Seeing in Stone: Masking and the Twin Stone Masks." In *The Tsimshian: Images of the Past, Views for the Present*, edited by Margaret Seguin. Vancouver,

BC: UBC Press, 1993.

Hannah, Barbara. *Active Imagination*. Boston: Sigo Press, 1981.

Harman, Willis. "The Scientific Exploration of Consciousness: Towards an Adequate Epistemology." *Journal of consciousness Studies* (1994) 1(1): 140.

Hawking, Stephen. *Black Holes and Baby Universes, and Other Essays*. New York: Bantam Books, 1993.

Heisenberg, Werner. *Physics and Philosophy*. New York: Harper & Row, 1958.

____. *Physics and Beyond*. New York: Harper & Row, 1971.

Herbert, Nick. *Quantum Reality*. New York: Doubleday, 1985.

Hines, Brian. *God's Whisper, Creation's Thunder: Echoes of Ultimate Reality in the New Physics*. Brattleborough, VT: Threshold Books, 1996.

Huxley, Aldous. *The Doors of Perception and Heaven and Hell*. New York: Harper & Row, 1990.

I Ching, or *Book of Changes*. Translated by Richard Wilhelm. Bollingen Series. Princeton, NJ: Princeton University Press, 1981.

Jibu, Mari, and Kunio Yasue. *Quantum Brain Dynamics and Consciousness*. New York: John Benjamin Publisher, 1995.

Jung, C. G. *The Collected Works of C. G. Jung*. Translated by R. F. C. Hull, edited by Gerhard Adler, Michael Fordham, and Herbert Read. Bollingen Foundation. Princeton, NJ: Princeton University Press. 1969–1980.

____. 1966. Structure and Dynamics of the Psyche. Vol. 8, *Collected Works*.

____. 1974. Letters. Vols. 1 and 2, *Collected Works*.

____. Synchronicity: 1956. An Acausal Connecting Principle. Vol. 8, *Collected Works*.

____. 1969. Mysterium Conjunctionis. Vol. 14, *Collected Works*.

____. 1980. Psychology and Alchemy. Vol. 13, *Collected Works*.

____. 1971. *The Portable Jung*, edited by Joseph Campbell. New York: Viking.

Jung, C. G., and Wolfgang Pauli. 1955. *The Interpretation of Nature and the Psyche*. Princeton, NJ: Pantheon. In German, *Natureklaerung und Psyche*. 1952. Zurich: Rascher Verlag.

Kafatos, Menas, and Robert Nadeau. *Conscious Universe: Part and Whole in Modern Physical Theory*. New York: Springer Verlag, 1990.

Kaku, Michio. *Hyperspace: A Scientific Odyssey Through Parallel Universes, Time Warps, and the Tenth Dimension*. New York: Anchor Books, Doubleday, 1994.

Kalf, Dora. *Sandplay: A Psychotherapeutic Approach to the Psyche*. Boston: Sigo Press, 1990.

Kant, Immanuel. *Critique of Judgment*. Translated by Werer S. Pluhar. Indianapolis, IN: Hacked, 1987.

Keepin, William. "Lifework of David Bohm: River of Truth." *Revision* (1993) 16(1): 32-48.

Keynes, John. "Newton, the Man." In *The World of Mathematics*, edited by James Roy Newman. Vol. 1. New York: Simon and Schuster, 1956. (More recently republished by Microsoft Press 1988.)

Kornfield, Jack. *A Path With Heart: A Guide Through the Perils and Promises of Spiritual Life*. New York, Bantam Doubleday Dell, 1993.

LaBerge, Stephen, and Howard Rheingold. *Exploring the World of Lucid Dreaming*. New York: Ballantine Books, 1990.

Lahti, Kakka, and Peter Mittelstadt, eds. *Symposium on the Foundation of Modern Physics*. River Edge, NJ: World Scientific Publishing, 1991.

____. *Quantum Theory of Measurement and Related Philosophical Problems*. River Edge, NJ: World Scientific Publishing, 1990.

Lamy, Lucie. *Egyptian Mysteries: New Light on Ancient Knowledge*. London: Thames and Hudson, 1981.

Lancaster, B. L. "Towards a Synthesis of Cognitive Science and the Buddhist Abhidhamma Tradition." *Journal of Consciousness Studies* (1997) 4(2).

Laurikainen, K. V. *Beyond the Atom: The Philosophical Thought of Wolfgang Pauli*. Berlin: Germany, Springer Verlag, 1959.

Lawlor, Robert. *Voices of the First Day: Inner Traditions*. Rochester, VT: Inner Traditions, 1991.

____. *Sacred Geometry*. London: Thames and Hudson, 1982.

Lederman, Leon, with Dick Teresi. *The God Particle: If the Universe Is the Answer, What Is the Question*. New York: Delta Publishing, 1994.

Libet, B. E., W. Wright, B. Feinstein, and Dennis Pearl. 1979. "Subjective Referral of the Timing for a Conscious Sensory Experience: A Functional Role for the Somatosensory Specific Projection System in Man." *Brain* No. 102 (Part 1), 193-224, 1979.

Lovelock, James. *The Ages of Gaia: A Biography of Our Living Earth*. New York: Bantam Books, 1990.

Maclagan, David. *Creation Myths: Man's Introduction to the World*. London: Thames and

Hudson, 1977.

Macy, Joanna. *The Soul of Nature: Celebrating the Spirit of the Earth*, Plume, New York, 1996.

Macy, Joanna, J. Fleming, and A. Naess. *In Thinking Like a Mountain: Towards a Council of All Beings*, edited by John Seed. Philadelphia: New Society Publishers, 1988.

Macy, Joanna, and J. Seed. In *The Green Reader: Essays Toward a Sustainable Society*, edited by Andrew Dobson. Mercury House, 1991.

Mansfield, Victor. *Synchronicity, Science and Soul-Making: Understanding Jungian Synchronicity Through Physics, Buddhism, and Philosophy*. La Salle, IN: Open Court Pub., 1995.

Mansfield, Victor, and J. M. Spiegelman. "Quantum Mechanics and Jungian Psychology: Building a Bridge." *Journal of Analytical Psychology* (1989) 34:17, pages 3-31, issue 1.

Mehra, J. "Quantum Mechanics and the Explanation of Life." *American Scientist* (1973) 61: 722-728.

Merchant, Carolyn. *The Death of Nature*. New York: Harper and Row, 1980.

Merzbach, Ute and Carl Boyer. *A History of Mathematics*. New York: John Wiley and Sons, 1991.

Mindell, Amy. *Metaskills: The Spiritual Art of Therapy*. Tempe, AZ: New Falcon Press, 1995.

____. *Coma, a Healing Journey: A Guide for Family, Friends and Helpers*. Portland, OR: Lao Tse Press, 1999.

Amy Mindell, with Arnold Mindell. *Riding the Horse Backwards*. New York: Penguin, 1985.

Mindell, Arnold. *Working With the Dreaming Body*. London: Penguin-Arkana, 1984.

____. *River's Way: The Process Science of the Dreambody*. London: Penguin, 1986.

____. *The Dreambody in Relationships*. New York: Penguin, 1987.

____. *City Shadows: Psychological Interventions in Psychiatry*. New York: Penguin, 1988.

____. *The Year I: Global Process Work With Planetary Tensions*. New York: Penguin-Arkana, 1989.

____. *Working on Yourself Alone: Inner Dreambody Work*. New York: Penguin, 1990.

____. *The Leader as Martial Artist: An Introduction to Deep Democracy-Techniques and*

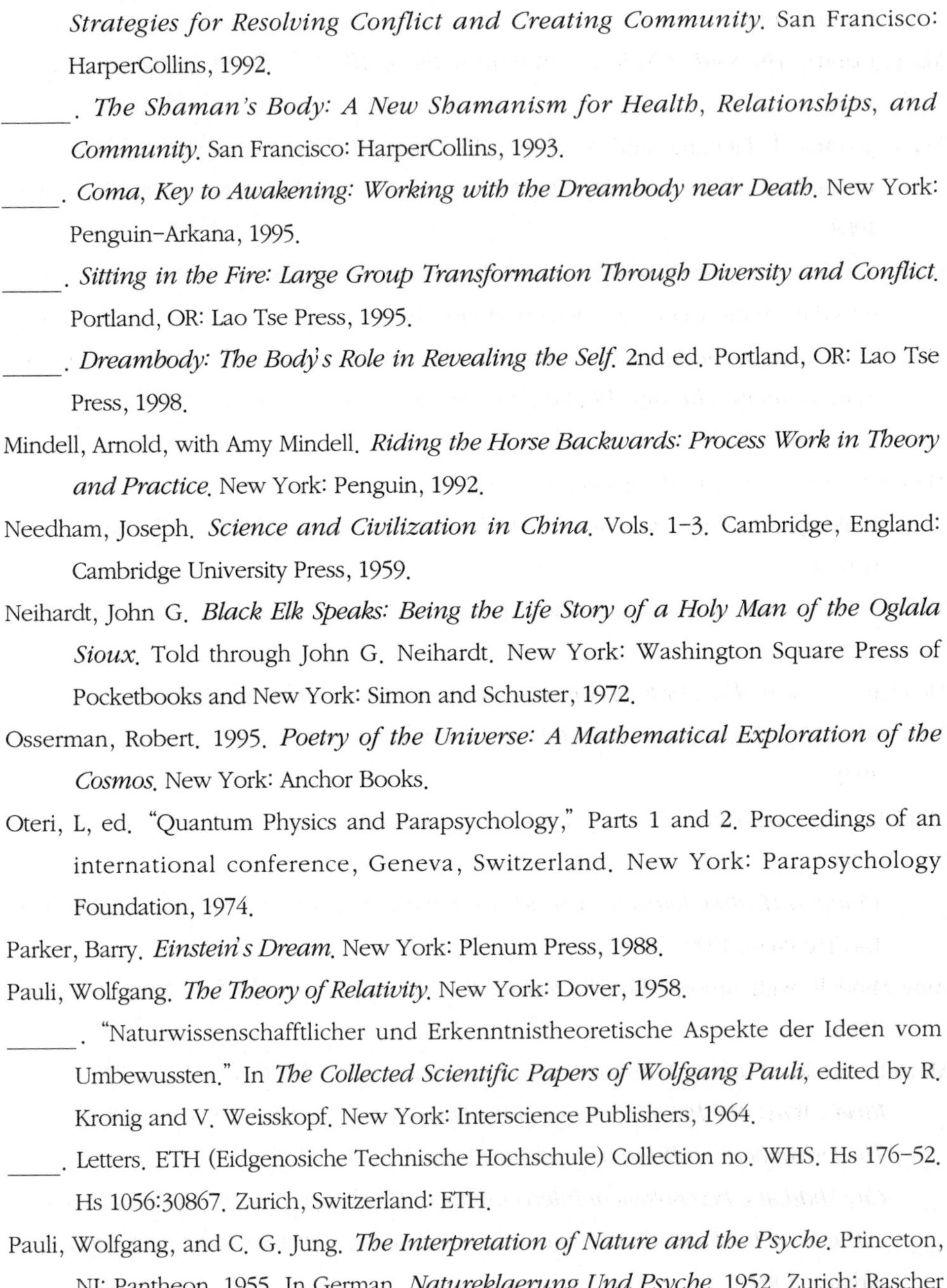

Strategies for Resolving Conflict and Creating Community. San Francisco: HarperCollins, 1992.

______. *The Shaman's Body: A New Shamanism for Health, Relationships, and Community*. San Francisco: HarperCollins, 1993.

_____. *Coma, Key to Awakening: Working with the Dreambody near Death*. New York: Penguin-Arkana, 1995.

_____. *Sitting in the Fire: Large Group Transformation Through Diversity and Conflict*. Portland, OR: Lao Tse Press, 1995.

_____. *Dreambody: The Body's Role in Revealing the Self*. 2nd ed. Portland, OR: Lao Tse Press, 1998.

Mindell, Arnold, with Amy Mindell. *Riding the Horse Backwards: Process Work in Theory and Practice*. New York: Penguin, 1992.

Needham, Joseph. *Science and Civilization in China*. Vols. 1-3. Cambridge, England: Cambridge University Press, 1959.

Neihardt, John G. *Black Elk Speaks: Being the Life Story of a Holy Man of the Oglala Sioux*. Told through John G. Neihardt. New York: Washington Square Press of Pocketbooks and New York: Simon and Schuster, 1972.

Osserman, Robert. 1995. *Poetry of the Universe: A Mathematical Exploration of the Cosmos*. New York: Anchor Books.

Oteri, L, ed. "Quantum Physics and Parapsychology," Parts 1 and 2. Proceedings of an international conference, Geneva, Switzerland. New York: Parapsychology Foundation, 1974.

Parker, Barry. *Einstein's Dream*. New York: Plenum Press, 1988.

Pauli, Wolfgang. *The Theory of Relativity*. New York: Dover, 1958.

______. "Naturwissenschafftlicher und Erkenntnistheoretische Aspekte der Ideen vom Umbewussten." In *The Collected Scientific Papers of Wolfgang Pauli*, edited by R. Kronig and V. Weisskopf. New York: Interscience Publishers, 1964.

_____. Letters. ETH (Eidgenosiche Technische Hochschule) Collection no. WHS. Hs 176-52. Hs 1056:30867. Zurich, Switzerland: ETH.

Pauli, Wolfgang, and C. G. Jung. *The Interpretation of Nature and the Psyche*. Princeton, NJ: Pantheon, 1955. In German, *Natureklaerung Und Psyche*. 1952. Zurich: Rascher Verlag.

Peat, David, F. *Einstein's Moon*. Chicago: Contemporary Books, 1990.

____. *Synchronicity: The Bridge Between Matter and Mind.* New York: Bantam, 1987.

Penrose, Roger. *Shadows of the Mind: The Search for the Missing Science of Consciousness.* Oxford: Oxford University Press, 1994.

____. *Shadows of the Mind.* London: Oxford University Press, 1994.

____. *The Emperor's New Mind.* London: Oxford University Press, 1989.

Penrose, Roger, and Stuart Hameroff. "Conscious Events As Orchestrated Space-time Selections." *Journal of Consciousness Studies* (1996) 3(1): 36-53.

Picard, Barbara Leonie, Joan Kiddell-Monroe (Illustrator). *French Legends, Tales, and Fairy Stories.* Oxford Myths and Legends, Oxford University Press, 1992.

Pouley, Jim. *The Secret of Dreaming.* Templestowe, Australia: Red Hen Enterprises, 1988.

Rawson, Philip and Laszlo Legeza. *Tao: The Chinese Philosophy of Time and Change.* London: Thames and Hudson, 1979.

Rinpoche, Sogyal. *The Tibetan Book of Living and Dying.* San Francisco: HarperCollins, 1992.

Roszak, Theodore, ed. *Ecopsychology: Restoring the Earth, Healing the Mind.* San Francisco: Sierra Club Books, 1995.

Rhys, Davids, C. A. F. *Buddhist Psychology: An Inquiry into the Analysis and Theory of Mind in Pali Literature.* London: G. Bell and Sons, Ltd., 1914.

Satori, Jessika. "Synchronisitic Experiences of Enterpreneurs in the Creation of a Socially Responsible Business Venture: A Delphi Study." Doctoral thesis, Seattle, WA: Seattle University, 1996.

Schroedinger, Erwin. "Discussions of Probability Relationship Between Separated Systems." *Proceedings of the Cambridge Philosophical Society* 31: 555, 1935.

____. *Mind and Matter.* Cambridge, England: Cambridge University Press, 1958.

____. *What Is Life?* Cambridge, England: Cambridge University Press, 1964.

Schwarz, Salome. "Shifting the Assemblage Point: Transformation in Therapy and Everyday Life." Doctoral thesis, Union Institute, 1996.

Schwerdtfeger, Hans. *Geometry of Complex Numbers.* New York: Dover.

Sessions, George, ed. *Deep Ecology for the 21st Century.* Boston: Shambhala, 1995.

Sheldrake, Rupert. *A New Science of Life: The Hypothesis of Morphic Resonance.* London, Inner Traditions Intl., 1995.

Shiva, Shahram T. *Rending the Veil: Literal and Poetic Translations of Rumi.* Prescott, AZ: Hohm Press, 1995.

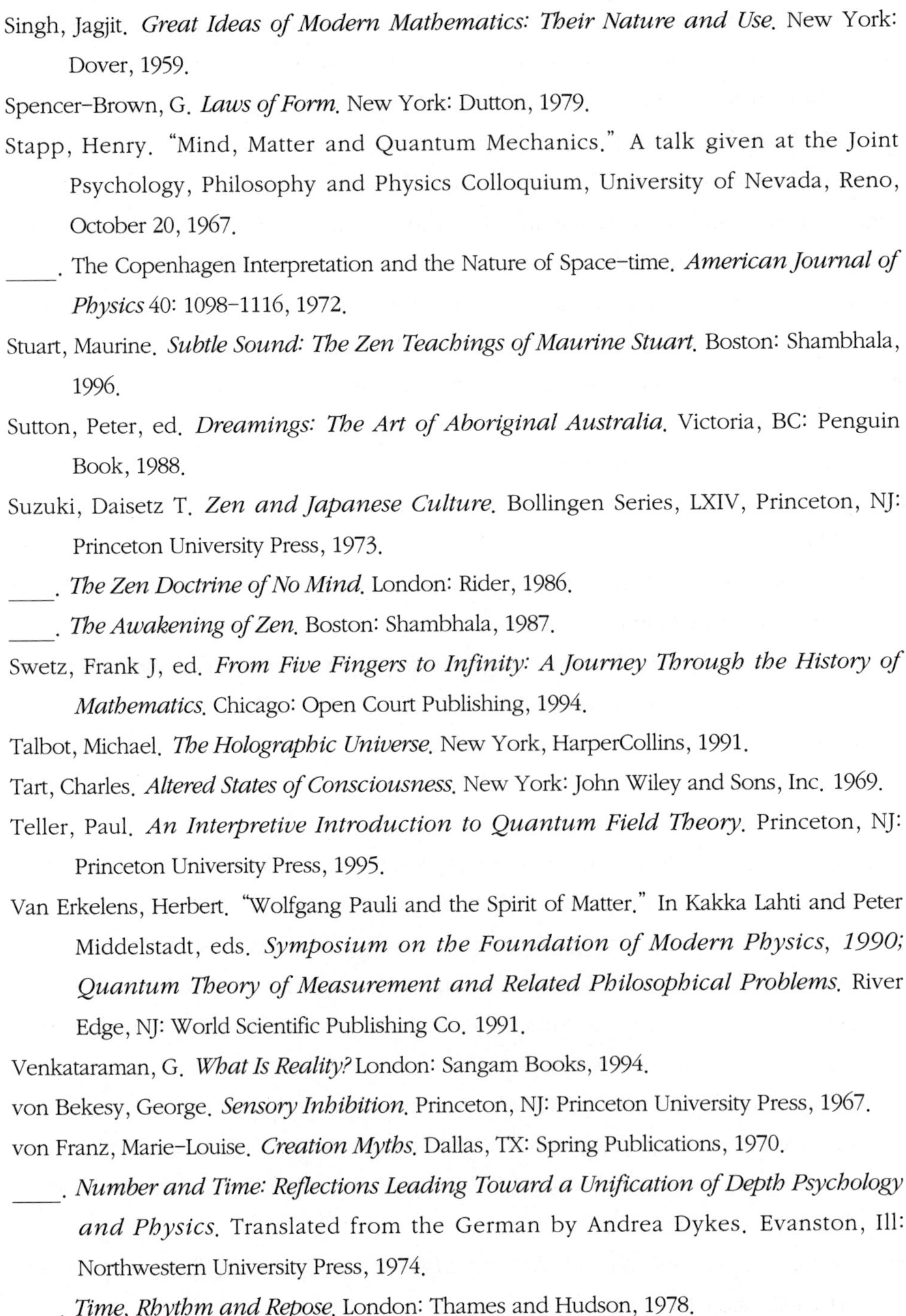

Singh, Jagjit. *Great Ideas of Modern Mathematics: Their Nature and Use.* New York: Dover, 1959.

Spencer-Brown, G. *Laws of Form.* New York: Dutton, 1979.

Stapp, Henry. "Mind, Matter and Quantum Mechanics." A talk given at the Joint Psychology, Philosophy and Physics Colloquium, University of Nevada, Reno, October 20, 1967.

____. The Copenhagen Interpretation and the Nature of Space-time. *American Journal of Physics* 40: 1098-1116, 1972.

Stuart, Maurine. *Subtle Sound: The Zen Teachings of Maurine Stuart.* Boston: Shambhala, 1996.

Sutton, Peter, ed. *Dreamings: The Art of Aboriginal Australia.* Victoria, BC: Penguin Book, 1988.

Suzuki, Daisetz T. *Zen and Japanese Culture.* Bollingen Series, LXIV, Princeton, NJ: Princeton University Press, 1973.

____. *The Zen Doctrine of No Mind.* London: Rider, 1986.

____. *The Awakening of Zen.* Boston: Shambhala, 1987.

Swetz, Frank J, ed. *From Five Fingers to Infinity: A Journey Through the History of Mathematics.* Chicago: Open Court Publishing, 1994.

Talbot, Michael. *The Holographic Universe.* New York, HarperCollins, 1991.

Tart, Charles. *Altered States of Consciousness.* New York: John Wiley and Sons, Inc. 1969.

Teller, Paul. *An Interpretive Introduction to Quantum Field Theory.* Princeton, NJ: Princeton University Press, 1995.

Van Erkelens, Herbert. "Wolfgang Pauli and the Spirit of Matter." In Kakka Lahti and Peter Middelstadt, eds. *Symposium on the Foundation of Modern Physics, 1990; Quantum Theory of Measurement and Related Philosophical Problems.* River Edge, NJ: World Scientific Publishing Co. 1991.

Venkataraman, G. *What Is Reality?* London: Sangam Books, 1994.

von Bekesy, George. *Sensory Inhibition.* Princeton, NJ: Princeton University Press, 1967.

von Franz, Marie-Louise. *Creation Myths.* Dallas, TX: Spring Publications, 1970.

____. *Number and Time: Reflections Leading Toward a Unification of Depth Psychology and Physics.* Translated from the German by Andrea Dykes. Evanston, Ill: Northwestern University Press, 1974.

____. *Time, Rhythm and Repose.* London: Thames and Hudson, 1978.

von Neuman, John. *Mathematical Foundations of Quantum Mechanics*. Princeton, NJ: Princeton University Press, 1932, 1955.

Walker, Benjamin. *Body, the Human Double and the Astral Planes*. London: Routledge and Kegan Paul, 1974.

Wallis, E. A. *The Mummy, Secrets of Ancient Egypt's Funereal Amulets and Scarabs, Idols and Mummy Making, and How To Read Hieroglyphics*. London: Collier Books, 1974.

Wheeler, John A. *At Home in the Universe*. Woodbury NY: The American Institute of Physics, 1994.

______. "Beyond the Black Hole: Some Strangeness in the Proportion." In *A Centennial Symposium To Celebrate the Achievements of Albert Einstein*, edited by H. Wolf. New York: Addison-Wesley, 1980.

Wigner, Eugene. "Remarks on the Mind-Body Problems." In *The Scientist Speculates*, edited by I. J. Good. London: Heineman, 1961.

____. *Symmetries and Reflections: Scientific Essays of Eugene P. Wigner*. Cambridge, MA: MIT Press, (Page 280) 1970.

____. "The Problem of Measurement." *American Journal of Physics* 31: 6, 1963.

Wilber, Ken, ed. *Quantum Questions*. Boulder, CO: New Science Library, 1984.

______. *Up From Eden: A Transpersonal View of Human Evolution*. Wheaton, IL: Theosophical Publishing House, 1996.

Wilhelm, Richard, trans. *The Lao Tzu, Tao Teh Ching*. London: Penguin-Arkana, 1985.

_____. *The I Ching, or Book of Changes*. English translation by Cary F. Baynes. Princeton NJ: Princeton University Press, 1990.

Wolf, Fred Alan. *Taking the Quantum Leap: The New Physics for Nonscientists*. Revised edition. San Francisco: Harper & Row, 1989.

____. *The Dreaming Universe: A Mind Expanding Journey into the Realm Where Psyche and Physics Meet*. New York: Simon and Schuster, 1994.

____. *The Eagle's Quest*. London: Mandala Press, 1991.

_____. *The Spiritual Universe: How Quantum Physics Proves the Existence of the Soul*. New York: Simon and Schuster, 1996.

_____. *Star Wave: Mind, Consciousness, and Quantum Physics*. New York: Macmillan, 1984.

Wright, Alan, and Hilary Wright. *At the Edge of the Universe*. New York: John Wiley and

Sons, 1989.

Yutang, Lin. *The Wisdom of Lao Tse.* New York: Random House Modern Library, 1948.

Zohar, Donah with I. N. Marshall. *Quantum Society.* New York: Quill, William Morrow, 1990.

For More Information about Mindell Seminars, Process Work or the Lao Tse Press, please contact, Process Work Center of Portland, 2049 NW Hoyt, Portland Oregon, 97209, USA, or E-Mail pwcp@igc.apc.org, Phone 503 223-8188, fax 503 227-7003.

찾아보기

《인 명》

《내 용》

저자 소개

아널드 민델(Arnold Mindell)

아널드 민델 박사는 현존하는 세계적인 석학으로 MIT에서 물리학을 전공하였고, 스위스의 취리히 융 연구소에서 전문 자격과정을 이수하였으며, 과정지향 심리학(Process Oriented Psychology)의 창시자다. 과정지향 심리학은 이후 프로세스 워크 센터(Process Work Center)를 중심으로 현재 미국 오리건 주의 포틀랜드를 비롯하여 세계 각국에 연구소와 관련 기관들과 더불어 임상과 연구가 활발히 진행되고 있다.

Arny는 민델 박사의 애칭으로 임상에서는 아니(Arny)로 불리고 있다.

민델 박사는 혁신적인 꿈의 통합, 바디워크, 융의 분석 치료, 집단 과정, 의식 연구, 초자연치료, 양자 물리학 그리고 작고 큰 집단 갈등 해결 등으로 세계적으로 알려진 인물이다.

그의 저서로는 『드림바디(*Dreambody*)』 『관계치료: 과정지향적 접근(*Dreambody in Relationship*)』 『무예가로서의 지도자(*The Leader as Marital Artist*)』 『불에 앉아 있기(*Sitting in the Fire*)』, 그리고 『양자심리학(*Quantum Mind*)』 등 다수가 있으며, 현재도 활발하게 저술 활동과 임상작업을 하고 있다. 이외에도 민델 박사의 저서는 다수가 있으며 세계 각국 언어로 번역되었고, 현재도 번역되고 있는 중이다.

역자 소개

양명숙

독일 하인리히 하이네 뒤셀도르프 대학교(Heinrich-Heine Dueseldorf Universitaet)
철학박사(심리학 전공)
현 한남대학교 일반대학원 상담학과 교수
한남대학교 사회문화대학원 상담심리학과 교수
한남대학교 아동복지학과 교수
한남대학교 학생상담센터 소장

〈자격증〉
청소년 상담사 1급
한국상담학회 초월영성상담 수련감독급 전문상담사
한국상담학회 집단상담 수련감독급 전문상담사
한국상담학회 아동청소년 상담 수련감독급 전문상담사
〈이메일: msyang@hnu.kr〉

이규환

미국 뉴욕 주립대학교(State University of New York at Stony Brook)
이학박사(화학 전공)
미국 플로리다 대학교(University of Florida) 연구원
한국과학기술연구원(KIST) 선임연구원
현 한남대학교 화학과 교수
한남대학교 생명 · 나노과학대학 학장
〈이메일: gyuhlee@hnu.kr〉

양자심리학

- 심리학과 물리학의 경계 -

Quantum Mind

2011년 3월 30일 1판 1쇄 발행
2024년 1월 25일 1판 9쇄 발행

지은이 • Arnold Mindell
옮긴이 • 양명숙 · 이규환
펴낸이 • 김 진 환
펴낸곳 • (주) 학지사
04031 서울특별시 마포구 양화로 15길 20 마인드월드빌딩 5층
대표전화 • 02) 330-5114 팩스 • 02) 324-2345
등록번호 • 제313-2006-000265호

홈페이지 • http://www.hakjisa.co.kr
인스타그램 • https://www.instagram.com/hakjisabook

ISBN 978-89-6330-631-5 93180

정가 25,000원

역자와의 협약으로 인지는 생략합니다.
파본은 구입처에서 교환하여 드립니다.